U0350679

孙 钧院士正面照

多年来孙 钧院士不遗余力地宣讲：土木工程传统学科的更新和改造，离不开高、新科技，两者间要做好互动发展

施工中深邃幽暗的地下空间，难以掩盖老院士报效祖国的一颗炽热的赤子之心（左第1人为孙 钧院士）

为庆贺香港大学成立岩石力学研究实验室，孙 钧院士应邀赴港大讲学（右为港大前副校长张佑启院士）

以有幸参与长江三峡工程建设而辛劳，是我国岩土力学与工程学者、专家的莫大心愿和荣光——孙 钧院士在三峡坛子岭工地上（右起第2人为孙 钧院士）

陶醉在浩瀚无垠的文山书海里，孙 钧院士享受着他自谓的"人生第一乐趣"

孙 钧院士为2011届优秀博士毕业生颁发学位证书和举行"拨穗"仪式

International Society for Rock Mechanics

Fellowship of the ISRM

is conferred on

Professor Sun Jun

in recognition of his outstanding accomplishments
in the field of Rock Mechanics and Rock Engineering
and his contribution to the professional community
through the ISRM

Montréal,
May 2015

Xia-Ting Feng

Xia-Ting Feng, President

孙 钧院士被授予"国际岩石力学学会会士"（2015年5月颁授予加拿大蒙特里尔市）

瞻仰河北省西柏坡革命圣地,亲历建国前党中央、毛主席工作生活过的地方,接受革命传统教育(孙 钧院士与老伴)

内 容 简 介

本书是为纪念孙钧院士执教65周年而编纂的文集。全书由回顾与思考篇、叙写与访谈篇、孙钧院士成果篇、孙钧院士学术篇和桃李学术篇等五个部分组成。学术部分涵盖了孙钧院士及其学生近年来在岩土力学、隧道与地下工程等领域的最新研究成果,其中包括拟兴建的台湾海峡大通道的隧道工程方案、港珠澳大桥岛隧工程、崇明长江隧道等工程案例。全书贯穿隧道及地下工程的方案设计、施工、风险评估、安全管理、节能减排与环保等问题,对国内外隧道及地下工程的实施以及相关领域的学术研究具有重要的指导和借鉴意义。除此之外,书中还有关于孙钧院士往事追忆、访谈、记写生平等方面文章的集锦,以便读者能够全方位、多角度、立体化地了解孙钧院士在学术研究、教书育人、勤勉自励等方面的主张和理念,为后辈树立榜样。

本书适合从事岩土工程领域的隧道与地下工程等相关专业的专家、学者、研究人员,以及长期以来对孙钧院士比较关注的社会人士阅读参考,也是有志于岩土工程领域的青年学子上好的参考书。

图书在版编目(CIP)数据

耄耋驻春:祝贺孙钧院士执教六十五春秋文集 / 同济大学土木工程学院地下建筑与工程系,孙钧学术讲座基金会主编. —上海:同济大学出版社,2016.8

ISBN 978 - 7 - 5608 - 6460 - 0

Ⅰ. ①耄… Ⅱ. ①同… ②孙… Ⅲ. ①土木工程—文集 Ⅳ. ①TU - 53

中国版本图书馆 CIP 数据核字(2016)第 171864 号

耄耋驻春——祝贺孙钧院士执教六十五春秋文集

同济大学 地下建筑与工程系 孙钧学术讲座基金会 主编

出 品 人　华春荣　　策　划　杨宁霞　　责任编辑　杨宁霞　　助理编辑　李 杰

责任校对　徐春莲　　装帧设计　陈益平

出版发行　同济大学出版社　www.tongjipress.com.cn

　　　　　(地址:上海市四平路1239号　邮编:200092　电话:021 - 65985622)

经　　销　全国各地新华书店、建筑书店、网络书店

排版制作　南京展望文化发展有限公司

印　　刷　虎彩印艺股份有限公司

开　　本　889 mm×1194 mm　1/16

印　　张　51.5　彩页 4

字　　数　1 648 000

版　　次　2016 年 8 月第 1 版　2016 年 8 月第 1 次印刷

书　　号　ISBN 978 - 7 - 5608 - 6460 - 0

定　　价　280.00 元

本书若有印装质量问题,请向本社发行部调换　版权所有　侵权必究

在珠海边陲拱北口岸港珠澳连接线,孙 钧院士高兴地与同济大学校友们欢聚一堂,共度丙申猴年美好的仲春之夜

耄耋驻春

——祝贺孙 钧院士执教六十五春秋文集

同济大学 地下建筑与工程系

孙 钧学术讲座基金会 主编

中国科学院第十八次院士大会技术科学部院士合影
2016年5月

孙 钧院士参加2016年5月底中国科学院第十八次院士大会技术科学部全体院士合影留念（第一排右起第七人为孙 钧院士）

同济大学出版社
TONGJI UNIVERSITY PRESS

写在篇首

用得上在小学时就学过的一句陈词老调："光阴似箭，日月如梭"，可说的真是啊！年少岁月、青壮时光已随闲云流水般瞬间离我远去，千呼万唤也永不回来了呀。近年来虽所幸拙体尚健，毕竟年岁不饶人，今天已坐八望九，两鬓尽霜，垂垂老矣。虽还不致要靠拐杖助步，头脑也还算敏捷，一辈子走过来，自省还未敢"浑浑噩噩"，荒度人生，但与自己年壮时或与今天我团队的青年才俊们却都远远不能相比了，还真有点跟都跟不上了啊。

承学校和我系领导的一片好意，在我 90 虚度的丙申猴年，为我操办了这次"执教 65 春秋学术思想研讨会"，并资助出版了这本纪念文集，真太不敢当了。谨从自己在 80 岁以后晚近十年来已见刊发表的一些拙文中择选了 31 篇，加上各方面媒体对我的一些访谈，再连同这十年间我写的几份忆旧和其他方面（含科研成果的一点小结等）的文字，合成了这本文集的前半部分。其中，我团队胡向东、许建聪两位，以及砚妹曾小清、挚友邓艳和胞弟孙铨等几位为我生平所写的几篇大作，更感弥足珍贵！在此感谢了。

衷心感谢多年来与我在同济学术殿堂——书斋里联袂辛耕不懈、合作做科学研究的砚弟诸君（早年我的博士毕业生和已出站的博士后）的热忱支持，将他们的佳作共 43 篇也一并在这里汇成一处，合成了这本文集的后半部分。

以上只是自己对近十年来（2006 年以后）的一点往事和部分研究成果作了些简要的回顾和综合性、概述性的介绍。因为在上一本《盛世岁月》和这次的《耄耋驻春》中已经分别摘选了自己在各个分支学科方面的代表性论文，以及在几本晚近撰述专著的"前言"中都已有了较为详细的论述，这里自可不再重复赘列了。自己日益认识到，科学研究工作是只有开始（但也只是在前人研究成果的基础上作些跨前一步的提高）而永远没有终点的。这里写到的，在内容和方法上也只能是阶段性的、还不够成熟的东西，且或有谬误不当，只算是自己的一点粗浅探索和领悟，借以抛砖引玉，供请各位业界同行专家不吝赐正，是为至盼！谢谢。

最后，对本文集的付梓问世，我要深深铭谢同济大学原常务副校长李永盛教授在百忙中为本文集写了使我愧不敢当的一篇大作。感谢同济大学出版社杨宁霞副编审、李杰编辑等各位不辞辛劳，付出的汗水和努力；还要感谢我的研究助理许建聪副研究员和几位研究生为文集中的多篇文稿重新改版作出的贡献。谨在此一并致意敬谢！

孙钧

丙申猴年仲春晴丽佳日

于同济园

前　言

　　孙钧先生,1949 年 5 月上海解放前夕于交通大学土木工程系毕业,解放后在华东人民革命大学短期培训,1949 年秋～1951 年夏,在华东航空处研究室工作。1951 年秋,返回母校上海交通大学任教;1952 年秋全国院系调整,随交大土木系师生一起转入同济大学任教并从事工程科学研究,迄今已历 65 度春秋。先生现任同济大学土木工程学院地下建筑与工程系资深荣誉一级教授、名誉系主任;1991 年经选任中国科学院学部委员(院士)。兼任国内外多所知名大学与研究院所的名誉/顾问教授和客座研究员,并先后历任国家重大工程建设项目 30 余处的技术顾问和专家。

　　孙钧先生执教 65 年来,辛勤耕耘三尺讲台,潜心致志学术研究,积极服务于国家重大工程建设,一颗热忱爱国爱民的赤子之心,历久而弥坚。现年届 90,可谓耄耋驻春,未有一日稍自懈怠,博学、勤勉至深感人! 先生曾历任同济大学教务处长、校学术委员会副主任委员;1960 年,在同济大学主持兴办了国内外首个隧道与地下工程专业,并任该专业首届教研室主任、地下建筑与工程系和结构工程系系主任、党支部书记和党总支委员。还历任国际岩石力学学会副主席暨中国国家小组主席、中国岩石力学与工程学会理事长(现名誉理事长)、中国土木工程学会副理事长(现学会顾问、名誉理事);历任国务院学位委员会学科评议组和国家自然科学基金学科评议组召集人、全国博士后管委会专家委员会召集人等国内外众多学术组织和一些学报主编等重要职务。

　　数十年来,孙钧先生在人才培养、科学研究、学科建设、教育管理、国际学术交流,以及岩土力学与工程以及隧道与地下工程领域的学科发展、产学研合作等方面都有不凡业绩。先生还投身参与各行各业的国家重大工程建设,作出了卓越贡献,取得了重要成就。先生长期从事岩土力学、隧道与地下结构工程学科的教学与科学研究,20 世纪 60 年代中叶(1963 年起),先生与其所率团队逐步建立了一门新的学科分支——“地下结构工程力学”,是国内外该子学科的主要奠基人和开拓者。先生治学严谨、造诣深厚,研究成果丰硕,著作等身,是我辈青中年后学成长的楷模。

　　孙钧先生在现代岩土力学与地下结构工程领域作出了大量突出的专业业绩:在岩土材料工程流变学和地下结构粘弹塑性理论、地下防护工程抗爆抗震动力学、地下工程施工变形的智能预测与控制,以及城市环境土工学和近海公路隧道结构防腐耐久性研究等 5 个分支学科领域均作出了深入、系统贡献。他将理论研究与实验、现场测试很好结合,许多科研成果应用于国家重大工程建设的生产实践,解决了一大批工程中涌现的实际难题,获得了巨大的技术效益和经济效益;不少成果达到了国际先进水平,在软岩非线性挤压性大变形流变特征及其工程整治方面的研究,居国际领先地位。数十年来,在军事国防、人民防空、水利水电、矿山煤炭、市政地铁、公路和铁道交通等工程领域的近 70 项项目中均有相当建树。

　　自 20 世纪 50 年代中期起,孙钧先生先后在国内外学术期刊和各类别学报上发表了学术论文 390 余篇,并出版学术专著 11 部、参编 3 部,专著字数共约合 1 880 余万字。先后曾获授国家级奖励 4 项、省部(市)级奖励 17 项;其中 1 等奖 4 项,由国外及知名人士颁授的基金终身成就一等奖各 1 项,连同其他各种奖励合共 26 项。1997 年,先生入选大不列颠(英吉利)剑桥国际传纪中心世界名人录;2015 年,获颁授国际岩石力学学会会士(ISRM 2015 Fellow)荣誉称号。

孙钧先生桃李满天下。除本科生外，"文革"前已在国内率先招收研究生。1981年起，先生招收国内首批博士学位研究生，1986年起招收首批博士后。目前，已培养了25位出站博士后、81位博士毕业研究生和27位毕业硕士研究生。学生们毕业后，许多人都已成长为国内外高校、勘察、设计和施工企业以及研发单位与政府管理部门等各行业的优秀技术骨干和学科领军人物。

为了回顾和祝贺孙钧先生65年来辉煌的执教和科研生涯，我们编纂了这本学术思想研讨会议文集。文集的独特之处在于，它不只是简单地选录了近十年来先生与弟子们发表的数十篇代表性专业学术论文，而且还着重展示了先生在工程教育和科研实践方面的改革思想、创新人才培养理念，及其致力于对岩土力学与工程以及隧道与地下工程学科前沿的产学研发展与工作进取上的许多思考；还反映了行业、媒体和学生们对先生的衷心评誉与感念。深信本书的出版对我国广大高校土木工程专业教育、学科建设和行业发展都定将有所裨益。

在此孙钧先生执教65春秋的喜庆日子里，我们借这本文集的付梓问世，向先生表示崇高的敬意和热烈祝贺！真诚感谢先生为祖国科教事业作出的杰出贡献，衷心祝愿先生青春永驻，健康长寿，阖府幸福安康！

《孙钧院士执教六十五春秋文集》编辑委员会敬识

李永盛、黄茂松、丁文其、谢雄耀、张子新、钱建固、朱合华、黄宏伟、杨林德、张庆贺、周健、徐伟、蒋树屏、袁勇、王怀忠、胡玉银、夏才初、凌建明、白云、朱雁飞、蔡永昌、陈建峰、胡向东、许建聪

记写一位隧道与地下工程学科的奠基人——孙钧教授

李永盛

在每一个强势学科的背后,都有一批具有战略眼光、学识渊博又善于凝聚人心的学术大师。在学科创建初期,他们作为敏锐又坚强的开拓者,而在后续的发展时期,又承担了把握学科方向、勇于推进的实践者和引路人。对于国内外隧道与地下工程学科而言,孙钧教授就是这样一位德高望重、受人尊敬和爱戴的长者,他无可争议地是这一学科发展的带头人。

20世纪50年代末,随着新中国工程建设事业的日益发展,隧道与地下工程从学科理论研究到工程技术开发都得到了业界同仁越来越多的关注。同济大学决定创办国内外第一个"隧道与地下工程"专业,并适时在学校建立地下建筑工程教研室,联袂校内已有的工程地质与水文地质、土力学与地基基础、工程测量等学科,组建成立地下建筑工程系。时任同济大学校长的李国豪教授排兵布阵,调集了一批优秀教师承担新专业的建设工作,孙钧教授受命从桥梁工程专业转到地下结构新专业,担任首届专业教研室主任。自此,孙先生就开始了新专业的建设,直到今天整整56个年头了,却从未离开过寸步,可谓倾注了他大半生的精力。当时,在全国范围内组建隧道与地下工程专业的高校还极为罕见,且主要是以铁道、水电等院校为主。当年面临诸多难题和困难,孙先生不遗余力地汇聚专业人才,吸收来自各方面的优秀技术力量加盟。第一代同济隧道与地下工程专业的师资就是在这样的背景下形成的,他们是潘昌乾、侯学渊、汪炳鉴、黄伟、钱福元和杨林德等知名教授,他们承担起该专业教学、科研和行政管理等各方面的重任。教师队伍中有来自本校工民建、桥梁、铁道和道路等专业的同行,也有从校外知名设计院、部队科研单位等前来同济加盟的同志,可谓一时人才济济。到后来,更有了自己专业培养的毕业生留校担任助教,就更显现出地下工程教育事业的活力,后继有人啊!

从专业创建初期开始,孙钧教授就提出在教学与科研中要秉承同济土木学科严谨求实的科学态度,脚踏实地地一步一个脚印走。与此同时,孙先生还一再强调理论研究与工程实践紧密结合的学风,坚持学科发展与国家重大工程建设项目紧密结合的同济好传统。为此,孙先生邀请了诸多来自铁道、公路、水工、市政矿山、国防与人民防空等领域的专家们参与学校的教学和科研工作,积极参与国内外和上海市的学术、技术交流,还主动承担各类社会学术团体的学会和行业协会活动。他时刻关注着本专业学科领域的前沿发展,以及面临的各项技术难题,以此调整和聚焦学科研究及与教学相关的内容和发展侧重点。正是出于这些原因,新成立的教研室受到了当时国内有关专业领域技术人员的重视和欢迎,孙先生的学术报告和在各种专家咨询会议上的发言都受到全国同行的关注和支持。他还非常重视教材编撰和实验室建设。教研室组建初期,由于缺乏统编教材,课堂教学大多采用自编讲义,经过不断的完善和修改,很快就编写了正式教材,并付梓出版。其中,孙先生身体力行,与侯学渊、汪炳鉴教授等合作编撰的《地下结构》和《地下结构有限元法解析》等专著已成为国内早年相近专业本科生和研究生喜读的两本重要参考书。在实验室建设方面,孙先生提倡要相应配置好供教学用的常规试验仪具与科研需要的特色专门装备,并两相并重,而以专门特定装备建设为主的做法,在引进与研发上都给予了足够重视。其构思的关键还在于,在对学生进行严格的理论知识传授与训练的同时,十分注意加强学生通过实验室动手及参加实际工程实践得到良好的专业教育与培养,使之能扎实掌握并应用好本专业的基础知识和基本技能,培养学生成为一名合格的工程技术人才。

正当教研室工作顺利开展之际,1966 年,"文化大革命"开始了,国内高等教育遭受了巨大灾难,高校的教学科研工作几乎处于全面停顿状态。但即使在这样的困难时期,孙钧教授所领导的地下建筑教研室还坚持并积极参与了国家"三线"建设和国防军事建设的研究项目。当年同济与全国人防办合作,在大学校园内开办了好几期人防系统技术干部的培训班,孙先生亲自主持开班并担任主讲。他结合地下防护工程抗爆研究与动力响应分析,以及浅埋地下结构防护技术,开设了这方面两门专业新课程并编写有关教材,这方面的出色成果和业绩获得了解放军总参、总后和全国人防办的多次嘉奖和表彰。1978 年开始,在改革开放的春天到来之际,孙先生以更加饱满的热情投身地下工程的教学科研中。他鼓励教研室的同事们要积极关注国内外先进的隧道与地下工程的发展动态,弄懂新开发的地下工程施工技术,"他山之石可以攻玉",要大家尽快把握本学科领域的国际前沿。80 年代初,当有限元数值分析方法刚在我国工程界应用不久,孙先生就结合他在美国访学期间获得的先进信息,加上自身的感悟和研究心得,组织教研室老师一起学习,并亲自担任主讲,据此还在国内首次编撰出版了《地下结构有限元方法解析》一书,为业界同仁组织了这一领域的培训班,讲演内容在国内率先涉及采用有限元法求解岩土力学与工程中的各种非线性问题,在世界上获得了很大的影响。之后,随着国民经济建设的迅猛发展,在城市地铁、能源工程和基础设施建设中,对地下工程理论和实践以及有据的理论支撑的需求越来越多,也越来越迫切,这些都为同济隧道、地下工程学科的拓展提供了难得机遇。教研室三十多名教师团结一致,遵循孙先生长年的教导和指引,倾注全力于教书育人,同时承担着众多国家重大科研项目的研究任务,积极投身并参与了我国各地区诸多城市的地下空间和地铁开发建设,他的办学口碑和对行业的引领作用得到了广泛认同,学科的特色和优势也越来越得到更大显现。在理论创新,密切结合国家需求和承担重大工程项目,在学科交叉与结合等方面,一时间更有了大幅度的提升。

值得提及的是,孙钧教授在国家学位授予点建设中作出了突出贡献。1981 年,教育部颁布了获得第一批博士学位授予点的院校和首批博士生导师名单。鉴于孙先生的学界名望和他精湛、渊博的学识,同济大学"隧道与地下工程"学科(结构工程的子学科)跃然于首批博士点之列,孙钧教授被聘为国家第一批博士生导师。这一难得的机遇,也给予我校地下结构学科发展以极大的鞭策、鼓舞和推动!当年,具备博士生培养资质的高校还没有,为了求得自身发展,全国范围内优秀的硕士毕业生纷纷汇集到同济门下,为我校学科甄遴合适人选、充实和壮大自身队伍提供了一次极佳的机会。同济所培养的博士们,即使出国发展或赴其他建设岗位或加盟其他高校,对于弘扬同济地下工程学科声誉,也具有重要意义,这在后续三十多年来的发展轨迹中更充分证实了这一点。当前活跃在同济大学的中青年俊杰、教授们中间,有相当一部分就是孙先生早年培养的博士生和博士后。在很长的一段时间里,孙先生承担着国务院土木学科学位点召集人和国家自然科学基金土木学科召集人的领导工作。他更从招生面试、培养方案、教学大纲、论文计划和实施、论文评阅与评审等方面,运筹帷幄,呕心沥血,倾注了极大的精力和心血。长年以来,孙先生精心甄选与录取了一批又一批有培养潜质和求学进取热忱的青年学子,通过倾力打造与点拨培养,为国家隧道与地下工程建设事业输送了一大批后继人才。大致统计了一下,自同济该专业博士学位授予点建立后,孙先生已为国家共培养了 80 余名博士、27 名博士后,连同早年培养的硕士生,总数超过了 100 名,可谓立德树人、功德天下。目前,同济隧道与地下工程博士点的导师队伍已扩大到 10 余位,所培养的博士不仅在数量上,同时更在质量上达到了新的高度,基本满足了国家层面上的需求。每一个能够成为孙老师门下学生的人都深感庆幸,求读期间所获得的指引和教导,成为激励学生后续成材、回报社会的不竭源泉。我本人就是上述 100多名有幸弟子中的一员,且更是作为他的第一位博士毕业生而深感自豪!我在追随孙老师攻读学位的三年多时间里所受到的教诲与帮助,在我一生中都是十分重要的,永难忘怀。

1982 年,我完成了硕士研究生的就读生涯。就在论文答辩完成之后不久,孙钧老师约我谈话,他询问了我的情况,同时问我有没有意向继续攻博深造。孙老师介绍了博士阶段学习的大致情况,他真诚地说,趁着年轻,多学些知识,多掌握点专业技能,从他自己的经历而言,如能留在高校任教,那更是十分必要的,也是值得的。我当时就听取了老师的教诲,开始了我人生又一个新的征程。从那时候开始,师徒关系保持至今,奋力攻读与细致教导使我俩几十年走到了一起。我很幸运和自豪,在学术和事业上找到了一位良师益友,使我毕生受益。毕业后留在同济工作了数十年,只要有人问起我"你是谁",我只需回答一句:"我是孙钧的学生。"一切都会得到很好的解决。孙老师在同济的口碑,在业界的声望,他的学识,他的为人,我们做学生的都说,实在是占了先生的一点"仙气"。当然,我们也都深知,入了师门,只能增光,决计不能有半点闪失而败坏门风。

拜师之后,孙老师比较早就与我商量并拟定了论文研究题目:"云南鲁布革水电站有压隧洞衬砌结构的变形控制和围岩稳定分析"。这是孙老师承担的国家"六五"重点攻关课题中的一部分。围绕这一课题研究,导师和我开始了紧张的博士课程学习和课题研究。有几件事记忆犹新。一是孙老师亲自向中国水电五局哈秋舲总工提出请求,由他提供我试验用的岩石试样,我与章旭昌师弟前往河北遵化工地取回;二是孙老师决定拨用科研项目经费共计6万元(当年,这不是一个小数目),购置了3台由中科院武汉岩土所研制的岩石扭转流变测试仪,供我学位论文研究中使用,夏明耀老师和我还前往湖北黄石提取岩样;孙老师还委派实验室李祥生工程师配合我进行岩体节理面剪切蠕变试验,仪器是自行研制,后来还少量生产以应外需。为此,李祥生老师还获得了同济大学科研成果奖。我的博士论文答辩,由于当时在国内尚属首次,由校科研处专门邀请了全国铁道、水电和建筑工程界的资深教授、专家们参加,西南交大的高渠清教授出任答辩委员会主席。论文试验和研究成果在鲁布革水电工程中得到了很好的应用,后来与其他子项成果一起,获得了国家科技进步二等奖。

俗话说,一日为师,终身为父。我们这一代的年龄与孙老师孩子的年龄相仿,在我们心目中,他既是我们的导师,也无愧为我们的父亲,学生对他充满着崇敬和爱戴的心情。对个人而言,一位好的导师真是可遇而不可求;然而,对于一个学科点而言,有一位睿智豁达的学术带头人引路和把控,其意义就更为重大。学科点建设的好坏,会影响到一代人的成长,影响到一个大学的品质及其学术声望。作为成功教育家的孙钧教授,其功绩不仅是造就了众多师从他的学生们,更重要的是构筑起一个了不起的学科,奠定好一个高层次专门人才培养的育人环境和基地,再以此辐射到全行业,造福于整个社会,

1983年,孙钧教授在实验室指导博士研究生。右为孙先生,左为李祥生工程师,居中的是笔者自己。背景为我校自行研制的岩石节理面剪切蠕变仪。

其作用和功德就更是重大许多。我们有充分的信心,在孙先生的关怀和引领下,全体同仁加倍努力,把同济大学乃至我国的隧道与地下工程学科建设事业发扬光大,做得好上加好。

李永盛写于2016年3月7日

作者李永盛教授,前任同济大学常务副校长,现继光学院院长,博士生导师。历任中国土木工程学会副理事长、中国岩石力学与工程学会副理事长。孙钧先生第一位博士毕业生(1984)。

孙钧院士学术简历

  孙钧先生,祖籍绍兴,1926 年 10 月生于苏州。1949 年 5 月上海解放前夕国立交通大学土木工程学系毕业,工学士;1954～1956 年随前苏联专家斯尼特柯教授攻读钢桥结构副博士学位;1980 年美国北卡罗莱纳州立大学留学,任高级访问教授,从事"博士后"研究。经选任中国科学院(技术科学部)学部委员、院士(1991、1993)。现任同济大学一级资深荣誉教授(2007)、地下建筑与工程系名誉系主任。历任国际岩石力学学会副主席暨中国国家小组主席,中国科协全国委员会委员,中国岩石力学与工程学会理事长(现任名誉理事长),中国土木工程学会副理事长(现任学会顾问、名誉理事),上海市建设交通委员会荣誉委员。还曾历任国务院学位委员会土建学科评议组召集人,国家自然科学基金委员会土木、建筑、水利、环境、测绘等学科综合评议组召集人,全国博士后管委会专家委员会土建学科评议组组长,中国自然科学奖评委。国内外若干知名高校、研究院所的名誉教授和顾问教授、客座研究员,国家许多重大工程项目(诸如:长江三峡工程,南水北调工程,长江中下游多座跨江大桥和水底隧道工程,港珠澳大桥岛隧工程等等)的技术顾问、专家,特聘注册土木工程师(岩土)(1986)。我国首批(1981)博士研究生导师和首批(1986)博士后导师。首批(1991)国务院政府特殊津贴获得者。1997 年入选英国剑桥国际名人传记中心名人录,2015 年获国际岩石力学学会会士(ISRM,2015 FELLOW)荣誉称号。

  孙钧先生一生从事岩土力学、隧道与地下工程学科的教学与科学研究,是国内外这一领域的知名学者和技术专家。20 世纪 60 年代(1963～1965)在岩土力学学界建立了新的学科分支——地下结构工程力学,是国内外该子学科的主要奠基人和开拓者之一。在岩土材料工程流变学、地下结构黏弹塑性理论、地下工程施工变形的智能预测与控制,以及城市环境土工学和近海公路隧道结构防腐耐久性研究等 5 个分支学科领域均有深厚的学术造诣,也是他所率团队的主要研究方向。自 20 世纪 80 年代初叶起,承担并完成国家各个五年计划重点科技攻关项目、863 计划项目,以及国家自然科学重大、重点和面上基金课题共 20 余项;承担并负责国家重大工程建设项目的科研、试验、勘察与设计任务约 40 项。在国家工程建设方面,先后在军事国防、人民防空、水利水电、矿山煤炭、市政地铁、公路和铁道等领域均有不同程度的建树。特别在越岭和跨越江海长大隧道以及城市各类地下建筑工程建设方面作出了应有的重要贡献。数十年来,在国内外期刊上发表学术论文 380 余篇,1978 年起先后出版学术专著11 部、参编 3 部,专著部分共计 1 880 万字。许多科研成果应用于国家重大工程建设的生产实践,取得了巨大的技术、经济效益。曾先后获国家级奖励 4 项,省部(市)级奖励 17 项,其中一等奖 4 项,连同其他各种奖励合共26 项。

目 录

回顾与思考篇

叙写与访谈篇

孙钧院士·学术篇

孙钧院士·成果篇

桃李·学术篇

回顾与思考篇

耄耋拾忆

孙 钧

荏苒流光 90 虚度,书匠生涯 65 春秋。在历史长河中只是弹指一挥间,而对自己却又感长夜漫漫,恍如隔世!既叹伤春华流逝,又欣逢今朝盛世的大好岁月。忆谈数十年间既有辛酸苦涩,也有赏心乐事的几桩往事,真是一次伤怀与温暖兼具的回顾,更可飨读者,诚佳事也。待我一桩桩娓娓道来。

之一:八年抗战 山河哽咽 血泪家国破

1931 年东北"九一八"事变,那年我才 5 岁,记忆模糊了。1937 年日军侵略入关,"七七"事变,卢沟桥头的烽火狼烟点燃了我中华大地奋起抗日的爱国救亡热潮;紧接着"八一三"事变淞沪抗战爆发,上海沦陷,日军西侵沿沪宁铁路铁蹄直指当时的首部——南京。当年我家正居住在南京,前些时慈祥祖母的溘然逝去,仅 64 岁啊,全家正处在万分悲痛之中,又突遇国家遭此沧桑巨变!父亲意识到一场南京之役就在眼前而又必不可保,于是慌乱中举家急忙迁徙,经镇江匆忙摆渡过江,先到了对岸江北的口岸(地名),再转长途汽车到达生疏的泰县(今泰州市)避难,这一住就是半年。其时,知道南京已很快沦陷,日寇入城烧、杀、奸淫无所不用其极,我家住南京时的两处房子,也都被夷平或烧毁了,实在令人发指!半年后,我家人又先乘小船经姜堰、如皋、南通,在南通天生港换大轮船坐一晚过江,于翌日拂晓到达上海黄浦江边的外滩租界。这样先后耗时几近一年吧,可谓颠沛流离,家国破碎,泪水和愤激之情只有往肚里咽呀!那年我 12 岁,有幸考入名校上海市江苏省立上海中学(那时上海属江苏省)初一就读。

我家在上海法租界(今卢湾区)内蛰居没有两年,太平洋战争爆发了。日军入侵上海英、法租界,街面秩序仍由安南(今越南)警察维持(那时的越南归属法国的殖民地),而北面英租界(今静安区、黄浦区)则遍街都是大胡子印度阿三(指警察,那时的印度归属英国的殖民地)。那时苏州河以北(今虹口区、闸北区和杨浦区)则是日本租界,老百姓是决然不敢去的,外白渡桥、四川路和河南路桥的桥头都有日本兵放哨,要问话、查身,稍一不慎,碰碰就会挨枪托打、刺刀戳,甚至被抓走没有了下落!怕人哪!

我与几个小弟妹,晚上就围坐在一张桌子边看书、做功课,而窗前都用黑布拉上了帘子,窗玻璃上块块都用白纸条交叉贴上,这是怕灯亮外泄,防备美军飞机轰炸震碎玻璃,暑日晚上天气又热又闷,这样的不通风透气,真是苦不堪言。这一切都是当地"地保"下达日军的通知做的,不敢不依他呀。

1942 年吧,香港沦陷后父亲只身远在西南大后方做事,家中不仅经济来源断绝,而且信息难通,互不知生死安危。这种乱世生活,我家 5 个兄弟姊妹(小妹还未出生),依靠母亲四处借贷,带大成人,其中的辛酸和艰难又有谁知呢?这样硬是苦熬了整整八个年头,直至 1945 年抗战胜利!

之二:投身爱国护校学生运动:反内战、反饥饿、反迫害! 在迎接全国解放的岁月里

1945—1949 年,是我青年时代的寻梦、追梦年月,也是当年反动政府悍然发动内战、迫害爱国人士和热血爱国学生的四年。整整四年啊,我在上海交大的这四年可谓亲身经历了这一全过程。无情的岁月,却锻炼了我的意志,使我由一个不了解世事的朦胧少年成长为逐步树立正确世界观、人生观的爱国青年。我以班级系科代表(当年是交大地下党外围的爱国学生组织)的身份,在"爱国护校"的旗帜下,先后积极参加了对反动政权进行"反内战、反饥饿和反迫害"的历次爱国学生运动。我们组织集会游行,交大学生自己开火

车到南京请愿,上街到蒋介石上海住地门外呼喊口号:反对内战,反对迫害进步青年和爱国学生。血红五月的鲜花和篝火点燃了整个交大校园,人们称交大校园为"还没有解放的解放区"! 我还以赴杭州旅游为借口,冒着坐牢的风险,随身携带交大学生自治会给浙江大学学生自治会的一大捆油印资料:号召沪杭两地学生无限期罢课,以抗议政府打内战、迫害爱国学生的罪行。我曾被上海警察局"传讯",受到被开除的威胁而不畏强暴!

在为迎接解放而振奋、欢欣鼓舞的日子里,在日后要为新中国建设贡献知识和力量的指引下,我没有丝毫放松专业上的奋发钻研。十分用心地学习了当年 S. Timoshenko 的几本权威教科书,从 *Applied Mechanics*、*Strength of Materials*、*Theory of Elasticity*、*Advanced Structure Mechanics* 到 *Plates & Shells* 和 *Structure Stability & Vibrations*,以及 K. Terzaghi 的 *Theoretical Soil Mechanics* 等,刻苦地做了上千道习题。这几本书为我日后的专业成长打下了厚实的基础,真是一辈子受用不尽啊!

之三:八十载后,故地重游滁州醉翁亭、琅琊古禅寺有感

我六岁入学的处女作——秋天来了,写到了春播秋收,有劳才有获,还有点意思吧。8 岁时首次远郊(那时我家客居南京)秋游,去滁县"醉翁亭"啖红驴肉。不意今岁(2014.4)羊年清明,风雨大作中,八十载后耄耋之年再次艰难攀临 108 级石阶之上的千年禅寺,与主持方丈天南地北交谈甚欢,更又品尝那"美味到了极致"的新鲜素斋。一时兴起,喜吟几句小诗:

乙未羊年佳节清明
滁州琅琊古寺之旅感怀
宝刹熙暖,春到琅琊;
人民祈福,祖国盛昌。

之四:饮水思源,感恩母校:上海中学、上海交大

我要深深感恩母校上中(当年江苏省立上海中学,今上海中学)、交大(当年国立交通大学,今上海交大)(今、明岁分别 150 周年和 120 周年矣,均国内名校),师长们教会了我如何处世做人和土木工程的 ABC,日

后成长进步,真一辈子受用不尽。有小事为证:

上海解放之初,华东航空处的一场笔试,牛刀小试,我不到 40 分钟就完卷了 6 道结构力学算题,受到监考老师表扬,可谓入世初战告捷;

37 岁,在全国 17 项国家基金优选研究项目的决胜中,位列榜首,当时竟冒出了一种"金榜题名"的光荣感。

以上这两桩事例在本文集后面的一篇文章:"永不懈怠的追求"中已有过较详细的叙介,此处就不展开和赘述了。

之五:在前苏联专家身边的日子

在苏联桥梁专家 И. Д. CHИTKO 教授身边的日子(1954—1956)里,专家的言传身教,使我受惠终生,永难忘怀! 当时,不只政治上"一边倒",唯苏联马首是瞻,大学里用的也都是清一色的"老大哥"的专业教材(中译本),它内容上理论深邃,而分析严密又详尽细致,使年轻的我大开眼界。1954 年初,6 位苏联专家联袂来同济执教,因我粗通俄语,再经半年的口语培训,校方把我从力学岗位调任钢桥设计前苏联专家斯尼特柯教授的技术口译,负责副博士研究生(连我自己)培养、组织制定专业教学计划和教学大纲、指导毕业论文和上专业课等,工作量十分繁重。专家不仅学有专精,理论造诣深厚,更又密切联系工程实际。而他的高尚人品,更处处体现出当年苏共老党员的精神风貌和爱党、爱国情怀。专家离校后,我接他衣钵主授"钢桥设计"和"桥梁施工组织与计划"两门新课。尽管我以后改行搞地下工程了,而对桥梁那股执着的热爱却历久而弥坚,时至今日,我仍约有 1/3 时间在从事桥梁下部岩土结构(桩基、沉井、锚碇和桥基软土加固与改良等)的科学研究,还曾历任虎门、江阴、汕头海湾、宜昌、润扬、苏通、泰州和深中通道等国内多座特大型桥梁工程的技术顾问和专家,我至今对桥梁可谓"情有独钟,兴致盎然",要感谢苏联专家给我打下的基础呀。

之六:在武汉长江大桥上振臂欢呼:"结构力学万岁!"

武汉长江一桥是我国万里长江第一桥。20 世纪 50 年代中期的施工期间,我与上面说到的前苏联专家

带学生们一起去过现场两次：一次是观看 $\phi 55$ 管桩采用振冲法在深厚砂层中下沉作业；第二次更是攀爬到数十米高空的钢桁架上，走到钢架作业面最前面去观看钢梁拼装。脚下万顷波涛，因为有防护网，自己又年轻，并没有丝毫的胆怯和恐惧感。在大桥通车前夕，我又一次去桥上，与几位桥梁专业老师采用万能振动仪做现场测试。先是在校内，采用影响线(influence line)法计算的最不利工况是当火车高速过桥，在近桥墩处突遇地震警报而紧急制动刹车。其中，更复杂的计算条件还在于：不只是将桁架节点按铰结作计算，还要因采用铆接节点而计算附加产生的次应力(这一方法也是专家在指导研究生时讲授而学会的)。亲眼看着火车在高速行进中、距墩位约十余米处突然刹车，采用振动议测试钢桁架杆力和支座的动反力与施加于墩顶的水平制动力，均与计算各值竟然想不到地十分吻合！我们几个人都激动得在桥上大叫起来，我更是用右手振臂高呼："结构力学万岁，万万岁！"深感科学的了不得啊！

后来的几十年中，我改行研究岩土力学了，由于岩土介质材料的随机性和离散性，为此计算上要做不少无奈的简化和近似，计算结果与实测值间决然做不到如上述理想的精准度了，这是客观上岩土与钢结构二者的差异使然。我此后也从未有过"岩土力学万岁"这样由衷的赞许了。一笑。

之七：早年主持工程建设任务的几处难忘的处 女作

我自1951年秋返回母校交大任教，后来因全国性院系调整转来同济任讲师，之后做苏联专家专业翻译，又接专家衣钵，从力学改行桥梁。前后八年，都是在繁忙的教学之余，踌缩在高校的科学殿堂里，欣然自得地做空泛的书本学问。自我陶醉于数学、力学游戏中，也写作了多篇论著。但从理论联系实际，为工程和生产建设服务方面看，则总是显得十分无助和无奈！因为当时国家建设任务少又小，对科学研究方面都没有什么要求。至于投身于勘测、规划、设计和施工领域，直接为生产建设第一线服务，就更一时谈不上了。

这种情况，在我第二次转行改搞"隧道与地下工程"专业之初，就开始有了新的变化和突破。

学校与国防军事部门协作，由校部下达、由我负责牵头，带同一帮师生远赴外地去承担一项地下飞机洞库(连同地下储油库)的勘测、设计任务。我从一个对地下工程陌生的门外汉(仅在老交大学习时听过一门"铁路隧道"专业课程)，与部队技术首长和工程师们一起边干边学，从不懂到懂一点，再到基本掌握，花费了整整三年时间。其时，我们沿逐个山头勘察选址，确定洞轴走向和洞门位置，以及洞体平面和纵、横剖面设计，再到洞口附近防护门、密闭门和口部"三防"(防核爆冲击波、防毒和防电磁辐射)设计等不一而足。除了专业上的提高外，部队同志间的赤诚奉献、彼此关爱和互助精神，更深深感染了我并获益终生！我身披军装，在烈日暴晒和严寒刺骨的野外做工程执勤，也锻炼了我刚毅健硕的躯体和性格。工程任务完成后，学生们在工地毕业，全部光荣参军。许多年后，我专程又去部队看望，他们个个都已成长为肩上"两条杠、三颗豆"的上校，其中的两人(一人还是女生)则已获颁大校军衔，都正在肩负着国防工程建设的重担呢！

他们中许多人的名字，我都会永记不忘，大家都是20世纪60年代初国家三年困难时期同一战壕中的亲密战友啊！

回校后，我又紧接着主持了当年上海市地铁建设的第一个扩大试验段项目"衡山路地铁车站，并附建该区间的通风竖井工程"。经过方案细致比较，我们选定了地下车站采用 48 m×140 m×22 m(宽×长×高)大尺寸预施应力气压钢筋混凝土沉箱的施工方案，它比之开口沉井，下沉中更能确保结构整体稳定，落位准确可靠。我下到约1.8个大气压的地下舱室内，用气压排干地下水，挖土作业则还是全人工进行(当时还没有机械手)，耽搁了不到一个小时，就感到呼吸急促，很想上来了。当时的地铁车站建在衡山公园里，我听到游人们在惊诧着说，前些天一所高高的、没有窗和门的大房子，这几日怎么愈建愈矮，现在更是看不见了啊？我为这些天真的话语感到可亲和可笑。此后，我又陆续承担了上海市打浦路过江隧道的地下支通道，采用连续沉井的作业方案，以及参加漕河泾开胸网格式地铁盾构的施工监测等。现在都不采用这些老旧工法了，有了土压平衡盾构，市区的地表面隆起和沉降控制也早都不在话下,但这些都是后话了。

后来的数十年间,我在主要致力于做应用基础类研究工作的同时,还先后承担过各个不同类别的地下工程与隧道的勘察、设计和施工科研任务近 40 项,上面说到的几处只算是一个良好的开端吧!

之八:永难忘怀的 1976 年

1976 年,是我国亿万人民经历着刻骨铭心大悲又大喜的一年!先是敬爱的周总理和朱德元帅不幸仙逝,随后发生唐山大地震,一场突如其来的凶险,夺去了以数十万计善良同胞们的身价性命。紧接着,我们的伟大领袖和导师毛主席,在这场磨难中又相继永远离开了我们。但随之横空出世的一声惊雷,吹响了粉碎"四人帮"的响亮号角!

当年,"走资本主义的当权派"和"反动学术权威"的两顶大帽子,紧紧给扣在了自己"被弄得一头雾水"的头上,我被造反派"开除"了党籍,关"牛棚"、"抄家",天天写那无完无了的"检讨",做"交代",饭前要背诵"语录",接受革命群众的批斗,下放劳动改造,"踏上一只脚,永世不得翻身"……所有这些,我看成是一场政治大劫难,也都算不了什么。我内心深处总隐约感到这一切终会过去,那几年我照样安然吃饭睡觉,自己没干坏事,坦荡自在,于心无愧。我热爱生活,劳动对我只算是一次锻炼,对身体有益。我在等待着总有"天亮"的一天,党和人民一定会觉悟到这一天的到来!

我相信,国家不会从此不要科学、不要搞生产建设,而只是天天"闹革命"、搞"阶级斗争"。我在皖南"五七干校"一处老农家阁楼上的住处,面对深夜时分一盏孤寂的油灯前,默默地刻苦攻读着岩石力学的一本启蒙专著:法国塔罗勃写的《岩石力学基础》。从一个只知"土力学"皮毛而对"岩石力学"这门新的学科分支却一窍不通的门外汉,经过自我奋发努力,终于搞懂了它与土力学的异同和学科特色,并萌生了极大的兴趣和爱好,一头钻进去而终于一发不可自拔。它为我此后数十年在国内外岩石力学与工程领域作出的一点微薄贡献而受到的鼓励和表彰打下了必要的专业基础。我之后陆续担任了中国岩石力学与工程学会的第二任理事长、国际岩石力学学会副主席暨中国国家小组主席,并在今年初又喜获该国际知名学会会士

(ISRM,2015 FELLOW)的荣誉称号。

果不其然,自 1976 年的晚秋开始,紧接着"文革"后的"拨乱反正"开始了,科学的春天也终于来了。全国科学大会的召开使人们欢呼雀跃!"科技是生产力,是第一生产力","知识分子是工人阶级的一份子","实践是检验真理的唯一标准"等,不一而足,真是令人振奋、大快人心啊!在全国范围内坚持改革开放,这一切的一切,我们要深深敬谢党中央和小平同志的正确领导,造就了今天的一代又一代新人,建立了我们繁荣富强的祖国,人民真正当家作主,从此我们得以尽情地施展抱负和才华,在祖国广袤的大地上发挥聪明才智,高高自由遨翔!

之九:54 岁去美国做高访学者,从事"博士后"研究

1980 年春,作为改革开放后我国第二批、同济第一批公派出国留学(进修)人员,我于当年任学校教务处处长期间,与其他三位正、副教授一起,赴美国高校(北卡州立大学,North Carolina State University)做高级访问学者(Senior Visiting Scholar)。这是我(已是 54 足岁"高龄"了)第一次出国,学校也是解放后首次公派出国留学生,由此打破解放后闭门锁国三十年的旧传统,大家都极富新鲜感。记得我们几个人离开同济的一清早,校党委书记黄耕夫、李国豪副校长和各系总支书记、系主任,以及一大批熟悉的教授和老师们都齐聚在学校大门口,大家兴致勃勃,热情话别。李校长握住我手说:"孙钧同志啊,你是教授又是教务处处长,到那边后不只是要做自己的研究,还要关心、了解那里的教学情况,有些什么好的经验,回来后我们也会有所借鉴哪!"

因为北卡州立大学的土木工程专业在美国当时排位第八,系主任 Paul Xie 教授(谢承德学长,后来还担任了我做博士后研究期间的合作导师)又是我老交大时的同班同学,他当时已是美国工程院院士,国际知名混凝土结构学者、专家,所以我们四个人就都选了去北卡。在回校后应邀在校工会组织的一次汇报总结大会上,我谈到了在美期间感触最深的以下几点:

(1) 大学的主旨是培养学生掌握好"专业基础",如果说"成材"是指成长为一块好的木料,则毕业后的

发展就好似用这块好木料来做桌椅、眠床、家具……还有其他什么，当然都将是十分好的，关键是木料要好，这是学校的任务。而怎样把好木料用于做这做那，那就是日后工作中再锻炼提高的事了。我被这种观点以及按此制定的一系列教学内容和方法所折服，日后我在做系主任时，就十分侧重和加强学生的基础培养和训练，要努力培养学生成就一块好料呀！

（2）我随某几位知名教授旁听他们的专业课，发现讲授的特点是内容新颖，尽可能把国际上生产建设中的学术和技术创新引入专业课教学内容；教学方法上课堂内师生互动、提问、答疑和交流成为常态，并不拘泥于一成不变的"教学大纲"，home work 在课后是必然要布置的，以培养学生的自学、钻研能力。

（3）在勤奋用功和打马虎眼、混日子的两帮学生之间，形成了明显的两极分化。学习刻苦、成绩优异的学生们，会一大清早就带着汉堡包、水果、牛奶和饮用水等进入图书馆，把自己关进小房间里，直到晚上 12 点以后才出来。我赞叹说，美国科技的进步和创新发展靠的正是这帮人哪！我并不认为国外研究生的论文质量还比不上我们国内、比不上同济。这种观点有很大的片面性，不足为信。

（4）我年轻时用心自学了两本书：《工程中的数学方法》和《土木工程的力学问题》，对我以后的科学研究帮助非常大，也引起了我对采用经典数学、力学方法于解决工程结构问题的极大兴趣。当年在美国北卡州大，我曾为系里老师和博士生们做过一次 Seminar，题目是"Wave Mechanics Study on Dynamic Response of Underground Works Under Explo-impulsive Loading"（"地下结构抗爆炸冲击波动力响应的波动力学研究"），不料听众中冒出了许多位该校其他院、系的教授，我还下意识地认为他们能否听懂我的讲演？其中的一位在会下的交谈中告诉我："我是来学习孙教授的治学思想和做研究的观点（idea & point of view）的，只要能听进去一两句对我专业上有启发的，我就满足了、高兴了，当然，您讲的具体细节我真的难以弄明白。"我十分赞许这种极好的想法和作为，似可供国内大学老师们参考、借鉴。

（5）北卡州立大学在每周都固定有一个下午的后半段时间，全校无课。在校内鼓励师生们跨学院、跨系科开展学术交流活动，主题发言的时间不长，约一堂课左右，然后是在讲堂中上下互动、提问和交流，各抒己见，十分活跃。老师和学生们甚至可以跨不同院、系去自由听讲，有如去听音乐享受、社会哲学、文法商学等讲座。这一做法该有多好呀！当今，各门不同类学科之间的融合和渗透，并在其交叉、结合点上派生新的子学科分支，是学科发展的新思潮和大趋势，值得学者们关注。

我认为这次外出进修，除业务上有了不少长进外，还大大拓展了自己的专业视野。科学无国界，我们教授们要多多开展与国外高校、研究机构间的校际合作和交流，尽量多走出去、请进来，决不能"坐井观天"、"孤芳自赏"，安心做个"土教授"，那是要落伍的。我鼓励国内年轻学者多到国外看看，外面天地之大，真是五彩缤纷、琳琅满目美不胜收啊！我们在专业学识、研究成果评价等各个方面，还是要谦虚谨慎点为好。

这以后，在我八十三四岁以前的这几十年，外出参加各种国际学术会议、主持国际学会活动，与国外高校、研究院所开展科研合作，约共计（据不完全统计，凭回忆）25 次以上，足迹遍及欧美、加拿大、挪威、瑞典、日本和东南亚、新加坡、韩国以及中国香港与台湾地区等。其中先后往返日本 11 次，与东京大学、京都、大阪、名古屋、九州、大阪工大等许多大学都有合作研究并联合培养博士生，深感收获巨大，感触良深！

之十：缅怀李国豪老校长

1952 年秋，我因全国院系调整"一锅端"，从交大转来同济任教。这之初，我 27 岁的一年吧，在一次校领导与青年教师的座谈会上，聆听了老校长李国豪教授对我们的谆谆教诲。他的一番警语：

"一个大学毕业生，在毕业后的三五年里，如果没有养成好的自学和勤勉做研究的习惯，浑浑噩噩过日子，我看他以后也就难了。"李校长又进一步告诫着说："这种人先是手懒，不愿动笔；后来再发展到脑子懒，不肯用心和思考了。这就完了。危险啊，大家切切要警觉啊！""有人还说，自己都过 35 了，脑子已远不如小时候灵活了，事情又忙，没精力和时间搞学问、做研究了呀"；"真的是这样吗？我看这些都是不求上进的托词，要害只是一个懒字"。"只要肯学、肯做，我看连坐马桶的时候,同样也可用作思考问题、做学问的呢"。上面这些都是李校长当年的原话。他还引用了西方的一句谚语"Never say too old & too late to learn & to do"来勉励大家。

上面这些话说的该有多好啊!! 自己当时是句句倾听进去了,此后数十年也老老实实应着做了,自省从不敢稍自懈怠和放松,决不敢荒度时光! 我一味追求自己的"兴趣人生",认为世上最宝贵的是"光阴"两字,真的是时不我待、时不再来呀。我坚持认定:等"兴趣"和"钻研"两者形成了良性循环,成果和成功自然也就在彼岸向自己招手了。别人都在说,市场经济不是"名"就是"利"。这话是不对的,至少也是不全面的。我都"坐八望九"的人了,还常年坚持奔忙在国家建设的第一线,是在为"名"还是为"利"哪? 倒是一句老话(岳飞的名言吧)说得对了:"少壮不努力,老大徒伤悲"。今天我面对业界同行、广大师生和我的家人,才不至有人老枯黄那无奈的感伤、哀号!

我在李校长身边的那几年(1962—1966 上半年),除了自己正值盛年,精力充沛外,也是我学业上、科研上进步最快的年头。"文革"前,我是现在土木学院结构工程研究所的前身——"结构理论研究室"的主要成员,追随李校长左右做结构抗爆动力学方面的研究,在他的严格要求和指导下,有幸业务上一次次亲聆教诲,自省那几年在学业和研究工作中取得了突飞猛进的升华,真是受益终生,当永志不忘。

李校长远去十多年了,他的谆谆教诲,使我永难忘怀。

之十一:盛世岁月,黄昏夕阳更绚美

这一部分我想只概略性地写得简单些,只写以下几点够了。因为在我 80 岁虚度时已经出版的一本论文集:《盛世岁月》的前面部分,已有了较为详细的介绍,这里就不用再重复赘述了,只是再作点补充,主要是将 80 岁以后近十年来的某些看来还值得一叙的工作说一下吧。大体上有以下几桩事:

(1)近年来,国内一些有条件的工程和生产企业都纷纷经审批设立了"院士专家企业工作站",并开展了"产、学、研"结合研究。这是很有前景的好事。我自2010 年起,先后应邀在杭州、泉州、南宁、宁波和南昌诸城市主持以我冠名的企业工作站。其中,杭州市还成立了要我勉力担任院长的一家工程研究院。由于几年来小有业绩,自 2013 年起更经升格为浙江省级企业工作站,实在令我战战兢兢,深感力不能及了。

(2)继担任西安终南山秦岭高速公路隧道专家委员会的主任委员之后,又负责了杭州市海宁穿越钱塘江强涌潮江段钱江水底隧道的专家委主委工作。该隧道由上海隧道股份以 BOT 形式包建,并采用了崇明越江隧道已完成掘进过的 ϕ15.43 m 二手盾构,取得很大成功。盾构在涌潮声中顺利通过大江,并安全穿越南北共四道古、今防汛大堤,值得业界赞誉。

(3)应聘担任国务院南水北调工程专家委员会专家,并与武汉长江建设委员会勘测设计院通力合作,成功完成了中线一期穿黄(黄河)隧洞及其两岸深大竖井结构的设计研究。其中,ϕ8.8 m 大型穿黄隧洞为具有高内水压头的盾构法软基隧洞,采用管片外衬和内置现浇环向施作预应力的钢筋混凝土内衬,构成复合衬砌。这种构造形式在国内外均尚属首次采用,获得成功。现该项目已顺利通水,运营情况良好。

(4)自港珠澳大桥岛隧工程建设之初起,我担任该项当今国内 1 号工程的技术专家组专家。先后去广州、珠海、北京和上海各地参加各种专家审查会议、专题咨询研讨会、科研立项和验收、鉴定会议等共 30 次以上。在以上会议期间,我努力为工程出谋划策,并总是在会议后又详细补写个人书面意见,不少建议已为业主和承建方采纳或供作重要参考,令人高兴。

(5)近十年来,我还先后承担了润扬大桥、苏通大桥、泰州大桥、厦门翔安海底隧道、上海崇明越江隧道、青草沙原水过江水工隧洞、青岛市地下铁道、深(圳)中(山)通道,以及宁波将军山特大跨高速公路(开挖洞跨达 19 m)、杜娟谷近间距公路隧道和象山市过海隧道等的前期设计、施工研究与工程风险分析方面许多科研课题的合作研究,不少成果经鉴定认定,达到了国际先进水平或居国际领先地位。

(6)近年来,分别由人民交通出版社和同济大学出版社出版了两部学术/技术专著:《隧道结构设计理论与工程应用》和《地下结构设计关键技术及其工程实施》,均约合 130 万字,获得同行专家好评,为业界同行提供了参考借鉴。

（7）2015 年初，经国际岩石力学学会票选通过，颁授我学会会士(ISRM, 2015 Fellow)荣誉称号，证书中对我数十年来在岩石力学与工程领域所做贡献和在国际学会中作出的业绩给予了书面表彰。

近十年来，我先后又应聘分别担任了：(1)浙江省海宁钱江隧道、(2)广东省汕头苏埃海湾隧道、(3)中铁 14 局扬州子公司、(4)江西省交通工程科学研究院、(5)宁波市交通规划设计院、(6)福建省闽南建工集团、(7)广西自治区交通建设投资集团、(8)上海市中直建筑集团、(9)上海市中锦建筑集团、(10)杭州市政建设集团、(11)厦门市磐砻工程咨询公司、(12)杭州市图强工程材料公司、(13)上海市基建优化协会、(14)河南大学、(15)绍兴文理学院、(16)济南轨道交通建设集团和(17)中国人民财产保险(中国人保)工程险部等等若干部门的技术顾问、特邀专家和荣誉教授，使自己能有机会结合工程实际需要努力为国家建设事业继续贡献绵薄。

余年的感喟和思考

人生百岁，终有尽头。这是客观规律，新陈代谢，不可避免，但只要此生无憾，就足可告慰自己和先人了。

过 80 岁以后，自省身体各方面已大不如前，虽还不能说"江河日下"，但自然衰老是显然的，特别在体力和耐力上就更其如此。本来抽体一直尚健，但 2008 年夏由于频发(但并不很严重)的心绞痛，在中山医院承上海市心血管研究所副所长、今天我校的副校长葛均波院士/权威大夫亲自主刀为我安装了一枚心血管支架，使我的残年得以健康延续。又 8 个年头过去了，疗效一直不错，但终究冠心病灶缠身，须得时时处处设防。别人见我说话尚清晰响亮，头脑清楚，还能连续在大会上做 3 个小时的讲座，接着台下还互动答问，而不喝一口茶水，都说我身体好。我认为这是因为长年坚持用脑，脑力衰退相对就比较缓慢些，而数十年的粉笔生涯又练就了这一身"讲功"。但知我者晓得，我晚年生活可谓是养尊处优，竟懒成一点劳累不得，也决不敢像早年那样经常加夜班，甚至忙通宵了。虽然当今世界好精彩啊，真希望能多活几年，但终究来日无多，是一种不断加速 approach to the terminal 的象征吧。

65 岁时就有想退休的打算，归隐林下该有多好。

由于 1991 年评上了院士，诸事陡然繁忙异常，更又受"兴趣"的驱使，技术活纷至沓来，件件桩桩，竟像是骑虎难下！随之 70、75、80、85 如风驰电掣般从眼前一扫而过，有时竟忙得不知今天是星期几了？我早 20 年就过了"含饴弄孙"之年，现在孙子、孙女都自立成人了，抱曾孙则还远无指望呢。看来最后的这烛火残年，自己一定得悠着点了，要像金庸老在小说中写的："慢慢淡出江湖"罢。那是不是今天已年届 90，应该是"明哲保身，颐养天年"了呢？答案自然是否定的，我自己也不愿意、不甘心那样做的。确实，数十年来，我该做的也做了不少，可我还想做的却还有许多许多，也可能是永远做不完的，我又怎能就此打住啊！

我对今后有一点规划，设想的是零星的以下 7 件事：

（1）我要站好最后一班岗，用心把现有的几个封门弟子、博士生带好，新生一般就不再招了。

（2）利用几处已建的企业院士工作站，再做一点一直想深化探究的课题。我的助手们不只是在校内，还有一支得力的"校外学团"，他们毕业后仍跟随我多年，是很有战斗力的小团队集体呢！

（3）每年外出会议希能自我控制在 10～15 次左右，如果"一刀切"哪儿也不去，完全在家懒散着，除了国家建设还需要我外，对自己的健康也不一定有利。

（4）我十分关心国家大事。事再忙，每天的电视新闻、报纸和"参考消息"是必然要看的。"国家兴衰、匹夫有责"啊，真希望国富民强、国泰民安，有国才有我这个小家呀！

（5）以前，我没有时间学上网查资料什么的，今天有点空暇了，我要熟悉上网。"秀才不出门，熟知天下事"。

（6）我要利用空闲，把一向最爱的唐诗宋词，再拿出来把吟一遍；还想拾起一直想读却又没有时间看的手边的几本英文文学名著，当作养生休闲读物，细细品味一番。

（7）要坚持平日锻炼，与老伴一起去附近公园散散步、做做操，找熟人聊聊天。太极和气功，年轻时忙，没有好好学，今天"九十岁学吹鼓手"，没有这个壮志和信心了。

乙未羊年八月盛暑记写于临安市
西天目"清风醉"度假山庄

往事已矣，却又记忆犹新，难以忘怀

——记自己在专业上的求索生涯

孙　钧

这一篇文章好像是上一篇的续文。的确，我上一篇文稿重点是写自己青壮年和进入老迈之后的一些零星回忆（都是实录），并侧重于一些生活和工作上的琐事；中晚年后，有幸欣逢国家改革开放的盛世岁月，作为一名大学工科教授，我要在课堂上培养博士研究生和博士后（前者已近80人，后者也在27人以上了吧），做我喜欢的应用基础性理论分析研究，其中，主要工作是努力完成各种研究课题和国家与省市基金项目。此外，我有大好机会投身于国家生产建设第一线，参与了国内各处重大、重点工程的技术咨询、顾问和各种专业会议，这就形成并丰富了这一篇章的主要素材。我后来的三十多年自感得以让自己施展所学和专业上的抱负，积极为祖国建设事业服务。这晚近三十五年来，我每年外出会议和去工地现场年均约37～38次，2014年更创纪录地达到42次，年终的最后一次冒着岁末严寒连续在外20天，去到城市共9座。最后倦游归来，一头靠在沙发上对老伴高兴地说着：人不能不服老，但老有所求、所乐，做点专业奉献，看来更是促进我健康长寿的一贴兴奋剂吧，并随口吟句：

鬓须尽霜耄耋年，老骥方知伏枥难；

科海遨欢忘荣辱，苦思求索总无闲。

之一：下到地下千米深巷——在淮南煤矿潘集3#井，坐简易罐笼、猫身走巷洞

"六五"期间，正值"文革"喧嚣。我参加了由上海市包建的、在徐州附近大屯煤矿构筑地下600 m深层Φ9 m煤井井筒的建设工程，并承担煤炭部重大项目的科技攻关。在一次去淮南煤矿潘集3#井的调研中，趁着年轻，我站立在简陋的罐笼里下到地下1 000 m以上深处，低头弯腰走进那不知尽头的小坑道，直达巷洞作业面。我累出了一身臭汗，却不以为苦，高兴地说："今天又一次突破了我向地层深部进发的新纪录！"

之二：TBM（隧道掘进机）在岩溶地质区段掘进——爬山涉水，徒步去黔桂界河南磐江上的天生桥二级水电站

那年深秋，记不得年头（当时还是胡耀邦当政，做总书记）了，为了天生桥二级电站建设，我翻山越岭从贵阳走山路先到达黔西南重镇兴义市（兴义狗肉全国知名，当时就美美地品尝了），再赤脚淌水过贵州与广

西的界河南盘江上游，换车直至天生桥电站工地，耗时整整一天。当时工地上要求解困的重点，是采用购置的美国罗宾斯的二手货TBM开凿水工引水隧洞，因为作业面前方碰到了大溶洞，掘进机无法继续往前掘进而停工待议。由于国内当年采用TBM机械的经验很少，一时竟感束手无策。我建议先在溶洞中灌筑贫混凝土（一种低标号素混凝土）填实，以方便前方掘进开凿。据事后告我，该法已使TBM顺利通过，取得了成功。今天看来，这种做法已是业界通用的常识了，在前些年长沙地铁TBM掘进中，我又一次碰到，该法更已有了许多好的改进。

之三：冒42℃高温的一次边陲勘察之旅——在新疆吐鲁番工地欢度中秋

最圆、最亮、最美的是中秋月！记得有一年的中秋佳节是在边陲新疆的吐鲁番分外别致地度过的。虽说全国各地都已经秋凉了，但那里中午时分室外骄阳下的温度仍高达42℃以上，尽管嚼着清甜的葡萄和大片凉

瓜,但仍然酷暑难当。为了祖国边疆的国防建设事业,我以已过古稀的高龄,万分乐意地去那里讨苦、讨热吃,在已近晚上9时,在返回乌鲁木齐的柏油大路上,蓦然回首,一轮硕大的皓月正在东方地平线上冉冉升起,令人倍感兴奋。这是一次别有风味的中秋之夜哪!

之四:理论密切联系实际,作出一份应有的贡献——献身国家重大工程建设,为长江三峡工程、南水北调工程和港珠澳大桥岛隧工程出谋献策

这里说的三大项,都是当年国家的一号工程建设,时间跨度长约30年(分别为20世纪90年代、新世纪前后交接的10年和晚近这10年),我均有幸得以自始至终参与,并担任各该工程项目的专家委员会专家。每个项目都先后历时10多年。由于长江三峡工程开始得最早,为了便于合在一处写,就作为一个整体大项来先写后面的其他两项了。

三峡五级永久船闸,它自高陡山坡竖直下切,从山顶至船闸底近100 m,属深切岩坡工程而又体量极大,中间大闸墩全宽60 m,由于切深大其岩盘卸荷变形释放量大,尽管是闪云斜长花岗岩,但表层风化岩面的节理裂隙极度发育又多卸荷裂隙,致弱面剪切流变十分突出。当年,有关工程部门都还没有全电液伺服的岩石流变刚性试验机,同济岩土所则新从英国进口一台INSTRON刚性伺服流变机,就由我负责承担了这一子项的全部室内实验研究任务并相应研制了专用软件和试验机的前后处理。闸体岩石的蠕变研究成果关系到岩壁的长期变形,特别是安装全部六道钢闸门的最佳时机,及其门扇需要预留的安全间隙位移伸缩量(要求应≤25 mm)。我们的这些研究成果为永久船闸的成功建设作出了贡献,得到了同行专家们的好评。

我们还与长江委设计院通力合作,承担了南水北调中线一期穿黄(黄河)隧洞复合衬砌结构及其两岸盾构始发井和接收井两处深大竖井的三维静、动力数值分析研究。其中,在特大型水工有压隧洞(φ8800)中,建议采用盾构管片外衬和环向施加预应力的钢筋混凝土现筑内衬结构,这在国内外均尚属首次,而层间施作防水垫隔层与否的利弊得失则成了专家们争议的焦点。在各种不利工况的组合下,我团队成员详细研究

了各种不利工况达10余种,使设计工作得以有充分理论依据而获得成功实施。

近十多年前吧,早在成立港珠澳大桥工程局之前,在广州就成立了一处前期办工作室。这之初,我已多次去了广州、深圳,后来又主要在珠海,参加有香港、澳门和大陆三方协调工作的会商了,算得上是一名先行者了吧。当时的问题有的不全是技术性的,却因"一国三地"政体的不同而又十分难办,有如讨论:能否做到"一地三检"?即在一处人工岛上一次办理好往返香港、大陆和澳门间的签注;又如三方应如何分担建桥的资金筹措?香港方提出在施工期和运营后的海上和岸滩的生态变异与环保难题,还有澳门方提出能否不经珠海而另辟一线与香港可直接往返,等等。这些应该不算十分复杂、难办的事,却花费了与会专家们大量宝贵的时间和精力。我认为自己对该大桥岛隧工程建设作出的一点奉献,大体上有:

(1) 详细论述了伶仃洋出海口通航水道适合修建特大型沉管隧道的有利条件与在日后施工和运营中应关注与解决的主要难点问题。在当年交通部几位技术负责同志的极力支持下,特大型沉管隧道方案获得了顺利通过和成功实施。

(2) 详细论述了当今国际上广泛涌现的潮流:因为开发了"水力压接法"而出现的普遍采用沉管管段间柔性接头,随之相应的是否应该用挤密砂桩复合地基来取代上一世纪(当时还未有水力压接)通用刚性接头时相应采用的刚性桩基。后来的实践证明,复合地基能以更好适应沉管深厚软基的不均匀变形而取得了成功。

(3) 详细论述了为适应水道大回淤条件下深水沉管软基差异沉降量大大增加的困难情况,管段小接头处原先在沉管沉放中施作的预加应力钢筋,改为不再在落床后截断而成为"半刚性接头",进而细致论证了由此带来的问题及其解决方案。

现在沉管沉放工作正顺利进行,为确保工程质量适当减缓了施工进度,我认为这是完全应该的,合适的。

之五:为勘察岩盘实际,要做到"验明正身"——深入鄂西南"野三关"四渡河悬索大桥隧道锚斜井工程洞底现场

为了鄂西南恩施山区("野三关")四渡河一座跨深

谷悬索大桥的建设，刚过80的那年吧，我驱车日行数百公里，在酷暑中由年轻人挽扶着，艰难地一步一趋地从那用铁丝扎成的软阶梯下到约75 m深、35°坡降的隧道式锚碇斜井的井底，打灯光细心观察它的岩体构造，在强光下检查其结构弱面和破碎带夹层，不放心地说："我一定要亲自来此验明正身，锚碇是大桥的命根子，日后的安危就靠它押宝呢，我不能安心哪！"出井后还高兴地说："这次终于达到我体能的极限了，但终究还是挺过来了。"但足足有五六分钟，连这句话都喘得说不出口了！

之六：与冰凌、雾松相伴度元宵——在陕西终南山秦岭分水岭上勘察国内最长高速公路隧道

天上冷宫"元宵月"。我那有心思在家安享团圆、品尝美味元宵呀，却安身在陕中秦岭分水岭之巅，冒着凛冽寒风和零下20℃的酷雪，与冰凌雾松为伴，度我一次别致的元宵佳节。作为秦岭终南山国内当时最长（18 km）的高速公路隧道，担任专家委员会的主任委员，我要肩负起职责，与年轻人一起去细心勘察它的地质露头。第二天清晨，又随后进入裸洞洞底，车辆颠簸在七高八低的隧洞内，还笑称："感觉真是好极了！"我更深地体感着一座长大隧道贯通时一个老隧道人的艰辛与喜悦。

之七：在非典型肺炎（SARS）爆发的日子里——整治甘南木寨岭"五毒"隧道的施工病害

一场令全国揪心的"非典"爆发了，机场已开始为旅客们量测体温。一个电话让我还是毅然决定这一次远行：甘南兰成（兰州—成都）线上木寨岭隧道因软岩大变形造成塌方，亟待整治。先到了兰州，再是汽车在黄土高坡上一路急驰，那里寸草不生，全车三条命都交给司机了。在荒山秃岭上的隧道正停工待援，一作了解，这是一处"五毒"俱全的烂洞子：高地应力、岩性松软破碎、涌水突泥、煤系地层瓦斯突出，更有挤压性大变形，洞子两侧帮的最大相对收敛达1 100 mm，而拱顶下沉约700 mm。我与专家们一起，制定了采用扩挖和自进式锚杆，使钻、锚、注（浆）三位一体地尽快形成支护力的办法，取得成功。"五一"节长假到了，由山西

太原铁15局承担施工的工程师们告诉我说，山西SARS凶险，他们过节不能回家了，也不敢让家中亲人来工地团聚，很想念远在疫区的老人、爱人和孩子们。我赞叹着说，大家都在为国家建设而辛劳，真是家、国不能兼顾了呀！相信SARS会很快过去，好人一生平安。

之八："不入虎穴　焉得虎子"——近80高龄，去到海拔3 000 m以上的兰武客运专线乌鞘岭铁路隧道，勘察和整治软岩挤压大变形段地质灾害

初秋的一天，接到素昧平生的铁道部行业攻关王主任的电话："我是兰武线（兰州—武威）乌鞘岭隧道工程指挥部的，这边的软岩隧道大变形十分强烈：打锚杆、网喷混凝土根本扛不住。锚杆拉断，喷层开裂坍塌，连钢拱架也扭曲失稳。不及时锚喷吧，围岩就马上塌落，一点都不能自稳。听说你做煤矿井支护有经验，能否就来兰州一次，试一试煤井的做法？"我当时就在电话中告知说："大变形软岩的变形量大（可达1 m以上），变形速度又快而收敛慢，用矿山中的行话说，叫做'矿压'大。这时不能靠硬扛，而要求做到'边支边让，先柔后刚'。要用岩土流变学的理论和方法来处治，先预测它的最大变形量值，并按此确定设计扩挖量；采用可随围岩变形而同等走移的让压锚杆，在具有恒定支护力的条件下（'支'）、有管控地释放其围岩变形（'让'），围岩在恒定支护力的支撑下，有望在变形沉降过程中不出现失稳坍塌；待围岩变形达到收敛稳定以后，再施筑二次衬砌。其因扩挖增加的土石方量，可以借二衬厚度的减薄和配筋率降低而得到补偿。这叫做'堤外损失堤内补'。此法我以前在河北峰峰煤矿和甘南木寨岭隧道都曾采用过，并获得成功。""那太好啊，您快快来吧。这是救火呀！"

乌鞘岭铁路隧道，长20 km，当年属国内最长，用增设辅助斜井、竖井，以增加作业面，做到"长洞短打"。其岭脊段洞口高程达3 000 m以上，别人劝我，年纪大了，隧道海拔太高，就不要去现场吧。我回应说："不入虎穴，焉得虎子啊。我自己有数，还能行。"这年我已逾80高龄，早年到过甘肃，也约3 000 m高程，不过那时年轻啊！随行医生说已准备好了两罐压

注满满的压缩空气,足够我老夫妇俩用的了。从兰州一路西北行,向武威出发,到洞口附近时,只见四周田地一片葱绿,还夹杂种植了满山遍野的油菜花,绿里透黄,煞是美景一片,我和老伴竟然一点高原反应都没有。原来这事不单纯取决于海拔,与出发点高程(兰州市高程约已2.000 m了)、更与当地生态环境好坏都密切有关。走入洞口,凉爽宜人,还有些打冷战的感觉呢。待整整半天洞内勘察毕,午后二时许还美美地吃了一顿午餐,上车打道回府。随行医生原来是同车监护着来的,看我俩老人身体这么好,回城时也不知跑哪里去了。

之九:整治大范围动(海)水流砂——为厦门海底隧道翔安浅滩段献策、降水固砂

"软""水"和"变形",是修建隧道最怕遇到的"三难"。新世纪初,厦门翔安国家首座海底隧道翔安段、在隧道通过深厚饱水流砂层时,这"三难"却真的变成了拦路虎,在隧道过浅滩掘进中出现了凶险的涌水突泥。我在冥思苦想,如何先变动水为静水,再采用降水固沙的整治方案,与其他专家们一起提出了在外层防水帷幕的掩护下先构筑封闭式地下连续墙封堵动水,再深井降水加全断面帷幕注浆加固处理前方作业面。这一崭新构思得到了业主和施工方的支持与认可,并有效实施,取得成功。

之十:钱江涌潮壮观美,我肩担责无心赏!——农历中秋,涌潮声中处身海宁钱江隧道,调研盾构作业面和防汛大堤的安危

又是一年一度的中秋了,钱塘江口怒涛汹涌,潮来万马奔腾、潮去急流勇退。在我看来,对江底隧道言却是"水上动一动、地下抖三抖啊"!我此时无心去观赏中秋时分杭州海宁盐官镇的秋潮胜景,却一头钻进江底的钱江隧道深处,检查涌潮时刻盾构掘进作业面以及两岸四道古、今防洪大堤在盾构通过时的安危,它关系着南、北岸以数十万计人民的身家性命。作为该江底隧道专家委员会的主任委员,我得为此而尽心尽力、不容丝毫懈怠而失职哪!

难以忘怀的追忆

我早年从事工程力学教学,感谢有机会向前苏联桥梁专家面聆教海,使我对钢桥设计萌生了极大兴趣,而后改行学习桥梁。20世纪60年代初,奉李国豪校长的嘱托组建国内外第一个"地下建筑工程"专业,任首届该专业教研室主任,从此投身岩土力学与工程、隧道与地下建筑工程学科领域,迄今已逾55年。这之初,我们努力翻译苏联教材并参加几处军事国防和北京地铁工程建设,在"边干边学,从战斗中成长"的旗号下,从事该专业教学和工程科学研究。早年,由于生产任务少,我开始时只是从外国人书本的夹缝中找学问,做纯学科性的理论研究,并积极申报国家基金,记忆中经获准的共13项中国科学院和国家自然科学基金(含面上基金、重点和重大基金);另有7项国家教委基金和4项上海市科委与市建委基金,当年还勉力主持或参加过国家和上海市的许多工程建设项目。专业上的成长一直延续至1966年夏因"文化革命"而被迫中断。

自1980年改革开放始,吹响了向科学进军、积极承担国家重大工程建设项目的伟大号角。我以无比高涨的热情,以饱满的精力主持、负责或参加国家历个五年计划的科技攻关项目、863项目、重大工程的应用基础研究;现共已出版学术/技术专著11部、参编3部,共计1 680万字;在国内外学术期刊发表学术论文390余篇。同时,积极与国内外知名院校与研究院所开展合作研究,并联合培养博士研究生;还先后赴世界各地参观访问,主持和参加各种国际学术会议,结识了一大批国外同行,相互切磋交流,获益良深。这大大拓展了自己的学术与技术视野,了解到知识海洋的无边广阔,而自己则沧海一粟,实在是微不足道!现在已"坐八望九"之年,却不知老之早至,来日无多。我在抚今思昔之余,尤想站好这最后一班岗,在力所能及的条件下要更快、更好地发挥自己的一点余热,追随各位中青年俊杰,实现自己那永无止境的人生梦想!

乙未羊年八月盛暑记写于临安西天目"清风醉"度假山庄

对多年科研工作的粗浅收获和认识

孙 钧

1 开始的话

自年轻时起,我自省尚能勤于思考,笔耕不辍,觉得自己有志在高校任教,如果只是捧着一本书在课堂上"照本宣科",而不去做学术研究,那是要落伍的。此外,"文革"前我就带研究生,更深感如果自己不搞研究,不了解国内外的学术、技术动态,不仅不能做好一名称职的导师,就连选择学生的论文选题都会有很大的困难,我应该如何保证自己和所带研究生工作成果的前沿性呢?

20世纪50年代的那些年,教课任务繁重,能从国家建设中争取到的研究项目又极少,而社会上一般也很难拿到工程科研课题,只能申报基金。当年还没有设置"国家自然科学基金",更没有"国家科技攻关、攀登计划"。1961年我经获准中国科学院首批下达的一项基金课题:"地下结构粘弹塑性理论及其工程实践研究",在其工程应用方面依托当时承担的鲁布革水电站地下厂房流变围岩稳定与支护安全项目;而岩土流变效应部分,则与昆明水电勘察设计院立项开展合作研究。从研究过程和成果中我意识到这种将理论分析研究与工程实践密切结合的做法是正确的,它具有良好的发展前景。自此,我的整个壮年和中年时期都是不断积极申报各类基金课题,再结合分头承担来自于水工水电、铁道公路、矿山煤炭、市政地铁和国防与民防工程建设的横向项目,这逐渐形成了我在研究手段和方法上的一点特色。这种做法也使我申报基金课题的命中率很高,甚至有几年更是在"结构工程"和"地学工程"两个子学科门类中双双中的。为此,学校科研处还邀约我为全校申报基金的老师们做过一场介绍,说说我自己申报成功的经验。以后,还陆续主持和承担过多项重点和重大国家基金项目,得益颇丰啊!

自20世纪90年代中叶起,由于年龄大了,已不合适申报基金课题,但此后国家建设事业蓬勃开展,来自工程部门和由建设企业下达的横向研究项目大量增多。这里,仍然秉承上述做法:我总是"借花献佛",对于从工程实践中来的研究任务,利用自己钻研过的岩土力学、工程数学和计算机技术的功底,将问题提升到从其本质与机理上来认识进而作深化研究的高度,求得其高一层次的优化解;然后,再把阶段成果返回到生产实践中去考察和检验,对不完全符合工程实际情况的不足之处又反馈回研究中来作进一步的修正与完善。这样,就在客观上不经意地完成了"实践论"中所说的"实践→理论↔实践"这一研究循环。即使课题"合同"上并没有如上需要,我也总是把应用基础研究所得作为"附录"附在"工程研究报告"的后面一起提交,应该受到项目下达部门的欢迎和接纳吧。晚近30年来,我结合参加的各类工程实践,先后在岩土材料流变、锚喷与复合衬砌支护、地下结构抗爆抗震、智能科学与工程,以及近海水底公路隧道衬砌结构的耐久性问题等子学科领域,积极开展科学研究,并一般都有重大、重点工程作为其实用上的依托和支持,尽量使研究成果既富学术理论内涵,又具工程实用价值。可能这也是我数十年来研究工作一点切身的心得体会吧。

数十年来,我先后完成了国家、教委、省部级和上海市的各类基金课题24项、863项目1项、国家各个五年计划和省部市级行业科技攻关项目4项、重大重点工程设计研究任务近40项;研究成果分别获国家级奖励4项、省部市级奖励17项,其中一等奖4项;由国际知名人士颁发的终生成就奖、基金奖2项。所有这些奖项,该算是对自己常年为科研而不懈辛劳的一点慰藉吧。

以下试择一些相对重要的和有若干创意特色的内容和研究方法,作一个简单汇报吧。

2 学科理论和应用基础方面的些许研究心得与创意构思

此处拟分别就以下 5 个分支学科领域作扼要阐介。

1) 在隧道与地下结构工程力学研究方面

自 20 世纪 60 年代初叶起,我偕同自己所在的团队,逐步建立并发展了一门新的学科分支——地下结构工程力学,由于起步早,被业界认同是该子学科的主要奠基人和开拓者之一。这方面的创意性贡献主要反映在:① 分别阐明了地下洞室开挖时软、硬围岩的失稳机理及其判别准则;② 详细论证了地下结构与围岩间的静、动力相互耦合作用及其界面围岩对衬护结构变形约束抗力的分布和范围;③ 初期锚喷支护对发挥各类围岩的自承和自稳能力、增大围岩整体刚度和提高其抗剪强度的力学机理及其定量化验证方法;④ 隧道二次内衬的受力与变形视其与围岩的相对刚度及其设置时间而变化,据开挖后围岩历时增长发展的形变压力及与此前已释放的自由变形,据围岩收敛曲线和二衬约束曲线可以定量确定施作二衬支护的合理时间及其最佳刚度。以上均由大比尺台架实验与现场测试所充分证实。

2) 在岩土材料工程流变学和地下结构粘弹塑性理论研究方面

近 40 年来,在岩土介质材料工程流变学与地下结构粘弹塑性理论子学科研究领域,我团队工作的主要进展,含:① 非连续岩体洞室"围岩-支护系统"的蠕变机理与力学效应,及在洞室开挖与支护中的时效应力、变形重分布;② 松散软弱岩体和饱和软黏土的非线性流变属性及其三维力学性态表现;③ 渗水流变岩体中,膨胀围压、非稳态渗流与岩体蠕变三者的相互耦合作用机理及对边坡和洞室围岩稳定与支护安全的受力分析;④ 岩体蠕变损伤与断裂、流变模型辨识及其模型参数确定、岩土流变细观力学实验等复杂流变行为的理论描述、非线性流变性态的室内非常规试验与现场测试验证;⑤ 近年来,在岩土介质挤压(squeezing)大变形非线性流变力学行为及所建议采用的一种与之相适应的大尺度新型让压锚杆的工程应用方面又有了新的创意进取,并在多处现场应用成功,成效卓著。

3) 在城市环境土工学与施工变形的智能预测与控制研究方面

这里的环境土工问题,是指在市区范围内地下工程施工(如深大基坑开挖、地铁盾构掘进等)时,要解决好工程周边因土层受施工扰动,导致地表路面沉降、已建桩基侧移走动、施工降水致土体固结、软土蠕变产生的时效变形发展等,所引起的环境土工维护问题。

晚近 20 余年来,我深感数值模拟分析的单一力学手段和方法,在处理和解决随机性和离散性强而不确定性和不确知性程度高的许多岩土与地下工程"灰箱"问题时,存在很大的局限性。结合当前许多岩土工程中均有系统采集到的海量监控测量信息,可以作为研究时的基本输入数据,因而改用了各种人工神经网络的智能方法,认为这不失为一种"另辟蹊径"的新手段。神经网络处理问题时的自适应性和容错性都好,这决定了它在岩土力学与工程中具有可喜的发展前景。此处,在上述城市环境土工问题与开挖施工变形的智能预测与控制方面的主要研究进展反映在:① 深入分析了受各类工程施工扰动的环境土体力学性态的变异;② 对各类地下工程开挖施工变形进行了人工智能预测与模糊逻辑控制,所研发的专用软件的特色是按敏感性层次分析排序,分时段作多步滚动预测并实时调整有关施工诸参数进行变形控制,而不需要其他的额外投入和花费,被业界誉为是"高一层次的信息化设计施工";③ 研发了大跨地铁车站深基坑分层、分部开挖和区间隧道盾构市区掘进的计算机智能管理系统软件。有关成果已在一些城市的地铁车站深大基坑开挖、近距离上下交叠盾构掘进和钻爆法隧道施工中获得推广采用。

4) 海洋环境下,沿岸城市公路隧道衬护结构全寿命服役周期的耐久性设计研究方面

海洋环境是指海水和海洋大气中富含的钠盐(Cl^-),随所补给的地下水入渗隧道外侧面混凝土,而导致衬砌钢筋腐蚀;此外,沿海城市公路隧道内各种车辆排放的 CO_2 和 CO 尾气对隧道衬砌内侧混凝土保护层的碳化腐蚀;电气列车(含地铁列车)在隧道内行进时,其电磁辐射对混凝土衬砌的辐射腐蚀等。以上方面我团队均已有多年探究和成果积累,取得了一系列有一定创意特色的可喜成果。目前,结合港珠澳大桥

长大沉管结构因预应力束筋不再切断而永久性留置在管内的新情况,正在开展高强预应力中碳钢钢丝(平行钢丝和钢绞线)在高应力张拉条件下的应力腐蚀(stress corrosion)试验研究,有望年内可取得相当进展。此外,我团队还进行了隧道全寿命设计周期的服役年限预测(先是理论预测值,再以试验作补充修正),受到了广大设计界的认可和欢迎。

5) 在地下工程结构施工力学和防护工程抗爆抗震研究方面

(1) 在大跨或软弱地质条件下修筑隧道/地下结构物,均需采用"分部开挖—支护"的施工方案进行,而关系围岩稳定与支护安全的关键时段也多数由各个施工工况控制。故而,研究不同开挖—支护时段隧道围岩与衬护结构的受力及其变形动态就显得十分必要和重要。现在,它已构成了"地下结构施工力学"的一项研究分支。我研究团队在这方面工作上的若干创意构思主要是:

① 利用先行在导洞上方围岩内布设的多点位移计和洞周收敛计,可以捕捉到开挖作业面前、后方围岩开挖时毛洞周缘各控制点位的收敛位移—弹性/弹塑性变形量值;② 采用位移反演分析法,据①作反分析,可求得导洞围岩等代的(equivalent)有关岩体和岩性的诸多参数,如 $\sigma, \tau; E, K_{侧}, c, \phi$ 等各个量值;③ 将以上各等代参数应用于主洞,采用与前者②相同的本构关系(模型),对主洞再作正演,可求得主洞在锚喷初期支护之前已产生的真实的洞周变形位移,它是优化设计锚喷支护参数的重要基础数据,而常为传统算法所忽视和忽略;④ 施锚区围岩的 E, μ, c, ϕ 各值应有一定程度的改善和提高。建议由小比尺相似材料模拟实验,结合具体工程条件可以逐一得出提高后的各个定量值。与传统的习惯算法相比,可以有效提高设计精度;⑤ 多种不同分部开挖施工方案(如上下台阶法、单双侧壁导坑法、先拱后墙留核心土法、CD 和 CRD 工法等),可以分析探讨在各个施工步骤、不同工况下的围岩开挖二次应力场和位移场、围岩塑性区分布、锚杆/喷混凝土层/钢架的应力和位移、松动圈的大小和分布、系统锚杆需否采用、锚杆设置长度和间距,以及二次内衬的合理设置时间及其最佳刚度优选等,不一而足。

(2) 早年(20 世纪 80 年代及以前)在全民战备的号召下,由于我团队从事"地下防护工程"研究,曾分别针对核袭击/常规轰炸条件下的工程防护设计需要,开展过这一方面的学术探讨(理论上属"爆炸动力学"范畴)。后来,又涉及了地下结构(口部)与地铁车站等大型重要地下工程设施在高烈度地震情况下的结构抗震响应研究,并进行了相应的振动台实验。由于年代远去,这方面工作已终止多年,此处就不再详述。

从以上 5 项子分支学科研究领域的研究情况可见,从问题探讨的广度和深度上均暂居学科前沿水平,许多方面在国内外尚罕见报导,成果并经工程实践充分证实,其中的大部分已成为业界共识。它丰富并深化了学术理论内涵,又具有重要的工程实用价值,其中的相当部分已先后分别在长江三峡工程、南水北调中线穿黄(黄河洛阳河段)输水地下工程、跨江越海隧道、山岭铁路隧道、城市轨道交通地下铁道、水工隧洞和地下厂房、矿山井巷、地下储油洞库、国防与民防地下防护工程,以及若干特大跨江越海桥梁的桩基和悬索大桥锚碇工程中成功应用,一些成果已先后纳入国家和省市级相关技术规程、规范,其技术效益和经济效益显著。

3 参加国家工程建设,在应用技术研究方面的些许业绩和奉献

以下拟从新世纪以来笔者及所率团队先后参加的有关工程勘察、前期规划、预可和工可方案、设计、施工,特别是从承担的一些有关工程应用技术方面研究工作的约 29 座桥、隧道与地下工程任务中,选择了其中比较重大或较感有新意的研究内容,合计 22 项代表性成果,汇列并扼要阐介如后,以飨读者,谨供参考、指正。它们分别是:

1) 南水北调中线一期穿黄水工隧洞——国内外首座大型($\phi 8.7$ m)"管片-预应力内衬"复合衬砌结构

笔者作为南水北调工程专家委员会的委员,除了在历次专家会议上建言献策外,承长江水利勘察设计研究院委托下达,我团队还先后承担了本项目的两项研究任务:① 两岸深大竖井($\phi 18$ m,深 42 m)内、外层

井筒结构(兼作盾构拼装井和中继井),在各个工况组合下的静、动力(抗水震和地震)分析研究;② 为穿越黄河所建议的大直径输水有压隧洞($\phi8.7$ m)盾构掘进与复合衬砌结构各复杂工况的详细分析探讨。其中,对内、外层间设置防排水垫层与否以及内衬施作环箍型预加应力,这两者是研究的特色与难点。均有所创意进取,工程已成功建成、通水。

2) 港珠澳大桥岛隧沉管工程——总体规模居世界第一

笔者作为该国内一号工程的专家组成员,在工程规划之初,建议:① 在伶仃洋外海通航(宽度近 6 km)水域,采用长大沉管隧道穿越(摒弃了建桥和修盾构法隧道);② 对作为桥、隧过渡的人工岛内、外域和岛隧过渡的深厚软基段采用挤密砂浆复合地基以取代PHC 长桩方案,详细论证了它的优势与困难,最终均获得成功;③ 在强回淤水道条件下,采用原先只在沉管浮运、落床过程中加用的预应力束筋,在各个柔性接头处不再截断而永久性留置的"半刚性接头"技术方案。考虑到可能出现的诸多问题,已在会议上和会后与专家们一起逐一进行了详尽分析和论证,成果均已承业主和设计施工方同意纳用。

3) 秦岭终南山高速公路隧道——18 km,当时国内最长

笔者作为该特长隧道技术专家委员会的主任委员,在历次召开的专业会议上以及会后,对以下几个方面的关键技术提出了适合该工程实际条件的实施方案,取得了显著成效。① 向铁道部门争取到利用其东侧相邻的西康铁路隧道右线正在扩挖成洞的机遇,经部、省双方友好协商,沿隧道纵长先后施作 8 条平行导坑作为横向短通道,以大大增加主洞施工作业面,从而做到"长洞短打",极大地缩短了工期;② 论证了三竖井送排式纵向射流通风方式,及有关诸多长大隧道的运营通风、火灾工况通风以及消防减灾和日后交通监管方面的各项技术难题;③ 合理处置并解决了松散软弱围岩(V - VI 类围岩隧道全长占比 43%)、大小断层40 余条。在岭脊段局部有岩爆显现等地质缺陷情况下,采用全机械化钻爆、出碴、初支和内衬一体化的作业方法进行开挖、支护,及时解决了各种地质灾害导致的围岩失稳与衬护安全问题。

4) 兰武铁路客运专线乌鞘岭隧道(岭脊段)——20 km,当时国内最长

我团队作为铁道部该行业攻关项目后来补充加盟的新成员,针对该隧道岭脊段 4 处长大断层破碎带内围岩呈现挤压性(squeezing)非线性大变形流变的特定属性,研发了一种能以大尺度让压的新型让压锚杆,做到了在恒定支护力作用下"边支边让、先柔后刚"。我团队后续研制的软岩大变形专用软件,能较好地估测其变形最终收敛的定量值大小。从而作出有依据的、一定量的先行扩挖,以预留围岩此后的变形裕量。扩挖所增加土石方量带来的额外花费,可在内衬配筋和衬砌厚度节约(因围岩变形已基本释放完成而达到收敛并控制好后,其内衬已基本上不再受力,只需按构造配筋,衬厚减薄至 45 cm)两方面得到足够补偿。该方法及所研编的专用软件,为治理国内后续兴建的多座软岩大变形隧道的设计和施工提供了一种新的工法典范,收效卓著。

5) 厦门翔安城市海底公路隧道——国内首座海底隧道

笔者作为该海底隧道技术专家组组长,根据对承担的几个关键课题的多年研究,其主要成果包括:① 提出了利用各监测时段隧道围岩变形位移速率的增减变化,即位移收敛值的正、负加速度(含常速变化)值作为围岩失稳与否的判断依据,并据此及时发布围岩失稳的险情预报和预警。已在该隧道几处风化深槽/风化囊区段进行的施工变形预报中获成功应用;② 对"位移反分析法"应用于弹塑性反演中"解的唯一性"问题,从优化策略分析,以从各个极小值中求取其"最极小",经过优化后可得出其真实的唯一解(这在国内外文献中尚罕见报导),进而应用了该项目围岩岩体和岩性等代参数的辨识;③ 与中国地质大学(武汉)合作,利用该校研制的"施工探水地理信息系统"专用软件于该隧道饱水砂层施工开挖掘进的全过程,在探水和治水两方面均取得成效。为今后国内同类和相近工况积累了隧洞施工探水、治水的有益经验。

6) 青岛胶州湾城市海底公路隧道

笔者作为该越海工程在方案和规划设计阶段专家组的召集人,在工程前期阶段,曾对以下方面工作作出了一点贡献,反映在:① 对采用桥梁或隧道方案越海,

进行了详尽的研究对比。除了因胶州湾内港区发展尚未有定论,不利于选用桥梁方案需确定其通航净空以外,还翔实论证了当桥梁跨度大于 1 000 m 以后,结合青岛市海床水文和地质条件,改用矿山钻爆法修建水下隧道(此处,如能排除因突然涌水,造成严重水患而不得已进行被动注浆,从而导致投入骤增的不测情况),在建设工期和施工造价上都是合理和可取的。这一点已被竣工后的隧道施工费决算所证实;② 对几处隧道线路所做的先后选位,以及与其两岸接线在地面市区交通路网的联络上均进行了各个方面的分析论证,进而排除了原先考虑过的:城市地铁与道路隧道合在一处共隧过海;由青岛市团岛直接向黄岛市中心一线;在胶州湾湾内修建沉管隧道的三种方案,最终选址确定在湾口薛家岛上团岛一线。从而避开了将过境交通引入市中心区域,大大减轻了建隧以后市区内的交通负荷。这些都在工程竣工通车多年后得到证实;③ 坚持主张并要求在上、下行双向主洞间设置服务隧道。分别从:可增加主洞施工作业面、先行弄清地质缺陷和探水、方便施工材料和设备进出洞、利于施工期间的送排风、便于运营期的隧道排水,以及日后隧道防灾、消防等诸多用途的各个方面,确切论证了长大隧道设置中间服务隧道的必要性。以上见解已被主管方面采纳并付诸实施。

7) 上海市崇明长江城市公路隧道——盾构一次单头掘进 7.5 km,属国内最长

由上海浦东经长兴岛到崇明的越江隧桥工程,是位居长江口内的第一通道,为双向 6 车道高速通道,其盾构外径达 $\phi15.43$ m,是当时国内第一座特大型盾构工程。笔者忝为该工程评委,并承担了以下有关课题研究,包括:① 按埋设于地基内(而不是放置在地基上)的长大地基梁,采用三维数值方法,进行了隧道纵向设计研究。重点是探讨隧道纵向沉降缝设置的合理间距,及其与在一般隧道内如改为不设沉降缝的对比研究;论证了沉降缝设置与否及其间距大小对隧道纵向弯、剪受力条件与缝间纵向管段弯、剪变形的影响。进而探究了今后在一般隧道的纵向区间内摒弃设置沉降缝的可能性;② 研究了大直径管片($\phi15$ m)在错缝拼装条件下其环缝和纵缝接头抗弯刚度随正负弯矩大小而变化的非线性特征(含室内试验)。根据三维分

析,论证了接头抗弯刚度的变异对管片环纵、横截面受力与变形的重大影响;③ 研究了施工期地基非稳态渗流场与土体流变应力场的相互耦合作用,将其应用于泥水盾构在开挖掘进阶段(由于地下水经作业面泥土一并进入舱内)的管片受力与变形,得到了与监测值基本一致的结果;④ 研究分析了汽车和电气列车共管往返高速行进条件下,隧道沿其纵横截面的软基振陷问题;⑤ 对近海隧道,在海水和海洋空气环境下,钠盐中 Cl^- 对钢筋的腐蚀,以及隧道内部行车尾气 CO_2 和 CO 排放对混凝土保护层的碳化腐蚀,采用基于支持向量机(SVR)和响应面法按可靠性理论分别进行了相应的结构抗腐耐久性(按安全使用条件下的裂缝限值和结构承载力丧失限值)设计研究,进而从理论上预测了隧道衬砌结构的服役寿命,为隧道全寿命周期的设计优化提供了依据;⑥ 在隧道内汽车与地铁列车共管行进的情况下,在洞内汽车车辆与下层地铁列车往返快速行进若干年后可能产生的衬砌混凝土结构抗材料疲劳损伤与抗车行震动响应,分别进行了详尽研究。以上研究供设计所用,为隧道的安全与经济提供了一定的技术支撑与保障。

8) 上海市青草沙原水过江大型输水隧洞——首次采用单层管片衬砌的有压水工隧洞

为进一步改善上海市饮用自来水的水质状况,从长江中的清洁水源地长兴岛青草沙引入江水,再经处理后进入市民的给水管网,是一项造福于民的大实事。该工程项目的输水隧洞采用了盾构法施工和单层管片衬砌(不设置现浇内衬),特别是在设定有一定洞内内水限压的条件下,由于管片是一种多缝的地下结构物(据测算,每 1 km 隧道纵长,其管片各环段间的环缝和纵缝的总长度将不少于 6 km),研究此处管片结构的受力和变形,特别对其环缝与纵缝在内、外水压共同作用下接头的转角和上、下缘张开量,以及沿管片径向的变形收敛进行了详细分析,就工程安全而言具有重要的现实意义。本项研究对施作二次内衬与否进行了细致的对比探究,由于此处能确保恒定的最小外水头江水压力并使其始终大于内水压,从而使仅设置单层管片衬砌、不需另外再加做内衬成为设计上的可能,并最终得以安全实施。为此,不仅节约了工程造价,也为缩短工期、保证上海市世博会期间,浦东会址局部地块能

及时地有优质的长江原水供应饮用而作出了贡献。

9) 杭州海宁钱江高速公路隧道——在强涌潮江段,采用二手盾构穿越成功(该盾构此前已在上海崇明长江隧道掘进中使用过)

笔者应邀担任海宁钱江隧道专家委员会的主任委员,自感职责重大,不容稍自懈怠。在历次召开的专家会议上和会下,结合该项目的工程实际,对以下方面作了细致研究和出谋划策。由于钱江海宁盐官镇观潮江段,距隧道线位在其下游仅 2 km 不到,每年农历 8 月中秋时节,江潮自东向西汹涌奔腾、咆哮喧嚣,而退潮时则又急流勇退、状如巨浪飞泻,其冲击力高低起伏,形成的波浪高潮在江面喇叭口(江床颈缩现象)处形成了绝世奇观!这方面的研究工作,主要包括:① 正如自己在会议上告诫说:"这里涌潮、退潮时真可谓是地上动一动,地下抖三抖呀!"在水下浅埋的上行和下行线穿越强涌潮时段中的每年一次、两年共两次若干天的险遇中,如何确保盾构作业面的稳定和安全,是观潮人群绝然想不到、而又是我们专业人员要勇于、更善于面对的风险和职责。由于精心施工中提出的若干技术措施逐一到位且判断正确,盾构得以两次有惊无险、顺利地在潮下成功穿越;② 南北两岸前、后共 4 道新、旧(明清时代已修建,解放后作了些必要的小修加固)防洪大堤,在盾构穿越时经过严格的施工监控,也均得以顺利通过,而绝然无损于那"一马平川"河网地带两岸居民的安全;③ 在北岸盾构工作井内,将整体 ϕ15.43 m(约 5 层大楼全高)特大型盾构(过去,即使较小盾构也需先吊离出井并支解后,再进入井下作二次组装)缓慢平移,再完成整体转头,从而盾构由先前已推完的上行线出洞并进入井筒,我一时间高兴地说它是"华丽转身",再安然由下行线出井,开始它对下行线的继续掘进。真是全靠技术经验,多么不易啊!

10) 南京纬三路过江双层城市公路隧道——扬子江隧道,2016 年元旦已竣工通车

在该项目中,笔者有幸担任了专家委员会的评委和竣工验收会议的组长。在项目实施中,① 坚持认定在确定隧道最小埋深时,上覆土体厚度不能小于 1.0D(D 为盾构外径)的规定要求,认为:这不仅是一个经验值,而是有理论依据的(盾构作业舱内施加的最小泥水压,为保证舱外土体稳定而设置其偏安全的上限值,

以不致出现"冒顶"危象为准)。这一见解获得了专家们的认同;② 在我国目前尚缺乏真正意义上的"复合盾构"(仅有 ϕ6 m+ 的中型盾构在广州地区的地铁中有所实施)的条件下,论述了大型盾构(ϕ15 m)在高水压下穿越纵长逾百米的风化岩层时,进行带压/不带压出舱换刀的国内外技术经验;③ 细致分析了长距离越江公路双层 4 车道隧道,因洞内净空限制,在运营中的正常通风和火灾工况条件下特殊通风、排烟上存在的问题与不足,以及双层城市水下长大隧道在交通安全监控方面的系列关键问题。

11) 上海市外环线泰和路穿越浦江的国内首座大型沉管隧道(与广州珠江隧道建设时间大体上同步)

沉管隧道是自身防水性能最佳的一类隧道,由于管段是在干坞或厂内预制的,管段混凝土浇筑的质量较易得到控制和保证,只要管段接头处的防水性能(接头处有 GINA 和 Ω 两道止水带)有保证,建成后有望做到整条隧道滴水不漏,这是矿山法和盾构法隧道所难以企及与做到的。由于管段结构的厚度大,为 1.5~2.5 m(底板),各节段长度也有可能达到 30 m 左右,浇筑过程中大体积混凝土的水化热温度裂缝以及长管段的"约束收缩"裂缝这二者将构成对沉管止水的重大威胁。在该项目研究中,承设计院资助并下达这方面的有关课题,对以上二者进行了详细探讨。混凝土水化热使温度升高,可从水泥与其级配的材性、入模时温控、浇捣和养护等几个环节进行有效控制,与问题更为突出的混凝土大坝工程相比,这里的板、墙厚度尺寸还不算过大。大体积混凝土的水化热问题可主要参考水工大体积混凝土的有关资料,在此就可以很好地解决。对于第二种裂缝,沉管混凝土在收缩变形受人为约束后产生的收缩拉应力问题,结合本工程实际条件,此处进行了系统、细致的分析研讨:该隧道的分节管段长度,每段原设计为 25 m,在底板浇筑后(底板混凝土是浸水养护,一般不会有大的收缩变形和拉应力),后续要进行墙板(连同顶板)一次性浇筑,由于新浇混凝土在其结硬过程中因多余的水分挥发产生混凝土早期凝缩,而原先的这一自由收缩变形则受到早已结硬的底板的牵制与约束,由此将在新浇墙板内导致因收缩变形受约束而产生的拉应力,据计算,其值将超过混凝土的早期抗拉强度而在墙板浇筑段的中间部位

产生缝宽较大的多条通透裂缝。对此,除研究了需改善的诸多混凝土浇筑和养护参数与条件外,此处建议将管段长度减小到 18 m 或以内(按上海混凝土浇筑入模期间的气象条件而定),这是合理的,它是管段长度设计的上限值。我团队在研究中参考了当年国际上对沉管隧道在混凝土收缩方面的研究成果,并对做得最好的荷兰 Mass 沉管隧道的众多测试数据资料进行了学习总结,成果供设计院方参考、采用,取得了重要的技术、经济效益。

12)"深(圳)—中(山)"珠江通道工程——国内第二座桥隧结合、以人工岛过渡的特长越江工程

深中通道建设方案的广泛议论持续了多年,近来已有所定夺。其线位东侧受深圳机场航机飞行高度的制约,只能采用隧道穿越;而西侧则是各方争议的焦点:由于桥位上游附近有广州市南港区,其规模发展一时很难预测,从而存在迄今未有定论的困惑。是造高桥,还是修隧道?业主和专家们也各抒己见,莫衷一是。最终选用了提高桥下通航净空到 73 m,这是目前世界范围内最高的限高,从而使问题得到了较好的解决。笔者作为历次会议的专家组成员,对此有以下个人意见,并在会议上表述:① 桥梁造价和运营、养护费用都相对较低,且桥上行车通行舒畅,司乘人员普遍认为桥上要较隧道内的行车条件好,故在已能充分满足通航要求的情况下,桥梁方案似宜作为优选;② 桥梁方案存在的问题主要有:其一,要在主河床内建造庞大的人工岛作为桥、隧间的过渡,而这里不似港珠澳大桥地处外海,海域辽阔,此处同样宽 625 m 的两处人工岛对江床迎水面的阻水率似嫌过高,这将对今后的泄洪和江床持续稳定都十分不利;其二,日后伶仃洋西口规划要通行 30 万吨甚至以上级别的远洋巨轮,除这方面日后真实出现的概率恐怕极小外,下一步对整个现有江床的基土疏浚深度将在 2.5~4.0 m,局部恐怕还要在此值以上,这在技术上和财力上即使是将来怕也是一个不可预见的大难点,或者说是不现实可行的;③ 全隧方案(长 13~15 km)也是完全可行的,以沉管方案为例,为了缩短因逐节"水力压接"法施工带来的冗长工期,建议可在江床中间段位先用浮运下沉钢质沉井一处,落床后再浇筑井筒内混凝土内衬。这将使全长沉管隧道分开为东、西两个大段,有利于一分为二

地进行平行施工(等于同时做东、西两条沉管),而将沉井作为其中间支点,待隧道贯通时再将沉井原先的钢封门打开,即形成了一体。沉井工程较设置人工岛的工程量和工期都节约许多,上述人工岛阻水率过高的难题也就自然迎刃而解。

13)上海市轨道交通 4♯ 环线地铁区间隧道——国内首座上、下近距离交叠盾构隧道工程

上海市地铁 4 号环线从浦东南路站到浦西南浦大桥站,在穿越黄浦江后的一段区间,由于要避开浦西江边众多的高架桥桩而不得不将盾构隧道在该区间内呈油条状地实施从上、下行间平行线段逐次扭转到呈上、下近距离(其净距离还不到 30 cm 吧)交叠隧道型,再进入地铁南浦大桥站,这一工艺和隧型在国内和上海都是首次采用。工程虽显复杂但又不得已,而且没有经验,却因其创新特色而为今后轨交地铁选型增添了一份新的选择。我团队的研究工作在于:在承担的施工监测方面,摒弃了传统方法沿用的一般性施工变形监控测量手段,而"另辟蹊径"地尝试了自己建议的神经网络人工智能方法。该方法以早先已发生的变形位移监测值为基础输入数据,采用"多步滚动预测法"对后续三五天内将发生的变形位移进行智能预测,进而根据模糊逻辑法则,对所预测将发生的变形在接近其风险阈值时进行实时的有效控制,方法上是以调整盾构掘进的诸施工参数进行,而不需额外的投入与花费。该方法在取得成功后被业界誉为是"高一层次的信息化施工",因为一般的施工信息化只能得到当天监测出的数据,而此处的智能方法却能有据地预测今后数天内将发生的位移,并使之应用于下一步的变形控制,其信息化的层次从而有了新的提高。

14)青岛市轨交地铁 3♯ 线区间隧道与浅埋大跨地下车站工程

在青岛地铁建设初期的选线和方案阶段,笔者作为技术专家组的组长,认为:为方便市民上下、出入车站,力主地铁埋深必须尽可能地做浅。我团队承担了这方面的专题研究,有据地把原先的设计埋深一下子决然提上了 15 m。尽管浅层地质条件差了些,施工投入和结构材料用量也有所加大,但自己有感:要把小平同志告诫说过的"长痛不如短痛"用来规范我们的思考。看看国外许多城市修建地铁的经验,都是紧贴在

地面以下走的,甚至遇到市内起伏的低洼地带,地铁就钻出地面成为地面线路了;而在高坡地段,则又转入浅部地下而成为地铁。如果埋深设置不当,市民使用不便,就成了长痛;而施工和材料费用的投入稍大,则只是短痛,一定要分清这方面的主次,明确地铁的基本功能。此后,在所承担的课题研究方面,由于大跨浅埋地铁车站的岩性(Ⅴ~Ⅵ类围岩)破碎、软弱,我团队在3号线几处车站的围岩和地下结构施工力学研究方面,开展了"分部开挖—支护"的施工方法,其中初期支护采用锚杆、喷网、钢架的组合结构,对其在各个不同工况、不同施工阶段围岩的变形位移场和主应力轨迹、围岩松动圈和塑性区分布、锚杆设计优化、系统锚杆的作用及其取舍,以及复喷网与锁脚锚杆设置、型钢与格构钢架采用,以及二衬刚度优化及其合理设置时间等,都随分部开挖、支护工序展开陆续进行了细致分析,从力学层面逐次探究,以求为施工部门提供参考,再结合施工组织安排和机具设备调配等诸多方面综合考虑,从而最终合理抉择。

15)宁波市将军山大跨公路隧道——毛跨19 m,其出入口浅埋洞段和节理密集断层带为Ⅴ级软弱、破碎围岩

笔者近年来应宁波科技委之约,在宁波市交通规划设计研究院成立了一处院士专家企业工作站,并承担了结合大跨软岩山岭公路隧道衬护设计要求的"隧道衬护结构信息设计的动态反馈与变形控制"研究项目。其内容包括:① 根据位移反分析法对导洞围岩作非线性(弹塑性)反演分析,得出了诸岩体与岩性各个等代参数的真解;② 从小比尺相似材料模拟实验及其后续相应的数值分析,得出了结合该工程实际条件的施锚区主要岩性参数(E, μ, c, ϕ)提高后的定量值,并用于主洞正演,得到了毛洞开挖后、施锚前的洞周自由变形位移,作为初支设计的基础;③ 得出了初支后洞周位移最终的收敛值,并与传统方法所得结果进行了对比探讨;④ 对锚杆参数(杆长、杆距和杆径)进行了优化,并与设计的各相应值作了对比;⑤ 在主洞正演方面,还进行了软岩黏弹塑性流变模型及其参数辨识,分析了施锚初支以后因围岩变形受约束,其整体性提高及其变形刚度增大后的围岩性态变化;⑥ 在二次内衬(二衬)设计研究方面,利用早年外国学者提出的"围岩

收敛与支护约束曲线(convergence & confinement curve)的构思,使两条曲线得以程序化、定量化,并据此确定二衬的最佳刚度及最优设置时间;⑦ 对隧道大跨截面,当分别采用CRD工法、双侧壁导坑预留核心土法、先拱后墙法以及上、下短台阶法等不同的"开挖—支护"施工方案与不同工序,按上节所述,采用施工力学数值分析手段进行了各个工况、不同施工阶段下的围岩与衬护的受力动态与施工变形分析探讨。

16)上海市中环线北虹路下立交地道"管幕—箱框"组合式地下结构——国内首座大跨度地下通道采用管幕顶进作围护的施工技术

为建造穿越马路的地下通道,通常都需要破坏路面或采用轮换半封路的大开挖方法施工,而此处因地道位居地面需要作严格环境保护的大片园区和多座重要建筑物之下,整座全长近500 m的地下通道只能改用暗挖法开挖。在经过细致比选了"冻结法"和"水平旋喷法"之后,由于以上方法的技术工艺当时在国内还不够成熟,业主和设计施工部门都有意在过去已习惯采用的单一顶管工艺的基础上,开展此处最终拟选的、在以管幕形成围护结构的基础上,在其内部再加箱框整体顶推,形成组合型地下结构的施工方案。对单一顶进的地下顶管施工国内已有丰富实践,但要形成管幕成排、逐管先后顶进,则对土层原始平衡状态的破坏将会更大。其中,如何设定其正面顶推力、掘进机头如何对土层施加挤压力、管壁与土层间摩阻力以及管壁注浆层切向应力的发挥等,都缺乏实践经验,需待在施工中逐一探索,这就成了此处管幕施工的难点和特色。我团队承担了以下方面的研究,包括:① 管幕工法中大型顶管和大断面箱框整体顶推全过程引起地表隆、沉变形的规律性;② "管幕—箱框系统"顶进开挖施工的三维弹塑性数值分析;③ 地表隆、沉变形位移的人工智能神经网络多步滚动预测及其控制。

17)超百万吨级以上国家战略地下水封储油洞库工程

地下水封式油库在国内早前已建有多座,但都是比较小型的,其储油量有限,也不利于周转输换油品。该地下水封储油洞库工程不同于一般的地下油库,这里不需要在洞内放置诸多储油钢罐,而是利用管道将油料直接泵送入裸洞洞体,借洞室围岩密封贮存,且借

岩体内地下水的外水头压力(通常都有海水或江水常年补给)来保证洞内油料不致外泄,而洞内油压又保证了地下水不易入渗。经有关方面委托,我团队承担了以下方面的研究探讨,包括:① 因这类储油洞室的幅员大、要求又高,多需选择在节理裂隙不发育而又坚硬至密的岩体深处,因此,探讨硬岩的围岩稳定机制十分重要。硬岩不同于软岩,其开挖后的持续稳定需要采用块体力学理论(block theory)和对关键块体作赤平投影法分析;② 如何保证洞内油料在满储存条件下不致由围岩外泄溢出;而在洞内油料排空的工况下,围岩地下水又不致内渗入库。这就要求在理论上做多种不利工况条件下的渗流控制与分析研究。该储油洞库业已建成使用多年,运营情况正常。

18) 润扬大桥(镇江↔扬州越江)悬索大桥特大型深埋锚碇工程——当时号称"神州第一锚"

润扬跨江大桥经江中沙洲过渡,分为南北跨,建设成两座大桥,其南段通航跨采用悬索大桥跨越。悬索大桥的锚碇工程被笔者戏称为大桥的"命根子"。也确实,日后建成后大桥数万吨的锚拉力要常年持续施加并作用在深埋于软基内的庞大锚碇之上,除了锚碇自身的抗滑和抗倾稳定性以外,它即使只有些许走动(特别是历时增大发展的蠕变变形位移),都将在大桥缆索中产生大的附加应力和附加变形位移,这将严重关系到大桥运营时的安危。笔者当年担任大桥专家组专家,并承担了以下课题研究,包括:① 计及软基土体流变效应的地下连续墙"围护—支护"系统的开挖、支护施工全过程的粘弹塑性分析;② 采用我团队研究的人工智能方法,对地下围护结构的施工变形进行了神经网络多步滚动预测和模糊逻辑控制;③ 探究了地下连续墙墙体各槽段水下开挖通过浅部相当厚度的砂层时,墙槽各段的成槽稳定性,以及灌注自密实水下混凝土的质量控制。通过本项研究,不仅取消了原先设计的最下一排支撑,且赶上在长江下游宁镇(江)江段汛期到来之前完成了硕大基坑的底板混凝土浇筑,大大缩短了工期,满足了施工要求的防洪进度。

19) 武汉市扬逻悬索大桥特大型深埋锚碇工程——圆形锚碇,其规模当时属国内外之最

笔者作为该大桥专家委员会的评委,参加了该项目的施工全过程,并承担了以下委托研究。该大桥锚碇基坑围护结构采用了圆形的、大直径($\phi 72$ m)嵌岩地下连续墙,墙深 46 m。这里需探讨的问题,包括:① 圆形地下连续墙的承力条件好,为小偏压,但如何保证每幅墙体开挖时的成槽稳定及其水下混凝土浇筑质量,如其中的任一槽段不慎坍槽或有重大混凝土质量问题,将不能保证全环井筒高水平的合拢,从而影响其安全受力。简而言之,如因施工问题使之变成了"开口"圆环,则其受力恶化的严重性将不堪设想;② 内衬环混凝土在其凝固过程中的早期收缩,受到内衬外已结硬墙体的制约而不能自由变形,从而使内衬混凝土产生沿环向大的"约束收缩"拉应力而导致内衬环混凝土沿竖向的通透裂缝,需研究其防治对策,如:在内衬混凝土中预设诱导缝、改用膨胀性(无收缩性)水泥、加设短封口块和设法改善混凝土养护质量等;③ 由于锚碇井筒主体尺寸巨大,坑外土体由西北向东南方向的土层分布和土性变化都很不均匀,土体性状差异很大,而墙体下部又被基岩所嵌固,造成整个井筒由西北向东南的整体侧移走动及由此引起的井筒横截面弯、剪受力,且将达到一个设计大值。课题研究了它的设计对策。

20) 苏通大桥(常熟↔南通越江)特大跨斜拉大桥——跨度越千米($L = 1\,088$ m)的斜拉大桥,属当年世界之最

笔者忝为该大桥专家委员会的成员,亲历了该大桥从规划、勘察、设计到施工的整个过程,虽未承担具体课题的专项研究,但在近 20 次的专家会议上,对以下各个方面的问题进行了充分探讨,表述了自己的意见,与专家们交流、互动,自感受益良多。主要有:① 详细论述、比选了在该江段建设双向六车道公路跨江工程,在当时国内技术条件下,宜修桥而不宜建隧的依据及其合理性;② 大桥主塔墩基桩冲刷防护的施工难点分析及其工程对策措施;③ 大桥桩基础的群桩效应与其工后沉降(含主跨悬臂拼装合拢后的沉降)控制问题;④ 特长、特大直径水下混凝土灌注桩的质量控制与施工检测;⑤ 大桥大体积承台混凝土的水化热温控问题;⑥ 主桥超大直径钢护筒沉放技术与问题;⑦ 主墩深水平台的施工计算与搭设技术;⑧ 水下无封底混凝土套箱设计施工方案比选;⑨ 承台钢板桩围堰

设计施工中的问题探讨;⑩ 大桥超高桥塔的施工控制与滑模混凝土质量检测,等等,不一而足。许多建议已被采纳或参考。

21) 泰州长江公路双跨连续悬索大桥桩基工程

该大桥采用双跨连续 2@ 1 000 m 的悬索大桥横越长江下游扬中县江段,该桥在这一类型的悬索大桥中迄今仍属世界之最。笔者作为大桥技术专家组的一员,承担了主跨南北岸两座边塔墩的桩基静、动力设计研究,研究内容侧重于 Ⅵ 级最低抗震设防烈度下的桩基动力性态探讨,包括:① 研究了桩周土与桩体界面在静力和地震动力作用下其接触变形的力学行为(指桩、土界面位移不协调情况),及其对桩基承载力和沉降变形量的影响;② 采用有限域作抗震动力分析时,计算域下周边因入射波的反射引起人为的虚拟干扰,探讨了消减这种干扰的各种人工阻尼边界的设置问题;③ 层状饱和砂土内桩基振动分析中的群桩效应研究;④ 远域弱震情况下,桥基浅部砂土层局部液化[指在地震中土体仍保留部分强度的情况(含动态三维室内土工试验)],它有别于砂土全液化,在土层液化中因土体大变形对桩基残余承载力的不利影响,以及震后土体因动力重塑作用而承载力部分恢复的性状研究;⑤ “地基土—群桩—大桥塔墩承台”体系,在任一方向地震波动力作用时抗震动力相互作用的理论、数值模拟分析与振动台实验(该项目后一子项与日本九州大学合作研究完成)。

22) 上海市浦东国际机场二期吹填造陆 4 000 m 长跑道的软基差异沉降分析

在建设浦东国际机场二期跑道时,填海促淤造地而筑成的原先吹填砂极软基土体,经井点降水和超载预压处理后,对软基土体加固机理与沿程差异沉降分析方面进行了研究,深入剖析了软黏土主固结与其颗粒骨架蠕变变形相耦合并相互作用,分别进行了二维和三维黏弹塑性流变分析研究,作出了对沿该跑道纵向差异沉降与工后沉降的有效控制,确保了在沿程地基土性不均匀分布的情况下,该特长跑道在大型客机升空和起降时的安全运营。研究工作含:① 横观各向同性土体介质渗流场、应力场、位移场的三场耦合分析;② 地基工后沉降/不均匀差异沉降、长期流变时效特征的分析与预测;③ 机场跑道结构层纵向弯矩的长期流变时效特征的分析与预测;④ 层状横观各向同性土体介质计及地下水渗流效应的“固结—流变”耦合分析有限元法专用软件的研制与开发。我团队研发了适用于变网格法搜索自由面的渗流模块,并采用节点坐标法利用流体单元与实体单元的结点关系实现了耦合分析,开发了重新形成流体单元的平面和三维网格划分子程序模块,它对分别输入均匀和不均匀水头的两类不同情况均可方便适用。这方面的研究工作具有一定的原创性,成果为今后软基跑道设计建立了理论依据与工程安全保障。

记写于乙未羊年腊月岁末于同济校园

相隔九百里，冷暖两重天

——戊子岁末两岸直航后台湾行杂忆

孙　钧

应庄德之老学长之嘱，写作此稿作为台湾之行的纪念，在"级友情况交流"上与老学长们共飨并求指教。

记得早在 1998 年仲秋，应台湾中兴工程集团程禹董事长的盛情邀约，我曾以国际岩石力学学会副主席暨中国国家小组主席（那时我任中国岩石力学与工程学会理事长和中国土木工程学会副理事长）的身份，偕同我国学会副理事长张清教授一行，联袂转经香港赴台，并应邀在台北市召开的"沉积岩工程特性及其应用"国际学术研讨会议上作 keynote lecture。当时台湾主政的李登辉，以及随后的陈水扁，对大陆都奉行一条：不承认、不谈判、不接触的"三不"政策。那次除了会议上专业业务方面的探讨外，会下和餐间言谈时，一涉及两岸关系，局面就会十分尴尬，双方谨小慎微，尽管语言文字相通，却完全不像是同胞亲人，竟何堪如此！

这次，双方还是以民间协会形式组织"第二届海峡两岸通道工程学术研讨会"，由于主题比较敏感，台湾当局当初也有所疑虑，生怕那边"绿营"方面的反对，几经折腾，才批准改以"两岸桥隧学术会议"的名义召开（附照片之一），实际上是上下心照不宣，换汤不换药；而会议开幕式上台方海基会董事长江丙坤先生还莅会致贺并发表了热情欢迎辞。我就坐在江的身旁，我们还聊了几句：我谢谢江"为两岸人员交流立了大功，昨天我在家中吃的早餐，中饭就赶上来台北吃了，1 小时 20 分的航程，比去趟北京还快！"江说："是坐的直航了，这很好，今后大家来往方便多了。"

我们是 2008 年 12 月 21 日中午前下的飞机，那天风和日丽，暖风习习。会议主赞助商台湾硕记集团总裁王水宝先生到机场迎候我们，说："上海这两天正是大冷天吧。"（当天上海早上的气温约 3℃，清晨煞是严冬，而台北则是 23℃）。我不禁回应说，正是"相隔九

百里，冷暖两重天啊！"（上海 - 台北的飞行距离仅 936 公里）。这里，我不只是说的天气，回想起与当年的政局相比，不是也已有了冷暖之别吗！翌日在欢迎晚宴上，我代表大陆代表团一行 47 人即席致答词，欣赞现在两岸"和平发展，求同存异，共图双赢"的大好局面，祈盼几十年了，真是来之不易，大家都要珍惜。那时去台，不敢暴露自己是党员，记得有一次我不慎填上了"国务院学位委员会学科评议组召集人"的身份，竟被认为是"匪党"官员而不批准入境。我在会上感叹说："曾经去过大大小小许多国家，却没有一个比到自己国家——台湾来的手续更难办的。现在可好了，下次我还要带同老伴、孩子和孙子辈一起办个旅游签证，玩遍宝岛一个痛快！"话语激起了场下片片掌声。

我们在台北下榻的宾馆是圆山大酒店，也就是前些日我方海协会陈云林会长在台北下榻的饭店。酒店的造型完全是一座中国古典宫廷传统的大红色宏伟建筑，客房宽大，间间都有外廊通抵大露台供眺望市内风光。可是在陈水扁执政年代，因为他一意要"去中国化"，据说连圆山饭店也遭到了冷落，重要会议从不放在圆山开；而这次由于陈会长的光临，也带动了饭店的

新生，大陆来的旅游团批批爆满，大堂里到处听到上海话和广东口音。我们早餐还尝到了宋美龄的最爱"红豆松糕"，带有松子仁的，口感确实可说是香甜酥糯。

短短的两天会议之后，紧接着是"漫长"的工程考察和环岛九日游。连同台湾陪同人员和两位导游，我们一行近50人分乘两辆豪华大巴，自台北市区出发，一路东南行，经宜兰雪山隧道，再一直往南到花莲→台东，然后折向西南腹地，沿南回公路，经恒春→垦丁（台湾最南端），然后又折向西北，经高雄→嘉义（阿里山）→台中→南投（日月潭）→竹北（新竹市东边），再坐高速铁路经桃园返回台北，历时九天。一天一个地方，换住一所宾馆，连日山路上下盘旋，颠簸起伏，尽管路况不错，终究要靠好的体力和腰肌作支撑！我由于2008年上半年植了一枚心血管支架，助我总算完成了这次辛劳的万里行，困难地段虽有人热情搀扶，但也总得自己一步一步地走呀。有位同去的中年女同志赞扬我说："孙钧院士真棒呀！我都吃不消了。"我回说："困难还在后头呢，日久就要显原形了。"果不其然，在阿里山峰顶，我与几位年长者就选择了舒适地品茗阿里山高山茶艺而没有去山间的森林漫游，免除了两个半小时的劳作之苦。

由台北往南一路行来，车右侧是绵绵不绝、纵贯台湾的中央山脉，而路的左首则是辽阔无际的太平洋。那天太空如洗，空气清新，在夕阳的余晖下，但见洋面上由近及远泛起一片绿色、浅蓝和深蓝色的波涛和白色的岸边激浪，真是令人沉醉于画图之中，我这支拙笔实在很难描绘和形容！有人说：花莲和台东地广人稀，生态环境绝对上乘，也是台湾风光绝美的地方，果真名不虚传！

在花莲，我们傍晚时分参观了玉石和珊瑚展示馆，一种绿色透明的花莲特产"猫眼石"，玲珑剔透，十分喜人，可要价不菲。清晨早起，车行进入太鲁阁国家风景区。途经险峻的山路和深邃谷底，但见一路悬崖峭壁，左右是气势磅礴的大峡谷和深山老林，风景绝佳。据告，这条山路是当年蒋经国年代动用从大陆带去的70万退役老兵的一部分艰难地凿石修建的，在那艰辛的岁月，数百人默默在此地献身，现建有一处纪念他们的长春祠。

在台东，安排我们特意去参观了一所很有特色的

"慈济堂"。堂内见到装饰异常精美的建筑，其中的壁饰、雕塑与珍稀照片等都深深吸引着人们，特别是聆听了一位极有教养的老妇那亲切动人的讲解，她居然还谈到了"以人为本"和"希望工程"。我原以为这些词语只是我们大陆近年来的创造，不知竟还是我国先民已然早就有了的呢。"慈济"之本是以人为善，济赈贫苦大众。据说，这位老妇人讲解员还是一位"义工"，她本人可能就是台湾某某大企业家缠万贯的贵夫人，由于信善，也是一种兴趣吧，来做义务宣传的呢。真令人不可思议。

垦丁是个不可不去的地方，位于宝岛的最南端（猫鼻头和鹅銮鼻），它东倚太平洋，南临巴士海峡，西望台湾海峡，景物旖旎，一派南国风光。在这隆冬时节，白天气温竟高达27℃，热风阵阵，估计有8级以上，吹人欲倒！垦丁国家公园有许多很有特色的动植物，可惜我不是这方面的行家，在听公园的"简报"（briefing，指口头作介绍）时，真是一位完全的门外汉呢。晨间，又驱车去恒春古城参观了"地下出火"（实际上是沼气露出地面而燃烧），还难得地见到了台湾军方的空中演练，炮声隆隆，直升军机在头顶上掠过，是不是在迎候我们？

高雄是台南最大的一座工业城市。我们走访了濒临台湾海峡的中山大学。在这次台北会议期间，我与几位教授还应邀专程参观了台湾大学的抗震实验室（台湾是地震频发的高烈度区）和台大土木学院新楼的主动抗震装置。台大的震动实验台比同济的更大、更先进。台大是台湾现在最好的高等学府，胜过那里的清华和新竹交大，而高雄的中山大学在台则排名第八。参观时正值一艘大货船离岸西去，说是两岸直航之后来自福建省的第一艘货轮，但轮上却没有见到五星红旗飘扬。我们在高雄市还乘过了新开通的地铁（台湾叫"捷运"），在两岸华灯璀璨时分，夜游了高雄的母亲河——爱河，品尝了"六合夜市"美食一条街上风味独特的台湾牛肉面。后来在台中还吃到了一种加番茄、略带酸味的小马牛肉面（据说马英九曾到此吃过），味道并不怎样，牛肉不烂，嚼不动，面条倒是很有咬劲的手工拉面。

由高雄再往北驶约一个半小时，经台南市进入了嘉义山区的南投县，那里是台湾中部第一景点阿里山

森林游乐园区。高山崇岭中遍布着远近知名的阿里山高山茶的采摘点和销售厂商,可谓集一时之盛。此处也是台湾度暑、休闲和游乐的胜地,有阿里山神木、姊妹潭、森林小火车和森林浴。据说,歌词中"阿里山的姑娘美如水呀"的漂亮姑娘们都已远嫁他乡了,怪道看到的不少能歌善舞的姑娘们却都并不怎样呢。高山茶倒是名不虚传,一位给客人做茶艺的中年妇女说,这里是她父母的家,就住在店房楼上,而她自己家则在台东市。每个月她都要花上一整天由台东乘火车(或公路)先到高雄,再转高铁到嘉义,然后又换乘进山长途车到妈妈家,每月来后就要住上十天,舍不得走。说:"父母亲老了,见一面就少一次了。"言语间亲情流露,难得的古朴孝心,令人感动!我们还尽情品尝了她家几味不同口感的好茶,确是香气四溢,齿颊流芳!大家也纷纷买了一些带回去自用和送人,茶好价钱还不算太贵,约合190元人民币一两(台湾一市斤为六两)。

在嘉义过夜后,起个大早又直奔大家向往已久的台湾第一景点日月潭。那里我1998年第一次去台时就到过。整整十个年头了,日月潭在几次震害中该无恙吧?(1999年9月21日台湾大地震,台中是震中,我当年旅居过一宿的旅店,据说是蒋介石偕夫人当年到日月潭时的住所。印象中全是玻璃房,"九·二一"大地震中全给毁了)。现在的日月潭,是否又有她的新貌了呢?但见潭面十分辽阔,湖水清澈见底,远山缥缈于天际,更偶见云雀和湖鸥齐飞。据告,日月潭的湖面较西湖大几倍,但却又远不能与三万六千顷的江苏太湖相般配了。南投县的县长在电视访谈中诙谐地说:"今天的日月潭与杭州的西湖正在谈恋爱,择日就要联姻完婚。可太湖和安徽巢湖也正在与日月潭搞'多角恋',我台湾只有日月潭一个宝贝闺女,究竟该嫁给谁家呀!"轮渡老大,身兼船长、导游和大副一人三职,全他一个人包了,船长热心好客,知道我们来自大陆,更撒着一股子干劲。临别依依,大家热烈鼓掌致谢。据告,轮渡老大工作十分辛劳,而收入却也不菲呢。在日月潭风景区一位作"简报"、穿制服的中年人,风度翩翩,言语风趣逗人,讲话很有水平。他说多次去过国内,说是去学习大陆办旅游的经验。我以为这定是一位高级公职人员,但据告竟也是位义工!在日月潭游湖之余,我们还参观了文武庙和玄奘寺,真不知何年何

月,唐代玄奘法师去西域取经之暇,竟也到过台湾一游的啊!一笑。翌日午后,有时间又去逛了极富盛名的九族文化村和"九·二一"雾峰地震纪念馆,在文化村还欣赏了一场盛大的民族歌舞。暮霭中夜宿台中市。

台中市是台湾中部西傍台湾海峡的第一大城。车进城区已是万家灯火,但见高楼幢幢,马路上华灯齐放,霓虹闪烁,许多地方聚集着人群,因为当地气候温暖,看来还穿着露脐装,青年人双双对对在逛夜市、溜达着呢。据告,有人对两岸作过些比较,大概台湾的人均收入是大陆的4倍,而物价则两地基本持平,所以台湾的生活水平一般要较我们的高,不过对这边的"爆发户"一族说,则自然又另当别论了。

翌晨再驱车继续北行,不久达到竹北市,它位于大城新竹市的东北向。接待方好客,为我们换个花样,让大家改乘一段高铁,从这里再回台北。竹北新建的高铁火车站新颖别致,造型上十分新潮,获得了国际新建筑金奖。不久前,我由北京市新建的南站坐过一次国内高铁到天津,130余公里只化了半小时不到(最高时速可达390 km)。这次坐在台湾高铁车厢中,观感上与那次坐的好像也差不多,车厢内设施齐全,座位舒适,经桃园站稍停一分钟,不到半个时辰,又重新返回了多日不见的台北市区。

一来两天,台湾西北一隅也经受了一股寒流,但应该是它的强弩之末了吧?气温一下子降到了15℃,并伴着风雨阵阵。导游说,今天可冷啊,这就是台湾的大寒天了!听说大陆哈尔滨这些天气温在-20℃以下,那可怎么活啊?我说,我们哈尔滨年年冬天还搞冰雕展会,正等着您去玩呢?

又一次返回台北。在风雨中抓紧带我们走马观花般草草参观了中正纪念堂、国父纪念馆(附照片之二)和台北"市政府"。晚上冒着霏霏细雨又去了世界第一高楼的台北"101"(该大楼有101层)。

在101,乘上号称"世界最快电梯",确实不到1分钟吧已经登顶,有人在喊耳膜痛。极目远眺灯火阑珊中的雨夜星空,直感上似乎较比上海的东方明珠和金茂大厦似还稍逊一筹。我返沪后,近日有机会又去了紧贴金茂大厦的环球金融中心——国内第一高楼(462 m)参观,因为是大白天,晴空万里,远近数千幢高楼在阳光普照下熠熠生辉,台北的101似乎更是不能

与其相比配了。嗣后，又下到了101的3～5层，看了一下大楼内的商场和一些专卖店，觉得上海的许多大商店现在是"看的人多，买的少"，而那里则是"看的人少，买的则更几乎没有"。报载，101现在的一位38岁女性董事长因为实在经营不下去而向董事会请辞了。可见这场世界性金融风暴的来势有多么迅猛，它已触及社会的每个角落！

我久已向往、很想去的台北故宫，还有基隆淡水渔人码头，因为安排在2009年元旦最后一天去观光，我有事要提前一天回上海，没缘去了，留等下一次吧，遗憾之至（我的一批早些年毕业的老博士生相约好2009年元旦返校聚会，如果我老师缺席，真的太扫兴了，所以只能早一天赶回来）。据说，台北故宫文物珍宝近3万件，相当部分来自北京故宫，都是些无价之宝的珍品，很值得观赏。

说到在台湾多天的食宿，可又有另一番滋味。先说住的都是"五星"，确实不错，绝不输大陆和西方。尤其是在日月潭住的那一宿，是一种家庭式旅馆（台湾叫"民宿"），可说别致异常。一座三层全木质花园大洋房，庭院深深，建筑错落有致，而全部以高级木料（不刷油漆）靠榫头结合而成的楼宇，共有厅堂、房舍约20间，都附有休闲露台。我说，这里太舒服了，有点"乐不思蜀了"。那天清晨，雨后初霁，空气里弥漫着薄雾，小

径幽远，近望日月潭湖水青碧照人，真人间仙境也。但是，由旅行社安排的餐饮，却不敢恭维了，只能说是一般性伙食，供大家果腹吃饱而已。这次去台历时十日，往返机票4 200元，会议和旅行食宿交通则共合2万元出头（均按人民币计价），比这些日去台的旅行团价目要贵一倍以上，自然住宿和用车都是上乘的了。我则由会议方招待，省去了一笔花费呢。

最后，再想谈一点从台湾电视中看到的"大民主"热闹场面。那些天电视里热议的重头戏，一是法院对陈水扁演出的一出"捉放曹"闹剧，二是团团、圆圆到台湾。台南地区是阿扁"绿营"的老巢，几座"深绿"电台叫嚣着：阿扁现在是"虎落平阳被犬欺"、"成者为王、败则为寇，历来如此，没说的了"，是马英九连同大陆对陈的一场"政治大迫害"，等等，在电台上闹得不可开交！就连猫熊（台湾叫熊猫为猫熊）赴台的好事，也说成是大陆的统战高招，说"马、连还亲自去机场恭迎，请问，台湾回赠的梅花鹿有天到北京时，他胡某人也会去机场迎候吗？"真是"卑躬屈膝""丧权辱国""有失体统"。"团圆"的用意明摆着要把台湾统并到大陆去了，将来这个名字一定得改，要改为"长长"和"久久"，等等，不一而足。这样的民主，我看真是吃不消，谢谢了。

回上海半个月了，往事历历，犹在眼前。昨日，忽有些灵感，赋了一首"八十后人生感悟"的打油词，权作为我这篇赘文的结尾吧！

金戈铁马，利禄功名，终究是过往云烟散；

荣辱不惊，沉迷学海，搏泳六十春秋。

一生为自我追求　呕心沥血，

只图"享受生活"（西人谓之"enjoy life"），欣何如之！

Never say too old & too late to learn & to do!

曾已执着过，未敢稍有懈怠，无枉矣！

写于己丑牛年新正

一缕抹之不去的追忆——记 1952 年全国高校院系大调整前后

孙　钧

1952 年夏,全国范围的高校院系调整是我国解放初期高等教育界的一次重大事件。岁月荏苒,到今天转瞬六十个春秋过去了,我国的高等教育事业已经有了翻天覆地的发展,但当年院系调整对国内高教界引起的震撼,留给人们此后的深刻影响却是久远的。尽管事件本身已随流光而日渐远去,但它在我记忆里的点点滴滴则永远不会遗忘。

上海解放前夕(1949 年 5 月初),因时局动乱,我从当时的国立交通大学(今上海交大)提前毕业,不久就在隆隆的炮声中迎来了上海解放。经华东人民革命大学短期培训,我由组织分配到华东航空处工作,后又以《结构力学》笔试满分的好成绩被录取到航空处下属的华东航空工程研究所做技术员。一天,交大土木工程系系主任杨钦老师(后来到同济任副校长,给排水工程著名学者)电话找到我,说系里有一个缺额,问我愿否回母校任助教? 我一则十分向往高校那种自由、闲适的学术氛围;二则想多些时间自学好英语,有机会去MIT(美国麻省理工学院)留学攻博;三则我当年在航研所从事飞机结构力学研究,尽管理论上还是结构力学那一套,但探讨的对象毕竟不同于我热爱的桥梁和屋架结构,旧情难忘不想改行。所以电话这边我就高兴地满口应许了。回母校后因为还担任系秘书,有幸与杨钦系主任在徐家汇老交大工程馆一个房间办公,坐面对面。所以,全国要进行院系大调整的消息,在向全体师生公布前,我就事前更早知晓了。

那时,已有近 60 年光荣校史的老交大,当年在工程教育领域就有"北清华、南交大"的美誉,为什么这次也要随大流去搞什么院系调整呢? 大家心里是一万个不乐意。正想趁新中国百废待兴、为国家的教育建设好好发挥自己的聪明才智教书育人,真的很不想有什么原本可以不做的这样一场大折腾! 但这是政府部门的宏观决策,说什么也得服从组织上的重大决定呀!

原来,这是一场全盘学习旧苏联教育体制的产物,就文、理科来说,理科专业要与文科专业合在一所"综合性"大学里;而工科专业多,原先分设在各所大学里的不同工科专业则要按大类归并,重新组合。就这样,上海交大和同济、浙大等校的理科,都要合并到复旦,而交大的土木工程专业则要并入同济,同济的机电专业又并入交大;其他许多私立院校(如圣约翰、震旦、沪江、大同、大夏和光华等大学)(1951 年,大夏和光华合并成立华东师范大学)的相关专业也都按上面的原则作相应调整,并从此撤销了全部私办大学。

解放前,上海国立交大土木系四年级时的专业分组、课程设置、直至教材等等,都完全是按美国 MIT 模式原封不动照搬照套过来的,教授们也都是喝洋墨水、拿了洋博士文凭回国后来校任教的。这次除了政治上全面"一边倒"、全盘苏化的同时,当然,在高校的专业设置、教材和教学计划、课程教学大纲等等又都改为全盘照搬前苏联高校的一套。老师们可说是忙得不亦乐乎,抓紧学习俄文则是首要的先决条件。我有幸在交大时就业余学习了几年俄语,来同济后就"改换门庭",由从事力学教学变成了前苏联桥梁专家 И. Д. СНИТКО 教授的专业口译,也是专家的助手。专家讲授"钢桥设计"和"桥梁施工技术、计划与组织"两门新的专业课程。还由前苏联专家任导师,同时培养桥梁专业研究生,我自己也有机会随专家攻读了副博士学位。所有这些,今天已是过往云烟,但往事历历犹在眼前!

再说我第一天来同济的往事。一天清早,初秋和煦的凉风伴随我们交大土木系从教授到助教一行,集体乘校车到了同济大门口。当时同济的李国豪教务长率同同济土木系老师们来迎候我们,去到了 129 大楼的一间大会议室。李教务长代表同济表示了欢迎,也介绍了一些同济土木系的情况,交大则由杨钦系主任作答。说起正在建设的南楼和北楼,同济那时因院系分散在市内好几处地方，本部其美路（今四平路）校区很小，只有129大楼为主楼，图书馆则是在现址大楼处前面至今仍留存的一栋两层小楼，而教授们住校的就只是住在129楼东侧的一些小平房了，围墙外就是马路。和平楼、民主楼、理化馆和工程材料馆等则都是在我们来了之后才新盖的，更别谈现在的大礼堂了，那时都还没有。我当时是单身，几年后在分配的同济新村新字楼楼下一间10平方左右的小房间成了家。那时的彰武路还没有街名，只能说是一条郊区小路吧了。记得那天会议上大家主要商量的是交大仪器设备和图书的搬迁事宜，这些当然都是在院系领导的主持下，由我与几位青年教师具体忙着操办了。由于双方都十分客气和谦让，记忆中虽然诸事纷繁，却没有起一点争执和过不去的地方。对此，我现在要感叹地说一句：当时人们（都称呼"同志"）的礼让和相互理解，现在倒真有些"今非昔比"了！写到这里，怀念起当年还40岁不到、风华正茂、我们敬爱的老校长李国豪老师，现已谢世许多年了。他学富五车，厚德载物，为同济的发展壮大呕心沥血了一辈子，他的治学精神和音容笑貌至今永驻在我辈后学的心间！

再要说一下当时来同济的市内交通。14路无轨电车从市里来到头道桥（今邮电新村）就到终点站了，那时还没有55路公交车呢。从头道桥再到同济的一大段路就只有靠跨坐在带人个体自行车的后面了。来同济后，我还要去当时位于五角场附近的华东化工学院（今华东理工大学）兼教"材料力学"课程，每周两次也是靠坐个体自行车代步。当时的自行车还是奢侈品，不是一般人买得起的。想想今天私人小车都早已司空见惯了，祖国数十年来经济建设的发展和进步真是惊人啊！

1953年秋，是机会吧，也许是自己的努力，我升任讲师，距我们来同济刚满一年。可1950年朝鲜战争爆发，美军第七舰队全面封杀了长江出海口和台湾海峡，它粉碎了我的出国留洋美梦。

后来的很长一段时间，同济大学成为了全国规模最大、专业设置最为齐全的一所单科性的土木建筑学院，而几年后（1958年吧）上海交大更又经历了"一锅端"迁到了西安。堂堂名校上海交大一时竟成为了一所造船学院，但这些也都是很多年前的往事了。两校的今天已都全然大大变样、大大发展了！

限于篇幅，其他还有些这方面的追忆就不再写了。时光啊，俱往矣，当年院系调整的是非功过，只有容待历史和后人给出评说了。

壬辰龙年中秋国庆双节
写于合肥旅次

深切缅怀恩师李国豪校长

孙　钧

敬爱的恩师李国豪校长离开我们转瞬已近八个年头了，但他的谆谆教诲、那慈蔼可亲的音容笑貌仍然活在我们心里。

忘不了那刻骨铭心的一天冬晨。我接听了学院朱院长的电话："告诉你一个很不幸的消息，李校长昨天傍晚在华东医院谢世了。"恰如晴天霹雳、五雷轰顶呀，毫无思想准备的我，当时最大的自责是在李校长最后的日子里我怎么没能前去做最后一次探望。这将令我抱憾终生、自责终生啊！除了马上电话宽慰师母林老师外，两天后，我赶到了设在桥梁馆的灵堂，面对遗像，泪流满面地深深三鞠躬；在龙华殡仪馆的大厅里，面对慈容，我以无尽的哀思，与到场的数千人一起，深切悼念着这位桥梁力学与工程界的伟大导师、同济大学发展光大的主要耕耘者和开拓者——李国豪老校长，愿他静静安息！

记得李校长已经连续三个年头在医院病榻上过春节（尽管天气回暖后还是回到家中静养），当时我脑海中也曾隐约感到有一丝不祥的预兆。这年春节前，我又一次想去医院问安，电话那边林老师说："李校长身体恢复得还好，准备春节后天气暖和些就回家，现在就不要来医院了，李校长要陪着说话会感到吃力，等回家后再来畅叙吧。"就这样，那次通话竟成了与敬爱恩师的永诀！我深深悔恨着自己啊！

回忆起半个世纪来在与李校长许多交往中受到的教诲、鞭策和鼓舞，往事历历，如在眼前。

我最早认识李校长是在1952年初秋的一天早上。那年全国高校院系调整，上海交大的土木系要合并来同济。我当时是交大土木系的秘书，当天随系主任杨钦先生（后来任过同济副校长）和全系教授大概十余人一起到同济来联系合并的事。李校长当年40岁不到，是同济的教务长，他亲自率人在其美路（四平路）学校大门口迎候我们，并一起去到一·二九大楼会议室。

同济人对交大师生过来表示欢迎和高兴，有关仪器设备（专业实验室）和图书资料等如何分割、转迁到同济，也都谈得十分融洽，相互谦让，只一个上午问题都基本解决好了，还在同济食堂吃的午饭。李校长给我的第一印象是十足的学者风范，他是一位已蜚声国内外的桥梁专家，又正值盛年，言谈举止却十分谦和，显得特别平易近人。来同济后，在一次与我们青年教师的座谈会上，他语重心长地告诫大家说："大学毕业、立业之初的前三、五年，对今后一生至关重要，要养成勤勉好学的习惯，要培养自己独立思考和钻研的能力；如果这个期间做不到，我看他以后也就难了。因为人总是先要犯手懒的毛病，不想动笔；再就是犯脑子懒的毛病，更又不想用心了。"李校长的警语说得多好啊。我们听进去了，也这样照着做了。数十年来，尽管年齿渐长而在治学上却始终铭记恩师教导，未敢稍有懈怠，今天才不致有"少壮不努力，老大徒伤悲"的感喟。

1954年，苏联桥梁专家斯尼特柯（И. Д. СНИТКО）教授以及道路、建筑施工、建筑工程管理与经济、建筑工程机械等学科领域的六七位苏联专家来校授课并培养、指导研究生。学校除了配备生活翻译外，还要有人担任专业翻译。我那时在学校负责工程力学方面两个大班的讲课，夜间在市内中苏友协俄语专修学校进修俄语，已有一点基础，就由李校长安排，与曹善华、赵骅、朱照宏、江景波等几位青年老师一起，要我承担桥梁专家的专业口译（上课和指导学科建设、培养研究生等）。这样，我改换门庭，承担起专家讲授的两门专业课程："钢桥设计"和"桥梁施工组织与计划"的讲稿笔译和课堂口译。李校长亲自听课，基本上有专家讲课都会来，还对我翻译中有不妥切的地方，课后会一一向我指出。如此两年多下来，我在桥梁设计、施工和掌握俄语基础（阅读、写作和口语）等等方面都有了很大长进。这得感谢李校长的安排，给了我那次上好的学习机会哩!

几十年韶华流逝,而李校长在我个人成长的年月里对我的教育和帮助,应该说是受益终生。在此我再次告慰李校长,学生会感恩戴德,永远铭记,终生不忘!

记得是1963年秋吧,李校长召集徐植信、翁智远、朱伯龙、洪善桃、沈祖炎和我等人开会,说想与大家一起组建"结构理论研究室"(即现在结构所的前身),并想把主攻重点放在"结构防护工程学"研究方面。他说:"现在全国学界都在做结构抗震方面研究,我们不要赶时髦、随大流,我看结构工程防护问题关系到国家安全,理论上也有深度,可以深入系统地搞。"因为我那时已奉调并负责在同济组建国内第一个"地下建筑工程"专业(也是李校长的主意),在地下核防护方面略有些基础,研究室内的第一讲就叫我说说核防护工程研究的重要性、主要研究内容和方法,以及理论成果的工程应用等方面的问题。当时我们研究室的规模小,就上面说的几号人(那时大学还没有开始招收研究生),只在南楼楼下占用了一个大间,李校长上午10时后总会从校部来研究室做学问。他安排的学术活动是每周一个下午,由前面提到的几位,大家轮流着讲;而他本人总是带头,每学期的第一周第一个讲。这督促着我们不敢丝毫马虎应付,每学期都该出新的研究成果并要在集体团队内宣讲。李校长也总是实打实,听完后就对大家所讲的阶段研究作点评,并提出不少中肯的指导意见,然后是互动交流。这使我们获益良多,几年来在结构防护工程力学方面打下了比较坚实的基础。由李校长主编,我们几个参编,三年后还出版了一部《地下防护结构理论》的学术专著,并在《同济大学学报》上发表了一期专刊,还研制、添置了一套"结构模爆器"等大型试验设备。可惜在1966年"文化大革命"之初,由于李校长和我们几个都受到了"冲击",造反派砸封了研究室,还说,"靠你们几个臭秀才,理论脱离实际还搞什么国防技术研究,就是该彻底给砸烂掉"。"文革"后,李校长还提出要想重振旗鼓,但他说单就搞一件列居全国先进水平的大型激波管就得上百万元,没有这么大投入的可能啊!后来,就成立了现在的结构所,所里仍设有"防护工程"研究室,这是后话了。

"文革"以后,李校长被任命为同济大学校长("文革"前是主管教学、科研的副校长),怀着同济一定要振兴和大发展的心情,他第一次来我家中串门,要听听我们教师对学校大发展的意见。他问:"高校的教学和科研要上去,你看最重要的环节是什么?"我几乎不假思索地就回应说:"那当然是人才,是学校教师队伍的素质和水平。"李校长十分同意我的想法,说:"学校就像京剧团,校长也就是剧团团长,我看同济第一位重要的倒不是我这个校长;京剧团里有了梅兰芳和马连良,团长也就好当了,同济有了好老师,我这个校长自然也好当了。"他又说:"我看像同济这样的大学,如果能够有8个、10个国际一流水平的教师骨干,在他们带动下再造就一批高水平的中、青年教师队伍,这样,我想解放前我们国立同济大学在国内外的学术声望是可以振兴回来的,还可以更加发扬光大。"他当时还表示想要重新恢复我校的医学院,再想办药学院,要搞学院三级负责制,等等。那次恳谈,使我对同济的振兴和发展满怀着希望。他当时还试探着说有意向校党委举荐我来担任在他麾下"文革"后的第一任校教务处长。

可能我当时流露了一点担任行政工作会影响自己专业业务的意思吧,在后来我去教务处上班的第一天,他握着两位副处长的手说:"孙钧老师首先是一位教授,处里经常的教务工作请你两位要多偏劳一点,让孙老师能在下午处里如果没有太重要的事情和开会,就仍然可以留在系里多做一些他自己的研究。拜托了。"李校长当时那恳切的一番交待,直到现在都使我为之感激涕零呢!

在李校长的提名和支持下,我后来又赶上了"文革"后第一批赴美进修,做高访教授。离校的那天一早,校党委黄耕夫书记和李校长等聚在学校门口为我们一小批人送行。李校长特别叮嘱说:"你们这次去美国,要多走一些高校,带着同济的教学、科研问题,看看人家有什么好的经验和做法,这方面也多学一些带回来。这同样是一项出访的任务,不要局限于只关注自己的学术研究。"1980年秋季开学时我赶了回来,又接着被任命为"结构工程系"的系主任。我与项海帆、沈祖炎两位一起分工协作,大家志同道合,事情来了,我们也想到一块去了,真是"英雄所见略同"吧!三个人合作得十分愉快,直到我满60岁才退离了"双肩挑"的行政岗位。由于时代好了,这个时期也是我一生中出成果比较多的时候,这些都被李校长看在了眼里,也得到了他的赞许。

1991年，"文革"后的首届科学院院士（当时还称作"学部委员"）选举开始了。李校长让科研处关照我写申报院士候选人材料，并表示愿意当我的推荐人。我原先还不知道当年有增选的事，电话里向李校长表示了自己还不够格的意思。李校长说："这事不只关系到你本人，同济不能只有我一个老学部委员，这次如果我校能够评上1、2个，主要是为了学校荣誉的需要。我看你成果还可以，不妨去试一下。"在评选结果正式见诸报端的前一天，也是李校长第一位一早就来电话对我当选表示祝贺，我当然非常感激他的举荐和支持。

我认为李校长一生学术成就最值得我们后辈称道和学习的，是他始终坚持理论研究密切联系工程实际的好作风。众所周知，他专长桥梁结构振动与稳定理论研究，兼涉静力和动力学分析，几十年耕耘辛劳可谓硕果累累，而在从事研究的理论和方法上都始终坚持密切结合重大项目来进行，如：武汉、南京长江大桥、江阴大桥和虎门大桥、上海南浦和杨浦大桥、宝钢工程建设等等国家重大建设工程，研究成果为工程所用，取得了丰硕的技术和经济效益。我后来追随李校长担任一些大桥的技术顾问，在参加历次专家组会议时，他作为顾问组组长，总是能深入浅出地清楚论述他的理论依据和由此指导得出的工程处理措施与意见，而为众多专家们所折服。这是多么难能可贵的呀！

我年近80岁时，有年春节我偕老伴去李校长住处拜年问安，临别依依，他动情地说："老孙啊，你自己年岁也大了，以后过年，来个电话相互问候一下就是了，天太冷就不要年年都来了。"谁知言犹在耳，敬爱的李校长却已经与我们永别了啊！上天有眼，我们为失去这样一位令人崇敬的恩师和前辈而深感哀痛，他厚德载物、高尚的人品亮节和卓越的专业学识都将永驻人间，永远是我们后学的表率和前进的动力。

在李校长百岁诞辰的纪念日子里，敬写述了上面的一点文字，是为永念！！泪洒湿纸，书不尽意。

壬辰残秋，记写于雨夜家中

本文发表于2013年4月11日同济大学新闻网

永远的思念——追忆敬爱的俞调梅师长

孙 钧

恩师俞先生离开我们整整十二个年头了，他的音容笑貌却永远留在了我的心底！

解放前，我是国立交通大学(今上海交大)的一名莘莘学子，四年级宿舍"执信西斋"楼前耸立着一块铁铸的校徽，下边写着"饮水思源"四个大字。交大一百周年庆祝大会时，我又一次站在这四个大字旁，与老学长们叙旧缅怀，凝视良久，不愿离去。俞调梅、徐芝纶、王之卓、王达时、王龙甫、张有龄、杨钦、康时清、陈本端、潘承梁、杨培偉、严恺、刘光文、纪增爵……这许许多多位曾经给我们授业解惑的恩师们一位位都涌上心头。今天，这些位饱学而又热爱教育事业的师长们，都已是远去的古人了，作为学生，每一念及，真思绪万千，唏嘘不已！其中，受教诲最多、感受师泽最深而且相聚时间又最长的一位则首推俞调梅老师。是他，教会了我土木工程的 ABC；是他，教给了我做学问的道理，有了俞老师给我打下的专业基础——"材料力学"、"土力学"和许多年后在同济又给我们第一次开的新课"岩石力学"，对我专业上的成长，可真是一辈子受用不尽！

几本早已泛黄了的影印英文教本：Timoshenko 的"Strength of Materials"，Terzaghi 的"Theoretical Soil Mechanics"和 Talobre 的"Fundamentals of Rock Mechanics(原版法文的英译本)"，里面满满地留下了俞先生当年教我的多少印记，放在我案头二十多年了，几本书中有我精读它们时用红、蓝色的划线和字里行间那密密麻麻记下的蝇头小字，写下了我的学习体会和理解；"温故而知新"，我还时不时地要翻看它们。说起来太遗憾了，在 1967 年"文革"风暴的一次抄家中，连同我的一叠用英文手写的笔记本一起，被当作"崇洋媚外"全给搜走了。后来"拨乱反正"发还财物，而这些被我视作宝贝一样的旧书和笔记资料却都一去而不复返，说是找不到了。真叫我一时欲哭无泪啊！

大家都说俞调梅老师是一位知名的土力学一代宗师，这是他以后四十多年来在同济时的专攻和成就。而俞先生早年在结构理论方面的造诣可也十分了得，这点知道的人就少之又少了。完全不像现在，当年的教授们都要求能上好些门课，从"工程制图"、"测量学"到几门"基础力学"、直至"道路工程"、"水力学"等等课程，都照样要拿得起来。俞先生会教"材料力学"，并且还教得很好，自然就不足为怪了。记得有一次测验，我们土木全年级甲、乙两个班共约 60 位同学，却有 18 人不及格。要知道当年能考进"国立交大"这块金牌名校的，个个都是自有一手的尖子，这样的成绩考下来，在同学们惊诧之余，俞先生却说"这很正常，哪能人人都一百分，不及格说明他学的不扎实，要注意再努力呀"。所以，尽管别人都说俞老师谦虚谨慎，平易近人，十分随和，而我认为青中年的他，却已是治学严谨、一丝不苟，对学生很严格要求的喔！

有一件事，我与俞先生后来在同济共事几十年，却从来未听他提起，而是他过世后近些年我偶尔从我国航天之父钱学森前辈与他人的一次谈话中说及并在报纸上见刊了的：钱老说，他当年考上交大是第 2 名，那时考第 1 名的是俞调梅，俞现在是同济大学的教授。可见俞先生基础功底的深厚了！

再回忆鲜有人知的另一件事：大家都只知道俞先生在土力学专业上的精湛，英文也好，而却不知他的古文根底也竟然非常深厚！

这也有例为证：在交大一百周年校庆时，我在母校的名人校友题词中意外地读到了俞先生亲手写的一幅祝贺交大百年校庆的条幅。我细细拜读一遍，竟也只能识其大概而不能深谙它的内涵。我自省对古文也略知一二，平日里有兴致也喜欢咬文嚼字写上一段诗赋词条之类的文字以自娱，但对俞先生那次写的条幅却竟然是读而不懂！事后，我与俞老说及此事，他却只一笑置之。

大家都知道，俞先生当年是考取清华庚子赔款去英国伦敦大学帝国学院留学的高材生，回国时年少翩翩的他，先是在南昌中正大学任教，当土木系主任，抗日战争胜利后回母校上海交大。1952年全国院系调整，交大土木系师生"一锅端"转调到同济大学。当时我作为一名青年助教，与俞先生、王达时、杨钦、朱宝华、巢庆龄(后两位由复旦先并到交大)等先生一起都来了同济，这样，与原先的老师们才又有了后来几十年共事的教学生涯，说来也是有缘份呢！

俞先生教我们课时，我还只是一个入世未深、年仅19岁的小青年，而俞老长我15岁，当年也就30岁出头，是位正在盛年的青年学者。因为天冷，他第一、二节上我们的课时外面穿的是一件灰色旧棉袍，奇怪的是棉袍里却总又是裹着一身棕黄色西装；因为棉袍领子扣不上，而把西装领带给露了出来；西装裤脚管长、也在袍子下面给暴露了。后来久了才知道，等第二节课下课，太阳也高了，他到系办公室里棉袍子一脱，挂衣钩上一挂，立马穿了那套旧西装又赶场子一样去到当时的大夏、光华等私立大学上课去了。上海解放前的1946～1948年物价飞涨，教授们薪俸菲薄，辛苦奔波，为生真不易啊！

说起俞先生一家，我大概是因为做课代表吧，曾去过他家好多次，见到过年青漂亮的俞师母和他们的三个小闺女，女孩们总是一字排开站在母亲坐椅旁边，文雅得很，俞师母还让孩子们叫我小叔叔呢。俞先生家当年住在交大校内我们上课的"恭绰馆"("工程馆")后面右侧的一栋土木系道路实验室的小楼上，就是一间大房间，是卧室兼书房，五口人住也嫌太挤了呀。最近，为了商量给俞先生做百岁冥寿的事，大闺女俞有炜女士偕同她老伴一起来我家开碰头会，我管她叫老学姐的俞大姐已逾七十高龄，她从华东建筑设计院退休十多年了，也是搞结构的。这次碰头会上几十年未见，说起往事，历历如在眼前，思忆已故的老长辈，大家更是感慨不已！

让我再来回忆解放后俞先生在同济一些年中我印象最深的几件往事吧。

逢年过节，我总是会捎点小礼品到同济新村村一楼楼上去问候俞先生，并会受到老师和俞师母的热情接待，坐定后上一杯热茶是少不了的。俞先生会搁下手头的书本和写作与我唠家常，也说说土力学方面的学问。他说，资料太多了，实在来不及看，我用的是在书本和文章的首页页面上夹条子的做法，条子上写上一句文章内容的精华，并另外编号记录在小本子里，待日后有用到时，翻出来再仔细读吧。我觉得方法不错，学习着一直沿用至今。他反复地总是在感叹的是：土力学不像结构力学，也不像其他的固体力学，它内涵中含混不清、可以提出争议的地方真是一讲一箩筐，我怎么越看越迷糊，实在搞不透，这有什么法子呀！上面的一番话实际上反映了一位满腹经纶学界大师治学的心声和在学理追求上的永不满足！较之现在某些年青人，学了一点就狂妄自满，认为书本知识都天经地义就是完美无缺的，这与俞老先生在学术思想上的差距该有多大！

俞先生一贯对事谦让和执着的作风在同济是出了名的，但谁也没有料到他在被提名为"博导"这类别人巴之不得而对俞先生则是天经地义的事情上，竟然也会决然不应允，简直应该说是有点"不尽情理"了吧。这件事是我一手经办的，至今整整三十年了，却仍然记忆犹新！1980年我校申报国家首批"博士学位授权点"和第一批"博士学位研究生导师"，我是"文革"后第一任的教务处处长，经党委、校部研究后初步拟定了我校拟申报的学科专业和博导的推荐人选，"土木工程学科"、"结构工程专业"和俞调梅教授理所当然、也众望所归的名列其中。但当我受命登门征求他老人家(当年俞70足岁了)意见时，却大出我意料，遭到"断然拒绝"并且决没有任何商量的余地，使我沾了一鼻子灰，灰溜溜地下了楼！俞先生笑着但却是决然地回绝说："我连带几个研究生("文革"前我们就带过，人数不多，导师也少，那时不叫硕士生，结业时也不颁学位)都很吃力，带不好；土力学的问题我是愈搞愈糊涂，自己都弄不清楚，还要叫我带什么博士，不想再去误人子弟了吧。"后来，当我们在国家教委和国务院学位委员会学科评议组开会评审时，好几位熟悉俞的评委都问到俞调梅教授，说俞先生不肯报真不可思议，他申报还不是水到渠成的当然人选！因为这一次俞先生没有申报，我校的"岩土工程专业"博士学位点给延晚了两届，直到1986年的第三届才批下来，而俞先生的执着却似乎有点置这方面事关同济学科发展前途的大计而不顾。

紧接着的 1980 届中科院"学部委员"(1993 年后改称"院士")推荐,学校自然又想到了俞先生,由于已经有了上次申博碰壁的前车之鉴,尽管也是我去向俞本人争取了一下,仍然是"理所当然"地同样给打了回来,并且是决然无商量余地! 所以,这里想澄清一下,俞先生始终不是"博导"、不是"院士",就是能理解、却又不能理解的事了。难怪校内外当时不少人都在问:俞不是博导、不是学部委员,他不够格,那同济(除了李国豪校长吧)又有谁才够格?

这件事后来连黄文熙老前辈都知道。那年清华 90 周年校庆,正逢中科院院士会议。校庆当天清华数十位院士连同清华校友和曾任清华兼职教授中的院士们都去清华园参加庆祝大会了,一时间走掉了一大批人,连我们中科院的学部讨论会都开不成了。我与在科学院学部同一组的水科院汪闻韶、铁科院卢肇钧两位院士老学长(两位也已先后谢世)一商量,也一起搭他们的大车上清华看望久病而多次未能出席院士会议的黄文熙(我们崇敬为表率的另一位土力学大师、泰斗,而今也谢世多年了)前辈了。黄老谈不了几句,就冲着我说:"我看俞调梅老兄是谦虚执着得过头了,连他的博导、院士都一概不让申报,那同济还有哪些位够格的啊?"我一时语塞,竟然吱吱唔唔对不上话来。

大概 1995 年前后吧,听说俞先生病后初愈,身体不太好,我又一次造访探望,说:"年岁不饶人,先生年岁大了,晚上别再看书了,学校也就不要去了,四平路车多,穿马路危险,有事电话叫我们来办就是了。"俞先生回说:"我现在不只晚上要早睡,电视都不看,就是连下午都经常是一面看书一面打瞌睡,精力不济了。我穿马路是看绿灯随大流一起过,倒还行。"我当时的感觉是老师真的老了,却还在为专业的兴趣和爱好而不懈追求,真难能可贵呀!

韶华易度,岁月催人。青壮时光、坎坷苦难,荏苒俱成追忆;而今朝我也已老迈,却欣逢璀璨绚烂的美好盛世! 既叹伤春华流逝,又为祖国的繁荣富强而深受鞭策与鼓舞。在今天缅怀和纪念老师俞调梅先生百岁诞辰的日子里,我们要以加倍的努力,慰藉老师在天之灵,并祝愿俞府后人幸福美满,长寿安康!

本文发表于《岩土师表春华秋实——纪念俞调梅教授诞辰 100 周年暨同济大学岩土工程学科创建 60 周年》,同济大学出版社,2011 年 5 月

敬贺问清师长百龄寿诞衷心志喜

孙　钧

喜迎问清老师百龄寿诞，更值身逢盛世，奥运光临。寿庆与国庆齐飞，其乐融融，真是分外高兴，在此深表敬贺之忱！

许多人只知道我是土力学大师俞调梅先生的嫡系子弟，这没错。解放前，我在上海国立交通大学土木系读书，是俞老亲授的"材料力学"和太沙基的"理论土力学"（当时还只是一门选修课程），是俞老教会了我土木工程学的 ABC，至今受用匪浅。但是，我更早的一位土木工程恩师却是问清先生，这事知道的人就很少了。实际上，我认识张先生可追溯到在上交大之前的 1944 年秋。

这不，我 1944 年在江苏省立上海中学（现上海市上海中学）毕业，先考的是圣约翰大学土木工程系。进了 St. John's 后，知道学校的土木系有两位知名"老"教授：一位是工学院院长 Dean Yang（杨宽麟），而另一位则是从美国著名的伊利诺大学喝洋墨水归国不久、专长结构力学与工程，又正值华年的张问清教授。

当时，我只是一个乳臭未干还不满 18 岁的莘莘学子，还在一年级啃"英语"和由一位李教授讲课的"大学物理"。第一学期的专业课只选修了两门："Slide rule & rapid computation"（"计算尺和速算法"），由刚毕业留校的青年助教欧阳可庆先生讲授；还有一门"工程制图"课，也是青年老师教，还不能指望听教授们给讲授高深的专业课程。我们低年级的课都安排在约大（圣约翰大学）的社交馆（Social Hall）里上，不过有时候也会去土木系所在的科学馆（Science Hall）走走。偶尔经别人指点见过张先生几次面，先生当然还不认识我，但他却是青年学子们眼中高不可攀、仰慕又敬畏的大学者！尽管我一年后转学到了交大，从来没有机会在课堂上向张先生求教，但是我很早就知道：

他出身姑苏名门，但却又是一位风度翩翩、而又谦恭近人的"少爷"，没有一点大教授架子。

他热爱祖国，把祖产苏州拙政西园和家传书画，都慷慨自愿地捐献给了国家。

他在青、中年时期专长的学术领域是"结构力学"与"圬工、钢筋混凝土结构"，有过这方面的不少论著，可以说造诣深厚、卓有建树；到同济的中后期，因为主持勘测系和地下工程系的行政系务，同时主讲土力学与基础工程课程，才转到搞岩土工程，科研方向也改变为"地基基础与上部结构共同作用"。正是由于他具有厚实的结构基础，在后来的研究方向上也取得了令人瞩目的成绩。

"文革"期间，他被系里造反派打成了"三家村、四家店"，但他仍然相信党、相信"革命群众"；除了接受批判外，还积极投身到运动中去，……

问清老师与我们家还真的有一点远亲关系。人家问到，我本来一直说不清楚那是一层什么样的亲属关系——只是到了去年春节，我带同司机去张府拜年，张老令媛向司机介绍的一句话，言简意明："孙先生的亲妹妹（指我的大妹孙铼）与我（指张老的二闺女张瑞云）两人是亲妯娌。"经她这样一说，我俩家的亲戚关系也就不算是一般的了。

"文革"以前，张老是同济"勘测系"以及后来的"地下建筑工程系"的老系主任，我那时是系里新办"隧道与地下工程专业"的教研室主任，可以说他又是我的顶头上司。在新专业成立之初的 1960 年初秋发生的一件事，使我对我们这位系主任有了更深一层的认识。

那年，解放军总参空军修建部通过同济党委找到了地下建筑工程系，说因为国防建设的需要，要我校组织一批师生去北京协助并承担兴建国内第一座地下军用飞机洞库（连同地下储油库）。于是，通过系里与我们教研室联系，并且，当时的王涛书记/校长和李国豪副校长指明要我先去部队洽谈并确定工点，然后再组织我专业师生去现场进行勘测和设计。这事却使我犯了难！我那时服从组织安排，刚从原来的桥梁专业转到隧道，对地下工程可以说尚一无所知，捧着本本凑合着照本宣科还马马虎虎，如果要独当一面出去做工程则谈何容易？学校当时的意思是要我们打着"从战斗中成长"的旗号，把新专业办起来。所以，要我就随部队来人一起去北京接受工程委托任务。那时33岁的我却是战战兢兢，晚上睡不好觉。校系领导也意识到了这一点，就决定由张主任带着我去走这头一遭。所以，我一直到现在还在对别人说，我专业上是张老费心带出山来的，这话发自内心，真的一点不假！

我两人在北京受到了空军方面很好的接待，记得当时的空军副司令员（常副司令）还专门宴请了我们，当然主要还是请同济王涛书记（他当时也在北京建设部开党组会），还有张先生和我三人一起在东西长安街"全聚德"吃烤鸭。王涛说："这顿烤鸭可不是好吃的喔，我们要给空军作贡献呀。"老书记哪里理解我当时那份忐忑不安的心情呢。后来的几天，由张先生带着我（当时我33岁，那时不像现在讲"年轻是个宝"，33岁还算小家伙，走到哪里也是"嘴上无毛，办事不牢"的呀），走遍了北京远郊可以考虑修筑地下洞库的几个点，由于山头都太小了，首长们看不上，后来又转战去了外地。再去外省市时，张先生因为同济系里有事，就先回上海了。这之后，我带领一帮青年师生转战各地，1960—1963年的几年国家困难时期，我们身披军装在偏远的山区度过了几年很有特色的军旅生涯。我在专业上和独立工作能力上都得到了极大的锻炼和提高，而部队首长和战士们关心我们师生可说是无微不至，一片亲情挚爱，近五十个年头过去了，提到它还使我永难忘怀！！

这里再说说出差北京的几天里与张先生的深情交往。张老长我17岁，是我在约大的师长，从亲属关系上，他又是我的长辈，但原先也并不很熟识，业务上只能说大的方面是同行，在校时还是各搞各的，很少有具体专业上的联系。但那次在北京，因为每天工作和生活在一起，也就熟得无话不谈。言谈间，我深深意识到张先生是一位品学俱佳、风格高尚令人敬仰的学者。他早我两年在同济入党，是党内一位优秀的高级知识分子。他为人谦虚谨慎，却又嫉恶如仇，眼睛里容不得一粒沙子，就是看不惯一些"不法"之人，勇于把自己的思想说出来；而他待下属和青年却又爱护备至，使我以及与他有过接触交往的人，都会感到他的关心体贴，处处为我们着想，是一位可亲可敬的长者，而那时的张老还只是五十还不到，他自己也是正值盛年！

后来，我们两家都住在同济新村，也都住"村字楼"，又是在一个系，所以，晚近四十年来我们的交往就比较多了。张师母为人也极好，义务做里弄工作，她待人诚心一片，溢于言表，但过世很早。张先生伉俪情深，中年丧偶之痛，竟然挺过来了。先生晚年，他那位在宝钢工作做副总的小儿子，多年前的春节又突然病故，"白发人送黑发人"，值此二次家庭巨变，张老却都能逆来顺受，说：想不开也得想得开，他善自珍摄，一次两次地挺过来了！长年以来，他身心一直都非常健康，大家都说真是个奇迹。真是不易啊！不要看张老那纤弱之躯，在对待生活和亲情不幸等方面竟然也是一位十分坚强的人，实在令人欣赏！

这些年，我工作实在是忙，又搬到了校外居住，平日很少回新村，造府探望老人家的机会也就很少了，总是深感内疚和不安。但是，每逢春节，我总是带着一颗既自责、又迫待见面的心情去问候老人、问候我的恩师和引路人。今年，张老是世纪老人了，在此深深祝愿他青春永驻，宝刀不老！他的爱、他的高风亮节将惠泽后人，永远是我辈的楷模和榜样。"长寿源自为人好、品德高尚"，所谓"仁者寿"，这就是我对张老的称颂。张老一生健硕，与世无求，他的高寿完全印证了我这句话。让我们在此再次敬贺老师福体康泰，松柏常青！！

戊子年奥运前夕的仲夏佳日于同济园

本文发表于《百龄问清——祝贺张问清教授百岁华诞文集》，同济大学出版社，2008年9月

生日聚晤的兴奋与感喟

——兼谈老有所为

孙 钧

辛卯年5月16日上午,一个暮春晴好的日子,我届理、工、商三科约40位级友相约在淮海中路光明邨老饭店聚会,共同祝贺85岁寿友的生辰,我也是其中一人。与老学长们难得的一次晤叙,使我萌生了多少感慨!

我早早来到了会场,只见学长们虽都已白鬓苍苍,而个个脸色红润,精神矍铄,大家谈笑风生,兴高采烈,话语生辉,大大出乎我意料。不少人都已几十个春秋未有机会谋面了,今天的晤叙真有一种说不完的离情别绪,大家相互问候,场面令人感动和激奋。

真不易呀,从母校上中毕业都整整六十七个年头了,想当年青春年少,风华正茂,而当时苦难深重的祖国却深陷泥淖,在帝国主义铁蹄下挣扎煎熬!世道沧桑,几十年来我们中的每一位都走过了几多风风雨雨、坎坷与欢畅:我们熬过了解放前租界(太平洋战争后也被日军侵占)内多少个那黑暗苦涩的日日夜夜,是上海解放的炮声唤醒了我们;这之后,有的已谋生多年,有的已大学毕业,个个成家立业,事业有成,在上海和外地都有过一段难忘的青壮年岁月,还经历了多少次"运动"的洗礼;而今虽已老迈,且早已过了那"含饴弄孙"的年龄,我们中的不少人还遇到多少次命运的劫难和病魔缠身,却终于都从忧伤中顽强地挺过来了;今天我们虽已届耄耋之年,仍然青春常驻,宝刀不老,实在可喜可贺。

承老学长庄德之的好意邀约,执意要我写一点文字,谈谈"老有所为",实在不好意思,"恭敬不如从命",只好"勉为我之难了"。

我要深切而由衷地铭谢母校和多少位师长在中学时代的培育和教诲,是敬爱的师长们启蒙了我学习语文、英、数、理、化等各个学科的ABC;后来又通过大学专业上"科班式"的熏陶,使我懂得了工作中要求掌握的系统知识和技能。这里,我想最最重要的则是老师们教育我要做一个人品高尚、热爱祖国和人民、专业上有高追求,对社会有用的人。青年时自问,我十分注意要怎样做人、怎样立足于社会、怎样学会并努力为国家建设服务。所有这些,在母校学到的使我真是一辈子受用不尽!事业上,几十年来我总是"笨鸟先飞",未敢稍有懈怠,我鞭策自己和我的子孙后辈,要切记一句古语:"少壮不努力,老大徒伤悲"啊。当我今天老了,不行了,也终不自悔过去已走过的路,那是一条满布荆棘与艰辛、为科学事业而献我终身之路。

近年来,确实自感身体和精力都已大不如前,这是自然规律不可强求,却为了那一份职责和抹之不去的兴趣而仍然在建设国家事业的第一线劳累奔忙,去年出差36次,其中去工程现场21处;这几天又要去西安,5月还未过完,就已然外出15次了,而自己负责的研究所里还有一摊子人、一大堆事呢。托老学长们的福,所幸我拙体尚健,磋堪告慰。尽管也有过:"终究要有慢慢淡出江湖的一天,已经80多了,就悠着点吧"这样一瞬间的想法,却看到外面的世界太精彩了,它深深吸引着我,迄今尚未能下决心打住。这里,谨在此向各位老学长们作点思想汇报吧。

韶华易度,岁月催人。儿提天真、青壮时光,荏苒俱成追忆,而转瞬老迈,却欣逢今朝璀璨绚烂的大好时代!既叹伤春华流逝,又为祖国的昌盛富强而深受鞭策与鼓舞。这次能有机会与中学时代的许多老学长们把握举杯,使我倍感亲切和高兴。谨写述了上面的一点文字,是为纪念。祝学长们个个福体安康,阖府诸事顺吉、美满幸福,为祝为祷!

辛卯年初夏佳日于同济园

本文发表于上海中学1944届高中级友会《级友情况交流》2011年6月30日第3期,总第87期

悠悠岛湾水　依依忆念情

——记对青岛胶州湾海底隧道一缕抹之不去的追忆

孙　钧

　　玉兔迎新春,依靠广大建设者们的智慧和辛劳,辛卯年"五一",在这晴光明媚的日子里,穿越青岛—黄岛薛家岛的我国第二条海底城市隧道就将全线竣工通车了,实在可喜可贺!

　　自20世纪90年代初叶起,在青岛市委市政府的领导、市建委和计委的直接指导下,我有幸作为参加青黄通道工程早年论证、评议工作的一员,对该工程建设项目从工程线位、方案取舍、桥隧比选、建设可行性和经济性、合理性,到初步设计以及工程招投标,……一路走来,目睹并参与了它的建设全过程。近20年了,往事历历如在眼前,转瞬沧桑巨变,令人感慨系之! 今天,隧道已经全线竣工,在这通车盛典的大喜日子里,缅念过去,愿意写几句值得思考的点滴追忆,与同行读者们共享,还是很有意思的吧!

1　隧位选择

　　早在20世纪80年代开始,我应青岛市建委总工姜震老学长之邀,赴港城参加青岛地铁线路的总体规划研究,当时就有让地铁从市区团岛穿越胶州湾到黄岛的线位议案。其时,对另一条水底隧道的越江线位则曾比较了:① 在胶州湾内建隧(在与现在胶州湾大桥桥位相近的位置),并建议过采用沉管法施工的水下浅埋方案;以及② 由团岛穿越过海的两种方案。那时对薛家岛的隧道现址,由于距当时的黄岛市区比较远而未作重点考虑。后来,胶州湾内的隧道方案因为施工期要干扰湾内大片锚地而受到舆论的广泛问责,记得有一位海洋大学的老教授更在媒体上慷慨陈词,提出了尖锐的反对、批评意见,这些都使我记忆犹新。而选用团岛越海方案也是困难重重:其一,当地有海军水上机场,经交涉虽同意搬迁,可拆迁费时且又要价很高;其二,黄岛一侧的隧道出入口段将不可避免地要经过黄岛近岸的油库区,油料属爆燃性强的危险品,专家们十分担心日后运营时的交通安全;其三,这条隧道线位将要斜向通过著名的沧口大断裂,该断裂还带有一定的地震活动性。似此各点原因,上述的两个隧位方案看来均不可行。

当时还又比选了建桥方案,限于篇幅,这里就不展开了。

　　现在的薛家岛方案在当年是后来才提出来的,它的优点是因距黄岛市中心区稍远,而有可能将过境车辆绕行市外,不致引入两岛内的主城区;此外,考虑到规划中的黄岛区中心不久将向东拓展,这样,在薛家岛过海势将更显方便和有利。

2　桥、隧比较

　　当然,如改为在薛家岛湾口处建桥也具有一些独特的优势,从而桥、隧之争就引起了上自政府、下到广大市民的热切关注。记得由于当时的领导班子也意见不一,还想过要将桥和隧两个方案提请到市人大去讨论解决。在一次讨论会上,当时的市委俞正声书记(现在的上海市委书记)未作事先通知就率同市委常委班子一行人来旁听了(听完后就默默地离开了,他自己的一句想法都未谈,给在座许多人留下了极佳印象),他是想当面听取专家们的第一手看法呢。

　　我从事隧道工程研究许多年,对隧道专业的感情自然是深厚的,但我不只是对建隧的优点方面有比较全面深入的了解,且又对它存在的缺点和不足也是最清楚的。在讨论建隧时，隧道的优缺点我就要客观地全都摆出来；如果隧道人只讲隧道好、桥梁人又只讲桥梁好，大家莫衷一是，议论不下，那叫领导又将如何下决心拍板呢。我总的想法是，在我有生之年能够见到无论是建隧还是建桥，只要抉择正确，都是对国家的贡献，我都会同样地感到由衷的高兴——这就是我多年来的思想。此次在胶州湾这片国人瞩目以待的美丽土地上，要动工兴建这样大的工程建设项目，我也有自己坚定的想法：在一次现地踏勘后的评论会议上，我说："昨天傍晚大家都实地看了，湾口那西落的血红色夕阳和远天的一抹晚霞映漾着青碧色的茫茫大海，波光潋滟，艳丽照人！这太美了。从薛家岛隔海眺望，对岸远处青岛市区隐约朦胧的白色楼群，海上又轻帆点点，真是上天恩赐给青岛人最最可人、最最美丽的自然风貌啊。这种自然界的生态美是世界上无与伦比的最美，任何人工建构筑物即使修造得再美，也只能是'画蛇添足'，无法与她原生的自然生态相匹比！这话可不是我乱说的，结构美哪能比得上原生的自然生态美啊！西方许多学人、专家也都有这样的共识。"我接着又进一步比方着说："我想还有一比，可能不很贴切，生态的自然美就好像一位年方十七、倚门边亭亭玉立的美丽而纯朴的村姑，她丽质天生，不施粉黛而楚楚动人，犹如养在深闺人未识时的杨贵妃；而如果给她涂脂抹粉，美倒也是美了，可那就变成了二十五六岁的美艳少妇了。各位说说是喜欢哪一位呢？"这意思自然是说，建隧不影响、更不会破坏胶州湾口那美丽动人的生态环境；而建桥即使造型再美观，也只能是'画蛇添足'罢了。但不料我话语刚罢，就有一位桥梁老专家抢着说："在这里建桥应该对环境生态是'画龙点睛'，美上添美。说实话我就是更喜欢美艳少妇。"这话引起了一阵哄堂大笑，也得到了一些赞成建桥专家们的掌声。我在会场休息时，面对几十年老熟人的那位桥梁专家，拍拍他的肩膀打趣地说："你这个老头子可给美艳少妇痴迷住了唔！哈哈！"而就在那天的现场，记得一位从加拿大回国、现在清华大学建筑系任教的中年教授也说他赞成建隧，但他的见解竟带有点迷信色彩。他调侃地笑着说："青岛的财源多数来自海外，每天从韩国、日本、秦皇岛、上海等地的

进账可不少呀；如果建桥，讲风水就像在自己的大门口上了一条门杠，把要进来的财源都给堵在门外了，我看青岛人民不会答应！"他接着又说："如果从广东请一位风水先生来，他一定也会是这个看法。"又说："我这只是胡扯，不足为据的，今天媒体在不在？可别给我上报纸呀！"

上面说的，当然是些笑谈，但也可以看到当时对建桥还是建隧，专家们也还是有过不少争论的。下面说说后来市政府最终敲定建隧的主要理由。

(1) 摒弃建桥方案的 4 点主要理由如下。

① 青岛胶州湾内港区和今后港内造船业的发展当时尚未有定论。这样，进出港区的远洋邮、货轮的吨位、吃水深度、特别是船上的塔桅高度一时都难以确定，进而影响了通航桥跨的大小及其通航净高的具体尺寸和幅员也都一时定不下来。如以上海长兴岛⇌浦东外高桥江段最终决定修建跨长江口特大型越江南港隧道的情况为例：坐落长兴岛上的振华港机厂为国内外修造的拳头产品之一——水上浮吊，所要求的桥下净空达 82 m，建桥净跨则要求 2 000 m 左右，这就为崇明越江长大水底隧道(现在已建成)提出了客观的必要性；

② "湾口—青岛"一线的线位，其地质条件总体上大部分为坚硬致密、只有弱微风化的花岗岩地层，采用矿山法钻爆开挖施工隧道的造价将远比建造跨度超过千米的特大跨桥梁为低；

③ 特大型跨海桥梁遇台风、浓雾和暴雨等众多极端恶劣气候条件时，需要短时日封桥(年可能有 3～5 天)；

④ 大桥项目按目前高速公路收费标准测算的投资回收期约需 15 年，而隧道则为 10 年半左右。

(2) 建议修隧的主要理由则基于以下 5 点。

① 隧道可以全天候通行，一年 365 天无论气候条件如何恶劣，仍然可以全天候畅行无阻；

② 隧道出入口两岸接线的占地量比较小，较比修建高桥时的长引桥，两岸动拆迁工作量小。这在城市桥隧方案两相比较时是一项不容忽视的重要环节；

③ 在良好地质情况下，隧道开挖、支护作业相对便速而价廉、工期也更短，已有丰富的实践经验，技术

上较海上修建特大跨桥梁更有把握;

④ 建隧不影响胶州湾良好的自然生态环境,对湾内港区日后发展和通航要求都没有任何干扰和影响;

⑤ 据青岛市工程咨询院(当年的前期论证负责单位)的调研测算资料:建隧投资合 32 亿元,而建桥投资则高达 41 亿元,隧要比桥节约造价 28%。

(3) 建隧方案的缺点和不足也是客观存在的,主要有如下两方面。

① 隧道运营中由于洞内需日夜照明和人工通风,其它如通讯、监控和消防防灾等设备的需用量大,其耗用的电能大,隧道运营投入(含隧道维护、管理的人力、物力)也都较桥梁为高,年均营运成本估计在 3 000 万左右;

② 相对在桥上行车,隧道内的行车条件比较差,洞内行车事故也比较多。

(4) 桥、隧两者的工程耐久性问题,其设计基准使用期在良好维护保养条件下均可满足安全使用 100 年,而事实上如有良好养护维修则均可望更长达120~150 年以上;但在此处海水、海洋气候环境(氯离子侵蚀)和洞内汽车尾气等自然腐蚀条件下,何者更为坚固耐久(同样的经常维修和养护情况),这个问题国内外似尚无定论。

综上对比研究后,经慎密考虑最终抉择采用了海底隧道,我认为是正确的;施工实践也证实了这一点,但犹待在日后运营中进一步检验和考察,以积累海底隧道运营经验。

3 服务隧道设置

国内外长大水底隧道和越岭隧道许多都在左右两侧主隧道的中间位置加设了服务隧道,如:英吉利海峡隧道、我国厦门翔安海底隧道等等都是。在对这一问题的评议中,就胶州湾海底隧道要否设置服务隧道,由于各方意见不一,经历了"设、不设、又再设"的几番反复,后来的施工实践证明了加设服务隧道还是划得来的。这是因为:服务隧道不只是作为先行导洞(超前地质探洞)和增加开挖作业面(沿隧道纵向从服务隧道的左右横向增设几处施

工平洞后可做到"长洞短打")的需要之外(秦岭终南山高速公路隧道施工中,对上两者的优点有过深切的体会),它还能满足以下的其他各种功能,主要有:

① 用作为施工进、排风管道布设,沟通作业面到洞外,风管不占主洞幅员;

② 供作运输施工机具、设备到洞内作业面的通道,而不致干扰主洞施工作业;

③ 供作运营通风时的风道和专用排烟道(火灾工况下);

④ 供作洞内火灾时的消防救援通道;

⑤ 供作运营时主洞内冲洗污水的疏排泄水通道(服务隧道设置于左右主隧道居中的稍下方位置,在其最低点设地下泵房);

⑥ 供作布设电缆、煤气管和其它专用管线设施的过海通道,等等,不一而足。

所以,服务隧道的功能如上述应该是多方面的,其中,用作施工先导的、对作业面塌方和突水的风险预警和因增加作业面而缩短工期两个方面的积极效果更是十分突出的。

4 设计、施工、科研特色

紧扣设计施工进度,本项工程曾进行了一系列既富理论内涵、又具工程实用价值的科学研究。据我了解,认为最有意义的似有以下各项课题,此处说的恐挂一漏万在所难免,这里就不追求全面阐介了。这些课题主要有:

① 在隧道开挖和支护设计中,进行了对各种不同开挖方案(如上下台阶法、CD 工法、CRD 工法、侧壁导坑法、核心支撑法等等)的施工力学数值分析,而不只满足于整个断面开挖完成和设置支护以后的力学效应。对软弱松散围岩言,这种施工力学分析更显必要和重要;

② 研究探讨了硬岩失稳的力学机制——块体分析和赤平投影设计方法,得出了导致硬岩失稳的"关键块体"及其多米诺骨牌式的硬质围岩塌方、失稳状态与其所在的具体部位;

③ 洞内不良地质缺陷地段的超前地质预报和工

程险情预警；

　　④ 对软弱围岩施工变形的智能预测与控制；

　　⑤ 地下深层承压水的控制与防治；

　　⑥ 围岩预注浆加固的实施，与结合围岩构造和变形实际的新型防水材料的优选与采用，等等。对上述各个课题这里也就不展开介绍和探讨了。

5　结语

　　我想用一首不成文的短句，来反映自己现在的万千思绪并庆贺隧道的胜利建成吧！

岛海风烟　春光好　天堑变通途

钻爆惊涛　忆峥嵘岁月稠

加鞭都为人民　揭海底奥秘　山河添色

日月辉映　千秋功业　好把丰碑刻

通车在望　慷慨大地遍泽

　　——谨以上面的短句献给为青岛胶州湾海底隧道建设作出辛劳贡献的人们！感谢您们！

孙　钧　敬贺

辛卯年早春佳日于沪滨同济园

本文发表于《科学中国人》2012 年第 5 期

在 2010 年第三届全国水工岩石力学学术大会上的发言

孙 钧

今天,"第三届全国水工岩石力学学术会议"在上海同济大学召开,这应该是今年我们学会和国内岩石力学与工程界的一件盛事。现在虽说"三伏"大热天已经过去了,但仍骄阳如火,上海还是酷热异常,同济这次作为东道主,对各位在百忙之中冒着盛暑踊跃参加,可谓群贤毕至、欢聚一堂,我在此谨代表大会学术委员会对各位大驾光临,表示热烈的欢迎、衷心的感谢和敬意。

这次大会共收到学术论文来稿约 420 篇,经多次评议后择优选用并已由《岩石力学与工程学报》2010年第 6、7 期和学报《增刊》出版了近 200 篇,还有部分论文以学术会议论文集的形式由同济大学出版社正式出版,其余的实在限于篇幅,也都刻在一张光盘上供大家参考、交流。此次会议交流的内容,大体上涉及大坝岩基、天然岩坡和工程边坡,以及各类水工隧洞和地下厂房、大断面洞室等,当然也有其他各个门类的岩土力学与工程问题,内容都十分丰富、精彩。研究的方面涵盖:岩石力学的基本理论、工程测试与监测、物理与数值模拟等国内各部门和专家个人的最新研究成果,既有深入的理论研讨,又有成功的工程实践。这些成果对于本门学科的综合集成和交叉融合等各方面的研究以及工程应用上都有重要的学术意义和实用价值。

我想有机会在大会上谈点感想和认识。

我国水力资源极为丰富,位居世界前列,水电技术上的可开发量粗估在 5.5 亿千瓦以上,但以这些年已大力开发和即将利用的 1.85 亿千瓦计算,我国现有的水电开发利用率也只有 30% 左右,仍然远远低于发达国家 60%～70% 的平均水平。我国水电走过了 100 年以上的历史,进入 21 世纪后,水电开发的步伐更不断加快,继 2004 年水电装机容量突破 1 个亿千瓦以后,最近短短 6 年时间,目前的水电装机已一举突破 2 个亿千瓦而位居世界第一。根据最新规划,到 2020 年,我国水电装机容量可望达到 3.8 亿千瓦,其中常规水电 3.3 亿千瓦,抽水蓄能 5 000 万千瓦。也就是说,未来 10 年我国将再增加 1.8 亿千瓦水电装机,这相当于 10 个三峡水电站(1 800 万千瓦)的装机量。我国水电绿色能源建设正进入方兴未艾、加速蓬勃发展的新的历史一页。

随着新一轮的水利水电开发,许许多多工程建设项目都处于深川大谷、地质水文条件极其复杂地区,在工程设计施工中都将不可避免地涉及大量的岩石力学问题,而除水电开发外,黄河治理、长江防洪、南水北调、生态环境改善、水资源合理配置和泥沙盐碱地改良等等,也都无一不与岩石力学密切有关。在各类水电开发的过程中,还都面临着许多制约因素:我国处于太平洋板块、欧亚板块和印度洋板块的丁字形交接部,构造运动活跃,在我国水电资源比较集中的西南和西北地区,新构造活动更十分强烈,而这些地区的生态环境却又十分脆弱。近年来,各种地质灾害、尤其是地震和泥石流灾害频发且非常严重:2008 年汶川大地震,今年的青海玉树地震,甘肃盘曲和四川映秀的泥石流,加之,今年的东北洪水泛滥成灾,汹涌澎湃、来势凶猛异常,可谓:惊心动魄、全国揪心! 水利水工设施受到严峻考验! 因此,在今后的水工建设中,我们需要付出更多的努力和聪明才智去一个个攻克一系列举世罕见的技术难关,重头戏可谓一个接着一个,永不停歇!

经过几代人的艰苦奋斗,我国在水电建设领域已经取得了举世瞩目的成就,世界最大的三峡水电站已经建成,并与全国联网发电,而三峡大坝的拦洪和蓄洪这些年也对保障长江中下游的安全起到了关键作用。其他:金沙江、大渡河、雅砻江、乌江、红水河、澜沧江和黄河等"12 大"水电基地正在全面开发建设,其中已建和在建的三峡、葛洲坝、二滩、龙滩、小浪底、小湾、锦屏(一级和二级)、溪洛渡和白鹤滩等处的特大型水利水电工程都是世界级的创举。利国利民,功在千秋,实在可喜可贺!

回忆自从国民经济"六五"计划实施以来,在全国范围内组织力量对水工岩石力学中的一些前沿课题,诸如:300 m级高拱坝的坝基稳定研究、深埋长大引水隧洞和大跨洞室群的围岩稳定及其快速施工技术研究、高陡边坡的时效稳定性及其加固处理技术研究,以及TBM隧道掘进机的二次研发和采用等等,进行了一系列的科技攻关,有力地提高了我国水工岩石力学的发展水平。目前,从总体上看,我国水工岩石力学的理论探索和工程实践已走在世界前列,若干项目还居国际领先地位,这些都是有目共睹的,当仁不让、绝不为过!

当然,我们也应该看到,与国际先进水平相比,现阶段我国在这些领域的自主科技创新方面,还有一定的差距。要实现从岩石力学与工程大国到强国的转变,看来还要几十年的不懈努力奋斗。

今天,光临盛会的,除了多位老院士(钱、葛、郑、顾)以外,还有我国岩石力学界的老前辈傅冰骏先生、张镜剑先生,我们在此祝愿老先生们青春常驻、宝刀不老。还有岩石力学界的俊秀:石根华先生、唐春安先生、冯夏庭先生、李仲奎先生、周创兵先生、杨林德先生、杨志法先生和赵阳升先生等许多位名家,以及从日本、美国等地远道与会的张峰、章连洋、岳中琦先生等等,更有许多年富力强、在各个战线作出重要贡献的中青年岩石力学专家学者们前来参加。我们这个领域真是后继有人、兴旺发达,值得高兴! 十分盛谢大家的光临,为大会增光添彩! 我们衷心祝愿本届学术会议取得圆满成功,为促进岩土学科的持续发展和科技进步,续谱华章,再铸辉煌! 谢谢!

2010年8月28日于同济逸夫楼会场

我的一点学术思维

——岩土力学与工程的新发展

孙　钧

1　学科间的交叉和融合

学科之间相互交叉以及彼此间的融合与渗透,并在其结合点上派生新的学科分支或边缘新学科,这是当代科技发展的特点和需要。就我们所从事的还不完全成熟的"岩土力学"与"岩土工程"学科而言,上述这种结合的趋势似乎更为明显。在这门学科的发展前沿,一直在不断地从其他相关、甚至看来不是很相关的某些学科中汲取新思想、新概念和新方法,结合岩土学科的自身特点,逐步形成新的分析体系,用以研究新的问题,探索解决自身问题的新路子。

今天,我们不仅要通过读书学习来熟悉本门学科的学术和技术动态,进而从中提出需要进一步深化研讨的课题;而且必须了解一些相关学科的发展态势。重要的是,要带着自己的问题去思考、去探究,取诸家之长为我所用,有时确能起到立竿见影的效果。"他山之石,可以攻玉"。这方面前人成功的范例实在不胜枚举。

岩土力学与工程的研究对象是多相(固、液、气)、各向异性的裂(孔)隙岩土介质体。这就决定了它正是由上述多学科相互依赖和补充而派生出来的一门边缘

1986 年,在日本名古屋大学作学术演讲

学科。岩土力学在岩土工程中的表现形式,与地质和水文条件有密切关系,与工程类别、施工工艺、支护方式以及时空域等因素,也都有相辅相成的关系。这些特点决定着今后岩土力学与工程必须采用多种方法、多种技术来进行综合性研究。事实上,近年来这种综合性的研究思想已经日益成为各国岩土力学与工程界的共识。

1998 年,在岩土流变实验室工作(中间为孙钧)

培养博士研究生(左一为孙钧院士)

2　求得问题的最优解

目前,工程界对生产中一些实际问题的解决常常

只满足于一般的"可用解",而不是"优化解",更不是"最优解"。事实上,要求得问题的最优解,就必须从理论联系实际的高度进行深入系统的科学研究。话应该这样说:对于一些量大面广的中小型工程实践而言,依靠和套用前人总结并制定出来的"规范"和"准则"来设计与施工,多数也能够顺利解决问题,但这只是一种工程上能被接受和能被通过的"可用解"。然而,对于许多更为重要和重大或者特别复杂而又缺乏经验的岩土工程问题,现行的规范和准则往往套用不上。如果仍然沿用上述的"可用解",不是解决不了问题,就是偏于保守,或者还会潜伏日后不安全的隐患。

显然,寻求最优解不仅对于工程有重大意义,而且有望蕴含着理论上的突破。因为,探索最优解的对象通常不是常规的、小型的、简单的工程,而是非常规的、大型的、复杂的工程,有可能从中揭示出带有规律性和普遍意义的新的领域。同时,为了获得问题的最优解,就必须比只求得可用解花费更大的功夫,对问题作一再的提炼、概括和抽象。但是,一旦获得了最优解,往往可以由点带面,反过来从理论的高度来指导相关的工程实践问题。

3 研究工作要符合科学方法论

就目前的水平而言,人们对每一具体的岩土工程进行科学分析,并将其结果正确应用于指导实践的比较行之有效的做法,也只能是上述的各种方法和手段的综合运用,即经验与理论并重。记得在几年前的一次国际学术讨论会上,我们曾强调提出过一种"半经验半理论",以及"理论预测—施工检测与监控—工程实践验证与反馈"(即现时的信息化设计)的思想和做法,认为这将成为今后相当长时期岩土力学与工程学科的研究方法和设计准则。事实上,对于任何尚不能完全认识清楚的事物,运用这种经验与理论结合的做法,我们想应该是基本能符合科学方法论的。

从思维的方式来看,传统的岩土力学分析方法,不论是理论推演还是数值计算,都属于一种正向思维。有人称其为牛顿时代的思维模式,即从事物的必然性出发,根据实验建立模型,处理材料本构关系,并在特定有限的条件下求解。这反映在参数的研究上,就是取样、设计、试验、测定和结果分析,在特定条件下通过推演而得到结果。还不敢断言,用这种传统方法进行模型与参数方面的研究是否会有新的突破。

同自然界的一切不确定系统一样,将岩土体也视为不确定系统或者是一种混合体,进而借用系统思维、反馈思维、全方位思维(从另一角度而言则为逆向思维、非逻辑思维、发散思维乃至直觉思维等),对岩土体介质的行为属性进行研究,已经开始引起人们的关注。应用这种系统科学的分析方法来探讨诸如围岩分类和洞室围岩稳定与支护安全之类的问题,看来将有很好的发展前景。

4 兼容并蓄与交融渗透

近30年来,重大科学概念的出现以及与之相应的各门科学的形成,在岩土力学与工程研究中势必有突

在德国参观隧洞工程施工(左一为孙钧院士)

与助手及博士生合影

与夫人在科学与艺术展的孙钧油画前合影

破性的反映。看来,岩土工程科学势必将逐步转换为以"决定论"和"选择论"为力学基础的硬、软科学兼容并蓄而又相互交融和结合的新时代。在许多重大岩土工程设计中,除了力学分析与结构响应外,更具有重要性的是必须进行运筹、决策与整体规划,这是各类工程设计软科学的基础;而工程设计软、硬科学相结合的核心,则是对诸多工程项目的全系统、全寿命的优化。除了上面提到的一些软科学门类之外,似乎可以预言,综合智能分析方法将是岩土工程发展态势中的一支新秀。

随着世界经济与技术的发展,涉及岩土工程的建设项目,在城乡建设、水电、交通、矿山、建筑、海港,以及国防军事等领域,都急剧增多,其规模也越来越大,在整个国民经济中占有举足轻重的地位。

因此,对身处21世纪的年轻科技工作者来说,专业上的前景璀璨喜人,英雄大有用武之地。未及开垦的处女地比比皆是,确实足以让你们发挥才华,自由驰骋。好学而又有创新精神的年轻人,时代在召唤你们,愿各位发奋努力!

(特邀编辑:方鸿辉)

本文发表于《上海画报》2012年2月刊

太阳能技术打造低碳地下空间

孙 钧

上海是个国际化大都市,每天要消耗大量的能源才能保证城市的正常运行。面对能源消耗和环境污染,很多人都在思考,如何让这个特大型城市更低碳、环保、节能,如何实现整个城市的低碳发展?我想在地下空间这个领域,低碳节能还是大有可为的,尤其上海是一个利用地下空间比较多的城市,在降低能耗方面具有广阔的前景。

地下空间的节能减排和新能源利用,比在地面上更具有独特的天然优势。地面随着季节变化,温湿度有很大的落差,而地下空间基本恒温恒湿。这将有利于把地下空间的节能减排优势效应发挥到极致。

此外,多利用地下空间也有利于地面上的节能减排。地铁就是城市地下空间开发的一个典型代表,在节能排污方面产生了很大的社会效益。相比地面交通的汽车尾气污染,汽车拥堵的时间浪费,以及由此造成的二氧化碳、一氧化碳更大量的排放,汽油的大量消耗等问题,地铁的运行可很大程度改善地面交通的拥堵和排污情况,间接地在地面上产生低碳效应。

当然,地下空间的利用也需要消耗能源。例如,地铁是昼夜运行的电气列车,与之配套的地下车站的通风设备、大量的照明以及空调等各种各样设备与设施的使用,其用电量也非常可观。但是,采取一些办法和技术,比如太阳能技术和智能 LED 技术,有望降低地下空间的能耗,产生很大的节能减排效益。

太阳能属于可再生能源之一,它的使用能代替化石燃料,减少碳的排放,是促进地下空间低碳化不可或缺的重要新能源。在这方面,国内外不乏成功的经验值得借鉴。

2011 年 6 月,欧洲首座太阳能铁路隧道在比利时投入运营。这条 32 千米长的隧道位于比利时,是法国至荷兰铁路的一部分。它是一个山岭隧道,山上铺有

2011 年 6 月,欧洲首条太阳能隧道在比利时投入运营

16 000 块太阳能电池板。每当列车经过的时候,其消耗的电能全由这些太阳能电池板供给。因此,这段隧道启用后,通过此处的火车被称作"绿色"火车。

在国内做得比较好的是无锡。无锡的尚德电力总部是一个光伏低能耗生态建筑,总面积达 1.8 万平方米。整个办公大楼外立面全部是光伏玻璃幕墙。这种玻璃幕墙能通过光电效应把太阳能转化成电能,直接供给大楼使用,非常绿色环保。

那么,如何让地面上的太阳能转化为地下空间的能源?现在上海的虹桥枢纽就用了一个很好的技术,即太阳光纤日照。简单地说,就是利用光纤把太阳光输到地下。作为地下空间的新型能源之一,这项技术也被称作室内人工生态光源。

事实上,太阳能的利用不一定都如此复杂,我们也可以通过简单的方法实现地下空间的太阳能利用。

20 世纪 80 年代,我曾经到过挪威,那里有一个地下空间,给我留下了深刻的印象。这个地下空间白天可以不用人工照明,只用太阳光。其原理很简单,就是利用几块反射镜把太阳光反射到地下。这个技术并不难实现。

国外还有一种跟踪太阳采集太阳光的模式。随着

太阳每天上午东升和下午西落的规律,地面的采集设施随之变换方向,这样太阳光就可以实时通过几个反光镜折射、反射到地下。这种模式可以一定程度上满足大型的和公共的地下空间光照的需要。比如,你在地下图书馆看书的时候,可以体会到和坐在地面上的图书馆相同的阅读感觉,都是依靠自然的太阳光。在中国台湾高雄市,我见到一个地铁站就尽量进行地面采光,效果非常好。

本文发表于《科学画报》2012 年第 12 期

智能 LED 技术打造低碳地下空间

孙　钧

现在,上海部分轨道交通车站已采用 LED 技术。崇明过江隧道全部采用 LED 光源,这是一个很好的开始。

LED 光源的节能性毋庸置疑。理论数据表明,隧道用电的负荷能耗占总能耗的 40%~50%,而采用 LED 技术将在此基础上节约 30%~40% 能耗。就是说,采用 LED 光源以后,照明用电占隧道总能耗比例大约为 40%×40%,就是 16%。如,崇明过江隧道采用 LED 照明,据测算每年可以节电 50%,经济效益非常可观,节能减排和环保效益显著。

当然,要其发挥效益,必须充分考虑两个前提。首先,LED 光源要满足地下空间的照明设计标准,节能应该以满足这个标准为前提。其次,要考虑照明效果。在隧道等地下空间使用 LED 光源,照度不用太亮,以适应隧道行车的要求为佳。

事实上,LED 技术在实际运用中仍存在不少问题。LED 品种很多,但良莠不齐,比如从理论上讲,LED 灯具可以保证 3 万小时照明,实际上,有的产品开始很亮,但用几千小时就坏了,质量不过关。

因此,进一步推广 LED 照明,在技术上要着重解决两个问题。第一个是应用 LED 的标准问题。要制定关于 LED 灯具的特性和技术指标的规范。目前,国际电工委员会、国际照明委员会、美国、韩国、中国台湾都对 LED 光源有一般的安全及性能要求。第二个是 LED 实际使用的检测问题。目前这个检测的标准还是空白。

我国“十二五”规划把 LED 照明标准作为产业发展的重中之重。我国正在建设资源节约型和环境友好型社会,建立一项与国际接轨的 LED 照明发展规划,非常重要。

未来地下空间 LED 技术的进一步发展方向是智能型。智能照明就是利用无线电通信数据传输、扩频

电力网载波通信,及智能化信息处理、节能型电器控制等技术,组织一种分布式无线遥测、遥控、遥信控制系统,使灯光亮度调节、灯光软启动、定时控制、场景光源设置等,实现全方位智能化。比如,隧道洞内的照明可以做现场总线网络无级自动调光控制,特别是在隧道的洞口,夏季中午和冬季的阴雨天都可以自动调光。

此外,数码技术的洞外亮度测试技术、地下照明各种新技术和新工艺,在地铁照明上也有望推广,如一些电池的感应灯具、光纤照明、逆光照明、宽光带照明、电子镇流器、智能调光,在这些方面都具有很强的实用性。

我们还在探索一种新兴技术叫“碳汇技术”,就是在地下利用吸碳装置汇碳,实现节能减排。这不仅在国内,在国外也是刚刚起步,目前还处于萌芽时期,有待进一步研究。

最后,我想对城市的低碳建设提一些个人的设想和建议。第一,生产商要降低能耗,提高能源的使用效率要节流,同时也要大力开发太阳能、风能、地热能等零碳能源,要开源。第二,构建低碳城市,要从低碳政策的制定、低碳指标体系的建立着手,积极发展低碳产业,形成低碳循环经济,制定总体的节能减排任务和经济发展的科学目标。第三,建设节能减排环保

型城市,要全面实现低能耗、低污染、低排放,建立低碳的经济模式,倡导低碳的生活方式,这要靠千万市民的共同努力。第四,有关低碳经济的核心,我认为是能源技术和减排技术的创新,是产业结构和经济制度的创新,是人类生存发展观念的根本性转变,这是思想的创新。

本文发表于《科学画报》2013 年第 1 期

浅议加入 WTO 对我国建筑业和房地产业的影响与应对策略

孙　钧

建筑是我国四大支柱产业之一,它在"四化"建设和国民经济生活中占有举足轻重的地位。怎么面对"入世"对我国建筑业的巨大机遇和史无前例的重大挑战?

显而易见,当前国内建筑市场和建筑业界对以上所述已经觉察到的四个方面的问题是:

(1) 国际同行业间有形壁垒的消失;

(2) 外资将进一步大量涌入,竞争国家重大工程建设项目,势必对国内现有建筑市场体系和国内建筑业(这里和后面所说的建筑业,自然也包括房地产业,以下均同)带来巨大冲击;

(3) 我国建筑业融入国际经贸发展行列,为本行业规范有序地发展提供了条件;

(4) 有助于我国建筑业把握国际市场机遇,在激烈竞争中通过努力和自我完善,取得可喜丰收。

1　加入 WTO 对我国建筑业的影响与应对策略

1.1　"入世"的有利影响

"入世"的有利影响,将集中体现在我国建筑市场竞争机制的建立、完善和规范化上,反映在:

我国将逐步纳入世界经济一体化范围的进程,市场开放将突破以往封闭条件下在需求和资源配置方面的各种制约,将有望极大地提高我国建筑资源配置的效率,进而带动相关产业的发展,促进我国建筑业经贸体制的变革,加速我国建筑市场规范的进程。比如:

WTO 将对我国建筑业领域的经济管理体制、政企分开、提高政府决策力和行动透明度、法治建设以及部门和地区垄断等都将提出相应要求,我国政府在某些大的方面,在"入世"会谈时也已作了一定程度的承诺,它必将对我国建筑经济的良性发展起到积极作用。

另一方面,加入世贸将在相当程度上增强外资信心,有利于我国建筑市场的活跃和发展,有如:国外承包商先进的企业管理理念和加速成果应用、转化等将必然更多地进入我国,促进国内建筑企业向技术密集型转变以及向国际化发展,推动国内大型建筑企业走向港澳地区、东南亚、日本和西方,有利于扩大国外市场份额。

1.2　"入世"的不利影响

"入世"的不利影响,将主要反映在:

1) 与我国建筑业的历史沿革和传统的行业定位相冲突

我国建筑业作为一种新兴的服务产业,本身起步比较晚,它作为一门产业的概念,一般来说直到 20 世纪 80 年代之初才被确认,尽管它已成为我国的一大支柱产业,但迄未根本改变其经济效益低下的局面(此处指国企大型建筑业),产值利润持续下降。近年来"粥少僧多",施工招投标不够正规、规范,而无序竞争使正规企业投资风险加剧,就更是如此。

我国建筑勘察、设计、施工行业整体水平仍然较低,缺乏国际竞争能力,还只能在少数东南亚和西亚、非洲国家靠人力低廉得标(而不是重在技术优势)或只能依附于国外大集团卵翼下的分包作业。

更感严重的是:我国建筑业长期受计划经济体制的约束,未能按国际惯例建立以工程技术咨询服务为核心的建筑业管理机制,与国内外市场长期隔绝和资讯不通,不了解国际竞争规则和规律,缺乏与国外大承包商在同一环境下竞争的实践和经验。

2) 与目前建筑企业的竞争机制相矛盾

"入世"后,国外各大建筑承包商将跻身国内市场,无疑将在新的态势和局面下更加剧与国内建筑企业的竞争和淘汰。作为国内市场竞争的主体,自然应该是国内建筑企业,但目前他们的综合竞争实力将普遍低于国外同行的水平,对重大和重点的国家工程建设项目,问题将更是如此。

1.3 国内建筑企业将面对的主要问题

国内建筑企业在上述竞争日益激化的情况下,将面对的主要问题有:

(1) 内在综合机制不顺畅,从而使竞争意识淡薄;

(2) 管理水平总的看只能说是"低下",而管理模式还很落后;

(3) 技术应用层次不高,技术含量还较低;

(4) 国际经营承包经验欠缺,相应人才匮缺;

(5) 习惯于寻求地区保护,而积极从本企业自我改进、完善及发展潜力上争取优势等方面的动力则不足。

1.4 加入 WTO 看我国建筑业进入国际市场的前景

(1) 建筑工程业由于国内的成本优势(与国外比),是我国对外服务贸易业中国际建筑市场上竞争力比较强的行业之一,其国内外收支一直都处于顺差。

(2) 但另一方面,过去,由于我国未加入 WTO,不能从服务贸易自由化中获益,中国建筑公司在海外市场只能获得由国际金融机构支持的以及在国内的外资项目,真正能获得公平参与东道国政府和私人机构、企业投资项目的机会则很少,这使我国的国际建筑工程服务业在国外总的服务贸易市场上所占的份额一直都很小。

(3) 加入 WTO 后,我国走出国门的海外建筑市场将会相对宽松,机会也有望逐步增多。

(4) 中国公司在国外的工程承包业、设计咨询业和劳务活动中,还比较缺乏理性和整体观念,在问题决策方面还不够成熟老到,也缺少长远的国际发展目标和规划。

(5) 中国公司的管理模式和运作机制均与国际同行间存在较大差别和差距,在科技进步和高新技术成果应用方面也明显落后。

(6) 我国出口人力资源充足和廉价,这方面的比较优势短期看还很突出,但"入世"后的资源配置将要重组,这会增高我国的人力资源成本,使这方面优势转化和下降。

(7) 我国建筑企业在国外市场的组织管理和技术上的优势的基础也还是价廉,而这只能体现在与第三世界国家的合作中,一旦成本低廉的优势被均化,将难

以在国际市场竞争中赢取"入世"后应得的份额。

(8) 可喜的是,近年来如:① 上海最高楼层金茂大厦工程中,上海建工集团与日本大林组的合作;② 上海证券大厦工程,上海多家国营公司企业与加拿大、美国、日本、新加坡等外商在设计、施工、机电设备等各方面的合作;③ 上海隧道工程公司在新加坡地铁建设项目中与西方承包商的合作等,都在国家政策的扶持和帮助下,依靠国内建筑企业自身的努力,获得了成功。事在人为,喜人前景主要还得依靠我们自己去争取和拼搏。

1.5 政策和建议

(1) 加快国有建筑企业的改革步伐,除真正做到政企分开外,还要进行规范性的公司制改革,从企业的实际来选择改制形式。如:

① 建立多种所有制形式的股份制企业;

② 按产权关系逐级建立企业经营决策失误追究机制;

③ 推行国有资本金的绩效考核和评估制度;

④ 企业改革要与改组、改造和加强管理从制度上、机制上真正结合起来;

⑤ 切实实现适应国际化竞争的企业内部运作机制,等等。

(2) 加快实施建筑企业的专业化改组和改造,营造不同层次的经营竞争实体。如:

① 尽快把一些层次较低的企业改组成按建筑设计或施工要求而形成的专业化企业,以专业化协作促进生产方式和生产观念的变革,增强国内建筑企业的整体竞争实力;

② 在有条件的国内大型建筑企业中选择和支持成立几个或十几个龙头总承包型企业,作为与国外企业竞争的建筑业航空母舰。

(3) 加强国内建筑企业与国外大承包商的合作,尽快适应国外建筑承包的运作和经营模式,从承包方式、融资渠道、管理程序等方面与国际承包业相对接、接轨。

(4) 国家加大政策力度进行适当的调整和引导。如:

① 依据"入世"的服务贸易总协定条款,灵活地对国内建筑业采取适当的保护模式,指定有效的市场准

入策略,以赢取调整和热身需要的缓冲时间;

② 引导企业开拓多元化市场,合理调整和优化地区结构,利用加入 WTO 的时机,扩大在发达国家的市场份额;

③ 简化对外工程承包的审核制度和法规程序,逐步向自由、合法经营方向过渡;

④ 建立并规范建筑业的管理体制,扬长避短,尽快按国际惯例建立以工程咨询为核心的行业运作机制以规范运作。

2 "入世"后我国房地产业的发展态势及应对策略

在外商正逐步蚕食我国各大城市房地产市场的形势下,一种现实性概率较大的悲观估计是:今后不少土地使用权都落入外商之手,各类人才精英流失转为替外商服务,国内许多中、小房地产企业被迫出局,或只能经营一些成本高、风险大、利润小的零星项目。在形势这样严峻的情况下,我国大中城市房地产业的发展趋势和策略应该怎样应对?

总的设想是:要充分利用"入世"后的一段缓冲期,迅速完善国内房地产市场,规范市场行为,淘汰一批落后企业,使优秀的、有实力的企业尽快涌现并在竞争中发展壮大,逐步具备与国际房地产企业相抗衡的实力,充分利用熟悉本国风土人情等优势,从站稳脚跟、力保江山不失到争取更大市场份额,是完全有望实现的。进而力争突破国界,走向世界,使国内房地产企业在海外也有一席之地,进而逐步做到在海外的投资额超过外商在我国国内的投资额。

具体的应对策略和措施可建议如下:

1) 制度革新,转换经营机制

国内房地产企业也要加快现代化企业制度建设,强化政企分开、政资分开,政事分开,进一步转换经营机制,深化市场化改革。同时,要健全公司制的法人治理结构,形成权力机构、决策机构、执行机构和监督机制之间的互相配合、互相制约的制衡机制,使企业制度和国际接轨。

2) 联合重组,增强竞争实力

有必要尽快通过收购、兼并、加盟、相互参股、交叉持股等形式,实行资产重组、合作联合,形成大型房地产企业集团。

3) 增加科技投入和科技含量

房地产企业一方面应积极引进先进技术和先进的设计理念,迅速改变目前的落后状况;另一方面,要加大企业的科技投入,创造自有产权的核心技术,增强新技术的开发能力,增加房地产的科技含量,提高科技对经济增长的贡献率。在大力关注和重视高新技术的研发和引进,加大科技进步投入的力度方面,如:

(1) 建立有效的科研成果转化机制,提高工程质量、降低项目成本;

(2) 在设计施工中加大采用新材料、新技术、新工艺和新设备的力度;

(3) 用新技术支撑和保障我国企业在成本上的优势,将技术服务、合作承包作为国际引进的重点。

4) 提升管理水平,提高经营效率

首先,要加强人力资源管理,在收入分配中建立激励与约束相结合的机制,以最大限度地调动员工的积极性;其次,要重视企业发展战略管理,把近期目标和长远发展目标结合起来;再次,要实现管理现代化和科学化,加快管理信息化和网络化建设。在构建适应国际竞争要求的企业经营管理体系方面,如:在企业改制、改组过程中,应与建立现代化管理模式相结合,包括建立:国际通行的质量管理体系、环保管理体系和安全管理体系,以这三大体系为核心,有机地构建能够协调运作的房地产企业现代管理模式,改进项目施工组织与管理方式。

5) 选聘专家经营,营造竞争环境

在具备平等、公平的竞争条件下,企业家的素质、禀赋对企业的前途、命运有重大影响。当务之急是要创造公平的竞争环境,让优秀经营管理人才在竞争中积累经验,脱颖而出。

6) 走出所在的本地区,打入国际市场

以上海为例,上海的房地产企业依靠近 20 年特别是近 10 年的发展,在国内房地产企业中已显示出较强的竞争力。但是,为适应市场化的要求和参与国际竞争的需要,我们认为,有条件的企业必须走出上海到全国各地(包括港、澳、台地区)去搞开发建设和中介服务。在与各地区房地产企业的竞争中,积累经验,发展壮大自己,也为与国际房地产企业在国内的竞争作准备。同时,也要蓄势在适当时机冲出国界到世界各地,首先是到发展中国家经营房地产。

3 也谈房价问题

近期全国性的房价上涨以及房价今后的发展趋势又会怎样? 已引起政府主管部门、业内人士和广大消费者的关注。

据媒体报道,以 2001 年上半年为例:

(1) 当时全国商品房的平均售价为 2 304 元/m²,相比前年同期涨幅为 11.1%。其中,北京、山西、陕西、内蒙和云南五省市的涨幅均>25%,显属过热;

(2) 上海市房价的涨幅为 5.8%,而高价楼盘(7 000 元/m² 及以上)的涨幅则更大一些,约 7.6%,一般认为大体上尚属正常范围。

(3) 今年涨幅又有一定攀升,手头暂无统计数字。

1) 决定商品房房价的主导因素

(1) 和其他商品一样,房价也是由市场经济形成并受市场机制的约束和调节。房产商是房屋定价的主体,但仍须服从市场需求。政府虽可对房价作调控,但两者都还不能直接决定房价。

(2) 在市场经济行为的调节和制约下,商品房价格主要由以下 4 个主导因素的综合作用决定:

① 房屋自身价值,它是决定房价的基础——"物有所值"的价值规律作用,包括:房屋成本和合法利润,统称"价值规律"作用,这是决定房价的基础。

② 市场供求关系——"供求规律"作用。

当供不应求,房价将上涨到它的上述价值线以上;反之,供过于求,则房价将跌落到其价值线以下。

受市场供求关系的影响,房价将围绕其房屋的自身价值而上下波动,并形成实际的、当时的市场房价。

③ 购房者的收入水平影响市场需求,进而影响房价涨落——"房价与收入比规律"作用。

④ 市场竞争的程度制约房价水平——"竞争规律"作用。开发商之间的竞争,会抑制房价上扬;而购房者之间的竞争,会抬高房价上扬。

(3) 房产价格是由上述四大规律的交叉作用而最后决定的,它是符合市场客观规律的必然过程和结果。

这些规律的不断调节和变化,从长远看,必然使房价趋于均衡,并大体上符合其自身的房屋价值。

(4) 现时的一种论(观)点,只强调了"市场供求关系"来决定房价,那是片面的,正确的认识似应该是:"以价值规律为基础的、上述多种规律交互作用的综合结果,它是最终决定房价的主要条件"。

2) 如何看待当前房价上扬

(1) 房价上扬有其合理性的一面,就像市场物价稳中有升一样,它是房地产业发展的必然和主流,这是由于:

① 楼盘的整体品位提升,房子越盖越好、越讲究,成本增高,其房屋价值量加大,导致房价相应上涨,它符合价值规律(这反映了住房消费的发展,已由过去的安居型、经济实用型,向舒适型、豪华享受型转变的必然结果——"优质优价")。

② 市场需求增加,拉动房价上扬(这反映了住房分配由过去的福利分房向现今货币化的推动、住房抵押贷款的支持、政府一系列房改配套政策出台、居民消费观念的更新(按揭)等——市场经济中供求规律作用的结果)。

③ 居民收入增加,房产作为一种新的投资去向和手段而使购房的需求上升(如房价上涨的增幅小于或等于,甚至略大于居民收入增幅,则房价上扬也是合理和正常的)。

(2) 一点认识:房价升降是一种典型的市场行为,如符合市场规律,则不会导致泡沫经济。

近期的房价上涨是前几年房价持续下跌的反弹和回升,它是今后国家欣欣向荣、各行各业(当然也包括房地产)景气、兴旺发达的一种标志。

3) 房价上扬的不合理因素,只能视为是支流的一面。这是由于:

(1) 人为炒作(含媒体"大煽风点火")过多,误导消费者抢购,开发商伺机哄抬房价,使之上涨过快而涨幅过大。

(2) 开发利润的期望值过高。目前,国内房地产开发的资本利润率大体为 15% 或更大些,相比国外的 6%~8%,似明显偏高,当然这里有国情不同的情况。

(3) 供需暂时性失衡。突出表现为,近年来大城市住房的年销售面积>年竣工面积,以往多年的高空房率已不复见。中高档精品楼盘和地段好的中心城区楼盘就更是如此。对于上海市，另一原因是：提高了商品房的预售标准(即期房)，这使"批准的预售面积"一时减少，它与"实际预售面积"之比在2001年上半年为1：1.57，属反常情况，故而预售房价必然上涨。待供应增加后，这种暂时性的供不应求会自动逐渐消失。

(4) 购房族买涨不买跌的心理因素影响。因房价上涨，居民对购房价格预期看涨而急于买房，盲目跟风。买方对投资的预期可增值看好，因而投资性买房涌进，形成购房消费和购房投资呈现双向拉动——蓝印户口，温州等外地人购房，港澳人购房等。

4) 抑制房价上涨过快的对策建议

(1) 一种比较片面的做法：提高价位较低的经济型住房在住房供给总量中的比例，使平均住房价格降低；靠土地行政划拨和减免税费等来降低房价。

(2) 改善供应，调整供需关系，促使供求相对持衡，运用市场机制作自动调节。房价上涨，会刺激供给进一步增加，而需求则下降(可买可不买的不买了，买不起等)，因而逐步趋向一种均衡价格。

(3) 媒体加强诱导，调整消费者的购房心态，避免排浪式的消费和投资性购房对市场房价的冲击。

(4) 进口建材成本下降，供给增加和竞争加剧等，使今后实际房价逐步趋向合理而均衡。

(5) 运用政策威力，促使开发商销售行为的合理化，获取合理利润，反对暴利和短期不明智行为。

(6) 加强政府宏观调控，稳定房价，如：

① 适当控制土地供应价格，降低土地成本；

② 制止炒买炒卖土地；

③ 认真清理税费，实施"费改税"；

④ 取缔不合理收费，降低税费成本；

⑤ 在政府财政能承受的限度内，逐步将大市政基础设施费改由财政负担，降低开发商成本等。

在同济土木工程学院 2013 届本科生毕业典礼上的发言

孙　钧

今天,是我校土木工程学院本科生毕业典礼的喜庆日子,我和其他几位老师因为去北京开会,这次毕业大会不能来参加了,很是抱歉,也很遗憾。只能远在首都遥祝各位前途似锦、鹏程万里! 恭喜您们、祝贺您们。

您们将大好的青春年华,宝贵的四年光阴,都留在了同济。与全校师生一起,度过了那终生难忘的 1 400 多个日日夜夜,在自己的辛劳努力和师长们的教导下,您们掌握了土木工程的 ABC,而更重要的是培养自己成为热爱祖国、热爱专业,具有高尚情操和素养的青年专门人才。希望您们一定不辜负祖国和人民的期望、不辜负家长和亲人们、老师和友人们的厚望,锻炼和培养自己做一位对我国社会主义现代化建设事业的有用之材。

我有次在给各位讲话的时候说过,大学时代是寻梦、追梦的年龄,您们的梦想就要在今后的工作岗位上脚踏实地、一步一个脚印地去实现。希望各位要学会抓住那转瞬即逝的大好机遇,创造好的工作和进一步学习的环境,努力培养自己的聪明才干,梦想终会成真。我还不止一次地说过,"兴趣"是成功的根本动力,而"钻研"则是萌生兴趣的源泉。大家要热爱今后的事业,努力钻研,学会与同事、同行们切磋交流、相互合作,则是探究学识和钻研技术的最好途径。在今后的工作和学习中,希望大家不只满足于"模仿"和"跟踪",要勇于和敢于向问题"质疑"并向旧事物"挑战",要善于"思考"和迈出一条"另辟蹊径"的新路子,不断探索新的研究思想和工作方法。

世界是您们的,国家的未来也是您们的。摆在各位面前的、那未及开垦的处女地可谓比比皆是,足够大家自由驰骋。我想用一句西方谚语来再次表达对各位的祝福——"Never say to late & to old to learn & to do"。尽管人们都说"时不我待",也惋惜、伤感那逝去的岁月和没有抓紧的时光,但以上的话告诉我们——"来者犹可追。只要想学习,想工作,就应该永不言晚,永不言老"。愿与全体毕业生们共勉。

壬辰龙年初夏佳日于同济校园

我国城市地下空间开发与利用中若干应关注的问题

孙 钧

由市建设交通院士工作室和科技委联合举办的"院士沙龙"于 2015 年 5 月 13 日在科技委专家活动中心举行，特邀中国科学院院士、国务院特殊津贴享受者、科技委荣誉委员、同济大学资深荣誉一级教授孙钧同志作"我国城市地下空间开发与利用中若干应关注的问题"专题报告。来自本市地下空间、民防、规划、交通等领域的 30 多位专家出席了沙龙，并与院士进行互动交流。院士沙龙由科技委副秘书长、办公室主任管伟同志主持。

孙钧院士认为我国近年来地下综合体发展迅猛，如上海、杭州、珠海等城市尤为领先，但由于具有初期投入大、效益空间不够理想、功能特色发挥不够、运营安全和防灾以及节能减排与环保等问题，制约了地下空间的进一步开发，亟需谨慎研究解决。

他建议要充分利用地铁载客量大，运行速度快，耗时少，排污小等优势，进一步替代地面交通，以缓解交通压力。在节能技术上，除开发太阳能光伏发电外，采用室内人工生态光源的太阳光光纤导入照明系统、高智能型 LED 节能照明灯具、可再生能源、碳汇技术等也是重要方面。尤其是 LED 灯具的智能程度要进一步提高，如根据外部光照情况或者车流情况调节亮度等。

我国城市地下空间开发的规模和范围与国外相比仍然有限，功能效益上的理念也各异。例如巴黎的立体城市，倡导城市地上与地下协同持续发展。我国目前发展比较成熟的有轨交地铁、地下停车库、地下商场/商业街、地下步行街特别是过街地道，各种地下管线（管道）——非开挖技术和地下共同沟通形式，如北京中关村。城市地下空间的开发正逐渐呈现出空间上的多层次化和功能上多样化的特征。地下市政设施在防汛、排涝、抗旱上大有可为。利用大深度地下空间修建城市蓄水、排洪通道，并在有条件的城市先做试点，

这是开拓地下空间功能的新渠道。国外的成功案例包括巴黎大深度下水道、慕尼黑市地下储水库、芝加哥市深隧蓄水、日本东京地下泄水神宫等。同时在战时，地铁和各类地下空间设施的功能都可以方便有效地、自然地转变为"地下人员掩蔽"、防空洞、地下救护所等人民防空处所。

孙钧院士对我国城市地下空间开发与利用提出几点建议：一是充分调研，统筹全局效益，做好开发利用城市地下空间总体规划；二是找准地下空间各项开发项目的功能定位，目前应设法先修建几处分散式、中小型、智能化的地下停车库，视效果情况进一步推广，以缓解地面停车难题；三是在功能定位上要重在社会效益，要鼓励私人和企业投融资，除商业调入外，要视条件增设地下健身、休闲和文娱等多方面的功能；四是将城市地铁和各类地下空间做成"浅埋"和超浅埋，以方便人流出入，并尽量多利用"下沉式地下广场"以吸收天然日照/阳光，这样不仅节能环保，更能吸引大量客流乐于进出地下，去购物、乘车、休闲和娱乐；五是地下空间力戒华而不实的奢侈装修，提倡采用简朴而具有高阻燃性的耐火饰面材料，同时加强防灾、消防、防踩踏和防爆燃等安全设施，改装可方便紧急时拆卸的进出口转动门，完善急用供电和照明等。

在互动交流中，国家勘察设计大师、科技委荣誉委员袁雅康表示上海目前地下空间规划较为滞后，采取走一步看一步的方式也吃了不少苦，而且人性化服务不够，公益程度不高，例如出现地铁埋太深，又没有自动扶梯等，因此需在理念和管理措施上下功夫。上海城建集团教高工林家祥认为现在要实现地下空间互联互通有一定难度，民防与人防分家、法律法规的不健全等都是阻碍浅层地下空间资源共享的因素。同济大学袁勇、刘曙光、马险峰等教授纷纷发言，建议在法律法规、规划等宏观层次上，可由政协、人大推动，结合海绵

城市和地下防洪,提出地方性的相关法律法规,使地下空间的深度、产权等争议问题有更明确的界定。

科技委副秘书长、办公室主任管伟在主持中总结了本次沙龙活动,他认为孙钧院士报告深入浅出,涉及地下空间、海绵城市、综合交通、节能减排、防灾减灾、房地产等方面,还对人生感悟、工作经验作了深入探讨,使大家受益匪浅。

最后,孙钧院士将自己亲笔签名的专著赠予科技委作留念,并对科技委今后在推动建设交通行业发展中发挥更大的作用寄予厚望。

本文发表于《上海建设简讯》2015 年第 13 期

学会有选择地读书

孙 钧

古人云：开卷有益。我看，这话只说对了一半，至少是不全面的。不是所有的书都是好书，更不是所有书对青年朋友都有用。书海无涯，我们的精力和时间有限，不能见书就读。做学问要"点深面广"，要趁年轻，有选择地精读几本经典性专著，为自己打下扎实功底，日后定会一辈子受用不尽；也需要泛读一些其他的书，以拓宽自己的思维和知识领域。

解放前，我在交大土木系读书，时值政局动乱，师生们安不下心来，可就在那种极端恶劣的大气候下，我还是坚持用心基本上读通了丁莫辛柯（S. Timoshenko）的几本当时公认的权威著作，从《应用力学》到《材料力学》《弹性理论》和《板与壳》，从《结构力学》到《结构稳定与振动》。后来，又啃完了太沙基（K. Terzaghi）的《理论土力学》，做了上千道习题。感谢这些书和交大的师长们教会了我土木、结构工程的ABC，有了搞土木工程学起码的基础储备。而今，这几本书还摆在我的案头，温故而知新，时时还要翻翻。

去拜会我的老师俞调梅老先生，看见他把有关岩土力学的一些文章，粗读一遍后都按内容做好纸片，插夹在书本里并写上几个字，以便日后用时查找。这个办法真好，我学着干了，效果不错。

当今，学科之间相互交叉以及彼此间的融合和渗透，并在其结合点上产生新的学科分支或边缘新学科等新的学科领域，是现代科技发展的特点和需要。对于像笔者从事的还不完全成熟的岩土力学与地下结构工程学科，这种结合的趋势就更为明显。在这门学科的发展前沿，一直在不断地从其他相关的，甚至不太相关的学科中汲取新思想、新概念和新方法，结合岩土学科的自身特点，逐步形成自己新的分析体系，用以研究自己的新问题。今天，我们不仅要通过读书，学习或熟悉本门学科当前国内外的学术和技术动态，从中提出可以进一步深化研讨的课题。此外，还要了解一些相关学科的发展态势，用"它山之石，可以攻玉"的思想方法，取诸家之长为我所用。这方面成功的例子，不胜枚举。

读书一定要带着问题读，边学习，边思考所关心和研究的问题。拿起一本书，如果不问三七二十一，就从第一页第一个字辛辛苦苦啃到全书最后一页最后一个字，我看，非但不能立竿见影，也不容易把知识真正学到手。我自己也有过教训。

要读好书，就必须热爱读书，是自觉地读而不是任何被动地读；要有热爱它的情感，就必须要先钻进去。试想，没有钻进去，哪会认识它，又何从热爱它呢？能使我们有孜孜以求，潜心进取，数十年如一日地锲而不舍的动力，我的体会就只有"兴趣"两字。有了对书本、对自己的所学能钻进去，对它有浓厚的兴趣和感情，以至于好像吃饭、睡觉一样不可或缺的话，就会感到知识之广、之深真是浩如烟海，越学越有兴味，钻研与兴趣形成了良性循环。这样，成功也就在向您招手了。

记得早在50年代，我的导师、我国力学和桥梁工程界的权威学者李国豪先生就告诫过我们："一名大学毕业生，如果在毕业后五年内，没能养成自学的习惯和爱好，我看他以后也就难了。"这句警语，说得多好啊！正是前辈们的谆谆教导，我们听进去了，也老老实实照着做了，日后年齿渐长，而勤奋努力却仍不敢稍有懈怠，才不会有"少壮不努力，老大徒伤悲"的感喟。

草草写这些，以求共勉。

本文发表于《院士怎样读书与做学问》（全国优秀科普作品选），上海教育出版社，2015年12月

在中国岩石力学与工程学会信息技术与应用分会成立暨首届学术年会开幕式上的发言

孙　钧

非常高兴有机会在今天的大会上与岩土业界许多同行、专家、老朋友们有一次相聚、问候。我想以学会老理事长(现在还是学会的名誉理事长),特别是以一个"老岩土人"的个人身份,对我们学会新的"岩土工程信息技术与应用分会"的成立,暨分会首届学术讨论会在同济召开,表示自己衷心的、最热烈的祝贺!期待和相信我们分会今后在推动这一跨行业、多学科交叉的新兴领域的进步和发展,定将取得一个又一个新的成就,作出应有的新的贡献。

说起来很凑巧,就在十多天之前吧,我当时在杭州,收到学会办公室方祖烈教授来的一个电话,说,为了庆祝学会成立 30 周年(学会是 1985 年由陈宗基老前辈主持在香山成立的,我们是第一批常委),问我 11 月 25 日能否到武汉参加一次这方面的座谈纪念会。我说,我这个"老岩土"也算是学会老领导了吧,这个座谈会一是完全应该去,二也是实实在在非常想去。都 30 年了,有感情了啊!但只是那后面几天已经说好并安排了去南昌,那里有我的两场报告会,这一次纪念活动就只好向学会钱理事长、冯理事长请假,抱歉了。事后,我想抓紧时间写一份"书面意见",什么意见呢?就正是想建议学会可否商量成立研究"信息技术与工程应用"方面的一个新的专业分会。后来因为其他事忙,来不及完稿了,没有来得及转发给方老师。没有想到,我的这个建议几天后竟然在今天开的大会上"成功上市"!真的太棒了!昨天我还与助手们说,不谦虚地说一句笑话吧,是否是"英雄所见略同"啊!我在这里的一点发言,就正是我准备的那份给学会写的书面建议,想换到这里再讲一讲。

我认为,信息技术在岩土力学与工程中的应用,早年已有过两次高峰期,算是两次高潮吧。

记得还是 20 世纪 50 年代中叶吧,或许更早一些,

新奥法(NATM)的问世,着重提出了"以监测信息反馈设计并指导施工",再加上要充分利用并加强围岩的自承和自稳能力,单这两条可谓开拓了现代隧道工程建设的新纪元。这两项原则至今仍然是人们普遍遵循的信条和隧道业界同行的共识。这应该说是信息技术早年在岩土界绝好的应用吧。

70 年代"位移反演分析方法"横空出世,一时间竟在岩土界风靡全球。它倡导的是:用"看得见、摸得着"的"隧洞围岩监测位移的信息",通过反演可反过来求得岩土体的等效岩体参数和岩性参数。迄今几十年来还先后由此派生出了许多新的反分析研究分支和多方面的进展。该法应该认为是隧道与地下工程界在信息技术领域一枝独秀,历久而弥坚,在 20 世纪中后期十分突出的另一项卓越成就吧。

进入新世纪以后,近几年来,在 IT 行业和工程信息技术领域,更可谓"百花争艳,相辅而又相成"。一时间,有如:大数据、物联网、信息数据可视化、互联网云计算、建筑信息模型(BIM)、数值仿真和智能预测与控制、数字隧道与数字地下空间、远程视频无线监测等一大批新的信息技术迅猛发展。网上国内外文献纷至沓来,交相辉映,让人眼花缭乱,目不暇接。这方面文献材料之多、之新,别说都想用它一次,真的连看都看不过来呀。一个信息技术的新时代真正终于到来了!

不知道大家意识到没有,如果说早年的新奥法和位移反分析法,都还只是以信息数据为手段,来用以更好地阐明和处理岩土力学与工程中有待解决的实际问题,而这里说到的,好似其重点和特色则是从海量信息问题自身寻找新的如何获取和更好地作技术处理的手段、方法与技术。其中,就以"施工监测信息管理系统"来说,像数据标准化问题、信息有效采集问题和信息系统的技术管理问题等几个方面信息自身的技术,可谓

不一而足。值得我们青中年一代去努力攀登,开拓进取,把新的信息获取和处理手段学习好、进一步创新好,并成功应用到岩土工程各个领域中去。

我们老人,尽管上面说到的真是样样都喜欢,也都想试着搞,但毕竟年岁不饶人,有点力不从心了。在学会广大成员的集体努力下,在座各位正在盛年,希望团结在学会和新成立的专业分会周围,利用好我们学会这一极好的交流平台,积极发挥自己的聪明才智,施展抱负,做好彼此间的交流和互动。这次看到会议已安排作特邀报告的 20 多篇论文的文题,真是琳琅满目,美不胜收呀,实在让人高兴!

就说到这里吧,说得不好,请指教,谢谢大家!

叙写与访谈篇

永不懈怠的追求

胡向东,许建聪

客厅里的时钟鸣响了 11 下,夜深了。小区楼层里的盏盏灯光都一个个熄灭了,静谧、黑漆的深沉夜色将孙钧先生书房的台灯衬托得更加亮堂,老先生还在伏案疾书……

他是在为第二天一早要参加的港珠澳大桥技术专家组的全体会议作发言准备。他还在细细框算着:在水道大回淤条件下,沉管隧道大管节的预施应力能否为此而在管段接头处永久留置,不再截断?在国内外已建的百余座沉管中,还只有荷兰 Hein 沉管一处这样做过,但规模却比这里的小得多。孙先生思索着,设计方案提出的这一大胆构想,在解决了原先管段柔性接头承载不足的情况下是否会带来其他什么负面反应?而在此前,他还为这座国家级特大型工程项目的深厚软基问题出谋献策,并建议采用挤密砂桩复合地基处理。他为自己的建议能被设计施工部门采纳而高兴,但同时也承担了一份沉甸甸的责任。老先生却总是乐此不疲,数十年如一日,毫不稍自懈怠。

已是"坐八望九"的耄耋老人了,但身子骨还一直健硕的他,为了追求自称的"专业兴趣",近些年每年都仍要出差三十七八次,而把年岁抛在了脑后。他是一位为国家建设事业一生奔忙在生产第一线的资深院士,他不能辜负这个别人称羡的荣誉称号。

1 接受传统教育,练就扎实功底

孙先生自幼就受到良好传统教育的熏陶,他总是戏称:"我是科班出身的呀!"少年时期,他在南京国立中央大学(今南京大学)附属实验小学毕业;"八一三"事变时举家迁居上海租界内"逃难",进入江苏省立上海中学(今上海中学)学习;1944 年秋考入圣约翰大学,后转入国立交通大学(今上海交通大学)土木工程学系学习,毕业,后回校任教。1952 年秋全国院系调整,他随交大土木系"整锅端"调入同济大学并工作至今。光阴荏苒,瞬间已 65 度春秋,曾经青春年少的他如今已然是白发满头!

期间,让他终身难忘的一件事:上海解放之初,他作为应届大学毕业生,经派赴华东人民革命大学接受短期政治培训。他自豪地回忆:当年给自己授课的老师班子可是了得呀——国家级首席哲学大师胡乔木教授"辩证唯物主义和历史唯物主义"、上海市陈毅市长和山东省委舒同书记讲述"中国新民主主义革命史",还有当年华东局的几位领导也多次专程自宁来沪在"革大"做讲座。他由衷地感激在省立上中和交大求学时期所接受的严格科班训练,是省上中和老交大的许多位一代名师的授业解惑,传授给了自己扎实有用的数理化基础和土木工程 ABC,为他此后的专业成长打下了厚实的力学与结构工程学基础,一辈子受用不尽!

更令他切身难忘、受益终生的是有幸参加了交大当年(1945—1949)的爱国护校、反饥饿、反迫害、反内战等一系列的爱国学生运动。他作为系科代表、一个党外积极分子,接受了极其深刻又现实的革命传统教育。孙老经常说起,那些年的教育培养和锻炼、考验,使他逐步树立了正确的世界观和人生观。来同济后,他担任了苏联钢桥专家 CHИTKO 教授的专业口译,并随专家攻读了钢桥结构副博士学位。1980 年在担任学校教务处处长任内,作为同济首批、国家第二批由教育部公派去美国北卡州立大学留洋的学者,从事高级访问教授的"博士后"研究。1991 年经选任中国科学院(技术科学部)学部委员(院士),2006 年经聘任我校资深荣誉一级教授。孙老说:"一路走来真可谓顺山顺水,是党和国家的关怀和培育,让自己至今感激涕零啊!"

孙先生扎实的基础功底让他当年在华东航空处的一次遴选考试中小试牛刀。22 岁的他从华东"革大"结业,经组织分配到华东航空处担任技术员。航空处对录用者还要进行一次甄别筛选,考的是结构力学,这正好是他的强项。试卷一共 6 道题,要求 6 题选 5 题做。他稍一过目,这真可谓是"小菜一碟",三下五除二,运笔如飞,不到 30 分钟就把 6 道题全都做出来了,而笔试时间是两个半小时。经细细又检查了一遍,在别的考生们还在埋头做题时,他坐不住就第一个交卷了。刚要走出考场门口,就听到后边的监考老师在夸奖道:"真不愧是交大高材生,全对一百分,做题又快,太棒了!"这样,他被安排在航空工程研究室做结构分析理论工作。

2 牢记教授职责,树立务实学风

孙先生总是告诫自己团队里的青年老师们:"选择了要做一名称职的教授,那自己的职业生涯就是辛苦的,却又是丰富而充满着机遇和挑战的,应该要求自己在学海中不断充实、进取,为科学事业和国家工程建设奋斗终生! 而居第一位的是要教书育人,通过言传身教为学生们做出好的榜样。"他认为,在专业上决不能有丝毫放松,必须时刻关注本门学科前沿热点和国内外最新的发展态势;另外,还要理论密切联系实际地从事科学研究,热忱地为工程业界作好咨询服务。"以上几点若是做不好,久而久之必然会掉队,最终被淘汰!"他又说,"工作上尽管劳累,但刻苦钻研的结果必然会激发对所从事研究的浓厚兴趣,兴趣又促使自己更加发奋钻研,这样就形成了一种良性循环,自己的成长和提高,连同丰硕的研究成果,也就是水到渠成的了。"

孙钧先生学术梯队成员合影

他一直在思考一名工程学教授与有丰富实际经验的总工程师在工作上的异同。就解决某一工程问题而言,教授们运用自己在学科理论上的造诣,把问题提升到本质和机理的高度上来认识和理解,通过细致透彻的研究分析,求得问题的优化解,而不只是满足于套用现成"规范"手册上的"可用解"。当他在工程学术会议上对问题作出深刻剖析后,听到别人说这才是精辟的"教授的语言",他感到欣慰,认为这是对自己的一份肯定。他一直勉励自己和身边的年轻人,要以同济大学老校长李国豪先生为表率。李校长是桥梁力学领域的权威大师,专长是桥梁结构的稳定和振动,他的学术理论研究从来都是结合当年国家重点建设中的重大工程(如武汉长江大桥和南京长江大桥、宝钢建设等)的难点问题而做的高水平研究,成果应用于许多大桥和钢结构设计,取得了极其丰硕的社会效益和经济效益。孙老语重心长地说:"我们应用自己的所学,为工程中存在的技术难题在理论深度上做出了初步的研究成果后,还一定要返回到工程实践中去求得进一步的检验,以发现研究中的不足,再作进一步的修改与完善,最终为工程所用,这才是一份完整的成果。把还没有得到实践验证的阶段性成果就急于见刊发表,是一种要不得的急功近利的表现。"

孙老理论联系实际的治学思想源自早年的一项获奖课题。20 世纪 60 年代初,他主持承担了一项有关"地下结构粘弹塑性理论与实践"方面的科学基金研究课题。为了能够有一处工程建设项目为该项基础研究作应用上的依托,他又以该项基金的研究成果为理论支撑,承担了当年由水电部下达的"六五"攻关重点研究项目"鲁布革水电站地下厂房洞室围岩稳定与衬护安全的工程流变学分析"。通过三年多的努力,这两项研究成果都通过了由国家科学基金委员会组织的全国性的技术成果鉴定。当时,评审专家们齐聚北京,花了整整一周时间,经过严格的口头汇报和答辩面试,评审出了先后名次。孙先生当年还是一个 37 岁的青年学者,但他的这一项目在评出的全部 17 项优秀研究成果中高居榜首。当评委首席专家在大会上宣读评语:"由同济大学孙钧副教授等负责承担的'地下结构粘弹塑性理论与实践研究'项目,在学术上内涵丰富,理论分析工作有相当深度,达到了国际水平。更为难得的是该项目研究成果能及时为鲁布革等水电站建设工程所采用,做到理论联系实际,为国家重大工程任务服务,取得了较大的技术经济效益。在全部 17 项评议项目中位列第一。"该项目后来荣获了下一年度的国家科技进步二等奖。这件事为他及所在团队、研究生们此后长期坚持以岩土材料工程流变力学作为一项深入系统的研究方向开了一个好头。同时,也为他后续几十年的治学思想——"专业理论研究必须密切联系工程实际"迈出了可喜的第一步。

3 理论造诣深厚,学科贡献卓著

孙先生在专业业务上孜孜以求,勤奋踏实,数十年来笔耕不辍,研究成果丰硕,反映了他深厚的基础功底和解决工程实际问题的能力。其一,早在 20 世纪 60 年代中叶,以他领衔的学科组逐步建立和开拓了一门新的学科分支——地下结构工程力学,他是国内外该新兴子学科的主要奠基人和开拓者之一。其二,他在岩土介质工程流变学和岩土材料流变室内试验与现场测试等方面取得了诸多一流的研究成果。其三,20 世纪 80 年代末,他又开拓了当今前沿研究热点的一项研究——城市环境土工学。20 余年来,他引入人工智能等软科学的理论与方法,在该领域的变形预测和控制方面更有了新的创意和进取,并将研究成果出版了一部学术专著。其中的大部分成果都已在实际工程中获得了推广应用,成效显著。其四,近十多年来,他还对如何提高隧道结构全寿命设计基准期的耐久性问题等多项课题做了深入研究,其中,自钢筋起锈时刻起,在外界环境有害化学离子侵蚀与混凝土自身历时加速老化两者间耦合相互作用的地下结构耐久性设计等方面的分支子学科研究工作,迄今在国内外文献中尚罕见报导,属原创性成果,有望在 3~5 年内取得突破性进展。

在以上 4 项主要研究领域中,从探讨的广度和深度上均属国际学科前沿水平,成果经多处工程实践证实,极大地丰富并深化了各子学科的理论内涵,其中的相当部分成果已先后在长江三峡工程、南水北调穿黄工程、厦门翔安跨海隧道、长江中下游若干座大跨桥梁下部基础结构等国内最长大的铁路、公路和越江跨海隧道,上海、南京、青岛等城市的地下铁道,以及不少大型水工隧洞和地下厂房、矿山井巷、国防与人民防空地

孙钧在日本京都大学作学术演讲(1986)

下工程,还有特大跨桥梁桩基与锚碇工程中获得了成功采用,一些成果并已纳入相关国家规范。数十年来,他先后完成国家多个五年计划科技攻关、863 项目和国家自然科学基金重大、重点和面上课题、部委省市重大纵、横向项目以及重大工程科研任务约 70 项,在国内外核心学刊发表论文 360 余篇,并出版专著 10 部;先后获国家、省部级和其他各项奖励 26 项,其中,国家级奖 4 项、省部(市)级奖 17 项,含一等奖 5 项。这些成果和授奖算是对先生一生劳累和奉献的一点慰藉吧。

4 走遍大江南北,献身建设事业

孙先生既是一位学术理论素养硕厚的岩土力学资深学者,又是一位实践经验丰富的隧道与地下结构工程技术专家。他始终力求把专业学科理论与国家建设的工程实际两者紧密结合,终生为之不懈奋斗! 对他来讲,只有亲历现场、眼见为实地"验明正身"才能放心制定技术决策。他认为,到工程实地勘察调研要远重于停留在各类研讨会议上高谈阔论。他数十年如一日地在广袤无垠的中华大地上辗转奔忙,足迹遍布长城内外、高山深谷、黄土险坡、深海江底,处处都留下了他辛劳的汗水和忙碌的身影。

早年,为了国防军事工程建设,年轻的孙先生随部队首长逐个山头勘察,为探寻合适的地下飞机洞库和储油库选址。20 世纪 70 年代,在国家"备战、备荒、为人民"的感召下,他为人民防空工程设计了地下指挥所、地下救护所、大型地下人员掩蔽部、地下疏散主干

道和连接通道等,规划建设了人防样板工程共 7 处,为后续上海市与全国的人防工程标准化设计作出了样本示范。1965 年初,他还曾别出心裁地提议在上海市第一座地铁车站试验工程中使用国内外首次采用的一种特大型预应力混凝土沉箱地下结构,最终得以成功实施。

国家"七五"建设期间,他身体力行,多次下到矿井内简易的罐笼里,弯背弓腰,艰难地行进在矮小的巷洞中,深入地下超千米的淮南煤矿潘集 3 号井井底,在现场提出采用"边支边让,先柔后刚"的柔性支护方案——背填式铰接预制钢筋混凝土弧板支撑新工艺法,项目最终取得了硕果,也因此获得表彰。

早在交大求学时期,讲授"水利工程学"的刘教授说,美国有个 TVA(田纳西水工大坝工程),我们今后也将会有个 YVA(长江三峡工程)。孙先生那时便下决心毕业后一定要献身 YVA 建设,好好施展自己的抱负。解放后,他却经历了 40 多年由青丝到白发的等待,终于在 1992 年听到全国人民代表大会上通过兴建这个世界第一大坝 YVA 的好消息。孙先生以技术专家的身份积极投入到这一"国家一号项目"的建设之中。他除了去大坝工地参加了近 20 次的讨论会之外,还承担了世界第一高陡人工岩坡开挖并修建永久船闸的研究任务。利用学校拥有的优越设备条件,拿下了三峡船闸岩坡岩性流变试验的重大课题,从理论上以当时国际上最先进的多种计算分析手段研究确定了计入闪云斜长花岗岩体节理剪切流变属性以探讨闸壁变形达到最终收敛稳定的时间,严格地制订了安装六道闸门的最佳方案。此外,他以工程实地调研测试成果作为自己科学研究的基础依据,先后还在鲁布革、天生桥、拉西瓦、天荒坪以及广东从化抽水蓄能、雅砻江二滩等国家早年开发的多座大型水电站厂房和洞室建设中添砖加瓦,并获得成功。

作为国务院南水北调工程专家委员会成员,孙先生还在南水北调中线一期穿越黄河的大型盾构隧道工程中,建议在管片外衬的内环再增设一道环箍式预应力现浇混凝土内衬,以抗受高水头的内水压力。这一构思在国内外尚属首创。

近十余年来,孙先生虽年事已高,但想运用所学为国家工程建设事业服务的一颗赤子之心却老而弥坚,

矢志不渝!

为担任秦岭终南山高速公路隧道工程和杭州市海宁钱塘江水底隧道施工项目技术专家委员会的主任委员,孙先生那不知疲倦的身影仍不断出现在工地现场。有一年零下 20 多度的元宵节清晨,他顶着凛冽寒风,与雾凇冰凌作伴,辗转流连在秦岭分水岭上久久不肯离去;中秋月圆之夜,他无心观赏汹涌澎湃的海宁江潮,却一头钻到钱塘江底细细观察钱江隧道施工作业面的稳定,监督着涌潮下两岸防洪大堤的安全;他还不顾"非典"时期感染病毒的风险,深入甘南木寨岭隧道洞底,为缓解工程险情出谋献策。

在德国参观隧洞工程施工(1989),左起第一人为孙钧

在孙先生曾参与过的国内约 40 处的桥梁、隧道建设中,他总是客观地结合各地域的实际条件,细致分析建桥和建隧方案各自的优缺点。"搞隧道的尽管对隧道有专业上的感情和偏爱,但隧道人自己对隧道的缺点和不足也会有更加充分的了解和认识,我们一定要有专业责任感,把它们都摆到桌面上来论证清楚,交代明白。"在这种正确思想的指引下,是他作为隧道专家却坚定地否决了在"江阴—靖江"一线过江、厦门海沧、杭州湾、泰州过江和青岛胶州湾内等许多处不合适选用越江、跨海隧道的技术方案,而这都是在抗受着"搞隧道的却胳膊肘向外弯"的非议声中作出的正确抉择。

在险峻的乌鞘岭隧道海拔 3 500 m 的高程上,他去现场调查兰武铁路客运专线(当年我国最长铁路隧道)岭脊段断层处的地质、水文情况;在 82 岁高龄时,他还车行颠簸一日,奔赴鄂西南边陲恩施地区的野三关,为了做好四渡河跨谷悬索大桥的隧道式锚碇基础工程勘察,艰难地下到 35°锚室斜井的井底 75 m 深处,待了近一个小时后再一步一趋地喘着粗气爬上来。孙

老还高兴地笑说:"这次算是达到我体力能耐的极限了,也终于还是又一次经受住了考验,还能行。"

自新世纪之初,孙先生担任了台海两岸桥隧通道工程建设学术研讨会议的主任委员。在先后于福州和台北两市轮流召开的许多次相关讨论会议上,为响应我国交通部自北京往返台北一线的高速公路远景规划建设,他每次都积极地在会上、会下为此事奔走呼号,自己精心写述、发表了这方面的会议论文共7篇。他认为,尽管由于诸多原因,工程兴工尚待各有关方面的不懈努力,但这是一场终究要实现的中华隧道梦。他说:"在我有生之年,如能看到工程立项启动,将是自己余生中最大的梦想成真了啊!"

在城市地下空间开发的总体规划设计方面,孙先生提出要以城市地下铁道为主干,选择若干座主要地下车站为轴心,在其周边地下作地块综合开发利用的方案。例如,建设地下商场与商业街、供健身锻炼和休闲养生的地下广场、地下停车库,并与旧有人防设施相结合,与周边大楼地下室连通搞活等。他秉持要充分利用天然采光、创造低碳节能、减排环保、加强通风除湿和安全运营的设计理念,构建绿色地下生态环境。这些倡议在国内多座城市的地下空间总体规划中已被采纳和体现。在上海、南京、广州和青岛等城市的轨道交通建设中,孙先生也有过不少建树。多年前,上海地铁4号线因冻结法施工管理上出了问题导致整个区间隧道塌方坍毁,蔓延至浦江防汛墙和周边大楼。在近一年的处治方案研究中,他坚持主张就地修复,不将地下废墟留给后人,最终成功帮助政府和设计施工方解决难题。

孙先生以他在国内外的学术声望,曾先后担任过:国际岩石力学学会副主席暨中国国家小组主席,国际隧道协会执行委员,中国科协全国委员会委员,中国岩石力学与工程学会理事长,中国土木工程学会副理事长,中国土木工程学会、中国公路学会、上海市土木工程学会等所属隧道与地下工程学会的正、副主任委员。他还历任:国务院学位委员会土建学科评议组召集人,国家自然科学基金委土建学科评议组召集人,全国博士后管委会专家委员会土建学科组组长,国家自然科学奖评委,以及国内外若干所著名高校的名誉教授和顾问教授,以及国外多处研究院所的客座研究员。在国内高教界,孙先生是首批博士生和博士后导师,已

培养毕业博士生近80人,出站博士后27人。他还是特聘国家注册土木工程师,享受首批国务院政府特殊津贴。在以上国内外各项社会、学术活动中也作出了不少出色的贡献。

5 心系灾区同胞,舒展爱国情怀

2008年初夏,孙先生要去医院安装心血管支架。80多岁的他,不说从未做过开刀手术,连住院也还是第一次,心情自然有些忐忑。住院前,他还特意借了几本相关医学书阅看,好有个心理准备。而这时突发的一场举世震惊的天灾——汶川大地震,使他匆忙搁下手头的医学书,把全部心力都放到了关心汶川地震中千万同胞的安危上。整天坐在电视机前,多个频道轮换着看,密切关注灾情。就在这样的焦灼情绪中,他的支架手术总算顺利完成了。在手术恢复阶段,他在病房电视上看到一位86岁的上海二军大老军医在简陋的临时帐篷中顽强地为伤员做创口包扎手术时,他被深深地感动了,立即找来值班医生,热切地说:"手术过了一个礼拜了,对汶川地震我能做一些工作,想即刻办理出院手续。"当时,报纸上正在热议几处堰塞湖的技术处理方案,同济大学和其他社会各界也都正在纷纷组织救灾工作队。孙先生态度坚决地要求出院回同济报名。但主管医师再三告诫说:"老先生呀,你还以为这是像平时坐在宾馆会议室里开学术讨论会那样轻松啊,你这次得长时间冒暑热站立在坍塌的废墟上、山体滑落的石头缝里出主意、提方案呐! 现在正好是八月盛夏,四川山区酷暑逼人,你一个高龄有病老人要是支持不住垮了下来,那人们是救灾呀还是救你啊?"孙先生听后思忖:"听听倒真是有道理,我决不能忙没帮上,反倒变成别人的包袱了呀。可就是去不成啦!"万分遗憾的他只好委屈地留卧在病榻上,斜倚在枕头边吃力地花了七八天时间写了两篇关于专业救灾方面的文章,作为"院士建议"寄送科学院学部见刊,表示他为灾区人民奉上的一点心意了。

6 感喟盛世岁月,夕阳绚烂无限美

孙先生感叹着说,韶华易度,岁月催人。孩提天

真,青壮时光,荏苒俱成追忆,而转瞬老迈,却欣逢今朝大好时代! 既叹伤春华流逝,又为祖国的昌盛富强而深受鞭策与鼓舞。

早些年,他与国内外岩土学界、工程界的许多专家交往频繁,"他山之石,可以攻玉",从别人的先进构思和研究成果中汲取营养,受益良多,更又喜见"青出于蓝而胜于蓝",在人才培育方面后继有人,对此,孙先生感到十分高兴和欣慰!

孙钧指导博士后做实验

他还时常笑着说:"我的工作真是太饱和了,脑子里的这根弦也绷得紧过了头,已经进入塑性,回不来了! 光是开会、去现场,每年外出30余次,整年都是匆匆忙忙在飞机上度过。人家劝告我要保重,我说最要紧的倒是飞机的安全呢!"

八秩寿辰时,孙先生在庆贺文集中这样写道:"记得三国时期,曹操吟诗:'对酒当歌,人生几何;譬如朝露,去日苦多。'人生已经苦短,而且,过去又给历次政治运动,尤其是'四人帮'给耽误了许多年的大好时光! 而今已是韶华早逝,岁月留痕:满头白发,一脸沧桑! 尽管谁也不知道自己生命的尽头,但人生百年,总是来日无多。如果能让我再回到50来岁该有多好啊,但这是万万不可能的。虽然不能再拾起那逝去的年华,而来者却尚可追。我愿趁此拙体尚健之日,再努力站好最后一班岗,把那永远是无完无了、千头万绪的任务,尽可能地再做多一些、快一些、好一些,该说得上也是一项新的追求哩。"

他记下了自己晚年学术生涯的心历写实:

"鬓须尽霜耄耋年,老骥方知伏枥难;

科海遨欢忘荣辱,苦思求索总无闲。"

他将西方一首古老的自勉语,奉为信条:

"Never say too old & too late to learn & to do."

(只要肯学、肯做,永不言老、言晚)。

本文原载于《桥梁与隧道》
2014年10月、12月第5期和第6期

孙钧院士从教 65 周年贺词

曾小清

尊敬的恩师：

在您从教 65 周年之际，作为您悉心培养的学生，向您致以衷心的祝贺和诚挚的问候！

您是我国著名的工程力学家、隧道与地下结构工程专家，并长期从事高校的地下建筑工程专业教学，现如今已经桃李满天下。作为您的学生，我一直在您的教诲下不断成长，从事轨道交通方面的研究，并始终如一地遵循孙钧院士的教导。如今，我在交通运输工程学院成立了曾小清教授课题组，以及交通信息控制联合实验中心，为相关的研究奠定了坚实的基础。同时，把之前孙钧院士课题组优良的传统习惯传承下来并发扬光大。如今课题已培养研究生近 30 名，在读博士研究生 6 名，硕士研究生 7 名。我谨遵孙钧院士的培养模式，希望在轨道交通开辟另一片天空。

作为您的学生，我不仅为您为国家科研事业作出的突出贡献感到自豪，而且为您的敬业精神感到敬畏。几十年如一日地潜心钻研，开拓创新，积极投身于我国的科技与教育事业。现在我时时感念的是您的谆谆教诲和温暖的微笑，给予了我莫大的鼓舞。先生率真正直的性格，不拘小节，宽以待人，热心豁达，堪称吾辈之楷模。

曾小清教授课题组与国内外高校企业共建"交通信息控制联合实验中心"(jtkz. tongji. edu. cn)，目前的研究方向主要在轨道交通和道路交通领域，围绕交通信息工程及控制学科，以数学力学、计算机、土木环境、自律分散系统 ADS 理论为基础，进行轨道交通安全安防、交通信号控制、调度管理、公共交通等方面的研究。

同时，自 2012 年开始兼任上海市创造学会(scsish. cn)副会长兼秘书长，活跃于国际合作与交流工作，联合国内外学术资源，依靠同济大学全方位支持，孕育并创办了"智能交通智慧城市国际会议"(itasc2015. tongji. edu. cn)，为人才培养与科学研究搭建交流平台。

师恩难忘，难忘恩师。忘不了那手把手的教诲，忘不了那耳提面命的训导，忘不了那慈父般的关爱。是您把我引进了科研的大门，是您教会了我安身立命的技能。

师恩如山，因山高巍巍，使人崇敬；师恩似海，因大海浩瀚，无法度量。岁月无痕，只有师生友谊长存；人间冷暖，唯有师生情谊永恒。弟子不管身在何方，处在何时，这种恩情，终生不忘。

我谨代表课题组全体师生共同祝愿：恩师身体健康，福如东海！

您的学生：曾小清

2015 年 12 月 27 日

孙钧先生与我的人生发展

——贺孙钧先生九十华诞

邓　艳，张　申

谨以此文庆贺孙钧先生九十华诞。

　　我满怀虔诚与感恩，回忆与孙钧先生相识与相处的点滴，感念先生博大精深的学识造诣与为人处世的智慧带给我的启迪和关爱。值孙先生九十华诞到来之际，敬写下此小文，祝贺先生迎来他的九十华诞，祝福先生和师母松鹤延年，福如东海，寿比南山！

1　孙钧先生是我事业上的启迪者

　　十年前，在傅德明秘书长的引荐下，我以时任《轨道交通》杂志记者的身份参加了孙钧先生八十华诞的"孙钧讲座"及祝寿晚宴。这是我第一次见到先生，我在这个圈子里是一个完全的新人。孙先生在八十华诞活动中精神矍铄，儒雅博学，对所到来宾表达了他的欢迎与感谢，并尽可能地照顾到每一位来宾，也包括我这个不起眼的女青年。孙先生桃李满天下，许多来宾送来了祝福与贺礼，现场高朋满座，气氛热烈的情景至今历历在目。我经先生研究助手胡向东教授的引介，有幸对孙先生进行了一场基于先生八十华诞背景下的专访，并以杂志封面专题报道的高规格论述了孙先生的满腹经纶和他对轨道交通行业发展的重要观点。[在此附上我十年前专访孙钧先生的一篇约谈录文章（见文后附件）]。

　　孙钧先生的事业格局和他所率团队从事领域的成就，打开了我在轨道交通领域认知上的大门。在随后的五年，我从孙先生及先生的学生那里，进入了轨道交通行业的世界，并在之后的一段时间内陆续采访了上海城建时任董事长朱家祥、时任总工程师白云、上海隧道院俞加康大师、申通地铁时任总裁朱沪生、同济大学时任副校长杨东援、隧道股份时任总工程师杨国祥，后来还有全国各地地铁业主的一把手和部分城市分管轨道交通的副市长，建设部时任副部长黄卫、铁道部总工

程师何华武及时任运输局局长张曙光、庞巴迪全球副总裁张剑炜等一大批轨道交通行业的权威精英、领导和重要参与者，从而全面打开了我对轨道交通的视野，并奠定了我在这一领域的事业根基。我所主持的"约见轨道界"人物专访栏目，在随后的几年里迅速成长为轨道交通行业的一面舆论风向标。

　　十年一瞬间，孙钧先生的八十华诞是我在轨道交通行业开展工作的正式起点。我在此后的五年中，完成了将一本初创期刊在业界做出一定影响力的使命，同时完成了包括刊物、论坛、排行榜评选及展览会等行业大型综合性平台的打造。这对于我的事业确是一份巨大的深化与发展。我深深浸润于孙钧先生及轨道交通业界精英带给我的一个充满了知识、智慧与使命的正能量的轨道交通世界。在轨道界我结识了数不尽的高层友朋，从不经意的谈笑风生间，我用了五年时间完成了一个大学毕业生到媒体乃至产业服务运营者的大幅度升华与蜕变，我的视野和格局发生了巨大的成长和改变！是轨道交通行业哺育了我，孙钧先生的学术圈子更是我起航时的力量源泉。我虽不是先生土木工程专业里的一名学生，但先生的学识和视野带给我滋养和温暖，先生的为人带给我莫大启迪，长期影响着我的世界观和人生观，成为我日后事业和生活航行中一座导航的灯塔。

　　与先生相识五年后，我创办了今天的闻鼎公司，取意将产业新闻做到鼎盛，致力于在产业媒体会展界打

造中国乃至国际的一流品牌,在我国从大国走向强国的进程中,实现科技信息服务产业的"中国梦",向往在未来能成长为一个了不起的女性科技信息企业家。

闻鼎成立后,我所主导发起和举办的历届"IBTC国际桥梁与隧道大会",孙钧先生都是大会荣誉主席,从首届至今的五年来,先生持续以他对国家重大工程的建设理念、关键技术、科学理论和工程运营安全的深切关注,为大会受众带来了令人深思的新观点与宏观趋势分析,几乎每年他都会为大会做精心的报告准备。至今,IBTC桥隧大会每届大会都有500~800人参与,探讨的内容广受业界欢迎,影响深远。孙钧先生的治学精神始终深深影响着大会的组织工作思路和核心精髓的发展。闻鼎公司在基础设施建设领域和先进制造业领域双双打造了一批类似于IBTC桥隧大会的产业信息与交流平台。我们走在以科技信息平台服务产业的大路上,目标越来越近、越来越清晰,感恩先生的启迪与一路勉励,像灯塔一样指引我们奋勇、踏实地前进又前进!

2 孙钧先生是我人生重大时刻的祝福者与见证者

感恩孙钧先生在事业上带给我的关怀与指引之外,2012年初,我向先生报告了我即将结婚的好消息。先生欣然接受了我的邀请,高兴地同意作为证婚人参加我的婚礼。2012年6月2日,是我与我爱人张申举办婚礼的大喜日子,当天风和日丽,阳光明媚,在大宁潮府的草坪婚礼现场,在我俩人生中如此重要的时刻,孙先生作为我们尊贵的证婚人,以他的人生阅历和婚姻价值观做底,将他眼中的我与张申的爱情故事和他对我们的新婚祝福,向到场的180余位亲朋好友表达了对我俩今后人生与幸福未来的美好祝愿。他的祝福之语赢得了在座嘉宾经久不息的热烈掌声,并深深感动了我和我的爱人张申。孙先生与师母的赏光出席以及他与师母当年钻石婚姻的典范,于我们的婚礼本身就是一份最难得的美好祝福。先生和师母还馈赠给我俩美好的结婚礼品,我们珍藏至今。

婚姻是我俩成年后崭新生活的美好开端。我俩是如此幸运,如此感恩,有孙先生见证、祝福我们的婚礼

和婚姻,无论未来的婚姻生活有多少起伏,不时闹点别扭,抑或平淡无奇,我俩都会始终心存对幸福婚姻的向往与坚定不移的信念,让岁月静好永远沉淀我俩的婚姻内涵。

2014年10月26日,我与张申的爱情结晶张汉培(小龙龙)出生了。三个月后,我们为小龙龙举办了百天宴。孙钧先生再次莅场祝福,见证了我俩向亲朋好友们告知这一幸福和喜悦的时刻。我们邀请孙先生上台,先生又一次讲了他的殷切祝福:"切盼龙龙小宝宝将来一定能成长为国家的栋梁之材,并希望在小宝宝长大成材的时代里,我们祖国能够最终实现祖国的统一大业。"孙先生勉励我俩作为父母,要十分注重培养孩子的高尚人品,一定要上心将孩子培养成国家的栋梁之材。孙先生说他本人小时候受他父母的言传身教影响终生,勉励我俩也要言传身教,做优秀的父母。这些勉励和鞭策真让我终生难忘啊!

我因自小志存高远,在有了宝宝后的时光里,更是将家国情怀和培育国家栋梁之材的使命,融入到对小宝宝的成长希冀中和深深的疼爱中。孙先生的话,我有深深的共鸣,我俩要将对孩子的小爱升华,上升到将其培养成国家栋梁之材的大爱。胸怀国家民族大义与时代发展使命,是我们这代人义不容辞的责任。当下,多少家长教育孩子,都比较注重孩子能力和兴趣的培养,可是,对家国情怀和国家栋梁之材的培养使命,我俩更感责无旁贷。

孙钧先生给予我们的鼓励与启迪,不仅限于一位前辈科学家对我们所做的基础设施行业服务的教导,更是对我们及后辈的社会人生的一份殷切期望呀!在我俩人生的几个重大时刻,先生都是见证者和祝福者。于我而言,先生是我没有血缘关系的一位亲人,更是我与家人在生活思想上的一盏指路明灯,深深感恩孙老先生!

3 与孙钧先生及师母共处的美好时光

在过去的十年里,我因上述工作与生活的经历,每年总会有那么几次来到孙先生的家里,或者陪先生与师母一起参加些活动,偶尔还会陪先生与师母一起在

活动地的景点游玩。

有一次，与孙先生和师母一起到无锡市灵山大佛游玩。在灵山大佛的莲花水池前，孙先生拽着师母的衣服，想慢慢地走，也怕她一人走路不安全。师母想走快一点，不想让孙先生拽她的衣服，嗔怪道："你不要老拽着我，你把我的衣服都拽破了。不要拽，不要拽我。"边说边往前快走。孙先生说："哪里会拽破衣服？怎么会拽破嘛！你这个人，衣服怎么可能一拽就破了呢！"两位八十多岁的老人家，也无异于我们年轻人的婚姻生活，为着一点不算事的事儿闹点"小架"。我们跟在后面，会心地微笑着，都钻石婚姻了，也会有时有点别扭啊！我们进入灵山大佛寺内后，大家戴上耳机听导游讲大佛与佛法精神，先生戴着耳机，仔细听着专门录制好的导游介绍，对听到的内容总是习惯性地作些思考，一如他对自己的专业——隧道与地下空间方面任何一件新的东西要学习、思考与分析一样，全然忘了刚才与师母的小争执了。

在无锡，这天陪着先生和师母，还有先生的小儿子一起，畅游蠡园。仲春时节的蠡园美极了，移步换景，途中，先生对每个景点一动一静之际的点评都十分到位，充满了他对美景的观察。先生对蠡园的一些历史典故作的点评，能让我们感受到一种厚重的历史积淀与趣味。孙先生年龄大了，几近九十的老人家，我们读

园赏景，边走边停，晌午时分，我与孙先生一家一起在蠡园面朝暖阳，品茶，用小食，那种静谧和惬意，让人感到生命如此的有滋有味。与先生同在的时光总是那么美好和令人怀念！

孙钧先生是我国工程技术科学界国之瑰宝，更是社会的宝，也是我们这些与他相处并受过他的指点和为人修养滋润过的晚辈的宝。我鲜少称呼先生为孙钧院士，更多的时候乐以称呼他为"孙先生"。"先生"之词，在我心里的含义，更多的是指非常值得尊敬和爱戴的"大家"。就像大学之所以为"大学"，不是因为有大楼，而是因为有诸多"大家"。孙先生，是我们科学界的"大家"，也是我心中的"大家"。

孙钧先生的学识和为人，给予了我们后辈深厚的滋养，先生的精神是我们前进道路上的指明灯。值此孙钧先生九十华诞到来之际，我们的心情是孙辈给敬爱的爷爷祝寿的心情，我们怀着作为晚辈的一颗顽心与全心全意的美好祝福，写下此文作为庆贺和纪念。祝福先生福如东海长流水，寿比南山不老松！室有芝兰寿自韵，人如松柏岁长新！

愿孙钧先生和师母阖府幸福安康！福寿延年！

邓　艳携爱人张　申及儿子张汉培(小龙龙)

2016 年 3 月 27 日于上海嘉茵苑

附件：深度剖析中国轨道交通的设计与施工*

——访中国科学院院士孙钧先生

邓　艳

2006 年 11 月

在我国工程科学界有一位著名人物，他在国内外隧道与地下工程学界和技术界都声名赫赫，他以学术和技术上的深厚造诣，为我国岩土力学与工程建设，特别是隧道及地下工程事业作出了卓越的贡献，他就是中国科学院资深院士孙钧先生。

先生于 1991 年选任中国科学院院士，特许注册土木工程师(岩土)，享受首批国务院特殊津贴。先生以

其在岩土力学与工程界的声望成为我国土木工程建设领域深受业界崇敬和爱戴的高级技术专家。在众多褶褶生辉的学术兼职中，先生在轨道交通方面担任着上海市城市建设与交通委员会和上海市地下铁道与越江隧道工程等国家重大工程建设的科技委资深委员和技术专家，以及中国铁路、交通建设集团、上海市城建集团等企事业单位的高级技术顾问，先生以其厚硕的学

---

* 注：此文稿是十年前的一份访谈实录，目前许多情况已有了很大程度的完善和改观。

识和许多精辟、独到的见解为我国轨道交通的发展建言献策。

今天值先生八十华诞庆典之际,本刊记者有幸以"轨道交通"为主题采访到了先生。虽然先生丰硕的研究成就用在轨道交通方面的仅仅是其中的一小部分,但先生的思考却对轨道交通行业的发展有着不凡的意义。

基于希望原汁原味地把先生敏捷的言谈和独到的思考反映给读者,笔者将破例采用第一人称笔法,即以先生自己的口吻来写作下面的文章。敬请细品先生的真知灼见为我国轨道交通和城市地下空间开发与利用的规划与设计所带来的启迪和助益吧!

1 轨道交通在缓解城市客流方面贡献卓著

近些年,城市交通拥堵已取代住房问题而占据"城市病"中的第一位。而城市拥堵不是仅靠多建几条环线就能解决的问题。从根本上讲,城市拥堵问题必须靠发展卫星城市来解决,即减少中央城区的人口,这是最为基本的策略。国外在这方面从某种程度上为我们提供了借鉴。比如,在发达国家的一些大城市,人们每天在市区工作,而在郊区住宿,上班时把私家车开到城郊结合部,结合部都有大量的停车场,然后换上地铁去上班;而到了节假日,城区里几乎没有什么人。这种情况很可能也会成为我国今后大城市的一种发展模式。尽管从目前房价上扬方面看,现在国内的城市居民还是喜欢住在繁华的市中心而不是去郊区,这是有其历史和现实原因的,看来一时还不会有大的改观。

在目前情况下,我认为要解决"城市病",首要解决的就是交通拥堵问题,特别是解决高峰时段的大客流问题。要解决客流问题,地铁应该成为最主要的出行方式,虽然公交车也是解决客流的一个方面,但公交车容量小,而且也同样容易出现拥堵。而私家车多了就更会因为道路拥堵而使其功能大打折扣,还不如选择出租车。

在这方面,日本发达的地下交通为解决城市客流提供了很好的借鉴。记得我有次去大阪,到的时间是下午五点多,正是下班的时候,街上全是小车,却看不到什么人,汽车畅行不堵,他们的人都到哪里去了呢?

原来全到地下去了。我经常去日本,发现人们在上下班的时候,基本上不用进出办公楼,而是通过电梯直接下到大楼地下室,出地下室以后没有走几步就直接到地铁车站了。地下车站旁边开发的地下商场内却十分热闹,简直成了商业中心。老百姓所需要的日用品一应俱全,很多日本人下班后买点熟菜带回家直接当晚饭。我甚至在这里看到有浴室,有的人直接去地下浴室冲个凉洗干净再回去,尽管他家里也有浴室,但是他们喜欢并习惯了在地下空间里悠闲地过日常生活的节奏。而地下车站旁的小吃店、茶室和小商品店、专卖店等就更是琳琅满目,比比皆是,而且价格便宜,这里通风舒畅,毫无抑郁感。地下空间得到了极大程度的利用。无论是大阪、东京还是横滨,都是这样。

虽说在国外,人口100万以上的城市已可以考虑兴建地铁,而实际上我国各省100万人以上的城市太多太多,却并不一定都能建地铁。比如一个省会城市,虽然各个硬件条件也都符合规定,但国家对地铁建设的宏观调控使其一时还难以立项。而如日本的名古屋,虽然是个人口并不太多的城市,却有着很好的地下城网规划,东京、大阪的城网规划就更完备了,而西欧的巴黎、伦敦就都不用说了。这些都为从根本上疏解地面客流、减少交通拥堵起到了巨大作用。

关于轨道交通客流量问题,这里有两个数据可以参考:(1)北京地铁线路仅占北京整个地面交通线路的1%,却承担了北京公交客运量的11.1%;(2)上海地铁1号线长度不到公交线网的0.5%,却也承担了5%左右的公交客运量。可以说,用轨道交通疏解地面客流的好处是非常多的,它是一项造福当代、恩泽后世的社会大业。上海市的轨道车辆也将从过去的四节车改为六节车,不久后还要换成最长八节车,它在疏解城市客流量方面正在发挥着自己越来越重要的作用。

2 城市地下空间要尽量做到浅埋及连通搞活至关重要

关于以轨道交通为主干的城市地下空间开发与利用,我的观点是地下空间要做得越浅越好。但是目前国内尤其是上海的情况却已不大允许搞浅埋,因为我们的城市高楼群已经发展得非常密集,地下铁道网也总是越做越深而不能平面交叉,地下管线又很多,立交、高架桥桩和房屋桩基础都要避让,太浅了也不行。日本和西欧国家在建设地铁时城市建筑的密度还没有过大,地下空间开发有些甚至只需要采用大开挖即可,大开挖具有开挖速度快和工作面大的优势,而我们现在地下空间开发却只能采用盾构(或打眼爆破)掘进,用盾构暗挖就没办法挖得太浅。这确是一个矛盾。

但地下空间毕竟不能挖得太深,那样会极不方便市民上下进出。20 世纪 80 年代初,我曾为某市地铁项目做过研究,当时该市地铁地下开挖的深度竟然预计要用 5 部自动扶梯上下,而且因为缺少资金,有的小站还没有自动扶梯。他们这样做的理由据说有两个,一个是为战备预留作人防用途;另外认为深处的岩石质地好。前者我不便评价,但后者却不可以成为理由,因为这样的大深度将为老百姓的日常出行带来极大的不便,地铁建设是几代人的事业,软弱的岩土虽然施工困难些,但可以通过努力和适当加大投入去解决。后来,该市主管同意我提出的一下子把地铁埋深上抬 15 m 的方案,施工中也顺利通过了。小平同志的"长痛(日后使用不便)不如短痛(施工较困难费事)"的道理同样应该成为地铁规划设计的重要原则。现在国内地铁开挖最深的城市是哈尔滨,它走的是莫斯科建地铁的老路子,而伦敦、日本和新加坡的地铁埋深都非常之浅,基本上是紧贴着地面以下走。

另外,地铁车站建设要与市内主要大楼尽可能联网。从规划设计上讲,地铁车站不但要自成网络,也要与市内主要的一些大楼相联网,谓之"连通搞活",使得大楼里的人们可以不通过地面就直接下到地下乘坐地铁。目前上海 13 条线路已基本成网,同铁路南站、铁路虹桥枢纽新客站的连接也还可以,但与大楼地下室间的连通还未有考虑,这只能留待以后了。

此外,地铁建设还应该考虑与人防建设结合起来,这样有利于战时将区间隧道作为疏散干道,而地下车站容量更大,便于用以隐蔽更多人员。我以前做人防的时候做过调查,没有哪个国家在二次世界大战中利用过越江的水底隧道作为战时隐蔽人员的地下防空洞的,因为过江隧道万一被轰炸震动而开裂,涌水入洞会使里面的隐蔽人员变得非常危险。然而,几乎所有的欧洲国家都把地铁作为战时备用的防空地下洞室。地铁区间一则可以作为疏散干道,二则地下车站本身可以隐蔽大量人员,只要口部密闭起来,它的大空间所储存的空气量足够成千居民在密闭条件下安全生存几个小时,这将在一定程度上缓解危急情况下(如核颗粒造成大气污染等)的困境。我一直认为,地铁建设在总体规划上应该与人防工程密切结合起来,这个问题我呼吁了好多次。但如果结合起来,则设计时就要考虑结构承受轰炸荷载,如此一来地铁建设的预算成本就会有所增加,可能就得加大建设资金的投入,所以这也是一个难处。虽然现在地铁建设已经适当考虑到这方面的一些情况,比如预留防护门、密闭门的位置以及战时防核沾染的"三防"通风等,但在总体规划和布局构思上还没有结合得很好。总之,地铁的连通搞活应显得十分重要和必要。

3 我国轨道交通设计施工已取得诸多成就

这些年,我国在轨道交通设计施工方面取得了很多成就,我认为在技术上可圈可点的地方主要反映在如下方面。

第一,浅埋暗挖大跨地下空间技术取得了重要突破。早些年,北京对大跨度地铁车站(如西单车站等)都采用了浅埋暗挖的矿山法施工,这项施工技术和工艺的成熟是一个很大的成就。这种技术国外还没有,它不靠盾构,也不是使用连续墙支护、再明挖大基坑,而是在全地下用矿山钻爆法直接暗挖。这项工程最先由中铁十六局成功实施,被评为国家一等奖。

第二,双圆盾构(DOT)在上海引进后应用。它推动了侧式站台的发展。虽然双圆盾构早在 20 世纪 80 年代已在日本出现,但上海直到最近建设地铁 8 号线时才开始使用它。8 号线连续有三个区间采用了双圆盾构。之后,6 号线也采用成功,效果不错。双圆盾构不仅体现了盾构技术上的进步,它更重要的价值在于可以把线路置于其两侧车站的中间,而将站台(侧式)改放在线路左右两边。过去上海地铁 1 号线、2 号线采用的都是中央岛式站台,用两个盾构分别开挖上行线和下行线,由于两个盾构间是要有距离的,所以就形成了中央式大站台。当时我就感到地铁站台不能千篇一律、形式单一,最好能有侧式站台。双圆盾构解决了这一问题,即上下行线路放在中间,从而形成侧式站台。由于马路两边有大楼桩基,利用中间马路下面建地铁区间就很好,马路中间没有房屋基础,在浅埋管线下面走,避开了马路边上的高楼桩基。侧式站台可以适应客流量较小的车站,客流量大的大站当然还是用岛式站台。侧式站台尽管有它的不足,但双圆盾构的使用使侧式站台成为地铁车站站台形式规划上可供选择的另一新类型,这对上海和全国都很有必要。如今,进步还在继续,上海准备还要开发三圆盾构,即中间一个大盾构做车站,两边两个小盾构做区间,但它的采用还要待些时日了。

第三,上下近距离交叠隧道和大楼桩基托换与切桩技术走向成熟。上海地铁4号线(环线)从浦东到浦西,经过南浦大桥站的区间是上下交叠的,从浦东南路站出去的时候两个盾构还是平行的,但到了南浦大桥站的时候由于要避开高架桥桩而经扭转变向,最后成为上下交叠的了,像一根油条一样。这种方法在上海第一次试验成功。至于上下正交穿越的隧道则很早就有了,而上下斜交隧道也已有实例,它们分别如:上海地铁1号线与2号线在南京路下面上下相互正交,以及大连路隧道与地铁上、下间相互斜交过江,这些技术水平都比较高。交叠隧道从广义上讲是指包括呈十字正交、斜交以及上、下近距离交叠隧道,这些在上海都已是具备了的成熟技术,我认为这也是非常大的成就之一。而日本则进一步换用了呈8字形的葫芦状盾构(上、下间只有一块隔板),自然就更完美了,我们目前还没有。此外,大楼的桩基托换和切桩技术,在上海、深圳都已有成功的案例,尤其是在深圳,技术已经非常成熟,中铁隧道局和中建八局曾在深圳分别进行过高水平的大楼桩基托换和切桩,以备盾构顺利通过。

第四,上海成功规划并建成了多处大型地下换乘枢纽。如今上海连续建成了好几个大型地下换乘枢纽,最初是上海体育场,它是通过把已经造好的地铁车站再改造来实现换乘。而现在不一样了,如徐家汇、人民广场和世纪大道站的地下换乘等,早在规划阶段就开始综合考虑换乘枢纽的建设。这些都是很复杂的技术,要采用很多新的掘进、开挖工艺。多线换乘地下车站设计施工的技术复杂多变,这里就不再展开讲述了。

第五,地下掘进的上方地面和周边附近的环境维护问题。盾构上方地表在市区内的路面隆、沉量要求控制在"正一负三"尺度以内,即盾构在市区掘进的时候,对环境土工的维护有一个"正一负三"的标准:"正一"指地表隆起量不能超过1 cm;"负三"则指地表沉降量不能超过3 cm。这个标准过去都是不可能达到的,现在却已不在话下了。因为地下浅部有很多管线,马路两边也有好多需被保护的历史建(构)筑物,如上海有几百处要保护的历史建筑物,像党的"一大"会址等。所以,市区环境土工维护是轨道交通建设中非常重要的问题。80年代漕河泾站开挖时采用的还是半机械化敞开式的老盾构设备,地面沉降做下来竟然有十几公分!如今,地表沉降都能保证在三公分甚至一公分以内,据刘建航院士讲,有些地方即使一公分沉降也不允许。地表隆、沉问题从前是一个主要的环境维护课题,但如今因为土压平衡盾构技术的进步,隧道公司已经完全不再为这个担心了。

第六,地铁站台屏蔽门的安装和自动售检票系统的完善。国内地铁最早安装屏蔽门的是广州,屏蔽门的安装就是为了乘客的安全(当然还起节能的作用),国外轨道交通较为发达的城市如纽约、伦敦、巴黎也没有全部安装屏蔽门,中国香港也没有全部安装,而如今上海已在陆续安装屏蔽门。屏蔽门的安装更多意义上是"以人为本"、公共安全意识增强的体现。此外,自动售检票系统也为乘客提供了很多便利,无人售票的实现也是一项标志性的进步。

4 几大重要问题亟待探讨和研究解决

第一,面对地铁车站和区间越建越深的问题,如何从结构选型和施工方案上及早做好打算。今后地铁区间和车站都是越挖越深,看来很快就要超过地下深埋30 m。区间的施工方法是用盾构,一般倒无所谓太深,但车站用连续墙开挖却不能太深。地铁线路建得越来越多,市区内成网后超深方面的技术难度也在不断增大。刘建航学长也忧心忡忡于这个问题。车站越挖越深,然而现在都还是老一套的做法:用连续墙施作对撑,然后分步、分层逐次开挖。这方面自己有些想法,还不成熟,这里就不说了。

第二,地下做多线换乘枢纽,可能会诱发地层局部失稳问题。这个问题并非一般的变形控制，如果局部地块被基本掏空，会不会由于支护不能及时跟上而在局部地块内地层失稳而出现地陷事故？这是一个非常严重的问题。我前段时间在洛阳中铁隧道局召开的科技年会上作报告时，首次谈到了这个问题，他们听后都吓了一大跳！如果把上海软土地层做个形象的比喻，可以比作一块蛋糕，上面有一个硬壳层，相当于蛋糕的奶油，硬壳层下面全是软的。现在深大基坑挖得还比较少，只是出现变形。而今后当地下空间土体大范围被掏空以后，在不作预支护的情况下会不会出现土层局部失稳？我校卢耀如院士也担心这个问题，并为此打过报告。我前些日子已专门写了一篇文章，希望呼吁一下这个问题，以引起业界关注。

第三，在市区的环境土工维护方面还要做很多工作。目前一般情况下，如上所述，可以得到解决，但是特殊情况还有很多。软土有滞后性流变，开挖的当时不一定会马上出现问题，但变形一时不会收敛而将历时不断积累，逐渐增大到不容许的地步。所以要加紧研究三阶段注浆工艺，即预注浆、同步注浆和工后注浆以及小扰动注浆的新材料和新工艺。注浆费用很高，但在某些特殊情况下，它又是十分必须的。

第四，异形盾构的研究有待加强。上面讲到的上下交叠隧道，在日本用葫芦型盾构就能更好地解决。其他如大宽度矩形盾构的开发也提到日程上来了，上下行线能合在一处行进，自然会更好。

第五，车辆、设备的国产化步伐要加快。现在全国轨道交通的车辆及设备的"万国牌"现象比较严重，有的是法国来的，德国来的，有的又是日本来的，哪个便宜买哪个，最终成了"万国牌"。这样不仅耗费外汇，而且如果需要更换配件或技术更新，主动权就卡在别人手里，必须把"万国牌"现象逐渐扭转过来。"万国牌"问题迄今还没有解决好，要建地铁的城市又日益增多，这是个很严重的问题，国人要努力自强呀！

第六，在高架站台候车时的空调冷暖设备现在还根本没有。我们的地面车站现在都是两头敞开的，这个问题需要逐步得到较好的解决。尽管很多时候短暂候车就只有几分钟，觉得也无所谓，但是在大暑天和酷寒冬夜，老人、病残者、年幼体弱者和西方人，上下车就觉得不适应。这里"以人为本"的理念应该得到很好的体现。站内有些华而不实的装饰，我意倒不要多花这个钱，要把有限的投入放到做实事上面。

在访谈过程中，深深感慨于先生对轨道交通的热爱情感和他博大精深的厚重学识及对轨道交通设计与施工问题的深邃洞察力。正是因为有先生这样的一批专家学者对该领域各种问题的研究，才使得我国轨道交通事业有了今天的飞速发展。云山苍苍，江水泱泱，祝先生之风，山高水长！

现在成文10年后再回过头来看，以上许多说到的只是些已过时的老话了。但从这里回顾一下上海和我国地铁曾经走过的技术发展之路，可能感慨中带给人们更多的是一份：今天已截然是"鸟枪换炮了呀"的喜悦。——作者2016年3月为此次贺文而将上文重阅一遍，并在文字上有酌量改动。

老有所为的开拓者

——贺大哥孙钧九秩生日并忆旧

孙　铨

1　爱国心萌动的青少年

大哥七八岁时就很用功,但大胆淘气。从床上蹦到方桌上,又爬到高竖着的太师椅椅背上,有时还贴着墙,高高的像十字架似的站着,大人们屡叫不应。有一次摔了下来,摔得很重呀,左上肢都脱臼了,后来就不能再玩这个了。真是太顽皮爱嬉闹也不成啊!

大哥在省上中(原江苏省立上海中学,今上海市上海中学,那是呱呱叫的名校啊)上初二时还懂得了玩"创新"。他喜爱踢球,从小就在里弄中与一群小伙伴踢橡皮球玩,不只妨碍行人,还踢碎过邻舍的玻璃窗。他用粉笔把客堂地板划一成二,把我们几个小弟妹编成了两队,瓶盖权当小足球,踢得很起劲,虽不足仿效,动脑精神倒也可贵。

他在上海交大读书时,数百里外的淮海平原已经战乱迭起、喊杀冲天。乐天派的大哥,本来回家就爱唱京剧、哼个歌什么的,但这时放学回家,唱的内容变了,声音也压低了,轻声而兴奋地告诉全家"陈毅大军就要渡江了……"! 1948年吧,他冒险把交大学生自治会油印的革命传单借秋游之名上火车送到杭州浙大,为此还受到反动当局传讯。真是"为有牺牲多壮志,敢把日月换青天"呀!

2　从雏凤到雄鹰

我1955年也从上海交大毕业,服从分配到了北京。此后和大哥见面的机会少多了,也就是出差或南归探亲时,小聚几日。他事业上和学术上的辉煌在先后两本《盛世岁月》和《耄耋驻春》纪念文集中都有比较详实的记载,我这里仅凭追忆与他共聚时闲聊或通信中所知的一些星星点点,做些片面的忆旧吧。

他大学毕业后,主要精力和时间都投在了桥梁设计理论的教学和研究上,还担任前苏联专家的俄语技术口译,培养包括他自己在内的副博士(国家后来行文说,这相当于西方和我国的博士)研究生。他以前练就的英语和俄语、几门工程力学、高等数学等基本功,使他做学问游刃有余。

更为生疏而又精彩的工作展现在大哥面前——学校要求他改行搞"岩石力学"。由于岩土材料的随机性、离散性和其他许多难点,大哥说即使穷一生的精力和时间都难以真正搞清楚。既需要对世界权威学习继承,更要长期潜心而艰苦地做新技术的探索者。他不忘恩师李国豪长辈的教导,抓紧每一个机遇刻苦学习。54岁以高访学者(已经是正教授了)身份访美深造,自己后来以"博士后"资格培养了一大批的硕士、博士和外校进修教师。远在"文革"时期,他被下放到安徽农村,命乖运蹇,白天劳动,晚上对着孤灯,专注地啃读法国学者塔罗勃的一本英文译作:《岩石力学基础》,作为起蒙教材。年近半百,还保持着这种治学精神和毅力,实在令人感动和折服。

接着,地下防核爆工程、水力发电地下厂房工程、人防样板工程等,择其大者,则尤其是:长江三峡工程,厦门翔安国家首座海底隧道、崇明隧桥和珠江、钱江、长江等许多越江跨海大桥与水下隧道工程,南水北调工程,港珠澳大桥岛隧工程,以及泥石流滑坡与地震、地质灾害的工程整治等,许多国家重大、重点项目的工地现场都不时看到这位岩土力学与工程专家到处忙碌的身影。他在生产第一线与工程师们一起出谋划策,提出自己的新点子。钱塘大堤上,万人摩肩接踵,欢呼雀跃,争看汹涌江潮的起落,而江底深处的幽暗隧洞里,我嫂子搀扶着已近90高龄的大哥,艰难地一步一趋,摸黑探路,有时后面还缓缓跟着一两位白衣大夫，可能还有急救包吧。人们噙着感动的泪花，关切着走在前面这两位为祖国建设不辞辛劳的垂垂老者！

这位年届九旬的老人就是我敬爱的大哥、中国科学院技术科学部资深院士、同济大学一级荣誉教授孙钧。他在国内外岩土力学理论和实践上的建树已经闻名遐迩，早年就已经是国际岩石力学学会的副主席暨中国国家小组主席，我国岩石力学与工程学会的第二任理事长和中国土木工程学会的副理事长。二十多年前吧，他入选英国剑桥传记中心世界名人录。去年初，还经颁授国际一流学会的"会士"（ISRM, 2015, FELLOW)荣誉称号和奖励证书、奖章。多年来，他在大量国家顶级"涉岩"工程(摘自国内外一些书刊报道)中挑起了技术专家委员会主任委员和首席专家、高级顾问等领军实战的重任。我大嫂季惠清，她比我哥小六岁，自己也有冠心病，作为一名退休医生，为照顾高龄大哥，总是长伴左右，助夫为国事奔波，也可见老伴间意深情笃，是我家弟妹们的楷模。

大哥自谦能不惜桑榆晚景，忘膝下之欢，不顾老之早至而勇挑攻坚之险，乃发自他内心对技术创新开拓的坚定信心和兴趣，而所带回的硕果反过来又愈益增添了更大的信心和兴趣，就这种良性循环，可以说是他数十年来坚持不懈、勤耕不辍最大的动力。

其实，大哥这种对个人几乎苛求的"兴趣"，归根结底还是源自他对伟大祖国的一份赤子之爱。他关心抗美援朝、抗美援越的伟大胜利，高兴国家每个五年计划的发展，欢呼"四人帮"的倒台……少有的片刻休息，还会拿起报纸，戴上老花镜，作为一名老足球迷，他对频频使国人失望的国足，盼能从些许报道中找出一丝希望的火苗。这种爱国爱民和热爱生活的潜意识，作为亲兄弟的我，从小便深有感知呢。

也正是这种爱，加上学生时代师长们的谆谆教导，同志们之间的相互激励与配合，大哥由娃娃时的懵懂大胆变成了善于深思熟虑和开拓进取。在黎明到来前国民党统治的最后时刻，他已成长为一名党外积极份子、热血青年。而参加工作后仍珍惜寸阴，奋力拼搏，忘我实践，从中壮年起直至今日耄耋之年，不断铸造新的辉煌。为了教学科研以及很多国家级工程方案的主持审定，为了去国外讲学和开展国际学术交流，更一次次地翱翔于万里云空，不知疲累。现在老了，但近年来

每年国内出差竟达三十七八次，2014年，88岁的人了，还创记录地达到了42次，其中，在天寒地冻的20天中一次外出就连续去到9个城市、5个工地。我们弟妹们常告诫他说，你把"老迈"两个字儿几乎给忘了吧。

年龄不饶人哪，他后背已经有些微驼了，耳朵要带助听器。无情的岁月呀！你折弯了老哥的腰板，我痛惜地望着老哥这几年矮缩很快的背影，但他终于从雏凤变成了一头雄鹰，倒真是可喜可贺啊！

3　一个重情义的人

我们这些弟妹们，幼时总是围着大哥坐方桌两侧，朗朗念书、做习题，每日夜深才息，雷打不动。后来大家全部考进了著名高校，并均以教授级相应的职称为国效力，大哥的领头羊作用是明显的。对我的胃病、食道炎、心脑血管病未乏垂询，年年资助。大哥是恪守孝道的，我在上海小住时，他告我说父母老了，抽空要早回家、多回家。他说自己几次出国，都好心骗我老妈说只是到北京开会，以减轻两位老人倚闾盼子归来的焦虑。80年代起老父母相继过世，临终前大哥一面多方联系找好医生，一面忙着安排远方赶来的弟妹和亲戚们的住处，强忍哀痛，组织大伙尽心尽孝。我佩服他遇事镇定自若，一丝不紊，这也许和他多次指挥大型工程有关吧。他把父母骨灰在故土苏州安灵设墓，花费完全由他一人负担。大姐的两个孩子都在国外定居，春节每每回不来，大哥把大姐、姐夫年年请到自家度岁，说："爹娘在世是归宁，爸妈没了回长兄家也一样是归宁呀。"我三妹只身在西安交大做教授，一生没有成家，也都是大哥逢年过节一定要把三妹叫去他家一起过年。他在给四妹的信中说："长兄如父啊！这是古训。谁叫我是大哥呢。"真是一位可爱可亲的大哥呀！

繁红开尽，落英缤纷。他崇敬、博学的李国豪老院士，年过90后年年只能在医院度岁了。大哥的这位恩师，走完了他为祖国奉献的一生，大哥悲恸不能自已。尽管李师母频频规劝大哥："你年纪也不轻了，打个电话问候就可以了，何烦劳步来医院探望呢。"大哥不仅重孝悌之理，也时常忆念不忘恩师教诲的深恩啊！

4　家人的片言寄语

大哥面前可能还有那永远无完无了的工作,不时的电话、短信、电邮和今天又新出来的微信等更会让他难以安眠入梦。面对九十高龄后的余年,大哥做了一些个人的宏观调整安排:"只能是工作与养生休息要两相兼顾了。"我想也对,一张一弛一定能胜过闲云野鹤,盼能实现,也不失长寿之道。大哥呀,国家、家庭和同济人都需要您呢!

夜深了,一颗发光的流星穿过浓浓夜色,很亮,如果亮得再长一些,该有多好呀!我想得很多:人的寿命龄期长,身子骨又硬朗,对有大作为的人就会贡献得越多。大哥,您的健康不单只属于您个人,应该把自己的身子珍护保养好,家人也都会高兴,而心态好则更是重中之重啊。记得从前国外有位已年届120岁的著名语言学家,他总是把自己看成是80岁,明年也只81岁。据老人家说,这样,"无可奈何花落去"的伤感就会顿然消失。哥啊,精神抖擞地与中青年们一起去迎接那更加绚丽璀璨的祖国明天吧,有心人会事竟成呢!

2016 年元月岁首

胞弟孙铨,20 岁上海交通大学机械工程高材生毕业,北京电机总厂教授级高工,电机制造专业知名专家,已退休家居。感谢他热忱为大哥我写稿,手足情深、血浓于水啊!

百年同济　谈一点我的人生感悟

——孙钧院士专访

董　晶，翁伟乐

韶华易度，岁月催人。儿提天真、青壮时光，荏苒俱成追忆，而转瞬老迈，却欣逢今朝璀璨绚烂的大好时代！既叹伤春华流逝，又为祖国的昌盛富强而深受鞭策与鼓舞。这次承章德之学长盛意邀约，想将我工作单位同济大学百年校庆前夕，校学生会对我的一篇访谈稿，作为我数十年来的一点人生感悟，寄给《级友通讯》，供请各位老学长指点、教正。感谢之至！

采访孙钧院士，早就是我们的一个愿望了。初次接触他，是看到他为百年同济题写的一首《念奴娇》："申江风烟，春光好，已是桃李满圆。继往儒林围士贤，哺育栋梁千万。五湖惊涛，九州霹雳，忆峥嵘岁月。治学严谨，勇攀科学峰巅。加鞭都为人民，揭环宇奥秘，河山添色。一百周年载校史，诵弦坎坷凉热。日月辉映，千秋功业，好把丰碑刻。'四化'有望，慷慨大业遍泽。"读诵了这首祝词，便被那工整的对仗和磅礴的学术气概给深深震住了，都有点不相信这竟是我校一位科学院院士写的，可见他在古文学方面的深厚造诣和素养。

那天拨通了孙先生的手机，对方和蔼的语态更让我想立刻见见这位老人。我说明了想采访他的原因，他一口应允了，让我们5月3号下午4点去他的办公室找他。我连声感谢他能在百忙之中答应会见我们，电话那边的他高兴地笑了，说不用这样客气，学生们想找他聊天，他是很乐意的。挂电话前，孙钧院士反复交代："我那幢楼是咖啡色偏红，现在正在装修，会比较乱。到207室来找我，三点钟先给我打个电话，如果和接待的客人谈完了，你们也可以早点过来。"我听后觉得异常温暖，孙先生考虑得真是周到。

3号下午，我们如约见到了孙钧院士。今年他已是八十高龄了，听他的助手说，今天算上我们，他已经接待了三批客人，中饭就啃了几片面包，一直没来得及休息。我听后，对这次的采访机会，看得更加珍惜了。

"孙钧院士，五一您也没空出去走走？"

"只有这些天长假，才能把人聚起来讨论一下做研究项目的事情，平时大家都忙，难得有时间凑在一起。"一边说着，孙先生把我们引进了会议室，搬开凳子招呼我们坐下。我拿出了录音笔。

"你们想跟我聊聊什么呢？"他一边客气地问我们，一边主动接过我的录音笔，放在了他的桌前。

"您在同济几十年了，早就过了离退休年纪，为什么还会继续奋斗在科研的第一线？是什么让您这样做的？"

孙钧院士笑笑，满目的慈祥，眼里微微闪放着光亮："因为我喜欢我的研究。"他啜了一口茶，缓缓咽下，继续说，"我在同济整整55个年头了，上海解放前夕从交大毕业，全国性院系调整后就一直在同济任教到今天。记得老校长李国豪先生早年曾经告诫过我们：'年轻人大学毕业后的三五年间，如果没有养成自学、钻研的良好习惯，我看他以后也就难了，手和脑都会犯懒，正是"少壮不努力、老大徒伤悲"了'。我一直铭记了李校长的教海，数十年如一日，不敢稍有懈怠啊！直到今天老了，谁也没有要求我这么做、那么做，但老牛不鞭自奋蹄，工作已成了我生活中不可或缺的部分，就像每天要吃饭睡觉一样。"

我们听后，不禁感慨心头，活到老，学到老，工作到老，或许这就是孙钧院士对自我的要求，他也正是这样一步一个脚印，踏踏实实地做着的。

"同学啊，我已经老迈了，但仍然在做着很多国家需要的研究项目，说实在，自己对科研有一种热爱的情感,这得益于'兴趣'两个字。人生的追求是多方面的,在市场经济下,一种认为'不是名就是利'的人生才是我们的奋斗目标,其实不是那样的,至少是不全面的。'兴趣'才是人生的最大动力,也是人生的一种自我追求,我正在天天享受着人生呢。现在有些学生对自己的专业不满意,老想着要转专业。但是我认为,不管学什么,只要钻进去,就会产生兴趣,有了兴趣就越是想钻研,而越钻研就越有兴趣……这样就形成了互动的良性循环,而成功也就在望了。所以想转告同学们,想要在自己的领域干出一番事业,培养钻研的兴趣则是十分重要的啊!"

我认真的在本子上记下了"兴趣"这两个字,感觉"兴趣"两个字的分量竟是如此的沉重而内涵又是那样实在!

"小的时候,父母跟我说:人要成功,三分天分,七分勤奋。父母没有给你很高的天分,不要紧。重头的七分还在后面,笨鸟先飞嘛。后来,当我也为人父的时候,我照样告诫我的儿女,人要成功,三分天分,七分勤奋,只要自己努力,就会得到成功。转眼又几十年过去了,到了我有孙辈的时候,我却不那么教育他们了。时代在变,成功的理念也在变化,如今,决不能光靠勤奋打天下了。"

我听后,好奇地问:"那您是怎样教育您的孙子辈的?"

孙钧院士感慨地说:"在同济的这55年,什么都经历过了,三反五反、大跃进、'文革'、改革开放,到现在的大好时代,都走过来了。回过头来看自己走过的路,发现成功哪里是只靠'勤奋'两字就能拥有的。一个人要成功,有三点是必不可少的,这就是'机遇、才干和环境,三要素'。"

"机遇、才干、环境?"看到我们困惑的表情,孙钧院士笑笑。"是啊,就是这三要素,缺一不可!一个人一生中总会有几次大的机遇,有的人多点,有的人少点,但是每个人总是有那么几次大的机遇的,就看你能不能把握住了。"

"机遇这么关键,可是怎么样才能握有主动权,抓住即使是一次好的机遇呢?"

"这就要看你的才干了,才干不等同于学好数理化,知识不过是才干的一个重要部分而远不是全部。我说的'才干'主要指如何做人、待人接物和为人处世这个整体,它包括做事的干练,人的品格和素质、修养、考虑和处理问题的思维方式等,不一而足。这些都是完善一个人必不可少的元素啊。我奉劝在校的大学生,不要只醉心于死读书、读死书,课余活动、社团等还得尽多参加,该玩的时候也还是要放下心去玩。这一切都是在培养自己的才干呀!"

"我明白了,这点大概就是指一个人的综合素质了,也就是说一个人要做到全面发展。"

孙钧院士听后,呵呵地笑了:"对呀,就是指的这个。大学四年光阴是很宝贵的啊,一定要抓住机会多多的锻炼自己,不断增长才干。"

我连连点头:"那您说的环境呢?"

"环境指的是你身边的小环境,比如一个寝室的同学对你的影响,大家是不是上进、团结、和谐,又比如一个班的班风和学风好不好,也会对你的将来产生很大影响。等以后工作了,工作环境好坏就更是这样。古时候不就有'孟母三迁'的故事吗?说的就是这个道理。所以,要向往成功的人生,学会抓住机遇,锻炼、培养和增长才干,努力创造良好的学习、工作环境,这三者是最最重要的,是缺一不可的呀。"孙钧院士语重心长地再三重复着他刚才说着的话。

我们听后,如沐春风,如浴甘露!

"从1952年到现在,可以说,我的青春岁月、中壮年和老年生涯都是在同济度过的,我对同济有着深厚的感情,在这块宝地上生活、工作了半个世纪,也让我悟出了一些人生哲理。今天,就借机会谈谈,希望各位在同济的四年能让自己的人生之路开个好头。"

结束了谈话,孙钧院士送我们出了门,临别还说:"谢谢同学们,还想着我这个老老师呢。"我急忙说:"该谢谢您才是,给我们上了一堂这么深刻的课,真是受益匪浅。"

孙钧院士看着我们下电梯,在走回寝室的路上,他的话语还一直在我的脑子里回荡,甚至舍不得回过神来。院士育人的风采,今天亲临了,也如此真实而深刻地感受了,他深深地打动着我们稚嫩的心扉!

城市地下空间开发利用的环境岩土问题及其防治

——《上海国土资源》期刊专题访谈孙钧院士

编者按: 2011年10月8日上午,中国科学院院士、同济大学土木工程学院孙钧教授在寓所接受了本刊主编、上海市地质调查研究院总工程师严学新教授与本刊编辑部主任、上海市地质调查研究院总工程师办公室副主任龚士良教授代表《上海国土资源》期刊的专题访谈。

　　孙钧院士结合轨交地铁和越江隧道建设等城市地下空间开发利用中的热点问题,阐述了施工中城市环境岩土公害及其防治对策。针对地下工程施工对周边土体扰动导致土工力学参数变异以及产生的地面变形位移,介绍了采用人工智能神经网络方法进行预测和控制的技术现状及其工程应用实绩,指出了盾构掘进与地铁车站深大基坑开挖等城市地下空间开发过程中的土工环境安全维护对策与技术途径。孙钧院士还就完善城市地下空间安全运营和使用中的防灾风险管理,面向低碳经济的城市地下空间节能减排与环保等诸多业界关注的一些热点前沿提出了前瞻性对策建议。

关键词: 地下空间开发利用;城市环境岩土;施工安全;风险管理;低碳经济

本　刊: 孙钧院士您好!非常感谢您特地抽出时间接受我们的专访。您在学术界和工程界德高望重,现在还活跃在科研、教学、生产第一线,对许多国家重点工程进行技术指导,大家对您都非常敬仰。

孙钧院士: 很愉快接受两位的访谈。你们地调院我很早就知道了,以前的《上海地质》我拜读过,更名改版后的几期《上海国土资源》也翻阅了一下。现在这份期刊印刷精美、装帧漂亮,内容也很不错。我以前都是接受电视、报纸等新闻媒体的采访,这还是第一次接受同行专家的专访,因为都是内行,容易沟通交流,所以也更感高兴。我也特地做了些准备,并提供给你们一些书面材料作为参考。

我现已届高龄,但每年还出差30多次。去年去外地36次,下到21个工地现场。曾去过的有一些工地还比较辛苦,比如:位于厦门、青岛岛湾和长江、钱塘江海床和江床以下深埋的水底隧道工程;还有像国内最长的乌鞘岭铁路隧道,海拔3 600多米;宜万公路位于鄂西南一段、野三关的四渡河大桥;兰成高速线上的木寨岭隧道,那里是黄土高原寸草不生,从兰州坐汽车上去,车子颠簸得好像脊梁骨都要散脱了架。前些年,为了秦岭终南山隧道选线,正值元宵佳节,我们却在刺骨寒风中在秦岭山脊皑皑雪地上艰难地攀登!我还在做不少研究项目,带了一批博士生和博士后;自20世纪80年代初起,已获学位的博士生近80人、已出站的博士后有26人。我现在仍然可谓是全天候超负荷运转,好在身体尚健,还干得动,未曾考虑"淡出江湖"。我们的时代太好了,外部世界真精彩,"老牛不鞭自奋蹄"嘛!

我原在国立交通大学(现上海交大)土木工程系学结构工程,1949年上海解放前夕毕业。后经组织分配到华东人民革命大学(干校)接受培训,从那天起就算是参加革命工作了,现在是离休又在职。我早年在母校上海交大从事工程力学教学,那时才23岁,晚上时间有兴趣去中苏友协办的俄语业余专修学校读俄文,我同我老伴也是那时有缘走到了一起。1954年,前苏联专家来同济(1952年全国院系调整,交大土木系并入同济),那时我业余学俄语已两年半,学校又把我调到上海俄语专科学校(即现在的上海外国语大学)强化了半年口语,然后就担任苏联桥梁专家 И. Д. СНИТКО 教授的技术口译。苏联专家的专长是钢桥结构,1956年他回国后我就接他衣钵转教钢桥设计。1959年北京计划筹建地下铁道,当时上海也在酝酿建地铁。这之外,那时有不少国防军事设施都是地下工程。所以李国豪校长把我从桥梁专业调出来,负责组建国内外第一个新的"地下建筑工程"专业,一方面搞国防地下工程,另一方面又做城市地下铁道,这一下就干了50多年,还真是饶有味道至今乐此不疲。20世纪60年代中后期开始,我做了一些重大水电工程项目,其中最大的就是后来90年代初开工的长江三峡工程研究。三峡岩土工程我做了10多年,包括前期工作,三峡工地去了20多次,一直到它建成。新世纪开始我又接着做南水北调的工程研究。70年代初中期,国家搞"大三线"建设,我也参加过这方面的地下建厂工作。我当时负责的几个工程都远在贵州、四川等腹地,它有利于"备战"。"文革"以后,我主要从事城市地铁、矿山煤炭、山岭交通和越江隧道以及大跨桥梁的桩基和悬索桥锚碇工程等研究。所以上海的几个专业部门,比如市建交委、隧道股份和轨交、隧道设计院、地铁公司等,我都是他们的常年技术顾问。

本　刊:上海是典型的软土地基地区,工程性地面沉降问题比较突出。而上海城市交通规划中未来还将建设多条地铁和越江隧道工程。请教孙钧院士,软土地区地下工程建设与施工,应如何防范和处置地质环境风险?当前主要的技术途径和关键环节是什么?

孙钧院士:我是搞结构的,这些年对于上海岩土工程的情况也比较熟悉,所以我想围绕城市深、大地下工程的开挖,包括地铁车站基坑和区间隧道盾构的掘进,谈谈地下施工中心城区地带土工环境的维护。我不是地质专业出身,因此考虑问题的角度可能会有不同的侧重。

施工中城市土工环境的维护,这个问题在前些年是非常突出的。拿修建地铁来讲,当时为了抢上海世博会前要建成420 km的硬指标,最多时有90多台盾构在市区同时掘进作业,还有一二十座地下车站基坑也在同时开挖,在市区中心区段含已建的差不多1 km就有一个车站。1965年在衡山公园内上海第一个地铁车站扩大试验工程是我做的,那时车站长度才几十米,列车多长车站就只有多长。现在情况大不一样,列车的节数也多了,多的可以到八节,有几百米长的车站基坑,像徐家汇车站和人民广场站都长达数百米;坑的挖深达20多米,并且也越做越深,有些车站还是二线、三线甚至是四线共站换乘;深大基坑的开挖面积和坑周围护的地下连续墙深度也都在创纪录地增加。今后市区这类工程将相对比较少了,郊区则改用造价和运营费用都比较节约的高架轻轨,但是地铁还是继续在造。上海地铁已通车11条线路425 km,还有几条正在陆续兴建或将先后开通。这十几条地铁线基本上在地下已连片成网了,在便利居民外出的同时,这些地下工程大规模、大范围地施工开挖,对工程周围环境土工的影响今后仍然是一项必须要考虑的要害。但由于多年来已积累了丰富的实践经验,一些设计施工需用的工程专业软件、施工机械设备也都已基本齐备,可以认为目前市区土工开挖引起的环境问题已经缓解了许多。

这里说的施工环境,首先是处理好附近地面民房建筑的浅置基础和地下浅部已埋设的各种市政与信息管线,在经受施工扰动后的安全维护。对于地下自来水管,有时还可以临时吊挂起来,主要是怕地下污水管,污水管变形裂损后的漏点很难找,还有地下煤气管泄漏,电缆、光缆等市政和通讯管线,这些都分布在浅部地下,要先调查清楚并作好处治。老城区的旧民区,过去多数都是采用明挖法做的浅基础,容易受地下开挖施工影响而致倾侧和裂损。现在市区还有很多高架和立交道路,在基坑开挖或盾构掘进时,对高架桥桩基的不利影响一定要注意掌握。此外,在已经建成的地铁或地下人防工程的下面或侧旁再开挖和掘进作业,或者相邻的深基坑之间距离太近,同步开挖时也都有相互间的不利影响。前些年有关方面为此打官司,法院邀我去作证认定,说:"法官和律师们搞不清这些工程问题,这是你们专业技术上的事,您能不能在法庭上说一下是谁家的过错和应负的责任?"我回应说:"我可没有那么大的本事来论定这类过错,出现这类问题的情况都是十分错综复杂的，一般不能只归罪于某项单一的影响因素，不好说一定是哪家的过错。"他们又问："据您看，这个到底是施工问题还是结构问题？还是原来老房子的质量就不行？"但这些问题确实很复杂，有限的数据资料一般都是难以确切地作出客观评价的，所以我真的"有心无力"，一时无法给法院提供帮助。那时上海市区先后有几百个基坑在开挖，高层建筑都有一层，甚至两至三层的地下室，施工时不但有工程桩、围护桩，还要开挖地下连续墙，如果处理不当都会引起严重的环境土工问题。前些年几十台盾构同时在市区推进的那个时候，正值上海新一轮城市建设高峰期，城区工地遍布，可以说是最艰难的时期，国内外对此都缺乏经验，更少理论指导，问题当然十分突出和困难了。

目前这个问题还存在，但相对来说已经不是太突出了，最困难的时期就上海而言可以说已经过去。因为现在无论盾构掘进还是基坑开挖都做得很多了，积累了不少宝贵经验，可以说已经比较有把握了，而且设备与技术也有长足进步，比如盾构掘进，我们一般要求在市区其地面隆起不超过 1 cm、沉降不大于 3 cm，这个要求目前完全能够做到。但是在早年，20 世纪 60 年代在漕河泾做盾构（那时用的是网格式半机械化开胸盾构机）试推进时，地面沉降量竟达到 10～20 cm。后来盾构机械掌子面改用了网格气压式，现在又进一步改用了土压平衡和泥水加压式（隧道穿越黄浦江底时要采用），控制地面变形量在 1～2 cm 以内就完全能够做到了。对于土压平衡式盾构，如果土舱压力较外面的水土压力过大了，土舱进土量不足，地面就会隆起；反之，如土舱压力不够，进土过多，地面就会沉降。而盾构经过后造成地面后续长期沉降的原因，主要是同步注浆不够及时和浆液量不足，以及后期的软黏性土体蠕变效应。但据我不完全的归纳，现时国内修建地铁的各大城市中，还是有十多种不利情况，盾构仍须战战兢兢小心地推，甚至要预注浆改良前方土层。注浆作为环境土工维护的基本手段，主要有三种：预注浆、跟踪注浆、工后注浆。比如上海地铁 2 号线，在南京路穿越当时已建成的 1 号线时，两线上下相距仅 10 多 cm 呈斜交穿越，就得预注浆先把 1 号线给保护起来；跟踪注浆是随施工进度和沉降发展而不断地尾跟

着注浆；而工后注浆则主要用于施工结束后防止地层后期沉降而事后才作的注浆作业。这三种注浆方式在上海地铁建设过程中都广泛使用过。现在采用刀盘开缝进土式盾构，土舱进土得以有效控制，以上问题解决得就更较理想了。

在深基坑开挖中，要严格控制尽可能只在坑内降水，并随开挖向深部进行，而逐步地随挖随降，不能一次就先降到坑内设计挖深所需的低水位；另外，在坑外附近有需作保护的建（构）筑物或有地下管线而又不加设防水帷幕的条件下，原则上不做坑外降水；细致地控制基坑开挖的"时空效应"作业，要求分层、分步开挖和及早支撑（先撑后挖，尽量缩短"无撑开挖"的暴露时间，约束在 48 h 以内）深、大地下车站的基坑作业，并严格控制基坑各施工参数。这样，在多数情况下都能有效地控制基坑开挖变形引起的环境土工公害。

本　刊： 国内外很多大城市都位于沿海地区，地基土通常饱和、软弱。城市地下空间的开发利用，都将面临许多环境土工问题。请教孙钧院士，除了上面您讲到的，环境岩土方面目前存在的问题还反映在其他哪些方面？其作用过程的内在机制如何？

孙钧院士： 地下工程施工扰动会引起环境土体土力学参数的变化，至今还没有看到国内外对此作系统研究的相关报道。过去，我们研究土体"取样扰动"，这方面的探讨就比较多，而施工时工程周近土体也受到不同程度的扰动，我把它称为"受施工扰动影响的环境土"。许多年前，我用这个科学问题向国家自然科学基金委申请了一项重点基金项目，由同济大学牵头，联合浙江大学和北京交通大学协作完成，成果获得了教育部一等奖，并提名国家奖。这个基金项目的名称为"受施工扰动影响的土体环境稳定理论及其变形控制"。

受施工扰动影响的土体力学环境改变，可以归结为几个主要方面。其一是地下水渗流的影响。我们以前在计算水底隧道盾构管片的衬砌结构时是不考虑地下水渗流的，但这是指隧道工程已经完成之后的情况。而在盾构开挖掘进施工中，作业面上的泥水舱是用来进土的，但作业面前方的地下水也跟着流土一起进入舱内来了，这样就形成了地下水运动产生的渗流通道。这种情况只发生在盾构掘进和管片拼装施工期间，在作业面前方土层内的地下水跟着被切削而松动的土体

一块进入舱内，因而在环境土层内形成了渗流，这时对管片结构作施工阶段计算时就得考虑土体应力场与地下水渗流场两者的耦合相互作用并作出相应分析。以往，我们在现场量测施工期间距作业面一定距离内的盾构管片衬砌结构，在其安装合拢后的应力应变，发现实测数据总比计算的值大不少，原因就是在先前的计算中没有计入这种地下水渗流效应对结构受力和变形的影响。这对过去的一些中小型工程而言，这个因素不考虑也不太要紧，因为其计算误差都已经在工程的安全系数中包含在内了。但现在的盾构工程规模要大得多，比如崇明长江隧道，盾构直径达 15.43 m，管片外径 Φ15 m，这么大型的管片衬砌，如果仍不考虑施工中地下水在土体中的渗流因素，计算出的管片结构在施工过程中就可能出现裂缝，特别是管片接头张开引起的渗漏问题会呈现出来。我们现在把上述地下水渗流与地应力场的耦合效应考虑进来以后，在管片安装就位后再现场实测施工期的应力和变形，就与计算结果非常吻合。

再比如基坑降水。施工降水使土体孔隙水压力消散，所引起的是土体主固结，它是一种因土体内降水使孔隙比减小而引起的土体沉降，孔压值降低引起的土体颗粒相互间靠拢，使土体有效应力增大。因为土体总应力为孔隙水压力加上有效应力，而真正起到土体强度作用的是它的有效应力，这是太沙基原理。我们要研究的就是由于基坑降水土体发生主固结而引起的土体抗剪强度的变化，它的 c、ϕ 值将增加，土体抗剪强度因而有一定的提高。所以，就不能再用原状土的相应指标来作计算。要使基坑降水的管理工作做到位，土体环境安全必须考虑。在基坑外围通过对坑外地下水位变化的监测，来控制坑内降水，必要时在坑外要实施回灌。反之，对自然边坡或人工开挖形成的岩土边坡，遇连日暴雨的条件下，岩土体内孔隙裂隙水压力急剧升高，而岩土内的有效应力则骤然降低，导致岩土体的抗剪强度指标 c、ϕ 值下降，这是引起边坡塌滑失稳的主要因素之一，在评价这类边坡暴雨期的稳定性时，应改用经如上修正、调低后的土工抗剪参数 c、ϕ 值作验算。从施工和学术角度来讲，这些都是城市环境岩土及其防治的问题。

还有抽排深层承压水的问题。地下潜水和微承压水问题比较小，而深层抽排高水头承压水就须慎酌。前几年，我们对地铁 4 号线某施工区段的修复工作就遇到过这个问题。那时，单是商议事故修复方案就花了足足有一年，修复工程又用了近三年时间，耗资数亿。上海历史上集中抽汲深层地下水而导致广域性的地面沉降，在国内外都有一定影响，上海展览中心（原中苏友好大厦）的地基土沉降曾经十分明显，外滩防汛墙也因地表沉降过度而多次加高，都是典型的地面沉降过大引起的突出例子。

上海地层内有一层深厚的软质淤泥质黏土，在外荷载使土体的附加应力水平大于土体的流变下限值后，就发生有土体流变情况，由此产生随时间增长而长期持续发展的工后沉降，有的经过多年还不能稳定收敛。这个工后沉降非常要紧。比如，我们做浦东机场的二期跑道，整条跑道长度超过 4 000 m，它对差异沉降和工后沉降都有很严格的要求，跑道如果纵向不平整，飞机的平稳起降都要受不利影响。工后沉降还对大跨桥梁（除简支梁桥等静定结构外）也非常重要，施工期间墩基的主固结沉降还可以控制和调整，因为桥跨结构都留有设计要求的预拱度，通过计算就容易处理，只要把桥跨结构中间抬高一些就可以抵消了。但桥跨合龙以后的工后沉降，加之因江面左右两侧墩基下的土性不完全相同，不同墩基的工后沉降量值就有一定差异而引起不同程度的差异沉降。这样，在计算时就需要计入土体的次固结（一种随时间增长发展的土体压缩流变）以及桩周土的剪切流变。这里说的是指桥跨合龙以后再因后续铺设桥面板、桥面铺装材料等静荷载以及汽车/火车在桥上行驶时的动荷载所产生的附加沉降。这样，无论是斜拉桥还是拱桥和悬索大桥，在上部桥跨结构内都会有由此而产生大的附加应力和附加变形，这时上述的工后沉降和差异沉降量都必须着重考虑并加以控制。又如，码头堆场也有同样的问题，在宝钢马迹山矿石堆场，如地基土的工后沉降和差异沉降过大，就会使在轨道上送料运行的龙门吊车的轮、轨间摩损增大，甚至发生"卡轨"现象。对工后沉降的计算分析，在于要考虑计入土体的流变和次固结。主固结沉降和流变次固结（确切地说，是土体蠕变变形和应力松弛，还要计入土体长期强度的历时降低）沉降的区别，前者是由于土体内孔隙水压力消散使其孔隙比减小而产生的沉降，而后者则是土体骨架的弹塑性变形导致的沉降。土体的颗粒骨架不是刚性的而是弹塑性的，现在再加上变形的时间效应，即所谓黏弹塑性，这里的"黏"就是要考虑时效变形，故而黏弹塑性变形是随时间增长而变化的。上海地铁公司的刘建航院士多次跟我说，要重视研究本市地铁线建成后的后期持续沉降的发展，地铁1号线、2号线到现在还在沉。按常理说，施工时挖掉土的重量较之加上去的管片结构重量要大得多，应该不是怕沉降而是怕上浮。事实上，地铁的长期沉降主要应归属于上述的土体黏弹塑性变形，也是一种地铁隧道运营期内的土体工后沉降和差异沉降，同样也要求在计算预测的基础上再作好沉降控制。这个问题现在一时还没有很好的办法来解决，在工程处理和整治上只能是靠沿隧底地基土进行低压注浆作些加固。

地铁列车在隧道内长年往复循环高速行进条件下，还有一个地基软粘性土层的"振陷"问题。软土"振陷"不同于差异沉降，它会在衬砌后背产生局部的空隙甚至空洞。如果空隙小，压浆就可处理；空洞大的话则还要用贫混凝土作充填，但是振陷的作用机理迄今还没有搞得十分清楚。地铁软基振陷最早也是由刘院士提出来的，希望同济大学研究生来做些研究。关于地铁列车运行引起软质黏土振陷的问题，我们已经出了两篇博士论文，现在还有一名博士生结合崇明长江隧道在做进一步的研究，因为长江隧桥2015年或再稍晚些计划要开通地铁由浦东外高桥直达崇明。待地铁列车运行多少百万次以后，隧道下部某些地段的软黏土地基就可能会有振陷产生。隧基土振陷量的计算最大值，据上述的论文分析：在20年内可能积累达到25 cm甚或以上，它是一个不小的值，会使管片接头渗漏或发生管片裂缝。这属于一种列车运行对地基的扰动，值得业界关注。

再有的是，土基施工强夯引起的土工力学参数改变。一些机场的软基跑道，还有不少新建和需作整修的道路都是用"强夯法"施工的，跑道和道路路基先用强夯处理后再碾压，这些都会带来地基土体力学参数的改变，甚至因强夯过了头而导致砂性土部分液化（即抗剪强度一定程度的丧失）。再比如打桩，宝钢是在长江岸边空旷地段上兴建起来的，它的几期厂房建设用

的都是预制贯入长桩，不是采用就地灌注桩。预制桩（含静力挤压桩）在下桩过程中将挤压周边土体，有明显的挤土效应，从而挤密和改善了桩周土质。沉井施工同样有类似问题，井筒下沉过程中其墙侧土体产生"破裂棱体"，棱体内的土质因土体受沉井下沉力的牵拉作用而发生破坏，即使采用助沉套也不能完全消除。这些都是地下施工导致周边土体力学环境的扰动、改变和恶化。上述的各种不同土工力学机理，值得进一步探究。

上面谈到过土体取样扰动。早年，我们工地用的取土器的壁厚大，当年与日本株式会社合作做上海某工程的勘测，他们一看勘察队用的是厚壁取土器就连说不行，说这样取出的土样扰动得太厉害，特别对砂性土。后来日本专家带来了自己的薄型取土器，现在国内这种取土器用得都已经比较普遍了。但即使是用这种薄型取土器获得的所谓"原状土"，实质上也无法真正保持其原状土的真实性状，第四纪的沉积土历经万千年，取样后应力释放是无法再恢复它的"应力历史"的，更不用说"应力路径"改变方面的考虑了。土样试验前先作"重塑"，也无非是把它的含水量、孔隙比、固结度等等尽量恢复到与原来的差不多，但特别对砂性土来说，取样后的扰动已经绝难回复它的"原状"了。这些都需要在勘察报告中取选土力学常规参数的量值时结合进去考虑，并稍保守地取值。

不只是"回填土"才是改性的扰动土，上面说的，因为施工开挖、盾构掘进、下桩、降水、强夯和取样等等施工作业引起的土性和土工力学参数都会发生一定程度的改变，所以计算所用的土力学指标不能就以原状土来取用，而需改用经各种不同施工过程扰动影响后调整、修正过的参数。又比如，盾构掘进时，其作业面前方的土体已被刀盘、刀具切削而受到很大的扰动了，所以在设计管片衬砌时仍然取用原状土的参数显得有点过大了，实际上其有关的土力学参数经过刀具切削扰动已经降低了不少，为此我们做过一些试验进行论证。同济大学近年来因先后获国家"211"工程和"985"工程一二期的经费投入，土工实验室几年来新增加了不少十分需要的仪器设备，如土工离心机、中压固结仪、应力路径三轴仪、全自动三轴岩土流变试验系统、扭剪组合测试仪、霍普金斯杆、共振柱以及对室内人工气候环

境的模拟,并创建了工程结构耐久性专业实验室等等。现在国家对教育科技投入增加的额度很大,极大地改善了我们做学问的条件,作为一名高校老师是既高兴又感谢。

本　刊: 孙钧院士,针对建设施工引起的土体性质改变以及工程建设活动对周边环境的影响,监测工作必不可少,在这方面有何先进技术和新的监测手段?

孙钧院士: 监测是工程施工中一项重要的关键环节,是掌握施工信息动态和分析其变化规律的先决条件,是制定和实施变形控制方案的基础,也是检验实际控制效果不可或缺的手段,施工监测工作的作用是多方面的。

以地铁建设为例,近年来在上海已研制开发了一项"城市地铁区间隧道多台盾构同步掘进,施工网络多媒体视频监控与技术信息智能管理系统",可以实现地铁盾构施工一体化监控信息系统的智能型综合集成。其功能主要包括:可控制盾构开挖作业面的稳定和匀速掘进;盾构行进姿态的连续监测、实时调整、纠偏与控制;市区掘进中地表隆起、沉降以及地表后续长期沉降的监测与施工变形控制,以维护土工环境的安全。其功能还进一步包括:盾构管片的智能拼装、盾构设备故障的自动报警和智能化排除等。

这套系统是通过现场数据交换机,实现地下作业面处盾构机的动态数据向现场地面计算机中心站的实时传送,并结合相关施工数据和其它工程资料的收集,在各个盾构施工现场与技术主管部门的主控室内各建立一套完整的盾构掘进施工数据库;运用公共广域网,将各盾构施工现场的数据实时、远程传输到设在主管公司总部的数据库服务器,由此汇总建立由各个盾构施工现场数据库组成的盾构隧道施工动态资料库;通过对内部数据库服务器的访问,使总部管理人员能对各施工工地进行远程实时的全面监控,实现盾构隧道的动态信息化施工;更可通过因特网异地访问设在总部的 Web 服务器,使即使出差在外的公司主管技术人员也能对任一盾构作业面处的施工现场数据进行远程实时搜索和查询,实现对多处盾构隧道施工的移动式办公管理;通过对计算机的数据处理能力及其图形功能的进一步开发,该系统还能自动生成盾构姿态控制、隧道轴线调整、地面隆起/沉降量及其历时变化的二

维/三维曲线图形显示,以及各类电子报表,为实现盾构施工现场"无纸化"管理奠定基础。通过对该系统所采集的盾构日推进速度、隧道作业质量、盾构行进姿态和设备运行状态等数据的统计分析,可以智能判断得出各盾构作业面处的掘进施工状态,实现计算机辅助施工技术管理;利用该系统还可实现盾构施工最佳参数匹配的方案优选、隧道施工轴线控制与盾构姿态实时纠偏,以及盾构掘进引起地面过大沉降的预测及其防治与控制、盾构机运行状态评估及其维修作业等的技术咨询功能。此外,通过对总部服务器大量施工数据的二次开发,形成了一套经实践验证有效的盾构掘进作业新规则和新经验,为解决类似施工问题提供必要的知识储备,实现数据库向专家知识库的整合与转化。后续工作还包括在地铁运营期间的智能化计算机自动管理,包括:研制开发了一项有关"高效智能化综合集成的地铁车站和区间隧道交通运营与设施安全一体化的监控信息系统",也已经初步在投入试用中。我认为这是高一层次的信息化施工和运营上的技术管理,它体现了现代智能化监控手段在地铁建设中的采用。

这些监控技术与手段,能充分体现"一网打尽"、"一览无遗"、"足不出户"、"远程动态管理"等特点与优势,在上海、南京及新加坡等地铁工程中都得到了成功的初步应用,收效显著。

本　刊: 监测是为控制服务的,现场获得的大量实测数据,如何进一步处理与分析,并在控制过程的信息互馈中更好地发挥作用? 如何在施工过程中维护土工环境的安全?

孙钧院士: 关于施工过程中土工环境的安全维护问题,不仅是对地铁施工关系密切,它还包括市区内各种不同使用类型的地下空间开发与利用。比如,上海人民广场、徐家汇、五角场等颇具规模的地下商业街和地下商场,开挖和支护的工程量都很大。再如,虹桥交通综合枢纽,占地约 50 万 m^2,基坑最深处达 29 m,共打设了 5 万根桩。现在我国各大城市地下空间的开发规模都很大,在工程施工期间怎样更好地维护土工环境的安全是业界关注的热点之一。

我们学力学的总习惯用计算和数值分析的方法作研究,现在意识到在处理这类地下施工中的不确定和

不确知的"灰箱"问题时,力学分析方法虽可能仍然是一条须采用的主线,但也只是一种必要条件,它对解决工程实际问题终究是远不充分的,在具有必要条件的同时,还需要有充分条件,数学上谓之"充要条件",我们认为对这类问题仍仅采用力学的手段来作研究是不够的。在岩土工程中,目前一时还无法精确测得岩土的各种物理、力学参数,这些参数在客观上是离散的和呈随机变化的,不同测点间的土性存在着一定差异;主观上又有许多人为的假定和简化,特别是在选用岩土本构模型方面,现行反映土性的每一种非线性模型都有一定的适用范围,都有局限性,并不能完全适用于各个工程所有的特定条件和不同情况。在许多实际工况下,还有边界条件的合理取舍问题,所以只采用力学的手段以求解决这类综合性的复杂问题还是远不充分的。有些人讲有限元法很好,只要把网格剖分得足够精细就能获得很好的计算结果。但这只是针对弹性问题而言,特别是线弹性问题,借助有限元方法甚至就不需要再做实验。而一旦涉及塑性和黏滞性等物理和几何非线性问题,有限元法也有局限性了。

我这里想说的是,希望能够把现有的施工变形、位移等现场监测数据资料作为智能化预测的基本输入,每一大型工程施工可以说都有海量的监测数据,根据这些数据用智能方法进行施工变形的预测并作变形控制分析,是有别于力学计算的一条另辟蹊径的新做法和新路子。智能系统在工程中应用,目前有"专家系统"和"人工神经网络"两大类别。专家系统前些年我们试用过,发现不太适合国内目前的现实情况,因为专家系统需要大量相近、相类的工程数据,还要具备专家们的实际经验和专业知识,这些事实上都很难收集和完备,特别是现在大家都有知识产权保护意识,这给高校开展科研和兄弟单位间参考借鉴和采用带来了不少困惑。我们现在改用"人工神经网络"方法,用电脑来模拟人脑思维,这种算法的自适应性和容错性都很强,这就使得岩土非确定性问题,也就是上面谈到的处理"灰箱问题"得以较好解决。我们都知道"白箱问题"很容易处理,比如求一个简支梁的弯矩和剪力,这种简单问题就不需要"人工智能"了,因为它完全有确定性的解答。而岩土问题大部分都是非确定的,上面说过有主观上的不确定性和客观上的不确定性,还有一些是

认知上的"不确知性",就是我们目前还无法认知清楚的问题;有一些则更是"黑箱问题",就是我们根本还不知道或未能察觉到的,哲学上谓之"必然王国"。"灰箱问题"是指有些问题可以确定,而有些还不好确定,它是"黑箱问题"和"白箱问题"的结合。我认为对这些岩土"灰箱问题"采用"人工神经网络"的处理方法,比如做施工变形的预测和控制就是更为适合的,得出的结论也都相对准确和可信。"人工神经网络"方法的优越性体现在:只需要这项工程早前的资料积累就可以了,它实现起来就容易得多,也就是它的可操作性强。从一开始就积累有关的施工变形监测资料和数据,可以用前几个盾构区间所量测得的数据来预测后一个区间工况的情况。在变形控制的特点方面,是只需要先采用递阶层次法、通过敏度分析来选择、调整工程开挖的主要施工参数,比如盾构掘进,它最主要的施工参数是前方作业面土舱内的舱压(土压或泥水压)和盾尾部位的同步注浆量和注浆压力,其特色是并不需要另外花钱投入很多的额外花费去作注浆处理或打设锚杆等进行预加固。这样,如采用"多步滚动预测"的 B.P. 神经网络对下步 3~5 天内的施工变形发展作出定量的预测值,一般都能做到工程实用要求的精度。

这个方法需要先做"测试样本"和"训练样本",还需要研制庞大的"工程数据库",供搜索、查询和调用等需要。比如,盾构在开始掘进的初期,有约 200 m 是作"试推进"用的。就施工变形控制而言,在盾构试推进过程中要求测得盾构施工中的各有关施工参数与地面附近土体的沉降、隆起之间的经验关系。每一台盾构的这种经验关系都是不同的,只能在其试推进阶段实测得出。有了这些经验关系,就能建立这里说的智能网络模型,在后续的变形预测和控制中只要调用这些由经验关系得到的修正的施工参数就可以了。

我们当前研究的重点已不仅是作施工变形预测,而把更大的注意力放在做施工变形控制。通过预测只是知道什么时候在什么地方将会产生什么样的工程危象和险情,但要把这些险情整治好,就需要靠做变形控制,这也才是研究所要求的最终目的。比如施工前方有一处需要重点保护的建筑物,就必须先期就控制住施工变形量始终落在规定的阈值范围以内。像党的"一大会址",是一栋浅基础砖木建筑,属"一级"保护建

筑物,决不容许因下方盾构掘进或附近基坑开挖而引起房屋裂损、破坏。在上海现有100多处这样的国家一级保护建(构)筑物和约300处的其他不同级别保护建筑物,以及浅地表以下的各类市政和通讯管网、桩基、地下人防,还有在已建地铁附近再新修的地铁等,真是"螺蛳壳里做道场",碰到哪里都是环境土工问题,所以做好工程施工变形的控制是地下施工的关键环节。

人工神经网络是一种智能化的预测与控制手段,我们现在用的是一种模糊逻辑控制方法,实践已多次证明,这一方法的应用效果非常好。当年用这个方法做镇江—扬州长江段润扬大桥全国最大的桥梁锚碇基坑的变形预测与控制,预测曲线与实测变形吻合得几乎一致。那时我们与清华大学合作,他们做施工监测,我们则根据和利用这些监测资料来做基坑围护地连墙的施工变形预测与控制。有次我们在工地现场的一位老师打电话报告说:连续墙的实测变形已达到13 cm,墙里的钢筋都要接近屈服了,问是否该再快速补加一排支撑?但如果另外再加设一排支撑就要多花4 000多万元,况且还要赶在长江汛期到来之前完成基坑封底,时间上已经来不及了。我电话中问,我们下一时步的预测变形怎么样? 回说预测值13 cm已经是到顶了,以后的变形将逐渐趋小(因为是嵌岩墙)。我当时就说,要相信我们的智能软件,我倒想搏它一下,再等等看下一天的情况再说。隔天第二个电话打过来口气里非常高兴,说变形果然小下去了。由于这次维护墙体的施工变形控制效果非常好,非但未再增加支撑,还另外给工程后续开挖抽掉了一排撑,就此一项节约不说,还赶上了在汛期到来的4月底之前做好了基坑封底。还有一个例是在上海南浦大桥浦西桥头附近的盾构区间掘进,为了避开高架桥的桥桩,在同一处地铁区间内,两台盾构像拧麻花那样旋转了90度:从上行车站出口的盾构区间为左右并排,而在另一站点的入口,则变成了上下盾构近距离叠合进站,即"上下近距离交叠盾构区间",当时采用上面这种做法,盾构施工变形的预测和控制也取得了成功,其智能预测与后续实测的变形值十分吻合。

我上面说过,智能预测是一种更高一层次的信息化施工。该法利用施工监测数据,通过智能预测就能够知道当天和后续三五天内变形发展的定量值,并知道下一步该怎样采用调整施工参数的方法来作变形的智能控制,先作好预警预案,排除工程险情,以指导后续工程的安全施工。通常说的信息化施工,只能知道当天的变形监测情况,而对今后几天的变形数据则不能定量地预先给出,只能凭经验估计。现在采用上述神经网络智能方法却能给出今后三到五天施工变形预测的定量数据,如果那时出现超出规定阈值的过大变形位移,则会给出预警,以提醒施工单位实时调整、改变有关施工参数,而并不需要任何额外的投入花费。经与施工部门协商已经确认,三五天的提前预测量已足够做到工程施工上的及时调整处治,因而确保了后续施工的安全,这是该法显著优于传统信息化施工的方面。人工神经网络系统能做到这一点,就是具有一个庞大而完整的"工程数据库"在支撑,同时,努力作好"测试样本"和"训练样本",也是该方法运用成功所不可或缺的。我们为了建立和完善这一工程数据库,两位博士后整整花了四年时间。深圳建设地铁也想套用这套系统,但因为土性和盾构都与上海的不一样,要重新研编一套对深圳适用的数据库,而不能就借用上海的,这样有点"远水救不了近火"。我另外建议他们改用"智能反分析"的方法,这种方法在上海没用过,但我们在厦门翔安海底隧道的应用效果也十分好,似值得一试。

本 刊:大城市普遍面临人口集聚、土地资源稀缺的困扰,城市的立体化建设成为重要的应对举措。在此背景下,城市地下空间开发利用的程度日益提高。请教孙钧院士,如何加强和完善城市地下空间安全使用中的防灾预案与风险管理?

孙钧院士:地下空间不同于地面建筑物内的使用条件,它有一些特殊的地方。一是地下结构空间相对封闭;二是出入口有限,到处都碰到死角尽头。特别对地铁车站而言,上下班短暂时间内站内人流集中,在这样的地下空间里,一旦发生火灾等突发事态,站内大客流的疏散、逃生,光靠自救是不行的,而需要有序引导。况且发生这种突发事件时往往会大面积断电,全地下漆黑一片,人们更会慌乱而踩踏。火灾除直接因为烧身而死伤外,大部分都是由于浓烟而窒息致死。供送给氧的新风,更又风助火势,地下空间内墙面的建筑装饰着火后,其迅速蔓延之势将十分了得,所以许多的城市道路隧道里都设有专用的排烟道。除了火灾，还有易燃易爆物导致的险情，如春节前带入站内的烟花爆竹等物品都是。此外，还很难说我国今后就能在全球恐怖袭击方面能独一幸免，所以香港的《南华早报》就提出过，大陆几座特大城市也应该及早出台防恐预案。在地下密闭的有限空间里一旦遇到这种灾祸，大家都缺乏实践经验。还有煤气、毒剂和高温气体泄露以及主汛期遇连续大暴雨时地铁出入口的防淹和由此引起的种种问题等。地铁和其他各种城市地下空间内的装修材料都是低阻燃的，燃点很低，容易引燃成一片火海。地铁与一般山区公路隧道不一样的地方，在于地铁里都有这些高级的装饰材料，其耐火承受能力很少得到考验而经受不起这类风险。

城市地下空间的安全使用管理工作，是城市综合安全体系的重要组成部分。目前，在城市大型地下空间的不同使用领域，都普遍装设了相当数量的安防设施，人们进入地下还得通过安检。但在新技术、高要求方面仍有许多工作有待提高。我们争取实现的目标是：要将地下空间安防系统融入城市应急预警大系统，组建完整的城市综合安防系统产业链，形成城市安防大系统。要做到技防、人防、物防，"三防"相互结合，确保事前、事发中、事后三个不同时段的险情预警。安保工作要实时到位，事后处理成功实施，保证城市安全体系的正常高效运转。

要逐步建立和健全城市地下空间安全使用中的风险管理机制。以地铁来说，地铁车站和区间运营使用中的安全管理，在地铁运营安全风险防范措施方面涉及我们环境岩土问题的，包括地铁线路选址、总平面走向规划、相邻和周边的人文地理环境，应分别从地质、水文、抗震、防火、抗爆、防台、防淹和抗受恶劣气象条件的能力等诸多方面，综合制定运营安全风险防范的对策措施。

总体来说，城市地下空间安全使用与管理中的各类风险危机防范、监控整治与风险管理，在我国还属于一门新兴的技术学科，重点在于如何结合国情、市情作好技术预案。当前的主要工作和任务可能是：要研究提出面对现实具体项目安全使用管理问题的技术对策；要有能以反映并解决现实问题、适合国情和地方特色的一整套项目安全使用管理的办法和应对手段；对

各种现行管理方法作出进一步的考证、演练和检验，不断开拓和更新其应用策略，并在实践中进一步改进与完善。

本　刊：以地铁建设为代表的城市地下空间利用，应该属于一种比较"绿色"的土地集约化利用方式。可否请孙钧院士评述一下城市地下空间开发利用的综合环境效益和未来发展方向？

孙钧院士：现在面向低碳经济社会，如何节能、减排、环保，是需要我们亟切关注和处理的一个重要方面。有人说地铁是"电老虎"，这个不假，但是它在节能效益上的空间也非常大。首先，从广义上讲，建设地铁大大缓解了地面交通压力，人们乘坐地铁出行减少了市内道路的交通负荷和汽车尾气排放。前些年北京有个统计资料，地铁线路总延长仅占城市公共交通路线全长的极低比例，但其疏散的客流量却占地面交通量大得多的比例，它的综合社会效益是非常显著而突出的。上海每年为民造福要做成"十大实事"，其中地铁建设的成就和贡献赢得了广大市民交口称颂，可谓赞誉声一片。

地下空间内基本上是恒温、恒湿的，这就节约了取暖以及空调降温所需的能源，减少了建筑能耗，所以说它具有天然的低碳排放条件。此外，它还减少了地面交通的油耗和汽车尾气排放，降低了城市噪声和晚间光污染，这些都"功不可没"，具有它独特的优越性。而地铁车站人流密集，温室气体排放问题较为突出，解决不易，这些又是其不利的方面。上海虹桥交通枢纽是地面与地下空间有效结合的成功实例，属国内外特大型城市地下空间工程之一，也在各个方面采用并体现了绿色策略与节能技术。欧洲首座光伏太阳能铁路隧道已于2011年6月在比利时投入运营，该"绿色隧道"属法国巴黎—荷兰阿姆斯特丹高铁的一部分，它在比利时境内的这条隧道长3.2 km，列车运行所需的电力以及隧道里的照明、通风供电，都全部由16 000块太阳能电池板提供，电池板设置在隧道越岭山体的表面。我国台湾高雄的个别地铁车站也部分采用了太阳能光伏发电技术。太阳能是一种可再生的清洁能源。无锡的尚德电力公司总部大楼，总面积1.8万 m^2，它把低能耗、功能型和生态化的概念引入到这座大楼建筑物里，大楼屋顶满布太阳能电池板，而大楼墙面全部选用

了光伏玻璃幕墙,它是当今全球规模最大的光伏低能耗的绿色生态建筑,成为我国一个节能示范工程。我在设想：上海超过100 m的高层建筑数量位居世界第一,其中超高层约1 000栋,而一般高层在2万栋以上,如果只是在其中的1/4～1/5的高层建筑屋顶和墙面上分别铺设太阳能电池板和改用光伏玻璃幕墙,其节能效益就极为可观。地铁系统作为一个统一管理的大产业,似可试点先建立地铁光伏发电系统,再争取日后并入城市大电网。此外,对全国范围讲,地源热泵技术对于建筑物和地下空间也是环保节能的一项可考虑实施的途径。

从目前建设迅猛的我国城市地下空间的发展来看,采用低碳经济的发展战略,意义将十分重大。建立节能型的地下空间,有助于促进生态环境综合平衡下的新的发展模式,实现经济社会的可持续发展,其前景应该是十分广阔的。

专业研习，是我一辈子的兴趣和追求

——《金色年华》专访孙钧院士

提到孙钧的名字，你也许会感到陌生，但我们每个人可能正是他所参与工程中的受惠者：上海的地下铁、崇明过江隧道、厦门海底隧道，还有著名的三峡工程、南水北调工程……。说起工作，他总会语带自豪："地面线以下的所有地下工程都是我关心和从事的领域。"他就是中科院资深院士、同济大学地下工程系资深荣誉一级终生教授，国内外知名的隧道与地下结构工程专家。

打电话给他约谈采访，说地址的时候，我怕弄错，小心地一再确认："是 58 弄吗？"

"是 58。"他耐心地重复着："fifty eight"一口地道的伦敦音，味道十足！让人心里暗暗佩服和羡慕。

更让人吃惊的是他对工作的热情，86 岁的人了，带了一帮博士生和博士后、写学术论文、做科研、参加工程评审和论证会议、去工地调研考察，忙得兴趣盎然，有滋有味……。

缓慢的走步，平和的语调，一身厚重的棉衣，那深褐色的绒线帽恰好挡在额头皱纹一半的地方，从行动和打扮上看，孙钧和一般的老人没什么两样。然而，一聊起足球、他的专业，就来劲了。眼镜后那双带着笑意的眼睛闪动着智慧的光彩，让整个人也年轻了起来。

能沉浸在自己感兴趣的事物，而不受打扰是最开心的事了。就拿足球来说吧，小时候就爱在弄堂里踢橡皮球的他，是位地地道道的铁杆老球迷。老人家虽然年事已高，可是为了看球更过瘾，他特地购置了台大尺寸电视机；要是遇到世界杯、奥运会，他还会忍不住，半夜爬起来看直播。他打趣着说："如果还跑得动，可能还能胜任一份不那么称职的裁判员呢！"说起足球运动规则，他可特别在行。

最有意思的是十多年前一次他去英国开学术研讨会，那时正值世界杯足球联赛期间。在飞机上的时候他就盘算好了，晚上饭后正好回房间看比赛。可是，没想到外国人不像我们一顿自助晚餐结束也就匆匆散席，饭后围坐聊天恰是洋人们最爱的余兴节目。头天晚上，吃完饭后看着一屋子人谈兴正浓，丝毫没有离席的意思，孙钧也不好意思一个人回房间。于是，大家端着酒杯，一边品着红酒一边漫无边际地瞎聊，本来是桩雅事，可是对想着看足球的他来说却是在受煎熬了。虽然他嘴上和一位南非专家搭着话，心里却挂念着德国和西班牙队足球赛的直播，是典型的"身在曹营心在汉"。等他好不容易熬到可以回房看球了，可比赛也就已近尾声了，只看到了一个结局，真让人太扫兴了，觉得无比懊恼。第二天晚饭过后，一群人坐在那里又聊开了，这次孙钧再也坐不住啦，他鼓起勇气向那位健谈的并约他下次去南非交流访问的南非专家告了早退："不好意思，我得回房间看足球赛了。"……兴趣就是这样，能让他撇开所有的干扰，全身心地投入而无暇顾及其他。

而说起他一生最大的兴趣，熟悉他的人都会异口同声的回答：孙老的爱好非专业工作莫属。他的学生们也都一定会对他关于兴趣爱好与所从事专业的论述印象深刻："如果一篇学术论文是导师逼着你写的，那一定写不好；若是自己有兴趣钻研进去而出的成果，那就大大的不一样了。""有了兴趣，才会肯花时间、精力去钻研，而相应地，只要钻研进去了，你就会从中获得更大的乐趣，取得成绩，从而产生出更大的兴趣，成为你继续深入钻研的动力……"。于是，"越钻研就越觉得越有趣，而越有趣就越想进一步钻研，这样，一旦形成了良性循环，离成功的彼岸自然也就不远了"。"这就像青年人谈朋友一样，只有多多接触了，相互了解了，两个人才会产生感情，有了感情才又继续更深入地频繁地接触、去享受那份爱的滋味，直到走进婚姻的殿堂……"。"那种一见钟情，就碰出走电的火花，感情生活中也许会有，可专业爱好往往却不会是那样"！

而孙钧正是这样地与他的专业"地下结构工程"，矢志不渝地相爱了一辈子。他说：做专业研究是他一生中最最喜欢的事了。作为国内外最早创建"地下结构工程力学"学科分支的主要奠基人和开拓者，"文革"之后，从上世纪80年代初开始吧，他在水工、铁道、公路、市政、矿山、煤炭、国防和人民防空等许多工程部门的岩土与地下工程建设领域中孜孜以求，学而不倦，共完成有关基础理论、应用基础与工程科研、勘测和设计的重大、重点项目近70项。他不仅历任长江三峡工程、南水北调工程等技术委员会和许多处桥隧重大工程项目的专家组成员、主要负责人与承担者，而且各地的地下铁道、跨海越江和山岭隧道，也都请他主持或参与科研，为工程建设出谋划策。同时，他三十多年来带过的博士生已近80名、博士后27名。他撰写并已在国内外见刊发表的专业学术论文有340多篇并专著8部，计共680多万字，至今还笔耕不辍。他说："把自己的点滴经验化作文字，供业界同行交流和参考，是很有意义的。"就这样，坚持每十年左右出一本专著则是他的目标……。

即使现在，已是"坐八望九"的人了，他依然对自己的专业"恩爱如初"，总是把最好的时光留给了工作：每天早上是他精力、脑力最旺盛的时候，此时他总是一心伏在案头，演算一个个工程公式，直到做累了，工作告一段落，才想起要下楼吃饭，而这时已是下午一两点钟了。每年天气最好的春秋时节，他总是奔波于各种专业会议和各个工地之间，有时忙得连今天星期几都不晓得了。去年一年，他记在小本子里给自己算了一下，共走了21个工地现场，共去外地出了37趟差！（在上海开会还不计算在内。）耄耋高龄的老人了，真不易啊！他却笑着说："身体好着呢。"

许多工程都兴建在深山老林、沟壑深谷，而有些则位处寸草不生的黄土高坡，有的是在海拔三千多米的西南、西北高原，而还有的更在浩瀚的长江、黄河江底。每次出差都可能是对他体能极限的考验。有次，他去参加湖北恩施四渡河大桥的工程建设，这座桥位地名"野三关"，可知是在深山峡谷里修建的一座大跨度悬索桥，当时需要在桥的一端修建一座隧道式的锚碇工程来承受主缆几万吨的拉力，它可谓是大桥的"命根子"。从七高八低的岩面要下到锚碇洞室的安置点，要通过一条倾斜度达35°、约77米深的长斜井。从上望下去，施工台阶又陡又窄，一眼漆黑望不到尽头，即使是年轻力强的壮汉也会不由倒吸一口冷气，而孙老到了现场，二话不说就径直让年轻人扶着一步步走了下去，仔细勘察完洞底岩性之后，再又一声不吭地一步步艰难地爬上来。伴随着他同往的、做医生的老伴问他，感觉怎么样？可他喘着粗气，累的连一句话也回不上来了。那年，他已满80了。承建方并没有要求他去实地查看，可他说："搞岩基工程的不去现场'验明正身'，在会议上哪有发言权呢。"他就是"做工程要一丝不苟，职责在肩而不敢稍有懈怠啊"！

2007年，在修建"兰州—成都"线高速公路的时候，其中有一段需要建一座木寨岭隧道，建设方请他去做顾问咨询，为施工把关。工地要经过海拔3 000米以上的黄土高坡，早上天还没有亮呢，就出发了。车子颠簸着行驶在一望无垠的黄土高坡盘山路上，有些路段颠簸得"差不多连骨头都要散架了"，放眼望去除了黄土、沙石，寸草不生，可说见不到一草一绿，万一轮子一滑下去，连棵能够阻挡一下的小树枝都没有，大家把性命交给司机了。到了那里实地勘察后开了个小会，当晚他又马不停蹄地往回赶了。又有一次去甘肃武威乌鞘岭铁路隧道工业，海拔3 400 m，周围人都替他捏了把汗，业主方特意派出了医生，带着氧气罐，一路陪护。可他却把别人的担心置于脑后，一路上还信心十足："我这是从海拔已经很高的兰州坐车一点点爬到那么个高度的，又不是从上海直接一下子飞到那样一个海拔高程的，因此生理上和感觉上就能够适应当地的环境条件；再说了，到了工地看到满地都是油菜花和小麦地，一片绿色、黄的，色彩斑斓。那里生态好，更容易克服高海拔的困难，空气中的氧含量也相对高些，心脏就更能承受，有什么可担心的呢。"

就在去年，在钱塘江底施工海宁隧道的时候，他是顾问组组长，要去江底考察现场。那天恰是杭州最冷的一天，大雪飞扬，江面上雾茫一片，就连空气中也凝结着冰珠。去江底隧道先要走下施工竖井，一边的铁扶手摸上去冰冷刺骨直钻心窝，可孙钧硬是扶摸着这样的铁扶手一步步地向隧道深处进发。上来的时候，他走的慢，生怕耽误别人，便和同行专家们说："你们先走，我慢慢跟在后面上来。"可大伙儿客气谦让，都纷纷放慢了脚步跟着他。他觉得很不好意思，便也不愿中间停歇了，也就不管近40米高的深井，一口气走了上来。

累吗？

说不累是假的，可这是工作呀！也真是"来者不善、善者不来"呢。就像在爱人的眼里，对方的缺点甚至也能成为可爱的优点一样；做地下工程虽是件苦差事，可孙钧却受之如饴，甚至还列举起它的种种好处来。"你看，上了年纪的人总是对饮食起居要讲究一点吧。比如，早上起床时最好在床上先坐一会儿，再慢着起身梳洗啦；饮食上要少吃牛羊肉，多吃蔬菜水果啦。这些我都做到了，唯独一样，运动的时间太少。这主要是因为我懒，坚持不了，也舍不得时间。可老年人运动也有讲究啊，大冷天、大热天都不适宜运动，要是早上运动的话，还得等到大太阳出来才行，可这往往是我忙得最起劲的时候，根本记不得要中途停下来出门去活动。于是，运动的事一再搁浅至今，倒是每次去工地走动，给我补上了缺少运动的这一课……。"

2008年，他装了一枚心血管支架，大家想，这下他总该打住下来了吧。然而，这次大家又都猜错了。人在医院，还申请去汶川抗震现场做点什么，但却给医生再三再四地拒绝了："不是去住宾馆呀！七月盛夏你一个病号在现场出了事，不是去帮忙，倒是给人家添包袱了！"坚决不给同意出院。开刀后，他去无锡太湖边的华东疗养院休养了5个星期，每天早上查房时医生总是给愣住了：他正戴着看书眼镜，趴在一堆文件和图纸中，还在演算公式或者写着什么哩。医生们笑嚷开了："怎么哪，孙老又在干活啦？你是来疗养呢还是忙工作的？"

"其实，我并不是没有想过要完全停下来，以后该要悠着点安享晚年了"，他说。有一次，在杭州公园里漫步散心，春色正好，他看见老人们围坐在那里捧着茶壶啜着龙井，弈着棋，怡然自得。也从心底发出过由衷的羡慕和感叹："像他们那样安度晚年该有多好哩！可我都却没有这个福分啊！"

65岁的时候，他想：70岁的时候该退了吧。可一下子就到了70，又想再干它五年再退吧。于是，75，80，一转眼85岁都过头了，还是骑虎难下，始终下不了决心"退"。自己说是"离休、在职"（两院院士都是终生服务，国家不让走。）他想来想去，干下去的理由只有一条：并没有人强迫着你干这样、做那样，是自己对这份工作的挚爱。兴趣就像是一盆持续发热的火，让他对事业的追求始终保持着高热度。那今后呢？

今后么，"套用金庸先生的一句俗话，总有慢慢淡出江湖的一天吧。看来要指望90岁了，还有4年呢"，他坦然地回答我。这就是我访谈中了解到的孙老、一位终生乐此不疲的孙钧院士。

本文发表于《金色年华》2013年4月

永不懈怠的追求

——《岩石力学与工程学报》专访孙钧院士

孙钧先生(1926—)，同济大学资深荣誉教授(1979，2007)，中国科学院(技术科学部)资深院士(1991，2006)。国际知名岩土力学与工程、隧道与地下建筑工程专家和工程教育家，"地下结构工程力学"子学科分支的主要奠基人和开拓者之一(1963)。

孙教授祖籍浙江绍兴，生于苏州。幼年就读于南京国立中央大学(现南京大学)附属实验小学，江苏省立上海中学(现上海中学)高中工科毕业(1944)，解放前上海圣约翰大学土木工程系肄业(1944—1945)，国立交通大学土木工程系结构学组毕业，获工学士学位(1949.5)。1954—1956 年随前苏联桥梁专家 И. Д. CHИTKO 教授攻读副博士学位。1980—1981 年间去美国北卡罗莱纳(North Carolina)州立大学留学，任高级访问教授。可以看出，年轻时所受的良好教育加上自己持之以恒的刻苦钻研，造就了他以后几十年在研究工作中受用不尽的厚实的专业基础功底。

孙教授是我国首批博士研究生导师(1981)和博士后导师(1986)，特许土木工程(岩土)注册工程师，享受首批国务院政府特殊津贴。现任同济大学地下建筑与工程系名誉主任、土木工程高等研究院指导委员；中国岩石力学与工程学会名誉理事长，中国土木工程学会顾问、名誉理事；国务院南水北调工程专家委员会委员，港珠澳大桥技术专家组专家，南京市纬三路过江隧道专家组专家；上海市建设交通委科技委名誉委员、顾问，上海市城建集团和轨交地铁的高级技术顾问、院士工作室院士；《岩石力学与工程学报》等学报的名誉主编或顾问编委；杭州市图强土建工程研究院院长，杭州市和福建省闽南建工集团院士工作站院士。

20 世纪 50 年代初，孙教授先是在同济大学工程力学和桥梁工程专业任教并任前苏联桥梁专家技术口译，1960 年起从事工程结构、岩土、隧道与地下工程专业的教学、科学研究并承担工程任务，教龄迄今已逾 60 年。他在同济大学曾历任：讲师(1953)、副教授(1967)和教授(1979)；地下建筑教研室主任、地下工程系和结构工程系主任、校教务处处长、校务委员和校学术委员会副主任委员，校首批学术梯队学科负责人、首席专家和责任教授。1958 年加入中国共产党，历任党支部书记和党总支宣传委员等。校外学术兼职主要有：国际岩石力学学会副主席暨中国国家小组主席、国际隧道协会执行委员，中国岩石力学与工程学会理事长、中国土木工程学会副理事长、中国科协全国委员会委员；全国博士后管委会专家组土建学科评议组召集人，中科院学部工程二组召集人、国务院学位委员会土建、环境与测绘学科评议组评委和召集人，国家自然科学基金委建筑、环境与结构工程学科评议组评委和召集人，国家自然科学奖评委；上海、西安和西南交通大学、浙江大学、四川大学等多所国内知名大学的名誉教授和顾问教授以及国外一些大学与研究院、所的客座研究员；清华大学结构与振动开放实验室学术委员会委员、上海建筑科学研究院结构新技术开放实验室学术委员会主任委员。

孙教授在岩土、隧道与地下工程界的学术兼职，主要还有：中国土木工程学会隧道与地下工程学会、防护工程学会，中国公路隧道工程学会，上海市土木工程学会等的副理事长、地下工程学术委员会主任委员等学会职务，以及秦岭终南山高速公路隧道和杭州市钱江隧道技术专家委员会主任委员；厦门市翔安海底隧道和虎门、江阴、润扬、阳逻、苏通、泰州等珠江和长江中下游各座跨江公路大桥等的技术顾问;还历任长江三峡工程、上海市崇明长江隧桥技术委员会专家组成员;沈阳市和杭州市人民政府技术顾问,上海市普陀区科学技术协会主席。

在立意创新的学术思维方面,孙钧先生曾经预言,在岩土力学与工程学科的研究中,当前正在酝酿着一次新的变革和突破。他认为:学科间的相互交叉以及彼此间的融合与渗透,并在其结合点上派生新的学科分支或边缘新学科,这是当代科技发展的特点和需要。就我们从事的还不完全成熟的"岩土力学"与"岩土工程"学科而言,上述这种结合的趋势似乎更为明显。他说,同自然界的一切不确定系统一样,将岩土体也视为不确定系统或者是一种"灰箱"混沌体,进而借用系统思维、反馈思维、全方位思维,而从另一角度而言则为逆向思维、非逻辑思维、发散思维乃至直觉思维等,对岩土体介质的行为属性进行研究,已经开始引起人们的关注。

孙教授在岩土材料流变力学、结构黏弹塑性理论和地下防护工程抗爆、抗震动力学等子学科领域有深厚学术造诣。他学术思想敏悦,近十余年来又致力于开拓城市环境岩土工学、软科学理论与方法(侧重智能科学)在岩土力学与工程中的应用,以及利用高新技术对传统土建学科的更新与改造等新兴技术学科方面的科学研究,亦均有相当进取和新的拓展。从 20 世纪 80 年代初叶起,孙教授结合承担国家基金和部委、省市重大、重点科学基金课题,以及国家各个五年计划重点科技攻关与 863 研究项目,负责或参加重大工程建设与科研任务,在水工、铁道、公路、市政、轨交地铁、矿山煤炭、国防和人民防空等工程部门的岩土、桥基、隧道与各类地下工程的建设中共完成有关基础理论、应用基础与工程科研、勘测和设计项目 60 余项,撰写并在国内外学术期刊和会议论文集发表的学术论文约 340 篇,并出版专著 8 部、编著与参编 5 部,2014 年将首版付梓问世的专著 2 部(10 部专著,合共 860 万字)。

孙教授的科研成果经专家评审和技术鉴定,认定:上述方面的许多研究成果达到了国际先进水平或居国内领先地位,有的研究成果已被引用于国家技术规范和地方规程。在岩土大变形非线性流变和工程施工变形的智能预测与模糊逻辑控制两项子学科的研究成果

居国际领先地位。已先后获国家级科学技术进步奖 4 项、部委省市级奖 17 项、由国外和知名人士颁发的基金一等奖各 1 项,连同其他各种奖励合共 26 项。

在多年来从事的高等教育方面,孙教授受命在同济大学兴办国内第一个"隧道与地下建筑工程"专业(1960),该专业是我国首批博士学位授权点(地下结构工程,1981)、首批国家重点学科(岩土工程、结构工程,1986)和首批"博士后"科研流动工作站的建站点(土木、水利,1986)。数十年来,各该学科都有了极大发展,在国内外声望卓著,孙教授是同济大学这一传统优势学科的主要学术带头人。在教学工作方面,孙教授自 20 世纪 60 年代以来,除积极担任本科生教学外,已先后培养研究生近百名,其中 1981 年后已培养博士学位毕业生 70 余名、在学博士生 6 名;出站"博士后"25 名、在站 2 名。以他命名的学术梯队和院士研究室集体正在为我国岩土力学与地下工程事业的发展而不懈努力。

孙教授数十年来的学术积累,此处择其有相当创意特色的,可归结为以下 4 个方面,扼要写述如次:

(1) 20 世纪 60 年代初,在国内外率先逐步建立并开拓了新的学科分支——"地下结构工程力学"(1963 年起)。这方面的创新贡献,主要反映在:分别论证并阐明了:① 地下深埋洞室软、硬围岩的失稳机制及其稳定性判据准则;② 地下结构支护与围岩的耦合相互作用及其界面约束抗力的分布和范围;③ 施作初期锚喷支护(含预应力锚杆)对发挥各类隧洞围岩自承与自稳能力的力学机制及其验证的定量/半定量方法;④ 流变软岩隧道二次内衬受力视其与围岩间的相对刚度而变化,据洞室开挖后围岩历时增长的形变压力及其变形量值,对软岩洞室言,可据此定量确定施作二衬支护的合理时间及其最佳刚度优选。以上论断,均由当年主持的大比尺室内模型和模拟实验并与现场测试研究结果的对比所证实。

(2) 在岩土材料流变和地下结构黏弹塑性理论领域的研究成果,主要含:对连续和非连续岩体介质,论证并阐明了:① 洞室"围岩-支护系统"的蠕变机制与力学效应,及在开挖与支护期间其时效应力与变形的二次、三次重分布;② 软弱和节理发育岩体以及饱和软黏土的非线性流变属性及其二维/三维力学性态表

现;③ 渗水流变岩体中,膨胀围压、非稳态渗流与岩体蠕变三者间的耦合相互作用机制及对高陡边坡和洞室稳定与支护安全的黏弹塑性时变受力分析;④ 岩体蠕变损伤与断裂、流变模型辨识与参数确定、岩土流变细观力学以及挤压大变形非线性流变特征等复杂流变力学行为的理论演引、岩土流变室内试验研究与现场测试验证及其专用程序软件研制与开发。

(3) 在城市环境土工学领域的研究成果,主要含:① 深化分析受各种工程施工扰动影响后环境土体力学性态的变异;② 对各类地下工程开挖施工变形进行人工智能预测与模糊逻辑控制,其所研制的专用软件的特色是:按敏感性层次(递阶)分析排序,借调整有关施工参数进行变形控制而不需另加的巨额花费,被誉为是"高一层次的信息化设计施工";③ 研发了地铁车站深大基坑开挖和区间盾构隧道市区掘进土工环境维护的施工网络多媒体视频监控与计算机智能管理系统专用软件。

(4) 在地下结构耐久性研究中,着重探讨了对盾构管片/现浇混凝土衬砌内钢筋起锈后直至分别达到钢筋混凝土衬砌"裂缝扩展限值"和"结构承载能力丧失限值"2 种不同的极限准则/判据,做出了隧道结构服役寿命的理论预测。采用结构可靠度分析中的"支持向量回归机"与"响应面法"两相结合以评价结构的可靠性指标,建立了以概率极限状态为基础的隧道衬砌耐久性设计方法。上述 2 个子项均已分别研发了相应的专用软件,在若干硬岩隧道和软土盾构隧道中获得了有效采用。

以上 4 个方面的创新性研究成果,就所探讨的内容和方法上的广度和深度言,均居当今学科前沿水平,一些方面在国内外尚罕见报导,应属原创性成果;提出的学术观点和认识,经工程实践证实已成为业界共识。

在工程应用领域,上述研究成果已先后分别在:长江三峡工程(永久船闸高陡边坡岩体的流变属性及其长期变形与持续稳定性)、南水北调穿黄工程(两岸深大竖井、盾构隧道管片外衬与预应力混凝土内衬支护复合衬砌的共同作用)、跨江越海长大水底隧道(上海市跨越黄浦江、青草沙源水过江、崇明越江特大型公路车辆与地铁列车共管盾构隧道、厦门市翔安和青岛市胶州湾海底隧道、杭州钱江隧道、南京纬三路过江隧道等)、特长铁、公路越岭隧道(大瑶山、武隆、木寨岭、京珠高速韶关段隧道群、秦岭终南山、乌鞘岭等)、城市轨交地下铁道(上海、北京、南京)、水工隧洞和大跨地下厂房(鲁布革、天生桥、小湾、拉西瓦、天荒坪、从化抽水蓄能电站、锦屏电站引水隧洞等)、某大型国家战略地下储油洞库、煤炭矿山井巷(淮南、淮北、河北、广西)、国防与人民防空地下防护工程(某地下飞机洞库和地下油库、器械库,上海市多座人防样板工程等),以及若干特大跨桥梁桩基础工程和悬索桥锚碇工程(泰州和苏通大桥,虎门、江阴、润扬、阳逻等悬索大桥)中均获得成功采用,取得了巨大的技术效益和经济效益。

最后,想摘录孙教授自己在他为 80 岁寿辰出版的一本纪念文集《盛世岁月》中自述的一段文字作为本文的结尾吧!

"韶华易度,岁月催人。儿提天真、青壮时光,荏苒俱成追忆,而转瞬老迈,却欣逢今朝璀璨绚烂的大好时代!既叹伤春华流逝,又为祖国的昌盛富强而深受鞭策与鼓舞。而今已是岁月流痕,满鬓白发,一脸沧桑!尽管谁也不知道自己生命的尽头,但人生百年,总是来日无多。虽然不能再拾起那逝去的岁月,而来者却尚可追。我愿趁此虽已年迈体弱、但抽体尚健之日,再努力站好最后一班岗,把那永远是无完无了、千头万绪的科研专业任务,尽可能地再多做一些,做得更快一些、好一些,该说不上是一项新的追求哩。"

本文发表于《岩石力学与工程学报》
2013 年第 32 卷第 8 期

我国地铁建设任重道远

——《轨道交通》专访孙钧院士

编者按： 随着我国城镇化进程的不断加速，地铁建设造福民生惠泽后世，是一桩受到城市百姓普遍赞誉的大好实事。正如中国科学院院士、同济大学教授孙钧先生所言：城市轨交地铁已成为方便人们出行的首选工具，在经济生活中扮演着越来越重要的角色。《轨道交通》杂志记者本期有幸采访到孙钧先生，从这位耄耋老人的讲述中，让我们看到了老一辈专家对我国地铁建设发展所寄予的厚望，同时，孙钧先生作为我国著名的岩土力学及隧道与地下工程专家，对我国地铁的建设和运营给出了自己一些独到的观点和建议。

1 让地铁更好适应城市居民的出行需求

《轨道交通》： 就您接触的轨道交通建设而言，给您最大的感受是什么？

孙钧院士： 轨道交通建设，不只造福现在的民生，还又惠及我们后代，一座大城市有了地铁建设，一般地说都不是建一条两条就能疏解好地面交通的，尤其是人们上下班客流集中，要能有效解决道路交通拥堵问题，大城市市中心城区的地铁建设必须要连片成网。目前，上海地铁已拥有了 13 条线，随着居民拆迁住房向近郊扩展，轨交建设未来也将进一步向市郊居民新区辐射延伸，而进一步要满足日后生活在远郊和近邻际间居民的出行，恐怕还需要有一代人的持久努力才能做到吧。

当然，到了远郊之后，地铁就可以由地下转移上地面，但还是属于轨道交通。在上海近期的规划里，现有的几条线还要继续延伸到曾经由市区动拆迁至郊区的市民所在的远郊，比如，崇明隧道口、临海新城和昆山等地区。现在，那里的市民普遍反映说虽然居住和生活的环境很好，但因为地处偏远，有的地方要出行来市区还很不方便。在上海地铁建设"十二五"规划中就明确了还要延伸某些轨交地铁线路，目前已经实现的有 11 号线延伸从安亭、花桥与昆山轨交接轨，这极大地改善了除了一些市中心居民的生活出行外，现在，尤其是一些退休老人更是热衷于这种去远郊，甚至近邻小城区的田园生活，今后有了轨交，真是

不赖呀！

听说北京市有关部门多年前曾经做过两个调查。一是地铁通车里程如果说占到其周围地面主要交通里程的 1/13，那么，乘坐地铁的市民数是否也就会占到乘坐地面交通工具人数的 1/13 呢？调查显示的结果却远非如此；乘坐地铁的市民则竟然占到了 1/7，甚至更多（具体数字有出入，记不得了），这远远大于人们的始料所及！众所周知，地铁不存在堵车问题，它是准点运行而且客容量又大，比如上海地铁最多的有八节列车，发车频率高而票价廉，乘客都十分乐意接受这种交通方式。第二个调查结果就更振奋人心了：调查的问题是，当前市民们最赞许哪项政府为老百姓做的热点实事？随后给出了几个选择，包括：地铁建设、解决住房困难、医疗制度改善，空气、水和食品等以及其他生活条件和环境改善等问题。调查之初，参与组织调查的人员主观上想当然地总以为住房改善问题牵涉千家万户，其赞誉度定将会高居首位，而调查结果却发现市民对地铁建设的普遍赞扬却是最高的，基本上是全票赞成。这应该是因为市区的房价过高，许多市民购房都选在了近郊，无论是工作上下班还是平时出行购物和探亲访友，今天的北京地铁都已成了人们首选而又满意的交通工具。从这两个调查的结果可以看出，地铁建设前景璀璨广阔，我们轨交地铁广大业界同仁长年累月的辛劳付出，当为此得到很大的鼓舞和激励。老百姓感谢你们啊！市民们实在盼望和需要地铁啊！

2 地铁建设首要注重的是市民出行的便捷和安全,应力求避免过多追求体面和奢华的表观装饰

《轨道交通》:您认为地铁建设应该主要考虑哪些问题?您对此有哪些好的建议?

孙钧院士:我认为解决城市地面交通拥堵问题,不仅要延伸地铁里程,而且要在地铁建设规划初期考虑到办公人群密集的楼群地下室、集中式大型地下、地面停车场以及地下街、地下商城等与地铁站点相互间的就近有机连接问题。比如,日本的一些市中心办公大楼地下二层出门几步就能走入地铁车站,地铁站口附近有很多地下超市,人们下班顺便购些食用品回家都根本不用乘坐地面交通就直接从地下到了家。另外,住在远郊和近邻小城的市民们可以将自家车停歇在城郊结合部一些较大的集中型停车场内,然后转乘市区地铁,由联络通道直达办公大楼的地下室,乘电梯上班。这不仅大大节约了市民的出行时间,更有效地避免了上下班时间地面交通的严重拥堵。但就上海目前情况言,停车库太过集中或库容量太大以后,不仅因下班时间集中而出车困难,还造成了地面车辆短时间汇集和拥堵,有待改善。

其次,个人建议地铁的埋深要尽可能地"浅"。之前,我参加某市的地铁车站方案设计评审会议,提出要乘5部自动扶梯下去才能到达地铁站台,这对乘客来说就很不方便,费时费力,通车后短途旅客又怎会来走地下呢(后来,立了专题,经我们研究把该地下站位的站台一下子提高了15 m,获得成功)。根据各城市不同的地质条件和已有地下管线的状况,以及多线换乘的实际,尽可能地将地铁站位建得更浅一些、再浅一些,这对乘客来说无疑是方便的。我去过新加坡、伦敦等有坡地的城市,它们的地铁在有高地时才走地下,一会儿到低洼地了就又出了地面,这是很经济合理而又节能的,在国外很是常见。

再次,地铁建设的装修不能太过奢侈。据有关方面介绍,到2015年,全国地铁运营总里程将达3 000 km;而2020年,将有40个大中城市要建设地铁,总规划里程达7 000 km,将是目前通车里程的4.3倍。国家对地铁的投入高达近1万亿元,十分可观。目前,各大城市的地铁建设开展得如火如荼,但是我国某些特大城市地铁站点的装修都相当奢华,可说富丽堂皇、美轮美奂,好看是好看了,但这不仅耗费了大量资金,而且装修材料多数在防火性能上因为是低阻燃的,还存在有一定的防火安全隐患。从国外的地铁建设来看,除早年莫斯科地铁当地政府把它当成艺术品进行建设之外,国外绝大多数城市的地铁建设都是很讲究务实的,甚至可说只是普普通通装修一下,有的站点竟然看到的是裸露的岩石,可品位极高,有一种粗犷之美!它只是一处方便人们出行的地下通行道呀。我为此曾经向国家发改委有关负责方面提出过这方面建议:地铁建设应该更多上心和注重如何更好为市民提供交通便捷,而不应该过分地追求太多外在的体面和奢侈,这些奢侈的装修材料耐火性弱,很容易产生大的安全隐患。这方面务盼能引起相关建设单位和业界广大同仁的关注和重视!另外,我十分赞成的是地铁安装屏蔽门和供残疾人使用的自动扶梯(广州地铁已经有了,可能还只是示范性的吧),像这种功能性建设的投入则是非常必要的。

3 城市地下空间资源发展规划应该以地铁为主干骨架展开,由城市规划部门抓总主持和人防部门协同参与与配合,三者要结合为整体

《轨道交通》:地铁在城市地下空间开发和建设中应该是一种什么角色?

孙钧院士:最近我参加了某城市有关部门主办的城市地下空间开发和利用的咨询评议会议,主办方将地铁建设方面的有关专家会议上请过来就相关地下发展规划与地铁有关问题提些意见,而并没有让地铁也直接参与前期的规划制定,这是不周到的。我认为,城市地下空间作为一种资源的开发和利用,应该围绕地铁建设这条主线为主体骨架,再在它的若干主要地下站点附近周围的地下空间内作展开,这是国际上的普遍法。地铁线路应该是作为整个地下城的主骨架构,是整个城市地下空间规划的主体,地下商业购物和休闲娱乐等设都应该与之相互呼应与结合。比如,上海徐家汇商圈中心的地铁车站附近有很多地下商场就都围绕在地铁出入口的地下空间内布局;上海五角场的

万达广场也是环绕该地块的地铁建设进行。日本大阪有很多供步行、休闲、健身的地下广场,所谓"爱的广场"、"火的场"、"水的广场"等,也都是围绕地铁站点展开,所以我认为城市地下间的开发和利用首先应该把地铁作为其主体,由城市规划部门牵头,市人防部门和地铁三方面密切结合进行。

4 集中力量发展拥有自主知识产权的大型盾构企业提高行业整体竞争力

《轨道交通》: 盾构掘进机作为软土地区地下工程建设的关键设备,对于目前我国盾构机行业的发展现状,您有哪些看法?

孙钧院士: 一些年来,国内大大小小的盾构机生产厂家见到了市场都一拥而上,大概已有二三十家,但真正具有竞争力产品的并没有几家。一些中小企业自身并不具备完整的生产能力,除组装外,盾构机主机和关键附配件等主力部分还要依靠进口和国外名厂的技术力量,美其名为国际合作。生产规模也偏小许多,有的一年只能生产几台。像这种企业,我觉得一定要设法进一步地拓展业务,提高竞争力,否则恐怕日久会遭到淘汰。我们还是要集中力量发展几家具有真正自主知识产权的大型专业性盾构生产企业,以求进一步扩大生产规模,提高生产效率、制造质量和技术实力,进而提高整个行业的竞争力和国产化率,才是上策。

兴趣是钻研的不竭动力 积累重在才干

——孙钧院士与河南大学师生交流

2012年9月23日,这是孙钧院士今年第29次出差,86岁高龄的他来到河南大学,与师生畅谈理想人生和人生理想。即使在耄耋之年,他每年仍要出差30多次,深山老林、黄土高坡、野岭荒山……只要是为了学问,条件再艰苦他也愿意去。"有兴趣非常要紧,有动力才能钻研",提起自己的治学之路,孙钧这样说道。

1 兴趣是成功的动力,钻研是兴趣的源泉

"我的一生学科研究方向在不停地转变,靠的就是兴趣,没有兴趣就培养兴趣。"孙钧说道。

1952年,全国高校院系调整,孙钧被调至同济大学,从事工程力学教学和研究工作。由于谙熟俄语,1954年9月他担任了在同济大学工作的前苏联桥梁专家的翻译,学科领域随之改为桥梁结构与施工。1960年初,国家建筑工程部要求同济大学筹办国内高校第一所地下建筑工程专业,孙钧受命组建地下建筑教研室,学科方向转为隧道与地下建筑工程,并从此开始了他在地下工程学术领域从事教育与科学研究工作的漫长生涯。

孙钧感慨道:"个人的努力绝对是起主导作用的,一份努力,一分收获。要做学问,成'大师',就离不开个人的钻研。兴趣是成功的动力,而钻研则是萌生兴趣的源泉。"

他说:"年轻时,自己几乎没有周末,看书总是一看就钻了进去。到了吃饭时间,爱人叫我吃饭也听不见。过了一段时间,她喊我说饭凉了也听不见,直到她冲进书房差不多把我揪起来,我才意识到已经很晚了。做学问就是这样,钻进去,沉下来,才能有味道。"

"我自23岁到50岁前后28个年头的青中年岁月里,亲身经历了历次政治运动,特别是'文化大革命',我曾被关进'牛棚'扫厕所、写检讨,后来被下放到'五七'干校锻炼,劳动改造。在身处皖南农村劳动的冬夜,我也总是在油灯下读书,记得最清楚的是塔罗勃的《岩石力学》专著,这是我在岩石力学学科方面的入门书,受益

匪浅。当时的我深信:搞运动、讲斗争是暂时的,是有尽头的,不能因为此蹉跎了青春壮年的美好年华,更不能挫伤学习的信念,我要抓紧,我要努力。"孙钧回忆道。

"能使自己做到一种孜孜以求,潜心研究,数十年如一日地锲而不舍,持之以恒的动力,可以说只有兴趣二字。改变'要我学'成为'我要学'的关键,首在钻研,钻研—兴趣—再钻研,形成了良性循环,有投入就有收获,成功也必然在望了。"他总结说。

"现在我80多岁了,还在外边奔波,我常笑话自己说,自己的工作太饱和了,脑子里这根弦也绷得紧过了头,已经进入了塑性了!光是开会,上海的会议不算,现在每年外出30余次,整年都是匆匆忙忙在飞机上度过,人家告我要保重,我说最要紧的倒是飞机上的安全呢!"孙钧笑着说道。

2 年轻重在积累

孙钧一再强调年轻时学习的重要性。他说,古人云:开卷有益,人的精力、时间有限,而书海无涯,要趁年轻有选择地读几本经典专著,将来一辈子受用不尽。功底扎实,点深面广,是做好学问的基础,另再泛读一些其他有关的书籍和文章、学刊、论文集,以拓宽思维和知识领域。

孙钧回忆道,自己小时候,七七事变后,举家逃到苏北泰县(今泰州市),过着寄人篱下的生活。太平洋战争爆发,父亲奉调经香港去内地应职,家里几个孩子只能依靠微薄的叔苹公奖学金的资助上学,衣食不能饱,艰难度日如年,过着难以言表的清苦生活。晚上生

怕敌机轰炸,只能用黑布遮掩窗扉防灯光外泄,姊妹们围着一张小桌子苦读。挨到中学毕业,自己不愿意放弃学业,凭着勤奋和努力,考进了圣约翰大学,以求"出人头地",但因为家庭经济原因,他中途不得不辍学去法院做临时工,做些抄抄写写的"录事"工作。

1945年秋,他以高考第7名的高分被上海国立交通大学土木工程系录取,尽管生活负担沉重而又生活清苦,但浩瀚如海洋的基础理论和专业知识却深深地吸引了着自己,他说:"我在交大的四年中忘我学习,发奋求知,感谢恩师们的谆谆教诲,也靠着自己的一份努力,使我在土木工程学科的理论功底和专业技能打下了较为牢固、厚实的基础,后来真感受到一辈子受用不尽!"

他告诫青年学子,古人云:"三十而立","而立"就是说"该立了",人生成功的基础在30岁前后,要在跨出校门的几年间拼搏努力,为今后的事业、个人的美好未来打下好的坚实基础。

3 积累重在才干

提起自己的大学生活,孙钧难掩心中的激动,他说令他至今仍记忆犹新的是轰轰烈烈的学生运动,从"爱国护校"到"反对内战、迎接解放"等一个接着一个的"学潮",汹涌澎湃,势不可挡,当时年轻人的爱国热情和正义感发挥到了极致。

他回忆道:大学时的自己作为一名党外(当时的地下党没有公开)积极分子,在斗争中国不断提高了自己的阶级觉悟,也曾不顾个人安危,借春游杭州的名义,为进步的交大学生会携带一大捆反蒋宣传品,冒险交到了当时还在杭州城厢的浙江大学学生会,以争取国立大学学生们大团结的联合行动,坚持无限期罢课。他还曾义无反顾地刷标语、呼口号,反对蒋家王朝的罪恶统治。

孙钧提醒各位年轻人:年轻时候的积累是多方面的,读书学习只是其中的一方面,但千万不能死读书,更要注重自己各方面能力的锻炼,锻炼自己的才干。"当时的我为这些运动损失了不少宝贵的求学光阴,但现在想来,这对增长自己的爱国情操和陶冶做人的高尚品质还是有极大帮助。所以现在的大学生也不要两耳不闻窗外事,一心只读圣贤书,各方面的能力都要有所锻炼。"

开发利用城市地下空间的更高追求：造福当代 功在千秋

——《中华铁道网》专访孙钧院士

王 盈,于 丁

随着我国城市化水平的提高,交通拥堵、高楼密集、土地资源匮缺、环境污染和生态失衡等诸多城市病却相伴而生。在北京这样的特大城市,即便有摇号、限行等控车措施,机动车的迅猛增加依然"激流勇进",在行车高峰交通严重拥堵时,中心城区各条环线上俨然成了露天临时停车场。为此,我们不得不向地下索要资源和空间。

近年来,我国许多城市已经出现利用广袤无垠的地下空间建设轨交地铁、商场、车库以及地下人行走廊等。以上海和广州为例:相关数据显示,截至2013年底,上海市的地下空间工程项目超过3.4万个,总建筑面积达6875万 m²。目前,上海市的地面建筑中已共有621.38万 m² 高档住宅、642.49万 m² 甲级写字楼存量和211.79万 m² 市中心优质商铺存量,而每一两个这类项目就至少要求开发一层到三层的地下空间,潜力十分巨大。广州海珠广场地下空间将增加商业设施和地下停车库88815 m²。无独有偶,该市金融城的地下将建设21万 m² 的商业区,相当于再建一个地下的"时尚天河"。城市地下空间开发和利用方兴未艾,已经成为备受业界人士纷纷觊觎的"新市场"。

如何更加合理有效地开发利用城市地下空间这个日益庞大的"新市场",关乎我国诸大城市未来的健康发展,也已成为当下亟需探讨和解决的课题。带着这些问题,6月12日一个熙暖的下午,在两院院士大会京西宾馆的会议驻地,本刊记者有机会应约与中科院资深院士、国内外地下建筑工程知名专家孙钧先生促膝长谈,成果丰硕。

孙钧院士向本刊记者表示,合理开发利用城市地下资源是打造三维空间城市的重要环节,在推动城市经济与环境、资源相协调发展,解决城市交通拥堵,提高土地集约化利用,改善大气污染等方面都可以发挥巨大作用。

他说:"目前在我国城市地下空间开发利用方面,地下轨道交通、地下停车库、地下商场和地下步行街特别是过街地道等,相对已比较成熟,也做得都还不错。以地下停车库和地下轨道交通为例,上海近年来开发的许多地下空间多半都配套有分散式的地下车库,去年一年新增车位数就达到6.6万个。在轨道交通建设方面,北京地铁的总里程已经跃升世界第一,有着舍我其谁的傲人成绩;上海、广州也紧随其后,有着紧追不舍的坚持,无不令人啧啧称奇,拍手叫快。上海市政府为民做实事的一次问卷调查显示,市民们对轨道交通的满意指数超过建房而高居第一!"

1 开拓地下休闲娱乐、养身健体功能为平民百姓谋福祉

"就城市地下交通方面的建设言,我们已经成绩斐然,足以让市民们备感骄傲和自豪,但在地下休闲、养生、游乐和重大地下市政设施等诸多方面,在国外已早属常见之举,而在我国则还未起步,前面还有很长的路要走。"老院士对地下空间开发拓展的未来,寄予的期望语重心长。对于常年身居由钢筋水泥群筑成的大城市那喧闹、快节奏的工作和生活,想就近找一处安静舒适的养身去处已变成人们不敢向往的奢望。孙钧院士不禁感叹平民老百姓在大城市工作、生活的压力巨大,而缺少日常难得的就近休闲、锻炼和游乐好去处的无奈。对此,他强调,我们要学习国外,大城市中心城区地下空间开发的一个重要领域是要关注市民平日休闲活动乐去的场合而创造条件,另外还可兼备商购、游乐等生活上必要的功能。

从走在国外一些优雅的地下休闲好去处的切身体

验,孙钧院士深感:地下环境静谧闲适,远离城市喧嚣,通风良好(在安装相应设施的条件下)、温湿度十分宜人,而且不受汽车尾气和大冷、大热、台风、雾霾等恶劣、糟糕气候等有害因素的干扰;加之,如果能够将自然阳光设法引入地下空间,就更是一处地下"天堂"。而这在一些国家早已是不争的现实,今天,也该是我国争取起步的时候了!

孙钧院士指出:"地铁作为城市地下空间核心的主体骨干,能够将各类地下空间有机连接,形成地下空间的全覆盖网络。选取围绕地铁若干主要地下车站的周边,陆续有计划地开发各种自成特色的地下商业街、地下商场和超市、商购中心,兼及各种地下休闲步行街、地下花园、地下图书馆等,以及供人们在地下健身锻炼的地下绿地、娱乐和活动中心,将极大地改善市民的生活质量和品位,实在是造福当代、功在千秋呀。"

据他了解,在国内还真的没有一处好的地下休闲游乐设施。在国外的这类地下空间里,通过宽敞的出入口(下沉式广场)和地下走道上方满布的天窗,将地面自然阳光尽量引到地下,在白天就无须人工照明,非常低碳健康。孙钧院士向记者举例,西欧挪威的一处地下图书馆,完全做到了不需用桌前局部照明,也没有大亮度的室内灯光,太阳光线从四周墙隙通过大尺寸镜面依靠连续反射和折射进到室内,使地下大面积场所看起来竟和地面一样通透剔亮!现今,国内也个别出现了地下图书室,其中,杭州师范大学地下图书馆自2013年8月启用后已成为学生们热爱的去处。但对比起来,其人工照明虽然称得上不留死角,而在视觉感受和低碳节能方面就远逊于前者。孙钧院士还认为发展城市小型地下街心花园也是一个重要的方向。通过把自然阳光或采用光纤导入照明有效地引入地下,能够满足花草植物正常发育生长的需要,还应该培育地下人造绿地,为市民去地下健身锻炼创造更加舒适的养生环境。

2 学习国外有益经验,适应城市具体条件和不同需求

常年奔忙于国内外各地,除了专业会议和考察交流以外,孙钧院士对一些发达国家的城市地下空间等基础设施建设做了较为深入的调研和了解。所到之处,老院士都不忘到当地的各种地下场所去实地体验。采访中他如数家珍般提到了日本大阪市的彩虹地下商店街。该商业街拥有5个富有特色的地下广场供市民游憩、鉴赏:"水的广场"、"火的广场"、"爱的广场"、"镜的广场"和"绿的广场",其中,"水的广场"由2 000个喷嘴形成高高的水幕,通过灯光照射反映出美丽的人工五色彩虹,那里琴声悠扬,人们翩翩起舞,成为彩虹地下广场的特色标志,可谓大好地下休闲场所的一处典范佳作。

孙钧院士指出,休闲游乐和商购可以各自为家、互不交集,但国外许多城市也常有将地下休闲场所与商业街融为一体的做法,重要的是应适应各自的实际条件和不同需求。有如加拿大多伦多市的地下城就是一个典型的例子。地下城由摩天大楼的多层地下室组成,地下步行走廊纵横交错,自成系统,其间,购物中心、中心景点与酒店、宾馆之间全部互连互通,并方便进出地铁车站。市民可以风雨无阻地穿梭其中,集逛街购物和游乐健身于一体。除了没有车辆行驶外,大的敞透天棚使身处地下而又阳光灿烂,几乎与在地面商城内完全一样,根本感觉不到是身处地下。走道两旁都摆放了舒适的小桌椅,随意看看书报和用点小吃,真是惬意极了!

他说,列举一些他国的成功做法并非厚此薄彼,崇洋媚外,而是要体现以"人"为本、为镜,刻意为市民着想。这应该是我国下步地下空间开发的一些宝贵借鉴和民众期望。

去地下城商购,早已走进国外市居民的日常生活。上面提到的在地铁若干主要地下车站的周圈修建地下商业街,并与众多办公大楼相互连通搞活,成为了许多上下班族的必经之地。

孙钧院士对于国内许多地下停车库的不合理设计也有所诟病,认为地下车库的设计理念需要重新调整。他向记者介绍,现在许多地下车库都在追求大型化、集中化。在一处集中存放上千辆车,这有问题。因为让这么多车进去了,车进得去但却不容易在下班时挤在同一时间出来,出入口和邻近街道上的车容量很有限啊!办公大楼里的人们都是基本上同时上下班,急的不行。这种情况很普遍。鉴于这个教训,孙钧院士提

出,相对于集中共用地下大型车库,分散在各幢办公大楼地下建设小型地下车库当更为合理。另外,为了方便车辆停放和出车,国外一些大楼的车辆并不是从地面出入口进出,而是也搭乘一种会在车库内可以前、后、左、右作自由摆动位置的特种吊索式轻便车用电梯,这样,进出地下车库就能够有效避免上下班高峰时段地下车库内外发生的严重拥堵。

3 防汛、排涝、抗旱,地下市政设施大有可为

孙钧院士介绍说,利用大深度地下空间修建城市蓄水排洪通道并兼及其它功能于一体,应该在有条件的城市先做试点。这是开拓地下空间功能的又一应该早日进行的新渠道。他说,每年春夏之交,我国南方的连续暴雨成为许多城市的不堪承受之重,内涝严重,更给城市管理和市政、防灾部门提出了严峻挑战。2008—2010年间,我全国62%的城市发生过城市内涝,内涝灾害年超过3次以上的城市有137座,最大积水深度超过50 cm的占74.6%,积水时间超过半小时的城市占78.9%,而其中的57座城市的最大积水时间达12小时以上。所谓地下蓄水排洪的防汛、抗旱体系,是指修建于大深度地下空间内(地下40 m以下)的地下大型蓄水排洪网络,包括:大型地下泵站;大深度排水隧洞(地下人工河);大型地下蓄水库,以及大型地下污水处理站等设施。作为现有的城市排水与防洪体系的强有力补充,与原有的地下浅部排水管网一起,构成了城市高效、完备的疏排水和蓄泄洪网络。

孙钧院士指出,这种大深度地下蓄水排洪体系能够发挥以下的4大功能:① 排水功能。当现有排水管网超负荷时,打开大深度排水系统,使合流排水管道中的溢流可以排入深层排水隧道内,再通过大型地下泵站将水泄入主要干流或大江、大海;② 蓄水功能。在深层排水管网的终端设置闸门,利用大直径隧洞的巨大空间贮水,同时兴建大型蓄水库,将雨季的大量降水引入水库内储存,供旱季使用,从而大大提高了城市水资源利用率;③ 泄洪功能。对于洪涝灾害较严重流域,大型深层地下隧洞可以连通洪水流域上的主要河流,通过闸、阀门控制,将过量洪水引入地下隧洞内,再排入大江、大海;④ 污水处理功能。在体系终端和蓄

水库旁、兴建大型地下污水处理站,将隧洞及水库内的储水进行净化处理,其部分可以作为干旱时城市供水循环使用,既保证生活用水,节约土地,又可减轻二次污染。

孙钧院士还介绍说,以地下水源形成覆盖全市的应急供水/采灌网络,应该是另一项城市地下空间利用的新作。上海市最近拟新建/改造300多口地下深井,作为初始阶段的先试点。这是因为:① 上海水质安全风险较大。近年来,水污染事件频发;② 地下水具有安全、启动快的优势,经过简单处理就可饮用。上海市水务部门正与市规划部门协商,将新建或改造的应急供水深井落实至相应的城市规划;③ 将地下水列为战略储备水源,作为第一批次,拟在重要公共场所新建(连改造)300余口应急供水深井,日后更使之形成一张覆盖全市的、以地下水和雨水为水源的应急供水网络;④ 应急供水深井按照采灌两用井设计,平时可作为地面沉降防治设施,用于地下水人工回灌,控制地面沉降;而遇突发性状态时,则又可作为应急供水设施对地面供水;⑤ 突发情况下,深井可通过应急供水管道向自来水泵房连续输水每小时80～120 m³。深井同时配置除铁、除锰以及消毒等水质处理设施后,即可确保供水水质达到《生活饮用水卫生标准》。

今后,拟议中的上海市地下水的利用,将从常规供水向战略储备水源转移,地下水将不再作为常规水源使用。一旦出现突发性事件,由市水务部门统一调度,解决当地及周边居民和重要设施的应急生活与工作用水。

4 市政规划、地铁、人防三位一体做好地下开发利用总体设计

为了最大程度地发挥城市地下空间的各项功能,离不开前期的统筹规划。上海市首部地下空间规划建设法规《上海市地下空间规划建设条例》今年4月1日起已正式施行。《条例》对上海市范围内地下空间的规划及其开发、利用等都作出了明确要求和规定,其中着重要求"统筹规划,沿埋深分层、合理利用地下空间",可见统筹规划的至关重要性。孙钧院士说,要以城市规划部门为主体,再协调地铁和人防主管单位,三位一

体地妥慎研究，整体规划出来后再视条件分期逐步逐项实施，以利资金投入的周转和使用，这也是十分重要的一环。

在我国，以北京地铁1号线为代表的地下区间隧道，从平战结合而言，它在战时所能发挥的大容量的人防掩蔽作用，因媒体的解读而为大众所称道。这不仅是我国的特色，西欧许多城市的地铁在二战时期就自然演变成人员掩蔽的巨大空间，人家也早就是这样做的。孙钧院士认为，战时将地铁和各类地下空间设施的平时功能都一律方便地、自然地转变为地下防空洞和临时救护所等为人民防空使用，而战时的地铁就是市内的地下疏散主干道。对旧有人防工程"平战结合"方面的改建和利用，"宜未雨而绸缪，毋宁渴而掘井"，已成为当前亟待继续推进的一项重要任务。

孙钧院士着重提到，地下空间开发的效益具有难以确切预测、又不能反悔而推倒重来等与地面建筑工程截然不同的特点，只有切实视各城市的实际条件和资金投入可能，统筹规划好，才能使日后把城市地下空间资源得到更好的综合性地开发和利用。

孙钧院士再三强调，城市地下空间开发是一项重大的政府行为，它的重要出发点要放在为人民谋福祉的社会效益方面，这绝不能急功近利，只侧重追求短期经济效益和利润为先。那样就不是我国社会主义的市场经济了。

5 端正地下开发利用理念，摒弃急功近利、奢侈装饰

城市地下空间的开发利用是当前城市基础设施建设的重要组成部分，是根据该城市的经济和社会发展需要应运而生的。它是一项为全社会、全体市民服务的公益事业，其产生的效益除了自身的微观经济效益以外、还有更主要的宏观社会效益，要能够最好地为平民老百姓服务。

一直以来，开发利用城市地下空间在经济效益和社会效益两者之间总难以找到它的平衡点。地下空间开发初期投资成本大、投资回收期又很长。拿地铁来说，不论国外还是国内，能够真正盈利的线路很少很少；由于规划欠周，一些地下商街的空置店面也面临出租难。显然，它的建设与运营的成本和收益远不成比例。对此，孙钧院士认为，开发利用地下空间将极大地促进所在城市和地区的经济发展，这方面它所产生的宏观社会效益将远远超过其建设(业主)方或运营方自身的微观经济效益。我们应该切实理会到这一点，它是关系地下空间今后成功开发非常重要的一点。

孙钧院士在采访中直指当下某些部门在地下空间利用上的功利色彩过浓了。例如，提到地下空间开发，我们往往想到的首先是兴建地下商业街、商场超市，希望能够创造好的经济效益，并费尽心思测算今后资金的回收期，这都从侧面反映了我国城市地下空间开发的功利性。

在孙钧院士看来，与一些发达国家城市地下空间的开发利用相比照，我们的差距并不在于技术，而是建设理念，在理念上需要有切实的转变和纠正。

在采访中，孙钧院士直言："要想靠开发地下空间挣钱，这条路就别走了。"因为从投入的成本来看，地下空间工程施工费时、费力、耗资十分巨大，而日后长期运营中需要日夜通风、防潮去湿、照明、排水、防倒灌等，相对于地面，以上说的这些都是远高出来的成本，因而去地下城购物就自然比较贵了。况且，如果地下商铺的商品没有它的某些特色，地上同样也买得到，谁又会去地下买饼干、糕酥这类容易受潮、变质的商品？而地下又应卖些什么具有与地面不同特色的商品呢？这真会使商店主十分为难和困惑！

紧紧抓住城市地下空间的开发利用是为人民群众谋福祉，为平民百姓更加舒适又便捷的城市生活开辟一条新的路子，才是我们的主旨。例如，让公众下班后，可从工作的办公大楼里坐电梯由地下通道直达附近的地铁站，购物、用餐，甚至冲凉都能在地下，方便又省钱，然后，不出地面就直接坐地铁回家。讲到这，老院士不禁想起了多年前自己带同一个博士生在日本大阪问起过的一件事："当时正值下班高峰，学生发现大街上却没有多出什么人，感到非常疑惑，'难道都还没有下班？'于是他就问。我说，你明天去地下看看，人们全是从办公楼下班在地下超市买点熟食品，就直接坐地铁回家，不再钻出地面来了。"

"钱要花在刀刃上"，这是老院士在地下空间总体设计理念上强调的又一重要观点。他说，城市地下空

间开发要重在经济实惠,朴素无华中稍作修饰,让老百姓感到处处便捷和舒适就行。然而,一些地下空间项目却在面子上做了许多不必要的炫耀,甚至攀比,反而把里子放在了次位。这引起了孙钧院士的质疑。他指出,现在有些地铁大站装饰得可谓美轮美奂,看上去感观上到是好极了!但事实上,越是高档的装饰材料除价格高昂外,更且都是低阻燃的,其防火性能一般很差。地铁墙板等的防火要求是能抗受800℃的高温炙烤、时间长达 45 min 而不会塌毁。目前国内多数高品质装饰材料怕还难以达到这样的抗灾要求。比起奢侈华丽的装修,地铁中对残疾人使用的无障碍配套通行、站台前安装屏蔽门、可靠的安检设施,以及行人诱导系统等,才是今后需要进一步完善的重点,这些钱才花得实用、值得。

本文发表于原载《中华铁道网》2014 年 10 月 17 日

解读钱江隧道工程建设技术

——钱江通道通车之际《隧道网》专访孙钧院士

编者语:"八月十八潮,壮观天下无。"这是北宋大诗人苏东坡咏赞钱塘秋潮的千古名句。素有"天下第一潮"美誉的钱塘江潮,是由于天体引力和地球自转的离心作用使海洋水面发生周期性涨落的潮汐,加上杭州湾喇叭口的特殊地形,所造成的特大涌潮。每年农历八月十八,钱江涌潮最大。海潮来时,声如雷鸣,排山倒海,蔚为壮观。继 2010 年 12 月 28 日庆春路过江隧道通车之后,穿越钱塘江的第二条公路隧道——钱江通道于 2014 年 4 月 16 日正式通车。杭州湾上再添便捷过江通道,不仅可有效缓解沪杭甬高速路特别是钱江二桥和下沙大桥的交通,同时大大缩短了杭州湾两岸的时空距离(图 1)。在日前召开的 2014(第三届)国际桥梁与隧道技术大会上,隧道网记者有幸采访到钱江通道的专家组组长——中国科学院院士孙均先生,请他为我们介绍了钱江通道建设中的关键性技术,与我们回顾了"钱江通道"建设过程中的故事。

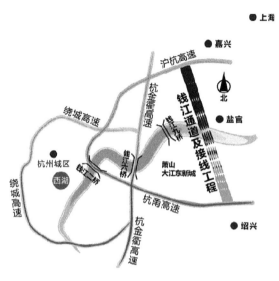

图 1 钱江隧道示意简图

1 钱江隧道缘起

钱江隧道原来的规划是钱江十桥。早在 2004 年,浙江省发改委和交通厅在杭州联合主持召开了《钱江十桥及接线工程预可行性报告》的预审查会议,已基本赞同了过江工程采用建桥方案。

然而,项目北岸紧邻观潮胜地——海宁县盐官镇,千百年来钱江涌潮令人叹为观止,是及其宝贵的自然奇观,其价值不言而喻。在这里修建桥梁,一旦因桥墩的阻挡破坏涌潮,损失不可估量。2005 年浙江省"两会"期间,部分人大代表提案,称建设钱江通道对区域经济发展有着十分重要的作用,但为了保护钱江涌潮的自然奇观,建议采用隧道过江方案。

事关重大,为此,业主单位一行六位负责人曾专程拜访了中国科学院孙钧院士,请教在此改建隧道的可能性。孙钧院士表示,隧道方案是可行的,至少不会对涌潮造成破坏,但是"强涌潮下建设隧道,恐怕会对隧道施工造成影响"。

经过再三的斟酌与比选,本着对子孙后代负责的原则,2006 年初,嘉兴、杭州和绍兴三地政府就过江方式采用隧道方案达成一致意见。2006 年 5 月 23 日,浙江省发改委和省交通厅在杭州联合组织了《钱江通道及接线工程补充预可行性研究报告》审查会议,确定了隧道方案。

钱江隧道是杭州钱江流域第一条超大直径盾构法隧道,隧道全长 4.45 km,进行一次折返式长距离掘进,采用一台直径 15.43 m 的超大型泥水气压平衡式盾构掘进机施工(图 2),隧道断面如图 3 所示。西线隧道由南至北掘进,盾构在江北工作井调头,东线隧道由北至南掘进,工程平面如图 4 所示。隧道具备长、大、深三个特点:长——盾构机一次连续掘进距离 3.2 km,中间不设检修井;大——隧道开挖直径达到 15.43 m;深——隧道在江底最深的埋深达到 39 m。隧道跨径大、里程长、技术难度大,且地质条件复杂,叠次穿越古防洪大堤,是隧道工程中的又一奇迹。

图 2 钱江隧道直径 15.43 m 泥水盾构机

图 3 钱江隧道横断面效果图

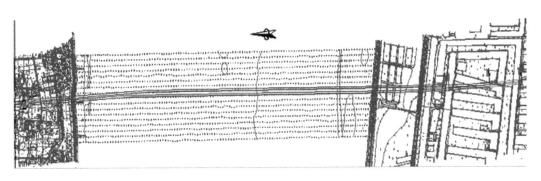

图 4 钱江隧道工程平面图

2 强涌潮下的盾构施工：作业面的稳定性是工程成败的关键所在

国内外已有不少大直径盾构开挖隧道的成功案例，在国内，其中具有代表性的有上海上中路隧道（直径 14.87 m）、崇明长江隧道（直径 15.43 m）等。可以说，对于 15 m 左右大直径盾构的运用，国内已积累一定经验，但对于超大直径盾构隧道在砂性土且高涌潮差等复杂环境下的掘进尚属首次。

对强涌潮下的建设隧道，孙钧院士形象地形容为："地上动一动，地下抖三抖"。钱江涌潮恢弘壮阔，但对于江底的施工却有着致命的威胁。涌潮时，潮水来势凶猛，一进一退，速度极快，所带来的力量非常大，其冲击力势必造成地下空间的颤抖甚至晃动；而隧道的盾构施工本身也是抖动的，上下同时震动，极易造成作业面失稳，安全风险极大（图 5）。

因此，在农历八月十五左右，涌潮最壮观的几日，盾构施工必须停止作业，否则很容易造成土体坍塌，严

图 5 研究涌潮对盾构开挖面稳定影响

重时甚至会造成海水渗漏，后果不堪设想。然而，盾构长时间停止作业容易引发沉降，造成管片变形，导致难以控制隧道轴线走向。"强涌潮下长时间停工可能引起的盾构下沉带来隧道轴线标高无法控制"是孙钧院士一直特别担心的技术问题。

建设单位针对涌潮情况，专题研究涌潮对河床冲淤变化以及对隧道结构受力的影响，从而确定合适的隧道埋深；通过模型试验、理论分析以及实践验证的方

式研究了涌潮对盾构开挖面稳定影响分析,指导施工中确定合适的施工参数;施工中对潮水水位和江底变形进行监测,适时指导施工参数调整(图6),从而确保了潮涌条件下盾构的顺利推进。此外,盾构设备自身运用了泥水压力和空气压力的双通道联合控制模式,掘进时通过控制单元调节工作舱内的压缩空气垫以稳定舱泥水液位达到平衡开挖舱面水土压力。

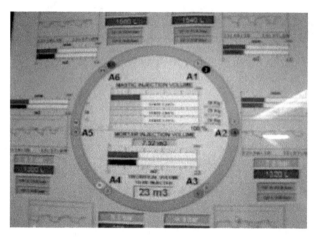

图 6 根据水位监测数据调整切口水压

针对隧道轴线标高的控制,隧道股份研发了 stec 自动导向系统(图7),每隔一分钟可测量一次,辅以人工测量校核;管片选型时着重考虑盾构姿态与设计轴线关系、盾构姿态与管片姿态关系、错缝拼装、管片外弧面与盾壳内弧面四周间隙,提高管片拼装精度;同步注浆系统采用单液可硬性浆液,同步注浆管采用内置式,每个注浆点可单独控制注浆压力和注浆量,施工时采取推进和注浆联动的方式,压力、注浆量双参数控制保证填充效果。通过精心设计、精心施工,最终保证了工程的施工安全。

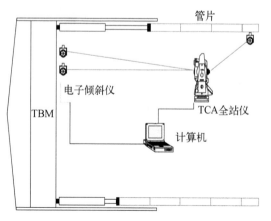

图 7 自动导向系统

3 大盾构的"华丽转身":充分利用旧盾构机,顺利整体调头

钱江隧道单线全长约 4.45 km,隧道开挖直径达 15.43 m,是当时世界上最大直径的泥水平衡式盾构法隧道。据孙钧院士介绍,当初的上海崇明长江隧道使用了两台德国海瑞克生产的盾构机,每台造价达 6 亿多,一条上行线,一条下行线,而钱江隧道此次使用的盾构机,正是崇明长江隧道施工时的其中一台(另一台用在上海长江西路隧道)。

孙钧院士说:"盾构机的寿命是有限的,损耗比较大。一般来讲,一台盾构在砂性土质中推进 10 km 左右就必须进行大修,而在黏性土质中也不能超过 20 km。"钱江通道使用的这台盾构机在崇明长江隧道已经一次性推进 7.5 km。为保障盾构安全推进无事故,建设单位施工前对机器进行了全方位大修,下机组装前再次检修,提前做足功课,充分备好密封件等易损品,做好盾构机日常维护。

孙钧院士感叹:"隧道股份的建设者真的很不容易!对使用过的'二手货',在盾构机的刀盘、车架都没有更换的情况下,没有发生任何意外,为国家节省了大量资金,非常难得!"

由于只使用了一台盾构机,盾构需要在江北工作井进洞(图8)后,整体调头(图9)进入东线隧道。钱江隧道盾构外径为 15.43 m,整体长度为 15.8 m,旋转直径为 22.084 m,总重量 1 800 t,因为不均分布重量荷载,重心靠近前段。工程采用了 PLC 整体同步顶升技术,通过调整可移位式盾构基座搁架,达到盾构机的下

图 8 盾构进洞

降调平、平移、旋转、顶升调坡的目的。完成后,车架由特制超大 44 m 跨距 80 t 吊车从西线工作井分段吊出,从东线隧道暗埋段上的预留孔吊入安装。在盾构调头期间,一切施工作业正常进行。

图 9　盾构调头

孙钧院士说,一台直径达 15.43 米的大型盾构机要在一个长圆形井内平移、转身、一次性调头,其技术在上海乃至中国都尚属首次。他在参观钱江通道工程时看到调头的情景,赞赏地称其为"大盾构的华丽转身"。

4　多个施工亮点终成"地下巨龙"

1) 隧道四次穿越防汛大堤

钱塘江海塘是中国一项伟大的古建筑。为抵御潮水冲击,修筑海塘向来是宁绍平原沿岸地区的重点水利工程。根据推进线路,钱江隧道将分别穿越江南大堤(图 10)、江北大堤(图 11),先后 4 次穿越。其中江北大堤为明清老海塘,穿越大堤时由于覆土厚度变化梯度大,盾构施工参数控制困难,隧道之间净距离小,两次扰动土层对大堤也会产生一定的影响。

为了保证大堤安全,施工单位在大堤关键部位设置了监测断面,加密地面监测,信息及时反馈;根据埋深、地层、地下水等,准确设定切口水压及注浆量,并精确控制,同时根据监测情况及时微调;全天采集监测数据,用来监测大堤的沉降。在大堤影响范围内设置剪力销管片,增加隧道整体性。盾构匀速推进,一般控制在 20 mm/min 左右,推进过程中保持盾构机姿态稳定,减少盾构纠偏量和纠偏频率。为减少盾构机背部产生地面沉降,利用原盾构壳体的注浆孔对盾构壳体进行压注,在盾构推进时根据大堤变形的实际情况,向盾构上部压注一定量浆液以控制地面沉降。

通过科学的数据分析和多方努力,钱江隧道盾构机顺利通过大堤坝体,整个施工过程中,钱塘江北岸大堤的沉降严格控制在 1 cm 左右的安全范围内。江南大堤沉降,西线为 25 mm,东线为 23 mm;江北大堤沉降,西线为 16.35 mm,东线为 8 mm,穿越施工对周边的环境降低到了最小。

2) 大型泥水平衡盾构超浅覆土进出洞

钱江隧道顶覆土 9.5 m,处于浅覆土透水砂层中进

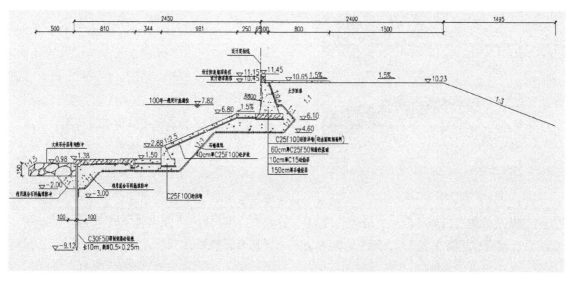

图 10　江南大堤标准断面图

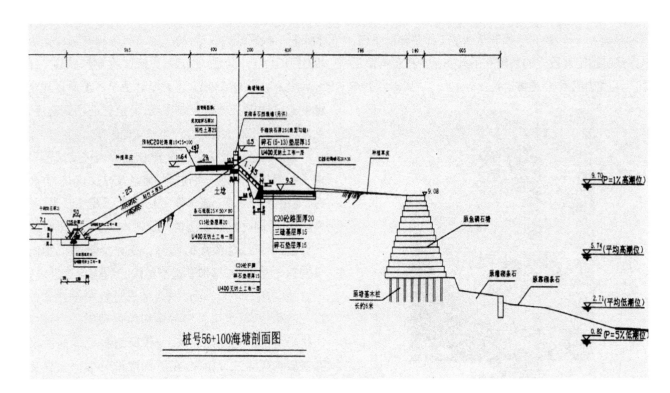

图 11　江北大堤标准断面图

出洞,风险极大。主要穿越的土层:③2 粉砂、④2 粉质粘土,如图 12 所示。隧道坡度为 2.8%,属超浅覆土施工,覆土厚度小于盾构直径,对地面扰动极大,出现沉降的可能最高,其中盾构进出洞是隧道施工一项高风险的控制点。

图 12　盾构进出洞施工地层图

钱江隧道进出洞施工三个难点:一是覆土浅,且盾构大部分位于渗透性非常好的粉细砂层土中,易发生盾构正面土体坍塌或冒浆现象;二是对进出洞土体加固质量及辅助降水提出了很高要求,稍有不慎易发生水砂突涌现象;三是洞门断面面积较大,洞门圈直径比盾构外径大 0.57 m,给施工轴线控制和洞口止水工作带来较大难度。

施工过程中通过采取取芯和水平探孔检验土体加固质量、合理设置降水井将水位降至砂土层以下、合理设置泥水压力、泥水指标、推进速度、同步注浆和环箍注浆等施工参数、进出洞段设置管片剪力销以提高隧道整体性等措施,安全顺利的完成了盾构进出洞施工。除此之外,盾构机进入工作井后,随着盾壳周围的摩擦力的消失以及正面的水压力降低,使得原来处于压紧状态的管片在止水橡胶条膨胀作用及盾尾刷的拉扯下,可能会出现松动,因此在进洞最后 10 环,通过预应力螺栓拉紧。管片也相应为预埋了预应力螺栓孔的特殊管片。图 13 为盾构出洞施工流程图。

3) 钱塘江下长距离掘进

钱江隧道采用 1 台直径达 15.43 m 的盾构一次掘进完成两条隧道,单条长 3 245 m。长距离掘进存在众多施工难点:如大断面隧道抗浮,通风和运输,长距离引发的测量偏差,盾尾钢丝刷和刀具磨损更换等。在盾构推进过程中,如处理不当,轻则耽误工期,重则危害整个工程安全。因此在盾构推进过程中,施工单位

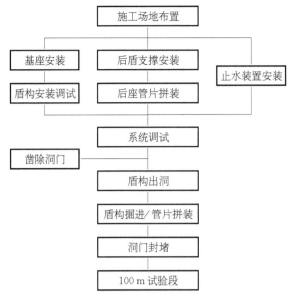

図13 盾构出洞施工流程

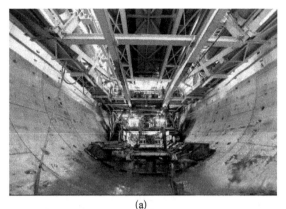

(a)

(b)

図14 隧道内施工图

采取了多种防范措施,以保证工程顺利施工。例如在盾构设计阶段,设备增加了配重,通过盾构机内配置的车架来控制隧道上浮,随着车架前移,后续施工结构的跟进同样起到压重的效果;盾构全程保环及备品备件、江底变形监测、根据水位监测数据调整切口水压、排泥接力泵、盾尾油脂压注、江底更换盾尾刷等应急预案,使得盾构一次性过江,调头期间更换刀具及盾尾刷,未出现盾尾漏水漏沙现象。图14为隧道内施工图。

4)采用"滑梯式逃生通道"

钱江隧道呈V字造型,空间上分为3层,中间层为行车道,上层系排烟层,下层则是逃生通道。经过专家论证,钱江隧道盾构段不设联络通道,采用"滑梯式逃生通道"。逃生滑梯每80 m一个,主要用于人员进入车道层下方进行疏散逃生,同时,每240 m设一个救援楼梯,主要用于救援人员从下方进入行车道进行救援,也可兼作人员疏散逃生用。另外,口型件中间通道可行驶电瓶车,便于人员逃生和救援。

逃生滑梯(图15)和救援楼梯均位于隧道右侧,设带液压装置的钢盖板,只要把扳手拉起转一圈,便可轻松将钢板掀起,每块钢板附近都会有操作方法的图示标注。当火灾等危险情况发生时,隧道里的人可以快速进入地下安全地带,救援人员也可通过这里进入行车道,逃生通道的设置为安全运营提供了有力保证。

图15 隧道内逃生滑梯

5 地下空间开发让生活更美好

耄耋之年的孙钧院士仍然精神矍铄,思维敏捷,访谈过程中不时妙语连珠,对于钱江通道的建设技术,孙钧院士颇为赞许,几次感叹施工过程"不容易"。他表示,在重重难点的困扰下,工程依然安全、稳步推进(图16),施工中最高纪录为推进22 m/天,而且在克服困难的过程中产生了很多技术上的创新,为以后同类工程的施工提供了有益的经验。

图16　超大直径泥水盾构隧道贯通

孙钧院士在当天的采访中还提到了我国近年来在建和拟建的大型隧道的建设情况,如在建的港珠澳大桥通道、拟建的琼州海峡、渤海湾、大连湾以及深圳到中山的跨海通道等,提出在当今地下空间开发的大好时代,需从开发理念、功能、做法上提高一个层次,既能造福现代,又能为子孙谋福利。如何合理利用有限的地下空间,使得地上地下开发一体化;有效采用绿色低碳节能的技术和材料,让地下空间更舒适都是未来亟待解决的问题。

操千曲而后晓声，观千剑而后识器

——在 2014（第三届）国际桥梁与隧道技术大会上记者邀请孙钧院士约谈
"我国水底隧道施工经验和城市地下空间开发的认识与思考"

我国海岸线总长度 3.2 万 km，其中大陆海岸线 1.8 万 km，岛屿海岸线 1.4 万 km，15 个海湾。天然的地势使我国建造海底隧道成为急需又必需的国家基础建设任务。2009 年 11 月 5 日，建设历时 4 年多的厦门翔安海底隧道全线贯通，这是我国大陆第一条由我国自主设计、施工建设的海底隧道。晚近二十年来，我国海底隧道事业蓬勃发展，国内多座长大越江隧道、跨海隧道举世瞩目，在世界海底隧道建造史上也增添了浓墨重彩的一笔。

在港珠澳大桥岛隧工程施工如火如荼进行、渤海湾跨海通道项目又蓄势待发之际，在 2014（第三届）国际桥梁与隧道技术大会上，我们有幸邀请到国内外知名隧道工程技术专家、中国科学院孙钧院士以国内多座已建或待建的长大越江隧道和跨海隧道的若干关键技术研究与思考为题，为大会做了一场精彩报告。会议期间，本刊记者也对孙钧院士进行了独家采访，孙钧院士重点为我们介绍了今日已正式开通运营具有里程碑意义的钱江隧道设计施工情况。

钱江隧道，是钱江通道及其接线工程的关键控制性工程，它南连杭州萧山、北接嘉兴海宁的特大越江公路隧道，是钱塘江流域杭州城区以外第一座大型的越江隧道。钱江隧道的建成将沟通钱江南北两岸，对加强两岸各重要城市的相互联系和经济往来具有十分重要的意义。作为钱江隧道技术专家组组长的孙钧院士在对记者介绍这座隧道时，谈吐中充满了赞赏和欣慰之情。在谈及钱江隧道的施工经验时，孙钧院士简要概括了它的五个特色亮点。

特点 1：险地段——克服强涌潮顺利越过钱塘江

钱江通道及接线工程因北岸临近观潮胜地——盐官镇，如果建造大桥，桥墩引发的海潮回水是否对涌潮

景观造成负面影响很难估计，本项目经反复论证最终决定采用钱江隧道过江方案。但是反过来，每年的大潮汹涌澎湃，来势迅猛；而退潮则急流勇退，其时是否会对江中涌潮段的地下隧道施工造成安全威胁却有各种疑虑和困惑。所谓"地上动一动，地下抖三抖"，大潮来临时造成的江波涌动很可能会使施工作业面坍塌失稳，造成大量水土突入泥水舱导致盾构机受损故障，最严重的还有可能造成整条正施工中的隧道因遭受冲击而整体失稳，或隧道行进姿态失控。在这样险峻恶劣的水文条件下，建设者们能设法顺利挺过三个年头钱塘江大潮实现今日的正式通车，着实不易！这方面的技术经验值得着重总结。

特点 2：高节约——二手盾构机推出崭新隧道

盾构机作为掘进中受损耗很大的机械，通常用过十几公里就会进厂作大维修。由于钱江隧道与上海长江隧道均为 3 车道，施工方选用了上海长江隧道施工时用过的二手盾构机，在技术人员的精心维护下，东西上下行双线采用一机推完，出色地完成了钱江隧道施工，为国家节约了海外订购两台新盾构机约 6 个亿的巨额花费，立功至伟！

特点 3：华丽转身——工作井内盾构 180°平移调头

因本工程只采用 1 台盾构掘进施工，在完成东线隧道掘进进入江北工作井后，需在腰圆形接收井内原地平移及调头，调头后再开始西线隧道的掘进施工。以往盾构机要转换方向，一般都采取在工作井内将盾构机拆卸成块再拼装成整体原型的方法，而此次直径达 15.43 米的特大型盾构机能够整体平移并调转 180°，为我国隧道建设工作积累了大型盾构"转身"、平移的实际经验。对此，老院士高兴地称它为一次极成

功的"华丽转身",说得多么形象啊!

特点4:稳推进——盾构顺利四过两岸防汛大堤

隧道掘进4次穿越钱塘江两岸新、老防洪大堤,穿越过程中引起的地面沉降和走动会对大堤产生一定的不利影响。施工队伍在过堤时兢兢业业,加强监测并减慢推进速度,在确保防洪堤质量安全的前提下,顺利完成了隧道过大堤的推进施工。施工队伍的技术和工作经验都值得认真学习和总结。

特点5:巧防灾——逃生滑梯替代联络通道

上下行隧道间设置横向联络通道,建造中打设水平冻结孔遇水下障碍物时,要冻结土体后改用钻爆法,其排险工作复杂,在钱江隧道中采用了滑梯进入下层疏散通道作为逃生方案,这一成功创举,为之后的隧道建设提供了一种新的思路。目前,国内已陆续有部分隧道采用了此种方案,并正在总结这方面的得失与经验。

访谈将近结束,谈及拟议兴建的台湾海峡通道。孙钧院士表示,这也是我国隧道业界同仁们的"中国隧道梦",尽管由于众所周知的原因,它的实现尚需借以时日,但相信今后一定会梦想成真。该项目方案采用"桥"还是"隧"仍在比较中,孙钧院士倾向于建隧方案,并简要表述了他的几点理由:首先,若建桥,遇海面台风和浓雾等不良气候条件时需封锁交通或危及车辆运行,而隧道则是全天候地均可无妨碍地安全通过;其次,台湾海峡是高烈度地震的频发区,处于地面的大桥抗震能力不如隧道;三则,建造桥梁势必会有数量庞大的桥墩,台湾海峡是国际航运的黄金水道,船运十分频繁,桥墩对航运的不良影响是难以做到两全其美的。孙钧院士在他的一篇近作《台湾海峡隧道工程规划方案若干关键性问题的思考》中较全面地分析了修建隧道过海的技术优势和存在的问题。他指出,就台海大通道而言,桥、隧方案的比选和优化,日后定将是前期方案和工程可行性设计中的重中之重,当应从长计议。文章重点对隧道越海施工方案和建设工期方面的构想进行了阐述。

后记:

开发利用城市地下空间是21世纪工程建设的重要发展趋势,是大城市发展到一定阶段的必然产物。随着我国一线城市地下空间的大量开发和利用,地下浅层部分将会逐渐得到充分利用,为了综合利用地下空间资源,地下空间开发将逐步向深部地层发展,后续中、深地层的开挖技术和装备将会日趋完善。记者请教孙钧院士"城市地下空间的开发思路和构想",孙钧院士认为:地下空间资源的开发有其特殊性,与地上建筑相比,它不仅投入巨大,耗时更长,建造难度大,而且原则上不允许返工、重建,故而需要更加慎重决策和把握。开发设计地下空间的理念要多方位策划和考虑,首先是它的社会效益,开发地下空间应当以为平民百姓日常的工作和生活谋福祉为出发点。构造良好的地下空间要具有环境安逸、静娴宜人、人们都愿意走向地下的优点,作为休闲、商购的场所感到十分合适,国外亦有许多优秀的范例可供借鉴。

1)地下空间要为民众谋福祉

以地上繁华商业圈、环绕城市的大型地下车站为中心进行地下空间的开发,造福当代而惠泽后人。城市地下空间不仅仅是商场、地下商业街和停车库,还可以集娱乐、休闲、文化、艺术等多种市民乐见的基础设施建设于一体。开发城市地下空间是政府行为,造福于民是应当放在首位考虑的,而不是以谋求经济生财为先决条件。

2)地下空间要鲜明的功能特色

地下空间的功能设置及其用途要有特色,要有能够区别于地上建筑而存在的优势。如果地下商业中心出售的特色商品是地面上买不到的,这对该地下中心兴盛的影响将不容小觑。

3)地下空间要追求简朴实用

开发地下空间,真正地利用好地下资源,它的安全性、功能性、舒适性和实用性四者,要远远比装饰性重要。国内的一些地下空间项目,装修、装饰可以说是美轮美奂,漂亮是好,但是除耗资巨大外,许多高级装饰材料却是低阻燃的,在火灾等突发事件中就成了软肋,这是要不得的。我们需要转变现在的思路,做到钱要花在刀刃上。

4)地下空间要利用自然光照资源

是否能巧妙地结合地形、地理特点、利用自然资源设计出富有特色的地下设施项目,这对规划、设计方面提出了更高的要求,也势必会对我国地下空间发展速度的加快与品质、素质的飞跃起到推动作用。谈及地下空间普遍利用人工照明,孙钧院士介绍说:"国外许多地下空间都十分关注充分利用天然阳光,大面积的透光天棚、敞开的出入口,地下商场中间在天棚下的走道、步行街等不一而足,加之设计优良的通风、除湿装置,使人们没有身处地下而郁闷的感觉。"他曾参观过挪威某处地下两层图书馆,该建筑巧妙地利用周侧墙体缝隙中设置的反光、折射玻璃镜面,将地面太阳光经反射和折射后引入地下,既感官上舒适又节约能源。当前我国地下空间项目普遍采用人工照明,如何合理地、循环地利用自然阳光应该成为未来地下城发展的趋势。

城市地下空间开发切忌功利化

孙 钧

作为人类生态空间的又一延伸——城市地下空间开发与利用已成为当今各大城市发展的一种新的态势,越来越受到人们的关注。世界上很多国家和地区,如日本、加拿大、西欧、中国香港等已有很多优秀的城市地下空间开发案例,我国以北京、上海、广州、深圳、重庆、杭州等为代表的诸多一、二线城市也正在大力进行城市地下空间综合体项目的规划设计和开发利用建设。

总体而言,目前我国对城市地下空间的开发与利用在规划理念方面还存在许多认识上的局限,与发达国家相比,还有不少的差距。这其中,过于追求市场功利化的开发理念极大地影响了我国城市地下空间整体功能的完善和利用效率的提高。

问题1:我国城市中道路人流拥挤、交通堵塞、住房资源紧张、环境污染严重等"城市综合症"日益凸显,"地下造城"时代已悄然来临。作为长期从事城市地下空间开发方面研究的专家,你如何看待国内城市地下空间开发的现状?

孙钧:地下空间的开发与利用,对于有效扩展城市空间容量、缓解交通压力、提高土地利用效率、完善城市功能、减少环境污染和节能减排等都具有十分显著的作用。但与此同时,城市地下空间开发利用的战略规划设计、综合性的管理组织、相关法规的建设和完善、融资的主体及手段、运营和管理方式等问题更值得大家关注。整体来看,目前我国多数城市的地下空间开发规划量大面广,过于面面俱到,使得初期投入太大。很多城市地下空间开发规划的文本很厚重,目标十分宏伟,但多数仅停留在纸面上,最终真正落实到位的却少之又少。正确的做法应该是在做好整体规划后,要抓住重点、分步序逐个落实,只有一步步实现了预期效益,才能激发政府、业主和市场等参与城市地下空间开发主体的积极性,不能总让城市地下空间开发

这一实际行动最终停留为一座现代化城市的"规划档案"。

问题2:从目前国内多数城市的地下空间开发情况来看,主要是在修地铁,也有部分地下商业在做,那城市地下空间开发的价值和范围有哪些?

孙钧:城市地下空间的价值其实是多方面的,目前,我国在城市地下空间的开发与利用上显得过于功利化,大多数情况下都在考虑如何在及早收回投资成本后赚钱,而国际惯例上的城市地下空间开发都是将经济效益和社会效益相结合,甚至是更多地在考虑社会效益,为大众百姓的休闲提供更为安静宜人的地下场所和条件。同时,城市地下空间的开发与利用也应该是多层次的、立体化格局。除了地铁、城市地下道路分别用来疏散地面过于集中和拥堵的人流、车流外,还应建设一些生活服务配套类项目。比如,地下蓄水隧洞和地下水库、地下停车场和地下图书馆、地下生活广场和地下休闲娱乐中心等。鉴于此,政府在做城市地下空间开发与利用的整体规划时,应充分考虑到经济效益和社会效益的统一,明确政府主体和市场参与的职责界限,切忌过于商业化。

问题3:相比地上,城市地下空间的开发与利用成本更高,技术要求也更为严格,因此整体的规划和各部门之间的密切配合显得尤为重要,城市地下空间开发与利用规划应该坚持哪些原则?

孙钧:现在我国很多城市都在做三维立体式空间开发,这其中,城市地下空间的开发与利用是不可或缺的部分。对此,我给一些大城市的建议是:以城市规划部门为主体、联合城市轨道交通建设管理部门、城市人民防空部门三位一体做城市地下空间开发与利用的整体规划,而以轨交地铁为主线,在其若干主要地下车站的周边地下开拓地下商业设施,并与办公大楼的地

下室联通搞活成为一个系统。更确切来讲,城市地下空间开发与利用应该以轨道交通为主干,在其周边主要车站附近进行地下空间的开发。设有地铁的城市,做城市地下空间的开发时必须以城市地铁规划布局为主体骨干和先导来展开,然后让其统领整个城市的地下空间开发与利用。国外许多城市都普遍是这样来规划和布局的。地铁的表观装修不应过于追求奢侈和豪华,应该把有限的投入花费在各种地下功能的完善和进步上面。同时,地下商业要有特色,与地上的商业形成差异化格局。

对城市海底隧道建设若干技术关键的思考

孙　钧

中国科学院院士、同济大学资深荣誉教授孙钧先生作为开场演讲嘉宾，发表"近年来国内多座已建待建水底长大隧道若干技术关键的思考"的报告，为大家介绍了包括港珠澳大桥项目、钱江隧道、大连湾隧道，以及深圳到中山通道等引人关注的水底长大隧道，并就规划中的项目在桥梁与隧道方案如何选择上发表了独到的见解。对城市海底隧道建设若干技术关键的思考，孙钧院士认为：

1）使用功能发挥充分

（1）与路网规划、两岸接线的顺畅性；

（2）洞内运营安全——交通信号管理（塞车、追尾、不容许的车道变换引起擦碰）；

（3）长隧道、多车道的运营通风；绿色低碳，节能、减排、环保；

（4）LED 照明的高层次智能化——自动调光控制；

（5）长隧道的防灾——"火警"与"火灾"的风险管理与控制（中央控制室内预防为主，将灾害消灭于萌之初）。

2）工程质量保证

（1）水底隧道的防排水有别于越岭隧道，海底地下工程要"以堵为主、限量排放"，是工程质量方面最重要、也是最薄弱环节之一。

（2）海洋环境条件下，海水和大气中 Cl^- 腐蚀对钢筋锈蚀的防护；洞内行车，汽车尾气碳排放（CO_2、CO)对混凝土保护层的碳化腐蚀；用普通水泥和常用粗细骨料拌制高性能、抗腐性强的海工混凝土。

随后孙钧院士以若干已建、待建水下隧道示例，进行了技术方面的详细阐述，包括正在建设中的港珠澳大桥岛隧工程。孙钧院士从沉管隧道方案拟定、筑岛围护、软基处理——挤密砂桩复合地基、水道大回淤条件下，管节预应力索筋不再切断的处治等方面进行介绍。并对待建的台海通道、已建成通车的厦门翔安青岛胶州湾海底隧道、崇明长江南港隧道、已建成尚未通水南水北调中线一期穿黄隧洞等大型项目发表了见解。

在 973 计划项目：城市轨道交通地下结构性能演化与感控基础理论研究，2015 年度长沙研讨会议上的发言

孙　钧

1　在地铁结构运营安全性及其工作状态历时演化的预报与控制方面

　　信息化设计是确保工程使用安全的前提和必要条件，而信息化施工则离不开安全性预报。由健康检测所得的变形位移量信息，只能用以判别当前阶段的工程安全，而对其后续一个时间段的安全性如何，则还需通过经验推理来作粗略估计。我本人所在团队近十年来建议采用一种人工智能多步滚动法来作预测，以人工 B. P. 神经网络为立论基础，它能以定量历时预报此后一些时段的工程安全性演变。而更有价值的是，当变形过度发展时，还可由此进一步制定作实时变形控制的策略，此处是采用一种模糊逻辑控制的人工干预手段，通过调整诸有关参数，而不需依靠注浆等额外花费与外加投入，就能以达到对变形作有效控制的效果。该方法前些年已在上海地铁 2 号线区间、南京地铁 1 号线区间，以及上海地铁 4 号线环线上下近距离交叠盾构区间隧道等多处先后分别作施工变形的智能预测与控制，均取得了很好的效果，相信也同样能成功应用于此处的工程运营安全性预报与时变演化控制。

　　对运营期结构变形及其稳定性的历时演化并进而作出有效评价，将会涉及如何合理制定其"判定准则"（judgement criterion）问题。对不同地质条件和不同的结构衬砌支护情况，其变形演化的判别还应选择各自不同的演化准则。由于运营期结构健康检测所获得的信息多为变形位移量与沉降收敛量，因此，需要建立根据位移、沉降等量值以判断其安全性及其时变演化识别方面的一套有据、有效的"判定准则"。这里，在通过安全性判别来进而实现安全性控制，就要求制定如何反映问题优化求解的策略。这就要求在细致掌握和分析现有成果资料数据的基础上，参照经验及与其相关

计算分析两相结合所建立的半经验、半理论优化算法，进而提出若干可能实现的方案，并从中选择能以最大程度地满足结构安全性要求、又能最大节约投资、方便施工和后续运营管理各方面综合比较所得出的最为有效的推荐方案。作安全性预报与控制还应强调需复盖整个工程全寿命周期内的安全使用全过程。

　　进而言之，就地铁运营安全性的预报而言，如何从安全性辨识上来谋求建立并提出安全与否的判据，是一项值得作深化研究的课题。一种方法是通过利用反演分析计算得到的等代参数值，再通过正演可得变形位移量的估计值，并从而据以制定出其临界的警戒值和最大极限位移量的阈值；而另一种方法则是通过室内、外实验和现场测试，直接得到岩土和地下支衬结构承载能力与正常使用条件（由裂缝控制）下容许的临界值及其最大极限值，再据以确定变形位移量的警戒值及其极限阈值。这里要求随时能比照过去的实践经验值和已往所得数据，对岩土问题言更感十分必要，这就是上面所提出的智能化预测与控制的立论背景与基础。

　　不知能否将反演、正演交替分析法延伸应用于此处地铁结构的历时衰变、演化全过程分析？由于反分析在理论和方法方面，其研究路线要求具备是有众多来自实践的测试数据，从而又能将结果直接应用于解决工程中的实际问题，其中的本构属性在过程中对其精度要求上似可放松（弱化）一点，而其重点则改为放在现场实测信息的采集上，它是建立适用反分析法的基础，也构成了该法的内部约束条件。在结构历时劣变、演化过程中，其本构模型 $[\sigma, \varepsilon, t(\sigma, \varepsilon)]$ 自应也能反映岩土和结构材料力学性态上的演化特征及其变化过程，而计算上也能同样跟踪演化过程。最好还要有一种合理的"误差检验与误差控制"方法，并随着工程

类别和实际工作条件的差异,能以分时段地变通它的优化求解方法。

另外,能否将经验所得与计算结果两相结合,并经提炼后成为一种"半经验——半理论"的本构关系,使对特定项目更有针对性,其精度也更高。此时,将其中的关键参数选定为目标未知数,使之能用于上述反演分析中的基本模型,再辅之以对目标函数的优化过程来提出一种新的算法,使之形成具有操作性好、又对演化问题可作上述动态反分析的新的算法。可行与否?需要作进一步的探索。

2 对地铁结构当前工作性态的风险评估方面

这里需要建立一种合适的风险评估模型。现行的模型从大类上区分,大体上有两种:一种是"模糊层次综合评估模型";另一种则是"人工神经网络综合评估模型"。我本人从这些年的工作中意识到:后者的自适应性和容错性都更好,使其用起来感到方便。其中,训练样本和样本测试是成效与否的关键,但由于指标体系的不确定性和评估工作的模糊性,而无法较理想地构造训练样本集,而训练样本集又需要在模糊综合评估模型的基础上,经反复试算后得到,进而靠采用这种样本集训练好的神经网络对具体结构对象进行安全性评估。故而,以上两种方法应该认为是相辅相成、相得益彰的。

此外,在轨交地铁交通网络的施工期和运营中作风险评估的研究成果似乎相对还比较少。这方面我的认识是,对"关键节点作评估"应该是风险管理与风险控制的重点,就施工期而言,主要风险存在于:① 超浅埋施工;② 周边有重要环境保护要求下的施工(如上下左右有已运行地铁和正在施工的深大基坑等);③ 地铁车站深大基坑(困难条件下)的施工;④ 地铁区间过大江;⑤ 遇特别松软或需穿越富水流沙等地层。而运营期的关键风险点则是:① 防灾灭火;② 设备重大故障;③ 其他突发重大灾害事故等。

风险评估从采用方法上,如:① 基于"信心指数"的专家调查法;② 模糊综合评判法;③层次分析敏感度法;④ 故障树法等,各有特色,也各有其使用局限性,难以说清何者最优。其中,在风险评估标准方面,已有各种专门用途的技术规范和政策法规可作参考和依循。但对按不同风险指标作分级的等级评价标准,用起来感到还不够明确、具体以及针对性不够强等问题,有待进一步研究改进。

3 关于对智慧感知问题,采用 BIM 技术(Smart BIM)在地下结构的应用方面

国内信息技术产业界近年来都在这方面作努力研制开发,已有了不少成果,如:

① 在信息化智慧监测管理平台方面;② 在地铁 BIM 设施的运营维护数字化管理及使之与移动终端相互结合的应用方面;③ 在轨道交通建养一体化管理平台方面;④ 在三维岩土体各类地质信息的自动建模方面等;⑤ 在轨交地铁智慧交通方面,也研发出了多种产品并已能初步形成系列。此处第 3 子项课题所研发的无线网络振动传感器在智慧感知方面的应用,很有新意,将充实这方面的有关内容。十分可喜!

在这些成果的后续研发方面,如何利用本项目课题组各高校的技术优势,进一步深化上述各项的理论内涵并进一步拓展其应用领域和范围,都有很多有价值的研究可做。

这里,为方便信息监测管理的业主和操作人员能够及时查看过程自身及其周边环境的安全并感知其一个时期内的变化,通过 BIM 技术,可对各类监测点分别建立不同的 BIM 模型,再串接入监测系统数据,进而形成除三维模型外,再加入"时间轴"和用以对所监测值的当前状态与下步演化的"动态色谱云图",从而构成所谓"5D"的更全面表现方式。如果再结合虚拟现实(VR)技术,实现结构空间的快速定位并形成漫游,则可能在发现有值得的"关注点"或"危险点"时,可快速查看该结构部位与其周边历时变化情况的全过程,再进而结合海量的有关监测数据,就能以帮助相关技术人员确切判识结构当前和后续一个时间段的安全状态,并对危险点位置发出提前预警,使能以及早制定工程决策。

4 关于施工监测和日后运营检测中海量数据的信息管理问题

工程监测/健康检测信息管理技术近年来可谓有

了长足的进步和发展。过去十多年来经历了几个发展阶段：从早前只能采用纸质文本与图形作文档管理、从采用电脑作简单的数据处理到工程数据库管理、利用 GIS 和互联网到数字化管理，再到今天的虚拟现实技术的推广应用，逐步体现了"信息技术管理的智能化、数字化和智慧化"。而在信息系统管理的应用方面，则已从单机逐步扩展到网络，从利用信息管理数字化、可视化作简单的图形图像，发展到 2D 和 3D GIS 空间，可谓快到使人真有点感觉追不上、都用不上来了。

以信息为中心和依据的施工监测和维养健康检测的信息管理系统，近年来国内高校[中国矿业大学(徐州)]已给出了这一领域具有完整功能结构的框架体系。当前，存在的问题似在于：① 信息预测的可靠性；② 系统的实用性与可操作性。这里，如何能基于三维可视化和虚拟现实技术，建立一个"多源监测信息综合集成图形平台系统"与"对移动终端的应用发展"两方面，重点开展深化研究，是否是这项技术当前发展的一个方向。

展望下一步这一问题的研究重点，可能是：一是应如何更好利用 GIS 和网络技术来构建一个更加高效、操作性又好的"多源信息综合集中管理可视化平台"；其二，要进一步研发基于虚拟现实技术的系统平台，使之能逐步实现"监测信息可视化管理"的新的平台，而基于移动终端的应用开发将是当前努力的一个方向。希望项目组努力为之！

2015 年 12 月 24 日于中南大学

隧道频频建，哪些是关键？

——《盾构隧道科技》期刊专访孙钧院士

编者按： 近年来，我国建设的大直径、长距离隧道数量逐渐增多，随着施工技术的发展，建设过程中的难题逐一被克服。然而，隧道运营安全、节能降耗、车辆尾气排放造成的环境污染等问题受到政府和社会各界越来越多的关注，并已成为当今隧道运营管理中的主要问题。

如何更加合理有效地开发利用城市地下空间这个日益庞大的"新市场"，关乎我国城市未来的健康发展，也已成为当下亟需探讨和解决的课题。针对这些问题，中科院资深院士、同济大学一级荣誉教授、隧道与地下工程知名专家孙钧先生给出了自己的答案。

1　安全-适用-功能-经济，长大隧道的评价准则

"当前，我国隧道和地下工程建设处于高速发展期，地铁隧道、公路隧道、铁路隧道齐头并进，设计和施工水平都有新的突破。然而，目前运营中的大多数隧道，或多或少均存在各种隐患，影响线路的畅通和行车安全。因此，隧道运营状态的评估对确保运营安全畅通至关重要。标准是什么？按重要性排序应该是：安全-适用-功能-经济，这是欧洲人的标准，我认为是非常合理的。"

记者： 安全是评价隧道运营状态的第一指标，如何才能保障隧道和客流量大时地铁车站内的安全呢？

孙钧院士： 不论采用哪种方式，建成后的隧道都是一个狭长且相对封闭的结构。一旦隧道内起火而不能及时处理，烟气通常会迅速弥漫整个隧道空间，燃烧热量容易汇集到一起，就多数有装饰板材的城市地铁而言，在一些板材不具备高阻燃性能的情况下，往往对隧道内部结构造成较大破坏，可能造成局部地段隧道衬砌失效甚至引发坍塌。

从世界范围看，隧道内发生"火灾"(指已启动排烟风机)的频率在逐渐减小，但"火情"则频繁发生。仅欧洲公路隧道内每年约发生火情100多起，而我国隧道的火情也是屡见不鲜。原因是什么？

我觉得一是隧道设计之初的因素，在设计时对土建工程部分考虑得比较周详，而对交通安全因素考虑得相比则较少。但从上世纪80年代开始，随着人们对公路隧道自身特点了解的增多，思想上引起重视，对隧道设计中交通安全等因素考虑已多得多了，设计中除了路面行车道标线，隧道进出口限速、限高，禁止非机动车辆和油罐车通行等常规交通安全标志牌外，在长大隧道设计中普遍考虑了智能化监控、无线通讯、洞内消防、火灾工况下通风、事故照明等交通安全设施。随着公路隧道设计质量的提高，交通安全方面新的设计方案愈来愈多、愈来愈趋于成熟，在保证交通安全、舒适、畅通的前提下做到了精心设计和安全规划运行。

目前，国内外盾构法隧道的人流疏散模式多采用"横-纵"结合模式进行布置，也就是在两条隧道之间分别修建人、车横通道，利用横通道沟通上下行隧道，在

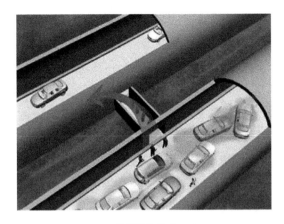

横向疏散模式

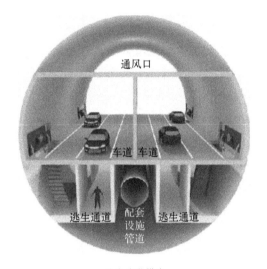

纵向疏散模式

一条隧道出现火灾时,引导被困人员和车辆能迅速疏散至另一条隧道。我国近十年来建成的间隔有上下两层的,或单层隧道利用其下部有限空间,对越江盾构隧道疏散通道的布置情况则有所发展——逃生滑梯,但对于单层山岭隧道,传统的设计理念还是倾向于采用隧道间横通道的模式进行火灾工况条件下的疏散设计。双层隧道(上海复兴东路隧道、军工路隧道、上中路隧道、南京纬三路过江隧道)则可利用隧道结构特点进行上下疏散,从而取消了横通道(上海崇明越江隧道、复兴东路隧道仍保留了横通道)。而在诸多隧道中,南京长江隧道、扬子江隧道,杭州庆春路隧道、钱江通道,上海虹梅南路隧道等都尝试采用了无横通道的单一纵向疏散模式。这种模式在疏散人员众多的拥挤逃生情况下,虽然发生概率不高,但也将会接受严峻的考验。

隧道火灾情况下,国内外案例已多次证实,浓烟引起人员窒息造成伤亡,比之因直接烧炙死亡有过之而无不及!因为火场大火燃烧而缺氧,供应新风不可或缺,风助火势使情况更加危险。如能将火灾排烟系统与通风系统相互分离,是隧道减灾的一项当务之急。近年来,国内在城市大型隧道中已开始利用隧道上方的富余空间设置为专用的排烟通道,如上海崇明越江隧道。采取横向排烟与主隧道纵向射流通风两相分离,会取得很好的效果,曾做过现场试验证实。在一些城市车流量大、火灾发生概率高的双线公路隧道中,能否为此适当加大幅员,将上部空间用排烟板隔离为排烟道使用,值得研究。在下方空间设计中,不使空间利用过于紧张而使平时通风风速加大过多,影响平时正常送风,以免导致扬尘为标准;射流风机仍应对中吊置,不能因幅员紧张而偏位设放,影响送风效率。

记者: 在"低碳经济"和"节能减排"号召下隧道的适用性和功能性应如何保障?

孙钧院士: 因隧道适用性和功能上的特殊性,比如隧道内的照明就与一般的道路照明要求不同,隧道白天也需要照明,而且白天照明问题比夜间更复杂些。照明费用是隧道运营费用中开支最大的项目之一,如何既减少隧道照明系统的运营费用又不影响车辆的行驶安全,成为摆在我们面前急需解决的难题。

以往,长大隧道照明很大部分采用高压钠灯。对于高压钠灯,目前国内外有两种节电方式。第一种方式是采用大功率电子镇流器,可对高压钠灯进行线性调光,节能十分可观,所存在的问题是国内大功率电子镇流器还不够成熟,而进口成本过高;另一种方式是采用变功率电感镇流器,并采用综合电力监控终端对其进行变功率控制,其节能率可达30%以上。因此,建议考虑后者实现节能。

同时,国内多数公路隧道都已经逐步改用的白炽光 LED 照明技术,以其功耗小、半衰期和寿命长、可靠性高及环保等优势,走进公路及隧道照明舞台已经多年,但尚需在高智能化技术上加强规范化、标准化以及光强衰减量等方面的研究改进。如洞口进出处,除能按洞外自然光照强弱而自动无极调光外,还应按车流量多少而自动智能化调整洞口内的光照大小等。

此外,一些山区隧道为了节能,有些对下半夜车流量小时,将洞内照明全部关闭,只靠车灯进行照亮。这种现象引起了交通安检部门的异议。如能在洞墙陶瓷钢板上加涂吸光材料或改用其他吸光材料,利用白天积蓄的照明灯具的光能在后半夜自动发光,且保证有一定的亮度,以上问题则可以有效解决。这一情况,对地铁区间隧道在不行车情况下用于其深夜照明,亦可完全适用。

记者:隧道运营管理的发展方向是什么?

孙钧院士:要保证隧道正常的安全运营,其前提是隧道的各项设施能全天候正常运行,隧道内空间狭小,维修养护不易。如有阻塞或故障情况,对整个交通的影响极大。所以,做好长大隧道养护工作,机电设备及土木工程方面的检查与维修是保证隧道安全运营的基础和前提。定期测量隧道空气污浊度、尾气和有害烟雾浓度,指定专人跟踪观测各种病害源,掌控隧道病害原始数据,对交通流量进行逐日统计分析。通过对数据的积累,有针对性地开展调研工作,为长大隧道的病害处治及其运营管理提供可靠有据的原始资料。认真作好日常的维修保养工作,有计划地进行设备定期检修,使系统设备处于良好的工作状态。有些消防特定设备是"养兵千日,用在一时",平日的检查、演练不可或缺。

隧道运营管理是一个复杂的系统工程,隧道自身结构、管理人员、设备、技术等多方面因素都影响隧道的安全高效运营。目前,虽然已建立起了一套可操作模式,但在制度完备、规程细化、不可预见性危害等许多方面还需要作深入细化的研究,更好地服务于隧道管理的方方面面。同时,要充分利用现代科技手段、科学方法,建立合理的灾害救援预案来提高突发事件下的隧道运营管理水平。

2 开发利用城市地下空间的更高追求:造福当代、功在千秋

"合理开发利用城市地下资源是打造三维空间城市的重要环节,在推动城市经济与环境、资源相协调发展,解决城市交通拥堵,提高土地集约化利用,改善大气污染等方面都可以发挥巨大作用。"

记者:国内近期规划和建设中的大型隧道工程有哪些?

孙钧院士:目前正在建设中的大型隧道,以上海的为例,有北横地下道路通道、沿江通道越江隧道、周家嘴路过江隧道等;外省市还有几条大直径盾构隧道,如武汉三阳路隧道、珠海横琴马骝洲隧道、汕头市苏埃通道、芜湖长江隧道、大连湾海底隧道等;另外,备受瞩目的广东深中(深圳至中山)通道已确定方案,因周边诸多环境制约因素,通道采取西桥东隧,借人工岛过渡的桥隧结合方式,它是我国继港珠澳大桥之后第二座该方式的通道,值得期待。目前,该通道正在进行设计方案招标。我国还有几座跨海海峡隧道的建设也在积极开展前期研究。

记者:地铁区间软土隧道国内目前普遍沿用上下行线分离式的圆形盾构掘进开挖。在不同需求情况下,有否其他新的异形盾构形式?最近开发的一种大断面类矩形盾构的应用前景又如何呢?

孙钧院士:在早年引进双圆盾构修建地铁区间隧道的基础上,上海隧道工程有限公司近年来又分别在郑州市穿越干道的地道和宁波市地铁3号线分别采用大断面矩形顶管和类矩形盾构获得成功。采用矩形双行线大跨度盾构(宽约11 m),代替传统的上、下行分离式圆形盾构,不仅节约地下空间、断面利用率高、一般不致占用大街两侧土地(单圆分离式盾构有时会因街边有大楼桩基,使盾构法地铁区间的埋深加大,或需施作桩基切割、置换等困难工序)。其主要优点还反映在:它开拓了另一种地下车站型式,即除了现在国内普遍采用的岛式地下车站以外,可因有条件改为选用侧式车站,这对客流量较少的车站更适合采用。

记者:除了修建隧道,我国各种类城市地下空间的开发如火如荼,孙钧院士对此有何评价?

孙钧院士:就城市地下交通方面的建设而言,我们已经成果卓著而业绩斐然,足以让世界和广大国民备感骄傲和自豪。但在城市市民的地下休闲、养生、游乐和重大地下市政设施等诸多方面,在国外已早属常见之举,而在我国则还未起步,前面还有很长的路要走。

地下环境静谧闲适,远离城市喧嚣,如能使地下通风、除湿良好(在妥善设计并安装相应设施的条件下),无论冬夏,地下环境的温湿度都将十分宜人,又不受汽车尾气和大冷、大热、台风、雷暴、雾霾等恶劣、糟糕气

候等环境因素的侵扰；加之，如果能够将自然阳光设法引入地下空间，就更是一处地下"天堂"。而这在一些发达国家竟已是不争的现实，今天，也该是我国争取起步的时候了！

地铁作为城市地下空间核心的主体骨干，能够将各类地下空间有机连接，形成地下空间的全覆盖网络。选取围绕地铁若干主要地下车站的周边，陆续有计划地开发各种自成特色的地下商业街、地下商场和超市、商购中心，兼及各种地下休闲步行街、地下花园、游乐场、地下图书馆等，一些提供人们在地下健身、养生的地下绿地、娱乐和文体活动中心，将极大地改善市民的生活质量和品位。国外这方面有许多成功的先例，值得我们参考、借鉴。

记者： 随着国家各项政策的推出，现在用作市政用途的地下管廊建设越来越多，并且广州市正在建设深层蓄排水隧道用以防洪排涝，这方面的发展前景如何？

地下空间开发示意图

孙钧院士： 利用大深度地下空间修建城市蓄水、排洪通道并兼及为旱季抽汲需要的水等功能于一体，应该在有需要且具备财力、物力条件的大城市先行试点。这是开拓地下空间功能的又一应该早日进行的新渠道。每年春夏之交，我国南方连续暴雨成为许多城市的不堪承受之重；内涝严重，又给城市管理和市政、防灾部门提出了严峻挑战。这里所谓的地下蓄水、排洪、防汛、抗旱体系，是指修建于大深度地下空间内的地下大型蓄水排洪网络，包括：大型地下泵站；大深度排水隧洞（地下人工河）；大型地下蓄水库，以及大型地下污水处理站等设施。作为现有的城市排水、防洪体系强有力的补充，与原有的地下浅部排水管网一起，构成了城市高效、完备的排水网络。我看有很可喜的发展前景呢！

深层隧道竖井示意图

记者手记： 与孙钧院士的谈话持续了近一个小时，感受良多。老人在专业上的博学多闻自无须赘述。交谈中，着实未料到一个年近90的长者，有着如此活跃的思维和生动的表述。更重要的是，作为一个社会人，坚持把他的事业看做一件为社会、为全体市民服务的公益事业，坦言希望有生之年能够最大可能更多地为老百姓服务。这才是他可敬的人格魅力！

本文发表于《盾构隧道科技》2016年第1期

造福当代　惠泽千秋

《轨道交通》期刊专访孙钧院士

几年前,有关部门针对政府为民办实事的多个方面,诸如:地铁、住房建设、医疗条件、食品卫生、低碳节能、环境治理改善等关系国计民生的大事,在一定范围内作过一次随机性的问卷调查。调查结果显示,最受老百姓欢迎、几乎获得全票赞誉而高居榜首的是轨道交通建设。之后,我每次见到"轨道人"时都会高兴地说,您们从事的是全民公认、众所称道、广受市民热爱的宏伟事业;您们的事业劳苦功高,人民万众迫切需要。我为各位能为地铁建设站岗放哨而深感自豪!

地铁是一种行驶便捷、时间准点、大容量、乘费低廉的大众化公共交通出行方式。由于城市交通拥堵,加上汽车尾气排放和夜间车灯光照带来的大气与光污染,以及噪声、停车难等问题,特别是城市道路建设日益跟不上各类车辆的迅猛增长,地面交通的诸多制约因素自然使市民对地铁情有独钟,宠爱有加。鉴此,国家对各城市修建地铁的审批也由早前严格的宏观调控,转而视城市实际需要有条件地逐步放开。政策导向促使轨道交通在全国一大批二线城市纷纷立项开建,在总体经济下行的今天,地铁经济更恰是一枝独秀的奇葩芬香四溢!

据有关报导,至2015年年底,我国已开通轨交运营的城市共27座,运营线路总长近3 400 km,累计运营线路110条,运营车站近2 300座(均含港台地区)。除市区地铁外,轻轨、以重庆市为代表的独轨型高架和新型有轨电车等也有很大的发展。

下面试对近年来我国地铁盾构等业界所喜获的众多技术成就,选择了本人记忆中印象比较深刻的几例,列举如下,与读者共飨:

(1) 业界延续许多年的说法"盾构用于软土掘进,而TBM则用于硬岩开挖",如今已被彻底突破。复合盾构的问世,刀盘、刀具在材料性能和工艺上的进步,使得盾构在对上软下硬、甚至整体硬岩的开挖中也同样取得了很好的工效。带压(甚至不带压)出舱换刀技术在大直径、长距离南京纬三路过江盾构隧道等多处的高水头风化岩层中成功实施,大大拓展了盾构适用的地质环境和人们处理复合地层的技术能力。今后,在盾构作业前方加装小型碎石机以及适当加宽刀盘缝宽以利于先让中等大小碎石入仓、再作破碎处理的实验工作一旦成功,更将为下一代新型盾构的问世和采用开辟一条更为先进的途径。

(2) 在早年引进双圆盾构(Double-Oshield)修建地铁区间隧道的基础上,上海市隧道工程公司近年来又分别在郑州市穿越干道的地道和宁波市地铁3号线分别采用大尺寸类矩形顶管和盾构,并获得成功。采用矩形双行线盾构,代替传统的上、下行分离式圆形盾构,不仅节约地下空间、断面利用率高,而且一般不致占用街道两侧的土地(单圆分离式盾构有时会因街边有大楼桩基使盾构法地铁区间的埋深加大,或更需施作基桩切割、置换等困难工序)。其主要优点还反映在:它开拓了新型地下车站形式,即除了现在国内普遍采用的岛式车站以外,可因条件改为选用侧式车站,这更适用于客流量较少的小站。

(3) 中国铁建狮子洋长大水下盾构项目,在软硬交错的特殊复杂、困难地质区段,采用大直径盾构($\phi >$11 m)一次掘进长度大于5 km,且在60 m深度以下的高水压、强渗透土层内成功实现精确对接,开创了世界盾构建设史上的先例。

(4) 在开发MJS水平旋喷、对饱和流塑性黏土地层暗挖城市隧道作全断面土体水平加固技术,已由上海市隧道工程公司在杭州市紫之隧道施工中获得成功。它不似竖直旋喷必须封闭、破坏交通繁忙的城市主干大道,而且止水、固土、防止地面过大沉降等方面都效果良好,堪称示范之作。

(5) 在推动大直径盾构关键零部件国产化方面,

最近铁建重工自主研发的盾构用大吨位(最大吸附力>20 t,φ12 m)真空吸盘试制成功。其抓取隧道管片的速度快、承载力强且可靠性高,即使遇断电情况,其吸附管片的持续时间长达4 h以上,远超国外同类产品的设计标准30 min,而且成本低于国外进口产品价格的30%以上。

(6)基于BIM技术的地下工程建设项目的云管理平台,对加强地铁施工和运营的质量安全管控、提高工效并进一步实施项目管理全过程的监管系统等均起到极佳作用。

(7)其他。比如亚洲最大的地下火车站广深港高铁深圳市福田站的成功建设,可减免两端工作井采用无复土盾构在南京机场下穿地道施工中的成功实施等,不一而足。这些都为轨交地铁等隧道与地下工程建设添绘了浓墨重彩的一笔。此外,科学研究和技术革新也成果累累:在地铁和越江隧道抗高烈度地震设计研究(汕头苏埃盾构隧道)、地铁列车高速行进中的环境震动控制与高架轨道轮轨降噪技术研究、远程无线自动化视频监测、对病害隧道运营采用洞内检测车在行进中作快速检测并现场实时分析处理(上海市隧道股份路桥集团承担的延安东路越江隧道大修案例,如对衬砌强度不足、衬砌裂缝和渗漏、后背充填不密实与无扰动注浆加固技术)等,可谓不胜枚举。

未来一段时期,笔者认为轨交地铁在发展中应该着重关注以下几个方面:

(1)我国正在规划建设轨道交通的大中城市约有10座。由中央给政策外,初期巨大的资金投入主要依靠省市政府自筹。与其他较方便争取民营或民间集资的行业不同,轨交地铁是为广大市民服务、主要追求社会效益的庞大非营利性事业,地方政府需要根据自身财政收入量力而行。前期规划要以线带面,谨慎一次性全面铺开,还要预计在短期内可能亏损的较大可能性,才能做到稳扎稳打和可持续发展。

(2)借鉴国外大多数城市在为地铁车站作规划时,结合在若干大站周边开发地下商业经营设施(地下商业街、超市、专卖店和商场等)的成功经验(并视条件可能,再与沿线办公大楼的地下室之间连通搞活,方便办公人员乘坐地铁便捷地通过地下直接上下班)。建议由市政规划、地铁和人防各部门在市政府主管建设

部门牵头的统筹领导下联合实施,并先行试点,逐步推广。

(3)地铁是用电大户,号称"电老虎"。昼夜运行的电气牵引列车、地下车站和区间隧道的照明和许多设备、设施的耗电惊人,但它的节能效益空间同样也是巨大的。除了进一步追求采用高智能化LED节能光源外,引入光纤导入自然光照明技术已在上海市和其他多处取得成功。利用高效吸光材料,将日间灯照光能先由吸光材料积聚,并在深夜的地铁区间隧道内自动发光而节约电耗。这项技术已在国内公路隧道内多处成功应用,亟待推广。节能减排、低碳环保已是各行各业响应政府号召、大家努力追求的大策方针,在建设地铁中自应着重贯彻实施。

(4)高客流时段地铁的安全运营应引起业界的迫切关注。特别对大型地下站点,设置好应急光源、疏导大客流以避免在电源中断、漆黑一片的情况下发生拥堵踩踏等恶性事故。尽可能设置透光天棚,运用开敞式地下广场作为地铁出入口,以及对大站要适当加宽行走楼梯,改装可在一二分钟内将现在出入口的检票装置连同其间隔墩台一并快速移开的活动门禁等,都需在地铁防火、防爆众多措施中加以考虑,国外一些实践中行之有效的方式方法值得学习、借鉴。

(5)除了上文已提到的矩形盾构外,研究开发一种上、下叠合葫芦形的异形盾构(或8字形盾构,其上、下行区间和盾构间仅用一块车道板隔开),这类盾构在市区狭窄道路下施工地铁隧道穿行时最为适用。早年笔者在日本就见到过类似设备做实体试验。它不占用街边地块,相信技术上也并无特殊难点。今后能否在国内推广,我们拭目以待。

2015年春节前夕,笔者承应上海《轨道交通》期刊主编的盛意邀约,抓紧节日在家休闲之余,匆匆写了以上一篇文字,谨供业界同仁、专家们交流。

《轨道交通》是一份我喜欢阅读的专业期刊,平日有闲总要拿起来翻翻,获益良多。办刊多年来,该刊不只装帧、印制、图片等更加精美悦人,而且内容丰硕,扩展了广大读者的技术视野,是我们得以相互交流、互动、切磋心得体会的难得良好平台。希望《轨道交通》杂志今后百尺竿头、更上一层楼,除了办好现在已经为读者喜闻乐读的技术资讯、人物访谈、专题专栏和新技

术报导等栏目外,还可适当加强对国外先进技术与工程建设成就的报导和介绍,对国人可以起到"他山之石、可以攻玉"的参考借鉴作用。此外,尽可能地开展一些读者间的提问质疑,使执不同观点的人能够各抒己见,探讨议论,"百家争鸣",使这本期刊办得更加活泼生动,成为业界人人喜爱阅读的一处新天地。

本文发表于《轨道交通》2016年2月,总第126期

兄 妹 情 深

——追忆二妹孙铭

（北京化工博物馆主任叶建华专访孙钧院士笔录）

孙铭同志生前曾担任化工部第六设计院总工程师、化工部副总工程师，是当年全国化工系统的劳动模范，曾主持完成了重水生产技术开发及工程设计工作，为国防化工事业作出了重大贡献。孙铭同志于1987年1月14日正值英华壮年却因病谢世。中共化学工业部党组于1987年8月3日做出决定，在全国化工系统广泛开展向孙铭同志学习的活动。

孙铭同志逝世已近30年了，历史会铭记她，我们后人也会深深怀念着她。孙铭同志的工作业绩、科技成果和奉献精神，一段时间来曾见诸媒体，广为人知。而托起她冰山一角的家世基因、亲情善良、普通而又不平凡的女性的另一面，也值得我们去解读、揭秘。

2016年6月1日晚上，我在朋友的陪同下前往国务院第二招待所采访了孙铭的大哥，中国科学院资深院士、同济大学一级荣誉教授、岩土力学与工程专家孙钧先生。

孙钧先生已年届九十，但身体健硕、思维敏捷、记忆清晰，今天仍然活跃在科研、教学和生产第一线，经常出差把关国家重大建设工程、指导技术业务，工作十分繁忙。这次他从上海来北京参加全国"科技三会"（科技创新大会、两院院士大会、中国科协第九次全国代表大会）之际，抽出晚上时间接受了我们的采访。我向孙钧院士赠送了"群英荟萃"书法条幅和一本散文集《醍醐茶》，他非常高兴，欣然与我们合影留念。孙钧院士按照我事先发给他的访谈提纲，饱含深情地谈及了孙氏家族及兄妹间一些往事，其中有不少鲜为人知的故事。下面撷取二三与读者分享。

1 绍兴文化渊源哺育了孙氏后人

绍兴是一块风水宝地，这里孕育出了王羲之、章学诚、鲁迅、周总理等无数文史巨擘。绍兴还是出师爷的地方，有学者称，绍兴师爷长期以来参与朝廷政治和地方吏治。这种文化基因在绍兴后人身上得以传承和发扬。

祖祖辈辈生活在绍兴八字桥的孙氏祖辈，不知何故从孙铭的祖父开始迁移到了江苏靖江，后来父母又辗转到江西南昌，家住市内百花洲。孙铭的父亲在南昌就读法律专业，毕业于江西法政大学，母亲毕业于蚕丝专科学院。父亲后来调到苏州和南京工作，成为国民政府最高法院的一名法官，他为人方正贤良、业务精湛、工作勤奋，职场进取较快，官至高法庭长（审判长）。新中国成立后，对国民党政府公职人员进行了政治甄别和审查，孙铭的父亲虽然是国民党政府时期的公职人员，但属于进步人士，曾在几起案例中帮助地下共产党人渡过难关；解放战争期间，父亲因不满国民党反动统治和发动内战，愤而辞职，改任律师并兼任中央大学（今南京大学）一级法学教授。上海解放后，父亲应聘到上海市高等法院从事审判员工作，还在东吴大学（今苏州大学）和上海法政学院任兼职教授，直至退休。孙铭的母亲不仅传承了中国女性的传统美德，而且接受了现代教育。孙钧院士说："母亲的英语很好，是我的英语启蒙老师呢。"孙铭的母亲堪称相夫教子、孝敬长辈的楷模。

父亲的正直、母亲的善良，在6个子女身上起到了潜移默化的作用。孙铭兄弟姐妹6人的名字中都有"金"字旁，寄托着父母的期待，希望他们的子女今后也要像金子一般闪亮发光、报效祖国、光耀门庭。6个子女也都没有辜负父辈的期望，都受过高等教育，其中4人毕业于上海交通大学。孙铭的姐姐孙铁在南京金陵女子大学（后转学上海圣约翰大学）学习英语专业，早年在外交部任职时曾参加朝鲜板门店谈判，还曾陪同周总理出访日内瓦,均担任翻译工作,后调任复旦大学外语系主任和上海市外办副主任。除了孙钧、孙铁、孙铭外,其他3个兄弟姐妹也都分别在电机制造、射电天文和工业自动化等各自从事的专业领域取得了很好业绩,作出了许多贡献。

2　兄妹情深似海

孙钧院士说:"我们兄弟姐妹6个关系都很好,尤其与二妹孙铭感情深厚、关系密切。源于我搞科学研究,她搞工程设计,都参与国家重大科研和工程建设,共同语言就比较多。"

中国人素有"长兄如父、长嫂当母"之传统。孙钧这位大哥不仅在学业上为弟弟妹妹起到了带头和榜样作用,而且对弟妹的关爱、照顾历久而弥深。

孙铭刚参加工作时还是单身,就住在大哥家里。由于当时工作任务繁重,经常加班加点,遇到寒冬腊月,晚上归家总是笑话着说有"饥寒交迫"之感。大哥大嫂对加班归来的二妹最好的奖赏是一锅暖暖的萝卜淡菜排骨汤。孙铭喝到萝卜排骨汤时是最幸福的时刻。萝卜排骨汤也就成了孙钧和孙铭两家人后来的最爱和看家菜。孙钧说:"我们家至今还保持着最爱吃萝卜排骨汤的嗜好,而每当吃这份汤的时候,就会不由自主地想起二妹,浮现出当年的情景,有时会潸然泪下。"

孙铭参与国防化工重大项目,曾前往前苏联学习,还经常到国外采购。孙铭的爱人萧成基是孙铭的同学,早年也是我国化工工业领域的一位著名专家。孙铭的儿子萧涵曾在大舅舅家寄养一年多。萧涵与大舅舅、舅妈关系非常亲密,很多工作和生活习惯都受到舅舅的熏陶。

孙钧院士回忆说:"二妹在陕西咸阳化工设计院工作时,我每次到西安开会,二妹都会冒暑热、地冻坐长途车赶一百多里的路来看我,我们之间有说不完的话,谈不完的心。"

孙钧院士今年喜逢九十寿辰,在京的弟弟妹妹及晚辈们趁着他在北京开会之际,筹备着为他过个生日。孙钧说:"我们家人会有点长寿基因吧,父亲享年八十九岁,母亲享年九十一高龄,6个兄弟姐妹中最小的也已坐七望八了,唯独二妹孙铭54岁英年早逝。不知是

与她在工作现场受伤中毒有关,还是过度透支了生命健康,可惜不能为国家再多作些贡献,真令人万分遗憾!

3　大公无私、精忠报国

家国命运紧密相连,孙氏家族就是一个缩影。

孙铭的父亲任职国民政府法院高官,自然薪俸丰厚,但抗战八年却要别妻离子,只身前往国民党时期的陪都重庆工作。当时大陆邮路不畅,养家糊口的大洋要从香港转寄。后来太平洋战争爆发,香港的邮路也被中断,父亲的工资只能托人带回上海,从而增加了许多不确定性和风险,因此常常耽误养家和孩子们上学的费用,有时家里生活会非常紧张。母亲是一个深明大义、目光远大的人,在几个学业优秀的孩子要被迫辍学的紧要关头,通过多方努力为孙铭兄弟姐妹们争取到了由顾乾麟先生设立的"叔苹公奖学金",在"叔苹公奖学金"的资助下得以逐个完成学业。感恩之心在青春年少的孙铭心中埋下了种子,也许是她一辈子精忠报国的萌芽与基因吧。

孙铭天生聪慧,学业十分优秀,年仅20岁就提前从交大化学工程系毕业走上工作岗位。当时正值新中国成立之初百废待兴的年代,尤其是为了应对帝国主义的核讹诈,一大批从海外归来的学子和国内科技人员以昂扬的斗志、饱满的激情在一穷二白的条件下发起了向"两弹一星"堡垒的进攻。孙铭也成为了其中的一员,她以娇小的身躯、柔嫩的双肩,总是率同一帮同行的大男子汉奔波于国内国外,担当着祖国建设重任。

在大哥的眼中,二妹就像一台"永动机",平时吃得少,睡得晚,工作效率却特别高,她是在透支着自己的宝贵生命报效祖国呀。她不仅是一位化工专家,而且勤奋钻研,精通几国外语,可以直接与外国专家十分专业地针锋相对地谈判,据理力争。后来她还开辟了化工部计算机应用之先河。她经常出差外地,深入工厂第一线,日程表永远是安排得满满的。孙钧说:"我到过二妹家几次,给我的印象是家里没有人、也没有时间收拾,总是十分凌乱,到处都是资料,连厨房里都堆着一大叠书。妹夫萧成基也特别喜好读书,两个人都特别忙,家务杂事就完全顾不上了。"

孙铭一心扑在工作上,心里只有业务,只有永远没完没了的工作,却唯独没有自己。她耽误了3次全身体检的机会。医生说,如果乳腺癌肿块只有绿豆、黄豆般大,切除了就不会有太大的问题。孙铭在一次洗澡时偶然摸到肿块已比鹌鹑蛋还大,已到了晚期,癌症不幸扩散了。当年化工部领导非常重视孙铭的治疗,在中日友好医院给予了全力抢救,公家花了不少钱,但无力回天了啊!

孙钧院士动情地说:"感谢各位,在我妹妹逝世了快30年的时候,还记得她、怀念她。我代表全家表示深切谢意!"

我们告诉孙钧院士:今天的中国化工博物馆就是要珍藏历史、铭记英模、教育后人。我们不会忘记孙铭,历史也会铭记。

孙钧院士 · 学术篇

◎ 1. 拟议兴建的台湾海峡大通道(隧道工程方案)

◎ 2. 港珠澳大桥岛隧工程

◎ 3. 隧道与地下工程衬砌结构的耐久性设计研究

◎ 4. 软岩大变形非线性流变特征及工程整治

◎ 5. 隧道与地铁工程施工变形的智能预测与控制

◎ 6. 隧道与地下工程的安全管理、节能减排与环保问题

◎ 7. 城市地下空间的开发与利用

◎ 8. 其他方面文章

1. 拟议兴建的台湾海峡大通道
（隧道工程方案）

海底隧道工程设计施工若干关键技术的商榷

孙　钧

摘要： 介绍国内外跨海隧道工程建设现况及其设计施工和研究特色,论述海床基岩工程地质、水文地质特征与综合地质勘察,对影响海底隧道最小覆盖层厚度——隧道最小埋置深度进行讨论,并就施工探水与治水、隧洞围岩防塌险情预报与预警——围岩稳定性评价,以及施工期对隧道衬护原设计参数的调整与修正等问题作分析与探讨。同时,对海底隧道衬砌结构选材,耐腐蚀高性能海工混凝土,以及公路与城市道路长、大海底隧道的防灾与救援等专门性问题阐述一点认识。最后,对超大型盾构机长距离掘进与深水急流海底沉管隧道的设计、施工等列出其中的若干技术关键问题。所论述的各个方面问题,可供国内当前在建和待建的几座海底隧道设计与施工技术人员参考。

关键词： 海底隧道;地质勘察;施工探水与治水;围岩稳定性;施工变形险情预报;衬护设计参数;耐腐蚀混凝土;防灾与救援

1　引言

1.1　跨海隧道建设简况

据不完全统计,国外近百年来已建的跨海和海峡交通隧道已逾百座,其中,挪威所建跨海隧道占大多数。这些已建的跨海和海峡交通隧道对我国类似工程的建设具有很好的参考价值。

(1) 国外著名的跨海隧道

① 日本青涵海峡隧道。

② 英吉利海峡隧道。

③ 日本东京湾海底隧道。

④ 丹麦斯特贝尔海峡隧道等。

(2) 国内在建和即建的跨海隧道

① 厦门市东通道翔安海底隧道(在建)。

② "青岛—黄海"湾口海底隧道(即建)。

③ 长江口沪崇苏"浦东外高桥—长兴岛"南港越江隧道(浦东引道已建成,主隧道即施工)。

④ 港珠澳伶仃洋大通道(珠江口外)桥隧结合的通航跨部分——沉管隧道(策划筹建中)。

(3) 其他正在策划和筹建中的跨海隧道

① 琼州海峡跨海工程(含隧道方案)。

② 渤海湾(大连—蓬莱)跨海工程(含隧道和海中悬浮隧道桥方案)。

(4) 尚在拟议中的跨海隧道

① 杭州湾(上海—宁波)外海工程。

② 大连湾海底隧道。

③ 台湾海峡跨海隧道(实施尚有待时日)等。

上海市跨越黄浦江两岸现已建 8 座越江隧道(主要均为盾构法施工),在建的 2 座,即建的 1 座,待建的 2 座。南京市和武汉市在建的跨越长江的和即建的杭州市庆春路以及浙江海宁跨越钱塘江的盾构隧道共有 4 座;上海市黄浦江口外环线过江、广州珠江、宁波甬江已建有 4 座沉管隧道。加之我国是隧道工程大国,技术经验丰富,所有这些有利因素,都为今后跨海隧道的成功设计与施工奠定实施的基础。

1.2　国内外已有的研究工作

国内对海底隧道设计施工所作的各项研究都正在进行中,鲜见成熟和正式发表的技术成果;国外方面的若干研究工作大体有(按发表年份逐次列写):
A. Gronhaug(1978)[1]针对挪威 Vardo 拟建的海底隧道工程进行技术、经济方面的可行性研究,从地质填图、声波测试和地震动力学分析以及地质钻探等多个方面进行海底隧道工程中的地质调查与勘探研究。

T. R. Kuesel[2]早在20 a前就已指出,海底隧道不应仅局限于单一的矿山法隧道、沉管隧道和盾构隧道,而应根据具体条件,将几种方法相结合,甚至考虑海中悬浮式隧道和通过人工岛相衔接的桥隧结合方案,并给出所建议的示例。

E. K. Soejima(1991)[3]介绍大阪港公路、铁路两用海底隧道的规划、设计和建成后的功能使用。

P. Arild(1994)[4]介绍海底隧道的概念以及挪威海底隧道的工程经验及其未来发展,讨论对海底隧道工程设计施工起关键作用的几项技术。

Z. Eisenstein(1994)[5]指出,海底深埋隧道不同于陆地越岭隧道的5个特点为:① 深水海床下地质勘探的精确度比较低;② 经常需要长距离不间断地掘进和开挖;③ 高孔隙水压力和大地下水渗流梯度;④ 动、静水压力对隧道结构引起非常大的长期荷载;⑤ 为争取工期和节约投资的要求加快掘进速度。

T. S. Dahlo和B. Nilsen(1994)[6]针对已建挪威海底隧道工程,讨论事先地质钻探用于预测海底隧道地质状况的可靠性和支护材料的耐久性问题。根据大量海底隧道的工程数据研究海底隧道的最佳覆盖层厚度,指出挪威已建的大部分海底隧道其岩石覆盖层厚度大多偏于保守。

P. Vandebrouk(1995)[7]和P. Hagelia(1995)[8]指出,海底公路隧道规划中的一项重要任务就是有根据地估计防水工程量及其耗费;并在对大量隧道工程实测数据的基础上,通过简单的理论推导,获得可用于指导工程实践的经验方程。该方程表明海底隧道的防水工程量是水力梯度、岩石覆盖层厚度和衬砌接头数量三者的函数。

H. Tsuji(1996)等[9]介绍青涵隧道施工过程中发生的4次大的突水事件,这4次事件均发生在岩体破碎软弱区;同时,分析事故发生的原因及其经验教训,着重指出在海底隧道施工中进行针对瞬发性涌/突水所做监测工作的重要性和必要性。

A. Palmstrom和A. Skogheim(2000)[10]介绍1998年以来挪威海底隧道工程取得的2个里程碑式的进展:一个是在55 m海水深度时,在海底岩石覆盖层厚度仅15~20 m的情况下,成功进行跨度达11 m的大跨度隧道开挖;另一个是在没有使用驱动器的情况下完成从海底穿越天然气管线。

以上内容对我国刚起步建设的海底隧道工程均有一定的参考价值。

1.3 跨海隧道设计施工的技术特色

跨海隧道设计施工具有以下技术特点[11]:

(1) 深水海洋地质勘察的难度高、投入大,而漏勘与情况失真的风险程度增大。

(2) 高渗透性岩体施工开挖所引发涌/突水(泥)的可能性大,且多数与海水有直接水力联系,达到较高精度的施工探水和治水十分困难。

(3) 海上施工竖井布设难度高,致使连续单口掘进的长度加大,施工技术难度增加。

(4) 饱水岩体强度软化,其有效应力降低,使围岩稳定条件恶化。

(5) 全水压衬砌与限压/限裂衬砌结构的设计要求高。

(6) 受海水长期浸泡、腐蚀,高性能、高抗渗衬砌混凝土配制工艺与结构的安全性、可靠性和耐久性,以及洞内装修与机电设施的防潮去湿要求严格。

(7) 城市长(大)跨海隧道的运营通风、防灾救援和交通监控,需有周密设计与技术措施保证等。

做好工程地质、水文勘察与超前预报,着力提高遇险应变能力,得出与工程实际结合的、合理可行的技术措施和应对险情的工程预案,特别是如何解决好施工"探水"、"治水"和"防塌"三大技术难点,是跨海隧道施工成败的关键。

2 海床基岩工程地质、水文地质特征与综合地质勘察

2.1 海床地质特征调查

(1) 详尽的、准确度高的海床地质勘察信息和技术数据

详尽的、准确度高的海床地质勘察信息和技术数据是关系到隧道建设可行性研究、设计和施工与建设费用与工期等重大工程决策的主要因素,如以青涵和英法海峡两座隧道的上述不同情况作比照,就能充分说明这一问题。

（2）施工前的地质勘察

施工前,应做好各项地质勘察工作:

① 海洋动力环境条件下,海上钻井取样设备及其配套工艺的改制与开发。

② 地震波测试等地球物理勘探——揭示基岩分界线和主要不良地质缺陷。

③ 声纳探测——海底地形、松散沉积物分布及其厚度。

④ 综合地质勘探。

（3）施工过程中的超前地质预报

施工过程中的超前地质预报工作在海底隧道工程建设时是必不可少的:

① 施工过程中的超前地质预报,做到超前导洞和服务隧道先行,是最好的施工期补充勘察手段。

② 对主隧道施工将遇到的不良地质区段,可在导洞/服务隧道中先作注浆加固和止水。

③ 用正、反演分析,必要时对原设计支衬参数再作调整和修正。

④ 对洞周施工变形进行智能预测与控制。

2.2 复杂海床地质条件下的地质勘察项目

复杂海床地质条件下,为揭示不良地质体和涌/突水(泥),需做的综合地质勘察项目有:

（1）常规地质勘探。

（2）超前综合物探。

① 采用震测法作隧道超前地质预报(TSP)。

② 地质雷达与遥感、遥测。

③ HSP(水平震测剖面法)声波反射法。

④ 电磁波物探勘察——跨孔电磁波 CT 扫描成像探测。

（3）红外线探水仪、超前水平探孔。

（4）洞内实时监测与相关参数快速测试——数字式全景钻孔摄像系统。

（5）综合地质超前预报技术(将计算机数值模拟与综合分析预测相结合)。

（6）水化学分析。

（7）压水透水性试验,以验证岩体质量与涌水量等。

2.3 综合地质超前预报方法的实施

综合地质超前预报方法的实施的本质特色是将长/中/短距离的地质预报与物探、钻探三者有机地相结合。

3 海底隧道最小覆盖层厚度——隧道最小埋置深度

3.1 海底隧道最小覆盖层厚度

跨海线路走向方案大致确定后,在隧道纵剖面设计时对隧道上方岩体最小覆盖层厚度,也即隧道最小埋深的拟选,且密切关系到隧道建设的经济和安全问题。

（1）覆盖层厚度过薄:隧道施工作业面局部/整体性失稳与涌/突水患的险情加大;而因浅部地质条件较差,在辅助工法(如注浆封堵,各种预支护及预加固等)上的投入将急剧增加。

（2）覆盖层过厚:海底隧道长度加大,此时,作用于衬砌结构上的水头压力增大。

3.2 制约隧道最小埋置深度的决定性因素

围岩稳定与安全、涌/突水量和水压力值大小,均涉及隧道施工的风险程度。

3.3 确定安全的海底隧道最小顶板厚度应着重考虑的各项因素

（1）海床地质与水文条件(含断层破碎带及其充填物胶结状况、岩体渗透性、张性节理/渗水节理发育程度、节理连通性及与海水的水力联系等)。

（2）隧道轮廓外形与主体尺寸。

（3）能选用的最大/最小纵坡坡度。

（4）海水长期浸泡、腐蚀条件下,围岩物理力学属性的软化与恶化。

（5）施工开挖方法(TBM、钻爆、台阶法、CD 和CRD 工法等)。

（6）围岩注浆加固与预支护、各种辅助作业的实施等。

3.4 借鉴国外已建相类似的跨海隧道的实践经验

与国外已建相似跨海隧道成功实践的工程类比是很有价值并可供借鉴的重要环节,如挪威建议选用的"海底隧道安全顶板厚度"的经验值(如图 1,图 2 所示[12])。

4 施工探水与治水

施工探水与治水[13]是海底隧道施工的重要环节,是关系到工程建设成败的主要因素之一。

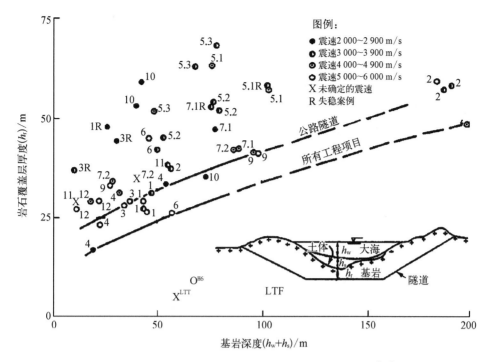

图1　挪威海底隧道最小岩石覆盖层厚度与基岩深度关系曲线[12]

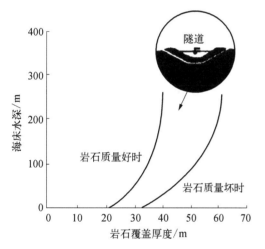

图2　挪威海底隧道岩石覆盖层厚度与
海床水深的关系曲线[12]

4.1　海床基岩的水文地质特征

(1) 对涌/突水区段作水文地质试验的要求

① 涌/突水来源。

② 涌/突水原因及其作用机制。

③ 最大/平均涌水量和突水量。

④ 突水压力及其变化。

⑤ 抽水与地下水位降深间的变化关系。

⑥ 施工开挖扰动对围岩稳定及其涌/突水量变化的不利影响等。

(2) 试验、测试和勘查工作

① 沿洞周布设多个观测钻孔(浅孔和深孔),全孔下过滤管,管外侧回填砂砾土。

② 区分不同降深,进行抽水试验。

③ 查明不同岩层在隧道平面和垂直方向的分界线与分界范围及其接触关系。

④ 如为石灰岩地层,要求查明其溶蚀条件。

4.2　对探水成果的分析处理研究——MapGIS专用软件简介

(1) MapGIS[13]是一个集图形、图像、水文、地质、地理、遥感、测绘、人工智能、计算机科学等于一体的大型智能软件系统。

(2) MapGIS也是一个集数字制图、数据库管理和空间分析三为一体的自动化空间信息系统,是进行现代化技术管理与工程决策的先进的专用工具。

(3) 该程序软件包由中国地质大学(武汉)研制,连续多年在全国GIS测评中名列前茅,是科技部向社会推荐的国产GIS专用软件平台之一。

(4) 采用该软件所建立的"突(涌)水危险程度分区"、"分段图形、图像绘制"及其"突(涌)水预报模式",比较符合施工实际情况,具有快速处理和实时决策的特点,可为隧道安全开挖中的探水工作提供相对正确而直观的水文地质依据和工程技术保障。

(5) MapGIS 系统克服传统上对突水险情只做单因素预测的不足,而能以综合考虑并反映直接或间接关系水情水患的多种因素及其相互影响。

(6) 其快速处理和实时决策系统可为隧道安全施工提供综合处理水文地质信息,为正确、直观的施工控水对策提供依据,并为工程处治措施服务。

(7) 该专用软件现正在厦门海底隧道施工探水中试用,希望能取得好的成果。

4.3 不良地质区段隧道施工风险及工程整治要点

(1) 治水、防塌施工要则

遵循"24 个字"的要诀:"管超前、严注浆、短进尺、弱爆破、强支护、勤量测、早封闭、快衬砌",对海底隧道不良地质区段同样适用。

在设计施工中,按涌/突水(泥)对隧道施工不同影响情况及施工条件可能,分别采取绕避、地表截流封堵、超前地质预报、注浆堵水、清除孔洞充填物换填贫混凝土(指强度等级较低的素混凝土),以及设置泄水洞有限疏导排放等工程整治措施。

(2) 施工治水处理要点

① 水流归槽,避免地下水对岩体的浸泡而导致岩体软化。

② 控制爆破药量,避免原生裂隙相对不发育的阻水岩层因受爆震扰动而失稳,激发大范围的突水涌泥。

③ 对高压富水部位的洞段,采用迈式锚杆(钻、锚、注浆三位一体,同时施工、一次完成)。

④ 水情最严重地段,考虑设置全断面满堂注浆止水帷幕,并快速整筑钢筋混凝土衬砌。

⑤ 研制适合当地实际的高压突水超前信息综合处理与决策系统专用软件,建立对高压突水、涌泥的预警机制及相应的工程应急预案。

⑥ 先施工挡水、挡泥护墙,采用重型结构对突水或涌泥口进行封堵;然后通过封堵墙施作钻孔,进行注浆和止水加固后,再行开挖。对于无法封堵的地下水,一种在台湾省施行有效的灌注热沥青止水工法可以参考使用。

⑦ 当水流的位置在隧道上方而高于隧道时,应在适当距离外开凿引水斜洞(或引水槽),将水位降低到隧道底部位置以下后,再行引排。

⑧ 施工中加强地下水化学成分及同位素的监测工作,通过化学成分的示踪作用以及同位素年龄的确定,可以分析地下水的补给源及其期龄。

⑨ 注浆材料:对低压小股水和中压、中股水流,均可采用单(双)液注浆。低压大股水可采用聚氨酯材料,聚氨酯在遇水后膨胀变硬达到堵水的目的;高压大股水流在必要时应采用全隧洞段满堂注浆止水帷幕作灌浆封堵,并采用高压泵(据中铁十四局集团介绍的有关资料,最大注浆泵压可达 50 MPa)灌浆。为改善注浆效果,可在浆液中掺加超细硅粉、高强度细磨水泥、膨胀剂和丙凝及水玻璃等化学材料。

4.4 遇高压涌/突水施工困难条件下的工程处治预案

在洞内富水构造被揭穿后,可能发生未及预计的大突水,其处治方式主要有:

(1) 要待水量减小或消退、水压降低后,再作注浆封死处理。

(2) 如无上述减弱趋势、人员又无法靠近时,则应采取以下措施:

① 在水源补给点与涌水点之间,布设泄流钻孔以分流泄压,降低涌水量、流速和水压。

② 直接在未揭穿水流通道的迂回导洞内超前注浆,阻截水流;然后在洞内作业面处作补充注浆处理。

5 隧洞围岩防塌险情预报与预警——围岩稳定性评价

5.1 基本认识

新奥法强调:容许围岩有一定变形,但又需控制围岩过度变形,支护适时。本文建议的一种"围岩变形速率比值判别法"[14,15]提供在定量预报险情、定量表达支护适时条件下,是掌握围岩稳定而避免塌方的一种定量分析方法和标准。

在已有的判据认定的险情区段,必要时须采取加固措施,避免塌方。

5.2 隧道开挖施工时,围岩稳定性的"变形速率比值判别法"简述

鉴于以洞周收敛或拱顶下沉量以及收敛速率作围岩稳定判定准则的不足和不易定量化的缺点,此处建议以该一预报时段与前面几个时段围岩各控制点变形

速率的变化——"减速"、"等速"或"加速",来定量划定是否应作工程报险。对出现后两者情况时,如果其不当情况延续若干个时段,则应即适时作出工程险情预警。洞体内监测点一般都布设在拱顶、拱腰和拱端以及侧墙中部和仰拱中点等,方法的采用和进行步序示例如图3所示[14]。本文对李术才等[16]所述的方法进行如上修正,似更合理可行。该法现正在厦门海底隧道施工的研究实践中结合现场实际进行,以求得到检验并使之进一步修改和完善。

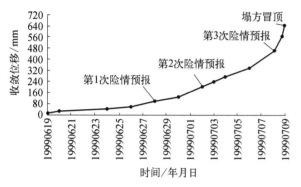

图3 一隧道塌方冒顶段 K7+210 断面
"收敛—时间"变化曲线(1999)[14]

6 施工期对隧道衬护原设计参数的调整与修正

在海底隧道施工期内,应实时地对隧道衬护原设计参数进行调整与修正[17]。其要点是:

(1) 如上所述,由于地勘资料的缺失和不足,施工中遇必要情况需对原设计的隧道衬护参数再作调整和修正。

(2) 以典型工程和实测信息对岩石力学理论分析结果进行类比、修正为特点,是对隧道工程新奥法支护设计的改进。可用于隧道围岩变形、破坏特性与支护效果的快速分析及超前预报,应用形式建议采用新版 BMP 电算程序[15]。该软件已在我国国防、矿山、水利、水电、公路、铁道等部门的不少隧道与地下工程中获得较广泛采用。BMP 软件的组成如图4所示。

在导洞中将量测数据经程序分析和计算后,先自动绘制各项位移的历时变化曲线;通过对先行导洞围岩作反演分析,可得围岩的 σ, k, E 及 η 诸等效岩性参数。再在主洞中进行正演,以反馈、检验和判断需否在施工期中进一步调整与修改设计阶段原有的支衬参数。

(3) 该软件更适用于具有与隧道开挖施工变形监测相配套的光学三维位移量测系统。该系统的基本构架为一台高精密度的电子经纬测距仪;辅以功能完善的软件系统,可执行量测数据处理、计算和图形输出。经做出开挖断面量测控制中各测点变形前后的三维坐标定位——利用全站经纬仪观察反光觇标(安设于隧洞岩壁上),进而得出各测点的绝对变位量。它是对洞壁收敛位移自动化计测作业的改进和完善:

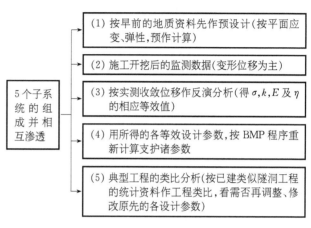

图4 BMP 软件的组成

① 由全自动监测记录预警系统来实施信息采集与传输(光缆/无线电),并作全天候的连续自动监测;

② 国内外现已有离线测读与监控的自动化系统,均在现场监测站内进行。

(4) 该量测系统的功能具有以下特色:

① 与施工作业互不干扰。

② 可缩短量测断面的间距(每5~10 m 设一处量测断面)。

③ 可及时快速显示量测结果,并自动作处理。

将各断面相应测点的绝对位移量纵向连接,即得隧道沿纵向的绝对变位,以反映隧道整体的三维变形。该系统还可预测洞口与浅埋段的隧洞变位,并了解洞口边坡岩体的变形动态。其可靠性有保证,可机动配置量测作业,精度一般达 0.1 mm。

7 耐腐蚀高性能海工混凝土

海洋大气和水环境是隧道衬砌钢筋混凝土所处最严峻的水文地质环境条件之一。长期受到含盐水质、生物、水中矿物质、高水压和围压等天然因素的持续作用,使锚杆、喷层、防水薄膜和高碱性混凝土与钢筋等材料因物化损伤的积累与演化(腐蚀)而影响其耐久年限。第二次世界大战后的许多海工混凝土结构工程,有相当一些历时仅约 30 a,即已出现严重腐蚀而裂损破坏,这种现象值得深思。混凝土碳化和氯离子渗透引起钢筋锈蚀,是海工钢筋混凝土的主要破坏因素。对大跨偏压隧道衬砌属大偏压构件情况,且在已有初始裂纹并长期受围压作用和海水持续浸泡、腐蚀作用下,高性能海工混凝土材料的优化配制,是增强其耐久性的研究热点。

对采用常规材料配制的高性能海工混凝土言,要求实现混凝土自身的低渗透性、低宏观缺陷和高密实度,以限制海洋环境浸蚀介质的入渗,其基本途径可归结为:

(1) 采用高性能优质水泥和级配良好的优质骨料。

(2) 优质掺合料(磨细矿碴粉、粉煤灰和微硅粉等),使工业废碴资源得到充分利用。

(3) 高效减水剂的使用,并尽量降低混凝土水胶比,提高混凝土的抗渗能力。

(4) 硅粉等胶凝性矿物掺合料,提高混凝土的密实度。

(5) 水泥颗粒的解聚和粒径范围扩大,以获得较理想的微观结构等。

8 公路与城市道路长大海底隧道的防灾与救援

(1) 西方一些国家,其在隧道防灾方面的设计理念值得学习参考:

① 中央主控室的防灾自动监控系统十分周密和完善,使火灾苗子能及时消灭于萌芽之中,决不使其蔓延成灾。

② 洞内设置有效的火灾自动探测、报警系统和疏散逃生广播。

③ 注意组织进洞车辆、防灾救援、消防灭火系统等的经常维修保养,不使通风、排烟系统急用时故障失灵。

④ 洞内设置专用排烟通道,并创造最佳的疏散、逃生条件。

⑤ 做好事故通风、风流组织模式与排烟、稀释废气和通风降温设计。

(2) 事故通风(交通拥堵条件下发生火灾的最不利工况)条件,应主要满足:

① 供应新风:风量、风压要求火源一定距离外将有害废气稀释到容许限值的浓度以下。

② 排烟浓度:火源上游 300 m 开外,要求达到容许限值。

③ 降温:火源上游 250 m、下游 50 m 以内,仅短时间超过 80℃。

为此,双洞间设置横向联络(逃生)通道的间距,国外规定为 300～350 m;我国初设为 250～500 m,从上述条件看是合理的。

(3) 对沿洞身纵向已经设置逃生滑梯的条件下,要否再适当补充设置横向联络通道的考虑,值得结合具体实际条件进一步商榷和论证。

对软土地层言,上项横向联络通道施工多数采用冻结法,在饱水砂砾性地层中,要通过现场实地试验,解决好"打钻"、"封水"和"冻结"三方面的技术难题,还要研究土体冻胀和解冻后的融沉问题。

9 超大型盾构机长距离掘进与深水急流海底沉管隧道设计与施工的若干关键问题

9.1 超大型盾构机长距离掘进设计施工

(1) 饱水松散砂性地层、高水压条件下,大断面隧道浅层掘进,泥水加压超大型盾构开挖作业面的稳定与安全性问题。

(2) 长距离掘进,盾构机行进姿态的控制与自动化纠偏,以及行进中的刀盘检修,刀具更换,故障处理与排险。

(3) 隧道纵向不均匀沉降和整体侧移、超大型管片接头刚度不足导致环向弯曲变形过大,防范管片纵缝、环缝渗漏水/泥的接头防水密封材料、工艺及其构造,以及管片自防水工艺等。

9.2 深水急流海底沉管隧道设计施工

(1) 砂性土层、水深流急、波高浪涌,海中自然条件恶劣,海底挖沟成槽施工中的防塌和防淤问题。

(2) 沉管隧道受河床冲刷的顶板最小埋置深度及

对局部冲刷防护的设计施工。

(3) 对桥隧结合方案,人工岛设置的设计施工等。

本文只提出软土海床地基内盾构与沉管设计施工中的若干关键技术问题,在此就不再展开论述。

10 结语

近年来,我国经济的腾飞推动交通工程事业的蓬勃发展。国内多处正建、即建和拟建的跨海隧道应运而生,赶上这样一个大好时代,令人十分欣慰和鼓舞。但是,机遇总是与挑战并存,在修建海底隧道的勘测、设计和施工方面,众多关键技术难题也正在前所未有地摆在业界广大同仁们的面前,就是连一些技术专家也都说"老经验碰到新问题"。只有面对现实,在实践中勇于探索和创新,才能有所前进。笔者在文中只是抛砖引玉,不揣简陋,提出一些想到的问题,并仅侧重于用钻爆法开挖施工的岩石海底隧道工程方面,供有关方面讨论、思考和指正。这里,如何结合我国国情和当地实际情况,有条件地借鉴国外的有益经验,相信当有很大助益。

参考文献

[1] Gronhaug A. Requirements of geological studies for undersea tunnels[J]. Rock Mechanics, 1978, 15(5): 978. (Abstract)

[2] Kuesel T R. Alternative concepts for undersea tunnels [J]. Tunneling and Underground Space Technology, 1986, 1(1): 283 - 287.

[3] Soejima E K. Planning and design of the Osaka Port undersea tunnel[J]. Civil Engineering in Japan, 1991, 30: 44 - 53.

[4] Arild P. The challenge of subsea tunneling [J]. Tunneling and Underground Space Technology, 1994, 9(2): 145 - 150.

[5] Eisenstein Z. Large undersea tunnels and the progress of tunneling technology[J]. Tunneling and Underground Space Technology, 1994, 9(3): 283 - 292.

[6] Dahlo T S, Nilsen B. Stability and rock cover of hard rock subsea tunnels[J]. Tunneling and Underground Space Technology, 1994, 9(2): 151 - 158.

[7] Vandebrouk P. The channel tunnel: the dream becomes reality[J]. Tunneling and Underground Space Technology, 1995, 10(1): 17 - 21.

[8] Hagelia P. Semi-quantitative estimation of water shielding requirements and optimization of rock cover for sub-sea road tunnels[J]. International Journal of Rock Mechanics and Mining Sciences and Geomechanics Abstracts, 1995, 32(3): 485 - 492.

[9] Tsuji H, Sawada T, Takizawa M. Extraordinary inundation accidents in the Seikan undersea tunnel[J]. International Journal of Rock Mechanics and Mining Sciences and Geomechanics Abstracts, 1996, 119(1): 1 - 14.

[10] Palmstrom A, Skogheim A. New Milestones in subsea blasting at water depth of 55 m[J]. Tunneling and Underground Space Technology, 2000, 15(1): 65 - 68.

[11] 林志. 海底隧道技术特点与发展//2005 年全国公路隧道学术会议论文集[C]. 北京: 人民交通出版社, 2005. 60 - 64.

[12] 孙钧. 厦门市东通道海底隧道工程设计施工若干技术关键的思考[C]//大直径隧道与城市轨道交通工程技术——2005 年上海国际隧道工程研讨会文集. 上海: 同济大学出版社, 2005: 25 - 32.

[13] 同济大学,中国地质大学(武汉). 立项建议书: 厦门市海底隧道工程基于 MapGIS 支持的施工期高压突水超前地质预报和险情预警及其决策系统的研究与应用[R]. 上海, 2004.

[14] 邓江. 猫山公路隧道工程技术[M]. 北京: 人民交通出版社, 2002.

[15] 李世辉. 隧道支护设计新论——典型类比分析法应用和理论[M]. 北京: 科学出版社, 1999.

[16] 李术才,徐帮树,李树忱,等. 海底隧道衬砌结构选型及参数优化研究[J]. 岩石力学与工程学报, 2005, 24(21): 3894 - 3902.

[17] 杨家岭,邱祥波,陈卫忠,等. 海峡海底隧道及其最小岩石覆盖层厚度问题[J]. 岩石力学与工程学报, 2003, 22(增1): 2132 - 2137.

本文发表于《岩石力学与工程学报》
2006 年第 25 卷第 8 期

对兴建台湾海峡隧道的工程可行性及其若干技术关键的认识

孙 钧

摘要： 从十个方面对兴建台湾海峡隧道的工程可行性进行论述,并阐述对其中若干技术关键的认识和建议。(1) 从台湾海峡拟议中兴建隧位沿线的地质与地震灾害性条件,看跨海隧道设计施工的工程可行性——试以"北线"方案为例,说明其对隧道施工与日后运营的影响;(2) 海底隧道设计施工的特点和问题:对地质勘察、隧道最小埋置深度、隧道内交通运输工具的选择、关于服务隧道和海底渡线室等的设置、工程的安全设计与安全作业等提出意见和建议;(3) 隧道不良地质区段施工水情水患的预测与防治:对隧道场址的水文地质条件的认识与评价;对防塌治水的基本原则,难以预见的施工风险及施工整治处理要点进行了阐述;(4) 隧道围岩防塌险情预警、变形预测与控制——围岩施工稳定性评价:提出用"变形速率比值判别法"对围岩的施工稳定性进行评价,在施工期采用 BMP 软件对隧道衬护原设计参数进行调整和修正;(5) 隧道掘进机(TBM)与钻爆法施工方案的比选——隧道施工机械现代化:提出用 TBM 与钻爆法配合的海峡隧道施工方案,同时指出当隧道部分地段需改用钻爆法开挖时,隧道的主要施工机械及监测仪具应现代化(如自动化喷混凝土机器人、自动化量测及监测反馈系统等);(6) 耐腐蚀高性能海工混凝土材料和隧道支衬结构:指明采用常规材料配制高性能海工混凝土,增强其耐久性的基本途径;给出不良地质区段岩体的隧道开挖、支护、施工排水和限压衬砌设计施工的建议;(7) 特长大隧道的运营期通风问题——暂按铁路隧道并以英法海峡隧道为例作考虑:阐述海峡隧道的空气动力学问题,介绍英法海底隧道的通风系统原理及结构布置措施;(8) 隧道防灾与减灾:建议学习参考西方一些国家在隧道防灾方面的设计理念;(9) 海底隧道施工风险评估与风险管理:提出该隧道的主要技术风险类别,并阐述对风险管理的认识;(10) 关于悬浮式隧道:对本隧道情况而言,建议悬浮式隧道方案再另行慎议;最后指出下一步的地质和地震勘察尚有待深入进行的工作。

关键词： 台湾海峡隧道;海底隧道;工程可行性;技术关键;设计;施工;防塌;水患;隧道掘进机(TBM);钻爆法;通风;防灾;风险

0 前言

自二十世纪八九十年代起,近二十年来关于拟议兴建台湾海峡通道问题,召开国内和海峡两岸专家研讨会议已有许多次,而在 2005 年初交通部公布的中远期(今后 20 年内)的国家高速公路网建设规划中也包括了从北京到台北的高速公路一线,这表明台湾海峡通道建设已经列入国家长远交通规划。尽管由于种种原因和诸多条件的制约,这一工程的具体实施尚有待时日,但目前就开始一定的前期调研、筹划和论证工作则还是十分需要而又艰巨和复杂的。

过去讨论的主要议题大多集中在,通道沿线海陆域的工程地质、海床水文和海峡地震条件及其危险性分析,以及沿海峡纵向北、中、南三条拟选通道线路方案的比选等方面,进而论述了兴建通道在选线和可能遇到的地质、水文与地震等重大工程问题。从工程前期工作言,以上方面的探讨当然是居首位的。本文试对以往有较多倾向性的"北线"——西自福建平潭、东至台湾新竹全长合约 125~130 km 的海底隧道方案,在技术上实施的工程可行性及若干主要技术关键,作些初步探索。

1 从台湾海峡拟议中兴建隧道位置沿线的地质与地震灾害性条件,看跨海隧道设计施工的工程可行性——试以"北线"方案为例,说明其对隧道施工与日后运营的影响

台湾海峡西东两侧沿岸滨海区域外,海域通道将

主要通过巨厚的变质新、中生代沉积岩地层,其中的大部分可能为上新统和局部上覆浅层第四系沉积和第三系砂、页岩厚度大的地层。福建省隧道西口近岸一侧属闽粤火山岩和燕山期花岗岩等沿海变质带;而台湾西北部隧道东口近岸一侧,则主要属砂质和砂泥质沿海平原地带,其表层由全新统和更新统上部为由砾石、红黏土和砂层等覆盖的巨厚中新世和上新世到更新世早期的砂、页岩岩盘。

台湾海峡水深一般在80 m以内,且水深与水下陡坎坡、深水凹槽等随海床地形变化较大,区内海底侵蚀与堆积现象分区明显,其中一般性的灾害性地质现象也较为普遍。

台湾海峡位处欧亚板块弧陆碰撞带的前沿盆地,其地壳运动属全球最活跃的地带之一,赋存有潜在的巨大地壳错动动力,板带内地震较为频发,其设计基本烈度可暂先拟定为Ⅶ度或其上下变化,活动断裂比较发育,是台湾海峡通道工程及日后施工活动与隧道运营期间的主要工程地质问题之一。

但总而言之,上述地质环境与不良地质现象,除了对西岸大陆的个别地段已经有所了解外,整体上还远未达到工程论证与方案设计阶段的要求及其需要的精细程度。

施工有利方面(工程可行性)如下。

按目前所知的上述地质与地震条件推断,海底隧道沿线一带的地质情况总体上言还比较单一,其中不透水或水文地质不发育的砂页岩地层多呈水平展布,作为隧道上覆围岩的层厚也是足够的(详见2.3),其间,日后未发现有大的活动断裂穿割,因砂页岩的岩性多属中等偏软,且隔水和承力效果也较好,它适宜于采用隧道掘进机(TBM)挖掘或钻爆作业,则施工隧道工程将应该是可行的。按目前初步探明的地震烈度看,由于自地表向下其烈度还会有一定衰减,故除需对隧道两岸洞口及其浅部洞段进行重点抗震设防和对洞口段衬砌结构适当加固外,隧道主体部分因深埋地下(约估需在海床浅部沉积层下的承力岩盘内80~100 m以下),从区域地震地质构造并通过抗震验算,其工程安全性可以得到保证。

文献[1]中的第5节(从地震和地质角度看修建海峡隧道的可行性),比较具体地论述了当前业界对这方面的认识,文献[2]中也有相应论述,是有一定见地的,可供参考。

2 海底隧道设计施工的特点和问题[3-4]

2.1 海底隧道设计施工的技术特色

(1)深水海洋地质勘察的难度高、投入大,漏勘与情况失真的风险程度增大;

(2)高渗透性岩体施工开挖所引发涌/突水(泥)的可能性大,且多数与海水有直接水力联系,要求达到较高精度的施工探水预测预报和有效治水都十分困难;

(3)海上施工竖井布设难度高,在此处甚或是不可能的,致使连续单口掘进的长度达数十千米,其施工技术难度成数倍加大;

(4)饱水岩体强度软化,其有效应力降低,使围岩稳定条件恶化;

(5)全水压衬砌与限压/限裂衬砌结构的设计要求高;

(6)受海水长期浸泡和腐蚀、汽车尾气CO_2入渗混凝土,高性能、高抗渗衬砌混凝土配制工艺与对结构的安全性、可靠性和耐久性的考验十分严峻,以及洞内装修与机电设施的防潮去湿要求严格;

(7)城市长(大)跨海隧道的运营通风、防灾救援和交通监控,需有周密设计与技术措施保证,等等。

做好工程地质、水文勘察与超前预报,着力提高遇险应变能力,得出与工程实际结合的、合理可行的技术措施和应对险情的工程预案,特别是如何解决好施工"探水"、"治水"和"防塌"三大技术难点,是此处跨海隧道施工成败的关键。

2.2 海床基岩工程地质、水文地质特征与综合地质勘察

2.2.1 海床地质特征调查

详尽的、准确度高的海床地质勘察信息和技术数据,是关系到隧道建设可行性研究、设计和施工与建设费用与工期等重大工程决策的主要因素,如以青涵和英法海峡两座海底隧道的上述不同情况作其成败比照,就能充分说明这一问题。

1)施工前的地质勘察

施工前,应做好各项地质勘察工作。

（1）海洋动力环境条件下，海上钻井取样设备及其配套工艺的改制与开发；

（2）地震波测试等地球物理勘探——揭示基岩分界线和主要不良地质缺陷；

（3）声纳探测——海底地形、松散沉积物分布及其厚度；

（4）综合地质勘探，等等。

2）施工过程中的超前地质预报

施工过程中的超前地质预报工作在海底隧道工程建设时是必不可少的。

（1）施工过程中的超前地质预报，做到超前导洞/服务隧道先行，是最好的施工期补充勘察手段；

（2）对主隧道施工将遇到的不良地质区段，可在导洞/服务隧道中先作注浆加固和止水；

（3）用正、反演分析，必要时对原设计支衬参数再作调整和修正；

（4）对洞周施工变形进行智能预测与控制。

2.2.2　复杂海床地质条件下的地质勘察项目

复杂海床地质条件下，为揭示不良地质体和涌/突水（泥），需作的综合地质勘察项目有：

（1）常规地质勘探；

（2）超前综合物探：

① 采用震测法作隧道超前地质预报（TSP）；

② 地质雷达与遥感、遥测；

③ HSP（水平震测剖面法）声波反射法；

④ 电磁波物探勘察——跨孔电磁波 CT 扫描成像探测，等等。

（3）红外线探水仪、超前水平探孔；

（4）洞内实时监测与相关参数快速测试——数字式全景钻孔摄像系统；

（5）综合地质超前预报技术（将计算机数值模拟与综合分析预测相结合）；

（6）水化学分析；

（7）压水透水性试验，以验证岩体质量与涌水量，等等。

2.2.3　综合地质超前预报方法的实施

综合地质超前预报方法实施的本质特色是将长/中/短距离的地质预报与物探、钻探三者有机地相结合。

2.3　海底隧道最小覆盖层厚度——隧道最小埋置深度

2.3.1　海底隧道最小覆盖层厚度

跨海线路走向方案大致确定后，在隧道纵剖面设计时对隧道上方岩体的最小覆盖层厚度，也即隧道最小埋深的拟选是首位重要的，它密切关系到隧道建设的经济和安全问题。

（1）如果覆盖层厚度过薄，隧道施工作业面局部/整体性失稳与涌/突水患的险情加大；而因浅部地质条件较差，在辅助工法（如注浆封堵，各种预支护、预加固等）上的投入将急剧增加。

（2）如果覆盖层厚度过大，海底隧道长度加大；同时，作用于衬砌结构上的水头压力增大。

2.3.2　制约隧道最小埋置深度的决定性因素

围岩稳定与安全、涌/突水量和水压力值的大小，是制约隧道埋深的主要因素，它们均涉及隧道施工的风险程度和经济性。

2.3.3　确定安全的海底隧道最小顶板厚度应着重考虑的各项因素

（1）海床地质与水文条件（断层破碎带及其充填物胶结状况、岩体渗透性、张性节理/渗水节理发育程度、节理连通性及与海水的水力联系，等等）；

（2）隧道轮廓外形与主体尺寸；

（3）能选用的最大/最小纵坡坡度；

（4）海水长期浸泡、腐蚀条件下，围岩物理力学属性的软化与恶化；

（5）施工开挖方法（TBM、钻爆、台阶法、CD 和 CRD 工法等等）；

（6）围岩注浆加固与预支护、各种辅助作业的实施，等等。

2.3.4　借鉴国外已建相类似的跨海隧道的实践经验进行与国外已建相似跨海隧道成功实践的工程类比是很有价值的并可供借鉴的重要环节，如挪威建议选用的"海底隧道安全顶板厚度"经验值，如图1，图2所示。

2.4　隧道内交通运输工具的选择——建议以铁路车辆并汽车上平板车方式穿越

百十公里特长高速公路隧道的运营通风是个非常难以解决的问题，由于在深水海峡的海域地段不易其

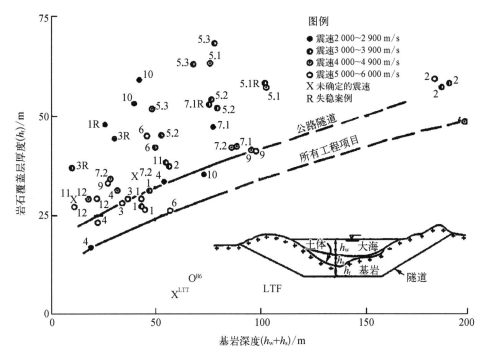

图1 挪威海底隧道最小岩石覆盖层厚度与基岩深度关系曲线

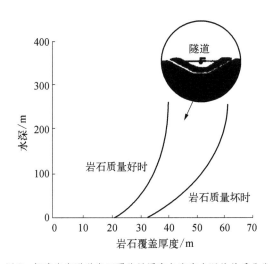

图2 挪威海底隧道岩石覆盖层厚度与海床水深的关系曲线

或不可能设置永久性通风竖井,这使隧道通风问题更加不好对付!在百公里以上特长隧道内高速行驶汽车,其大量废气和带毒害气体的及时疏排对通风设施的要求极高,处理上将十分困难;其次,隧洞内人工照明条件下长里程地跑车易因驾驶疲劳和紧张感造成司机失误而引发交通事故是很常见的;其三,高速公路车辆在特长隧道内的车速一般需控制在 80 km/h 以内,而如改用高速铁路列车,则其行车速度(受洞内风压控制),经减速后仍可达到 160 km/h 或以上,且受隧道内不利条件的影响程度也很小;其四,公路隧道内车辆密集情况下引发的火灾事故也远较铁路隧道情况高出许

多倍,从洞内消防、防灾的角度看也是用铁路列车通过更为安全。关于公、铁路车辆通风与防灾方面情况的两相比较和论证,详可参见英法海峡隧道工程建设方面的有关介绍,此处不再展开阐述。

据此,对台湾海峡隧道内交通运输工具的选择,初步建议可仿照英法海峡隧道情况采用以铁路车辆并汽车上平板列车运载穿越的方式。此处借用英法海峡隧道这方面的一些情况稍作说明:公路车辆穿越隧道时,小轿车、公共交通车辆、货卡车和集装箱车与油罐等等都由专用站台装载上铁路平板车上,从起迄点往返运行;当然,可以同时通过普通客货运火车列车车箱,由高马力电力机车拖运进出隧道。视交通运力发展需要,可以安排单向每小时运送 1 000~4 000 辆以上的各式汽车不等。如此按铁路隧道方式进行的洞内通风设计,当是比较方便和实际可行的,详请见第 7 节所述。

2.5 关于服务隧道和海底渡线室等的设置

2.5.1 服务隧道设置

国内外已建和正建的特长大越岭隧道与海底隧道,其中的许多座都在两条主隧道中间位置处再建设一条服务隧道。这是由于:

(1)在服务隧道(4.5~5.0 m)施工先行的条件下,可以在主隧洞开挖施工中利用为大断面主隧道

(7.5~8.0 m)的超前探洞/导洞,海床岩土体的地质和水文地质信息通常都可先从服务隧道开挖中得到,并为后续的主隧道开挖与支衬工程采用;同时,由服务隧道开挖时的施工监测值反演得出岩体的物理力学参数,再在主隧道施工中另作正演,以论证主隧道围岩的施工稳定性,必要时借以调整、修正主洞支护参数并作出施工变形的智能预测与控制以及工程险情预警。

(2)利用服务隧道施工先行,在适当位置处开凿横向支洞与两侧主隧道相沟通,以增加主隧洞的开挖作业面;每一横向支洞可增加两个作业面,做到"长隧短打",有利于大大加速工期。这些横向辅助支洞在日后运营时即可作为双洞间的横向联络通道使用。

(3)当有高压电缆、通讯光缆和长途电话线以及煤气与给排水输水管道等需要过海时,其中有的管线规定不能在主隧道内穿越、有的则因主洞空间上的限制容纳不下,都可以将其设置在服务隧道中通过。

(4)在隧道运营期间,服务隧道可以作为火灾等事故时的逃生通道使用,有利于遇洞内火灾或遭受水淹等事故情况下洞内人员的紧急疏散和撤离。

(5)通常将服务隧道设置在左右侧主隧道的稍下方中间位置,可利用为施工期和日后运营期间的洞内污水排泄,流入服务隧道内的洞内水流再由污水泵排泄到洞外。

(6)利用服务隧道作为水平风洞,在隧道施工期和日后运营中,由服务隧道向两侧主隧道供应新风(详述见第7节)。

国内正建的厦门翔安海底隧道和英吉利海峡隧道等,为此都附建了上述的服务隧道,就是工程实例。对隧道长度较短,也不需要高压电和煤气等易爆燃物过江过海的情况下,经过施工工期的论证比选,认为可以不加设服务隧道时,为了节约造价和运营费用,也可以不加设服务隧道。如2006年底已正式开工兴建的青岛市胶州湾海底隧道与正筹建的大连湾海底隧道都是例子。鉴于台湾海峡隧道的特大长度和工程规模,从上面所述的六个方面考虑,设置服务隧道似应作为首位拟选方案。

2.5.2 海底渡线室设置

隧道沿线应设立多个地下交叉折返转线段,以利于列车在地下渡线内编组和往复行驶,使之能从一条

隧道过渡驶入另一条。像台湾海峡隧道总长将在120 km以上,需要在海底洞内设置几处交叉折返的转线段/渡线室轨道线路,这样就将整条特长隧道分为若干区段,每条交叉折返转线段的渡线室轨道线路长约150~200 m,宽约22~25 m,高约15 m,是附建在海底最大的隧洞工程。

2.5.3 其他洞内辅助设施

诸如低位集水井和地下水泵房、避车岔洞和人行通道、横向活塞式泄压风道、洞内电力控制室和变电间、附设在洞内的供水输水隧道、逃生支洞、主洞与服务隧道间的横向联络通道、洞口部位的防淹门和战时防轰炸与防毒物污染的防护(密闭)门等等,各种洞内辅助设施不一而足,均需视情况考虑设置。对此本文不作一一阐述。

2.6 海峡隧道工程的安全设计与安全作业

据国外的统计数字,海底隧道工程施工的事故发生率一般都远高于通常的建筑工程行业,仅稍次于采矿业,由于地下施工工程量庞大,而隧道在暗挖开掘过程中的施工风险更难以完全预见,故对其进行一系列的安全设计与作业是十分必要的。

最常见的洞内事故多数集中在隧道火灾、施工水患和水淹、设备走电、围岩坍塌、毒雾窒息和机械损伤等等。故此,在海底隧道施工和运营期间各项辅助安全设施的设计应有针对性,布设显像监视、水患水害控制、火情预警、电气安全、通风除尘、车辆热轴探测(含刹车检查等)、消防逃离与救援等等有关卫生和安全劳防等辅助性服务设施都是必备的常用手段,其中,洞口中央控制室与及时的安全调度应该是最不可或缺的重要安全作业措施。

3 隧道不良地质区段施工水情水患的预测与防治[5]

3.1 隧道陆、海域场址预见的水文地质条件

从可以基本预见到的情况,初步认为大体是:

(1)在第四系全新统海积砂层中以及基岩破碎和节理裂隙发育带内,其富水性好,分别赋存有饱和孔隙水和风化基岩孔隙/裂隙水。

(2)从总体上言,海域内整体、致密性好的基岩其

富水性弱、渗透性差,为弱/微含水层,估计无明显的遍布含水层和透镜带。

(3) 受海水垂直入渗补给,并受海水压力影响,海域含水岩组地下水具有相当的承压性。

(4) 完整、致密的砂、页质基岩基本上不渗水,其裂隙岩体的渗透性及其节理发育程度均随埋深增大而急剧减弱。

(5) 隧道沿线经过的各条风化深槽、风化囊、中小断层和破碎带等的岩体构造网络,视裂隙张开程度及其上覆风化岩体的连通状况,将对隧洞涌水起控制作用。

(6) 隧道施工可能面临水压高、稳定流量大的地下涌/突水,且沿线呈随机分布,隐蔽性强而具突发性,是防范隧洞突涌水事故的主要考虑因素。

3.2 隧道施工治水、防塌的基本原则

(1) 施工中对高压突/涌水的综合处治,要求做到:"面对灾害性地质,却不能造成灾害性水患事故"。

(2) 对难以预见又防不胜防的施工风险的处理要求:

① 应考虑遭遇超前预报中未及预测到的突发性集中突涌水的施工风险;

② 一般而言,对预报水量较大的出水点,宜在开挖前视必要作好全断面帷幕注浆准备,第一步宜先进行超前封堵;而对预报水量小的出水点,则可在开挖后局部封闭注浆,并作引排处理。

(3) "管超前、严注浆、短进尺、弱爆破、强支护、勤量测、早封闭、快衬砌"(8 句话,24 个字),进行信息化施工的动态技术管理。

(4) 建议采用多种水文地质勘探手段作相互印证的综合勘探方法,而以隧道内的超前水平勘探为主;对岸滩地,要调研地面水和地下水源补给及地表迳流排放条件。要求分段作出水文地质评价。施工地质和探水工作要贯彻施工全过程,决不可抱侥幸心理而掉以轻心。

(5) 水文地质超前预报和采用 TSP 技术等对海底隧道作业面上及其前方开挖段预作施工探水恐尚有一定难度,其准确性不高。此时,超前探水孔和预注浆封堵是工程治理的主要手段。此处的施工治水方案仍应沿用"以堵为主、以排为辅、堵排结合"的原则来处理,

而因与海床水直接沟连,似更应将"堵"作为重点。

前些年,渝怀铁路川南段圆梁山、武隆隧道等以及目前正在施工的厦门、青岛两处海底隧道的施工探水、治水的成功经验,值得借鉴。

3.3 水文地质评价应综合以下各个方面

(1) 岩性、水文地质结构、地形地貌特征、构造发育条件;

(2) 如遇可溶岩地层(此处大概没有),则对岩溶水力学特征,含:扩散流、管道/洞穴流特征;充水空间形态及其延伸:溶蚀裂隙充水及其连通性作综合评价;

(3) 涌水量和水压计算预测——要贯彻勘测、施工全过程,并不断修正。

3.4 难以预见的施工风险

(1) 未及预见的涌水突泥,补救困难;对岸滩地段,因疏排不得法,可能导致地表浅部地下水流失,使地下水环境恶化,甚至井泉水资源枯竭,而地表塌陷,房屋开裂。

(2) 原应先期施作预注浆的地段,因决策迟缓或失误,造成被动注浆,处理时间拖长。

(3) 超前预注浆效果不好,影响掘进循环进尺按计划实现。

(4) 水流渗透力造成断层破碎带塌方,处理费时,并加大了衬砌支护工程量。

(5) 岩体构造发育部位,在开挖中可能产生裂隙水的分散性淋水或涌水。当沿层面运动的地下水呈较大水力梯度时,将产生高压突水突泥;而当垂直向的张性裂隙发育时,其中褶皱的向斜构造和背斜转折端附近,也会有相当储量的静水。此外,破碎岩体的渗透性好,或由于导水断层的贯通性强,可能连通多个含水层或与床面海水有水力联系,而与断层带两侧将存在明显的水位差。这样,导水断层极有可能汇合各处含水层以至地表水作为揭露的主径流带而将床面海水引入洞内;而阻水地层则可能在高水压和水压差的压头作用下被击穿致出现高压突水、涌泥。因而,要密切关注隧洞通过风化深槽部位以及有否其它断层、破碎带等可能潜在的高压突水,等等。

以上施工风险将延误工期,并使投资与施工成本大幅度地增加。

3.5 施工整治处理要点

(1) 采用短台阶开挖,稳扎稳打。拱部预留核心土,边墙左、右错开先后。

(2) 水流归槽,避免地下水对岩体的浸泡而软化。

(3) 采用光面爆破,严格控制药量,尽可能减少对围岩的扰动,避免裂隙相对不发育的阻水岩层因受爆破扰动而失稳,发生大范围的突水涌泥。

(4) 对高压富水部位的洞段,应暂停掘进,先打设超前大管棚(长导管);同时,在隧道作业面附近,架设临时仰拱和工字钢支撑后,采用迈式锚杆(钻、锚、注浆三位一体,同时施工、一次完成)。隧道开挖线外注浆仍不能止水者,则需加长、加大注浆范围,直至设置全断面满堂注浆止水帷幕,并在高压富水洞段整筑钢筋混凝土衬砌。

(5) 研制高压突水超前信息综合处理与决策系统软件(如国内较知名的 MapGIS 防治水软件等),及时将地勘等预报资料和专家咨询信息反馈施工现场,并建立对高压突水、涌泥的预警机制及相应的工程预案。

(6) 先施工挡水、挡泥护墙,采用重型结构对突水或涌泥口进行封堵;然后通过封堵墙施工钻孔,对其进行注浆和止水加固后,再行开挖。对于无法封堵的地下水,一种灌注热沥青止水工法(台湾)可以参考。对与海水联系不密切地段,宜采用排水设施进行引排;当水流的位置在隧道上部而高于隧道时,应在适当距离外开凿引水斜洞(或引水槽),将水位降低到隧道底部位置以下后,再行引排。

(7) 在施工过程中,加强地下水化学成分及同位素的监测工作,通过化学成份的示踪作用以至同位素年龄的确定,可以分析地下水的补给源及期龄。

(8) 以监测资料为依据,明确地下水发育区外的水压力是否可以折减,分析在高压水作用下岩石的化学损伤以及水力损伤的演化,分析岩体在侵蚀性水力作用下的断裂韧度特性,弄清水压力在围岩加固圈(承载圈)以及衬砌之间的分配,为加固圈厚度设计及锚喷支护参数优化提供依据。

(9) 注浆材料:对低压小股水和中压、中股水流,均可采用单(双)液注浆;低压大股水可采用聚氨酯材料,聚氨酯在遇水后膨胀变硬达到堵水的目的;高压大股水流则必要时应采用全隧洞段满堂注浆止水帷幕作

灌浆封堵,并采用高压泵灌浆。为改善注浆效果,可在浆液中掺加超细硅粉、高标号细磨水泥、膨胀剂和丙凝、水玻璃等化学材料。

4 隧道围岩防塌险情预警、变形预测与控制——围岩施工稳定性评价[6-7]

4.1 基本认识

新奥法隧道施工法(NATM)强调:容许围岩有一定变形,但又需控制围岩过度变形,支护适时。本文建议的一种"围岩变形速率比值判别法"提供了在定量预报险情、定量表达支护适时条件下,是掌握围岩稳定而避免塌方的一种定量分析方法和标准。

在已有判据认定的险情区段,须及时采取加固措施,避免塌方。

4.2 隧道开挖施工时,围岩稳定性的"变形速率比值判别法"简述

鉴于以洞周收敛或拱顶下沉量以及收敛速率作围岩稳定判定准则的不足和不易定量化的缺点,此处建议以该一预报时段与前面几个时段围岩各控制点变形速率的变化——"减速"、"等速"或"加速",来定量划定是否应作工程报险。对出现后两者情况时,如果其不当情况延续了若干个时段,则应即适时作出工程险情预警。洞内监测点一般都布设在拱顶、拱腰和拱端以及侧墙中部和仰拱中点等,方法的采用和进行步序示例如图3所示。该法现正在厦门海底隧道施工的研究实践中结合现场实际进行,以求得到检验并使之进一步修改和完善。

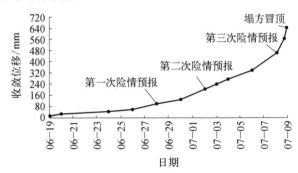

图3 某隧道塌方冒顶段 K7+210 断面
"收敛—时间"变化曲线(1999 年)

4.3 施工期对隧道衬护原设计参数的调整与修正

在海底隧道施工期内,应实时地对隧道衬护原设

计参数进行调整与修正。其要点是：

（1）如上所述，由于地勘资料的缺失和不足，施工中遇必要情况需对原设计的隧道衬护参数再作调整和修正。

（2）以典型工程和实测信息对岩石力学理论分析结果进行类比、修正为特点，是对隧道工程新奥法支护设计的改进。可用于隧道围岩变形、破坏特性与支护效果的快速分析及超前预报，应用形式建议采用新版BMP电算程序（2002）。该软件已在我国国防、矿山、水利、水电、公路、铁道等部门的不少隧道与地下工程中获得了较广泛采用。该BMP软件的基本组成如图4所示。

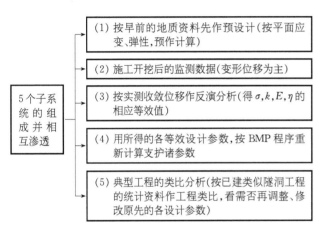

图4　BMP软件的基本组成

在导洞中将量测数据经程序分析和计算后，先自动绘制各项位移的历时变化曲线；通过对先行导洞围岩作反演分析，可得围岩的 σ, k, E, η 诸等效岩性参数。再在主洞中进行正演，以反馈、检验和需否在施工期中进一步调整与修改设计阶段原有的支衬参数。

5　隧道掘进机（TBM）法与钻爆法施工方案的比选[8]——隧道施工机械现代化[9]

5.1　隧道不同地质洞段施工方案的比选

岩石隧洞工程国内外常用的施工方法主要是钻爆法和TBM掘进机法。这两种方法从施工技术和施工工艺方面比较各有特点。钻爆法的最大优点是施工方法灵活，适用性强，可适合任何隧洞断面，并可根据不同的地形地质情况，采用不同的开挖方法和支护措施，

实现安全掘进；其缺点主要是施工工序复杂，施工速度慢，独头掘进长度受到一定限制，对长大隧道工程，往往需要"长洞短打"，增加施工支洞和辅助通道。采用TBM的隧洞掘进技术则特别适合长隧洞施工的需要，以其高度的机械化程度，将隧道掘进、出碴以及衬砌支护等工序实行工厂化生产并连续作业，可以更好实现快速、高效、安全、文明施工。但是，TBM的应用受隧洞外形、尺寸和地质、水文条件等影响因素比较大，对围岩地质的适应性也较钻爆法为差。

此处的海峡隧道施工方案主要考虑如下因素。

（1）隧洞地层岩性适合TBM掘进施工。影响TBM掘进效率的地质因素主要是岩石的强度、构造及裂隙发育程度、岩石的致密性和硬度等。本海峡工程围岩暂拟定以Ⅱ、Ⅲ级围岩为主，暂估计约占隧洞总长的80%以上，而穿过的地层主要为三叠纪砂、页岩不等厚互层岩体，属软弱—中等坚硬岩石，岩石矿物成分主要以钙质为主，砂岩中石英含量较少。初步认为，本工程砂、页岩地层比较适合TBM掘进机开挖施工。

（2）超长隧洞有利于发挥TBM快速、高效的优点。国内外工程经验说明，大于3 km的隧洞可考虑TBM施工；而大于6 km的隧洞，则更应优先选择TBM施工。与常规的钻爆法相比，它不但施工速度快、质量好，而且也相对经济和安全。

（3）根据工程地形条件和工期要求，应优先考虑TBM掘进施工方案。受低海拔、深切割、大起伏复杂地形条件的限制，隧洞施工支洞布置比较困难，故而钻爆法施工较难满足工程总工期的要求，而考虑以TBM掘进为主的施工方法，且采用预制混凝土管片衬砌的隧洞支护形式，也是合适可行的。

（4）在海床以下数十甚至上百米的埋深和特长隧洞内工作困难条件下，应以人为本，优先选择机械化程度高、使用劳力量少，而又劳动强度低、以电力为动力的TBM设备。

（5）对沿线局部不良地质洞段和洞口部位，则似宜改用钻爆法配合TBM施工。隧道局部洞段可能要穿过较大的断层和断裂破碎带以及以页岩为主控岩层的相对软弱围岩段，在高埋深、大洞径情况下，地质灾害和大的围岩挤压（squeezing）变形情况都不利于发挥TBM快速、高效的优点，而更适宜采用常规的钻爆法

施工。

综合以上分析,台湾海峡隧道工程深埋特长隧洞施工,拟建议日后采用以 TBM 法为主、钻爆法为辅的施工方案。对Ⅱ~Ⅲ级围岩稳定性较好的大部分洞段,采用 TBM 掘进;遇断层带及断层影响带一般为Ⅳ、Ⅴ级松散、软弱和破碎围岩,则采用钻爆法施工;对于埋深较大、页岩为主洞段,由于围岩塑性屈服和大挤压变形的影响,也宜考虑采用钻爆法施工。

TBM 隧道掘进机,总体上言,它是集全断面掘进、支护、作业面照明、排水、除尘、通风、降温和出碴运输为一体的高科技隧道施工设备。

几种类型的隧道掘进机使用性能比较见表1。

表1　隧道掘进机使用性能比较

掘进机类型	隧道名称	掘进机利用率/%	等待弃碴车的时间所占比例/%	围岩支护时间所占比例/%	停机时间所占比例/%	贯入速率/(m/h)	星期平均进度(峰值)/m
新的阿特拉斯·科普柯	Katse	25.0	8.0	14.0	8.0	4.0	150 (289)
新的罗宾斯	Hlotse	30.0	4.5	10.7	14.9	4.3	204 (325)
新的罗宾斯	Mbela	27.4	4.5	19.2	9.0	4.5	188 (400)
二手罗宾斯	南部尾水隧道(3个隧洞)	45.0	17.0	4.0	4.0	3.6	232 (380)

5.2　隧道施工机械现代化问题

当隧道部分地段需改用钻爆法开挖时的隧道主要施工机械及施工监测仪具的现代化进展情况:

(1) 在国内一些长大铁路隧道工程中,钻爆法施工的主要机械设备业已配套成龙,已形成 4 条配套成龙的机械化隧道施工作业线,即① 凿岩、爆破、装碴作业;② 无轨或有轨出碴运输作业;③ 锚、喷、网支护作业;④ 二次模筑混凝土复合衬砌作业。

(2) 以上作业线所配置相应的主要施工机械设备如下。

① 四臂机械式液压钻孔凿岩台车;

② 全断面深孔光面爆破(对中硬和硬岩);

③ 半断面上下台阶浅孔预裂控制爆破(对中软和软岩);

④ 高效力爪式抓斗和反铲、轮式装碴机;

⑤ 梭式矿车有轨出碴;

⑥ 门架式全断面衬砌台车;

⑦ 大型混凝土送料罐车,等等。

5.3　钢纤维喷混凝土支护及其喷射机械手(喷浆机器人)

(1) 钢纤混凝土的优点:抗裂性能优异,弯曲韧性优良,有抗冲击、耐磨、耐冲刷性能;

(2) 手持式喷枪作业中的问题:工人的劳动强度大,喷射的均匀度靠操作工人的经验控制,风压,水量很难定量控制等;

(3) 实现钢纤喷混凝土自动化是当前的发展方向;

(4) 在长大隧道应用中的问题:① 壁面糙率大,增加通风阻力和压头损失,② 光爆不平整——洞壁不直,挂灯具沿隧洞轴线也就不齐顺。

5.4　隧道开挖放样自动化量测与定位

隧道开挖放样自动化量测与定位,主要包含洞形轮廓线放样、炮眼定位与纠偏、超欠挖修缮等工作。

5.4.1　隧道快速雷射自动化定位系统

系统包括快速扫描系统,氦氖红光雷射与控制电脑两部分。系统在隧道施工中的应用:

(1) 在隧洞待开挖的前方壁面上,快速投射"设计断面轮廓"和"钻眼爆点位置"标定,而不再需人工测量放样;

(2) 采用程序控制中心偏移量,作自动定位投影以校正偏心位置;

(3) 对开挖后断面,进行隧道洞形轨迹投影,并逐一扫描,有效距离可达 100 m,利于及时修缮断面的超、欠挖。

5.4.2　隧道断面自动量测仪

(1) 用于隧道开挖后的"断面收方"工作,确定是否超、欠挖及其修挖量大小。

(2) 拼除过去对开挖断面作人工量测以及现改用的光波测距仪,其精度不高、使用不便。

(3) 具备"自动测距"装置(有效距离达 200 m)和"扫描定位"装置,以电脑控制自动测绘开挖后断面,并自动计算断面积,提高了量测精度,节约做收方量测的时间和人力,定位快速,量测断面即时屏幕显示,并可与原设计断面相比较。

(4) 采用视岗操作,使用方便。

5.5 隧道开挖施工洞周整体变形位移量测的全自动监测记录预警系统——伺服激光系统的隧道光学三维位移量测与自动测距仪("无尺量测")

5.5.1 传统"收敛量测仪"的问题与不足

(1) 遇洞内障碍物时量测困难;

(2) 现用的自动化监测仪具(伸长仪、应变计、位移计和测斜计等等),易发生误报和数据失真,量测精度不高;

(3) 只能显示洞周两点间的相对收敛位移,对洞周整体走动变位情况则不详。

5.5.2 适用于隧道开挖施工变形监测的光学三维位移量测系统

其基本构架为一台高精密度的"电子经纬测距仪",辅以功能完善的软件系统,可执行量测数据处理、计算和图形输出;并作出开挖断面量测控制中各测点变形前后的三维坐标定位,利用"全站经纬仪"观察"反光觇标"(安装于隧洞岩壁上),进而得出各测点的绝对变位量。

5.5.3 该系统是对洞壁收敛位移自动化计测作业的改进和完善

由全自动监测记录预警系统来实施信息采集与传输(光缆/无线电),并作全天候的连续自动监测。国内一些工点已有"离线测读与监控"作监测控制的自动化系统,均在现场监测站内进行。

5.5.4 将量测数据进行计算分析、反演,反馈指导设计施工

将量测数据经程序分析计算,自动绘制各项位移的历时变化曲线;通过反演分析,可得围岩的 σ, k, E, η 诸等效岩性参数,以反馈、检验和修改"预设计"阶段的支护参数与施工程序。

5.5.5 该量测系统的功能特色

(1) 与施工作业互不干扰;

(2) 可缩短量测断面的间距(隔 5～10 m 为一处量测断面);

(3) 可及时快速显示量测结果,并自动作处理分析;

(4) 将各断面相应测点的绝对位移量纵向连接,即得隧道沿纵向的绝对变位,以反映隧道整体的三维变形;

(5) 可预测洞口与浅埋段的隧洞变位,并了解洞口边坡岩体的变形动态;

(6) 可靠性好,可机动配置量测作业,精度达 0.1 mm。

6 耐腐蚀高性能海工混凝土材料和隧道支衬结构[3,5]

6.1 耐腐蚀高性能海工混凝土

海洋大气和海水环境是隧道衬砌钢筋混凝土所处最严峻的水文地质环境条件之一。长期受到含盐水质、生物、水中有害矿物质、高水压和围压等天然因素的持续作用,使锚杆、喷层、防水薄膜和高碱性混凝土与钢筋等材料,因物化损伤的积累与演化(腐蚀)而影响其耐久年限。第二次世界大战后的一些海工混凝土结构工程,历时仅约 30 年即已出现严重腐蚀而裂损破坏,是值得深思的。

混凝土碳化和氯离子渗透引起钢筋锈蚀,是海工钢筋混凝土的主要破坏因素。大跨隧道衬砌属大偏压构件情况,且在已有初始裂纹并长期受围压作用和高水头海水持续浸泡、腐蚀作用下,高性能海工混凝土材料的优化配制,是增强其耐久性的研究热点。

对采用常规材料配制的高性能海工混凝土言,要求实现混凝土自身的低渗透性、低宏观缺陷和高密实度,以限制海洋环境侵蚀介质的入渗,其基本途径可归结为:

(1) 采用高性能优质水泥和级配良好的优质骨料;

(2) 优质掺合料(磨细矿碴粉、粉煤灰、微硅粉等),使工业废碴资源得到充分利用;

(3) 高效减水剂的使用,并尽量降低混凝土水胶比,提高混凝土的抗渗能力;

(4) 硅粉等胶凝性矿物掺合料,提高混凝土的密实度;

(5) 水泥颗粒的解聚和粒径范围扩大,以获得较理想的微观混凝土结构,等等。

6.2 不良地质区段岩体的隧道开挖、支护、施工排水和限压衬砌设计施工

(1) 除采用掘进机掘进为全断面开挖外,在按钻爆法施工的一些隧道部段,则建议不用半断面超前开挖,而尽先考虑改用上、下短台阶法开挖。台阶长度控制在1倍洞径(约12 m)左右;后续下台阶落底应在20 d左右封闭,以确保不坍方和施工安全。个别断面,可改用台阶法环形开挖或用CRD工法,及时封闭初期支护,并仰拱先行。

(2) 一次锚喷支护需"从上向下"施作;而内衬模筑则"从下向上"施作,以尽少扰动围岩为原则;对遇有岩体流变较明显的软弱地层,二次衬砌不是再待一次支护变形稳定后再做,而应尽快施作,及早封闭,使"围岩—衬砌"系统共同承受岩体流变压力。

(3) 防水层全包的做法不妥。它将水引入防水板并渗入内衬后背表面,会形成"高压水环",反而增大了结构水荷载,一般情况下均宜考虑疏排。

(4) 建议将防水板铺到边墙后,就与纵向盲管相联,地下水由二次内衬后背从每隔一二十米的预留孔中排出,流入隧洞两侧的水沟内。以"限量排放、多道防线"作综合治理。对水压高、水量大的区段,按"限压衬砌"设计应予采用。但二衬结构需仍按全额静水压力设计计算;在此处由于水头大而水压过大,届时应另作专题研究后再从长计议。拟定的限压排放标准,似宜以内衬设计厚度不大于70 cm为原则。

(5) 如采用TBM隧道掘进机开挖,则应对改用的装配式预制管片衬砌的预制加工厂作设计与选址安排。

7 特长大隧道的运营期通风问题——暂按铁路隧道并以英法海峡隧道为例作考虑[10]

就此处论述的特长隧道言,隧道空气动力学和隧道通风将是设计中最关键的问题之一。英法海峡隧道较好地解决了特长铁路隧道的空气动力学与通风问题,成为目前世界上具有较完善的通风结构布置和较先进的通风系统的隧道,被爱称为"空气动力学隧道"。此处结合英法海峡的隧道通风系统情况,以资供拟建的台湾海峡隧道工程日后的通风设计作借鉴参考,以期对该特长隧道的空气动力学及隧道通风方面的设计

与研究有所裨益。

7.1 隧道空气动力学问题

海峡隧道长度达120 km以上,且深海中修建通风竖井难度极大又有碍航运,需尽可能将通风竖井只建在海峡两岸。空气动力学问题是解决特长海峡隧道通风问题最关键的,这是因为:首先,隧道空气动力学问题限制了列车在隧道中的行驶速度。地面上能以300 km/h运行的高速电气列车,按目前的技术条件下列车在隧道内则仅能跑160 km/h。当一列列车以160 km/h速度通过隧道时,隧道内的活塞风速将超过20 m/s,此时列车正前方产生的空气压力将达到20 kPa,所对应的列车行进中的空气阻力则约为35 MW。另外,当列车以高速通过隧道时,将在隧道中产生巨大的冲击型空气压力波及压力变化,巨大的空气压力不仅有可能会破坏隧道内的各种设备和设施,而且将对隧道结构和车窗玻璃产生巨大压力,这种快速的压力变化还会使车内旅客产生不适。英法海峡隧道最大设计空气压力为30 kPa,最大空气压力的变化率为3 kPa/3 s。

7.2 隧道通风系统

英法海峡隧道中设有两个相互独立的通风系统。一个是常规通风系统(NVS),一个是事故时的紧急通风系统(SVS)(图5)。两个通风系统可以单独工作,也可协同工作。

1) 正常通风系统

正常通风系统的工作原理见图5,在靠近英、法两国海边的服务隧道上方各设有一处通风竖井,每座通风井内设有两(数)台大容量的轴流风机,两岸两座通风井中的轴流风机一同向服务隧道内连续输送新鲜空气。由于服务隧道的两端外口设有挡板,因而新鲜空气将充满全部服务隧道,新鲜空气还可通过设在与主隧道间的横向人行联络通道的单向阀进入运行主隧道。进入运行隧道的新鲜空气,连同污浊空气,在列车的活塞风作用下,从隧道出口排出隧道。正常通风系统的轴流风机为动叶可调式轴流风机,是连续工作的。正常工作时的风量为160 m^3/s左右,能满足隧道内的空气质量标准。

2) 紧急通风系统

在靠近英、法两国的主隧道上方各设一个紧急通

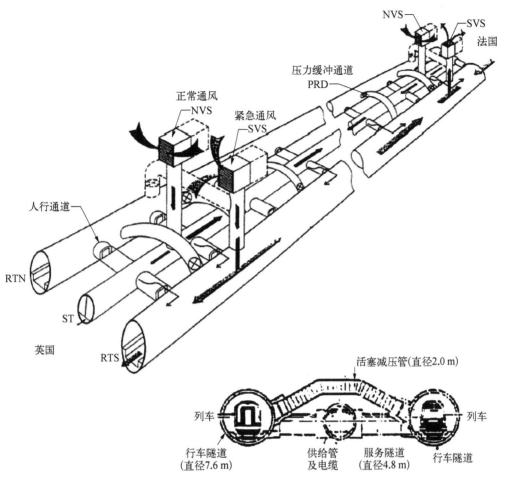

图 5　英法海峡隧道通风系统结构布置图

风站,该通风系统的工作情况亦见图 5。紧急通风系统不与服务隧道相通,仅与 2 条运行隧道相连。该系统在与运行隧道相连的横通道内设有挡板用以控制空气流动的方向,采用可调节风量且可正反向工作的轴流风机。紧急通风系统平常是不工作的,仅当隧道偶尔发生火灾等紧急情况时,才根据事先设计好的程序启动风机,并控制风量及方向。紧急通风系统在任一运行隧道内可提供 100 m³/s 的风流量。

7.3　隧道通风系统结构布置措施

英法海峡隧道的通风结构布置如图 5 所示。英法海峡隧道系统由三条隧道组成,南北各一条内径为 7.6 m 的行车主隧道,而中间是一个内径为 4.8 m 的服务隧道(已如上述可向行车隧道提供新鲜空气)。三条隧道之间每隔 375 m 设一个内径 3.3 m 的横向人行通道相连(共 146 条),可用以紧急事故避难和维修人员通行,同时还可以向运行隧道中提供新鲜空气。两条行车隧道每隔 250 m 由内径为 2 m 的泄压管道相连通(压力缓冲通道 PRD,共 194 个),用来降低列车前后压差以减轻行车隧道的活塞效应。列车前面高压区空气将通过列车前方的压力缓冲通道流入另一隧道,然后经过列车后面的压力缓冲通道流进列车后面的低压区,人为地形成环流。

对于特长海峡隧道言,隧道空气动力学及通风问题解决得好否,在极大程度上对隧道建设的成败起关键性作用。笔者认为,应将特长隧道的结构方案与空气动力学问题、通风问题、环境问题、安全问题等等结合起来研究,做好前期规划,是十分重要的。

8　隧道防灾与减灾[3]简述

隧道运营中的防灾是一项非常重要的课题,尽管铁路隧道比之公路与城市道路隧道的防灾问题可能要小一些,但仍然不容忽视;此处说的防灾仅局限于防止洞内火灾发生与蔓延,在火灾产生以后则要求将损失降低到最小限度——减灾。

8.1 西方一些国家在隧道防灾方面的设计理念值得学习参考

(1) 中央主控室的防灾自动监控系统十分周密和完善,使火灾苗子能及时消灭于萌芽之中,决不使其蔓延成灾。

(2) 洞内设置有效的火灾自动探测、报警系统和疏散逃生广播。

(3) 注意组织进洞车辆、防灾救援、消防灭火系统等的经常维修保养,不使通风、排烟系统急用时失灵。

(4) 洞内设置专用排烟通道,并创造最佳的疏散、逃生条件。

(5) 做好事故通风、风流组织模式与排烟、稀释废气和通风降温设计。

8.2 事故通风(交通停滞条件下发生火灾的最不利工况)条件

(1) 供应新风:风量、风压要求火源一定距离外将有害废气稀释到容许限值的浓度以下。

(2) 排烟浓度:火源上游 300 m 开外,要求达到容许限值。

(3) 降温:火源上游 250 m、下游 50 m 以内,仅短时间超过 80℃。

8.3 补充设置横向联络通道的考虑

对沿洞身纵向已经设置逃生滑梯的条件下,对铁路隧道言要否再适当补充设置横向联络通道的考虑,值得结合具体实际条件进一步商榷和论证。

双洞间设置横向联络(逃生)通道并逃生人员进入服务隧道的间距,国外规定为 300～350 m;我国初步设定为 250～500 m,从上述条件看是合理的。

9 海底隧道施工风险评估与风险管理[11]

在隧道工程建设项目的勘测、设计、施工和运行管理过程中都存在着一系列不确定因素和内在风险因素,而对此处特大型而又十分复杂的海峡隧道工程言,其内在的风险因素和不确定因素将更加敏感,项目投资大、工期长、技术复杂,存在着诸如政策风险、市场风险、技术风险、环境和投资风险等等。因此,风险的识别、分析与控制对台湾海峡隧道工程的成败将起着举足轻重的作用。经识别得出的主要技术风险将用于估计土建项目的建造费用和工期以及它们的变化范围(即不确定性和风险度),便于日后通报所估造价和工期方面的可信程度。

台湾海峡隧道工程预期将具有以下一些主要特性:

(1) 项目确定的隧道主体尺寸及其长度决定了它是一个特巨型的重大工程,无疑又是一个创世界水平的新记录;

(2) 除了隧道主体工程之外,它还需要配置一系列极大量的辅助设施;

(3) 项目所处的特殊地理位置和地质环境;

(4) 项目所需的投资规模;

(5) 项目的设计服务寿命,它将是一条沟通大陆与台湾宝岛的重大生命线工程;

(6) 隧道的功能和用途是我国交通工程建设方面的一条沿海主干线,等等。

以上所述的各种工程建设上的特性和问题,意味着这一挑战性工程带有一系列的风险和不确定因素。从本项目的规划到设计、项目采购、项目施工以及最终的运营与维护,每一阶段都带有这些风险因素。为此,研究交流国内外在类似的、大型复杂的隧道工程建设中所遇到的风险以及所采取的对策,对这一跨海工程有着极为重要的现实意义。

就台湾海峡隧道的勘测、设计和施工等诸多工程技术难点方面考虑,其主要的技术风险类别大体上似将反映在:

(1) 由于地质、水文和地震等方面漏勘、误勘或因勘探工作数量不足和质量缺陷等带来的技术风险;

(2) 由于跨海隧道选位或因其平、纵线型设计不周,对施工技术难点及其风险的影响;

(3) 因隧道掘进机(TBM)选型或主体结构与附配件方面有失误,带来的技术、安全与经济上的风险;

(4) 隧洞开挖、围岩稳定、防塌,以及施工中突涌水预测与注浆、支护工程整治与处理方面的技术风险;

(5) 隧道衬砌结构及其防排水设计与施工风险;

(6) 结构选材与施工工艺和施工质量方面的技术风险;

(7) 隧道陆域东西岸接线施工对周边环境维护的

影响与控制方面的技术风险;

(8) 施工总工期与关键节点工期掌握与保证方面的风险,等等。

对以上八个方面的重大技术风险的分析和评估,构成了海峡隧道工程风险分析与评估的主要部分;目前由于缺乏有关技术资料和数据,尚难对其作出有依据的定性和定量研究。

这里所谓的工程风险管理,是指通过风险识别、风险分析和风险评估去认识项目的风险,并以此为基础合理地使用各种风险应对措施、管理方法上的技术和手段,对项目的风险实行有效的控制,并妥善处理风险事件造成的不利后果,以最少的成本保证项目总体目标实现的管理工作。风险管理是整个项目管理的一个重要组成部分,其目的是保证项目总目标的实现。众所周知,没有一个工程建设项目不带有风险,而风险是可以管理的,可以减少的,可以分担的,可以转移的,也是可以承受的,但是风险决不能被忽视。从这个意义上讲,忽视风险的客观存在性本身就是一个最大的风险。风险管理不能消除一个项目中的所有风险,它的主要目的是对风险进行有效的管理。风险管理可以在风险定性分析阶段就开始。因此,风险评估、分析和风险管理往往是相互作用并且相互制约和影响的。

风险管理的实质就是有系统地对各个主要风险做出明确的响应措施,项目的不确定性越大,风险管理的响应措施就必须越灵活。有些极端情况下,预计的风险后果十分严重,以至于需要对项目进行重新评估,也是需要的。

近年来,国内在对大型复杂的隧道工程进行可行性研究的同时,就已经把风险的分析与控制作为工程管理的热点问题。例如,上海市市政工程局就委托了由同济大学牵头的课题组为"上海崇明越江通道工程"针对工程的越江线位、越江方式等做了专题风险分析研究。课题组采用工程调查和专家打分等方法,对崇明越江通道工程的技术可行性和工程可建性进行了全方位的风险评估分析。研究工作涉及桥梁、隧道方案的建造期、营运期、长江口河势演变、越江工程对长江口生态环境的影响、恐怖袭击风险、交通流量发展预测等等,并提出了风险防范的对策和措施。同济大学课题组在报告中说:"该项研究是大型项目风险研究的一次有益的尝试,可为我国大型土建、交通或市政基础设施项目设计提供风险分析及管理的样本。"该课题是国内首次对特殊重大工程进行的全方位、大规模的风险研究。研究成果将对保证越江隧道工程的顺利实施、对上海市的地下空间开发利用和拓展都具有重要的现实意义。

10 关于悬浮式隧道[4]

就笔者所知,许多年来在国外至少有三处曾研究过采用悬浮式隧道跨越海峡地域,它们是:

(1) 意大利主半岛的西南隅与西西里岛之间的地中海海域。

(2) 西班牙南端与摩纳哥之间的地中海西口海域、直布罗陀海峡。

(3) 日本福冈与韩国釜山之间的对马海峡。

国内近年来在"同三线"沿海国道跨越辽宁大连湾与山东蓬莱长山列岛北端的北隍城岛之间渤海湾内的北半部分,也曾考虑过采用悬浮式隧道跨越以代替习惯上考虑而难以实施的深水桥基或长大海底隧道工程。但是,由于种种主客观条件,主要是受技术难度和造价高昂的制约,国内外对悬浮式隧道还多只是停留在"纸上谈兵",最终均尚难以实现,故而,目前就全球范围言,还只是一个空白。应该指出,早在1855年,J. 威尔逊就曾提出过"海上浮管"设计,浮管处于半淹没状态(当然也可以做成全淹没式,将沉管呈悬浮状固定在深海中部的一定标高位置处),采用柔性锚缆将浮管固定在海底岩盘深处以克服巨型管段的上浮;次后一年,A. 安特林又提出过类似的设计,而另作设想将沉管刚性固定于海面以下约60 m深度处的海底坚实岩盘之上;1860年更又有人设想在海底敷设椭圆形隧管以更好符合隧道内净空的使用要求,在其上再筑设通风竖井露出于海面之上,等等。

上述一切设计构思,所论及的悬浮式隧道长度都比此处的台湾海峡隧道短得多(10～50 km),而需要解决的众多工程技术难题却一时均难以解决。故此,对本隧位情况言,悬浮式隧道方案容再另行慎议,文中此处未及作进一步探讨。

161

11 结束语

本文试从工程可行性研究角度,论证台湾海峡隧道在日后设计施工中可能涉及到的若干重大技术关键问题,并相应地撰述了一点不成熟看法和初浅认识。作为这项世界级的特大型工程建设项目,其修建技术与将遇到的工程难题是极其复杂、困难和带综合性的,而其前期的调研和筹划工作也将是长时间的、多方面合作共事的一项系统工程。

下一步的地质和地震勘察工作尚有待深入进行,主要含[2]:

(1)台湾海峡及其两岸沿拟选隧道轴线小比尺的海床地形地貌和水深测绘;

(2)沿隧道轴线海床浅、中部地层的地球物理勘探,重点调查第四系和上第三系的地质和海床水文地质条件;

(3)地震、活动断裂和其他灾害性地质的调查研究;

(4)岩土工程力学性质的现场和室内试验;

(5)工程地震的数值模拟和试验研究;

(6)就北线言,宜再选择若干线路作方案平面和纵剖面的比选研究,等等。

参考文献

[1] 李玶,彭阜南,杨美娥,等.台湾海峡地震危险性初析与海峡隧道修建的可行性研究[J].中国工程科学,2002,4(11):12-18.

[2] 叶银灿,潘国富,彭阜南,等.台湾海峡隧道工程的若干工程地质问题与选线方案探讨[J].海洋科学,2002,26(6):58-62.

[3] 孙钧.海底隧道工程设计施工若干技术关键的商榷[J].岩石力学与工程学报,2006,25(8):1-9.

[4] 傅德明.世界三大海底隧道工程——英法海峡隧道工程设计与施工[G].上海:上海隧道施工技术研究所科技情报室,1999.

[5] 孙钧.厦门市东通道海底隧道工程设计施工若干技术关键的思考[G]//中国土木工程学会隧道及地下工程分会,厦门市路桥建设投资总公司.厦门东通道海底隧道修建技术高级专家研讨会发言稿汇编.厦门:厦门市路桥建设投资总公司,2004:56-65.

[6] 邓江.猫山公路隧道工程技术[M].北京:人民交通出版社,2002.

[7] 李世辉.隧道支护设计新论——典型类比分析法应用和理论[M].北京:科学出版社,1999.

[8] 牛广尧,汪雪英.南水北调西线第一期工程深埋超长输水隧洞施工方案研究[C]//南水北调西线工程深埋长大隧道关键技术及掘进机应用研讨会论文集.北京:国务院南水北调工程建设委员会专家委员会,2005:38-43.

[9] 孙钧.越岭隧道工程建设的技术进步[R].上海:同济大学,2004.

[10] 戴国平.英法海峡隧道空气动力学及通风系统介绍[J].铁道建筑,2001(1):3-6.

[11] 徐书林,P.Grasso.大型隧洞工程的风险分析[C]//南水北调西线工程深埋长大隧道关键技术及掘进机应用研讨会论文集.北京:国务院南水北调工程建设委员会专家委员会,2005:147,150-151.

本文发表于《隧道建设》
2009年第29卷第2期

台海隧道工程建设的风险分析

孙　钧

摘要：只就技术风险角度试对台海隧道工程的各类技术风险识别、风险分析与控制以及风险管理等方面的问题进行初步探讨。介绍近年来国内外对长大隧道和重大工程建设项目所已进行的风险分析情况；对采用隧道掘进机(TBM)开挖施工的技术性风险进行分析；分析并提出隧道施工期和运营期的工程安全性研究与评价所应考虑的主要问题；同时对工程风险管理提出了实行社会化的工程保险机制和保险体系及量化、科学化分析评价的要求。经风险识别得出的几种主要技术风险进行分析将有利于估计工程建造费用并掌控工期，进而讨论其诸多不确定性与风险程度，为确定这些重要指标的可信度提供科学依据。

关键词：台湾海峡隧道；工程地质与水文条件；TBM 隧道掘进机；设备选型；施工安全性评价；地震作用；综合防灾与减灾；监控与预警；风险分析；工程风险管理

　　台海隧道工程的实施将是一项规模宏伟而又技术高度复杂、施工历时漫长，应属举世无双的巨大建设项目。它的建设还将涉及政治、政策和工程规划、筹建投资和造价，以及客货交通运量预测、经济效益和社会效益等等有可能发生的许多变化，还有后续施工期和运营期诸多有关海域自然条件和技术性方面的重大风险因素。将在相当程度上决定该工程项目建设的成败、安全和经济。同时，研究交流国内外多年来已在类似或相近长大隧道与地下、水下工程建设中遇到的各种风险及所采取的应对策略，对该跨海通道项目将具有极为重要的、可供参考借鉴的现实意义。

　　在长大隧道工程建设项目的实施中存在有许多不确定因素和潜在的各种风险，而对台海隧道这一特长海峡隧道工程而言，这方面情况将更为突出和敏感。本项目的投资巨大，建造工期漫长，而设计施工技术上又十分错综复杂，就工程建设方面的风险言，有：政策掌控、市场条件、投资造价、运量预测、环境生态影响、海域自然条件变化以及在工程规划、勘测、设计、施工与日后隧道运营管理中的各种技术风险，都将不可避免地遇到，并在项目实施的全部周期内，各类风险都具有其存在的客观性和随机性。对其进行的风险处治是否恰当，可能在相当程度上左右工程建成后的经济效

益和社会效益，甚或关系到工程建设的成败。其中，对各项工程风险的分析和控制，进而完善现代化的风险管理，是当前开展台海隧道工程建设项目前期筹划工作的当务之急。

1　近年来国内外对长大隧道和重大工程建设项目所已进行的风险分析情况举例

　　以上海市正建的崇明长江隧道工程为例[1]，前些年曾由同济大学牵头的课题研究组就该越江通道工程针对其越江线位、越江方案和工程建设实施等做了专题性的风险分析研究。课题组采用工程调查和专家评分等方法，对崇明越江通道工程的建设必要性和技术可行性进行了全方位的风险评估、分析。研究工作涉及桥隧方案建造期和营运期的安全风险防范、长江口河势随机演变、越江工程对周边海陆域生态环境的不利影响、客货交通运量发展预测，以至可能的恐怖袭击的风险等等，都进行了较为系统深入的探讨，进而提出了针对该项目实施的风险防范对策与措施。该工程风险研究课题组在其成果总结报告中提到："该项研究是特大型工程项目风险研究的一次有益的尝试，预期可为我国大型土建、交通与重大市政基础设施项目的勘察、设计和施工提供风险分析和风险管理的一种样

本。"该课题也是国内首次对特殊重大水下隧道工程(长 9.5 km,采用国内外最大直径盾构机(15.43 m)开挖掘进,现已基本建成)进行的全方位、大规模的风险研究。研究成果将对保证长江口内第一座特大型越江隧道工程的顺利实施、对上海市乃致国内当前地下空间的开发利用和拓展都具有十分重要的现实意义。

以通过意法边境处"里昂—都灵"总长约 300 km 的高速铁道工程项目(LTF)为例,对其进行的风险分析。该铁道工程,作为降低工程项目风险的一种基本设计方法,其所采用的风险识别与分析流程示意,如图 1 所示[2]。

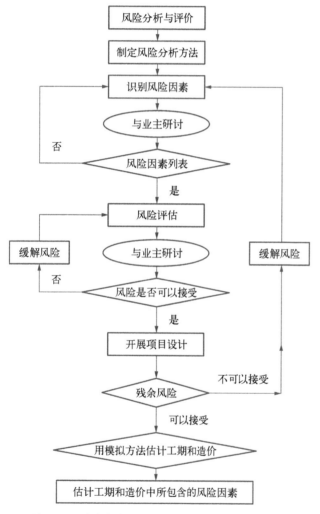

图 1　LTF 高速铁道工程项目采用的风险识别与分析流程

在按图示所述进行了工程项目风险识别和风险分析的基础上,可进一步估算该项目的建造费用和总工期,并由相关的诸不确定因素与风险度,通报所估造价和工期的可信度。

2　采用隧道掘进机(TBM)开挖施工的技术性风险分析

在文献[3]中,已初步论证了台海隧道工程的施工宜以隧道掘进机(TBM)为主要施工机具进行开挖掘进,它是本项目中有关工程投入、工期和施工效益方面的主要环节;故而在技术风险分析中自需先以 TBM 施工为重点选项,作出探究。

2.1　TBM 掘进机与钻爆法施工比选的风险分析

台海隧道施工如采用国际招标,并允许中外承包商可自选施工方案和机械设备,则有可能 TBM 法将与钻爆法并举,各按择优投标。在此处长大隧道的施工中,如换用以钻爆法为主,则评标中有可能发现钻爆法的报价反而可能会高出 10%～15% 甚或以上,这是因为:由于受工期制约,钻爆法有必要开凿多条辅助坑道(支洞)以增加作业面,其风、水、电、道路和通讯等费用将相应增加;机械、设备和材料、人员等因此也将不可避免地加大,这样就势必要加大投入,抬高了钻爆法的工程费用。这种因两者对比引起的风险,在工程前期工作中要注意应对并妥慎抉择。

2.2　从隧址地质条件,对抉择采用 TBM 隧道掘进机的正确性和适用性方面的风险分析

TBM 掘进机施工技术特别适用于长隧道工程快速连续掘进作业的需要,以其高度的机械化,能将隧洞开挖掘进、出碴、支护、衬砌等主要作业工序实行工厂化生产并在洞内连续流水作业,最大程度地实现高效、安全的文明施工;但掘进机适用的正确性除受到隧洞地质、水文条件的影响和制约外,还要与钻爆法在施工灵活性、对地质条件的适应性、购置费用和施工造价以及日掘进进度等各个方面作详尽细致的比照分析,要承担对其在本工点场合适用性方面抉择正确与否的重大风险。现在的认识是:本项目因系深埋、特长隧道施工,建议日后当采用以 TBM 法为施工主体,而以钻爆法为辅的施工方案,可能是比较恰当的。

2.3　在 TBM 隧道掘进机选型方面的风险分析[4]

在充分掌握水文、地质勘探成果的基础上,经过慎密分析后再择优选用 TBM 掘进机械设备的类型。现有的双护盾全断面硬岩掘进机,配合管片衬砌一次作

业,它安全、环保、快速,当属首选;而另一种敞开式TBM机,虽然要另外安排现场浇筑混凝土,与TBM的快速掘进配合上也比较差,但它便于在洞内组装、检修和拆卸,采用连续皮带机与支洞皮带机配套出碴和长距离送排风,效果都很好,此处需在对设备选型、组装、掘进,直至是否能分段准确贯通检验等各个复杂因素过程作出综合研究比选后再作定夺。结合台海隧道的工程实际,似可对TBM选型问题提出以下基本要求。

(1) 要有适应隧址工程地质条件最佳的凿岩和开挖能力。其刀盘的转速可调、无极变速,还要具备足够的前推力、扭矩和较大功率,掘进速度要尽可能地快(如≮4 m/h);

(2) 掘进机的主轴承及其驱动组件的寿命要相对地比较长(如≮20 000 h),一次掘进长度≮30～45 km;

(3) 采用盘形滚刀,要尽可能地延长刀具寿命,减少换刀时间;

(4) 要具备良好的掘进姿态/方向控制性能和激光导向系统,掘进水平误差绝对值控制应≤100 mm,而竖向误差控制应≤60 mm;

(5) 要具有与掘进进度基本匹配的初期支护能力,为对不良地质洞段进行预控作业,要同时配套有地勘钻孔、打超前管棚/小导管和预注浆设备;

(6) 要附设有PLC自控功能和数据采集功能;

(7) 主要部件的质量和尺寸,要满足公路和支洞的运输要求,并便于在洞内组装和拆卸;

(8) 除主机外,要能及时提供与之配套的附配件设施,最好在国内有条件生产和组装;

(9) 设备维修保养条件良好,生产厂商并有技术人员驻场工作,等等。

TBM的设备选型和主机选用是一件十分重要的大事,要根据多家生产厂商的资质和信誉,以及投标和竞选报价,结合以上所述各款条件和要求从严掌控,经过妥慎评标比选后采用。

2.4 TBM在隧道掘进中遇不良地质时的风险分析

在台海隧道采用掘进机开挖施工中将遇到的不良地质问题,可能有:不稳定围岩段塌方、软弱围岩段发生挤入式大变形(squeezing)、硬岩段高地应力区岩爆、涌水、突水/突泥、高地温、有害气体入渗等等各种风险。应加强地质、水文勘探和各种手段的监测,选用合适的掘进方案,并做好相应的应对突发情况预案;掘进施工中还需注意做好地质超前预报和险情预警及其工程处治措施。

2.5 TBM主机和附配件设备方面的排障风险分析

在TBM试掘进阶段,设备和主要附配件虽经组装后调试,并经联合试运转,但在长距离掘进中仍会出现如下一些故障,而对其的排障处理则关系到掘进机正常施工和工期进度。TBM掘进机经常发生的故障有:变频器故障、PPS导向系统故障、刀盘护盾开裂、机头下沉和刀具耗损与更换,等等。要实现TBM掘进的职业健康,完成无(少)事故文明施工,对掘进机设备故障的风险处治是十分重要的,其中,对机械设备的每天维修保养,则是实现所规定的最少连续工作日以上正常运行的关键。此外,对设备的后配套系统和配套设备,以及易耗损的零、附、配件等如能尽可能采用国产,可以节约大笔资金,坚持施行引进、消化、吸收、创新,将国内生产和施工队伍与国外先进技术及其管理经验相结合,走一条适合我国国情的正确途径。

3 台海隧道施工期和运营期的工程安全性研究与评价

本工程项目宜采用以隧道掘进机(TBM)为主过海施工,而以钻爆法(对遇极端软弱破碎岩层和特殊困难地质区段)和软土盾构暗挖法(对滩地下覆的软土区段)为辅进行隧道开挖掘进,其在施工期和工程项目投付运营后的安全使用管理等方面均需开展多项专题性的深化研究。

3.1 从海床水文、地质勘察资料,进行隧道施工期地质危险性的研究评价

问题的重点是探讨隧道开挖掘进时引发突/涌水(水量、水压)和围岩崩塌与坍方等地质灾害事故及其危险程度;要进行掘进机和软土盾构机以及钻爆施工参数的比选和优化,根据不同地质条件抉择机械选型、选用合适的刀盘和刀具,控制并减小对海床下覆土体和围岩的施工扰动及由此引起的床面施工变形,等等。

3.2 隧址场域地震安全性研究与隧道抗震易损性风险评价

从文献[3]可知,在本工程隧址近场范围内存在发生Ⅶ或Ⅷ震级的地震区域构造和地震活动背景条件;而由隧道所穿越水陆域的地震初勘资料的综合分析看,切割台海隧道及其接线工程场域,有大中小断层及其影响带、软弱破碎风化槽带等各若干条,其中,有的活动年代属晚更新世的早期或晚更新世之前,其对日后隧道的长期安全运营构成了潜在威胁。如借循国内《建筑抗震设计规范》(GB 50011—2001),当隧址抗震设防基本烈度等于Ⅵ及以上时,均要计及地震对结构物的动力响应,并考虑断层等重大地质缺陷对本隧道工程结构物的不利影响。

台海隧道位处地震烈度高和地震灾害频发地区,地震时的破坏作用及其风险不容低估,它是隧道开通运营后的一项主要风险。国外关于地震引起隧道工程破坏的实例不胜枚举,仅就本工程隧址的相近地域言,如1995年日本的阪神地震和1999年的台湾集集地震,对当地的数条隧道都造成了较严重破坏。国内外当前关于地震对隧道易损性风险评估的研究很少,对影响隧道易损性的因素考虑不足,多数都只是较片面地研究地震作用下隧道洞口部分的局部损害。基于此,运用整体风险分析方法以综合考虑影响隧道整体安全的各种主要因素,可以较为全面地分析地震作用下隧道的整体损失,进而评估地震作用下隧道的易损性风险[5]。首先,通过层次分析法进行隧道易损性因子筛选,然后运用概率统计方法进行处理,计算出地震荷载作用下隧道易损性的权重组合值,从而绘制得隧道的风险评估图,得出风险评估模型;最后,使用地震实例中收集到的尽多隧道震害资料对该模型进行验证。研究表明,运用整体风险分析法评估这类复杂而多变的隧道易损性风险问题是比较有效和可行的。该方法选取了地震烈度、工程地质条件、截面形状、隧道宽度、衬砌型式、衬砌厚度和隧道寿命等7个关键性参数作为评价因子,显著提高了评估精度。但在评估过程中,由于专家的经验不同以及获得资料的差异,会使同一对象的评估结果有所偏差,可考虑用多次专家调查法来减少误差,以进一步提高评估模型的针对性和准确性。应用该方法的风险评估实例初步表明,所建立的模型预测结果与实际地震灾害情况具有较好的一致性,因而是一种实用、有效的评价方法,具有较好的借鉴价值。

3.3 隧道内列车(建议可暂先按选用目前国内已投付运营使用的高速铁道车辆动车组)运行速度标准及其交通运行安全的综合分析研究与评价

如文献[3]所述,过海交通宜借鉴已建成运营多年、效益卓著的英法海峡隧道的交通方案施行,即:汽车车辆上铁路平板车,同时再以火车客运、货运的交通方式进行,这是解决特长跨海隧道运营通风问题可能的最优选择。其时,铁路动车组列车在隧道内的运行速度需由允许的洞内最高风压值为控制目标,决不可能达到目前国内新建高速铁道列车时速300 km/h以上。英法海峡隧道内列车的最大控制车速为160 km/h(见文献[3]),此处需结合本隧道所用车辆、隧道断面尺寸,特别是隧道通风设计条件等实际情况,另作专题研究后制定。此外,为保证隧道交通的安全运行,在洞内突发灾变的特定情况下,还需要有效设置车行错车标志和灾情自动监测与监控系统以及各种应急预案措施。

3.4 防范隧道运营期的风险和工程安全措施方面的其它相关研究专题

3.4.1 在主隧道及接线工程暗埋式通道内设置人员防灾疏散救援联络通道方案的研究评价

在主隧道及接线工程暗埋式通道内,利用为隧道施工和运营通风原先就要求设置的上、下行2条隧道间的横向联络通道在发生灾情条件下作为防灾(防火、防淹、防震)时的横向疏散救援通道,是合适的和经济、有效的。这样,在灾情发生时,本隧道内除了采用纵向疏散方式(即利用车道下层的富裕空间为纵向逃生通道,其上、下层间用滑梯连通)的同时,在紧急情况下还可利用约按300~500 m间距设置的横向疏散通道以利向邻洞应急逃生。此外,为方便洞内消防车和救援车通行,可于两端工作井内设置车行横通道,兼具疏散车辆和人员的防灾功能。

3.4.2 洞内火灾通风方案的研究评价

暂先以文献[3]英法海峡隧道为例所作的介绍为参考,此处不再赘述。

3.4.3 隧道综合防灾和逃生救援的研究评价[6]

现代化长隧道的综合防灾减灾理念认为:所谓的

综合防灾减灾,必须将以下各点不可或缺的技术措施相互有机地结合,作为一项统一的整体考虑,那才是最为行之有效的隧道防灾救援优选佳作。这里所说的综合防灾减灾措施主要是指:

(1) 中央主控室的防灾自动监控系统,视条件可能、要尽量做到周全和完善,使火情苗子能及时消灭于其萌芽之初,而决不使其蔓延成灾。

(2) 洞内设置有效的火灾自动探测、报警系统和疏散逃生广播,有如:使用双波长火灾探测器等。该探测器能够捕捉火情发生初期火苗燃烧时火焰的跳动频率和光波分布特征,以鉴别后续火灾的发生和蔓延;它可以安装在隧道边墙处,便于维修,且误报率很低,将大大提高洞内就近监控报警系统的效率(国内高速公路隧道中已较普遍采用一种差温式火灾监测器(紫铜管式)和感温电缆火灾探测器,但因受洞内不良环境影响,误报率较高、维护也较为困难,应予改进和完善)。

(3) 注意组织进洞消防车辆、防灾救援和消防灭火系统等设施的经常维修保养。"养兵千日,用在一时",不使火灾通风、排烟和灭火系统等在遇有急用时故障失灵,一时发动不了,而导致大灾。

(4) 做好事故通风(指发生火灾时的最不利事故工况)情况下的风流组织模式与排烟、稀释废气和通风降温设计,等等。

(5) 事故通风条件下,应主要满足:

① 供应新风:风量、风压要求在火源一定距离外能将有害废气稀释到容许限值的浓度以下;

② 排烟浓度:火源上游 300 m 开外,要求达到规定容许的上限值;

③ 降温:火源上游 250 m、下游 50 m 以内,仅短时间内可能超过 80℃,之后迅速降温到容许的上限值以内。

双洞间设置横向联络(逃生)通道,使逃生人员和车辆进入其他通道的间距,铁道隧道尚未见制定;而借鉴公路隧道,国外规定为 300～350 m;我国初步设定为 300～500 m。此处似可参照上一指标从长制定。

(6) 铁道油罐车、易燃易爆和有毒等火灾危险品列车车辆,均需在消防管理人员的引导下,只能在午夜后慢速通过隧道。

(7) 国外较完善的一种长大隧道的防灾救援系统流程框图见图2。

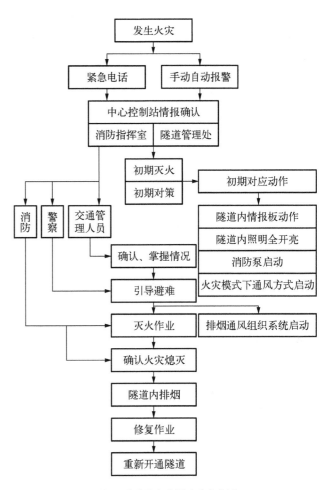

图2 隧道防灾救援系统流程图

图2所示的防灾救援方案已有条件地部分采用于我国西安秦岭终南山高速公路特长隧道。

文献[3]建议的仿英法海峡隧道在火灾工况下的通风排烟模式,根据着火点的不同,通过排烟井或直接从附近洞口排烟。这样,火灾发生时将有利于逃生救援,而在绝大部分时段,隧道正常运营时则可有效节约通风费用。在隧道内设置水喷雾/泡沫联用灭火系统和消火栓系统,以及手持灭火器材,共同构成了体系完备的隧道车行道灭火系统。

要强调的是,监控系统(含灾害发生时的紧急处置系统)是整个长隧道防灾安全管理的核心,通常都要求包括以下各个子系统:① 中央计算机主控系统;② 交通监控系统;③ 闭路电视监视和交通客货流量视频监视系统;④ 机电设备监控系统(BAS);⑤ 通讯系统和火灾自动报警系统(FAS),等等。

上述防、减灾要求可通过本隧道工程的建筑布局、结构措施、给排水、消防、通风、照明、供电等各个子系统安全性或功能性的冗余设计来实现，并通过监控系统将各个子系统构成一个"平时正常运营，灾变条件下应急处置"的有机整体，以综合实现隧道总体的防灾、减灾和救灾功能。

根据国内外同类或相近长大隧道工程项目的建设技术和实践经验可知，加强隧道施工中的超前地质预报和对不良地质与富水洞段采取切实有效的治水和防塌工程措施；隧道长期运营中则注意搞好综合防灾减灾，则上述各种工程技术风险在一般情况下都是可控的，本隧道工程建设项目的安全施工和运营管理基本上也是有保证的。

4　工程风险管理问题[7]

一些年来，国内各项工程建设的规模日益宏伟，甚至从世界范围看也十分罕见，由于缺乏这方面的实践和经验，工程风险问题很是突出，重大工程事故时有发生，对国家和地方带来了许多不应有的损失，这已日益引起业界同仁的亟切关注，加强工程风险管理刻不容缓。关于工程风险管理方面的问题，它密切关系工程的投资效益、施工安全和日后经济运营等攸关项目建设的成败，就台海隧道工程建设言就更是如此。

在上述的工程风险分析方面，从全局言首先有：政策风险、投资风险和工期掌握方面的风险；而工程建设中的技术性风险则主要包含：施工期的安全和造价成本方面的风险，还要包括因地质和水文情况勘察不周，甚至因勘探工作失误、漏勘所带来的地质风险，以及工程投入使用后在长期运营中的管理风险，等等，不一而足。

除了对本文前述的各种工程风险进行分析外，国内外对工程风险管理问题已经提到了一个不可或缺的重要高度来认识和把握。在许多重大工程建设项目的科研、初设、技施设计和施工图的各个阶段，以及工程投入运营后的安全使用和保养维修各个阶段，许多业主和工程负责部门都已把风险管理列为必然要做的一项工作内容，这是很可喜见到的。搞好工程风险管理的关键在于控制风险，而风险控制的好坏及其成败，则是建立和健全风险识别和对风险作出恰当的评估等各

项基础工作之上的。

风险评估工作的要点在于，将工程建设中有关自然环境与人文条件和工作环境以及施工行为产生的后果进行分析，并量化计算后所作出的一项科学性的论证和评价，这样将使现代化的工程建设事业迈上一个新的台阶，而达到一种更高的水平层次。工程风险管理的立足点是对各项风险作出合理而有效的风险处治，而最终则应要求做到如何化解和规避风险或者减小和转移风险。

切实施行社会化的工程保险机制和保险体系，是有效地控制并化解各种工程建设风险的重要途径。在国外，这方面的一些成功做法是：地质风险是由工程业主方负责的；而施工表现的优劣（如造价控制、工期与工程质量控制等等）都应由工程承包方负责。在经过合法的投保手续后，则这方面引起的经济损失的一部或大部分都就转嫁到由保险公司承担。这方面，国内外一般地都已制定有工程风险管理守则/规定可以遵循。在风险管理守则中，对工程策划、招投标、勘测设计施工等工程建设的各个阶段都有一套完整的风险管理实施办法和实施细则。国内近年来在工程保险业方面也正在逐步从风险管理角度入手（而不只是从风险责任承担一个方面）制定相应的规定和执行细则，以后还会形成一整套完整的法规，进而培养并组建一支专业的从事风险管理的队伍，完善工程保险体系，使工程保险部门/公司能够在责任可控的范围内（目前还暂局限于对重大工程项目）提供经济担保业务，并有利于工程承包合同的依法执行。

与人们常说的"危险"有所不同，本文述及的各种风险事态一般都可以预测、预防、规避和有效控制，问题是要求切实把风险管理工作做细、做好，做到防患于未然。隧道工程建设项目的工程风险动态预警预案分析流程粗框图如图3所示。

隧道施工期的工程风险管理主要可归结为以下几个方面，即：洞体开挖施工中的水患险情预警与控制；围岩注浆加固处理的质量保证及其经济有效性（性价比）；对围岩开挖时塌方和因施工变形过大导致洞体失稳的风险防治；隧道支衬结构设计安全，等等。通过对隧道施工风险因素的调研和分析、整理，可汇总得到如表1所示的隧道施工期风险管理项目分析结果。

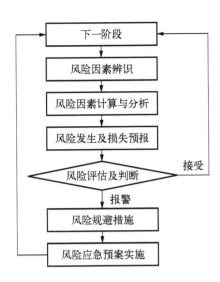

图 3　隧道及地下工程风险动态预警
预案分析流程粗框图

表 1　隧道施工风险管理项目分析表

序号	风险项目	P	C	R	备　注
1	施工中围岩渗水,开挖面涌水	3	1	3	—
2	隧道大范围塌方	3	3	3	风险大,需采取措施
3	注浆材料选择不当时,导致材料离析,丧失流动性,体积减少,强度不足,防水性和止水性降低,以及浆液在管道内硬化	2	3	2	—
4	隧道突发涌水事件淹没隧道	3	4	4	风险大,需采取措施
5	不良地质构造和地层含水情况导致隧道施工难度加大	3	1	1	—
6	勘测错误导致工程继续开挖困难	1	3	2	—
7	装药量过多,爆破震动过大,致使围岩失稳	2	3	2	—
8	注浆质量管理不善以及泵站能力出现问题	2	2	2	—
9	施工人员操作不当导致异常	2	3	2	—
10	爆破震动对周边建(构)筑物的影响很大	3	4	4	风险大,需采取措施
11	隧道爆破震动加速围岩节理裂隙及岩层结合的恶化,导致渗水量增加,对围岩稳定和施工安全构成威胁	3	2	2	—
12	排水能力小于涌水量,导致隧道施工不能正常进行	3	4	4	风险大,需采取措施

注：P—风险发生的概率等级;C—风险造成灾害损失等级;R—风险水平等级。

5　结语与认识

从本文论述可见,由于台海隧道工程项目的建设规模空前宏大,工程施工周期冗长,各项技术性问题涉及的范围很广,其中有关的各种风险因素繁多,且在相当程度上表现出复杂的交错综合性和随机多变性。进行本项工程的风险分析在于研究如何规避或降低风险,尽可能减小风险损失。风险分析工作应视为本工程项目前期策划和后续设计施工各阶段的重要组成部分而不可或缺。工程风险管理中的主要环节和任务之一则在于做好风险控制,并应逐步向法制化的工程保险体制相过渡。由于目前该工程项目的各种实际资料极为匮缺,本文所作的一般性阐介,仅为日后进一步的具体实施和深化研讨提供参考。

参考文献

[1] 孙钧. 隧道和地铁工程建设的风险整治与管理及其在中国的若干进展[C]//地下工程施工与风险防范技术:2007 第三届上海隧道工程研讨会论文集.上海:同济大学出版社,2007:3-20.

[2] 徐书林,PiergiorgioGRASSO. 大型隧洞工程的风险分析[C]//南水北调西线工程深埋长大隧道关键技术及掘进机应用国际研讨会论文集.北京:国务院南水北调工程建设委员会专家委员会,2005:147-159.

[3] 孙钧. 对兴建台湾海峡隧道的工程可行性及其若干技术关键的认识[J].隧道建设,2009,29(2):131-144.

[4] 莫耀升,王月华,巩南.敞开式 TBM 在长大输水隧洞中的施工技术[C]//南水北调西线工程深埋长大隧道关键技术及掘进机应用国际研讨会论文集.北京:国务院南水北调工程建设委员会专家委员会,2005:329-355.

[5] 魏平,陈新民,刘莉娇.基于整体风险分析法地震荷载作用下隧道的易损性评估[J].隧道建设,2008,28(3):277-280.

[6] 孙钧. 对浙江省诸永高速公路两座长隧道运营期防火、排烟方案的认识和意见[R].上海:同济大学隧道所,2008.

[7] 郭陕云. 关于我国海底隧道建设若干工程技术问题的思考[J].隧道建设,2007,27(3):1-3.

本文发表于《隧道建设》2009 年第 29 卷第 3 期

海峡隧道工程结构的耐久性问题研究

孙 钧

摘要： 拟议兴建的台海隧道工程，其建设规模恢宏，施工期漫长，各方面需要投入的物力和财力更是史无前例的，它无疑将是 21 世纪一项举世无双的超世界级的伟大建设工程。由于隧道长达百数十公里，又深埋在深水海床百米以下，可谓工程浩大，技术难度极高。隧道建成运营后，如因结构的历时老化而需在设计基准期内（例如 120～150 年或更长）再作重大的修复，甚至重建，均是难以想象的。因此，隧道结构整体与局部的耐久性问题在当前筹划时期即需引起有关业界的亟切关注。

作为一项初次探索，在目前各项技术资料和数据均十分匮缺的情况下，结合我单位近年来对国内新修建的几座越岭、跨江和海底隧道工程已经进行过的结构耐久性研究与实践，本文试就以下五个主要方面，作一综合性的阐介。

（1）隧道衬砌结构耐久性损伤机理及其影响因素的敏感性分析；

（2）海水氯离子入渗隧道衬砌混凝土，导致结构性能退化和老化的规律性与研究所已进行的相应理论和室内试验研究；

（3）隧道结构服役寿命的理论预测与计算分析；

（4）运用近似概率法的设计理论与方法，为隧道结构耐久性设计所研制的相应专用程序软件；

（5）针对处于混凝土碳化和海洋氯离子等有害物质入渗隧道的侵蚀性海洋环境条件，从结构选材和隧道结构施工工艺两个方面探讨提高结构耐久性的工程措施等。

关键词： 海峡隧道；工程结构；耐久性问题

1 前言

1.1 越海隧道有别于其他隧道的耐久性特点

（1）海水对隧道衬砌结构的化学侵蚀作用；

（2）海水经过围岩裂隙或软弱夹层渗流后到达衬砌结构表面。在此过程中，可能发生的物化反应会引起海水侵蚀性能的变化（劣化或加强）；

（3）高水头海水水压长年累月的持续作用；

（4）隧道衬砌结构在复杂受力状态和多重环境因素作用的恶劣条件下工作；

（5）因洞内环境的限制，施工条件困难使保证材料和施工质量的难度加大；

（6）隧道建设和运行环境也更加复杂，耐久性问题将愈益突出。

1.2 越海隧道耐久性研究的必要性

（1）拟议建设的台海隧道将是我国第一座海峡隧道，其设计基准使用年限预期将在 120 年，甚至 150 年

以上，使日后设计难度大幅提高。

（2）我国尚未有专门指导越海隧道建设的规范或者技术标准，也缺乏相关特长越海隧道建设的经验可以借鉴。

（3）为保证隧道的使用寿命，必须进行结构耐久性研究，着重综合考虑各种不利环境因素的侵蚀作用。

2 越海隧道耐久性研究的主要内容

2.1 越海隧道衬砌结构耐久性损伤的主要影响因素

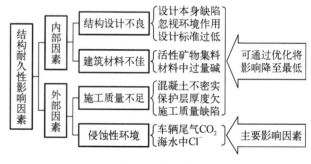

图 1 结构耐久性影响因素

从图1可见,越海隧道衬砌结构耐久性损伤是内部因素与外部因素共同作用的结果。

1) 内部因素

结构设计不良:没有考虑环境侵蚀作用或者考虑标准较低,或者设计本身存在缺陷,不符合环境实际需求。

建筑材料不佳:指混凝土材料中含有活性矿物集料(活性 SiO_2 等)和过量的碱(K_2O、Na_2O)等,会在混凝土材料内部发生不良反应,导致结构损伤。

施工质量不足:表现在保护层厚度不足、混凝土不密实、施工质量缺陷等,缩短环境中具有侵蚀性的水、气等向混凝土内部扩散的时间,从而影响结构寿命。

2) 外部因素

侵蚀性环境因素,如车辆尾气中高浓度二氧化碳以及海水中高浓度氯离子等。

在所有因素中,建筑材料不良、设计和施工质量不佳有可能通过优化将影响消除或降至最低。但混凝土内部气泡和毛细管孔隙等的客观存在,将会为环境中的二氧化碳、氯离子等有害物质进入混凝土内部提供通道,使结构耐久性损伤成为必然。

衬砌结构主要损伤因素:环境中二氧化碳和海水中氯离子等的侵蚀作用。

衬砌结构内侧:通行汽车车辆尾气中含有的高浓度二氧化碳对结构的侵蚀作用,即混凝土碳化是结构腐蚀的另一主要因素。

衬砌结构外侧:虽然二次衬砌和初期支护之间有防水薄膜的初步防水作用,但由于施工(易造成防水薄膜小的裂隙,局部接头的质量缺陷,固定防水薄膜的结合钉或胶结材料处缝隙的存在等)、材料质量等原因,高压海水很容易通过裂隙到达衬砌结构表面。海水中高浓度氯离子对结构的侵蚀作用是其主要因素。

2.2 隧道衬砌结构耐久性损伤机理

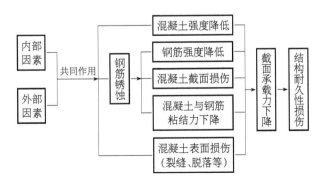

在内、外因素的共同作用下,衬砌结构会产生钢筋锈蚀、混凝土强度降低、表面损伤(裂缝、脱落等)等劣化现象。其中,钢筋锈蚀是能够引起结构耐久性损伤的主要原因。钢筋锈蚀可以从两方面危机结构的耐久性能:一是锈蚀使钢筋本身有效截面积减小,强度降低;另一方面,钢筋锈蚀以后,其产生铁锈的体积是相应钢筋体积的 2~4 倍,会导致保护层胀裂,从而使混凝土有效截面产生损伤,钢筋和混凝土间的黏结力下降。钢筋强度降低、混凝土结构截面损伤,以及钢筋与混凝土间黏结力的下降的共同结果,是截面承载能力下降,结构的耐久性能损伤。

衬砌结构内、外两侧影响耐久性主要因素不同,钢筋产生锈蚀的机理也不同。

在结构建成初期,由于混凝土中强碱性(pH>12.5)环境的存在,在钢筋表面形成一层致密的钝化保护膜,使钢筋免受外界环境的侵蚀作用。经过一段时期,当空气中的 CO_2 进入混凝土内部后,就会与混凝土中的碱发生化学反应生成 $CaCO_3$,使混凝土中性化、碱性降低,衬砌内侧的钢筋就会因失去钝化膜的保护作用而产生锈蚀。

在衬砌结构的外侧,海水中高浓度的氯离子因扩散作用进入混凝土内部,在钢筋表面累积。当钢筋表面氯离子浓度达到临界浓度(使钢筋产生锈蚀的最高氯离子浓度)时,就会使“钝化膜”活化,从而使钢筋失去保护作用,发生锈蚀。

2.3 隧道耐久性寿命预测

2.3.1 耐久寿命终结标准的确定

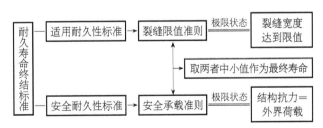

根据我国《建筑结构可靠度设计统一标准》(GB 50068—2001)对结构性能的要求,从适用耐久性和安全耐久性分别建立寿命终结标准。

(1) 适用耐久性标准(裂缝限值准则):

在实际工程中,隧道衬砌结构在服役若干年后,一般都会产生不同程度的裂缝,而后将处于带缝工作

状态。但只要裂缝宽度不超过一定的限值,将不会危机结构的使用性能,即认为结构是满足适用耐久性要求的。根据越海隧道的特点和隧道建设经验,界定裂缝开展宽度达到 0.35 mm,为裂缝限值准则的极限状态。

(2) 安全耐久性标准(安全承载准则):

衬砌结构在正常使用情况下,荷载作用变化很小,可以近似为恒值。但因环境侵蚀作用,衬砌结构会发生耐久性损伤,截面承载能力(抗力)会逐渐降低。在荷载、抗力的相对变化过程中,只要结构抗力不小于外界荷载作用,从技术角度而言,结构就是安全的,即满足安全耐久性要求的。因此,界定结构抗力等于外界荷载作用为安全承载寿命准则的极限状态。

在两种寿命准则条件下,分别对结构进行寿命预测,取两预测结果中的小者作为结构耐久寿命。显然,在此寿命期限内,结构既满足适用耐久性要求,又满足安全耐久性要求。

2.3.2　基于裂缝限值准则的寿命预测

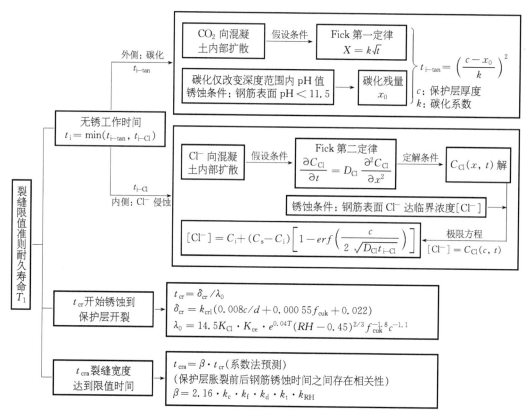

裂缝限值准则条件下,衬砌结构耐久寿命 $T_1 = t_i + t_{cr} + t_{cra}$,其中:

(1) t_i:无锈工作时间,即结构建成投入使用到钢筋开始锈蚀的时间。取内、外两侧钢筋开始锈蚀时间中较小者。

内侧:钢筋锈蚀主要由混凝土碳化引起。混凝土碳化是环境中的二氧化碳向混凝土内部扩散,并与混凝土中的可碳化物质发生化学反应的过程。

基于如下几条假设:

① 混凝土中 CO_2 浓度呈线性分布;

② 混凝土表面的 CO_2 浓度为 C_{CO_2},未碳化区浓度为零;

③ 单位体积混凝土吸收 CO_2 的量为恒定值。

混凝土的碳化过程遵循 Fick 第一扩散定律,表示为:

$$X = k\sqrt{t}$$

式中,X 为碳化深度;k 为碳化系数;t 为碳化时间。

大量的工程调查和试验结果表明,碳化仅仅降低了碳化深度范围内的 pH 值,钢筋是否开始锈蚀受混凝土 pH 值控制,仅当 pH<11.5 时,钢筋将失去表面钝化膜的保护作用而发生锈蚀。为此,引入"碳化残量"来表征钢筋开始锈蚀时,碳化深度和钢筋表面之间的距离。

则,碳化条件下无锈工作时间 t_{i-tan} 由下式求得:

$$t_{i-tan} = \left(\frac{c - x_0}{k}\right)^2$$

式中,c 为保护层厚度;k,x_0 分别为碳化系数和碳化残量,经验计算公式:

$$k = 3K_{CO_2} \cdot K_{kt} \cdot K_{ks} \cdot K_{ks} \cdot T^{1/4} \cdot$$
$$RH^{1.5}(1-RH) \cdot \left(\frac{58}{f_{cuk}} - 0.76\right);$$

$$x_0 = (1.2 - 0.35k^{0.5})c - \frac{5.4}{k_{ce} + 1.4}(1.5 + 0.84k).$$

外侧:钢筋锈蚀主要由海水中氯离子侵蚀引起。氯离子通过扩散作用进入混凝土内部,可以用 Fick 第二定律描述其规律。

Fick 第二定律基本假定:

① 混凝土中的孔隙分布是均匀的;

② 氯离子在混凝土中的扩散是一维的扩散行为;

③ 浓度梯度仅沿着结构表面到钢筋表面方向分布;

④ 扩散浓度随时间而变化。

在假定条件下,Fick 第二定律可以表示为:

$$\frac{\partial C_{Cl}}{\partial t} = D_{Cl}\frac{\partial^2 C_{Cl}}{\partial x^2}$$

定解条件:

边界条件:$C_{Cl}(x, t)|_{x=0} = C_s$,$C_{Cl}(\infty, t) = C_i$

初始条件:$C_{Cl}(x, t)|_{t=0, x>0} = C_i$

Fick 第二定律解表示为:

$$C_{Cl}(x, t) = C_i + (C_s - C_i)\left[1 - erf\left(\frac{x}{2\sqrt{D_{Cl}t}}\right)\right]$$

钢筋开始锈蚀的条件:钢筋表面的氯离子累积浓度达到临界浓度 $[Cl^-]$。则氯离子侵蚀条件下,求解无锈工作时间 t_{i-Cl} 的临界方程为:

$$[Cl^-] = C_i + (C_s - C_i)\left[1 - erf\left(\frac{c}{2\sqrt{D_{Cl}t_{i-Cl}}}\right)\right]$$

式中 $C_{Cl}(x, t)$——t 时刻距扩散源(混凝土表面)x 距离处的氯离子浓度;

C_s——$t = 0$ 时刻混凝土表面 Cl^- 的浓度,取

0.346%(占混凝土质量百分比);

C_i——混凝土内部任一点处初始浓度,取 $C_i = 0.046\%$(占混凝土质量百分比);

D_{Cl}——氯离子扩散系数,理论研究时用经验公式求得 $D_{Cl} = e^{3.56w/c + 3.86RH - 32.36}$;

$[Cl^-]$——临界浓度,取 0.237%(占混凝土质量百分比);

$erf(z)$——误 差 函 数,$erf(z) = \frac{2}{\sqrt{\pi}}\int_0^z \exp(-z^2)\mathrm{d}z$。

(2) t_{cr}:钢筋开始锈蚀到结构表面出现裂缝的时间。

按下式计算

$$t_{cr} = \delta_{cr}/\lambda_0$$

式中 δ_{cr}——保护层开裂时钢筋的锈蚀深度;

λ_0——混凝土保护层开裂前钢筋的锈蚀速率。

分别按下式计算:

$$\delta_{cr} = k_{crl} \cdot (0.008c/d + 0.00055f_{cuk} + 0.022)$$
$$\lambda_0 = 14.5K_{cl} \cdot K_{ce} \cdot e^{0.04T}(RH - 0.45)^{2/3} f_{cuk}^{-1.8} \cdot c^{-1.1}$$

(3) t_{cra}:开始出现裂缝至裂缝宽度到达限值的时间。

研究表明,保护层胀裂前后钢筋锈蚀时间之间存在相关性。

因此,用系数法预测 t_{cra}:

$$t_{cra} = \beta \cdot t_{cr}$$

式中,β 为保护层胀裂前后钢筋锈蚀时间的相关系数:

$$\beta = 2.16 \cdot k_c \cdot k_f \cdot k_d \cdot k_t \cdot k_{RH}$$

2.3.3 基于安全承载寿命准则的寿命预测

安全承载寿命准则条件下,结构寿命 T_2 分两个阶段,$T_2 = t_i + t$。

(1) t_i:钢筋无锈工作时间(同裂缝限值准则条件下无锈工作时间 t_i);

该阶段钢筋没有锈蚀,结构安全度没有变化。

(2) t:钢筋开始锈蚀到结构抗力降低到外界荷载

作用临界值的时间。

结构抗力和荷载效应按照现行规范《公路隧道设计规范》(JTG D70—2004)推荐方法计算。

在抗力计算过程中,引入三个损伤系数(均为时间的函数)来考虑钢筋锈蚀引起的结构承载力三个方面的损伤:

(1) a_s:钢筋锈蚀后钢筋强度和截面面积降低系数;

(2) a_c:钢筋锈蚀后钢筋与混凝土的协同工作系数;

(3) a_{cc}:对应于衬砌结构厚度方向保护层的几何损伤系数。

引入损伤系数后,规范推荐计算公式中相关项作如下变化:

引入系数前	引入系数后
$R_g A_g'$	$a_s R_g A_g'$
原公式项	$a_s a_c R_g A_g$
h_0	h_{0c}

其中,h_{0c} 为损伤后混凝土截面有效计算高度,$h_{0c} = h_0 - a_{cc}c$。

取临界状态,令 $N_0 = N$,即可求得时间 t。

其中,N_0 为荷载作用下截面内力(轴力)。

2.3.4 结构寿命最终的初步预测结果

裂缝限值准则 $T_1 =$ $t_i + t_{cr} + t_{cra}$	$t_i =$ $\min(t_{i-\tan}, t_{i-Cl})$			t_{cr}	t_{cra}	T_1(年)	理论寿命
	$t_{i-\tan}$	t_{i-Cl}	t_i	41	22	133	$T = \min(T_1, T_2) = 133$(年)> 120(年),满足设计要求
	78	75	70				
安全承载准则 $T_2 = t_i + t$	t_i			t		T_2(年)	$T_2 = 191$(年)> 150(年)
	70(同上)			121		191	

2.4 衬砌结构耐久性设计

2.4.1 耐久性设计的必要性

(1) 和其它建筑结构一样,隧道衬砌结构会因环境因素的侵蚀而产生耐久性损伤,从而影响使用寿命。这种环境损伤作用过去在传统隧道衬砌结构设计方法中未作定量考虑。

(2) 众所周知,传统的混凝土设计方法一般只考虑荷载作用对结构安全性能和使用性能的影响。

(3) 耐久性设计将环境侵蚀作用定量考虑于结构设计过程中,从根本上保证和提高了结构的耐久寿命。

2.4.2 基于近似概率的耐久性设计方法

与现行结构设计表达式一致:

现行结构设计极限状态表达式: $S \leqslant R$

式中,S 为结构内力设计值;R 为结构构件强度设计值。

在耐久性设计方法中,极限状态表达式变为:

$$S \leqslant \eta R$$

式中,η 为混凝土结构耐久性设计系数,为结构可靠度指标下降过程 $\beta(t)$ 的函数。

该方法形式简单,操作性强。

2.4.3 耐久性设计内容和流程

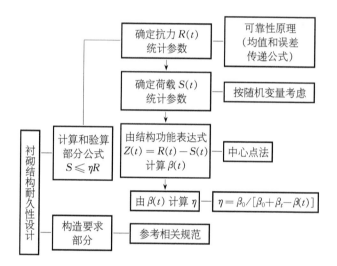

2.4.4 抗力随机过程 $R(t)$ 统计参数计算

在考虑耐久性损伤系数(a_s, a_c, a_{cc})的基础上,抗力为随时间变化的随机过程。根据可靠性原理(均值公式和误差传递公式),可求统计参数 $\mu_R(t)$、$\sigma_R(t)$。

均值公式和误差传递公式:

设 $Y = f(X_1, X_2, \cdots, X_n)$,则 Y 的统计参数为:

$$\mu_Y = f(\mu_{X_1}, \mu_{X_2}, \cdots, \mu_{X_n}) \quad \text{(均值公式)}$$

$$\sigma_Y = \sqrt{\sum_{i=1}^{n} \left(\frac{\partial f}{\partial X_i}\Big|_\mu\right)^2 \sigma_{X_i}^2} \quad \text{(误差传递公式)}$$

2.4.5 荷载随机变量 $s(t)$ 统计参数计算

(1) 一般而言,与衬砌结构内力求解有关的参数(围岩参数、结构参数)为随机过程(随时间发生变化),因此结构荷载效应(内力)也是随机过程。

(2) 隧道结构统计参数缺乏,还无法得出围岩相关参数随时间变化的定量规律,因此无法实现荷载效应随机过程统计参数的求解。

(3) 与隧道衬砌内力值有关的围岩及结构特性随时间变化的幅度相对于均值而言是一个小的量级,因此可简化处理,看作随机变量,求统计参数 μ_S 和 σ_S。

(4) 某越海隧道,V 类围岩,0.8 MPa 水压力和围岩压力共同作用条件下,轴力统计参数:$\mu_N = 6\ 803(KN)$;$\sigma_N = 0.581\mu_N$。

2.4.6 中心点法求解衬砌结构可靠度指标随机过程 $\beta(t)$

根据可靠性原理,可靠度指标随机过程 $\beta(t)$ 为:

$$\beta(t) = \frac{\mu_Z(t)}{\sigma_Z(t)} = \frac{\mu_R(t) - \mu_S}{\sqrt{[\sigma_R(t)]^2 + \sigma_S^2}}$$

可以得到,在达到设计使用年限(100 年)时,可靠度指标 $\beta(100) = 2.435$。

2.4.7 求解耐久性设计系数 η

计算公式:$\eta = \dfrac{\beta_0}{\beta_0 + \beta_t - \beta(t)}$

式中,β_0 为结构设计可靠度指标;β_t 为结构达到设计使用年限时,要求满足的可靠度指标确定值,一般取 $\beta_t = \beta_0$。

取 $\beta_0 = 3.7$,可得:$\eta = 0.745$。则隧道衬砌结构耐久性设计的极限状态方程为:$S \leqslant 0.745R$。

2.4.8 结论

求得的耐久性设计系数 $\eta = 0.745 < 1$,即相当于在常规设计方法中提高了安全等级,进一步保障了结构寿命。

3 从越海隧道衬砌结构耐久性试验值对理论预测寿命的修正

3.1 衬砌结构的试验寿命组成及预测方法

(1) 试验寿命组成

① 考虑衬砌结构安全承载寿命;

② 寿命 T 分两个阶段 $T = T_1 + T_2$;

③ T_1、T_2 分别通过不同的试验进行预测;

(2) T_1:钢筋无锈工作时间

① 仅考虑氯离子侵蚀为主要因素(根据理论研究

结论,氯离子侵蚀条件下钢筋无锈工作时间比碳化条件下短);

② 扩散试验确定关键参数;

关键参数:扩散系数 D_{Cl} 和氯离子初始浓度 C_0。

③ 应用 Fick 第二定律极限公式(同前)计算预测;

④ 钢筋一直处于无锈工作状态,可以认为本阶段构件承载力没有降低。

(3) T_2:钢筋开始锈蚀到安全承载寿命终结时间

① 钢筋处于带锈工作状态,锈蚀深度随时间逐渐增大。

② 钢筋锈蚀引起钢筋强度降低、构件有效截面减小、钢筋与混凝土间粘结力下降,结构承载力不断降低,直至小于外界荷载作用,结构失效。

③ 在室内,通过对钢筋施加电流,实现快速锈蚀。快速锈蚀和自然锈蚀均为电化学反应过程,可以用法拉第定律予以描述和控制。

锈蚀控制方程为:$h = 3.72 \times 10^{-5} it$。

式中,h 为平均腐蚀深度(cm);i 为腐蚀电流密度(A/cm^2);t 为腐蚀时间(s)。可以看出,通过控制腐蚀电流密度和腐蚀时间,可以控制钢筋的平均腐蚀深度。同时,腐蚀电流密度 i 可以表征室内快速试验锈蚀速度(V_1)。

④ 假定室内快速试验速度和自然锈蚀平均速度分别为 V_1 和 V_2,则加速倍率 K 表示为:$K = \dfrac{V_1}{V_2}$。

式中 V_1——室内快速锈蚀速度,单位:$\mu A/cm^2$,

$V_1 = 10^{-6} i$;

V_2——自然锈蚀平均速度,单位:$\mu A/cm^2$。

根据资料,取 $V_2 = 4\ \mu A/cm^2$。

依据如下:

国外氯化物环境下的自然锈蚀速度现场量测值的累积概率分布与实验室内测得结果一致:小于 $1.0\ \mu A/cm^2$ 的累积概率高达 93%,小于 $10\ \mu A/cm^2$ 的累积概率近乎 100%,说明在大多数情况下,钢筋的锈蚀速度是小于 $1.0\ \mu A/cm^2$ 的,一般不超过 $10\ \mu A/cm^2$。近似取 95% 保证率,$V_2 = 4\ \mu A/cm^2$。

⑤ 通过室内短期快速试验,可以建立承载力随锈蚀深度(与锈蚀时间对应)的变化规律,得到快速锈蚀达到极限深度 h_0(结构抗力等于外界荷载)的时间为

T_{V1}。则自然锈蚀条件下,达到 h_0 所需锈蚀时间 T_{V2},即为第二阶段寿命 T_2:

$$T_2 = T_{V2} = K \cdot T_{V1}$$

⑥ 原型试件的试验室加载难以实现,采用模型试验进行寿命预测。

预测途径:利用预测理论对同类工况结构的普遍适用性。通过快速试验和计算,得到模型的试验寿命($T_{\text{mod el-2-exp eriment}}$)和理论寿命($T_{\text{mod el-2-theory}}$),引出修正系数 $K_{\text{mod i}} = \dfrac{T_{\text{mod el-2-exp eriment}}}{T_{\text{mod el-2-theory}}}$。用此系数对原型试件的理论寿命($T_{\text{lining-2-theory}}$)进行修正,则修正后寿命 $T_2 = K_{\text{mod i}} \cdot T_{\text{lining-2-theory}}$ 则更能反映实际寿命情况。

3.2 氯离子扩散试验

3.2.1 试验目的

在实际设计配合比条件下,确定:

(1)混凝土的初始氯离子浓度;

(2)研究不同荷载工况(拉、压和无荷载)下,氯离子扩散系数的变化规律。

3.2.2 试验方案(另详,此处限于篇幅未及列述)

3.2.3 隧道结构寿命预测结果

(1)第一阶段寿命预测结果

特征扩散系数龄期	扩散系数特征值(m^2/s)	第一阶段寿命 T_1(年)
$t = 90$ d	$D_{90天} = 7.35 \times 10^{-12}$	45.2
$t = 3$ 年	$D_{3年} = 2.33 \times 10^{-12}$	142.6

(2)第二阶段寿命预测结果

① 假设模型承受外荷载 $R = 220$(kN),则所需通电锈蚀时间:

$$T_{2\text{-ele}} = \ln\left(\frac{S_{\text{cri}}}{518.16}\right) / (-0.002\,6) = 45.96(\text{天})$$

② 加速倍率关系 $K = \dfrac{V_1}{V_2} = 1\,000/4 = 250$(倍)。

③ 模型试验寿命 $T_{\text{mod el-2-exp eriment}} = K \cdot T_{\text{mod el-2-ele}} = 31.48$(年)。

④ 模型理论寿命 $T_{\text{mod el-2-theory}} = 28.74$(年)。

⑤ 试验寿命对理论寿命的修正系数 $K_{\text{mod i}} = \dfrac{T_{\text{mod el-2-exp eriment}}}{T_{\text{mod el-2-theory}}} = 1.095$。

⑥ 衬砌结构第二阶段理论寿命 $T_{\text{lining-2-theory}} = 74.7$(年)。

⑦ 衬砌结构第二阶段试验修正寿命为 $T_2 = K_{\text{mod i}} \cdot T_{\text{lining-2-theory}} \approx 82$(年)。

(3)衬砌结构寿命预测结果

计算第一阶段寿命的扩散系数特征值(m^2/s)	第一阶段寿命 T_1(年)	第二阶段寿命 T_2(年)	衬砌总寿命 $T = T_1 + T_2$(年)	与设计基准年限比
$D_{90天} = 7.35 \times 10^{-12}$	45.2	82	127.2	>120(年)
$D_{3年} = 2.33 \times 10^{-12}$	142.6	82	224.6	>150(年)

4 海水物化分析试验

4.1 试验目的

(1)隧道海域海水主要化学组分;

(2)考察海水经过岩石裂隙渗透到达隧道衬砌结构表面时的化学组分,研究海水对衬砌结构的实际腐蚀性能。

4.2 分析结果

取原始海水和浸泡土样后(水土比 1:5,浸泡一周)海水,分析结果如下:

海水经土样浸泡前后组分含量表

项 目	Ca^{2+} 含量 (mg/L)	Mg^{2+} 含量 (mg/L)	Cl^- 含量 (mg/L)	SO_4^{2-} 含量 (mg/L)
分析方法	络合滴定法	络合滴定法	铬酸钾指示剂容量法	EDTA 标准溶液滴定法
原始海水	370.45	1 171.73	16 501.97	2 125
浸泡土样后海水	387.57	1 143.76	17 459.12	2 272
变化幅度	增加 4.6%	减少 2.4%	增加 6%	增加 7%

(1)除 Mg^{2+} 含量减少外,其余组分含量都有较大增加。

结论:经过土样浸泡后的海水有害离子含量总体呈增加趋势,对衬砌结构的侵蚀作用会加强,应当引起注意。

(2)Cl^- 是影响结构耐久寿命的关键组分。经过土样浸泡后含量增加,产生不利于结构耐久性的变化。为此,对围岩土样 Cl^- 含量作进一步分析。

(3)饱和土样 Cl^- 含量为 2 302.1 mg/L。

（4）海水浸泡土样前后 Cl⁻ 含量变化 957. 15 mg/L<2 301. 1 mg/L。

结论：海水在围岩渗透过程中，携带了围岩中部分 Cl⁻，导致氯离子含量增加（增加了 6%），会有害于结构寿命，当引起足够重视。

5 提高隧道衬砌结构耐久性的工程措施

这方面的研究内容在许多撰著和文献中多有介绍，本文只择写其中几点。

（1）增加保护层厚度。

（2）设结构表面防护涂层；形成有害粒子隔离屏障，延缓向混凝土内部扩散的时间和速度。

（3）合理设置施工缝、伸缩缝；设置施工缝要综合考虑外界环境，尽量避开不利部位（如海水渗透量大、围岩风化程度高、软弱等部位）；要尽可能减少伸缩缝的数量，伸缩缝的止水设施、构造要合理、可靠。

（4）采用多重防护措施；钢筋锈蚀采取阴极保护措施，同时在混凝土中掺加阻锈剂，并在钢筋表面使用防腐涂层等防护措施。

（5）防、排水和密封等构造措施要合理可靠；避免海水直接接触衬砌结构表面。

（6）结构设计要统筹考虑构造、施工方案及措施，钢筋布设和细部构造等要便于施工、控制与检查工程质量。

（7）选用相同材质的钢筋；以降低钢材的电化学锈蚀速度。

（8）设置衬砌过渡加强段；在软弱围岩向坚硬岩过渡时，衬砌结构应根据围岩具体情况设置一定长度的过渡加强段（用软弱围岩部位衬砌结构形式向两侧延伸一定长度即可），保证该地段衬砌的整体承载性能、稳定性和可靠性。

（9）设置检查、检测和维护设施；衬砌结构要预设相关设施，便于进行检查、检测和维护，尽早发现问题，尽早处理维护，提高结构的耐久寿命。特别是敏感部位，如接缝、排水部位等，应预留检修通道。

（10）严格控制原材料质量。

（11）加强工程质量控制；从混凝土浇筑、养护、拆模等各个环节入手，确保施工质量。

（12）贯彻"预防为主，早期发现，及时维护，对症下药"的维护管理原则。

6 有待进一步研究的若干问题

在越海隧道衬砌结构耐久性理论与试验研究的过程中，以下几个问题似尚待作深入的研究：

（1）耐久性劣化规律的准确把握

根据感性经验，结构耐久性劣化的速度不是线性的，而是随着时间的推移呈加速发展趋势，这与人的衰老情况完全相似。具体的劣化规律有待深入研究。

（2）荷载作用随即过程统计参数的确定

在耐久性设计时，将结构荷载作用简化作随机变量处理，只是目前研究条件下的一种近似；实际情况下荷载作用随机过程统计参数的确定，将会使设计结果更准确、更实用。需要广大隧道工作者共同努力来完成。

（3）模型和参数选取

有关模型选用和参数取值都是在国内外研究成果基础上，结合越海隧道的具体情况修正得到。为了能更好与实际吻合，应结合越海隧道具体特征作专门、深入的研究。

参考文献

［1］孙钧. 对兴建台海海峡隧道的工程可行性及其若干技术关键的认识［J］. 隧道建设，2009，29（2）：131 - 144.

［2］孙钧. 台海隧道工程建设的风险分析［J］. 隧道建设，2009，29（3）：257 - 263.

［3］孙钧. 崇明长江隧道盾构管片衬砌结构的耐久性设计［J］. 建筑科学与工程学报，2008，25（1）：1 - 9.

［4］孙钧. 厦门翔安海底隧道耐久性/服务寿命设计预测研究［J］. 浙江隧道与地下工程，2007，3（2）.

［5］孙富学. 海底隧道衬砌结构寿命预测理论与试验研究（承厦门翔安海底隧道工程指挥部资助研究）［D］. 上海：同济大学，2006.

［6］牛荻涛. 混凝土结构耐久性与寿命预测［M］. 北京：科学出版社，2003.

［7］李田，刘西拉. 混凝土结构耐久性分析与设计［M］. 北京：科学出版社，1999.

[8] Metha P K. Concrete Durability-fifty year's progress [C]//Proc. 2nd Inter: Conf. on Concrete Durability, ACI SP126 - 1, 1991: 1 - 31.

[9] Takeshi Oshiro. Corrosive environment and salt induced damage of RC structures [D]. University of the Ryukyus, 1999.

[10] Stephen L, Amey, et al. Predicting the Service Life of Concrete Marine Structures; An Environmental Methodology ACI [J]. Structural Journal, 1998, 95(2).

论跨江越海建设隧道的技术优势与问题

孙　钧

摘要：为商榷在以往规划跨江越海工程时对修建隧道方案有些场合只是作为修建桥梁方案的一种备选方案的观念，文中论证了修建水下隧道在技术、方法、经济等方面的优势、特色及其存在的问题与不足，使业界可较为全面而客观地认识水下隧道在跨江越海工程中的地位。通过列举国内若干典型的已建、在建和正在进行方案研讨的水下隧道工程，从理论和实践经验出发提出了适合建桥、建隧以及桥隧结合方案有关的江床地形地貌、工程地质、水文地质和当地实际条件，对修建桥梁和修建水下隧道方案进行了比较，分析了二者的优缺点、适用场合和局限性；通过列举水下高速铁路、公路隧道的典型范例，总结了适合修建水下隧道的有利条件，并对水下隧道施工和运营过程中出现的诸多困难和问题进行了分析讨论。认为：在规划跨江越海工程时，应综合当地的自然、生态、地质、水文、河工、港口、航道和航运等诸相关条件，通过多方案比较，更加客观地妥慎优选适合各具体工程的最佳方案；水下建隧的优缺点共存，水下隧道有其独特的技术、经济优越性，事实上现已被越来越多的跨江越海工程所采用。

关键词：跨江越海工程；水下隧道；建桥方案；琼州海峡大通道；台湾海峡大通道；港珠澳大通道；水下高速铁路隧道；方案比较

0　引言

多年以来，我国经济的腾飞推动了交通工程事业的蓬勃发展，国内许多跨江越海隧道工程应运而生。山岭隧道、水下隧道、铁路隧道、公路隧道、城市轨道交通地铁、市政人防地下工程、地下车库和商场以及水工电站大断面地下厂房、导流隧洞、引水隧洞等的陆续建成，为我国逐步迈入世界隧道强国提供了强有力的技术支撑。与跨越江河湖海的其他交通方式相比，水下隧道有其独特的优势，在世界范围内发展迅速；然而，与一般的越岭隧道不同，水下隧道又有其自身的一些特点、难点、问题和不足。

近百年来，国外已建越江跨海的中等规模以上的水下交通隧道已逾百座，水下建隧的技术和方法已日益成熟。其中，著名的跨江和越海隧道有日本青函海底铁路隧道、英吉利海峡铁路隧道（背驮汽车车辆过海）、日本东京湾桥隧结合隧道（采用人工岛过渡）和丹麦斯特贝尔海峡隧道等[1]，不一而足。目前，我国已建成的水下隧道有许多条，而跨海隧道则为数尚少，且集中在香港和东部沿海地区，跨海隧道已通车的只有

厦门翔安海底隧道和青岛胶州湾海底隧道2座；建成的其他水下隧道则大多为跨越江河的隧道，主要集中在上海、南京、武汉、广州和长沙等地。

就跨越江河湖海的可选交通方式而言，目前只有桥梁和水下隧道。选择桥梁还是隧道主要应依据当地航运、水文、地质、河势和港口条件以及其他客观制约因素和生态环境保护与工程建设投入（除施工造价外，还应全面考虑工程全寿命运营周期的经济性）等具体建设条件进行全面的综合比较和论证后妥慎确定[2]。近20年来，在国外，为了维护自然生态并随着隧道内行车条件的不断改善，似还有着重考虑和偏爱采用水下隧道作为跨越江河湖海首选方式的见解和趋势；国内对于重大的跨江越海项目，则要求在"工可"阶段对桥梁方案与隧道方案应作同等深度的技术经济论证和比选。然而，我国在修建水下隧道方面，尚存在一些主观认识上的看法，有专家认为："选择修建水下隧道，只有在修建桥梁方案受到人为或自然因素的制约，而这些约束因素又是不可避免的或难以克服的条件下，才会不得已地考虑修建隧道方案。"这一论点，笔者本人当年也曾表示过"有一定保留地"认同，觉得也有其道理。这在

主观上不仅影响了水下隧道在跨江越海工程中的地位，更在相当程度上制约了水下隧道的建设和发展。

自20世纪80年代初以来，笔者有机会参加了国内几乎所有的重大跨江越海桥梁、隧道建设方案的论证和比选，少说已有30余处。现试就我国跨江越海工程项目及水下隧道近年来的发展现状，通过桥隧方案比较，客观地对水下隧道的优缺点提出粗浅的认识和意见。

1 国内已建、在建和正在进行方案研讨的若干水下隧道工程

1.1 已建、在建隧道工程

以上海市黄浦江下游市中心城区范围内所建的多座水底隧道为代表，已建、在建的隧道总数已达16座（每座含上、下行2条，双向4～6车道或双层8车道，除黄浦江入口内的1座为沉管隧道外，其他都用盾构法修建），含地铁和磁浮过江隧道。早年，宁波市甬江、常洪和广州市珠江已建有3座沉管隧道。已建、在建的跨江越湖隧道多采用明挖法、钻爆法和盾构法施工，主要有穿越汾河、黄河的过河隧道（含近期完建的南水北调中线一期位于河南邙山的穿黄输水隧洞），穿越玄武湖、西湖、太湖的湖下隧道，以及昆明滇池和湘江长沙市区内的几座水底隧道等，都已胜利完建。

已建成的跨越大江大河和港湾海口与湖口的跨江越海水下隧道也有不少，主要有厦门市翔安海底隧道（我国第1条海底隧道）、青岛市胶州湾海底隧道（我国第2条海底隧道）、上海市崇明越江通道南港长江隧道（其盾构一次掘进长度7.5 km，管片直径15 m，在当时均堪称世界之最）、武广客运专线穿越长沙市区浏阳河的高铁隧道，武汉市、南京市和杭州市轨道交通已分别穿越长江和钱塘江，成为国内首先3座过江地铁。完建和在建的其他跨江越海隧道有港珠澳大通道（我国首座采用桥隧结合、人工岛桥隧过渡的特大型沉管隧道，长达5.77 km，总体规模居世界之最）、杭州市庆春路隧道和海宁钱江隧道、南京市纬七路和纬三路过江隧道以及大连湾沉管隧道等。

1.2 正在进行方案研讨的隧道工程

目前，正在进行方案研讨并详细论证桥、隧比较的跨江越海隧道工程有：琼州海峡大通道，含全桥、全隧、桥隧结合、铁公路合建或分建，连同东、中、西3条线位，提出的方案有几十个，迄今还未有定论，该重大项目属世界级工程，事关许多方方面面，确实未敢轻率定夺；拟议建设中的台湾海峡大通道，该项目尚处于民间学术交流阶段，于2012年11月在台北市（由海峡两岸交通协会轮流在福州、台北两地组织过多次会议）举行了第5次学术研讨会议，其工程难度极大，但技术上还是可行的，工程量约是英法海峡隧道的3倍，北线主隧道暗挖段长度至少130 km，建设工期初估（含筹划期）30年；其他如，同三国道沿海岸线的跨渤海湾大通道，桥隧方案至今未有定论，曾经考虑过采用悬浮式隧道，也有称之为"水下桥"[3]，等等。其中，令国人期待的琼州海峡和台湾海峡大通道，究竟应采用桥梁、隧道或桥隧结合的方案过海，均已列为极具竞争力的比选对象。

此外，正在进行方案设计研究的隧道还有：深圳—中山线跨越珠江下游江口的深—中过海隧道、南昌艾溪湖湖底隧道、广东汕头苏埃过海隧道、珠三角南沙—深圳机场海底隧道（均在规划建设中）、苏州阳澄西湖隧道（初步设计中）和上海市沿江通道工程（前期方案研究中）等。上海市虹梅南路和长江西路两座水下隧道则已在施工中。

2 修建水下隧道与建桥方案的比较

现时，业界同行在这方面存在以下不同观点和疑问。

2.1 两岸接线受灾害天气影响，造成隧道也无法全天候通行

一种论点认为：尽管隧道说是全天候通行，但若遇到台风、浓雾、暴雪和地震等恶劣气候和灾害条件，隧道两岸的接线需要封路，同样造成隧道无法通行。这是相对于桥梁而言的，遇到诸如此类恶劣情况时，桥梁将会遇有更多天数的交通中断，这是因为，桥梁主跨位处江海数十米高处的空旷上方，该处的风、雾情况远比岸上市内低处陆地严重得多（以陆地遇6级大风为例，海面水上桥梁处60 m高空条件时的强风将高达10级以上，海面浓雾情况也较岸上严重许多），事实上，统计表明的年封桥天数已经远远超过隧道的封闭天数。

上海市黄浦江上(桥高 60 m 以上)因风、雾气候致年平均封桥为 4～5 d,而黄浦江下游多座市中心城区的过江水下隧道自建隧多年来则从未封闭过,其时,成了黄浦江两岸间行车的唯一通道,真实体现了建隧的主要优越性。

2.2 隧道水下施工,不确定的风险因素大

无论是盾构法、沉管法施工,还是钻爆法施工,国内由于多年的经验积累,技术上均已臻成熟,当前施工风险(钻爆法以突水和塌方为典型)已经降到最低;更何况,所谓“风险”通过人们的努力和加大投入是可以规避的,也是可以克服的,它不同于“危险”。所以,认为“建隧的施工风险因素大而不确定”,时至今日,是否应该对这一说法打个问号?

2.3 长隧道的运营通风和防灾问题

英吉利海峡隧道长 42 km 却没有在海峡内设置风井,因其属铁路隧道,不需设置为汽车排放尾气所要求的复杂排风和进新风系统,通风设计相对比较简单,利用上下行主隧道中间设置的服务隧道作进排风即可,这样就无需考虑在公路行车条件下高要求的送排风问题。台湾海峡大通道隧道暗挖段长达 130 km,若修建为公路隧道,其通风问题将会十分严峻,现时恐难以很好解决;其时,在台湾海峡黄金航道和相关水域内需要设置硕大风井近 20 座,这除要得到海峡两岸有关部门的协商同意外,还需通过国际航运部门的论证和认可。为此,特长水下隧道的运营通风问题将是制约建设公路长大隧道的一项特定重大制约因素。

若长大隧道内发生火灾,为消防救援和受灾人员免于窒息而需不断供应新风,风助火势蔓延迅速,在短时间内将波及相当部分隧道受灾;所以,隧道的防灾和消防救援也是制约水下特长隧道建设和发展的重大关键要害。以上两点这里就不展开阐述了。

2.4 隧道造价、运营和维护管理费用问题

隧道盾构法施工,特别是沉管法施工,其造价将比桥梁高出许多。大体言之,修建隧道采用盾构法施工要比修建桥梁的造价高出约 15%,而沉管法修建隧道的造价一般会更高;此外,隧道在日后长期的运营期间,全天候的通风和照明等费用也十分可观。

但国外资料显示,当特大跨桥梁主跨的跨度超过 1 000 m,而主墩(含桩基和悬索桥锚碇等)耗资又十分巨大时,其造价不一定比修建隧道低。若隧道采用钻爆法施工,如青岛胶州湾海底隧道,因岩盘整体性好,断层破碎带注浆费用相对降低,经决算表明,其造价要比修建桥梁为低;而桥梁引桥有条件时能便于多个作业面平行架设,除进度快外,施工费用亦一般较建隧道低。因此,如改用桥隧结合方案,在通航主跨内修建水下隧道,而其两侧的更多小跨修建引桥,则有望降低造价;但两头采用大尺寸人工岛作为桥隧过渡,其投入将十分巨大,筑岛工程常迁延时日,而阻水面又大,往往对河势产生不利影响,通常并不可取。

2.5 对隧道不受风、雾、雪、震等自然灾害的干扰,可保证全天候运营畅通的其他疑议

(1)隧道内行车条件——车速因素。普遍认为这是隧道运营中的一项弱势。在桥梁上行车的车速一般为 100 km/h,而隧道内车速则约降低 20%,即 80 km/h,合 1 h 内要慢 20 km。但以长度为 6 km 的隧道内与桥梁上行车的车速相对比,则穿过该隧道和该桥梁的时间分别为 4.5 min 和 3.6 min,其中只有 0.9 min 的时间差,所以,认为车速因素造成隧道内行车条件差可忽略不计。

(2)隧道内行车的“边壁效应”。很多人认为,在隧道内行车,两边车道上因车辆距离隧道两侧边壁很近,会使司机产生紧张感,从而减缓车速。但从笔者在国外乘车过隧的多次实践体验来看,这种“边壁效应”是完全不存在的,它不能作为隧道内行车条件不佳的理由(以在 3 车道的隧道内行车为例,笔者的车多次行进在中间车道,两侧车道通常有车同时一起飞速进洞,人在隧道内感觉却像是中间的车子不动一样,然后,3 条线上的车又同时飞驰出洞,这说明 3 个车道的车速是完全一样的)。

(3)笔者认为,隧道内的行车条件确实较桥梁的稍差,据司机们反映,主要是隧道内密闭空间对在长隧道内较长时间行车时人员的一种“压抑感”,不如桥上空旷而心胸舒畅。在特长隧道内(隧道长度在 15 km 以上)较长时间行车,视野没有在桥梁上那样开阔,而远处显现的洞外白点还会使司机们产生一定的“疲劳感”。有些公路长隧道对此的经验做法是:对特长隧道,可以通过在隧道中部两侧扩挖成一定的拓宽和加高,并在该区段内设置人工绿化带,车辆可以稍事停

歇,以缓解司机的疲劳。西安终南山秦岭高速公路隧道(长 18 km)模仿北欧经验已有此种做法,据说效果不错。

3 在桥隧方案比选方面值得关注的两个问题

(1) 与国内现已建成的桥梁数量相比,水底隧道可谓少之又少。据不完全统计,迄今似不会多于 20 座(不含上海黄浦江下游市区的 16 座),而水底铁路隧道就更是凤毛麟角。2008 年 6 月贯通的全长约 10 km 的国内首座目前最长的高速铁路隧道——武广客运专线浏阳河铁路隧道[4]可能是极少数几座铁路过江隧道中最具代表性的一座。最近,正在设计中的沪通(南通)铁路过江大桥以及琼州海峡大通道的方案研究中也有采用铁路隧道过江、过海的备选方案,前者已经否定了建隧。这里,人为主观因素不能不认为是得出上述不够合理和非全面抉择的原因之一,值得业界思考。

(2) 国外绝大多数水底隧道都修建在大江、大河、港湾城市的港口和江河下游市中心城区与近郊一带,并且多数选用了埋深较浅的沉管跨越。这主要是受城市建(构)筑物密集、大桥引桥和匝道建设要求的动拆迁工程量大、协调中困难多等条件的制约而舍弃了建桥;而在远郊、开阔地带和丘陵山地等地区的江段,则基本上极少有选用隧道越江的先例,或者,也只是在方案比较中作为备选方案做做"陪客"而已。这主要是受制于建隧造价和隧道运营费用较高的不利因素。

4 水下建隧的技术优势和不足

4.1 水下建隧的技术优势

(1) 隧道全天候通行(不可抗拒因素,如天灾人祸等特殊情况除外),它不受或极少受台风、浓雾、暴雪、地震等恶劣自然和灾害条件的制约。

(2) 海港大城市中心城区的江河下游河段,由于水上通航净空的要求一般很高,使桥梁的跨度和高度都很大,引桥过长,上下桥的匝道多,而市区房屋密集,均使工程的动、拆量巨大,不得已舍弃建桥而修建隧道(如香港九龙至港岛,需要穿越通行远洋巨轮的维多利亚大港,几座越港通道都修建了沉管隧道而未建桥)。

(3) 隧道较少影响生态环境,维护环保。如青岛在薛家岛处建隧,位于胶州湾外口,自然生态绝佳。

(4) 隧道不受(或极少受)恶劣气象、震害或不利的江床水文、浅部地层软弱破碎不良地质条件的制约。

(5) 隧道抗震、隐蔽性好(但当发生强震等不可抗力时,洞口或中段如出现破坏,隧道结构遭到损毁后则是很难修复的;根据现在战时轰炸采用深水激光制导炸弹,其水下识别和命中率高,隧道洞口暴露,其隐蔽性的优势与否有待商榷)。

(6) 建桥受自然或人为条件制约且难以克服的场合,往往不得不改建隧道,如:地域自然灾害频发、通航净空受限、桥塔高度受附近机场飞行净空要求的制约、港口/航运/航道的发展规划一时难以确定等。如厦门岛的北面和西面与省境间均已用桥梁联络,该市又属多灾害城市,希望能在其东北方向有 1 座全天候通行的(翔安)海底隧道;又如港珠澳大通道的主通航跨内有 3 条相互交错的大、小航道,日通行船只多达 4 000 艘,桥梁布墩将十分困难,而水域年风平浪静天数达 250 d 以上,隧位海域又是浅水区,是建设沉管隧道得天独厚的自然条件,等等。

(7) 江海床内如布墩过多对河工、水文、航运等造成的不利影响过大,两岸市区接线动拆迁量大甚或难觅空余岸线,建桥因航运要求净高大而使引桥过高过长,上下桥匝道布置有困难等(如上海黄浦江下游的市中心城区已建隧十余座,而仅有两处建桥)。

(8) 当地主管政府部门的主观因素有抉择偏向等。

4.2 水下建隧的困难和不足

(1) 长江下游地域不适合修建沉管隧道越江,主要由于长江下游段的江床泥砂迁移使主槽位置深泓摆动,冲淤活动频繁而又交替反复,导致江床河势变迁大,冲刷深度大而影响沉管埋深,以及隧位局部冲刷的防护工程量大而又不够奏效(有可能"连底端",指沉管底地基被冲刷掏空)。这曾在南京高速铁路过江拟议建设沉管隧道时仔细论证过并被否定,最终修建了大胜关钢拱桥。

(2) 长江隧道主江床内(特别在航道内)深水风井构筑难度大(如崇明南港航道内建隧时,就未能在江床内布设风井),通航频繁江段在井周布设警示防撞标志也难以征得航道和港务、航运有关方面的认可、会签。

（3）特长公路隧道一般都存在运营通风、防灾救援、专设故障车道与否和城市隧道大客流交通监控等方面的许多难题。

（4）如采用桥隧结合方案，需加筑深水人工岛过渡，除土石方工程量庞大外，人工岛的阻水面积大，洪峰流量情况下往往难以满足行洪要求。

（5）国内过去很长一段时间，在大江上建设双向6车道的长大水下隧道尚不具备足够的技术条件（如当年江阴、润扬、苏通、泰州和杭州湾等处的建隧过江方案经论证后均未获通过）。

（6）显然不具备与建桥方案作比较的场合（如野外开阔地域、宽阔外海海湾和通航净高要求有限等，诸如杭州湾、泰州和舟山金塘等处的建隧方案亦均未获通过）。

（7）因江床地质条件或河工、水文因素，修建隧道需沿其纵向在水下大埋深位置之下布线，使隧道出入口远离江边的道路岸线，而两岸沿江道路交通量大，车辆进出隧道时的绕行路线过长，出入隧道耗时长而工程量巨大（如重庆市朝天门在嘉陵江与长江汇合处水下建隧）等。

5 水下高速铁路隧道的典型范例

5.1 武广客运专线浏阳河铁路隧道

浏阳河高速铁路隧道位于湖南省长沙市境内，全长10.115 km，隧道施工难度大，地质条件差，属于高风险隧道，是武广客运专线的重点控制性工程之一，也是我国第1条穿越河底及市区的大断面铁路隧道[4]。

施工中通过加强地质和工程险情预报、监测监控以及选用合适的施工工艺，确保了隧道安全顺利地穿越河底、市内居民区以及城市道路等困难地段。目前，浏阳河铁路隧道在高速列车行进中已顺利运营多年，日跑车数十对，情况正常。

5.2 广深港狮子洋铁路盾构隧道

狮子洋隧道是我国第1条特长水下铁路盾构隧道，隧道全长10.8 km，高速铁路运行速度目标值达350 km/h，被誉为中国铁路世纪隧道。

狮子洋隧道在"广州—深圳"一线3次穿江越洋，

其中，狮子洋水面宽达3 300 m，最大水深达26.6 m，为珠江航运的主航道，最大设计水压达0.67 MPa，该盾构隧道为国内首次在软硬不均地层和风化岩层中采用大直径气压调节式泥水盾构施工。狮子洋隧道盾构段使用了4台气垫式泥水平衡盾构，在国内首次采用盾构"相向掘进、地中对接、洞内解体"的先进施工技术[5]，取得了成功。

5.3 天津市区两大火车站间的高速铁路联络隧道

天津市区两大火车站间的高速铁路联络隧道，采用1台直径为11.97 m的泥水加压平衡式盾构施工，是我国首座市区大直径泥水盾构铁路隧道[6]。线路全长5 km，其中隧道长3.3 km，盾构隧道长2.146 km，单洞上、下行双线，工期22个月，盾构总质量1 600 t，穿越沿线18处风险点（含跨越海河、多处名人故居和纪念碑等保护性老建筑物，以及穿越跨线桥、运河和摩天轮游乐设施等）。其中，海河河床宽155 m，在宽50 m范围的环控带内施作了全断面预注浆加固，穿越海河中实际用时仅22 d，堪称技术佳作。

6 适合水下建隧的条件和若干情况

（1）在港口大城市的江河下游，通航要求高、航道宽、净高大，两岸交通量要求也高，加之市区建（构）筑物密集，动、拆迁困难而又工作量大，甚至已无多余岸线可用时，应优先考虑采用沉管隧道或盾构隧道（如香港维多利亚港区和上海黄浦江下游市中心城区等）。

（2）受自然气象、河床水文、地质条件的制约，或在建桥后的周边特定环境变化难以预测时，应考虑修建隧道（如在杭州海宁市盐官镇观潮区内建桥，恐影响涌潮景观而改建了钱江隧道；又如厦门市翔安区因受附近高崎机场航空限高的制约，桥塔高度受限，此处，因该海口港区的发展规划一时未有定论，也制约了建桥，经多方论证改为修建海底隧道）。

（3）与港务、航道、航运、水务、河工和江床水文等部门对建桥难以协调并取得一致共识时，可考虑修建隧道。如沪通铁、公路合建大桥的桥位曾经过一次大的变动，原先为紧擦崇明岛上沙区过江，因受长江口航道的约束而改为经上游张家港一线（居江阴、苏通两座大桥的中间江段)过江。

(4) 当自然景观和生态环保维护要求很高时,如在该处建桥或建隧均有难以克服的生态、环境影响因素等,则宜在他处另觅合适位置改建水下隧道(如青岛、黄岛间在胶州湾外口处建隧,避开了如在胶州湾内建设沉管隧道,水下基槽开挖时将不可避免地严重影响湾内渔场的避风浪锚泊地)。

7 其他方面的若干问题

7.1 铁路、公路隧道的合建与分建

琼州海峡隧道和台海隧道虽已经过多年的不断论证,但其建设方案却始终未有定论。大量公路车辆进入水下特长隧道后,其汽车尾气的排放和通风问题将十分严峻。曾有考虑借鉴英法海峡隧道采用公铁合建方式建设,进入隧道的汽车车辆采用装上铁路平板车背驮过海,但有专家认为其公路交通流量恐不能满足上述两条隧道的运量要求,似还需进一步从长计议[7]。

随着我国城市交通建设的发展,城市道路、城际铁路的过江隧道与地铁过江具有考虑在同址、同时建设的情况也将会相应增多,此时,进行公铁分建或合建2种方式的深化比较和分析研究是非常有必要的[8]。

7.2 改用水下预制框构型人工岛取代传统大体积土石方人工岛的建议

采用水下预制框架结构(含地基打预制桩),用水下焊接或用高强度防腐螺栓连接各个预制构件组成框构,构建一种由工厂化预制构件组成的框架型人工岛(含进、出隧道需建的预制上、下坡道管段),作为隧道与桥梁间的过渡,以此来取代传统的大体积土石方人工岛,避免了为设置大容量土石方人工岛需要投放极其大量,并经填土围护和加固处理的土石方工程量,弥补了传统土石方人工岛造价昂贵、耗时多而又对通航水域阻水严重的缺憾。空心框构的迎水面小,对水流和河势的不利影响也都将大大降低,经济和技术效益将会十分明显。

目前,国内外采用桥隧结合方案的工程还极少,连同正在建设中的港珠澳岛屿工程一起也只有4座,它们过去曾被西方业界称作"世界七大奇观之一",主要是因为土石方人工岛存在的上述问题不易解决,有深感不得已而为之的缺憾。此处设想的预制框构方案,日后想必会是一种很有竞争力的"另辟蹊径"之作。为此,笔者不揣简陋,拟推荐给有识之士慎酌,日后在研究桥隧结合过海方案时可否作考虑比选。

7.3 长大隧道的火灾重在预防

因为隧道深处地下、水下,其空间相对封闭,断面又小,一旦发生火灾,烟雾大、温度高、能见度低、易窒息,火灾产生的热量和烟气会严重影响现场救援人员的视野与受灾人员的及时有效疏散;同时,隧道进出口堵塞,消防车辆和救援人员将很难接近火源现场进行扑救,最终酿成不可收拾的恶果[9-10]。

长大隧道的火灾重在预防。将后期治灾的经费投入到防灾上则可取得更加良好的效果。前些年笔者在日本东京某高速公路城市隧道调研时,曾在其现代化的中央安全监控室中见到、问及并告知:该长大隧道在7年的运营期间虽然"火情"(指只是就地灭火,含泡沫喷洒结合水喷淋)不断,但由于预防措施得力又及时,却始终未酿成过一次"火灾"(指火灾工况下的排烟风机启动)。他山之石似值得学习借鉴,这里就不作详细介绍了。

8 讨论

建设跨江越海工程项目应综合所在地域的环境、生态、江床地形地貌、地质、水文、河势、港口、航道、航运以及其他诸特定因素等具体条件作出客观的桥隧方案比选,而不能主观臆断,或只凭直觉局部经验与个人偏爱和喜好轻率抉择与定夺。水下隧道具有其独特的众多优点和优势,正在被越来越广泛地采用;然而,水下建隧的缺点和不足也在实践中日益凸显。专家们似应全面正视水下隧道的各种优缺点,抓住契机,克服困难,为更好选用水下隧道提供更多、更好凭借客观的定量数据,作为不同方案比选时强有力的技术支撑,并求得最终的妥慎抉择。通过一代又一代隧道人的不懈努力,笔者坚信,在不久的将来,我国将从隧道大国一步一个脚印地、踏实而全面地迈入世界隧道强国之列,在隧道领域实现业界同仁所期盼的中国梦。

参考文献

[1] 孙钧. 海底隧道工程设计施工若干关键技术的商榷 [J]. 岩石力学与工程学报, 2006(8): 1513 - 1521.

[2] 王梦恕. 水下交通隧道发展现状与技术难题: 兼论"台湾海峡海底铁路隧道建设方案" [J]. 岩石力学与工程学报, 2008(11): 2161 - 2172.

[3] 孙钧. 对兴建台湾海峡隧道的工程可行性及其若干技术关键的认识 [J]. 隧道建设, 2009, 29(2): 6 - 19.

[4] 杨汉勇. 武广客运专线浏阳河隧道综合施工技术 [J]. 铁道标准设计, 2009(S1): 102 - 105, 15.

[5] 洪开荣. 水下盾构隧道硬岩处理与对接技术 [J]. 隧道建设, 2012, 32(3): 361 - 365.

[6] 魏百术. 天津西站至天津站地下直径线工程盾构隧道主要施工技术 [J]. 铁路技术创新, 2012(3): 28 - 33.

[7] 孙钧. 2012(第5届)海峡两岸桥隧通道工程学术研讨会演讲稿: 台海隧道工程规划方案若干关键性问题的思考 [R]. 台北: 海峡两岸交通协会, 2012. (2013年《隧道建设》待发表)

[8] 董天乐, 张迪, 焦齐柱. 庆春路过江隧道公铁分合建方式分析 [J]. 隧道建设, 2007, 27(4): 37 - 42.

[9] 谢晓晴, 徐志胜. 城市特长水下隧道消防水系统设计研究 [C] // 2008铁路暖通空调学术年会论文集. 苏州: 中国勘察设计协会建筑环境与设备分会铁道专业委员会, 2008.

[10] 孙钧. 城市交通隧道/轨交地铁的运营保障与安全管理问题 [C] // 全国运营安全与节能环保的隧道及地下空间暨交通基础设施建设第三届学术研讨会论文集. 呼伦贝尔: 中国土木工程学会隧道及地下工程分会, 2012.

本文发表于《隧道建设》2013年第33卷第5期

台湾海峡隧道工程规划方案若干关键性问题的思考

摘要：首先对台湾海峡隧道的若干技术关键问题作了简要归纳，包括地质地貌、线位选择、过海交通方式、耐久性问题、施工方法、加建中间服务隧道的必要性及主要功能等。简要分析了修建隧道过海的技术优势和存在的问题，指出对台海大通道桥、隧方案的比选和优化，日后定将是前期方案和工程可行性设计中的重中之重，应从长计议。重点对隧道越海施工方案和工期的设想进行了阐述，推荐采用第 1 方案[中间服务隧道(ϕ5,5 m)先行，主洞大型 TBM(ϕ8,0 m)和后面的车架先拆卸成块后从服务隧道和平洞进入主隧道内，经洞内组装后再开挖掘进]，第 2 方案作为备选[先用(ϕ5,5 m)TBM 开挖(经横洞时仍需拆卸，待进入主隧道后再在洞内组装)；主洞先形成(ϕ5,5 m)小洞后，随后再用钻爆法扩挖成型(ϕ8,0 m)]。按第 1 种方案对 150 km 的隧道工期进度进行了估算，含地勘在内的估算工期约为 30 年。

关键词：台湾海峡隧道；桥、隧方案比选；施工方案；工期

本文就兴建台湾海峡(以下简称"台海")大通道是两岸预案阶段技术层面上的若干问题谈点粗浅认识：① 两岸人士共同企盼并终究要实现的中国梦！"梦想成真"技术关键；② 桥、隧方案比选；③ 隧道越海施工方案尚需时日，有赖各方的不懈争取和努力。

1 若干技术关键

先对在有关会议上所述问题作些简要归纳[1-2]：

(1) 有关台海地域的海床水文、工程地质、地震地质、海床地形地貌、主要地质缺陷及其严重程度，以及气象、地震、港口、水工和航运等自然和人文方面的基础数据都是首位必要的。这些都是该过海通道工程线位选择和工程方案比选以及后续总体规划设计的前提与基础。

(2) 就当前认识看，在可能的北、中、南三条过海线位选择中，福州平潭(岛)—台北新竹一线似属最优势的选位。笔者拟推荐全隧道过海方案。

(3) 笔者认为，修建铁路隧道过海、另将公路车辆放上铁路平板车背驮汽车过海的方案比较现实可行。这在英法海峡隧道建设中已有成功先例。如单独修建公路隧道过海，则在通航频繁的台海航道中，再联动其他大片水域，共需修建 10 多座硕大的通风竖井。由于隧址位处国际航运黄金水道，除必须征得两岸有关部门的会签外，还需通过国际航运界的认可。

(4) 构建海底工程，为保证长期安全运营，要考虑日后结构和防水材料的耐久性问题。海洋环境条件下，除重点探讨海水 Cl^- 和洞内汽车尾气对隧道衬砌混凝土保护层碳化(CO_2/CO)效应等外部腐蚀因素外，对混凝土和钢筋的选材、混凝土养护和施工工艺，特别是在漫长运营期间的日常维护与保养，进而研究在局部受腐损区段的及时修缮与加固，将是从设计期间就应亟切关注的重大技术问题。这项世纪工程的使用基准期应在 150 年以上。

(5) 特长隧道的开挖施工，应以采用隧道硬岩掘进机(TBM)为主；但计及钻爆法开挖的机动性及适应面广的特点，拟建议此处以钻爆法为掘进机开挖的辅佐和配合，作为正、副两手考虑，可能是合适的。此处在上、下行主隧道之间，与之相平行地增设辅助性的服务隧道将是十分必要的。

(6) 加建中间服务隧道(ϕ5.5)(图 1)的必要性及其主要功能，在于：① 服务隧道先行开凿作为施工先导，再利用它从其两侧施打平洞，从而使主隧道增加开挖作业面，做到"长洞短打"，可大大加快施工进度；② 服务隧道可起到先导的超前探洞作用，以补充原先地质勘探、地下水文资料的不足，并用于地质、水文超前预报和险情预警；③ 服务隧道在施工阶段和日后长

期运营期间,可用作主隧道的进风或排风通道,以大大减少沿程布设通风竖井,还可兼作火灾工况下的排烟道(上方须吊设烟道板);④ 服务隧道在施工期间,可作为工程机具和器材等进洞时的运输通道;⑤ 火灾工况下服务隧道也是消防、救援通道,救护车和消防车通过服务隧道可直达火灾现场,就近施救;⑥ 在服务隧道一侧,可安装过海隧道的各种管线设施,但对电缆、煤气等过海要有妥善的防护措施;⑦ 服务隧道居上、下行主隧道的中间偏下位置,以便于主洞中清洗污水的排放,在服务隧道最低位置处设置地下泵站,像这种特长隧道将在隧道中部、由下向上直至洞口设置不少于12~15座的接力式地下泵站。

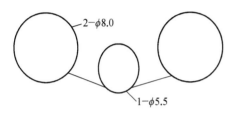

图 1   中间服务隧道

2   桥、隧方案比选——修建隧道过海的技术优势和问题

海面台风和浓雾、地震频发等恶劣气象、地质条件,对建桥将是严重的制约因素。与桥梁方案相比,此处选择隧道过海的最大优越性,主要反映在[3]:

(1) 全天候通行,对风、雨、雾、震都基本无阻,隧道过海对海工、航运方面也没有大的障碍和影响。

(2) 隧道深埋于地下,即使在大地震情况下,除了洞口部位需要重点加固外,其主体隧洞的抗震性能优良,在地层岩盘的围护下因受震害而破坏的几率比地上建(构)筑物相对要低得多。

兴建桥、隧两者其他方面的不同,还反映在:

(1) 在施工工期要求下,特长桥梁方案的长引桥工程有利于分区、分段平行作业施工,大桥引桥架梁的装配化、工业化程度高。

(2) 隧道方案往往受制于掘进开挖的作业面有限,一般都要比建桥的工期长得多。

(3) 隧道位处深海地下、水下,作业的随机风险(主要是作业面突水受淹和开挖时围岩失稳土石方坍塌)比

较高,这方面的风险控制会有相当难度并需要更多投入。

(4) 长大隧道的运营通风和防灾问题(特别是公路隧道防火)是需要重点、细致研讨的要害,它将很大程度上关系到建隧方案的成败。

(5) 相对桥跨>1 000 m 的主跨,就岩盘稳固、节理裂隙不发育且渗水量不大的隧洞围岩而言,在工程造价方面,采用钻爆法开挖的投入将比特大主跨桥梁的投入低;但对小跨引桥而言,则一般地引桥造价都比隧道造价为廉。

(6) 在日后运营和维护费用方面,隧道需要全天通风和昼夜照明用电,内部装修的防潮要求高,等等,通常比较昂贵;而大跨主桥油漆、定期抽换钢梁和主缆等也耗资不菲。

对台海大通道桥、隧方案的比选和优化,日后定将是前期方案和工程可行性设计中的重中之重,这个问题涉及工程全局,应从长计议,妥慎抉择,决不能也不会仓促定夺。

3   隧道越海施工方案与工期进度设想

台海隧道横断面布置的不同方案如表 1 所示。施工中可选用的机械设备如图 2 所示。

表 1   台海隧道横断面布置的不同方案

方案	铁/公路隧道类别	主隧道车道数	主隧道个数/TBM 外径	服务隧道位置/TBM 外径
1	高铁	上、下行双线、双洞	2/ϕ11.5 m	中间偏下/ϕ7.0 m
2	高铁	上、下行单线、双洞	2/ϕ8.0 m	中间偏下/ϕ5.5 m
3	高铁	上、下行单线、单洞混行	1/ϕ11.5 m	一侧偏下/ϕ7.0 m
4	高速公路	双洞、双线各 2 车道	2/ϕ11.5 m	中间偏下/ϕ7.0 m

对隧洞施工工序和工期的预估测算暂按表 1 中方案 2(即铁路单线、双洞):主洞 ϕ8.0 m,服务隧道 ϕ5.5 m 考虑。

主隧道大洞 TBM 通过小直径服务隧道的技术关键在于:需专门定制设计加工,将主洞 TBM 的刀盘和掘进机作业舱,先拆卸成一分为三,机后车架部分也拆零后先进小洞,在平洞口转弯,弯口做成放大尺寸的弧形;另外,在主洞作业面后方约 180 m 空间处再用机械

(a) 罗宾斯 TBM(ϕ4.5)，全长 85 m

(b) 海瑞克 TBM(ϕ5.2)，全长 120 m

(c) 海瑞克 TBM(ϕ9.45)，全长 140 m

图 2　罗宾斯 TBM 和海瑞克 TBM

手将大直径 TBM 组装成整体。平洞转弯处和作业面后方 180 m 地段，均先用钻爆法开挖成 ϕ10 m 的大洞，即比主洞直径再加大 2 m。

3.1　越海施工方案

按表 1 中的方案 2，将越海施工方案再分为以下两种方案。

第 1 方案：中间服务隧道先行，用作施工期的辅助通道(ϕ5.5 m)，主洞大型 TBM(ϕ8.0 m)和后面的车架均需先拆卸成块(机子中央的 4 m 核心块仍为整体，不能拆解)，以便从服务隧道和平洞进入主隧道内，经洞内组装后再开挖掘进。

在主隧道起始段(平洞进主洞后的两侧各 180 m)先用钻爆法成洞，其长度应大于 TBM 全长再加 40 m，毛洞高、宽均扩挖 2 m，以便 TBM 及其后配套拖车均能先在洞内组装，然后再开挖掘进。

第 2 方案(备选)：先用 ϕ5.5 m 的 TBM 开挖(经

横洞时仍需拆卸，待进入主隧道后再在洞内组装)；主洞先形成 ϕ5.5 m 小洞后，随后再用钻爆法扩挖成型 ϕ8.0 m。当然，也可以改用先将横洞扩挖，使 ϕ5.5 m 机子打弯进主洞时不需拆解。

此法前些年在终南山秦岭铁路隧道复线曾成功采用，并采用此复线洞作为服务隧道，在其一侧加打 8 条施工平洞，为侧翼后续施工的公路隧道(18 km)增设了 16 个作业面。后面的隧道工期进度分析情况设定为按第 1 方案实施。

台海隧道工程属在深海岩盘中掘进开挖的特长过海隧道，其暗挖段部分可能长达 130～150 km，然后再上两岸地面接线。由于海床地质情况不明，隧道埋深和纵剖面走向、纵坡等均不能准确确定，故影响隧道的暗挖段长度也尚不能完全确定。

3.2　隧道(150 km)工期估算[4]

3.2.1　粗估

我的一位做了一辈子隧道施工工作的老学长说，对此处 150 km，ϕ8.0 m 的特长大隧道，即使采用 TBM 双头对打，一年总的成洞(这里说的"成洞"，不只是完成衬砌，而是连通风、照明、排水、电网架设和铺轨等一并完成的大的综合指标定额，当然，这只是个极粗约数估算)按 5 km 算，也要 150/5＝30 年，不算保守吧。

再具体点做些粗估计算：如按东、西向双头打 5 km/年，则单头 2 500 m/年，这样掘进的月进度为 200 多 m，平均日进尺约为 7 m(天/台)(指 ϕ8 的大洞子)，从上述的大的综合指标定额来看是难以做到的；另外，还要加打先行的服务隧道(ϕ5.5)，而它主要只能靠从东、西两边单头掘进。就这样算，恐怕太粗，也不会这样做。

3.2.2　具体估算

(1) 就如上述的具体情况而言，似应有以下 4 点需着重考虑：

① 利用建设筹划阶段(有关方曾说，约需 10 年左右)，服务隧道作为地质、水文探洞可以在该筹划阶段就先行开挖；

② 利用服务隧道，从其两侧横向设置施工平洞，则主隧洞可分成 5 个区段"长洞短打"，各为 150 km/5＝30 km/区段，先后进行流水、平行作业；

③ 服务隧道则只能是单头掘进(只有到了中央最后一个区段，才为双头对打)，ϕ5.5，按 250 m/月估算，

其年掘进 250 m×12 月＝3 km/年。这样,服务隧道一个区段 30 km 要耗时 10 年打通(这里也是指上述的"完全成洞");

④ 左、右主隧道,按分割成的 5 个区段,每条隧洞共 10 个掘进作业面,按双头对打,因为是大尺寸隧洞(φ8.0),其石方量是服务隧道的 1 倍多,其单头进度暂按 φ5.5 折半计算,即进尺减缓为按单头 125 m/月(一天进尺 4 m 多);双头对打后,2 头×125 m/月×12 月＝3 km/年,则一个主隧道分段 30 km"完全成洞"也需耗时 10 年。

(2) 如上述,假设 2020 年为筹划建设的起始年,则粗略设想的工程进度——施工组织安排,如图 3 和表 2 所示。这只是一个极粗略的估计,并需设定在施工期内施工组织工作一切正常运行,不发生任何重大突发事故(含工程决策不调整、不改动,所要求的所有器材、物资、设备均能及时到位)为先决条件。

最要害的一点是:要研制和开发一种专门为洞内拼装 TBM 零部件成整体机的新型圆形拼装机械手,以用于拼装作业可以在洞内快速、有序进行。

(3) 施工平面图如图 3 所示,施工组织安排如表 2 所示。

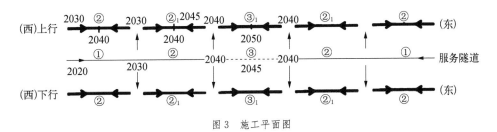

图 3　施工平面图

表 2　施工组织(工期)安排表

进度阶段	工期年限/年	服务隧道(先行,单头独进)	上、下行主隧道(同时作业、双头对打)	
①	2020～2030(筹划)	东、西外口段,单头 2△×①	东西	外口段,双头对打 4△×②
②/②₁	2030～2040/2045	东、西进深段,单头 2△×②		进深段,双头对打 4△×②₁(滞后 5 年)
③	2040～2045	中央段,双头对打 1△×③	—	
③₁	2040～2050	—	东、西中央段 2△×③₁(滞后 5 年)	

在前期规划与勘察、审批、筹款、投融资、设备购置、有关各方会签和现场"三通一平"等各个环节,按需要耗时 8～12 年作最乐观的估计,则可利用这一期间,以进行地勘名义同步施工服务隧道作为探洞,并为主隧道开挖提供"长洞短打"的客观条件。

这样,如能两岸各先完成 2 个服务隧道的开挖区段(2 段×30 km/段＝60 km/头),以形成左右主隧道各有 10 个开挖作业面的前提下,可做到主洞 10 个作业面同时平行开挖作业。在主洞完成 5 个区段贯通并衬砌成洞的年限内,其中需包括 TBM 的洞内组装、维修、刀具刀盘更换、大修和拆换零部件等,在这些不得已的间歇期间,将以钻爆法作辅助手段而不停工歇业等待。

4　结语

如上所述,如预期从 2020 年规划筹建时刻起,大体将历时 30 年,要抓紧土建及后续配套的风、水、电和铺轨作业,使能同步竣工。这样,将在 2050 年实现通车。届时,按国家远景发展规划,为全面实现我中华民族伟大复兴之年(2050 年),中华两岸 14 亿同胞将共襄"世纪之梦",完成台海两岸结为一体的圆梦盛举!

5　说明

以下方面的问题,这里介绍时未能涉及,它们是:

(1) 海底隧道合理的最小埋置深度研究;

(2) 隧道掘进机(TBM)选型及其在深海岩盘中掘进的工程应用与问题;

(3) 钻爆法开挖施工机具设备的成套配置与评价;

(4) 长大隧道掘进中地质与施工信息的智能管理以及监控系统专用软件的研制与开发。

参考文献

[1] 孙钧.对兴建台湾海峡隧道的工程可行性及其若干技术关键的认识[J].隧道建设,2009,29(2):131-144.

[2] 郭陕云.关于我国海底隧道建设若干工程技术问题的思考[J].隧道建设,2007,27(3):1-3.

[3] 孙钧.海底隧道工程设计施工若干技术关键的商榷[J].岩石力学与工程学报,2006,25(8):1-9.

[4] 孙钧.厦门市东通道海底隧道工程设计施工若干技术关键的思考[G]//中国土木工程学会隧道及地下工程分会,厦门市路桥建设投资总公司.厦门东通道海底隧道修建技术高级专家研讨会发言稿汇编.厦门:厦门市路桥建设投资总公司,2004:56-65.

2. 港珠澳大桥岛隧工程

港珠澳大桥强回淤水道软基沉管隧道节段接头结构处治问题研讨

孙　钧

摘要： 在建的港珠澳大桥主体工程沉管隧道在日后长期运营过程中有可能面临十分可观而又分布很不均匀的水道回淤情况容易导致深厚软基土产生较大沿隧道纵向的不均匀差异沉降对隧道节段接头等部位的受力和变形以及如何合理调控沉管隧道管节内预应力值等问题进行了一些分析和探讨并对可能采用的处治措施提出了若干优化建议。

关键词： 港珠澳大桥；沉管隧道；管节接头；管段接头；回淤土；差异沉降；预应力筋；措施建议

1　问题的提出

在水力压接法和 GINA 止水带出现之前，早年的沉管隧道几乎无一例外地都采用了"刚性接头"。由于那时没有外加的沿纵轴向压力，如果采用"柔性接头"则是不可能的。因为接头截面发挥不了承剪和承弯抗力，因此，柔性接头的漏水和节段间的剪切错动以及相邻节段在接头处因相对弯曲而拉开产生破坏都将不可避免。当时，为了解决刚性接头的水密性问题，只能严格控制地基的沉降量，使其达到最小。为此，早年的沉管隧道普遍采用刚性桩基也就应运而生（尽管挤密砂桩和碎石桩等当时已是传统的软基处理手段，但还没有出现"复合地基"的概念）。这种不得已而为之的情况，约经历了半个世纪。然而，现在由于 GINA 止水带和水力压接法的问世，情况已经大大改观。所以，沉管采用刚性接头和刚性桩基是有其一致性和时代性的，这个时代已经过去了。

现在，国内外的沉管隧道都普遍采用了"柔性接头"，而在沉管浮运和沉放过程中将各个管段串结成一体的预应力筋，在地基沉降基本稳定之后就都要将其全部截断。其时，预应力筋也大多只布设在沉管底板（下缘），以适应沉管大管节在浮运和沉放过程中把多个节段相互串结并用以主要承受沉管自重产生的正向弯矩（即 +M，呈向下凹形）作用。但是，为了应对波浪力上下翻腾的起伏，沉管顶板也会有一定的负向弯矩作用。因此，沉管顶板（上缘）内就也需配置少量的预应力筋，而底板内预压应力对顶板负弯矩承拉的不利作用，一般会与沉管管节自重（扣去浮力后）产生的正弯矩相互部份抵消。待地基沉降基本趋于稳定后，要求全部切断预应力筋，原因正是要保证上述管段间小接头的柔性，使它能更好地沿隧道纵轴方向协调、分摊并适应软基后续的不均匀差异沉降，而不致使变形的绝大部分都只集中于管节间的大接头截面一处，从而导致本文下面一节将述及的许多问题。当隧道在运营中仍有很小的一些地基差异沉降时，管段小接头的防水一般采用 Ω 止水带来保证，当可满足要求。

当前，港珠澳沉管隧道设计施工中遇到的突出情况是，深水基坑开挖施工和日后长期运营中的回淤土问题将十分严重。据广州航道部门预计，尽管不断清淤，回淤土仍有可能淤满到原先的海床面高度，且其沿程分布又会很不均匀，使回淤荷载导致深厚软基土产生很大的沿隧道纵向的不均匀差异沉降。因此，有关设计方现在有了保留部分甚或全部预应力筋成为永久性的而不再切断的考虑。这样带来的问题是：如果预应力筋保留成永久性之后而致使管段小接头设计得刚性过大，则在软基后续沉降（因土体蠕变、次固结效应）时，整个刚性管节（8 段×22.5 m/每一管节长 180 m）的变形将都大部集中在大接头截面一处，这样将会造成以下的严重后果：

(1) 相邻管节大接头的转角过大，使 GINA 止水带的预压量(122 mm)被消耗大半，甚或超出而要经受承拉,造成大接头渗漏,甚至突涌水。

(2) 因大接头剪切键的竖向错移变形过大,从而产生塑性剪移,甚至剪坏或脱开。

(3) 相邻管节间在大接头处的相对转动超限后,使得大接头处的张角过大而导致接头被拉开造成渗漏,甚至突涌水。

(4) 如果整个管节的刚度过大,将使管节中间部分各节段截面的弯矩以及前后靠近管节大接头位置处节段截面的剪力都会过大,将容易导致沉管结构底、顶板和侧墙混凝土分别出现弯、剪裂缝或被拉裂(因为对整个管节而言,此处仍属一般性的"地基梁",并不是"深梁"($h/l = 12 \text{ m}/180 \text{ m} \approx 1/15$),在结构自重和大回淤不均匀上覆荷载作用下,仍会有较大的弯、剪受力。这是由于梁的刚度增大时,其截面弯/剪变形变小,而截面的弯/剪内力却增大了。

(5) 刚性管节整体的抗弯、抗剪过大后,将使沉管结构顶、底板弯拉应力以及结构侧墙和中隔墙的剪应力值过大而失控,导致结构出现弯、剪裂缝。

此次,从几项专题研究所做的计算结果也表明,就定性和半定量上看,都完全证实了笔者以上的论断和认识。但是,由于此处预应力筋不再切断,各处小接头截面内都保留有相当的预压应力,加之水力压接后产生的纵轴向压力,这将使各个小接头截面的抗弯和抗剪能力相应地也有了一定幅度的增大,形成半刚性管节(所谓"半刚性",是指这时管段小接头截面的抗弯、抗剪刚度仍较管段自身截面的要小得多)。因此,虽然出现了上述各点问题,但从数据上看,一般还不至于像完全刚性管节那样出现如上所述的严重问题。但保留的永久性预压应力值一定要求控制在额定的尺度以内,真正做到是"半刚性管节",以求小接头还能在相当程度上适应地基的纵向变形。这一点切要引起设计方的重视和关注。

设计上可以通过比较和分析不同"预应力度"的配置,以选择合适的"预应力度"来调节小接头与大管节接头间的受力及变形,再考虑其各自的受力和抗变形能力,使大管节接头与管段小接头的安全度相平衡。通过上述"预应力度"来调整整个管节的刚性,使管段小接头仍具有其合理的、一定的变形能力,此谓之"半刚性管节"。

2 对荷兰 TEC 公司咨询中所提若干重要方面的认识、补充和建议

(1) 目前,在设计中只能"以管段小接头加固的结构措施"为主,而以"加强随淤随清"的手段为辅,来应对此处的大回淤水道。经计算表明:主要是因为开挖了深水基槽后的水道内其回淤的土压力荷载太大,节段间如仍然沿用全柔性接头,则在设计中的抗弯、抗剪都存在不可克服的困难,因而不得已需保留部分甚至大部分作为永久性的预应力筋,日后不再切断,以保证大回淤荷载作用下沉管管段小接头的抗剪和抗弯安全。而由水力压接产生的接头轴向压力则另作为额外附加的安全助力。笔者认为这是正确的和十分稳妥的。

(2) 在设计计算中,正常情况下,管段小接头应该要求不允许它"张开"(由相邻管段在小接头处的相对剪切或转角过大所导致),这可以由施加足够的预压应力并正确地布置索点来保证其实现(已如上述,原先由水力压接得到的轴压力,计算中作为辅助性考虑并在必要时可适当计入)。只有在偶发地震,或设计中始料未及而突发性出现,或地基参数的估用值与日后实际情况有较大偏误等导致的随机超载作用下,才允许有额定允许的、少量的接头张开度。但要解决小接头在上述几种随机、偶发、特殊超载条件下仅丧失其一定水密性的问题,还得依靠 Ω 止水带。例如:允许地震时接头有少量渗水,而在震后得以作整治修复。

(3) 设计中还要刻意防范下列可能出现的情况:

① 地基或结构参数取值与实际有较大偏误;

② 计算模型选用不当;

③ 计算中设定的假设条件或近似、简化条件不合适;

④ 预应力值损失或 GINA 止水带日后的应力松弛量超出预计;

⑤ 地基沿隧道全程和沿其下伏深度其纵向、竖向土力学属性的随机性变异,等等。

以上即为业界所谓的岩土介质传统的几大不确定性因素,致使设计结果往往会与实际情况有一定出入,从而造成某些小接头在日后即使是正常运营中在原先

设计时也难以事先准确估计的不测或突发条件下也有可能会出现一定的拉开。因此，此时需作出临时决断：切断截面内某些部位原先用于永久性保留的预应力筋，可能是无可代替的解决方案（下面第 3、4 两节另有详述）。

（4）小接头抗剪安全的主力是"竖向"剪切键（而"水平"向剪切键则主要用于日后抗受水平地震力作用），并以相邻节段接触截面处的摩擦阻力（系由施加预压应力和水力压接两者产生的）为接头抗剪加固的主要措施。如上所述，水力压接时产生的轴压力，只是在以上按保留的永久性预应力作计算时仍感不足的情况下，一种可酌情采用作为附加的安全储备（这是由于后者轴压力值的大小被认为不太牢靠而不能定量地确定）。

预应力张拉后的损失值已有许多工程经验可以估用，水力压接的轴压力通过 GINA 橡胶止水带施加于管节也有一定的保证。此处的不确定因素是指在高压应力持续作用下 GINA 橡胶止水带不可避免的应力松弛对小接头截面轴力减小的不利影响。目前的理论与实验已可以给出一些较粗略的计算方法，做到八九不离十。对深水沉管而言，由于初始水压力大，即使 GINA 橡胶止水带产生一定量的松弛后，永存的轴向水压力值还是比较大，这就使人比较放心。

（5）要十分重视沉管混凝土底板与下卧带垄沟碎石垫层（甚或垫层内的碎石层面之间）界面上的摩阻力（系由于混凝土干缩和降温，导致节段产生收缩变形而引起的，它还与接触界面的介质力学属性有关）。它致使产生原先设定的预压应力值会因此出现变化（即预应力值降低）的不利影响。此时，隧道设计中所拟取用的、因产生上项结构纵向变形，即摩擦达到滑动前的最大预估剪切位移量值，究竟是取 20 mm，还是 <10 mm，似应加做这方面的大比尺试验。在此之后，当然会因而激发并出现对预压应力降低产生上述不利影响的层间摩阻力。预压应力值受以上影响后将有所降低，自然也将减小接头截面的轴向压应力，使接头抗剪中的摩阻力相应地也有所降低。这是在设计中应予慎重考虑的。上述取值的大小，在可能的情况下，望能如上所述再加做一些试验来取得有根据的数据。

3 对 TEC 咨询单位所提的以下观点，似可作进一步的商榷和论证

关于日后运营时视接头变形的监测情况，如果发现有相邻节段在其接头接触面上有因相对转角过大而"张开"的情况时，要及时切断某些永久性预应力筋。从理论上讲，这一措施是有必要的，但应同时关注以下一些副作用和产生的负面影响：

（1）部分永久性预应力筋切断后，各小接头截面的承剪能力也瞬间相应地降低；而且，如果截面的上、下、左、右作不对称地切断一部份索筋（通常，从要求改善截面边缘张开部位的受力状态而言，就必须这样做），则还会出现附加的扭矩作用，并使沿边缘部位局部剪力键的负荷加大。因此，TEC 在介绍时也提到，可能还要增加一些新设置的剪力键。但是，这在实际运作上是难以做到的。

（2）切断预应力筋的依据，源自于根据监测到的接头出现了一定的张开量。由于接头张开处位于 Ω 止水带外面的截面边缘靠近土层一侧，依靠目前国内的量测手段，在检测精度（含视频远程观测）方面一时尚难以做到。因此，一旦需要作出预应力筋切断决策时，将缺少明确、肯定的数据支持。

（3）"切断预应力筋"对隧道结构及其运营都会带来一定的不利影响。由于突然切断预应力筋会引起瞬间的冲击动力效应并对留存的预应力筋产生应力重分布现象，且突发的振动力对隧道内运营车辆行驶也会有一定的影响。这种冲击力效应甚至还会造成新的结构裂缝，或者使先前老裂缝出现新的向深部扩展和缝宽加宽，这些对结构都是不利的。

（4）与其事后考虑可能在运营时做切断预应力筋，则不如事先就不保留这些拟日后再切断的筋束，亦即事先就少留设一些永久性的预应力筋。通过下面第 4 节的论述可知，这点完全可以事先通过计算来作出预测。

4 对切断永久性预应力筋的再认识

（1）设计时，预应力筋的布置应使其截面内所保留的永久性预压应力的合力尽可能通过或接近截面的

形心,至少使其落在"截面核心"之内(其截面将为小偏心受压状态)。这样,则不致因预压应力分布不当而使截面任一边缘产生不该出现的拉应力,接头边缘出现弯、拉裂缝;也不致出现因预应力筋布设不当而使管段小接头因相邻管段产生相对的正/负弯矩,导致其相对转角过大而被拉开。

(2)上述观点的合理性应受以下条件的限制:截面预压应力①要大于由管节自重、洞内活载,特别是大回淤的土压荷载使管节产生正弯矩而造成接头截面边缘处出现的最大拉应力②。

(3)由于笔者没有做过这方面的定量分析计算,不知道上述①和②具体量值的大小。如果计算出的②>①,则应对上述说法作以下调整,即适当加强、加大管节截面底板(下缘)内拟作为永久性保留的预应力筋的布置数量及其预压应力值,并适当地减弱、减小管节截面顶板(上缘)内拟作为永久性保留的预应力筋的布置数量及其预压应力值,使之可由预应力筋人为地产生一定的截面负弯矩,以平衡上述因多种外荷载作用下产生的正弯矩。

(4)如果在运营期间仍然发生了因难以准确预测地基沉降值而出现的小接头张开,则可以及时采取以下措施:因以上荷载弯矩多为正弯矩(管段呈朝下凹形状),只需经计算,酌量切断顶板截面上缘的部分预应力筋,而使由截面内全部永久性预应力筋所产生的

一定值负弯矩来平衡上述的荷载正弯矩。这样,张开的接头即会重新闭合,以避免持续出现渗漏水的危险局面(图1)。

(5)不拟推荐 TEC 方面所建议的"如果小接头出现拉开,其备选方案之一是切断'全部'永久性预应力筋"方案。如果是这样,不是又要返回到早先存在问题时的老状态了?这是不恰当的。而采用图1所示的处治方法,问题当可得到有效的解决。

(6)图1中各个量值的大小,设计方均可通过简单的计算获得。

5 其他方面的补充意见

(1)根据时间和经费的情况,笔者认为宜再补充加做大、小接头在有轴压力(由水力压接和永久性预应力产生的)条件下接头的弯、剪承载力以及抗弯、抗剪刚度试验,以求得出 $\pm M \sim \varphi$(φ 为接头转角)和 $Q \sim \gamma$(γ 为剪应变)的接头抗弯和抗剪刚度两组曲线,并将其应用于沉管隧道的纵向设计。笔者以往在做盾构隧道的纵、横向设计时,相关的实验表明:管片接头的抗弯刚度随截面正、负弯矩的变化是高度非线性的。它对结构纵、横向受力及变形位移的影响是非常大的,所以决不可忽视。这对沉管隧道的纵向设计也同样具有重要的影响。因为只有做了接头刚度试验,才

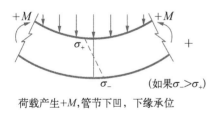

荷载产生+M,管节下凹,下缘承位

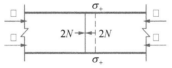

如上、下预应力为均衡施加,则只产生轴压力2N

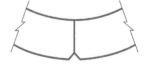

相邻管段间的小接头被拉开

(a) 切断截面部分预应力筋前

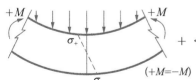

荷载产生+M,管节下凹,下缘承位

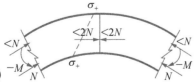

截面下缘预应力σ_+将>上缘预应力σ_+,此时截面产生人为的-M,可通过计算使上面两图的+M与-M做到相互平衡和对消

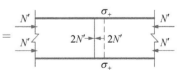

此后,相邻管段小接头截面原先下缘有拉开处,将重新闭合;经调整后,截面上、下缘的预应力又重新趋于新的平衡,接头恢复安全

(b) 及时切断截面部分预应力筋后

图1 切断管段截面预应力筋前、后,小接头受力示意图

能有根据地得出计算中需要的各个有关接头刚度参数和其间复杂的非线性关系。它是设计中的一项重要环节。

（2）是否考虑再加做以下两项补充验算和试验：

① 剪切键键槽之间有分布设置的橡胶垫，在接头受剪时它产生的塑性剪切变形对吸收接头剪切变形是十分有利的，可以帮助剪力键不受破坏和提高接头抗剪变形指标，计算时似应予计入。

② 管段混凝土降温和干缩，对本文中所述将激发地基摩阻力情况的实验研究，以及沉管底板与带垄沟碎石垫层界面间的水平抗力试验。

（3）制订以下各项变形控制指标（含安全允许值、预警值、危险限值）：

① 在接头弯、拉、剪受力时，GINA 止水带需永久留存的最小残余预压维持量（比如 65～80 mm），目前设计选定的 GINA 止水带，其在安装时的水力压接量为 122 mm；

② 钢和钢筋混凝土剪力键抗剪变形的上限值（比如 5～7 mm），似不能只按抗剪强度进行控制，那是不够的；

③ 大、小接头在极端突发的不测情况下，各自额定的张开度和大、小接头的上、下缘分别允许的张开量及其极限张开量（管节大接头的张开度当可有相当幅度的放宽），都应进一步定量地确定，为设计提供依循；

④ 沉管结构弯曲裂缝的缝宽控制值（比如 0.15～0.2 mm）和最多允许的裂缝分布（比如≤1～3 条/m）；

⑤ 允许的地基工后沉降量和沿程不均匀、差异沉降量（若干 mm/100 m，待制定），据告知，目前设计中主要根据现有的工后沉降量去评估纵向结构是否安全，尚未对具体的允许差异沉降量值作具体规定，似感觉不太完整。

（4）在东西航道疏浚后，航道内软基土体因疏浚挖土产生回弹和卸载，其回弹量可达 50～60 cm，或者更大。这样，可能促使航道内外过渡边缘地带地基的不均匀沉降会有明显的增大，似应引起注意和进行处理，并计入设计。

（5）为了考虑沉管隧道长期运营后的耐久性问题，高强预应力筋的张拉力不能过高。无论是钢绞线或是平行钢丝束，它们都不是软钢。钢丝在高应力长年持续作用状态下，预应力混凝土构件中预应力筋的应力腐蚀（stress corrosion）产生突发性脆性断裂的危险是一个严重现象。二十世纪八十年代中期，据美国对其东、西海岸二战后所建近千座预应力混凝土大、中型桥梁的勘查表明：不到 40 年，已有 70％以上的这类桥梁因预应力筋受到海洋氯离子（Cl⁻）的严重腐蚀（即"预应力腐蚀"）。其中的 25％以上需要推倒重建，而其余的 45％也需作大手术修复，这一情况值得借鉴和关注。从这个角度看，大型预应力构件还是采用全长粘结型的会更好（这点，因非这次大会讨论的重点，本文不作详述）。对此，国内业界基本上似也已有共识。但目前，此处的管段预制厂中都已埋设好了塑料波纹套管，是否已确定了采用无粘结型的预应力筋，而不容再做改动了。但最近得悉，本工程预应力钢丝为全程灌浆使之与波纹管密闭，并采用了密封措施以提高其耐久性，同时控制张拉应力需小于其极限强度的 65％，这样就很好。

本文系作者 2013 年 8 月在珠海市召开的港珠澳大桥工程有关技术咨询会议上的发言稿，经整理后发表。文中所谈的观点和意见是以中交规划院港珠澳大桥专题研究项目之一"港珠澳大桥岛隧工程深厚软基和大回淤条件下的地基与结构处理研究（阶段成果报告）"为据而提出的。本文已送港珠澳大桥岛隧工程中交设计联合体设计组，并得复本文的主要建议意见已被参考接纳。

本文发表于《地下工程与隧道》2014 年第 1 期

港珠澳大桥岛隧工程深厚软基加固工程处治研究

孙　钧

摘要：港珠澳大桥岛隧工程大面积深厚软基的加固处理，是该工程项目施工中呈现的特色和亮点。就上述问题进行了较为细致深入的探讨和分析。

关键词：港珠澳大桥；人工筑岛；沉管隧道；软基处理与加固；复合地基；挤密砂桩

0　引言

港珠澳大桥是正在建设中的国内首座于外海建设的超大型海洋工程项目，又是一桥连接三地、一国两制条件下的重大跨界工程。这一桥、岛、隧三为一体的交通集群项目，全长 36 km。该工程于 2010 年 12 月正式兴工，将历时 6 年建成。目前软基处理基本完成，沉管沉放工作进展顺利，共已完成 10 节管节沉放，长达 1 600 m，接近沉管隧道全长 33 节的 1/3。

本文主要探讨以下方面的问题。

人工筑岛和岛内、外地基处理。着重研究人工岛和岛隧过渡段复合地基——挤密砂桩和刚性减沉桩的成桩机制，以及沉管地基纵向长期差异沉降及其控制。

1　岛隧工程概况及施工难点要害

港珠澳桥位地处伶仃洋下游，距珠江出海口以上不远位置处，海床稳定性好且年平均风平浪静的天数高达 250 d 以上，这是在通航大跨内采用修建沉管隧道方案的绝佳选择。

1.1　岛隧工程概况

大桥主体工程中的控制性工程——岛隧工程，含全长 L＝5 770 m 的沉管隧道，宽 38 m，高 11.4 m；沉放处海床面最大水深 22 m，隧道最大埋深 23 m。双向 6 车道高速公路，设计寿命 120 年。其东、西 2 座作为桥隧过渡的人工岛，面积均约 10 万 m²，长度均 625 m，最宽处 105 m，为离岸深水人工填筑成岛，工程量十分巨大。大桥筑岛工程的总体规模和技术难度居世界之最。沉管隧道纵剖面示意图如图 1 所示。

1.2　岛隧工程的施工难点及其成败要害

此处单就地基问题作归纳，未涉及其他工程结构方面的设计施工问题。

(1) 水下基槽开挖底标高达 −45 m，深槽作业最深达 23 m，在外海施工的风险控制难度大。

(2) 外海海域，要历经 4～5 年的长时间施工作业期，遇突发热带气旋和强雷暴恶劣气象条件，可能导致深水基槽坡壁失稳、坍槽，也对沉管浮运沉放构成威胁，并容易引起已沉放落底沉管横向截面沿坡底圆弧面的剪切滑动。在强风、暴雨期间，需停止水上一切作业。

(3) 水道内的泥砂回淤量大，开挖时基底清淤和

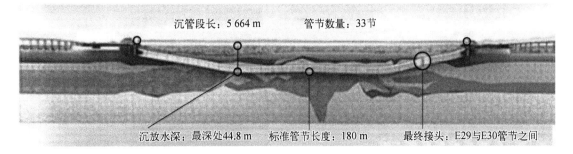

图 1　沉管隧道纵剖面示意图

沉管段长：5 664 m　　　管节数量：33 节

沉放水深：最深处 44.8 m　　标准管节长度：180 m　　最终接头：E29 与 E30 管节之间

运营期间结构侧面和顶面上淤土清除的工作量大、深水作业难度高。

（4）隧道通道位于具有较高烈度（8度）地震频发区，海床局部地段浅部有松散饱和粉细砂地层（海床下15 m以上部位），而浅表部又有2.5～4.0 m的中、薄层淤泥质软黏土。这种情况，强震引起砂土地震液化的可能性较大，将在相当程度上影响场基的地震稳定性。

（5）隧道位于主通航孔下方，海上航运频繁，且有3条大的交错主航道。船舶流量达4 000艘/d，施工船只＞500艘/d；在深槽开挖、沉管浮运和沉放作业时，双方互为影响，干扰程度大。

2 人工筑岛与岛内、岛外侧地基处理

2.1 工程地质条件

东、西人工岛内的地基土和海床隧道过渡段，其下卧地层岩土的一般属性，大体可划分为：

（1）全新统海相沉积：流塑—软塑状淤泥和淤泥质黏土（厚1.5～4.5 m）。

（2）晚更新统晚期陆相沉积：软塑状粉质黏土（厚＜2 m）。

（3）晚更新统中期海陆过渡相沉积：可塑—硬塑状粉质黏土夹粉细砂，中密状中细砂透镜体（厚9～12 m）。

（4）晚更新统早期江河水流冲积相沉积：密实—中密中砂、粗砾砂、密实圆砾（厚15 m及以上）。

（5）震旦系：强、中风化混合片岩，工程未有触及。

2.2 地基处理

以西人工岛为例，它距珠海岸20 km，平均水深10 m，软土层深厚，达20～30 m。

（1）采用重达500 t、22 m的大直径钢质圆筒，用振沉法插入不透水黏土层，作为岛周围护结构（图2）。

（2）岛周外侧地基经砂桩处理后，再加筑抛石斜坡堤形成岛岸，属止水型岛壁围护结构。

（3）岛内软基，先回填砂形成陆域，采用插打塑料排水板并再回填砂堆载，作"超载联合降水预压"进行岛内软基处理。

（4）对要求加固处理的软土层更为深厚（25～35 m）的局部困难地段，当挤密砂桩法（图3）处理的深

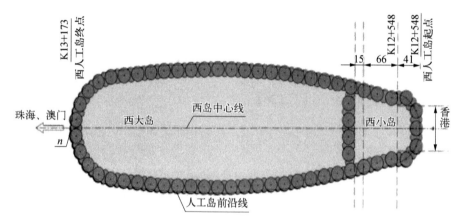

图2 人工岛钢圆筒围护结构布置示意图（右端部位为沉管暗挖段）

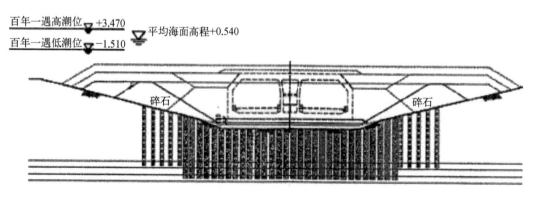

图3 岛隧过渡段沉管地基采用挤密砂桩法处理加固示意图

度显得不足时,则改用 PHC 刚性桩(图 4)。人工岛采用自立式钢质圆筒构成不需再加设内支撑系统的围护结构,如图 2 所示。相邻钢圆筒筒排之间的空隙,在其内外侧加设了 2 道弧形钢板作为副格,用水下焊接与钢圆筒构成整体,以保证围堰内不形成流动水,便于对岛内填土进行加固处理。组成围护结构的钢圆筒如图 5 所示。

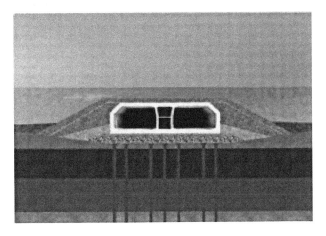

图 4 深厚软基刚性钢管混凝土桩(PHC 桩)
($L \geqslant 30$ m)沉管基础

图 5 钢圆筒组成的围护结构

人工岛堆载预压采用 5～80 mm 粒径、不同级配碎石;岛外两侧区域采用回填防台/防冲刷块石或用混凝土块堆置加固。岛壁(钢圆筒)和岛外防波、防台护壁方案如图 6 所示。中部海床因基岩埋深浅,可只采用碎石铺垫的天然地基,如图 7 所示。

3 挤密砂桩及施工中的问题简述

(1) 用振动和水冲相结合,以加固、振密原先的松

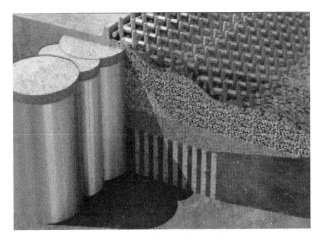

图 6 岛壁(钢圆筒)和岛外防波、防台护壁方案

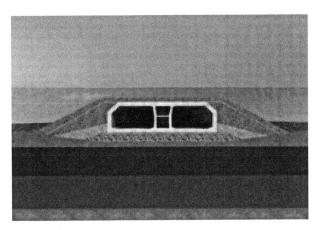

图 7 中部海床处沉管采用浅埋碎石铺垫的天然基础

砂土层,在此处也用于浅表层为黏性土的多层不同土性的地基,而形成由砂土散粒材料组成的桩体,并使之与被挤密后的原先砂性土共同承载,构成"复合地基"。它不是"振冲置换"(对软黏土适用),而是通过加入新砂,使原先松砂因受侧向挤压而增加密实度,谓之"振冲挤压密实",也即"挤密砂桩"(主要对砂土层更为适用)。

(2) 振冲器——原先用于振捣压实大坝混凝土,现发展为"振动"和"高压水冲切"相结合,谓之"振冲器"。边振边冲,不断加灌新的砂料,靠其水平振动力从侧面将原先砂土、杂填土和浅层软黏土一并挤压增密。

(3) 振动加速度大小决定振冲力,振冲力大小的掌握是该方法成败的关键。如振冲力过大,将导致砂土受振而液化或局部液化;再则,振冲使土层内孔压剧增,同时产生不利的"剪胀"作用,都会使土体有效应力降低,使加固体的抗剪强度反而减小,达不到地基加固处理的效果。当然,振冲结束后由于孔压逐渐消散,土体

因重塑而固结,其强度的大部分可重新恢复并较原先的强度有一定提高。经验做法上,可用土体加固前后的"固结度"做检测,还可采用"标准贯入击数"来鉴别设计的成效。振冲法施工的砂土特性变化如图8所示。

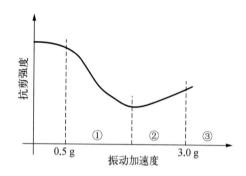

①为挤密区;②为液化流态区;③为剪胀破坏区。待孔压历时逐步消散后,砂土有效应力得以恢复和提高。

图8 振冲法施工的砂土特性

（4）采用灌筑新砂法充填、挤密原先砂土施工中,灌砂切不能过量(不能≥60%)、过度,否则会使砂土向两侧走移,即向挤密区的左右挤出,并向土层表面隆起,如发生这种现象,将大大降低地基加固效果,如图9所示。挤密砂桩配置情况见表1。

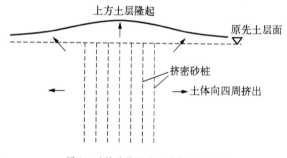

图9 砂桩施作不当工效降低示意图

表1 挤密砂桩配置用表

	置换率	砂桩打设深度/m	桩径/m	桩间距/m	说 明
堆载区	<60%	<30	1.6	1.8~2.0	部分区段另加打大直径的排水砂井
非堆载区	55%~65%	<35	1.5	1.6~1.8	—

4 岛隧过渡段和海床中段的地基处理

4.1 软基加固处理的效果及控制基准

沉管隧道软基加固处理的效果,体现在经过处理加固后达到如下要求:

（1）相邻段管段、管节的差异沉降,不致引起因接头张开(接头转角、相邻管节相对受弯、受剪和受拉)而危及接头止水,产生接头处渗漏;

（2）大小接头因相邻节、段差异沉降而产生竖向和水平向的剪切错动,不会导致接头剪切键变形过度并引起破坏;

（3）因相邻节、段差异沉降,不致影响在管节接头处隧道内行车的平稳性和顺畅性,车辆穿行过接头时,不能有颠簸、跳车现象;

（4）由于沉管管节因地基不均匀沉降而产生弯曲变形,管节底板不致产生弯、剪裂缝,缝宽控制在0.15 mm以内。可从上述4点对所制定的各相应允许限值分别作反演计算,以得出理论上允许的地基最大沉降和差异沉降的控制值,并以此作为地基处理效果评价的基准。

4.2 地基处理方案

对各不同部段的软弱地基,综合采用了"多元复合地基"处理方案。主要表现在:

（1）PHC刚性桩。如要求的地基加固深度需大于30~35 m,仍采用挤密砂桩已不能满足设计要求时,可酌量改用刚性长桩。

（2）人工地基中的复合地基。此处应用了:① 竖向增强(加固)体,同时形成竖向排水体,采用挤密砂桩;② 竖向增强体+桩间土参与受力,形成刚性减沉桩。除浅表土外,因岛、隧过渡段中、深层地基的土体承载力尚好,如不考虑中间土参与受力,而选用深桩基础,则不经济合理。

（3）堆载/超载预压地基(指人工岛内和岛外过渡段的深厚软基)。堆(超)载预压(如只采用堆载预压,则土体固结时间太长)+塑料排水板(为辅),能使土体快速固结、压密。此处采用该方法的实践已证实,经降水、压实9个月后已能达到规定的加固要求。

（4）中间海床部分。因浅层以下的土层坚实,甚至是风化岩,只作置换表层淤泥土后,填实碎石垫层(属天然地基)即可,不需另作加固处理。

4.3 在大面积、纵向大长度的复合地基施工中存在的主要问题

（1）因砂桩加固体直径过大,加固后各局部地块

复合地基的承载力大小不均匀,其离散性比较大;

(2) 挤密砂桩的加固机制还不够清晰,使设计缺乏规范标准;

(3) 砂桩成桩工艺尚未有标准化;

(4) 加固质量检测的原理和方法法均尚不成熟,使成桩后的质量检测也难以标准化。

4.4 岛隧过渡段沉管软基处理的工程方案——挤密砂桩复合地基的设计施工要点

(1) 设计分为堆载区和非堆载区

① 堆载区工程工序:(a) 基槽挖泥;(b) 挤密砂桩打设;(c) 清除基底隆起后的浮土;(d) 做排水垫层;(e) 排水砂井打设;(f) 沉降监测;(g) 堆载预压;(h) 基槽外侧挡浪块石铺设。先后共8道工序。

② 非堆载区工程工序:只需要上述工序的(a),(b),(c),(f)和(h),其他项免做。

(2) 挤密砂桩应按不同地质条件设定各段不同的置换率,采用不同的砂桩桩径、桩间距和打设深度。

以上工序的先后安排,如图10所示。

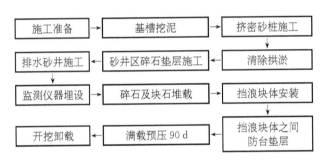

图10 岛隧过渡段沉管砂桩复合地基处理工序

4.5 复合桩基及其在此处应用中存在的问题

"复合桩基"从广义上说也是一种复合地基,它要求桩群刚度与上覆碎石垫层两者刚度的合理匹配,且需要做到桩尖力不产生插入入垫层内的"穿刺"现象。刚性桩复合地基使用中的问题之一是:较之软土而言,刚性桩的剪、弯刚度都要大得多,它与桩间软土常难以协调变形,在桩间土层先发生滑动时往往带动桩身整体侧倾、侧移走动或弯断、拉断,而不是剪断。桩体在土坡圆弧滑动面上形成的抗剪(滑)机制目前尚不很清楚。对刚性减沉桩加固软基复合地基稳定性的研究表明:桩体拉断和弯曲破坏远多于剪切破坏;对长细桩身,甚至桩体会发生2次弯曲破坏,如图11和图12所示。从图12可见,试验中桩体呈现倾侧、走动、

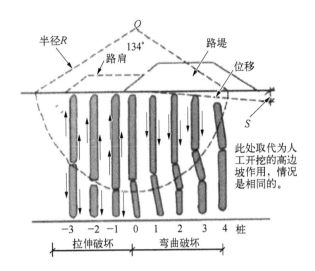

图11 水平剪切条件下土坡呈圆弧面滑动时复合桩基(减沉桩)的破坏模式

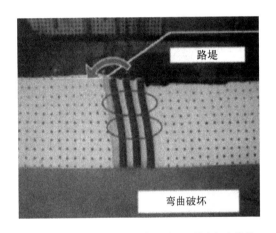

图12 水平剪切条件下土坡沿圆弧面滑动复合桩基(减沉桩)破坏模式的离心试验

承拉、弯曲,而非水平受剪。

5 沉管地基纵向长期沉降及其控制

沉管隧道的纵向差异沉降,表现在"强迫变形"(forced deformation)和"作用效应"(action effect)。对于港珠澳项目的沉管隧道言,在运营期,除了部分区段属于深埋沉管之外,还有因回淤产生的土压力荷载过大,且沿隧道纵向又呈不均匀分布,导致地基产生纵向持续不均匀/差异沉降,而不易从设计上进行合理控制的问题。

"作用效应",指外加荷载引起的沉降。因土方开挖卸载和水浮力作用,这部分因沉管自重产生的沉降量很小(但此处在"深埋"段和"大回淤"情况下,则属例外)。

"强迫变形",则是指因深槽开挖使深部土体应力释放导致土层松弛变形。主要包括：① 基底软土回弹；② 因槽坡外侧上方土体向坑底槽内挤涌产生基底土体的塑性隆起，待再承沉管和回填、泥沙回淤等压重后，基土又将再次压实而沉降；③ 基土经开挖扰动产生的应力松弛（基土受扰后松动变形）而地基下沉。

由于地基土土性不一，加固体质量又不均匀，使上述"强迫变形"有可能达到一个较大的值；但由于它的大部分沉降在施工期间已基本完成，尚不致造成过大的工后沉降。在沉管浮运、沉放和着床后达到沉降稳定的前一段时间，将采用 PC 拉索将各个管段拉系成一整体，它将对节段相邻接头的差异沉降变形起到有效的控制作用。

为了防范海床过渡段(深厚软基)沉管管节与人工岛暗挖段(岛内地基加固较密实)相邻管节接头附近的差异沉降过大(类似于桥头跳车情况)，可以局部补充打设刚性短桩以加强人工基础；对以黏性土为主的局部区段，也采用了高压旋喷对深度＜25 m 的软基进行加固处理。

(1) 从过去国内外先例：实测沉降量可观，有时可达 300 mm，相邻管节首、尾差异沉降量也达 100 mm以上。

(2) 施工期沉降：开挖回弹、隆起和垫层置换压实，三者占最终沉降的 50%～60%。

(3) 工后沉降(指隧道建成后的后续沉降)：总的工后沉降控制在 200 mm 之内；而工后差异沉降≤30～50 mm。今后，在运营期建立长期健康检测系统

是十分必要的。

6　结论与讨论

对港珠澳大桥东、西人工岛岛内和岛外侧以及岛隧过渡段深厚软基采用挤密砂桩复合地基加固处理，凸显了可充分利用并有效增强砂桩间原有土体的承载能力及其变形刚度，达到了节约投资、缩短工期的目的。文中还比较了 PHC 刚性长桩和复合桩基(减沉桩)各自适用的不同地基加固深度，阐述了大范围采用挤密砂桩目前尚未很好解决的困难和问题，以及在砂桩施工中应注意的一些事项。

7　致谢和说明

本文中的文字介绍部分和有关图表，有些参考摘引了港珠澳大桥设计施工总承包单位中交集团联合体的相关文字材料，谨在此感谢。

文章在整理过程中主要参考了以下文件：

(1) 港珠澳大桥第 1～6 次技术专家组咨询研讨会议上散发的有关文件、资料；

(2) 笔者在历次专家会议上的书面意见；

(3) 郑刚、刘松玉、龚晓南等教授在 2007 年 10 月中国土木工程学会于重庆市召开的第十届土力学及岩土工程学术会议期间有关地基处理方面所作的学术报告，并在此处摘引了论文中的几张图、表。

本文发表于《隧道建设》2014 年第 34 卷第 9 期

3. 隧道与地下工程衬砌结构的耐久性设计研究

盾构法隧道管片衬砌结构耐久性设计的若干问题

孙 钧

摘要： 本文提出了盾构法隧道管片衬砌结构的耐久性设计问题。主要讨论的内容有：钢隧道管片衬砌结构的耐久性设计问题。主要讨论的内容有：钢筋混凝土管片结构的腐蚀机理、影响混凝土结构耐久性的主要因素、管片接头螺栓和防水材料的耐久性、钢筋混凝土管片结构耐久性设计、隧道结构服务寿命预测以及提高隧道管片衬砌耐久性的工程措施——综合防治。

关键词： 盾构法隧道；管片衬砌；结构耐久性设计；隧道服务寿命；综合防治

1 问题的提出

（1）在工程设计中应如何具体反映和体现"百年大计、质量第一"，已引起人们的迫切关注，从而地下结构的耐久性问题成为当前的一项研究热点。

（2）现行轨道交通设计规程中要求地铁主体结构的设计基准期（使用年限）为 100 年；而海底隧道服务寿命可能要求更长。

（3）耐久性的内涵和定义。国家标准《混凝土耐久性设计规范》（GB/T—200X）（征求意见稿，待颁布）指出："在设计确定的环境——指引起混凝土结构材料性能劣化的环境因素（温湿度变化，CO_2、O_2、氯盐、酸碱离子等介质施加于结构主体）的作用和维修、使用条件下，结构构件在规定期限内保持其适用性和安全性的能力"，称为结构的耐久性。

（4）在相应的工程设计中究竟应如何进行其耐久性设计，迄今未有很好解决：现行的《混凝土结构设计规范》（GBS0010—2002），有耐久性要求，但标准偏低；而新拟的耐久性设计规范多原则要求，不具体实在。在规范适用范围中，含城市桥隧，但又提道：对低周反复荷载和持久荷载作用，也能引起材料性能劣化的耐久性问题，它与荷载作用下的结构强度设计有关，有别于环境作用下的耐久性设计，不属该规范考虑的范畴。而且有关隧道内容尚未纳入。

（5）目前，只是在设计中提出：结构选材（优选高性能混凝土、高品质钢材等）；适当加厚混凝土保护层厚度；结构和钢筋增敷防腐涂层；优化施工工艺等一些工程措施。当然，作为一个完整的耐久性设计，就以上所述，则还是远远不够的。

（6）在耐久性问题中，采用何种理论预测、并经试验修正与验证的方法，定量地对隧道服务寿命作出一定依据的合理预测并做好结构耐久性设计；为探讨如何采用综合性的工程处理措施，使对结构耐久性作出更具有针对性的技术保障，是一项迫待研究解决的课题。

（7）由于隧道工程（特别如海底隧道等）属一项难于日后再作大手术加固和修复的隐蔽性水下、地下重大工程项目，对其耐久性方面的可靠性和有依据性，就更显突出而引起业界迫切关注。

（8）影响工程耐久性的主要环境场合有：化工和油品类等毒害物污染；海水和海洋环境、江口水域潮汛影响等含盐氯离子腐蚀；隧道受含放射性物质地下水长期浸泡入渗；隧道内车流尾气中 CO_2。对混凝土和钢筋的碳化作用；高寒地域气候、冻融，南方地区冬夏温、湿交替；其他氯化物和各种化学腐蚀环境。

（9）当前耐久性设计存在的问题和困难主要有：

① 设计中只认为土层、地下水和隧道内外环境中腐蚀性介质含量未超标，而不采取保证耐久性的措施，这是一个误区。

② 与人的衰老一样，混凝土材料随时间呈劣化/老化是一个变加速过程。需作长时间的实验和测试，

客观上不可能。

2 钢筋混凝土管片结构的腐蚀机理

2.1 情况举例

19世纪后期的球墨铸铁/铸铁管片,迄今仍都完好(伦敦地铁、泰晤士河上一些老时代的盾构隧道);而20世纪中叶后,钢筋混凝土管片出现的问题:以香港20世纪70年代建成的地铁为例,到了20世纪90年代,结构内排钢筋、连接螺栓(外露部分)和钢拉杆锈蚀,混凝土保护层剥落。

修复方案:喷钢纤维混凝土/植筋后再扎内排钢筋,用聚合物混凝土作修复。

上海市20世纪70年代初建成的打浦路隧道,现在除需设置复线外,同时,也面临第二次全面大修。

以上说明:采用服务年限100年作为耐久性设计要求,很少能达到合格标准。

2.2 钢筋混凝土材料的腐蚀机理

(1) 混凝土碳化。水泥集料中 $Ca(OH)_2$:与空气以及地下水中的 CO_2 经水化反应生成 $CaCO_3$,引起碳化,混凝土碳化使 $Ca(OH)_2$ 减少,而混凝土含碱量(碱度)和 pH 值降低,导致混凝土受侵蚀而碳化;同时,由于 CO_2 的入渗,使钢筋表面钝化膜锈蚀而锈烂;碳化使混凝土收缩,在混凝土表面产生拉应力而出现收缩微裂纹,降低混凝土抗渗能力。钢筋锈胀使混凝土保护层剥落。

(2) 混凝土碱骨料(碱—硅)反应。在混凝土浇筑成型若干年后,其中水泥、水和外加剂中的碱与混凝土骨料(集料)中的活性成分产生碱骨料反应,其反应生成物吸水膨胀,使混凝土胀裂。

(3) 侵蚀性有害化学离子入渗混凝土的腐蚀作用。工程环境和地下水中的酸、盐介质(氯离子 Cl^- 和硫酸根离子 SO_4^{2-} 积聚)和含硫酸、氯盐的腐蚀性地下水入渗混凝土,与水泥水化物 $Ca(OH)_2$ 起反应,亦使碱度减低,使混凝土强度下降;酸性介质入渗,使酸根离子被吸附到钢筋钝化膜表面产生破损,而导致钢筋锈蚀,铁锈体积膨胀,同样使混凝土胀裂和剥落。

(4) 高寒地区混凝土冻融,南方夏季温、湿度交替循环变化。

(5) 电气化地铁中杂散电流对钢筋的电腐蚀。

(6) 混凝土的道面磨蚀、江中管片因土层内砂和地下水流冲刷,而混凝土表面性能劣化。

(7) 酸雨(近年来一些地区雨中酸度加大、频率增多)和水质受污染。

(8) 意外因素作用——隧道内火灾最为常见,因高温炙烤使混凝土材料爆裂,其强度急剧降低并产生大量微细发缝。

3 影响混凝土结构耐久性的主要因素

(1) 钢筋锈蚀。受海水/地下水氯离子入渗(在混凝土内向低浓度区扩散)控制,属氯和地下水作用下的一种化学腐蚀;混凝土碳化也使钢筋层表面钝化膜破坏。

(2) 混凝土保护层剥落。受混凝土碳化作用影响和因钢筋锈蚀后其体积膨胀而混凝土被胀裂。

(3) 混凝土表面龟裂(缝宽一般<0.02 mm,湿润时可见),遇于湿、冷热交替的不均衡环境作用,因混凝土碳化收缩与冬季干缩相互迭加引起。

(4) 混凝土裂缝(缝宽、裂缝数),使腐蚀介质中含氯和硫酸盐离子与地下水和氧气等入渗。

(5) 混凝土抗渗性能不足,处于腐蚀性地下水和土壤中的含水溶性硫酸盐环境。

(6) 管片生产、运输和安装中的裂缝和边角破损。为提高管片混凝土抗冲击和抗拉性能是一项当务之急(表1)。

表1 管片裂缝、破损原因和比例

1	管片制作质量欠佳	9.9%
2	搬运堆放和吊装碰撞(边角缺损)	5.3%
3	管片拼装碰撞和承拉超限	38.2%
4	盾构行进姿态与管片就位不一致、错台	21.6%
5	掘进时管片顶力不均匀	18.5%
6	同步注浆量分布不理想	6.5%

(7) 意外灾害(火灾、地震、战祸、海啸、恐怖袭击等)。

耐久性设计的要点,在于如何有效地控制钢筋混凝土的劣化过程,有如人要设法维持健康而延缓衰老。

4 管片接头螺栓和填缝防水材料的耐久性问题

(1) 影响管片环缝和纵缝橡胶性水密材料的耐久性因素。

① 耐热、耐低温;② 耐酸、碱和化学腐蚀与电腐蚀;③ 耐动力疲劳;④ 耐干、湿交替疲劳;⑤ 耐水;⑥ 耐地层土体与结构的历时蠕变与应力松弛变化;⑦ 水胀性材料接触面膨胀压力的长期保持。

(2) 从重点对水密封材料的功能要求,作出其耐久性评价——接触面应力和止水效果的有关耐久性指标。

① 由接触面初压应力 6 N/cm² 松弛至2~3 N/cm² 的时效降低,作为寿命老化阈值标准来度量;② 采用温度加速试验,按 Arrhenius 的化学反应速度方法,用外延法推演分析算得在隧道环境温度下的服务寿命。

(3) 管片接头螺栓的耐久性试验研究。

① 研究对象——经防腐涂层敷作后的普通高强度钢螺栓的外露部分(含螺帽和钢拉杆等);② 同时兼及,焊缝砂浆受有害离子和含腐地下水入渗而栓杆锈蚀;③ 高强螺栓的应力腐蚀;④ 其耐久性应与管片主体结构相等同;⑤ 接头螺栓经热侵镀锌层的点状腐蚀——研究防腐涂层对螺栓寿命的影响;⑥ 有条件时再作经其他 2 种涂层(锌粉酪酸保护膜处理和氯化乙烯树酯涂层)处理后的螺栓,其耐硫酸盐和 90 d 盐水喷雾试验,以作比较选择。

5 管片混凝土结构耐久性设计

基于近似概率法的隧道结构耐久性极限状态设计。

5.1 耐久性设计的要求

(1) 现行的隧道衬砌设计,主要只考虑外荷载作用对结构承载力的安全性,并计及约束结构过度变形、沉降和控制裂缝等对结构使用性能的影响。设计时未能计入环境因素侵蚀致使材料耐久性损伤,以求提高其长期工作性能——服务寿命的方法,或在传统隧道结构设计中尚未有定量考虑。

(2) 内、外部工作环境因素作用引起结构耐久性损伤的表现,主要有:

① 钢筋锈蚀,其有效截面积减小;② 钢筋锈蚀,其设计强度降低;③ 混凝土截面积损伤而强度老化、裂缝和剥落;④ 混凝土与钢筋间的握裹/粘结力降低。

从而,导致管片衬砌承载力(抗力)随时间而逐步降低,直至小于外界荷载与环境损伤效应,而最终结构正常使用失效或直至承载力完全丧失、断裂破坏。

(3) 如何定量描述荷载长期持续作用及长期环境因素对衬砌结构耐久性的损伤(劣化)过程——耐久性设计。

5.2 结构耐久性设计的内容

① 理论计算或对已有结构作验算;② 构造措施(对一般混凝土结构,有新规范可参照);③ 设计上对结构材料和施工工艺的要求;④ 有条件时,辅以必要的试验。

5.3 基于近似概率法的结构耐久性设计——理论计算/验算部分

(1) 混凝土结构耐久性设计,对承载力极限状态功能要求,可表述为一种随机过程 $Z_{(t)}$,而结构功能函数表达式为:

$$Z_{(t)} = R_{(t)} - S_{(t)}$$

式中　$R_{(t)}$——混凝土结构抗力(强度)随服役时间而降低的随机过程;

$S_{(t)}$——混凝土结构荷载作用与环境效应产生的内力值,其随时间的变化,因相关统计参数值缺乏,且相对抗力言其变化值可能不太大,可暂用随机变量表述。

设定:结构刚建成、投入运营时 ($t = 0$),其可靠指标为 $\beta_{(0)}$(定值);随后,因结构功能衰化而可靠指标展 $\beta_{(t)}$ 亦随时间而降低。

故结构现行规范的通用表达式,耐久性设计的极限状态方程为:

$$\gamma_0 S \leqslant \eta R$$

式中　$\eta = \dfrac{\beta_0}{\beta_0 + \beta_t - \beta_{(t)}}$——混凝土结构耐久性设计系数,为结构可靠指标历时下降随机过程 $\beta_{(t)}$ 的函数;

η——构件安全等级分项系数;

β_t——达到目标使用年限终了时所要求的可靠

指标(一般按规范取值)。

(2) 计算内容。

① 结构抗力随机过程 $R_{(t)}$ 的统计特征、变化规律及其统计参数的计算;

② 结构荷载与环境作用效应所产生的结构内力随机变量 $S_{(t)}$ 的统计特征及其统计参数的计算;

③ 可靠指标 $\beta_{(t)}$ 的随机过程的计算。

(3) 算例——某公路隧道衬砌结构耐久性设计。

基本参数:衬砌厚 $\delta = 60$ cm;C30 钢筋混凝土;截面的对称配筋,每侧 8×22;截面轴力 $N = 2\,139$ kN。

结构建成初期,控制(危险)截面的可靠指标 β_0 取 3.87。

从建设单位要求,结构达到设计使用年限时的可靠指标,为确定值,取 β_t (按规范标准取值)$= 3.7$。

荷载与环境效应的统计特征:均值(有限元分析)$N = 2\,139$ kN,其变异系数,按不同方法取平均值 $\delta_N = 0.581$。经程序计算,得 $\beta_{(100年)} = 3.021$

则,$\eta = \dfrac{3.87}{3.87 + 3.7 - 3.021} = 0.851 < 1$

而 $S \leqslant 0.851R$,式中,设计内力 S 和材料强度 R 可取均值计算(此处,结构安全等级分项系数,暂取 $\gamma_0 \approx 1$)。

(4) 小结。

① 与常规荷载作用下极限状态设计表达式比,只是在右端项抗力 R_0 一侧要乘以小于 1 的耐久性设计系数 η,这样即提高了结构设计安全等级,改善了结构设计中应计入的耐久性能;

② 由于耐久性损伤的影响因素复杂多变,而隧道有关统计参数缺乏,在抗力和荷载、环境效应处理中近似性大,本方法亟待深化完善。

5.4 耐久性设计新规范对另一种按正常使用年限(前述的"适用性要求准则")的耐久性设计

在达到年限终了时的安全适用状态下,规定应不致对结构的承载力产生过多损害——"正常使用极限状态",表述为材料仅轻微劣化。此时:

① 钢筋只发生适量锈蚀(钢筋截面锈蚀深度合 0.1 mm,而远未有锈烂透到完全丧失承载力);

② 混凝土只表面轻微损伤/剥落并有少量细微裂缝;

③ 混凝土构件开始出现因锈胀引起顺筋裂缝;

④ 上项状态应满足结构的可修复性要求。

6 隧道结构服务寿命预测

6.1 隧道结构耐久性设计结果(尚在进行中,暂以厦门海底隧道村砌结构为例,见表2)。

6.2 服务寿命的理论预测(亦以厦门海底隧道为例作计算分析,见表3)

表 2 隧道结构耐久性设计纲目

所作计算或试验项目	公式符号	计算、试验结果
(1) 结构最小抗力(极限承载力)	R	11 351 kN
(2) 荷载和环境影响引起的结构内力	S	—
● 截面大偏心情况下	—	5 437 kN
● 截面小偏心情况下	—	6 081 kN
(3) 耐久性设计系数	η	0.754
(4) 检验:S 是否 $\leqslant \eta \cdot R$ 此处 S,R 可暂取随机变量或随机过程的均值	S 是否 $\leqslant \eta \cdot R$	5 437,6 081 均$< 0.754 \times$ 11 351 $= 8\,558$ kN,均满足设计要求

表 3 隧道服务寿命的理论预测

所作计算或试验项目	公式符号	计算、试验结果
(1) 按衬砌裂缝控制的服务寿命	T_1	—
① 钢筋无锈工作年限	t_1	—
● 混凝土碳化腐蚀 $t_{i-tanhua}$ (按 Fick 第一定律求得)	$t_{i-tanhua}$	66 年
● 钢筋氯离子侵蚀 t_{i-Cl} (按 Fick 第二定律求得)取二者中的年限小者,t_i(一般为 $= t_{i-Cl}$)	t_{i-Cl}	55 年
② 钢筋起锈到混凝土表面起裂的年限	t_{cr}	41 年
③ 混凝土表面起裂到缝宽达限值的年限	t_{cra}	22 年
(①,②,③ 均有相应公式可求算)	$T_1 = t_{i-Cl} + t_{cr} + t_{cra}$	$55 + 41 + 22 = 118$ 年 > 100 年
(2) 按衬砌极限承载力控制的服务寿命	T_2	—
① 钢筋无锈工作年限	t_i	55 年
② 钢筋起锈到结构承载力全部丧失的年限 (亦均有相应公式可求算)	$T_2 = t_i + t$	$55 + 121 = 176$ 年 > 100 年

6.3 模型试件服务寿命的实验预测——对结构理论寿命的修正

1）室内试验的基本构思

"结构服务寿命"定量预测的分析、试验过程（共分6步）。见以下步骤①～步骤⑥。

① 从理论分析计算，先预测得理论上的结构服务寿命（表3）。

② 室内模型试验（模拟与实际结构同样受力性态的试件）。

通电，使试件内钢筋快速锈蚀，测出其锈蚀速率②₁（称重）和达到试件完全丧失承载力的天数②₂。

③ "加倍速率"为：

$$K = \frac{试件钢筋快速锈蚀的平均速率 —②_1}{海洋环境条件下，试件钢筋的自然锈蚀速率（按国外经验值）}$$

④ 试件自然锈蚀服务寿命为：

$$T = K \cdot \frac{试件快速丧失承载力时间(d)—②_2}{365\ d}$$

⑤ 经试验得到对试件理论预测寿命的修正系数为：

$$K_{mod i} = \frac{试件自然锈蚀服务寿命 —④}{试件理论预测的服务寿命}$$

（仿前述理论预测同理，可计算得出）

⑥ 此处设定，结构与试件具有唯一的相似性，则最后可得结构经试验修正后的真实服务寿命为：

$$T_r = K_{mod i} \cdot 结构理论预测的服务寿命$$

（结构理论预测的服务寿命见表3）

2）钢筋锈蚀效应对偏心短柱承载力影响的试验分析

按钢筋预测锈蚀率和实际锈蚀率，偏心柱理论承载力（按前述耐久性设计方法）与实验承载力（从上项试验值）对比，见表4、表5。

6.4 经试验修正后的真实服务寿命（表6）

表4 偏心柱理论承载力与实验承载力对比度

试件编号	CZ00	CZ10	CZ20	CZ30	CZ40	CZ50
锈蚀时间/h	—	240	480	720	960	1 200
锈蚀电流/A	—	1 000	1 000	1 000	1 000	1 000
预测锈蚀率	—	7.02%	13.78%	20.28%	26.53%	32.52%
实际锈蚀率	—	6.48%	11.37%	16.45%	22.38%	27.54%
理论承载力/kN	266.84	252.02	239.85	228.75	214.59	202.07
实验承载力/kN	520.40	497.44	496.07	485.26	465.37	454.92

表5 模型试件实验分析

所作计算或试验项目	公式符号	计算、试验结果
1. 仿前述，求试件钢筋无锈工作年限（试件第一工作阶段）	$t_i = T_{model-1}$	45.2 年
由试件，先需测出其相关系数： (1) 氯离子在混凝土内的扩散系数 C_{Cl^-}（保守计，可暂按90 d估计）	C_{Cl^-}	7.35×10^{-12} m²/s
(2) 沿试件表面的氯离子浓度 C_s	C_s	0.3～0.44（对不同试件）
2. 由试验，求试件钢筋起锈到承载力丧失年限（试件第二工作阶段）	$T_{model-2}$	—
(1) 试件钢筋快速锈蚀平均速率	V_1 1 000 μA/cm²	—
(2) 海洋环境下试件钢筋自然锈蚀速率	v_2	从国外资料，暂取 $v_2 = 4$ μA/cm²
(3) 钢筋锈蚀速率换算时的加速倍率	$K = v_1 / v_2$	250
(4) 试件第二工作阶段钢筋快速锈蚀所用时间（测得）	$T_{model-2-ele}$	45.96 d
(5) 试件内钢筋的自然锈蚀时间	$T_{model-2-nature} = K \cdot T_{model-2-ele}$	250×45.96/365＝31.48 年
(6) 试件第二阶段的理论服务寿命（仿前法公式，同样作理论计算得出）	$T_{model-2-theory}$	28.74 年
(7) 试验修正系数	$K_{mod i} = \dfrac{T_{model-2-nature}}{T_{model-2-theory}}$（一般＞1.0）	$\dfrac{31.48}{28.74} = 1.095$

表 6　试验修正后的真实服务寿命

所作计算或试验项目	公式符号	计算、试验结果
衬砌在自然腐蚀条件下,第二阶段的服务寿命	$T_{\text{lining-2-nature}} = K_{\text{modi}} \cdot T_{\text{lining-2-theory}} = T_2$	$1.095 \times 121 = 132.5$ 年
上式右端项的衬砌第二阶段理论寿命,已由前述理论计算得出。	—	121 年
衬砌结构经试验修正后,按丧失承载力要求总的真实服务寿命为	$T = T_1 + T_2$	$55 + 132.5 = 187.5$ 年 > 100 年

7　提高隧道管片衬砌耐久性的工程措施——综合防治

上海市某轨道交通管片厂生产上对钢筋混凝土预制管片的耐腐要求。混凝土主要成分:C55 水泥、粉煤灰(替代 20% 水泥)、高效减水外加剂——高性能混凝土;抗渗 1.0 MPa。钢模浇筑 3 次抹面、蒸气养护脱模后再水养 7 d,堆场内自然养生 21 d 后出场。过去,只按防水规范,单一依靠提高混凝土抗渗指标、加厚混凝土保护层,还是不够的(即使 S 12 级,其渗透系数约为 10^{-11} m/s,仍非完全水密)。

1) 综合防治的设计思维

(1) 设法延长钢筋混凝土起裂和钢筋起锈的时间(如以人体为例,即需加强和保持青壮年体质),加做结构限裂与裂控设计。

(2) 设法降低混凝土劣化阶段的发展速率(相当于延缓人体衰老)。

(3) 对隧道管片耐久性作定期检测(检漏、保证混凝土小的渗透系数和降低 Cl^- 和 O^{2-} 扩散系数、提高混凝土抗冻标号和耐冻融循环次数等)。

(4) 进行"全寿命经济分析"(total life cycle cost analysis, LCCA),优选总费用为最佳的设计方案,即除初期投资外,要另含维修、加固、检测费用,尽量减少后期投资,使长期效益最大化。

(5) 制定本地区耐久性设计规程。

(6) 加强行业自律与技术管理。

2) 提高混凝土管片耐久性的多种对策措施

采用粉煤灰、矿碴、硅粉作水泥混合料或复掺外加剂,以有效减少混凝土早期干缩及因表面碳化收缩而开裂,提高抗 Cl^- 和 SO_4^{2-} 的渗透。

在国外一些场合,管片混凝土内采用了高熔点钢纤维和低熔点聚丙烯纤维的复合纤维掺加剂,以改善高性能混凝土及其抗爆裂性;英法海峡隧道延伸段一期及近年来欧洲大陆许多地铁与越江隧道还采用了复合纤维管片,替代部分钢筋,并节约水泥(约 15%)。

(1) 提高混凝土抗渗性能。

① 增加混凝土密实度,改进级配(非碱活性骨料)、降低水胶比(小于 0.35)、优选水泥品种、减少水泥量(小于 130 kg)、选用少含侵蚀性离子的拌和水、掺入硅粉(约为 10% 水泥量)可降低渗透系数 1 个量级并能将混凝土中氧的扩散率降低 4 倍,添加活性粉料(高炉矿渣微粉与优质粉煤灰双渗)、混凝土中掺加阻锈剂,蒸气养护与水养护时正确温控等。

② 管片外侧涂刷保护膜(对氯盐环境的屏障层言)作硅烷溶液防水处理、焦油氯磺化聚乙烯与焦油酸性环氧复合型涂料,使降低混凝土渗透系数二个量级、降低氧和氯扩散率而延缓钢筋脱钝使其锈蚀率降低并延缓混凝土碳化。钢筋保护膜采用:环氧沥青类、水泥基渗透结晶类(无机涂料);对管片绝缘保护,防电化作用而锈蚀钢筋。

(2) 适当增厚钢筋保护层。

英国 BS8110 标准规定:衬砌混凝土保护层较建筑结构规范再提高 10～20 mm;管片外侧 40 mm;内侧 30 mm,以防止混凝土碳化而锈蚀钢筋。

(3) 对钢筋面层直接保护。

先喷砂除锈去污后,钢筋笼作热浸锌处理或高压静电喷涂环氧处理,以防钢筋锈蚀而握裹力下降。改进管片生产工艺和质量管理,如:真空吸盘脱模工艺、钢筋笼 CO_2 保护焊接技术,等等。有条件时,要定期清洗运营中的管片内表面盐类沉淀物。防止电气化地铁中杂散电流对钢筋的电腐蚀,提高钢筋与轨枕间的绝缘质量,保持轨枕清洁、干燥。

参考文献

［1］王启耀,赵均海. 地铁区间隧道衬砌结构耐久性研究 [J]. 北京：建筑结构学报(增刊)：全国第九届混凝土结构基本理论及工程应用学术会议论文集,2006(10)：726－729.

［2］黄慷. 水底盾构隧道结构的耐久性及可靠度设计的理论与方法[D]. 上海：同济大学,2004.

［3］朱江,许清风,王孔藩. 提高混凝土结构耐久性的设计建议[J]. 上海建设科技,2006(6)：15－17.

［4］王振信. 盾构法隧道的耐久性[C]∥上海隧道设计研究院建院四十周年论文集,2005,11：91－96.

［5］张颖,张庆贺,韩伟勇. 影响隧道衬砌管片耐久性的原因及解决方法研究[J]. 现代隧道技术,2006,增刊：101－105.

［6］孙富学,张莉. 基于近似概率的衬砌结构耐久性设计研究[J]. 铁道科学与工程学报,2006(4)：46－49.

［7］梁本亮,孙富学. 基于粒子群演化算法的混凝土碳化预测[J]. 建筑结构学报(增刊)；全国第九届混凝土结构基本理论及工程应用学术论文集,2006(10)：723－725.

［8］孙富学,梁本亮. 隧道衬砌结构耐久性寿命影响因素敏感性分析[J]. 地下空间与工程学报,2006,2(2)：214－216.

［9］孙富学,荣耀. 隧道衬砌耐久性寿命预测研究[J]. 地下空间与工程学报,2006,2(3)：358－360.

［10］SUN Jun. Study on Durability／Service-Life Prediction for Subsea Tunnels — A Research Project for Xiangan Subsea Tunnel in Xiamen, CHINA. Tunnel and Underground Engineering Research Institute, Tongji University, A paper submitted to the Ist. Int. Workshop on Service Life Design for Underground Structures, held in Shanghai 19 Oct. ,2006.

［11］Serviceability of Underground Structures. 1st International Workshop on Service Life Design for Underground Structures, Edited by Yong Yuan, Joost Walraven, Guang Ye. Shanghai,China. 19－20 October 2006.

［12］孙富学. 海底隧道衬砌结构寿命预测理论与试验研究[D]. 上海：同济大学,2006.

［13］孙钧. 地铁与江底隧道管片衬砌结构耐久性设计的若干问题[R]. 上海隧道设计研究院学术报告,2007.

本文发表于《地下工程施工风险防范技术——2007 第三届上海国际隧道工程研讨会文集》

崇明长江隧道盾构管片衬砌结构的耐久性设计

孙 钧

摘要：为了研究盾构法隧道管片衬砌结构强度的历时老化和衰减及其服务寿命的预测问题,提出了对其进行耐久性设计的一种基本方法。主要讨论的内容有：钢筋混凝土管片结构的腐蚀机理;影响隧道混凝土结构耐久性的主要因素;管片接头螺栓和防水材料的耐久性;钢筋混凝土管片结构耐久性设计方法;隧道结构服务寿命预测,以及提高隧道管片衬砌耐久性的工程措施——综合防治。该研究成果已在崇明长江隧道工程中得到了初步应用。

关键词：盾构法隧道;管片衬砌;结构耐久性设计;隧道服务寿命;综合防治

0 引言

中国工程部门经常提到"百年大计,质量第一",这一要求在工程设计和施工中如何具体反映和体现,已日益引起业界人士的迫切关注,隧道与地下工程结构的耐久性问题已经成为当前的一项研究热点。现行城市轨道交通设计规程中规定了地铁主体结构的设计基准期(使用年限)为100年;而越江和海底隧道的服务寿命则可能要求更长。对结构耐久性的定义和内涵,《混凝土耐久性设计规范》(GB/T—200X)征求意见稿(待颁布实施)中已写明：在设计确定的环境——引起混凝土结构材料性能劣化的环境因素(工程周围大气温湿度变化,CO_2、O_2、氯盐、酸碱等有害化学离子施加于结构主体等)的作用和在正常维修、使用条件下,结构构件在规定期限内保持其适用性和安全性的能力,即工程结构的耐久性。但是,在相应的工程设计中如何进行其耐久性设计,迄今尚未很好地解决,如现行《混凝土结构设计规范》(GB 50010—2002),虽提出了耐久性要求,但其标准似乎偏低;新拟的耐久性设计规范则多原则性要求,尚不够具体实用。在规范适用范围内,虽包含了城市桥梁、隧道,但又提到对低周反复荷载和持久荷载作用,也能引起材料性能劣化的耐久性问题,它与荷载作用下的结构强度设计有关,有别于环境作用下的耐久性设计,不属该规范考虑的范畴,有关隧道方面的内容也都尚未纳入其中。

多年来,对混凝土材料耐久性方面的研究已有很多[1-15],但本文中所探讨的水底隧道衬砌结构的耐久性问题,则与单纯材料方面的研究有着质的不同,其差异主要可归结为以下各点：① 长江水底隧道衬砌最大需承受约70 m高水头的渗透压力,以及深厚土层围压的长期持续作用;② 通过江床下伏的各层性质各异的土体,江水以地下水渗流的方式作用并长期腐蚀管片衬砌的后背;③ 要求先对江水(和涨潮时长江口外海水的倒灌作用)及土层矿物质组成进行物化分析,考察江水(海水)与土体层各组分间的物化反应过程,进而探究这种变性(变质)江水(海水)对管片衬砌的腐蚀效应;④ 衬砌钢筋混凝土结构随不同截面位置和各种不利荷载组合,分别呈大、小偏心受压作用,若干控制截面还将局部承受不利的拉弯受力,并处于允许的限裂和裂控状态;⑤ 要研究最不利工况和不同受力状态下混凝土材料抗渗性能的变化及其衬砌腐蚀后强度的时程恶化,即对混凝土腐蚀损伤(带有早期裂纹的初始损伤)的积累与演化;⑥ 要研究隧道内部在接近恒温与夏季高温、秋冬干燥的环境条件下,由于隧道内外部温湿度交替反复变化使衬砌材料的腐蚀随时间而加剧,从而引起结构耐久性呈变加速持续恶化的情况。在该项研究中,需要配合以上各复杂因素条件,进行一系列的试验和测试,以获得大量有参考价值的数据和第一手资料,进而才能有根据地做出隧道结构的耐久性设计。

目前,仅在结构设计中提出了诸如结构选材(选高性能混凝土、高品质钢材等)、适当加厚混凝土保护层厚度、结构表面和钢筋上增敷防腐涂层、优化施工工艺等工程措施。众所周知,作为一个完整的工程结构耐久性设计,仅提出上述几个方面是远远不够的。研究认为,在耐久性问题中,采用何种理论预测并经试验修正与验证,以求定量地对隧道服务寿命做出一定依据的合理预测及做好结构耐久性设计,并进而探讨如何采用综合性的工程处治措施,使对结构的耐久性做出更加具有针对性的技术保障等,都是现时亟待研究解决的问题。由于隧道工程(特别如本文中探讨的长大越江隧道等)属于一项难于日后再做大手术加固和修复的、隐蔽性很强的水下和地下重大工程项目,对其耐久性方面决策的可靠性和有依据性问题就更显突出而具有相当大的难度和复杂性。影响工程耐久性的主要环境场合有:化工和油品类等毒害物污染;海水和海洋环境、江口水域潮汐影响等含盐氯离子腐蚀;隧道受含放射性物质地下水长期浸泡入渗;道路隧道内车流尾气中的CO_2对混凝土的碳化作用;高寒地域气候变化、冻融、南方地区冬夏温湿度交替;其他氯化物和各种化学腐蚀环境等。在本文中讨论的长江水底隧道结构的诸环境侵蚀场合中,上述众多因素的不少方面都与其耐久性研究密切相关。

隧道结构耐久性设计存在的问题和困难主要在于:设计中认为土层、地下水和隧道内外环境中腐蚀性介质的含量未超标,而不主动采取保证耐久性的措施,这是一个误区。此外,混凝土材料随时间呈劣化(老化)也是一个变加速的过程。再则,耐久性研究需要做长时间的试验和测试,这在客观上是不可能的。这些困难和问题在很大程度上制约了耐久性研究工作的进展。

1 管片衬砌结构的腐蚀机理

1.1 腐蚀情况

从19世纪后期开始,球墨铸铁隧道管片使用100多年迄今仍然完好(伦敦地铁和泰晤士河上一些老时代的盾构隧道等);而20世纪中叶后,钢筋混凝土管片出现的问题却不少,以中国香港20世纪70年代建成

的地铁为例,到了20世纪90年代,衬砌结构的内排钢筋、连接螺栓的外露部分和钢拉杆都有不少锈蚀,多处管片的混凝土保护层剥落。采用的修复方案一般都是喷钢纤维混凝土(植筋)后再添扎内排钢筋,用聚合物混凝土补强。上海市20世纪70年代初建成的打浦路隧道,现在除需增设复线外,同时也面临第2次的全面大修。以上的例子说明:采用服务年限100年作为耐久性要求,如果不经完善的耐久性设计,很少能满足使用合格的条件。

1.2 钢筋混凝土材料的腐蚀机理

(1) 混凝土碳化。水泥集料中的$Ca(OH)_2$与空气中的O_2及地下水中的CO_2,经水化反应生成$CaCO_3$,以及汽车尾气中的CO_2引起碳化作用,混凝土碳化使$Ca(OH)_2$减少及混凝土含碱量(碱度)和pH值降低,从而导致混凝土受碳化腐蚀;同时,CO_2入渗混凝土保护层后,使钢筋表面钝化膜剥蚀而锈烂。此外,碳化使混凝土收缩,在混凝土表面产生拉应力而出现收缩微裂纹,降低了混凝土的抗渗能力,而钢筋锈胀进一步使混凝土保护层剥落。

(2) 混凝土碱骨料(碱—硅)反应。在混凝土浇筑成型若干年后,其中的水泥、结合水和外加剂中的碱与混凝土集料中的活性成分发生碱骨料反应,其反应生成物吸水膨胀,使混凝土胀裂。

(3) 侵蚀性环境中的有害化学离子入渗混凝土的腐蚀作用。工程环境和地下水中的酸、盐介质(Cl^-和SO_4^{2-}积聚)以及含硫酸、氯盐的腐蚀性地下水入渗混凝土,与水泥水化物$Ca(OH)_2$反应,使碱度降低,混凝土强度下降;酸性介质入渗,则使酸根离子被吸附到钢筋钝化膜表面而产生破损,从而导致钢筋锈蚀、铁锈体积膨胀,使混凝土保护层胀裂和剥落。

(4) 高寒地区混凝土冻融,南方夏季温湿度交替循环变化使混凝土开裂而剥落。

(5) 电气化地铁中杂散电流对钢筋的电腐蚀。

(6) 混凝土道面磨蚀、江中管片因受土层内的砂及地下水流长时期冲刷,使其表面性能劣化。

(7) 近年来一些地区的雨中酸度加大、频率增大,酸雨使地下水质受污染,进而引起管片结构腐蚀。

(8) 意外因素作用,以隧道内火灾最为常见,因受

高温烟火持续炙烤使混凝土表面产生大量发细裂纹、裂缝,进而引起混凝土剥落和爆裂,其附近部位强度则急剧降低。

2 影响耐久性的主要因素

(1) 钢筋锈蚀。受海水(地下水)氯离子入渗(在混凝土内,氯离子向低浓度区扩散)控制,氯离子与地下水作用发生化学腐蚀,如第 1 节所述,混凝土碳化也使钢筋层表面钝化膜破坏。

(2) 混凝土保护层剥落。受混凝土碳化腐蚀影响和钢筋锈蚀后体积膨胀而使混凝土保护层胀裂。

(3) 混凝土表面龟裂(发细裂纹宽度一般小于 0.02 mm,湿润时方可见)。其为遇干湿、冷热交替的不均衡环境作用时,因混凝土碳化收缩与冬季干缩相互叠加所引起的一种破坏。

(4) 混凝土裂缝(受缝宽和裂缝数控制)。使腐蚀介质中的氯和硫酸盐离子与地下水及氧气等入渗到混凝土内部。

(5) 混凝土抗入渗性能不足。处于腐蚀性地下水和土壤中的含水溶性硫酸盐环境下,容易因腐蚀而影响结构的耐久性。

(6) 预制管片在生产、运输和安装过程中的裂缝(缝宽有时已达到 0.2 mm,需做控制)及其边角受撞击而破损(表 1)。因此,进一步提高管片混凝土的抗冲击和抗拉性能是当务之急。

表 1 管片裂缝、破损原因及所占比例

管片裂缝、破损原因	所占比例
管片制作质量欠佳	9.9%
搬运堆放和吊装碰撞(边角缺损)	5.3%
管片在盾构内拼装时碰撞和承拉超限	38.2%
盾构行进姿态与管片就位不一致、纠偏与错台	21.6%
掘进时管片顶力分布不均匀	18.5%
同步注浆量分布不理想	6.5%

(7) 意外灾害(火灾、地震、战祸、海啸、恐怖袭击等)。耐久性设计的要点在于如何有效地减缓和控制钢筋混凝土管片结构的劣化进程,这是一项重要而又复杂难解的问题。

3 接头螺栓和填缝防水材料的耐久性

(1) 影响管片环缝和纵缝橡胶性水密材料耐久性的主要因素有:① 耐热、耐低温;② 耐酸、碱和化学腐蚀与第 1.2 节所述的电腐蚀;③ 隧道内车辆往复循环运行作用下的耐动力疲劳;④ 耐干、湿交替环境影响的材料疲劳;⑤ 耐水;⑥ 耐地层土体与结构的历时蠕变与应力松弛变化;⑦ 水胀性材料接触面处膨胀压力的长期保持等。

(2) 针对水密封材料的功能要求做出其耐久性评价——接触面应力和止水效果间的有关耐久性指标:① 接触面初压应力从 0.6 MPa 松弛至 0.2~0.3 MPa 的时效降低,以此作为一种管片接头寿命老化的阈值标准来度量;② 采用温度加速试验,按 Arrhenius 建议的化学反应速度方法以及外延法做推演分析,算得在隧道环境温度下的服务寿命。

(3) 管片接头螺栓的耐久性试验研究的主要工作有:① 研究对象——经防腐涂层敷后的普通高强度钢螺栓的外露部分(含螺帽和钢拉杆等);② 灌缝砂浆受有害化学离子和含腐蚀地下水入渗而栓杆锈蚀;③ 高强螺栓的应力腐蚀;④ 接头螺栓经热浸镀锌层的点状腐蚀——研究防腐涂层对螺栓寿命的影响;⑤ 有条件时再做经其他 2 种涂层(锌粉酪酸保护膜和氯化乙烯树脂涂层)处理后的螺栓,论证其耐硫酸盐腐蚀能力,并通过 90 d 盐水喷雾试验,以做比较选择。从管片结构的整体工作性能方面看,接头的耐久性应与管片主体结构的耐久性基本等同。

4 耐久性设计方法

4.1 设计观点和思想方法

崇明长江隧道作为特大型的地下建筑结构物,通过隧道管片衬砌结构的耐久性设计来定量保证其 100 年的设计使用年限,具有重要的经济意义和工程实用价值。钢筋混凝土结构的耐久性设计至今尚未形成统一的、比较合理可行的方法,对越江、跨海隧道结构的耐久性设计而言就更是如此。传统的经验方法和简化计算方法看来都不能很好地解决问题,所以,必须对其进行专项研究。混凝土结构耐久性设计的传统方法,是将环境作用按其对结构影响的严重程度定性地划分成几个作用等级,在工程经验类比的基础上,对于不采用环境作用等级做评估的混凝土结构构件,可由规范直接规定混凝土材料的耐久性质量要求和钢筋保护层厚度等构造措施以满足结构的耐久性要求。在另外的一种简化计算方法中,其环境作用需要定量表示,然后选用适当的材料劣化模型求出环境作用效应,列出耐久性极限状态下的环境作用效应与结构耐久性抗力之间的关系式,进而求得与耐久性极限状态相对应的设计使用年限。研究认为,传统方法中的经验性所占比重过大,具有相当的随机性,对于像长江隧道管片衬砌结构这样比较复杂的环境作用,传统方法将不能胜任;而上述定量的简化计算方法,则尚未成熟到能在工程中普遍应用的程度。

本文中考虑的是在计入影响混凝土结构耐久性的内、外荷载与环境因素二者共同作用进行混凝土结构耐久性设计时,需沿时间坐标轴展开,使所设计结构的可靠性在规定的目标使用期内不低于规范要求,即无需投入巨额费用进行彻底大修和全面加固。笔者认为,就隧道结构的耐久性设计而言,一种应用性强的设计方法应该包括两大部分内容:一是计算和验算部分;二是构造要求部分。基于上述观点,本文中提出了一种基于近似概率法的对隧道管片衬砌结构进行耐久性设计的方法。

4.2 设计要求

(1) 现行的隧道衬砌结构设计,主要只考虑了在外荷载作用下对结构承载力的安全性,并计入了因约束结构过度变形、沉降和控制裂缝开展等对结构使用性能的影响。现行设计中未能计入由于环境因素侵蚀致使材料耐久性持续损伤,进而为谋求提高其长期工作性能,制定一种评估其服务寿命的方法,后者在传统的隧道结构设计中尚未做定量体现和反映。

(2) 内、外部工作环境因素作用引起的隧道结构耐久性损伤主要有:① 钢筋锈蚀,其有效截面积减小;② 钢筋锈蚀,其设计强度持续降低;③ 混凝土截面积损伤而强度劣化、裂缝扩展和表面剥落;④ 混凝土与钢筋间的握裹作用(黏结力)持续降低,从而使管片衬砌的承载力(抗力)随时间变化而逐步降低,直至小于

外界荷载与环境损伤的联合效应,最终使结构正常使用失效,直至其承载力完全丧失,而断裂破坏。

(3) 如何定量描述荷载长期持续的不利作用,以及长期外部环境因素侵蚀对隧道衬砌结构耐久性的损伤(劣化)进程,即本文中笔者探讨的耐久性设计。

4.3 设计内容

设计内容主要有:① 理论计算或对已有结构做验算;② 构造措施(对一般混凝土结构,已有新规范可以参照,但对隧道管片衬砌,尚未见相关规定);③ 设计上对结构材料及其施工工艺的要求;④ 有条件时,可再辅以必要的试验和测试,即对理论计算所得的服务寿命再做必要的修正。

4.4 基于近似概率法的结构耐久性设计

在混凝土结构的耐久性设计中,其对承载力极限状态的功能要求可以表述为一种随机过程,而结构功能函数 $Z(t)$ 的表达式则可写为

$$Z(t) = R(t) - S(t) \qquad (1)$$

式中,$R(t)$ 为混凝土结构抗力(强度)随服役时间而持续降低的随机过程变量;$S(t)$ 为混凝土结构在荷载作用与环境效应两者相互作用下产生的内力值;因相关统计参数值缺乏,且相对结构抗力 $R(t)$ 而言其变化值一般不会太大,故其随时间的变化现暂改用随机变量来表述。

本文中设定:结构刚建成投入运营时 ($t = 0$),其可靠度指标为 β_0(定值);随后,因结构功能衰化而可靠度指标 $\beta(t)$ 亦将随时间变化而降低。这样,根据《混凝土结构设计规范》(GB 50010—2002)通用表达式,基于近似概率法其耐久性设计的极限状态方程可写为

$$\gamma_0 S \leqslant \eta R \qquad (2)$$

式中,γ_0 为结构安全等级分项系数;η 为混凝土结构耐久性设计系数,即结构可靠度指标历时降低随机过程 $\beta(t)$ 的函数

$$\eta = f[\beta(t)] \qquad (3)$$

对于大气环境下的混凝土结构,式(3)可表述为

$$\eta = \frac{\beta_0}{\beta_0 + \beta_t - \beta(t)} \qquad (4)$$

式中,β_0 为《混凝土结构设计规范》(GB 50010—2002)规

定的可靠度指标,可根据规范并按照结构的安全等级查得;β_t 为耐久性设计中,在达到目标使用年限终了时按规范标准取所要求的可靠度指标的确定值,一般情况下取 $\beta_0 = \beta_t$,或二值相近。由此可知,$\beta(t)$ 为由极限状态功能衰化随机过程表达式求得的结构可靠度指标的历时降低过程,为时间 t 的函数;在考虑结构抗力和荷载与环境效应历时变化的基础上,$\beta(t)$ 按照现有可靠度指标计算方法求得。

由于受诸多因素的影响,结构内力 $S(t)$ 随时间的衰变过程可以采用多因素综合法或实测统计法确定。荷载随时间的变化过程对永久荷载可以按现行标准取值;而可变荷载则采取以现行规范标准乘以修正系数折减的方法得到。在目前统计样本数据十分匮乏的情况下,式(4)中的环境因素效应在本文中未予计入,待日后工作深化后再给予补充。耐久性设计的计算内容有:① 结构抗力随机过程 $R(t)$ 的统计特征、变化规律及其统计参数的计算;② 结构荷载作用与环境效应所产生的结构内力随机变量 $S(t)$ 的统计特征及其统计参数的计算;③ 结构可靠度指标 $\beta(t)$ 随机过程的计算。

4.5 崇明长江隧道管片衬砌结构耐久性设计计算

基本参数:衬砌厚 $\delta = 65$ cm;C50 钢筋混凝土;截面为对称配筋,每侧配筋为 $10\phi22$;按平面应变问题计算,其设计控制截面的最大轴力 $N = 4\,506$ kN,呈小偏心受压状态,其截面偏心距 $e = 6.8$ cm。

结构建成初期,设计控制截面的可靠度指标 β_0 根据规范取 3.87。根据建设单位要求,结构达到设计使用年限终了时的可靠度指标取确定不变值 $\beta_t = 3.7$(按规范标准取值),与上述 β_0 的值接近。荷载与环境效应的统计特征:从有限元分析取均值 $N = 4\,506$ kN;其变异系数,按几种不同方法计算后取其平均值 $\delta_N = 0.438$,再经程序计算得 $\beta_{100} = 2.885$。则由式(4)可得

$$\eta = 0.826 < 1$$

而式(2)中,$S \leqslant 0.826R$,且结构设计内力 S 和材料抗力(设计强度)R 均取取其均值计算(表2);而结构安全等级分项系数暂取 $\gamma_0 \approx 1$。

从上述的简化计算可知:① 与常规荷载作用下的极限状态设计表达式相比,只是在式(2)中右端抗力项 R 的一侧,要乘以小于 1 的耐久性设计系数 η。这样是为了结构耐久性需要,人为地提高结构设计的安全等级,从而改善结构设计中应予考虑计入的耐久性能;② 由于环境损伤对耐久性的影响因素复杂多变,而隧道各有关统计参数又十分匮缺,由以上计算可知,在结构抗力和荷载,特别是环境腐蚀影响效应处理方面的近似性都很大,本文中的方法还亟待进一步深化和完善。

4.6 按正常使用年限考虑的结构耐久性设计

在要求结构达到设计使用年限终了时仍需保持安全、适用的状态,新规范中规定,应仍不致对结构的承载能力产生过多的损害——正常使用极限状态可表述为材料仅轻微劣化。此时,在据此进行的耐久性设计中要求:① 钢筋只发生适量锈蚀(钢筋截面锈蚀深度达到 0.1 mm,而远未锈烂到完全丧失其结构承载力);② 混凝土只表面轻微损伤(剥落)并只有少量细微裂缝;③ 混凝土构件开始出现因钢筋锈胀引起的顺筋裂缝;④ 状态③应能满足结构的可修复性要求。其中,隧道管片衬砌设计时对变形刚度的限制条件为:水平直径 D 处的相对位移 $\delta \leqslant 4\%D$;管片接头张开度 $\theta \leqslant 4$ mm。对管片混凝土的限裂条件为:缝宽小于或等于 0.2 mm;裂缝数小于或等于 5 条·m^{-1}。

4.7 隧道结构耐久性设计的构造和材料措施

隧道结构耐久性设计的构造和材料措施现有研究相对比较丰硕,但针对隧道管片衬砌的有关内容却仍然很少。借鉴相关文献的成果,笔者认为,隧道衬砌结构耐久性设计的构造措施主要应包括:① 设法隔绝或减轻有毒害地下水、气等带腐蚀性物质的入侵,如设置各种可靠的防水层和表面涂层等;② 管片混凝土保护层要求有足够的厚度;③ 在氯离子污染环境中,混凝土保护层的裂缝成为氯离子较快入渗混凝土的通道,应该严格控制裂缝宽度及其扩展;④ 混凝土结构的形式应便于对其关键部位进行检测和维修,对处于腐蚀较严重部位的构件,应考虑便于更换的可能性,或采取涂敷防腐蚀剂等附加措施,如混凝土表面涂层、混凝土表面硅烷浸渍等加以保护,或在混凝土中掺加一定量的阻锈剂或局部要害处采用环氧涂层钢筋。每种防腐

蚀附加措施均要满足相关标准和施工工艺要求。此外，隧道结构耐久性设计有关质量控制方面的内容还应包括施工要求：采用高性能混凝土，具备抗裂、防渗措施和其他的附加防护设施等；对其运营要求则需定期做隧道结构耐久性监测，即材料性能监测、结构裂缝和渗水状况监测等，以及各项维护要求。

上海市某轨道交通管片生产厂对钢筋混凝土预制管片的耐腐要求规定，混凝土的主要成分：C55 水泥，粉煤灰(替代 20％水泥)，高效减水外加剂，拌制高性能混凝土；抗渗标号达到 1.0 MPa。钢模浇筑 3 次抹面，蒸气养护脱模后水养 7 d，再在堆场内自然养生 21 d 后出场。关于提高隧道管片衬砌结构耐久性的若干工程措施，从谋求综合防治方面看，可以归结如下。

(1) 只按防水规范单一依靠提高混凝土的抗渗指标和加厚混凝土保护层是不够的，即使 S12 级，其渗透系数约为 10^{-11} m · s^{-1}，仍非完全水密。

(2) 综合防治的设计思想为：① 设法延长钢筋混凝土起裂和钢筋起锈的时间，加做结构限裂与裂控设计；② 设法降低混凝土劣化阶段的发展速率；③ 对隧道管片的耐久性做定期检测(检漏、保证混凝土较小的渗透系数和降低 Cl$^-$ 和 O^2 扩散系数，提高混凝土的抗冻标号和耐冻融循环次数等)；④ 进行全寿命经济分析，使经优选后的总费用为最佳的设计方案费用，即除初期投资外，要另含维修、加固、检测费用，尽量减少后期投资，使长期效益最大化；⑤ 制定本地区耐久性设计规程；⑥加强行业自律与技术管理等。

(3) 在提高混凝土管片材料的耐久性方面，应采取的对策措施有：① 采用粉煤灰、矿渣、硅粉做水泥混合料或复掺外加剂，以有效减少混凝土早期干缩及因表面碳化收缩而开裂的情况，提高抗 Cl$^-$ 和 SO$_4^{2-}$ 的渗透能力；② 在国外，管片混凝土内采用了高熔点钢纤维和低熔点聚丙烯纤维的复合纤维掺加剂，以改善高性能混凝土的抗突发爆裂性，如英法海峡隧道延伸段一期及近年来其他欧洲大陆许多地铁与越江隧道还采用了复合纤维管片以替代部分钢筋，并节约水泥约 15％；③ 提高混凝土抗渗性能指标；④ 增加混凝土密实度，改进级配(非碱活性骨料)、降低水胶比(小于 0.35)、优选水泥品种、减少水泥用量(小于 130 kg)、选

用含少量侵蚀性离子的拌和水，掺入硅粉(约为 10％水泥量)，可降低混凝土渗透数 1 个量级，并能将混凝土中氧的扩散率降低 4 倍，添加活性粉料(高炉矿渣微粉与优质粉煤灰双掺)、混凝土中掺加阻锈剂，蒸气养护与水养护时做到正确温控；⑤ 管片外侧涂刷保护膜(对氯盐环境的屏障层而言)做硅烷溶液防水处理，施做焦油氯磺化聚乙烯与焦油酸性环氧复合型涂料，可降低混凝土渗透系数 2 个量级，降低氧和氯扩散率从而延缓钢筋脱钝使其锈蚀率降低并延缓混凝土碳化。钢筋保护膜可选用：环氧沥青类、水泥基渗透结晶类(无机涂料)，对管片施做绝缘保护以防电化作用而锈蚀钢筋；⑥ 适当增厚钢筋保护层等。

英国 BS8110 标准则规定：① 衬砌混凝土保护层厚度较建筑结构规范再提高 10～20 mm，管片外侧为 40 mm，内侧为 30 mm，以防止混凝土碳化而锈蚀钢筋；② 对钢筋面层做直接保护，先喷砂除锈去污后，钢筋笼做热浸锌处理或高压静电喷涂环氧处理，以防钢筋锈蚀而与混凝土间的握裹力下降；③ 改进管片生产工艺和质量管理，如真空吸盘脱模工艺和钢筋笼 CO$_2$ 保护焊接技术等；④ 有条件时，要定期清洗运营中管片内表面的盐类沉淀物；⑤ 防止电气化地铁中杂散电流对钢筋的电腐蚀，提高钢筋与轨枕间的绝缘质量，保持轨枕清洁和干燥。

5 崇明长江隧道结构服务寿命预测

5.1 管片衬砌结构的耐久性设计

管片衬砌结构的耐久性设计结果见表 2。

表 2　隧道结构耐久性设计结果

计　算　项　目		计算结果
结构最小抗力 R(极限承载力)/kN		6 850
荷载和环境效应引起的结构内力 S/kN	截面大偏心情况下	3 329
	截面小偏心情况下	4 506
耐久性设计系数 η		0.826

根据表 2 中数据验算 S 是否小于等于 17R。此时 S、R 暂取随机变量(随机过程的均值)，由于 3 329、4 506 均小于 0.826 × 6 850 = 5 658，因此满足设计要求。

5.2 管片结构服务寿命的理论预测

管片结构服务寿命的理论预测见表3。

表3 隧道服务寿命的理论预测

计 算 项 目		计算结果
钢筋无锈工作年限 t_i/年	① 混凝土碳化腐蚀 $t_{i-tanhua}$(按 Fick 第一定律求得)	74
	② 钢筋氯离子侵蚀 t_{i-Cl^-}(按 Fick 第二定律求得)	58
	③ 取①、②年限中的小者	58
钢筋起锈到混凝土表面起裂的年限 t_{cr}/年		52
混凝土表面起裂到缝宽达限值的年限 t_{cra}/年		26
按衬砌裂缝控制的服务寿命($T_i = t_{i-Cl^-} + t_{cr} + t_{cra}$)/年		58+52+26= 136>100
钢筋无锈工作年限 t_i/年		58
钢筋起锈到结构承载力完全丧失的年限 t/年		121
按衬砌极限承载力控制的服务寿命($T_2 = t_i + t$)/年		58+121= 179>100

注：所有公式及其符号说明参见文献[10]、[12]、[13]；计算得出的 $T_1 = 136$ 年可作为按第4,6节所述根据项目适用性和安全性准则进行耐久性设计时的理论预测值。

5.3 室内模型试验与检测

本文中的试验研究采用了钢筋经电化学快速锈蚀然后按照国外经验沿用其较自然环境侵蚀作用下的"加速倍率"法做近似换算,得出的自然环境腐蚀条件下钢筋实际锈蚀时间的试验测定方法,作为对上项服务寿命理论计算预测值的修正,最后可求得隧道管片衬砌结构按承载力完全丧失条件经试验修正后预测得的服务寿命,从而检验是否满足设计基准期(100 年)的要求。如果按比较严格的、限于满足结构正常使用期适用性与安全性的设计准则,则其服务寿命要短许多,但用本文所述的原理和方法,也同样是可以计算预测的,表3中的 $T_1 = 136$ 年,可作为改按管片衬砌裂缝控制条件的服务寿命理论预测值。该试验研究工作正在进行中,其阶段性成果因尚不够完整,本文中未列出。

5.4 模型试件服务寿命的试验预测

5.4.1 室内试验的基本构思

结构服务寿命定量预测值的分析和试验过程的具体步骤如下。

步骤1:从理论分析计算,先预测得理论计算的结构服务寿命(表3);室内模型试验,模拟与实际结构同

样受力性态的小尺寸试件。

步骤2:通电。使试件内钢筋快速锈蚀,测出其锈蚀速率(分时刻称质量)和达到试件完全丧失承载力的天数。

步骤3:求加速倍率

$$K = \frac{v_q}{v_n}$$

式中, v_q 为试件钢筋快速锈蚀的平均速率; v_n 为海洋环境条件下试件钢筋的自然锈蚀速率。

步骤4:求试件自然锈蚀的服务寿命。

$$a_n = K \frac{t_c}{365}$$

式中, t_c 为试件快速丧失承载力的时间。

步骤5:经试验得到对试件理论预测寿命的修正系数。

$$K_{mod\ i} = \frac{a_n}{a_p}$$

式中, a_p 为试件理论预测的服务寿命。

步骤6:步骤5中设定结构与试件具有惟一的相似性,则可得结构经试验修正后的服务寿命。

$$a_m = K_{mod\ i} a_p$$

5.4.2 钢筋锈蚀效应对偏心短柱承栽力的影响

按钢筋预测锈蚀率和实际锈蚀率,偏心短柱的理论承载力(按第4.4节中耐久性设计方法计算)与试验承载力的对比见表4。

表4 各偏心短柱试件的理论承载力与实测锈蚀率

试件编号	CZ00	CZ10	CZ20	CZ30	CZ40	CZ50
锈蚀时间/h	—	240	480	720	960	1 200
锈蚀电流/A	—	1 000	1 000	1 000	1 000	1 000
预测锈蚀率	—	7.02%	13.78%	20.28%	26.53%	32.52%
实测锈蚀率	—	6.48%	11.37%	16.45%	22.38%	27.54%
理论承载力/kN	266.84	252.02	239.85	228.75	214.59	202.07
实测承载力/kN	520.40	497.44	496.07	485.26	465.37	454.92

对于服务寿命很长的高性能混凝土,如采用实物在自然环境腐蚀(损伤)作用下研究其耐久性年限,则几乎需要几代人的跟踪试验和持续不断地观察才能得出真实有效的结果,这不仅耗费巨大的人力物力,而且

失去了对目前工程建设给予指导和建议的可行性。本文中采用试件钢筋通电锈蚀加速试验的结果进行对自然环境腐蚀实际条件的换算,以预测钢筋混凝土构件长期使用的服务寿命,这是一个难度很大的工作。这种方法可靠性的关键在于如何合理建立试件钢筋短期加速锈蚀试验与自然环境条件腐蚀间二者结果的相关关系,以达到推定结构长期服务寿命的目的,在目前的可能条件下应认为是比较可行的。

对于混凝土结构中的钢筋锈蚀,通过室内电化学加速锈蚀虽然能够实现在短时间内达到钢筋深度腐蚀以至试件丧失承载能力的目的;但从钢筋电化学加速试验结果来看,电化学加速锈蚀试验与自然环境条件下的钢筋腐蚀并不完全等同,二者在钢筋锈蚀的内、外部环境和锈蚀速度及其表现形式等客观条件上都存在着差异。对于钢筋室内快速锈蚀与其自然锈蚀之间的相关关系,目前仅能局限于通过室内快速锈蚀速度与自然锈蚀平均速度二者的比值(加速倍率)来描述,显然,这种简单的线性倍率关系具有一定的不合理性。因此,要做到混凝土结构服务寿命的准确预测,还需从试验方法、试验模型及试验设备和仪器等方面研究钢筋短期加速锈蚀与自然环境锈蚀间的相关关系与演变规律,以及钢筋锈蚀引起混凝土结构承载力随工作环境及时间变化对耐久性产生的损伤机理,这对于完善和发展现有混凝土结构寿命预测的理论及其相应的耐久性设计方法都具有重要的科学意义和实用价值。

5.5 模型试件试验分析

模型试件试验分析见表5,所采用的公式见第5.4节。

表5 模型试件试验分析结果

计算或试验项目	计算或试验结果
试件钢筋无锈工作年限(试件第1工作阶段)$T_{model-1}$/年	45.2
试件相关系数 · 氯离子在混凝土内的扩散系数 C_{Cl^-}(可暂按90 d保守估计)/(m²·s⁻¹)	7.35×10^{-12}
试件相关系数 · 沿试件表面的氯离子浓度 C_s	0.30~0.44(对不同试件)
由试验计算试件钢筋起锈到承载力完全丧失的年限(试件第2工作阶段)$T_{model-2}$/年	—
试件钢筋快速锈蚀平均速率 V_1/(μA·cm⁻²)	1 000

计算或试验项目	计算或试验结果
自然环境下试件钢筋自然锈蚀速率 V_2/(μA·cm⁻²)	根据国外资料暂取4
钢筋锈蚀速率换算时的加速倍率 $K = V_1/V_2$	250
试件第2工作阶段,钢筋快速锈蚀所用时间(由室内试验测得)$T_{model-2-ele}$/d	45.96
试件内钢筋的自然锈蚀时间($T_{model-2-nature} = KT_{model-2-ele}$)/年	250×45.96/365=31.48
试件第2工作阶段的理论服务寿命(同表3,同样做理论计算得出)$T_{model-2-theory}$/年	28.74
试验修正系数(一般均大于1.0)$K_{modi} = T_{model-2-nature}/T_{model-2-theory}$	$\frac{31.48}{28.74} = 1.095$

5.6 经试验修正后的结构服务寿命

经试验修正后的结构服务寿命见表6。

表6 修正模型试件试验分析结果

计算或试验项目	计算或试验结果
衬砌在自然腐蚀条件下,第2阶段的服务寿命($T_{lining-2-nature} = K_{modi} T_{lining-2-theory} = T_2$)/年	1.095×121=132.5
经试验修正后,衬砌结构按丧失承载力要求、总的预测服务寿命($T = t_i + T_2$)/年	58+132.5=190.5大于100

6 结语

近年来,工程结构物的耐久性问题已日益引起业界人士的普遍关注,并成为各类重大工程建设项目论证和结构设计中不可或缺的一项主要内容。在中国跨越江海的特大型水下隧道工程已有多座正在兴工修建,由于它的投资浩大及不可修复性,对其耐久性和服务寿命的定量预测就更显迫切而需要。本文中笔者对崇明长江隧道结构耐久性设计问题的一些主要方面进行了研讨,并得出了其服务寿命能达到100年设计基准期的基本要求;这方面的试验工作尚在进行中,因而它只是阶段性的初步成果。由于环境侵蚀作用引起材料和结构耐久性的持续损伤具有很多、也很分散的随机性因素,建议采用概率极限状态(分别按安全、适用性丧失和承载力丧失的两种极限条件)的耐久性设计方法是比较可取和合理的。这方面当前研究工作上的困难在于:环境作用(含腐蚀性大气、地下水和岩土体介质)对结构腐蚀效应的试件样本取之不易,且测试更加费时,导致第一手的相关资料极度匮缺,并使之按随机过程(随机变量)为基础的结构抗力(内力)的统计取值难以获得。此外,在对结构服务寿命的理论预测值做试验修正时,由于材料和结构性能的劣化是一种呈非线性变加速度历时衰减的长期过程而难于进行,因此本文中采用的以钢筋电化学快速锈蚀试验做换算,则只是一种不得已的近似构思,其与自然环境条件下的腐蚀作用之间的定量关系,采用加速倍率法则换算只是国外从少数统计样本所得的实测参变量,故有相当的局限性和任意性。再则,混凝土结构早期裂纹(初始损伤)对后续耐久性损伤累积与演变的影响也尚未涉及。因此,笔者认为,在中国对结构材料(但往往未考虑施加于所研究材料的各种受力性态和材料受力前已有的初始裂纹和变形)已有相对丰硕成果的基础上,今后如何讨论其具体受力结构的耐久性问题研究,将是一项长期并亟待深化的课题。

参考文献

[1] 王启耀,赵均海. 地铁区间隧道衬砌结构耐久性研究[J]. 建筑结构学报,2006,27(增1):726 - 729.

[2] 黄慷. 水底盾构隧道结构的耐久性及可靠度设计的理论与方法[D]. 上海:同济大学,2004.

[3] 朱江,许清风,王孔藩. 提高混凝土结构耐久性的设计建议[J]. 上海建设科技,2006,27(6):15 - 17.

[4] EDVARDSEN C K, KIM Y J, DARK SJ, et al. Busan-geoje Fixed Link Concrete Durability Design forthe Bridges and Tunnels[J]. Tunneling and under-ground Space Technology, 2006, 21(3):432.

[5] 张颖,张庆贺,韩伟勇. 影响隧道衬砌管片耐久性的原因及解决方法研究[J]. 现代隧道技术,2006,43(增1):101 - 105.

[6] 孙富学,张莉. 基于近似概率的衬砌结构耐久性设计研究[J]. 铁道科学与工程学报,2006,3(4):46 - 49.

[7] 梁本亮,孙富学. 基于粒子群演化算法的混凝土碳化预测[J]. 建筑结构学报,2006,z7(增1):723 - 725.

[8] 孙富学,梁本亮. 隧道衬砌结构耐久性寿命影响因素敏感性分析[J]. 地下空间与工程学报,2006,2(2):214 - 216.

[9] 孙富学,荣耀. 隧道衬砌耐久性寿命预测研究[J]. 地下空间与工程学报,2006,2(3):358 - 360.

[10] 孙富学. 海底隧道衬砌结构寿命预测理论与试验研究[D]. 上海:同济大学,2006.

[11] 孙钧. 地铁与江底隧道管片衬砌结构耐久性设计的若干问题[R]. 上海:上海市隧道工程轨道交通设计研究院,2007.

[12] CHANG P K, PENG Y N, HwANG C L. A Design Consideration for Durability of High-performance Concrete[J]. cement and concrete Composites, 2001, 23(4):375 - 380.

[13] SUN Jun. Study on Durability/servicPlife Predictionfor Subsea Tunnels — a Research Project for Xiangan subsea Tunnel in Xiamen, China[C] //Yuan Yong. Proceeding of the 1st International Workshop on Service life Design for Underground Structures. Shanghai:Tongji University Press, 2006.

[14] YUAN Yong, JOOST W, GUANG Y. Serviceability of Underground Structures[C] //YUAN Yong. Proceeding of the 1st International Workshop on Service Life Design for Underground Structures. Shanghai:Tongji University Press, 2006.

[15] THOMAS M D A, BENTZ E C. Life—365:Computer Program for Predicting the Service Life and Life-cycle Costs of Reinforced Concrete Exposed to Chlorides [M]. St. Paul:Cortec Corporation, 2001.

本文发表于《建筑科学与工程学报》
2008 年第 25 卷第 1 期

Durability problems of lining structures for Xiamen Xiang'an subsea tunnel in China

Jun Sun

Abstract: Durability problem of reinforced concrete for underground structures is a hot issue in the field of structural engineering. For underground structures, the prediction of structural service life and methodology for durability design are needed to estimate structural durability. Taking the case of Xiamen Xiang'an subsea tunnel as background, which is designed to meet the requirement of 100-year service life, the influential factors on tunnel lining durability are analyzed. Under the criteria of crack controlling and bearing capacity of lining structures, the theoretical service life of Xiamen Xiang'an subsea tunnel lining is studied. The regulations, which are needed for the diffusion capability of chloride ions in concrete by the relevant diffusion tests, are proposed. After a quick corrosion test, the bearing capacity test on eccentric short columns is implemented to investigate the variation rules in the bearing capacity of models with time. Influence of the corrosion degree of steel bars on the bearing capacity of models is also investigated. Based on the results of model tests, the acceleration ratio between the quick corrosion in laboratory test and the natural corrosion environments is established. Thus, the natural service life of subsea tunnel lining structures can be obtained by means of laboratory tests. Then, the proposed method using this modified model is employed to predict the service life of tunnel lining structures. Finally, the design and construction measures for improving the durability of lining structures of subsea tunnel are introduced. The proposed method in the present study based on a real engineering project is superior to those with only theoretical assumptions, and would be more suitable for similar projects.

Key words: service life prediction; durability design; chloride ions diffusion tests; quick corrosion test

1 Introduction

The present study mainly focuses on some key technical issues in structural durability design, analysis and laboratory tests for the lining structures of Xiamen Xiang'an subsea tunnel. The theories, relevant design codes and their applications of tunnel durability are established, including the prediction of service life for underground structures.

The studies on durability problems of tunnel lining structures are comparatively few in foreign countries or regions, while in China it just started several years ago. Wang[1] discussed the relationship between the characteristic values, strength of cracked concrete and crack width, and provided damage geometry for reinforced concrete structures and a new analytical tool for quantitative estimation of durability. Di and Zhou[2] proposed a fuzzy failure probability calculation method for durability problem in concrete structures, and recommended related standards for structural durability in China.

For the durability problems of tunnel lining structures, concrete durability design ideas were attempted and introduced to concrete structure design and engineering practices. In 1989, "CEB design guide for durable concrete structure" was issued in Europe.

In 2004, "Durability of concrete structures design and construction guidelines" was published in China. In addition, the draft of "Code for durability of concrete structures design" is waiting for further revisions.

1.1 Characteristics of durability of subsea tunnel

Basically, the characteristics of durability of subsea tunnel are different from those of other kinds of tunnels, which can be described as follows:

(1) Chemical erosion of seawater will greatly affect the durability of tunnel lining structures.

(2) Seawater reaches the surface of tunnel lining by seeping through rock fissures and weak interlayers. During the seepage course, possible reaction between rock mass and seawater could cause various seawater erosion performances (degradation or reinforcement).

(3) Long-term and persistent action of a high waterpressure on tunnel lining structures should be considered.

(4) Tunnel lining is basically operated under complex stress situations and influenced by complicated environments.

(5) Because of environmental limitations in tunnel lining construction, difficulties drastically increase. Measures to ensure construction quality becomes even harder to be taken.

(6) Conditions of construction and operation turn to be more complex. Therefore, the durability problem becomes striking and needs to be solved.

1.2 Necessity of durability study on subsea tunnels

In this paper, the necessity of durability study on subsea tunnels can be attributed to the following factors:

(1) Xiamen Xiang'an tunnel and Qingdao Jiaozhou Bay tunnel, which are the first two subsea tunnels at present in China, are propounded to have the designed service life of 100 years.

(2) No related design specifications or experiences can be referred to or used to guide the construction of the subsea tunnels.

(3) To guarantee the 100-year service life of subsea tunnels, studies on durability problem of the tunnel should consider various environmental erosion factors synthetically.

2 Theoretical study

2.1 Influential factors on durability of tunnel structures

According to the studies on durability and damage of reinforced concrete structure[3, 4], the problem of durability of tunnel structures is basically resultant from internal and external factors. The so-called internal factors approximately include improper structural design, unqualified building materials, and poor quality of concrete structure. One or combination of the above-mentioned reasons will offer the possibility to formulate erosion conditions that lead to the degradation of structural durability.

The external factors are normally composed of natural and operative environments, which cannot be easily controlled by human activities. Therefore, the main issue of structural durability is to eliminate and control the internal factors, and consider external factors as much as possible to extend the tunnel structure lifetime. Above all, the structure design and construction process should be carefully implemented. For simplicity, the influential factors on durability of tunnel structures are given in Fig. 1.

2.2 Mechanism of durability degradation

Under the interaction of internal and external factors, the reinforced concrete structure will undergo an internal corrosion and surface damage (cracks, block flaking, etc.), and so on. All of the factors will eventually lead to damage or failure of tunnel structures. In addition, the durability and corrosion of steel bar will drastically reduce the bearing capacity of overall concrete structures, as shown in Fig. 2.

2.3 Prediction of structural service life

2.3.1 Prediction criterion of structural service life

Structural service life means that, under normal

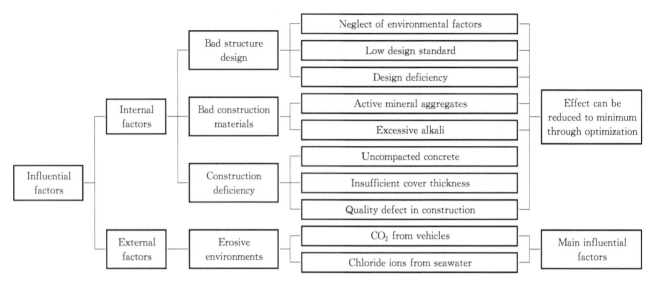

Fig. 1　Influential factors on durability of tunnel structures.

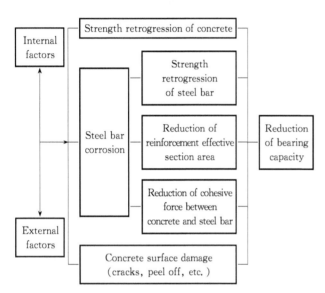

Fig. 2　Mechanism of durability degradation of tunnel structures.

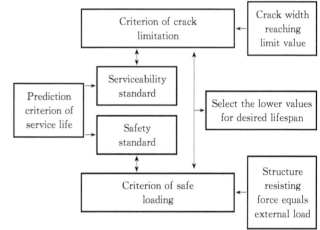

Fig. 3　Prediction criterion for detailed calculation process of structural service life.

conditions of operation and maintenance, the structure can function for a certain period of time as it is designed. Based on the requirements for structural performances, there are four criteria about the structural service life prediction and assessment[5, 6], which can be categorized as erosion of carbonation and chloride ions, cracking at rust expansion, crack width and steel bar corrosion limitation, and ultimate bearing capacity. The criteria of crack width and steel bar corrosion limitation, and ultimate bearing capacity are mainly introduced in the present context. Figure 3 shows prediction criterion for detailed calculation process of structural service life.

2. 3. 2　Service life prediction criterion based on crack width limitation

Based on service life prediction criterion of crack width limitation, the service life of tunnel lining can be predicted with the following expression[7, 8]:

$$T_1 = t_i + t_{cr} + t_{cra} \tag{1}$$

where t_{cr} is the time from initiation of steel bar corrosion to the appearance of concrete surface cracks; t_{cra} is the duration from the appearance of surface cracks to crack width reaching its limit value; t_i is the operative period without any corrosion, which is the time from end of construction to the initiation of steel bar corrosion. t_i is the time when corrosion initiates in the external or internal surface of concrete. Thus, the following formula holds true:

$$t_i = \min\{t_{i-Cl}, -t_{i-tanhua}\} \quad (2)$$

where $t_{i-tanhua}$ is the period of steel bar without corrosion, followed by concrete carbonization (internal face); t_{i-Cl} is the period of steel bar without corrosion in external face of tunnel lining[9].

Figure 4 shows the calculation flowchart of the time of steel bar without corrosion in internal lining face. The Assumption 1 is considered during numerical calculations:

(1) Concentration distribution of carbon-dioxide (CO_2) in concrete is linear.

(2) Concentration of CO_2 keeps constant at concrete surface, and is zero in the region without carbonization.

(3) Quantity of CO_2 absorbed by unit concrete volume keeps constant.

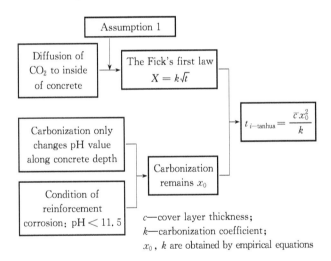

c—cover layer thickness;
k—carbonization coefficient;
x_0, k are obtained by empirical equations

Fig. 4　Time calculation flowchart of steel bar in internal lining face.

Figure 5 shows time calculation flowchart of steel bar in external lining face.

For steel bars in external lining face, the Assumption 2[10] is considered:

(1) Pore distribution in concrete is roughly uniform.

(2) Chloride concentration gradient is distributed merely along the surface of lining structure to rebar surface.

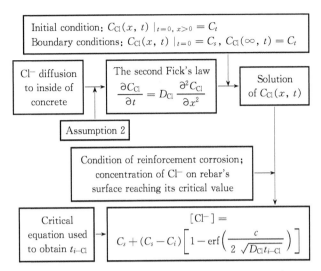

Fig. 5　Time calculation flowchart of steel bar in external lining face.

(3) Diffusion concentration varies linearly with time.

For theoretical prediction of the service life of tunnel structures, the parameters in critical equations are assumed as following:

(1) C_s, the chloride ion (Cl^-) concentrations in concrete surface, is determined as 0.346% at $t=0$.

(2) C_i, initial chloride ion (Cl^-) concentration inside concrete, is determined as 0.046%.

(3) $[Cl^-]$, critical Cl^- concentration, is determined as 0.237%.

(4) D_{Cl}, chloride ion (Cl^-) diffusion coefficient[11], is defined as $D_{Cl} = e^{3.56w/c+3.86RH-32.36}$ $\quad (3)$

where w/c and RH are water-cement ratio and average humidity, respectively.

(5) For t_{cr} described in Eq. (1), it can be written as

$$t_{cr} = \delta_{cr}/\lambda_0 \quad (4)$$

where δ_{cr} is the steel bar corrosion depth when concrete cover is cracked, λ_0 is the corrosion velocity of reinforcement concrete before cover cracking. The values of above two parameters, i.e. δ_{cr} and λ_0, can be obtained by empirical equations from laboratory test.

(6) For t_{cra} in Eq. (1), it is calculated by coefficient method, according to the correlation between the time before and after cover cracking, which can be

written as

$$t_{\text{cra}} = \beta t_{\text{cr}} \qquad (5)$$

where β is the correlative coefficient obtained by laboratory test.

2.3.3 Service life prediction based on the criterion of ultimate bearing capacity

(1) Time calculation[12] of service life prediction can be considered:

$$T_2 = t_i + t \qquad (6)$$

where t is the time from initiation of rebar corrosion to structure resistance strength decreasing to a critical value at an external load.

(2) According to current design specifications, the structure resistance strength can be calculated and the load effect can also be estimated.

(3) Deterioration (damage) of ultimate bearing capacity of tunnel structure can be considered by the following three damage parameters: a_s, the reduction coefficient related to the strength and sectional area of steel bar after corrosion; a_c, the interaction coefficient of reinforcement and concrete after corrosion; and a_{cc}, the geometrical damage coefficient of concrete cover layer along the direction of structure thickness. As noted, the above-mentioned three parameters can be obtained by experimental investigations, all of which are the functions of time.

With above-mentioned three parameters, the related items in terms of strength in design can be derived, which are listed in Table 1.

Table 1　Parameters for strength calculation before and after corrosion of steel bar.

Variables before corrosion	Variables after corrosion
$R_g A_g'$	$a_s R_g A_g'$
$R_g A_g$	$a_s a_c R_g A_g$
h_0	h_{oc}

In Table 1, it is noted that h_{oc} is the effective height of concrete section after deterioration (damage),

which is described as

$$h_{\text{oc}} = h_0 - a_{\text{cc}} c \qquad (7)$$

(4) Given a critical state, service life can be obtained.

2.3.4　Theoretical prediction of service life of tunnel lining structures

The prediction results of service life of tunnel lining structures with various criteria are listed in Table 2, in which units of all calculation time are in year. Predicted service life of tunnel structure can be expressed as

$$T = \min\{T_1, T_2\} \qquad (8)$$

Table 2　Prediction results for service life of the tunnel lining structure.

Criterion	t_i [Eq. (2)]		t_{cr}	t_{cra}	t	T_1 [Eq. (1)]	T_2 [Eq. (6)]
	$t_{i-\text{tanhua}}$	$t_{i-\text{Cl}}$					
Crack width limitation	66	50	41	22	—	113	—
Ultimate bearing capacity	50		—	—	121	—	171

It can be observed from Table 2 that $T_1 = 113$ years and $T_2 = 171$ years. According to Eq. (8), the predicted service life is 113 years, which is greater than 100 years. Thus, the design requirement is satisfied.

2.4　Durability design of tunnel lining structures

2.4.1　Defects in traditional design

(1) Unfavorable environments could damage the tunnel linings and reduce its service life, which are not considered quantitatively in traditional design.

(2) Taking account of environmental corrosion quantitatively in structure design could enhance and guarantee the service life effectively[13, 14], which is not included in traditional design.

2.4.2　Durability design based on approximate probability

Similar to the expression of current structure design ($S \leqslant R$)[15], the equation employed in the context is written as

$$S \leqslant \eta R \qquad (9)$$

where S is the design value of internal force of structure; R is the design value of structure resistance strength; and η is the design coefficient for structure durability, which is a function of structure reliability index $\beta(t)$.

The durability design in terms of Eq. (9) has simple expression form and is convenient in operation.

2. 4. 3　Contents and flowchart of durability design

Combining the reliability theory with structural reliability index[16], durability coefficient of the structure can be obtained at any time during the service life. Thus, structure resistance limit state can be therein considered. As an example, Fig. 6 shows the flowchart of lining durability design for a river-crossing tunnel.

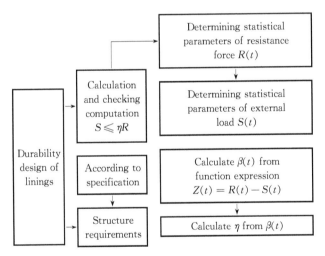

Fig. 6　Lining durability design of a river-crossing tunnel.

2. 4. 4　Resistance force $R(t)$ as a random process

The resistance force $R(t)$ can be regarded as a random process:

(1) Considering the randomness in damage coefficients (a_s, a_c and a_{cc}), the resistance force can be modeled by a random process.

(2) According to the reliability theory[17], corresponding statistical parameters can be obtained.

(3) Based on the reliability theory, the mean value and error propagation equations can be written as

$$\left. \begin{aligned} \mu_Y &= f(\mu_{x_1}, \mu_{x_2}, \cdots, \mu_{x_n}) \\ \sigma_Y &= \sqrt{\sum_{i=1}^{n} \left(\frac{\partial f}{\partial X_i} \Big| \right)^2 \sigma_{X_i}^2} \end{aligned} \right\} \qquad (10)$$

where

$$Y = f(X_1, X_2, \cdots, X_n) \qquad (11)$$

2. 4. 5　External force $S(t)$ as a random load

The external force $S(t)$ can be modeled as a random load:

(1) The parameters of surrounding rocks and concrete structures are adopted to calculate the internal forces of lining structures, and the internal forces are modeled as a random process.

(2) For lack of statistical parameters, it is difficult to obtain the quantitative expressions of relevant parameters varying with time.

(3) Variations of parameters (mainly concerned with surrounding rocks and lining structures) with time are small compared with their average values, thus the environmental or external loads can all be considered as random variables without considering the effect of time.

(4) With above-mentioned steps, the statistical parameters $S(t)$ of structure internal forces can be obtained.

2. 4. 6　Determining reliability index $\beta(t)$ by mean first order reliability method

The reliability index $\beta(t)$ can be determined by mean first order reliability method as

$$\beta(t) = \frac{\mu_z(t)}{\sigma_z(t)} = \frac{\mu_R(t) - \mu_s}{\sqrt{[\sigma_R(t)]^2 + \sigma_s^2}} \qquad (12)$$

As a result, the calculated $\beta(t)$ at 100-year service life is 2.435.

2. 4. 7　Durability coefficient η

The durability coefficient η can be described as

$$\eta = \frac{\beta_0}{\beta_0 + \beta_t - \beta(t)} \qquad (13)$$

where β_0 is the structure reliability index at design; and

225

β_t is also the structure reliability index, which satisfies the requirements at the end of designed lifespan. It is commonly believed that $\beta_t = \beta_0$, and β_0 can be obtained according to the "Code for design of concrete structures" (GB 50010 - 2002). Thus we have $\beta_t = 3.7$ and $\eta = 0.745$. In terms of Eq. (9), the ultimate state in tunnel lining durability design should be $S \leqslant 0.745R$.

2.4.8 Discussion

Compared with traditional design method, where $S \leqslant R$ is considered, the present durability design method, $S \leqslant 0.745R$, can be considered by multiplying an additional coefficient less than 1 on the right-hand side. The designed safety reserve is heightened to some extent so as to ensure a longer service life of lining structure.

3 Experimental studies of durability of subsea tunnel lining

Water samples were taken in-situ at a certain depth, and the contents of Cl^-, Mg^{2+} and SO_4^{2-} ions were determined in laboratory tests. In order to explore the seawater seeping through soft soil layers of Quaternary period, which may contain harmful ions composition, resulting in changes in physico-chemical reactions of the soil, the groundwater and soil samples were employed in the same test. The salt concentration used in the test was based on the concentration of water samples, so that the test on salt concentration can simulate the real situation of the project.

3.1 Service life prediction of tunnel structures with experimental tests

3.1.1 General principle

The service life of tunnel structures is predicted based on the criterion of ultimate bearing capacity. Total service life is composed of two parts, T_1 and T_2, which can be written as

$$T = T_1 + T_2 \tag{14}$$

In Eq. (14), the parameters of T_1 and T_2 can be predicted through related tests.

3.1.2 Calculation of T_1

As stated before, T_1 is defined as the duration without reinforcement corrosion. Chloride ions induced corrosion is regarded as the main deterioration factor, and the period without corrosion is shorter than the one under the condition of carbonization. In order to calculate T_1, two key parameters, D_{Cl} and C_0, are determined through related tests. In addition, the following assumptions are adopted in the context:

(1) T_1 is calculated using the Fick's second law based on experimental tests.

(2) Rebar in concrete operates without any corrosion and the bearing capacity of rebar is not decreased.

3.1.3 Calculation of T_2

T_2 is regarded as the period from initiation of steel bar corrosion to the end of the lifespan. In this period, rebar begins to experience corrosions, and the depth of corrosion point increases with time. As a result of reinforcement corrosion, the structure bearing capacity will be reduced gradually to the value of external loading, which will lead to structural collapse. Governing equation of quick corrosion test is deduced through indoor laboratory test, and the following formula for mean corrosion depth is gained:

$$h = 3.72 \times 10^{-5} it_1 \tag{15}$$

where h is the mean corrosion depth (cm), i is the corrosion current density ($\mu A / cm^2$), and t_1 is the corrosion time (s).

Acceleration ratio of quick corrosion test in laboratory to natural corrosion environment has the relationship of

$$K = V_1 / V_2 \tag{16}$$

where V_1 is the corrosion velocity of quick test ($\mu A/cm^2$), and V_2 is the mean corrosion velocity in nature ($\mu A/cm^2$). As for practical application, V_2 is assumed equal to 4 $\mu A/cm^2$.

Cumulative probability density of measured corrosion velocity in natural condition agrees well with that of quick test in laboratory under the condition of reduced chloride corrosion:

(1) Cumulative probability density of corrosion velocity less than 1.0 $\mu A/cm$ reaches 93%.

(2) Cumulative probability density of corrosion velocity less than 10 $\mu A/cm^2$ is almost equal to 100%.

In engineering design, the reliability with a probability of 95% is usually adopted. For simplicity, the flowchart to describe T_2 is introduced. First of all, the corrosion damage time T_{v1} of small-scale model and limit corrosion depth h_0 of steel bar are determined on the basis of laboratory tests. Then, the acceleration ratio K is calculated. Finally, under the natural corrosion conditions, the duration T_{v2} of steel corrosion is achieved at the same depth of h_0. Thus, T_2 can be determined as $T_2 = T_{v2} = K T_{v1}$. The detailed calculation flowchart is shown in Fig. 7.

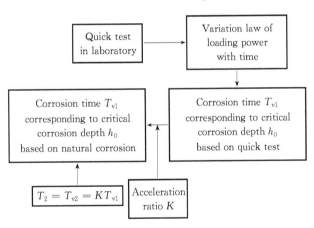

Fig. 7 Flowchart of predicting service life of tunnel lining structures by quick test.

Service life criteria are employed for tunnel lining structures when their bearing capacities gradually decrease until the lining structures do not meet the design requirements or lose functions at the time t. Flowchart of service life prediction of tunnel lining structures with quick model test and theoretical calculation is shown in Fig. 8. In the study, small-scale model is used to calculate time at various stages in a safe loading condition. The theoretically predicted service life, $T_{model-2-theory}$, in the second phase can be gained, and the corresponding experimental service life, $T_{model-2-experiment}$, in the second phase can also be recorded. Thus, the ratio of K_{mod} can be calculated in terms of

$$K_{mod} = T_{model-2-experiment} / T_{model-2-theory} \quad (17)$$

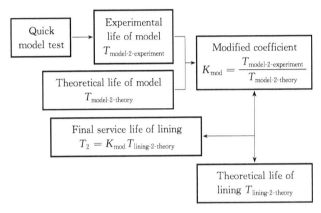

Fig. 8 Flowchart of service life prediction of tunnel lining structure with quick model test and theoretical calculation.

Finally, the T_2 can be determined as

$$T_2 = K_{mod} T_{lining-2-theory} \quad (18)$$

3.2 Diffusion tests

3.2.1 Purposes

Based on diffusion test, the initial concentration of chloride ions in concrete can be obtained. Changes of the chloride ions diffusion coefficient under different mechanical behaviors, such as compressive stress, tensile stress, and so on, can be obtained.

3.2.2 Experimental design

In the chloride ions diffusion tests, three schemes, in which zero load, tensile stress and compressive stress are considered, are conducted. Under three kinds of load schemes, a comprehensive test scheme of chloride ion diffusivity is shown in Table 3.

3.2.3 The key points of diffusion tests

The key points during diffusion test are described as follows:

(1) After standard treatment of short columns at compression and short beams at tension for 28 days,

the ultimate bearing capacities of samples should be measured so as to determine the load value.

Table 3 Diffusion test design of chloride ion diffusivity.

Group No.	Load	Sample dimensions (mm×mm×mm)	Load level	Diffusion age (day)	Concentration of NaCl
1	Zero load	150×150×150 (standard test block)	0	30,60, 90,120	3%,5%,8%
2	Tensile stress	515×100×100 (standard short beam)	30%, 60%	60, 90,120	5%
3	Compressive stress	300×100×100 (standard short column)	30%, 60%	60, 90,120	5%

(2) Two opposite surfaces are selected as diffusion testing sides, and other remaining sides are sealed with epoxy resin.

(3) The solutions should be checked and agitated at times in order to keep the solution concentration constant and uniform.

(4) After diffusion time reaches a given period, the test blocks are taken out and sampled according to specific requirements. Then, the contents of chloride ions in concrete can be measured.

(5) The content of free chloride ions in concrete is measured by silver nitrate titrimetric method. The content of free chloride ions in concrete can be determined in terms of

$$P = \frac{0.035\,45 C_{AgNO_3} V_5}{G V_4 / V_3} \times 100\% \qquad (19)$$

where P is the content of free chloride ions (%); C_{AgNO_3} is the concentration of silver nitrate solution; G is the weight of sample; V_3, V_4 and V_5 are the volume of solution soaping the sample, the volume of solution taken every time, and the volume of silver nitrate solution consumed every time, respectively.

(6) Sampling delamination

The sampling sides are parallel to diffusion surfaces. The sampling spacings are set to be $0-3$, $3-6$, $6-9$, $9-12$ and $12-15$ mm, respectively.

In order to obtain the unknowns, i. e. the surface concentration and diffusion coefficient of chloride ions, the Fick's second law is employed to fit the variables by the least square method.

3.3 Bearing capacity test of eccentric columns after electrochemical corrosion

3.3.1 Experimental design

Rapid electrochemical corrosion test of steel bar is conducted on large eccentric columns at small-scale. The thickness of concrete cover is 25 mm, which is shown in Fig. 9.

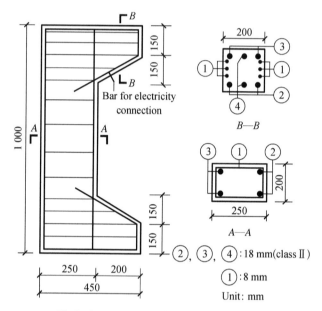

Fig. 9 Large eccentric columns in small-scale test.

Series number, corrosion time and corrosion current density in the model test are shown in Table 4.

Table 4 Series number, corrosion time and corrosion current density.

Stories No.	Corrosion time (day)	Corrosion current density($\mu A/cm^2$)
CZ00	—	—
CZ10	10	1 000
CZ20	20	1 000
CZ30	30	1 000
CZ40	40	1 000
CZ50	50	1 000

3.3.2 The key points of bearing capacity test

(1) Test groups

In the study, three groups of corrosion tests are

conducted. Based on the test model design, five required corrosion times are adopted, i. e. 10 days (CZ10), 20 days (CZ20), 30 days (CZ30), 40 days (CZ40) and 50 days (CZ50). In addition, three sets of rust corrosion devices (Fig. 10) are employed, which can be found in Table 5.

Fig. 10 Electrochemical corrosion test.

Table 5 Corrosion test specimen groups.

Group No.	Sample	Sequence of corrosion	Total corrosion time required (day)
1	CZ10,CZ40	First CZ10, then CZ40	10+40=50
2	CZ20, CZ30	First CZ20, then CZ30	20+30=50
3	CZ50	—	50

(2) The current value is kept at 2. 3 A in practice, and the solution concentration and current value are remained constant by periodical checking.

(3) JC－100 microscope is adopted to record crack opening.

(4) Actual corrosion ratio of rebar can be calculated by

$$\rho = \frac{G_1 - G_2}{G_1} \times 100\% \qquad (20)$$

where ρ is the rate of weight loss (%), G_1 is the initial weight, and G_2 is the final weight.

(5) Loading system

Loading scheme is set to be a 30 kN grade at each step until crack opening reaches 0. 3 mm. Then, the sample is loaded continuously till collapsing. The loading speed keeps at 0. 2 kN/s.

The corrosion mode after corrosion completion is shown in Fig. 11.

Fig. 11 Electrochemical test after corrosion completion.

Bearing capacity test of eccentric column after electrochemical test is shown in Fig. 12, and corrosion damaged mode after loading is shown in Fig. 13.

Fig. 12 Bearing capacity test of eccentric column after electrochemical test.

3.4 Testing results and analysis

3.4.1 Results of diffusion test

(1) Effect of zero load on diffusion action of chloride ions

From the tests, it can be observed that the diffusion time affects the chloride ion diffusion characteristics.

Fig. 13　Corrosion damaged mode after loading.

Figure 14 shows the relationship between content of free chloride ions and diffusion depth under the condition of zero load.

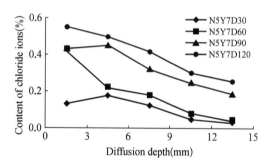

Fig. 14　Layered content curves of different chloride ion diffusion times (5% NaCl solution).

From Fig. 14, the following conclusions can be drawn: (i) The content of chloride ions decreases with the increasing diffusion depth at the same diffusion time. (ii) The content of chloride ions increases with the increasing diffusion time at the same depth. (iii) The content change of chloride ions agrees well with the result described by the Fick's second law. The explanation is that chloride ions enter the concrete by diffusion and cumulate gradually with time.

(2) Effect of tensile stress on diffusion action of chloride ions

This test is conducted in three different conditions. The effect of tensile stress on the chloride diffusion characteristics is analyzed. Layered content curves of

chloride ions under different tensile stresses are shown in Fig. 15.

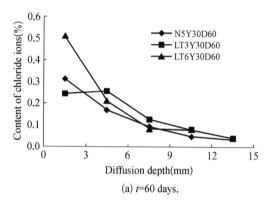

(a) t=60 days.

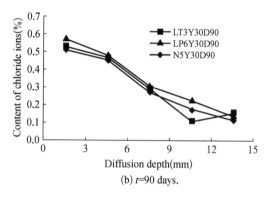

(b) t=90 days.

Fig. 15　Layered content curves of chloride ion under different tensile stresses.

From Fig. 15, it is found that: (i) The content of chloride ions increases with the increasing diffusion time at the same depth. (ii) Compared with the diffusion pattern of zero load, the content of chloride ions is similar under the condition of 30% ultimate tensile stress at the same depth. (iii) The content increases to some extent under the condition of 60% ultimate tensile stress at the same depth.

Under the condition of 30% ultimate tensile stress, the void structure of concrete has not been destroyed yet, so the diffusion action has little effect. However, under the condition of 60% ultimate tensile stress, the void structure of concrete is changed to some extent. As a result, diffusion action was strengthened, but the effect would be weakened with diffusion time.

(3) Effect of compressive stress on diffusion

action of chloride ions.

This test is also loaded in three different conditions. The effect of the compressive stress on the chloride diffusion characteristics is analyzed. Layered content curves of chloride ion under different compressive stresses is shown in Fig. 16.

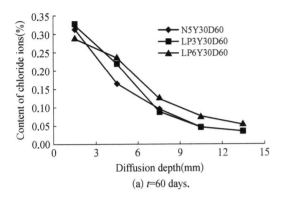

(a) t=60 days.

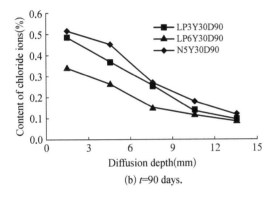

(b) t=90 days.

Fig. 16　Layered content curves of chloride ions under different compressive stresses.

From Fig. 16, the following conclusions can be drawn: (i) The content of chloride ions increases with the increasing diffusion time at the same depth. (ii) Compared with the results of zero load, the content decreases to some extent under the action of compressive stress at the same time and depth, and the decreasing degree is evident with increasing stress. (iii) Compressive stress causes the inner void structure to be compacted and lessened. As a result, the passage for chloride ions to diffuse into concrete is reduced and the diffusion velocity is dropped. (iv) The process of compressive stress affecting chloride ions diffusion is slow, and the effect becomes greater with time. (v) Under the condition of 30% compressive stress, the stress cannot

induce visible variation in the void structure, so the diffusion capacity is nearly the same as that of zero load. But under the 60% compressive stress, the effect becomes obvious, and increases with further diffusion time.

(4) Conclusions of diffusion tests

Conclusions of diffusion tests can be drawn as follows: (i) Tensile stress can strengthen the diffusion action, but the strengthening effect is insignificant. (ii) The diffusion results of zero load can be considered to reflect the diffusion characters of whole lining sections, and to predict the service life of tunnel linings.

(5) Analysis of diffusion coefficients

Based on the above analyses, chloride ion diffusion coefficient and surface concentration are listed under different times, as shown in Table 6. Figure 17 shows the relationship of effective diffusion coefficient with time.

Table 6　Chloride ion diffusion coefficient and concentration under different times.

No.	Effective diffusion coefficient, $D_{Cl}(m/s^2)$	Surface concentration, C_s	Coefficient of regression, R^2
N5Y7D30	1.27×10^{-11}	0.312 2%	0.962 7
N5Y30D60	1.03×10^{-11}	0.307 7%	0.999 8
N5Y60D90	7.35×10^{-12}	0.442 4%	0.991 8
N5Y90D120	6.43×10^{-12}	0.430 2%	0.986 4

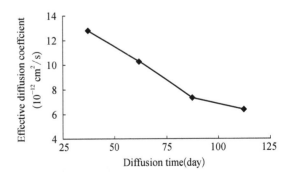

Fig. 17　Relationship of effective diffusion coefficient with time.

From above-mentioned results, it can be known as follows:

(i) The effective diffusion coefficient presents a

231

descending trend with time. With the advancing of hydration of concrete, concrete structure becomes more compacted, and the diffusion of chloride ions is blocked to some extent.

(ii) The relationship between effective diffusion coefficient and time can be expressed by an exponential equation:

$$D_t = D_{ref} \left(\frac{t_{ref}}{t} \right)^m \qquad (21)$$

where D_t is the diffusion coefficient of time t; D_{ref} is the diffusion coefficient at a reference time t_{ref}; m is the attenuation value of diffusion coefficient with time, which will decide the attenuation of diffusion coefficient with time.

It is noted that the attenuation value of diffusion coefficient begins to decrease sharply at the first 10 years, and tends to be constant after the next 30 years. Therefore, $t \leqslant 30$ years is considered in Eq. (21).

(iii) Because the velocity of strength growth of high-performance concrete is low, t_{ref} is basically assumed to equal 90 days.

(iv) Result of computation shows $m \approx 0.46$.

(v) The attenuation of diffusion coefficient can be expressed as

$$D = 1.08 \times 10^{-10} t^{-0.46} \qquad (22)$$

If t is assumed to equal 3 years, the diffusion coefficient of $D_{3 \text{ years}}$ is approximately $2.33 \times 10^{-12} \text{ m}^2/\text{s}$ in terms of Eq. (22).

3. 4. 2   Results of bearing capacity test of eccentrically loaded column

Large eccentric bearing capacity tests are applied to corroded specimens. Table 7 shows the bearing capacity test after model eccentric corrosion.

By the test data in Table 7, the relationship between ultimate bearing capacity and specimen corrosion time is plotted in Fig. 18. Thus, it is known that:

(1) The actual value of corrosion rate is smaller than the predicted value.

Table 7   Bearing capacity test after model eccentric corrosion.

No.	Corrosion time (hour)	Corrosion current density ($\mu A/cm^2$)	Forecasted corrosion ratio
CZ00	—	—	—
CZ10	240	1 000	7.02%
CZ20	480	1 000	13.78%
CZ30	720	1 000	20.28%
CZ40	960	1 000	26.53%
CZ50	1 200	1 000	32.52%

No.	Actual corrosion ratio	Theoretical bearing capacity (kN)	Ultimate bearing capacity (kN)
CZ00	—	266.84	520.40
CZ10	6.48%	252.02	497.44
CZ20	11.37%	239.85	496.07
CZ30	16.45%	228.75	485.26
CZ40	22.38%	214.59	465.37
CZ50	27.54%	202.07	454.92

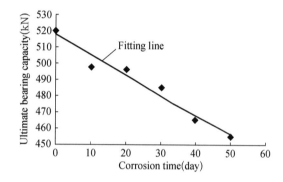

Fig. 18   Relationship between ultimate bearing capacity and corrosion time.

(2) If the effects of transverse restraint caused by hoop reinforcement are not considered, the ultimate bearing capacity derived from test is larger than theoretical value. The ratio of experimental value to theoretical one could be assumed as a margin of safety. The average ratio is 2.09.

(3) The ultimate bearing capacity presents a descending trend with time, and the value is not linearly decreased.

The variation could be expressed in terms of exponential equation:

$$S = 518.16 e^{-0.0026T} \qquad (23)$$

where S is the ultimate bearing capacity, and T is the corrosion time in quick test.

4 Predicted service life of tunnel lining structures

4.1 Predicted results of T_1

Based on the above-mentioned service life prediction criteria and the laboratory quick corrosion test, the service life of steel without corrosion, i. e. T_1, can be calculated, which is shown in Table 8.

Table 8　Characteristic values of diffusion coefficients.

Diffusion time	Characteristic values of diffusion coefficient (m^2/s)	T_1 (year)
$t=90$ days	$D_{90\ days}=7.35\times10^{12}$	45.2
$t=3$ years	$D_{3\ years}=2.33\times10^{12}$	142.6

4.2　Predicted results of T_2

It is assumed that the external load capacity for test model is $R=220$ kN. Thus, the rebar's rapid electric corrosion time required is

$$T_{2-ele} = \ln\left(\frac{S_{cri}}{518.16}\right)\bigg/(-0.0026) = 45.96 \text{ days}$$

The acceleration ratio is $K = V_1/V_2 = 1\,000/4 = 250$. And the experimental lifespan of test model is

$$T_{model-2-experiment} = KT_{model-2-ele} = 31.48 \text{ years}$$

The theoretical lifespan of the test model is $T_{model-2-theory}=28.74$ years, and the modified coefficient of experimental life to theoretical life is

$$K_{mod} = \frac{T_{model-2-experiment}}{T_{model-2-theory}} \times 1.095$$

The second period theoretical life of linings is $T_{lining-2-theory} = 74.7$ years, and the second period

modified life of linings is T_2 K_{mod} $T_{lining-2-theory} \approx 82$ years.

4.3　Final predicted result of service life of tunnel lining structure

From above-mentioned results, Table 9 gives the final service life prediction of the tunnel lining structures.

Table 9　Final life prediction of the tunnel lining structure.

Values of Cl diffusion coefficient (m^2/s)		T_1 (year)	T_2 (year)	$T = T_1 + T_2$ (year)	Design life (year)
$D_{90\ days}$	7.35×10^{-12}	45.2	82	127.2	100
$D_{3\ years}$	2.33×10^{-12}	142.6	82	224.6	100

5　Experimental analysis of seawater

The analytical results of original seawater and the seawater sample soaked with soil are listed in Table 10. It should be noted that:

(1) Complexometric titration method is employed to determine the contents of Ca^{2+} and Mg^{2+}. But the methods for determining the contents of Cl^- and SO_4^2 are volumetric analysis method of KNO_3 indicator and titration method of ethylenediaminetetra-acetic acid (EDTA) standard solution. The content of Mg^{2+} decreases, but the contents of other compositions increase. The content of main pernicious ions in seawater after soaking soil sample presents an increasing trend. The variation in content of ions could strengthen the corrosion of seawater against lining structures, and special attention should be given.

(2) Chloride ions are the most crucial composition in seawater, and the increase in chloride ion content could shorten the service life of linings drastically.

Table 10　Analytical results of composition variation in seawater.

Seawater	Ca^{2+}		Mg^{2+}		Cl^-		SO_4^{2-}	
	Content (mg/L)	Variation	Content (mg/L)	Variation	Content (mg/L)	Variation	Content (mg/L)	Variation
Original seawater	370.45	Increased by 4.6%	1 171.73	Decreased by 2.4%	16 501.97	Increased by 6%	2 125	Increased by 7%
Seawater sample soaked with soil	387.57		1 143.76		17 459.12		2 272	

In the present study, the content of Cl^- in the saturated soil sample is 2 302.1 mg/L, and the variation in Cl^- content in the test ranges from 957.15 to 2 301.1 mg/L. Due to seepage in the fissures of surrounding rocks, part of chloride ions is resolved in seawater, which in turn will induce the increase of chloride ions (increased by 6%) in seawater.

6 Main engineering measures to improve the durability of tunnel lining structures

As far as to be concerned, the following measures can be taken:

(1) The concrete cover thickness should be increased.

(2) Protection coat on structure surface should be adopted.

(3) Construction joints, shrinkage joints and settlement joints should be properly set

(4) Structural measures, such as waterproofing, draining, airproofing, sealing, and so on, must be rational and reliable.

(5) Multi-protection measures should be introduced.

(6) High-performance waterproofing and corrosion-resistant concrete should be adopted.

(7) High-performance reinforcing steel bar should be considered.

(8) Reasonable routine checking, monitoring and maintaining devices during the whole process of tunnel operation should be considered.

(9) The quality of raw materials should be strictly controlled.

(10) The control of construction qualities should be considered.

(11) Tunnel management and maintenance should be carried out timely.

7 Conclusions

(1) Because of the uncertainty and complexity of environmental conditions, durability problem of subsea tunnels must be studied specially.

(2) The theoretical and experimental prediction results of tunnel service life meet the requirements of design. The suggested method herein is feasible and effective.

(3) Chloride ions (Cl^-) are the crucial factors to affect and control the full lifespan of tunnel lining structures.

(4) Considering various environmental damages quantitatively in structure durability design could enhance and ensure the service of the structure.

(5) Diffusion coefficient is one of the most important parameters in service life prediction, and it should be determined through specific test according to the actual conditions of tunnel engineering.

(6) Safety is the most fundamental requirement of subsea structure, and the lifespan prediction under unfavorable loading conditions is needed. The issue of tunnel safe operation must be given priority.

(7) Reinforcement corrosion is the direct reason that induces structure deterioration. Therefore, adopting multi-measures to prevent rebar from early corrosion is needed.

(8) Acceleration ratio of rebar that is observed in the quick corrosion test (by setting up an electric circuit) will affect the prediction results directly, thus sufficient survey must be made rationally to confirm the corrosion velocity in natural corrosive condition.

(9) For feasibility, it is better to adopt prototype test rather than model test in order to predict the service life of lining structures more precisely.

(10) For high-performance concrete, selecting 90 days as the reference time to calculate the attenuation law of Cl^- diffusion coefficient is possibly more feasible.

(11) Establishing the change of statistic parameters under external loads with time is critical to durability design, and a further study is necessary.

The results obtained in the study have been

preliminarily used in Xiamen Xiang'an subsea tunnel and Shanghai Chongming Yangtze river-crossing tunnel project. However, a lot of works are still needed to improve and optimize the methods in durability analysis, experiments, design, and practical applications.

References

[1] Wang Tiecheng. Fractal geometry analysis of appearance and propagation of crack in concrete structure. Journal of Dalian University of Technology, 1997, 37 (8): 77 – 81 (in Chinese).

[2] Di Xiaoyun, Zhou Yan. Durability design of concrete structures. Journal of Fuzhou University (Natural Sciences), 1996, 24 (Supp.): 87 – 92 (in Chinese).

[3] Zhang Yu. Introduction to durability of concrete structures. Shanghai: Shanghai Scientific and Technical Publishers, 2003 (in Chinese).

[4] Niu Ditao. Durability and life prediction of concrete structures. Beijing: Science Press, 2003 (in Chinese).

[5] Oh B H, Kim K H, Jang B S. Critical corrosion amounts to cause cracking of reinforced concrete structures. ACI Materials Journal, 2009, 106 (4): 333 – 339.

[6] Chen Haiming, Sun Fuxue, Wang Yufu. Service life predication of Xiamen Xiang'an subsea tunnel lining structure. In: Advances in Concrete Structural Durability, Proceedings of the International Conference on Durability of Concrete Structure (ICDCS2008). Hangzhou: Zhejiang University Press, 2008: 992 – 997.

[7] Song H W, Shim H B, Petcherdchoo A, Park S K. Service life prediction of repaired concrete structures under chloride environment using finite difference method. Cement and Concrete Composites, 2009, 31 (2): 120 – 127.

[8] Marchand J, Samson E. Predicting the service-life of concrete structure limitation of simplified models.

Cement and Concrete Composites, 2009, 31 (8): 515 – 521.

[9] Hansen E J, Saouma V E. Numerical simulation of reinforced concrete deterioration: part 2. steel corrosion and concrete cracking. ACI Materials Journal, 1999, 96 (3): 331 – 338.

[10] Jin Weiling, Zhao Yuxi. The durability of concrete structures. Beijing: Science Press, 2002 (in Chinese).

[11] Wang Qingling, Niu Ditao. Assessment standards of concrete structure durability. Beijing: [s. n.], 2002 (in Chinese).

[12] Song H W, Pack S W, Lee C H, Kwon S J. Service life prediction of concrete structures under marine environment considering coupled deterioration. International Journal for Restoration of Building Monuments, 2006, 12 (2): 265 – 284.

[13] Vaysburb A M, Emmons P H. How to make today's repairs durable for tomorrow corrosion protection in concrete repair. Construction and Building Materials, 2000, 14 (4): 189 – 197.

[14] Bognacki C J, Marsano J, Baumann W. Spending concrete dollars effectively. Concrete International, 2000, 22 (9): 50 – 56.

[15] Li Tian, Liu Xila. Durability design method of concrete structures. Journal of Building Structures, 1998, 19 (4): 40 – 45.

[16] Zhao Guofan, Jin Weiliang, Gong Jinxin. Theory of structural reliability. Beijing: China Architecture and Building Press, 2000 (in Chinese).

[17] Frangopol D M, Lin K Y, Estes A C. Reliability of reinforced concrete girders under corrosion attack. Journal of Structural Engineering, 1997, 123 (3): 286 – 297.

本文发表于《Journal of Rock Mechanics and Geotechnical Engineering》2011 年第 3 卷第 4 期

海洋环境下越海隧道工程的抗腐蚀问题与耐久性研究

孙　钧[1],姚贝贝[2]

(1. 同济大学岩土与地下工程教育部重点实验室,上海200092;

2. 郑州航空工业管理学院土木建筑工程学院,郑州,450001)

摘要: 海洋环境条件下,海水、海底岩土地层和海上空气中弥散的氯盐离子(Cl^-)对水下隧道衬砌钢筋混凝土结构外侧保护层的入侵和扩散,造成混凝土和钢筋日积月累的腐蚀;如果采用公路隧道过海,则车辆尾气(特别在洞内拥堵塞车,车辆不熄火,而作短暂停车时)CO_2和CO排放,虽沿程有进、排风的情况下,也会对衬砌内侧保护层造成混凝土碳化而导致裂缝、剥落和掉块,进而腐蚀衬砌钢筋。另者,如采用电气轨道列车过海,则接触网散发的杂散电流又将产生另一种对混凝土材料特有的腐蚀作用。以上三者均将在不同程度上导致隧道衬砌结构强度的历时降低、钢筋缓慢锈烂而其承载力逐渐丧失,进而严重制约和影响了海底隧道工程的设计寿命。本文简要讨论了以上几种使隧道衬砌钢筋混凝土强度历时劣化直致先后分别达到其安全使用极限状态和承载力丧失极限状态的腐蚀机理;进而,从水泥品种、混凝土选材、外加掺合料、级配、养护以及施工工艺诸主要方面研究了该海底隧道工程的服务寿命预测和耐久性设计的理论与方法,探讨了采用常用材料研制高性能海工混凝土的可行性及其一系列有效的工程对策措施。

关键词: 越海隧道;有害离子;服役寿命;耐久性设计;工程措施

1 引言

近年来,随着已建大量混凝土结构的耐久性问题日益突出,已引起业界的丞切关注。国家城市化进程不断深化,大量越江隧道、海底隧道和轨交地铁等地下、水下工程正在如火如荼地兴建,越江隧道衬砌作为水下地下结构,其耐久性影响因素错综复杂,在设计和筹建初期对其衬砌结构进行服役寿命预测和有效的耐久性设计具有重要的经济意义和工程价值。

城市水下隧道与桥梁相比有着明显的优越性:运营期间不影响水路航运;不受恶劣气候的影响,保证交通全天候正常通行;占地少,拆迁量小:能保护原有水域自然生态;可有效安排各种市政管道穿越水域;具有较强的抵御自然灾害和战争破坏的能力。因此,与我国一样,世界上很多国家也多采用水下隧道跨越江、河、湖、海湾等。随着水底盾构隧道的大量兴建,迫切要求对设计和施工中可能遇到的,目前尚未完全解决的若干重大技术问题展开理论及应用研究,其中隧道衬砌结构的耐久性就是一个极为重要的课题。海底隧道是不可再次重建的一次成型的结构,其建设费用高,可维修性差且维修费用高,目前的国际标准是以100年为设计基准期。随着我国海底隧道建设日益增多,针对其耐久性影响因素开展系统的寿命预测的研究已刻不容缓。如何确保其满足100年的使用寿命及使用功能的正常发挥,是当前最受关注的问题之一。

本文简要讨论了由于海水环境中的氯离子、汽车尾气($CO、CO_2$)和杂散电流等因素引起的隧道衬砌钢筋混凝土强度历时劣化直致先后分别达到其安全使用极限状态和承载力丧失极限状态的腐蚀机理;对海底隧道耐久性设计和服役寿命预测的理论方法进行了研究,并探讨了针对诸多因素引起的海底隧道耐久性及其工程对策措施。

2 海底隧道耐久性的主要影响因素

根据钢筋混凝土结构耐久性损伤的研究成果,结构耐久性损伤是内部与外部因素共同作用的结果。

1) 内部因素

所谓内部原因是指因结构设计不良,建筑材料不优,以及施工质量不足等引起的混凝土一些自身缺陷,为环境因素对结构的侵蚀提供了可能性,创造了条件,最终导致结构耐久性受到影响。如混凝土内部存在的气泡和毛细管孔隙,为空气中的二氧化碳、水分与氧气向混凝土内部的扩散提供的通道,为钢筋锈蚀创造了条件;混凝土中掺加氯盐或使用含盐的骨料时,由于氯离子的侵蚀作用将使混凝土中的钢筋很快产生锈蚀;当混凝土的碱含量过高时,水泥中的碱与活性集料发生反应,即在混凝土中产生碱—集料反应,导致混凝土开裂。此外,施工质量不足引起的混凝土不密实,保护层厚度不足等,以及结构设计不良等造成的设计标准过低、结构强度不满足环境要求等因素,均一定程度降低了结构自身对外界侵蚀作用的抵御性能,最终引起结构耐久性损伤。

2) 外部因素

导致混凝土耐久性损伤破坏的外部原因主要是指自然环境、运营使用环境等的劣化作用,可分为一般环境、特殊环境与灾害环境。一般环境中的二氧化碳、环境温度与环境湿度、酸雨等将使混凝土中性化,并使其中的钢筋产生锈蚀,而环境温度与环境湿度等则是影响钢筋锈蚀的最主要的因素;特殊环境中的酸、碱、盐是导致混凝土腐蚀破坏与钢筋锈蚀破坏的最主要原因,如沿海地区的氯离子、寒冷地区的除冰盐、腐蚀性土壤及工业环境中的酸碱腐蚀等。电车释放的杂散电流损害混凝土和钢筋,处于正极区的钢筋表面钝化膜被破坏,处于负极区的钢筋由于氢化而强度下降,易脆断。在电流作用下加快腐蚀,腐蚀时锈胀使混凝土开裂。

在引起钢筋混凝土结构耐久性损伤的内、外因素中,结构设计不良、建筑材料不优,以及施工质量不足等内部原因是引起结构损伤的最根本原因。在既有建筑技术发展水平条件下,这些原因均可以通过优化设计,加强原材料和过程质量控制等途径,将耐久性损伤的内因作用影的响降低到最小。对于引起耐久性损伤的外部因素,属于客观环境范畴,在一定程度上不以人的意志为转移,是引起结构耐久性损伤的主要因素,它

是通过内因对结构起作用。因此,结构耐久性研究的主要任务,就是在尽可能消除和控制内部因素的基础上,在结构设计、施工等过程中合理考虑外部因素作用,尽可能延长结构寿命。

3 隧道衬砌结构耐久性损伤机理

在内、外因素的共同作用下,钢筋混凝土结构内部会产生钢筋锈蚀、混凝土强度降低、表面损伤(裂缝、脱落等)等现象,最终导致结构耐久性能损伤。其中,钢筋锈蚀是引起结构耐久性损伤的主要原因。钢筋锈蚀可以从三个方面危机结构的耐久性能:一是降低钢筋本身的强度,二是钢筋有效截面积减小,三是钢筋锈蚀以后,其产生铁锈的体积是相应钢筋体积的 2~4 倍,使保护层受胀开裂,引起结构有效截面损伤、钢筋和混凝土间的猫结力下降。三种损伤现象共同作用,日渐加剧,最终导致结构耐久性失效。结构耐久性损伤机理如图 1 所示。

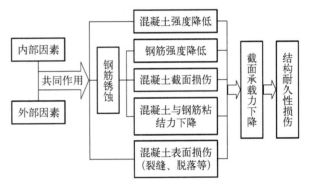

图 1　结构耐久性损伤机理

4 基于可靠度理论的海底隧道衬砌结构服役寿命预测研究

海底隧道衬砌结构服役寿命是指技术性使用寿命,是指隧道从建成投入使用到由于氯离子侵蚀、混凝土碳化或碱骨料反应等造成的隧道衬砌结构耐久性能损伤,不能有效承载或某项使用功能(适用性)丧失的时间。基于相似法则和可靠度的理论,利用蒙特卡罗的方法,对越江隧道衬砌结构进行了裂缝限值准则和承载能力极限准则两种服役寿命的预测方法进行了较深入系统的研究,利用 Matlab 软件研制了隧道衬砌

服役寿命预测的专用计算软件。其服役寿命的过程可以如图2所示。

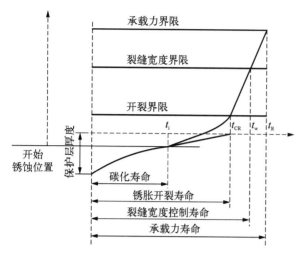

图 2　衬砌结构服役寿命的过程

不同的极限状态有不同的极限状态函数。通常，极限状态函数可以表示为

$$Z(t) = R(t) - S(t) \qquad (1)$$

其中，$R(t)$ 是指某种意义上随时间衰减的结构抗力；$S(t)$ 指某种意义上随时间变化的结构荷载效应；$Z(t)$ 为极限状态函数。

由图2，每一阶段基于性能的设计准则为

$$P_{失效} = P_f = P\{R - S < 0\} < P_{目标录} \qquad (2)$$

结合结构极限状态方程,公式(1),结构的失效概率为:

$$P_f = P\{Z \leqslant 0\} = P\{R(t) \leqslant S(t)\} \qquad (3)$$

相应的可靠度指标可以表示为

$$\beta = \Phi^{-1}(P_f) \qquad (4)$$

当结构某一时刻的失效概率大于规定可接受的失效概率时,该时刻即为结构的寿命期限,可根据下式来确定结构的寿命期限:

$$P_f(T_p) \geqslant P_{目标} \qquad (5)$$

用可靠度指标表示为

$$\beta = \beta_{目标} \qquad (6)$$

某一极限状态下结构的服役寿命也即是可靠度指标达到目标可靠度指标时的年限。利用 Monte Carlo

方法求解公式(5)得出某一寿命准则下结构的寿命期限,用 Matlab 软件研制结构的服务寿命预测计算软件。

海底隧道衬砌结构服役寿命预测的基本思路如图3所示。

图 3　基于可靠度的结构服务寿命预测图

4.1　裂缝限值控制的越江隧道衬砌结构服役寿命 T_c 的组成

海底隧道衬砌结构裂缝限值控制的服役寿命可表示为:

$$T_c = T_1 + T_2 = T_1 + t_2 + t_3 \qquad (7)$$

(1)越江隧道衬砌结构钢筋开始锈蚀时间 T_1 的计算

海底隧道衬砌结构钢筋开始锈蚀时间 T_1 是由钢筋锈蚀机理决定的,隧道衬砌结构外衬是由上部江水中的氯离子侵入引起的钢筋锈蚀,钢筋开始锈蚀时间为 T_{1-Cl};衬砌结构内衬则是由汽车尾气(含 CO 和 CO_2)引起混凝土碳化而导致钢筋锈蚀,钢筋开始锈蚀时间为 T_{1-CO_2}。因此衬砌结构保护层钢筋开始锈蚀的时间取两者中的较小值即:

$$T_1 = \min(T_{1-Cl}, T_{1-CO_2}) \qquad (8)$$

① 海底隧道衬砌结构外衬钢筋起锈时间 T_{1-Cl} 计算

海底隧道衬砌结构长期浸水,一般处于完全饱和状态,此时氯离子在混凝土表面与内部存在浓度梯度,为求达到平衡,发生扩散。氯离子在饱和状态下以扩散为主。根据 Fick 第二定律,得到氯离子侵蚀条件下的扩散方程为

$$[Cl^-] = 0.1 + C_s \left[1 - erf \left(\frac{c'}{2\sqrt{D_{Cl^-} \cdot t_{i-Cl}}} \right) \right]$$

$$(9)$$

式中 $[Cl^-]$——衬砌结构氯离子临界浓度,根据相应的耐久性规范进行取值;

D_{Cl^-}——氯离子扩散系数,可通过室内氯离子扩散试验或水胶比进行换算;

c'——衬砌结构外侧钢筋的有效保护层厚度;

C_s——混凝土表面氯离子浓度。

在上述参数取值已知的情况下,可以计算出隧道衬砌结构外侧钢筋开始锈蚀时间 t_{i-Cl}。

② 基于可靠度的越江隧道衬砌结构内衬钢筋起锈时 T_{1-CO_2} 间计算

越江隧道衬砌结构内衬钢筋锈蚀的原因主要是由于汽车尾气排放的 CO、CO_2 气体导致衬砌混凝土碳化,以致引起钢筋钝化膜破坏而使钢筋锈蚀,混凝土开裂。碳化引起的衬砌结构内衬钢筋开始锈蚀时间是先确定其广义抗力和广义荷载作用效应,建立极限状态方程,利用 Monte-Carlo 的方法计算其可靠度指标达到目标可靠度指标时所对应的时间即为衬砌结构内衬钢筋开始锈蚀的时间。利用 Fick 第一定律,基于相似理论的碳化深度预测模型为

$$X_p = K_m \cdot \frac{0.742 - 0.224 \lg C_p C_p}{0.742 - 0.224 \lg C_m C_m} \sqrt{\lambda_t} X_m \left(\frac{365t}{t_m} \right)^{0.5}$$

$$(10)$$

式中,K_m 为计算模式不定性系数;λ_t 为时间比尺;C_p 为原型中的 CO_2 浓度(%);C_m 为室内试验模型中的 CO_2 浓度(%);X_p 为原型中的碳化深度(mm);X_m 为室内试验模型中的碳化深度(mm);t_m 为室内试验碳化时间(d);t 为钢筋开始锈蚀时间(n)。

均值为

$$\mu_{X_p} = \mu_{K_m} \frac{0.742 - 0.224 \lg C_p C_p}{0.742 - 0.224 \lg C_m C_m} \sqrt{\lambda_t} \mu_{X_m} \left(\frac{365t}{t_m} \right)^{0.5}$$

$$(11)$$

标准差为

$$\sigma_{X_p} = \sqrt{ \left(\frac{\partial X_p}{\partial X_m} \right)^2 \cdot \sigma_{X_m}^2 + \left(\frac{\partial X_p}{\partial K_m} \right)^2 \cdot \sigma_{K_m}^2 } \quad (12)$$

碳化残量计算公式为

$$x_0 = 4.86 \cdot (-RH^2 + 1.5RH - 0.45) \cdot (c-5) \cdot$$
$$(\ln f_{cuk} - 2.30)$$

$$(13)$$

式中,x_0 为碳化残量(mm);RH 为环境湿度;c 为混凝土保护层厚度(mm);f_{cuk} 为混凝土抗压强度。

极限状态方程表示为

$$Z(t) = c - 4.86 \cdot (-RH^2 + 1.5RH - 0.45) \cdot$$
$$(c-5) \cdot (\ln f_{cuk} - 2.30) - K_m \cdot$$
$$\frac{0.742 - 0.224 \lg C_p C_p}{0.742 - 0.224 \lg C_m C_m} \sqrt{\lambda_t} X_m \left(\frac{365t}{t_m} \right)^{0.5}$$

$$(14)$$

钢筋开始锈蚀的概率为

$$P_f(t) = P\{c - x_0 - X(t) < 0\}$$

$$(15)$$

相应的可靠度指标为

$$\beta = -\Phi^{-1}(P_f)$$

$$(16)$$

为与我国混凝土结构设计规范一致,在混凝土结构碳化寿命极限状态阶段引入分项系数,极限状态方程采用标准值和分项系数表示,分项系数的确定可根据可靠度理论计算,其确定原则是按分项系数计算的结果与按照目标可靠指标计算的结果误差为最小。取钢筋开始锈蚀阶段的目标可靠度为 1.64,根据可靠度理论的验算点(JC)法计算,先建立极限状态方程,根据目标可靠的指标求得设计验算点,进而求得分项系数,在引入分项系数后,碳化寿命极限状态方程可表示为

$$Z(t) = \frac{\mu_c}{\gamma_c} - 4.86 \cdot (-RH^2 + 1.5RH - 0.45) \cdot$$
$$\left(\frac{\mu_c}{\gamma_c} - 5 \right) \cdot \left[\ln \frac{\mu_{f_{cuk}}}{\gamma f_{cuk}} - 2.30 \right] - \mu_{K_m} \cdot \gamma_{K_m} \cdot$$
$$\frac{0.742 - 0.224 \lg C_p C_p}{0.742 - 0.224 \lg C_m C_m} \sqrt{\lambda_t} X_m \left(\frac{365t}{t_m} \right)^{0.5}$$

$$(17)$$

本节在进行结构碳化寿命预测时,是以钢筋开始锈蚀的允许概率和碳化目标可靠指标为依据的,并以上式为极限状态方程。基于可靠度理论,利用 Monte-Carlo 方法编制 Matlab 计算软件,计算结构钢筋开始

锈蚀极限状态下达到目标可靠度指标时的年限,即为结构的碳化寿命。取氯离子寿命和碳化寿命的较小值即为海底隧道衬砌结构钢筋开始锈蚀的时间。

计算流程图如图4所示。

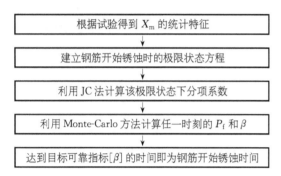

图4 碳化寿命预测计算程序图

(2) 混凝土保护层开裂时间计算

基于可靠度的方法计算保护层锈胀开裂的时间,即为计算锈胀开裂前的锈蚀量达到开裂时的锈蚀量的时间,建立其极限状态方程,利用 Monte-Carlo 方法计算失效概率,当达到目标失效概率的时间。建立其极限状态方程为

$$Z = \delta_{cr} - \delta_t \tag{18}$$

$$Z = k_{crs}(0.008c/d + 0.000\,55f_{cuk} + 0.022) - 46k_{cr}k_{ce}e^{0.04T}(RH - 0.45)^{2/3} \cdot c^{-1.36} \cdot f_{cuk}^{-1.83}(t - t_1) \tag{19}$$

式中,δ_{cr} 为临界锈蚀深度;δ_t 为 t 时刻的钢筋锈蚀深度;t_1 为结构碳化寿命;k_{crs} 为钢筋位置影响系数(角部取 1.0,非角部取 1.35);d 为钢筋直径;k_{cr} 为钢筋位置修正系数(角部取 1.6,中部取 1.0);k_{ce} 为局部环境修正系数(潮湿地区室外环境 $k_{ce} = 4$,潮湿地区室内环境 $k_{ce} = 3.5$,干燥地区室外环境 $k_{ce} = 3.0$,干燥地区室内环境 $k_{ce} = 1.0$)。

结构开裂寿命的目标可靠度指标本文取 $[\beta] = 2.6$,利用 JC 法,计算结构在该极限状态下的分项系数,引入分项系数后的极限方程为

$$Z = k_{crs}\left[0.008\frac{\mu_c}{\gamma_c d} + 0.000\,55\frac{\mu_{f_{cuk}}}{\gamma_{f_{cuk}}} + 0.022\right] - 46k_{cr}k_{ce}e^{0.04T}(RH - 0.45)^{2/3} \cdot \left(\frac{\mu_c}{\gamma_c}\right)^{-1.36} \cdot \left(\frac{\mu_{f_{cuk}}}{\gamma_{f_{cuk}}}\right)^{-1.83}(t - t_1) \tag{20}$$

在可靠度理论基础上,采用 Monte-Carlo 方法,利用 Matlab 编制越江隧道衬砌结构保护层锈胀开裂时间的软件。程序计算步骤如图5所示。

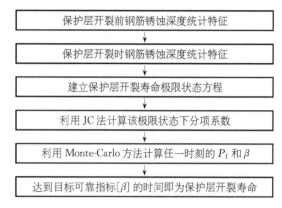

图5 保护层开裂寿命预测计算程序图

(3) 混凝土保护层开裂后达到极限裂缝宽度时的时间预测

保护层开裂后,当裂缝宽度达到规范要求的裂缝宽度时,所对应的时间即为基于裂缝宽度限值的服务寿命,其极限状态方程为

$$Z = [\omega] - \omega_t \tag{21}$$

引入分项系数,式(21)可表示为

$$Z = 0.2 - \frac{46k_{cr}k_{ce}e^{0.04T}(RH - 0.45)^{2/3}(t - t_2)^2}{\left(\frac{\mu_c}{\gamma_c}\right)^{-1.36} \cdot \left[\frac{\mu_{f_{cuk}}}{\gamma_{f_{cuk}}}\right]^{1.83}} - 2(t - t_2) \times$$
$$\sqrt{\frac{46k_{cr}k_{ce}e^{0.04T}(RH - 0.45)^{2/3} \cdot \left[0.022\,9\left(\frac{\mu_{f_{cuk}}}{\gamma_{f_{cuk}}}\right) - 0.051\right]}{\left(\frac{\mu_c}{\gamma_c}\right)^{1.36} \cdot \left(\frac{\mu_{f_{cuk}}}{\gamma_{f_{cuk}}}\right)^{1.83}}} \tag{22}$$

式中,$[\omega]$ 为《混凝土结构设计规范(GB 50010—2010)》中规定的最大裂缝宽度的限值进行取值;t_2 为保护层开裂寿命;其余参数同前所述。

根据前述理论,该阶段目标可靠度指标取 2.66,对应的失效概率为 0.004,基于可靠度理论,利用 Matlab 编程软件,保护层开裂寿命的程序步骤如图6所示。

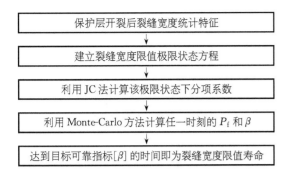

图 6　保护层开裂后裂缝宽度限值寿命程序图

4.2　按承载能力限值控制管片衬砌结构的服役寿命预测

当结构安全系数变化至规范规定的限值的时刻，即为承载力寿命准则的极限状态。承载力极限准则条件下，衬砌结构的服役寿命 T_2 可表示为

$$T_2 = t_i + t_p \tag{23}$$

式中，t_i 为衬砌结构从建成至钢筋因脱钝而开始锈蚀的时间；t_p 为钢筋开始锈蚀到衬砌结构安全系数变化至规范规定值的时间。

考虑衬砌结构耐久性损伤，附加相应损伤系数，按照破损阶段法进行截面强度的验算，具体验算公式见第 5 节的耐久性设计有关内容，具体是通过支持向量回归机（SVR）及响应面方法考虑抗力衰减情况下，计算结构时变可靠度指标，根据安全系数与时变可靠度指标之间的对应关系，从而计算结构的安全系数衰减为

$$K = \frac{1 + \beta(t)\sqrt{\delta_R^2 + \delta_S^2 - \beta(t)^2 \delta_R^2 \delta_S^2}}{1 - \beta(t)^2 \delta_R^2} \tag{24}$$

式中，K 为衬砌结构安全系数；$\beta(t)$ 为结构时变可靠度指标；δ_R、δ_S 分别为衬砌结构抗力与荷载作用效应的变异系数；按第 5 节耐久性设计计算程序求得。

5　基于支持向量机（SVR）和响应面法按可靠度理论隧道衬砌结构的耐久性设计

在隧道结构设计时，为了保证其 100 年的设计使用年限，有必要对越江隧道衬砌结构的耐久性设计进行专项研究。本文采用基于近似概率法对隧道衬砌结构进行耐久性设计，极限状态方程如下为

$$r_0 S(t) \leqslant \eta R(t) \tag{25}$$

式中，r_0 为结构安全系数；η 为耐久性设计系数，是可靠度指标的函数，可表示为

$$\eta = f[\beta(t)] = \frac{\beta_0}{\beta_0 + \beta_t - \beta(t)} \tag{26}$$

设计流程如图 7 所示。

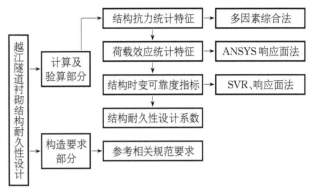

图 7　隧道衬砌结构耐久性设计流程图

5.1　衬砌结构抗力衰减统计特征

衬砌结构截面承载力计算对于隧道衬砌结构，其受力形态一般为偏心受力。根据《公路隧道设计规范》（JTGD 70—2004）规定，公路隧道衬砌结构取单位宽度 1 m，引入损伤系数，得到抗力衰减计算模型。

$$
\begin{aligned}
N = & \left(R_a(t)b \frac{a_s(t)a_c(t)BA_g}{h_{0c}} \right) \\
& \left(\frac{-\left[R_a(t)b(e - h_{0c}) - \dfrac{a_s(t)a_c(t)BA_g e}{h_{0c}} \right]}{R_a(t)b} + \right. \\
& \frac{\sqrt{\left[R_a(t)b(e - h_{0c}) - \dfrac{a_s(t)a_c(t)BA_g e}{h_{0c}} \right]^2 +}}{\left. \quad\quad 2R_a(t)b[a_s(t)a_c(t)\Lambda_g e C + a_s(t)R_g'A_g'e']} {R_a(t)b} \right) \\
& + a_s(t)R_g'A_g' - a_s(t)a_c(t)CA_g
\end{aligned} \tag{27}
$$

式中，$a_s(t)$ 为钢筋锈蚀后钢筋强度和截面面积折减系数；$a_c(t)$ 为钢筋与混凝土的协同工作系数；R_ε 为钢筋的抗压或抗拉强度标准值；A_ε、A_ε' 为受拉和受压区钢筋的截面面积；a、a' 为自钢筋或的重心分别至截面最近边缘的距离；h 为截面高度；h_0 为截面有效高度；x 为混凝土受压区高度；b 为矩形截面的宽度；e、e'

为钢筋与的重心至轴向力作用点的距离。将各个参数看成随机变量,求得衬砌结构抗力的随机统计特征。

5.2 荷载效应 $S(t)$ 统计特征

采用传统的有限元响应面法,将结构高度的隐式非线性极限状态方程用一个简单的响应面函数进行替代,即建立荷载效应与随机变量之间的一个显示表达式,然后以该显示表达式作为响应面函数,利用Monte-Carlo方法进行抽样计算,最后得到荷载效应的统计特征。计算程度图如图8所示。

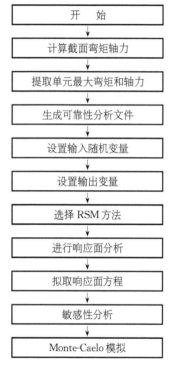

图 8　隧道衬砌结构荷载效应统计特征程序图

5.3 衬砌结构时变可靠度指标计算

采用了基于结构风险最小化原理的支持向量机回归(SVR)和响应面法相结合的方法,利用支持向量机回归对小样本数据良好的学习和泛化能力,用SVR重构结构响应面方程,建立了基于SVR和响应面结合的结构时变可靠度的计算方法。利用Matlab软件编制了越江隧道衬砌结构在服务寿命期限内的时变可靠指标及其失效概率的计算程序。通过耐久性系数与时变可靠度指标的对应关系,可得到衬砌结构任意时刻的耐久性系数,该系数是衬砌结构耐久性设计的关键参数。计算流程图如图9所示。

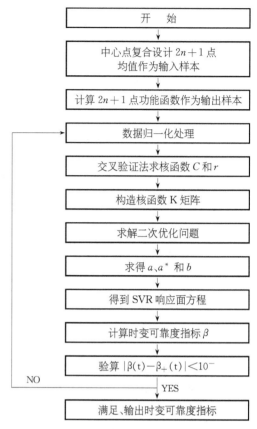

图 9　基于SVR衬砌结构时变可靠度指标计算流程图

6 杂散电流作用下衬砌结构钢筋锈蚀的耐久性研究

杂散电流(俗称迷流)的防护历来是地铁建设工程中的重大课题。杂散电流一旦大量泄露出来,不但会对周围地下公共环境造成严重污染,而且还会对隧道衬砌结构产生腐蚀,并对工程结构造成严重威胁。

杂散电流是由采用直流供电牵引方式的地铁工程因受到污染、渗漏和高应力破坏等原因而泄露到道床及其周围土壤中的电流,是在规定线路之外流动的电流的总称。可考虑掺加粉煤灰和磨细矿渣来提高混凝土的电阻 R,从而有效地抑制杂散电流。杂散电流腐蚀一般具体有以下特点:① 锈蚀剧烈;② 锈蚀较为集中于某些位置;③ 有防腐层存在时,锈蚀往往发生在防腐层的缺陷部位。

杂散电流对衬砌结构中钢筋的锈蚀在本质上是电化学腐蚀。在杂散电流作用下,混凝土各部位的电位发生不同幅度的变化,阳极部位电位趋向负值,阴极部位趋向正值,当外加电位超过临界值时,钢筋的钝化膜遭到破坏,开始发生钢筋锈蚀。钢筋表面存在氧和水气,满足腐蚀电池电解液的要求,于是混凝土中的钢筋腐蚀形成了一个电化学过程。

6.1 杂散电流对地铁衬砌结构腐蚀的危害

杂散电流对混凝土本身并不产生影响。但是如果有钢筋存在,则钢筋起汇集电流的作用并把电流引导到排流点处。在杂散电流由混凝土汇入钢筋之处,钢筋呈阴极。如果阴极析氢而且氢气不能从混凝土内逸出,就会形成等静压力,使钢筋与混凝土脱离。如果有钾或钠的化合物存在,则电流的通过会在钢筋与混凝土的交界面处产生可溶的碱性硅酸盐或铝酸盐,使结合强度显著降低。在电流离开钢筋返回混凝土的部位,钢筋呈阳极并发生腐蚀。腐蚀产物在阳极处的堆积会以机械作用排挤混凝土而使之开裂。如果结构物中的钢筋与钢轨有电接触,便更容易受到杂散电流腐蚀影响。在地铁运营期内,要对由于杂散电流腐蚀钢筋而发生破坏的混凝土结构进行维修和更换将十分困难。

杂散电流对隧道衬砌结构造成了严重的腐蚀,因此必须采取有效的措施防止和降低杂散电流的腐蚀。

7 提高越海隧道管片衬砌耐久性的技术措施与施工工艺

7.1 提高钢筋混凝土结构耐久性的主要措施

预防混凝土结构耐久性劣化中的有些防患措施应在设计阶段就要加以考虑,如正确选择水泥品种、限制碱骨料的使用或含量、注意结构方案的合理优化、不应出现过大的不均匀沉降、保证足够混凝土保护层厚度,以及在结构表面粉饰覆盖层和合理选择结构面层材料等;有些技术措施应在施工过程中认真对待,如限制水胶比、认真浇捣养护、严格限制砂、石、外加剂、拌合水等原料的氯离子含量、限制粗骨料的最大粒径、按砂的粗细选择合理的砂率,以及采取有效措施保证混凝土结构的养护质量,等等。

通过设计、施工最大限度地提高混凝土本身的抗氯离子扩散渗透性,以及延缓混凝土的中性化(碳化)来预防钢筋锈蚀是增强混凝土结构耐久性最有效的基本措施。除此之外,还应根据结构类型,针对不同的使用环境,采取其它一些相应的特殊的保护措施:如防腐蚀、抗冻、抗盐冻、抗碱-骨料反应、耐磨、抗剥离性等。再次,在混凝土结构运营管理及使用过程中,采取有效手段减缓混凝土结构的劣化速度,也可提高其服役寿命。

7.2 改进越海隧道管片衬砌结构设计

(1) 适当加大混凝土保护层厚度是提高混凝土结构耐久性、延长混凝土结构服役寿命的重要措施。

(2) 选择混凝土材料和配合比,优选水泥品种,重视对骨料质量的要求,控制水胶比和水泥用量,选用优质掺合料配制高性能混凝土。

(3) 使用性能良好的外加剂,采用高效减水剂,使用引气剂要控制含气量。

(4) 限制氯盐含量。

(5) 功能梯度管片。

7.3 钢筋锈蚀的防治

(1) 结构设计方面的防护,在设计过程中,结构的截面应尽量做到简单、光滑、平顺,减少棱角,这样可以预防应力集中;主筋的直径要适当,不宜过大或过小,一般混凝土保护层厚度大于 2.5 倍主筋直径,钢筋过小则承载能力不足,钢筋过大容易产生腐蚀产物,从而引起混凝土体积膨胀。

(2) 混凝土抗腐防护及涂层保护,采用一些防护材料涂覆盖在管片衬砌结构表面上,能阻止或延缓外界的氧气、CO_2、水和盐类等侵蚀介质向混凝土内部的渗透和扩散,延缓混凝土碳化和防止钢筋的进一步腐蚀。

(3) 添加钢筋阻锈剂,按其使用方式不同可分为掺入型和渗透型。通过单分子层的化学反应,抑制钢筋表面阳极或阴极反应的一种外加剂,它主要用于预防盐类侵入混凝土而造成的钢筋锈蚀。

(4) 电化学防护,主要有阴极防护法、电化学脱盐法、电化学再碱化法。

(5) 采用涂层钢筋,在钢筋表面静电喷涂一层环氧树脂粉末,形成具有一定厚度的一层密实不渗透连续的绝缘层,可以隔离钢筋与腐蚀介质的接触,即使有氧和氯离子侵入混凝土,其对氯离子具有极低的渗透性而未有化学反应的发生。

7.4 散杂电流的防治措施

防止杂散电流腐蚀及其危害的措施是目前国内外相关人士一直致力研究的课题。如何将杂散电流腐蚀降到最低程度,首先应有一个严格、完善的防护杂散电流的设计,并按照规范和标准进行施工,以期防患于未然,这当然是必不可少的先期防护措施,即采用"源控制"的办法仍是腐蚀治理的根本措施。

(1) 源控制法:提高机车牵引电压,合理设置变电所,回流走行轨降阻,增大轨道对隧道衬砌结构的过渡电阻。

(2) 排流法:设计中应考虑设置合理有效的排流网装置,将回流轨中向地下泄漏的电流引回牵引变电所的负极。

(3) 加掺合料:磨细矿渣和粉煤灰对地铁杂散电流腐蚀有明显的抑制作用。

7.5 完善管片制作和施工管理

(1) 严格控制用水量和用水质量

(2) 充分振捣和养护:插入式高频振动棒振动成型,附着式振动器振动成型,振动台振动成型。

(3) 建立严格的质量控制体系,对保护层厚度、构造细节的检查、配筋的核对、隐蔽工程的验收,均应执行工程监理制度,及时纠正那些与规范、规程、设计要求不符的人为差错以及由于工作制度不严、工作疏忽所造成的错误。

(4) 管片蒸养工艺的优化,蒸养管片混凝土研究的任务是尽可能地发挥内部结构形成过程的正效应,抑制结构破坏过程的负效应,使混凝土的总孔隙率减小到最低程度。

8 结论

通过对越海隧道衬砌结构耐久性的探讨,本文主要结论有以下几个方面:

(1) 分析了越海隧道衬砌结构耐久性的影响因素及损伤机理;

(2) 对越海隧道衬砌结构服役寿命进行了系统的研究;

(3) 利用 SVR 的方法研制了越海隧道衬砌结构耐久性设计计算软件;

(4) 论述了杂散电流对越海隧道衬砌结构耐久性的腐蚀;

(5) 提出了越海隧道管片衬砌耐久性的技术措施与施工工艺。

参考文献

[1] 孙钧. 崇明长江隧道盾构管片衬砌结构的耐久性设计[J]. 建筑科学与工程学报,2008,3,25(1): 1 - 9.

[2] 孙富学. 海底隧道衬砌结构寿命预测理论与试验研究[D]. 上海:同济大学,2007.

[3] 陈海明. 越江隧道衬砌结构耐久性设计若干关键技术研究[D]. 上海:同济大学,2009.

[4] 李忠. 长江隧道衬砌结构关键技术研究[D]. 上海:同济大学,2009.

[5] Yunping Xi, Ayman Ababbeh. The coupling effects of environmental and mechanical loadings on durability of concrete[C] //Advances in Concrete and Structures (Proceedings of the International Conference ICACS 2003), 2003: 354 - 365.

[6] Chalimourda A, Scholkopf B, Smola A. Experimentally optimal in support vector regression for different noise models and parameter settings[J]. Neural Net-works, 2004, 17: 127 - 141.

[7] 姚贝. 碳化腐蚀条件下越江公路隧道衬砌混凝土耐久性试验与理论分析研究[D]. 上海:同济大学,2013.

[8] Wang W, Xu Z, Lu W, et al. Determination of the spread parameter in the Gaussion kernel for classification and regressiom[J]. Neurocomputing, 2003, 55: 643 - 663.

[9] 金伟良,赵羽习. 混凝土结构耐久性[M]. 北京:科学出版社,2002.

[10] 邓乃扬,田英杰. 数据挖掘中的新方法——支持向量机[M]. 北京:科学出版社,2004.

[11] Schurch M. Small but important — Gaskets for tunnel segments[C]//International Sy-mposium on Underground Excavation and Tunnelling, 2006, Bangkok, Thailand.

[12] 刘印,张冬梅,黄宏伟. 基于纵向不均匀沉降的盾构隧道渗漏水机理分析[J]. 铁道工程学报,2011,5,66 - 70.

[13] 伍振志. 越江盾构隧道耐久性若干关键问题研究[D]. 上海:同济大学,2007.

[14] Zhong Li, Haiming Chen, Fuxue Sun and Xiangdong

Hu. Study on structure performance's degradation of segmental lining of Shanghai Yangtze River Tunnel [C]//In：Advances in Conrete Structural Durability：Proceedings of the International Conference on Durability of Concrete Structures (ICDCS2008), Hangzhou：Zhejiag University Press, 2008：1331－1336.

[15] 金伟良,吕清芳,等.混凝土结构耐久性设计方法与寿命预测研究进展[J].建筑结构学报,2007,28(1)：7－13.

[16] Ki Yong Ann, Ha-Won Song. Chloride threshold level for corrosion of steel in concrete [J]. Corrosion Science, 2007, 49(11)：4113－4133.

[17] Maher A. Bader. Performance of concrete in a coastal environment [J]. Cement and Concrete Research, 2003, 25(4－5)：539－548.

本文发表于《第十届海峡两岸桥隧通道工程艺术研讨会》

4. 软岩大变形非线性流变特征及工程整治

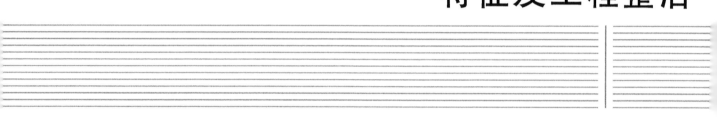

岩石流变力学及其工程应用研究的若干进展

孙 钧

摘要：讨论岩石流变力学及其工程应用研究近年来的若干进展，主要内容包括：对岩石工程流变学问题的综述性介绍、软岩和节理裂隙发育岩体的流变试验研究、流变模型辨识与参数估计、流变力学手段在收敛约束法及隧道结构设计优化中的应用、高地应力隧洞围岩非线性流变及其对洞室衬护的力学效应，以及岩石流变损伤与断裂研究。此外，还对土力学与土工流变方面的一些进展作了简要介绍，并就今后岩土工程流变研究的展望阐述了一点认识。

关键词：岩石力学；流变特性；试验研究；黏弹塑性；非线性；隧洞围岩-支护系统；流变损伤与断裂；土体流变

1 引言

陈宗基先生生前是中国岩石力学与工程学会的创始人和学会第一届理事长，他是我国岩土流变力学学科的先驱和奠基人，在岩土力学学科和工程应用领域取得了十分突出的成绩，为学科发展和国家建设事业做出了卓越的贡献。在陈先生谢世15周年之际，发起创办这次"陈宗基学术讲座"，以缅怀先哲、激励后人，是十分有意义的。本文作者追随陈先生之后，结合承担国家基金和各个五年计划重大科技攻关项目，学习并致力于岩土流变力学方面的研究工作已近30年。此次应《岩石力学与工程学报》编委会邀约，不揣简陋，探讨一点这一子学科领域的干研究进展，试以综述与评价相结合的方式阐述，以供广大同行切磋交流，共同提高。

下文仅是作者们（见致谢栏）多年来在各该相关子学科领域所接触到的一些主要侧面，而未敢奢求涉猎岩石流变学诸多问题的全面；限于篇幅，只在文后另立一节，试对土力学与土工方面流变力学问题的若干方面也稍加阐介，而未容展开，是祈谅察并指教。

2 对岩石工程流变学问题的综述性介绍

2.1 岩石流变的研究内容

"流变"一词，源自于古希腊哲学家 Heractitus 的理念，意即"万物皆流"。简而言之，所有的工程材料都具有一定的流变特性，岩土类材料也不例外。大量的现场量测和室内试验都表明，对于软弱岩石以及含有泥质充填物和夹层破碎带的松散岩体，其流变属性则更为显著；即使是比较坚硬的岩体，如受多组节理或发育裂隙的切割，其剪切蠕变也会到相当的量值。用学术语言概括地说，只要岩土介质受力后的应力水平值达到或超过该岩土材料的流变下限，将产生随时间而增长发展的流变变形。因此，在岩土工程建设中，就经常遇到岩体压、剪变形的历时增长变化情况，即为岩土体流变性态的具体反映。

众所周知，岩石流变是指岩石矿物组构（骨架）随时间增长而不断调整重组，导致其应力、应变状态亦随时间而持续地增长变化。对岩石工程流变学的研究[1]，诸如在岩基、边坡和隧道与地下工程等有重要实用价值的领域，总的说来常包括有以下方面的研究内容：

（1）蠕变：在常值应力持续作用下，岩体变形随时间而持续增长发展的过程。

（2）应力松弛：在常值应变水平条件下，岩体应力随时间而不断地有一定程度衰减变化的过程。

（3）长期强度：岩体强度随时间而持续有限降低，并逐渐趋近于一个稳定收敛的低限定值。

（4）弹性后效和滞后效应（黏滞效应）：加荷时继瞬间发生的弹性变形之后，仍有部分后续的黏性变形呈历时增长;此外,在一定的应力水平持续作用下,在卸荷之后,这部变形虽属可恢复的,但其恢复过程却需要一定的滞后时间。以上部分的变形虽仍属于弹性变形范畴,但对在加荷过程中其变形随时间的逐渐增长称为"滞后效应";而在卸荷之后,其变形随时间的逐渐恢复,则称为"弹性后效"。二者统称"黏滞效应",都归属于流变岩体的黏性特性。就上述四个方面的岩体流变属性而言,其第(1)方面,即岩体蠕变与岩石工程和隧道设计施工的关系最为密切,这一方面的研究工作也最具重要性和工程实用价值。

2.2 工程流变研究的重要性

就隧道和地下工程为例,其洞室围岩的受力和变形只有从上述岩体流变学的观点和方法出发,才能对诸如毛洞施工期失稳、围岩变形位移及其对支衬结构形变压力的历时持续增长发展,以及衬砌支护与围岩的时效相互作用等工程实际问题作出有说服力的合理解释。对此试稍作展开说明:

若不计岩体的上述黏性流变特征,则洞体开挖后洞周附近围岩的应力重分布和弹性或弹塑性的收敛变形是以弹性或弹塑性波的传播速度进行的,以弹性波而言即为按声波波速传播,则应视为在成洞的瞬间就已全部完成。如果该瞬间围岩的应力不超过其强度值,则认为毛洞将是永远稳定的,嗣后其变形将不会进一步增长发展。然而,对毛洞体的长期观察和量测都充分表明,许多在成洞之初呈稳定的岩体,如不及时支护,则在经过一段时间之后,洞体才可能局部或整体失稳而导致坍塌、破坏。这说明洞周围岩变形的增长与时间因素密切相关。又如:用岩体流变的观点来解释,作用在衬护结构上的围岩压力,对软岩而言,主要是因围岩蠕变,因而在衬护受力以后又增长发展的形变压力(也可能包括小部分的地层松动压力)。此外,当"隧洞围岩-支护系统"的变形逐步趋于稳定以后,由于岩体的应力松弛使作用于隧洞衬护上的围岩压力以及围岩对支护的约束抗力,仍会有少量的波动变化,并还将再持续相当一段时间。上述这些分析,都已经过对许多隧洞的试验和实测所充分证实。再从隧洞支护与围岩相互作用的认识而言,一般都于毛洞开挖若干时日之后进行衬护,再待衬护(二衬)混凝土强度达到足以参与围岩共同受力,都需要有相当的时间间隔。

如果不考虑岩体的上述黏性流变特征,则认为在衬护发挥作用之前,毛洞的弹(弹塑)性变形已早就全部释放完成,这样,支护与围岩之间就不可能有任何相互作用和共同受力,即衬砌结构将谈不上参与围岩相互受力作用而形同虚设,这显然不是事实。此处,除非是坚硬致密的Ⅰ、Ⅱ级岩体,其二次衬砌受力不很明显以外,对一般中等和软弱岩体的内衬而言,都与后述论点不相符合。因此,只有在围岩变形随时间而不断增长发展的情况下,才能充分阐明它与支护间的相互作用受力机制呈时效变化特征的实质。

由此可知,在隧洞及其他岩石工程中,充分考虑岩体的上述流变特性,对工程的设计施工均具有极为重要而鲜明的实际意义[1]。

2.3 对岩体流变的进一步认识

这里应该指出的一点是,岩土体的上述流变效应,不仅与岩土材料的压、剪强度密切有关,同时也取决于受荷后岩土体内的应力水平的大小。在受力状态下,岩土材料的压、剪应力都存在一个能以最小程度地产生流变时效的应力下限值,称作"流变下限"。该下限值视围压情况均可由流变试验具体确定;只要外载作用下岩体的应力水平值达到或超过了上述流变下限的条件,就将产生流变效应;反之,如应力水平值小于其流变下限,则不会产生流变。因而,这里纠正了一般认为的只有软岩和软黏土才具有流变特征的不正确理念;相反,在高地应力水平(特别是没有或较小围压作用下)状态下,即便是中等强度岩石或节理发育的硬岩,也会产生一定程度的流变效应,特别是沿岩体结构弱面扩展的剪切流变[2,3]。

2.4 黏弹性流变与线弹性应变间的对应法则

另外需说明的一点是:对收敛型的线性黏弹性流变,可从相对应定理(correspondence principle)中由线弹性的本构关系简单地经如下换算得到。此时,就一维问题而言,对线弹性应变情况:

$$\varepsilon = \frac{1}{E}\sigma \qquad (1)$$

而对线性黏弹性应变率情况:

$$\dot{\varepsilon} = \frac{1}{\eta}\sigma \qquad (2)$$

式中，E 和 η 均为不变的常数。

由式(1),(2)可知，若"相对应地"将式(1)中的 ε 置换为式(2)中的 $\dot{\varepsilon}$，将式(1)中的 E 置换为式(2)中的 η，则可方便地将线弹性问题的解换化为线性黏弹性问题的解。在这种情况下，采用黏弹性法则来描述问题，可以了解其变形发展的时间历程，但其最终的变形达到稳定的收敛值时将与按线弹性问题的解所得的相应结果完全相同。但是，黏弹塑问题的最终解则与按弹塑性问题求出的结果不会相同。

2.5 非线性流变问题及其求解的几种处理

图1所示为从一组岩石试样蠕变试验得到的随时间发展的非线性流变曲线簇。由图1可知，岩石非线性流变应变值的大小，随其应力水平、应力应变状态和应力持续作用时间三者呈非线性增长变化。

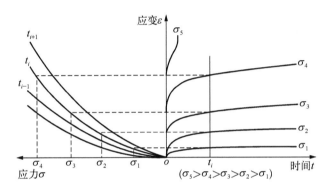

(b) 应力-应变等时曲线　(a) 蠕变曲线

图1　非线性流变曲线簇

对非线性流变：

$$\dot{\varepsilon} = \frac{1}{\eta(\sigma, \Omega, t)}\sigma \qquad (3)$$

式中，η 为黏滞系数，为应力水平 σ、应力应变状态.(可以是压、剪、拉、弯曲，或其他复杂应力状态)和流变时间历程 t 的非线性函数，此时 η 已不再是一个常数。

对上项非线性流变问题的求解，有以下几种常见的处理方案[2,4]：

第1种方案：在非线性流变的发展程度不高，即所谓低度非线性问题的情况下，仍可以以线性流变的西原模型(弹-黏弹-黏塑性模型)为基础，而只在其黏塑性部分内再串加上一项非线性的经验黏性元件作为对线性流变模型的一点修正，非线性黏性元件的经验系数可由相应的流变试验确定。这种近似处理，对量大面广的一般性工程问题的研究是比较适用的。非线性流变本构模型的通用表述如图2所示。

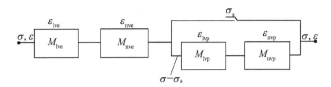

M_{lve}—线性黏弹性模型；M_{lvp}—线性黏塑性模型；
M_{nve}—非线性黏弹性模型；M_{nvp}—非线性黏塑性模型

图2　非线性流变本构模型

第2种方案：采用由试验拟合的经验本构关系式，式中的诸待定系数可由试验结果逐一拟合确定。如对非线性黏弹性问题，其经验公式可写为一种幂律型的蠕变方程：

$$\dot{\varepsilon} = A\sigma^n t^m \qquad (4)$$

式中，$\dot{\varepsilon}$ 为蠕应变率；σ 为等效应力，三轴状态下 $\sigma = \sigma_1 - \sigma_3$；$t$ 为蠕变时间；A, n, m 均为需要由试验测定后作拟合的蠕变参数。这种处理方法较适合在一些特定的重大工程中采用。

在当前广泛通用的 ANSYS 程序软件文本中，已列有 10 余种各种类型的经验蠕变本构方程关系式，可供选择采用。

第3种方案：将 η 值视为非定常的变数值，而由试验确定，再进行非线性流变本构关系的分析计算。这种处理方案较为理想，学术理念上也较为严格，但计算处理则比较繁复和困难。

2.6 岩石流变力学的工程应用

岩石流变力学研究的目的是，在全面反映岩体流变本构属性的基础上，通过试验分析和数值解析计算，求得岩体内随时间增长发展的应力、应变及其作用的时间历程，为流变岩体的稳定性做出符合工程实际的正确评价。

试仍以隧道和地下工程为例，其洞室围岩自身的自承和自稳能力对隧洞围岩-支护系统相互作用以及洞体的持续稳定都起着重要的作用。在开挖、地震或其他外力作用下洞体丧失稳定，主要是由于岩体介质及其软弱结构面发生因过大黏塑性变形导致的岩体应变软化，使其自承和自稳能力降低而最终坍塌破坏所造成的。如何合理地考虑隧洞围岩-支护系统的流变相互作用，最大限度地利用其自承和自稳能力的历时变化,已成为隧道和地下工程中急待解决的首要问题之一。

对于高地应力大变形软岩地下洞室而言,围岩与支护衬砌的变形都是流变型的,这已为众多的工程实践、实测和试验所证实。只有考虑岩体介质及其支衬系统的流变效应,用黏弹塑性理论对该系统进行深入细致的研究,才能对隧洞围岩-支护系统的受力机制做出充分和有说服力的阐明,并给出合理的、有理论依据的解释,最后得出与工程实际相符的正确结论[2]。相对于坚硬岩石而言,软弱围岩的力学属性受一般节理裂隙的影响相对比较小,而主要由岩石自身的力学性质来决定,但其流变效应则尤为显著。若节理裂隙呈随机性分布,且无明显的定向大裂隙存在,则在这种软弱围岩中修建深层隧洞时,宏观上可视为各向同性、匀质、连续的黏弹塑性介质来对待。此时,影响隧洞稳定和支护安全主要有两个因素:二次衬砌设置的时间及其衬砌刚度,它们是决定系统流变力学性态的主要参数。为此,计入围岩黏塑性流变变形导致岩体屈服强度降低及其流变时效作用,着重考虑上述两个因素,以探讨二衬结构如何合理受力,更加有效地利用围岩的自承和自稳能力,将是使岩石流变力学的研究成果更有效地应用于隧道工程实际的核心问题。

3 软岩和节理发育岩体的流变试验研究岩石

室内流变试验[5-27]是了解其流变力学特性的主要手段,与现场实测相比,它具有便于长期观测、严格控制试验条件、排除次要因素、重复试验次数多而又耗资较少等优点。试验研究结果可以揭示岩石在不同应力水平条件下的流变力学属性,为建立合适的流变本构模型、并为进行工程岩体流变数值分析提供有关流变参数。它是岩石工程流变学研究的重要方面,藉流变试验成果来深刻阐明其力学表现上的本质与机制,不可或缺。

在国外,岩石流变力学特性试验研究可以追溯到20世纪30年代末。Griggs(1939)最先对灰岩、页岩和粉砂岩等类软弱岩石进行了蠕变试验,指出砂岩和粉砂岩等中等强度岩石,仅当加载达到破坏荷载的12.5%~80%时,就发生了一定程度的蠕变。日本伊藤(Ito,1987)对花岗岩试件进行了历时30年的弯曲蠕变试验,研究结果表明,花岗岩同样呈黏滞流动但未观测到屈服应力。近年来,软岩作为重大建(构)筑物地基的情况愈益多见,其变形大、强度低,常具有更为显著的流变特性。因而研究覆盖我国广大地域的软岩的流变力学属性具有重要的工程实用价值。Haupt(1991)研究了盐岩的应力松弛特性,指出在整个应力松弛过程中,其岩石内部的细观结构仍保持不变,而应力松弛则在另一侧面反映了盐岩内部组构受力后的黏性效应[25]。E. Maranini 和 M. Brignoli[23]对石灰岩进行了单轴压缩和三轴压剪蠕变试验,研究表明,灰岩蠕变的变形机制主要为低围压下的裂隙扩展和高应力下的孔隙塌陷,蠕变对灰岩本构行为的主要影响为其屈服应力降低。Y. Fujii 等[19]对花岗岩和砂岩进行了三轴蠕变试验,得到轴向应变、环向应变和体积应变等3种蠕变曲线,指出环向应变可以作为蠕变试验和常应变速率试验中用以判断岩石损伤的一项重要指标。Gasc-Barbier(2004)对黏土质岩进行了大量不同加荷方式、不同温度下的三轴蠕变试验,结果表明,应变率和应变大小均随偏应力和温度增高而增大;蠕变率则还与加载历史有关,试验10 d后应变率已趋稳定值(10^{-11} s^{-1}),但经过2年后其应变量却仍保持该速率而没有衰减。本文限于篇幅,对国外方面近年来所进行的岩体流变试验研究,只能如上列举一些代表性工作以说明其发展概况与动向。

自20世纪50年代末起,特别是近20年来国内许多大型工程的兴建,极大地促进了我国同行对岩石力学基本特性的研究,开展了大量的岩石流变力学试验,积累了十分丰富的、涵盖软岩、节理发育的硬岩和软弱夹层等方面的流变试验资料,获得了各类岩石随时间增长发展的黏性流变规律及其相应的流变力学参数。其中应该指出的是,对于富含节理的岩体,研究岩体沿节理面的剪切流变特性十分重要。由于施工开挖扰动和开挖卸荷也会在围岩近毛洞附近派生次生裂隙,而地下水的渗透又会使岩体节理弱面软化,或形成有、无充填和胶结的各种软弱夹层。岩体软弱夹层的强度低、变形量大,其流变力学属性直接影响着岩石工程的长期持续稳定性。在以上方面,多年来已引起国内业界同仁们的极大关注,相应地进行了许多有关的流变试验研究。此处挂一漏万，就已见到的资料文献按见刊先后列序简介如后。相关文献不难在国内期刊网获得，限于篇幅，不作具体著录。

早在20世纪90年代初，陈宗基（1991）首次对宜昌砂岩进行了扭转蠕变试验，研究了岩石的封闭应力和蠕变扩容现象，并指出蠕变和封闭应力是岩石性状中的两个基本因素。郭志（1994）论述了岩体软弱夹层充填物的流变变形特性，根据流变过程曲线分析了初始流变与等速流变之间的关系，并指出软弱夹层的临界等速流变变形始终存在，还提出了一种临界等速流变剪应力的确定方法。陈智纯（1994）给出了以材料模量为参数的岩石流变损伤方程。缪协兴（1995）总结了以描述岩石损伤历史并以蠕变模量为参数的岩石蠕变损伤方程。杨建辉（1995）描述了砂岩单轴受压蠕变试验中其纵横向变形随时间的增长发展规律，指出岩石内部裂纹的扩展是产生横向变形的主要原因。徐平（1995）以长江三峡船闸区闪云斜长花岗岩为工程依托，开展了三点弯曲蠕变断裂试验，并首次进行了四点弯曲Ⅰ-Ⅱ复合型断裂试验，得到了不同风化程度岩石的蠕变断裂韧度。李永盛（1995）分别对大理岩、红砂岩、粉砂岩和泥岩4种不同强度的岩石材料，采用具有伺服控制系统的Instron刚性试验机进行了单轴压缩条件下的蠕变与应力松弛试验，指出岩石材料随时间增长在不同应力水平条件下一般都出现蠕变速率减小、稳定和增大三个变化发展阶段，并具有应力松弛非连续性变化的特点，由此建立了旨在描述岩石材料应力-应变-时间的非线性本构方程。陈智纯（1995）通过大量软岩流变试验发现了两种非常规的流变力学行为：软岩蠕变中泊松比出现负值；蠕变和松弛不能用两个线性相关的函数表示。邱贤德（1995）用自行设计的杠杆式流变仪，对长山、乔后两类盐岩的蠕变、松弛和弹性后效流变力学特性进行了试验研究，研究成果表明，长山盐岩的变形受位错及晶粒间界面控制，在长期蠕变中以位错滑移为主，主要呈现脆性破坏；而乔后盐岩是一种复杂的黏弹塑性体，其屈服应力很低，根据试验结果，还建立了单向应力状态下的最大应变破坏准则。陈有亮（1996）采用直接拉伸试验方法，对红砂岩进行了拉伸断裂和拉伸流变断裂的对比试验，得到了该类岩石的流变断裂准则。杨淑碧（1996）对侏罗系

沙溪庙组砂岩和泥岩的流变特性进行了系统的流变试验研究，认为砂岩和泥岩的流变特性主要都受岩性和风化程度控制，砂岩在压缩条件下具有较高的长期强度，而在拉伸条件下的长期强度与蠕变断裂的极限变形量都较低，松弛现象相对于蠕变言则更为突出；泥岩在压缩及剪切条件下的长期强度相对都比较低，而强度的时间效应则很显著，蠕变现象相对于松弛而言似乎更为突出。

长江三峡工程建设也为岩石流变的试验研究提供了新的契机。夏熙伦（1996）结合三峡船闸高边坡开挖，对取自船闸区的闪云斜长花岗岩开展了岩石流变特性试验研究。试验结果经分析表明，三峡船闸区岩石弱风化以下虽属坚硬岩石，但其强度仍存在有相当的时间效应，蠕变强度与瞬时强度之比，对弱风化岩石约为0.837，微风化岩石约为0.900，强度的时间效应随岩石风化程度增强而更为明显；船闸区岩石的蠕变特性，当应力水平低于屈服应力时，建议采用广义Kelvin模型来描述；而当应力水平高于屈服应力时，则可采用西原（弹-黏弹-黏塑）模型来描述。徐平（1996）分析了三峡船闸区花岗岩的蠕变试验，研究结果表明：三峡船闸区闪云斜长花岗岩的时效特性存在一个门槛值，在低应力水平下，其蠕变变形相对较小，但当应力超过门槛值时，变形随时间增加的趋势则急剧增大。研究试验也认为：船闸区岩石的蠕变特性，当应力水平低于屈服应力时，可采用广义Kelvin模型来描述；当应力水平高于屈服应力时，则可采用西原模型来描述。孙钧（1997）对三峡花岗岩进行了劈裂拉伸蠕变试验，表明蠕变拉伸强度与加荷速率有关，同时还研究了水对岩石拉伸蠕变特性的影响。李建林（2000）根据三峡工程永久船闸区岩体微新花岗岩受拉及拉剪流变的试验结果，研究了岩石受拉和拉剪流变特性，给出了岩石受拉、剪的破坏强度曲线，研究了岩石流变等效抗拉强度和等效流变变形模量。周火明（2001）介绍了三峡船闸边坡现场岩体蠕变试验的技术与成果，与实验室完整的岩块蠕变试验成果相比，包含众多裂隙的较大尺寸岩体较之小尺寸岩样具有更为明显的蠕变特征，其岩体蠕变参数显著降低，并建议船闸边坡岩体蠕变可采用广义Kelvin模型来描述。丁秀丽（2000）介绍了三峡工程船闸区硬性结构面的蠕变试验结果，提出了结

构面蠕变的剪切蠕变方程。研究结果表明,花岗岩硬性结构面的剪切蠕变位移不仅是加载持续时间的函数,且与所施加的法向压应力及剪切应力大小有关。张奇华(1997)进行了链子崖危岩体软弱夹层的室内剪切流变试验,根据蠕变曲线的特征,建议可采用以Burgers复合黏弹性模型和Kelvin-Voigt模型来分别描述当剪应力大于和小于其长期强度时的两种蠕变曲线。张向东(1997)对硅藻岩进行了室内蠕变试验,结果表明:硅藻岩蠕变性强,其蠕变变形量为瞬时变形量的200%以上;硅藻岩强度则随时间而弱化,荷载作用时间越长,其强度越低,建议硅藻岩的长期强度可用下式来描述: $\sigma_t = A + Be^{-\alpha t}$,硅藻岩的流变特性符合Burger模型。Z. Chen(1997)分析了盐岩蠕变试验结果,在热力学限制的基础上提出了一套具有相应积分体系的本构框架,并用以描述包括加速蠕变在内的蠕变响应。朱子龙(1998)根据三峡工程永久船闸地质勘探的花岗岩采样,模拟了现场岩体节理情况,进行了岩石拉剪蠕变断裂的试验研究,研究结果表明,在拉剪应力作用下,当应力比大于0.7时,将产生不稳态蠕变;而当应力比小于0.6时,则产生稳态蠕变。邓广哲(1998)从岩不连续裂隙介质的三轴蠕变试验结果,研究了裂隙起裂机制及其蠕变扩展规律,讨论了岩体裂隙损伤断裂全过程与裂隙岩体蠕变全过程间的耦合相互作用关系,并由此建立了一种相应的本构模型。

进入21世纪之初,岩石流变试验研究更趋活跃。陈有亮(2000)用三点弯曲试验方法对层状岩石的流变断裂特性进行了试验研究与理论分析,得到了一种岩石流变断裂准则,验证了直接拉伸试验所得到的试验结果,分析了层理的存在对断裂扩展的影响,并用重正化变换理论对岩石的流变断裂机制进行了定量分析。陈有亮(2003)还对三点弯曲条件下细粒砂岩的断裂和蠕变断裂特性进行了试验研究,结果表明,岩石裂纹通常在初始应力强度因子KI小于断裂韧度KIC的情况下,经过一段时间的持续蠕变变形后才产生裂纹起裂和扩展。任建喜(2002)采用自行研制的CT扫描仪专用三轴加载试验设备,完成了单轴压缩荷载作用下岩石蠕变细观损伤演化的CT扫描实时试验,从CT数和CT图象的变化规律出发,对岩石蠕变损伤三阶段的细观扩展机制进行了分析,完成了裂纹宽度和长度随时

间发展变化规律的定量研究,并建议用CT数下降速度的概念来判断岩石蠕变损伤第3阶段的门槛值。杨春和(2002)基于谢和平提出的岩石蠕变损伤力学模型,通过对盐岩蠕变试验研究,给出了一个能以反映盐岩蠕变全过程的盐岩非线性蠕变本构方程。孙钧(2002)对软岩的非线性流变力学特性进行了试验研究,提出了一个统一的三维非线性黏弹塑性流变本构模型,并将其应用于地下工程中。朱定华(2002)通过对南京红层软岩的流变试验,发现红层软岩存在有比较明显的流变属性,它符合Burgers本构模型,试验得出长期强度约是其单轴抗压强度的63%~70%。朱合华(2002)通过干燥和饱水两种状态下凝灰岩蠕变试验结果的对比,探讨了岩石蠕变受含水状态影响的规律性:含水量对岩石瞬时弹性变形模量的影响很小,但含水量对岩石的极限蠕变变形量的影响则极其显著,干燥试样和饱和试样两者的相应值可以相差5~6倍;含水量还会影响岩石达到稳态蠕变阶段的时间,干燥试样在较短的时间内就进入了稳态蠕变阶段,而饱和试样进入稳态蠕变阶段则需要很长的一段时间。邱贤德(2003)在其前述(1995)的对长山和乔后两类盐岩矿进行蠕变试验研究的基础上,又通过进一步的试验建议了一种盐岩的蠕变模型,并分析了两类盐岩蠕变过程其蠕变损伤差别的原因,主要是NaCl含量高低、晶粒尺寸大小和胶结性质不同,造成两种岩样在蠕变过程中发生的现象不同,其盐岩力学性质也有差异;其次,由于在盐岩晶粒结晶过程中,因地质、环境等因素的影响,使晶粒内部存在着大量缺陷,晶粒之间的交界面极不规则,这时位错在一些晶体内占有重要地位,位错基本控制了该晶粒的流变力学性质。徐平(2003)通过对溪洛渡坝址区玄武岩弱风化含屑角砾型错动带岩体所作现场柔性承压板的蠕变试验研究,显示该类岩体的变形特性具有较明显的时效特征,其流变属性可以采用广义Kevin模型描述,岩体长期模量与瞬时模量的比值约为0.62。孙钧、赵永辉(2003)研究了润扬长江大桥北锚碇基础区域基岩的流变力学属性,采用岩石双轴流变试验机进行了单、双轴的压缩与压剪蠕变试验,选用了广义Kelvin模型进行了流变参数的拟合分析,获得了黏滞系数等相关的流变力学参数,并应用于锚碇结构的流变数值计算。黄炳香(2003)利用改

进的三点弯曲试验对甘肃北山花岗岩在温度影响下的蠕变断裂特性进行了试验研究,得到了200℃下北山花岗岩的蠕变全过程曲线,并研究了北山花岗岩断裂韧度随温度的变化规律,在75℃时其断裂韧度出现极值,在200℃以后则呈下降趋势。李化敏(2004)利用自行研制的UCT-1型蠕变试验装置,采用单调连续加载和分级加载方式,对南阳大理岩进行了单轴压缩蠕变试验研究。试验结果表明,大理岩虽然属于坚硬岩石,但在持续高应力作用下仍然会出现较强的时间效应,产生了较大的蠕变变形,其蠕变强度与瞬时强度之比为0.9左右;拟合得出了蠕变曲线的经验公式,认为蠕变试验曲线接近对数规律变化,还建立了大理岩蠕变的Burgers理论模型,得到了相应的蠕变参数。沈明荣(2004)通过规则齿形结构面在双轴应力条件下的蠕变试验,对规则齿形结构面的剪切蠕变特性进行了深入研究,分析了规则齿形结构面蠕变的基本规律,在分析对比的基础上选取Burgers模型来反映凿槽的剪切蠕变特性。张向东(2004)在前述流变试验的基础上采用自行研制的重力杠杆式岩石蠕变三轴试验机,对泥岩进行了三轴蠕变试验,试验结果表明,在高应力水平条件下泥岩的蠕变具有非线性,其蠕变变形量可达到瞬时弹性变形量的300%以上,且当等效正应力$\sigma_i < 1.5$ MPa时为稳态定常蠕变;而当$\sigma_i > 2.4$ MPa后则为非稳态的非定常蠕变。巫德斌(2004)也通过自制试验装置对泥板岩的流变特性进行了研究,得出了符合该泥板岩流变特性的流变本构模型。刘建忠(2004)使用XTR01型微机控制电液伺服试验机,采用梯级加载法,对煤岩进行了三轴蠕变试验,利用五参数的西原模型,探讨了依附于时间发展的煤岩三维蠕变本构方程,并利用最小二乘法对蠕变试验结果进行了分析,获得了有关煤岩的流变力学参数。丁志坤(2004)在泥页岩蠕变试验的基础上,分析了岩石黏弹性变形随应力水平不同和时间的发展变化,从元件型本构方程出发验证了引入非定常流变参数的必要性;建立了一维情况下非定常黏弹性模型的蠕变方程,通过理论计算与试验结果的对比,发现非定常黏弹性模型比定常黏弹性模型能更为准确地反映泥页岩的非线性黏弹性变形性能。H. J. Liao(2004)通过软岩的固结不排水三轴试验,证明软岩存在显著的应变率效应,软

岩强度随应变率加大而增高,并利用殷建华的3DEVP模型描述了软岩的应变软化和应变率效应。陈沅江(2005)对湖南某煤矿-350 m以下采场煤层的砂页岩顶板进行了软岩结构面的压剪蠕变试验,认为软岩结构面蠕变与结构体(岩块)一样也具有瞬弹、瞬塑、黏弹和黏塑性等多种应变成分;但在不发生剪切蠕变破坏的情况下,其瞬时变形远大于黏性变形,结构面蠕变在应力水平不太高的条件下,其变形只具有衰减蠕变和稳态蠕变两个阶段,且后一阶段其变形速率很小而持续时间则很长,研究中没有考虑结构面的蠕变剪胀效应。宋飞(2005)对石膏角砾岩进行了单轴和三轴蠕变试验,结果表明:其蠕变具有非线性和加速蠕变特性,而且不同围压对蠕变的影响很大;根据试验结果还按遗传蠕变理论建立了石膏角砾岩的非线性蠕变方程。严仁俊(2005)利用三轴压缩蠕变试验装置对四川三叠系盐岩试样进行了各种温度、压力条件下的常规三轴压缩蠕变试验研究,得到了在不同温度条件下盐岩材料随时间变形发展的一些规律:岩样的变形率随其所处温度的增高而加大,温度越高,发生稳态蠕变和加速蠕变的时间则越早,而岩石的长期强度越低,愈容易进入加速蠕变阶段,在温度较高时,其加速蠕变阶段非常短。徐卫亚(2005)从绿片岩三轴流变试验结果,研究了不同围压条件下绿片岩的流变力学特性,得到如下结论:围压对流变变形存在很大的影响,围压越大,相应的轴向流变变形量也越小,即岩样不易发生轴向流变;岩石局部化的非均匀破坏不会对轴向流变变形构成明显影响,但对侧向变形则影响比较大;流变对岩石应力-应变曲线有着重要影响,流变加载能增加岩石的塑性变形,从而使岩样破裂更趋迅速;流变速率随着应力水平而变化,低应力和较高应力水平时,其轴向和侧向流变速率均只表现为初期和稳态流变速率两个阶段;但达到破裂应力水平时,其轴向流变速率将出现初期、稳态和加速流变速率三个阶段,而侧向流变速率则只表现为稳态和加速流变速率两个阶段。孙钧、靖洪文(2005)还通过电磁辐射试验研究了长江三峡船闸工程边坡岩体在不同含水状态(饱水、自然、干燥)、不同受载大小和不同应力水平条件下,闪云斜长花岗岩流变属性与其电磁辐射脉冲强度之间的依附关系,以及岩石破碎、断裂程度与其电磁辐射脉冲之间的关系;较

深入地探究了在各个不同加载环境下岩石蠕变变形孕育、发生和发展过程中的电磁辐射效应及其现象规律，以获求岩石蠕变断裂的电磁辐射信息特征。通过电磁辐射与声发射信息试验研究，确定了不同含水状态及应力变化与电磁辐射强度间的关系，为建立三峡工程流变岩体稳定性评价的电磁辐射判据提供了更确切的理论支撑。

4 流变模型辨识及其参数确定

岩土介质材料与时间参量有关并与黏壶元件 η 相并联的基本流变力学性态共有：纯黏、黏弹、黏塑和黏弹塑 4 种，将它们再与瞬弹（E）和塑性 F 元件作串、并联组合，则共可派生 15 种不同的复合流变本构模型（对已见报导的有些流变力学模型在形式上会有一定差异，但可以通过等效变换为 15 种模型中的其中一种，具体的等效变换法则和方法可参见夏才初[28]的研究成果）。其时，对某一特定的岩土体言，如何从中选用其中合适的某一两种模型并进而确定其模型参数，是工程中急待解决的一个问题[28-32]。

众所周知，通过岩石蠕变试验以选定上述中的某一种或二种岩石流变力学模型在某一特定工程场合的适用性，并进而得出其模型参数的研究，称之岩石流变的模型辨识与其参数估计，其辨识方法通常是：列举几个有限的模型的蠕变曲线，逐个与该特定岩样的蠕变试验曲线作比较，以辨识该类岩石所适合的流变力学模型。但近年来的研究认为，这种方法存在着一定的局限性和理论上的不严密性。通过对岩石流变力学

性态及其所对应的流变力学模型的研究，建议运用各种流变力学模型间的相互关系，以及流变力学模型与流变力学性态之间的对应关系，可以提出用岩石的加、卸载蠕变试验结果，从上述 15 个模型中系统地辨识出适合于该种特定岩石蠕变试验结果的流变力学模型，并可相应地从试验逐一确定得各个模型参数。理论上，即使对最复杂的流变性态所对应的复合流变力学模型也可作唯一性辨识，并唯一地确定其所有的模型参数。夏才初[28]列举了几个有关模型辨识的方法应用实例。

4.1 岩石流变模型辨识

将各种复合流变力学模型作统一化处理（图 3），可以得到前述 15 种理论流变力学模型中最复杂的流变力学模型。通过分析可以对各种流变性态的变形分量进行辨识和分离，并分别确定其流变力学模型参数，所以，用岩石试件在不同应力水平下的蠕变加、卸载试验曲线，可按如下步骤辨识各种流变性态（表 1），从而可以从全部 15 种流变力学模型中辨识出适合于该种特定岩石的流变力学模型：

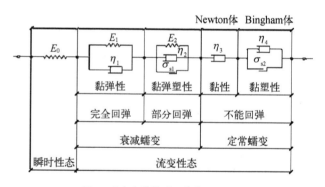

图 3　流变力学模型及其统一化处理

表 1　理论流变力学模型辨识表

情况	蠕变曲线 低应力、高应力	蠕变应变与滞后 回弹应变的关系	定常蠕变速率与 应力的关系	流　变　性　态	模型名称
1	定常蠕变	—	(1) 成正比	弹性-黏性	Maxwell
			(2) 不成正比	黏性-黏塑性	—
2	衰减蠕变	$\varepsilon_c(t) = \varepsilon_{ce}(t)$	—	弹性-黏弹性	广义 Kelvin
		$\varepsilon_c(t) > \varepsilon_{ce}(t)$	—	黏弹性-黏弹塑性	—
3	两者兼有	$\varepsilon_{c1}(t) = \varepsilon_{ce}(t)$	(1) 成正比	黏性-黏弹性	Burgers
			(2) 不成正比	弹性-黏弹性-黏塑性	孙 钧
		$\varepsilon_{c1}(t) > \varepsilon_{ce}(t)$	(1) 成正比	黏性-黏弹性-黏弹塑性	—
			(2) 不成正比	黏性-黏弹性-黏塑性-黏弹塑性	经统一化后的

续　表

情况	蠕变曲线 低应力、高应力	蠕变应变与滞后回弹应变的关系	定常蠕变速率与应力的关系	流 变 性 态	模型名称
4	无蠕变、定常蠕变	—	—	黏塑性	Bingham
5	无蠕变、衰减蠕变	—	—	黏弹塑性	村 山
6	无蠕变、两者兼有	—	—	黏塑性-黏弹塑性	马明军
7	定常蠕变、两者兼有	—	(1) 成正比	黏性-黏弹塑性	—
			(2) 不成正比	黏性-黏塑性-黏弹塑性	—
8	衰减蠕变、两者兼有	$\varepsilon_{c1}(t)=\varepsilon_{ce}(t)$	—	弹性-黏弹性-黏塑性	西 原
		$\varepsilon_{c1}(t)>\varepsilon_{ce}(t)$	—	黏弹性-黏塑性-黏弹塑性	—

注:"两者兼有"系指定常蠕变与衰减蠕变两者兼有;$\varepsilon_c(t)$ 为蠕变应变;$\varepsilon_{ce}(t)$ 为滞后回弹应变;$\varepsilon_{c1}(t)$ 为衰减蠕变应变。

（1）观察不同应力水平下的蠕变曲线类型;

（2）分离蠕变曲线中的衰减蠕变分量与定常蠕变分量,并分析衰减蠕变分量与滞后回弹曲线关系;

（3）判断定常蠕变分量的蠕变速率是否与应力成正比。通过以上三个步骤的辨识,则上述 15 种模型均唯一地对应于 15 种不同的流变性态情况,因而模型辨识也是唯一的。这里,一个较低应力水平 $\sigma\leqslant\min(\sigma_{s1},\sigma_{s2})$ 和一个较高应力水平 $\sigma\geqslant\max(\sigma_{s1},\sigma_{s2})$ 的蠕变加卸载试验曲线,是对所有流变性态进行全面而系统辨识的充分条件。

理论上而言,从试验得到一个较低的应力水平 $\sigma\leqslant\min(\sigma_{s1},\sigma_{s2})$ 和一个较高应力水平 $\sigma\geqslant\max(\sigma_{s1},\sigma_{s2})$ 的蠕变加、卸载试验曲线后,就可以对所有流变性态进行辨识,但实际上仍需要多取几个应力水平进行试验,以增加辨识的严格性,并便于作统计分析。

为稍作展开说明,列出下列算例试辨识其流变力学模型。

例 1:已知在低应力水平 σ_1 和高应力水平 σ_2 作用下的两条蠕变加卸载试验曲线,如图 4(a)所示,且已计算得到定常蠕变的应变速率与其应力成正比。

解:① 在低应力水平和高应力水平下,蠕变加、卸载试验曲线均为衰减蠕变和定常蠕变两者兼有,因此属于表 1 中的情况 3;

② 两个应力水平的衰减蠕变均与滞后回弹应变相等,属于情况 3 中的上栏;

③ 因定常蠕变应变速率与应力成正比,所以符合该试验结果的模型应该是 Burgers 复合黏弹性模型。

例 2:已知在低应力水平 σ_1 和高应力水平 σ_2 作用

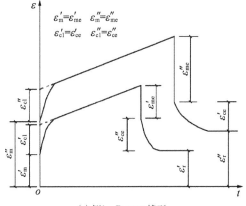

(a) 例1：Burgers模型

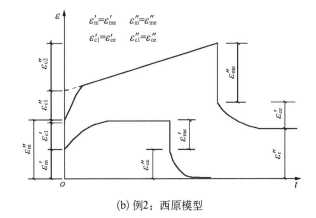

(b) 例2：西原模型

图 4　不同应力水平下的蠕变加、卸载试验曲线

下的两条蠕变加、卸载试验曲线,如图 4(b)所示。试辨识其流变力学模型:

解:① 在低应力水平下,其蠕变曲线的形式为衰减蠕变;而在高应力水平下则为衰减蠕变和定常蠕变两者兼有,此情况属于表 1 中的情况 6;

② 衰减蠕变应变与滞后回弹应变相等,即 $\varepsilon_{c1}(t)=\varepsilon_{ce}(t)$,所以符合该试验结果的模型应该是西原模型。

255

4.2 流变模型参数确定

根据蠕变试验结果确定黏性模型、黏弹性模型、黏塑性模型和黏弹塑性模型这4种基本流变模型的模型参数是容易的。复合流变力学模型参数的确定在于要先分离蠕变变形中的衰减蠕变变形与定常蠕变变形，然后可以按基本流变力学模型参数确定其流变形态分量的模型参数。衰减蠕变变形与定常蠕变变形的分离可用多项式拟合蠕变试验的方法来进行，其线性部分为定常蠕变变形部分；而减去线性部分后余下的部分即为衰减蠕变变形部分。现就衰减蠕变变形中同时含有黏弹性和黏弹塑性，以及定常蠕变变形中同时含有黏性和黏塑性流变形态的流变力学模型为例，对其模型参数的确定方法作以下分析计算：

(1) 当衰减蠕变变形中同时含有黏弹性和黏弹塑性的情况

在低应力水平 σ_1 下，只有黏弹性形态，据此可确定黏弹性部分的模型参数 $(E_1，\eta_1)$；而在高应力水平 σ_2 下，则同时含有黏弹性和黏弹塑性性态，可采用如下公式得到其黏弹塑性应变分量 $\varepsilon_{cp}(t)$ 及其滞后回弹分量 $\varepsilon'_{cp}(t)$：

$$\varepsilon_{cp}(t) = \varepsilon_c(t) - \varepsilon_{ce}(\sigma_1，E_1，\eta_1) \qquad (5)$$

$$\varepsilon'_{cp}(t) = \varepsilon'_c(t) - \varepsilon'_{ce}(\sigma_2，E_1，\eta_1) \qquad (6)$$

根据式(5)，式(6)给出的应变分量曲线，即可确定其黏弹塑性部分的模型参数 E_2，η_2，σ_{s1}。

(2) 当定常蠕变变形中同时含有黏性和黏塑性的情况与上述情况类似，先用低应力水平的蠕变曲线确定 η_3，再在高应力水平的蠕变应变中减去其黏性部分的应变，可进而确定黏塑性部分的模型参数 η_4，σ_{s2}。

4.3 对模型辨识与其参数确定问题的讨论

描述流变力学模型动态过程的本构方程是应力和应变关于时间的微分方程，流变力学模型及其参数只能通过流变试验来确定。现有的流变试验手段有蠕变加卸载试验、应力或应变速率效应试验、应力松弛试验等，它们都是将岩石置于特殊的流变条件下（蠕变试验：$\sigma = \sigma_0$，应力速率效应试验：$\sigma =$ 常数，应变速率效应试验：$\varepsilon =$ 常数，松弛试验 $\varepsilon = \varepsilon_0$）进行的试验。对于蠕变试验，可通过流变力学模型的本构方程在 $\sigma = \sigma_0$ 情况下推出蠕变加卸载方程，并对该蠕变加卸载方程

式和蠕变加卸载试验曲线进行分析、对比和拟合，来确定流变力学模型及其参数，也就是上述的流变力学模型辨识方法。可以推论，对于其他的流变试验方法（应力速率效应试验、应变速率效应试验、松弛试验），也可用与此相类似的方法来确定流变力学模型及其参数，但具体方法还有待进一步研究。

需要指出的是：用述的蠕变加卸载试验结果以确定流变力学模型及其模型参数，应与其他试验（应力速率效应试验、应变速率效应试验、松弛试验）结果确定的流变力学模型及模型参数相一致；或者说，由加、卸载蠕变试验确定的流变力学模型参数及模型参数所建立的本构方程导出的相应（常应力、常应变、应力松弛）方程式也应该与相应的试验曲线相吻合，但事实上要做到这一点是很困难的。以当前较为普遍的广义 Kelvin 模型为例，大多数蠕变试验结果用 Kelvin 模型描述是合适的，但广义 Kelvin 模型在不同应变速率下的应力-应变曲线与实际结果却很难在定量上达到一致，其他模型也有类似的问题。

进一步而言，即使对某一岩石用现有的几种流变试验手段所确定的流变力学模型及其模型参数都是相同的，也只能说明在这几个特殊的流变条件下，用所确定的流变力学模型及模型参数是相对合适的，至于是否就可以据此推断其在一般的流变情况下也都合适，仍是个值得深入研究的问题。

5 流变力学手段在收敛约束方法及隧道结构设计优化中的应用

在对流变岩石隧道与地下工程作设计研究时，二次衬砌的设置时机及其最佳支护刚度的优选，二者密切关系到工程的安全和经济。众所周知，采用"收敛—约束方法"（convergence-confinement method）对解决上项问题不失为一种很好的途径[33-36]。

试以洞周围岩变形位移 u 为横坐标、作用于二衬支护上的围岩压力 p_i（在未设二衬前，p_i 是指一种虚拟的、对毛洞围岩变形的支撑力）为纵坐标，绘出表示二者关系的曲线，该曲线称为"围岩特征曲线"，也称收敛线；同样，可以绘出衬砌支护结构的变形与围岩压力间的关系曲线，该曲线称为"支护特征曲线"，也称约束

线。在同一个坐标平面内同时绘出收敛线与约束线，则两条曲线交点 c 的值即可作为隧道二衬支护结构设计计算的依据。此时，交点 c 的纵坐标即为作用于衬砌结构最终的围岩压力 p_c，交点 c 的横坐标即为衬砌支护结构最终的变形位移 u_c，如图 5 所示。图 5 中曲线①为洞室开挖后围岩变形达到稳定时的围岩特征线，曲线②~⑥则为不同时间设置支护或支护刚度不同时的各种支护特征线。

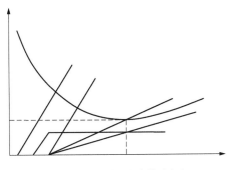

图 5 围岩收敛线与支护约束线

5.1 围岩特征曲线的确定方法

典型的围岩特征曲线，可分为以下几个部段：第 1 段为直线段，反映了隧道开挖后围岩的弹性变形阶段；第 2 段为曲线最低点 c 以左的曲线段，是指隧道开挖后初始地应力释放到一定阶段使其周边围岩出现并发展为黏塑性变形增长的阶段；第 3 段则为最低点 c 以右的向上翘曲段，这是由于洞周部分围岩破坏而导致出现的松动压力段。该段的松动围岩将丧失其自承与自稳能力。因此，围岩特征曲线可以通过曲线 c 点以左与其形变压力相应的收敛线和曲线 c 点以右与其松动压力相应的收敛线二者相拼合得到。可以认为，松动压力即为围岩松动圈内岩石的自重。由于围岩屈服破坏后特性的实测资料目前鲜有报道，为简单起见，同时也为确保安全，可认为隧道周边围岩的松动圈即为围岩松动区。因此，松动压力可计算为松动圈岩体的自重。洞周围岩松动区的部位不同，其松动压力对围岩特性曲线的影响也不同，计算上常规为：在洞室拱顶部位，围岩压力为形变压力与松动压力之和；洞室侧向，除侧压力系数 $\geqslant 1$ 以外，一般多只承受形变压力；而洞室底部，则为形变压力与松动压力之差。实际工程中，由于洞形的不规则和围岩岩性的复杂性，有限单元法等数值方法得到广泛应用。在数值计算过程中，

如沿洞周设置必要的节点，即可根据计算得出这些节点的收敛线。此外，已建立了根据现场实测数据确定围岩特征曲线的几种方法，主要有压力位移法、放松系数法和参数换算法等。

5.2 考虑应变软化的二维黏弹塑性分析

由于岩体过峰值强度后其软化阶段强度的降低，一般依据塑应变值的大小，提出以等效塑性应变作为塑应变软化开始的判据，进而可得出黏聚力 c 的软化规律如下：

$$c = c_i \left\{ 1 - \left(\frac{\bar{\varepsilon}^p - [\bar{\varepsilon}_a^p]}{[\bar{\varepsilon}_s^p] - [\bar{\varepsilon}_a^p]} \right)^2 \right\}^2 \tag{7}$$

其中，

$$\bar{\varepsilon}^p = \frac{\sqrt{2}}{3} \sqrt{(\varepsilon_1^p - \varepsilon_2^p)^2 + (\varepsilon_2^p - \varepsilon_3^p)^2 + (\varepsilon_3^p - \varepsilon_1^p)^2} \tag{8}$$

式中，c_i 为初始黏聚力；$\bar{\varepsilon}^p$ 为等效塑性应变；$\varepsilon_1^p \varepsilon_2^p \varepsilon_3^p$ 均为主塑应变；$[\bar{\varepsilon}_a^p]$ 为开始发生塑应变软化时的等效塑性应变，可以由蠕变试验确定的各主塑应变求得；$[\bar{\varepsilon}_s^p]$ 为蠕变破坏时的主塑应变。将上面的塑应变软化规律引入数值计算，并选用合适的某一种黏弹塑性模型进行数值分析。

上述模型与不考虑软化模型所得围岩特征曲线相类似。一般认为，从隧道开挖后 10 d 左右的软化与非软化模型围岩特征曲线的比较可以看出，当洞壁作用力较大时，软化模型与非软化模型的计算结果相同，即围岩不发生软化；而当洞壁作用力较小时，围岩发生软化，在同样的洞壁作用力下，软化模型较非软化模型将产生更大的围岩位移。在洞壁作用力为 0 的情况下，经历 10 d 后软化模型与非软化模型围岩塑性应变计算值的对比可以看出，围岩塑应变软化影响区域主要分布在洞周约 3 m 范围以内，并以墙腰方向最为突出。此外，软化模型和非软化模型塑性应变计算曲线与坐标横轴的交点基本相同，表明并没有因为围岩的塑应变软化而产生新的塑性屈服区。

5.3 三维黏弹塑性分析

随着隧道作业面的向前推进，其附近一定范围内围岩变形的发展与应力重分布都将受到作业面自身的制约，而使围岩体的自由变形得不到充分释放，应力重

分布不能很快完成，称为开挖作业面的空间效应。对于软弱破碎围岩介质而言，由于岩体流变时效的作用，在作业面附近，将伴有围岩变形时间效应和开挖面空间效应二者的耦合相互作用。如以毛跨 16 m 的隧道开挖施工为例，从计算分析可以看出，作业面对隧道前方的影响，对不同部位其范围亦不相同：拱顶处约至前方 24 m(1.5 倍洞跨)；墙腰处约至前方 6 m(0.4 倍洞跨)，洞底处约至前方 34 m(2 倍洞跨)。作业面后方 2 倍洞跨以外，所述的空间约束效应将基本消失，此后的隧道变形主要只受围岩的流变属性控制。

已有研究根据有限元模拟结果指出，由于受作业面空间效应影响，作用于毛洞断面上的释放荷载不会立即达到初始地应力状态，而是有一个时间历程。该释放荷载随时间的变化过程为

$$p(t) = p_0(1 - 0.7e^{-mt}) \tag{9}$$

其中，

$$m = \frac{3.15V}{2R} \tag{10}$$

式中，V 为工作面平均推进速度；R 为等效圆形洞室的毛洞半径；t 为从断面开挖瞬间的起始时间；m 为待定的、需由现场测试得到的常数。

由此可知，根据虚拟支撑力思想，作用于毛洞断面上的假想径向支护压力为

$$p_i(t) = p_0 - p(t) = 0.7e^{-mt} \tag{11}$$

5.4 支护特征曲线的确定

假设支护材料的力学行为均符合弹性-理想塑性，则支护特征曲线可表述为图 6 所示，可得

$$p_i = K(u - u_{in}) \tag{12}$$

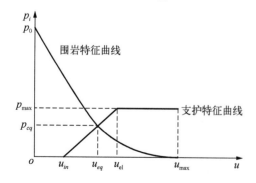

图 6 弹性-理想塑性支护材料的特征曲线

式中，K 为支护刚度系数，即支护特征曲线的斜率，弹性阶段其值为常数，支护屈服后，即当 $u > u_{in}$ 时，$K = 0$。

(1) 对于径向锚杆支护：

$$K_{bol} = \frac{1}{S_c S_l \left(\frac{4L_{bol}}{\pi \phi^2 E_{st}} + Q \right)} \tag{13}$$

式中，K_{bol} 为径向锚杆支护的刚度；$S_c S_l$ 分别为锚杆的环向间距与纵向间距；L_{bol} 为锚杆长度；ϕ 为锚杆直径；E_{st} 为锚杆材料弹性模量；Q 为与锚杆体、垫板、锚头的受力变形特征有关的常数。

(2) 对于喷射混凝土支护：

$$K_{shot} = \frac{E_{con}}{(1+V_{con})} \frac{[R^2 - (R - t_{shot})^2]}{(1 - 2v_{con})R^2 + (R - t_{shot})^2} \frac{1}{R} \tag{14}$$

式中，K_{shot} 为喷射混凝土支护的刚度；E_{con}，V_{con} 分别为喷混凝土的弹性模量和泊松比；t_{shot} 为喷混凝土厚度。

(3) 对于钢拱架支护：

$$K_{set} = \frac{1}{\dfrac{d(R - t_{block} - h_{set}/2)^2}{E_{st}A_{set}} + \dfrac{2\theta dt_{block}}{E_{block}b_{block}^2}R} \tag{15}$$

式中，K_{set} 为钢拱支护的刚度；E_{st} 为钢拱材料的弹性模量；d 为钢拱支护沿隧道轴向的间距；A_{set} 为钢拱的横截面面积；2θ 为连接点间的夹角；t_{block} 为木垫块的径向厚度；b_{block} 为木垫块的环向宽度；E_{block} 为木垫块材料的弹性模量。

(4) 对于由上述支护形式中的几种所构成的复合式支护：

$$K_{tot} = \sum_j \overline{K}_j \tag{16}$$

当复合式支护中的几种支护形式同时设置时，则

$$\overline{K}_j = K_j(u < u_{el,j}) \tag{17}$$

式(16)、式(17)中，K_{tot} 为组合式支护体系的刚度；K_j，K_i 分别为组合式支护中各单一支护的刚度。由此可见，复合式支护需要的支护刚度将随其设置时间的后移而逐渐减小。

多数情况下，如复合式支护中的一次、二次支护形式分别在不同的时间段先后设置，则此时：

$$\left.\begin{array}{l} \overline{K}_j = K_j\,(u_{in,j} \leqslant u < u_{el,j}) \\ \overline{K}_j = 0\,(u < u_{in,j}\ \text{或}\ u \geqslant u_{el,j}) \end{array}\right\} \quad (18)$$

由此可见，复合式支护的支护刚度是先增大而后又逐渐减小。

实际工程中多数是先施作喷射混凝土支护后再在其内侧设置二次衬砌支护(或再加设钢拱架支护)的情况，此时由于二次支护的作用改变了喷射混凝土支护内侧的受力边界条件，就不能简单地将喷射混凝土支护刚度与锚杆支护刚度叠加得到该组合式支护体系的刚度。由此建议改用下式计算[35]：

$$K_{tot} = \frac{2(1-v_{con})E_{con}R\left[\dfrac{E_{con}}{1+V_{con}} + (R-t_{shot})K^*\right]}{E_{con}(1-2v_{con})R^2 + (R-t_{shot})^2 A}$$
$$- \frac{E_{con}}{R(1+V_{con})} \quad (19)$$

其中，

$$A = E_{con} + (1-2v_{con})(1+V_{con})K^*t_{shot}\left(1 + \frac{R}{R-t_{shot}}\right)$$

5.5 支护效果评价

可以从以下两个方面来评价所选择的二衬支护是否合适：

(1) 支护具有一定的安全储备，即其安全系数应满足：

$$F_s \geqslant F_{s,\,min} \quad (20)$$

(2) 支护设置后，隧道洞壁变形应在允许的范围值之内，即

$$u_{eq} \leqslant u_{lim} \quad (21)$$

对于弹性-理想塑性材料的支护而言，当满足 $u_{eq} < u_{max}$ 时，支护将不会发生破坏，因此，支护安全系数可定义为

$$F_s = \frac{u_{max} - u_{in}}{u_{eq} - u_{in}} \quad (22)$$

实际工程中，为安全起见通常不允许支护结构始自由位移是一种好的尝试，其关键在于 LDP 线的出现塑性屈服，因为支护材料发生屈服后其力学性构建。

在无现场实测资料的情况下，LDP 线可以根能将急剧恶化。这可以通过按下式定义安全系数来据三维数值分析得到。Panet(1995)在弹性有限元分实现：

$$F_s = \frac{p_{max}}{p_{eq}} \quad (23)$$

5.6 支护设置前洞壁径向自由位移 u_0 值的确定

图 7 所示的点 I 代表开挖作业面后方距离 x 处的隧道断面，其洞壁径向位移为 u_r^I，点 F 代表开挖洞半径。作业面处的隧道断面，其洞壁径向位移为 u_r^F。若在 I 处设置支护，则此时 $u_{in} = u_r^I$，对应于下方图中的 K 点，即支护特征曲线的起点。此时，若保持开挖面不动(即 x 不变)，并且不考虑围岩变形时间效应的影响，则只由开挖面的空间约束效应维持断面稳定，也即作用于支护上的荷载为 0，开挖面承受了 KN 段的荷载大小。随着开挖面的继续推进，支护与围岩共同变形，当前进到对断面 I 处无空间约束效应时，支护与围岩压力在点 D 达到平衡，支护承受的荷载即为 p_i^D。

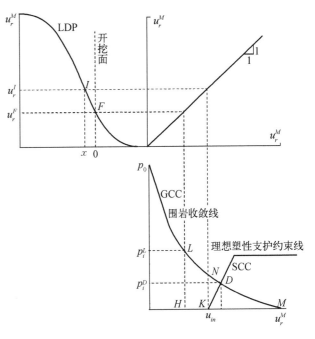

图 7 支护设置前的洞壁自由位移(按 LDP 线确定)

根据"纵向变形剖面"(LDP)法则，用 LDP 线(即用未支护前毛洞的径向位移沿隧道纵向在开挖面前、后各位置点的历时变化。如图 7 所示，上面一图的左方曲线)来确定围岩在设置二衬支护前的初析的基础上、建议洞壁径向位移与至作业面距离之间的关系，可用下式近似表述：

$$\frac{u_r}{u_r^M} = 0.25 + 0.75 \left[1 - \left(\frac{0.75}{0.75 + x/R} \right)^2 \right] \quad (24)$$

式中：x 为隧道计算断面至开挖面距离，R 为隧道毛洞半径。

Hoek(1999)对 Mingtam 电站洞室工程的现场实测数据进行了拟合，建议了洞壁径向位移与至作业面距离之间的经验关系式：

$$\frac{u_r}{u_r^M} = \left[1 + \exp\left(\frac{-x/R}{1.10} \right) \right]^{-1.7} \quad (25)$$

将 Panet 方法与 Hoek 方法计算所得的 LDP 线与实测得到的 LDP 线比较。可见 Panet 方法过高估计了洞壁径向位移，这样会导致过小估计支护荷载，使设计偏于不安全。

5.7 收敛约束法对隧道围岩和支护特征曲线的确定

在设支护材料行为符合弹性-理想塑性的假定条件下，分别给出了锚杆支护、喷射混凝土支护、钢拱架支护和复合式支护的支护刚度方程；讨论了构成复合式支护的各单一支护的设置时间，以及当边界条件发生变化时对复合式支护刚度的影响；还介绍了引进 LDP 线以确定围岩支护前初始自由位移以及 LDP 线的确定方法。

通过考虑应变软化的黏弹塑性数值分析，讨论了不同模型下隧道开挖过程中围岩应力和应变的变化规律，得到了黏弹塑性围岩特征曲线，并研究了岩石流变与岩石应变软化特性对围岩特征曲线的影响；进而又通过三维黏弹塑性数值分析，研究了隧道开挖过程中的时空效应问题。分析了洞壁径向位移在开挖作业面空间效应和围岩变形流变时效作用共同影响下的变化规律；还沿用虚拟支撑力的思想，得到了考虑作业面时空效应的围岩特征曲线。

对上述方面的一点认识：

收敛约束法的理论基础是围岩特征曲线和支护特征曲线。此处主要讨论了上述两种曲线的确定方法和利用 LDP 线确定围岩初始自由位移(指支护设置前的洞壁径向位移)的方法。利用数值分析方法，从黏弹塑性本构模型出发，可以研究得出隧道开挖过程中和开挖后围岩的应力和应变及其特征曲线的变化。

作者对所建议方法的分析表明：拱顶部位，Hoek 经验方法与数值分析结果非常接近；墙腰部位，在工作面后方，Hoek 经验方法与数值分析结果也能较好吻合。只是在工作面前方，二者差别较大，但这已不是所关心的区域。因此，Hoek 经验公式能较好地用来描述隧道的 LDP 线。

计入围岩变形的时间效应后，LDP 线将随时间发生变化。实际工程中，对于软弱破碎围岩，通常要求支护(包括初支和二衬)紧跟开挖面进行，以限制围岩发生过大变形，保持洞室的施工稳定。在这种情况下，开挖和支护之间的间隔时间不会很长，围岩的流变性对 LDP 线的影响将很小。

上述采用收敛约束法的研究成果，现正拟在厦门市翔安海底隧道几处风化深槽/风化囊流变显著区段的衬护设计研究中试作具体的应用实践。

5.8 隧道支护结构设计优化

目前，隧道支护基本上采取以锚喷支护和二次衬砌相复合支护的技术。支护结构优化中考虑的主要因素具体可分为：初次锚喷支护时机(新奥法，一般需在拱部开挖后即及时施作)、喷射混凝土厚度、二次衬砌施作时机以及二衬刚度(厚度)等四个方面。

利用正交试验设计，可以明确回答以下几个问题：① 诸影响因素的主次轻重；② 因素与各项指标的关系，即每个因素当各个水平不同时，其指标值应作怎样变化；③ 较好的施工工艺条件；④ 进一步试验的方向。

采用正交试验数据的级差分析方法，可以根据"因素-指标"图，经黏弹塑性分析得到支护结构的优化组合，此处以厦门隧道截面支护条件作计算举例为：初始地应力释放 80%～90%时(实际上只是开挖瞬间)施作初次锚喷支护＋喷射混凝土(厚度取 18～24 cm)＋在洞室开挖完成约 155 h 后施作二次衬砌，二次衬砌厚度取 60 cm。在此种组合情况下，计算得到初支喷射混凝土的最大压应力为 11.4 MPa(喷射混凝土极限抗压强度为 15.5 MPa)；二衬钢筋混凝土内最大压应力为 5.72 MPa(混凝土容许压应力为 9.6 MPa)。此时二者均未出现拉应力，为最优选择。

试对上述的每一因素取 4 个水平，而考察的指标为初次喷射混凝土和二衬钢筋混凝土中的应力。经分析认为,当喷射混凝土和二衬钢筋混凝土中的压应力同时达到最大、而拉应力最小;且初支和二衬均未破坏时的组合为最优组合。初次支护破坏标准取喷混凝土的极限强度,二次衬砌则采用混凝土的容许应力作为设定标准。

上述对隧道衬护结构设计优化的研究成果,近年来亦已在兰武铁路复线乌鞘岭隧道岭脊段几处断层大变形软岩地带的衬护设计研究中得到成功的应用实践。

由研究成果可知,利用正交试验设计方法,综合考虑初次和二次支护的支护时间和支护刚度,达到了支护结构优化和设计经济合理的目的。这种方法值得在同类工程中推荐采用。

6 高地应力隧洞围岩非线性流变及其对洞室衬护的力学效应

在总结前人研究[3,5,37-39]的基础上,本节对高地应力区流变软岩讨论了其黏滞系数与加载应力水平及与加载持续作用时间的非线性函数关系,建议了一种岩石非线性黏塑性流变模型及其相应的蠕变状态方程。然后,将理论成果应用于一水电站地下洞室工程,利用黏性增量初应变有限元法分析计算了高应力条件下软岩的非线性流变性态对该隧洞围岩-衬砌支护系统的力学效应,并与传统的将围岩按线性流变模型的计算结果加以对比研究。进而提出了岩石工程设计中应予以考虑的有关岩体非线性变形时效的若干问题。

6.1 问题的提出

众所周知,与经典弹塑性理论的解答不同,从工程流变学的观点而言,岩体中的应力-应变状态及其关系并不是恒定和单一的,它将随时间历程而增长与发展变化。在高地应力地区的软质岩体则更呈现非线性的流变属性,上述力学行为还取决于以前的加载历史。同时,非线性流变岩体的黏滞系数(或蠕变柔量)都不再是不变的常数值,它们与当时的应力水平、加载持续作用时间以及不同的应力应变状态的本构特征等都密切有关,非线性流变问题的求解也将更趋复杂。

早在1964年,Haefeli和Schaerer分析了在环剪、单轴和三轴压缩条件下岩石蠕变的试验资料,同时沿用了黏滞流动的Newton定律,指出:一般情况下,岩质材料的流动速率与其应力间的关系都是非线性的。在对岩石流变特性的最初一些研究中已发现多数岩石并不是在任意大小的荷载持续作用下都会如理想黏性体那样呈现出定常的黏滞流动,它一方面只是在应力超过某个极限值(材料流变下限)以后才可能发生;另一方面,对较高应力水平作用下的软岩(包括节理、裂隙发育的岩体),比较适合的并不是牛顿黏弹性流体假设,而是Bingham体的黏滞塑性流动理论。Tan和陈宗基先生也曾同样指出过非线性黏塑性的Bingham定律对某些岩土质材料的适用性,进行了空心圆柱形土样的扭转流变试验,并在第二届国际流变学会议和以后一系列的其他资料中都阐述了这方面的研究成果。考虑到黏滞流动速率与土体应力间的非线性关系,做出修正的Bingham定律是Vyalob于1959年提出的,他指出:黏滞塑性流动理论描述了具有恒定速率的稳态流动过程,然而,在蠕变发展的进程中,一些岩土材料的流动速率则一直在不断地变化;此外,这个过程不仅包括非线性的黏塑性变形,还存在有可恢复的弹性变形。此后,出现了各种各样的流变力学模型来描述岩石的这种非线性流变行为。但是,在处理流变体的非线性黏滞系数值与加载作用应力及其持续作用时间的关系方面,尚均存在有明显的疏漏和不足。

自20世纪30年代初开始研究岩石与岩体的流变属性以来,较成熟的基本上仍只停留在牛顿理想黏性流变体,即岩石线性流变问题的范畴。作者对高地应力黏性岩体所表现的非线性流变力学性质进行了一些探讨,包括尚未形成自身理论系统的数值分析方法以及少量室内和现场试验与实测研究。本节试将有关非线性流变模型建立和数值计算方面的部分工作成果作扼要介绍。

6.2 岩石弹-非线性黏塑性流变模型及其蠕变状态方程

当隧洞围岩处于高地应力作用条件下时,在洞室开挖后除瞬时间释放的弹性变形外,由于围岩二次应力场内某些部位的应力超过了岩体的屈服极限而出现其变形随时间增长的黏塑性状态。研究认为,这类围岩的失稳和破坏是与岩体内出现这种黏塑性流动相密切关联的。这时,任一时刻围岩二次应力状态的剪切

应变 $\gamma(t)$ 可写为

$$\gamma(t) = \gamma_e + \gamma_{vp} \tag{26}$$

式中，γ_e 和 γ_{vp} 分别为瞬时弹性剪应变和随时间发展的黏塑性剪应变。一般地，后者的变化速率与剪应力间的关系呈非线性。满足式(26)的岩石弹-非线性黏塑性流变模型建议如图 8 所示，可定义为一种非线性的广义 Bingham 模型。其中，G_0 为岩石的剪切弹性模量；τ_f 为岩石的剪切屈服强度；η 为岩石的非线性黏滞系数，它是所施加的应力值 τ 以及应力持续作用时间 t 的函数。

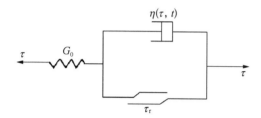

图 8　非线性广义 Bingham 模型

从作者已进行的岩石蠕变试验，经整理分析后得知，围岩黏塑性变形(不包括弹性变形部分)的等时曲线簇呈相似的条件，可以写为

$$\psi(\gamma_{vp})(t) = (\tau - \tau_f)\psi(t) \tag{27}$$

式中，$\psi(\gamma_{vp})(t)$ 为任一时刻与黏塑性剪应变有关的函数，τ, τ_f 为超出岩石剪切屈服强度后的过量应力，$\psi(t)$ 为时间参量。此处沿用 S. S. Vyalob 提出的通式：

$$\psi(t) = \int_0^t \left[T_2 / (T_1 + t)^n \right] \mathrm{d}t$$

设取幂指数 $n = 2$，$T_1 = T$，T 以小时(h)计，和 $T_2 = (aT)^{1/2}$ 时，得

$$\psi(t) = at / (T + t) \tag{28}$$

式中，a 为量纲一的参数，且 $a > 0$。黏塑性应变与过量应力间的关系，取 S. P. Timoshenko 提出的通式：

$$\tau - \tau_f = G_0 \tau_0 \gamma_{vp} / (\tau_0 + G_0 \gamma_{vp}) \tag{29}$$

式中，τ_0 为岩石的瞬时剪切强度。

将式(28)和(29)代入式(27)，可求解得 $\gamma(t)$，再将其与弹性剪应变 $\gamma_e = \tau / G_0$，一起代入式(26)，可得岩石非线性蠕变本构方程：

$$\gamma(t) = \tau / G_0 + \left[a(\tau - \tau_f)t \right] /$$
$$\{ G_0 \{ T + t [1 - (\tau - \tau_f)a / \tau_0] \} \}, \quad (\tau > \tau_f) \tag{30}$$

式(30)中的右端第二项为黏塑性应变 γ_{vp}，式(30)中诸有关参数均可从岩石蠕变试验逐一确定。

由图 8 所示的岩石非线性流变模型可知，其非线性黏滞体的状态方程可写为

$$\tau - \tau_f = \eta(\tau, t)\dot{\gamma}_{vp} \tag{31a}$$

将式(30)中的右端第二项对时间取微分后代入式(31a)，并化简，可得岩石非线性黏滞系数的表达式：

$$\eta(\tau, t) = G_0 \{ T + t [1 - (\tau - \tau_f)a / \tau_0] \}^2 // [a(T + t)] \tag{31b}$$

图 9 所示为 $\eta(\tau, t)$ 与应力水平 τ 以及与持续时间 t 间的关系曲线。

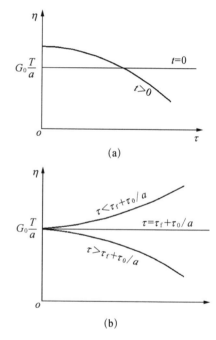

图 9　$\eta(\tau, t)$ 与 τ 及与 t 的关系曲线

由图 9(a)可知，在时间 $t > 0$ 的任一时刻，随应力 τ 增长而 η 减小，隧洞围岩的流动度加大，围岩变形逐次加剧，最终导致洞体整体失稳而破坏。由图 9(b)可知，当 $\tau < \tau_f + (\tau_0 / a)$ 的情况下，η 随时间推移而加大，当 $t \to \infty$，$\eta \to \infty$，表现为岩体流变不致无限增长而将逐次收敛于某一定值，隧洞围岩能以长期持续稳定；当 $\tau = \tau_f + (\tau_0 / a)$ 时，$\eta = G_0 T / a$ 为定值，它反映了围岩在常值荷载持续作用下所表现的定常蠕变，这时岩

石流变将由非线性的退化为线性的,即为惯称的 Bingham 黏塑性线性流变;只是当岩体处于高地应力水平 $\tau > \tau_f + (\tau_0/a)$ 作用下,η 将随时间逐次减小,围岩的黏塑性变形持续加剧而呈发散态势,如未及时支护,终将导致最后失稳破坏。

6.3 考虑岩体非线性流变效应的隧洞围岩-支护系统有限元法分析

在岩体黏塑性流变过程中,一般认为仅有形状和位置的改变,而无体积变化,则有

$$\varepsilon_{x, vp}(t) + \varepsilon_{y, vp}(t) = 0 \tag{32}$$

对于式(30)中右端第二项,可改写为

$$\frac{1}{2}\gamma_{xy, vp}(t) = \varepsilon_{x, vp}(t) - \varepsilon_{y, vp}(t)$$

$$= \frac{a\left(\dfrac{\sigma_x - \sigma_y}{2} - \tau_f\right)t}{G_0\left[T + t\left(1 - \dfrac{\dfrac{\sigma_x - \sigma_y}{2} - \tau_f}{\tau_0}a\right)\right]} \tag{33}$$

将式(32),式(33)联立求解,可得

$$\varepsilon_{y, vp}(t) = \varepsilon_{x, vp}(t) - \frac{1}{2}\gamma_{xy, vp}(t)$$

$$= \frac{a(1+\mu)\left(\dfrac{\sigma_x - \sigma_y}{2} - \tau_f\right)t}{E_0\left[T + t\left(1 - \dfrac{\dfrac{\sigma_x - \sigma_y}{2} - \tau_f}{\tau_0}a\right)\right]} \tag{34}$$

围岩场域内各屈服单元的物理方程:

$$\{F_{vp}\}^e = \iint_\Omega [B]^T[D]\{\varepsilon_{vp}\}^e \mathrm{d}\Omega \tag{35}$$

而黏塑性应变换算得的单元等代节点荷载:

$$\{\sigma_{vp}\}^e = [D][B]\{\delta\}^e - [D]\{\varepsilon_{vp}\}^e \tag{36}$$

对于混凝土衬护(指隧洞二次复合衬砌结构)单元,因其应力值一般都很小,当可视为只产生线性黏弹性应变,则相应有

$$\{\sigma_{vp}\}^e = [D][B]\{\delta\}^e - [D]\{\delta_{ve}\}^e \tag{37}$$

$$\{F_{ve}\}^e = \iint_\Omega [B]^T[D]\{\varepsilon_{ve}\}^e \mathrm{d}\Omega \tag{38}$$

对于多维问题,设,E_1,h 和 η_h 分别为混凝土材料的延迟弹性模量和黏弹性系数;μ_h 为混凝土材料的泊松比。则广义 Kelvin 线性黏弹性应变可写为熟知的形式:

$$\{\varepsilon_{ve}\}^e_{t+\Delta t} = \{\varepsilon_{ve}\}^e_t \exp(-b\Delta t) +$$
$$\frac{m}{b}[A]\{\sigma_{ve}\}^e_t[-\exp(-b\Delta t) + 1] \tag{39}$$

其中,

$$m = \frac{1}{\eta_h}$$

$$b = \frac{E_{l,h}}{\eta_h}$$

$$[A] = \begin{bmatrix} 1 & -\dfrac{\mu_h}{1-\mu_h} & 0 \\[2mm] -\dfrac{\mu_h}{1-\mu_h} & 1 & 0 \\[2mm] 0 & 0 & \dfrac{2}{1-\mu_h} \end{bmatrix}$$

代入整个围岩场域和衬护的所有单元,可得整体平衡方程:

$$[K]\{\delta\}_t = [F] + \{F_v\}_{(t)} \tag{40}$$

除静载节点荷载项 $[F]$ 外,式(40)右端第二项为节点黏性荷载项 $\{F_v\}$,在非线性流变问题中它不是一个常量,而是随黏弹性应变(对初支锚喷单元和未屈服的围岩单元)和黏塑性应变(对围岩已屈服单元)而变化。因而需要多次逐一求解式(40),才能得到节点位移随时间增长的值 $\{\delta\}(t)$。其具体计算步序如下:

(1) 在 $t_0 = 0$ 时刻,刚开挖毛洞,尚未施筑衬护,沿洞周施加的瞬间节点释放荷载为 $\{F\}_0$。此时围岩尚无黏性流变,可由平衡方程、几何方程和物理方程分别求得围岩的瞬时弹性位移 $\{\delta\}_0$、应变 $\{\varepsilon\}_0$ 和应力 $\{\sigma\}_0$。

(2) 将 $\{\sigma\}_0$ 与围岩给定的屈服准则(例如习惯用的 Drucker - Prager 屈服准则)F 值判据相比较。如果 $F < 0$,表示围岩应力均未超过其屈服值,处于弹性受力状态,不致出现黏塑性流变,当可终止计算;反之,随时间推移,围岩中部分屈服单元的黏塑性位移、应变和

应力可继续下步计算。

（3）考虑 $t=t_1$ 时刻，设 $\{\sigma\}_0$ 在时步 $\Delta t_1=t_1-t_0$ 内保持不变，该时步内的围岩岩性参数 G_0,μ 的值也都保持不变。由式（34）可求得该时步末 t_1 时刻已屈服围岩单元的黏塑性应变 $\{\varepsilon_{vp}\}_1$，亦即时步 Δt_1 内的蠕变应变增量 $\{\Delta\varepsilon_{vp}\}_1$。

（4）将 $\{\Delta\varepsilon_{vp}\}_1$ 视为初应变，由式（36）求出该应变增量等代的节点荷载增量 $\{\Delta F_{vp}\}_1$，并由式（40）求得 $\{\Delta F_{vp}\}_1$ 产生的节点位移增量 $\{\Delta\delta\}_1$，则 t_1 时刻的围岩弹-黏塑性位移 $\{\delta\}_1=\{\delta\}_0+\{\Delta\delta\}_1$。再按式（35）求出围岩应力增量 $\{\Delta\sigma\}_1$。将 $\{\sigma\}_1=\{\sigma\}_0+\{\Delta\sigma\}_1$ 代入所采用的屈服准则作判别，求得 $t_0\rightarrow t_1$ 时步内又进入屈服的围岩单元。

（5）设 t_2 时刻所施筑的衬护开始参与受力作用，并将衬护单元增加入体系的总刚。仍设 $\{\sigma\}_1$ 和材料参数在 $\Delta t_2=t_2-t_1$ 的第二时步内均保持不变，再从式（34）可得 t_2 时刻已屈服围岩单元的 $\{\Delta\varepsilon_{vp}\}_2$，此时：.

$$\Delta\varepsilon_{x,vp,2}=\varepsilon_{x,vp,t2}-\varepsilon_{x,vp,t1}$$
$$\Delta\varepsilon_{y,vp,2}=\varepsilon_{y,vp,t2}-\varepsilon_{y,vp,t1}$$
$$\Delta\varepsilon_{xy,vp,2}=\varepsilon_{xy,vp,t2}-\varepsilon_{xy,vp,t1}$$

（6）仿步骤（4），同样可分别求得 t_2 时步内的 $\{\Delta F_{vp}\}_2$、$\{\Delta\delta\}_2$、$\{\delta\}_2$、$\{\Delta\sigma\}_2$ 和 $\{\sigma\}_2$，以及该时步内进一步屈服的围岩单元。

（7）考虑 t_3 时刻。由式（39）先求出时步 $\Delta t_3=t_3-t_2$ 内衬护的黏弹性应变增量 $\{\Delta\varepsilon_{ve}\}\Delta t_3$，即得 t_3 时刻衬护单元的黏弹性应变 $\{\varepsilon_{ve}\}_3$；由式（38）求出衬支各单元节点处的等代黏弹性荷载 $\{F_{ve}\}_{t_3}$，由式（40）求出衬护各节点的位移 $\{\delta\}_{t_3}$，再由式（37）求出衬护各单元的黏弹性应力 $\{\sigma_{ve}\}_{t_3}$。同样，仿以上各步，求得时步 Δt_3 内围岩的各个增量及在 t_3 时刻其相应的累计所得的各个量值，及围岩在该时刻的屈服单元，以便下一时步继续计算。

（8）重复以上计算。直到体系各单元的应力（应变）的增长变化率逐步减少，并渐趋近于 0（一个规定的小值）为止。

6.4 工程计算实例

本项研究以我国西南地区某水电站运输隧洞的围岩-支护系统为工程对象进行了计算分析。该隧洞位于软弱泥岩山体内，水平构造地应力强烈，经测试，岩体流变属性明显，且呈高度非线性性态。原岩垂直向应力可取自重应力场，而水平侧压力系数达到 1.0。

隧洞埋深 150 m。毛洞高、宽均为 8.0 m，顶部为半径 5 m 的割圆拱，侧壁高 5.8 m。采用 25 cm 厚的钢筋混凝土整筑式衬砌，在成洞 5 d 后支护起受力承载作用。

围岩岩性和衬砌混凝土的诸力学参数经测定如下：

（1）$\rho=2.78\times10^3$ kg/m^3；$G_0=1.21\times10^3$ MPa；$\nu=0.38$；$\tau_0=14.5$ MPa。

（2）η_0（初始黏塑性系数）$=0.747\times10^6$ MPa·h；量纲一参数 $a=3.4$。又 $E_{1,h}=3.0\times10^4$ MPa；$\nu_h=0.25$；$E_{1,h}$（延滞弹模）$=3.5\times10^4$ MPa。

（3）$\eta_{1,h}$（线性黏弹性系数，为常数）$=2.5\times10^6$ MPa·h。

有限元网格划分共 66 个八节点平面等参元，合共 233 个节点。

计算结果可归结为以下各点：

（1）隧洞开挖成形之初和衬砌支护施筑 10 d 变形趋于稳定后的围岩塑性区范围如图 10 所示。

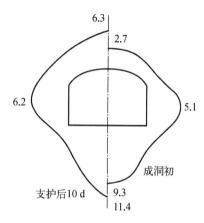

图 10　支护前后洞周围岩塑性区分布（单位：m）

（2）施筑衬砌后，支护内侧位移随时间的增长变化如图 11 所示。

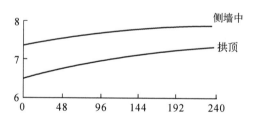

图 11　支护内侧位移随时间变化关系时间的变化情况与所施加的应力水平密切有关

（3）围岩非线性黏塑性系数值随时间增长而变化：随时间推移，拱顶围岩黏塑性系数与毛洞裸露时间近似呈线性增长关系，不设支护情况 240 h 后（如设支护则仍能维持围岩稳定）拱顶塑性区围岩的 η 值可增大到 0.956×10^6 MPa·h；而侧壁处围岩塑性区的 η 值则呈非线性关系增大，240 h 后为 1.096×10^6 MPa·h。在设洞室成形之初即有支护情况下，洞周围岩的 η 值与时间呈上凹形曲线关系加速增长，如图 12 所示。

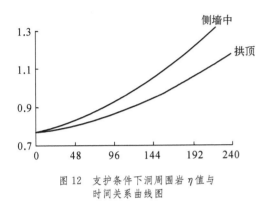

图 12　支护条件下洞周围岩 η 值与
时间关系曲线图

（4）支护承受的围岩流变压力亦随时间而变化。在拱顶处，衬砌刚参与受力作用时（洞室成形 5 d 后）围岩压力为 2.06 MPa，施筑衬砌 10 d 后围岩压力值增大到 2.83 MPa，以后逐渐趋向稳定。

（5）为简化分析，此处仅比较了在未施筑支护情况下，与假设围岩呈线性黏塑性流变（$\eta = \eta_0 = 0.747 \times 10^6$ MPa·h，为常数值）时的计算有差异算结果表明，无论是围岩塑性区范围以及各个时刻的洞周围岩位移都比按上项线性流变假设计算的值大。以隧洞拱顶和侧壁中点为例，其值（较仍按线性流变计算）在成洞 5 d 后尚未施筑支护前，要分别大出 28%～34%。

6.5　几点认识

（1）对非线性流变问题言，就任一给定时刻岩石的非线性黏滞系数值均随加载应力水平增高而减小。这说明了岩质材料由低应力作用下的衰减型蠕变变形向高应力作用下的加速型蠕变变形发展的整个过程。

（2）岩石的非线性黏滞系数值随加载持续作用时间的变化情况与所施加的应力水平密切有关。当 $\tau < \tau_f + \tau_0 / a$ 时，η 值随加载持续作用时间推移而加大，在蠕变试验曲线上反映为其黏性变形的流动度下降，曲线呈衰减型；当 $\tau = \tau_f + \tau_0 / a$ 时，η 值与加载持续作用时间无关，呈线性蠕变变形；而当 $\tau > \tau_f + \tau_0 / a$ 时，η

值随加载作用时间而减小，反映为黏性变形流动度增大，曲线呈加速型急剧陡升。

（3）隧洞支护能有效地限制围岩黏塑性区范围以及洞周位移的发展，并加速其收敛，使塑性区内围岩的非线性黏塑性系数随时间加速增大，体现了支护对隧洞围岩流变有利的约束作用。

（4）计算结果表明，如按通常采用的线性流变岩体作分析，将失之保守，多耗用支护材料；而如改按此处建议的非线性流变岩体计算，则当有相当的技术经济效益。应特别指出，对高地应力地区的大断面地下厂房和水工隧洞的支护设计往往十分困难，如考虑改用此处的非线性流变计算，将使支护设计参数更为经济合理。

（5）由于受试验设备的限制，此处未能得到岩石在高应力作用下发生加速型蠕变破坏时的非线性蠕应变量，相应地也未能得出蠕变破坏前短时间内出现的加速蠕变量随荷载持续作用时间及荷载水平的关系。但上述研究对于深化探讨软岩隧洞在高地应力条件下的非线性流变属性及其围岩失稳全过程均具有极为重要的理论意义和工程实用价值。

7　岩石流变损伤与断裂研究

岩石（包括岩体）流变破坏的全过程常常表现为分布裂缝形成、发展最终导致岩石材料或工程岩体失去原有承载力而失稳破坏的过程。分析研究岩石和岩体中非贯通分布裂纹产生、演化和发展的规律，可采用损伤力学方法。而分析研究岩石和岩体中一条或几条非贯通控制裂纹的演化发展规律，可采用断裂力学方法。因此，许多岩石流变力学问题可转化为岩石流变损伤或流变断裂问题而加以解决。

由于目前岩石流变力学研究的重点还是集中在岩石蠕变问题的研究上，对岩石应力松弛的研究相对要少得多。因此，目前岩石流变损伤断裂的研究主要还是岩石蠕变损伤、蠕变断裂以及它们的耦合情形的研究[40-46]。

7.1　蠕变条件下岩石的细观损伤断裂机制
单轴和三轴压缩蠕变试验的结果表明：

（1）低应力水平下岩石的蠕变变形主要由介质的

挤密压实、原始裂纹的压闭等引起,随时间增长几乎没有任何新的细观损伤产生。

（2）较高水平的持续应力作用下,岩石的细观组构随时间不断变化,不仅表现在蠕变变形过程中大量细观裂纹的产生和扩展,而且可以逐渐形成细观主裂纹并持续发展。

（3）细观主裂纹出现后,有的试样因应力水平过高,在很短的时间内迅速发展成贯通性裂面而使试样发生蠕变断裂;有的试样则表现出明显的细观主裂纹的时效扩展现象。

（4）从细观分布裂纹产生、演化到细观主裂纹出现以后的主裂纹稳定扩展阶段,岩石蠕变变形均表现出平稳发展的特点,因此,一般来讲,这一阶段正好对应于第Ⅱ蠕变阶段。而细观主裂纹发生失稳扩展正好对应于岩石蠕变的第三阶段——蠕变断裂阶段。

（5）对四川峨眉红砂岩和青砂岩的单轴压缩蠕变试验以及含切口试样的三点弯曲蠕变断裂试验的试验结果均表明,岩石蠕变裂纹的起裂和失稳均表现出明显的时效性。

7.2 岩石和节理岩体蠕变损伤理论

目前,各种各样的蠕变损伤理论大都是以Kachanov-Rabotnov方程为基础发展起来的。与金属材料、航天材料等均质性较好材料的蠕变损伤的研究现状不同,目前国内外岩石和岩体蠕变损伤理论的研究进展仍然非常缓慢,这主要是由于岩石和岩体是非常特殊和复杂的工程介质。岩石蠕变损伤研究的方法主要包括能量研究方法和几何研究方法。能量研究方法就是利用能量理论建立岩石材料的蠕变损伤本构方程和蠕变损伤演化方程,从而进一步分析岩石演化发展规律的方法。几何研究方法就是以分布裂纹的几何统计特征为基础,通过损伤张量来反映分布裂纹的各向异性效应,然后应用宏观损伤力学的方法建立岩石和岩体的黏弹(塑)性损伤模型。

Dragon,Krajcinovic和Costin等最早将损伤力学应用于岩石材料。F. Géraldine等研究了单轴压缩条件下黏土岩的蠕变损伤特性。谢和平从理论上研究了岩石的蠕变损伤本构模型和损伤演化方程。凌建明结合红砂岩和青砂岩的蠕变试验结果,建议了岩石三轴条件下的蠕变本构关系和单轴蠕变损伤演化方程。陈

锋等[43]在NortonPower盐岩蠕变本构模型基础上引入损伤变量,建立了盐岩蠕变损伤本构模型。高小平等从研究盐岩蠕变模量随蠕变时间变化的规律入手,导出了以蠕变时间为自变量的损伤率演化方程和用损伤表示的蠕变模量演化方程。

7.3 岩石流变断裂研究的若干进展

由于蠕变变形的影响,岩石和岩体常常在强度低于传统强度值的条件下发生蠕变破坏,此强度可称为蠕变强度。凌建明通过试验得到的某节理岩体的蠕变强度大致相当于瞬时强度的62%～75%。黄润秋等用重正化群理论推知,岩石的单轴蠕变抗压强度约为其峰值强度(瞬时强度)的77%。基于这一结果,陈有亮等对蠕变条件下红砂岩的断裂特性进行了研究,研究结果发现,蠕变变形也会导致岩石裂尖及其他部位的微结构调整,从而导致岩石的抗裂纹扩展能力下降。蠕变岩石可以用蠕变断裂韧度表示其蠕变条件下的抗断裂能力。蠕变断裂韧度要低于传统意义上的断裂韧度。至于它们之间的比值为多大,作者认为,这与岩石材料本身的性质有一定关系。

7.4 研究岩石流变断裂应注意的问题

（1）首先必须清楚地认识岩石材料的组分、结构和构造,这是研究岩石蠕变断裂扩展机制的前提。

（2）必须充分理解岩石材料与金属材料、石膏材料以及其他均质性较好的材料之间的区别与联系,只有这样,才能知道断裂力学哪些成果可以直接引用,哪些工作需要重新进行。

（3）必须对岩体的结构面网络分布情况以及结构面和结构体的物理力学性质进行充分调研,在此基础上才可以确定断裂力学对所研究的岩体是否适用以及如何应用断裂力学原理分析所研究的岩体。

（4）一定要准确认识岩石和岩体的应力环境、物理环境和地质环境对岩石和岩体流变断裂机制的影响。

7.5 岩石蠕变断裂过程研究可以观察到的现象

（1）宏观上岩石裂纹流变扩展受主拉应力或最大剪应力控制,微(细)观上则受岩石的结构和构造控制。

（2）岩石裂纹蠕变起裂和扩展过程中,裂纹尖端周围常形成一定范围的微裂区(断裂过程区)。

（3）不同试验方法得到的岩石断裂韧度和岩石蠕

变断裂韧度往往有很大差距,这一点严重影响了岩石断裂力学和岩石流变断裂理论的工程应用,有必要通过深入研究提出一个标准的岩石流变断裂韧度的测试方法。

8 土力学与土工方面的若干流变力学问题

8.1 问题的提出

土体中孔隙水的存在,使软土在荷载作用下的物理变化过程相当复杂:土体中孔隙水在荷载作用下逐渐消散,使土体产生压缩变形,随着孔隙比的减小其有效应力则不断提高,即为土体的主固结(Biot 固结)效应;同时,土体颗粒组构骨架又在荷载作用下发生黏弹/黏弹塑性蠕变,使土体应力和位移场持续随时间增长变化,即为土体的次固结效应。近年来的研究已证明,土体主固结与次固结(主要是早期流变)是耦合相互作用的,是在时间发展历程中的两个方面。此外,如果土体中因采取排/降水等工程措施而导致水位差,则还存在地下水渗流效应。地下水渗流进一步影响土体应力场的分布,并进而使位移场随之变化;而土体固结反过来又对渗流场分布与渗透压力产生影响。由此可知,土体的 Biot 主固结、次固结流变、地下水渗流三者是耦合相互作用的。因此,软土地基在荷载作用下的物理力学变化,其性态表现是土体的主、次固结以及渗流过程相互作用的多场耦合过程。

软土地基结构物内力随时间的增长变化同样是一种长期而复杂的历时过程。软基上卧结构的横向、纵向内力及其变形位移也随着地基工后沉降和差异沉降的历时变化而改变。只有当地基沉降趋于收敛稳定以后,其上卧结构的内力和变形位移方可达到稳定的最终收敛值。因此,研究层状地基软土的工后沉降/长期差异沉降的时空分布特性及其上卧结构层(物)内力与变形位移变化的黏性时效流变特性,不仅深富学术内涵,对结构物日后安全运营也具有重要的实用价值。

8.2 主要研究内容和方法

现试就作者所在的学科研究组近年来在上述方面的研究工作[47]作一简要介绍,主要为:

(1) 建立了呈层状分布软黏性土体在横观各向同性条件下的地下水渗流模型,并采用可变网格法以搜索渗流自由浸润面,并模拟稳态渗流场作用。

(2) 结合广义的 K-H 复合流变模型和具有自由浸润面的稳态渗流模型,建立了层状土体在横观各向同性假定条件下的"固结-流变-渗流"耦合分析模型,并推导了相应的有限元方程。

(3) 模拟分析了在大面积堆载预压条件下饱和软土地基的变形特性和孔压分布特性,以及在不同计算模型条件下地基的沉降和孔压的时效特性。此外,还进一步探讨了在不同降水深度情况下的地基沉降与其孔压变化,量化了降水对饱和软土地基固结过程的影响,进而将计算结果与现场实测值作了对比分析,论证了计算的可靠性。

(4) 以浦东国际机场二期场道工程为依托,设定跑道地基为分段均匀的,研究了地基的工后长期沉降/长期差异沉降的时空域分布。

(5) 根据饱和软土地基工后沉降/长期差异沉降的时效发展,采用数值计算方法,求解了黏弹塑性地基内场道结构垫层的内力与位移的历时增长变化,以模拟地基长期差异沉降导致跑道结构垫层纵向内力(弯矩)的变化。

(6) 采用模块化编程策略,研制了三维黏弹塑性Biot 固结、三维渗流过程以及三维土体应力场、位移场与渗流场三场耦合分析的有限元法程序软件。

8.3 研究工作结论

(1) 研究中比较分析了 Biot 固结模型、"流变-固结"模型和"渗流-流变-固结"模型的地基沉降和土体超静孔隙水压力的变化。流变-固结模型的计算结果与实测值的吻合性比较好,更能反映软土流变变形的长期过程。在存在水头差的地基中,渗流作用对地基沉降的影响不可忽视;考虑渗流场作用时,不但地基的沉降量显著增大,同时在渗透力作用下土体内部孔隙水压力的时效增量也明显加大。此外,不同的降水深度对地基沉降和孔压影响也很显著;随着降水深度的增加,地基的沉降量也明显增大,而地基内超孔隙水压则同步降低,加速了超孔压的消散进程,对于减小地基工后沉降具有相当的促进作用。

(2) 现亦以浦东机场二期场道工程为例,在诸如古河道等区域因淤泥质软土层深厚,其地基沉降以及沉降历时均大于其他区域;而且,古河道区域的荷载影响深度也较其他区域为大。此外,古河道区域地基的工后沉降量远大于其他正常区段地基的工后沉降量,且其次固结流变变形历时也更长;工后沉降在竣工后的前2~3年内的增长发展较为显著,其后虽然沉降仍在持续发展,但其沉降速率则随时间逐步减小。跑道地基沿纵向的工后沉降量在古河道区域为最大,在古河道南侧的滩涂区和鱼塘区则次之,而在古河道与其两侧区段的交界面处,其差异沉降量则为最大。

(3)吹砂抛填土的场道地基,其工后差异沉降也随时而增长变化,差异沉降量在竣工初期较大,而差异沉降速率的历时发展则逐步降低,并最终趋于收敛的稳定值。

(4)跑道结构素混凝土垫层的纵向弯矩分布呈现明显的不均匀性,差异沉降量大的区域其纵向弯矩也大,而差异沉降量小的区域则纵向弯矩也较小。结构层的纵向弯矩值与地基绝对沉降量无关,而对地基差异沉降量则相当敏感;纵向弯矩随时间均呈持续增长变化。当软基差异沉降表现出呈时效稳定性以后,结构层的弯矩值亦同步表现出其时效稳定达到收敛的最大定值。

9 对岩土工程流变研究的一些展望

9.1 岩石流变试验及其工程应用

(1)岩石流变试验是一个较长时间的过程,进行较长时间流变试验时室内和现场温度和湿度条件的变化必然会影响试验的结果。由于国内实验室往往不易具备室内恒温和恒湿条件,对这些因素的影响作出定量估计尚有待今后深化研究。

(2)对于实际工程岩体的流变问题如何在室内小尺寸岩样的流变试验中得到较为有效的反映,如在室内流变的试验方式方面(包括试件的受力状态、试验的边界条件和加荷方式,以及试样的尺寸效应等),也都是须进一步深入研究的问题。

(3)岩石的室内蠕变试验一般均采用分级加载的方式进行,并按线性叠加原理整理蠕变试验结果,从而得到岩石连续的蠕变曲线。然而,在高压应力水平条件下软岩的蠕变往往是高度非线性的,它并不满足线性叠加原理。因此,沿用上述常规方法得到的岩石蠕变曲线视应力水平增高将有一定偏差,有必要改用其他更合适的方法。

(4)对于确定工程岩体普遍适用的模型参数,目前的研究和试验都还远远不够,更大量的研究和试验工作亟需进行,进而形成一套结合具体工程更为完善、准确而可靠的岩体流变试验规程,以利在不同工程情况下选用。

(5)为了从机制和本质上对岩体的非线性蠕变特性有更加清楚的认识,必须对岩体的颗粒组构进行细微观分析,从考察岩体的细微观晶粒得出岩体的细微观组构对岩体蠕变的影响以及岩体蠕变过程中其内部细微观组构的动态变化,进而从岩体的细微观角度来更好解释岩体的宏观蠕变特性。岩石细微观流变力学的试验研究工作亟待展开。

(6)岩体的非线性流变是个很复杂的问题,目前对岩体非线性流变的许多重要特性还未被充分认识,而且对岩体非线性流变的研究难度较高,其研究方法和手段也很有限。因此,目前对岩体的非线性流变试验进行系统研究还很少见。实际工程中的岩体非线性流变是个更复杂的问题,它既有蠕变现象,又有应力松弛现象,两者是交叉融合在一起的,很难单独将其分开处理。而且,实际工程中岩体所受的荷载都是随时间变化的,更有加载和卸载。因此,建立一种更为通用的非线性流变模型,将有助于同时反映岩体的非线性蠕变和应力松弛两个力学过程以及在反复加、卸载和变荷载作用下岩体的非线性流变特性,这在实际工程中将具有十分重要的现实意义。

(7)对于利用电磁辐射及声发射来监测岩石蠕变的整个过程,还停留在定性的分析阶段,没有给出蠕变破坏的定量判据。电磁辐射及声发射的产生与岩石的蠕变损伤有关,但尚缺乏建立二者之间的量化关系,如何更好地利用电磁辐射及声发射信号对蠕变破坏行为进行分析研究也是一项当务之急。采用电磁辐射及声发射对岩石蠕变破坏进行监测和预报,目前还只是处于室内试验阶段,希望今后能有更多的现场测试研究,从而为丰富该子学科理论内涵并为工程所用提供确切依据。

9.2 流变模型辨识及其参数估计

各种流变本构模型,在某些特定的条件下也只是带局限地较适用于一定的岩土介体;但是,如果只满足工程所要求的精度,则对量大、面广的一般性工程问题,由于采用模型的方法可以节约大额的试验化费而为人们所乐于采用。

尽管如此,对模型先作必要的辨识和论证,并继而确定其各个有关参数(含模型中常规的变形参数、黏性流变参数和岩土体的塑性屈服参数等)则是不可或缺的重要一环。需要指出的是,只是常用的几种蠕变试验还经常达不到确切地验证模型适用与否的目的;此时,再补充在应变水平保持常值情况下的应力松弛试验,有时就显得尤为必要。通过试验论证应该是当前作模型辨识时所要求的研究重点。

众所周知,研究岩土体的应力-应变-时间特性时,采用上述各种力学模型可把复杂的流变属性用一种近似而较间接的方法表现出来,这样做可对数值分析进行计算处理时会感到方便应手。但是,由于岩土介质的力学属性复杂多变,所有流变模型往往只能说明某些主导方面属性的现象,不可能全面地反映其他某些特定的力学性质,同时也存在着较大的抽象性;此外,一些模型的参数也难以试验确定。目前,对某些特大型重要工程对象作研究时,如果具备经费和现场实测试验等条件,则当尽可能通过一定数量的现场测试再辅之以室内流变试验来对给定的岩土体专门地建立针对性强而又更为适应的经验本构关系式,对符合特定岩石工程的实际力学属性,当最为理想。事实上,现行某些国际知名的通用软件都附列有众多的经验本构关系公式。当然,也需要在选用这些公式前进行有关的辨识工作。

9.3 隧洞围岩收敛—约束特征曲线研究

(1) 围岩特征曲线的松动段部分如何进一步描述,尚未得到有效解决,需作深化研究。

(2) 利用虚拟支撑力的思想,对由三维数值分析计算的围岩特征曲线进行修正,从而得到考虑开挖作业面时空效应的围岩特征曲线。此处所建议围岩特征曲线的准确程度再将由现场监测数据作进一步验证。

(3) 利用正交试验设计方法进行支护结构优化时,仅考虑了支护结构的应力,进一步研究应补充计入围岩变形,作更加全面的分析。

9.4 岩石非线性流变问题研究

目前,流变问题分析中其本构模型中的力学参数一般都是定常的,认为所有岩体力学参数并不随时间增长而变化,即所谓线性流变问题。但实际上,岩体这种复杂材料在地质构造运动、地下水渗流和自然风化等诸多因素的作用下,其某些力学参数随时间而变化是十分明显的:比如,试验已证实,岩体弹性模量、强度和黏性等参数通常都会随时间的增长而降低。若能通过引入非定常流变参数,在某种意义上也可以从另一角度表征岩体的损伤演化过程,同时,也是一种材料特性的劣变过程。通过采用流变损伤力学方法来研究岩体的劣化力学行为,可以借引入内变量(损伤因子)来表征岩体的力学性状劣化,而岩体的损伤演化实际反映的将是某些流变力学参数随时间的弱化。如上所述,这种将岩体流变力学参数看作是非定常的,将会更加直接而客观地反映岩体的非线性黏性时效特征。采用非定常的非线性流变模型代替传统上定常的线性流变模型将能以更加准确地预测工程岩体的时效非线性变形特征,它将是下步深化研究的一个努力方向。近年来,结合承担国家基金(与同济大学合作),山东科技大学吕爱钟教授等在这一子学科方面已有了一定的阶段成果。进而言之,除了时间因子 t 外,非定常流变参数 η 还将随应力水平 τ 和不同应力状态 Ω 而变化,即 $\eta = \eta(t, \tau, \Omega)$,这是更为广义层面上的非线性流变属性,亦有待下步开展深入研究。

9.5 岩石流变损伤与断裂研究

(1) 流变损伤和流变断裂理论在分析岩石和岩体破坏特性时的适用性流变损伤和流变断裂理论在何种情况下以及在多大程度上适用于分析岩石和岩体的破坏特性是一个值得进一步研究的问题。

(2) 压剪、拉剪条件下岩石流变断裂特性的进一步研究由于工程岩体多处于复杂应力状态,常常出现压剪和拉剪应力状态,在现有研究成果的基础上进一步深化对岩石压剪、拉剪流变断裂特性的研究很有理论意义和工程实用价值。

(3) 尺寸效应岩石流变断裂韧度、断裂过程区与试件尺寸和几何形状的关系是一个需要进一步研究的问题。

(4) 多条主裂纹条件下岩石蠕变裂纹起裂、扩展及贯通规律的研究 Wong 等研究了含 3 条裂纹的岩石类材料的裂纹扩展机制。对含多条主裂纹的岩石和岩体来讲,多条主裂纹之间的相互关系往往是岩石与岩体稳定与否的控制因素,研究蠕变条件下多条主裂纹的扩展、连接的规律很有意义。

(5) 节理岩体流变断裂与流变损伤相关统一性的研究流变条件下节理岩体的断裂与损伤是不可分割的,是同一事物的两个方面。损伤实际上是大量断裂问题的综合反映,而节理岩体在断裂扩展过程中往往伴随有各种尺度的损伤演化,如裂尖局部损伤等。流变条件下损伤和断裂往往是互相嵌套、互相影响的,将流变、损伤和断裂等理论结合起来有利于揭示节理岩体破坏的真正规律。

(6) 岩石流变损伤与流变断裂耦合问题的研究岩石力学与岩土工程中经常遇到岩石流变损伤断裂的耦合问题,如岩石流变-断裂-损伤耦合、岩石动力-流变-损伤(或断裂)耦合、岩石大变形-流变-损伤(或断裂)耦合、岩体渗流-流变-损伤(或断裂)耦合等,在此限于篇幅,不再逐一介绍。

9.6 土力学与土工流变力学研究

(1) 对于渗透力附加荷载的计算,业界目前尚存在一定争议。尤其对黏性土而言,认为地下水位降低导致土体有效应力增加全部施加于相关单元部位。具体应如何模拟施工降水引起的附加荷载,有待进一步探索。

(2) 研究中采用的模型参数比较多,但过多的模型参数不利于真实状态下土体介质相关特性的分析。此处对土体黏性流变参数的取值仍沿用各向同性条件下的相应数据,是有偏差的。这些参数对于计算结果的具体影响,亦需作深化研究。

(3) 研究中对地下水渗流的模拟只是采用了稳态渗流场的简化假定,没有考虑存在外界不规律地补充水源(如遇雨季不规则性的间歇降雨或短时间暴雨)而呈现非稳态渗流等复杂情况。此外,采用可变网格法确定渗流自由浸润面时,对于网格划分不均匀的流体单元,在出渗点部位存在一定误差,主要是由于网格变动后单元边长的差距过大,有可能出现病态矩阵而使计算困难。

致谢

参加本文研究的人员主要有:李永盛、夏才初、宋

德彰、曹刃、谢宁、陈有亮、凌建明、刘保国、赵永辉、靖洪文、齐明山、吴小建、赵旭峰等。本文第6节由陈有亮教授撰述。特此感谢!

参考文献

[1] 孙钧,王贵君. 岩石流变力学研究的若干进展[C]//中国岩石力学与工程——世纪成就. 南京:河海大学出版社,2004:123-146.

[2] 孙钧. 岩土材料流变及其工程应用[M]. 北京:中国建筑工业出版社,1999.

[3] 章根德,何鲜,朱维耀. 岩石介质流变学[M]. 北京:科学出版社,1999.

[4] 金丰年. 岩石的非线性流变[M]. 南京:河海大学出版社,1998.

[5] 杨圣奇. 岩石流变力学特性研究及其工程应用[D]. 南京:河海大学,2005.

[6] 徐卫亚,杨圣奇. 节理岩石剪切流变特性试验与模型研究[J]. 岩石力学与工程学报,2005,24(增 2):5536-5542.

[7] 沈明荣,朱银桥. 规则齿形结构面的蠕变特性试验研究[J]. 岩石力学与工程学报,2004,23(2):223-226.

[8] 周火明,徐平,王复兴. 三峡永久船闸边坡现场岩体压缩蠕变试验研究[J]. 岩石力学与工程学报,2001,20(增):1882-1885.

[9] 彭苏萍,王希良,刘咸卫,等. "三软"煤层巷道围岩流变特性试验研究[J]. 煤炭学报,2001,26(2):149-152.

[10] 赵永辉,何之民,沈明荣. 润扬大桥北锚碇岩石流变特性的试验研究[J]. 岩土力学,2003,24(4):583-586.

[11] 梁卫国,赵阳升. 岩盐力学特性的试验研究[J]. 岩石力学与工程学报,2004,23(3):391-394.

[12] 赵法锁,张伯友,卢全中,等. 某工程边坡软岩三轴试验研究[J]. 辽宁工程技术大学学报,2001,20(4):478-480.

[13] 冒海军,杨春和,刘江,等. 板岩蠕变特性试验研究与模拟分析[J]. 岩石力学与工程学报,2006,25(6):1204-1209.

[14] 崔希海,付志亮. 岩石流变特性及长期强度的试验研究[J]. 岩石力学与工程学报,2006,25(5):1021-1024.

[15] 邓广哲,朱维申. 蠕变裂隙扩展与岩石长时强度效应试验研究[J]. 实验力学,2002,17(2):177-183.

[16] SUN J,HU Y Y. Time-dependent effects on the tensile

strength of saturated granite at the Three Gorges Project in China [J]. International Journal of Rock Mechanics and Mining Sciences, 1997, 34 (2): 323-337.

[17] SUN J, JING H W, RUAN W J. Experimental study on electromagnetic radiation and sound emission during creep-fracturing of water content rock samples[C]// Advances in Rheology and Its Applications, Proc. the 4th Pacific RIM Conf. on Rheology. Beijing: Science Press, 2005: 971-974.

[18] SHI X J, WEN D, BAO X Y, et al. Application of rock creep experiment in calculating the viscoelastic parameters of earth medium[J]. Science in China(Ser. D), 2006, 49(5): 492-498.

[19] FUJII Y, KIYAMA T, ISHIJIMA Y, et al. Circumferential strain behavior during creep tests of brittle rocks [J]. International Journal of Rock Mechanics and Mining Sciences, 1999, 36 (3): 323-337.

[20] PARASCHIV-MUNTEANU I, CRISTESCU N D. Stress relaxation during creep of rocks around deep boreholes [J]. International Journal of Engineering Science, 2001, 39(7): 737-754.

[21] 李云鹏, 王芝银, 丁秀丽. 岩体原位流变荷载试验的力学参数与模型反演[J]. 实验力学, 2005, 20(2): 297-303.

[22] FABRE G, PELLET F. Creep and time-dependent damage in argillaceous rocks[J]. International Journal of Rock Mechanics and Mining Sciences, 2006, 43(6): 950-960.

[23] MARANINI E, BRIGNOLI M. Creep behavior of a weak rock: experimental characterization[J]. International Journal of Rock Mechanics and Mining Sciences, 1999, 36(1): 127-138.

[24] HEEGE T J H, DE BRESSER J H P, SPIERS C J. Rheological behavior of synthetic rock salt: the interplay between water, dynamic recrystallization and deformation mechanisms [J]. Journal of Structural Geology, 2005, 27(6): 948-963.

[25] LI Y S, XIA C C. Time-dependent tests on intact rocks in uniaxial compression[J]. International Journal of Rock Mechanics and Mining Sciences, 2000, 37(3):

467-475.

[26] SHIN K, OKUBO S, FUKUI K, et al. Variation in strength and creep life of six Japanese rocks [J]. International Journal of Rock Mechanics and Mining Sciences, 2005, 42(2): 251-260.

[27] BÉREST P, BLUM P A, CHARPENTIER J P, et al. Very slow creep tests on rock samples[J]. International Journal of Rock Mechanics and Mining Sciences, 2005, 42(4): 569-575.

[28] 夏才初. 统一流变力学模型及用蠕变试验辨识流变力学模型的方法[C]//盛世岁月论文集. 上海: 同济大学出版社, 2006: 505-516.

[29] 夏才初, 孙钧. 蠕变试验中流变模型辨识及参数确定[J]. 同济大学学报(自然科学版), 1996, 24(5): 498-503.

[30] 刘保国, 孙钧. 岩体流变本构模型的辨识及其应用[J]. 北方交通大学学报, 1998, 22(4): 10-14.

[31] 刘保国, 孙钧. 岩体黏弹性本构模型辨识的一种方法[J]. 工程力学, 1999, 16(1): 18-25.

[32] 刘世君, 徐卫亚, 邵建富. 岩石黏弹性模型辨识及参数反演[J]. 水利学报, 2006, (6): 101-105.

[33] 齐明山. 大变形软岩流变性态及其在隧道工程结构中的应用研究[D]. 上海: 同济大学, 2006.

[34] ORESTE P P, PEILA D. Radial passive rock bolting in tunneling design with a new convergence-confinement method[J]. International Journal of Rock Mechanics and Mining Sciences and Geomechanics Abstracts, 1996, 33(5): 443-454.

[35] CARRANZA-TORRES C, FAIRHURST C. Application of the convergence-confinement method of tunnel design to rock masses that satisfy the Hoek-Brown failure criterion [J]. Tunneling and Underground Space Technology, 2000, 15(2): 187-213.

[36] ORESTE P P. Analysis of structural interaction in tunnels using the convergence-confinement approach [J]. Tunneling and Underground Space Technology, 2003, 18(4): 347-363.

[37] 孙钧, 宋德彰. 高地应力隧洞围岩非线性流变及其对洞室支护的力学效应[C]//盛世岁月论文集. 上海: 同济大学出版社, 2006: 148-154.

[38] 王来贵, 何峰, 刘向峰, 等. 岩石试件非线性蠕变模型及

其稳定性分析[J]. 岩石力学与工程学报,2004,
23(10):1640 - 1642.

[39] 孙钧. 岩石非线性流变特性及在地下结构工程中的应
用研究[C]//第二届全国岩土工程数值方法的工程应
用学术研讨会论文集. 上海:同济大学出版社,1990.

[40] 杨春和,陈峰,曾义金. 盐岩蠕变损伤关系研究[J]. 岩
石力学与工程学报,2002,21(11):1602 - 1604.

[41] 肖洪天,周维垣,杨若琼. 三峡永久船闸高边坡流变损伤
稳定性分析[J]. 土木工程学报,2000,33(6):94 - 98.

[42] 陈有亮,孙钧. 岩石的蠕变断裂特性分析[J]. 同济大学
学报(自然科学版),1996,24(5):504 - 508.

[43] 陈锋,杨春和,白世伟. 盐岩储气库蠕变损伤分析[J].
岩土力学,2006,27(6):945 - 949.

[44] 陈有亮. 岩石蠕变断裂特性的试验研究[J]. 力学学报,
2003,35(4):480 - 483.

[45] 陈卫忠,朱维申,李术才. 节理岩体断裂损伤耦合的流
变模型及其应用[J]. 水利学报,1999,(12):33 - 37.

[46] 陈有亮,孙钧. 岩石的流变断裂特性[J]. 岩石力学与工
程学报,1996,15(4):323 - 327.

[47] 吴小建. 软土地基与上卧结构的黏弹塑性分析及其工
程应用[D]. 上海:同济大学,2006.

本文发表于《岩石力学与工程学报》
2007 年第 26 卷第 6 期

隧道围岩挤入型流变大变形预测及其工程应用研究

孙　钧[1,3],潘晓明[1,2],王　勇[3]

(1. 同济大学岩土及地下工程教育部重点实验室,上海200092;

2. 深圳市地铁集团有限公司,深圳518026;3. 杭州丰强土建工程研究院,杭州31008)

摘要：将高地应力条件下隧道软弱围岩发生挤入型大变形的复杂力学行为归属为变形速率快而收敛慢、量值大、达到稳定的时间长的一种非线性蠕变范畴，着重研究了对围岩挤入型大变形的预测方法及其可靠性评价。对乌鞘岭铁路隧道断层带施工开挖大变形问题进行了变形预测的工程应用，并对一种可用以解决上述围岩大变形问题的新型自进式压力分散型让压锚杆提出了应用建议。

关键词：挤入型隧道围岩;围岩大变形;挤入型变形的预测方法;乌鞘岭铁路隧道;让压锚杆/锚索

1　岩土介质材料工程流变学概要

材料流变[1,2]的力学行为主要反映在四个方面：(1)蠕变，指在应力值不变条件下，当应力水平超出材料的流变下限后，其变形位移值随时间而持续增长发展;(2)应力松弛，指在变形保持常值不变的条件下，其应力值随时间而持续降低;(3)长期强度降低，即随时间增长而材料强度持续衰减;(4)滞后变形和黏性发展，属一种黏性后效现象，是在弹性/弹塑性变形完成后一种后续历时增长发展的时效性变形。这四个方面构成了岩土介质材料流变力学行为的整体，其中的蠕变，在工程流变学研究中具有重要的实用价值，因而也更受工程业界关注。

1.1　流变模型

在处理材料流变的力学行为时，除了一些大型工程项目有条件做现场原位测试并据以得到为该特定项目所适用的经验型流变本构关系式之外，多数情况下都一般地沿用几种可以提供工程实用的、现成的岩土流变本构模型。最常见的几种流变模型如图1所示。

(1) Maxwell黏弹性模型。如图1(a)所示，E_0为弹性模量;ε_1为弹性应变;ε_2为黏弹性应变;η为黏性系数;$\sigma=ct$为应力值，在保持其常数值不变时，ε将随时间而持续增长发展。Maxwell流变呈发散型，只有在支护力约束的情况下，其流变变形才能最终稳定

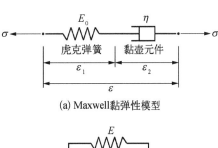

(a) Maxwell黏弹性模型

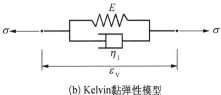

(b) Kelvin黏弹性模型

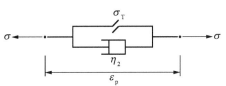

(c) Bingham黏塑性模型

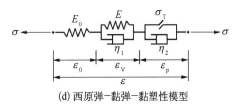

(d) 西原弹-黏弹-黏塑性模型

图1　最常见的流变模型

并趋于收敛的定值。

(2) Kelwin黏弹性模型。如图1(b)所示，ε_μ为黏弹性应变，η_1为黏弹性系数。Kelvin流变呈收敛型，其流变发展随时间将最终渐趋于一个收敛的稳定限值。

(3) Bingham黏塑性模型。如图1(c)所示，ε_p为

273

黏塑性应变；η_2 为黏塑性系数；σ_T 为材料屈服强度，$\sigma > \sigma_T$ 后材料进入塑性屈服。Bingham 流变是用以描述在材料应力超过其屈服值后而呈现的一种随时间增长发展产生的时效黏塑性变形。

(4) 西原弹-黏弹-黏塑性模型。工程上经常采用的是以上几种模型元件的串联组合。西原弹-黏弹-黏塑性模型，如图 1(d)[3] 所示，是一种可用以描述"弹-黏弹-黏塑性"力学行为的复合流变模型，其在工程流变学研究和实际应用上都具有更多的普遍性。

1.2 蠕变曲线

用电液伺服流变试验机测得的蠕变曲线如图 2 所示。图中，ε_0 为弹性应变，ε_c 为流变下限。

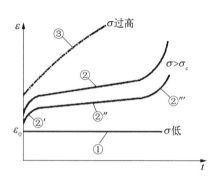

图 2　流变试验机测得的蠕变曲线

直线①，$\sigma < \sigma_c$，$\varepsilon = ct$，$\varepsilon = 0$，$\dot{\varepsilon} = 0$ 不产生流变。

曲线②，$\sigma > \sigma_c$，但应力水平尚不过高，分为三个阶段：(1) 初始流变② $\dot{\varepsilon}\omega$ 随时间而增大，为短暂流变阶段；(2) 定常流变②″，$\varepsilon(t) = ct$，属线性流变，此时 $\eta = ct$，实用上最为常见；(3) 加速流变②，材料将急速破坏。

曲线③，当应力水平 σ 值很高时，$\eta = \eta(\sigma, t) \neq ct$，为 σ 和 t 的函数，此时 $\dot{\varepsilon}_{(\eta, \sigma)} = \eta(\sigma, t)\sigma$，属非线性流变。

1.3 线黏与线弹性问题的对应关系

线黏弹性问题表达为 $\sigma = (1/\eta) \cdot \dot{\varepsilon}$，而线弹性问题表达为 $\sigma = E \cdot \dot{\varepsilon}$。因此将 E 换化为 $1/\eta$，将 ε 换化为 $\dot{\varepsilon}$，则线弹性问题即可方便地转化，为线黏弹性问题（"相对应法则"），从而可比照线弹性问题对线黏弹性问题方便地作相应的分析计算。

2　软岩挤入型大变形的非线性流变力学行为

以甘肃兰武客运专线上的乌鞘岭铁路隧道为例，讨论软岩挤入型大变形的非线性流变力学行为[4-5]。图 3 为该隧道围岩施工开挖后的挤压大变形照片，属隧道岭脊段断层破碎带的挤入型大变形，洞室 ϕ10.76 m，拱顶最大沉落量达 1 050 mm。

图 3　隧道围岩施工开挖中的大变形图照

导致产生该隧道围岩挤入型大变形的原因，可以归结为以下各种不利因素的综合：(1) 围岩岩性极度软弱或松散破碎；(2) 高地应力状态；(3) 强挤压型地质构造带，使围岩受初始挤压力大而呈松散破碎；(4) 开挖施工扰动引起隧道围岩二次应力重分布，其影响变化大。这种挤入型大变形的特征反映为，变形速率快而收敛达到最后稳定的持续时间长，经常在开挖变形增长过程中坍塌失稳。从工程流变学观点看，这种现象可归结为一种典型的岩体大变形非线性蠕变力学行为。

隧道围岩挤入型大变形造成的危害，主要体现在：(1) 在开挖中围岩坍塌失稳，锚杆施打不及，喷射混凝土失效，U 型钢拱架被压弯而"折屈"失稳；(2) 因拱顶下沉量大和洞壁大的侧向收敛位移或底板隆起过度，变形位移量大，已侵入隧道净空轮廓限界，使二衬模筑混凝土净空不足，工程处理十分困难；(3) 不仅整治困难而且延误工期，工程费用急剧增加。

对这种挤入型大变形隧道围岩研究的必要性在于，目前的隧道设计和施工规范对软弱围岩大变形问题只作了一些基本的规定和要求，机理分析、变形预测方法和工程处治措施等都写得过于简单,尚没有一套完整、可靠的办法,其所列出的开挖方法和支护技术措施也都难以满足施工需求,规范在工程采用上的可实施性和指导性均远嫌不足。在对隧道围岩挤入变形的预测方面,国内外研究多数集中在采用经验判断、典型类比法,半经验、半理论公式(下文将介绍其中本文推荐采用的一种预测方法),试验和实测。在非线性大变形流变模型理论研究方面的进展,则主要采用非线性流变元件模型、岩体损伤流变本构模型和挤入型大、小变形流变模型。近年来笔者对此项研究采用的是经详细探讨过的以下两种[6-7]:小变形 2D 平面应变问题的非线性黏弹塑性模型;大、小变形 3D 非线性弹黏塑性模型。

3 挤入型大变形的预测方法及其评价

图 4 为乌鞘岭深埋长大隧道岭脊段的地质构造纵剖面图,本节结合其 F7 断层带探讨挤入型大变形的预测方法及其评价[8-11]。

F7 断层带的工程地质条件及其时空域表现(实测结果)[12]如下:(1) F7 断层带的基本岩性为志留系板岩夹千枚岩地层,风化破碎严重,自稳能力极差;主断层带宽 400 m,左右影响带各 200—150 m。(2) 主要物理力学参数指标如表 1 所示。(3) 挤入型隧道围岩变形的规律如图 5、图 6 所示,挤压性围岩与其支衬结构相互作用的规律如图 7 所示。

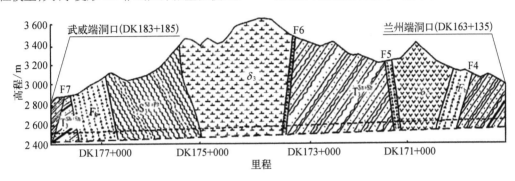

图 4 乌鞘岭深埋长大隧道岭脊段地质构造纵剖面图

表 1 F7 断层软岩的物理力学参数

确定方法及依据	重度/(kN·m⁻³)	内黏聚力/kPa	摩擦角/(°)	泊松比	弹性模量/MPa	自重应力/MPa	侧压力系数	抗压强度/MPa
《规范》建议值	17~25	50~200	20~27	0.35~0.45	1 000~2 000	—	0.3~0.5	—
室内和原位试验	24.79	60	25	0.33	1 100	—	0.493	—
地应力测试	—	—	—	—	—	11.2	—	—
围岩压力测试	—	—	—	—	—	—	1.286	—
位移反分析	—	—	—	—	687.5	—	0.883	—
地应力场模拟	—	—	—	—	—	—	1.14	—
建议采用值	24.79	224	25	0.33	1 100	11.2	1.0	0.71

应该指出,隧道围岩挤入变形量的大小,不只是看收敛值 ε 的大小,按照变形收敛率 $\dot{\varepsilon}$ 变化的快慢、同样也可以据以下经验值进行判定:一般地,$\dot{\varepsilon}<2.5\%$ 属小挤入变形的情况,$\dot{\varepsilon}>10\%$ 属大挤入变形的情况,值愈大其围岩挤入变形量也愈大通常的中硬岩隧道、$\dot{\varepsilon}<1.0\%$,其收敛量只有几个毫米,无挤入变形发生。

乌鞘岭隧道的现场实测数据表明:毛洞开挖后的 $\dot{\varepsilon}>16\%\sim22\%$,显属挤入大变形范围;而待初支以其 $\dot{\varepsilon}$ 后,值一般可降低并减小到 $9\%\sim12\%$ 之间,已可属

中等大小(但有的则仍归属于较严重的大挤入变形)的挤入变形范围;待再又施作二衬以后,$\dot{\varepsilon}$ 值的衰减即明显地快速大幅降低,并将迅速趋于稳定的收敛值。

3.1 基于 Hoke - Brown 强度准则的隧道围岩挤入型大变形预测方法[9]

本文推荐采用的对深埋隧道围岩挤入大变形的预测公式是一种半经验、半理论的方法[11,13]。基于 Hoke - Brown σ 强度准则[11],Hoke(1999)用"强度-应力比"(即岩体单轴抗压强度 σ_{cm} 与地应力 p_0 的比值,

275

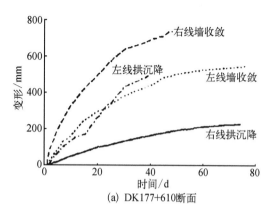

(a) DK177+610断面

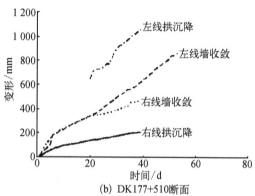

(b) DK177+510断面

图 5　断面收敛变形随时间的增长变化(初支后)

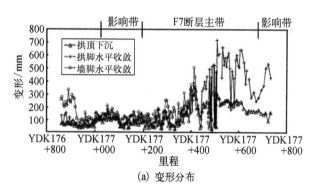

(a) 变形分布

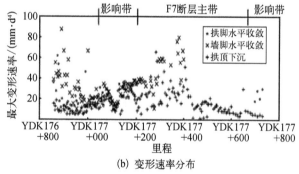

(b) 变形速率分布

图 6　F7断层带沿隧道纵向挤入变形分布及变形速率分布图

称之为"挤压势")作为对隧道挤入变形条件的判定指标,并据此得出了隧道围岩的变形收敛率:

无支护条件下,

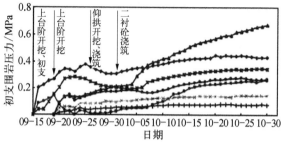

(a) DK177+568断面开挖和施作不同支护后围岩
压力分布及其时态变化

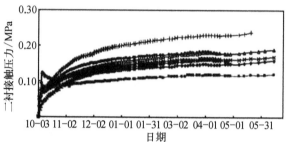

(b) YDK177+345断面施作二衬后接触压力分布及其时态变化

——拱顶 —×—右拱腰 —·—右拱脚 —·—右墙腰 ——左拱腰 ——左拱脚 ——左墙腰

图 7　挤压性围岩与其支衬结构相互作用的压力分布及时态变化

$$\dot{\varepsilon} = 0.2 \left(\frac{\sigma_{cm}}{p_0} \right)^{-2} \qquad (1)$$

有支护条件下,

$$\dot{\varepsilon} = \frac{\delta_i}{d_0} = 100 \left(0.002 - 0.0025 \frac{p_i}{p_0} \right) \frac{\sigma_{cm}^{2.4 p_i / p_0 - 2}}{p_0}$$

$$(2)$$

式中,δ_i 为洞室支护后挤入变形位移的历时变化量;d_0 为洞径;p_i 为当前的围岩应力。

3.2　隧道围岩挤入大变形预测

按式(1)作多点预测并经回归后,σ_{cm} 愈小(岩石强度低),p_0 愈高,则其比值或用以描述的挤压势就愈小,ε 也愈大。当 $\sigma_{cm} > 10\%$ 后,可谓已产生了大的挤压变形,此时的挤压势将 < 0.15。由式(1)还可绘得如图 8(b)所示的隧道围岩挤入大变形按其挤压严重程度的分区曲线[6]。可得图 8(a),在有无支护条件下,由该隧道岭脊段围岩 F7 断层带的挤压势可以判定其挤入变形的收敛速率。

在未设支护(毛洞情况)和已设初期支护后,沿 F7 断层带纵向的围岩变形收敛率随里程的变化如图 9 所示[6]。

将以上计算预测值与实测值相比可见,在采用钻

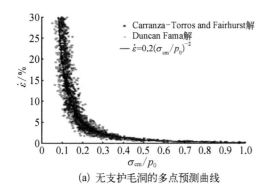

(a) 无支护毛洞的多点预测曲线

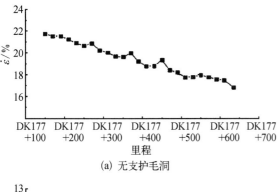

(b) 隧道围岩挤入大变形挤压严重程度分区曲线

图 8　围岩变形收敛率与挤压势的关系

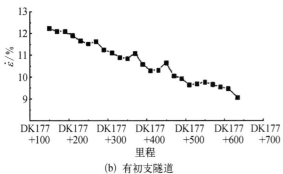

(a) 无支护毛洞

(b) 有初支隧道

图 9　F7 断层泥砾带收敛率随里程的变化

锚、注三位一体自进式让压锚杆固定支承力的作用下，隧道经初支以后，相应的围岩最大收敛量分别为 1 230 mm(按以上公式(2)预测)和 1 034 mm(实测)，其误差 Δ～19%，似尚可为工程实用上所接受；但其收敛量过大，需及早施作带有仰拱的封闭式二次模筑衬砌结构进行永久支护，以策安全。

3.3　预测方法可靠性评价

有(无)支护条件下，隧道变形收敛率预测的概率密度分布曲线如图 10 所示[6]。可见，设置隧道支护后，围岩变形的收敛率降低(其平均值由未支护前的 19% 下降到 9.5%)，其概率密度分布不够均匀，集中在其平均值附近。从图 10 还可看出：在无支护条件下，毛洞收敛率小于 10% 的可能性几为零；毛洞收敛率小于 14.75% 的可能性仅为 24%；而毛洞收敛率小于 20% 的可能性也只有 55%，也即隧道毛洞势必将发生极度的挤入型大变形。在施作支护后，虽隧道收敛率小于 5% 的仍仅为 5%；但小于 14.75% 的可能性则已增大达 90%，挤入变形量显著降低，如图 1 所示[6]。

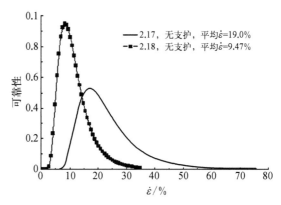

图 10　隧道变形收敛率预测的可靠性分布

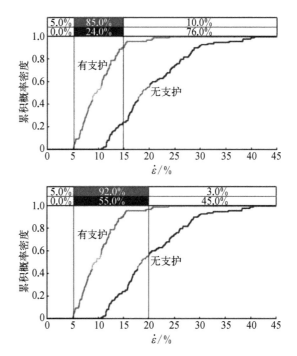

图 11　变形预测值可靠性的累积概率密度与隧道围岩收敛率的关系

从以上分析还可见,对隧道围岩挤入变形作如上不确定性概率析的准确性,在一定程度上依赖于输入变量的概率密度估计和预测的变形收敛率方程式(1)、式(2)的可靠程度。从上述结果可知,选用 Hoek 方法进行参数估计并按所建立的收敛率方程,可以用作对该类软弱围岩挤入型变形进行预测。需再次强调的是,为使预测结果较为准确和可靠,其输入诸变量数据的可靠性尤显重要。

4 挤入型隧道围岩采用自进式让压锚杆支护的研究

高地应力条件下,就软岩隧道挤入型大变形言,在工程开挖初期是毛洞围岩变形最快、变形能量释放最为剧烈的时期。此时如单只强调锚杆锚索支护的强度和刚度,反而将出现将锚杆或锚索拉断,导致隧道围岩因急剧变形而塌块、失稳以致支护失效的现象。因此,从这类大变形软岩隧道初期支护的情况看,仅沿袭采用普通砂浆锚杆来硬扛是难以奏效的。本文认为,此处对初期支护设计所要求的应该是"边支边让、先柔后刚、先让后抗、柔让适度、支护稳定"。具体言之,为了在高地应力、大变形条件下采用合理而有效的初期锚杆支护,需要满足以下几点要求:(1)锚杆主要呈拉,其上端需深埋在稳固岩体之内,锚杆上端不能随围岩挤入位移而走动,并据此确定锚杆的最小长度;(2)普通锚杆刚度越大、而延伸率又越低时,都难以适应围岩产生大变形位移的要求;(3)为使锚杆及早受力,此处建议改用"钻、锚、注"三位一体的迈式自进型锚杆,使三者工序一气呵成,成锚及时,可能是合适的;(4)要求锚杆能提供恒定不变的锚固力,且能为适应围岩大变形而设计有相当充裕度的"让压量",使所采用的锚杆既能维护围岩不致在变形中垮落,又具有很好的让压性,称之为让压锚杆/锚索,它可以是预施应力的,效果自当更好。

传统的树脂锚固型让压锚杆,让压量小,是其不足.针对前述的挤入型大变形的特点,本文建议采用一种新型压力分散型让压锚杆,其让压原理、让压位移特征曲线如图12、图13所示[14]。

为使让压量更大以适应挤入型大变形的需要,此种

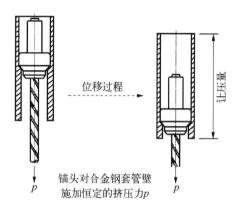

图 12　让压装置原理示意图

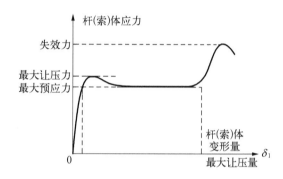

图 13　让压锚杆的让压位移特征曲线

让压锚杆可以将让压段分别沿杆长设置成几段,总让压量将为各段让压量之和,谓之压力分散型让压锚杆。这种新型锚杆已在江西省某铜矿山软岩边坡中试验采用并成功实施[14],其构造如图14所示,长度可达 45 m 甚或更长,设计最大让压量可达 1 200～1 800 mm 甚或更大。

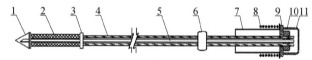

1.尾部导向器　2.让压组件　3.支撑板　4.无黏结钢绞线　5.注浆管　6.定心器　7.孔口喇叭管　8.螺旋筋　9.垫板　10.锚具　11.防护罩

(a) 构造示意图

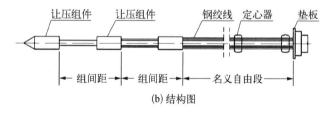

(b) 结构图

图 14　压力分散型预应力让压锚索构造

图 15 所示可表述为:让压锚杆所设定的锚固力,事实上关系到对围岩变形施加约束力的程度,如图中折线 ECHD 所示;从这一约束线与围岩变形收敛曲线

p_0-A-D 或 p_0-A-F 的交会点 D,可以得到围岩经让压锚杆支护后所产生的围岩收敛位移 $U'+U_1+U_2$,此处 U 为施锚前毛洞先期已产生了的自由位移. 这即是知名的由"收敛—约束曲线"测定锚杆支护力 p 和围岩收敛量 U 最优值的一种方法,建议在此处设计中参考采用.

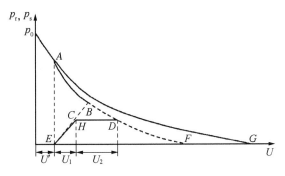

图 15 让压锚杆的锚固力与围岩变形的关系

5 结语

5.1 主要研究结论

(1) 高地应力、围岩软弱和初始存在的岩层构造挤压性过大,以及洞室开挖扰动引起围岩二次应力场重分布的变化和影响剧烈等四者,是隧道施工开挖中发生挤入型大变形的主要客观条件.

(2) 本文在前人对高地应力软弱围岩挤入型大变形作预测研究的基础上,推荐并着重讨论了 Hoek 对围岩挤入变形的预测方法;进而采用该方法对乌鞘岭隧道围岩进行了挤入型大变形的理论预测,并对这种预测方法在工程应用上的可靠性进行了定量评价.

(3) 根据笔者近年来的研究成果,介绍了一种可以应用于深埋软岩挤入型大变形隧道支护的新型高强预应力让压锚杆/锚索的支护机理及其受力和变形机理与杆体构造,并建议采用围岩"收敛—约束曲线"来进行该项工艺的理论验证.

5.2 研究工作展望

(1) 当前高地应力软弱围岩挤入型大变形的预测方法已有多种多样,各种方法的适用条件均有一定局限性和不同的使用范围. 因此,要提出适合于不同类别软岩隧道围岩挤入型大变形的预测方法,建立围岩施工开挖稳定性保证的理论依据,仍需搜集大量的这类隧道围岩实测地质信息资料数据为基本输入,进一步做好半经验、半理论的分析探究.

(2) 只要较准确地得到岩体的相关计算参数,就可以有把握地预测计算隧道围岩发生挤入型大变形的量值,其预测发生的过大的挤入变形量可以通过预设的围岩扩挖量并设置本文建议的一种压力分散型让压锚杆来作变形控制,使将围岩变形约束在一定的许可幅值以内,而二衬的接触压力则当大大降低,因而可有效减小二衬截面的厚度. 为此,洞体因扩挖所增加的土石方工程量将可由减小衬砌截面厚度和降低二衬配筋量来得到补偿,使总的工程造价不会增加过多. 同时,准确地计算挤入变形量对围岩的长期稳定性与支衬结构的安全均具有重要的现实意义和工程价值.

(3) 本文研究对象目前尚限于以软岩为主,而对于土工介质材料言,由于土体的黏聚力和内摩擦角都比较小,当土体发生大变形时,软土隧道周围的土体将会出现松动、剥失和散落等,这越出了难以再用连续介质理论描述和探讨的范畴,值得今后进一步深究.

(4) 在岩体大变形研究中,本文未及考虑地下水的渗流效应,即所谓的流固耦合问题,它将是一项更富学术内涵,又极具吸引力的新的探索.

(5) 关于建立几何非线性(大变形条件)与物理非线性(弹塑性本构关系)并计及黏性时效(岩土介质材料流变属性)的关系时,因三者间呈耦合相互作用属最一般性的非线性复杂力学行为,其建模方面的详细论述可另参见参考文献[6-7]. 这方面的理论工作在本文中亦未及涉及.

参考文献

[1] 孙钧. 岩土材料流变及其工程应用[M]. 北京:中国建筑工业出版社,1999.

[2] 孙钧. 岩石流变力学及其工程应用研究的若干进展[J]. 岩石力学与工程学报,2007,26(6):1081-1106.

[3] 潘晓明,杨钊,许建聪. 非定常西原黏弹塑性流变模型的应用研究[J]. 岩石力学与工程学报,2011,30(增1):2640-2646.

[4] Terzaghi K. Rock defects and loads in tunnel supports [J]. Rock tunneling with steel supports. R. V. Proctor and T. L. White eds., The Commercial Shearing and Stamping Co., Youngstown, Ohio, 1946

(3)：17 - 99.

[5] Barla G. Squeezing rocks in tunnels[J]. ISRM Ncws Journal,1995：44 - 49.

[6] 潘晓明. 挤压大变形隧道围岩流变力学特征研究[D]. 上海：同济大学,2011.

[7] 孙钧,潘晓明. 隧道软弱围岩挤压大变形非线性流变力学特性研究[J]. 岩石力学与工程学报,第十二届全国岩石力学与工程学术大会专刊. 南京,2012：19 - 22.

[8] Hock E. Big tunnels in bad rock[J]. Draft of a paper to be submitted for publication in the ASCE Journal of Geotechnical and Geoenvironmental Engineering, Terzaghi Lecture, Seattle. 2000(4)：726 - 740.

[9] Barla G, Borgna S. Squeezing behavior of tunnels：a phenomenological approach[J]. Gallerie, 1995 (58)：39 - 60.

[10] Barla G. Tunnelling under squeezing rock conditions [G]//Kolymbas D. Tunneling mechanics Eurosummer school,innsbruck,2001(8)：169 - 268.

[11] Hoek E,Marinos. Predicting Tunnel Squeezing [G]// Tunnels and Tunnelling International Part 1-November 2000 part 2-December,2000.

[12] 乌鞘岭隧道研究报告(之二,试验与实测)[R]. 兰州,2004 - 9.

[13] Hoek E. Support for very weak rock associated with faults and shear zones[J]. Proc Rock support and reinforcement practice in mining, 1999：19 - 32.

[14] 孙钧,王勇. 一种新型让压锚具的研制与开发应用[R]. 杭州丰强土建工程研究院,杭州市自然科学基金项目立项建议书.

本文发表于《河南大学学报(自然科学版)》
2012 年第 42 卷第 5 期

隧道软弱围岩挤压大变形非线性流变力学特性研究

孙　钧[1,2],潘晓明[1,3]

(1. 同济大学岩土及地下工程教育部重点实验室,上海200092;

2. 杭州丰强土建工程研究院,浙江杭州310008;3. 深圳市地铁集团有限公司,广东深圳518026)

摘要: 讨论高地应力条件下隧道软弱围岩发生挤压大变形的复杂力学行为,将挤压大变形归属为变形速率快而收敛速率慢的非线性流变变形范畴。在分析挤压大变形流变力学机制的基础上,分别提出非线性二维黏弹塑性本构模型和大(小)变形三维弹黏塑性本构模型,并进行相关专用程序的研发。运用所研发的材料子程序,对相关流变模型进行理论分析,就乌鞘岭铁路隧道软弱围岩施工开挖大变形问题进行工程应用研究。

关键词: 隧道工程;隧道软弱围岩;挤压大变形;非线性黏弹塑性本构模型;大(小)变形三维弹黏塑性本构模型;三维专用程序软件

1 引言

在隧道软弱围岩开挖施工中常遇到在不良地质条件下发生的一种挤压性大变形问题,例如:委内瑞拉Yacambu-Quibor隧道内壁最大位移达1 200 mm;台湾Mucha隧道洞壁最大位移更达1 500 mm;日本惠那山(Enasan)隧道最大位移为880 mm;而奥地利Tauern隧道最大位移则达1 000 mm等[1]。国内外煤矿巷道经常出现软岩大变形情况,其巷壁径向位移之大更有过之[2],如:河北峰峰煤矿巷洞两帮最大收敛量高达1 600 mm以上,甚至因变形过大、过快而影响了挖掘机退出,只能用扩挖解决;近年来通车的乌鞘岭铁路隧道其岭脊段F7断层带围岩的位移收敛情况也属挤压大变形,其拱顶部分的最大下沉量达1 050 mm等;其他,如:毛羽山、两水、木寨岭和新成子等隧道的最大变形位移都高达1 000 mm左右或者更大。这些隧、巷道围岩性态的共同特点是岩体自身软弱或松散破碎、强度低、地应力多数都很高、有的还位于高挤压构造区带,地质构造作用强烈,而隧道开挖时受施工扰动引起的应力释放大,其变形速率快且又收敛慢、变形持续时间长,如支护不当或不及时,极易在开挖过程中产生坍塌等不同范围的失稳事故。

K. Terzaghi[3]将上类隧道围岩定义为挤压性(squeezing)大变形围岩,或称挤压性岩体(如页岩、泥岩、泥砾带等)。这类岩体宏观上呈不完整性、具有显著节理面特征,甚或处于完全松散破碎的不良形态,常夹杂有大量的黏土性颗粒物(含高岭石、蒙脱石),在隧道开挖后因围岩应力过高而岩体强度不足、极易在隧道开挖面处产生挤压大变形而导致坍塌失稳。G. Barla等[4-6]所谓的挤压变形则是指隧道开挖过程中与时俱增的岩体流变大变形,由于围岩软弱和开挖后产生不利的围岩应力重分布,当围岩应力水平达到岩体流变屈服下限时将造成大的剪切蠕变变形,即使施加支护、围岩变形仍将持续很长时间。对于高地应力场合下的软岩地下洞室而言,围岩与支护衬砌的变形都是与时间有关的,这点已为众多的工程实测和室内试验所证实。挤压大变形是导致本文示例中引用的乌鞘岭铁路隧道围岩在开挖中产生大范围失稳破坏的主要原因。本文认为,这类挤压型大变形属于一种其变形速率快、而收敛速率慢、变形发展持续时间又长的岩体非线性工程流变学的研究范畴。

自20世纪初国外首例软岩隧道大变形问题出现后,上述围岩挤压大变形问题就一直成为困扰地下工程设计施工的一项难题;结合近年来矿山巷道和铁、公路交通隧道中挤压大变形围岩失稳事故的不断涌现,造成了众多严重的地质灾害,国内外学者相继展开了有关研究工作,并已取得了一定成果。

从以上国内外众多研究范例可见,高地应力环境下在软弱围岩中构筑深埋长大隧道(以乌鞘岭隧道为例,其最大埋深达 1 100 m,在全长 20.05 km 中岭背段松散破碎软岩长约 7 km,占隧道全长的 35%),其软弱围岩挤压大变形已是一个突出的工程地质问题。图 1 所示为一隧道产生严重挤压变形的图照。对软弱围岩大变形问题,目前的隧道设计和施工规范虽作了一些基本的规定和要求,但内容和措施上写得都比较简单,在设计和施工方面还没有提出一套可供遵循的切实办法,规定中所列出的开挖和支护技术措施都远不能满足施工需求,已经严重滞后于目前国内这类隧道施工技术上的需要,具体反映在规范内容不系统、不具体、缺乏可实施性和指导性。为此,对挤压性软弱围岩大变形隧道的设计和施工技术仍需进一步作系统、深入的探讨。采取合理判定围岩挤压大变形的条件,在全面反映岩体流变本构属性的基础上通过流变性态的理论分析、数值计算与现场测试,以求得岩体随时间增长发展其应力和应变的全历程,为隧道流变大变形岩体的稳定性作出符合工程实际的正确评价。

图 1　一软岩隧道严重挤压变形图照

2　非线性流变本构模型

2.1　非线性黏弹塑性本构模型

如图 2 所示,本文研究的非线性黏弹塑性本构模型由虎克线弹性体(Hooker 体)、2 个串联的黏弹性体(与虎克体串结,称广义 Kelvin 体),和非线性黏塑性体(非线性 Bingham 体,其中黏滞性系数 η_3 不是常数)三者相串联而成,它可以完整地描述减速、等速和加速蠕变(蠕变发展的 3 个阶段),与实际岩体材料的蠕变试验曲线有较好的拟合。

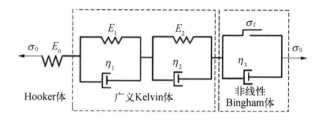

图 2　非线性黏弹塑性本构模型(一维情形)

当前应力 $\sigma_0 \geqslant$ 长期强度 σ_f 时,对于非线性 Bingham 体,其一维蠕变方程和相关非线性黏滞系数 η_3 的表达式[7]可分别写为

$$\varepsilon(t) = \frac{A(\sigma_0 - \sigma_f)t}{E_0\left[T + t\left(1 - \frac{\sigma_0 - \sigma_f}{\sigma_s}A\right)\right]} \quad (1)$$

$$\eta_3(\sigma_0, t) = \frac{E_0}{AT}\left[T + t\left(1 - \frac{\sigma_0 - \sigma_f}{\sigma_s}A\right)\right]^2 \quad (2)$$

式中,E_0 为 Hooker 体的弹性模量;σ_s 为 Bingham 体的瞬时强度;A 为量纲一的参数,需由蠕变试验测定;T 为岩体材料达到屈服极限的时间;t 为荷载持续作用时间。

从式(2)可以看,η_3 值与 σ_0 以及 t 有关,呈非线性变化。当 $\sigma_0 = \sigma_f + \sigma_s/A$ 时,非线性蠕变将退化为线性蠕变,此时 $\eta_3 = E_0 T/A$(为常数值),应变以恒定速 $\varepsilon = \sigma_s/(E_0 T)$ 增长,谓之定常蠕变;当 $\sigma_0 > \sigma_f + \sigma_s/A$ 时,则由式(2),η_3 值将随时间 t 增大而逐渐减小,反映了材料在高应力状态下的加速蠕变过程。

在一维常应力 σ_0 情况下,此处非线性黏弹塑性本构模型的蠕变变化规律可作如下描述。

当 $\sigma_0 < \sigma_f$ 时,属线黏弹性蠕变[7],有

$$\varepsilon(t) = \sigma_0\left\{\frac{1}{E_0} + \frac{1}{E_1}\left[1 - \exp\left(-\frac{E_1}{\eta_1}t\right)\right] + \frac{1}{E_2}\left[1 - \exp\left(-\frac{E_2}{\eta_2}t\right)\right]\right\} \quad (3)$$

当 $\sigma_0 \geqslant \sigma_f$ 时,则属非线性黏塑性蠕变[8],有

$$\varepsilon(t) = \sigma_0 \left\{ \frac{1}{E_0} + \frac{1}{E_1} \left[1 - \exp\left(-\frac{E_1}{\eta_1}t\right) \right] + \right.$$
$$\left. \frac{1}{E_2} \left[1 - \exp\left(-\frac{E_2}{\eta_2}t\right) \right] \right\} +$$
$$\frac{A(\sigma_0 - \sigma_f)t}{E_0 \left[T + t\left(1 - \frac{\sigma_0 - \sigma_f}{\sigma_s}A\right) \right]} \quad (4)$$

式中，E_1，E_2 均为广义 Kelvin 体弹簧元件的弹性模量；η_1，η_2 均为广义 Kelvin 体黏壶元件的常值黏滞性系数。

在有限单元法计算中，对于黏弹塑性本构方程通常采用初应变法计算，相应的程序软件及其验证，可详见 F. M. E. Duncan[8] 的研究成果。

2.2 时效大变形条件下的弹黏塑性本构模型

本文前述的乌鞘岭隧道围岩挤压变形，随时间增长发展，其最大收敛值甚至超过了 1 000 mm，显然已属岩体大变形范畴。从经典流变力学小变形假设基础上发展的大变形力学理论与方法用于研究软岩工程大变形问题时，虽从上节 2.1 已考虑了材料的非线性流变属性，但从几何场论的角度看，仍然属于小变形力学的理论范畴，它尚不能真实描述本文前述的挤压型隧道围岩大变形的特点。因此，为描述软岩工程大变形的流变力学行为，还必须改用后述的非线性大变形力学的理论和方法。

在大变形情况下，E. H. Lee 等[9-10] 提出了将材料初始构形 R 转换到大变形后形成当前构形 r 的变形梯度 F，按乘法分解为弹性变形梯度 F^e 与塑性变形梯度 F^p 的乘积，即

$$F = F^e F^p \quad (5)$$

从初始构形 R 经过变换 F^p 得到的构形，成为无应力中间构形 k_0，并最终达到当前构形 r（图 3）。

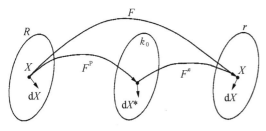

图 3　变形梯度的乘法分解

由潘晓明[11] 的研究可得

$$\left. \begin{array}{l} F^e = R^e U^e = V^e R^e \\ F^p = R^p U^p = V^p R^p \\ B^e = F^e F^{eT} \end{array} \right\} \quad (6)$$

式中，U^e，U^p 分别为弹、塑性右伸长张量；V^e，V^p 分别为弹、塑性左伸长张量；B^e 为弹性左 Cauchy - Green 张量；R^e，R^p 分别为弹、塑性几何大变形条件下的转动张量。

通过对变形梯度分解以及张量函数的映射，可推导大变形的应变增量方程。相应的推导过程详见潘晓明[11] 的研究成果。

在大变形理论中，从 Kirchhoff 应力 τ 可以求得

$$\varepsilon_{n+1} = \varepsilon_{n+1}^{e\,trial} - \Delta\gamma \left. \frac{\partial\phi}{\partial\tau} \right|_{n+1} \quad (7)$$

式中，$\varepsilon_{n+1}^{e\,trial}$ 为尝试对数应变；ε_{n+1}^e 为真实对数应变，$\varepsilon_{n+1}^e = \ln B^e / 2$；$\phi$ 为塑性势函数。

在小变形理论中，Cauchy 应力 σ 与应变 ε 构成共轭对；而在大变形理论中，Kirchhoff 应力 τ 与对数应变 $\ln B^e / 2$ 构成共轭对。

从式(7)可以看出，大变形弹塑性增量方程与一般的小应变弹塑性增量方程在形式上基本相同，只是大变形中的应力为 Kirchhoff 应力，应变为对数应变。

弹黏塑性问题与弹塑性问题相比，也具有一定的相似性，可均采用式(8)和式(9)描述：

$$\dot{\varepsilon}^{vp} = \dot{\gamma} N(\sigma, A) = \dot{\gamma} \frac{\partial\phi}{\partial\sigma} \quad (8)$$

$$\dot{\alpha} = \dot{\gamma} H(\sigma, A) = -\dot{\gamma} \frac{\partial\phi}{\partial A} \quad (9)$$

式中，$\dot{\alpha}$ 为内变量，$N(\sigma, A)$ 为流动矢量，$H(\sigma, A)$ 为广义硬化模量，$\dot{\gamma}$ 为比例因子。

对于弹塑性理论问题，在 $n+1$ 时刻，应力状态需满足屈服条件，即 $\varphi(\sigma_{n+1}, A_{n+1}) = 0$，采用应力更新算法使其应力状态必须满足于屈服面。

而对于弹黏塑性问题，在 $n+1$ 时刻，应力状态超出于屈服面，即 $\varphi(\sigma_{n+1}, A_{n+1}) > 0$，以发生黏塑性流动。

2.2.1 屈服准则、流动法则、应力返回、切线模量

(1) 屈服准则

本文采用 Drucker-Prager（D - P）模型，其屈服面在主应力空间为圆锥面（图 4）。

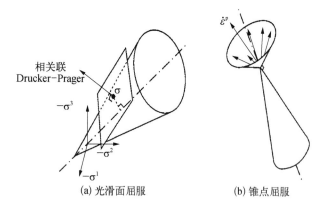

(a) 光滑面屈服 　　　　(b) 锥点屈服

图 4　D-P 模型的应力空间屈服面

屈服准则为

$$\varphi(\sigma, c) = \sqrt{J_2} + \eta p - \xi c = 0 \tag{10}$$

其中，

$$\left. \begin{aligned} J_2 &= \frac{1}{2} s : s \\ s &= \sigma - p(\sigma) I \end{aligned} \right\} \tag{11}$$

$$\left. \begin{aligned} \eta &= \frac{6\sin\beta}{\sqrt{3}(3-\sin\beta)}, \quad \xi = \frac{6\cos\beta}{\sqrt{3}(3-\sin\beta)} \\ c &= c(\bar{\varepsilon}^{\mathrm{p}}) = c_0 + k(\bar{\varepsilon}^{\mathrm{p}}) \end{aligned} \right\} \tag{12}$$

式中，s 为偏应力张量；$p(\sigma) = tr(\sigma)/3$ 为静水压力场；I 为单位张量；J_2 为第二偏应力不变量；β 为内摩擦角；η，ξ 均为摩擦角的函数；c_0 为初始黏聚力；$\bar{\varepsilon}^{\mathrm{p}}$ 为等效黏塑性应变；κ 为硬化函数。

（2）流动法则

对于 D-P 模型，其塑性流动势为

$$\left. \begin{aligned} \phi(\sigma, c) &= \sqrt{J_2} + \bar{\eta} p \\ \bar{\eta} &= \frac{6\sin\theta}{\sqrt{3}(3-\sin\theta)} \end{aligned} \right\} \tag{13}$$

又

$$\dot{\varepsilon}^{\mathrm{p}} = \dot{\gamma} N \tag{14}$$

$$N = \frac{\partial \phi}{\partial \sigma} = \frac{1}{2\sqrt{J_2}} s + \frac{\bar{\eta}}{3} I \tag{15}$$

故根据 D. Peric 等[12-14]所示，比例因子 $\dot{\gamma}$ 为

$$\gamma = \left\{ \begin{aligned} &\frac{1}{\mu} \left[\left(\frac{\sqrt{J_2} + \eta p}{\xi c} \right)^{\frac{1}{\xi}} - 1 \right] && (\varphi(\sigma, c) > 0) \\ &0 && (\varphi(\sigma, c) < 0) \end{aligned} \right. \tag{16}$$

式(13)—式(16)中：φ 为屈服函数；θ 为膨胀角；$\bar{\eta}$ 为膨胀角函数；μ、ξ 均为材料参数。

（3）应力返回算法

在 $[t_n, t_{n+1}]$ 时段内，首先假设材料状态为弹性，即进行弹性预测，有

$$\sigma_{n+1}^{\mathrm{trial}} = D^{\mathrm{e}} : \varepsilon_{n+1}^{\mathrm{e\ trial}} = D^{\mathrm{e}} : (\varepsilon_n^{\mathrm{e}} + \Delta\varepsilon) \tag{17}$$

式中，$\sigma_{n+1}^{\mathrm{trial}}$ 为尝试应力，D^{e} 为弹性矩阵，$\varepsilon_n^{\mathrm{e}}$ 为第 n 时刻应变，$\Delta\varepsilon$ 为增量应变。

将 $\sigma_{n+1}^{\mathrm{trial}}$ 代入屈服函数中，当 $\varphi(\sigma_{n+1}^{\mathrm{trial}}, c) \leqslant 0$ 时，应力状态为弹性，假设成立；当 $\varphi(\sigma_{n+1}^{\mathrm{trial}}, c) > 0$ 时，应力状态超出屈服面，需进行塑性迭代和应力更新，将应力拉回至屈服面上。由图 4 可见，应力状态可分为满足光滑屈服面和锥点屈服 2 种情况。

① 光滑屈服面应力返回算法

当应力状态超出光滑屈服面时，真实应力 σ_{n+1} 表示为

$$\sigma_{n+1} = \sigma_{n+1}^{\mathrm{trial}} - \Delta\gamma D^{\mathrm{e}} : N_{n+1} \tag{18}$$

将式(18)分解为偏应力与静水压力的关系，并代入流动法则，可表示为

$$\frac{s_{n+1}}{\sqrt{J_2(s_{n+1})}} = \frac{s_{n+1}^{\mathrm{trial}}}{\sqrt{J_2(s_{n+1}^{\mathrm{trial}})}} \tag{19}$$

对式(19)偏应力表达式进行内积，整理可得

$$\begin{aligned} \tilde{\varphi}(\Delta\gamma) = &\left[\sqrt{J_2(s_{n+1}^{\mathrm{trial}})} - G\Delta\gamma + \eta(p_{n+1}^{\mathrm{trial}} - K\bar{\eta}\Delta\gamma) \right] \cdot \\ &\left(\frac{\Delta t}{\mu\Delta\gamma + \Delta t} \right) - \xi c(\bar{\varepsilon}_n^{\mathrm{p}} + \xi\Delta\gamma) \end{aligned} \tag{20}$$

式(19)和式(20)中：s_{n+1}^{trial} 为偏应力尝试应力，p_{n+1}^{trial} 为静水压力尝试应力，$\Delta\gamma$ 增量比例因子，G 为剪切模量，K 为体积模量。

对式(20)进行 Newton-Raphson 迭代求解 $\Delta\gamma$，再由下式计算真实的应力态：

$$\left. \begin{aligned} s_{n+1} &= \left[1 - \frac{G\Delta\gamma}{\sqrt{J_2(s_{n+1}^{\mathrm{trial}})}} \right] s_{n+1}^{\mathrm{trial}} \\ p_{n+1} &= p_{n+1}^{\mathrm{trial}} - K\bar{\eta}\Delta\gamma \end{aligned} \right\} \tag{21}$$

② 屈服面锥点应力返回算法

同理，当应力状态在屈服面锥点上时，采用塑性迭代求解，求得黏塑性体应变增量 $\Delta\varepsilon_v^{\mathrm{p}}$。根据所得的 $\Delta\varepsilon_v^{\mathrm{p}}$，更新当前应力，则有

$$\underset{\sim}{\varphi}(\Delta\varepsilon_{\mathrm{v}}^{\mathrm{p}}) = \frac{\xi}{\eta}c(\bar{\varepsilon}_n^{\mathrm{p}} + \bar{\omega}\Delta\varepsilon_{\mathrm{v}}^{\mathrm{p}}) - (p_{n+1}^{\mathrm{trial}} - K\Delta\varepsilon_{\mathrm{v}}^{\mathrm{P}}) \cdot$$

$$\left(\frac{\Delta t}{\mu\Delta\varepsilon_{\mathrm{v}}^{\mathrm{p}} + \Delta t}\right)^{\zeta} = 0 \qquad (22)$$

$$\bar{\varepsilon}_{n+1}^{\mathrm{p}} = \bar{\varepsilon}_n^{\mathrm{p}} + \frac{\xi}{\eta}\Delta\varepsilon_{\mathrm{v}}^{\mathrm{p}} \qquad (23)$$

$$\boldsymbol{\sigma}_{n+1} = (p_{n+1}^{\mathrm{trial}} - K\Delta\varepsilon_{\mathrm{v}}^{\mathrm{p}})\boldsymbol{I} \qquad (24)$$

（4）一致切线模量

计算塑性力学的中心问题,即更新状态变量在时间 t_n 的收敛值,获得其在时间 t_{n+1} 的收敛值。在求解离散的边值问题过程中,Newton 迭代法是一种有效方法。为了获得 Newton 迭代法的二次渐近收敛速度,同时克服在迭代过程中的伪加载或卸载,J. C. Simo 等[15-16]提出了算法一致切线模量,该模量具有较快的收敛速度。

① 光滑屈服面一致切线模量

由式(19),将偏应力写成与偏应变的关系,可得

$$\left. \begin{aligned} \boldsymbol{s}_{n+1} &= \left(1 - \frac{G\Delta\gamma}{\sqrt{J_2(\boldsymbol{s}_{n+1}^{\mathrm{trial}})}}\right)\boldsymbol{s}_{n+1}^{\mathrm{trial}} \\ &= 2G\left(1 - \frac{\Delta\gamma}{\sqrt{2}\|\boldsymbol{\varepsilon}_{\mathrm{d}n+1}^{\mathrm{e\ trial}}\|}\right)\boldsymbol{\varepsilon}_{\mathrm{d}n+1}^{\mathrm{e\ trial}} \\ p_{n+1} &= p_{n+1}^{\mathrm{trial}} - K\bar{\eta}\Delta\gamma = K(\boldsymbol{\varepsilon}_{\mathrm{v}n+1}^{\mathrm{e\ trial}} - \bar{\eta}\Delta\gamma) \end{aligned} \right\}$$

$$(25)$$

对式(25)等号两边求导,整理后可得

$$\frac{\mathrm{d}\boldsymbol{\sigma}}{\mathrm{d}\boldsymbol{\varepsilon}} = \boldsymbol{D}^{\mathrm{ep}} = 2G\left(1 - \frac{\Delta\gamma}{\sqrt{2}\|\boldsymbol{\varepsilon}_{\mathrm{d}n+1}^{\mathrm{e\ trial}}\|}\right)\boldsymbol{l}_{\mathrm{d}} +$$

$$2G\left(\frac{\Delta\gamma}{\sqrt{2}\|\boldsymbol{\varepsilon}_{\mathrm{d}n+1}^{\mathrm{e\ trial}}\|} - GA\right)\boldsymbol{D}\otimes\boldsymbol{D} - \sqrt{2}GAK \cdot$$

$$(\eta\boldsymbol{D}\otimes\boldsymbol{I} + \bar{\eta}\boldsymbol{I}\otimes\boldsymbol{D}) + K(1 - K\eta\bar{\eta}A)\boldsymbol{I}\otimes\boldsymbol{I}$$

$$(26\mathrm{a})$$

其中,

$$A = \frac{1}{U + \xi^2 H\left(\dfrac{\Delta t}{\mu\Delta\gamma + \Delta t}\right)^{-\zeta}} \qquad (26\mathrm{b})$$

$$U = G + K\eta\bar{\eta} +$$

$$\zeta\mu\frac{\left[\sqrt{J_2(\boldsymbol{s}_{n+1}^{\mathrm{trial}})} - G\Delta\gamma + \eta(p_{n+1}^{\mathrm{trial}} - K\bar{\eta}\Delta\gamma)\right]}{\mu\Delta\gamma + \Delta t}$$

$$(26\mathrm{c})$$

$$\boldsymbol{D} = \frac{\boldsymbol{\varepsilon}_{\mathrm{d}n+1}^{\mathrm{e\ trial}}}{\|\boldsymbol{\varepsilon}_{\mathrm{d}n+1}^{\mathrm{e\ trial}}\|} = \frac{\boldsymbol{s}_{n+1}^{\mathrm{trial}}}{\|\boldsymbol{s}_{n+1}^{\mathrm{trial}}\|} \qquad (26\mathrm{d})$$

$$\boldsymbol{l}_{\mathrm{d}} = \frac{1}{2}(\delta_{ik}\delta_{jl} + \delta_{il}\delta_{jk}) - \frac{1}{3}(\boldsymbol{I}\otimes\boldsymbol{I}) \qquad (26\mathrm{e})$$

式中, $\boldsymbol{\varepsilon}_{\mathrm{d}n+1}^{\mathrm{e\ trial}}$ 偏应变尝试应变, $\|\cdot\|$ 为行列式值, $\otimes$ 为叉积。

② 屈服面锥点一致切线模量

同理可求得屈服应力在锥点屈服时的一致切线模量,表示为

$$\boldsymbol{D}^{\mathrm{ep}} = K(1 - KB)\boldsymbol{I}\otimes\boldsymbol{I} \qquad (27)$$

其中,

$$B = \cfrac{1}{K + (p_{n+1}^{\mathrm{trial}} - K\Delta\varepsilon_{\mathrm{v}}^{\mathrm{p}})\cfrac{\zeta\mu}{\mu\Delta\varepsilon_{\mathrm{v}}^{\mathrm{p}} + \Delta t} + \cfrac{\xi}{\eta}\cfrac{\xi}{\eta}H\left(\cfrac{\Delta t}{\mu\Delta\varepsilon_{\mathrm{v}}^{\mathrm{p}} + \Delta t}\right)^{-\zeta}}$$

（5）光滑屈服面与锥点屈服的界限

当弹性预测应力在应力空间处于屈服面的位置不同,其应力返回路径也不相同,如图 5 所示。其判别标准为

$$\sqrt{J_2(\boldsymbol{s}_{n+1})} = \sqrt{J_2(\boldsymbol{s}_{n+1}^{\mathrm{trial}})} - G\Delta\gamma \qquad (28)$$

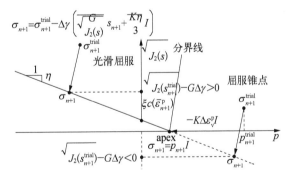

图 5 光滑屈服面与锥点屈服的界限

当 $\sqrt{J_2(\boldsymbol{s}_{n+1})} = \sqrt{J_2(\boldsymbol{s}_{n+1}^{\mathrm{trial}})} - G\Delta\gamma \geqslant 0$ 时,应力状态至屈服面上;当 $\sqrt{J_2(\boldsymbol{s}_{n+1})} = \sqrt{J_2(\boldsymbol{s}_{n+1}^{\mathrm{trial}})} - G\Delta\gamma < 0$ 时,则应力状态返回至屈服锥点。

2.2.2 小变形黏弹塑性问题在 ABAQUS 程序中的算法

前面所推导的应力更新算式式(21)和式(24)及一致切线模量式(26a)和式(27)可作为小变形弹黏塑性

本构模型在 ABAQUS 程序中的算法[17],此时的应力度量为 Cauchy 应力。

2.2.3 大变形弹黏塑性问题在 ABAQUS 程序中的算法

(1) 大变形应力返回算法[18-20]

首先计算增量变形梯度 F_Δ,为

$$F_\Delta = F_{n+1} (F_n)^{-1} \qquad (29)$$

式中,F_{n+1} 为 t_{n+1} 时刻的变形梯度,F_n 为 t_n 时刻的变形梯度。

在 t_n 时刻,弹性对数应变 ε_n^e 为已知,将其转换成左 Cauchy-Green 应变张量 B_n^e,则有

$$B_n^e = \exp(2\varepsilon_n^e) \qquad (30)$$

计算弹性预测,对左 Cauchy-Green 应变张量,有

$$B_{n+1}^{e\,\text{trial}} = F_{n+1}^{e\,\text{trial}} (F_{n+1}^{e\,\text{trial}})^T = F_\Delta B_n^e (F_\Delta)^T \qquad (31)$$

则其对数应变为

$$\left. \begin{array}{l} \varepsilon_{n+1}^{e\,\text{trial}} = \dfrac{1}{2} \ln(B_{n+1}^{e\,\text{trial}}) \\[2mm] \bar{\varepsilon}_{n+1}^p = \bar{\varepsilon}_n^p \end{array} \right\} \qquad (32)$$

式中,$\bar{\varepsilon}_n^p$ 为 t_n 时刻的等效塑性应变。

可以调用与小变形情形下的应力更新算法和一致切线模量进行计算。但此时在大变形弹黏塑性计算中,小变形中的 Cauchy 应力 σ 要用 Kirchhoff 应力 τ 替换;待应力更新后,再求得当前构形的 Cauchy 应力 σ,则有

$$\sigma_{n+1} = \frac{1}{\det F_{n+1}} \tau_{n+1} \qquad (33)$$

(2) 一致切线模量[18-20]

大变形采用 Kirchhoff 应力表示的 Jaumannn 率表示,计算时需先转换成以 Cauchy 应力表示的 Jaumannn 率的关系:

$$C_{tIC}^{ep} = \frac{1}{J} D^{ep} \qquad (34)$$

在光滑屈服面的切线刚度矩阵为

$$C_{tIC}^{ep} = \frac{1}{J} \Big[2G \Big(1 - \frac{\Delta\gamma}{\sqrt{2} \parallel \varepsilon_{dn+1}^{e\,\text{trial}} \parallel} \Big) l_d +$$

$$2G \Big(\frac{\Delta\gamma}{\sqrt{2} \parallel \varepsilon_{dn+1}^{e\,\text{trial}} \parallel} - GA \Big) D \otimes D - \sqrt{2} GAK \cdot$$

$$(\eta D \otimes I + \bar{\eta} I \otimes D) + K(1 - K\eta\bar{\eta}A) I \otimes I \Big] \qquad (35)$$

在锥点屈服的切线刚度矩阵为

$$C_{tIC}^{ep} = \frac{1}{J} K(1 - KB) I \otimes I \qquad (36)$$

其中,

$$J = \parallel F \parallel$$

限于篇幅,本文未能详细列出所有相关的公式推导及其计算程序流程,具体可详见潘晓明[11]的研究成果。

3 工程实用示例

以兰武客运专线乌鞘岭铁路隧道为例,对其岭脊段断层围岩的非线性挤压大变形流变性态进行研讨,开展三维有限元分析。

3.1 模型建立和参数选用

三维有限元模型网格的范围选取为:纵向(沿隧道轴向)前后两截面的边界间取纵长为 80 m;上下左右横向边界均取隧道洞跨的 9 倍以上,其宽、高均取为 100 m,圆形单线铁路隧道洞室的直径为 10.76 m,隧道围岩计算网格如图 6 所示。围岩、初支锚喷和注浆加固区、二次衬砌混凝土等均采用六面块体等参单元模拟。二次衬砌与初支锚喷之间先设 250 mm 的超挖空隙,以预留为围岩初支后随时间而持续增长发展的流变变形,隧道围岩剖面图如图 7 所示。

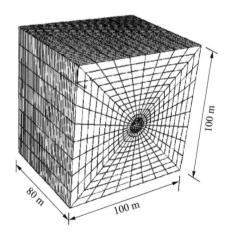

图 6 隧道围岩计算网格

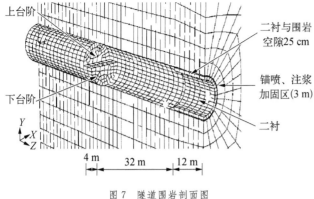

图 7　隧道围岩剖面图

已如上述，此处软弱围岩具有明显的挤压大变形流变时效特性，对文中岩体笔者采用了从本文节 2 中模型研编的大变形流变材料子程序作计算分析。此处参考了孙钧[21]确定的围岩计算参数值 μ 和 ζ，其他各相关参数的取值均由现场获得，如表 1 所示。

表 1　围岩计算参数

E/GPa	ν	β/(°)	θ/(°)	计算时间/h	ζ	c_0/MPa
7.157	0.3	20	20	3 000	1.5	0.6

由于在岩体松动圈内先已施作了全断面帷幕注浆，由现场施工单位提供的经验用值，取注浆区围岩体和初支喷射混凝土的弹性模量各提高 30%，其注浆岩体的黏聚力也相应提高 30%；另取施锚区内岩体参数为：弹性模量 21 GPa，泊松比 0.17，重度 22 kN/m³。而对二衬钢筋混凝土，参数取值为：弹性模量 29.5 GPa，泊松比 0.16，重度 25 kN/m³。

3.2　计算工况

考虑到隧道在实际施工中的灵活性和施工方法与工艺的多样性以及施工周期的不确定性，要求完全真实地模拟隧道确切的施工工况是有难度的，也是不现实的。为此，由于该隧道的洞体断面不大，本文从实际工况采用了上、下台阶分两部开挖法，自此循环开挖直至作业面距洞口 48 m 时为止（因洞口段施工另采用了其他不同的开挖方案进行）。此处，计算初支岩体流变作用的时间段暂设定为 30 d（720 h），之后随之施作的二次衬砌已可发挥承力作用。具体计算工况[11]如下：

工况 1：仅有锚喷钢拱架作初期支护，在未施作二衬之前，计算总时间取 60 d（1 440 h）；

工况 2：施作二衬并已可发挥承力作用后，计算总时间取至二衬施作后的 30 d（720 h）；总时间也取 60 d

（1 440 h）。

以上数据取值均曾与现场施工部门联系后酌定，应视为已经过工程实际认可的值。

3.3　计算结果分析

为方便比较分析，采用上文所研讨的流变本构模型，分别对上述 2 种工况逐一进行围岩小变形和大变形的分析计算[11]。

（1）工况 1：未施作二衬前，仅有初支情况。

图 8 为距离开挖面为 0，24，48 m 处拱顶下沉量随时间关系曲线，从图中可以看出，在同一截面处，按大变形条件的计算结果均较按相应小变形计算的拱顶下沉位移量为大，前者为后者的 1.5～2.0 倍。从小变形的计算结果还可以看出，在 $t \leqslant 400$ h 前，拱顶下沉的增长速度比较快；而待 $t > 400$ h 后，拱顶下沉增长速度渐趋减缓，以距开挖面 48 m 处为例，最终达到稳定的收敛值[图 8(c)]约为 138 mm；而对改按大变形的计算结果，在 $t \leqslant 700$ h 前，拱顶下沉增长速度都比较快；待 $t > 700$ h 后，拱顶下沉增长速度则逐次减缓，如亦以距开挖面 48 m 处为例，其最大收敛值基本稳定在 275 mm [图 8(c)]左右，是小变形计算情况的 2 倍。需要着重指出，与图 8(b)，(c)所示情况相比，当距离开挖面越远时，因受作业面三维变形的约束效应愈益趋弱，围岩流变

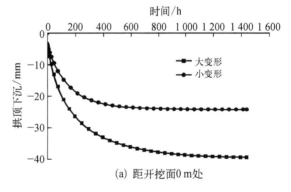

(a) 距开挖面0 m处

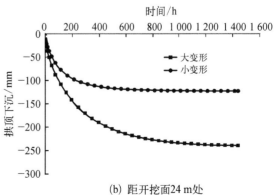

(b) 距开挖面24 m处

287

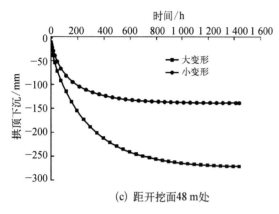

(c) 距开挖面48 m处

图 8 截面的拱顶下沉-时间关系曲线

的时间效应将越加明显;如不及时施作二次衬砌,围岩流变变形将进一步增长发展并持续恶化,以图8(c)的曲线为例,在距开挖面48 m后,围岩将按平面问题作大变形增长,其拱顶下沉量达275 mm后仍未完全终止(事实上,在达到这一量值之前,恐围岩坍塌就早已发生了),最终将会因变形过大而发生围岩局部失稳。

图9,10分别为在未施作二衬支护的情况前,计算终了时,沿隧道纵向的拱顶下沉和拱腰水平收敛曲线($t=1\,440$ h)。

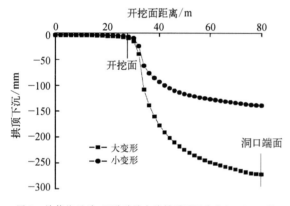

图 9 计算终了时,沿隧道纵向的拱顶下沉曲线($t=1\,440$ h)

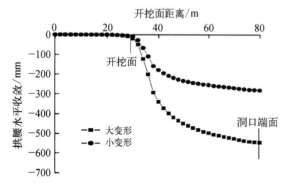

图 10 计算终了时,沿隧道纵向的拱腰水平收敛曲线($t=1\,440$ h)

从图9,图10中可以看出,在隧道开挖面前方,由于开挖卸荷对地层的扰动作用,其拱顶和拱腰处围岩均先已分别发生了一定的下沉和向洞内的收敛位移,但量值不大;此后随距开挖面的距离越远,拱顶的下沉位移以及拱腰处的水平收敛量均持续增大。在按小变形计算情况下,其位移影响范围约在开挖面前方15 m(即约1.4倍洞径)以内。位移变化速率的变化较大,但随距开挖面距离的增大,位移变化速率则呈减小趋势;当距开挖面超过15~25 m后,开挖面空间效应已趋减弱,可以沿用平面应变问题作简化计算;而对于大变形情况下,开挖面的影响范围将有所扩大,约自开挖面前方50 m处,即在洞口端面截面的拱顶下沉与拱腰水平收敛的最大值均各约为相应小变形情况下的1.96~2.00倍,围岩的挤压大变形十分明显。

(2) 工况 2:施作二衬以后(仅以大变形作计算)。

因乌鞘岭F7断层破碎带内的隧道围岩挤压大变形明显,为此,在二衬与初支后的围岩之间沿洞周先预留25 cm的流变变形空间。从前面按小变形平面问题的计算结果可见,初支后的拱顶最大沉降位移为138 mm,其变形值偏小且最终趋于稳定收敛,这与现场实测情况不符;而对于大变形情况,在 $t=1\,440$ h时,围岩变形仍未收敛趋稳,其距开挖面48 m处的围岩拱顶下沉最大值达275 mm,必须及早施作二衬。所以,此处只采用了第2节所述的大变形弹黏塑性本构模型作数值分析。在隧道初支后虽已先期释放了大部分位移,但仍亟需实时施作二次衬砌,以求及早控制围岩过大的挤压变形。在施作二衬后,刚性衬砌结构将可有效限制围岩随时间进一步增长发展的流变变形,此时二次衬砌将承受围岩后续增长发展的流变接触压力,且随时间推移二衬承受的这种围岩流变压力也将持续不断地加大。从现场对施作二衬后接触压力持续增大的量测信息看,完全验证了上述围岩流变的观点。在隧道开挖48 m后,设围岩在未作二衬条件下的计算流变时间为720 h;然后在洞口12 m范围内经模筑施作的二衬已可发挥承力作用,其计算时间也拟定为720 h。

图11为施作二衬后隧道围岩拱顶下沉和拱腰水平收敛随开挖面距离的变化曲线,从图中可以看出,距

开挖面约 25 m 范围内,围岩变形速率比较快,但越接近施加的二衬段,其变形速率就越为趋缓。可见,二衬的施加大大约束了围岩流变的进一步发展并使其最终趋于稳定的收敛值。距开挖面 48 m 处,拱顶的最终下沉量为 254 mm,而两腰的最终水平收敛值则为508 mm。似此,围岩过大的变形位移量只有通过后文所述的、按此处预估的计算值用先期扩挖的办法来求得解决。

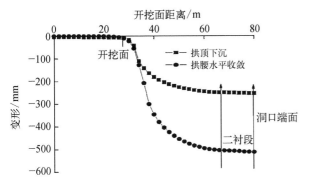

图 11 施作二衬后拱顶下沉和拱腰水平收敛
随开挖面距离的变化曲线

图 12,13 分别为施作二衬后距开挖面不同位置处的拱顶下沉增量和拱腰水平收敛增量历时曲线。从图12,图 13 中可以看出,距离开挖面越近,围岩变形达到稳定收敛时的位移增量越小;而距开挖面越远,围岩变形值的增量趋大且时间效应也更明显。在开挖面处,因二衬施作,围岩持续的流变变形受到很大限制,其增长量最为趋缓,拱顶下沉的最大增量值仅为 270 mm;而拱腰水平收敛的增量值也只为 510 mm。而在距开挖面 48 m 处,由于开挖面空间约束效应已基本消失,在施作二衬后其拱顶和拱腰的位移增量分别加大约260 和 500 mm。

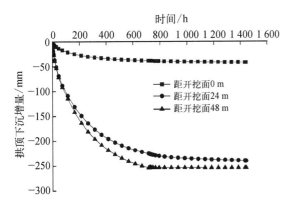

图 12 施作二衬后距开挖面不同位置处的拱顶下沉增量历时曲线

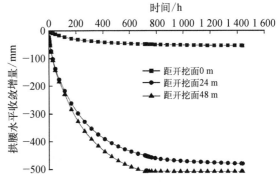

图 13 施作二衬后距开挖面不同位置处的
拱腰水平收敛增量历时曲线

二衬施作后,在 $t=1\,440$ h 时刻,围岩变形已趋稳定时的二衬水平位移和竖向位移云图分别如图 14和图 15 所示。由于二衬的刚度很大,围岩变形急剧趋小,施加二衬的效果以及及时施作的作用都十分显著。

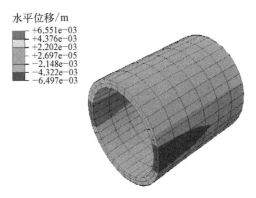

图 14 二衬水平位移云图

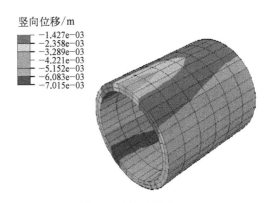

图 15 二衬竖向位移云图

图 16 给出了二衬接触压力云图。由于洞口处的自由边界条件以及围岩与二衬间的接触参数采用了刚性接触考虑,造成了局部位置处的应力集中现象。由图 17 可见,总体上二衬的接触压力约为 0.9 MPa,而由二衬与围岩接触压力的历时变化曲线可以看出,接

触压力在二衬施作后的 200 h 内其增长迅速,之后逐步趋于相对稳定的最大收敛值。

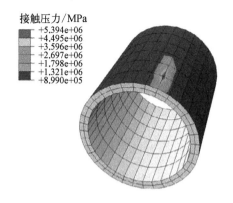

图 16 二衬接触压力云图

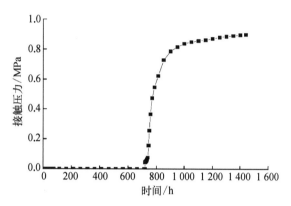

图 17 二衬拱顶接触压力随时间变化曲线

4 不同模型计算结果及与现场实测值的比较

本文分别采用了非线性黏弹塑性(二维、小变形)本构模型和大(小)变形三维弹黏塑性本构模型,对乌鞘岭隧道岭脊段 F7 断层破碎带进行了平面应变和空间问题的有限元分析[11]。限于篇幅,此处仅列出了:采用第一种模型对隧道作二维数值分析后的结果,得到了隧道围岩在初期支护条件下拱顶下沉的最大位移量为 138 mm;而当改用第二种模型按大变形条件作计算时,则拱顶下沉的最大位移量增大为 275 mm,两相比较如图 18 所示。考虑大变形条件后,尽管由于开挖面的三维约束作用使隧洞整体结构的刚度变大,但围岩拱顶处的最大变形量仍较按小变形计算情况的值约大 1 倍,其差值很大,用小变形计算偏小许多,似不容忽视和简化。从计算值与实测值的比较可知,除左线拱顶下沉量相差较大外,其他各处的二者比较值相差

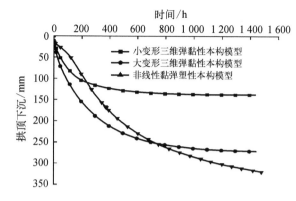

图 18 初期支护时拱顶下沉的计算值

都不是很大。

如图 19 所示,左线拱顶下沉最大位移为 476 mm,右线拱顶下沉最大位移则为 210 mm。与相应的计算值(275 mm)两相比照,右拱部位二者的差值不大,当可接受;而左拱部位则二者差值似感偏大,可能是现场实测数据有误,尚待查究。

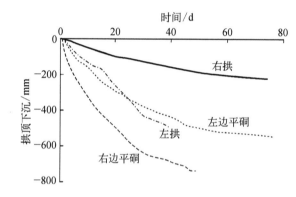

图 19 DK177+610 断面的实测收敛变形(初支情况)

从图 20 可以看出,采用非线性黏弹塑性平面应变二维小变形模型计算时,由于二衬刚度很大,围岩受二衬的约束效应其变形很快趋于稳定的收敛值,拱顶最大下沉量达 260 mm;而在改用大变形三维弹黏塑性本

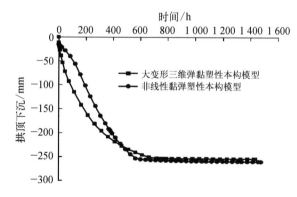

图 20 施作二衬后拱顶下沉比较

构模型计算时,相应的的拱顶下沉量则为 254 mm,两者相差不大且在 600 h 后即很快趋于收敛稳定,可知因二衬具有足够的刚度以约束围岩此后再增加的持续变形。

二衬拱顶接触压力比较如图 21 所示。已如上述,由于开挖面的空间约束效应,采用大变形弹黏塑性三维模型计算得到的二衬接触压力也相应地比较小,其最大值为 0.9 MPa(实测数据表明:二衬接触压力已承担了全部隧道围压的约 80%);而改用小变形平面应变黏弹塑性本构模型计算时,二衬的接触压力则增大为 1.1 MPa,两者相差约 22%。拱顶最大下沉和最大接触压力计算值与实测值的比较分别见表 2 和表 3。

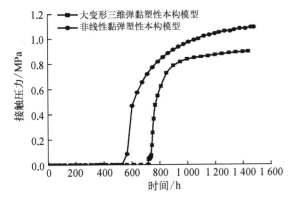

图 21 二衬拱顶接触压力比较

表 2 拱顶最大下沉计算值与实测值比较

计算模型	最大下沉		
	计算值/mm	变测值/mm	计算误差/%
非线性黏弹塑性(按平面应变问题)	3 190(3 700)	4 260(4 480)(左线)	25.1(17.4)(左线) −51.9(−10.2)(右线)
大变形三维弹黏塑性(计入开挖作业面存在的空间约束效应)	2 710(3 510)	2 100(640)(右线)	36.4(21.9)(左线) −29.0(−32.6)(右线)

注:括号外和内的数据分别指只施作初期支护和施加二衬后的值;计算误差中的负号表示计算值较实测值偏大;下表同。

表 3 隧道二衬拱顶最大接触压力

计算模型	最大接触压力		
	计算值/MPa	变测值/MPa	计算误差/%
非线性黏弹塑性(按平面应变问题)	1.10	0.97	−13.4
大变形三维弹黏塑性(计入开挖作业面存在的空间约束效应)	0.90	0.97	7.2

由表 3 可见,实测值与按大变形、三维问题的计算值更较接近,二者间的平均误差最大达 20%,计算结果似可为工程接受;而按小变形、二维平面问题的计算值则误差较大,平均达 13.4%。为此,在有条件作大变形流变计算的情况下,建议采用本文建议的模型和方法作计算分析研究。

需要说明,因当时现场测试时漏失了部分应测的数据,所以在图 18,图 20 和表 2 中只出现了比较单线一处的拱顶下沉量,而未能完整地比较左、右两线的值。

根据不同地质情况,乌鞘岭隧道工程采用了相适应的支护参数、断面形式和施工方法,并采用了二衬紧跟措施以更好控制围岩大变形的持续发展。从流变学的角度,可以解释在施作二衬后由于围岩继续发展的流变变形受到了限制,从而以接触压力的形式作用在二次衬砌上,二衬所承受的围岩流变压力将随时间而不断增大,这与现场实测信息是一致的。此时,如果开挖工序、支护方式和二衬刚度与设置时间等不能适应所在的地质环境,将会导致二次衬砌承受过大的流变压力而最终开裂、剥落,这也为工程实践所证实。由于现场实际条件复杂而岩体软弱破碎、输入参数和设定模型上的主观误差以及所采用施工方法变异等随机因素,理论上的计算结果与现场实测结果当有一定的误差,但所反映的变化规律和量级大小等均尚能在相当程度上如实反映该隧道工程软弱围岩挤压大变形的流变属性特征。

5 结论

乌鞘岭隧道岭脊段围岩断层带的挤压大变形形态主要是由于围岩岩性极度软弱而又处挤压带地层构造上的挤压性强烈、挤压力大,其流变属性十分显著;且又处于高地应力状态,挤压构造带使围岩松散破碎以及开挖施工扰动引起的二次应力场调整变化大等综合多种因素造成的。因此,运用岩石流变学的观点和方法将大变形非线性流变分析手段应用于此处隧道围岩的挤压变形问题,就该隧道围岩的长期稳定性预测和施工险情预报而言,考虑计入这种非线性大变形流变效应都显得尤为必要[22]。

本文采用非线性黏弹塑性本构模型按小变形、平面应变问题并又另按大(小)变形三维弹黏塑性本构模型,分别对乌鞘岭隧道围岩进行了流变力学分析。结果表明,2种模型计算得到的拱顶下沉、两帮收敛和二衬接触压力,在洞体变形位移的变化趋势以及量级大小方面都能与现场量测数据基本吻合,认为所建议方法具有一定的可信度。从围岩发生大变形的流变力学机制而言,经计入开挖面的空间效应,采用所提出的大变形弹黏塑性三维本构模型似为更适合于对这类挤压大变形隧道围岩的流变时效分析。只要较准确得到岩体的诸有关计算参数,就可以有把握地计算隧道围岩发生的这类挤压大变形。应该指出,这里预估发生的过大的挤压变形量可以按上述有根据地通过从预测的挤压变形计算量以进行先期扩挖,并在初支时选用设置一种自进式、钻、锚、注三位一体的让压锚杆来控制[23],使岩变形处于受固定支护力的撑托作用,而不致早期在二衬前发生坍塌,而此后在施作二衬后的接触压力则当相应地大大减小。这样,将可有效地大大减薄二衬截面的厚度并降低其配筋量;从而使扩挖所超出的土石方工程量将可由减薄衬砌截面厚度及其配筋来得到一定补偿,使总的工程造价和工期都不致有很大增加。同时,准确地计算挤压变形量对围岩的长期稳定性与支护安全均具有重要的现实意义和工程实用价值[24-25]。

参考文献

[1] HOEK E. Big tunnels in bad rock [J]. Journal of Geotechnical and Geoenvironmental Engineering, 2001, 127(9): 726 - 740.

[2] MALAN D F, BASSON F R P. Ultra-deep mining: the increased potential for squeezing conditions[J]. Journal of South African Institute of Mining and Metallurgy, 1998, 98(7): 353 - 363.

[3] TERZAGHI K. Rock defects and loads in tunnel supports[C]// Rock Tunneling with Steel Supports. [S. l.]: [s. n.], 1946: 17 - 99.

[4] BARLA G. Tunneling under squeezing rock conditions [C]// KOLYMBAS D ed. Tunneling Mechanics. [S. l.]: [s. n.], 2001: 169 - 268.

[5] BARLA G, BORGNA S. Squeezing behaviour of tunnels: a phenomenological approach [J]. Gallerie, 1999, 58(1): 39 - 60.

[6] BARLA G. Squeezing rocks in tunnels[J]. ISRM News Journal, 1995: 44 - 49.

[7] CARRANZA-TORRES C, FAIRHURST C. The elastoplastic response of underground excavations in rock masses that satisfy the Hoek- Brown failure criterion[J]. International Journal of Rock Mechanics and Mining Sciences 1999, 36(6): 777 - 809.

[8] DUNCAN F M E. Numerical modeling of yield zones in weak rocks. in comprehensive rock engineering[J]. Rock Mechanics and Mining Sciences, 1993, 36(6): 777 - 809.

[9] LEE E H. Elastic-plastic deformation at finite strains [J]. Journal of Applied Mechanics, 1969, 36(1): 1 - 6.

[10] LEE E H, LIU D T. Finite strain elastioplastic theory with application to plane-wave analysis[J]. Journal of Applied Physics, 1967, 38(1): 19 - 27.

[11] 潘晓明. 挤压大变形隧道围岩流变力学特征研究[D]. 上海: 同济大学, 2011.

[12] PERIC D, SHIH C F, NEEDLEMAN A. A tangent modulus methodfor rate dependent solids [J]. Computers and Structures, 1984, 18(5): 875 - 887.

[13] PERIC D. On a class of constitutive equations in viscoplasticity: formulation and computational issues [J]. International Journal for Numerical Methods in Engineering, 1993, 36(8): 1365 - 1393.

[14] PERIC D, OWEN D R J. A model for large deformation of elasto- viscoplastic solids at finite strains: computational issues[C]// Proceedings of the IUTAM Symposium on Finite Inelastic Deformations—Theory and Applications. Berlin: Springer, 1991: 299 - 312.

[15] SIMO J C. A framework for finite strain elastoplasticity based on a maximum plastic dissipation and the multiplicative decomposition: part 1. continuum formulation [J]. Computer Methods in Applied Mechanics and Engineering, 1988, 66(1): 199 - 219.

[16] SIMO J C, HUGHES T J R. Computational Inelasticity [M]. [S. l.]: Springer, 1998: 34 - 57.

[17] 潘晓明, 杨钊, 徐健聪. 非定常西原黏弹塑性流变模型的应用研究[J]. 岩石力学与工程学报, 2011, 30(增1): 2640 - 2646.

[18] DE SOUZA NETO E A, PERIC D, OWEN D R J.

292

Computational methods for plasticity: theory and applications[M]. Chi Chester: Wiley, 2008: 67 - 89.

[19] HIBBITT H D, KARLSON B I, SORENSON S. ABAQUS theory manual [R]. Rhode Island: Pawtucket RI, 2002.

[20] BELYTSCHKO T, LIU W K, MORAN B. Nonlinear finite elements for continua and structures [M]. Chichester: Wiley, 2000: 39 - 57.

[21] 孙钧. 岩土材料流变及其工程应用[M]. 北京: 中国建筑工业出版社, 1999: 123 - 167.

[22] 孙钧. 岩石流变力学及其工程应用研究的若干进展 [J]. 岩石力学与工程学报, 2007, 26(6): 1081 - 1106.

[23] 孙钧, 潘晓明, 王勇. 隧道软弱围岩挤入型大变形预测与工程应用研究[J]. 河南大学学报: 自然科学版, 2012, (9): 1 - 13.

[24] 齐明山. 大变形软岩流变性态及其在隧道工程结构中的应用研究[D]. 上海: 同济大学, 2006.

[25] 赵旭峰. 挤压性围岩隧道施工时空效应及其大变形控制研究[D]. 上海: 同济大学, 2007.

本文发表于《岩石力学与工程学报》
2012 年第 31 卷第 10 期

隧道软弱围岩挤压大变形非线性流变力学特征及其锚固机制研究

孙　钧[1,3],潘晓明[1,2],王　勇[3]

(1. 同济大学岩土工程研究所,上海 200092;2. 深圳市地铁集团有限公司,广东深圳 518026;

3. 杭州图强材料公司、丰强工程研究院,浙江杭州 310008)

摘要:介绍围岩大变形的工程实例、隧道围岩挤压性大变形的定义及其工程特征。系统总结国际上隧道围岩挤压性大变形的 3 种预测方法,即:经验法、半经验半理论法和试验判定法。将 Hoek(1999)对围岩挤压大变形的预测和判定方法(半经验半理论法)应用于乌鞘岭隧道岭脊段 F7 断层带开挖施工中的围岩稳定性判别,并对这种预测方法进行了可靠性评价,认为有支护情况下比无支护情况下变形预测失效概率要小得多,也就是说毛洞围岩变形收敛率的大小更难以掌控。介绍作者团队对隧道围岩挤压性大变形问题按三维非线性流变的理论分析、相应专用软件的研制;并将理论研究计算成果与现场实测数据进行对比,结果按大变形三维问题的计算值比按小变形二维平面问题的计算值更接近工程实际;同时,指出了有待进一步深化研讨的若干问题。最后,提出了管控/约束隧道围岩大变形持续发展的锚固技术措施——一种新型大尺度让压锚杆/预应力长锚索,分析其机制和优势,介绍其构造类型,并提出下一步的研究思路。该方法已在几处工地不同程度地成功实施,取得了应有的经济效益和技术成果。

关键词:隧道;软弱围岩;挤压大变形;预测;小变形二维非线性黏弹塑性本构模型;大变形三维弹黏塑性本构模型;大尺度让压锚杆/预应力长锚索

0　引言

在隧道软弱围岩开挖施工中,经常会遇到在不良地质条件下发生挤压性大变形问题。自 20 世纪初国外首例软岩隧道大变形问题出现后,围岩挤压大变形问题就一直成为困扰地下工程设计施工的一项难题,矿山巷道和铁、公路交通隧道中挤压大变形围岩失稳事故时常发生,造成了不少严重的地质灾害。以乌鞘岭隧道为例,最大埋深达 1 100 m,在全长 20.05 km 中岭脊段松散破碎软岩长约 7 km,占隧道全长的 35%,其软弱围岩挤压大变形已是一个突出的工程地质问题[1]。这些隧道、巷道围岩性态的共同特点是岩体自身软弱或松散破碎、强度低、地应力多数都很高,有的还位于高挤压构造区带,地质构造作用强烈,而隧道开挖时受施工扰动引起的应力释放大,其变形速率快且又收敛慢、变形持续时间长,如支护不当或不及时,极易在开挖过程中产生坍塌等不同范围的失稳事故。

对软弱围岩大变形问题,目前的隧道设计和施工规范虽作了一些基本的规定和要求,但在内容和措施上都写得比较简单,在设计和施工方面还没有提出一套可供遵循的切实可行的办法,规定中所列出的开挖和支护技术措施都远不能满足施工需求,已经严重滞后于目前国内这类隧道施工技术上的需求,具体反映在规范内容不系统、不具体、缺乏可实施性和指导性。为此,对挤压性软弱围岩大变形隧道的设计和施工技术仍需做进一步的深入研究。

1　基本情况

就一些年来由本人负责和参与研究过的几处大变形隧道围岩为例说明:

(1) 安徽淮南煤矿潘集 3 号井基建大巷软岩掘进(国家"六五"科技攻关项目,由煤炭部下达研究)。本人团队采用所推荐的预制铰接头(可转、有限压缩)钢

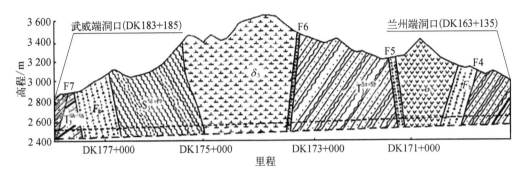

図 1 乌鞘岭深埋长大隧道岭脊段地质构造纵剖面图

筋混凝土大弧板支护、后背衬垫采用可吸收围岩变形能的粗粒填料。该方案获得成功，让压量～250 mm；

(2) 河北峰峰煤矿软岩巷峒。峒壁两侧水平收敛值达 1 600 mm 以上；且变形速度快，以致前方挖掘机械需依靠扩挖方能退出；

(3) 甘南木寨岭铁路隧道。页岩夹煤系地层，其岩性破碎软弱，开挖中拱顶围岩沉降（大变形）达 800～1 050 mm，更又：高地应力、瓦斯伴有煤爆、地下水发育，可谓"五毒俱全"，衬护工作极其困难、塌方频发而支护失效破坏；

(4) 兰武铁路客运专线乌鞘岭隧道岭脊段几处断层破碎带（如图 1 所示，铁道部"九五"行业重大攻关项目）。本人团队引入大变形流变理念进行了成功整治。拱顶围岩最大沉降（大变形）650 mm；水平构造应力发育，致两帮大变形收敛值达 1 050 mm 以上。如初期支护不当或不及时，将导致锚杆拉断、网喷破损、碎裂掉块、钢拱架扭曲剪断或压屈失稳。经初支后仍因后续大变形而围岩向洞室内净大幅度、大范围地侵限，设计圆形或扁椭圆形二衬，厚度达 850 mm，因岩体后期流变突出，二衬混凝土仍严重开裂，仰拱底鼓上浮；

(5) 正在修建的兰成高速铁道，沿川北一线软岩大变形隧道群。支洞小跨毛洞最大收敛量已达 250～300 mm 以上；估计日后正洞开挖时的两帮收敛将达 800 mm，而围岩后期流变将导致二衬设计困难。采用后文将提到的大尺度让压锚杆作试验性研究和整治，尚在进行中。

有如上述的一些大变形隧道/岩坡，已用/正在采用本文介绍的一种新型大尺度让压锚杆和所提供的专用设计软件在现场进行试验性研究和整治。

本文拟结合上述第(4)、(5)两处工点所述工程项

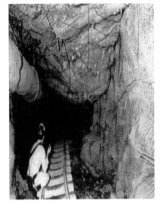

图 2 隧道围岩施工开挖大变形导致衬护破坏、失稳

目，对以上问题作研究介绍。

2 隧道围岩挤压性大变形的定义及其变性特征

根据国际岩协(ISRM)隧道挤压性围岩研究分会(Commission on Squeezing Rock in Tunnels)认定，大变形隧道围岩的表观地质/岩石力学行为，主要反映在：

(1) 多数位于高地应力、高挤压性岩体构造区带，地质构造作用强烈，岩体受反复挤压、揉搓，形成扭曲褶皱；岩性（以泥岩、页岩、千枚岩、各种风化片岩等软岩为代表）破碎软弱，节理裂隙极度发育（其间无有/少有充填、胶结性差）、浸水软化、泥化，其单轴抗压强度和抗剪强度都很低；

(2) 历时增长发展的大尺度变形（进入大变形与否的尺度判定，详后述），就一般的交通隧道幅员言，毛洞开挖时的最大收敛变形量当在 200(300)～800 mm 或以上；

(3) 地应力水平高，多数反映为以围岩剪切变形为主的主要特征；

(4) 经开挖扰动,地应力和变形释放量大,大变形速率快、而收敛时间慢;

(5) 变形达到收敛稳定的时间长。在变形发展过程中,如支护不及时或不恰当,均极易导致围岩局部或不同范围地失稳;使初支裂损、坍塌(如上述第1节第(4)小节所述情况)。

3 挤压大变形的预测方法种类

多年来,国内外已提出了各种预测围岩挤压大变形的方法,含:① 经验方法;② 半经验、半理论方法;③ 试验判定方法;和④ 由本人所在团队近年来研究的理论分析方法及所研制的"隧道围岩挤压大变形理论预测——三维非线性流变数值分析专用设计程序软件"。以下分述如次。

4 隧道围岩挤压大变形的预测

本人认为,经验方法在岩土、地下工程中的许多场合都具有其不可替代的重要作用;但较之理论分析,它又存在其固有的不足:

由于岩土介质材料属性的不确定性和随机离散性,在许多场合,特别对与作经验法预测相类和相近的地质介体言,理论解答反而没有经验判定值更为准确、也更具说服力;此外,这里提到的一些经验参数和主要影响因素,往往也应作为理论求解时不可或缺的基础数据而需被引入和采用;

但同时,由于经验判定法其地域的局限性,在需要量大面广地推引至未及涉猎的其他地质介体时,则往往用后均不够理想,它又远不及理论解答具有的普遍意义。

1) 经验方法(由大量现场调研/量测数据,得到统计分析值)

(1) 日本神户大学樱井春辅(Sakurai,1983)教授:

$$\Delta\delta = \delta/D \to 1\% \qquad (1)$$

这之后,隧道围岩因变形过大,其变形收敛率也趋大,围岩将呈现不稳定状态,需及时施作强力支护。

式中 δ——洞周围岩径向最大收敛变形值;

D——毛洞直径。

(2) Tanimoto (1984),认为:

当围岩变形因岩石塑性软化至接近其残余强度状态(接近流动性)时,将产生挤压状大变形。从岩石应变软化法则,提出了用于估计围岩挤压变形收敛率的弹塑性解答。

(3) Singh et al. (1992),从39座隧道的现场量测数据作统计分析,指出:

从岩体质量分级(Q法——Barton et al. 1974)和隧道埋深,可定量给出围岩出现挤压性与非挤压性(指一般变形)的边界,认为:

产生挤压变形的条件:$H \gg 350Q^{\frac{1}{3}}$ (m);而

只产生非挤压变形的条件:$H \ll 350Q^{\frac{1}{3}}$ (m) (2)

(4) Goel et al. (1995),认为:

当 $H \gg (275N^{0.33})B^{-1}$ (m)时,将产生挤压变形;而

$$\delta = \delta_{max}/D$$

$H \ll (275N^{0.33})B^{-1}$(m) 时, (3)

则不会发生挤压变形,此处 $N = (Q)_{SRF=1}$ (4)

式中 N——等于岩体质量分级的 SRF 值=1时的 Q 值,称为岩体质量系数;

B——隧道毛洞净宽,以 m 计。

(5) Singh & Goel(1999),按现场实测隧道收敛变形数据,将围岩对洞室的挤压性,分为

① 轻度挤压,此时的洞周收敛率为1%~3%;

② 中度挤压,此时的洞周收敛率为3%~5%;

③ 高度挤压,此时的洞周收敛率为>5%。

此处所述的洞周收敛率是指:洞周最大的径向收敛变形值与毛洞开挖的比值,即

这一达到大变形的衡量指标,要较樱井拟定的更为细致和严格。

2) 半经验、半理论方法

该法系指:先用理论分析得到公式的基本构架,而公式中的诸待定参数,则另由经验/试验给定:

可用于定量阐明隧道围岩是否达到挤压大变形的条件,及其产生大变形的主要影响因素;

据圆形洞室已有的解析解,用等效圆作换算,可推广并得到圆拱直墙/曲墙带仰拱型隧道、其洞周发生挤

压大变形的量值,及其对支衬结构的地层压力值。

(1) Jethwa et al.(1984),采用比值:

$$N_c = \sigma_{cm} / \gamma H \tag{5}$$

来划分围岩挤压条件(指挤压性的严重程度),当 $N_c < 0.4$ 时,属高度挤压;

$0.4 \leqslant N_c \leqslant 0.8$ 时,属中度挤压;

$0.8 < N_c \leqslant 2.0$ 时,属轻度或称弱挤压;而

$N_c > 2.0$ 后,属没有挤压性的一般围岩变形。

式中　N_c——岩石强度系数;

　　　σ_{cm}——完整岩石的单轴抗压强度;

　　　$p_0 = \gamma H$——隧道上覆岩土的自重压应力。

在有衬护支撑的情况下,从等代圆形洞室的解析解,由 ① 岩土自重地应力值、② 围岩塑性区半径、③ 岩石进入塑性软化阶段后其抗剪强度 c,φ 值的降低,可得对 ④ 不同隧道主体尺寸时作用于支衬结构上的围岩挤压力值(本文未列写出有关公式,可请参见有关资料)。

进一步的研究认为:围岩发生大变形时的"挤压势"(squeezing potential)是权衡其挤压性强弱的基本依据。

这方面的预测研究,主要由 Aydan(1993,1996)和 Hoek(1999)等完成的。其在该子学科领域的贡献,分别在于:

(2) Aydan 等(1993),对日本国内这类大变形隧道围岩进行了广泛调研,提出:

"利用岩体切向剪应变以预测围岩挤压势",并将大变形隧道的围岩挤压势特性,表征为:

① 当上述围岩强度系数 $N_c < 2$ 后,N_c 值越小、围岩挤压变形速率愈快,变形值也愈大,可归之为大变形范畴,这与 Jethwa 等的研究结论相一致;

② 在挤压变形情况下,围岩切向剪应变 γ 将 $>1\%$;

③ 对挤压性围岩言,岩体孔隙度与其挤压性程度密切相关;随孔隙度增大、岩石疏松、其强度锐减,挤压性的严重程度将急剧增大;其次要因素则是岩体内的含水率,当含水率 $>25\%$ 后,挤压程度将明显加剧;

④ 对成层沉积岩言,岩体中具有膨胀特性的粘土质矿物颗粒(如高岭土、蒙脱石等)的含量多少,决定了该类围岩挤压性的严重程度。

(3) Aydan 等(1996)在该领域的另一项贡献,主要反映在:

利用实验室条件,提出了预测并判定挤压大变形的一种方法,即认为:

在岩石为低约束侧压力 $\sigma_3 \leqslant 0.1\sigma_{ci}$ 条件下,将 $\sigma - \varepsilon$ 曲线作以下模型化(图 1);模型示明,岩石塑性软化前、后的变形发展一般都将经历以下 5 个阶段,如图 3 所示。

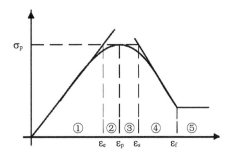

图 3　岩石应力应变曲线分阶段模型化示意图

从图示可见:

① 弹性阶段:岩石行为呈线弹性发展,无可见新的变形裂隙;

② 硬化阶段:显微破裂开始,破裂方向与最大应力方向相一致;

③ 屈服阶段:超过弹性应力-应变曲线峰值 σ_p 以后,微裂纹连通并开始出现宏观状破裂;

④ 软化阶段:宏观裂隙扩展,并沿最不利方向成组出现;

⑤ 流动状态:宏观破裂在最不利方向完全贯通,构成滑面/滑裂带,破碎岩体沿滑裂平面流动,下降至残余强度,并出现围岩失稳状态时的极度挤压性大变形。

分别上述五种不同阶段,其围岩体产生大变形挤压性严重程度的判定条件,如表 1 所示。

表 1　围岩挤压型大变形的判定条件

曲线类别	挤压形态	符号	判别条件	评价
1	非挤压	NS	$\varepsilon_\theta^a / \varepsilon_\theta^e \leqslant 1$	岩体表现为弹性,隧道开挖后呈稳定状态
2	轻度挤压	LS	$1 < \varepsilon_\theta^a / \varepsilon_\theta^e \leqslant \eta_p$	岩体表现短暂的应变硬化特性,隧道围岩稳定,洞室变形位移可趋于收敛
3	中度挤压	FS	$\eta_p < \varepsilon_\theta^a / \varepsilon_\theta^e \leqslant \eta_s$	岩体表现为应变软化性态,围岩收敛位移值趋大,但最终仍可达到稳定收敛

曲线类别	挤压形态	符号	判别条件	评　价
4	严重挤压	HS	$\eta_s < \epsilon_\vartheta^j / \epsilon_\vartheta^s \leqslant \eta_f$	收敛位移值趋于超大，围岩变形不易控制收敛
5	极度挤压	VHS	$\eta_f < \epsilon_\vartheta^j / \epsilon_\vartheta^s$	岩体呈流动趋势，最终导致因围岩变形过大而洞室坍塌；多数因变形位移值过大，不得不采用扩挖，先预留让压量，并实时加强支护

（4）Hoek(1999)对围岩挤压大变形的预测和判定方法，及其可靠性评价其研究工作，含：

① 提出了在高地应力条件下，通过采用"大变形挤压势"的理念，对挤压大变形的等级进行了评定；

② 建议了一种对软弱围岩挤压大变形行之有效的预测方法；

③ 本文将该方法应用于乌鞘岭隧道岭脊段 F7 断层带开挖施工中的围岩稳定性判别，得到了有、无支护两种情况下的围岩"挤压势"；

④ 对该种预测挤压大变形方法进行了可靠性评价。

现简介如下：

此处 Hoek 由基于 Hoek-Brown 强度准则提出并建立的一种"半经验-半理论"预测挤入大变形的方法，在国外已获得广泛采用。设定用上述"挤压势"、即岩体单轴抗压强度 σ_{cm} 与初始地应力 p_0 的比值，即所谓的挤压势(σ_{cm}/p_0)，作为对隧道围岩产生挤入变形条件的判定指标，并据此得出其变形收敛率 $\dot{\epsilon}$ 如下式所示：

无支护条件下，

$$\dot{\epsilon} = 0.2 \, (\sigma_{cm}/p_0)^{-2} \qquad (6)$$

有支护条件下，

$$\dot{\epsilon} = \frac{\delta_i}{d_0} = 100 \times \left(0.002 - 0.0025 \frac{p_i}{p_0}\right) \frac{\sigma_{cm}}{p_0}^{\left(2.4\frac{p_i}{p_0} - 2\right)} \qquad (7)$$

式中　δ_i ——洞室支护后，挤入变形位移的历时变化量；

　　　d_0 ——洞径；

　　　p_i ——洞室开挖后，经调整变化的围岩二次地应力。

⑤ 另就所作的理论预测、再经回归后，按上式(6)，可得下图 4 所示无支护毛洞情况下的 $\dot{\epsilon} \sim \sigma_{cm}/p_0$ 多点预测曲线；从图可见：岩石强度 σ_{cm} 值愈低、而初

始地应力 p_0 又愈高时，用以描述的"挤压势"就愈小，而围岩向洞内的净空变形收敛率值 $\dot{\epsilon}$ 就愈大。

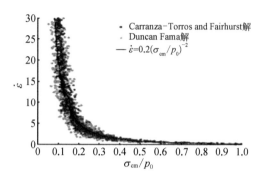

图 4　无支护条件下毛洞围岩多点预测变形
收敛率与挤压势值的关系

⑥ 一般认为，当 $\dot{\epsilon} > 10\%$ 以后，此时的挤压势 σ_{cm}/p_0 将 <0.15，围岩已开始进入并将产生大的挤压变形。此处，再由上式(7)，则还可另绘制如下图 5 所示的有支护围岩按其挤压性的严重程度，其挤入大变形发展情况的分区曲线。从图 5 挤压势 σ_{cm}/p_0 值的大小，可以定量判定出围岩挤入变形收敛速率 $\dot{\epsilon}$ 的定量值。

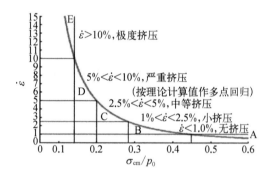

图 5　有支护条件下围岩变形收敛率与
挤压性严重程度的关系分区图

⑦ 分别"未有"和"已经"设置初期支护的两种条件下，乌鞘岭隧道岭脊段 F7 断层带围岩某区段(里程号)、沿隧道纵向围岩的变形收敛率随里程变化的实测值，分别如下图 6(a)和 6(b)所示。可见，设置按早前设计的一般性初期支护后，围岩收敛率有了一定幅度的降低/减小，初支效果是明显的；但初支后的收敛率 $\dot{\epsilon}$ 还在 10% 以上，仍属挤压大变形范畴，依旧达不到控制收敛率的效果。为此，在初支方案和锚杆构造措施上、尚有待再作本文后续所述的改进。又，该处隧道断面经初支以后，按上式(7)预测计算所得的围岩最大收敛量为 1 230 mm，而实测收敛量则为 1 034 mm，计算较实测值大 19%，认为该式在精度上尚可为工程接受。

但经一般传统初支后的收敛量仍在1 000 mm以上,效果仍不理想,有待按本文后述新的锚固方案实施改进。

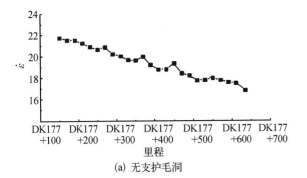

(a) 无支护毛洞

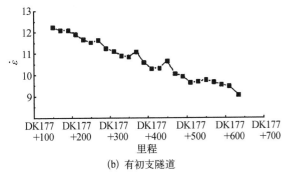

(b) 有初支隧道

图6 F7断层泥砾带隧道围岩变形收敛率随里程变化的实测值

(5) 对上述预测方法的可靠性评价

① 在有(无)支护情况下,据上两式(6)和(7)预测的隧道围岩变形收敛率,此处采用的概率密度分布曲线进一步评价了其可靠性程度,如下图7所示。从图可见:设置支护后,围岩的变形收敛率有相当多的降低,其平均值由未支护前的$\dot{\varepsilon}=19\%$下降到支护后的9.47%。还可见到,经初期支护后,评价其预测收敛率值可靠性程度的概率密度分布,极多地都密集地集中在其平均值的附近(达0.95),说明其可靠性是有保证的;而在未支护前,则预测收敛率可靠性的概率密度分布(仅0.53),其离散性则要大得多。这说明,毛洞

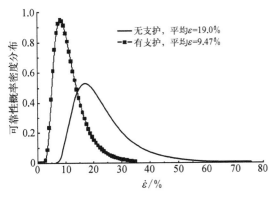

图7 隧道变形收敛率预测的可靠性分布

围岩变形收敛率的大小更难以掌控。

② 从上图还可见,在无支护情况下,毛洞收敛率的累积概率分布所显示的可靠性,如表2(a)所示。

表2(a) 无支护情况下毛洞收敛率预测的可靠性指标

$\dot{\varepsilon}$	可靠性指标(指出现可能性的概率)	
<10%	~0	说明:如不及时并作合理支护,则毛洞将发生极度性挤入型大变形,并势必不可避免。
<14.75%	~38%	
<20%	~49%	

在施作支护后,隧道围岩变形收敛率趋小的可能性大幅地增加,如表2(b)所示。

表2(b) 有支护情况下毛洞收敛率预测的可靠性指标

$\dot{\varepsilon}$	可靠性指标(指出现可能性的概率)	
<5%	~90%	说明:经初支以后,隧道围岩挤入变形收敛率降低的可能性将大幅度增加。
<14.75%	~43%	

③ 在设定某两种洞周变形收敛率$\dot{\varepsilon}$的条件下(分别为15%和20%,如图8(a),(b)所示),分别有(无)支护情况,按式(6)和式(7)可得出其变形收敛率的预测值,而其可靠性的累积概率密度分布,如图8所示。

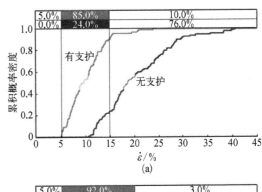

(a)

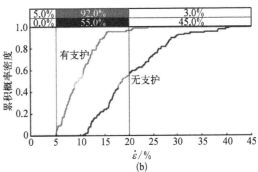

(b)

图8 变形预测值可靠性的积累概率密度与隧道围岩收敛率的关系

④ 从图8可见,在无(有)支护情况下,无论设定的收敛率$\dot{\varepsilon}$取值的大小,有支护时的累积概率密度均要较无支护情况的相应值为大,而预测的失效概率则

要小得多。这说明,毛洞情况下,由于更多不确定性因素的存在,其变形收敛率出现随机分散性变化的累积概率密度都会更其分散。此外,为使采用式(6)和式(7)做计算预测的结果较为准确和可靠,作为基础输入诸变量数据的可靠性,将尤显重要。

3)实验测试方法

(1) Singh et al. (1997)根据试验结果,将隧道围岩变形的收敛率(临界值) $\dot{\varepsilon}_{cr}$,表示为

$$\dot{\varepsilon}_{cr} = 31.1 \frac{\sigma_{ci}^{1.6}}{E_i \gamma Q^{0.2}} \times 1.0\% \tag{8}$$

式中 γ——岩体重度;

Q——岩体质量分级;

σ_{ci}——地应力值;

E_i——围岩体变形模量。

(2) Barton(2002)提出,按试验测得的围岩变形收敛率,则为

$$\dot{\varepsilon}_{cr} = 5.84 \frac{\sigma_{ci}^{0.88}}{E_i^{0.63} \gamma Q^{0.12}} \times 1.0\% \tag{9}$$

通过现场实测的隧道洞壁位移 u_a 与洞室半径 a 的比值,用定义 SI 来判定围岩挤压性的严重程度,其取值范围同上表1:

$$SI = \frac{u_a / a}{\dot{\varepsilon}_{cr}} \tag{10}$$

(3) Mahendra Singh(2007)另采用临界应变 ε_{cr} 作参数,来判定围岩挤压变形的严重程度。该临界应变 ε_{cr} 实验值不仅可以考虑隧道围岩不同埋深处岩体的各向异性,而且计入了完整岩石和节理岩体不同的弹性/变形模量(分别为 E_i 和 E_{tj})。将该方法应用于30多座隧道工程的结果表明,采用该实验公式预测隧道围岩的挤压变形与现场量测结果相差不大。此处将临界应变 ε_{cr} 表示为

$$\varepsilon_{cr} = \frac{\sigma_{ci}}{E_{tj}^{0.37} E_i^{0.63}} \times 100\% \tag{11}$$

式中, σ_{ci} 为岩石的单轴抗压强度; E_i 为完整岩石的弹性模量; E_{tj} 为节理岩体的变形模量。

5 近年来,本人所在团队对隧道围岩挤压性大变形问题按三维非线性流变的理论分析、相应的专用软件研制及其工程应用

限于篇幅,本文以下只列写了有关的研究内容及

其创意性方面的文字表述性介绍,而未有涉及具体公式演引与推导的繁复过程。有兴趣的同仁,可另请参考文献[1]。

1)沿用按二维平面应变问题对此处三维和大变形问题作分析计算的不足

(1)对此处大变形隧道围岩及其衬护结构的受力和变形,如仍沿用按二维平面应变问题作分析,虽因其计算简单、速度快,迄今被设计界较普遍采用,但由于隧道工程存在有以下情况,在作更详细(尽管尚难以做到"精确")的分析研究中,上述按二维条件作简化探讨在理论上是不完善的。从工程实际情况反映出它的真三维空间问题的实质可以看出:

① 岩体结构产状(层面和大节理裂隙的展布)形态,相对于隧道纵轴方向是不对称的,不能按平面应变问题作近似简化处理;

② 由于开挖作业面的存在,它对隧道围岩变形起空间约束作用,因而也不能作上述简化;

③ 在开挖作业面的前方围岩,隧洞开挖时也已有了一定的沉降变形,但按二维问题处理时这部分变形将不能计算得出,而影响最终结果的正确性。

以上三点问题,可以用图9示明。

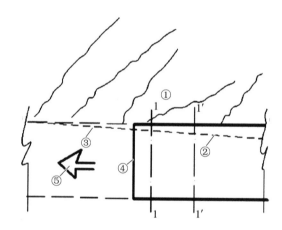

(①岩体结构产状呈随机展布 ②拱顶沉降变形(考虑作业面存在影响后) ③作业面前方围岩变形 ④开挖作业面 ⑤隧洞掘进方向)

图9 隧道围岩和衬护结构计算模式与纵向变形示意

(对1—1和1'—1'截面作计算时,二者情况不同,不能按二维平面问题简化)

注:"平面应变"问题:指可按二维问题作简化计算的条件,是设定沿隧道纵轴方向的纵向应变为零;此时,将1—1和1'—1',两截面作同等计算,并认定有同等结果。

(2)沿用小变形理论来计算大变形问题的不足

本人所在团队在以往的研究中发现,用固定坐标

系分割成有限单元作数值分析时,其分割、离散成的微元体在大变形前后所分割的并不是同一个微元体,因大变形时每一微元体都有很大的变形位移,微元体的形状和体积也都随大变形的增长发展而不断变化,这在数值分析大变形情况时将不能忽略;而小变形理论的出发点则认同各个微元体在变形前后都仍是一个不变化的定值。这违背了质量守恒定律中数学表达的一致性,且难以用能量原理作表述,就理论上的严密性言,则是不成立的。

2) 研究内容和方法

(1) 本项研究,以广义 Komamura-Huang 流变模型为基础,经串结上非线性黏塑性(Bingham)体元件,建立了一种能以较完整地反映围岩非线性蠕变全过程的 Komamura-Huang 黏塑性流变模型,使之可应用于反映围岩挤压大变形的流变特性。进而,在 ABAQUS 软件基础上进行了二次开发,编制了适应所设定的岩土材料以 FORTRAN 语言表述的子程序,并进行了程序验证。此后,将其先是应用于对乌鞘岭隧道岭脊段软弱断层带围岩进行了二维平面应变问题非线性黏弹塑性大变形流变分析,得到了隧道拱顶下沉和支护压力随时间发展变化的规律性认识。

(2) 随后,又进一步较系统地研究了岩土材料大变形的基本理论,得到了常用的各种应力、应变、时间三者之间的相互关系,并指出:应变率的积分为对数应变,此处 Kirchhoff 剪切应力与其对数应变率($\log \dot{\varepsilon}$)构成了一双共轭对,进而推导出大变形有限元离散方程的切线刚度矩阵和几何刚度矩阵。

(3) 提出了一种新的大/小变形弹黏塑性岩土材料本构模型。以连续介质力学为基础,考虑了围岩介质的几何非线性,分别推导了小变形和大变形情况下的有限元法离散方程,以及相应的应力更新算法和一致切线模量,用于分别研制了可用于 ABAQUS 软件的大(小)变形弹黏塑性材料子程序,最后进行了数值验证。

(4) 利用 ABAQUS 有限元计算软件,建立了乌鞘岭隧道软弱围岩的三维有限元模型,并进行了相应的弹黏塑性大变形分析,得到了围岩向洞内收敛变形及其与衬砌支护间接触压力随时间发展而增长变化的规律性认识。文中建议的大变形弹黏塑性本构模型能以较好地反映隧道围岩挤压大变形流变的时效特征。

(5) 采用所研制的上文提出的"大变形三维弹黏塑性本构模型"以及"小变形二维非线性黏弹塑性本构模型"两种程序模块,分别对乌鞘岭铁路隧道岭脊段围岩 F7 断层破碎带岩体进行了相应的流变时效分析。计算结果表明,分别按大、小变形两种模型计算得到的隧道围岩拱顶下沉值和作用于二衬的支护压力值与现场实测数据的相互对比后认为,在采用本文大变形流变计算模型的情况下,其围岩大变形的历时发展变化趋势及其量值大小都基本上与现场量测数据更相吻合。据此认定,本文所建议方法在一定条件下可以基本上如实反映隧道围岩挤压大变形的流变时效特征,并可以按本文所得的大变形理论预测值作为设定洞体幅员扩挖量值的依据。

3) 本项理论研究方法的计算成果与现场实测数据的对比

本文试以乌鞘岭隧道断层带软岩为例,以下的表3和表4分别列出了采用本项研究提出的两种流变本构模型:按所分别研制的大(小)变形和采用二维平面和三维空间模型所做数值分析的计算成果,得出了它与现场实测数据的相互对比分析结果。

表3　拱顶围岩最大下沉量的计算值与实测值的比较

计 算 模 型	拱顶最大下沉量		
	计算值/mm	实测值/mm	计算误差
小变形二维非线性黏弹塑性(按平面应变问题)	319/(370)	426(448)(左线)	25.1%(17.4%)(左线)
大变形三维弹黏塑性(计入开挖作业面存在的空间约束效应)	271(351)	210(264)(右线)	−29.0%(−32.9%)(右线)

注:括号外和括号内的数据,分别指:只施作初期支护和施加二衬以后的值;计算误差中的负号,表示计算值较实测值偏大,下表同。

表4　隧道二衬拱顶最大接触压力的计算值与实测值的比较

计 算 模 型	二衬最大接触压力		
	计算值/MPa	实测值/MPa	计算误差
小变形二维非线性黏弹塑性(按平面应变问题)	1.10	0.97	−13.4%
大变形三维弹黏塑性(计入开挖作业面存在的空间约束效应)	0.90	0.97	7.2%

由表3可见,实测值与分别按两维小变形非线性黏弹塑性以及与计入大变形、三维弹黏塑性两种模型

的计算结果间均有一定的误差,差值约在 20%～30% 之间。沉降/变形位移的计算值一般都很难做到准确,这已是岩土问题经常有的通例。

由表 4 则可见,实测值与按大变形、三维问题的计算值更较接近,二者间的平均误差约只有 7.2%,计算结果似可为工程上所接受;而按小变形、二维平面问题的计算值则误差比较大,平均达 13.4%。

由于现场实际条件的复杂性而岩体软弱破碎并呈随机分布,且在输入参数和设定模型上的主观误差,以及所采用施工方法的变异等等各方面交错复杂因素的相互影响,就岩土类问题言,理论上的计算结果与现场实测结果当有一定的、有时还更会有相当程度的误差;但计算所反映的变化规律及其量级大小等均尚能基本上如实反映各该隧道工程软弱围岩挤压大变形的流变属性特征,应视为仍具有相当的工程实用价值。

4)有待进一步深化研讨的若干问题

通过本项研究,从高地应力条件下的软弱围岩挤压性大变形的流变 $\sigma-\varepsilon-t$ 本构关系,本文分别提出了"小变形黏弹塑性平面应变"和"大(小)变形弹黏塑性三维实体"两种计算模型,使对挤压性大变形流变力学特性的研究能以较为接近这类围岩的实际受力性态。基于本文已进行的阶段研究,下步拟再深化开展以下几个方面进一步的研究工作:

(1)从上述可见,高地应力软弱围岩挤压变形的预测方法是多种多样的,各种方法应有其不同的适用场合和条件,存在一定的局限性与适用范围。此后,通过进一步的研究,要分别提出适合于不同类别软岩大变形隧道围岩挤压大变形相对应的预测方法,建立各自特定条件下围岩施工开挖稳定性保障更为严密与可靠的理论依据及其适用范围与制约条件。对此,仍需广泛搜集极大量的各类隧道围岩大变形的实测资料/数据为依托进行深入探讨;

(2)本文非线性黏弹塑性流变本构模型的编程工作目前还没有拓展至三维、大变形状态,这限制了它更大的使用范围。在下步研究中,再准备进一步探讨计入几何大变形而建立的非线性三维黏弹塑性流变本构模型;

(3)对于挤压大变形流变本构模型的某些复杂力学行为,本项研究尚未及涉猎,需要做更多的试验研究和理论探究。下步拟进一步改进和完善目前工作中存

在的不足,收集和利用本人所在单位优越的实验条件,做出一批更为详细的试验成果,将试验手段、数值计算和理论分析多种方法相互结合,以求更加深入地对挤压性大变形流变力学行为作更为细致深入的研究,特别需要引入上述各种经验方法中提出的多个主要有关因素,作为理论分析中的基础输入数据。本人认为这是更显得十分重要的一项关键所在;

(4)本文未及考虑地下水的渗流效应,即所谓的流固耦合问题。如何将流固耦合与大变形黏弹塑性问题有机结合,发展并开发考虑流固耦合的大变形流变分析计算模块,仍需作进一步探究;

(5)本项研究的对象目前尚限于以软岩为主,而对于土工材料言,由于多数软黏性土体的黏聚力或内摩擦角都相对较小,当这类土体发生过大变形时,软土隧道洞周土体可能多数已出现坍塌、突泥、渗水等危象;故此,总体言之,此时已不属于连续介质理论研究的范畴。本项基于连续介质力学所建立的大变形流变理论当已不再适用,以土体材料为研究对象的大变形流变属性问题,也是今后本人团队有意重点拓宽研究的主要方向之一。

6 管控/约束隧道围岩大变形持续发展的锚固技术措施——一种新型大尺度让压锚杆/预应力长锚索的研制与应用

6.1 基本情况

如所周知,假设在软岩大变形洞室的开挖过程中,对围岩能实时施加恒定的锚杆支护力,又能随围岩变形增长而杆体同时作等的位移滑动(可藉本文介绍的大尺度让压锚杆施行),而在变形趋于稳定收敛时才最后将锚杆体锁定、封死,则这样将能以实施所谓的"边支边让、先柔后刚",以保证虽围岩变形持续历时发展而洞周围岩体却仍可维持其稳定状态、不致在变形发展过程中坍塌失稳。因此,就可达到对围岩起到有效锚固的目的。

由于围岩体向洞内大幅度地收敛,在其大变形值将达到例如 300 mm 或以上时,这时将不可避免地要侵占到设计规定的洞室幅员以内("侵限")。为此,可采用先扩挖一定的洞周土石方来求得解决。此时,问

题的关键：一是要求设计上能有据地确定洞室围岩所要求的扩挖量(指沿洞周径向向上、向外的超挖尺寸δ)；二是让压锚杆能以在设计上满足达到足够的让压量δ_1。如理论上使$\delta = \delta_1$，则待变形趋收敛后，作用于隧道内衬结构上的支护压力将基本上归零或很小。这样，超挖增加的土石方工程量当可以由大幅减小内衬厚度及其配筋量来得到补偿。

例如，我处曾采用上述方案在某地大变形隧道围岩施行该项作业的情况是：

① 在未考虑采用让压锚杆时，隧道内衬的原设计厚度高达$d = 105$ cm，而其配筋率(为需承受大的支护压力)$\mu = 2\%$；此时曾采用了超前大管棚/双层小导管注浆，以施作超前预支护加固地层，另再又增设密排的格栅式钢拱支架作强力支撑(初期支护)；

② 采用上述让压锚杆的理念，后经改变设计，预设洞室扩挖尺度为$\delta = 80$ cm(按第 5 节计算再结合参考第 4 节各种经验预测法所得的日后洞周大变形收敛量，其值由上述第 5 节所述已研制的专用程序软件作计算预测后确定)；

③ 经采用本文后述所建议的新型大尺度让压锚杆作实时支护后，让压量亦设定为$\delta_1 = 80$ cm。此时的锚杆锚固属性呈：既施加恒定支护力，又可随围岩一起同步产生滑移的柔性性态。洞室围岩此后经后续实测所得的内净最大收敛量为$\delta' = 74.4$ cm(此时，在达到此值δ'后，洞室围岩的变形位移即戛然停止于此定值，此后并即趋于收敛、不动状态)。这之后，当可将让压锚杆最终锁定成刚性锚固；

④ 经改用本文建议的上述锚固工艺方案后，隧道二次内衬砌结构的厚度可由原设计的$d = 105$ cm 锐减为$d_1 = 45$ cm，而相应的配筋率则基本上只为承受衬砌混凝土内温度变化和收缩应力需要配置的构造配筋量，取配筋率$\mu_1 = 0.4\%$即可 。这样，二衬厚度及其配筋率均得到了大幅地有效降低，对因超挖 80 cm 后所增大的土石方工程量在经济上将因此补偿有余，而这里的围岩大变形收敛量已得到了有效的管控和约束。为此，本项设计取得了应有的经济效果，其工程技术成果被业界认同。

6.2 让压锚具的受力机理与相应构造

笔者团队近年来与杭州图强工程材料公司合作研

制了一种新型大尺度让压锚杆/预应力锚索。本项研究建议的一种新型大尺度让压锚具，其基本构造，包括：挤压头、让压腔(套筒)和锚筋(图 10)。所述的挤压头为下部带有短锥面的圆柱体，挤压头通过与锚筋锚固连成一体；挤压头置于让压套筒内，而套筒深置于围岩体上部基本稳固不动的部位。围岩向洞内净变形时，挤压头在套筒内产生相对滑动，产生让压量。让压套筒内壁设有与挤压头下部锥面相契合、并沿环向呈凸、凹形的弧型曲面，即其突凌的端部为与挤压头下部锥面相互契合的环曲形凸、凹面，以增大挤压头受力后在腔壁内滑移时的摩擦阻力。上述所建议的让压锚具，可以达到锚固时实现定值的设定让压量δ_1，并提供恒定的支护抗力，达到控制围岩大变形的目的，它适用于多种材料和不同型式的锚筋和预应力锚索。该种让压锚具制作方便，效果可靠，可适应不同的需求进行让压，以广泛适应各类岩土大变形的工程需要。其应用范围，主要有：

(1) 各类地下工程、交通与水利隧道工程、自然和人工边坡、建筑基坑工程等等所需用的让压型锚固支护；

(2) 除了对岩土工程/隧道围岩挤压大变形作锚固支护外，还可推广用于控制岩爆、抗地震、工程爆破作业等瞬间冲击型应力波的防治，相信亦当有明显效果(尚未有正式工程项目实践，但已在江西省某高陡人工开挖岩坡，为约束坡体变形进行过现场试验，取得成功)。

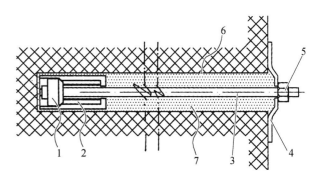

图 10 让压锚杆构造示意

随围岩向洞内收敛、位移，锚杆/锚索在锚腔内克服与腔壁摩擦力而滑移，形成让压量；并同时提供设计要求的恒定支护力，以约束围岩的自由松动变形。待围岩变形达到收敛稳定以后，将锚固锁定不动，最终形成"边支边让——先柔后刚",起到保持围岩持续稳定的效果。

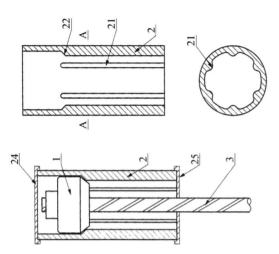

1—锚头;2—锚腔;3—锚杆;21—锚腔内的突棱;22—锚腔头部短的斜锥面;24—锚腔端头板;25—锚腔尾部封板;

图 11　锚杆/锚索在锚腔内滑移的效果图

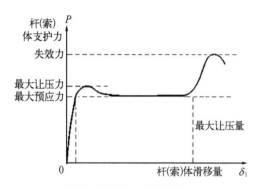

图 12　让压锚杆(索)让压特性

6.3　从让压锚杆/预应力锚索的受力特性与锚固工艺,可分为3种类型:

(1) A 型:刚性粘结型,可施加(或不施加)预应力的粗钢筋让压锚杆(图13)。

规格和技术参数,如下表5。

表5　规格及技术参数

规格,最小长度(cm)	锚杆预应力	支护让压力	支护失效力	最大让压量
80/140	≤80 kN	150 kN	≥250 kN	0～600 mm
120/180	≤120 kN	200 kN		
150/260(或更长)	≤220 kN	380 kN	≥450 kN	800～1 200 mm(或更多)

在将带有上述让压锚具的整套锚杆或预应力长锚索安装到锚腔中以后,安装垫板,螺母先不固定锁死。

此后,锚体将在锚腔内随围岩变形而滑移,形成柔性让压,锚腔在围岩深部固定不动的情况下,将可提供恒定不变的支护力。在变形达到收敛稳定后,进行腔体注浆,在锚孔内形成注浆体;当浆液固结到一定强度后,根据工程需要,可进行预应力张拉、也可不施作预应力。最后锁定螺母,封死锚杆体,实施最后的刚性锚固。

锚筋在一定的因围岩向隧道内净收敛而形成的拉力下,对洞周围岩起到由设计制定的恒定锚固/支护力,通过其前端的锚固让压装置起到可以产生设定滑移让压量的柔性锚固作用。还可实施一定量值的预应力张拉,形成初始的主动拉力。锚筋带动挤压头相对于让压套筒做具有可提供恒定支护力(克服套筒与挤压头间凸、凹曲面上的最大摩阻力)的定值滑移(让压)量。这时,挤压头与让压套筒内的突凌呈相互挤压而滑动,实现锚杆/锚索要求的让压作用,以适应围岩所产生的大的变形;同时,又保持锚具对岩体施加的恒定的设定支护力值。使大变形围岩在柔性锚固过程中能以将过度变形适度释放,以维护有效的锚固效果,保护锚固的可靠性,为工程安全提供保障。

除由设计要求,提供合理的恒定支护力值以外,设定的让压量值的精准程度关系到洞室预留超/扩挖量的多少,以及后续施作隧道二衬(内衬砌)的刚度(衬砌厚度)、配筋量及其最佳施筑时间。所述的前者,由本文第5节所述、已研制的专用设计软件进行计算后作出;而后者,则由围岩"收敛—约束"曲线、按我处另外已研制的其它软件——专用程序,可亦经计算确定,这里不再详述。

当围岩体的变形量使锚杆/锚索的拉力持续增长而超过杆、索的设计滑移力后,内锚固段(锚头＋锚杆)和外锚固段(套筒、锚腔)之间的锚杆/锚索将会在保持一定恒定拉力并在支护力持续不变的情况下自动"滑移"。此处产生预设的滑动位移(让压量),杆(索)体自身只有弹性伸长变形,它与材料屈服无关。此时,让压锚杆(锚索)的"滑移"是依赖于具有恒定锚固力的让压装置,使锚体在恒定拉力作用下在该装置中产生平稳滑动,直至达到设计的最大让压量时为止。

(2) B 型柔性无粘结型钢绞线、变形可控的让压长预应力锚索,其让压特性示意,如图14所示。

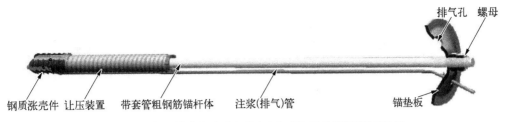

图13 A型：刚性粘结型（施加预应力与否均可）的粗钢筋让压锚杆

钢质涨壳件　让压装置　带套管粗钢筋锚杆体　注浆(排气)管　排气孔　螺母　锚垫板

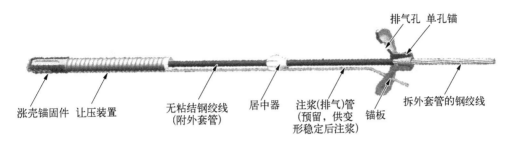

图14 B型：柔性粘结型钢绞线变形可控式让压锚索

涨壳锚固件　让压装置　无粘结钢绞线(附外套管)　居中器　注浆(排气)管(预留，供变形稳定后注浆)　锚板　排气孔　单孔锚　拆外套管的钢绞线

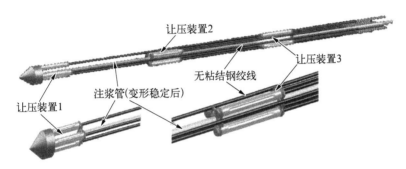

图15 C型：成组让压分散型预应力锚索（当需要锚固力大、让压量多的，适合对岩坡加固时采用）

让压装置1　注浆管(变形稳定后)　让压装置2　无粘结钢绞线　让压装置3

(3) C型：成组式让压分散型预应力长锚索（对岩坡加固、需施加预应力和支护力更大时，并需采用长大锚索场合中采用），图中所示的让压装置沿钢索纵长前、后共3组，每组有3个让压套管，如图15所示。

7　讨论

拟在让压锚杆作初期支护时，为求成锚快速，建议选用一种自进式（早年曾称之为迈式锚杆），钻、锚、注三位一体的、使具有快速成锚的更新一代让压锚杆，来管控/约束此类大变形围岩的施工稳定，使围岩变形能够更早、更快地形成锚固约束力，并始终处于受恒定锚固/支撑力作用下，而不致于在让压锚固体形成之前、围岩就先已发生早期坍塌；在此后施作二衬后，其与围岩间的接触压力当将大大降低，起到进一步减薄二衬厚度与其配筋量的作用，值得期待。

该方法的成功实施，关键在于预测变形量 δ 的准确性。这取决于由量测所得的地应力参数和诸岩性参数的可靠性及其准确程度来实现，并求得锚杆所提供让压量值 δ_1 精确度的保证；该法已先后在上述几处工地取得了不同程度的成功实施。

参考文献

[1] 孙钧. 岩石流变力学及其工程应用研究的若干进展[J]. 岩石力学与工程学报，2007，26(6)：1081 - 1106.

[2] 潘晓明，杨钊，许建聪. 非定常西原黏弹塑性流变模型的应用研究[J]. 岩石力学与工程学报，2011，30(增1)：2640 - 2646

[3] 孙钧. 岩土材料流变及其工程应用[M]. 北京：中国建筑工业出版社，1999.

[4] 潘晓明. 挤压大变形隧道围岩流变力学特征研究[D]. 上海：同济大学，2011.

[5] 齐明山. 大变形软岩流变性态及其在隧道工程结构中

的应用研究[D].上海：同济大学,2006.

［6］赵旭峰.挤压性围岩隧道施工时空效应及其大变形控制研究[D].上海：同济大学,2007.

［7］孙钧,潘晓明.隧道软弱围岩挤压大变形非线性流变力学特性研究[J].岩石力学与工程学报,2012,31(10)：1957－1968.

［8］乌鞘岭隧道研究报告(之二,试验与实测)［R].兰州,2004－09.

［9］孙钧,王勇.一种新型让压锚具的研制与开发应用[R].杭州丰强土建工程研究院,杭州市自然科学基金项目立项建议书(文本说明),2012,4.

［10］孙钧,潘晓明,王勇.隧道围岩挤入型流变大变形预测及其工程应用研究[J].河南大学学报(自然科学版),2012,42(5)：646－653.

306

5. 隧道与地铁工程施工变形的智能预测与控制

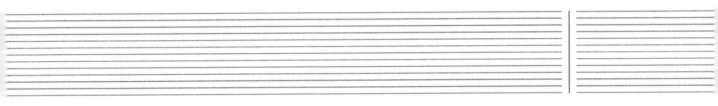

超大型"管幕-箱涵"顶进施工土体变形的分析与预测

孙　钧[1,2],虞兴福[1,2],孙旻[1],李向阳[1]

(1. 同济大学隧道与地下工程研究所,上海 200092;2. 上海城建集团院士研究室,上海 200092)

摘要:结合上海市中环线北虹路下立交地道工程采用"管幕-箱涵"顶进的非开挖施工全过程,分别应用 ANSYS 和 FLAC 三维数值分析程序,对顶进施工所引起的地表变形位移进行了全过程的动态仿真模拟,并采用弹性地基梁法和室内模拟试验以及现场实测数据比拟法,对地表变形特征进行了系统地研究,最后应用软科学的智能方法,对"管幕-箱涵"顶进非开挖工法所引起的地表变形位移进行了人工神经网络滚动预测。其研究成果已经提交施工部门参考和采用。

关键词:管幕;箱涵;顶进;施工变形;数值分析;智能预测

1 前言

上海市中环线西段北虹路下立交地道工程,采用"管幕-箱涵"整体顶进法施工,已于 2005 年底竣工通车。由于对工程周边土工环境维护的要求很高,只能采用浅埋暗挖法施工穿越。尽管国内外在岩石类地层内打设长、短管棚作施工支护的经验丰富,但此处有其他不同问题,主要有:(1) 饱水软土地区;(2) 浅层地下(箱体顶板埋深仅约 4.5 m 处);(3) 箱体主体尺寸为超大型(34 m×17.85 m×126 m);(4) 市区对周边建(构)筑物和地下管线的土工环境保护要求高,顶板上部还有 ϕ1 600 mm 上水道干管穿越,等等。该工程在国内过去尚未有过,国外亦属罕见,日本、台湾地区等有相近先例,但其规模要小得多。

就上述复杂的施工过程而言,采用力学手段做数值分析,以求随施工全过程作跟踪研究。同时,对土体施工变形采用人工智能方法为预测手段,使之在接近或达到变形的阈值时,能及时跟上施工措施,做到防患于未然。本研究工作的重点是要求定量得出施工期间该工程直接上方地表及其前、后方两侧地面的土体变形沉降/隆起量值以及变形位移随施工进程的发展与变化,作出系统、细致的力学描述。就上项管幕顶推施工中浅层地面的沉降控制而言,钢管排沿浅层较长距离逐一顶进,采用了自日本引进的多台泥水平衡微型顶管掘进机和自宝钢专门订制的 ϕ970 mm 无缝钢管,要求需有高精度的准确就位。它与单管顶进不同,邻接管排间要形成密贴扣锁,后续分为约 18 m 一节的箱框为全宽整体(34 m×7.85 m×18 m),在管幕掩护下分节段顶推,同时将箱内土方经格栅开挖出土。关于顶推力大小与地面沉/隆量控制,过去国内外均没有实践经验,这是本研究的主要对象和目的。

本研究工作的主要内容有[2,3]:(1) 分别采用 3D-FLAC 和 ANSYS 三维数值分析程序,对工程顶进施工全过程的地表变形位移进行了力学跟踪,并进行了动态仿真模拟分析计算;(2) 分别应用地基梁法和室内模拟试验探讨了地表变形半定量的属性特征;(3) 应用软科学的智能方法,对土体施工变形进行人工神经网络多步滚动法预测;(4) 将上项分析和预测结果与现场监测数据进行了对比分析[1]。

2 工程概况

该工程地理位置位于上海市中心城区之西,土层呈水平分层展布,土层情况如下:①₁为人工填土,②₁为褐黄色黏土,③₁为灰色淤泥质粉质黏土,④为灰色淤泥质黏土,⑤₁为灰色黏土,⑤₂为灰色粉细砂,⑤₃为灰色粉质黏土(夹砂),含水量 $w=50\%$,黏聚力 $c=10$ kPa,内摩擦角 $\varphi=10.5°$,其地下工程结构横剖面及其主体尺寸见图1。图2为施工图。

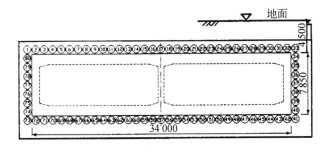

长度: 126 m, 钢管幕: φ970 mm×10 mm, 根数: 80 根

图 1　超大型"管幕-箱涵"横剖面和主体尺寸图

图 2　管排顶推施工图

3　钢管幕和箱体顶进与开挖施工变形的 3D-FLAC 数值模拟

数值模拟所得计算结果(管排顶进对地表变形的影响)的土体位移场云图见图3。表1、表2分别为水平和竖向管排按不同工况顶进时地表位移值的比较。

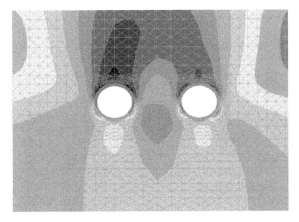

(a) 水平管排跳格先后顶进

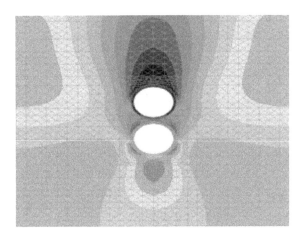

(b) 竖向上下紧邻双管同时顶进

图 3　土体位移场云图

由图3和表1、表2可知: (1) 管排顶进时将引起地表变形, 其中浅部顶管位置的影响较深部的要大, 且上排管幕顶进时的影响最大, 管幕顶进全部完成后的地表沉降量计算值为 155 mm, 而实测的相应值最大值达 200 mm(对二者存在差异的原因详见第 4 节分析及说明); (2) 为保持地表横向沉降槽左右接近对称, 水平管排均由左右两侧向中轴分别呈对称顶进; (3) 水平管排跳格先后顶进, 较紧邻双管同时顶进, 其地表计算变形量对前者仅及后者的一半左右; (4) 为减小竖向排列相邻管排顶进对地表变形的影响, 建议其程序为: 先顶下管再顶上管; (5) 地下水渗流(如改为取箱体内降水、土体固结情况)作用, 对管排顶进时地表变形的影响不显著。

表 1　两钢管水平向排列不同工况顶进地表位移值对比

监测点号	距中点距离/m	计算值/mm			
		不渗流		渗　流	
		同时顶进	先左后右	同时顶进	先左后右
E'	−6	4.004	3.770	4.064	3.152
D'	−4.7	2.660	2.414	2.693	1.924
C'	−2.5	−1.663	−2.080	−1.710	−2.058
B'	−1.0	−4.395	−4.620	−4.494	−4.389
A	0.0	−5.044	−5.157	−5.155	−4.764
B	1.0	−4.395	−4.557	−4.494	−4.238
C	2.5	−1.663	−1.455	−1.710	−1.074
D	4.7	2.660	3.130	2.693	3.063
E	6	4.004	4.438	4.064	4.304

注: B'、B 分别代表左顶管和右顶管。

表2　两钢管垂直向排列不同工况顶进地表位移值对比

监测点号	距中点距离/m	计算值/mm					
		不渗流			渗流		
		先上后下	同时顶进	先下后上	先上后下	同时顶进	先下后上
A (管顶)	0.0	−2.825	−2.884	−2.349	−2.863	−2.904	−2.326
B	1.5	−1.866	−1.915	−1.583	−1.901	−1.929	−1.576
C	3.7	1.001	1.004	0.800	0.997	1.017	0.778
D	5	1.065	2.016	1.722	2.070	2.116	1.692

4 管幕内箱体顶进和土方开挖引起地表变形和地基沉降的计算分析[1]

计算中,因相邻管排锁口间的抗弯刚度远小于钢管自身的纵向抗弯刚度,故可忽略管排间锁口刚度的影响。考虑到箱体前方土体处于超挖卸载状态,此时开挖面格栅前方土体呈主动土压力时的潜在滑移面,据此可确定土方卸载区的主动土压力。将"管幕-箱框"结构整体上视为水平卧置在地基上的管幕箱梁,按弹性地基梁和 Winkler 假定抗力法则,推导出"管幕-箱梁"的挠度曲线方程,从而得出地基沉降量及其沉降范围以及格栅推进和土方开挖引起的顶排管幕的沉落量(图4和图5),其值与管幕顶进时引起的前项地表沉降量相比均很小,最大增值仅为 35 mm,加上管幕顶进时的最大沉降为 155 mm,共 190 mm 左右,亦较实测值 255 mm 为小。

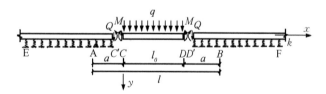

图4　管幕箱梁地基沉降分析计算简图

由上述论断可得知,按此处的地表沉降计算值较实测值为小,其主要原因在于:(1) 此处是用 3D-FLAC 按线弹性进行分析,而实际上土体在管幕顶进过程中已进入了塑性状态,其塑性变形比按弹性计算的要大;(2) 此处为从力学角度制定的最佳施顶顺序,而实际施工中为了工作方便,其顶进顺序未能按理想情况进行,因而导致实际的地表沉降量较按力学计算

所得的值大,这两点解释在后述的进一步分析工作中已得到了验证[2]。

5 地道施工开挖全过程的 3D-ANSYS 弹塑性数值分析[1]

由于按上述弹性分析所得的地面沉降值较实测的为小,又按 3D-ANSYS 程序进行了弹塑性分析,内容包括:(1)"管幕-箱体"顶进、开挖施工对地表沉降影响的 3 个阶段:管幕顶进阶段造成土层的扰动/损失,引起的地表沉降和隆起;管幕掩护下箱体顶进,地道内土体开挖作业阶段引起的地表沉降,这两项共占全部地表沉降量的 75%～82%;箱框结构体构筑阶段及此后持续发展的地表沉降——土体次固结、流变。(2) 对施工全过程进行动态数值仿真模拟分析有:初始地应力场模拟;土体开挖与支护过程模拟;施工连续作业模拟。(3) 计算结果分析包括分不同荷载步递进施工过程中的土体应力变化(图6);施工过程中的土体沉降位移迹线(图7)和地表沉降曲面(图8);所有管排均顶进完成时沿横向地表沉降的理论计算值与其实测值的比较(图9);而沿隧道中轴线位置的地表纵向沉降曲(折)线见图10,图中的右边线为距起始点最近的点,上边线为地表面。(4) 全部工程顶推完成后,断面 1 的地表横向沉降槽见图11,图中右边线为左右对称中轴线,按断面横向位置分别计算。(5) 各载荷步的理论计算值与实测数据的比较分析。对北虹路下立交地道开挖进行了三维有限元法分析,理论计算结果与实测数据的最终值吻合良好,故可以认为本项研究的理论分析计算基本能反映顶推施工中地表纵、横向沉降的大小及其变化趋势。计算所得的纵、横向地表沉降曲线表

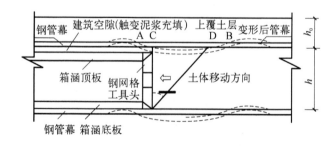

图5　作业面格栅推进时最不利的开挖工况下顶排管幕下沉示意图

明开挖区域的地表沉降量达到了全施工过程的最大值,整个分析过程没有考虑沉降的历时变化,而简化地设定:每步顶进其土体沉降均都为一次完成,所以分析得出的沉降值尚未能充分反映土体变形具有一定的时效滞后流变属性。

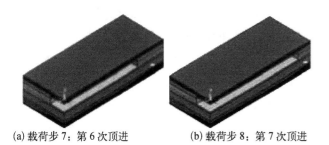

(a) 载荷步7:第6次顶进　　　(b) 载荷步8:第7次顶进

图6　土体应力分布

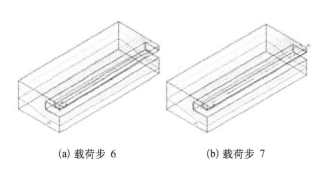

(a) 载荷步6　　　　　(b) 载荷步7

图7　土体位移迹线

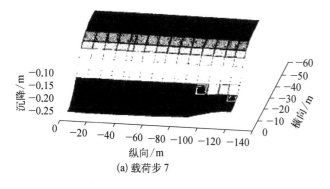

(a) 载荷步7

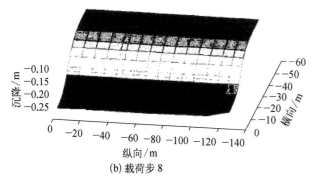

(b) 载荷步8

图8　地表沉降曲线

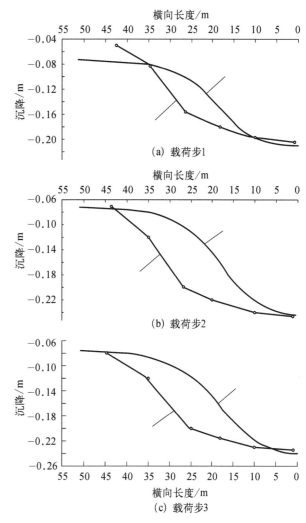

(a) 载荷步1

(b) 载荷步2

(c) 载荷步3

图9　管幕顶进完成时横向地表沉降的
理论计算值与实测数据比较

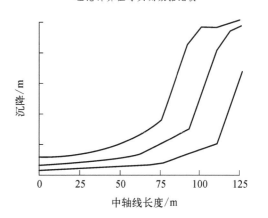

图10　管幕顶进完成时沿隧道中轴线
位置的地表纵向沉降图

6　相似材料模型试验

为了进一步研究"管幕-箱体"顶进、开挖施工全过

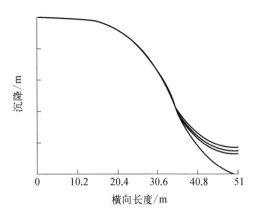

图 11　断面 1 的横向沉降总曲线图

程和地表变形特征,为此开展了相似模型试验[2]。试验的相似原理为:模型与原型二者属于相似关系系统,二者的几何特征和各相关物理量之间有一定的相似比例关系,对此处线弹性模型而言,可按弹性力学原理求得其相似关系。本项相似材料模型试验,由结构和土工两者的模型试验共同组成,可以研究原型土工结构的变形、力学机制及其特征属性,测试值可达到半定量化的精度要求。

试验设计见图 12,其中几何相似比为 1/25,模型管幕长度为 2.5 m;相似材料是要求同时基本满足:γ、c、φ、E 各参数值的相似条件;模型箱尺寸(长×宽×高)为:2.0 m×0.75 m×2.51 m。

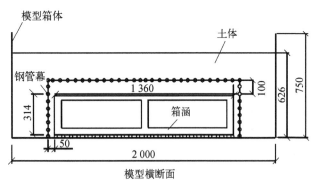

图 12　试验模型图

绘制的曲线包括:模拟管幕的挠曲曲线;钢管幕竖向位移-箱体推进长度曲线;钢管幕横向、竖向位移曲线;地面竖向位移-距始端距离曲线;地面竖向位移-纵向推进距离曲线等。

通过试验得出了以下结论:(1)在横截面内,近箱体中轴线位置的地表变形量为最大,向左右两侧渐趋减小,顶排管幕的下沉量与之基本一致;(2)竖向沉降

与箱体顶推速度具正比例关系。相邻两次顶进间的沉降增幅、随顶推速度升高而急剧增加;(3)以砂土为相似材料时地表中轴线处的最大沉降量(折算到原型结构)为 226 mm;作业前方的最大隆起量为 30 mm,均与实地监测值相接近;(4)沿顶进纵轴方向的地表隆/沉关系变化:在约为箱体高度 2 倍范围之内,地表为沉降;开挖面处的沉降量值达最大,随距作业前方的距离加大而减小;再前方地表则为隆起,直至箱体高约 4 倍范围时为止,此后,箱体顶推时对更远处已无地表变形影响;(5)开挖面后方的地表附加沉降量,主要表现并反映为土体流变次固结,在此次试验中未能测到。

7　人工神经网络(ANN)方法的地表施工变形预测[7]

基本参数输入包括:工程范围内的地质与水文参数;地表变形的实地监测量值;顶推施工的主要技术参数:土体强度、顶推力、顶推速度、排出土量(超/欠挖量)和泥浆性能等。方法的基本要点是多步滚动动态预测,其神经网络预测模型,如图 13、图 14 所示。

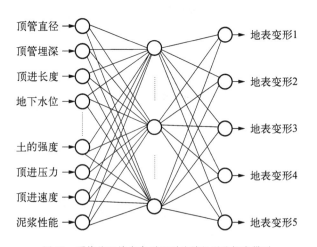

图 13　顶推施工地表变形预测的神经网络概化模型

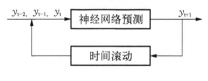

图 14　滚动预测系统结构

8 箱体整体顶推施工地表变形预测与监测值的对比分析

图 15 为多输出一步预测与实测值的对比。根据监测数据,可以对地表的变形趋势进行滚动预测。图 16 为典型测点的单输出多步滚动的预测成果。从图中可以看出,不同方法预测与实测值相比的误差大小。计算表明,在工程中多步滚动预测能更好地满足施工变形发展趋势的预测要求。在拥有大量监测数据的条件下通过多步滚动预测可以得到相应的变形发展趋势,在实际工程中较好应用。为了比较按神经网络模型作智能预测中各种方法(与实际变形监测值相对比)的预测精度,本文还针对该工程施实值多步滚动预测值一步预测值工过程各工况取某一时段,对典型测点分别进行了"一步预测"与"多步滚动预测"以及"单输出"与"多输出"所得预测结果,并使之与实际监测值作对比,如图 17 和图 18 所示。结果表明单输出的多步滚动预测其预测精度较高,建议在日后的智能预测工作中推荐采用。

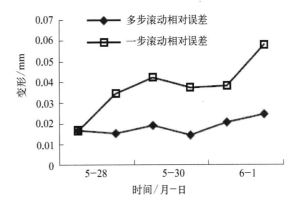

图 17 多步滚动与一步滚动预测结果的相对误差对比图

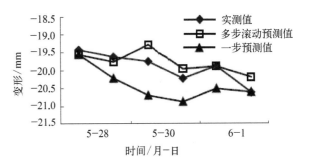

图 18 某测点实测值、多步滚动与一步预测值对比图

多种工况条件下箱体的顶推施工引起的地表纵、横向沉降量变化,分别见表 3 和图 19—图 21 所示,可以看出箱体内土体在超挖和欠挖情况下地表变形分别表现为地面的沉降和隆起,这与理论分析和数值分析的结果是一致的,但实际数值由于施工过程中施工参数的随时调整,其变化比较大。

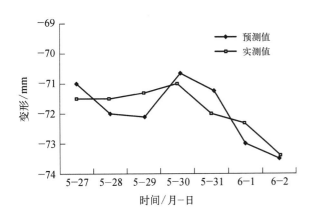

图 15 典型测点的多输出一步预测值与实测值对比图

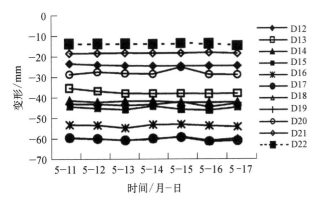

图 16 典型测点的单输出多步滚动预测成果

表 3 各节箱体顶推中的地表变形统计表

箱涵序号	推进距离/m	近中轴线基准测点号	与当次推进面的间距/m	地表累计最大变形/mm	本次推进变形量/mm	推进中变形速率/(mm·d⁻¹)
第一节	18	北井处	—	—	−7	1.2
第二节	36	X29	+0.8	−265.74	−257.88	−32.3
	40	X23	−1.2	−251.76	+35.97	+18.0
第四节	57.5	X66	−4.7	+10.655	+25.56	+6.4
	75	X54	−1.1	−42.45	−17.22	−5.74
第六节	92.5	X60	−8.6	−25.165	+28.95	7.24
第七节	110	D50	−8.0	−138.04	+69.75	17.44
第八节	125.2	D17	−8.2	−169.54	+60.16	20.05

注:(1)推进面间距"−"表示测点在切面之后。(2)变形量中"+"表示隆起;"−"表示沉降。

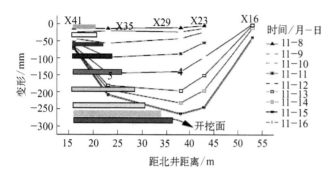

图 19 对土体超挖情况,箱体顶推中沿中轴的地表纵向沉降曲线

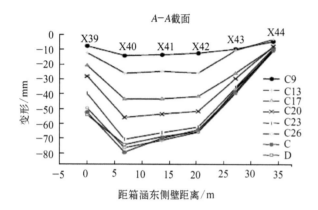

图 20 对土体超挖情况:箱体顶推中的某断面地表横向沉降槽(取右侧一半)

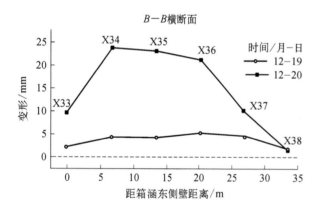

图 21 土体欠挖情况:箱体顶推某断面地表横向沉降槽

9 结语

(1) 为尽量减小土体施工变形,从力学分析角度看,水平排管幕的顶进施工顺序为整体上应该是先顶进下排水平管,再顶进上排水平管。两侧边上下排竖向管的顶进顺序也应是如此,即从下管逐次往上顶为最佳。

(2) 在同一上、下排水平向的钢管幕顶进过程中,根据2根钢管顶进相互影响的数值分析结果,应该是从两边往中间按一定的水平间距和一定的时间间隔、分别顶进,这样对地表的变形影响当为最小。从理论计算上而言,竖排钢管幕顶进则应是从下往上依次顶进。但在施工实际操作上,上排管顶进工作整体上为从东侧往西侧顶进,也没有刻意按一定时间间隔操作,两侧及下排管均没有刻意设定一定的施顶规律,故总体上的实际地表变形量比较理论计算值为大,但均尚在容许范围的限值之内。

(3) 坑内土体不排水、不固结是与不产生地下水渗流相对应的,而排水固结则是与渗流相对应的。理论计算表明:在双管沿水平同时顶进时,不产生渗流的地表变形比考虑渗流时的要小,但在水平先后顶进情况下情况则相反,考虑渗流时的变形反而要小。在沿竖直方向上,先顶上管、后顶下管和上下管同时顶进,不计入渗流时的变形比渗流时的变形要小,而先顶下管、后顶上管时,考虑渗流时的变形则要小(从表1、表2的相应值可以看出)。

(4) 分析中地基土体采用了服从 Mohr-Coulomb 屈服准则的弹塑性材料,计算情况表明其能以保证土体弹塑性变形的一定精度。

参考文献

[1] 同济大学. 上海市中环线北虹路下立交工程计算分析——科研项目(研究成果报告已通过技术鉴定)[Z]. 上海:同济大学岩土工程研究所,2005.

[2] 葛金科,李向阳. 软土地层管幕-箱体顶进施工新技术[C]//大直径隧道与城市轨道交通工程技术——2005上海国际隧道工程研讨会论文集. 上海:同济大学出版社,2005,692-701.

[3] 虞兴福. 城市浅埋隧道工程地表变形及其智能预测研究[D]. 上海:同济大学,2005.

本文发表于《岩土力学》2006年第27卷第7期

地铁施工变形预测与控制的智能方法

孙　钧[1,2],王东栋[1]

(1. 同济大学岩土及地下工程教育部重点实验室,上海200092;

2. 上海城建集团院士研究室,上海200023)

摘要: 地铁施工变形关系到工程安全和周边土工环境维护和稳定。采用人工智能神经网络和模糊逻辑法则等手段,对地铁车站深大基坑和地铁盾构施工中的土体变形以及土工环境问题进行智能预测,在变形达到规定限值之前,通过变形控制的智能方法,调整地铁施工的参数,达到合理控制施工变形的目的。介绍了人工智能神经网络、多步滚动预测、模糊逻辑智能控制方法的原理及工程实践。经多处地铁施工证明,变形预测与控制的智能方法是可行的,效果显著。

关键词: 地铁工程;施工变形;智能预测;变形控制;施工参数

我国广大软土地区城市地铁施工中的变形关系到工程自身的安全和周边土工环境的维护和稳定,是当前该领域研究的热点。采用智能的理念和方法来处理隧道与地下工程施工变形的预测与控制,较之传统的数值方法,是一种"另辟蹊径"的手段,实践证明是可行的,也是有效的。在因工程施工扰动引起的土层和地表的变形位移量接近并达到规定的容许限值前,要求进行有效的预测和险情预报;在对施工变形进行智能预测和预报的基础上,藉调整工程诸施工参数,作出对施工变形的智能控制,以达到防治工程险情并保护周边环境的目的。

众所周知,选择采用基于经验知识和实测信息数据的方法与人工神经网络、模糊逻辑法则等手段作智能预测和控制,利用这些软科学方法独具的自学习功能,对岩土工程一类随机性、离散性和模糊性等不确定性与不确知性强的事物进行研究,可认为是最适合的。

人工神经网络智能预测中的BP网络结构,如图1所示。其中 t 为天数,指在预测前20 d至1个月内已产生的变形位移; y_1 为变形、沉降; y_2 为变形、沉降的历时变化(沉降速率),也可以是另一点位的变形或沉降。

此处采用的是由本文建议的"多步滚动预测"模

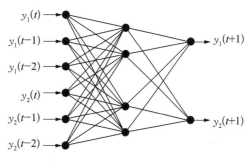

图1　人工智能神经网络结构

型,其运作流程框图如图2所示。模糊逻辑智能控制的运作及其系统结构(以盾构掘进施工为例)如图3所示。盾构施工变形模糊控制系统的控制器结构如图4所示。

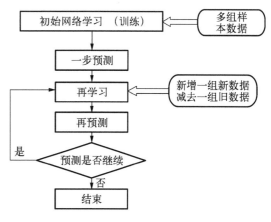

图2　多步滚动预测流程框图

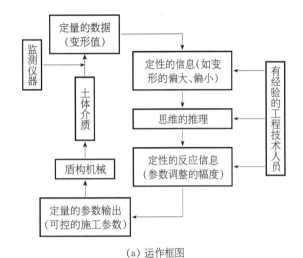

(a) 运作框图

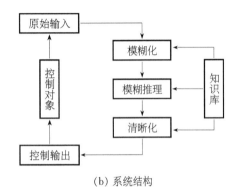

(b) 系统结构

图 3 模糊逻辑智能控制示意

盾构作业面前、上方:

控制关键监测点变形值 S_1
控制关键监测点变形变化值 → 模糊控制器一 → 土仓压力设定变化值 D_p
控制关键监测点变形值 S_2
控制关键监测点变形变化值

盾尾后、上方:

控制关键监测点变形值 S_3
控制关键监测点变形变化值 → 模糊控制器二 → 同步注浆量变化值 D_v
控制关键监测点变形值 S_4
控制关键监测点变形变化值

图 4 控制器结构

本建议方法要求先研制开发和建立(随施工进程,此后当再陆续补充和完善)由工程施工所积累的上项基本输入数据的信息库和工程数据库,以便搜索、查询和调用。此外,做好样本的学习、训练与测试演练(如盾构试推进等),获取诸施工参数与变形量值间的经验关系,是完成施工变形智能预测与控制的必要前提。

控制施工变形,主要依靠调整工程的诸施工参数(不同工程对象应选用的施工参数,本文以下另详),而不需投入巨额的地基处理和注浆加固等额外耗费,因

而,方法具有重要的经济和实用价值。

实践证明,施工智能化是高一层次的信息化,是"更上层楼",一次新的提高。限于篇幅,以下只简扼介绍方法的工程应用及其效果,文中对智能方法本身未予阐述,可另请参见有关文献。

1 地铁车站深大基坑施工土体变形智能预测与控制

深、大基坑开挖施工时,因围护墙体水平位移过大,或因基底塑性隆起以及坑内外深层降水等,引起坑周土体产生超限的变形和沉降,从而对工程自身和周边环境出现不利影响,甚至产生建(构)筑物和地下管线裂损等质量事故,这在市区基坑施工中均十分常见,亟待研究解决。此处采用智能方法进行这项施工变形预测与控制研究的创意特色,主要反映在:供作基本输入值的数据是先前阶段已经发生了的变形位移——它"看得见、摸的着",主要含:① 工程地质与水文地质参数;② 从工程现场监测所得的、大量而系统的土层和地表变形位移的实测值;③ 该项基坑工程有关的诸施工参数(后详)。

此外,这一方法与目前沿用的信息化施工相比,可说又提升到了一个新的台阶。这是因为,它可以藉前一阶段已经测得的变形位移数据来定量地预测和预警今后3~5 d尚未发生的变形位移;并可藉由此调整原先的各有关施工参数来得出经过修正后的变形位移,从而达到变形控制的效果。在方法的实施上,这项研究已得到多处工程施工方面的认可,认为有了几天时间的准备已经足够来得及调整好施工参数,甚至改变原先的施工方案。这说明了方法的现实可行性。

1.1 基坑最主要的施工参数

对于长条形基坑(如地铁车站)而言,采用多道水平对撑,分层、分部开挖支撑,其最主要的施工参数有以下7项:① 当上层土方开挖后,在尚未施作下道支撑之前的最长暴露时间 T_r;② 如采用钢管对撑,对钢支撑施加预应力值的大小 p;③ 在坑内外容许降水的条件下,降水漏斗的平均降水深度 h;④ 土体分层开挖的层数,也即支撑道数 N(沿深度竖向,

每一道支撑为一开挖层）；⑤每一水平层的开挖步长 L（沿水平纵向，通常每两排支撑间的宽度为一开挖步）；⑥沿基坑内周所留设的土堤（挡土层）宽度 ω（留设土堤的宽度越大，则可加大被动区的土体抗力）；⑦先撑后挖时，同层相邻水平支撑间的留土宽度 B。

1.2 基坑施工各参数对坑壁围护墙体水平位移和坑外周地表沉降量影响程度的敏感性分析

利用灰色关联度方法对基坑上述诸施工参数作层次递阶分析，可分别得到按以上各个施工参数对基坑变形和地表沉降的相关性及其影响程度大小。按层次递阶分析的结果认定，据对变形影响的大小，可先后排序为：每层开挖后无支撑暴露时间 T_r（正相关）＞钢支撑预应力值大小 p（负相关）＞坑内坑外降水平均降深 h（正相关）＞分层开挖的层数 N（负相关）＞沿水平层的开挖步长 L（正相关）＞坑壁内周留设土堤挡土层宽度 ω（负相关）＞先撑后挖时，同层水平支撑间的留土宽度 B（负相关）。

1.3 基坑施工变形的模糊逻辑智能控制

基坑施工变形的模糊逻辑智能控制——上海市基坑变形控制保护等级，如表1所示。

表1 深基坑变形控制保护等级标准

保护等级	地面最大沉降量及围护墙水平位移控制要求	环境保护要求
特级	1. 地面最大沉降量$\leqslant 0.1\% H$ 2. 围护墙最大水平位移$\leqslant 0.14\% H$ 3. $K_s^* \geqslant 2.2$	基坑周围10 m有地铁、共同沟、煤气管、大型压力污水干管和重要建筑物及设施，必须确保安全
一级	1. 地面最大沉降量$\leqslant 0.2\% H$ 2. 围护墙最大水平位移$\leqslant 0.3\% H$ 3. $K_s^* \geqslant 2.0$	离基坑周围 H 范围内没有重要干线、水管、大型在使用的构筑物、建筑物
二级	1. 地面最大沉降量$\leqslant 0.5\% H$ 2. 围护墙最大水平位移$\leqslant 0.7\% H$ 3. $K_s^* \geqslant 1.5$	离基坑周围 H 范围内没有较重要的支线管道、建筑物和地下设施
三级	1. 地面最大沉降量$\leqslant 1\% H$ 2. 围护墙最大水平位移$\leqslant 1.4\% H$ 3. $K_s^* \geqslant 1.2$	离基坑周围30 m范围内没有需保护的建筑设施和管线、构筑物

注：H 为基坑开挖深度，K_s^* 为抗隆起安全系数，按圆弧滑动公式算出。

1.4 深大基坑地下连续墙围护结构施工变形及坑周地表沉降预测与控制的流程框图（图5）

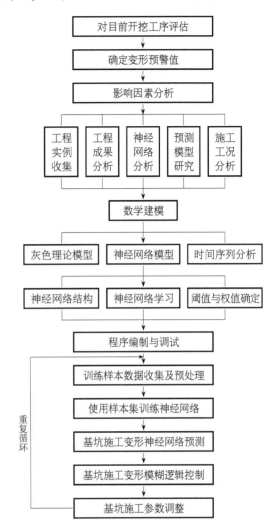

图5 施工变形预测与控制研究的流程示意

1.5 基坑施工变形智能预测与控制案例

上海市某隧道入口深井基坑平面尺寸为 $86\ \mathrm{m} \times 16\ \mathrm{m}$，开挖深度最深达 28.46 m，围护结构为46 m深地下连续墙（图6）。其中，C 为墙体水平位移监测点，共9处；S 为地面沉降监测点，共34处。图中只标出了7个沉降测点和一个墙体水平位移测点。进行上项智能预测，经与现场实际监测值作比照的效果，如图7所示，上述各图借用了另一案例。从图7可见：最大预

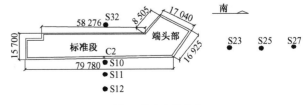

图6 测点布置示意

测误差(在2月5日)为4.5 mm/46.5 mm<10%;一般误差均<5%。预测精度可满足工程要求。

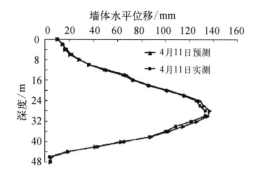

(a) 实测与预测墙体水平位移随深度变化对比(P10孔)

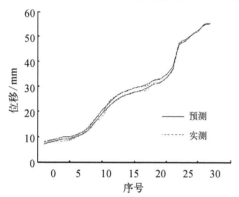

(b) 基坑外地表沉降值与实测值对比曲线

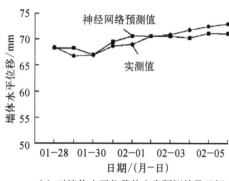

(c) 对墙体水平位移的多步预测结果示例

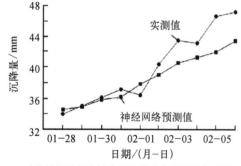

(d) 对坑外周边地表沉降的多步预测结果示例

图7 多步预测结果

基坑施工变形控制策略如下。

(1) 1月27日所作的多步预测结果表明:2月4日以前的基坑开挖变形均在警戒值以内,此时模糊控制器给出的施工指令为:"变形正常,请继续"。

(2) 至2月4日,实测最大墙体水平位移达到68.15 mm,坑外地面沉降最大达到43.17 mm,当天墙体水平位移速率为2.11 mm,沉降速率−0.35 mm。

(3) 2月4日ANN预测器认为:第3天(2月6日)墙体最大水平位移将达到74.25 mm;第7天(2月11日)墙体最大水平位移将达到80.33 mm,均超过警戒值;预测地表沉降在第7天(2月11日)将达到49.2 mm,也超过警戒值。

对"一级"设防基坑,墙体位移警戒值为74.0 mm(合挖深的3‰);地表沉降警戒值为49.0 mm(合挖深的2‰)。

(4) 基坑施工变形的模糊控制① 根据墙体水平位移预测结果和当日变形速率指出:"较危险,请减小开挖步长 L";② 根据地表沉降预测结果和当日变形速率指出:"轻微异常,请加大土堤宽度 ω";③ 已从上述,由于开挖步长 L 比分层厚度 ω 对变形的影响更大,也更敏感,最终模糊控制器给出的控制指令为"减小开挖步长 L";④ 指令执行:现场施工人员根据指令,调整基坑施工参数:开挖步长从6 m变为3 m,这意味着无支撑暴露时间也自然相应减小。

(5) 从上例对墙体位移和坑外周地表沉降进行智能控制的效果如图8所示。

从图8可见:① 在2月4日前的墙体位移和坑外地表沉降量均为正常;② 2月4日后,上两项预测值将分别接近各自的警戒值,应适时考虑作上述的智能控制措施;③ 经采用上文所述的模糊控制(指调整基坑某一或某两种控制措施后),可将墙体变位和地表沉降值控制在限定的允许值范围以内,日后实际测得的监

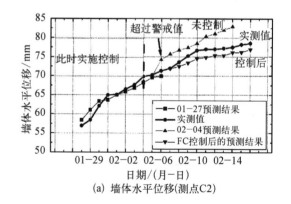

(a) 墙体水平位移(测点C2)

318

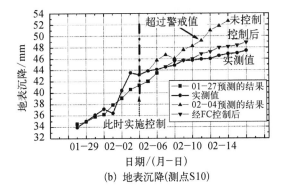

(b) 地表沉降(测点S10)

图8 墙体位移和地表沉降控制效果

控值也与之相近;④ 如果2月4日后未及时施作变形控制,则后续施工变形的进一步恶性发展将不被允许,进而导致工程和周边土工环境出现危险迹象。

1.6 工程应用实践

本项研究已在上海市和其他地区共4处地铁车站等深大基坑的施工现场进行过演示、验证和成功采用,效果良好,取得了显著的技术经济效益。

2 地铁盾构施工的环境土工问题及其施工变形的智能预测与控制

2.1 盾构施工变形智能预测与控制的要求和方法

2.1.1 问题的提出

就广大软土地区言,市区盾构隧道的环境土工问题,系指:由于地铁区间隧道盾构掘进对土体的施工扰动,导致工程周边土体走动(变形位移)和过大的地表隆起/沉降;当其达到超过规定的警戒阈值时,将对工程附近要求保护的地面地下建(构)筑物造成一定的危害。为此,盾构机地下掘进在保证工程自身安全的同时,应密切关注其周边土工环境的维护与安全,这已是业界的共识。由于盾构机具的进步和掘进施工经验的积累,就上海市多年来的工程实践,上类环境土工问题在一般情况下均能满足(+1~−3 cm)的要求(指盾构作业面前方地表土体的最大隆起量≤1 cm;而盾构通过后的地表最大沉降量≤3 cm);但由于复杂地质、水文条件的变化,遇盾构密封仓压和注浆量等控制不佳时的不少区段和场合,对盾构施工变形进行有效的预测与控制,仍是一项当务之急。这也是此处研讨的

主题。

试再以上海市为例,就目前盾构施工经验言,一般情况下的环境维护问题虽如上述已不再突出,但在许多场合条件下,则仍有需要严格控制地表变形的特定要求,这些困难场合主要有:松散砂层、砂砾和卵石类地层;近距离上下平行或斜交的交叠隧道;双圆盾构(DOT);盾构进出洞;小半径急转弯;超浅位掘进(浅覆土);过大的盾构纠偏;盾构从下方或居中穿越已建建(构)筑物;同一区间,上、下行盾构错时先后穿越,同向、并行或对向、交会掘进;这时,先筑部分的地层土体和管片衬砌将承受二次反复性的过大扰动。

影响土体隆起/沉降的主导因素(盾构主要施工参数):密封仓土压(土压平衡盾构)或泥水压(加压泥水盾构),关系到盾构作业面前上方土层的隆起沉降;排土量、注浆量注浆压力、地层土体后期蠕变形的历时发展,关系到盾构通过后的土层沉降;盾构行进姿态不佳时的纠偏——由于能做到随偏随纠,已不构成对地层损失的主要因素。

其他,如:千斤顶顶推力、盾构掘进速度等等,均可归属于仓压值控制之内;其二,如:同步注浆一般不会使时间延迟,故不致有早年所说的注浆滞后情况,通常也不再作二次压密注浆。故此,此处后述的这些因素现均已不另设定为独立的盾构施工参数。

2.1.2 盾构掘进施工的地层隆起沉降及其影响因素

盾构掘进中上方地表土层的横向沉降槽/沉降盆,及其侧上方土体的水平位移,如图9(a)所示。沿盾构掘进纵向地表的隆起(盾构作业面前上方土体)和沉降(盾构通过时和通过后的后上方土体),如图9(b)所示。

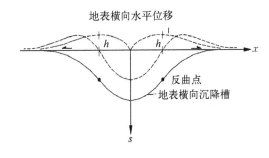

(a) 地表沉降槽与侧向土体水平位移

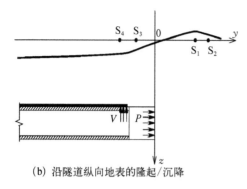

（b）沿隧道纵向地表的隆起/沉降

图 9　盾构掘进地表变形示意

2.1.3　盾构施工参数对地表隆沉变形影响的现场测试成果分析

对每台特定的盾构言,其主要施工参数与土体变形位移间的变化关系都不完全相同,需要在盾构初推进的 100 m 试验段内实际标定(图 10)。在盾构初推阶段,对地表沉降、土层走动、土压和孔压及其变化都需作分别测定,通过使变形位移和沉降量为最小,作施工

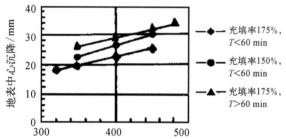

（a）盾构开挖舱面工作压力 p 与地表中心负沉降关系的实测值

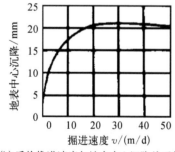

（b）盾构推进速度与地表中心沉降关系的实测值

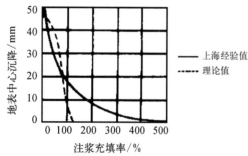

（c）注浆充填率与地表中心沉降关系的实测值

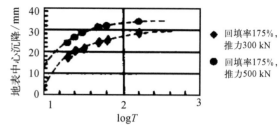

（d）盾尾通过后,注浆延迟时间 T 与地表中心沉降关系的实测值

图 10　盾构诸施工参数变化与地表沉降量值的实测关系标定曲线

参数优化,按标定/测试结果再在盾构掘进中对这些有关的施工参数进行调整和修正。

盾构试推进检验的侧重点,也即按本文方法进行智能预测和控制的对象是:盾构作业面上前方地表隆起沉降量与密封土仓仓压值的关系;盾构尾部上后方地表沉降量与同步注浆量的关系。

以上两项的实测关系曲线如图 11 所示。采用本文建议的 BP 人工神经网络模型对隧道上方地表沉降量进行智能预测的输入和输出参变量,如表 2 所示。

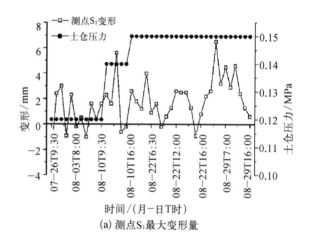

（a）测点 S_1 最大变形量

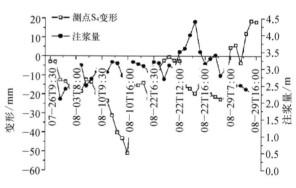

（b）测点 S_4 变形量

图 11　盾构施工参数与地表变形关系

表2 盾构隧道地表沉降的神经网络预测的输入和输出变量

输入变量	描述	输出变量	描述
V	盾构推进速度	y_1	盾构正上方位置在盾构通过时的沉降
P	注浆压力		
Q	注浆量		
F	盾构总推力		
S	出土量	y_2	盾构正上方位置的总沉降
D	盾构中心线埋深		

经神经网络测试样本和学习样本的训练拟合,对某处地铁区间 TA4 标段按本文建议的多步滚动预测法对其盾构施工变形所作的智能预测结果,并与实测值的对比,如表3所示。

表3 智能神经网络的预测结果及与实测值的对比

	y_1			y_2		
	预测值	实测值	误差	预测值	实测值	误差
1	−4.41	−4.21	0.20	−60.00	−55.00	5.00
2	−3.21	−3.49	−2.28	−24.51	−24.00	0.51
3	−2.13	−1.50	0.63	−13.74	−13.80	−0.06
4	−2.09	−2.80	−0.71	−6.71	−8.00	−1.29
5	4.88	5.00	0.12	−3.18	−10.20	−7.02
6	3.86	3.80	−0.06	4.02	4.80	0.78

2.1.4 盾构隧道施工,市区环境土工安全维护的技术管理及其变形控制标准

大城市市区各类受保护建(构)筑物与不同地下管线的土工环境设防等级与标准,应按各该被保护对象的重要性(设防级别的大小不等)妥慎制定。各类建(构)筑物与地下管线能以安全承受施工扰动的允许限值要求,如表4所示。表4中,① 较小的数值对应于公共建筑、住宅或有对差异沉降特别敏感的构件或装修的建筑;较大的数值对应于具有相当大水平刚度的较高的建筑或可承受此移动的结构。② 特殊情况下(如:吊车梁、高压锅炉、特殊的储藏罐以及差异荷载下的筒仓等),最大允许沉降或差异沉降或两者,应采用由维修工程师、机械工程师或制造商特别提供的值。

2.1.5 盾构掘进施工中,土体受施工扰动的变形控制

(1) 维护盾构开挖面稳定及其施工变形的控制方法(之一)——仓压控制

取

$$\Delta p = |p_i - p_0| \approx 0.03 \text{ MPa};差值 \not> 3\% p_0 \quad (1)$$

式中,p_i 为密封仓泥土压;p_0 为盾构开挖面正前方的静止土水压。同时,为满足开挖面稳定而不使土体产生剪切破坏,则还需

$$|p_i - p_0|/c_u \leq 5.5 \quad (2)$$

式中,c_u 为土体不排水抗剪强度。

(2) 控制方法(之二)——排土量控制令

$$M - 100 = a \cdot |p_i - p_0| \quad (3)$$

式中,M 为排土量的变化率(%),为实际排土体积 Q 与理论开挖体积 V_e 之比:

$$M = Q/V_e, a = 50/E, 而 E = 100 c_u$$

则由式(2)、(3),可得

$$|\Delta M| \leq 2.8\% \quad (4)$$

表4 建筑物最大允许沉降或差异沉降量(含角变形)

房屋和结构分类	房屋结构类型	最大允许最终沉降 δ_{max}/mm	结构物中共线的邻近三点或基础最大许可角变形 a_{max}
1	大体积结构,刚性大体积混凝土基础、刚性混凝土片筏基础;具有较大水平刚度	150~200	结构中不同点最大差异沉降引起的基础倾斜不应大于(1/100~1/200)(结构高度,基础平面尺寸)
2	铰接静定结构(三铰拱、单跨钢桁架和木结构)	100~150	1/100~1/200
3	①超静定钢结构;②体承重结构每层均有圈梁;横墙不小于 250 mm 厚,跨度不大于 6 m;③桩跨不大于 6 m 的框架结构条形基础或片筏基础	—	—
4	①第三类结构,但其中有一条不满足;②独立基础钢筋混凝土结构	60~80	1/300~1/500
5	有大跨板或大型构件的装配式结构	50~60	1/500~1/700

(3) 沉降控制方法(之三)——同步注浆量控制

为考虑盾构纠偏使地层损失增加、跑浆和注浆材料失水收缩等因素,实用注浆量 Q 一般取理论注浆体积 V_e 的 1.4~2.0 倍,取

$$V_e = \pi D l \delta$$

式中，D 为隧道管片外径；l 为管片环宽；δ 为建筑空隙厚度。

而 $Q = (1.4 \sim 2.0)V_e$ 对 $\phi 6\,340$ mm 地铁区间盾构，上海市常用 $Q \approx (2.5 \sim 3.5)$ m^3。

注浆压力多取静止土水压力的 $1.1 \sim 1.2$ 倍，上海市常用 $(0.3 \sim 0.4)$ MPa。

2.2 基于人工神经网络的盾构隧道施工变形智能预测

（1）神经网络在土工环境预测与控制中的应用

此处采用智能神经网络预测和模糊逻辑控制技术于盾构施工变形研究的主要原因是因为：盾构施工过程中存在许多模糊的、不确知的信息，许多模糊的概念往往存在于专家知识和经验的一些处理手段和观点、看法之中，而使用智能方法与手段则正是因为它所独具的、强大有效的自学习功能。其基本内容可概括为：控制等级指标体系的拟定；结构、施工方案的选型；非线性函数的模拟。

（2）在上述表 2 的基础上，对调整盾构施工参数作具体实施时，其盾构施工变形智能预测时的输入和输出变量，需作进一步调整，如表 5 所示。

表 5　盾构隧道施工变形神经网络预测模型的输入和输出变量的具体实施

输入变量	物理意义	输出变量	物理意义
X_1	盾构前方 15 m 的地表变形值	P_f	盾构前方 10 m 监测点发生的最大隆起值
DX_1	盾构前方 15 m 的地表变形值的变化量		
X_2	盾构前方 5 m 的地表变形值		
DX_2	盾构前方 5 m 的地表变形值的变化量		
X_3	盾构正上方的地表变形值	P_b	盾构后方 20 m 监测点发生的最大沉降值
DX_3	盾构正上方的地表变形值的变化量		
X_4	盾构尾部后方 5 m 的地表变形值		
DX_4	盾构尾部后方 5 m 地表变形值的变化量		

（3）与上文已述的基坑情况一样，做好样本的学习、训练与测试演练，同样也是完成以人工神经网络方法作盾构施工变形智能预测的必要前提。对 5 种试样作 BP 人工神经网络智能训练后的预测结果，如图 12 所示。

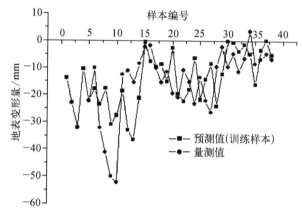

图 12　$N = 5$ 时 BP 神经网络训练与预测结果

（4）此处采用的是由本文建议的"多步滚动预测"模型，其运作流程框图已见前文。

（5）以上海市轨道交通地铁 M4 线交叠隧道盾构施工为例，从上述所作地表隆沉变形的智能预测结果及与实测值的对比示例，如图 13 所示。

2.3 盾构法隧道施工变形的智能模糊控制

依靠熟练盾构操作工的技术经验作人工控制（图 14），现今仍然是实用而有效的盾构施工变形控制

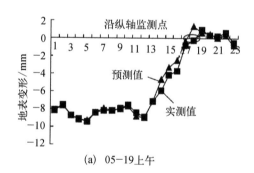

(a) 05-19 上午

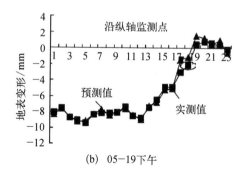

(b) 05-19 下午

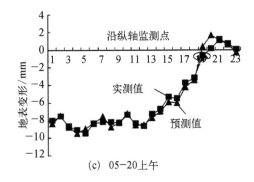

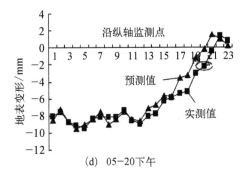

(c) 05-20上午

(d) 05-20下午

图13 交叠隧道盾构掘进地表隆起或
沉降变形的历时变化

的主要手段。如何把人的认识和经验上升至理性高度,并与此处所述的智能方法两相结合,利用上文所述智能预测的结果,藉有针对性地调整、修正盾构施工诸参数(主要是"仓压"和"注浆量"),进而再按模糊逻辑法则,作盾构施工变形的智能控制,是此处研究的对象和目的,也是施工现代化处理的最优抉择。

经过智能控制后,可测得经仓压和同步注浆量变化与地表最大隆沉变形量值间的实测关系(图15)。

2.4 工程应用实践

多年来,本项研究已经先后在以下五处盾构隧道施工现场进行了演示和试用,取得了一定的阶段成果,效益也十分显著:① 上海市轨道交通2号线"龙阳路-世纪公园"区间;② 上海市轨道交通2号线"江苏路-中山公园"区间右线;③ 南京市地铁1号线"中华门-三山街"区间;④ 上海市轨道交通4号线"临平北路-溧阳路"区间;⑤ 上海市轨道交通4号线南浦大桥区间,上下近距离交叠隧道。

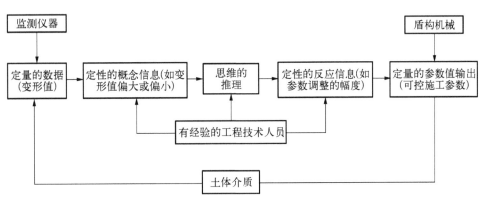

图14 盾构施工变形的人工控制示意

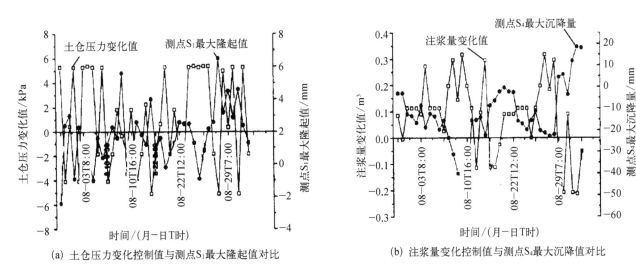

(a) 土仓压力变化控制值与测点S1最大隆起值对比

(b) 注浆量变化控制值与测点S4最大沉降值对比

图15 智能控制后盾构施工参数与地表变形关系

说明：本文的部分内容曾在笔者撰著的《城市环境土工学》一书(参考文献[1])中发表,此处应约作为转载见刊,此予说明。

致谢：参与本项研究的人员主要还有:张庆贺、胡向东、周希圣、袁金荣、朱忠隆、赵永辉、安红刚等,均在此致谢。

参考文献

[1] 孙钧.城市环境土工学[M].上海:上海科学技术出版社,2005.

[2] 同济大学地下工程系.盛世岁月[M].上海:同济大学出版社,2006.

[3] 孙钧,周健,龚晓南,等."受施工扰动影响的土体环境稳定理论和控制方法"研究总结报告[R].上海:同济大学,2003.

[4] 孙钧.城市环境土工学研究的智能科学问题[C]//上海市力学学会计算力学 2005 年学术年会论文集.上海:同济大学出版社,2005.

[5] 孙钧.基坑施工变形智能预测与控制[C]//地下空间岩土工程暨深基支护新技术应用研讨会论文集.深圳,2006.

[6] 孙钧.地铁区间隧道盾构掘进施工变形智能预测与控制[C]//2005 中国隧道掘进技术专题研讨会论文集.上海:同济大学出版社,2005.

本文发表于《施工技术》2009 年第 38 卷第 1 期

地铁施工变形预测与控制的计算机技术管理

孙　钧[1,2]，王东栋[1]

（1. 同济大学岩土及地下工程教育部重点实验室,上海200092；2. 上海城建集团院士研究室,上海200023）

摘要： 在研究地铁施工变形预测与控制方法的基础上,研制了其相应的计算机技术管理系统。基于多媒体视频监控技术,开发了盾构掘进施工监控半自动化系统,然后建立多媒体数字和图像仿真及计算机应用技术的三维动态人工仿真模拟系统。指出盾构施工监控系统数据库的技术参数和工作原理及功能。研制开发了盾构掘进地表沉降变形曲面的多媒体三维动态可视化仿真软件系统。该技术在上海地铁2号线某区间盾构掘进施工中基本实现了施工信息的远程自动监控和指挥。

关键词： 地铁工程；施工变形；施工监控；计算机技术管理系统；多媒体；图像仿真

1 基本情况

1.1 多媒体视频监控的功能及其工作特色

多媒体技术与视频监控技术的结合,彻底改观了传统的工程施工监控的工作方式。

（1）通过与网络技术结合而形成的远程监控,在多媒体视频中实现适时异地远程监控并发布指令,获取有用信息进行反馈控制。它是多媒体通信技术在工程中的具体应用。

（2）地铁隧道盾构作业情况复杂多变,采集监控量测数据点数众多,对其进行施工网络多媒体视频监控,可将文字、声响、图形图像、音频和视频等多媒体信息实时传输到控制平台,更高层次地实现了信息化施工。

（3）结合智能预测与控制技术,可通过施工监控及早防范突发事故和工程险情,识别和探测故障征兆与隐患,使盾构施工参数调整"有的放矢",设备缺陷早期发现、早期诊断和整治,做到故障预处理。

1.2 研究工作的主要内容

（1）基于光纤通信和高清晰度视频监控技术与施工网络多媒体技术,建立盾构掘进施工监控半自动化系统,使之将数据采集、图形图像、声响监控与图文传输四者集于一体。

（2）建立多媒体数字和图像仿真以及计算机工程应用技术的三维动态人工实景仿真模拟系统,以可视化技术手段,在屏幕上动态、质感、连续、逼真而生动地以三维可视化方式提供施工全过程中每一工况的数据分析及其监测监控结果。

（3）监控系统主要功能的实现：① 借助光纤通信和视频监控技术,使该系统具有现场实景监控功能；② 利用网络技术和多媒体技术,实现高速、高质量的数据与图像传输功能；③ 借助人工智能控制方法,使所研制开发的盾构施工计算机技术管理软件具有自学习、自动诊断和遇紧急情况作自动处理的功能,主要含以下两个方面：利用数字仿真技术和三维可视化技术,使能具备施工变形预测并模拟施工过程中盾构开挖和管片支护各工况的变形控制,调整各有关盾构施工参数的功能；在各项控制指标安全管理值的基础上,可系统比较理论预测值与现场实测值之间的差异；如发现有异常危象和工程险情情况,可以启动先前已拟定的对策预案与相应的有效技术防治措施。

1.3 盾构施工多媒体监控硬件系统（概要）

1）监控系统框架

监控系统框架包括：中央计算机网络；施工状态监控系统；设备监控；闭路电视等主要子系统。

系统由中央控制设备、矩阵主机、多画面分割器、长时间录像机、摄像机、监视器、电源及信号传输媒质等组成。信号传输媒质采用光缆加光端机方式传输,

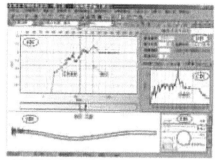

(a)盾构掘进施工状态动态查询器(界面之一)

(b)盾构机械数据库查询器

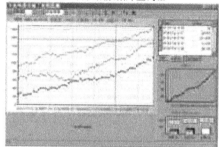

(c)盾构施工参数自动采集查询器

图1 数据库查询器示意

与数据传输系统共用一束光缆。

2)图像监控的前端设备

电视图像监控的前端设备系统主要包括：摄像机、云台、防护罩和镜头等。

3)图像监控系统的后端显示与记录

视频图像的切换与控制装置；显示被监控图像的各类监视器；"浓缩"众多被监控图像于一屏的多画面分割器；能够记录和重放图像的各类录像机；高速及海量存储视频图像的数字硬磁盘驱动器；可将指定图像以多种方式输出的视频印像机。

4)通信网络的主要任务

传输如下一些视频信号：① 图像信号：安装于盾构管片拼装机、出土机、地下控制室等部位的摄像机所采集的图像信息；② 音频信号：盾构机不同部位设备运转的音频信号；③ 数据信号：地下控制室盾构掘进管理计算机(FPC)所采集到的盾构施工参数信号；④ 控制信

号：地面指挥中心所发出的对地下设备控制的信号。

2 盾构施工监控系统的工程数据库

（1）数据库的构成含以下六个主要方面的技术参数：① 地铁施工沿线的工程地质与水文地质参数；② 盾构隧道平面线形和纵横剖面主体尺寸参数；③ 盾构机的诸主要技术参数；④ 从工程现场监测所得：盾构上方和侧面土层以及地表变形位移的量值及其变化；⑤ 盾构掘进施工有关诸施工参数；⑥ 隧道结构成形指标参数(管片环的偏心和圆度)。

（2）在编制和开发以上各项作为智能预测与控制基本数据输入工程数据库以后，要进而设计便于搜索、查询和调用以上诸施工技术参数与有关数据的手段。

（3）数据库的搜索、查询、咨询和调用要求数据库系统对多种查询方式及其查询结果，以不同显示方式、并针对不同的数据类别，研制与开发：文字、表格、图形等多种功能的查询器，它也是盾构信息化施工管理的一种强有力的工具，如图1—图5所示。

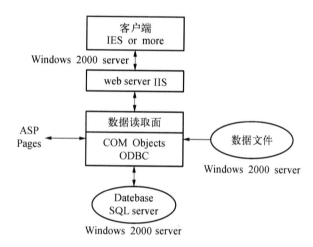

图2 施工数据文件的查询与调用

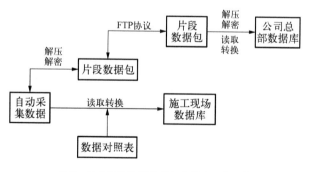

图3 施工资料数据采集与数据库运作示意

326

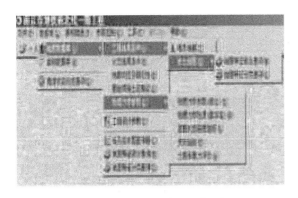

图 4　数据库查询的菜单驱动示意

3　盾构掘进地表隆起沉降变形曲面的多媒体三维动态可视化仿真软件系统

可视化技术的层次结构,如图 6 所示。

盾构隧道施工多媒体三维动态仿真软件系统的主要组成如下。

(1) 在完整采集地面、地下各种工程数据的基础上,以盾构初推进试验段的施工监测数据和地表隆起沉降资料为样本,综合应用人工神经网络、数理统计和灰色预测等方法,进行仿真模拟和运算,并以三维可视化图形图像形式真实、生动而又动态地描述盾构掘进中的地层位移变化。系统采用混合仿真的方式,即综合运用实时仿真与预制仿真两者的结合进行。

(2) 仿真系统的开发环境　系统在开发过程中对软件环境的要求,主要是建立一个较适宜的科学计算可视化与计算机可视化开发环境,其操作系统要求能够运行高级图形图像处理与计算机动画软件。有鉴于BorlandDelphi4.0 具有较强的图形图像处理能力、数据库管理能力和很高的代码质量与代码运算速度,系统以 Delphi4.0 作为总体开发平台,并作为数据库管理、图形图像处理等的主要开发语言,综合集成 Microsoft Visual C++5.x 与 Fortran 等作为其科学计算的语言环境。仿真系统的总体结构如图 7 所示。

(3) 仿真系统集成与仿真试验　在完成了系统的整体设计、仿真知识库的建立、仿真预测、仿真结果的分析处理、仿真三维图像显示以及系统的界面设计以后,再利用 Delphi4.0 作为总体开发平台,可对整个系统进行集成调试和仿真模拟试验。

(4) 盾构掘进施工上方地表隆起沉降曲面及其纵剖面地表沉降的可视化图形图像如图 8 所示。

4　盾构施工网络多媒体视频监控(硬件系统)的实施

(1) 初步实现了操作、掌控、系统维护和通信等多技术功能于一体的综合集成。盾构各施工现场通过因特网进行智能化技术管理的模式如图 9 所示。

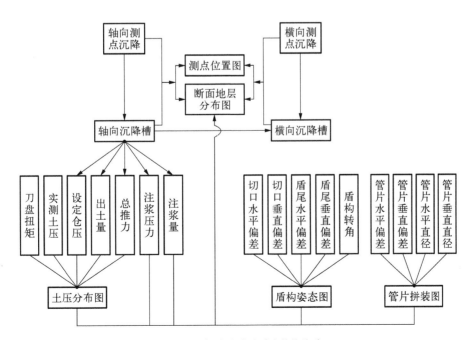

图 5　图形可视化查询动态链接关系

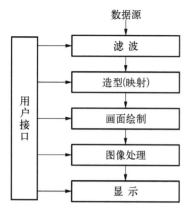

图6 可视化技术的层次结构

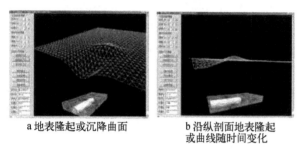

a 地表隆起或沉降曲面　　b 沿纵剖面地表隆起或曲线随时间变化

图8 盾构掘进施工地表隆起沉降动态可视化模拟

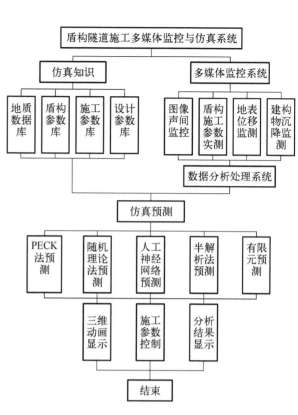

图7 仿真系统的总体结构示意

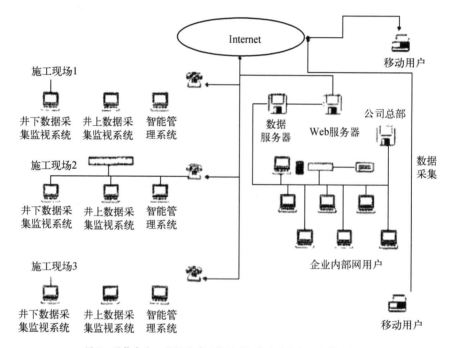

图9 盾构各施工现场通过因特网进行信息化与智能化技术管理

（2）在盾构施工监控系统的研制开发方面,已可基本实现的各项功能包括：① 现场实景监控功能；② 高速、高质量的数据与图像传输功能；③ 盾构施工计算机技术管理软件,具有自学习、自动诊断和遇紧急情况自动处理的功能；④ 能以预测和模拟施工开挖、支护各工况的变形控制并分别调整各有关设计施工参数的功能；⑤ 从工程危象险情预报及其控制的各该安全管理值,可具备选取相应对策与有效技术措施(主要指调整变化盾构诸施工参数)的防治功能。

（3）在各子项研制过程中,已初步解决了的若干技术关键有：① 将各种尖端科技综合集成于一体,并能较为成功地应用于本系统;② 图形数据对向的分布处理技术;③ 人工神经网络智能控制方法的采用;④ 盾构施工过程中的三维动态可视化仿真模拟技术;⑤ 决策库的设计与建立;⑥ 各个子系统的综合集成技术。

(4) 以上研究中的若干创意性方面:① 将网络多媒体视频监控技术综合集成于一体,并应用于施工监控与环境土工维护;② 建立了盾构施工全过程的三维动态可视化人工实景仿真模拟系统以及变形控制指标体系与相应的控制标准;③ 研制了盾构掘进施工计算机技术管理系统大型软件包,并在盾构施工现场实践中作演示和初步试用,取得成功。

5 工程应用效果与实测值的比照

(1) 盾构掘进沿隧道纵向的地表隆起和沉降,如图 10 所示。

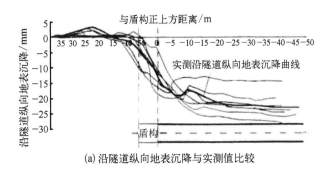

(a) 沿隧道纵向地表沉降与实测值比较

(b) 预测沿隧道纵向沉降与实测值比较

图 10 盾构掘进中沿隧道纵向的地表隆起和沉降

(2) 盾构掘进沿隧道横向的施工沉降槽,如图 11 所示。

研究项目组近年曾在上海地铁 2 号线"江苏路—中山公园"区间右线隧道的盾构掘进作业面上,布设了摄像机探头、光端机、双通道数据信号放大器、监视器

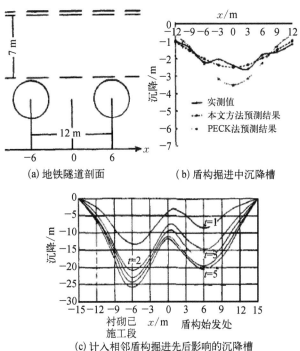

(a) 地铁隧道剖面   (b) 盾构掘进中沉降槽

(c) 计入相邻盾构掘进先后影响的沉降槽

图 11 沿隧道横截面的施工沉降槽

和光纤通讯等图像和数据处理与传输设备,能以及时地将施工作业场景、盾构施工诸主要参数、地面隆沉/变形量值及其变化,以及可能出现的风险预报等信息,实时传送到地面,基本实现了施工信息的远程自动监控和指挥。

6 结语

以高、新科技手段来改造传统土建技术学科和岩土类施工行业,在更高层次上建立新的信息化、智能化工程监控手段,形成一套行之有效的工程施工预测预报、险情预警,以及施工变形控制与整治的方法,完善计算机现代化施工技术管理系统,逐步改变与国外先进企业的技术差距,使我国的地铁建设水平再跃进一个新的台阶。

说明: 本文的部分内容曾在笔者撰著的《城市环境土工学》(参考文献[1])一书中发表,此处应约作为转载见刊,特予说明。

致谢: 参与本项研究的人员主要还有:张庆贺、胡向东、周希圣、袁金荣、朱忠隆、赵永辉、安红刚等,均在此致谢。

参考文献

［1］孙钧.城市环境土工学［M］.上海：上海科学技术出版社,2005.

［2］同济大学地下工程系.盛世岁月［M］.上海：同济大学出版社,2006.

［3］孙钧,周健,龚晓南,等."受施工扰动影响的土体环境稳定理论和控制方法"研究总结报告［R］.上海：同济大学,2003.

［4］孙钧.城市环境土工学研究的智能科学问题［C］//上海市力学学会计算力学2005年学术年会论文集.上海：同济大学出版社,2005.

［5］孙钧.基坑施工变形智能预测与控制［C］//地下空间岩土工程暨深基支护新技术应用研讨会论文集.深圳,2006.

［6］孙钧.地铁区间隧道盾构掘进施工变形智能预测与控制［C］//2005中国隧道掘进技术专题研讨会论文集.上海：同济大学出版社,2005.

本文发表于《施工技术》2009年第38卷第1期

6．隧道与地下工程的安全管理、节能减排与环保问题

隧道和地铁工程建设的风险整治与管理及其在中国的若干进展

摘要：本文就隧道与地下铁道工程建设的风险防范、整治和风险管理等各个方面的工作及其在中国的实践与若干进展进行了较为全面完整的阐述。首先，讨论了涵属于软科学范畴的多种主要风险因素，进而分别对长大越岭铁/公路交通隧道、越江和跨海隧道以及城市轨道交通与地铁在施工和运营阶段的各类风险进行了分析和评价。文后附列了上述相关内容的主要参考文献，便于读者查考、借鉴。

关键词：山岭隧道；越江和跨海隧道；轨道交通/地铁；风险分析；风险整治；风险管理；研究进展；工作实践

1 前言

中国是隧道工程建设方面的世界大国。近十余年来，中国大陆的长大越岭铁、公路隧道，诸如：秦岭铁路隧道、终南山高速公路隧道、兰新铁路的乌鞘岭隧道等，都已先后顺利建成通车，每座隧道长均达 18～20 km；又如，南水北调中线穿黄隧道正在施工建设，更有绵延数十公里的输水、引水隧洞工程等。在沿海软土地区，上海市在黄浦江上已建有 8 座越江隧道(尚未计入地铁过江)，正在施工的尚有 6 座。长江中下游的水底盾构隧道在武汉、南京、上海崇明都各有一座，其中，崇明南港长江隧道的盾构段长达 7 km，盾构直径达 15. 43 m，属世界之最。钱塘江上的 2 座采用盾构掘进的越江公路隧道(杭州市区、海盐)亦已在施工之中。全国各大城市的轨道交通/地铁建设进入高潮；以上海市为例，2010 年前计划建成 400 km，其规模之恢宏，兴建速度之快，在全球范围亦极属罕见。更值得指出的：中国新建的第一座跨海隧道——厦门市翔安高速公路隧道(东通道)早在 2005 年 5 月已正式兴工，现已全面进入海域施工。青岛市胶州湾和大连湾两座海底隧道也施工在即。连接香港、珠海和澳门三地的港珠澳大通道，采用桥隧结合型式，其主通航跨用沉管/或盾构跨越、隧道两端借在深海中构筑巨大的人工岛与其东西段的桥梁相互沟通衔接，该通道工程也正在积极筹建之中。其他拟议建设中的，有由广东省雷州半岛到海口市的琼州海峡隧道(桥隧方案比选之一)

以及台湾海峡跨海隧道(在北、中、南三线选址中，比较倾向于北线方案，其计划工程量将是英法海峡隧道的 3 倍以上)等。

据此，长大隧道与地下铁道工程建设中的风险评估分析、风险整治和风险管理等方面的诸多要害问题已日益突出，它关系到工程建设的安危成败和建设上的风险承担能力，风险评估与分析以及风险整治与管理等各项研究已引起了业界有识之士的亟切关注。隧道和地下工程风险分析过程的总体框架如图 1 所示。

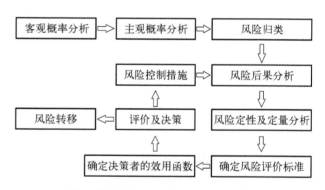

图 1 隧道和地下工程风险分析过程框架图

所谓的隧道工程风险管理，指通过风险识别、风险分析和风险评估去认识工程风险，在此基础上合理使用各种风险应对措施和风险管理方法上的经济与技术手段，对项目风险实行有效地控制，妥善处理风险事件造成的不利后果，风险管理是整个项目管理的一个重要组成部分。

近年来，国内在对一些大型复杂的隧道与地下工程进行可行性研究时，已把风险的分析与控制作为工程管理的热点问题。上海前些年曾委托同济大学就"上海崇明越江通道工程"针对其越江线位、越江方案和工程建设实施等做了专题风险分析研究。研究工作涉及桥隧方案的建造期和营运期安全风险防范、长江口河势随机演变、越江工程对周边海陆域生态环境的不良影响、客货交通运量发展预测、以至恐怖袭击的风险等,进而提出了针对该项目实际的风险防范对策与措施。

2 软学科范畴的风险分析与管理

软学科范畴的风险分析与管理可归结为以下几个主要方面:工程投资与造价风险、经济效益和社会效益风险、建设工期(含关键性节点工期保证等)延误风险、客货交通运量预测风险、施工期和运营期安全风险,以及环境维护风险。

2.1 工程投资与造价风险

如何有效节省工程造价是多年来工程界研讨的热点问题之一。对于隧道、地铁轨道交通项目,其前期规划、设计、施工等各阶段的合理性和经济性均对工程造价具有重要的影响。

早在1986年,胡政才提出了降低隧道工程造价的完整概念,革除了当时设计施工与运营脱节的弊病,将计划、设计、施工、科研、运营等综合考虑在一个系统内,使隧道这一建筑产品要接受用户及市场的检验,发挥运营部门的监督作用,促使设计与施工部门在重视质量与安全的前提下追求自身的经济效益,从而有效控制和降低整个工程造价。

王李刚(2001)分析了地铁工程造价现状及造价控制的一般原则,重点根据项目建设流程,分阶段对工程造价控制进行论证,结合技术、经济等多个层面和各种方法对城市快速轨道交通工程造价的合理确定与控制进行了综合分析。

从2001年起,由施仲衡院士负责的"降低地铁造价及工程建设管理等若干问题的研究"课题组,对我国地铁建设的基本情况进行了详细的调研,并从:准确估算客流,科学规划线路,采用高新技术,精心设计、精心施工,减少列车编组,增加行车密度,推广设备国产化,加强和改善工程建设与运营管理,研究新型轨道交

通系统等12个方面,对如何降低地铁工程造价进行了较深入系统的探讨。

黄宏伟等(2003)对地铁建设中风险管理的基本流程,包括风险识别、风险分析和评估、制定风险管理对策,以及对风险管理的监控等进行了论述,详细分析了地铁设计风险因素,决策阶段和设计阶段的工程风险管理要点,施工风险因素,以及施工风险管理等等,并重点论述了加强设计风险和施工风险管理对降低地铁工程造价的重要作用。隧道及地下工程风险动态预警预案分析流程如图2所示。

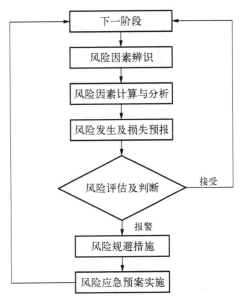

图2 隧道及地下工程风险动态预警预案分析流程粗框图

综上所述,降低隧道及地铁工程造价涉及项目前期规划、设计、施工、科研、运营等各个阶段的众多因素,要有效地控制和降低整个工程造价,必须妥善处理好项目决策及其实施过程中各个阶段的不确定性风险因素。

2.2 经济效益和社会效益风险

隧道与城市轨道交通工程项目作为国家投资巨大的一项基础设施建设,极大地促进了国民经济的增长。如果对隧道与地铁工程项目的社会、经济效益的估算存在较大偏差,就可能导致项目宏观战略决策的失误,整个工程项目造成的损失有时将无法估量。

李志等(2006)结合成都市地铁一期工程的具体情况,运用定性与定量分析相结合的方法,尝试就城市轨道交通对国民经济的贡献进行了较为合理的估算与分析。其中,对城市轨道交通的社会、经济效益的定量计

算,包括:节约乘客出行时间的效益,减少公交车辆经济成本的效益,减少交通事故损失的效益,节约能源的效益。

在国外,欧洲隧道工程项目公司在这方面曾进行过周密的可行性研究。市场研究认为,英法隧道在经济上是可行的。根据市场调查,在第一年完全运营时的收入预计从1993年的5.007亿英镑增加到2003年的6.42亿英镑,再增加到2013年的7.312亿英镑。然而,欧洲隧道工程仍不得不面临以下两方面残酷的现实:

(1)成本预算误差过大。欧洲隧道系统起初的计划成本是48亿英镑,最后实际上则大约投入了105亿英镑。

(2)对项目风险估计不足。低估了市场的竞争风险、价格风险和需求风险,对轮渡、航空等行业竞争对手没有进行恰当的细致分析。轮渡及航空运营商降低票价,导致欧洲隧道公司的预期收入大大降低。

综上所述,对隧道及地铁工程项目社会、经济效益评价是否正确,其对项目宏观战略决策具有十分重大的影响。

2.3 建设工期(含关键性节点工期保证等)延误风险

隧道及地铁工程建设由于具有综合性、复杂性和上述的不确定性等特点,在施工中将会遇到很多困难和障碍,使工期难于控制。建设工期的延误也是一项潜在的风险。

一旦建设工期延误,就可能产生很大的负面影响和不良的拖带效应。如上海轨道交通4号线的"浦东南路—南浦大桥"区间隧道东段,采用冻结法施工时,因处理不当和工作失误造成该区间隧道部分突水涌砂,地面大范围塌陷,邻近黄浦江东侧防汛墙开裂和大楼突沉、倾侧等重大事故,致使局部线路延误交工2年,造成巨大的经济损失。

张少夏等(2005)就引起隧道盾构法施工工期延误的各种技术因素进行了探讨,利用事故树法对影响隧道工期的技术风险进行分析。得出了主要结论:盾构刀盘或刀具磨损过量、过频,地基加固处理不当,管片就位错台、不准,盾构液压推进系统漏油,注浆压力控制不当和管片混凝土质量不合格等风险因素是盾构工程技术关键的风险因素。

2.4 客货交通运量预测风险

客货交通运量的预测是交通运输发展战略研究的重要内容,其结果的正确性与合理性对于科学地确定基本设施的投资规模、营运策略、发展战略以及建立中长期运输规划都是十分重要的。

江志华等(2004)讨论了灰色预测模型和方法在交通运输预测中的应用,建立了基于灰色预测理论的GM(1,1)模型,分别对货物和旅客周转量进行了有根据的预测。

张飞涟等(2005)针对现有铁路客货运量预测方法的不足和铁路客货运量的随机波动性,基于灰色预测理论建立了铁路客货运量预测的随机灰色系统模型。

李锋等(2006)采用四阶段法和函数模型法预测了大连-金州的交通需求,然后预测交通需求中公交线路的分担率,由此计算得轨道线路的分担率及其交通量分配,对大连-金州轨道线路的断面客流量进行了合理预测。

李学伟等把遗传算法应用于智能经济预测的模型选择问题,得到了较好的预测模型,进行了交通流量数据的预测。

王建玲等(2007)以成都铁路局1998—2004年客运量为原始数据,按照"误差平方和最小"的准则,把移动平均法与GM(1,1)模型相组合,对成都铁路局2006—2010年的客运量进行了组合式预测。

铁路及地铁交通运量预测受到许多因素的影响,部分因素具有不可预知性和不确定性,这往往构成了影响交通运量方面潜在的一些风险。

2.5 施工期和运营期安全风险

1)隧道及地铁施工期安全

由于上述隧道及地铁工程具有受许多随机可变因素影响的特点,引发隧道及地铁施工期安全事故的因素也非常多。例如:隧道通过不良地质缺陷、施工中高压涌水/突泥、工程施工质量不佳等都会导致重大安全事故。

汤漩等(2006)介绍了适用于盾构隧道施工期风险管理的主要流程,并构建出一套盾构隧道施工风险评价体系和盾构隧道施工风险知识管理系统的新概念。

黄宏伟等(2006)较系统地介绍了一套盾构隧道施工风险管理与控制软件的功能和实现方法。其风险评估方法主要采用了专家调查法和CIM(Controlled

Internal and MemoryModels)模型,将风险指标作为评价标准,实现了对隧道风险辨识、风险评估和决策,以及风险跟踪等风险管理的基本流程。

吴贤国等(2005)根据工程风险评价的基本原理,针对盾构隧道水下施工的特点,提出了一种可以对水下隧道工程施工风险进行定级评估的方法,其主要原理是将定性与定量相结合,正确定位各个风险因素。

林志等(2007)以规划中的重庆两江隧道为依托,采用风险分析方法中常用的专家打分法,对该工程采用钻爆法可能遇到的风险因素实施风险分析与评估,并给出了相应的处置措施。

李静等(2007)基于BP神经网络理论模型,以水中悬浮隧道为例,对工程施工中的各项风险指标进行了辨识、量化与评价,进而对其施工总体风险进行了分析,得到了施工风险的量化参考指标。

国内关于该方面的研究刚刚起步,风险管理在隧道及地铁工程施工安全性方面的应用还只是针对个别工程展开,目前已初步建立的风险数据库、风险评价体系及其风险管理软件均有待进一步完善和系统化。表1所示为盾构掘进和暗埋段施工所作风险分析的结果示意。

表1　盾构和暗埋段施工风险分析结果示意

施工段	风险序号	风险项目	P	C	R	定义和说明
盾构段施工	(1)	盾构进出洞施工风险	1	3	2	轻度风险:通过设计上的注意及施工时的日常管理可以消除
	(2)	盾构开挖面失稳风险	3	1	2	
	(3)	盾尾密封失效风险	3	3	3	中度风险:设计上必须充分考虑,施工时需要制定周详的管理计划
	(4)	盾构开挖面前方有障碍物风险	3	1	2	轻度风险:通过设计上的注意及施工时的日常管理可以消除
	(5)	盾构隧道结构上浮风险	2	2	2	
	(6)	盾构穿越防洪大堤风险	3	4	4	重度风险:明确设计时的条件,施工时进行限制,同时施工必须进行集中管理
	(7)	明挖深基坑失稳风险	3	4	4	
暗埋段施工	(8)	破坏已建高压电缆沟风险	3	3	3	中度风险:设计上必须充分考虑,施工时需要制定周详的管理计划

注:P为风险发生的概率等级;C为风险造成灾害的损失等级;R为风险水平的等级。

2)隧道及地铁运营期安全

目前,隧道及地铁的运营安全已日益成为业界关注的重点,对于隧道及地铁运营期的安全问题主要涉及紧急救援、运营通风、消防防灾、交通监控以及安防设施等方面。

马壮林等(2005)运用现代交通安全管理理念,以先进的信息技术、控制技术和网络信息传输技术应用为背景,初步建立了高速公路隧道交通事故预防与紧急救援系统,研究了高速公路隧道交通事故预防与紧急救援系统的框架。

彭立敏等(2007)利用商业CFD软件PHOENICS3.5对湖南雪峰山特长隧道进行了火灾的数值模拟,研究了在不同纵向通风风速的条件下,隧道内火灾烟雾的浓度场、温度场等沿隧道纵向和横向的分布规律和烟气回流情况,以及火灾烟气的动态发展规律,提出了控制烟雾、满足火灾救援和人员疏散的有效措施。

闫治国等(2005)借助大比例火灾模型试验,系统研究了火灾时隧道内温度随时间的变化,最高温度与通风风速、火灾规模的关系,提出了火灾阶段划分和隧道火灾的预防救援措施,并将研究成果应用于18 km长的西安秦岭终南山特长高速公路隧道的防灾工程治理。

代宝乾等(2005)在对国内外63起地铁典型事故进行分析的基础上,确定了地铁火灾、列车脱轨、拥挤踩踏、中毒窒息、列车相撞等有害危险因素,并对影响事故的后果严重度和发生频率进行了分析,给出了危险度的计算查阅赋值表,对影响地铁运营的危险度做出了量化分级,对危险有害因素的防治对策进行了探讨。

古晋(2007)根据地铁隧道内列车火灾的特点,在分析隧道火灾原因、烟气扩散影响和人员疏散时间等基础上,提出了隧道火灾排烟模式原则,以及在隧道内采用侧向疏散平台、构筑联络通道、在列车上应用细水雾消防技术等建议。

代宝乾等(2006)分析了地铁运营系统的特点、运营模式和系统故障模式,并运用系统工程的理论原则,从系统外部因素、系统指挥因素、设备设施因素、运营管理因素等4个方面,确立了地铁运营系统的安全综合评价指标体系,利用模糊数学综合评价法,建立了地铁运营系统的安全综合评价模型。

刘天顺等(2006)讨论了影响城市轨道交通系统运营安全和可靠性的相关因素,定义了故障、事故和突发事件的概念及其相互关系,论述了技术设备、网络运输能力、运营组织方案、突发事件等主要因素对运营安全和可靠性的影响。

根据以上所述,影响隧道和地铁运营期安全的因素,主要有:交通事故、火灾、爆炸、系统故障以及其他突发事件等,并且这些因素均具有不可预知性和不确定性,是交通运营期安全方面潜在的主要风险。因此,必须采取具有针对性的安全风险防范措施,如:建立交通事故预防与紧急救援系统,制定隧道火灾的预防救援措施,提出合理的运营组织方案,设置完备的地铁与轨道交通运营安防系统,建立地铁及轨道交通运营系统安全综合评价模型等等。

2.6 环境维护风险

目前,公路、铁路隧道及城市地铁施工和运营对周边环境的影响引起了业界广泛的关注,环评工作成了一项当务之急。这些影响主要涉及对生态环境的破坏、水土资源流失、地质环境恶化,空气污染、噪声和环境振动等方面。

田劲杰(2004)通过分析铁路长隧道的特点,研究了与铁路长隧道建设有密切联系的生态环境影响,如水土流失、地下水位生态环境效应等,并构建了一种较为可行的铁路长隧道生态环境影响指标的层次结构体系,提出了基于多层次模糊综合评判的铁路长隧道生态环境影响综合评价方法。

蒋成海等(2006)基于对雪峰山特长公路隧道浅埋段开挖前后的地表水量变化,以及地表水水质和地下水水质变化的对比,提出了高速公路隧道浅埋段的地下水流失问题应重视勘察和环保设计工作。

高波(2005)从隧道弃碴、水资源漏失、施工噪声、振动、岩层辐射、水体污染、景观协调性、微风压波等几个方面,分析了隧道工程在施工期和运营期对生态环境和生活环境可能产生的不利影响及其影响的机理。

庄乾城等(2003)通过对南京市地下水的实测分析及与地铁隧道相互作用的研究表明,地铁隧道穿越秦淮河古河道,且隧道与主要导水层在地下深部相重合,导致了区域地下水环境发生改变,降低了地下水的循环代谢,加重了地下水的污染,由此提出进行可协调的

生态城市规划应充分结合地质调查结果,选择合理的空间布局,降低地铁建设对生态环境的有害影响。

蒋维相等(1998)利用风洞物理模拟手段,对处于城市街区的交通隧道风井塔和洞口排放污气的环境影响作了实验研究,并基于射流理论和现场实测,建立了洞口污染物散布的预测模式。结果表明:隧道洞口污气排放有可能造成短时局部比较严重的污染影响和废气浓度超标,对城市街区局部地域环境也有一定不利影响。

孙艳军等(2005)以广州地铁6号线环境影响评价为例,结合国内外开展地铁工程项目环境影响评价的经验,对地铁项目环境影响评价的指导思想、评价重点、工程污染再分析,以及环境影响预测与评价等若干主要问题进行了探讨。

董霜等(2003)介绍了国内外地铁振动环境及对建筑影响研究的概况,系统阐述了地铁振动的产生、传播和相关因素等理论研究成果,进一步探讨了地铁振动的控制措施。

肖上平等(2006)采用AWA6218型噪声统计分析仪对中国地质大学(武汉)地大隧道内的噪声进行了定点监测,并针对噪声的主要来源,从环保意识、安装吸声材料、加修低噪沥青路面、加强隧道出入口处护墙的绿化建设等几方面提出了一系列的防治措施,以改善隧道噪声环境污染现状。

刘晶晶等(2007)以城市快速轨道交通规划环境影响评价为基础,对规划环境影响评价方法进行探讨,初步建立了由土地与环境敏感区、噪声、振动、水资源和电磁辐射等五方面构成的快速轨道交通线网规划环境影响评价指标体系。

综上所述,隧道、地铁及轨道交通对环境影响及其评价的研究涉及到环境、工程地质、声学等多个学科的技术知识,以及多层面交叉与多种因素的相互作用,需要各学科研究人员相互协作共同完成。

3 山岭隧道与越江/跨海隧道的工程风险—风险整治与管理

隧道的工程风险管理主要可归结为以下几个方面,即:洞体开挖施工中的水患险情预警与控制;围岩注浆的质量保证及其经济有效性(性价比)、对围岩开

挖时塌方和因施工变形过大导致洞体失稳的风险防治、隧道支衬结构设计安全，以及隧道运营中的防灾与减灾，等等。通过对风险因素的调研和分析、整理，可汇总得到如表2所示的隧道施工期风险项目分析结果。

表2 隧道施工风险项目分析表

序号	风　险　项　目	P	C	R	备　注
(1)	施工中围岩渗水，开挖面涌水	5	1	4	风险大，需采取措施
(2)	隧道大范围塌方	2	3	2	—
(3)	注浆材料选择不当时，导致材料离析，丧失流动性，体积减少，强度不足，防水性和止水性的降低以及在管道内的硬化	2	3	2	—
(4)	隧道突发涌水事件淹没隧道	1	5	3	—
(5)	不良地质构造和地层含水情况导致隧道施工难度加大	3	3	3	—
(6)	勘测错误导致工程继续开挖困难	1	3	2	—
(7)	药量过多，爆破震动过大，致使围岩失稳	2	3	2	—
(8)	地面设备直接进行注浆时，注浆量的管理以及泵站能力出现问题	2	2	2	—
(9)	施工人员操作不当导致异常	2	3	2	—
(10)	爆破震动对周边建筑物的影响	3	4	4	风险大，需采取措施
(11)	隧道爆破震动将可能加速节理裂隙及岩层结合的恶化，导致渗水量增加，对围岩稳定和施工安全构成威胁	3	4	4	风险大，需采取措施
(12)	排水能力小于涌水量，导致隧道施工不能正常进行，导致工程失败	3	4	4	风险大，需采取措施

注：P 为风险发生的概率等级；C 为风险造成灾害的等级；R 为风险水平的等级。

3.1　在隧道不良地质区段，施工水患的风险管理、防治与控制

隧道开挖施工中遇有骤发性的涌/突水(泥砂)时，如果未作及早的预测、预报和预警，在许多情况下所导致的施工风险将是致命的。远在日本青函隧道和我国20世纪80年代修建的大瑶山隧道以及近年来有如渝怀线上川南山区的园梁山、武隆等多座隧道都有深刻的经验教训。

1) 隧道陆、海域场址经常可见的不良水文地质条件与地质缺陷

近年来，上海城建集团院士工作研究室参加的几

处岩质隧道工程水文地质方面所察见到的情况，一般条件下大体是：

(1) 在第四系全新统沉积砂层中以及基岩破碎和节理裂隙发育带内，其富水性好，分别赋存有饱和孔隙水和风化基岩孔隙/裂隙水；

(2) 工程场域内虽基岩的整体、致密性较好，其富水性弱，渗透性也较差，为弱/微含水层，但仍可能在局部地段赋存有较发育的含水层和透镜带；

(3) 含水岩组地下水受江河海水或附近水库蓄水垂直入渗的补给作用，并受地面水压力影响，具有一定程度或相当大的承压性；

(4) 隧道开挖施工可能面临水压高、经常性的而又稳定流量大等特点的地下涌/突水，且沿线呈随机分布、隐蔽性强而具突发性，是防范隧洞突涌水风险事故的主要考虑因素。

2) 地图地理信息系统(MapGIS)程序软件的采用

多年以来，已采用专用的程序软件在不少隧道开挖施工实践中对水情和水患进行有依据的风险管理与防治，认为不失为一种好的选择。有关 MapGIS 的研究现已拓展到岩土和地下工程领域，采用 MapGIS 高技术系统平台，2005 年以来已结合厦门东通道海底隧道开挖施工中的高压突水超前地质预报、预警与其风险整治决策问题，进行了该系统的二次开发及其系统软件的研制。MapGIS 是一个集当代先进的图形、图像、地质、地理、遥感、测绘、人工智能、计算机科学等于一体的大型智能软件系统，是集数字制图、数据库管理及空间分析为一体的空间信息系统，是进行现代化管理与决策的先进工具。

3) 隧道施工治水/防塌风险评估与管理的基本原则

(1) 施工中对高压突/涌水的综合处治，要求做到："面对灾害性地质，却不能造成灾害性水患事故"。

(2) 对难以预见又防不胜防的施工风险的处理要求：应考虑遭遇超前预报中未及预测到的突发性集中突涌水的施工风险。

(3) "管超前、严注浆、短进尺、弱爆破、强支护、勤量测、早封闭、快衬砌"，进行信息化施工的动态技术管理。

(4) 超前探水孔和预注浆封堵是工程治理的主要手段。此处的施工治水方案仍应沿用"以堵为主、以排

为辅、堵排结合"的原则来处理。

4) 工程水文地质的综合评价

(1) 岩性、水文地质结构、地形地貌特征、构造发育条件；

(2) 如遇可溶岩地层(此处大概没有)，则对岩溶水力学特征，含：扩散流、管道/洞穴流特征，并兼有；充水空间形态及其延伸：溶蚀裂隙充水及其连通性作综合评价；

(3) 涌水量和水压计算预测要贯彻勘测、施工全过程，并不断修正。

5) 难以预见的施工中的水患风险

(1) 未及预见的涌水突泥，补救困难；对洞口或岸滩、岭脊等地段，因疏排不得法，可能导致地表浅部地下水流失，使地表塌陷，房屋开裂；

(2) 原应先期施作预注浆的地段，因决策迟缓或失误，造成被动注浆，处理时间拖长；

(3) 超前预注浆效果不好，影响掘进循环进尺按计划实现；

(4) 水流渗透力造成断层破碎带塌方，处理费时，并加大了衬砌支护工程量；

(5) 岩体构造发育部位，在开挖中可能产生裂隙水的分散性淋水或涌水。

以上施工风险将危及人身安全，且大大延误工期，并使投资与施工成本大幅度地增加。

3.2 全断面帷幕灌浆、防堵高压突/涌水的工程风险整治

围岩注浆被承包商视为工程是否盈亏的关键，如果没有先期就做好主动注浆而变成"被动"，则认为是一个"无底洞"，投入耗资大而又收效甚微，其中，如要求全断面帷幕注浆，则情况就更是如此。

1) 全断面帷幕灌浆技术的选用

在遇有风化深槽/风化囊和其他严重不良地质缺陷时，可能会产生与地面或江河水体的水力补给密切相沟连的特大高压突/涌水情况，此时如仍沿用仅对隧道截面的局部地段施作一般性的小导管浅孔注浆尚不足以解决问题的极端恶劣和困难情况下，在实在不得已处，才只好采取在一定洞轴纵向距离范围、沿隧道整个横截面进行超前帷幕灌浆的工程措施。采用帷幕灌浆的抉择及其设计必须按水文地

质实际情况对高压突/涌水所作预测、预报工作的指导下进行。

在确认注浆对围岩固结已达到设计要求以后，才可在洞室拱部进行管棚支护施工，并继续开挖作业。

2) 全断面帷幕灌浆的技术要点

(1) 水文地质超前预报信息及其分析处理，有根据地研究确定所要求止水的水量和水压；

(2) 从幅向深入围岩的注浆范围及沿隧洞纵向要求完成的注浆距离；

(3) 选用适合地质条件的注浆工程技术参数；

(4) 注浆材料选择和浆液配制；

(5) 地质钻机钻孔与注浆作业工艺；

(6) 封闭渗水裂隙的技术保证和施做止浆墙；

(7) 现场注浆试验与测试；

(8) 注浆质量的检查；

(9) 局部防渗帷幕的补强与加固。

3) 在注浆设计研究方面的主要工作内容

从所进行的浆液性能试验，得到浆液流型、黏度与切力的变化规律，建立黏度时变性准则(此项工作现已有前期的阶段性试验研究)；探讨注浆扩散半径的总体变化以及浆液黏度、裂隙开度、浆压、静水压力等对其扩散半径的影响。

进而，建立基于粘度时变性的注浆扩散模型，并研制计算机应用软件，在注浆工程实施中再需作进一步验证、完善和改进。

3.3 隧道围岩防塌险情预警、施工变形预测与控制方面——围岩施工失稳风险评价

新奥法隧道施工法(ATM)强调：容许围岩有一定变形，但又需控制围岩过度变形，支护适时。本文建议的一种"围岩变形速率比值判别法"提供了在定量预报险情、定量表达支护适时条件下，是掌握围岩稳定而避免塌方的一种定量分析方法和标准。

在已有判据认定的险情区段，须及时采取加固措施，避免塌方。

1) 隧道开挖施工时，围岩稳定性的"变形速率比值判别法"

鉴于以洞周收敛或拱顶下沉量以及收敛速率作围岩稳定判定准则的不足和不易定量化的缺点，此处建议以该一预报时段与前面几个时段围岩各控制点变形

速率的变化—"减速"、"等速"或"加速",来定量划定是否应作工程报险。对出现后两者情况时,如果其不当情况延续了若干个时段,则应即适时作出工程险情预警。洞体内监测点一般都布设在拱顶、拱腰和拱端以及侧墙中部和仰拱中点等,方法的采用和进行步序如图3所示。

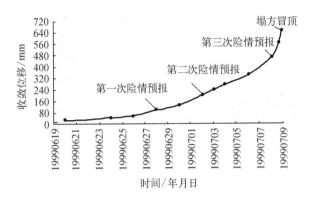

图3 某隧道塌方冒顶段 K7+210 断面
"收敛-时间"变化曲线(1999)

2) 施工期对隧道衬护原设计参数的调整与修正

在海底隧道施工期内,应实时地对隧道衬护原设计参数进行调整与修正。其要点是:

(1) 施工中遇必要情况需对原设计的隧道衬护参数再作调整和修正。

(2) 以典型工程和实测信息对岩石力学理论分析结果进行类比、修正为特点,是对隧道工程新奥法支护设计的改进。可用于隧道围岩变形、破坏特性与支护效果的快速分析及超前预报,应用形式建议采用新版 BMP 电算程序(2002)。该 BMP 软件的基本组成如图4所示。

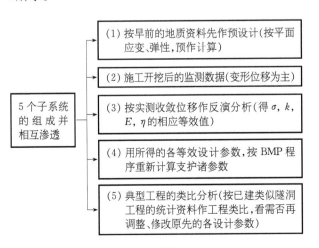

图4 BMP 软件的基本组成

在导洞中将量测数据经程序分析和计算后,先自动绘制各项位移的历时变化曲线;通过对先行导洞围岩作反演分析,可得围岩的 σ, κ, E, η 诸等效岩性参数。再在主洞中进行正演,以反馈、检验和需否在施工期中进一步调整与修改设计阶段原有的支衬参数。

3) 复合衬砌中"二衬"设计安全与经济的优化问题

在隧洞开挖时及时采用锚、喷、网作为初期支护之后,再在适当时机、设置刚度合理的二次内衬("二衬")构成复合式衬砌,这在软弱围岩洞室中是最常见的一种衬护型式。关于二衬设置的最佳时机及其刚度优选,关系到隧道衬护结构的安全与经济,也是在工程设计风险方面值得深入探讨的主要课题之一。近年来,上海城建集团院士工作研究室借用"收敛-约束法"(convergence-confinement method)的理论和方法,对这一问题有了较好的解决。

3.4 隧道防灾与减灾

隧道运营中的防灾是一项非常重要的课题,尽管铁路隧道比之公路与城市道路隧道的防灾问题可能要小一些,但仍然不容忽视;此处说的防灾仅局限于防止洞内火灾发生与蔓延,在火灾成生以后则要求将损失降低到最小限度—减灾。

1) 西方一些国家和日本在隧道防灾方面的设计理念

(1) 中央主控室的防灾自动监控系统十分周密和完善,使火灾苗子能及时消灭于萌芽之中,决不使其蔓延成灾;

(2) 洞内设置有效的火灾自动探测、报警系统和疏散逃生广播;

(3) 注意组织进洞车辆、防灾救援、消防灭火系统等的经常维修保养,不使通风、排烟系统急用时故障失灵;

(4) 洞内设置专用排烟通道,并创造最佳的疏散、逃生条件;

(5) 做好事故通风、风流组织模式与排烟、稀释废气和通风降温设计。

2) 改善通风(交通停滞条件下发生火灾的最不利工况)条件

(1) 供应新风:风量、风压要求火源一定距离外将有害废气稀释到容许限值的浓度以下;

(2) 排烟浓度:火源上游 300 m 开外、要求达到容

许限值;

（3）降温：火源上游 250 m，下游 50 m 以内，仅短时间超过 80 ℃。

3）增设逃生通道

对沿洞身纵向已经设置逃生滑梯的条件下，对铁路隧道而言是否再适当补充设置横向联络通道的考虑，值得结合具体实际条件进一步商榷和论证。双洞间设置横向联络（逃生）通道，并对逃生人员进入服务隧道的间距做出规定，国外规定为 300～350 m；我国初步设定为 250～500 m，从上述条件看是合理的。

3.5 跨海隧道施工风险评估与风险管理

在隧道工程建设项目的勘测、设计、施工和运行管理过程中都存在着一系列不确定因素和内在的各种风险因素，而对此处特大型而又十分复杂多变的海峡隧道工程言，其内在的不确定因素和风险因素将更加敏感，如：项目投资大、工期长、技术复杂，存在着诸如政策风险、市场风险、环境和投资风险、技术风险等。

就长大海峡隧道的勘测、设计和施工等诸多工程难点方面考虑，其主要的技术风险类别大体上表现为：

（1）由于地质、水文和地震等方面漏勘、误勘或因勘探工作数量不足和质量缺陷等带来的技术风险；

（2）由于跨海隧道选位或因其平、纵线型设计不周，对施工技术难点及其风险的影响；

（3）因隧道掘进机（TBM）选型、或主体结构与附配件方面有失误，带来的技术、安全与经济上的风险；

（4）隧洞开挖、围岩稳定、防塌，以及施工中突涌水预测与注浆、支护工程整治与处理方面的技术风险；

（5）隧道衬砌结构及其防排水设计与施工风险；

（6）结构选材与施工工艺和施工质量方面的技术风险；

（7）隧道陆域两岸接线施工对周边城市环境维护的影响与控制方面的技术风险；

（8）施工总工期与关键节点工期掌握与保证方面的风险等。

4 城市轨道交通和地铁建设的工程风险——风险整治与管理

对于轨道交通和地铁建设的风险管理，本文主要

根据工程施工中可能遇到的各项风险及其处理对策展开，并对轨道交通和地铁建设风险管理存在问题及近年来的研究进展作简要讨论。

4.1 轨道交通和地铁建设的工程风险及其整治

1）不良工程地质等自然条件风险及其整治

择其主要的几种困难场合，略述一二。

（1）液化土层：可填砂堆载或超载预压，局部降低和消除液化影响，也可在结构设计时采取适当措施。

（2）流砂、管涌等（泥水盾构施工）：盾构推进过程中保持切口泥水压的稳定和推进速度均衡，减少对土体的扰动；加强开挖面泥水质量的检测和控制，及时补充新鲜浆液。

（3）淤泥质软黏土的触变和流变：严格控制开挖作业对土体的扰动，及时、均匀地同步注浆，并保证浆液强度适中，固结时间适当。

① 结构设计应兼顾刚柔相济，将隧道管片衬砌设计成有一定刚度的柔性结构；

② 设置必要的变形缝，平缓地化解隧道纵向不均匀沉降；

③ 制定隧道突/涌水的应急措施。

（4）承压水地层

① 考虑在坑底施作进行土体加固以消除坑底隆起和翻砂、井涌；

② 盾构推进过程中保持切口泥水压的稳定和推进速度均衡，减少对土体的扰动；

③ 提高盾尾密封性能，盾尾至少设置 4 排密封刷，并设紧急止水装置。充分压注盾尾油脂，防止地下水和土体、泥浆等从盾尾空隙处涌入。

（5）遇地下障碍物（如沉船、废弃人防桩体、建筑垃圾、光缆、旧管线等）

① 超前测控，直接移（凿）除障碍物，如打捞沉船、凿除废桩、将缆线水管、煤气等临时搬迁；

② 对无法移除的大型人防等障碍物，应考虑将隧道现设计线路适当改移走向。

2）地铁施工对破坏周边环境的风险及其整治

（1）临近建筑物开裂、倾侧、甚至倒塌破坏；

（2）路面及其他地面设施破坏；

（3）各类市政及公用地下管线破坏；

（4）已建或在建隧道变形、走位，管片产生裂缝，

漏水,甚至碎裂。

3) 地铁车站深大基坑工程施工风险及其整治

主要风险包括:基坑开挖阶段的滑坡和坍塌;支撑折屈失稳;围护结构过量变形;围护结构渗漏水及流砂;基坑周边围护防护设施坠落等;基坑降水效果不良;支撑吊装、安设不安全;坑底塑性隆起过量;结构施工措施不到位;临时封堵墙施工渗漏等。

对于基坑工程存在的主要风险可从以下方面进行防范和整治:

(1) 充分考虑设计、施工荷载的随机变异性,要计入可能存在地面超载引起的计算误差;

(2) 考虑岩土体材料参数的不确定性,结合勘察资料和设计经验,确定稳妥可靠的土体参数取值;

(3) 考虑施工环境条件的变异性,如气候反常变化,基坑承受的施工扰动等;

(4) 合理可靠地优选施工工序和施工参数,严格控制施工进度,施工中做好对基坑及其邻近建(构)筑物等的信息化监控;

(5) 制定突发事件的应急处理预案,如:基坑开挖阶段的滑坡和坍塌,支撑失稳,流砂、管涌、围护结构变形过度和渗漏水等。

4) 盾构工程施工风险

主要包括:盾构进出洞部位地基加固;盾构掘进引起地面过大沉降;联络通道和集水坑施工;不良地质条件下(如松散砂性土等)盾构掘进;盾构穿越桩基础等障碍物或穿越重要建(构)筑物;盾构穿越富水系地层;浅覆土推进;超深覆土推进;超近距离推进等等。

图 5 所示为盾构掘进时引起地面沉降过大的风险识别示例表式。

对盾构工程施工的上述主要风险,可从以下方面进行防范和整治:

(1) 盾构进出洞施工

盾构机与进出洞口间的密封困难,难以保证开挖面土体稳定,其主要防治措施有:

① 设置性能良好可靠的密封止水装置;

② 在洞圈上设置钢丝刷、帘布橡胶板和注浆管等方式止水;

③ 洞日土体加固,加固区土层的强度应严格控制。

(2) 出洞阶段盾构上浮

施工过程中,临近盾构工作面处隧道所受的土层约束作用减小,产生盾构机"上浮"现象,其主要防范措施有:

① 严格控制盾构轴线及其行进姿态,管片每环及时均匀纠偏,尽量减少因纠偏导致的土体扰动和损失;

② 提高同步注浆质量,遇泥水后不致产生裂化,并要求浆液具有一定的流动性,能均匀满布隧道周围并及时充填建筑空隙。

(3) 盾构穿越富水系地层

盾构穿越江河水底时,当盾构覆土较浅,易造成"冒顶",江水倒灌入隧道引起灾难性后果,其主要防范措施有:

① 加强江床水底地形监测。复核隧道覆土层的实际厚度,确切计算盾构作业面处的平衡压力设定值;

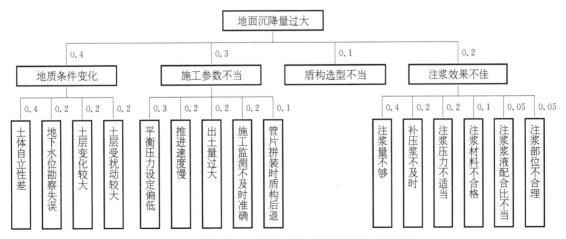

(图上右侧数字,代表对该分项风险出现可能性大小的评价)

图 5 采用故障树法对盾构掘进引起地面沉降过大的风险识别示例表

341

② 盾构推进控制。在江中浅覆土段施工中严格控制盾构的泥水平衡压力、注浆量、注浆压力、出土量等参数，控制好盾构的行进姿态，减少对土体的扰动，防止江底土体剪切破坏，造成江底漏涌水；

③ 做好遇盾构冒顶时的应急预案。

（4）更换盾尾钢丝刷施工

主要需克服泥水/流砂涌入隧道内部，其主要防范措施有：

① 对盾构及近盾构隧道段周围的土体进行加固，待注浆加固完成后再继续推进；

② 盾构推进速度不宜过快，同时，在工作面处备好堵漏设备和材料；

③ 盾尾钢丝刷暴露后在靠近盾尾处盾构外侧通过注浆管压注一圈聚胺脂材料，以形成一道堵水密封圈，防止盾尾处泥水回流进隧道。

（5）更换盾构刀具施工

刀具是盾构工程顺利掘进的关键设备之一。如果刀具被严重磨损，将大大增加刀盘的扭矩及推进阻力。施工时通常用所设置的风井兼作盾构维修井，并对井底进行加固，井外设置降压井点。

（6）连接通道施工

连接通道施工，一般采用冻结法先对土体进行加固。一旦土体加固效果欠佳，造成水土流动，将引发灾难性后果。其主要风险防范措施：

① 冻结孔开孔前，先施作水泥—水玻璃双液壁后注浆，以提高孔口附近地层的稳定性，然后再钻进冻结孔。每个孔都设有孔口管，并安装钻孔密封装置，以防钻进时大量出砂、出水；

② 冻结施工结束后，孔口管口焊上钢板，以免工程结束后钻孔孔口仍持续漏水；

③ 布设卸压孔，以减小土层冻胀对隧道的不良影响；

④ 开挖面附近的隧道内设预应力支架，以防打开预留钢管片进隧道时发生过大变形和土体失稳。

4.2 近年来轨道交通和地铁建设风险管理的研究进展

1）国内研究现状及存在问题

风险管理最早源于 20 世纪 30 年代的美国。近几十年来，随着世界经济的蓬勃发展，有关风险识别、风险评估和风险管理等在各行各业都有极其丰富的内涵。在国内，风险管理的研究与实践起步都比较晚。近几年来，由于地下工程施工事故不断增多，对于地铁工程的风险管理已经引起了国内业界同仁的普遍关注。

黄宏伟（2006）针对隧道及地下工程建设中面临的风险及其在建设、施工中的特点，对风险的定义、风险发生的机理、目前国内外研究进展、当前国内实施工程风险管理中存在的主要问题，以及今后风险管理研究的发展动态等进行了广泛研讨。

路美丽（2006）介绍了隧道与地下工程风险评估的基本概念、国内外风险评估方法的研究和应用现状，以及近年来主要应用的几种风险评估方法，探讨了目前风险评估方法需要解决的问题和今后的研究方向。

范益群等（2007）将隧道及地下工程设计系统的风险管理工作区分为：预可行性研究、工程可行性研究、方案优化研究、初步设计、施工图设计、运营组织维护设计等 6 道"管理门（SS-Gate）"。通过为每道管理门设置相应的风险管理任务和分配风险管理工作内容，初步建立了"隧道及地下工程设计系统的风险管理体系（SS-Gate System）"。

胡志平等（2004）从基于敏感度分析的风险因子识别入手，重点讨论了盾构隧道管片衬砌结构稳定性风险分析的"梁-弹性铰-地基系统"结构分析计算简图、风险评估矩阵和基于一次二阶矩法的灾害事件失效概率的计算分析策略与方法，提出了盾构隧道管片衬砌结构稳定性风险分析的基本思路和整体框架（RAS法）。

袁勇等（2004）针对盾构隧道的防水技术专题，分析了建造和使用过程中各种可能存在的风险因素，在理清、决策的基础上给出了相应的量化指标，对盾构隧道防水风险评价进行了较系统研究。

袁勇等（2005）在对盾构隧道进行防水风险等级划分和主要风险因素识别的基础上，对风险因素进行合理模糊化，利用模糊识别理论研究了盾构隧道全寿命防水风险评价，所提方法能在一定程度上客观、量化地评价盾构隧道全寿命防水风险。

李俊伟等（2005）将信息论中的熵和熵权概念引入地下工程风险评估之中，以城市软土盾构隧道施工期人文环境影响风险为例,介绍了"风险熵度量法"在地下工程风险评估中的应用。

综上所述,在我国轨道交通及地铁工程领域,风险管理的研究已经广泛涉及项目前期规划、设计、施工、后期运营等各个阶段,一些针对具体问题所建立的风险管理体系、数学评估模型已得到了实质性的应用,所取得的部分成果已经服务于各该工程项目的决策。

2) 国内在工程建设风险管理方面存在的若干问题

工程风险管理问题在西方发达国家隧道与地下工程中的应用研究已经相当普遍,而中国大陆工程界在各该领域则还有大量函待解决的具体方面需要进一步深化研究。主要体现在以下方面:

(1) 对风险管理的定义与概念的认识上尚存在误区

① "风险"与"危险"定义相混淆;

② "风险分析"与"可靠度"概念及其研究目标相混淆。

(2) 实施风险管理的内容和流程尚不完善和不规范

目前主要多侧重于风险的估计,对风险评价及降低风险措施研究还比较少:

① 在评估方法的选取上,现在还没有较统一的认识,而且对风险评估结果的认可性尚存在很大差异;

② 风险管理的内容、流程较混乱,缺乏明确的目标和标准。

(3) 对风险决策与风险处理的认识上尚存在误区

① 风险决策标准的认可和使用,存在片面性和盲目性;

② 风险处理对策及方式,尚缺乏理性和科学性,等等,不一而足。

3) 国内隧道及地铁工程建设风险管理研究工作的展望

近几年,在隧道及地下工程建设的风险管理子学科领域,建议国内目前亟需加强以下方面的研究工作:

(1) 加强风险管理的科学研究;

(2) 风险管理实施的规范化、程序化和标准化;

(3) 呼吁政府有关主管部门组织隧道及地下工程项目业主、设计单位、施工承包商,及相关保险业等各个方面联合行动,具体研究落实适合国内隧道及地下工程建设项目实际可行的工程风险管理实施方案。隧道工程安全风险管理方面,有关各方各自分担的作用说明如表3所示。

表3　隧道工程安全风险管理中有关各方的作用

参与方	作　用　说　明
业主方	负责取得建造和设计权;筹措工程资金;制定工程健康和安全整体策略
设计方	最大限度考虑对工程健康和安全的影响;确定隧道直径、线位、工作井直径和位置等;制定最低防火要求标准及空气监测、通讯和通风;鼓励承包商早期加入
协调方	指导框架要求;确保健康和安全计划的制定;确保在合同中规定健康和安全相关信息;确保预防为主原则的实施;检查各方的合作
承包方	员工受健康和安全风险管理影响评估;采取风险评估和控制措施;员工培训
TBM制造商	设备完善;机械和电器安全风险;符合设备指导;通过协调完善执行;自我担保
劳工组织	培训和教育;工人咨询;工会在健康和安全风险管理中扮重要角色
专业组织	提供工程指导;提供发展机会;提供培训和知识共享
规则和标准制定者	执行相关标准
保险公司	主动参与;制定工程风险管理实施规范;社会保险系统

5　结语

综合本文以上所述,风险防范、整治和风险管理在土木工程领域整体而言尚属于一门新兴技术学科。已如文中所论述的在中国对隧道及地下工程建设项目的风险防范技术与风险管理,无论是理论研究还是实践应用都取得了长足的进展,但与西方发达国家相比,目前国内的水平仍处于引进、学习、吸收和消化阶段,下一步工作有待于学术界、工程界以及政府部门的共同推动。不仅要提出一系列直接面对现实工程项目风险问题的对策,也要有能以反映有利于理解现实问题、解决现实问题并适合中国国情的项目风险管理的理论和方法;同时,还要对各种历史和现实问题进行细致的实证分析,用丰富、翔实的经验数据和资料对各种理论的科学性和各种方法的有效性做出考证和检验,并不断地拓宽其工程应用范围。这些都是摆在国内项目风险管理的理论工作者和管理工程师们面前的当务之急。

隧道及地下工程建设涉及到众多的不确定性和不确知性因素，在项目的前期决策阶段、设计阶段、施工阶段、运营阶段都分别存在着诸多不可预知的风险。在今后的研究工作中，应针对各个阶段自身的特点，加强风险管理的理论与实践研究，建立适合于国情的风险管理学科理论框架体系，并尽早使风险管理的应用最大程度地规范化、程序化和标准化，进而更大地推进风险管理在中国工程建设各个领域的应用和发展。

参考文献

[1] 胡政才. 降低铁路隧道工程造价的几个问题[J]. 北京：铁道工程学报，1986(2)：151 - 160.

[2] 王李刚. 地铁工程造价控制分析[J]. 北京：铁道工程学报，2001(2)：54 - 58.

[3] 黄宏伟，陈桂香. 风险管理在降低地铁造价中的作用[J]. 成都：现代隧道技术，2003,40(5)：1 - 6.

[4] 李志，李宗平. 成都地铁一期工程社会经济效益分析[J]. 北京：铁道运输与经济，2006,28(5)：7 - 9.

[5] 张迪. 非凡的欧洲隧道工程步履维艰[J]. 北京：国际融资，2003(7)：43 - 45.

[6] 张少夏，黄宏伟. 影响隧道施工工期的风险分析[J]. 重庆：地下空间与工程学报，2005,1(6)：936 - 939.

[7] 江志华，朱国宝. 灰色预测模型GM(1,1)及其在交通运量预测中的应用[J]. 武汉：武汉理工大学学报(交通科学与工程版)，2004,28(2)：305 - 307.

[8] 张飞涟，史峰. 铁路客货运量预测的随机灰色系统模型[J]. 长沙：中南大学学报(自然科学版)，2005,

[9] 李锋，李瑞生，张弘引. 大连-金州快速轨道交通客流预测[J]. 北京：城市交通，2006(10)：73 - 75.

[10] 李学伟，张江. 基于遗传算法的智能交通运量预测方法[J]. 北京：交通运输系统工程与信息，2004,4(1)：18 - 22.

[11] 王建玲，蒋阳升. 组合预测在铁路客运量预测中的应用研究[J]. 上海：轨道交通，2007(6)：70 - 71.

[12] 汤漩，吴惠明，胡珉. 盾构隧道施工风险知识管理系统的设计开发[J]. 上海：地下工程与隧道，2006(4)：20 - 24.

[13] 黄宏伟，曾明，陈亮，等. 基于风险数据库的盾构隧道施工风险管理软件(TRM1.0)开发[J]. 重庆：地下空间与工程学报，2006,2(1)：36 - 41.

[14] 吴贤国，王锋. R＝PXC法评价水下盾构隧道施工风险[J]. 武汉：华中科技大学学报(城市科学版)，2005,

22(4)：44 - 47.

[15] 林志，陈杨. 水下隧道施工期风险分析[J]. 北京：公路，2007(3)：201 - 205.

[16] 李静，林祥金. 水中悬浮隧道施工风险分析的BP神经网络模型[J]. 哈尔滨：建筑管理现代化，2007(1)：41 - 42.

[17] 马壮林，张生瑞，赵跃峰. 高速公路隧道交通事故预防与紧急救援系统研究[C]//第四届亚太可持续发展交通与环境技术大会论文集2005. 北京：人民交通出版社，2005.

[18] 彭立敏，杨高尚，张进华，等. 隧道内火灾烟气流动对疏散救援的影响研究[J]. 重庆：地下空间与工程学报，2007,3(2)：325 - 332.

[19] 闫治国，杨其新，朱合华. 秦岭特长公路隧道火灾试验研究[J]. 北京：土木工程学报，2005,38(11)：96 - 101.

[20] 代宝乾，汪彤，丁辉，等. 地铁运营系统危险有害因素辨识分析[J]. 北京：中国安全科学学报，2005,15(10)：80 - 83.

[21] 古晋. 地铁隧道火灾疏散救援问题的研究[J]. 上海：城市轨道交通研究，2007(2)：37 - 40.

[22] 代宝乾，汪彤，蒋玉棍等. 地铁运营系统安全综合评价指标体系研究[J]. 北京：中国安全科学学报，2006,16(12)：9 - 14.

[23] 刘天顺，朱效洁，徐瑞华. 城市轨道交通系统运营安全和可靠性分析[J]. 上海：城市轨道交通研究，2006(1)：15 - 17.

[24] 田劲杰. 铁路长隧道生态环境影响的研究[J]. 天津：交通环保，2004,25(5)：21 - 23.

[25] 蒋成海，吴湘滨，黄栋良，等. 雪峰山隧道浅埋段隧道涌水对生态环境影响研究[J]. 长沙：中南公路工程，2006,31(1)：34 - 37.

[26] 高波. 铁路隧道工程环境影响及对策分析[J]. 北京：铁道劳动安全卫生与环保，2005,32(1)：29 - 26.

[27] 庄乾城，罗国煌，李晓昭，等. 地铁建设对城市地下水环境影响的探讨[J]. 北京：水文地质工程地质，2003(4)：102 - 105.

[28] 蒋维媚，于洪彬，谢国梁. 城市交通隧道汽车废气排放环境影响的实验研究[J]. 北京：环境科学学报，1998,18(2)：188 - 193.

[29] 孙艳军，陈新庚，彭晓春. 广州地铁工程项目环境影响评价若干问题探讨[J]. 天津：交通环保，2005,26(2)：

25 – 27.

[30] 董霜,朱元清.地铁振动环境及对建筑影响的研究概况[J].上海:噪声与振动控制,2003(2):1 – 4.

[31] 肖上平,李义连.隧道环境噪声调查与评价[J].武汉:安全与环境工程,2006,13(2):44 – 47.

[32] 刘晶晶,李小敏.快速轨道交通规划环境影响评价方法及实例研究[J].北京:环境科学研究,2007,20(2):136 – 140.

[33] 孙钧.对兴建台湾海峡隧道的工程可行性及其若干技术关键的认识[C]//2007 第一届海峡两岸通道(桥隧)工程学术会议论文集.福州:福建交通科技增刊,1 – 13.

[34] 黄宏伟.隧道及地下工程建设中的风险管理研究进展[J].重庆:地下空间与工程学报,2006,2(1):13 – 20.

[35] 路美丽,刘维宁,罗富荣.隧道与地下工程风险评估方法研究进展[J].北京:工程地质学报,2006,14(4):462 – 469.

[36] 范益群,沈秀芳,乔宗昭.隧道及地下工程设计系统的风险管理[J].上海:地下工程与隧道,2007(1):11 – 17.

[37] 胡志平,冯紫良,刘学山.盾构隧道管片衬砌结构稳定性风险分析[J].上海:同济大学学报,2004,32(5):596 – 600.

[38] 袁勇,王胜辉,彭定超.盾构隧道防水风险因素识别研究[J].重庆:地下空间,2004,24(1):72 – 75.

[39] 袁勇,王胜辉,彭定超.盾构隧道全寿命防水风险模糊评价[J].哈尔滨:自然灾害学报,2005,14(2):81 – 88.

[40] 李俊伟,黄宏伟.熵度量法在地下工程风险分析中的应用初探[J].重庆:地下空间与工程学报,2005,1(6):925 – 929.

完善城市地下空间安全使用管理技术措施的若干问题

孙　钧

摘要： 本文就城市地下空间开发和使用中安全管理方面的若干技术措施问题进行了讨论。为进一步完善安全防范设施和项目运营使用期的安全风险机制，以地下铁道项目的运营安全为例，对其在长期运营使用期间的主要安全使用管理作了阐述。文章的后一部分，简要地探究了地下空间在运营使用期间的防灾与减灾问题，它是使用管理工作中最大的隐患之一，需引起重点关注。最后，提出了在国内地下空间安全使用与管理工作中如何开展深化研究的一些展望，并在结束语中叙述了笔者对上述问题的若干初浅认识与建议意见。

关键词： 地下空间；安全使用与管理；安防设施；防灾减灾；风险机制与风险管理；研究展望

城市地下空间的安全使用管理工作是城市安全体系的重要组成部分，不只是战时，平时的地下空间开发和使用中，这项建设也同样具有不可或缺的作用。

1　我国诸大城市地下空间开发利用的极大发展，其安全使用管理问题已日益引起迫切关注

我国早期的城市地下空间建设，主要以人防战备的形式利用，使之与地下商场、商业街以及地下车库等开发项目相结合的形式进行（如以上海市人民广场地下设施为代表的"地下空间综合体"即为其典型）；近十余年来，由于城市轨道交通建设（市中心城区为地铁），特别是待其在地下交织成网后、加之通过地下多线换乘枢纽工程等再与大楼防空地下室相互连通搞活，构成地面、地下空间立体骨架的发展，成为当今城市地下空间开发利用大发展的态势已经极具规模。试以上海市为例，诸如：

① 2012年上海轨道交通连片成网基本形成后，连同线路交织点处所造就的地铁地下空间将达到420万 m^2，是现有地下轨道交通空间的数倍。众多规模宏伟的多层地下车站和多线换乘枢纽将成为联系与发展地下空间建设的核心，大型换乘枢纽站及其附近的地下商业街区则成为地下空间发展的热点区域。

② 据不完全统计，目前上海市地下空间开发利用已超过2 800万 m^2，这不仅在国内，乃至国外诸大城市中亦已位列前茅，前景十分可喜。"21世纪是城市地下空间发展的新世纪"的提法，决不为过。

试再以上海市正在建的"虹桥综合交通枢纽"的地下空间工程为例：

③ 虹桥枢纽，在总体建筑面积约100万 m^2 之中，地下空间面积将＞50万 m^2，超过全部面积量的一半——建成后，将成为国内规模最大的地下空间综合体。

④ 虹桥枢纽将有机整合枢纽内及其附近地面、地下的各项交通功能，使之建设成地下空间与地面、地下交通功能完美结合的典范。

⑤ 虹桥枢纽的地下空间将布置有快捷、顺畅而安全的地下人行网络、巴士枢纽、停车库、商业设施、休闲娱乐、民防设施等为一体，不一而足。

⑥ 在虹桥枢纽中还将有轨道交通2号线、10号线、13号线、17号线、5号线以及青浦线，在其地面和地下纵横穿越或停靠换乘。

据2007年11月在上海市召开的"中国城市地下空间开发高峰论坛"的最近信息，到2012年上海轨道交通基本网络形成以后，中心城区（内环线以内）将发展以"轨交（地铁）为主，公交（地面公共交通）提供驳运服务"的总体交通格局，并因而将公交线路的平均长度控制在10 km以内，这将成为可能的现实。上海轨道交通（其中，市中心城区，除3号线外，将以地铁为主，共8条）的全网络远期规划（2020年），将由18条线路组成，总里程为970 km（含524座车站，除2线、3线换

乘外,还有 4 线、5 线换乘)。2010 世博会前,将建成 7 号线、8 号线二期、9 号线二期、10 号线和 11 号线一期;而到 2012 年,所建成的 13 条线路中又将有 12 号线和 13 号线竣工通车,届时,总长为 510 km 的轨道交通形成了四通八达的地铁网络(其中,轨交线路共 276 个站点,含轨交枢纽站点 129 个)也已有望在即。

在地下空间的新领域中,诸如:

① 现在正建的五角场副中心,到 2010 年将有望建成 27 万 m, 的城市地下空间商业综合体,集地铁、商场、商业街、休闲、娱乐和文体活动为一体;而远期规划(2020)将实现多达 100 万 m² 的地下空间,届时其面积将居世界第一位。

② "世博大道"留给地下、地面更多的发展空间。浦东核心区带将有望设置一条地下两层的"世博大道":地下商业文化街(含地下人行道)和地下机动车道,以连接世博园区内各项枢纽和园区地下城,众多市政公用服务设施均将设置于地下深部,以使给地面留出更多的绿化和休闲空间,实现生态型地面休闲广场和生态化世博园区。

③ 为缓解小陆家嘴地区现在的改造规划建设和正在进行的外滩地下通道规划与建设工程在排解交通拥堵方面的不足,又再拟通过局部增设地下通道和空中高架步行走廊的一种"空地通道"方式加以改善。

上海市沟通浦西、浦东,穿越黄浦江底的越江隧道建设:

④ 除已建有打浦路、复兴东路、延安东路、大连路、翔殷路、外环线等 6 座越江隧道外,还有地铁 2 号线过江、外滩人行观光隧道、地铁 M4 号环线 2 次过江。

⑤ 黄浦江下游正建的 6 条越江新线隧道同时在建:上中路、打浦路复线、西藏南路、人民路、新建路和军工路隧道。到 2010 年,中心城区内的越江通道(含隧道和桥梁)预期将达 20 座以上。

为使外滩与陆家嘴 CBD 金融贸易区的联系更为便捷,除在建的新建路越江隧道外,拟再增设公平路和临渔路 2 座越江隧道,亦正在计划中。

这样,从上述可见,连同上海市区已建的人防和大楼防空地下室,以及地下停车库、地下变电所、地下商场和地下商业街、地下人行通道等隧道、地铁与地下空间工程建设,其数量巨大,规模宏伟,堪称世界之最。故此,这些地下空间建设日常的安全使用与现代化管理问题正日益突出显现,已是一项十分迫切的当务之急。

2 各类地下空间使用中的安全管理,需要适时采取的主要应对措施

(1) 加强安全管理机构建设,落实管理责任,视项目管理工作量的大小,配备、培训和演练相应的管理队伍,提高干部、职工安全管理的人员整体素质和应变处治能力。

(2) 严禁危险品和超重、超限、超长车辆进入地下空间,对重大地下项目(如隧道、地铁、指挥部、各种类人员掩蔽部、专业地下技术设施、地下车库和油库、地下变电所等),在其各个出入口均要求有严格的检查、放行规定。

(3) 建立联勤互动机制和应急快速反应体系,多方协作(民防和公安牵头,交警、安检、消防、监控、医疗卫生、地方分管部门等合作进行),紧密配合,最大限度地杜绝违法、违章行为和事故隐患,把不安全因素降到最低。

(4) 完善各项安全设施,提前预示和预警,制定突发事件应急预案,加设紧急救援电话,地下通道内设立限速、减速和禁停等标志和标牌、标线。

(5) 设置易燃、易爆、剧毒、含放射性物质等对危险品的检查站点,视条件可能,配备较先进、有效的危险品检查仪具以及抢险、救援设备。

(6) 视条件可能适当加大投入,增强对突发事件的应变处治能力,用高新科技手段增强和提升掌握安全装备的水平。

(7) 建立和健全各项相关安全使用管理的规章制度,实现规范化管理,依法科学操作,使安全使用管理各项任务有章可循。

3 对建设与完善城市地下空间安全防范技术设施的要求

不言而喻,在城市地下空间的安全运营和使用方

面,努力建设和健全它的安防设施是一项重大的首要任务。目前,在一些大型地下空间广泛使用的领域,如:城市民防系统和专业指挥部门、轨道交通/地铁站点以及大型地下停车库、仓储与地下商场、地下街等众多地下公共设施和不同场合,均已普遍安设了电视图像监控、电子巡查、视频安全防范报警等手段,有了很好的开始,运行多年来,各方反映和收效都比较好。但是,从高的方面要求,则在诸如图像的清晰识别、不留死角和盲点以及常年保持全天候的无瑕工作状态等方面,还都存在许多不足;而对要求进一步做到的,如:人脸和指纹识别,毒气和爆炸物(含易燃易爆化学物品与枪支弹药探测装置)与放射性物品等有害毒剂探测,以及联网控制等现代化的安全防范技术多功能措施,则尚待加强研制并尽早投付使用。在计算机信息技术方面,组建并发展一整套的数字化、网络化和智能化的安防设施系统集成,则更是业界关注的当务之急。有条件的各大城市,要逐步做到将地下空间安防系统融入到城市的应急预警察大系统中去,成为集系统集成、贮存、分析、综合、搜索、查询、调用、识别与编辑等所有弱电系统集成功能为一体,使之成为这一完整大系统中重要分支系统的一项城市综合安防系统。要争取加速构筑好地下空间、乃至整座城市安防系统完整的安防产业链,做到技防、人防、物防(所谓"三防")相互结合,确保事前、事发中和事后三个不同时段的险情预普、及时到位、事后处理的成功实施,从而在地下空间社会公共事业的安全防范与使用管理工作中发挥更大更好的作用,达到进一步完善地下空间各自特有的运行功能,保证整个城市安全体系的正常实施和高效运作。

4 关于建立城市地下空间安全使用中的风险管理机制问题

对一些重大地下空间建设和运营使用中的风险评估分析、风险整治和风险管理等方面的诸多要害问题,已经日益成为各种类别地下空间开发与安全使用中的重要环节。它关系到工程建设和使用的安危成败及其风险承担能力、风险评估与分析以及风险整治与管理等,这方面的各项研究已引起了业界的极大关注。某

地下空间工程进行风险分析和风险管理过程的总体框架示意如图1所示。

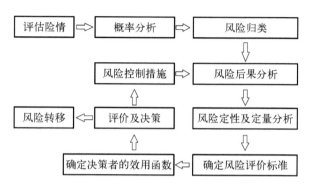

图1 地下空间项目风险分析和管理过程框架图

当前,业界所谓的项目运营使用中的安全风险管理,是指通过风险识别、风险分析和风险评估去认识项目的风险,并以此为基础,合理地使用各种风险应对措施和风险管理方法上的经济与技术手段,对项目风险实施有效的控制,妥善处理风险事件造成的不良后果,它是以最少的成本和代价有效保证项目总体目标实施的一项高效管理工作,在此,风险管理构成了整个项目管理的一个重要组成部分。众所周知,没有一项工程建设和运营使用项目不带有风险,而风险是可以安全管理的,是可以减小和降低、可以分担的、可以转移的,也是完全可以承受的,但是,风险决不能被忽视。从这个意义而言,忽视风险客观存在性的本身就是一项最大的风险。风险管理不能指望消除项目决策和实施中的所有风险,它的主要目的在于对风险进行有效的管理。风险管理应该在风险的定性分析阶段就启动并贯彻于项目执行全过程的始终。因此,风险评估、分析和风险管理往往是相互作用、相互制约又相互影响的。

风险管理的实质在于系统地对各个主要风险做出明确的响应措施,项目的不确定性越大,风险管理的响应措施就必须越加灵活多样,随机应变。在一些极端情况下,如预测的风险后果可能会十分严重,乃至需要对整个项目进行重新评估,有时也是很需要的。

近年来,国内在对一些大型复杂的地下工程建设项目进行可行性研究的同时,就已经把风险的分析与控制作为工程管理的热点作探讨。它对国内当前大范围、大尺度地进行地下空间的开发利用和拓展都具有十分重要的现实意义。某地下空间工程项目所作风险动态预警预案分析流程的线框图如图2所示。

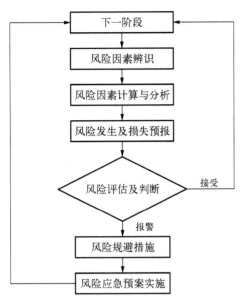

图 2　地下空间工程项目的风险动态
预警预案分析流程线框图

5　城市地下空间运营使用期的安全管理问题

以地下铁道项目运营安全为例说明。

5.1　如何应对地铁突发事件，确保运营使用安全

1) 不利的客观因素：地铁深埋地下，环境封闭，列车和车厢的长度大，空间相对狭小，人流又十分集中，乘客成分复杂且又流动性大，出入口分散，其通风排烟和人员疏散受到很大制约。在突发事故中，疏散困难，很难自救脱身，除人员伤亡和经济损失外，更会产生极为不良的政治影响和社会后果。故此，近年来在国外城市地铁已面临并成为各种形式恐怖袭击的重点对象，英国和韩国大邱市的地铁以及东京、纽约、莫斯科地铁等地的教训，使人们记忆犹新，它严重威胁到地铁运营和乘客的安全。恐怖活动可能采用的手段有纵火、爆炸、生化制剂和放射性物质袭击等。

2) 从地铁安全管理方面，参照国外这些年的经验教训，提出了一些应对举措及可能采用的解决方案。国外，在地铁设计和日常运营期间的安全使用管理中，已在考虑应对以上恐怖袭击和其他安全威胁的各项需求。其首要的问题，是在安全部门的大力监控下，要能将袭击或威胁活动尽可能地灭杀在萌芽初期，要求有应对的各种预警机制、救灾设施和人流快速疏散、逃生方案，并能以迅速启动，使恐怖活动或火灾不测等二次

伤害的机率降至最低，将灾害产生的不利影响控制在最小范围。

3) 地铁面临的安全威胁及主观上的不利因素：

(1) 安全威胁的种类

① 纵火

除不法分子在地铁车厢内故意纵火外，地铁电气设备故障、电暖过热、易燃易爆物品、吸烟等引致的火灾也是时有发生的不测事件。我国地铁运行近十年来，因各种事故和技术故障，已发生各种火情 160 余起，其中重大的 3 起，特大的 1 起；而 2003 年韩国大邱地铁因人为纵火，死 198 人、伤 146 人；奥地利地铁早年的一次大火，死 155 人，这都令人触目惊心！

应对的消防、灭火措施，除了消防栓和自动喷淋灭火系统外，近年来，采用气体和细粉末灭火和细水雾喷撒，对油品灭火可能更为有效。如：对地铁的电气设备起火，一般可采用高浓度 CO_2 作气体灭火，但对人体会有窒息作用，现多已改用一种名叫"IG－541"的惰性气体用于电器灭火。又如，采用特殊喷头向起火物喷洒细水雾灭火，我国已在编制《细水雾灭火系统使用规范》。

② 爆炸

1968 年以来，爆炸作为国际恐怖活动的主要手段，据不完全统计，约占恐怖袭击事件的 46％或以上，且多用于自杀式袭击。爆炸事件还经常与火灾、毒气相联动发生，造成更大的伤亡和危害。

③ 生化制剂及放射性物质袭击

1995 年东京地铁，因邪教不法分子(奥姆真理教成员)施放沙林毒剂、投掷反射性物质("脏弹")制造袭击事件，造成 12 人死亡，伤者数十。前些年发生的一起投毒的恶性事件，使日本政府和国会所在地周围几条地铁干线被迫关闭，26 座地下车库受到波及，使整个东京交通几陷于瘫痪！其他，如 VX 神经性毒气和芥子毒气、炭疽病毒和天花病毒等生物制剂在恐怖活动中也都有过采用。

(2) 在造致恐怖袭击或自然火灾得逞，从主观上的不利因素方面看，除了设计不完善和设备欠缺以及车站和车厢内安全装置不足的隐患以外，在安全使用管理方面，可能还有以下一些因素：

① 地铁运营安全管理的相关法规和技术规范，还

滞后于当前现实任务的需要；

② 地铁营运上疏于管理、法规不到位，突发事件出现后，只能消极、被动应对；

③ 工作人员安全教育有时流于形式，缺少灾患意识。

4) 加强地铁防灾的安全运营管理是一项当务之急。

(1) 在设置违禁物品监测、监控系统，加大安全检查力度方面：

① 地铁进站口要设置安全检测仪（如航空、铁路一样）；

② 站点候车亭内安装探头，不留盲点和死角；

③ 节假日人流高峰期的重要站点，出动防爆犬巡视，查堵各类危险品入站和进入车厢。

(2) 在安全消防灭火救援系统方面：

① 加设火灾自动报警系统；

② 加设消防和自动灭火系统；

③ 排烟系统和火灾风机应满足耐高温、烈火炙烤的工作要求；

④ 送风排烟应能适应火灾期间的人员逃生要求；

⑤ 站台内应设灯光疏散指示标志、断电后的应急照明和出口引导灯；

⑥ 站内设置防灾广播；

⑦ 自动喷淋灭火时，要注意防止车厢上方高压线触电事故。

(3) 在强化紧急疏散设施和逃生系统方面：

① 补充应急疏散出口的数量，增大其通过流量；

② 紧急状态下，平时使用的自动启闭检票口的转杆，应能以快速撤除，或改装成有自动开启功能，或改为可以自由进出的无阻碍通道。

(4) 报警系统

警报系统对地铁防恐和防灾都具有举足轻重的作用。巴黎14条地铁共380座车站，各站点均设有计算机电视监控中心，并与总公司的交通计算机调度中心有直通热线相互联络。该市地铁共有技术、行政和安全人员9 500多人，全天候警卫巡逻，其警报系统可在1 min内开展紧急救援。

(5) 提高全员安全防范意识，营造和谐氛围。

(6) 在完善城市轨道交通法规和相关标准方面，

制定以下相应规定：

① 地下铁道防火救援规范；

② 地下铁道客车防火技术标准；

③ 地下铁道运营安全管理规定；

④ 城市轨道交通安全运营管理办法，等等。

(7) 制定地铁安全教育实施计划与细则，充分发挥乘客的监督举报作用，营造良好的地铁运营环境。广州地铁提出的"5 min紧急应对"的安全构思：在外部救援赶到前的5 min内，要求能控制和扑灭火灾等灾情，或使之局限在最小范围并消灭于萌芽状态。

5.2 在地铁火灾和其他防灾方面，国内近年来的研究进展与实践

作为大城市地下空间开发与使用的最大项目之一——城市地下铁道，其运营期的安全已日益成为业界关注的重点，这方面的问题主要涉及：紧急救援、运营通风、消防防灾、交通监控以及安防设施等方面。以下主要叙述在各该方面国内近年来开展的研究工作和已取得的一些进展。

(1) 运用现代交通安全管理的理念，以先进的信息技术、控制技术和网络信息传输技术的应用为背景，初步建立并研制了地铁车站与区间隧道交通事故预防与紧急救援系统的框架。

(2) 利用商业CFD软件PHOENICS 3.5对地铁隧道进行了火灾条件下的数值模拟，研究在不同风速的情况下，隧道内火灾烟雾的浓度场和温度场等沿隧道纵向和横向的分布规律及烟气回流问题以及火灾烟气的动态发展规律，提出了控制烟雾、满足火灾救援和人员疏散的有效措施。根据地铁隧道内列车火灾的特点，在分析隧道火灾原因、烟气扩散影响和人员疏散时间等基础上，还提出了隧道火灾排烟模式原则，以及在隧道内采用侧向疏散平台、构筑联络通道、在列车上应用细水雾或干粉消防技术等的若干建议。

(3) 借助大比例火灾模型试验，研究火灾时隧道内温度随时间的变化，最高温度与通风风速、火灾规模的关系，提出了火灾阶段划分和隧道火灾的预防救援措施。这方面的应用实例，是将研究成果应用于长18 km的西安秦岭终南山特长高速公路隧道的防灾工程治理中并取得了成功。

(4) 在对国内外63起地铁典型事故进行研讨的

基础上,确定了地铁列车脱轨、拥挤踩踏、中毒窒息、列车相撞等主要的有害危险因素;并对影响事故后果的严重程度和发生频率进行了分析,给出了危险度计算查阅与赋值用表,对影响地铁运营的危险度做出了量化分级,对诸危险有害因素的防治对策进行了探讨。

(5) 分析了地铁运营系统的特点、运营模式和系统故障模式,运用系统工程的理论原则,从系统外部因素、系统指挥因素、设备设施因素、运营管理因素等4个方面确立了地铁运营系统的安全综合评价指标体系,利用模糊数学综合评价法,建立了地铁运营系统的安全综合评价模型。

(6) 讨论了影响城市轨道交通/地铁系统运营安全及其可靠性的相关因素,定义了故障、事故和突发事件的概念及其相互关系,论述了技术装备成套、网络传输能力、运营组织方案、突发事件处治等主要救援因素对地铁运营安全和可靠性的影响;提出了加强和提高城市轨道交通/地铁系统运营安全和可靠性的对策与途径,包括加强人员培训、深化系统维护、提高技装水平、制定应急预案、实施预案演练等有效的风险防范措施。

5.3 在地铁运营安全风险防范措施方面,已初步拟就了以下对策

根据以上所述,影响地铁运营期使用安全的因素,主要有交通事故、火灾、爆炸(含恐怖袭击)、系统故障,以及其他偶发、突发和频发事件等,这些因素均具有不可预知性和不确定性,是地铁交通运营期安全方面潜在的主要风险。因此,必须采取具有针对性的安全风险防范措施,如:建立交通事故预防与紧急救援系统,制定隧道火灾的预防救援措施,提出合理的运营组织方案,设置完备的地铁与轨道交通运营安防系统以及智能摄像交通监控系统,建立地铁及轨道交通运营系统安全综合评价模型等。除此之外,还从宏观的角度,根据交通项目的线路选址、线路总平面布置和线路走向、相邻周近环境的工程地质、水文地质、地震、风向、洪淹、气象情况等方面,综合考虑并拟定地铁交通运营安全风险的防范措施及其对策。

6 地下空间运营使用期间的防灾与减灾

各种功能的地下空间建筑物及其内在人员、物资

和设备等在其运营期中的防灾是一项非常重要的课题,此处说的防灾,尚只局限于防止地下洞室内火灾发生与蔓延的预防和治理;在火灾成生以后则要求将损失降低到最小程度——减灾。

(1) 西方和日本一些发达国家在地下空间防灾方面的设计理念,值得学习参考:

① 中央主控室的防灾自动监控系统十分周密和完善,使火灾苗子能及时消灭于萌芽状态,而决不使其蔓延成灾。洞内实施的火灾救援程序如图3所示。

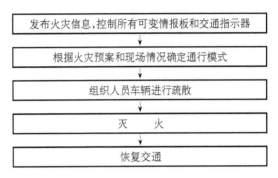

图 3   洞内实施的火灾救援程序

② 洞内设置周密有效的火灾自动探测、报警系统和疏散逃生广播。

③ 注意组织进洞车辆、防灾救援、消防灭火系统等的经常维修保养,"养兵千日,用在一时",不使通风、排烟和灭火系统等在遇有急用时发生故障而发动不了,导致大灾。

④ 洞内设置专用排烟通道如图4所示,通道间的联络道如图5所示,并创造最佳的疏散、逃生条件。

⑤ 洞内作火灾分区,区间设置防火隔断门。

⑥ 做好事故通风、风流组织模式与排烟、稀释废气和通风降温设计等。

(2) 事故通风(指发生火灾的最不利工况下)中,应主要满足以下几点:

① 供应新风:风量、风压要求在火源一定距离外能将有害废气稀释到容许限值的浓度以下。

② 视地下空间实际条件,分段设置射流式可逆转风机,在火源上、下游两面对吹,使能将火情局限在一处小范围的空间之内。

③ 排烟浓度:火源上游300 m开外,要求达到容许的规定上限值。

④ 降温:火源上游250 m、下游50 m以内,仅短

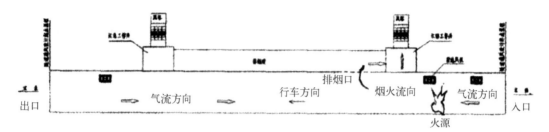

（a）入口段火灾

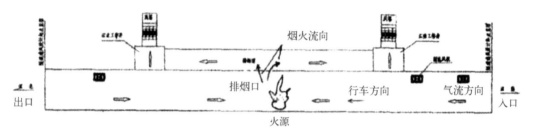

（b）隧道中段火灾

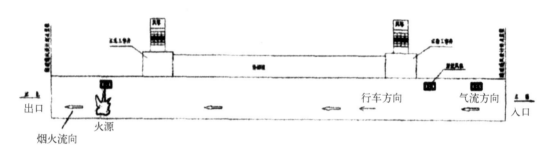

（c）出口段火灾

图 4　洞内增设纵向专用排烟道

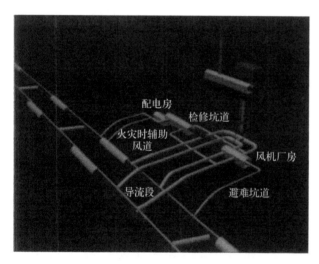

图 5　通道间的联络道

时间超过 800 ℃，嗣后迅速降温到容许上限值以内。

⑤ 利用抽风机及时将火灾浓烟排放入洞室上方专设的烟道内，并使火源内部形成负压区，便于人员逃生。

（3）对已经设置逃生措施的条件下，再需适当补充设置若干横向联络通道，要求结合具体实际条件作进一步论证。

双洞间设置横向联络（逃生）通道，使逃生人员进入其他通道的间距，对公路隧道言，国外规定为 300～350 m，我国初步设定为 250～500 m，对其他各种不同功能的地下空间项目，似暂可参照上一指标从长制定。

7　国内地下空间安全使用与管理研究的进步和工作展望

1）多年以来，我国在隧道与地下工程的安全与风险管理等研究领域已有了不少进展，除上文已提到的以外，还主要反映在以下方面。

（1）对风险识别、风险分析和评价、风险事件防范与处治以及风险管理、监控等方面的工作均有一定程度的开展并投付实施。

（2）《隧道与地下工程建设风险管理技术指南》已经颁布，基于工程灾害风险防范的设计规程、规范也已在酝酿出台。

（3）工程使用全寿命周期安全与维护的可靠性、耐久性问题的研究与实施方面的技术文件正在制定中。

（4）专业的风险责任保险公司已经建立并正在完善之中。

2）在地下空间建设及其安全使用与管理工程领域，国内目前似亟需进一步加强以下方面的研究。

（1）加强使用安全管理的科学研究。

① 针对地下工程及其在长期运营使用中的特点，从风险产生的原因、过程、产生后的损失以及安全防范技术措施等开展各有关方面的理论性探索研究。

② 加强工程经验数据的积累、统计和查询工作，整理收集从大量实践中获得的数据资料，开展各类不安全事故发生的特征及其变化规律性方面的基础性研究。

③ 进一步完善和发展量化的风险计算分析方法与风险评估模型研究，建立和完善地下空间安全使用和风险管理学科的框架体系。

④ 建立适合我国国情且广泛适用于国内功能各异的地下空间项目使用安全与管理的评价准则。

⑤ 根据各大型地下空间在使用过程中各个阶段存在的各种风险，实施动态安全风险管理，建立更为完备的预警预案系统。

⑥ 加强安全使用与管理在地下空间领域的应用研究，研发相应的软件信息平台，加强制备各种专用的安全监控设施，为地下空间的运营使用提供良好的服务。

（2）安全使用管理实施的规范化、程序化和标准化。在地下空间领域，管理部门应明确给出各种风险安全要求的内容、流程及目标，尽早制定有关风险管理的手册和指南，颁布有效的工程风险管理操作规程，使风险管理的应用能最大程度地实现规范化、程序化和标准化。

（3）呼吁政府有关主管部门组织地下空间项目的业主、设计单位、施工承包商、管理部门及相关保险业等各个方面联合行动，具体研究落实适合国内地下空

间建设与运营项目实际可行的安全使用管理实施方案。地下空间使用安全的风险管理中有关各方各自分担的作用说明如表 1 所示。

表 1　地下空间盆设和使用安全的风脸,理中有关各方的作用

参与方	作　用　说　明
业主方	负责取得建造和设计权；筹措工程资金；制定工程健康和安全整体策略设计方最大限度考虑对工程健康和安全的影响；确定地下空间面积、线位、功能分类和地理位置等；制定最低防火要求标准及质量监测、通讯和通风等各项安防技术设施
管理方	指导框架要求；确保健康和安全计划的制定；在合同中规定健康和安全相关信息；确保预防为主原则的实施；检查各方的合作
承包方	员工受健康和安全风险管理影响评估；采取风险评估和控制措施；员工培训
设备制造商	设备完善；电子和电器设备安全；设备操作指导；通过协调完善执行；自我担保
劳工组织	培训和教育；工人咨询；工会在健康和安全风险管理中扮重要角色
专业组织	提供技术指导；提供发展机会；提供培训和知识共享
规则和标准制定者	执行相关标准
保险公司	主动参与；制定安全使用与风险管理实施规范；社会保险系统

（4）众所周知，各种自然灾害的综合防治对地下空间运营使用中的安全关系极大，过去这方面失误造成的经济损失和不良社会影响的教训是深刻的。今后，以地震、台风、暴雨、洪涝、风暴潮和因不良地质缺陷导致的各种地质灾害为重点，积极开展自然灾害综合防御技术研究，对地下空间的长期安全使用无疑是十分重要的环节。

国内已在计划开发未来极端气候事件和重大气象灾害的预测、预报技术，研究未来 5 年至 10 年内所预测到的极端天气事件和重大气象灾害的变化规律和形成机理，建立相应的监测预报、险情预警、各种不良影响评价和应对自然灾害风险的安全管理系统。

在洪涝灾害风险评估与预测方面，国内将重点开展气候变化条件下未来洪水风险评估技术研究，开展"全流域洪水水文-气象预测"技术和应急管理技术，开展防台(风)、防汛安全关键技术开发，以提高防洪减灾的技术能力。

在地震灾害防御技术方面，国内正在或将要着重

开展地震立体观测技术、强地震综合预测方法、分区地展预警技术等项研究,开发地震灾情快速获取、危险源识别与评估、救灾智能指挥等技术,研制灾情监控准备和现场搜索准备,为地震防御与应急救援提供强有力的技术支撑。

在地质灾害防御方面,国内已立项进行特大型灾难性滑坡和塌方的突发机理及其成灾过程研究,建立灾害空间识别、状态预警和时间预报标准,开发地质灾害监测预警、风险评估和治理等关键技术,大力提升对地质灾害的防灾减灾能力。

相信以上方面的研究工作成果,对今后地下空间的安全使用将具有极其重要的推进作用。

8 结语与建议

综上所述,地下空间安全使用与管理中的危机防范、监控整治和风险管理,就技术层面而言,整体上尚属于一门新兴的技术学科,已如上述,尽管近年来无论是理论研究还是实践应用都取得了长足的进展,但与西方发达国家相比,目前国内的水平仍处于引进、学习、吸收和消化阶段,下一步工作有待于学术界、工程界以及政府主管部门三方面的共同推动。不仅要提出一系列直接面对现实具体项目安全使用管理问题的对策,也要有能反映有利于理解现实问题、解决现实问题并适合我国国情的项目使用管理的策略和方法;同时,还要对各种历史和现实问题进行细致的实证分析,用丰富、翔实的经验数据和资料对各种管理方法的科学性和有效性作出考证和检验,并不断地拓宽其应用范围。这些都是国内地下空间使用安全管理的当务之急。

地下空间建设与管理工作涉及到众多的不确定性和不确知性因素,在项目的前期决策阶段、设计阶段、施工阶段、运营阶段都分别存在着诸多不可预知的问题。在今后的研究工作中,应针对各个阶段自身的特点,建立适合于国情的风险与危机监控、管理学科理论框架,并尽早使风险管理的应用最大程度地规范化、程序化和标准化,进而更大地推进地下空间安全使用与管理在我国地下空间建设与运营各个领域的应用和发展。

参考文献

[1] 公安三所. 领跑上海轨道交通安防设施建设记者访谈录[J]. 轨道交通,2007(6):61-63.

[2] 孙钧. 隧道和地铁工程建设的风险整治与管理及其在中国的若干进展[C]//地下工程施工与风险防范技术. 上海:同济大学出版杜,2007:3-20.

[3] 上海市质监局. 城市轨道交通安全技术防范系统暂行标准[S]. 上海:上海市质监局,2007.

[4] 自然灾害综合防御技术研究重点确定("信息快递"综述性报导)[J]. 岩土工程界,2007(6):5.

[5] 荆莹,任高科,等. 防范地铁突发事件举措的探讨[J]. 轨道交通,2007(9):42-42.

[6] 华东师范大学危机管理研究所的有关研究资料[R]. 上海:华东师范大学危机管理研究所,2005-2007.

[7] 上海隧道工程与轨道交通设计研究院等. 崇明长江隧道全比例火灾安全试验课题验收鉴定材料(研究总报告)[R]. 上海:上海隧道工程与轨道交通设计研究学院,2009.

面向低碳经济城市地下空间/轨交地铁的节能减排与环保问题

孙　钧

摘要：通过对地下空间/轨交地铁建设、运营现状的分析，认为其在节能减排、环境保护、面向低碳经济、实现城市可持续发展方面，有相当大的改善和提高空间，可以有所作为；而且就目前自然能源短缺现状，提出地下空间/轨交地铁的节能环保问题，应早日提上议事日程。从4个方面提出了目前地下空间/轨交地铁实现更加节能、环保应采用和借鉴的新技术，存在的问题及解决建议：1）积极稳妥而有步骤地视条件逐步开发太阳能光伏发电；2）努力推广智能型LED节能灯具和其他新型照明光源；3）采用隧道照明新技术的其他方面，如：基于数码技术的洞外亮度测试技术、隧道照明节能成套技术、LED新型无级调光技术等；4）其他几项节能环保新技术的研究和开发，如：太阳光光纤导入照明系统、新型超级节能灯具（荧光灯）、自然采光、智能照明技术等。同时介绍了在无锡建成的全球最大光伏低能耗大楼的有益经验及上海市虹桥综合交通枢纽的绿色策略与节能技术供隧道、地铁与地下空间建设参考、借鉴。

关键词：隧道；地下空间；城市轨交地铁；低炭经济；节能减排；环保；太阳能光伏发电；智能型LED节能灯具；智能照明技术

0　引言

地下建筑业（含功能各异的隧道、轨交地铁与城市地下空间）的节能减排和环保问题是面向低碳经济的重要方面，在该领域应该可以有所作为。地铁是城市用电大户，昼夜运行的电气列车，地下车站通风、照明、空调、取暖和其他各种耗电设备与设施等，在节电、排污方面都有很大的效益空间。众所周知，在地面交通中，汽车尾气排放是城市空气的重要污染源，交通拥堵而汽车不熄火时，其 CO_2 和 CO 的排放量就更甚；改用轨交地铁电气列车后，地面交通的排污情况可在很大程度上得到改善。怎样实现隧道和地铁在低碳经济社会中的节能？其中，有条件地逐步开发太阳能光伏发电、采用太阳光光纤导入照明系统的室内人工生态光源以及进一步推广智能型LED节能照明灯具等都是重要方面。其在城市地下空间（如上海虹桥综合交通枢纽）和公路与城市隧道（如崇明长江隧道）与其他处的成功范例将在文中后续介绍。从目前建设力度十分迅猛的我国城市地下空间/轨道交通的发展看，采用低碳经济的发展策略，将具有十分重大的意义。建立节能型的地下空间，是一项争取逐步实现的远大目标；而在初期，则需要投入一定的节能、减排资金以开发低碳经济所需的各项新技术。要求从根本上实现能源体系的转型，解决好传统的自然能源资源（煤炭、石油）短缺的问题，大力降低地铁车站内大客流温室气体排放量，改变地下环境高污染的现状，促进节能、环保型地下空间在生态环境综合平衡制约条件下一种新的发展模式——低碳生态的隧道、地铁与地下空间建设，实现城市经济的可持续发展，应该早日提上议事日程。

1　地下空间的节能减排与环保问题

城市地下空间和轨交地铁/公路隧道的节能减排与环保问题已日益受到业界和广大民众的关注。地下空间具有天然的低碳排放条件，在地下交通节能以及新能源利用等方面都较地面设施和地上建筑物更具独特优势。地下空间/轨道交通比地面建筑物和地上交通更为低碳，其主要效应在于：

（1）降低建筑能耗——地下空间自身所独具的基本恒温和恒湿特点产生的节能低碳效应。

（2）降低交通能耗——一方面，地铁载客量大，且运行速度快、耗时少、排污小，因搭乘轨道交通代替地面交通而产生的低碳效应；另一方面，通行地铁电气列车因缓解地面道路交通拥堵、节约油耗而产生的低碳效应。

（3）新型节能照明——推广智能型 LED 新型诱导式节能灯具及其他。

（4）新能源利用——在各类地下空间内争取利用太阳能或视条件利用风能、地热等可再生能源，代替化石燃料以减少碳排放。

（5）碳汇新技术的应用——在地下利用吸碳装置汇碳。

当前，上述的（4）项和（5）项亟待进一步实施推广。本文简要介绍以下几个问题：

（1）积极稳妥而有步骤地视条件逐步开发太阳能光伏发电；

（2）努力推广智能型 LED 节能灯具和其他新型照明光源；

（3）其他有关的节能、环保问题；

（4）几项有关的新技术的研究和开发。

2 光伏发电技术的开发和应用

2.1 建议

作为试点工程，可否先选择地铁车站 1～2 处，在其附近的广大绿地内各类地下建筑物的上方及其出入口外侧（或透光玻璃天棚的上方）以及地铁车站内设置有"天窗"的地段，铺放太阳能电池板，最好能建立供该地铁车站和相邻区间专用的小型光伏电网。在取得成效的前提下，日后再争取并入城市大电网，使太阳能光伏发电系统（图1）能应用于整个地下空间。其装机容量应当可以部分甚至全部满足地下空间内部照明，甚至部分设备的供电量需求；与现用的火电相比，其预期的有效年减排量和节约的标煤或燃油量应当十分可观。

2.2 我国光伏太阳能发电技术的应用现状

目前，我国生产的光伏太阳能电池板组件，已占全球的 55%，名列世界前茅，但国内已享用的太阳能"绿电"却不到 5%。我国太阳能光伏发电的装机容量只合

400 MW，仅极少数已上输至大电网（均属政府示范工程，图2）。为此，除"绿电"的上网电价需早日制定外，各项政策细节均亟待明确到位，以激活"屋顶发电"，特别是对光照充足的我国内地广大地区更是如此。

图1　2011 年国际太阳能产业及光伏工程展览会上展出的自动跟踪式太阳能光伏发电设备

图2　正在建设中的国家"金太阳"工程示范项目——江西省新余市瑞晶太阳能光伏电站

2.3 当前我国太阳能光伏产业发展的一些"瓶颈"

（1）尚停留在个别单位/家庭"自产自销"阶段，家庭太阳能还多只是供应热水器用电，总体利用率极低，且普遍存在与城市建设、建筑景观不协调以及在承重、防风和防雷等方面的不少安全隐患。

（2）向城市大电网并网送电，在"开通"和"卖电"问题上还存在诸多困难。

（3）太阳能"绿电"上网难以定价，现用的电表也不能识别太阳能"来电"，即使"绿电"上网依然被收电费，诸多问题均亟待解决。

本来，自家用电不花钱，富余的太阳电能还能"逆"向发电上网，获得收益，况且国家鼓励、支持（对新能源上网发电，我国政府规定电力部门有义务收购"绿电"），却由于单相电表只能记录用户用电量，"逆"向上网发电，电表不能识别。此事议论已多年，却一直难以落实实施。

2.4 在可再生太阳能源的进一步开发和利用方面的建议

（1）如能通过在城市的超高层建筑（高度超过

100 m)的近 1 000 栋和一般高层建筑近 20 000 栋大楼的楼顶、光伏玻璃幕墙和不设窗、门与阳台的外墙面(北向墙除外)(除大楼自用电量外,尚多有富余),以及许多居民小区住宅的屋面(以居民自家用电为主),广大城市绿地、各类地下空间上方"天窗"的以上部分,甚至利用地铁车站出入口的上方,铺设太阳能电池板,构筑小型光伏发电系统,并逐步建成光伏专用电网,再争取并入城市大电网,以供给地铁的全部照明需要,有条件时还可兼顾部分地铁车辆等各种耗电设施的配电。

(2)日后,如能将大电站电网与太阳能光伏并网发电,将电站与太阳能用户联系为整体,则更是一种理想的前景。

2.5 国内外可借鉴的经验

2.5.1 欧洲首座太阳能铁路隧道

欧洲首座太阳能铁路隧道在比利时投入运营,该隧道属巴黎—荷兰阿姆斯特丹高铁的一部分,长约3.2 km,已于 2011 年 6 月第 1 列"绿色火车"经过比利时区段开始启用。火车运行所需电力全部由 16 000 块太阳能电池板提供,电池板设置在隧道越岭的山体表面。

2.5.2 无锡建成的全球最大光伏低能耗大楼

全球最大光伏低能耗大楼近日在无锡市建成,其有益经验[1]应该可供借鉴。

(1)该大楼是全球最大(总面积约 1.8 万 m^2)的光伏低能耗生态建筑,首次将"低能耗、功能型、生态化"的概念引入建筑领域。整个办公大楼使用光伏玻璃幕墙等太阳能光伏建筑一体化材料,通过光电效应将太阳能转换为电能,直接为大楼提供绿色环保的太阳能电力。

(2)整个工程设计容量为 1 MW,预计全年发电量将超过 100 万 kWh。这一生态建筑的建成,展示了太阳能科技与现代建筑的完美融合。从主动节能的角度看,整个建筑现按最低使用寿命 70 年计算,共计可产生电量 3 892 万 kWh,预计每年可替代标准煤 338 t,CO_2 减排 605 t,70 年共可替代标准煤 23 660 t,主动节能效果十分显著,对推广绿色能源、缓解城市峰电压力起到很好的示范作用。

(3)该大楼采用了光伏建筑一体化(BIPV)系统,除能保证自身建筑用电外,还可向电网供电,从而缓解

高峰时城市的用电压力。由于光伏阵列安装在屋顶和墙壁等室外围护结构上,将吸收的太阳能转化为电能,一方面有效降低了室外屋顶和墙面的热照温度,减少了墙体蓄热和室内空调冷负荷,既节省了能源,又保证了室内的空气质量;此外,还避免了由于使用一般化石燃料发电所导致的空气污染和废渣污染,对于节能、减排和环保都十分有利。

(4)该大楼在设计中还采用了地热采集、空气热泵、水源收集与循环利用等先进技术,其潜在的节能效果非常显著。上述成果对在城市地下空间仿用方面可提供有益的参考。

3 上海市虹桥综合交通枢纽的绿色策略与节能技术

(1)虹桥交通枢纽开通运营已近 2 年,它是地面、地下空间(地下部分共合 50 万 m^2,东西向长 2 km,南北最宽处 600 m,开挖深度 8~29 m 不等,属国内特大型城市地下空间之一)的有机结合,集航空、铁道(含城际铁路、动车、高铁)、长途客运、市内公交、轨交地铁和磁悬浮等多种换乘方式于一体,如图 3 所示。这一现代化的综合交通枢纽对"长三角城市圈"(2~3 h 内可到达)的整合与发展将产生深远的影响[2]。

图 3 上海城市发展新地标——虹桥综合交通枢纽

(2)在绿色环保和节能减排方面,该交通枢纽已实施了以下主要内容:① 对全年度交通枢纽整体的能耗分析与节能措施作了统筹安排;② 充分利用自然通风和自然采光;③ 给排水系统的节水、节能,含高效率冷水机组、空调水系统温差调控、水泵变频、冷冻水直供、太阳能生活热水系统等;④ 电气设备和供配电设施的节能减排;⑤ 地上、地下照明配电密度自动调控;⑥ 节能材料与材料资源的有效利用。

（3）在经济、社会效益和创新性方面：① 实现了以上各配套设施资源的集约化利用，提高了枢纽建设和运营的经济性和适用性；② 较传统的习惯做法，与国家节能标准相比，达到了总体节能约 65%（以西航站楼为例）的水平；③ 单就采用的空调冷水"直供系统"（以西航站楼为例）而言，与常规技术手段（"板交系统"）相比，减少了运行能耗约 62.45 万 kWh/年，系统综合节能率达 3.1%；④ 减少建筑能耗，强化了地面/地下空间的人性化设计，体现了建筑生态化的先进理念。以上各项研究成果，正在推广应用于浦东国际机场三期工程——卫星厅（约 40 万 m²）的建设，为该工程的建设提供了第一手的技术支持；且为进一步探求解决高能耗的症结，深化节能环保和低碳、减排措施制定了理论依据。

4 隧道与城市地下空间/轨交地铁的智能型 LED 光源照明及其节能环保技术

4.1 国内公路隧道和上海市崇明长江隧道的一些成功做法

在地下空间内采用绿色、高效、环保以及耐久性能好、使用寿命长的 LED 光源代替传统的直管荧光灯和高压钠灯，并对洞内照度作现场总线网络的无级自动调光控制，其应用前景良好。在崇明长江隧道采用这项新技术初步估算每年可节电近 50%，经济效益和节能减排、环保各方面效果也都显著。

（1）新型节能环保型照明——崇明长江隧道 LED 调光可控照明技术的推广采用。隧道和地铁内 24 h 全天候照明，用电负荷大，节能潜力巨大。经研究认为，局部或全部改用上述节能环保型 LED 诱导光源照明是可行的。

（2）在我国公路隧道建设中，基于天气分级以及按洞外亮度、交通流量和车速等为参数的照明控制模式在不断进步。其他如洞内装饰面发光涂料的改进和隧道节能型供配电系统等，也都已有启动，前景喜人，其隧道照明节能环保效果十分良好[3]。

（3）近年来的实践证明，采用 LED 照明的主要效益反映在：地下空间照明效果优良，照度和光均匀度均可达到使用要求；照明灯具可保证 3 万 h 的使用寿命；照明节电（与传统灯具比较）30% 以上；人员对视觉感受和舒适性的反映均满意。

（4）一般隧道的用电负荷能耗约占隧道总能耗的 40%～50%，而采用 LED 光源照明，则可节能 30%～40%，因此，是大有作为的。

4.2 LED 节能灯具应用、开发中存在的问题

（1）目前在 LED 应用中仍存在光衰大、结温高、灯具结构不尽合理、照明均匀性不足、驱动电源的寿命质量不稳定等问题，有待进一步解决，对灯具的各项技术要求亦待制定，以改进和完善节约隧道照明耗能的效果。

（2）目前，我国的 LED 照明产业取得了前所未有的发展——从大功率 LED 芯片技术的研发突破到 10 亿颗 LED 芯片点亮上海世博会的实际应用，从资本热捧到政策给力，LED 产业的繁荣已初步显现。然而，在道、桥、隧各个照明领域，已投入使用的 LED 照明产品还存在一些制约其未来发展的亟待解决的问题。

（3）自 2009 年始，我国政府加大了对 LED 道路照明的扶持和推广力度，并在 21 个经济较发达城市推行应用试点。然而，一些新安装的 LED 灯具在产品质量和照明效果方面，存在如道路照明亮度不够、眩光大且刺眼、产品使用一段时间后出现比较严重的光衰或根本不亮的现象。业内专家指出其症结在于"在发展上急功近利，对节能路灯的理解存在误区，过于单纯和片面地追求系统光效的技术升级，而忽略了产品应用环境的制约"。

4.3 针对这些问题采取的措施

（1）为生产符合节能标准的 LED 灯具，国内飞利浦公司率先提出"以采用满足道路照明应用标准的功率密度（LPD）值来衡量 LED 灯具产品的照明效果和节能效果；系统光效只能是产品评价指标之一，不能全面衡量照明效果和节能效果的优劣。正确的评价标准首先是要满足道路照明设计标准，节能也必须以满足这一标准为前提，同时兼顾人们的视觉需求。"

（2）近年来推出了一系列 LED 道路照明新产品。以飞利浦最新的 GreenvisionLED 系列为例，该产品以可实现照明功率密度值（LPD，W/m²）作为衡量指标，拥有 4 种系统光效以及专为我国道路条件设计的光学系统，不仅能通过足够的亮度和照度来保证行车安全，

还能以合适的色温带给人们舒适和安全的照明感受，使节能效果和用户评价达到优化。

（3）目前，据不完全统计，我国主要城市道路已拥有超过 1 700 万盏路灯，未来 LED 道路照明的市场潜力十分巨大。我国"第十二个五年规划"中，国家将把加速制定 LED 照明标准作为产业发展的重中之重，在建设资源节约型和环境友好型社会的前提下建立科学公正、与国际接轨的 LED 照明发展规划，它是决定 LED 照明产业发展的关键。

5 采用隧道照明新技术的其他方面

（1）基于数码技术的洞外亮度测试技术，现已纳入我国正在编制的《公路隧道照明设计细则》。此外，隧道照明节能成套技术的应用和示范也已在重庆、广东和安徽等地采用并取得了很好的经济和社会效益。

（2）其他地下照明新技术和新工艺的研制，在地铁照明中有望推广应用的还有：① 研发智能化的 LED 节能诱导灯具照明的新型无级调光技术，以应用于隧道和地铁车站照明；② 研究用电磁感应灯具、光纤照明、逆光照明、宽光带照明等新型节能光源、灯具取代传统灯具在地铁中应用的可能性，以提高地下空间内的有效亮度；③ 研究电子镇流器（与传统电感镇流器相比）和智能调压设备等照明节电设施，探讨其应用的适用性和经济性。

（3）除了采用上述几种新型节能光源/灯具并合理应用外，在其他方面，如改进照明系统的自动化控制技术、照明节电设备的研制、运营管理的智能化和精细化以及合理选取有关的照明参数和新型照明系统的分期实施等，也都是当前不可或缺的重要节能环节。

6 其他几项节能、环保新技术的研究和开发

6.1 室内人工生态光源的采用——太阳光光纤导入照明系统

建议在隧道/地铁车站的天棚顶部嵌设巨大玻璃天窗，大面积吸收自然阳光，通过在天棚内装置光导照明系统，用作地下空间范围内的部分，甚至是全部人工

照明。上海市虹桥交通枢纽对室内太阳光光纤导入照明的成功实践可供借鉴。

6.2 一种新型超级节能灯具——荧光灯即将面世

这种节能灯具的耗电量仅为白炽灯的 1/40，俄罗斯今年计划生产出样品。

（1）原理。灯泡内有专门的荧光粉涂层，内置高照度发光的二极管，低电压作用下，二极管先发出蓝色光，蓝光照射到灯泡内面的荧光粉涂层，涂层上则呈现高照度的白色光。颜色和照度的变化是由于荧光粉涂层的反光特性。

（2）优点。解决了目前节能灯具的问题，不需要启动放电维持系统。

6.3 自然采光技术的应用

日本和西欧一些城市地下空间和地铁车站多考虑利用自然采光；国外（北欧、北美）还有利用阳光的反射和折射作用，用镜面将阳光引入地下空间内作自然采光。这些方法均有创意，可供参考、借鉴。

6.4 智能照明技术的发展

（1）智能照明是指利用无线通讯数据传输、扩频电力网载波通讯、计算机智能化信息处理以及节能型电器控制等技术所组成的一种分布式的无线遥测、遥控、遥讯控制系统，它具有对灯光亮度调节、灯光软启动、定时控制、场景设置等全方位智能型功能。

（2）在智能照明系统中，设有若干个基本情景。这些情景会按程序自动切换，并将照度自动调整到最适宜的水平；还可通过自动调节装置来调控所采集的天然光，并使之与室内灯光系统进行联动。

（3）当天气发生变化时，这种天然光系统能够自动调节，保持合适的室内照度。照明设计师在对地下建筑物进行照明设计时，将按预先设置的标准亮度，保持恒定的照度，不受灯具效率降低和墙面反射率衰减的影响。

（4）智能照明控制系统还可预先设置不同的场景模块，只要在相应的控制面板上进行操作，即可调入所需的场景；此外，用户还可通过可编程控制面板对场景进行实时调节，以满足各种特定的要求和需要。

（5）采用智能照明系统后，用户能够在运行过程中实现节能。智能照明控制系统对大多数灯具（白炽

灯、日光灯、霓虹灯等)进行智能调光,不仅能够降低用户电费支出,也能减轻供电压力。据悉,实现智能照明控制的用户一年可节电 20%～40%。智能化与照明技术的结合,充分演绎了节能、耐久、以人为本等绿色和可持续照明的理念。这种节能、高效的智能照明方式,顺应了节能减排和智能科技的发展趋势,在城市地下空间有望获得广阔的发展[4]。

7 结束语

开发地下空间/轨交地铁,是我国城市采取绿色低碳经济发展策略的必然选择。在积极探索地下空间/城市轨道交通发展新模式中,应采取措施从根本上实现能源体系的转型,解决好传统的自然资源短缺的问题,大力降低温室气体排放量,改变地下环境高污染的现状,促进节能、环保型地下空间在生态环境综合平衡制约条件下一种新的发展模式——低碳生态的隧道、地铁与地下空间建设,实现城市经济的可持续发展。有条件地逐步开发太阳能光伏发电、采用太阳光光纤导入照明系统的室内人工生态光源以及进一步推广智能型 LED 节能照明灯具等都是重要方面。建立节能型的地下空间,是一项争取逐步实现的远大目标。

参考文献

[1] 过国忠. 尚德光伏建筑并网发电[N]. 科技日报,2009年1月9日.

[2] 上海机场(集团)有限公司.上海虹桥综合交通枢纽地下工程关键技术综合报告[R].上海:上海机场(集团)有限公司,2010.

[3] 冯守中.发光涂料在公路隧道节能照明中的应用技术研究[C]//面向低碳经济的隧道及地下工程技术:中国土木工程学会隧道及地下工程分会隧道及地下空间运营安全与节能环保专业委员会第一届学术研讨会论文集.上海:中国土木工程学会,2010.

[4] 李杨静.智能照明将成智能家居市场主力军[N].中国建设报,2010年4月27日.

本文发表于《隧道建设》2011年第31卷第6期

地铁通风的节能环保与新技术实施 *

孙　钧[1],彭世雄[2],李树芳[3]

(1. 同济大学地下建筑与工程系,上海 200092;

2. 北方消声设备厂,北京 100028;3. 北京城建研究设计总院,北京 100037)

摘要:我国地铁通风和噪声控制技术的现状:消声器风阻大、占地多,风道拐弯没有导流装置,涡流很大、十分耗能,而且环境噪声达标困难。本文介绍了一种能够解决上述问题的新技术、新产品;并提出了"共享成果、用户零风险"的实施模式,以推动地铁节能减排和提高噪声控制技术水平。

关键词:通风;消声;导流;一机两能;零风险

1 引言

我国于 20 世纪 70 年代在北京开始建设地铁,后又相继在上海、广州等城市开始建设地铁,目前全国在建地铁的城市超过三十多个。地铁工程是一项耗资、耗能的巨大工程,但由于节能环保在我国起步较晚,目前地铁工程中有很大的节能环保技术潜力。其中,地铁通风系统及其噪声控制技术,更是停留在上世纪八十年代耗资、耗能和环境噪声不达标的落后状态,至今没有被重视、更没有挖掘的体制保证。

2 地铁通风和噪声控制技术的现状

目前一个地铁车站的主通风系统,由 4 台主通风风机(90~100 kW),配 8 台大型自联组合消声器。消声器置于风道直线部分(长约 3.5 m),消声器内风速 12 m/s 时,消声器风阻 100 Pa;风道截面大于 10 m²,由于占地限制,风道均设计成直角拐弯,且没有导流装置,所以涡流很大(设计院资料约 300 Pa),消声器风阻和涡流的总阻耗,几乎占风机全压 1 000 Pa 的百分之四十,据此推算,一个地铁车站,为此年耗电达百万度!这是一种很大的隐形能源浪费(因为,已经有一种经济有效的技术手段可以减小和消除它)。

同时,在用直线消声器的消声值很难做到高于 30 dB,实际环境噪声达标十分困难,除少数车站(如广州地铁黄沙站)经过了检验验收外,多数车站都未经检验,少数车站还严重超标,例如上海人民广场站,曾因环境噪声惊扰中央领导视察,被迫临时关闭地铁风机。

目前,主要承担这一技术发展的设计研究院所,由于体制上的问题,只研究赚钱、不研究技术;"天下图纸一大抄",只求图纸数量、不求图纸质量,有的甚至没有消化,例如,地铁在用的片式自联组合主风消声器,是上世纪八十年代的发明技术,原为分段式,每段间有 600 mm 宽的通道,表面看是检修通道,但实际上它还具有约 2 dB(A) 消声值,后来在有的地铁也变了样,显然是没有弄清它的声学原理,以至于消声值降低、噪声不达标,成了应付的摆设。

经济、有效地控制环境噪声,要求对噪声源、传播途径、被控环境等,做针对性很强的系统声学分析,并非简单摆放几个消声器所能了事。而在目前的设计研究院中,基本没有设置噪声控制专业,更没有重视对它的研究,加上在我国目前的体制和环保意识的大环境下面,应付也能够了事。这就严重限制了我国地铁噪声控制、节能环保技术的发展。使我国地铁通风系统及其噪声控制技术,始终停留在上世纪八十年代耗资、耗能和环境噪声不达标的落后状态。

3 地铁通风的节能环保新技术

上述地铁通风和噪声控制技术的现状说明,地铁通风的节能环保技术,存在很大的节能环保问题,针对这些问题而发明的"片式栅栏分割导流消声器",既是消声器又是导流装置,它将耗能的低消声性能设备,改变成高消声性能的节能设备,不增加造价,一机两能,就安装于风道拐弯处,而且结构简单、安装维修方便。

"片式栅栏分割导流消声器",由片式分导流吸声体、联接片和固定螺栓组成。片式分导流吸声体一端装有分导片,分导片为微穿孔板或薄板制成,片式吸声体两面为穿孔板或微穿孔板,中间可填充吸声材料。片式分导流吸声体安装在风道拐弯处,片式吸声体表面与风道拐弯顶端面平行,即与声波传递方向垂直,分导流吸声体有分导片的一端,在拐弯斜线 AC 上,并按一定间隙平行错开排列,组成斜形分割导流消声栅栏,在大型土建风道中采用自联组合式结构,片式分导流吸声体用联接片和螺栓自联组合并固定在风道拐弯处的两平面侧壁上,如图所示。

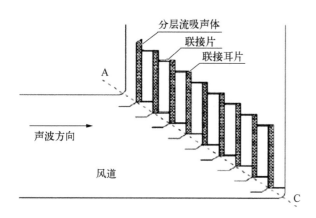

图 1 片式栅栏分割导流消声器

该发明有机结合运用声学、流体力学原理和工程技术经验,巧妙安装布置片式分导流吸声体(有效构体),使其组合结构,兼有多种功能:分流、导流、稳流作用(充分消除涡流阻损);兼备多层隔声、吸声、消声作用(全频带消声值极高)。这个对于吸声体看似很简单的安装布置,使吸声体表面与声波传递方向垂直,完全改变了在用直线消声器,吸声体表面与声波传递方向平行(贯通声波),只有单一消声作用的技术。它不仅能节省直线风道消声器占用的工程土建占地和投资;而且将耗能的低消声性能设备,变成了高消声性能的导流节能设备;它既是消声器又是导流装置,不增加造价,一机两能,而且结构简单、安装维修方便,具有全面显著的技术进步,对地铁通风的节能环保,具有现实

意义。

"片式栅栏分割导流消声器"的原理,是利用气流运动与声波传播的特性差异,将片式消声器与导流装置结合起来,对片式吸声体稍加改造,并自联组合成整体强度很高、导流和消声性能都很好的节能消声装置。作为消声器,它的吸声表面与声波传播方向垂直,对于声波形成了多层隔声、吸声、消声的机理,能将消声值提高到 45 dB 以上,轻易解决目前地铁环境噪声达标的困难;作为导流装置,它有良好的分流、导流和稳流作用,比一般导流片装置更能有效消除拐弯涡流,节约电能。以其取代目前在用的直线消声器,有以下优点和效益:

(1) 消声机理改变,消声器受频谱特性限制的设计空间大大改善,阻塞比可降至 1/3 以下,消声器内风速降低、风阻损耗减小一半以上;同时,它有良好的分流、导流和稳流作用,能充分消除拐弯涡流,总风阻损耗可由原 400 Pa 降低至 100 Pa 以下。据此推算,一个地铁车站年节电可达 86 万 kWh,电费百万元以上,超过设备投资 2 倍以上,全国有成百上千已建和在建地铁车站,节能潜力十分巨大。

(2) 由于消声机理改变,消声性能大幅提高到 45 dB 以上,不需要增加投资,就能轻易解决目前地铁环境噪声达标困难的问题。

(3) 新建地铁可缩短水平风道约 14 m,节省工料费 112 万元以上(不包括土建占地等);系统风阻进一步减小,这对于解决活塞风噪声及节能也十分有利。

"片式栅栏分割导流消声器"的发明人,为北方消声设备厂原总工程师,从上世纪八十年代开始参与地铁、矿井等大型通风系统的噪声控制工程,先后获得多项发明专利,有较丰富的产品设计和工程实践经验,目前地铁的在用消声器,仍是其原创技术,本发明有成熟的设计、制造和工程技术支撑,完全可以按非标产品直接设计、制造、安装和使用,不存在技术风险。

4 转化实施模式建议

片式栅栏分割导流消声器的小型产品,经实验,消声值在 45 dB 以上,自身风阻在 30 Pa 以下。因小型产品用于小风道,而小风道拐弯涡流很小,节能效果尚不

显著。在大型风道拐弯处存在很大涡流的情况下，更能充分显现其节能效果。

本发明完全是成熟技术，可以按非标产品直接设计、制造、安装和使用。为了推动地铁节能减排和提高地铁噪声控制技术，我们提出一个"地铁参与合作、厂家承担风险"的转化实施模式：由地铁公司选一处车站风道拐弯；由厂家设计制造一台"片式分割导流消声器"安装试用；经现场测试（请科研单位参加），如果性能指标全面超过现行在用产品并节能，地铁留用和推广；如果性能一般，厂家无偿拆除；这个用户零风险模式还要求：保证不影响地铁正常运行。

目前地铁风道拐弯处是闲置空间，风机日运行18 h，有6 h夜间停运时间可供安装测试，完全可以做到不影响地铁正常运行。

这是一个"成果共享、用户（地铁公司）零风险"的实施模式，早在1988年，目前地铁在用消声器片式自联组合消声器的原创发明，正是用这个模式，在北京地铁前门站顺利转化实施并在全国推广。

该模式是经济、高效、多赢的转化实施范例，欢迎地铁公司、科研设计单位，以及热心于节能环保事业的专家学者们，积极支持并参与合作。

本文发表于《地下空间与工程学报》2012年增1卷

隧道与地下工程节能减排低碳环保的研究和实践

孙　钧

0　前言

世界盛赞中国减排新承诺(《参考消息》,2015 年 7 月 2 日头版头条):联合国全球气候变化条约巴黎会议(2015/11/30~12/11 日)召开前夕,李克强总理访欧在会见法国总统奥朗德时,庄严宣布:在 2030 年之前,中国将停止碳排放量增长,2030 年单位国内生产总值的 CO_2 排放量要比 2005 年的下降 60%~65%;届时,低碳与可再生能源在全部能源消费中所占比重将提高到 20%。

这一文件已正式提交给联合国。

该项重大承诺,反映了我国应对全球气候变暖、深度参与全球环境治理、推动全人类共同发展的责任担当。

我国在实现低碳减排目标方面的对策,具体反映在:大力减少对煤、油等化石燃料的依赖;增加对太阳能、风能和地热能等可再生能源的开发和利用;多方面、多举措设法提高能源利用效率;改进城市规划,逐步建设绿色城市、智慧城市,发展智能交通,等等。

为了贯彻落实总理的上述承诺,我们要为政要为政府的决心和魄力大声叫好!同时,业界人士要力求做到:各行各业努力以赴,尽自己的一份绵薄之力,加强宣传、呼吁,这是我们不容推卸的责任。

对此,以下想阐述自己的一点浅识。

(1)在当前低碳经济条件下,要构建资源节约、环境友好型的各类隧道与地下空间。它对减少城市环境污染、促进地下工程建设事业全面协调、可持续发展、降低施工和运营管理成本,都将具有重大而积极的推动作用。

(2)加深对地下空间节能环保的理解。就发展城市地铁和地下道路言,主要体现在:在相当程度上由于可以大范围地疏解地面人流和车流,使地面道路汽车尾气排放导致的城市空气污染,以及人车混杂噪声污染和入夜后的光污染等,均可得到大幅度改善而起到巨大的环保效应;此外,由于地下环境冬暖夏凉、相对地面而言的温度、湿度变化幅度都比较小而起到显著的节能效应等两大方面。该两方面的节能环保效益十分可观,但目前的有效发挥却还远远不够,亟待进一步的开展和完善。

(3)目前,对隧道照明方面的节能,主要是采用具有高功率因数的照明灯具,如:智能 LED(配置高效电子镇流器)、在隧道两侧铺设反光和感光效率高的装修材料、尽量缩短供电电缆长度以减少线路损耗、合理布置配电房的位置、集中自动化调光控制、设法减少洞内外亮度差等方法。为了进一步节能,可将长大隧道内的灯具分为全日灯、黄昏灯、白日灯和应急灯等几个回路进行人工或自动控制等等。在实际运营中还要进一步做好节约电能的同时,还要研究如何解决好照明节能与行车安全及与隧道监控三者之间的矛盾问题。

如上所述,地下空间具有天然赋存的低碳属性,要尽量利用它在建筑节能和新能源利交通节能用等各方面都具有地面建(构)筑物无可比拟的优势。可以认为,城市低碳化水平的提高,与进一步开发与利用城市地下空间的节能减排、低碳环保的发展水平间关系十分密切,不可分割。有文章认为,城市地下空间的低碳效应是可以定量测得的。其低碳效应的量化衡量指标在于:各类地下空间的开发利用将带来城市碳排放量的几多减少,据此可建立地下空间节能减排的量化体系和量化方法。对此需要进一步加快建立城市轨道交通能耗评价指标体系,推动低碳技术的创新和应用推广,深化节能设计的改进与完善,实现技术节能;此外,还要加强节能管理,落实节能管理措施,充分发挥轨道交通节能环保的天赋优势,实现城市轨道交通可持续发展。这是一项当务之急。

1 当前,我国工程建设节能减排工作中的若干问题(以公路隧道为例说明)

1.1 存在问题的分析和认识

我国公路隧道在洞内照明、机械通风、供配电和给排水等几大项节能减排方面,诸如:降低照明能耗、节约标准煤、油等化石燃料以及减少碳排放与环境污染等领域,成绩巨大,收益卓著。但当前存在的主要问题,反映在:

(1) 在节能方案实施中,成本投入往往高出产出效益,"节能不节钱"矛盾突出,因而出现是否值得投资的困惑;

(2) 市场上充斥打着节能旗号的伪劣产品,不少节能技术/产品未经权威机构论证,巨额投资得不到投资回报的切实保证;

(3) 节能统计指标体系尚未规范化,节能减排专项资金投入缺失,相关政策法规支持不落实,节能减排工作仍停留在政府一般号召和企业自发行为的低层面,严格贯彻执行力度不足,等等。

1.2 影响节能减排的主要因素

(1) 公路隧道根据其功能定位和安全等级,所配备的通风、照明、消防、供配电、监控等机电设施,是公路隧道最主要的运营能耗;而其中,尤以经常性的通风、照明设施的能源消耗最多;

(2) 在交通特点方面,包括交通流量、行车速度、交通组成、运输管理等,其对公路隧道机电设施的近、远期配置也有着重要影响,而且与运营安全密切相关;

(3) 我国不同区域的经济发展水平差异比较大,对交通运输节能减排的认识程度也不尽相同、统一,对地区公路隧道的节能减排客观上也产生一定不利影响;

(4) 自然条件在一定程度上影响公路隧道的节能减排,包括日照强度、海拔高度、自然风大小和可利用程度等等,其对公路隧道节能减排的影响分析,可请另见有关专门论述;

(5) 此外,隧道土建结构,包括平纵线形、断面尺寸、洞门特征,甚至洞内装饰、路面材料等等,其不仅直接决定了土建工程总量,也会在相当程度上影响机电设施配置,从而对公路隧道节能减排产生影响。

1.3 隧道节能减排的工程措施与相关技术

(1) 提高公路隧道"绿色能源"的应用比例,如:烟台市利用太阳能照明,采用节能灯具修建国内首座太阳能隧道——通世路隧道,每年可节约标准煤120 t以上;安徽六潜高速公路狮子尖隧道,首次采用太阳能和风能发电,设计了"风光互补"即通风照明一体化设计和离网供电系统,既节约了电能,又降低了发电设备配置成本;

(2) 公路隧道照明及供配电节能成套关键技术取得了一定突破,如:洞外亮度 L20(S) 精确测试方法及洞口减光措施、基于中间视觉理论的照明设计方法、智能化照明控制技术、新的高效照明方式、节能光源的进一步采用、照明及供配电系统分期实施等等,并在示范工程建设中得到了应用实践;

(3) 新的通风节能减排手段主要有:前馈式通风控制技术、双洞互补式通风技术、污染空气静电除尘技术、污染空气和土壤的净化技术等等,不一而足;

(4) 给排水节能减排措施主要有:应用消防水泵智能控制技术、使用高效节能水泵、选用强度高和摩阻小的热镀锌钢管等等;

(5) 加强并完善节能管理,对于指导公路隧道节能减排具有极其重要的引导作用。

2 近年来城市轨交地铁节能低碳成效卓著

2.1 基本情况

城市地铁运营成本居高不下,在票价不容调整的制约下,入不敷出,已成为地方财政的一项长期负担。但为使其今后发展为节能环保的绿色地下交通线,则又前景喜人,值得期待。

地铁是用电负荷巨大的一头"电老虎",其电能耗费约占全部运营成本的 20% 以上。其中,牵引电耗、动力照明与冷暖空调电耗是大头,而主控中心、线路损耗和其它各种电耗也是一笔不小的数目。以上是其节能减排的重中之重。应用新技术以引领高效节能的低碳发展模式,更好控制用电成本,致力于新的业务拓展与整合机遇,使之为企业带来新的利润增长点,其效益空间不容小觑,是一项亟待开展的研究方向。

2.2 各地城市轨交地铁节能减排措施取得的主要成效

(1) 在车辆系统方面，车辆轻量化正在实现，减少车体重量后较老年型的约可节能 30%；

(2) 在电力制动停车控制系统、再生制动能量利用等方面进行探索，建立再生电能吸收系统，有效利用地铁车辆制动能量，这方面节约的能源约占线路总能耗的 5%～10% 或以上；

(3) 减小非必要的机电设备数量并控制设备运行时间，如控制变压器容量、减少非运行时段照明数量等。这方面采用自动优化控制，其节能减排效果十分显著；

(4) 大面积采用 LED 照明等节能产品，应用和研发新型节能通风空调系统等设备，大大降低了能耗；

(5) 有条件的城市，应改用新能源替代电能和化石燃料，如以太阳能、风能为照明能源、以地热能为空调提供动力等，可有效减少碳排放。利用以上各种可再生能源以节约电能(这方面，部分城市地铁视条件和可能，正在探索中)；

(6) 在车辆进、出站口设置节能坡，合理设计地铁营运线路和行车密度，可最大程度地有效节约能源。

以上节能措施的采用，已使一些城市轨道交通的能耗水平有了明显提高，显示出城轨地铁节能的可行性和有效性，为今后进一步推广应用奠定了坚实基础。

2.3 城市轨交低碳发展的创新方向

逐步建立和完善能耗评价指标体系，有针对性地推动各项低碳节能技术的创新和推广应用；在牵引系统、变频空调、动力通风、相控光源等方面深化节能设计的技术改造；加强并完善节能技术管理，落实各项节能管理具体政策、措施，等等。以上各点，网上稍作搜索，均另有专文详细论述，这里就不赘述了。

3 隧道和各类地下空间运营期的节能减排现状

3.1 洞内照明

隧道洞口段(棚洞)和垭口部位，设计"天窗"以引入自然光；利用各种反射、折射光镜将日光引入洞内，使可尽多地取代白天的地下人工照明；在洞内每隔若干灯具安装"漫反射"镜片，利用之前以四周吸收的照明灯具光线，采用吸光、感光材料提供在晚间车辆进出洞的流量少时或应急时的发光照明，等等。

隧道中段采用高智能化 LED 灯，现已普遍取代了早前传统采用的高压钠灯和荧光灯照明。

在隧洞出入口的加强照明段，采用无极全自动调光技术，可以视外界亮度和车流量多少，作高智能化自动调整 LED 灯具的照度变化；必要时与高压钠灯构成组合光源，此时要解决冷热光源对隧道入口段的不利影响。

应用无极灯后，设备的使用寿命可大幅提高、耗能减小新型照明节能灯具产品在国内近年来已呈多样化，但光衰、质量不均匀和寿命的进一步完善，仍有许多改进要做。

光纤导入照明，是一种引入自然光的好手段。在不须进行能量转换的情况下，经聚光元件高效采集，由传光光纤传输，将太阳光直接引入地下(上海市虹桥交通枢纽和其他多处均已成功采用)。

3.2 地铁和隧道的运营通风

早晚高峰期、夜间和正常运行三个时间段采用 BAS 方式对地铁通风空调进行监控，设定不同的通风方式；通过计算机设定程序作隧道通风智能控制，在突发事故和洞内塞车等特殊路段，用人工干预启动应急预案，以调节洞内通风，执行不同的通风运行模式；不只限于铁路隧道，公路隧道内交通量大时，纵向通风模式也可以有效利用活塞风，使洞内空气(进、排风)得到更经济合理、有效的自动交换，达到节能风量的最大效果。

4 减少地下工程施工和运营期碳废与其它污染物排放对环境的影响

(1) 隧道盾构泥水处理系统节能减排和环保新技术的应用(以上海市人民路盾构掘进为例)。

① 盾构泥浆废弃物的回收利用，以减少环境污染；

② 改用天然土造浆，作泥浆处理；

③ 设备系统的可移植技术；

④ 计算机智能化浆液管理；

⑤ 泥浆回收综合治理；

⑥ 泥水处理系统的隔音防噪、全封闭取水排泥,等等。

(2) 矿山法隧道施工开挖节能环保新技术的采用(以歌乐山、大河湾等越岭隧道为例)。

节能环保型的"水压爆破"工法——在装药结构内增设了"水袋",它与"炸药"和"炮泥"三者构成了复合装药堵塞结构,除增大爆破效率、节约炸药量外,并可减少粉尘和噪声。

(3) 隧道施工减小对水环境的不利影响。

① 隧道口设有蓄水、沉淀和过滤用小池子,施工废水经处理后乃可再用;

② 施工中的渗、涌水严禁排放到地表漫流和生活用下水道内;

③ 如洞内渗涌水和突泥,影响当地生产、生活,要严格采取注浆封堵和二衬封闭,以减少水土流失。

(4) 城市隧道施工的噪声控制(≤90 dB)和外部环境保护。

① 轴流风机前后设置消声器和减震器;

② 射流风机的前后设置消声筒;

③ 对洞内污染和汽车尾气作集中式高空排放,洞口和风井周边的 CO、CO_2、NO_2 等废气浓度要满足环境空气质量相关标准,风塔内加装静电除尘设备;侧线隧道内加装除尘器和自动换气与补充新风装置,等等。

5 对隧道与地下空间照明节能技术的再认识

(1) 国内当前在地下空间运营照明中存在的一些主要问题如下。

① 照明节能理念存在一定误区:隧道照明节能并非简单地选用和定时开关某些灯具,所要求的是建立在行车安全基础上的最大限度节能,决不能以牺牲交通安全为代价。如片面追求节电、省钱,致一些隧道照明控制方案更改的随意性和主观性很大,节能与安全间矛盾突出;

② 现有的一些隧道照明控制,使营运中节能与隧道日常交通监控间矛盾增大(如:后半夜关闭全部洞内灯具);

③ 诸多照明设计参数有待改进和完善;

④ 照明控制方式仍较西方落后;

⑤ 要求有更经济合理、功效高、耐久性又好的新型节能光源——最近,经国家科学技术奖励办公室专家委员会初评:硅衬底高光效 GaN 基的蓝色发光二极管项目,获国家技术发明一等奖!

(2) 在隧道照明节能技术的应用方面,可提出以下几点建议。

① 使用照明节能控制器以开发照明节能控制系统:根据交通参数(车流量、车速)和洞外环境参数(洞外亮度),自适应调节灯具亮度;特别将进出口加强照明段的自动调光系统与洞外光照强度及车流量多少相对应,设置信号反馈装置,在保证行车安全条件下实现灯具照明度的最优控制;

② 设置洞内灯光分区(出入口段、过渡段、中间段)控制系统,特别当节假日和夜间车流量增多或减少时,作自动数据采集并能以跟踪筛选,分时段自动调整照明灯具亮度及开关灯盏数,以减少照明能耗;

③ 选择合适灯具及其合理的安装角度,射优化处理、增大顶棚和墙壁的光反射比,使隧道顶棚、墙壁和路面之间能产生多次反折射作用,可使隧道照明反射光增量系数比之未处理的约增大 20%,达到节电 20% 以上;

④ 在管理维护操作规程方面应制定长效机制,对光源和附件进行检修,尤其是检查气体放电光源的无功补偿电容有无被击穿;此外,还需对照明控制装置进行调整,提高照明灯具的维护系数,使照明系统始终处于良好工作状态。

6 进一步降低地下空间的节能减排成本

现今,将多种相变材料掺加入建筑材料中,已在地面建筑物中制成具有一定相变功能的墙体、地板、天花板等,其蓄热性能佳好。借用这种相变储能材料于地下建筑物的围护结构,可有效增强其隔热和储热功能,提高能源利用率。其特色是:有利于减弱地下结构与岩土介质间的热流波动幅度,延迟作用时间,从而降低向地下空间内供暖、供冷等空调系统的设计负荷,节约能源成本;提高围护墙体蓄热能力,减少地下空间的热负荷和年、月温差变化波动,改善室内环境舒适度,有利于节约地下能耗。

已如上述,合理采用光纤导入照明,使密闭地下空间可获得自然光的补充;对设计有"下广场"的地下空间,通过阳光直接照射产生温室效应和热压作用,并有利于废气排泄,可设计为兼作辅助排风井使用。

参考文献

[1] 中华人民共和国科学技术部. 国家中长期科学和技术发展规划纲要(2006—2020),2003.

[2] 中国科学院学部办公室. 中国科学家思想录[M]. 北京:科学出版社,2014.

[3] 中国科学院. 历年来中国科学发展动态(辑录).

[4] 中国科学院. 中国科技前沿年鉴.

[5] 谭仪忠,等. 地下工程节能减排研究进展[J]. 地下空间与工程学报,2010,6(52):1533-1537.

[6] 戴华明,等. 轨道交通的节能低碳发展[J]. 设备监理,2014,(2):8-12.

[7] 王少飞. 论公路隧道节能减排[J]. 船舶运输科学研究所学报,2011,34(1):76-81.

[8] 李海龙. 低碳经济和节能减排形势下公路隧道照明节能措施探讨[J]. 城市建设理论研究,2012(30).

[9] 孙钧. 面向低碳经济城市地下空间/轨交地铁的节能减排与环保问题[J]. 隧道建设,2011,12,20.

[10] 孙钧,彭世雄,李树芳. 地铁通风的节能环保与新技术实施[J]. 地下空间与工程学报,2012,7,15.

7. 城市地下空间的开发与利用

我国城市地下空间资源开发利用中的若干问题

孙　钧

1　地下空间开发利用的历史回顾

我国和西方古代的帝王陵寝、输水暗渠、过人过车隧洞等都是地下空间利用的先驱;近代的地下空间,则源自于19世纪中叶的西方(国外早年最著名的几处城市地下空间工程范例):1863年伦敦世界首条地铁通车;巴黎利用废弃矿井改建地下水道和共同沟,以及其它城市防灾设施;巴黎对雷亚诺中央广场和拉德·芳斯新区,进行国际商务办公区、高架、地面和地下交通的立体化开发;美国波士顿中央大道地下城建设(当时工程量最大、工期最长、投入资金额也最高);日本大阪站前区梅田地下综合体(旧城区改造的典范之作。地下分四层,放置:商业区、停车库、储藏库,集交通、购物、娱乐多种综合功能,并与大楼地下室沟通为一体);日本大阪市地下商业城的几处地下休闲广场。

2　国内地下综合体的发展

近年来国内地下综合体新颖独特、发展迅猛,如:珠海横琴口岸区(通澳门)地下综合体、交通系统;广州珠江新城地下环路与交通岛走廊,以及旅客地下自动输送系统(APM);杭州市钱江新城超大型地下车库建设。

在上海市中心城区范围,则大体上有:上海市虹桥交通枢纽的地下换乘,与风、水、电等辅助设施;早年,上海市人民广场的大型地下车库、商业圈、香港街、地下变电站等地下综合体开发;上海铁路新客站北广场地下交通枢纽、出租车和私家车地下始发站点;利用早年人防地下工程,改造成地铁站的徐家汇地下交通枢纽和地下商圈;五角场万达广场地下商城;世博会B片区、央企总部集聚区地下空间工程;临港新城滴水湖地下交通枢纽工程;已建的外滩隧道和正在建的市北区横贯长宁、闸北、虹口、杨浦四区由虹桥~周家嘴路过江,往返浦东新区的城市道路北横通道工程,等等,不一而足。

3　几点认识

(1)随着城市化水平的提高,交通拥堵、土地资源匮缺、环境污染和生态失衡等问题相伴而生;而机动车流量猛增,又带来了有关的碳排放、噪声和光污染。我国城市粗放式的快速发展,带来了不少负面的"城市病"问题。

(2)合理开发利用城市地下空间是推动城市经济与环境、资源相协调发展的重要一环,它在解决城市人流拥堵(指地铁)、疏解地面车流(指城市地下道路)、提高土地集约化利用、改善环境污染等方面都可以发挥巨大作用。

(3)当前,制约地下空间开发的五个重要方面是:初期投入大、效益空间不够理想、功能特色发挥不够、运营安全和防灾,以及节能减排与环保。"地下城"中的昼夜温差和季节性温差都比较小,在地下城中还可以免受各种气象灾害;但火灾、爆炸等人为灾害发生时,地下城中人们受到的伤害可能会更大。

(4)今天,城市地下空间已经告别了感官不适、潮湿阴冷的时代,功能便捷、采光敞亮、环境宜人的地下空间已为市民所认可,但视觉美感的追求应可再上一个台阶。把自然阳光如何有效地导入到地下空间,而培育生机勃勃的植物和地下人造绿地等也可常年陪伴在地下城内。

对城市地下空间资源开发和利用总体上的基本认识:国外许多发达国家的经验和先例,可为国内参考与借鉴,具体如下。

(1)城市轨道交通/地铁是城市地下空间的核心

骨干,用地铁将各种类地下空间有机链接,形成地下空间的全覆盖网络。

(2) 围绕地铁诸主要地下车站的周圈,开发各种地下商业街、地下商场/超市,以及各种休闲步行街、供人们在地下健身锻炼的地下绿地、娱乐和活动中心,是受最多市民欢迎、容易形成地下人潮热点的去处。

(3) 战时,地铁和各类地下空间设施的功能都可以方便有效地、自然地转变为"地下人员掩蔽"/防空洞使用以及地下救护所等人民防空处所。战时的地铁,就是市内的"地下疏散主干道"(人防语);对旧有人防工程作"平战结合"的改建和利用,已成为当前亟持续推进的一项任务。

(4) 故此,建议"城市规划部门"、"地铁部门"和"民防部门",三为一体地进行总体统筹规划,使建设综合性的城市地下空间资源得到更好的开发和利用,是十分必要的、合理和有效的,也是当前我国各大城市追求组建三维空间城市(指:① 地上高架、环线;② 地面道路交通;③ 地铁与各类地下空间)的一项当务之急。

(5) 在有必要和有条件的城市,为进一步缓解、分流地面拥堵的大量"车流",可以再考虑修建地下道路系统,并使之与地铁(为缓解地面"人流")两者相互结合,成为整体地下交通系统。

(6) 将市内一些高层大厦的办公楼,利用其多层地下室,改建、新建成全城分散设置的中小型地下停车库,并使大楼地下电梯井与周近的地铁车站用"地下联络通道"相互沟连,使之能更好方便人们上、下班,它是疏解早晚时间地面车流、人流拥堵的最佳方案(就人防言,也就是"连通搞活")。

(7) 要尽量将城市地铁和各类地下空间做成"浅埋"和"超浅埋",以方便人流出入,并尽多利用"下沉式地下广场"以吸收天然日照/阳光。这样不仅节能环保,更能吸引大量客流乐于进出地下,去购物、乘车、休闲和娱乐。

(8) 从国外许多情况看,地下商场也就是"地面商场直接向其地下的延伸",街路左右地下商场的中间部分都建成上覆玻璃/塑料能够透光和遮雨的步行街(见后文图照)。这是国外最为常见的地下空间范例,值得学习。

4 城市轨交/地铁在交通治堵和节能减排方面都具有很大的效益空间

(1) 地下建筑业(含:功能各异的隧道、轨交地铁与其它各类城市地下空间)的节能减排和环保问题是面向低碳经济的重要方面,应该、也可以有所作为。

(2) 地铁是城市用电大户——"电老虎":昼夜运行的电气列车、地下车站通风、照明、空调和其它的耗电设备与设施等,它在交通治堵、节电和排污方面都有很大的效益空间。

(3) 在地面交通中,汽车尾气排放是城市空气的重要污染源;交通拥堵而汽车不歇火时,其 CO_2 和 CO 排放量更甚。改用轨交地铁电气列车后,地面交通的排污情况将可有很大程度地改观。

(4) 怎样看待城市地下空间、隧道和地铁在低碳经济社会中的节能? 其中,除根据条件可能,逐步开发太阳能光伏发电外,采用室内人工生态光源的太阳光光纤导入照明系统和高智能型 LED 节能照明灯具等都是重要方面。其在城市地下空间(上海虹桥综合交通枢纽例)和公路与城市隧道(崇明长江隧道),及在上海世博会等其它各处的成功范例都是比较典型的。

(5) 降低建筑能耗:地下空间内的基本恒温和恒湿特点,产生的节能低碳效应。

在降低交通能耗方面:因地铁载客量大,而运行速度快,耗时少,排污小,搭乘轨道交通代替地面交通产生的低碳效应;通行地铁电气列车以缓解地面道路交通的油耗和拥堵产生的低碳效应。

(6) 推广智能型 LED 的新型诱导式节能灯具及其他。

(7) 新能源利用:在各类有条件可能的城市或局部地下空间内,争取利用太阳能或风能、地热等可再生能源以代替化石燃料以减少碳排放。

(8) 碳汇新技术的应用:在地下利用吸碳装置汇碳。

当前,第(7)项和第(8)项可在国内有条件地试行,尚亟待进一步实施推广。

5 国家政策法规是城市地下空间发展的方向标

亟待逐步建立和规范、明确关于我国地下空间建设的土地管理模式（集约化综合开发利用）、所有权、使用权、管理权；以及开发战略、主管开发部门、方针政策、地下空间开发利用总体规划的编制、运营管理体制、建设标准、技术标准、设计施工规程等各项重大决策性事宜。

一、强化规模引导，改进计划管理 →	建设用地总量控制；指标从严
二、优化用地布局，盘活存量空间 →	布局优化的原则；集约布局和节约用地
三、健全用地标准，严格用地约束 →	建设项目用地标准控制制度（测算、设计和施工）
四、完善市场配置，促进用地提效 →	扩大土地有偿使用范围；先出租后出让、缩短出让年期等方式出让土地
五、加强内涵挖潜，盘活存量土地 →	内涵挖潜，消化利用闲置和低效土地。鼓励社会资金参与城镇低效用地、废弃地再开发和利用

图1 《节约集约利用土地规定》内容解析

6 国外城市地下空间开发和利用

国外城市地下空间开发和利用具有休闲、游乐、商购的功能特色（图2—图7）。

图2 宽敞明亮的地下空间出入口（尽量多设）

图3 地下步行街区布设的游人广场

图4 在地下步行街区布设的游人活动、健身空间

(a)

(b)

图5 以保护城市环境、增添城市景观而兴建的地下空间——具有"金字塔风情"的巴黎卢浮宫博物馆地下展览空间（广场中央和两侧设置有3个形态各异的锥形特大玻璃天窗）

(a)

372

(b)

(c)

图 6 敞亮便捷的地下步行街系统

图 7 多伦多市颇具规模和特色的大型地下综合
商业区——地下商城/商圈

7 当前国内城市地下空间建设和利用简况

（1）与国外比，我国城市地下空间开发的规模和范围仍然有限，功能效益上的理念也各异。目前发展已比较成熟的是：轨交地铁、地下停车库、地下商场/商业街、地下步行街特别是过街地道，各种地下管线（管道）——非开挖技术（trenchness technology）和地下共同沟，等等。

（2）科学规划和合理开发利用城市地下空间，今后将不只是接待过往游客，它将吸引越来越多的人到地下去休闲、养生、健身、购物、工作和学习。

（3）功能复杂的地下商业综合体，它与地下快速轨道交通系统相结合的地下商业街系统将构成规模宏大的地下商城，是当前国内不少大城市追求发展的主要对象。

（4）地下建筑内部空间的环境质量、防灾救援措施以及运营管理等重要方面，近年来在国内也都达到了较高水平。

（5）各种地下市政设施，从传统的浅层地下供排水（上、下水）、煤气、电缆、光缆管网等地下综合管线廊道（共同沟），发展到位处深部地层内的地下大型蓄洪、供排水系统、地下大型旱季供水及污水处理系统、地下大型能源（煤气、石油天然气）供应系统、地下生活垃圾的填埋和处置与回收系统，等等，都有了长足的进步（其中，深处地下的能源贮存和城市排洪防涝、蓄供水抗旱系统尚待建设）。

（6）从各种地下市政管网发展到不同的政府信息缆线、地下信息网络等等，均有长足的发展。

总之，城市地下空间的开发现已呈现出空间上的多层次化和功能上多样化的特征（图8—图10）。

图 8 地下综合交通环廊

8 城市地下商城的发展

把城市地铁交通和地下商业圈有机链接，把地下人行通道和各种商业、文化娱乐等设施都设置在地下，并相互连通，成为城市地下商城。为了最大化利用土地和空间资源，城市中央商务区进入地下，通过整合城

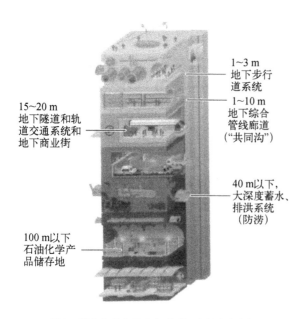

图9 城市地下空间开发,呈现:空间上的多层
立体化和功能上的多样化

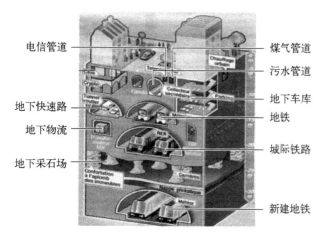

图10 城市地上与地下的协同持续发展——立体巴黎

市的地面和地下空间为一体,形成集约而又紧凑的城市地下商业城/商圈。

地下商场与地铁站无缝对接,乘客由大楼地下室电梯井进出地铁站厅层时就可直接进入商场购物,形成"地铁＋物业"对接模式。城市地下空间涵盖了商务、文化、娱乐、交通、购物、健身、市政等功能于一体,拥有浓厚的商业和文化氛围,成为市民喜爱的休闲、逛街的好去处。典型案例:

① 法国巴黎西部——拉·德芳斯新区;

② 美国曼哈顿区(纽约市一地块)——洛克菲勒中心地下步行道;

③ 日本大阪地下市民游乐中心;

④ 加拿大多伦多地下综合商业服务区;

⑤ 上海虹桥交通枢纽和徐汇区、五角场地下商务核心区;

⑥ 杭州钱江新城地下停车场。

9 其他城市市政设施的地下空间利用图例 (图11—图15)

图11 市政公用设施的集约化与地下化——综合管廊

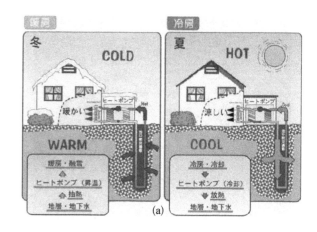

(a)

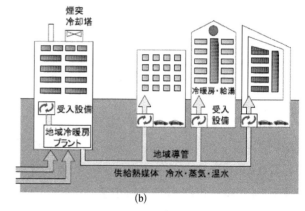

(b)

图12 城市地下低温地热能的开发利用:充分利用可再生能源实现城市低碳化发展的优选能源

(a)

(b)

图 13　平战结合、平灾结合的国外地下
防空防灾设施民防工程

(a)

(b)

图 14　仓储物流设施——地下仓储物流

10　防汛、排涝、抗旱,地下市政设施大有可为

利用大深度地下空间修建城市蓄水、排洪通道并

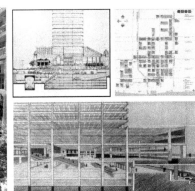

图 15　加拿大蒙特利尔和多伦多——地铁＋公共服务设施

兼及其他功能于一体,应该在有条件的城市先做试点,这是开拓地下空间功能应该优先早日考虑的新渠道。

(1) 每年春夏之交,我国南方的连续暴雨成为许多城市的不堪承受之重;内涝严重,更又给城市管理和市政、防灾部门提出了严峻挑战。2008—2010 年间,我全国 62％的城市发生过城市内涝,内涝灾害年超过 3 次以上的城市有 137 座,最大积水深度超过 50 cm 的占 74.6％,积水时间超过半小时的城市占 78.9％,而其中的 57 座城市的最大积水时间达 12 小时以上。

(2) 所谓地下蓄水排洪的防汛体系,是指修建于大深度地下空间内(地下 40 m 以下)的地下大型蓄水排洪网络,包括:大深度排洪隧洞(地下人工河)、大型地下蓄水库,以及地下泵站和地下污水处理站等设施。它作为现有的城市排水与防洪体系的强有力补充,与原有的浅层地下的排水管网一起,构成了城市高效、完备的疏排水、蓄泄洪网络。

(3) 大深度地下蓄水排洪体系能够发挥的 4 大功能:

① 排水功能。当现有排水管网超负荷时,打开大深度排水系统,使合流排水管道通过溢流可以排入深层排水隧道内,再通过大型地下泵站将水排入城区主要干流或大江、大海;

② 蓄水功能。在深层排水管网的终端设置闸门,利用大直径隧道的巨大空间贮水,同时兴建大型蓄水库,将雨季的大量降水引入水库内储存,供旱季使用,从而大大提高了城市水资源利用率;

③ 泄洪功能。对于洪涝灾害较严重流域,大型深层地下隧洞可以连通洪水流域上的主要河流,通过闸、阀门控制,将过量洪水引入地下隧洞内,再排入大江、大海;

④ 污水处理功能。在体系终端和蓄水库旁兴建大型地下污水处理站,将隧洞及水库内的储水进行净化处理,其部分可作为旱季城市供水循环使用,既节约土地,又可减轻二次污染。如图 16 和图 17 所示分别为地下雨水调储池和地下污水处理场。

(a)

(b)

(c)

图 16　日本东京城市防涝——地下雨水调储池

国外蓄洪泄水体系建设的经验举例:

① 巴黎大深度下水道;

② 慕尼黑市地下储水库;

③ 芝加哥市深隧蓄水;

④ 日本东京地下泄水神宫;

⑤ 东京泄水"地下神宫"。

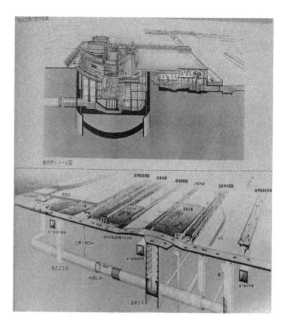

图 17　地下污水处理场

被誉为世界上最先进的地下泄洪系统。工程建成当年,相关区域遭水浸的房屋,由当初最严重年份的 41 544 家减至 245 家;浸水面积由 27 840 万 m² 减至 65 万 m²。

图 18　东京市的"地下神宫"

(4)"就地滞洪蓄水"——城市防涝治理法制化

为解决城市防洪和雨水的再利用,美国设有强制性防城市内涝的法律。城市新开发区必须强制执行"就地滞洪蓄水",并制定了详尽的城市内涝防范、治理措施以及问责手段。

11　以地下水源形成覆盖全市的应急供水/采灌网络

上海市前些年曾考虑拟新建/改造 300 多口地下

深井作为初始阶段先试点。这是因为：① 上海水质安全风险较大。近年来，地面水污染事件频发；地下水具有安全、启动快的优势，经过简单处理就可供生活用水；② 上海市水务部门正与市规划部门协商，将新建或改造的应急供水深井落实至相应的城市规划；③ 将地下水列为战略储备水源。在重要公共场所第一期拟新建（连改造）300 余口应急供水深井。日后，更使之形成一张覆盖全市的、以地下水为水源的应急供水网络；④ 应急供水深井按照采灌两用井设计，平时可作为地面沉降防治设施用于地下水人工回灌，控制地面沉降；而遇突发性状态时，则可作为应急供水设施向地面供水；突发情况下，深井可通过应急供水管道向市内自来水泵房连续输水。作为第一批试点，可供水达每小时 80—120 立方米。深井同时配置除铁、除锰以及消毒等水质处理设施，使可确保供水水质达到《生活饮用水卫生标准》。

今后，拟议中的上海地下水的利用，将从常规供水向战略储备水源转移，地下水将不再作为常规水源使用。一旦出现突发性事件，由市水务部门统一调度，解决当地及周边居民和重要设施的应急生活与工作用水。

12　地下空间利用中的数字化技术

地下空间数字化和 BIM 技术是对地下空间：① 技术数据的自动采集与智慧感知；② 建立三维可视化与虚拟现实图形图像；③ 数据管理与数据库；④ 信息网络集成，与⑤ 智能预测与控制分析等技术手段于一体的总称。地下空间数字化研究已经成为全面掌控城市地下空间资源利用现状和预测所必备的技术手段，是地下空间合理规划与有效利用的有力技术支撑；同时，也是进行地下工程施工安全控制、防灾减灾的一项重要技术措施。

通过网络技术、数据库技术、地下工程的施工监测与养护等相关数据信息，可以实时上传、汇总、搜索、查询、分析和调用。如遇有结构渗水、裂缝、过度大变形等情况，也都在工作人员的实时掌控之中。

为了提高维护和监测效率，可建立一个涵盖勘查数据管理、施工数据管理、监测数据管理、养护计划辅助管理，以及病害统计分析、病害治理、健康评估、三维浏览等功能的数字化平台。在国外，它被赋予为地铁"数字化博物馆"。

13　对我国进一步建设和发展城市地下空间的若干思考

（1）轨道交通是城市地下空间的核心骨干，选择若干地铁车站周边的地下空间进行商业开发；并关注早年已建各类人防工程的平时利用，再与周边大楼地下室连通搞活，形成全市中心城区全覆盖的地下交通联络网，是缓解地面人流、车流，和地面大气污染的最佳方案。

（2）地下空间不只是商业街和地下超市，它主要是一种为近期和长远设想的社会公益行为，要侧重它的社会效益（"功在当代，福泽千秋"）。要建设好：地下休闲步行街、健身养生场所和各种娱乐活动中心，以及分散式的地下中小型车库，构成地下综合体，成为大城市不可或缺的重要组成部分——三维城市布局。

（3）要设计成浅埋和超浅埋，以方便居民和大客流进出地下，并节约电耗。

（4）尽多利用下沉式广场和多个大型出入口，以吸收天然阳光。自然采光比之人工照明使人们感官上会更好，又节能环保，消除地下抑郁感。

（5）建议由城市规划作为主要部门牵头、轨道交通和人防/民防部门三为一体地制定三维城市总体规划，分头落实近期 5 年内的执行计划，让市民看到并享受实惠，进一步夯实规划，作为逐年逐步落实施行的基础。

14　几点建议和当前问题

（1）做好开发利用城市地下空间总体规划，要有事先充分调研，它关系到今后发展的全局效益。

（2）找准地下空间各项开发项目的功能定位，落实逐步有序发展的打算，使日后不留隐患和遗憾。目前，要多方设法先修建几处分散式、中小型、智能化的地下停车库，视效果情况再在各个区推开，以缓解地面停车难题。

（3）"埋深"要尽可能浅，以方便出入。设法以地铁为主轴并与各类不同功能的地下空间相互结合进行，最好尽多与大楼地下室/电梯井相沟连。

（4）运营安全、通风除湿、照明节电（尽多利用天然采光、智能 LED）、低碳节能和减排环保，是城市地下空间现代化的 5 大要素，是进一步开发利用地下空间的主旨和要害。

（5）当前，制约地下空间开发的 5 个重要方面：初期投入大、效益回报不够理想、各项功能发挥尚不够、大客流条件下长期运营的安全，以及节能减排和环保问题，亟需逐项妥慎研究，有序解决。

（6）规划实施上可以近期为主，中远期先只粗线条地研究即可，让政府和市民见到实效，再求进一步逐个落实，依次推开施行。

（7）功能定位上要重在社会效益，它是政府行为，"造福当代，功在千秋"。但又欢迎私、企投融资，除商业设施外，要视条件增设向地下发展的健身、休闲和文娱等多方面的功能。

（8）力戒华而不实的奢侈装修，提倡采用简朴而具有高阻燃性的耐火饰面材料。

（9）地铁车站和地下广场等人流聚集地，要加强防灾、消防、防踩踏和防爆燃等安全设施，改装可方便紧急时拆卸的进出口转动门，完善急用供电和照明。

（10）城市地下道路要设法解决好市区内集中排废（汽车尾气 CO,CO_2）和设置进出匝道的难题。

（11）地下空间的运营安全，重在预防。要建设功能齐全、而又严密完善的整套交通、人流地下监控设施，不留死角和盲点，将灾情消灭于其萌芽之初，决不容许蔓延成灾。

15 新技术、新工艺的采用，助推了地下空间开发利用进展

（1）在狭小的居民小区空地上，修建分散式小型井筒式智能型地下车库（指调度、出入、电梯井、就位均可自动操作）。可考虑引进德国海瑞克公司生产的 VSM 掘进开挖系统（图 19，图 20）。

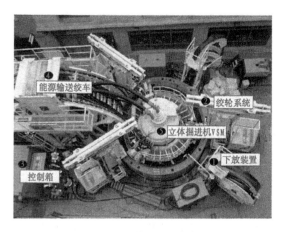

图 19　VSM 系统施工现场实景图

图 20　小车在井筒内停车

该设备在西德、美国和俄罗斯等西方国家已采用的掘进里程数达 3 000 m。竖井最大直径 Φ16 m，深度达 48～60 m，可停放小车车位 80～150(200)辆，经智能化管理后，进、出车辆调度管理人员仅需 1～2 人（图 21）。

图 21　井筒式小型智能化地下停车库

(2) 在城市绿地的地下深部,进行暗挖加建和扩建地下车库的新技术。上海市长宁区,计划于中山公园1号门南侧,拟建一处地下3层的地下车库空间,含:工程占地面积约1.4万 m^2;地下空间建筑面积约4.2万 m^2;地面大范围为中山公园绿地,多有古树名木(200多株大直径乔木)要保护。

项目涉及轨道交通2♯线及地铁车站的安全保护问题(地下主体距2♯线区间最近处仅30 m(<最小50 m规定),为此,在开挖施工、信息化监测方面要有新的举措。

(3) 规模宏大的地下空间,其平面尺寸大、局部基坑的埋深也大,遇到土质松软又有高承压水头的困难条件、加之淤泥质土的触变性和时效流变,给基坑和盾构开挖、坑壁围护和降排水都带来许多难点。其中,尤为突出的是:

① 工程周边环境的施工维护,在基坑施工中多数仍要保证正常运营;

② 在开挖与支护工序交替的时间差间歇期,容易导致地面裂缝,甚至一定范围坍塌(地陷);

③ 顺作、逆作两相结合的基坑开挖新工艺;

④ 利用土层锚杆/土钉墙代替传统围护墙结构,在饱水软土中的工程试验;

⑤ 数个紧邻基坑同步开挖新工艺(世博园B片区央企总部办公楼基坑);

⑥ 地块外形特殊的非矩形、呈不规则多边形的基坑开挖、支护新工艺;

⑦ 已建地下室结构,经改造、变换为地铁车站的二次开发新工艺(缺乏事先的更改规划预案情况),施工凿除工程量大、容易导致裂缝事故(深度约30 m的上海地铁9♯线徐家汇站);

⑧ 盾构掘进穿过桩基时的切桩技术(深圳地铁);

⑨ 地铁区间隧道采用双园盾构(Double-O,上海市早年试点区间)和类矩形盾构(宁波地铁3♯线)研制与其掘进工艺;

⑩ 超大断面矩形顶管研制和顶进工艺(郑州中州大道);

⑪ 早年,大直径土压平衡盾构(Φ11 m外滩双线道路隧道)和上海地铁16♯线大直径双线单洞地铁区间隧道的盾构掘进工艺;

⑫ 加压泥水盾构成功穿越江底复合地层(带压/常压出舱换刀)新工艺(南京纬三路 Φ15.5 m穿越长江双层4线道路盾构隧道);

⑬ DSUC型双护盾构机将用于青岛地铁2♯线;

⑭ 水平旋喷工艺在软土隧道开挖施工中的有效采用;

⑮ 港珠澳大桥岛隧(沉管)工程的成功实施,等等。

8. 其他方面文章

岩坡震害机制及其整治

孙　钧[1,2]，许建聪[1,2]

(1. 同济大学岩土及地下工程教育部重点实验室，上海200092；

2. 同济大学地下建筑与工程系，上海200092)

摘要： 为深入研究地震引发的岩坡次生灾害机制及合理的震害整治对策，结合"5.12"汶川大地震的岩坡震害调查，进行了岩坡震害影响因素分析，将其归纳为地震烈度、震中距、边坡所处地质构造、边坡岩体结构类型、地层岩性组合、边坡地形地貌条件以及边坡水文地质条件等7个方面；把岩坡震害归结为地震断裂导致的地表破裂作用与震裂溃屈、水平抛射、地震岩崩、地震岩质滑坡、地震滚石和碎屑流化等6种类型，进而阐明了各类主要岩坡震害的成因机制。根据研究经验和工程实践，提出了岩坡震害的整治对策和措施。

关键词： 岩质边坡；震害调查；震害机制；影响因素；震害类型；整治对策

1　引言

地震的强大破坏力为人所共知，地震时产生的地面颤动促使岩土体结构产生破坏，加大下滑力，使原先不具备滑坡和崩塌的坡地产生块体运动[1]。在山岳地区，强震诱发的岩质滑坡和崩塌，其危害比地震直接造成的还要大。我国是一个多地震的国家，多年来因地震诱发的岩坡灾害非常严重。大规模的地震崩塌与岩质滑坡主要发生在高烈度的西部地区，在对陕、甘、宁、新、川、滇、贵、藏等省区的历年统计，其中发生岩坡震害最多的为川滇两省。"5.12"汶川大地震滑坡造成的死亡人数，超过总死亡人数的20%以上。汶川地震造成的山体滑坡约3 630处，崩塌约2 400处，不稳定斜坡约1 700处，分布在10个极重灾县(市)，34个重灾县(市)，受灾面积达9.8×10⁴ km²，另外还有约8 061处隐患点。再如，1970年的秘鲁大地震中，有2万多人死于巨型的山崩；1964年的美国阿拉斯加地震中，出现了数千起的滑坡和崩塌；1920年我国海源8.5级大地震产生的滑坡有657处，仅海原、西吉、固原三县Ⅸ°烈度区地域内大规模的滑坡面积就达3 800 km²，其中隆德县1处滑坡便埋压一家族60余口及居民600余人[2]；1950年西藏察隅大地震，在2×10⁵ km²范围内形成了大量崩塌，巨石纷飞，村庄田地被掩埋，江河、

道路被严重堵塞。

岩坡的主要震害形式是滑坡和崩塌。强烈地震诱发岩质滑坡和崩塌的数量，不仅取决于地震动本身的影响，而且与发震地区的地质条件和发震时的降雨、融雪等各种自然因素密切相关。总的来说，一次地震引发的滑坡数量会随震级的增大而增大。除震级外，当地的岩体地质构造和地震参数也是影响地震滑坡数量和破坏程度的主要因素。强烈地震除在发震时诱发山体滑坡和崩塌外，还会造成对原有岩体结构的破坏，这些隐患将在随后的降水作用下形成滞后滑坡，酿成新的次生灾害。例如，1976年5月发生在云南的龙陵地震，当时发生的同发型滑坡很少，而震后雨季到来时，产生了大量的滞后型滑坡，竟约占地震产生滑坡总数的95%以上，其造成的人员伤亡与财产损失比之地震当时还更严重。

在地震滑坡研究方面，前人从地震动力学的角度提出了高速滑坡启程剧动机理；从理论上对地震滑坡的形成机理、坡体波动振荡的累进破坏效应、启动效应以及启程加速效应等进行了详细的分析和探讨。除了对地震滑坡有关内在动力学方面的研究外，从地震与岩质滑坡灾害的统计分析入手，对许多倍受关注的问题，如地震震级、地震烈度及其它地震参数与地震岩质滑坡的关系、地震引起的岩质滑坡分布、地震岩质滑坡

与地质条件关系等方面都做了大量的研究,取得了可喜的成果。

目前,对于岩坡震害的研究虽然已有一定的积累[1-14],但对强震引发次生岩坡灾害的机制方面,似还需深入探究。本文结合"5.12"汶川大地震的岩坡震害调查,进行了初步的岩坡震害影响因素分析,讨论岩坡震害的机制的认识和灾害的防治对策,以期对岩坡震害机制及其整治有所助益。

2 岩坡震害影响因素分析

2.1 岩坡震害分布与地震烈度和震中距的关系

岩坡震害取决于地震破坏作用的强烈程度。地震烈度是定量描述设定地区地面遭受一次地震影响的强烈程度。我国采用的是中国烈度表,美国采用的则是修正的麦卡里烈度(MMI)表,这两个烈度表都是12度制,它们的定性描述内容比较相近。区域深大断裂对地震烈度有一定的控制作用。

据对发生在20世纪70年代我国西南地区的松潘、平武、龙陵等震区和此次"5.12"汶川大地震岩坡震害的调查,初步认识到:

(1)地震岩质滑坡主要分布在烈度大于Ⅶ度的地区内,地震烈度愈高,滑坡形态愈发育,视岩体结构条件,常见的以崩塌性滑坡居多;大面积、大规模的崩塌和滑坡现象主要出现在大于Ⅷ度的烈度区。

(2)Ⅶ度烈度区也存在崩塌、滑坡现象,但规模和面积都小许多;Ⅵ度及其以下烈度区仅存在零星较小范围和规模的崩塌和滑坡现象。

地震发源于地下一定深度的某一点域,该点称为震源,它往往是断层上首先产生运动或破裂的点。对应震源地面最近的一点称为震中。震级和震中距是衡量岩坡所受地震动强度大小的基本参数。岩坡在地震中是否发生崩滑,除自身固有的特性外,还主要取决于边坡所受地震动的强度。根据统计资料,失稳岩坡到地震震中的距离与震级之间存在良好关系,随着震中距的增大,岩坡失稳的可能性将逐渐降低。

2.2 地质构造的影响

岩坡所处的地质背景主要指岩坡所处的大地构造单元以及区域性大断裂的发育状况。岩坡所处的大地

构造单元不仅决定了岩坡地质发育史的不同,控制着斜坡岩体的地层结构及其强度,特别决定了岩坡演化过程中新构造运动的活跃程度以及斜坡可能遭遇地震的频度与强度[2]。

区域性大断裂对岩坡震害的影响表现为有利和不利两个方面:有利方面是断裂带对地震波动能量有屏蔽作用,从而降低地震的作用强度;不利方面是区域性大断裂往往是强震源之所在,同时由于断裂带岩体破碎,降低了岩坡的自稳能力。岩坡究竟是受到上述的有利影响还是不利影响,则取决于岩坡所处的位置。由于断裂带对地震波动能量的屏蔽作用,一些与震源分处断裂带两侧的岩坡其所受的地震作用将降低,其震害的严重性也将降低。而那些与震源位于断裂带同一侧的岩坡,特别是位于断裂带上的岩坡,其震害的严重性将会大大增加。为此,区域性大断裂构造往往控制岩坡震害密集发育并呈带状或线状分布,如"5.12"汶川大地震中岩坡震害在区域上具有沿发震断裂带(龙门山断裂带)呈带状分布和沿河流水系成线状分布的特点。再则,区域性大断裂等地质构造作为地震波的反射界面,会使与震源位于同侧的边坡受到更复杂的地震作用,从而大大增加了岩坡震害的严重程度,如"5.12"汶川大地震岩质滑坡和崩塌灾害的严重程度就呈现出显著的"上盘效应",发震断裂上盘岩坡震害的发育密度明显大于断裂下盘。

一般地,地震岩质滑坡和崩塌沿发震断裂集中发育,其中0~10 km范围内密度最大,如"5.12"汶川大地震次生灾害区密度达3.5处/km²,绝大多数巨型和大型的岩质滑坡和崩塌灾害都是分布在距断裂0~5 km范围内。据此次"5.12"汶川大地震次生岩坡震害的调查,在统计的70多处大型和巨型岩质滑坡中,70%位于距发震断裂小于5 km的范围,95%在距发震断层10 km的范围,仅有不足5%距发震断层的距离大于10 km之外;而约50%的岩质滑坡和崩塌位于距发震断裂小于5 km范围,约70%的岩质滑坡和崩塌位于距发震断裂小于10 km范围。

据"5.12"汶川大地震次生岩坡震害的调查,进行岩质滑坡和崩塌与发震断裂敏感度分析可知:距发震断裂越远,敏感性越小。0~10 km范围以内最为敏感,其灾害点数占了总灾害点的70%以上;10~20 km

范围内敏感性减小;距区域发震断裂大于 20 km 距离的已不是岩质滑坡和崩塌灾害发生的主导因素。

2.3　岩体结构类型的影响

岩坡在地震作用下的稳定性与岩坡的物质组成及与岩体结构构造之间具有密切关系。岩体岩性及其结构特征对于滑坡变形失稳的影响是显著的,它们是决定岩坡岩体强度、应力分布和变形破坏特征的基础,同时也是岩坡震害的物质条件。

对于岩坡来说,山体斜坡并不是整体一块,而是由各种各样的结构面和结构体组成的不同岩体结构类型,常见的有块状结构、镶嵌结构、碎裂结构、层状结构、层状碎裂结构、散体结构等六种主要结构类型。不同结构类型的岩体,对地震的反应是不同的。块状结构岩体,其整体强度较高,在动力作用下的变形特征接近于均质弹性体,地震期间较少发生失稳破坏;镶嵌结构岩体,地震可能会造成局部的崩塌和落石,但一般不会造成大规模的失稳;碎裂结构岩体的地震反应比较强烈,强烈的地震会导致碎裂结构岩体松动,造成大量的崩塌、落石以及小规模的滑动;层状结构岩体受层面的控制,在地震作用下可能沿层面产生滑动,顺层岩质滑坡是指与一个岩层层面倾向与边坡坡面倾向基本一致的边坡中沿层面下滑的滑坡,它反映了结构面对滑坡控制的典型,因为滑体和滑床之间通常被一条层面或由若干条层面的组合切割而成,而滑体正是沿着它们下滑的;散体结构的斜坡,在地震作用下,则不仅产生大量的崩塌和滑塌,也还有可能导致大规模滑坡和流滑[2]。

2.4　岩性组合的影响

岩性对岩坡震害的影响主要反映为不同岩性的斜坡其产生震害的程度也不同。由粘土、泥岩、页岩、泥灰岩及其变质岩组成的岩体,或由上述软岩与一些硬岩互层组成的岩体,或由某些岩性软弱、易风化的岩浆岩(如凝灰岩)组成的岩体比较容易导致滑坡的发育。通常把这类较易发生滑坡的地层称为"易滑地层"。对于此类地层,岩坡震害则以滑坡为主。

不同的岩性与岩坡震害的发育虽没有显著的对应关系,但却决定了岩坡震害的类型。根据"5.12"汶川大地震岩坡震害调查得出:岩坡震害在各类岩层中均较发育,但碳酸盐岩、岩浆岩、砂砾岩等硬岩地层的发育程度高于砂板岩、千枚岩、泥页岩等软岩地层;硬岩地层中通常发生的是崩塌类型的灾害,而软岩地层中通常以滑坡居多,如肖家桥滑坡为风化白云岩顺向坡高速远程滑坡,风化泥岩的王家岩滑坡也是高速远程滑坡,而景家山滑坡则为高陡白云岩边坡的岩体滑落。又如在"5.12"汶川大地震岩坡震害中,石板沟滑坡与东河口滑坡有类似的地质结构,均属整体切层滑坡。

不同的岩体性质对地震的反应也不同。根据"5.12"汶川大地震岩坡震害动力数值模拟分析可知,对于Ⅷ级地震来说,地震动加速度设为 1 g,则上硬下软坡坡内外速度与位移在坡高 400 m 处比 0 m 高度处可分别放大了 50% 和 40% 以上,而上软下硬坡坡内外速度与位移在坡高 400 m 处比 0 m 高度处只分别放大了 16% 和 20% 以上。

2.5　地形地貌的影响

山体地形地貌条件对岩坡震害的影响主要表现在两个方面:① 斜坡的高度和坡度的影响;② 斜坡坡形的影响。前者的影响一般较后者为大。

已有的强震观测结果表明,地震动幅值和频谱随地形高度而变化。国外卡格尔山山顶和山脚两点的强余震速度观测记录发现,山顶上地震动持续时间显著增长,放大效应显著,并且位移、速度和加速度 3 个量值的放大效应各不相同[3]。

地形坡度是岩坡震害发育的控制性因素之一。高野秀夫(1973)所作斜坡地震效应的观测结果表明:斜坡地震烈度相对于谷底大约增加 1 度左右;在角度超过 15° 的圆锥状山体顶部点的位移幅值与下部点的位移幅值相比,其局部谱段值增加高达 7 倍[2]。黄润秋等通过对"5.12"汶川大地震灾后地质灾害的现场调查和遥感解译,利用 GIS 技术进行分析研究得出:绝大部分的岩坡震害都集中在坡度 20°~50° 的范围之内,其具体部位与微地貌形态有密切关系,通常发生在地形坡度由缓变陡的过渡转折部位、单薄山脊和孤立山头或多面临空的山体部位等,这些部位的地震波放大效应最为突出[4]。王存玉(1987)的振动模型实验表明:斜坡顶部对振动的反应幅值较之斜坡底部存在明显的垂直向放大现象,斜坡的边缘部位对振动的反应幅值较之内部(用处于同一高度上的两点比较)也存在水平向放大现象[5]。文献[6]通过大量数值模拟,也发现了这一现象。

关于坡角的影响,文献[7]通过对炉霍、昭通2个点地震资料的统计分析,绘制了地震滑坡与坡角间关系图,发现20°以下和50°以上很少发生滑坡,绝大多数滑坡都发生在30°~50°的斜坡上;地震崩塌则多发生于大于30°的斜坡上,其中以50°~70°的斜坡居多,80°~90°的斜坡其崩塌数量较少。

虽然上述资料不能给出各种地形影响的数值范围,但所有的资料都表明斜坡的高度和地形坡度对地震响应有重大影响,从而对岩坡震害的严重程度也会产生重大影响。

岩坡的坡形对岩坡震害的严重程度也有较大影响。如果将岩坡的坡形分为直线坡、凸坡和凹坡3种,震后调查资料发现,直线形的斜坡较少发生崩塌和滑坡,凸坡、特别是凹坡则容易产生崩塌和滑坡,而且常发生在坡度变化点附近,尤以凹坡上发生滑坡和崩塌的几率为最高,这与岩坡在静力作用下的稳定性有很大区别,在静力场作用下,凸坡上发生滑坡的几率常高于凹坡[2,3,8]。

据有关资料,地震波所产生的水平地震力在斜坡上部为坡脚的0.5~1.0倍,山坡的相对比高越大、山体宽(厚)度越窄时地震水平力越强烈。调查表明,高度大于150~200 m,坡度大于30°的斜坡最容易产生地震滑坡[9,10]。

岩坡震害与其高程具有很好的对应关系。如"5.12"汶川大地震时的大部分岩坡震害发生在高程1 500~2 000 m以下的河谷峡谷段,尤其是峡谷段的上部(宽谷向峡谷转折的部位),这一高程范围与该区域宽谷进入峡谷的高程范围大体相当。河谷岸坡地形坡度常较陡峻,岩体卸荷强烈,是地震响应最为突出的部位;而单薄的山脊以及孤立或多面临空的山体对地震波最为敏感,具有显著的放大效应,这些部位崩塌滑坡也最为发育[4]。

2.6 水文地质条件的影响

水文地质条件对岩坡震害的影响主要表现在:对于松散结构、镶嵌结构、碎裂结构和层状结构的岩坡,地震发生的季节性常与产生岩坡震害的严重程度有关:如地震发生在旱季,岩坡震害的严重程度相对较轻;如地震发生在坡体中水份很多的季节,则产生岩坡

震害的严重程度相对要严重一些。如果地表存在大量裂缝,再遇到长时间持续暴雨,则渗入到岩体中的大量雨水会导致已松动的岩体沿下伏相对较完整的地层滑动,此类滑坡发生的机率与降雨持续的时间紧密相关。当地下水埋深较小时,地震会造成孔隙水压力增加和积聚,引起岩坡永久位移,当这种永久位移达到一定程度时将可能导致岩坡局部或整体失稳。地下水的补(给)、径(流)、排(泄)等自然条件对地震期间孔隙水压力的积聚有重要影响。如果地下水的排泄条件畅通,孔隙水压力不容易积聚,则对岩坡震害严重性的影响会比较小;反之,则极易增大岩坡震害的严重程度。

3 岩坡震害机制浅议

岩坡次生震害的直观表现有地表破(断)裂、滑坡、岩崩、泥石流和滚石等。地震破坏主要由强烈的地面运动、地表断错与变形和广泛发育的崩塌、滑坡与泥石流造成。由于地震荷载的多次往复作用,产生的强大附加力及对岩体的松动,山体的整体性遭到破坏,部分山体后缘出现巨大裂缝。

岩坡次生震害是地球地质动力耦合作用的结果。陡峭的地形和因受多次构造运动而变形剧烈的岩体既是大地震次生岩坡灾害形成的物质和能量基础,同时也是灾害形成的载体环境。根据岩体工程地质力学的观点,地质结构面是岩坡震害发生的重要控制性因素[11]。

初震及部分余震期间山地次生灾害以崩塌、滑坡、滚石为主,而后期则以泥石流、滑坡为常见。强震极大地改变了灾区的地质地貌条件,严重破坏了山体构造,造成了大面积的地表破(断)裂、崩塌和滑坡。在余震和降雨等因素的叠加作用下,将会诱发新的崩塌、滑坡、泥石流,并加重灾情,从而形成崩塌-滑坡-泥石流-堰塞湖灾害链。

3.1 地震断裂的地表破裂机制与震裂溃屈

震裂溃屈是指斜坡岩体在强大的地震竖向荷载作用下被震裂松动和破裂溃屈,是随后发生重大崩滑灾害的前提条件。极震区的地震波竖向加速度一般都较大(高达1 g以上),山体受到强大的竖向荷载作用后将发生震裂、松动乃至溃屈。以"5.12"汶川大地震为

例,在北川、青川、汶川等极震区广泛分布着因地震动作用而震裂的山体,裂缝长达数 km,缝宽达数 m;高地震烈度线长轴沿龙门山构造带呈 N40°—50°E 方向狭条状分布,具单侧多点瞬间破裂的典型特征;向南西衰减快,向北东衰减慢;Ⅵ度区向四川盆地的衰减慢。

对于由软岩或松散物质组成的坡体,在震裂溃屈后,可能会在地震过后的一段时间甚至在新的诱发因素(如持续暴雨)作用下才发生滑动。如北川王家岩滑坡在地震后十多分钟才整体滑坡,掩埋 1 600 余人,危害惨烈。

3.2 水平抛射形成机制

通常把地震破坏最为强烈的区域称为极震区。极震区地震产生的强大水平作用力,为斜坡运动提供了初始速度或加速度和水平惯性力(平抛作用)。水平抛射是指斜坡岩体在地震强大的水平荷载作用下呈水平向抛谢,进而构成岩坡后续的高速滑动或崩塌。

3.3 地震岩崩形成机制

地震期间坡体在强震作用下松弛、破裂,并以倾倒、溃曲、溃散、溃喷等形式而崩塌破坏;震动荷载作用于不稳定岩体,使岩体在重力作用下沿其结构面发生变形位移,形成崩塌(岩崩)。地震崩塌的类型有:倾倒式崩塌、滑移式崩塌、错断式崩塌和各种形式的落石(直落式、直落跳跃式、滑落式和滚落式等)。

在陡崖崩塌部位,往往被多组结构面的复杂组合所切割。实际上,正因为该部位被结构面组合切割而十分破碎,其整体强度遭到严重破坏,所以在地震力作用下发生崩塌,使大小不同、形状各异的大量岩块顺沿不同结构面的组合而解体和崩落。因此从某种意义上看,陡崖崩塌的发生也是受岩体众多结构面的组合切割而控制的。

陡崖崩塌具有以下特点:发生陡崖崩塌的山体一般都很陡峭,相应的坡角通常超过 65°;多数不存在一条或少数几条倾向临空面的控制性结构面,若有存在,则将成为顺坡滑坡(包括顺层滑坡);受多组结构面切割的岩体此时变得十分破碎,完整性极差而发生岩崩。

强震诱发的岩崩主要有以下几种形式:

(1) 倾倒型:近直立层状或似层状结构山体的浅表部,或近直立陡崖的强卸荷松弛带,在强震作用下陡立岩层的顶部或其中上部被折断、倾倒、摔出。残留岩层上通常可见清晰的张性折断面,表现为"断头"。如"5.12"汶川大地震岩坡震害中,沿河川两岸的陡立层状岩体和陡崖部位均可普遍见到这种现象。

(2) 溃屈型:近直立层状或似层状结构山体的浅部或近直立陡崖斜坡的强卸荷松弛带,在强震作用下陡立岩层的中部或其中下部外鼓、溃屈、摔出,坡体坐塌。表现为"齐腰斩断"。如"5.12"汶川大地震岩坡震害中沿河川两岸的陡立层状岩体和陡崖部位均可普遍见到这种现象。

(3) 溃散型:结构破碎的山体(包括厚度相对较大的松散层坡体)在强震作用下整体破裂、解体、溃散、垮塌,崩落物质通常散布于坡体表面。如"5.12"汶川大地震岩坡震害中,在新北川中学及河川两岸坡体上均可普遍见到这一现象。

(4) 溃喷型:在极震区,结构破碎的山体(包括厚度相对较大的松散层坡体),在强震作用下迅速破裂,解体、岩屑、岩块高速喷出,犹如"爆炸"。崩落物质通常散布在较大范围,并沿河沟形成高速碎石流。一般在强震的震中区和局部对地震波有强烈放大效应的地形部位均可见到这一现象。

在"5.12"汶川大地震岩坡震害中,崩塌和岩崩破坏主要发生在山脊末端或山梁的突出部位,表现为岩体结构发生肢解,并大面积散而无明显滑动面。

1556 年华县地震的极震区位于华山山脉北坡断层崖南侧极震区的中高山岳地带,山体强烈隆升,河流急剧下切,形成"V"字形峡谷,相对高差很大(200～500 m),谷坡陡峻,稳定性差;受构造运动影响,节理裂隙发育,岩体破碎。当结构面和坡面倾向一致时,在流水侧蚀与下切作用下,形成新的临空面,岩体处于临界破坏状态[12]。因此,地震导致的崩塌和人规模岩崩现象主要分布于极震区的中高山地。

3.4 地震岩质滑坡形成机制

地震触发大型滑坡的主要模式:在强震作用下,岩坡块体首先松弛、破(断)裂而解体,随后由于强震的持续作用导致坡体沿特定的滑裂"面"整体坍滑。如在"5.12"汶川大地震岩坡震害中,东河口岩质滑坡的发生机制就是:寒武系的白云岩在震动作用后,岩坡失稳带动坡段中下部的风化粘板岩,地震冲击力作用下处于饱和状态的河床堆积物产生不排水剪切,导致滑动面液化现象而出现高速远程滑动。

强震触发岩质滑坡的基本模式为"震裂-溃滑-抛射-高速碎屑流-远程滑动",表现为高陡粗糙的后缘陡壁显示强烈的张性破裂,一垮到底的失稳特征,以及高速碎屑流运动。

地震诱发岩质滑坡有以下两个方面的诱发因素:

(1) 由于地震产生的强大附加力,使山体原已接近临界稳定状态的斜坡发生滑动(有人称其为同发型滑坡);

(2) 由于地震松动了岩体,地表出现大量裂缝,如再遇持续暴雨,使渗入到岩体中的大量雨水导致已松动岩体沿下伏相对较完整的地层滑动(有人称其为后发型滑坡),此类滑坡发生的时间与降雨条件紧密相关。

有的研究还认为,地震发生的季节与诱发滑坡的多寡有关:如地震发生在旱季,滑坡将相对较少;如地震发生在坡体内水量很多的季节,则产生滑坡的数量将相对要多不少。

据对发生在 20 世纪 70 年代我国西南地区的松潘、平武、龙陵等震区的调查,初步得出:与地震同时发生的上述同发型滑坡很少;而震后发生的后发型滑坡占绝大多数,可达 90%~95% 以上。

强震诱发的岩质滑坡主要有以下几种形式:

(1) 拉裂-剪断型:对反倾或横向结构坡体,强震作用下坡体溃裂,进而形成后缘陡峻的拉裂面,下部坡体剪断,形成统一滑面高速下滑。通常表现为高陡的后缘陡壁和一垮到底的堆积特征。如"5.12"汶川大地震岩坡震害中的王家岩滑坡、东河口滑坡等。

(2) 顺滑型:对顺层结构坡体或含顺坡软弱结构面坡体,强震作用下坡体松弛、解体,进一步沿层面(弱面)高速下滑,并一垮到底。通常滑床表现为光滑的层面,可见清晰的长大擦痕。如"5.12"汶川大地震岩坡震害中的唐家山滑坡等。

(3) 剪断型:对受风化带控制的坡体,强震作用下坡体首先震裂、松弛、解体,然后通常沿强、弱风化带的界面剪断,坡体高速下滑,形成滑坡。另外,滑动面也可能是沿顺坡非贯通性结构面而剪断。如"5.12"汶川大地震岩坡震害中的窝前社滑坡。

(4) 复合型:通常具有拉裂-剪断-顺滑的复合型

特征,强震作用下其后缘形成高陡的后缘陡壁,侧缘顺层面剪切滑出(似倾向方向),从根部剪断完整岩体。如"5.12"汶川大地震岩坡震害中的安县大光包滑坡。

3.5 地震滚石形成机制

一些研究者把滚石划归于崩塌一类。据分析,崩塌和岩体滑坡往往产生大量快速滚落的块体,其中有些块体因运移距离较大而离开崩塌体或滑坡体,且造成危害区的范围也超过崩塌或滑坡所及范围,所以有必要将这些块体另称为滚石[11]。除了与崩塌或滑坡同时产生的滚石外,还有几类不与它们同时、而单独发生的滚石更需要重视。例如:在崩塌或滑坡发生之后的一段时间内,严重松动的崩塌体或滑坡体在某种因素(例如余震、降雨等)作用下有可能会诱发滚石。

大量滚石基本上是地震条件下发生的顺层滑坡、陡崖崩塌及坡积层滑坡所造成的,而形成为滚石的块体也是由不同结构面的组合切割而产生的。

在"5.12"汶川大地震岩坡震害中,滚石主要发生在高高程的山脊侧面且地貌起伏不大处,岩体结构肢解与散落面积较小,破坏残余物质由高高程向低高程跌落与滚滑。这一类型的岩坡震害是灾区最为普遍的形式。

3.6 碎屑流化(流态化)形成机制

碎屑流化是指地形开阔地段的岩质崩滑体,在强震作用下高速抛射运动后,沿途遇到障碍物后受碰撞解体,并呈流态化远程流动。

在地势开阔处,地震作用下高速远程滑坡,表现出明显的碎屑流化特征。同时,碎屑流进入河川后,推动前沿水流高速运动,形成 10 多米甚至几十米高的涌浪。如在"5.12"汶川大地震岩坡震害中,以百万吨计的破碎岩石从上部坡体溃滑而下,经过抛射后撞击到原先沟内的松散堆积物,共同高速滑下,进而转化为碎屑流。

4 对岩坡震害的整治对策

岩坡震害的整治应根据岩坡的实际破坏情况和地震影响的强度来确定。防止岩坡震害最好的方法是尽量避开这些地方。对日后建设工程言,要避免在地形陡峻或地形切割比较强烈、地形坡度"陡-缓"变化部位、山体走向转折部位、孤立或凸出山体的旁侧、单薄山脊附近等选择工程场址。这些部位对地震响应相对更为敏感。对山地岩土特性以及坡地稳定性详细的工程评价研究是十分重要的。

4.1 地震岩质滑坡灾害的整治对策

地震诱发岩石滑坡的治理可采取提高其抗滑力和减小其下滑力等方法。提高滑坡的抗滑力,可以采用压脚、挡墙、锚杆、锚杆挡墙、抗滑桩、锚索＋框架、格构＋锚杆、普通格构、挂网＋喷射等项加固措施和方法;减小滑坡的下滑力,则可采用削方和减载等降低滑体重心的方法。加强地面和地下排水是同时可提高滑坡抗滑力和降低滑坡下滑力的有效工程措施。另外,沿坡面加做简单、有效的护坡措施对确保山体边坡的持续稳定性也十分重要,但仅仅铺设被动防护网是不可靠的。现再分别简述如下。

(1) 减荷、压载工程。对坡体进行减荷压载,通常都是整治岩石滑坡的首选措施。其优点是简单易行、经济、安全可靠,且又治理效果好。对于滑床呈上陡下缓、滑体头重脚轻的推移式滑坡,可以在滑体上部的主滑段作削坡减载,或在下部的抗滑段加填压脚。这些在破碎岩石滑坡中都是非常有效的。减重法一般更适用于滑床为上陡下缓而滑坡体的后壁及其两侧又有较为稳定的大块岩土体支撑的边坡。

(2) 治水工程。目前治水的主要措施是采用截、排和护等多种方法以及它们的组合采用。"截"就是在滑坡体可能发展的边界外的稳定坡段设置截水沟等;"排"就是在滑坡区内充分利用自然沟谷,设置排水系统,布置垂直和水平(或斜向)的钻孔群等以排除滑体内的地表水和地下水;"护"就是采取各种形式的护坡措施,防止强降雨和地表水对滑坡坡面的冲刷。经常可结合采用以上几种手段以达到更好治水的目的。

(3) 抗滑工程。设置支挡结构(挡墙、抗滑桩等)是处置边坡受震后次生滑坡灾害的一项主要工程措施。它的优点是可以从根本上解决坡体后续的长期稳定性问题,达到基本根治的目的。设置支挡结构,如抗滑片石垛、抗滑挡墙、抗滑桩、抗剪键、锚索＋框架和格构＋锚杆等,以支挡滑体,或借助于桩体与周围岩土的共同作用把滑坡推力传递到深部稳定地层,利用稳定地层的锚固作用和被动抗力以平衡滑坡推力,使滑坡

保持持续稳定。设置支挡结构能做到较少地破坏原有山体,有效改善岩质滑坡的力学平衡条件。

从"5.12"汶川大地震岩坡滑坡灾害的调查可知,采用锚索框架锁口加固措施的岩坡没有发生任何破坏变形,而未采用的则可见剪切-鼓出现象;采用了锚杆框架梁加固的岩质边坡也没有发生任何破坏性变形,而未采用的则发现从框架梁的上方岩坡也出现剪切-鼓胀现象。

(4) 加固。对坡体作注浆加固,可对边坡进行深层固化,它适用于坡体较为松散破碎、节理裂隙比较发育的边坡。施作锚杆加固,则为一种对中浅层岩体的加固手段,适用于坡体岩石质地软弱破碎的边坡;土钉加固,适用于软质岩坡;预应力锚索加固,多适用于边坡坡高角陡、坡体内潜在破裂面位于埋置较深的局部困难地段,由于昂贵费时,一般较少于采用。

(5) 防护。普通格构＋挂网锚喷防护,多数情况下都适用于软质坡体或虽石质坚硬但岩体节理裂隙发育、自稳性差的岩质边坡。

4.2 震后山石滚落和岩石崩塌灾害的整治对策

根据震害灾区山石因地震崩塌的发育特征及其发展的实际情况,在进行崩塌治理时,应考虑防与治的结合。坡岩崩塌危害具有点多线长的特点,应施行分期逐步治理,并做好预防进一步崩塌。对易于治理的崩塌点和危害相对严重的崩塌点,应择先进行处理。

对岩坡崩塌的防治对策:① 坡体开挖时应尽可能少地破坏原有岩体的完整性;② 应考虑到崩塌不仅出现在与开挖道路直接毗连的坡面上,还有大量崩塌来自道路开挖边坡上方的自然斜坡上;崩塌灾害的治理不仅需考虑开挖中的崩塌问题,还需考虑自然斜坡随时随地都会发生的崩塌灾害;③ 在制定山石崩塌治理方案时,应在查明崩塌灾害条件的基础上视具体情况逐个确定不同的整治方案。

崩塌整治的几种主要工程措施:

(1) 刷方及绕避:对于以边坡表面剥落、滚石和浅表层坍塌为主、且高度低于 30 m 的陡倾边坡,一般地可采用刷坡,对于小型崩塌落石可将其全部清除;对于可能发生大型崩塌的地段,经验表明,即便是修筑坚固的抗崩塌明洞,也难以抵抗强大山石崩塌体的冲击破坏。此时,交通线路应设法绕避,一般可绕到河沟对岸

或内移到山体内里以短隧道通过。这时必须进行技术经济比较,以选用方便施工的合理方案。

(2)遮挡工程:在崩塌落石地段,常采用明洞作为遮挡建筑物,即明挖后露天构筑人工建筑物,然后复土填埋,以策安全。

(3)拦截工程:当山坡岩体节理裂隙发育、风化破碎,崩塌落石物质来源丰富,崩塌规模虽不大、但可能频繁发生时,则宜从具体情况采用从侧面防护交通线路的拦截建筑物,如落石平台或落石槽、拦石堤或拦石墙、钢轨栅栏等等。这些人工建筑物要根据崩塌落石地段的地形地貌情况、崩落岩块的大小及其位置进行落石速度和弹跳距离的估计,据此作好施工设计。

(4)防护工程:主要包括护墙、挡墙、植被防护、护面墙、喷浆和喷混凝土护坡、锚杆加固等等,属于一种主动的崩塌灾害防治措施。

(5)支撑工程:对于悬挂于高点上方、以拉断-坠落的悬臂形或呈拱形状等的危岩,可采取施作墩、柱、墙或其组合形式以支撑加固治理危岩,制止进一步出现危象并造成崩落。

(6)排水工程:要采取有效措施以疏导、引排斜坡地段的地表水和地下水。

(7)SNS(Safety Netting System)柔性防护系统:该系统具有足够的强度与柔性,可根据地形、岩块大小、地质条件等的现场调查分析而定型选用合适的SNS柔性防护系统,能够有效防止和拦截岩崩,保护公路行车安全。

5 结语

(1)在总结前人研究成果的基础上,结合"5.12"汶川大地震岩坡震害调查资料,本文将岩坡震害影响因素归纳为:地震烈度、震中距、边坡所处地质构造、边坡岩体结构类型、地层岩性组合、边坡地形地貌条件以及边坡水文地质条件等7个方面的主要影响因素。

(2)在岩坡震害形成机制方面,本文将岩坡震害归结为:地震诱发的地表破(断)裂与震裂溃屈、水平抛射、地震岩崩(崩塌)、地震滑坡、地震滚石和碎屑流化(流态化)等6种形式,初步探讨了各类主要岩坡震害的成因机制,以期对岩坡震害的发生和破坏及其整治有所助益。

(3)根据前人已有的研究经验和以往工程实践,结合"5.12"汶川大地震的岩坡震害调查,就滑坡和崩塌两方面,本文提出了岩坡不同震害的若干整治对策和措施,可供岩坡震害处理时参考选用。

参考文献

[1] 朱大奎,王颖,陈方. 环境地质学[M]. 北京:高等教育出版社,2000.

[2] 祁生文,伍法权,刘春玲,等. 地震边坡稳定性的工程地质分析[J]. 岩石力学与工程学报,2004,23(16):2792-2797.

[3] 张倬元,王士天,王兰生. 工程地质分析原理[M]. 北京:地质出版社,1993.

[4] 黄润秋,李为乐. "5.12"汶川大地震触发地质灾害的发育分布规律研究[J]. 岩石力学与工程学报,2008,27(12):2585-2592.

[5] 王存玉. 地震条件下二滩水库岸坡稳定性研究[C]//岩体工程地质力学问题(七). 北京:科学出版社,1987.

[6] 何蕴龙,陆述远. 岩石边坡地震作用近似计算方法[J]. 岩土工程学报,1998,20(2):66-68.

[7] 丁彦慧. 中国西部地区地震滑坡预测方法研究[D]. 北京:中国地质大学,1997.

[8] 胡广韬. 滑坡动力学[M]. 北京:地质出版社,1995.

[9] 李天池. 地震与滑坡的关系及地震滑坡预测的探讨[C]//滑坡文集(第2集). 北京:中国铁道出版社,1979.

[10] 李忠武等. 对云南龙陵地震与滑坡的认识[C]//滑坡文集(第2集). 北京:中国铁道出版社,1979.

[11] 杨志法,赵汝斌,王靖,等. 安县西部地震次生地质灾害及工程地质力学问题思考[J]. 岩石力学与工程学报,2008,27(9):1807-1813.

[12] 李昭淑,崔鹏. 1556年华县大地震的次生灾害[J]. 山地学报,2007,25(4):425-430.

[13] 李忠生. 国内外地震滑坡灾害研究综述[J]. 灾害学,2003,18(4):64-69.

[14] 唐川,黄楚兴,万晔. 云南省丽江大地震及其诱发的崩塌滑坡灾害特征[J]. 自然灾害学报,1997,6(3):76-83.

本文发表于2009年自主创新与持续增长
第十一届中国科协年会论文集

隧道围岩稳定性正算反演分析研究
——以厦门海底隧道穿越风化深槽施工安全监控为例介绍

孙　钧[1,2]，戚玉亮[1,2]

(1. 同济大学岩土与地下工程教育部重点实验室,上海 200092;
2. 同济大学地下建筑与工程系,上海 200092)

摘要： 为了降低海底隧道施工风险,确保隧道施工顺利穿越海底几处风化深槽和风化囊区域,解决难以获得隧道围岩力学参数的技术难题,采用位移反分析方法建立了动态反演预测模型;作为比较,还简单介绍了弹塑性反演的一种全局优化方法。根据隧道典型断面实际监控量测的围岩拱顶沉降量和周边收敛位移量,结合先行服务隧道揭露的水文地质情况,进行优化反演分析,得到该类围岩初期支护后的等效弹性模量和等效侧压力系数。在相应的同类地质条件下,对后续将开挖的左、右主洞围岩采用边界元法进行正演数值计算,使之能为主洞施工方案比选以及支护设计参数调整与修正提供定量依据,做到信息化动态设计与施工。工程实例分析表明,利用正算反演分析法得出的围岩等效力学参数是可靠的,可据此对类似地质条件下主隧道围岩进行正演计算分析,预测主洞围岩的变形破坏模式,判断其围岩稳定性。位移反分析法是隧道施工变形理论预测分析与工程实际相联系的有效平台,为工程设计施工技术决策提供了一种切实有效的途径。

关键词： 海底隧道;监控量测;围岩稳定性;位移反分析法;优化方法;弹塑性反演;正算反演分析

1　海域风化深槽施工难点简介

厦门翔安隧道是一项规模宏大的跨海工程,采用钻爆暗挖法修建,是中国大陆第一座大断面海底线路全隧道,也是目前世界断面最大的海底隧道。该隧道长 5.9 km,其中海域段 4.2 km,为双向 6 车道双洞海底隧道,采用 3 孔隧道形式穿越海域,两侧为行车主洞,中间一孔为服务隧道。如图 1 所示。左右行车隧道测设线间距为 52 m,中间设置服务隧道,左右行车隧道建筑内轮廓断面面积为 122.09 m²(带仰拱),行车道以上净空断面面积为 100.5 m²。服务隧道建筑内轮廓断面面积为 30.87 m²。海域段隧道基本处于弱、微风化花岗岩岩层,其主要不良地质缺陷为全(W4)、强(W3)风化带,共 4 处穿越风化深槽/风化囊地段,风化槽(囊)地段围岩稳定条件差,一般为 IV、V级围岩。

隧道海域风化槽地段地层内土、砂、石随机交杂,岩体与海水直接贯连,水力联系密切。按服务隧道风

化槽开挖后的地质显露表明,风化槽全风化花岗岩内赋存含水量高,围岩自稳能力极差,其无侧限抗压强度几近于 0,在开挖前进行了全断面帷幕注浆作围岩加固和止水处理。隧道穿越海域风化深槽/风化囊时的安全施工是工程成败的关键。

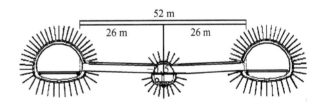

图 1　厦门翔安海底隧道横断面图

2　位移反演分析近况和存在的问题

隧道围岩的诸多复杂属性,有如：岩体介质材料的非匀质性、非各向同性、非连续性和各种非线性(物理上的与几何上的)等等,均能在围岩开挖后的变形位移量测值中得到综合反映,故而采用位移反分析法作

研究就可有效地避免上述岩体众多复杂属性的困扰和给计算上带来的不便;此外,对岩体本构属性上的复杂性,由于反演和随后的正演均套用了同样的一种本构模型/本构关系进行计算,即使在本构问题的取用上有所偏差,它对后续计算的正确性却没有影响。由于该方法具备有上述两个方面无可比拟的优越性,使位移反分析研究工作多年来取得了许多积极进展,而在工程实践方面就更有极广泛的应用。

当前,位移反分析研究大体沿两个方向发展:① 从追求理论深度言,有如笔者已往曾作过研究的:逆问题信息理论、非线性反演、随机反演和智能反演分析等[1-4];② 有如本文所介绍的:采用简化计算模型,着重解决工程应用中的实际问题,而又不失工程上要求的精度。

就现时的研究水平看,位移反分析力学模型的假设似尚缺乏严格的理论支持,具体反映在:(1) 位移反分析的力学模型是基于固体力学的理论和方法(如弹性、弹-塑性、黏-弹-塑性模型等),需要以假定合理的、能正确反映围岩变形规律为基础[5-15];(2) 岩体介质材料本构属性、喷锚支护受力机理、开挖系统施工变形的控制理论与方法等对计算关系重大,而有效处理手段则不多;(3) 工程地质和施工条件复杂多变,尚难以做到满意的定量描述。故而,严格的反演理论与方法,在实践应用中的价值受到一定限制,转而追求探讨一种工程上可以接受、而又有一定精度要求的有效算法,已成为一项当务之急。

本文从隧道工程实际问题出发,以系统分析的概念为指导,依靠原型观测资料的验证与反馈,走理论分析与经验判断相结合的路子,相信有广阔的应用前景。采用"典型工程类比"与"正算反演分析"相结合的方法,对围岩力学参数和施工稳定性进行分析,是本文介绍的主旨。

3 软弱破碎围岩弹塑性反演与全局优化

对软弱松散围岩言,就岩体初始地应力值和岩性参数(包括其抗剪强度指标 c,φ 值)按(在超前导洞中)实测洞周围岩的收敛位移值进行弹塑性反演分析是必要的。此处从非线性反演作全局优化,已可得到含 c,φ

等的唯一参数值。进而,由反分析所得的岩体和岩性诸等代参数再在主隧道中作正演,其结果与后续实测得的主洞洞周收敛值十分吻合,收效良好。

3.1 反演采用的目标函数

就弹塑性问题言,对岩体初始地应力和岩性诸等代参数的非线性反演,可视为是非线性最小二乘的最优化计算问题,其目标函数 Φ 可写为

$$\Phi(x) = \sum_{i=1}^{n} [f_i(x) - (u_i)]^2 \qquad (1)$$

式中,$x = (\sigma_x, \sigma_y, \tau_{xy}, E, \mu, c, \varphi)$;$f_i(x)$ 为洞周围岩沿 i 方向两点间收敛位移的计算值,它是初始地应力 (σ, τ) 和岩性参数 (E, μ, c, φ) 的函数;u_i 为沿 i 个量测方向实测的洞周围岩收敛位移;n 为收敛位移量测值的总个数,要求 $n \geqslant 7$,即不少于 7 条测线。

上项反演计算的任务在于要求找到一组最优参数 x^* 的值,它使上项目标函数的值为极小。

3.2 目标函数的求解—局部优化解和全局最优解

最小二乘问题的目标函数可用最优化方法求解。对非线性问题而言,用优化方法计算目标函数极小值的解可以有无穷多组,但其中只有一组(若干局部优化解极小值中的极极小值,它是唯一的)才是所要求的真实解——全局最优解。

真实解应为全局最优解,而其他若干非真实解则只是局部优化解。由于对优化计算结果的真解无法确切验证,因此,在实际求解过程中所得到若干组 x^* 的值,就只能认为是极值问题中的局部极小点,即局部优化解,它们都不是真实解。

从以 $\sigma_x, \sigma_y, \tau_{xy}, E, \mu, c, \varphi$ 各值作为其变量的上项目标函数中,搜索得所要寻求的目标函数,须解决全局最优解和局部优化解的判识,而不能只沿用一般的优化方法来求解得到,它是个从若干个局部优化解中逐次寻求全局最优解的问题。

3.3 用逐次优化方法求解初始地应力各岩体参数目标函数的全局最优(极小)解

初始地应力 σ_x、σ_y 和 τ_{xy} 值的同步优化

$$\Phi^I(\sigma_x, \sigma_y, \tau_{xy}) = \sum_{i=1}^{n} [f_i^I(\sigma_x, \sigma_y, \tau_{xy}) - u_i]^2$$

$$(2)$$

求解上一目标函数可采用迭代求解线性方程组的方法进行如下计算：

$$\left[\frac{\partial f_i(\sigma_x, \sigma_y, \tau_{xy})}{\partial \sigma_x}\right]_k + \sigma_y^{k+1} \cdot \left[\frac{\partial f_i(\sigma_x, \sigma_y, \tau_{xy})}{\partial \sigma_y}\right]_k +$$

$$\Delta\tau_y^{k+1} \cdot \left[\frac{\partial f_i(\sigma_x, \sigma_y, \tau_{xy})}{\partial \tau_{xy}}\right]_k = f_i(\sigma_x^k, \sigma_y^k, \tau_{xy}^k) - u_i$$

$$(i = 1, 2, \cdots, n) \tag{3}$$

应该指出，上式只是收敛位移平衡方程的一个表达式，式中 n 为平衡方程式的个数，同式（2）中的 n。

由平衡方程组可建立与某一组岩性参数条件相应的目标函数，通过对该目标函数及其平衡方程组的迭代求解，可求得在该组岩性参数条件下初始地应力的最优解，它使收敛位移的计算值和实测值之间的差值为最小。此时最优的初始地应力值即为其真实值。

3.4 岩性参数 φ 值的优化

对 φ 值的优化过程可与对 σ_x、σ_y、τ_{xy} 的优化同时进行；因在对每一 φ 值计算其可能达到的极值（最小误差值）时，需同时对 σ_x、σ_y、τ_{xy} 进行优化计算。由此，其目标函数可写为

$$\Phi^{II}(\varphi, \sigma_x, \sigma_y, \tau_{xy}) = \sum_{i=1}^{n} \left[f_i^{II}(\varphi, \sigma_x, \sigma_y, \tau_{xy}) - u_i\right]^2 \tag{4}$$

通过上述相同的方法，可计算得该目标函数式（4）的全局最优解。

3.5 其他岩性参数 c、μ、E 值的优化

采用与以上计算 φ 值相类似的方法，再对 c、μ、E 各值逐个进行一维优化计算，最终可获得目标函数式（1）的全局最优解。

反演计算岩性诸参数值的程序框图如图 2 所示。

3.6 岩性参数的反演结果

为了考虑开挖面的空间效应对收敛位移量测值的影响，此处取平面问题计算时，可将所有实测位移值均人为地乘以增大系数 1.2（经验值）。从各量测断面实测的收敛位移值，经上述反演分析所得出的诸等代岩体与岩性参数后，与后续再按这些等代参数作正演得到的洞周位移各相应计算值，其与实测值的吻合性良好。为了便于工程应用，可将以上岩体应力值换算成最大/最小主应力和应力主向的各个值。以上分析值与现场实测地应力值的量级相当，应力主向亦基本一

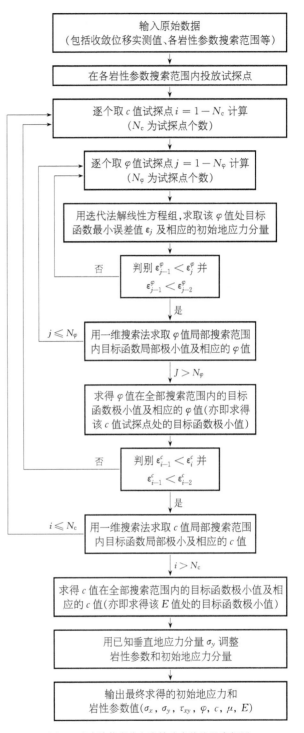

图 2　反演计算岩体和岩性诸参数的程序框图

致。按给定的岩体弹性模量值（对软岩，在缺乏声波测试资料的情况下，该值酌定取用为岩样室内试验相应值的 0.3～0.4 倍）进行反演计算；对浅埋洞室，一般地，竖向地应力可按岩体自重应力场计算，而水平向场域内则有时存在有较大的水平构造应力。

3.7 问题讨论

（1）在以往计算时，岩性参数都设定为不随岩体

塑性屈服程度而衰减变化。事实上,岩体在塑性变形过程中其岩性参数将随屈服程度的增加而减小;在图2的反演程序计算中事实上已经计及了这种影响。因为,反演计算的依据是用收敛位移的实测值,而这种实测值是来自岩体实际发生的塑性变形及其屈服状态。在塑性计算分析中所用的收敛位移采用了由于岩性参数值降低而实际上已是各实测收敛位移增大了的数值,故而反演得出的诸岩性参数也必将小于弹性状态下的相应各值。

(2) 由此处(在超前导洞中)反演得出的初始地应力和岩性诸参数只是在大的计算区域内宏观上的一个等代的、综合的指标值,并不要求它与局部测点得到的实测地应力以及实验室所测定岩样的岩性参数相互吻合。需要说明,尽管这些从反演所得的参数值只是"等代的",但用之于在后续的主隧道内再作正演所得到的主洞收敛位移则是真实的,其与相应各实测值吻合良好。

(3) 这些宏观的等代指标值在提供作数值分析计算时,如视岩体为匀质、各向同性、连续的弹塑性介质材料进行分析采用,以如前述,它仍然是很合适的。

反之,对大节理呈组状分布明显、成层状岩体和非连续方向性强的某些特种岩体,实践表明,采用此处所述反演方法的计算结果,其偏差一般会相对地比较大。

4 线弹性反演的正算反分析方法

由于上述弹塑性反演方法对非线性问题优化解的运算过程比较繁复,尽管有本文研制的反演程序软件,但仍不便于工地现场的快捷运算。为此,本文又衍生了此处建议的、作简化分析的"线弹性反演正算反分析"方法,应用上更为快捷,而又不失工程要求的精度。

以洞室开挖中围岩位移监控量测信息为基础输入依据,通过超前导洞、地勘探洞或服务隧道等小断面洞室的实测值、如上述先反演计算围岩物理力学的诸等效参数值,就左近的主隧道断面采用已求得的等效参数再做正演,以安全监控并评价主隧道围岩的施工稳定性。通过近年来在厦门隧道的应用实践,这一分析方法已经日趋完善。

经过在厦门翔安海底隧道现场 3 年来已进行的施工安全监控与险情预警的反演分析实践,作为研究改进后的一种"正算位移反分析法",采用了直接逼近和迭代优化试算法,将待定参数的反演分析问题转化为正演计算目标函数的寻优问题。该方法采用正分析的过程与格式,利用最小误差函数迭代优化、并逐次修正待定参数的试算值,直至逼近它的最优值而得出结果。

4.1 最小误差函数迭代优化法的理论基础

设模型数值分析中计算得的隧洞围岩位移向量

$$u = f(\omega_1, \omega_2, \cdots, \omega_m) \qquad (5)$$

式中,f 为理论模型的函数向量;$\omega_1, \omega_2, \cdots, \omega_m$ 为未知参变量。

与式(5)对应的施工监控量测得的实测位移向量

$$U = F(\omega_1, \omega_2, \cdots, \omega_m) \qquad (6)$$

依据式(5)所构造的模型进行数值模拟计算,利用各测点位移向量计算值与实测值之间的差,可建立如下的目标函数:

$$\delta = \sum_{i=1}^{n} u_i - U_i \qquad (7)$$

式中,u_i 为 i 测点隧洞围岩位移向量的数值计算值,理论上它是反演参数向量的函数;U 为 i 测点相应的位移向量实测值,n 为测点个数。

将式(5)、(6)代入式(7)得误差函数

$$\delta = \delta(\omega_1, \omega_2, \cdots, \omega_m) \qquad (8)$$

通过对式(8)求解各个未知参数的偏导数联立方程组:

$$\frac{\partial \delta}{\partial \omega_j}(\omega_1, \omega_2, \cdots, \omega_m) = 0 \quad j = 1, 2, \cdots, m \quad (9)$$

然后,求出方程组(9)的全部解,即其极值点 $(\omega_{10}, \omega_{20}, \cdots, \omega_m)$,即可求得相应的变形位移 δ 的极值误差量。

此处最小 δ 值的大小,反映了以上建模计算与实际问题间的逼近程度。

4.2 几点说明

(1) "正算位移反分析法"借用了李世辉先生早年所研制的边界元法隧道围岩变形与破坏的简化实用分析程序 BMP2000,经上述改进后进行正算数值分析[16-18]。该分析程序能普遍适用于隧道工程中常用的

多种断面、不同加载方式、几种常用的屈服准则、不同地应力侧压系数以及隧洞支护配置等各类型围岩施工稳定性的现场快速分析,精度上可以满足工程使用要求。

(2) 上述正算位移反分析方法提供了一种计算可能性——采用简单的线弹性模型,却能成功模拟十分复杂的岩体的宏观力学行为,从而使位移反分析工作成为隧道设计施工中理论计算与工程实际相互联系的有效平台。

(3) 此处将岩体宏观上近似视为一种"似弹性介质",并只需选用均匀、各向同性、连续介质的线弹性模型。根据各类围岩的典型工程实测资料(从工程数据库内搜索查询后检得),按照"位移等效原则"对模型进行综合修正。此处采用的综合性修正系数 K_c 反映了与洞室围岩具体实际经工程类比后的偏差程度,从后述案例中的实际地质描述、由工程数据库中查用的所得值,酌取 $K_c = 1.17$,为对计算各值乘以此值作放大考虑。

(4) 以线弹性理论为基础进行隧道围岩稳定性分析时,最主要的和影响最大的两个设计参数是:初始地应力侧压力系数 λ 和岩土体弹性模量 E。这二者分别反映了水平地应力值和洞体变形位移量的大小。故而,此处进行反分析的两个主要反演参数分别为:等效的初始地应力侧压力系数 λ_{eq} 和岩土介质等效的弹性模量 E_{eq}。

(5) 反演正算工作进行时,基于对先行服务隧道开挖量测值为基础,从位移正算反分析,可进而对主洞开挖的围岩变形位移 δ 和各个时段的变形速度 $\dot{\delta}_t$,以及各个时段变形速度的变化 $\ddot{\delta}_t = \dfrac{\Delta \dot{\delta}_t}{\Delta t}$,进行预测分析;对可能存在的施工风险进行预报和预警,从而为主隧洞的安全施工提供技术支持和理论依据。

4.3 隧道开挖施工时围岩稳定性的"变形速率比值"判别法

(1) 鉴于以洞周收敛值或拱顶下沉量或换用收敛速率作围岩稳定判别准则的不足、以及不易定量化的缺点,此处建议以该一时段与前面几个时段变形速率的变化——"减速"、"等速"和"加速"来定量判识是否应作工程报险。当有连续几个时段出现后两种情况时,应即适时作出工程险情预警。

(2) 方法的采用和进行步序示例,如图 3 所示。

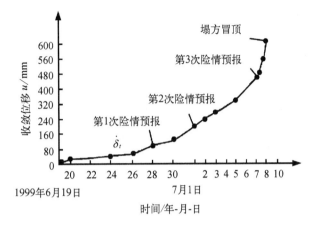

图 3 隧道塌方冒顶段 YK7+210 断面"收敛-时间"变化曲线

5 正算反演分析法的应用实例

5.1 隧道围岩稳定性正算反演案例分析与评价

(1) 采用正交设计法来选用反演参数的初始试算值。

(2) 采用直接逼近、试算迭代的正算反分析法,将待定参数的反分析问题转化为正演计算目标函数的寻优问题。该方法利用反复迭代不断修正未知参数的试算值,当误差函数值减小到容许的误差限值以内时,所得的试算值即为所求值。

(3) 采用经修改、完善的 BMP2000 边界元法软件程序进行计算。根据实测的拱顶沉降量和洞体围岩周边收敛位移量,建立目标函数 $\delta(E_{eq}, \lambda_{eq})$。

(4) 采用最小误差函数迭代优化法,求找出使目标函数达到最小值(即全局最优值)的最佳参数组合。

(5) 通过正算优化反演分析计算,可绘制得出洞室围岩的变形与破坏模式(图 4,图 5)。

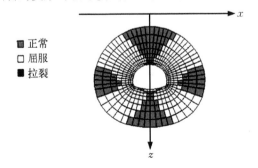

图 4 主隧洞右线 YK7+265 断面围岩初支护后的塑性变形模式

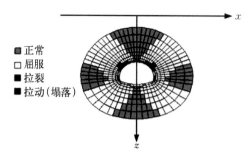

图5 隧洞围岩松动圈单元分布图(涂深灰色单元)

■ 正常
□ 屈服
■ 拉裂
■ 拉动(塌落)

(6) 通过以上分析,获得了如表1所示的厦门翔安海底服务隧道围岩支护设计反演分析的结果;进而,再正演得主隧道围岩应力状态及其变形位移的预测值,并使之与相应的各个实测值作比照分析(表1,表2)。

(7) 方法应用的5个子系统计算步序如后:

① 按早前的地质资料先作预设计(平面应变、线弹性问题,预作计算);

② 施工开挖后的监测数据(变形位移为主),收敛测线不少于7条;

③ 按实测收敛位移作反演分析(得 K_{eq} 和 E_{eq} 的相应等效值);

④ 用所得的各等效设计参数,按 BMP 程序正演判断洞室围岩稳定性,并确认原设计的支护诸参数,看需否调整和修正;

⑤ 典型的分类类比分析(按已建类似隧洞工程的统计资料作工程类比),选用综合修正系数 K_c。各子系统的组成并相互渗透。

5.2 洞周围岩"松动圈"

隧道围岩出现如图4所示的塑性屈服区,只是意味着塑性区内的岩体强度降低而变形增大;而要引起重点关注的,则是贴近洞周边缘的围岩"松动圈"(一般在拱顶和拱腰部分)。松动圈内岩体属剪切破坏区,在

开挖后将不能自稳,如不及时加固或设置内衬,则必然因区内岩块塌落而围岩失稳。

在三维复杂应力状态下,从围岩各个单元体的计算主应力(σ_1,σ_2,σ_3),可按下式(10)计算得出各该单元的八面体剪应力(τ_{oct});再使之逐一地与由试验得出的围岩介质材料的临界剪应力值(τ_{cr})相对比,可得出"隧洞围岩松动圈"的部位、大小和范围,亦即"塌落拱"。而围岩松动圈就是需进一步作加锚、加喷和加网、或尽早构筑内衬的部位。采用塑性力学有关公式计算,为

$$\tau_{oct} = \frac{1}{3}\sqrt{(\sigma_1 - \sigma_2)^2 + (\sigma_2 - \sigma_3)^2 + (\sigma_3 - \sigma_2)^2}$$

(10)

当 $\tau_{oct} \geqslant \tau_{cr}$ 该单元即属破坏,谓之松动圈单元。式中,τ_{oct} 为由式(10)计算得出的围岩八面体剪应力;σ_1,σ_2,σ_3 为单元三维主应力;τ_{cr} 为由岩样试验得出的临界剪应力。

从式(10)可计算汇结得出所有上述松动圈内已剪切破坏的单元,而构成洞周围岩的松动圈,如图5中涂深灰色的各个单元所示。

5.3 计算结果与实测值的比较

服务隧道围岩计算与实测结果见表1,通过服务隧道和左、右线主隧道典型断面围岩现场观测,采用正算位移分析结果如表2所示。

表1 NK7+265号桩服务隧道围岩设计反演结果

实测数据		数值模拟计算值		反演结果	
边墙收敛/mm	拱顶沉降/mm	边墙收敛/mm	拱顶沉降/mm	等效弹性模量/MPa	等效侧压力系数
30.44	80.52	30.38	82.84	50.13	0.36

注:括弧内的值为实测数据。

表2 服务隧道和左、右线主隧道典型断面围岩施工变形与破坏模式分析

断面桩号	等效弹性模量/MPa	等效侧压力系数	铅垂向地应力/MPa	初支后最大屈服深度/m	最大主应力		最大竖向位移/mm	边墙最大收敛/mm
					σ_{1max}/MPa	部 位		
NK7+265	50.13	0.36	0.674	27.5	1.86	墙腰	82.84(80.52)	30.38(30.44)
ZK7+265	50.13	0.36	0.561	19	2.48	墙脚	105.80(110.96)	49.66(56.48)
YK7+265	50.13	0.36	0.519	19	2.30	墙脚	97.84(90.47)	46.02(51.95)

6 结语

(1) 结合厦门翔安海底隧道工程海床下风化槽段施工的具体实践,提出了先行服务隧道的动态反演预测模型。通过服务隧道围岩现场监控量测位移的实测资料,采用"正算位移反分析法",能够在工地现场快速地对其左、右侧相似地质条件下行车主隧道的围岩施工稳定性分别作出分析评价;进而为围岩初期支护内衬结构设计参数的合理性提供定量依据。从表2可见,方法具有较高的可靠性和应用精度。

(2) 本文处建议的"正算反分析方法"可以比较准确地反演服务隧道围岩的等效弹性模量和等效侧压力系数等围岩主要等效力学参数;这些参数对后续的主洞正演工作极有助益。

(3) "正算位移反分析方法"能够对隧道围岩变形破坏模式进行预测,并据此对围岩施工稳定性做出合理评价;必要时,还可有根据地用于实时调整开挖施工步序,修改原先不尽合理的支护设计参数。

参考文献

[1] 孙钧,蒋树屏,袁勇,等.岩土力学反演问题的随机理论与方法[M].汕头:汕头大学出版社,1996.

[2] 孙钧,黄伟.岩石力学参数弹塑性反演问题的优化方法[J].岩石力学与工程学报,1992,11(3):221-229.

[3] 丁德馨,张志军,孙钧.弹塑性位移反分析的遗传算法研究[J].工程力学,2003,20(6):1-5.

[4] 丁德馨,杨仕教,孙钧.岩体弹塑性模型力学参数对位移的影响度研究[J].岩石力学与工程学报,2003,22(5):697-701.

[5] 袁勇,孙钧.岩体本构模型反演识别理论及其工程应用[J].岩石力学与工程学报,1993,12(3):232-239.

[6] 吕爱钟.地下巷道弹性位移反分析各种优化方法的探讨[J].岩土力学,1996,17(2):29-34.

[7] 杨林德.岩土工程问题的反演理论与工程实践[M].北京:科学出版社,1996.

[8] 张路青,杨志法,吕爱钟.两平行的任意形状洞室围岩位移场解析法研究及其在位移反分析中的应用[J].岩石力学与工程学报,2000,19(5):584-589.

[9] YANG Zhi-fa, C F LEE, WANG Shi-jing. Three-dimensional back-analysis of displacements in exploration adits-principles and application [J]. International Journal of Rock Mechanics and Mining Sciences, 2000, 37: 525-533.

[10] XIA-Ting FENG Zhi-qiang Zhang, QIAN Sheng. Estimating mechanical rock mass parameters relating to the Three Gorges Project permanent shiplock using an intelligent displacement back analysis method [J]. International Journal of Rock Mechanics and Mining Sciences, 2000, 37: 1039-1054.

[11] YANG Zhi-fa, WANG Zhi-yin, ZHANG Lu-qing, et al. Back-analysis of viscoelastic displacements in a soft rock road tunnel [J]. International Journal of Rock Mechanics and Mining Sciences, 2001, 38: 331-341.

[12] ZHANG L Q, YUE Z Q, YANG Z F, et al. Adisplacement-based back-analysis method for rock mass modulus and horizontal in situ stress in tunneling-Illustrated with a case study[J]. International Journal of Tunnelling and Underground Space, 2006, 21: 636-649.

[13] 戚玉亮,王同旭,张振宇,等.神经网络方法在位移反分析中的应用研究[J].采矿与安全工程学报,2007,24(1):92-95.

[14] YU Yu-zhen, ZHANG Bing-yin, YUAN Hu-ina. An intelligent displacement back-analysis method for earth-rockfilldams[J]. International Journal of Computers and Geotechnics, 2007, 34: 423-434.

[15] 焦春茂,赵春风,楼云,等.基于Cauchy积分解法与遗传算法的随机位移反分析研究[J].岩土力学,2009,30(1):251-256.

[16] 李世辉.隧道围岩稳定系统分析[M].北京:中国铁道出版社,1991.

[17] 李世辉.隧道支护设计新论——典型类比分析法的应用和理论[M].北京:科学出版社,1999.

[18] LI Shi-hui, YANG Jie, HAO Wei-dong, et al. Intelligent back-analysis of displacements monitored in tunneling[J]. International Journal of Rock Mechanics and Mining Sciences, 2006, 43(2006): 1118-1127.

输水盾构隧洞复合衬砌结构设计计算研究

孙　钧[1,2]，杨　钏[1]，王　勇[2]

(1. 同济大学岩土工程教育部重点实验室，上海 200092；2. 杭州丰强土建研究院，杭州 310000)

摘要：软土有压输水盾构隧洞采用管片外衬和整筑预应力内衬作复合式衬砌的设计计算中，为能较好考虑内衬与外衬管片的相互作用，以及内衬预应力荷载在隧洞施工和运营各阶段对复合衬砌结构受力的影响，本文提出了一种新的实体叠合计算模型。由于确定管片纵缝接头抗弯刚度的复杂性，文中建议对用数值模拟管片纵缝接头刚度采用了一种非线性耦合弹簧接触对的模拟系统。在采用实体单元建模的条件下，由于计入管片接头刚度的力学处理困难，文中研究了一种能以模拟管片接头刚度的简化计算方法。根据内、外衬砌接触界面处理方式的不同，文中提出了 5 种适合不同界面条件内、外层衬砌的相互作用模型。此外，本文还研制了内衬预应力荷载的一种转化程序，以解决采用等效荷载法施加预应力时的前处理问题。上述各点创意构思已在南水北调中线一期穿黄隧洞的结构设计研究中得到了具体反映和成功应用。

关键词：输水隧洞；复合衬砌；管片；预应力内衬；实体叠合模型；管片接头刚度模拟；内、外衬接触界面条件；预应力荷载转化程序

0　引言

将盾构工法用于输水隧洞工程在国内外较为少见。目前，有压输水隧洞多采用双层衬砌结构(如我国尚在施工的南水北调中线一期穿越黄河的输水隧洞、埃及穿越苏伊士运河输水隧洞和拟建的旧金山湾输水隧洞等)；还有部分输水隧洞是从地下深部岩层中穿越，其洞内水压对所产生的结构受力影响不大(如我国辽宁大伙房水库输水工程、引红济石调水工程等)；而采用大型盾构机在软弱土层中进行高水压、大直径输水隧洞设计施工，如上述正建的南水北调中线穿黄输水隧洞(复合预应力衬砌)则是比较典型的示例。

盾构隧道复合衬砌设计计算目前还缺乏统一的力学模型，我国地下铁道设计规范(1999)中，也仅给出了一些参考性的设计原则。国际隧道协会(ITA)制订的盾构隧道衬砌设计指南中，将复合衬砌按照内、外层衬砌接触界面的光滑程度分为双壳结构和组合结构两类。张厚美提出并改进了双层框架模型中内、外层衬砌接触界面的 3 种模型，即：抗压缩模型、局部抗弯模型和剪压模型。采用解析解求解复合衬砌结构受力是一种传统的现成方法(如厚壁圆筒理论)，较适合采用于围岩工程地质条件良好、盾构隧道直径<6.0 m 的压力隧洞。

近年来，国内采用盾构法修建的大型有压输水隧洞和城市大型下水管道中，其二次内衬结构在输水隧洞中将作为主要构件参与受力。因此，研究盾构输水有压隧洞复合衬砌结构的计算模型已成为一项重要课题。目前，盾构隧道复合衬砌平面应变计算模型一般都沿用双层框架模型。本文提出了一种基于地层-结构法的复合衬砌平面应变计算模型——实体叠合模型。相比于双层框架模型，该模型不仅能较好地考虑土体与管片、内衬与外衬的相互作用以及内衬预应力荷载的力学属性，还能有效计入隧洞施工和运营各阶段工况条件下对其衬砌结构受力的不同影响。

1　复合衬砌结构计算的实体叠合模型

1.1　模型基本假定

沿隧道纵向，上述内、外层复合衬砌结构可认为是一个在无限长地基内的地下结构体。当管片采用通缝

拼装的条件下,管片环的内力不沿纵向发生变化,计算中可将每环管片简化为平面应变问题考虑;而改用管片错缝拼装后,其沿纵向的空间约束效应对管片横截面受力和变位均会产生一定的附加影响。为使本文所讨论的几个问题集中起见,相邻环管片错缝拼装对横截面受力和变形的附加影响在文中暂未纳入考虑。

1.2 围岩结构系统的有限元法模拟

在实体叠合模型中,本文采用了按地层-结构法计算管片和内衬的受力与变位;对围岩结构系统采用实体单元有限元法建模。

1.3 实体简化接头模型

目前,对管片纵缝接头力学效应的数值模拟主要有两种方法:采用接头弹簧单元,以近似模拟管片纵缝接头的力学属性;采用接触单元,以相对真实地模拟管片纵缝接头的力学性能。当管片采用实体单元模拟时,其接头的力学性能采用接触单元模拟也较为妥善。但接触单元模型在计算过程中存在以下几方面的问题:

(1)以接触单元模拟管片接头的理论和试验研究较少,且缺乏实践数据。

(2)对接头螺栓约束条件的处理较感困难(如:螺栓端部与管片的接触以及整个螺栓面与螺栓孔的接触条件等)。

(3)管片环端面衬垫材料的力学参数不易确定。

(4)为细致地模拟接头的力学属性,接头处的单元划分必须足够小且密。

为此,本文提出了一种新的实体简化管片接头模型,既能避免接头部位上述的复杂考虑,又能借用过去从常规试验所得、或直接采用接头刚度作理论计算时的接头力学参数,以专门针对采用实体单元建模时复合衬砌结构的计算分析。该模型(接触对)及其与管片接头实际构造的对比示意如图1和图2所示。

在上项接触对模型中,将接头端肋与刚性体相连,并于管片截面形心处设置刚性体的参考点。

在两刚性体参考点之间分别设置剪切弹簧、压缩弹簧和旋转弹簧,以模拟接头承受剪、压、弯3种不同的力学性能。在缺乏相对应试验的情况下,这3根弹簧的刚度值暂可直接取用梁弹簧模型或壳弹簧模型中所对应的弹簧刚度。

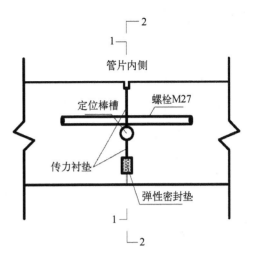

图 1　穿黄隧洞外衬管片纵缝接头的构造示意

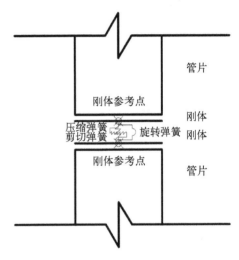

图 2　管片实体简化接头的"接触对"模型示意图

1.4 管片土体接触模型

地层与管片之间的接触界面可采用一种无厚度的接触对进行模拟。接触对的法向力学行为采用硬接触模拟;接触对的切向力学行为则采用库仑摩擦模拟。库仑摩擦模型用于判断接头的接触界面是否发生相对错动,同时也可用于分析左右端面相对滑动对管片衬砌应力场的影响。

库仑摩擦模型可以定义为

$$|\tau_{true}| \leqslant \tau_{crit} = \mu p \tag{1}$$

式中,τ_{true} 为计算所得的真实剪应力;τ_{crit} 为端面滑动前的最大临界剪应力;μ 为接触界面的综合摩擦系数;p 为接触对的法向压力,当 $p<0$ 时,p 取 0。

1.5 内、外衬复合衬砌的衬间接触界面模型

复合衬砌内、外衬间的接触界面模型与内、外层衬

砌间接触界面的处理条件和方式密切有关。目前,内、外层衬砌之间接触界面的处理类型主要有两种:

1) 衬间敷设有防排水垫层

此时内、外层衬砌由防排水垫层相互隔开。防排水垫层可以保证内、外层排放渗漏水各行其道,内、外水间不贯连,内、外衬砌结构单独受力,隧洞外部作用荷载(包括施工期、运行期增加的)和外衬自重均由外衬管片单独承载;而内衬自重和施工期与运行期内衬预应力荷载及内水压力则由内衬单独承担。上项力学和结构上的分工条件是明确的。

2) 衬间不敷设防排水垫层

此时内、外层衬砌接触界面为新、老混凝土界面直接接触,在确保界面剪应力传递的条件下,内、外衬结构将起叠合作用而共同受力。根据上述两种接触界面处理的类型,本文提出了以下 5 种接触界面模型。

1.5.1 敷设防排水垫层情况(界面模型一)

相对于管片衬砌,防排水垫层的厚度比较薄(一般约 10 mm),如采用实体单元模拟,则因垫层较薄而使网格划分尺度不易掌握,如网格化后的单元过多过密,将造成求解困难。本文改为选用了有初始间隙量的接触对,以模拟垫层的力学性能。初始间隙量设定为垫层厚度,而接触对的材料属性则可参考防排水垫层的材料参数确定。由于垫层只能沿其法向传递径向压应力,而不能沿切向传递剪应力,因而垫层间隙接触对的切向本构选用了无摩擦模型。

1.5.2 不敷设防排水垫层情况(内、外衬新老混凝土直接接触,界面模型之二~之五)

内、外衬新老混凝土接触界面因处理方式的不同将会造成接触界面力学性质的明显差异。为此,本文提出了以下 4 种新老混凝土的接触界面模型。

1) 无粘结力模型

内衬施工前先将管片内侧表面的螺栓手孔、注浆孔、吊装孔等凹槽、孔洞均用水泥砂浆充填抹平,然后浇注内衬混凝土。为此可认为,内外层衬砌界面间只能传递径向压力,而由于设定层面间缺失粘结力,故不能承拉和仅能有限承剪(界面摩擦力),此时可通过界面摩擦力(由径向压力引起)的形式(需经过检算认定)传递内、外衬层面间的切向剪力。这种复合衬砌接触界面的无粘结力模型,建议采用与管片土体接触面作

相同处理的库仑摩擦模型。

2) 有粘结力模型

在浇筑内衬前,对外衬管片内表面较大的凹槽不作抹平,内衬施作预应力后对层间再加做压浆处理。此处,设定内、外层衬砌界面间沿其法向不仅可传递径向接触压力、而且还能承受有限拉力(如经测定和检算,此时接触界面间新老混凝土已具有一定的粘结强度时),沿层间切向则可通过内、外衬层间界面粘结力与摩擦力的双重形式传递剪力。接触面的切向力学行为此处采用了有粘结力的库仑摩擦模型。模型的层间界面粘结力与其足够的粘接强度认为是相互依存的,当其中一个消失,另一个也同时消失。

具有粘结力的库仑摩擦模型,可以按如下定义:

$$
\begin{array}{ll}
\mid \tau_{true} \mid \leqslant \tau_{crit} = \mu p + c & \text{粘聚力存在} \\
\mid \tau_{true} \mid \leqslant \tau_{crit} = \mu p & \text{粘聚力}
\end{array} \tag{2}
$$

式中,c 为新老混凝土的层间粘结力;p 为层间界面处的径向压应力。

由式(2)可知,对此处接触面的切向力学行为可再区分为以下两种情况考虑:

(1) 粘结力存在时:$\mid \tau_{true} \mid \leqslant \tau_{crit} = \mu p + c$,认为管片与内衬接触界面上的剪应力较小,层间接触面上下不产生相对滑动。

(2) 粘结力消失后:认为管片与内衬接触界面上下间已经发生了相对滑移,因而粘结力消失;但由于 p 的存在,此后接触面仍能传递一定的切向接触摩擦应力。此时,接触面的临界剪应力变为 $\tau_{crit} = \mu p$。

接触面的径向力学行为也可区分为以下 3 种情况考虑:

接触面层间传递有径向压力时,接触面的径向力学行为采用硬接触模拟。

接触面层间的粘结强度存在,即接触界面密贴而未有脱开。此时,接触面间可传递拉应力,其拉应力值应小于接触界面间的粘结强度。接触面层间的径向力学行为可采用线弹性接触本构模拟。

接触面之间传递的拉应力(要计及内衬预应力沿其圆周径向的环箍内缩效应)大于接触界面间的粘结强度,其内、外层衬砌的界面上下脱开,脱开界面视为自由界面。

3) 位移协调模型

在管片预制时将螺栓手孔设置为锚筋孔,内衬浇筑前先在管片锚筋孔处设置锚筋,锚筋伸入并插设到内衬钢筋笼内,使之与内衬受力钢筋点焊连接。在层间经压浆密实的条件下,可认为此时内、外衬砌界面之间的位移是协调的,对其接触界面作变形处理时可采用位移协调模型。

4) 局部位移协调模型

外衬管片的手孔或凹槽中有足够插筋伸入到内衬混凝土内,且一些局部部位经层面间压浆面密贴接触,此时上下界面间的径向和切向位移可认为是协调的;另一些部位如果层间粘结与摩擦强度不足而导致上下界面相互脱开,则其接触界面的处理方式改为选用上述的无粘结力模型(即位移不协调模型)。对此,上述情况的取舍均需经相应验算后确定采用何种模型。

2 预应力荷载

在输水压力隧洞复合衬砌的内衬结构中,经沿结构内的靠外圈一侧从环向施加后张法预压应力,以抵消日后隧洞承担内水压力时将产生的截面拉应力,使二次衬砌成为抗裂结构,以满足防渗(内水外渗和外水内渗)与承载力的要求。在隧洞内衬中施加后张预应力是当前国内外主要采用的一种机械式形成环箍状张拉的预应力衬砌。我国清江隔河岩和小浪底二处水电站工程的引水隧洞等都在穿黄隧洞之前已成功应用过这种预应力衬砌。经过多年的通水运行,衬砌均未发生任何裂缝和破损,完全达到衬砌抗裂、防渗的设计要求。这也证明了上述预应力衬砌是一种安全可靠、且比钢管衬砌更为经济适用的地下水工结构物。

后张式预应力衬砌一般是在衬砌浇筑前沿环向偏外侧预留孔道并设置 PE 套管,待衬砌混凝土达到设计强度后再把预应力锚索穿入孔道套管中,并对锚索进行环箍式张拉,再用外锚具锁实,使在衬砌混凝土中产生预压应力。为使衬砌中的预应力分布均匀,各圈锚索的张拉槽应在洞周错开布置。锚索张拉锁定后,待混凝土徐变、锚索钢材应力徐舒和其它各项预应力损失基本完成后再对孔道注浆充填;也有改为注灌防锈油脂,成为无粘结式的锚索,两者可比选择用。

在南水北调中线一期穿黄输水隧洞工程中,如上述施加预应力后,因内衬将产生一定量的径向内缩,需再对内、外衬上下层界面间的缝隙采用微膨胀水泥压力灌浆,以确保内、外衬间有效的共同作用,并藉以通过界面剪应力传递,将内衬的部分预压应力上传到外层管片,使之更增大了管片外衬的抗裂能力。

2.1 预应力荷载计算

预应力荷载通过以环圈形锚索对曲线孔道产生环箍径向内缩型挤压力和切向拖曳力施加于内衬结构。计算中可将预应力荷载简化为结点集中力作用到有限元模型上。计算公式为

$$p_\theta = T_\theta / \rho_\theta \qquad (3)$$

$$c = \mu \cdot \rho_\theta \qquad (4)$$

式中,T_θ 为考虑外锚具弹性变形、夹片非弹性压缩以及锚索钢绞线内缩、绞线应力松弛(预应力徐舒)、混凝土徐变等各项预应力损失(均有现成方法计算)后的锚索净预拉力;p_θ 为计算断面锚索对孔道的径向挤压(衬砌沿径向内缩)应力;ρ_θ 为计算断面的锚索曲率半径;τ_θ 为计算断面锚索沿孔道切向拖曳力引起的环向剪应力;μ 为锚索与孔道波纹套管间的摩阻系数。

2.2 预应力荷载的数值模拟

在作数值模拟时预应力荷载可采用以下两种方法。

1) 等效荷载法

等效荷载法的原理是将结构中的预应力筋和锚具视为施载体而将其从结构中脱离,其作用可视为一种等效的外加荷载,进而计算在预应力荷载作用下的结构响应。优点是:建模相对简单,不必对预应力锚索单独建模(但必须要就锚索的具体位置建模),且可方便地考虑预应力荷载的各项损失;缺点是:在外荷载作用下预应力筋与混凝土间的相互作用难以模拟,且不能确定预应力筋在外荷载作用下的应力增量。

2) 实体力筋法

为用实体单元模拟混凝土,而用杆系单元或特殊的钢筋单元模拟锚索,进而再用初应变法或等效降温法等来模拟预应力荷载。优点是:可以考虑预应力筋与混凝土之间的相互作用;缺点是:难以分别考虑预应力荷载的各项损失,以及在预应力荷载作用下预应

力筋沿程应力分布的不均匀性等因素。

本文采用了等效荷载法,克服了该法因前处理困难而带来的不足。

在数值计算中,一般将集中力直接施加在单元结点上。但由于预应力筋孔道布置不规则以及如上文所述及的挤压力与拖曳力的作用点分布不均匀,给前处理带来了很多麻烦。有如:在原先所设计的穿黄隧洞工程预应力荷载中,每根锚索的预应力荷载以 242 个集中力作用在 121 个点上的形式给出。预应力锚索每沿米布置 2.5 根,每 4 根锚索布置为一个循环。在计算中,考虑预应力荷载为 4 根锚索的作用力均布作用在每沿米的纵向宽度上。这样,在内衬预应力荷载计算中,共有 121×4=484 个集中力作用点,在前处理中要求保证集中力作用点与单元结点完成吻合是十分困难的。

为使上述前处理工作变的简单,本文利用 ABAQUS 二次开发平台 UEL 研制了一种预应力荷载转化的单元子程序。该程序用来将单元内集中力荷载转化为单元结点荷载。因此,可在前处理过程中自由剖分网格,然后将单元内集中力通过预应力荷载转化程序转化为单元结点力;最后,再将转化所得的单元结点力以集中力的形式施加在单元结点上。这一构想已在后文介绍的算例中得到了很好实现。

2.3　预应力荷载转化程序

2.3.1　理论演引

如图 3 所示的 8 结点四边形单元,在坐标为 (x, y) 的任意一点 A 的单位厚度上受有集中力荷载 f_p,其坐标方向的分量为 f_{px} 及 f_{py}。将此集中力移置到单元的结点处,并转换为结点荷载 F_L^e。

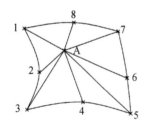

图 3　8 结点四边形单元

假定单元在各结点处发生了虚位移 $(\delta^*)^e$,则由位移模式,相应于集中力 f_p 的作用点 A 处的虚位移 d^*,为

$$d^* = N(\delta^*)^e \tag{5}$$

式中,N 表示形函数矩阵。

由静力等效原则,结点荷载在结点虚位移上所作的虚功应等于原先的荷载集中力在其作用点处的虚位移,即

$$[(\delta^*)^e]^T F_L^e = (d^*)^T f_p t \tag{6}$$

将式(5)代入式(6),得

$$F_L^e = N^T f_p t \tag{7}$$

2.3.2　预应力荷载转化程序的实现

1) 在编制程序前必须考虑并解决以下问题:

(1) 如何判断集中力位于单元内还是在单元外。

(2) 如果集中力位于单元内,如何根据集中力的整体坐标反求集中力在母单元内的局部坐标。

(3) 得到了结点力,如何用于整体模型的计算。

2) 针对以上 3 个问题,本文的解决方法如下:

(1) 如图 3 所示的 8 结点四边形单元,如果三角形 A12,A23,A34,A45,A56,A67,A78 和 A81 的面积均大于、等于零,则 A 点将位于 8 结点四边形的内部(或四边形单元上);而如果 8 个三角形的面积有一个小于零,则表示 A 点不在 8 结点四边形的内部。三角形面积可按式(8)计算,即

$$S_{Aij} = \frac{1}{2} \times \vec{A_i} \times \vec{A_j} (i, j = 1, 2, \cdots, 8, i \neq j) \tag{8}$$

(2) 对于 8 结点四边形单元,根据整体坐标求母单元内的局部坐标,为求解一个二元三次方程组,方程组可采用梯度法求解。

(3) 考虑到 ABAQUS 程序对于用户自定义单元的后处理功能不足,且 ABAQUS 单元库中自带有平面应变 8 结点等参单元,因此所编写预应力荷载单元子程序只用于将单元内集中力转化成单元结点力,并将结点力以 ABAQUS 命令流的形式输出。

3　工程计算实例与计算结果分析

3.1　计算基本条件

本文试以南水北调中线一期穿黄有压输水盾构法

隧洞工程为例,就本文以上所述各项研究内容进行了实例分析。该隧洞采用上下行双洞布置,隧洞进口位于黄河南岸,通过竖井南接邙山斜洞,段长约 800 m;北接穿越黄河隧洞主段约长 3 450 m,终止于出口北岸竖井。单洞长约 4 250 m,两洞各采用一台泥水平衡盾构机自北向南推进。复合衬砌结构外直径为 8.7 m,外衬预制管片厚 40 cm,内衬厚 45 cm、为预应力混凝土现浇结构。隧洞诸控制截面其上覆土层大部为中等颗粒状砂性土,下卧黏土岩。采用水土分算。隧洞中心线处的最大满负荷内水压为 0.518 MPa,隧洞中心线处的最小外水压为 0.323 MPa、最大外水压为 0.367 4 MPa。为保证结构内、外衬实现良好的共同工作,要求先将外衬管片内侧的所有槽孔充填密实后再浇筑内衬混凝土;同时,在螺栓手孔内插置内外衬联系锚筋,并在内衬混凝土浇筑时掺加一定量的微膨胀剂,施加内衬预应力后将内、外衬层间界面缝隙压浆密实。

这样,内外层衬砌接触界面模型选用了上述有粘结力模型。根据实验室数据,取内外层衬砌间新、老混凝土的粘结强度为 0.8 MPa,而内外层衬砌间的允许粘结应力则取为 0.4 MPa。考虑到拱顶压浆区域其粘结强度一般都达不到 0.8 MPa,为安全计将拱顶 120 区域范围内的内外层衬砌接触界面另选用了无粘结力模型。

有限元模型尺寸长 60 m,宽 67.73 m。这样,可设定其左右两侧存在水平约束,下部则存在竖向约束,上部边界为自由。有限元计算模型网格划分如图 4 所示。

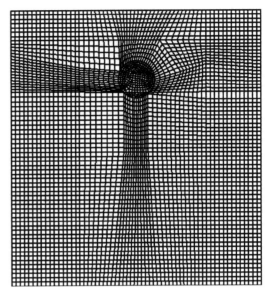

图 4 有限元计算模型

取管片纵缝接头处的抗压和抗剪刚度系数分别为: $K_n = 5.0 \times 10^{12}$ N/m, $K_T = 5.0 \times 10^{11}$ N/m;而纵缝接头的抗弯刚度则采用了上述的(图 2)非线性耦合弹簧单元模拟。该模型设定:管片接头的抗弯刚度为该接头截面轴力与弯矩的非线性函数,根据管片接头平截面变形假定和受力平衡关系,可推导出管片接头的抗弯刚度与接头截面轴力和弯矩的非线性表达式。本文通过对 ABAQUS 程序作二次开发,以这种非线性耦合弹簧单元来描述管片接头抗弯刚度呈接头截面轴力与弯矩非线性函数的力学特性。管片混凝土材料弹性参数取为: $E = 3.45 \times 10^4$ MPa, $\mu = 0.2$;内衬混凝土弹性参数取为: $E = 3.25 \times 10^4$ MPa, $\mu = 0.2$。

隧洞上复土层的土力学计算参数,如表 1 所示。

表 1 土层力学参数

土 层 名 称	天然重度	孔隙率	饱和重度	浮重度	内凝聚力	内摩擦角	侧压力系数	压缩模量	变形模量
	γ	n	γ_{sat}	γ^*	c	φ	λ	E_s	E_0
	kN/m³	—	kN/m³	kN/m³	kPa	—	—	MPa	MPa
粉细砂 Q42-2	18.6	0.454	19.64	9.54	0	30	0.5	8.35	6.0
中砂 Q42-1	18.94	0.423	19.83	9.83	0	34.55	0.43	10.3	7.4
中砂 Q41-4	20.16	0.368	20.58	10.58	0	31.8	0.47	11.1	8.0
中砂 Q41-3	20.06	0.392	20.42	10.42	0	33.95	0.441	11.1	8.0
中砂 Q41-2	20.12	0.361	20.21	10.21	0	34.05	0.44	12.4	9.0
黏土岩 N	20.74	0.367	20.67	10.67	50	23	0.6	12	8.7

表 2　隧洞满负荷充水运营工况下，外衬管片相关截面的计算内力值表

截面位置	0	90	180	270	最大正弯矩截面	最大负弯矩截面
弯矩(N·m)	1.52E+05	−1.80E+05	1.97E+05	−1.98E+05	2.21E+05	−1.98E+05
轴力(N)	1.55E+06	2.11E+06	2.33E+06	2.24E+06	2.33E+06	2.25E+06

3.2　计算结果分析

根据上述计算模型和所建议的计算分析方法，采用 ABAQUS 通用有限元程序软件并串结上本文研发的专用模块，得出了该隧洞工程各控制截面在最不利工况荷载组合条件下的计算结果。采用上项实体单元模型作计算时，可以通过预先定义截面得到管片与内衬结构相应的最大内力和变位与接头张开量，但在后处理中尚无法直接同时输出用图形显示的有关各值。此处为将内力与变位各值先行逐一输出，再用所编制的后处理程序得到结构的设计内力图与变位图，如图 5—图 9 所示。

作为示例，本文此处所列的只以隧洞内满负荷充水的运营工况为代表。

外衬管片截面弯矩设以管片内侧受拉为正。管片弯矩的峰值出现在管顶、管底和两侧腰处，其管顶、管底的弯矩为正值，而两腰弯矩则为负值。最大正弯矩位于管底截面，其值为 $2.21×10^5$ N·m；最大负弯矩位于管腰截面，其值为 $−1.94×10^5$ N/m，如图 5(a) 所示。设轴力以受拉为正、受压为负。管片全截面呈受压。其轴压值为管顶小，而管底、管腰大。轴压最大值位于管底截面，其最大轴压值为 $2.17×10^6$ N，如图 5(b) 所示。表 2 所示为隧洞满负荷充水运营工况下，外衬管片相关截面的计算内力值表。

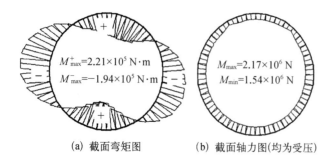

$M^+_{max}=2.21×10^5$ N·m
$M^-_{max}=−1.94×10^5$ N·m
(a) 截面弯矩图

$M_{max}=2.17×10^6$ N
$M_{min}=1.54×10^6$ N
(b) 截面轴力图(均为受压)

图 5　外衬管片截面的计算内力图

由图 6 可知，洞内施加内水压以后，外衬管片与预应力混凝土现浇内衬结合的一体的复合衬砌其形状将由原先的圆形变为稍呈扁平的椭圆形。设以拱顶作为起始截面(0°)，计算给出了沿顺时针方向各关键截面的变位量值，如表 3 所示。

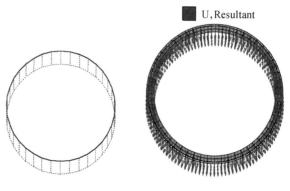

U, Resultant

图 6　复合衬砌横截面　　图 7　复合衬砌刚体位移
变位矢量图　　　　　　（沉降）矢量图

表 3　复合衬砌各相关截面的变位量值

截面位置	0	90	180	270
竖直变位/mm	−12.53	23.58	−37.02	23.34
水平变位/mm	0.09	13.27	0.10	−10.29

应该指出，在隧洞内水压施加以后，由于内衬与内水自身重力的影响，在上述复合衬砌的总变位中有较大部分为竖直向下的刚体位移，如图 7 所示。

内衬截面弯矩的峰值出现在其顶部、底部和两腰，顶部和底部截面的弯矩为正值，两腰弯矩则为负值。最大正弯矩值为 19.2 kN·m；最大负弯矩值为 −42.7 kN·m。内衬亦全截面受压，轴压值拱顶截面最大，而拱腰、拱底则相对较小。内衬截面的轴压最大值为 $1.22×10^6$ N。分别如图 8(a) 和图 8(b) 所示。

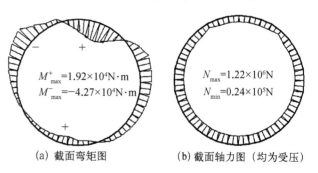

$M^+_{max}=1.92×10^4$ N·m
$M^-_{max}=−4.27×10^4$ N·m
(a) 截面弯矩图

$N_{max}=1.22×10^6$ N
$N_{min}=0.24×10^5$ N
(b) 截面轴力图（均为受压）

图 8　内衬截面的计算内力图

表4所示为隧洞满负荷充水运营工况下，外衬管片接头截面内力值与接头张开量计算结果。

表4　隧洞满负荷充水运营工况下，外衬管片接头截面内力值与接头张开量计算结果

接头位置	弯矩 M/(N·m)	轴力/N	剪力/N	接头刚度值/(N·m·rad⁻¹)	螺栓拉力/t	接头开、闭状态/mm
1	−1.80E+05	2.11E+06	−2.16E+04	5.83E+07	8.19	张开，0.71
2	1.01E+05	1.61E+06	−4.03E+04	1.56E+07	31.64	闭合
3	1.34E+05	1.58E+06	1.05E+05	1.35E+07	47.79	张开，1.39
4	−1.47E+05	2.02E+06	−1.56E+04	6.61E+07	10.02	张开，0.12
5	−9.68E+04	2.33E+06	−1.42E+05	2.66E+07	8.21	闭合
6	1.84E+05	2.33E+06	−1.92E+04	1.27E+07	54.57	张开，2.12
7	3.62E+04	2.35E+06	2.26E+05	1.08E+07	11.77	闭合

管片各纵向接头的张开量均小于 3 mm，可满足设计要求。表4左首第一栏为管片横截面各纵向接头的位置，如图9所示。

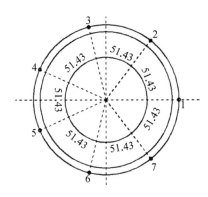

图9　管片横截面各纵向接头位置(1～7)图

当内、外衬砌之间的粘结强度在受力变形后仍未破坏(已通过计算验证)，则其内衬预压应力与内水压荷载两者均将传递到外衬管片受力，且分别使管片受压和受拉。由于预应力荷载对管片受力的影响较大，在预应力荷载和内水压力联合作用下，管片截面轴压值仍将有所增大，而内衬也仍可保持其全截面受压。因而，可以认为，上述联合受力模型可在不影响内衬结构抗裂条件下对外衬管片防水更为有利。

4　结语

(1) 文中建议的管片纵缝接头模型，其加载系统简单，易于在计算中实现。

(2) 文中对复合衬砌结构提出的实体叠合模型，其内、外层衬砌接触界面的力学性态采用了传统的接触单元模拟，其理论体系清晰，能较为真实而准确地反映接触界面的力学行为。

(3) 上项实体简化接头模型诸参数的物理意义明确，参数可通过常规模拟试验或接头刚度计算理论确定。该模型简化了当管片采用实体单元建模时接头计算处理上的复杂性，有效地保证了计算精度。

(4) 实体叠合模型不仅可考虑输水隧洞内、外衬和预应力施工与运营各工况对结构受力的影响，且能较好地计及在施作内衬前、外衬管片先已发生了的变形与内力，及其对管片与内衬二者相互作用的附加影响。

(5) 文中研发的预应力荷载转化专用程序模块软件，能较好地解决采用等效荷载法施加预应力荷载时前处理困难的问题。

参考文献

[1] Jean M, Bennett. Precast Concrete Tunnel Unites Sinai Desert in Egypt [J]. Concrete International, 1980, 2(1)：44 - 49.

[2] 陈济生. 埃及地下穿苏伊士运河输水工程[J]. 水利水电快报,1996,22(17)：27 - 28.

[3] 张晓伟,黄柏洪,王怀斌,等. 输水长隧洞 TBM 的类型选择[J]. 水利水电技术,2006,13：12 - 15.

[4] 首都规划建设委员会办公室. 地下铁道设计规范：GB50157 - 92[S]. 北京：中国计划出版社,1999.

[5] ITA. Working Group on general approaches to the design of tunnels. Guidelines for the Design of tunnels [J]. Tunneling and Underground Space Technology, 1988, 3(3)：237 - 249.

[6] Lin T Y. Strength of continuous prestressed concrete beams under static and repeated loads[J]. AC I J.,

1995, 26(10): 1037 – 1059.

[7] Byung H. O, Eui S. K. Realistic evaluation of transfer
lengths in pretensioned, prestressed concrete members
[J]. ACI Structural Journal, 2000, 97 (6): 3012 –
3024.

[8] Elwi A. E. Finite element model for curved embedded
reinforcement[J]. Journal of Engineering Mechanics,
ASCE, 1989, 11(5): 740 – 754.

本文发表于《地下工程与隧道》2011 年第 1 期

对地震预测预警研究的一点认识

孙 钧

汶川灾情,全国揪心!自己虽远在千里,但痛感刻骨铭心。拳拳赤子心,殷殷关切情,虽身卧病榻,却时刻萦怀惦念,而不能自已。这里,我想对今后有关地震的预测与预警研究谈点粗浅认识,谨供决策参考。

汶川震灾损失如此惨烈,全球为之震撼!痛定思痛,人们自然地把地震能否先期预测和预报,作为当前深切关注的重中之重。我们认为,答案应该是肯定的。如若因为地震预报的复杂性和困难,现在一时尚难很好解决,而认定地震不可预报,这种论点则似失之偏颇和悲观,恐怕不敢苟同。

以下,就这一问题谈一些想法。

1 关于地震的前期预测和预报

现将这些天来见诸报端的有关地震预测的多种看法作一简要汇列,并写述一点自己的粗浅认识。

第一,地震历史资料的古为今用说。从中西文化优势互补的角度,挖掘、利用我国历史资料记载和古代传承的有如"取象比类"等方法,将祖先科学的传统文化与现代源自于西方的地震科学两相结合,以经验统计为主导对地震前期征兆进行分析判断的研究方向,我们认为是一种有益的探索。利用我国古代地震历史记载资料以制订某些重要地域的地震烈度、汇编地震年表和地震目录,进而编制全国性震中分布图、绘制等震线并地震区域划分图,为重大工程建设选址和防震抗震提供指南①。这对利用我国源远流长的历史记载作重要参考进行地震研究、古为今用,将有极大助益。

第二,孕震模式说。人们在孕震区设置地震台网,以适时监测地层深部每次小前震传输的地震波。当岩体断层地区物理属性发生变异或岩层发生新的活动性破裂、岩体裂隙和孔隙中地下水饱和度起变化时,都会使地震波的波形和波速发生一定程度的变化,从而预测地震的发生。现在还可以利用雷达遥感测距卫星来分析这些地理和地质与水文数据,如能经卫星及时提供有用数据,再经分析判断,就能比较精准地了解地壳断层的活动变化,其研究和实用前景应当十分喜人。有专家认为,大地震前的两三年,地震波就会有显著衰变,研究其衰变的规律将有助于应对大震的预报进而赢得预测时间。

如要从更严密的科学角度言,我们更加怀念我国地震工作先驱李四光先生。

李老早在 20 世纪五六十年代就曾力排众议,提出了地震是可以预报的论断。他认为,地震的发生是有前兆的,要采用多种方法和手段来观测地壳的变化,研究地震活动规律,认识现在还在活动的地震断裂构造带,界定地应力的变化并了解构造地应力场,寻求地震前兆,从而有效地做出地震预报。李四光提出要在一些关键性地区建立地震预测试验站,要对天文、地震、形变电阻率、地磁地电、超声波、重力、地下水、生物物理、地貌形变、断层微量位移,海平面观测和相关仪表研制等方面,进行统一规划和部署。这就是他所谓的"地震预测整体观"。他还主张划分地震危险区与安全岛,从而极大地推动了我国地震地质学研究向更高一层次的迈进!

前几天,见到《科学时报》记者走访许绍燮院士的报道,很有启迪,我非常同意。

许院士认为,地震预报工作应该在研究思路和策略方面加以调整和拓展,他提出了大尺度地层运动的概念,以期从更广的范围来认识地震,可能为地震预报找到一条新途径。许院士进而认为,在地层层深达 10

① 《科学时报》,2008 年 6 月 12 日头版《科学档案》。

千米级范围内(相当于浅源地震震源的深度),展布面积达数千千米的洲际尺度上,出现以时、分、秒计的快速甚至瞬变时间内的地层运动,巨大的地质层间板块所涉及的惊人能量,其相互间产生摩擦错动从而爆发大地震,这在地震形成机制上是一种新的论点,值得关注。

至于这些日从网上读到的所谓"旱震关联说"和"强磁暴组合说",正反两方面的论述及对其批驳文字甚嚣尘上,孰是孰非,一时似莫衷一是!

我们认为,尽管把气候干旱或磁暴的发生及其组合与地震发生牵强附会、单一性地相联系,进而得出简单推断,似感过于粗率而欠缺科学依据,但以国家之大,我们是否仍可容许这种源自于经验或从统计得来的一家之言?我看还是值得关切和参考的。如果更追溯到32年前唐山大地震时出现的青龙县竟无一人伤亡的历史奇迹,也当唤起今人的深思!

2 亟待建立全国范围的地震预警系统[①]

如果说上面所述的地震预报是在震前一段时间先已做出的震兆预测,则下面说的地震预警则是指在地震发生期间的紧急警示,也更具紧迫性。

在突如其来的大地震灾害尚未形成之前,人们是否还有预警时间,与地震波赛跑,抢时间做出应对,并从而减少伤亡?这是地震学家面临的另一个考题,而答案也是肯定的。

地震学家认为,虽然现在对地震还无法做出有一定可靠性的预测和预报,但地震中30~40千米以远的地区,往往能利用下述的宝贵的"时间差"对地震做出"预警"。这项地震预警系统在我国目前尚未很好地建立,这是十分遗憾的。"预报"是在震前就进行的,而"预警"则是在地震发生过程中的一种紧急行为,是科学技术与地震波之间进行的一场赛跑!

2.1 宝贵的时间差

"震中"只是指地震开始形成时的那一个地理位置点,而地震却不仅仅发生在这一个点上。这次,汶川是震中,但汶川却不一定代表它的破坏性灾害就最强烈。

地壳破裂是从这一点上开始,并迅速向其周围传播的。

研究地震科学和抗震工程专业的人们都知道,地震波区分成三种:

其一,是纵波(P波,是一种压缩波),它的破坏能量较小,但传播速度则最快,其波速为5.5~7.0千米/秒。P波到达后,通常会引起地面上下起伏跳动,但一般不会产生大的破坏性;

其二,是横波(S波,是一种剪切波),其破坏性强,而向前传播的速度则仅有上述纵波的60%。这二者都是体波;

其三,是面波,主要沿地表及地下浅部附近传播,其能量最大,对建(构)筑物的破坏也最强烈,但其传播速度则最慢,S波的波速为3.2~4千米/秒;而面波波速更慢,约只≤2千米/秒。

以上三种地震波的传播速度及其破坏力间的巨大差异,使人们做出震前预警成为可能!

目前,国内外对地震预警理论的研究,总体上可区分为以下两类:

其一,将地震仪安置在震源区,以此对中、远距离可能出现的震灾区进行"异地震前预警";

其二,通过先期已经到达的P波的初始数据确定诸震源参数,从而预警当后续S波和面波到达该地后的地面破坏,谓之"现地地震预警系统"。

上项地震预警系统由地震监测系统、通信传输系统、中央处理和控制系统以及对用户的警报系统等四个分系统组成。对每一分系统部分的处理时间总和与地震波走时上的时间差,构成了最终要求的地震预警时间。

评价地震预警系统成效与否的标志,是其快速确定震级和震中位置的能力。在破坏性强的S波和面波到达该地域之前,用先期到达的P波确定震源诸参数是应用上述预警方法的核心。当前,国外的先进预警系统显示,这一误差已经很小,可以达到满意的程度。由上述可知,距震中越远,成效当愈益显著。据倪四道教授测算,如以此次汶川大地震为例,从震中映秀镇开始出现地壳断裂,则到达北川时有一次比较大的能量释放,然后到达青川又有一次比较大的能量释放,前后

───────────

① 本部分内容引用了倪四道教授2008年5月25日在"中国科学与人文论坛"发表讲演的意见,谨表感谢。

跨度约 200 千米,地壳破裂持续时间在 100 秒左右。现在预警技术的进步使有可能不用等上 100 多秒才能确认有关参数,地震开始后 10 秒内(甚至仅用 4~5 秒)就可以基本推断出一些有关的重要数据。

如果离震中最近的地震台站在 5 秒内接收到地震信号,再有四五秒就能大致确定地震强度大小和传播方向,共用去 10 秒时间。粗略计算,面波到达北川大概需要近 30 秒的时间,而到达青川则大约需要 100 秒;距离震中远近不同,所拥有的时间差也不同。人们可以利用这一时间差做出地震预警,上面说的 10 秒宝贵的预警时间,如紧急采取果断措施进行灾难规避,还是有现实可能的。

离震中越远,可以作准备的时间就越长。如这次对北京说来,就有将近 10 分钟可以作准备。这个时间足够通知人们"没有危险",可以在屋内静静等候,避免不必要的恐慌和赶到室外避灾。

合理的预警是:离震中远近不同的城市会接收到不同的预警信号。如对北川、青川一带,发布"紧急向空旷场地疏散"、"水电煤气总供应紧急自动关闭";对武汉则发布"有强烈感受但无须惊恐";对北京、上海则又是"仅有轻微感受,安全没事"等不一样的预警信号。

2.2　我国目前还缺少地震预警系统

日本、美国加州、土耳其、墨西哥、我国台湾等国家和地区都已相继建立了地震预警系统,一些系统已经过了地震考验,积累了一定的经验。尤其是日本,很早就将地震预警系统运用在铁路新干线的安全管理方面。在日本,现有各式各样的地震台站约两三千个,基本上 20 千米以内就有一个台站,地震发生后 3 秒就可以接收到预警信息,再加上 4 秒就可以知道地震在哪里发生。

我国要建立有效的预警系统,现有的地震监测台站的密度还远远不够。北京市及其周边的台站网密度比较大,先做起来难度应该不大。倪四道教授认为,如果开始行动,我国有望在几年内把地震预警系统所需要的监测硬件搭建起来;还可以把地震监测仪表的成本进一步降低,甚至在笔记本电脑上都可以设置专用的传感器,这样监测仪就更小型化和经济化了。我们期待着这次大地震后能进一步加强研究与设台的力度。

能不能把确认地震参数的时间再缩短,而预警精度则再提高?这仍然是地震学家们密切关注的课题。边研究边应用,技术还在发展中。在日本,预警时间过短的问题仍然困扰着系统的有效运行。地震预警信息如何发布也是值得研究的大课题。在地震频发地区,应该有目的地组织地震预警演习,让居民熟练掌握地震发生时应该怎样做,避免恐慌,然后再完善信息平台建设,尽快把预警信息传播给大众,让人们在参加过演习、心里有准备的情况下防灾减灾。我国前年颁布实施的《国家中长期科学和技术发展规划纲要(2006—2020 年)》中,已经明确了建设国家公共安全应急信息平台的重要性,其主要内容为构建国家公共安全事项的早期监测、快速预警与高效处置一体化应急决策指挥平台。可以预期,今后地震预警系统定将成为国家公共安全应急信息平台的重要组成部分,不可或缺。

3　以"防"为重,"防"、"避"结合,提升防震抗灾意识

在目前对地震作精确预测和预报尚有相当困难的情况下,国外对地震以"防"为重的防灾思路,则是可以参考借鉴的。在国外,如果已知某个区域是地震活动区或地震带,通过过去地震情况的研究和积累,可知那里未来会有地震发生,就将投入力量来对该区域进行实时监测。此外,还可利用上述的地震预警系统,它能在地震发生的十数秒到几十秒内把重大的关键设施和设备关闭(核设施、水电煤气等的总开关等)。例如,美国加利福尼亚州地震很多,尤其是在 20 世纪七八十年代以后地震频繁。大型核电厂就设计在"避"离震发断层带的地方,在建筑物的防震抗震方面,也都有相应"避"的措施,在探寻震发断层带地理位置的激光测距方面也要求做好,这是一种重要的监测手段。国外成功"防"、"避"的实例很多,这里不再一一列举。

在本文完稿之际,见报载日本北部岩手、宫城等县区于当地时间 6 月 14 日 8 时 43 分发生了里氏 7.2 级强震,接着就从网上看到,日本气象厅在主震到来前的 10 多秒已成功发布了地震震级等预警(估计预警发出地当在距震源 100 千米开外处),气象厅此次在该地区

实现了由电视等媒体及时播报。气象厅在8时43分51秒测到了地震,3秒后即在电视上发表地震预警,警示:"预计4秒钟后将发生5级地震"。但震中地此时已经先开始摇晃了,而距离震中100千米以外处在地震摇晃前的10多秒就得到了地震预警。最初发表的震级是5级弱,1秒后更正为5级强,到8时43分59秒时震级更纠正为6级强。气象厅的技术人员还表示:"这次的地震规模比较大,所以预警还是及时地做到了。"这次地震预警中通报的震级比实际震级小了1.1级。实际上,日本气象厅早自去年10月1日起就已经向市民提供过"紧急地震快报"服务,用地震仪监测到了地震的初期微动,预报说有4级以上的地震发生,"快报"也是通过电视等渠道进行的。

本文发表于《中国科学家思想录》,
科学出版社,2013年3月

汶川地震后山体次生灾害整治与处理的若干问题

孙　钧

汶川大地震岩土体次生灾害的主要类型有滑坡、泥石流和山石滚落、崩塌等三大类，其大部分发生在汶川、理县、北川、绵阳、青川、广元和都江堰等震前的地质灾害频发区以及新近修建的深挖高填的道路附近一带。此次灾后的道路交通重建，务必做好精心勘察、科学动态设计和信息化施工工作。做到尊重科学，与自然生态环境和谐相处，绝不能再盲目搞政绩工程，追求工程进度和指标工期，要有长远目光，提倡科学节约。因此，有必要对山区震后次生灾害的处置及其防护对策进行有针对性的技术性研究。

1　山区工程震后次生灾害防治的基本原则

（1）灾后重建时，地震造成山区工程次生灾害的整治工作应从灾害的分布特征及其发育情况出发，结合当地国民经济和社会发展规划要求，以及自然环境生态和地质、水文条件等，按照"以人为本"和"以防为主、防治结合"的基本思想，在建立和健全地质灾害监测系统和预报预警系统的基础上，采用工程治理、生物防治、搬迁避让等多种手段，按区内发育的震后次生灾害的严重程度按轻重缓急分期计划进行。

（2）要建立群测群防、层层落实责任制，加强宣传教育和技术培训，做好次生灾害的防治预案，加强对次生灾害的预报预警，切实做到省、市、县、乡、村、户八级联防。

（3）对危险性较大，而危害程度又难以预计，受地质灾害重大威胁范围内的住户，需尽早动员搬迁。对目前灾害情况已经相对稳定但从灾情发展趋势看将来仍有复活的可能，但危害程度相对较小，受地质灾害威胁范围内的住户，也应视条件分期分批在雨季和汛期来临前尽可能地实施搬迁。

（4）山区震后次生灾害的防治工作是一项庞大而复杂的系统工程。因此，在进行次生灾害的防治过程中，应逐步完善相应的组织机构和规章制度，配备一定的技术力量和必要的设备，提供足够的重建资金。

（5）针对不同类型的地震山体滑坡、泥石流、山石滚落、崩塌和坍塌等各种次生灾害，在灾害整治前务必先要进行岩坡稳定性的科学评估，不使出现之前抢险应急阶段时的边挖边塌或边滑的不利局面，不致因失策造成无谓的浪费。

（6）应加强山区次生灾害的生物治理措施，选择合适的树种或草种，起到生物固土作用，减少大气降水入渗导致滑体和滑带数量增大，再辅之以地表排水等措施，降低水土流失面积和水土流失强度，提高山石边坡的自稳和自承能力。

2　震后山体滑坡的整治与防灾对策

2.1　地震滑坡的处置原则

1）正确认识和评价整治滑坡的原则。

对山体滑坡的性质、类型、范围、规模、机理、其动态稳定性的认识和评价及其发展趋势预测等，是防治滑坡的基础。对滑坡性质分析和判断不准确，则不是治理工程造成浪费，就是工程措施不足仍将导致新的破坏，并造成次生灾害反复出现。

2）坚持防治为主的原则。

山体滑坡危害严重，治理投入昂贵而费时，因此，在震后重建时，应充分重视地质勘察，工种间要相互配合，尽量避开大范围塌滑和多个滑坡连续展布地段。在公路和铁道的旧线与城镇旧址上进行灾后重建时，应该尽量不挖除稳定性边坡的抗（阻）滑坡段，视条件采用坡顶分层卸荷、减载方法，避免再次发生次生滑坡。

3）一次根治不留后患的原则。

对地震滑坡危害性质要有全面而充分的认识,在治理措施上要偏保守,宁可稍过而无不及,不能因小而失大。

4) 全面规划分期治理的原则。

对于规模巨大的滑坡,治理费用特别昂贵,工时也很长。对滑坡变形增长缓慢、短期内不会造成大的灾害的,应分阶段做出部署,分期治理。一般先做应急工程,防止滑坡进一步恶化,如先做地表排水工程、夯填地表裂缝,加强滑坡动态监测,采取减重和反压等工程措施;再做永久治理工程,如地下排水和支挡、护坡工程等。应急工程和永久治理工程要有统一规划,相互衔接、互为补充,形成统一的整体。

5) 综合治理的原则。

地震滑坡的治理应针对其主要致滑因素采取主要工程措施以消除或控制其影响,同时辅以其他措施进行综合治理,以限制其他因素的负面作用。同时,还应考虑滑坡周边环境保护、栽植和绿化,尤其是在城镇附近地区,这方面要求视可能做得更为周到。

6) 治早、治小的原则。

防治滑坡最好是将其解决在萌芽阶段或初始阶段,尽量不使滑塌范围随时间而扩大蔓延。

7) 技术可行、经济合理的原则。

结合滑坡现场的具体地形地质条件和被保护对象的重要性,可提出多个预防和治理方案进行比选,选用的措施应是技术先进、耐久可靠、方便施工、就地取材和经济而有效;在保证滑坡整治质量的前提下应尽量节约投资。

8) 科学施工的原则。

山体防滑工程施工应放在旱季进行,并应先做好地表排水并夯填地表已有裂缝,要防治降雨后地表水入渗滑体影响其稳定性。同时,应加强滑坡的动态监测,确保施工安全。

9) 动态设计、信息化施工的原则。

应充分利用施工开挖进一步查清滑坡处的地质情况和水文特征,从而据实调整或变更设计;根据滑坡体的动态变化,必要地调整施工工序和施工方法。

10) 加强防滑工程维护保养的原则。

防滑工程设施完工后应随时注意其初期的维修和保养,使其处于良好的工作状态,发挥应有的自稳作用,不使承载力因日久而丧失。

2.2 地震滑坡灾害处置的主要技术措施和防治对策

滑坡治理可采取提高其抗滑力和减小其下滑力等方法。提高滑坡的抗滑力,可以采用压脚、挡墙、锚杆、锚杆挡墙、抗滑桩和锚索等加固方法;降低滑坡的下滑力,则可采用削方和减载等降低滑体重心的方法;加强地面和地下排水是同时提高滑坡的抗滑力和降低滑坡下滑力的工程措施。另外,坡面加做简单、有效的保护措施对确保山体边坡的持续稳定性也是十分重要的。现分别简述如下。

1) 减荷、压载工程。

对坡体进行减荷压载,通常是整治滑坡的首选措施。其优点是简单易行、经济、安全可靠,且治理效果好。对于滑床呈上陡下缓、滑体头重脚轻的推移式滑坡,可以在滑体上部的主滑段作削坡减载,或在下部的抗滑段加填压脚。这些在松散堆积土滑坡和破碎岩石滑坡中往往都是非常有效的。减重法一般更适用于滑床为上陡下缓,而滑坡体的后壁及其两侧又有较为稳定的大块岩土体支撑的边坡。

2) 治水工程。

目前治水的主要措施是采用截、排、护和填的多种方法以及它们的组合采用。"截"就是在滑坡体可能发展的边界外的稳定坡段设置截水沟或盲沟等;"排"就是在滑坡区内充分利用自然沟谷,布置枝芽状的排水系统,或修筑盲沟、支撑盲沟、排水棱体,布置垂直和水平(或斜向)的钻孔群等以排除滑体内的地表水和地下水;"护"就是采取各种形式的护坡措施,防止强降雨和地表水对滑坡坡面的冲刷或河水对滑坡坡脚的冲刷;"填"就是采用黏性土来填塞滑体上的沟槽和地裂缝,防止地表水入渗滑体之内而破坏土体强度。可结合采用以上几种手段以达到更好治水的目的。

3) 抗滑工程。

设置支挡结构(挡墙、抗滑桩等)是处置边坡震后次生灾害的一项工程措施。它的优点是可以从根本上解决边坡后续的长期稳定性问题,达到基本上根治的目的。设置支挡结构,如抗滑片石垛、抗滑挡墙、抗滑桩、抗剪键、锚杆和锚索等,以支挡滑体,或借助于桩体与周围岩土的共同作用把滑坡推力传递到稳定地层的深部,利用稳定地层的锚固作用和被动抗力,以平衡滑坡推力,使滑坡向有利于稳定方向转化。设置支挡结构能做到较少地破坏原有山体,有效地改善滑坡的力学平衡条件。但是,对于风化土和堆积物等黏性土滑坡的整治,用抗滑支挡来稳定滑坡,尤其是采用抗滑桩这类耗资较大的支挡结构时,则其合理可行性和经济性(或"性价比")必须谨慎抉择。

4) 加固。

对坡体作注浆加固,可对边坡进行深层固化,它适用于坡体土较为松散破碎、节理裂隙比较发育的边坡;施作锚杆加固,则为一种中浅层岩土体加固手段,适用于坡体岩土质地软弱破碎的边坡;土钉加固,适用于软质岩石或土质边坡;预应力锚索加固,多适用于边坡坡高角陡、坡体内潜在的破裂面位置又埋置较深的局部困难地段,由于昂贵费时,一般采用较少。

5) 防护。

用石料砌体对坡面作封闭防护,较适用于坡度较陡、坡面土体松散而又自稳性差的边坡;挂网锚喷防护,则适用于软质坡体或虽石质坚硬但岩体节理裂隙发育、自稳性差的岩质边坡。

3 震后泥石流防治对策及主要技术措施

震后山区多发育有许多大的和特大规模的泥石流,自然界短期内很难改变泥石流的形成条件,无法彻底解除泥石流的威胁。

(1) 泥石流的防治原则:① 以预防为主,防先于治,力争主动防治,尽可能制止泥石流灾害事态的发生和发展,努力限制其规模扩大;② 综合防治,多方协同,包括采取农林、土壤改良措施和工程措施,从泥石流源地始,直到被重点防护的居民点对象止,要集中解决主要矛盾,或只进行花钱少的单项工程整治。

(2) 山区公路沿线泥石流发育地区常人烟稀少,可采取仅针对保障道路畅通的单项防治措施即可,其工程防治原则是:控制与道路交汇的沟谷泥石流,使已经产生的泥石流以危害较小的方式通过,坡面泥石流则尽量使之稳定流放,或及时有效疏排,使之不危害交通运输;对已形成规模且又不断扩大的泥石流,要采取适当措施,在形成源地或运动途中就将其制止和遏制。

(3) 在灾后重建中,通过泥石流流域或泥石流危害地区的道路可采取如下的防治方案:展线抬高路线高程,使能跨经其上方山脊绕过或横向通过泥石流地段;还可利用桥梁跨越河谷(沟)以回避或采用涵洞泄流等,都要求因地制宜选用合适方案。

(4) 防治泥石流的主要工程措施:添设排泄建筑物、调治建筑物、拦蓄建筑物和生物工程措施等,不一而足。

(5) 泥石流的防治对策:① 泥石流防治应尽早开展、主动治理,只有实施综合整治,才有可能有效控制泥石流危害;② 在泥石流发育区域重建道路时,应选择正确的道路走线方案,控制路面与泥石流沟壑相交叉,采用简单有效的防治措施,以最有利的方案将危害减小到最低限度,使泥石流安全通过;③ 在排泄、导流和拦蓄等诸多措施中,排泄建筑物与桥涵跨越立体交叉的组合形式通常是一种简单有效的治理方案。

4 震后山石滚落和崩塌整治对策及主要技术措施

1) 应考虑防与治的结合

根据灾区山石因地震崩塌的发育特征及其发展的实际情况,在进行崩塌治理时,应考虑防与治的结合。

由于崩塌危害具有点多线长的特点,应施行分期逐步治理,并做好预防进一步崩塌。对易于治理的崩塌点和危害相对严重的崩塌点,应择先进行处理。

2) 对崩塌的防治对策

(1) 坡体开挖时应做到尽可能少地破坏原有岩土体的完整性。

(2) 应考虑到崩塌不仅出现在开挖道路的坡面上,还有大量崩塌灾害来自道路开挖边坡以上的自然斜坡之上。崩塌灾害的防治设计,不仅要考虑开挖中的崩塌问题,还要考虑自然斜坡随时随地都会发生的崩塌灾害。

(3) 在制定山石崩塌治理方案时,应在查明崩塌灾害条件的基础上视具体情况确定不同的整治方案。

3) 崩塌整治的几种主要工程措施

(1) 刷方及绕避。对于以边坡表面剥落、滚石和浅表层坍塌为主,且高度低于30米的陡倾边坡,一般可采用刷坡,对于小型崩塌落石可将其全部清除;对于可能发生大型崩塌的地段,经验表明,即便是修筑坚固的抗崩塌明洞,也难以抵抗强大山石崩塌体的冲击破坏,此时交通线路应设法绕避,一般可绕到河沟对岸或内移到山体内里以短隧道通过。这时必须进行技术经济比较,以选用方便施工的合理方案。

(2) 遮挡工程。在崩塌落石地段,常采用明洞作为遮挡建筑物,即明挖后构筑人工建筑物,然后覆土填埋,以策安全。

(3) 拦截工程。当山坡岩体节理裂隙发育、风化破碎,崩塌落石物质来源丰富,崩塌规模虽不大但可能频繁发生时,则宜从具体情况出发采用从侧面防护交通线路的拦截建筑物,如落石平台或落石槽、拦石堤或拦石墙、钢轨栅栏等。这些人工建筑物要根据崩塌落石地段的地形地貌情况、崩落岩块的大小及其位置进行落石速度和弹跳距离的估计,据此作好施工设计。

(4) 防护工程。主要包括护墙、挡墙、植被防护、护面墙、喷浆和喷混凝土护坡、锚杆加固等,属于一种主动的崩塌灾害防治措施。

(5) 支撑工程。对于悬挂于高点上方、以拉断-坠落的悬臂形或呈拱形状等的危岩,可采取施作墩、柱、墙或其组合形式以支撑加固治理危岩,制止进一步出现危象并造成崩落。

(6) 排水工程。要采取措施疏导、引排斜坡地段的地表水和地下水。

(7) 柔性防护系统(safety netting system, SNS)。该系统具有足够的强度与柔性,可根据地形、岩块大小、地质条件等的现场调查分析而定型选用合适的柔性防护系统,能够有效地防止和拦截岩崩,保护行车安全。

5 对地震灾后重建的几点建议

(1) 在城镇灾后重建时,应适当考虑地基卓越周期与建(构)筑物自振周期间的协调性问题,避免产生共振破坏。在一些重要和重大工程场合,对此应作为今后防震减灾的重点加以研究。务必施行科学重建,尊重自然、与原生态和谐共处。

对稳定性岩基,其卓越周期的平均值通常在0.2 s左右;而一般性土体(砾卵石、砂性土、天然黄土、密实黏土等)的卓越周期平均值在0.3 s左右;松软土(软黏土、松散粉细砂和湿陷性黄土等)的卓越周期平均值则在0.5 s左右。因为高层建筑物的刚度相对小,其自振周期一般在0.5 s以上;一般低层或多层建筑物则刚度较大,其自振周期一般则多在0.5 s以下。所以,为了避免地震区新建建(构)筑物日后发生共振破坏(这次地震中大部分低层和多层建筑物倒塌与毁损,可能与此处所述有相当关系),在稳定性基岩和一般性土体等稳固条件好的地基之上且周围山坡也处于稳定的条件下,在情况可能时,对大型公共建筑宜在此次震中区带适当地发展较高的柔性建筑物,或改建抗震性能好的木结构和轻质钢屋架房屋。对于松软土和异常松散土质地基,应首先进行环境规划评估及其周近边坡稳定性评价,有条件时需再测试其卓越周期,进行建筑物类型、高度及其结构物的科学设计。

(2) 要统一认识,不追求施工进度和工期,要有科学的发展观,发挥科技先导的灾后重建作用。这次地震的重灾区均位于山高坡陡的地段,在下一步灾后重建工作中,要吸取经验教训,在公路、铁路的重修和重建中,严格按照光面爆破和预裂爆破等控制爆破的要求进行岩土边坡的设计和整治。以前,国内90%以上的公路和铁路的边坡与隧道工程等均没有严格按设计规范要求进行光面爆破、预裂爆破等控制爆破施工,只是进行了普通爆破,这给有限的自然资源造成了极大浪费,不能有效保证工程发挥应有的效益,缩短了工程安全使用的寿命。所以,要做到科学节约自然资源,保证生命线工程的畅通运营。这相对于目前的隧道工程而言可能会延长10%左右的工期,但一般并不会增加绝对投资额,且可比目前普通爆破施工延长2~3倍以上的安全使用寿命。所以,要研究光面爆破、预裂爆破等控制爆破,与普通爆破相比,分别对边坡、隧道和其他人工建(构)筑物安全使用寿命的影响,并在全地区大力推广这方面技术的应用,以有效地减少地震次生灾害的发生,造福子孙后代。

(3) 对规模较大的山体滑坡、泥石流和滚石崩塌等震后次生灾害多发地段,应加强无线远程监控和早期预报预警系统的开发和应用,提出各类灾害危机的科学处治预案与决策。

(4)地震灾区现正处于强降雨和水汛活跃期，震后次生地质灾害的防治对策应考虑预防为主，宜安排在今年 8 月到明年 3 月这段时间，抓紧进行主要的、规模较大的对地震次生灾害的整治工作。

(5)应适时着手进行对震后道路、桥涵、隧道等交通基础设施次生灾害的处置与监控研究以及在山区脆弱地质条件下重建、新建公路选线研究。

(6)通过系统收集和分析地震灾区次生灾害的相关资料，要阐明其地质环境条件，划分其基本地貌类型。要结合典型地段的次生地质灾害进行研究，分析震后次生灾害的主要类型、其时空发育规律和主要影响因素，提出潜在次生灾害的识别方法，开展经济、适用而又可靠性好的对各种次生灾害的防治对策和处置技术研究。

本文发表于《中国科学家思想录》第六辑，科学出版社，2013 年 4 月

近年来我国隧道工程的技术进步

孙 钧

就社会领域而言,人们普遍害怕硬质事物,但对从事岩土与地下行业的人员来说,"硬"反而是容易解决的问题,例如硬岩、硬土在隧道与地下工程中并不会让工程师感到棘手。我们的难点主要有三个方面,其一在于"软"(软土、软基、软岩);其次是水;第三是变形。因而,针对性整治措施的关键就是要治水、防渗,防塌防失稳,预测和控制施工变形。这也是技术革新很重要的方面。

岩土与地下工程设计施工应关注的关键问题:一是尽多利用岩土自身固有的自承和自稳能力;二是施工中尽可能地少加扰动,不使其自承作用和自稳能力下降或受到破坏;三是设法提升和增强其自身的自承、自稳能力,包含施锚加固(预应力锚固,更可增加围岩自承、自稳能力)以及注浆(预注浆,同步注浆,工后注浆)。以下拟结合上述几点,稍作展开。

1 隧道软弱围岩开挖大变形理论预测与让压锚杆——兰成铁路沿线软岩隧道群的工程实践

以目前在建的兰成铁路为例,该项目中有一段是软岩的隧道群,在开挖施工时产生的施工变形是大变形的情况,它的特征是什么呢? 洞周变形速度快,属高速蠕变范畴;变形达到收敛稳定的时间长;最大变形量达到 120~150 cm 或以上。若支护不恰当、不及时,在变形过程中多数将发生围岩失稳塌块,甚至坍方。我们牵头的研究团队,多年来曾研究过以下两种有针对性的隧道/巷洞支护措施。

第一,接头可缩、可转式预制钢筋混凝土弧板支护,加之后背与岩面之间充填有可以消能的松散粒料。国家"七五"计划中,该工法曾在淮南煤矿潘集 3♯ 井煤矿山大巷内实体足尺试验,取得成功,并获奖。

第二,新型可让压式锚杆,以一定的恒定支护力 P 对围岩施作"边支边让,先柔后刚",它可随围岩变形而在压锚孔内滑移,最大滑移量可达 80~150(200)cm,作为最大让压量;同时,又有恒定支护力支托围岩,不使坍塌和失稳破坏。这种锚杆随围岩向洞内收敛、移动,锚杆/锚索在锚腔内克服与腔壁的摩擦力而滑移,形成让压量;并同时提供设计要求的恒定支护力,以约束围岩的自由松动变形。待围岩变形达到收敛稳定以后,锚固锁定不动,最终形成"边支边让,先柔后刚",起到保持围岩持续稳定的效果。

这个要取得成功的话,首先要设计这样一个机构,就是这个锚杆可以随着围岩同时又是挤压几何的非线性的问题,所以它是高度的非线性,通过研究现在已经有专用软件了。只要这个参数输入比较准的话,预测的让压量就八九不离十。目前,在几个地方实施成功,有的地方相当准,有的地方有点差别。主要的问题不是软件的问题,而是由于参数难以弄准产生了偏差。

根据我预测的这个变形量,比如说预测的变形量是 95 cm,扩挖 1.1 m 左右,然后让这个让压锚杆上去,边支边拉,这样不会塌,可能大家觉得在圈下面会塌,所以我们做小道管注浆,把它封死。这个变形估计是 1.1 m,然后它变形到 95 cm 就站住不动了,因为你对它认识清楚了,到那个地方就是不动。只要我们认识了这个问题,处理方式得法的话它就听你的,堤外损失堤内补,本来扩挖这么多,多了很多土石方量,所以取得了成效,是很划得来的,这个现在正在兰成铁路做实验,进一步考验我们的程序和工艺。

2 竖向和水平旋喷桩在浅埋暗挖软基隧道施工中预加固土层工艺——厦门翔安隧道东端(试验段)和杭州紫之隧道南洞口应用示例

二重管/三重管高压旋喷桩(单液/双液注浆)的作

用机理和相应工艺是：先用钻机把带有喷嘴的注浆管钻入土层的预定位置；将清水以高压流形式从高压水喷管的喷嘴喷射出管口，其喷射流将冲击、破坏前方土层，使成泥浆状；再将预先配制好的水泥浆液，通过高压脉冲泵使获得巨大冲击能量，通过另一注浆管孔口从喷嘴中以高压喷射入泥浆土层内；钻杆同时以一定转速一边旋转一边徐徐提升/退出，从而使水泥浆液在土层内与土体得到充分搅拌。待浆液完全凝固后将形成具有一定直径（早年的旋喷桩桩径只有 50～80 cm，现最大已做到 $\Phi240$ cm）的加固桩体；在需作加固土层内，形成上述相互交叠、咬合的高压旋喷桩后，可以起到有一定成桩质量的帷幕堵水效果。

竖向旋喷时注浆孔的平面布置，及其在隧洞周边/甚或全隧洞范围内，形成围岩加固处理区的断面。与二重管喷射，三重管的旋喷桩相比，竖向旋喷的质量更为均匀，但桩体强度则较低，经过比较，还可以改用水泥、水玻璃双液注浆。此时，可将高压风口改为高压水玻璃喷口。

经旋喷预加固对软弱、富水地基作改良处理后，有望达到以下效果：围岩的自稳和自承能力有明显提高，拱顶坍塌和超挖现象大为减少；开挖进度大幅加快；易于管控拱顶下沉和围岩收敛变形；施工安全得到了有效保障，施工工序简化，大大降低了劳动强度和施工成本。

"浅埋暗挖"软基隧道，传统上采用长大管棚、小导管超前注浆、CRD 钢拱架支护的施工工法，但对饱水淤泥质粉质黏土地层，上述工法仍存在一些不可克服的困难：主要是地表沉降过大和渗水漏泥严重。此处改为采用竖直向旋喷工法（MJS），但在进入深部地层后（$H \geqslant 15$ m），从钻杆周边由地面自然排泥会出现困难，喷嘴口四周地压值加大而导致喷射效率和对地基土的加固效果均大幅降低。此外，因地层深部土层一般较浅层的更紧密，喷嘴四周喷浆压力不足，导致桩体下端桩径将逐步减小，呈"白萝卜状"的锥柱状，达不到设计施工要求。

经多次改进后的旋喷法工艺，目前在以下方面已有显著提高：一般桩径可达 $\Phi2.0～2.4(2.8)$ m，个别处最大的已达 $\Phi4.2$ m；竖向旋喷深度可达 15 m 以上，而桩径不随下深而减小；经加固后的桩体强度可达

1.5 MPa 或以上；改用了专用排泥管排浆，施工场地的泥浆污染状况大为改善；因浆压过大导致地面隆起和开裂现象均已有所改观，而加固后软基稳定性提高，地面沉降小，便于隧洞开挖。

3 海底隧道入海浅水浅埋段穿越饱水流砂地层的降水、固砂工程措施——厦门翔安海底隧道东洞口段示例

当隧道穿越地下水流速度快的富水流砂土层时，其降水、固砂的整治方案，以厦门翔安海底隧道，过海岸浅滩沼泽地和近海富水流砂层时的整治经验为例作说明：一是需穿越砂层的纵长达 450 m；二是砂砾层与海水相沟通，且受潮汐影响，部分地下水又为承压水，海底地下水流速 >2 m/s；三是砂土渗透系数高，达 350×10^{-5} cm/s。

如沿用以往工程措施，经实验证实，其降水和加固土的效果都不佳，表现在：直接就用降水井降水，尽管井底落在砂层底面以下并进入风化岩层，但因地下水流速快，砂子流动性又大，动水的地下水位仍降不下来。在降水使砂层固结的同时，用高压注浆泵向砂土压浆，尽管浆压和注浆量都已用足的情况下，仍达不到在一般砂性土层内完成"渗透注浆"或"劈裂注浆"的理想效果。

经分析认为，在降水和注浆之前，必须先封闭水流，使地下动水事前先转变为静水。封堵措施采用了在平面上施筑多道呈封闭成框型的地下连续墙（为便于地下墙成槽，墙外再加筑止水帷幕），先分段将流水隔断，使形成静水；再用深井（同时用它作为水位观测井）降水到砂层底面标高之下并进入风化岩内 3～5 m 深度后止。地下连续墙的平面布置，其主体尺寸约为：650 m×80 m（外包在左、右主洞范围之外）。

在主洞前方先打筑超前导洞，再在导洞作业面上钻设水平探水孔（每段长 >10 m，可再接长），以了解经上项措施后的水量和水压。扩挖成洞后，加用超前小导管预注浆先作止水封堵，并在作业面上再用网喷混凝土做防渗、封闭，作为增设的防突水装置。要求做到开挖时作业面上已基本无水，砂层已呈稳定而不坍塌。为使隧道围岩支衬不渗、不漏，还要在锚喷后背、

二衬与初支喷砂层间作压浆填充,使与砂层间和初支层相互紧贴,形成密实的一体。

4 软土复合地基的成功采用:港珠澳大桥岛隧工程挤密砂桩大范围地基处理示例

首先介绍港珠澳大桥工程地质条件,东、西人工岛内地基土和海床隧道过渡段其下卧地层岩土的一般属性大体划分为:全新统海相沉积:流塑—软塑状淤泥和淤泥质黏土(厚 1.5~4.5 m);晚更新统晚期陆相沉积:软塑状粉质黏土(厚 2 m);晚更新统中期海陆过渡相沉积:可塑—硬塑状粉质粘土夹粉细砂,中密状中细砂透镜体(厚 9~12 m);晚更新统早期河流冲击相沉积:密实—中密中砂、粗砾砂、密实圆砾(厚 15 m 及以上);震旦系:强、中风化混合片岩,工程未有触及。

西人工岛距珠海岸 20 km,平均水深 10 m,软土层深厚达 20~30 m,采用重达 500 t、ϕ22 m 的大直径钢圆筒,振沉法,插入不透水黏土层,作为人工岛周围护结构;而岛周外侧地基经砂桩处理后,加筑抛石斜坡堤形成岛岸,属止水型岛壁围护结构;其岛内软基,则回填砂形成陆域,采用插打塑料排水板并再回填砂堆载,作"超载联合降水预压"进行岛内软基处理;深厚软基地段(20~25 m)采用挤密砂桩为复合地基;对要求加固处理的软土层更为深厚(>25 m)的局部困难地段,则改用 PHC 刚性桩。

上述提到的挤密砂桩是指用振动和水冲相结合,以加固、振密松砂土层地基,并推广用于浅表层黏性土地基,而形成由砂土散粒材料组成的桩体,并使之与被挤密后的原先砂性土共同承载,构成"复合地基"。它不是"振冲置换"(对软黏土适用),而是经过加入新砂,使原先松砂(和软黏土)因侧向挤压而更加密实,谓之"振冲挤压密实",也即"挤密砂桩"(主要对砂土层更适用)。

"振冲器"——原先用于振捣压实大坝混凝土,现发展成用"振动"和"高压水冲切"相结合,谓之"振冲器"。边振边冲,并加灌新的砂料(60% 新砂),靠水平振动力从侧面将原先砂土、杂填土和浅层软黏土一并挤压增密。

应予注意的是振动加速度大小决定振冲力。振冲力大小的尺度掌握是该方法成败的关键。如振冲力过大,将导致砂土液化或局部液化;再则振冲使土层内孔压剧增,同时产生不利的"剪胀"作用,都会使土体有效应力降低,使加固体的抗剪强度反而减小,达不到地基加固处理的效果。经验上,可用土体加固前后的"固结度"做检测,或采用"标准贯入击数"来鉴别设计的成效。

用新灌砂法充填、挤密原先砂土,灌砂也不能过量、过度,否则会使砂土向两侧走移,向挤密区的左右挤出,并向土层表面隆起。如发生这种现象,将大大降低地基加固效果。

5 地下工程施工变形的智能预测与控制

就岩土工程而言,在岩土介质材料方面,是一种客观上随机性和离散性强,而主观上则又模糊性、任意性多的"灰箱"问题,单凭力学手段和数值方法难以达到定量决策的效果。

1) 人工神经网络(ANN)智能预测方法

当前,许多重要工程在施工中均有海量的监测数据,利用编制好的、由这些监测值组成的工程数据库和地质数据资料库对它作查询、搜索、咨询和调用,并作为智能化分析的基础数据使用。这就构成了此处所述的采用智能化手段对工程施工变形作预测、分析、判断和控制的一种"另辟蹊径"的手段和方法。利用 ANN 可以很好地模拟人脑的思维和推断功能,且因该法的自适应性和容错性又好的特点,可以从同一工程前一时段(约 1 个月前)已经监测到的数据,采用"多步滚动预测方法"的智能化手段,来预测今后 3~5 天内将要发生的变形、位移,这就是智能预测。

2) 基于模糊逻辑法则的施工变形控制

借用模糊数学中"隶属度"的概念,先通过"递阶层次分析法"对诸有关施工参数进行"敏感度分析",据此得出各施工参数对施工变形影响因子大小不同程度的排序,进而在施工变形达到临界的超限阈值之前施加模糊逻辑控制,使施工变形始终约束在规定的阈值允许范围以内。

用上述智能手段取得预测和控制成效的关键在于:要先选取样本进行"训练"和"测试",以及庞大工程数据库和地质资料库的研制。现时,上海市一项有关"高效智能化综合集成的地铁车站深大基坑和盾构法掘进区间隧道施工和运营安全一体化的视频监控信息系统",已在多年前研制完成,它能较为充分地体现:"一网(因特网)打尽"、"一览无遗"、"足不出户作远程动态技术管理"等特点和优势,在多处深大基坑和地铁区间隧道工程中已获成功采用,收效显著。

从研究团队在这方面多年所做工作中,我们认识到:上述智能化方法,已被业界誉为是一项"高一层次的信息化施工工法"。该法的优点具体体现在:不只可以了解到当天已经发生了的信息,还可以有根据地定量预测,也即预见到今后3~5天内、在必要时还便于再作调整、控制的变形数据,而过去只能据此凭经验作推断预测。在施工变形达到临界超限阈值之前,通过先后有序地调整诸有关施工参数,可以控制变形始终处于允许的阈值之内。这里,只需要调整各有关施工参数(据施工方反映,这是方便做到的),而无需再另作其他如注浆、加固等额外花费,既节约投入,又争取了施工作业时间。近年来,我们的研究团队采用此法已先后在润扬、阳逻两座跨江悬索大桥的锚碇基坑、外滩浦西进出口竖井基坑,以及上海地铁 4 号线区间盾构法交叠隧道的施工中成功采用,效益显著。

众所周知,近年来 BIM 技术在我国(先是在建筑界,现已逐步推广到桥、隧与岩土工程界)的发展,可以说正是在上述智能化施工变形预测与控制基础上的一种进一步的拓展和进步。大型建(构)筑物构造的复杂化,使得众多项目要求设计图纸具有信息化、立体化的特征。所谓 BIM 技术,即建筑信息模块(Building Information Modeling),它是以建筑工程项目的各项相关信息数据作为模型的基础,通过数字信息仿真模拟获取建筑物所具有的真实信息。BIM 技术具有可视性、协调性、模拟性、优化性和可出图性五大特点。可以模拟真实的建筑场景;帮助工程师对项目进行设计;指导工人进行施工;帮助工程人员安装机电设备;协助项目管理人员进行科学管理等。运用 BIM 技术设计出的 3D 虚拟图形图像,可以清晰地显现出建筑的内部构造和外观,有助于施工单位进行施工的全过程精细化管理。

孙钧院士·成果篇

孙钧院士多年来的研究成果简介

1 从约 20 余项重大项目中,择选了其中的 17 项,简介如下。

1.1 早年完成的重大、重点纵向项目

(1) 长江三峡工程设计施工若干关键技术研究:高边坡和永久船闸岩体脆弹粘性时空效应及对工程稳定性影响研究——国家自然科学重大基金与长江三峡工程建设指挥部联合资助(第三子项),项目负责单位,1995—1999

(2) 受施工扰动影响的土体环境稳定理论和控制方法——国家自然科学重点基金项目,项目牵头单位,1998—2001

(3) 盾构隧道施工网络多媒体视频监控与计算机技术管理系统研制、三维可视化计算及图形图像仿真模拟——上海市科委、建委联合资助建设技术发展基金重大项目,项目负责人,2000—2003

(4) 当时国内最长:乌鞘岭铁路隧道(20 km)岭脊段岩体变形力学机理与施工变形控制的理论与实测研究——铁道部西部大开发科技攻关重点项目,主要参加单位,2004—2006

(5) 上海地铁 M4 线近距离上、下交叠区间盾构隧道施工变形的智能预测与控制研究——上海市建委资助下达研究,项目负责人,2000—2002

1.2 近年来着重研究的重大工程纵向项目

(1) 国家"863"计划科技攻关项目的一个子项:崇明长江隧道结构耐久性试验与设计方法研究,该子项负责人,2007—2009

(2) 南水北调中线一期穿黄工程(含:复合衬砌盾构隧道与两岸深井超大基坑)结构设计的若干技术关键研究,国务院南水北调办公室资助下达研究,项目负责人,2004—2005,2008—2009

(3) 泰州长江公路特大双跨连续悬索大桥桩基工程(静力分析、抗震、砂土液化)考虑群桩效应的设计技术研究,江苏省交通厅资助下达研究,项目负责人,2007—2009

1.3 近期已完成和正在进行研究的重大工程横向项目

(1) 沿海某市数百万吨级国家战略地下水封储油洞库围岩稳定性评价与渗流控制研究,国家石油管理总局委托,项目负责人,2007—2008

(2) 青草沙源水过江输水隧洞管片结构与复合衬砌设计方案比选技术关键研究,上海市隧道工程与轨道交通设计研究院委托,项目负责人,2007—2008

(3) 崇明长江隧道管片衬砌结构服务寿命预测与耐久性设计程序研制,上海市隧道工程与轨道交通设计研究院委托,项目负责人,2007—2008

(4) 厦门翔安海底隧道结构设计若干技术关键及施工安全现场监控研究,厦门翔安隧道工程建设指挥部委托,2005—2009

(5) 崇明长江隧道结构设计若干关键技术研究,上海市城建集团委托,2007—2009

(6) 青岛市地铁 3 号线大跨地下车站结构和区间隧道矿山法施工,分部开挖—支护围岩与衬砌力学动态分析研究,青岛市轨道交通工程指挥部委托,2010—2012

(7) 隧道衬护结构信息化设计的动态反馈与变形控制研究,宁波市交通局、宁波交规设计院委托,2015—2017

(8) 象山石浦港盾构法越海隧道施工风险评估与分析,宁波象山市交通局委托,2015—2016

(9) 广西河(池)—百(色)高速公路隧道群设计施工技术咨询(岩溶、膨胀土地层地质、水文灾害研究与处治对策),2016—2017

2 研究工作的若干创意性和创新点

晚近三十年来的主要科研方向:

（1）岩土材料工程流变学研究与试验;(1978—);

（2）岩石动力学(抗爆、抗震)及其工程应用研究(1962—);

（3）城市环境土工学——岩土智能科学(施工变形的智能预测与控制)研究(1986—);

（4）沿海公路城市隧道抗腐蚀耐久性设计与安全使用寿命的理论预测与实验研究(2008—)。

现将以上 4 个研究方向的主要创新性成果汇列如后:

1) 参加长江三峡工程建设及完成的子课题

参加长江三峡工程建设历时 10 年 (1992—2001)——国内外最宏伟、巨大的岩土工程勘察、设计、施工项目之一。时任长江三峡工程建设委员会专家组成员(国际岩石力学学会前副主席、中国岩石力学学会理事长暨国家小组主席),分工负责三峡高边坡岩体的长期变形与稳定性评价问题,侧重对高边坡、坝基与永久船闸(节理)岩体的工程流变属性分析与室内流变试验研究。10 年中进行的主要工作完成了以下 20 项子课题。

（1）利用附设有加载台的高倍扫描电镜,对岩体的细观时效损伤特征及其 CT 识别和损伤力学行为进行细观实验;

（2）复杂应力状态岩体在开挖卸荷条件下的多轴不同卸荷路径及卸荷破坏试验;

（3）岩样抗拉全过程的单轴破坏试验(直接拉伸与劈裂拉伸条件);

（4）饱水岩样劈裂拉伸时效强度试验及其长期抗拉强度;

（5）考虑坡帮和闸体开挖卸荷带内岩性参数变异的岩样室内流变试验;

（6）边坡岩体施工期地质条件的综合评价;

（7）边坡岩体宏观力学参数的仿真模拟计算,地质体的构造仿真及其应用与检验;

（8）降雨导致边坡岩体与闸室岩壁的非稳态渗流及对内衬结构不利的外水荷载研究,地下水对加剧岩体损伤、恶化边坡稳定条件的影响;

（9）边坡岩体的卸荷、失稳机理与分析方法;

（10）边坡岩体稳定与变形的数值分析及其黏弹塑性时空效应研究;

（11）工程爆破和地震灾害对边坡岩体稳定的影响;

（12）边坡锚固作用机理与分析方法;

（13）边坡岩体开挖施工性状监测的位移反演分析及其变形趋势预测;

（14）完善岩体构造及其宏观力学参数模拟理论,形成与之相应的计算机分析系统;

（15）在岩体断裂损伤介质分析方面,建立在岩体断裂损伤弹塑性模型基础上的计算机模拟系统,并应用于岩体稳定安全度的敏感分析;

（16）各种非连续岩体开裂滑动失稳模式及其相应的数值分析方法(如 DEM 法,DDA 法)得到进一步的实践采用、拓展和深化,有助于直接评价并估计岩坡的滑动安全度。此外,运用塑性力学上下限理论开拓了分形块体的刚体极限平衡分析方法;

（17）对流形元法、自适应有限元法等一些新的连续介质力学方法在岩坡稳定与变形研究中得到采用并取得成效;

（18）暴雨引起非稳态渗流场问题的研究有新的进展,提出渗流与流变损伤场耦合力学模型与计算方法;

（19）采用新的锚固模型于岩体流变损伤分析,探讨其锚固作用机理,提出了锚固力学微观机制及与之相应的宏观力学表现分析手段;

（20）从岩体开挖卸荷条件下多轴破坏试验,得到各种不同卸荷路径与不同加荷情况下的实验依据。对饱水岩样的拉伸时效强度及其长期抗拉强度的上下限阈值,建立了在一定范围内适用的实验关系式,等等。

2) 岩土非线性流变与耦合流变试验与分析研究

在过去 30 年来已做过(1978—)岩土材料与地下结构流变研究的基础上,近年来又结合润扬、阳逻、泰州和马鞍山等 4 座长江大桥锚碇基础和桩基工后沉降研究,三峡永久船闸边坡和中隔墩岩体、乌鞘岭隧道极软岩施工大变形、浦东机场二期跑道差异沉降以及崇明长江隧道泥水盾构掘进施工作业面地下水入渗对管片衬砌结构的流-固耦合流变影响等科研任务,开拓和扩展了以下方面研究,诸如:岩土蠕变细观力学试验,流变损伤的时效特性,土体蠕变与主固结的混合问题,蠕变与应力松弛耦合分析,渗流场与流变应力场的耦合机理,非线性流变,蠕变损伤与断裂,流变本构模型的粘弹、粘塑性辨识与参数估计,以及流变分析的三维问题,等等。这些研究为国内工程流变学学界在国际上争得了一席之地,提高了我国该子学科领域的国际学术声望——近接《亚太地区国际流变学会议》邀约,将于明年8月在日本北海道大学召开的学术研讨会上就"岩土流变学问题的最新进展"宣讲大会主题报告(Plenary speech)。

3) 隧道围岩稳定性评价的反演分析研究

结合4年来参加厦门翔安海底隧道施工安全监控的现场研究,对过去已进行过研究的逆问题信息论、非线性反演、随机反演和智能化反演等又进行了深化探讨;侧重开展了以下两方面的研究。

(1) 在线弹性反演工作中,提出了一种新的"正算反分析方法"。

采用了直接逼近和迭代优化试凑(算)法,将待定参数的反演分析问题转化为正演计算目标函数的寻优问题。该方法采用正分析的过程与格式,利用最小误差函数迭代优化并逐次修正待定参数的试算值,直至逼近它的最优值,而得出结果。正算位移反分析方法提供了一种计算可能性—采用较为简单的模型,却能以成功模拟十分复杂的岩土体的宏观力学行为,从而使位移反分析工作成为隧道设计施工中理论计算与工程实际相互联系的有效平台。

(2) 针对软土和软弱破碎围岩的弹塑性反演与全局优化研究,开发、研制了相应的专用计算程序。

建立与某一组岩性参数条件相应的目标函数,通过对该目标函数和平衡方程组的迭代求解,可求得在该组岩性参数条件下初始地应力的最优值,它使收敛位移计算值和实测值之间的差值为最小。

也即采用逐次优化方法求解得目标函数的全局最优(极小)解,从而得到岩体与岩性诸参数的唯一真值(含 σ_x, σ_y, τ_{xy}, E, μ, c, φ)。

4) 地下贮油洞库围岩渗流控制研究

在地下水封贮油洞库的勘察和设计研究中,正确掌握洞室围岩的地下水渗流控制将关系到工程建设的成败。结合锦州市300万吨战略贮油洞库的设计要求,在渗流控制方面完成了以下研究:

(1) 对地下水渗流场进行模拟,利用流体动力学理论,在考虑地下水流动条件下,实现对流体应力场的耦合分析,提出一种较适用于特大型地下水封储油岩石洞库地下水渗流量计算与分析的数值模拟方法。

(2) 利用拟建库区附近可能补给的稳定水源,对洞室围岩开挖施工期洞库区地下水压变化与库内渗水量进行估算与预测,论证了储油洞库施工期预先布设水幕巷道进行定量有尺度注水的必要性和工作条件,以维持地下水的动态平衡;分别对无油和有储存油各种工况下库区地下水压和库内渗水量进行计算与分析,进而确定布设水幕巷道的条件。

(3) 对储油洞室围岩裂隙及断层等不良地质区段、影响地下水渗流的主要因素进行敏感性层次分析,以确定岩体裂隙及断层等不良地质缺陷对地下水渗流的最主要(和各次要)影响因素,按其敏感程度排序;提出适用于锦州特大型地下战略水封油库洞室围岩裂隙发育带、节理密集带及断层破碎带等不良地质区段的处理原则和策略,制定处理手段与方法,提出符合本工程实际的水幕巷道设置较为合理的设计布局。

(4) 根据安全、经济、合理的原则,通过计算比较,在确定水封油库库区水幕墙的诸设计参数后,采用大型有限差分法地下水渗流分析软件,根据选定的评价水幕压与储油各工况合理关系的准则,评价了水幕的密封效果和水封油效果,以节省储油成本,满足设计的经济性和合理性。

(5) 采用离散元软件,对渗流作用下地下洞室裂隙围岩流-固耦合相互作用进行研究,分析地下水封储油洞库围岩应力与围岩裂隙渗透(地下水渗流场)的相互耦合关系。

5) 极软岩洞室开挖施工中挤压型大变形(squeezing)力学机理与工程处治研究

结合乌鞘岭特长铁路客运专线(兰武段复线)隧洞施工期大变形问题进行研究:

(1) 洞周围岩变形量大(达80~110 cm或更大)、变形速度快(最大值达20~35 mm/时),而变形收敛慢的特点,应归属为挤压型大变形;

(2) 从现场监测情况看,在施工变形的历时发展过程中,变形增长的同时、围岩应力状态也在不断调整变化,不能简单地套用软岩"蠕变"作分析;

(3) 从岩体"广义流变"或"耦合流变",即从"蠕变与应力松弛呈耦合相互作用的复合型流变"着手进行机理分析,得出沿洞周部位各值不等的、最大的、变形收敛的量值及其内净变位方向;

(4) 由(3)可以绘制为毛洞预留的"超挖幅圆图",并按此图进行施工超挖;

(5) 对个别在毛洞变形过程中有塌块危险的局部洞周区段,采用临时的迈式锚杆加固处理;

(6) 实践证明,由于计算足够准确,在洞周变形到达洞室原设计轮廓幅圆时,变形将趋于收敛稳定;

(7) 这时,再施筑现浇钢筋混凝土内衬,可监测到内衬的应力、应变都很小,满足了设计要求的结构强度和刚度。研究获得了巨大成功,据悉正在申报部级和国家奖励;

(8) 研制了隧道围岩挤压型大变形非线性流变力学属性与三维数值分析程序软件。

6) 在岩石动力学研究方面,结合过去承担的约 9 项国家基金有关岩石静、动力学研究的面上项目和主持地下防护工程(抗爆动力学)方面的国防与人防共 5 项研究课题进行。多年来主要完成了以下工作:

(1) 应力波与岩土介质及结构间动力相互作用;

(2) 岩石介质材料的动力特性、率相关动本构关系;

(3) 波在层状岩体和非匀质岩体介质中的传播;

(4) 波通过地质断裂构造时的模型理论与试验;

(5) 关于岩石断裂动力学研究;

(6) 应力波与地下结构围岩动力相互作用;

(7) 爆震防护工程——冲击隔震研究,等等。

7) 城市环境土工学研究

工作重点是:市区地下工程活动对被保护性建(构)筑物、浅部地下管线、高架立交、已运营地铁和紧邻工点施工的相互影响各个方面的和干扰和制约及其整治对策措施。研究涵盖了以下 4 个方面的问题,含

(1) 地下工程与隧道施工中、受扰动土体力学属性的变异;

(2) 深大基坑与盾构法隧道施工变形的人工智能预测与模糊逻辑控制;

(3) 盾构掘进多媒体视频监控与计算机技术管理;

(4) 工程可视化计算与图形图像可视化仿真模拟。以上 4 个方面,现都有相当创意性的进取。

8) 特大型隧道管片(ϕ1500)和复合衬砌结构计算分析研究

(1) 沿隧道纵向,考虑前后管片相邻环"错缝拼装"对管片横截面内力和变形的影响研究,已有所研发的专用程序模块。

在考虑下一小节(2)管片纵、环向接头抗弯刚度随弯矩呈非线性变化的基础上,采用所建议的"双线性剪切"环向接头模型以及平面化模拟空间效应的算法,计入了管片错缝拼装对相邻环横向变形与内力的约束效应。管片纵向相邻环错缝拼装对其横截面产生的内力与变形约束效应的室内试验验证研究,将结合博士生论文进行(正在安排中)。

(2) 管片环向接头非线性抗弯刚度研究

将上一小节(1)、考虑隧道纵向管片前后相邻各个管片环间"错缝拼装"的三维纵缝构造、经转化降维为平面应变问题,推导了横截面内管片环向接头抗弯刚度随正、负弯矩值的非线性变化,$k_\theta = k(\pm M, \theta)$,得到了同时计入相应轴力值影响的显式表达;同时,可得到相应的接头上、下缘张开量和接头螺栓拉力值的变化。成果已应用于崇明长江隧道管片结构设计,要求的接头室内试验验证,将结合博士生论文进行(亦在同时安排中)。

(3) 南水北调穿黄盾构隧道在高水头内水压作用下,采用"管片-预应力内衬"复合衬砌结构的计算分析。

9) 在隧道衬砌结构近似概率法服役寿命预测、管片材料耐久性试验和耐久性设计

(1) 运用灰色关联度理论和均匀设计相结合的方法,对崇明隧道管片衬砌结构耐久性的诸影响因素进行了敏感性层次分析。

(2) 对崇明隧道衬砌结构的耐久性进行了试验研究。主要的试验工作有:① 侵蚀环境下隧道衬砌结构性能历时退化试验、② 海水氯离子入渗混凝土扩散试验和③ 汽车尾气(CO、CO_2)对混凝土保护层的碳化腐蚀试验。得到了隧道衬砌结构性能退化的一般性规律以及不同龄期试件的氯离子有效扩散系数。

(3) 分别建立了:① 基于裂缝限值(使用极限状态)和② 承载力极限准则(强度极限状态)的隧道衬砌

结构服役寿命作上两类预测的方法体系,进而对崇明长江隧道管片衬砌结构的服役寿命进行了理论预测。预测结果表明,该隧道可以达到 125 年的极限状态使用年限,满足了设计基准期(100 年)。

(4) 建立了基于近似概率分析的越江隧道衬砌结构耐久性设计方法(视水土荷载为随机变量、结构抗力为随机过程)编制了相应的专用设计程序,介绍了程序的应用价值和合理性,进而得到了隧道衬砌耐久性设计的极限状态方程。

10) 崇明长江隧道在汽车和地铁列车共管行进条件下,隧道管片衬砌结构的疲劳效应分析研究

(1) 定义了混凝土疲劳荷载权函数的概念,确定了以混凝土强度、刚度和疲劳三者为参数的混凝土的损伤变量表达式;通过混凝土强度、刚度以及应变值随疲劳荷载作用而变化的规律性,分别得到了以剩余强度、剩余刚度和残余应变为参变量的、单级和多级荷载作用下的混凝土疲劳荷载权函数的表达式。

(2) 通过疲劳荷载权函数论证了混凝土疲劳累积损伤的非线性特征,其值随应力水平和加载顺序变化而改变。考虑混凝土的刚度和强度的历时衰减以及应变增长规律,确定了单级疲劳荷载作用下混凝土累积损伤值的置信区间。

(3) 将混凝土强度、刚度、徐变和腐蚀等非疲劳载因素引入混凝土的疲劳权函数中,对具有时间效应的混凝土疲劳荷载权函数和疲劳累积损伤值进行确定,详细探讨了这些因素对混凝土疲劳损伤的影响。

(4) 给出了混凝土疲劳累积损伤值的估算方法,对混凝土疲劳荷载权函数和荷载权函数下的累积疲劳损伤在编程得以成功实现。

(5) 以崇明隧道作依托,从列车行进动力响应作模拟,采用计算线性和非线性两种疲劳累积损伤的方法,预测了该特大型盾构隧道的疲劳寿命可达 140 年以上,满足了设计基准值要求。

11) 特大桥桩基抗震三维非线性动力分析研究

结合承担泰州长江双跨悬索大桥主跨边墩桩基抗震科研项目,在这方面的创意工作,主要是:

(1) 考虑砂土液化的 ABAQUS 材料子程序及其桩土介面接触单元子程序的二次研发;

(2) 考虑土体介质中传输能量耗散和转化的非线性人工阻尼边界;

(3) 层状饱和砂土中考虑群桩效应的抗震动力分析;

(4) 详细探讨了群桩抗震共 4 个方面的非线性问题,即:材料非线性、几何大变形非线性(江床浅部砂土液化条件下)、人工阻尼边界条件非线性以及"桩-土接触"界面力学性态的非线性。

12) 地震条件下,饱水砂土震动液化及液化后土体大变形性态的土工动三轴试验与理论分析研究

结合承担泰州长江公路大桥桩基科研任务进行研究,分别采用浙江大学和我校土工双向振动三轴系统,对江床浅层饱水砂土在 7 度地震烈度条件下,一系列的排水动三轴试验,含

(1) 砂土强度、弹模和阻尼比、孔压比等等随动弹性应变、围压和干密度的变化;

(2) 不同固结压力条件下,等压固结时砂土动孔压的增长模式;

(3) 基于试验结果,提出了适用于饱和砂的动孔压应变模型。该模型直接与抗震动力分析中的应变幅值相联系,能够弥补应力模型的不足,并具有较好的适用性。

(4) 试验结果表明,震后处于拉伸状态下的试样,其液化后的变形由低强度段、超线性强度恢复段和次线性强度恢复段三段组成;反之,震后处于压缩状态下的试样,其液化后的变形则只有次线性强度恢复段。

(5) 提出了统一描述震后试样处于拉伸、压缩两种不同受力状态下砂土液化后其应力应变关系的三阶段模型,给出了模型参数的推导过程。与试验结果对比显示,该模型的预测值与试验值吻合较好,据此建立了砂土液化后大变形的本构模型和实用计算方法。

(6) 通过砂土不同孔隙比、埋藏深度(试验中计入自重初始地应力场)、上覆土体渗透特性、液化砂土的透水性、土体级配、地震强度(循环载荷)和地震持续时间(振动循环周期数)的饱和砂土室内动三轴试验和共振柱试验,获得了饱和砂土抗液化强度曲线和"振动孔压比—循环周数比"之间的关系曲线,得出了土体动剪切模量和阻尼比;对土体动孔压与循环载荷、循环周期数进行了拟合。在上项试验基础上,建立了桥位处饱和砂土在不排水条件下的动孔隙水压力计算模型;进

而,据此建立了考虑上述各主要参数变化的饱和砂土地震液化所建议的一种新的本构模型,并成功采用于大桥桩基抗液化工程设计研究。

13)特大型越江隧道(以崇明隧道为研究对象)

在地铁(已预留位置,2016年后待建)与公路车辆共管行进条件下,江床软粘土地基的震陷分析研究。

(1)根据能量传递、衰减和耗散原理,运用损伤土力学的理论和方法,结合软粘性土的结构性,研究解释了地铁长期行进动载作用下这类粘性土地基震陷的土力学机理。

(2)在地铁列车的行进工况和列车通过的间隔工况下,土体经历的变形过程为:"加荷沉降—卸荷反弹—间隔期土体徐变"三个过程。首先,施加列车荷载后,土体发生竖向位移变形;当列车驶过后,土体继续少量震动,即出现卸荷反弹,此时隧道底部的土体位移沉降量将减小;而当处于行车间隔期间时,由于土体的徐变效应,隧道底部土体又继续少量沉降。

(3)随着列车运营次数的增加,隧道底部土体的沉降也将逐次增大;与此同时,在往复行进的列车动载作用下,土体沉降的递增量却不断减小。由此可以预测,随着时间的不断推移,基底土层沉降将可能最终达到收敛,并稳定于一个有限的定值。

(4)位于隧道上方的土体,随着土体竖向位移量的增加,土体的动孔压值则是减少的;而位于隧道下方的土体,随着土体位移沉降量的增加,土体的动孔压值也是增加的。在列车行进驶过之后,土体的动孔压很快消散。同时,当列车作往复循环荷载作用后,土体孔压值将逐次增加,即孔压的累积效应。这种孔压的累积效应,是导致土体模量产生逐次软化的原因,也是产生土体震陷的一个重要因素。

(5)考虑到土体的动弹性模量随土体应变的增加而降低,通过借鉴相似试验资料,得到了上海地区第③、④层土动弹性模量 E_d 与应变 ε 的关系曲线。进而,通过对 ABAQUS 软件的二次开发,研制了 USDFLD 子程序模块,实现了模拟土体动弹性模量 E_d 随正应变 ε 而变化的试验关系。

(6)依据现场监测的沉降量数据进行非线性数理统计处理后,可得到预测盾构隧道软粘性土地基长期震陷值的计算经验式,经据此预测至2020年12月31

日(按2009年底地铁启动算起)止,崇明长江隧道江床段软基的预期震陷值达20.44 cm,其值不容忽视;但这项预测是从崇明隧道在2009年年底通车并即时开通地铁运营的情况下得出的结果,而目前,地铁开通的日期尚未确定,这项预测的日程当应视地铁实际的运营日期而顺延。

14)对沿海城市近年来已修建的多座海底隧道和近海江底隧道(采用承担研究的厦门翔安海底公路隧道、崇明长江公路隧道和南京纬三路长江扬子江公路隧道等为实例),探讨了衬砌结构内钢筋和混凝土的氯离子腐蚀、混凝土保护层的汽车尾气碳化腐蚀以及盾构管片联结螺栓的抗腐机理进行了室内试验研究,对氯离子在混凝土内的扩散和钢筋锈胀后的工作性态进行了研究,得出了分别按使用安全极限状态(裂缝控制)直至结构承载力丧失极限状态两种不同要求的衬砌结构耐久性寿命进行理论预测与实验修正。现正在对预应力钢筋的应力腐蚀和隧道内电气列车行进(如城市地铁区间)时其接触网电磁辐射对混凝土的腐蚀机制进行探讨。

15)结合宁波将军山大跨公路隧道(其毛跨>19 m)软弱破碎区段和洞口浅部围岩的施锚机理作了详细探究,含:研讨了在施锚前围岩已释放了的初始自由变形位移及其对锚喷后续承载力的关系和对设计的不利影响;探讨了锚杆加固围岩,对提高围岩整体性刚度及其抗剪强度的定量化描述;阐明了采用"应力释放比"以研究锚杆受力的理论和方法;采用收敛约束法(convergence & confinement method)对优化隧道二衬施作时间及其最佳刚度作了论证探讨;采用按最小加权残差法则对隧道非线性位移反演分析的解的唯一性问题得到了有效解决。

3 近年来撰写学术论文、出版专著和获奖情况

自20世纪90年代中叶起:

(1)个人在国内外期刊上发表学术论文47篇。

(2)个人在国外和全国性学术会议上发表学术论文59篇,宣讲主题报告近80次。

(3)出版学术专著7部(其他尚有4部为早年撰著,此处省略)。

① 孙钧等著,《岩土力学反演问题的随机理论与方法》,汕头大学出版社,1996.

② 孙钧著,《地下工程设计理论与实践》,上海科学技术出版社,1996.

③ 孙钧等著,《新型土工材料与工程整治》,中国建筑工业出版社,1998.

④ 孙钧著,《岩土材料流变及其工程应用》,获国家科学技术著作出版基金首批资助,中国建筑工业出版社,1999.

⑤ 孙钧等著,《城市环境土工学》,获上海市科学技术著作出版基金首批资助,上海科学技术出版社,2005.

⑥ 孙钧等著,《隧道结构设计关键技术研究与应用》,获国家出版基金资助,人民交通出版社,2014.

⑦ 孙钧等著,《地下结构设计理论与方法及工程实践》,获国家科技著作出版基金和上海市科技图书出版基金资助,同济大学出版社,2016.

以上 7 部专著共计 575 万字。

(4) 自 20 世纪 90 年代中叶以来,获省市、部委和国家级的各类奖励(此处仅列孙钧院士本人获奖情况)。

① "地下防护结构抗爆动力学问题研究",1993 年国防科工委光华科技进步壹等奖,授予孙钧个人;

② 1997 年台湾长谷集团奖教金科研一等奖,授予孙钧个人;

③ "岩土力学反演问题的随机理论与方法",1998 年上海市科技进步二等奖,孙钧位列第一;

④ "地下工程施工网络多媒体监控与计算机技术管理系统研究",2002 年上海市科技进步二等奖,孙钧位列第一;

⑤ "受施工扰动影响土体环境稳定理论及其变形控制方法研究",2004 年教育部提名国家科技进步一等奖,孙钧位列第一;

⑥ "公路隧道围岩稳定与支护衬砌结构设计技术研究",2004 年广东省科学技术二等奖,孙钧位列第四;

⑦ "润扬长江公路大桥悬索桥北锚碇特大基础关键技术研究",2004 年江苏省科技进步一等奖,孙钧位列第二.

⑧ "上海市明珠线二期地铁工程上下近距离交叠区间隧道设计施工关键技术研究",2005 年上海市科技进步二等奖,孙钧位列第二;

⑨ "润扬长江公路大桥设计施工关键技术研究",2008 年科学技术部颁发的国家科技进步二等奖,孙钧位列第二。

连同早年(自 1963 年起—20 世纪 90 年代中叶前)孙钧院士本人获得的其他各种省部、上海市和国家级奖励,共计 26 项。

桃李·学术篇

◎ 1. 地下工程
◎ 2. 岩土力学
◎ 3. 岩土工程
◎ 4. 交通工程
◎ 5. 高层建筑

1. 地下工程

Quantitative Geotechnical Risk Management for Tunneling Projects in China

Hongwei HUANG and Dongming ZHANG

Department of Geotechnical Engineering, Tongji University, China

Abstract: To date, the tunneling in China is experiencing an age of fast development for decades. The potential risks behind the huge amount of construction and operation works in China was first formally realized and managed after 2002. The transition of risk assessment from a qualitative manner to a quantitative manner is on the way from the research gradually to the practice. This paper tries to share some experiences in the quantitative risk management for tunneling in China by introducing novel techniques and associated practical applications. The fuzzy fault tree analysis is used for hazard identification, the conditional Markov chain for probability analysis of soil spatial uncertainty, the quantitative vulnerability analysis for consequence evaluation and the field data based statistics for environmental impact risk analysis. All these novel methods have been validated successfully by applying into real cases shown in the paper. The dynamic feature of risk management is appreciated due to the different stages and scenarios of a tunnel project. The real-time monitoring technique developed using the LEDs and MEMS coupled with WSN could visualize the risk to the worker on site timely. The resilience analysis model to incorporate the high-impact low-chance risk for tunnel lining structure is introduced in the end of paper, which could assist the engineers to make the decision on performance recovery strategies once the tunnel goes through a significant disruption.

Keywords: Risk Management; Tunnel Project; Vulnerability; Resilience; Risk Visualization

1 Introduction

It should be recognized that the development of geotechnical engineering in China these days is unbelievably fast. Hundreds of underground works have been constructed. However, there are huge amounts of risks behind these constructions since no projects could be risk free. It is reported that a deadly accident will happen every ten minutes in the civil engineering construction (ILO, 2003). The safety in operating the metro tunnel with a 538 km mileage in Shanghai, for example, is worst concerned by the Shanghai municipal government. Risk in the constructions can be managed, minimized, shared, transferred or accepted. It cannot be ignored (Latham,

1994). A rational and integrated risk management is thus of great importance and help to support the decision making.

Risk, from the definition, is a combination of the frequency of occurrence of a defined hazard and the consequences of the occurrence (ITA, 2002). Casagrande (1965) has classified the risk into two major types. One is the engineering related, and the other is human related. In the engineering discipline, the former type is mostly emphasized, which is subdivided into unknown risk and calculated risk. Hundreds of papers on the probability of hazard occurrence were published in the passed decades, selected masterpieces could be found in Ang and Tang (1975), Whitman (1984, 2000) and Lacasse (2015), but the lacking of quantitative evaluation of the hazard cost limits the risk assessment in a qualitative way, rather than in a quantitative way. Even for a risk that can be expressed by a numeric number, it is also a mystery for workers on site to understand clearly. Hence, the risk should be translated by a visualized manner (Huang, et al. , 2013).

So far, the geotechnical risk has been introduced into the engineering practice in Chine for almost 10 years (Huang, 2006). In view of the above background, the 10 years experiences in practicing risk management for geotechnical engineering in China are shared by the authors in this paper. This paper will cover the management with respect to the time dimension, the quantitative method, design, code and project application. Finally, some developments of the current research on risk visualization and resilience analysis for high-impact low-chance risk are emphasized. It should be pointed out at the first of the paper that the present work is applied and also limited by the experiences of the authors from mainland of China.

2 Lifetime Risk Management (LRM)

In China, the risk management for critical geotechnical infrastructures is not compulsory until recently. The milestone is the issue of the China national code for risk management of underground works in urban rail transit (GB50652 – 2011, 2012) (the Code in short hereafter). Before the Code, the risk management is carried out largely based on single stage that is not systematical and integrated. The safety of the infrastructure contains large uncertainty since potential high risk might be ignored due to the independent management at different project stages.

After the Code was put into effect in 2012, the lifetime management of risk for the critical infrastructures, such as metros in urban area, is carried out compulsorily. It covers the multiple stages, including planning stage,

engineering feasibility stage, detailed design stage, construction stage and operation stage. The detail of the assessment for a specific stage is described in Fig. 1 as a schematic. It should be noted that the earlier the risk is identified, the easier the risk can be managed.

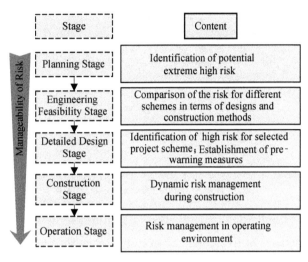

Fig. 1 Schematic of lifetime risk assessment

3 Quantitative Risk Assessment (QRA)

Quantitative risk assessment (QRA) is a method of quantifying the degree of risk through a systematic examination of the hazard that threatens the tunnel safety. Quite often, it is evaluated by the multiplication of the probability of the occurrence of the hazard and the subsequent consequences if the hazard occurs, and is expressed as follows,

$$R = P(A) \cdot C(A) \qquad (1)$$

Generally, four steps, i. e. , hazard identification, probability analysis, consequence analysis and risk calculation, are necessary for an integrated quantitative risk assessment (QRA). Fig. 2 plots a flowchart of the QRA (Liu, et al. , 2009). To be more specific, the consequence could be sub-divided into the degree of system performance loss, i. e. , vulnerability V and its corresponding cost E (Li, et al. , 2010). Eq. (1) can be expressed in detail as below:

$$R(A) = P(A) \times V(A) \times E \qquad (2)$$

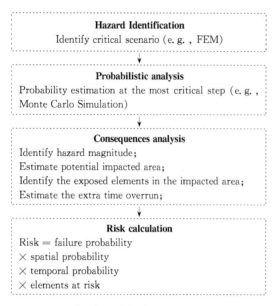

Fig. 2   Flowchart of the QRA incorporating QCA

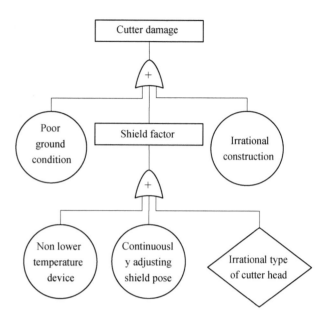

Fig. 3   An example of fault tree analysis (FTA) for
the cutter damage of EPB shield machine

Following this sequence, the paper describes some methods or frameworks frequently used in the QRA for tunneling projects in China. Due to the page limit, only the key principle of the method and its application into the tunnel case are presented briefly below.

3. 1   Fuzzy Fault Tree Analysis (FTA) – Hazard Identification

It has been widely recognized that the damage of the tunnel is not likely to be caused only by a single hazard. There might be a chain effect between hazards. The fault tree (FT) is always built to systematically understand the growth path of a catastrophic event. A typical fault tree for the damage of the cutter of the earth pressure balance (EPB) shield machine in tunneling is shown in Fig. 3 (Yan, et al., 2009). The top event can be triggered by a combination of the sub-event serially or parallelly. In this case, the cutter damage can be triggered by three major sub-events, i. e., poor ground condition, irrational construction and shield factor. In addition, the shield factor could be further triggered by three "sub-sub-events". Note that the cutter damage at the top of the tree also can be a sub-event for a more serious event, such as cutter failure or failure of the EPB machine.

When the events that cannot be further divided, i. e., basic events, are available, the probability of the occurrence of the top event can be calculated from Eq. (3) below,

$$P_T = 1 - \prod_{i=1}^{n} [1 - P(M_i)] \qquad (3)$$

$P(M_i)$ is the probability of the occurrence of a minimal cut sets of the events that could directly trigger the occurrence of the top event. The independency between minimal cut sets is assumed in the calculation. However, the probability for the basic event is usually difficult to be quantified. Hence, the fuzzy set theory is adopted to cope with it. A triangular possibility distribution of the probability of the occurrence of the basic event is used and plotted in Fig. 4 (Bian and Huang, 2006). Then the fuzzy probability of the top

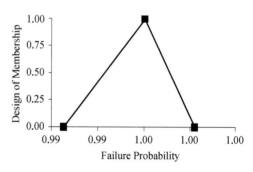

Fig. 4   Possibility distribution of basic event probability

event can be expressed as triangular fuzzy numbers and the parameters. It reflects the robustness of the calculated probability of the top event.

The main basic events affecting the occurrence probability of the top event can be determined and some effective measures are verified by sensitivity analysis to reduce occurrence probability of the basic events and the top event. The sensitivity of basic event can be evaluated by the index V_i as below:

$$V_i = \frac{\partial g(x)}{\partial x_i}\Big|_{x=\mu_{xi}} \frac{\mu_{xi}}{\mu_g} \qquad (4)$$

where μ_g is the occurrence probability of the top event, μ_{xi} is the average occurrence probability of the basic event x_i.

3.2　Conditional Markov Process (CMP) for Soil Distribution Probability

The uncertainty in the tunneling can be largely attributed to the uncertainty of the spatially varied soils along the tunnel longitudinal direction. The limited site investigation in terms of the borehole numbers is the major source that creates the soil uncertainties. It is customary to linearly characterize soil layering between boreholes. However, the tunnel failures are usually caused by the underestimation of the complex distribution of the layered soils. In view of this limitation, the conditional Markov process (CMP) can be adopted to fully utilize the existing borehole data in the prediction of the soil distribution between two adjacent boreholes incorporating the uncertainties.

The schematic of the CMP is plotted in Fig. 5 (Hu and Huang, 2007). The field can be meshed into the separate elements as shown in Fig. 5. The soils in a borehole can be divided into N_j elements vertically and N_i element horizontally. The n types of soil, so called n status, randomly locates in these elements. Each element represents only one of those n status. The CMP is thus adopted to characterize the probability of a specific type of soil for an interested element. The characterization can be expressed mathematically by

Eq. (5) below

$$
\begin{aligned}
p_{l,\,m \to k|q} &= C' \cdot p_{lk|q}^{x} \cdot p_{mk}^{z} \\
&= \frac{p_{lk}^{x} \cdot p_{kq}^{x(N_x - i)}}{\sum_f p_{lf}^{x} \cdot p_{fq}^{x(N_x - i)} \cdot p_{mf}^{z}} p_{mk}^{z} \qquad (5)
\end{aligned}
$$

$$f = 1, 2, \cdots, n; \; k = 1, 2, \cdots, n$$

where C' is a normalized coefficient, the $p_{lk|q}^{x}$ is the conditional probability of the soil type k for the element (i, j) given the type l for the element $(i-1, j)$ and the soil type q for the borehole element (N_i, j) in the same row. The p_{mk}^{z} is the conditional probability of the soil type k for the element (i, j) given the type m for the element $(i, j-1)$.

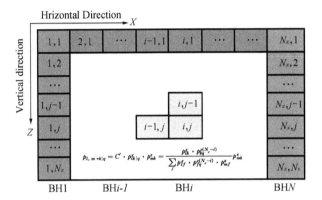

Fig. 5　2D model of conditional Markov process (CMP)

It is clear that the key parameters of CMP are the soil transition matrix which reflects the probability of soil transforming from one type to the other. It is established through dividing the soil sequence of borehole into different soil elements. Then the frequency of one type of soil transforming to the other in the next borehole element is calculated as the transition probability. As the borehole number increases, the sample size for the transition matrix grows. The accuracy of the soil distribution between two boreholes will thus increase as well. More importantly, the probability of soil distribution could reflect the possibility of the sandy or gravel lens in the silty soft clays in a more rational way.

The above described CMP model has been applied into the quantitative risk assessment for Yangtze river tunnel with respect to the longitudinal soil distribution along the alignment. Fig. 6 has plotted the simulations of the soil profile by using the CMP model. When only three boreholes are available, the Monte Carlo simulation is carried out to produce a typical, i. e., most likely, soil profile. When the borehole number increases to five, the soil profile is updated. With the help of this model, the optimum borehole number is obtained when the update of the soil profile is not significant as the number increases.

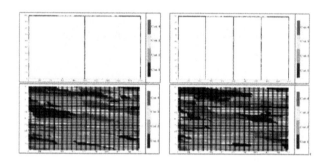

Fig. 6   Simulation of soil layers probabilistic distribution by the 2D CMP under different boreholes data

3. 3   Vulnerability Analysis

It is widely accepted that the vulnerability could be used to define the degree of the performance loss of the geotechnical structure subjected to a typical hazard. Vulnerability (V) here is defined as a function of the hazard intensity (I) associated with exposed elements at risk and the resistance ability (R) of the elements to withstand a threat (Uzielli, et al., 2008). It can be mathematically expressed by Eq. (6) (Li, et al., 2010). The system vulnerability varies with the intensity and resistance non-linearly, as described in Fig. 7. The characterization of hazard intensity I and the system resistance R could be different from case to case.

$$V = f(I, R) = \begin{cases} 2\dfrac{I^2}{R^2} & \dfrac{I}{R} \leqslant 0.5 \\ 1.0 - \dfrac{2(R-I)^2}{R^2} & 0.5 < \dfrac{I}{R} \leqslant 1.0 \\ 1.0 & \dfrac{I}{R} > 1.0 \end{cases}$$

(6)

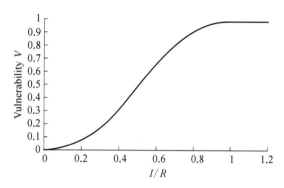

Fig. 7   General vulnerability curve expressed by Eq. (6)

This quantitative evaluation of the system vulnerability has been applied successfully into the case of the convergence performance of the existing shield tunnels induced by the above deep excavation (Huang and Huang, 2013). A typical example of the characterizations of the hazard intensity I, e. g., excavation depth H_c, and the tunnel resistance R, e. g., soil stiffness, is presented in Fig. 8. Then the

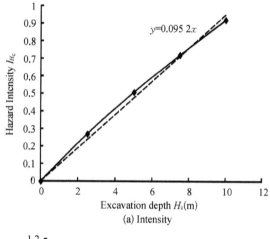

(a) Intensity

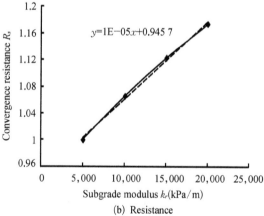

(b) Resistance

Fig. 8   Vulnerability of the convergence subjected to the deep excavation above the tunnel

vulnerability V of the tunnel convergence performance can be calculated by using the above Eq. (6) corresponding to a specific intensity level and resistance level.

By applying the analysis similar to that for the case described above, the vulnerability of the performance of segmental lining subjected to the extreme surcharge hazard is plotted in Fig. 9 (Shen, et al. , 2014).

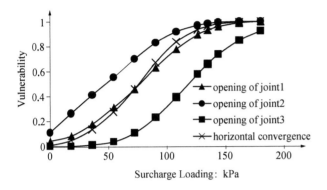

Fig. 9   Vulnerability curves for tunnels subjected to the surcharge

3.4   Quantitative Consequence Analysis (QCA)

It should be realized that the consequence depends on the exposure place and the exposure time to the risk event. Besides the vulnerability and the cost of the loss, the time and space dependency should be included in a detailed quantitative consequence analysis. Eq. (2) is thus revised by a refined equation below,

$$R_E(A) = P(A) \times P(T \mid A) \times \sum (P(S \mid A) \times$$
$$V(A \mid S) \times E) \tag{7a}$$
$$R_H(A) = P(A) \times P(T \mid A) \times \sum (P(S \mid A) \times$$
$$V(A \mid S)) \tag{7b}$$

where Eq. (7a) is referred to the economic loss and Eq. (7b) is referred to the human loss. $P(T|A)$ is the conditional probability of the hazard happened in the time interval T, and $P(S \mid A)$ is the conditional probability of the hazard happened in the space area S. E stands for the value of the economic loss.

The above complex analysis of the consequence in terms of the summarization of all the conditions can be visually explained by the event tree, as shown in Fig. 10 (Li, et al. , 2014). The expectation of the consequence of the events in last column of the tree is essentially expressed by Eq. (7) mentioned above.

The quantitative consequence analysis has been applied into the real case of the risk assessment for a mountain tunnel in Yunnan, south of China. Fig. 11a described the layout of the mountain tunnel excavated by NATM method following the sequence denoted in the figure. Then the Monte Carlo simulation is adopted given the distribution of the corresponding type of loss, including the casualty, economic and the time overrun.

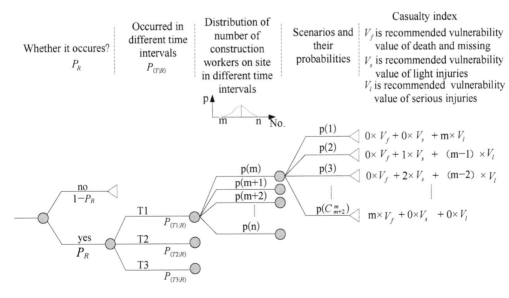

Fig. 10   An example of event tree analysis (ETA) in QRA for shallow tunnels

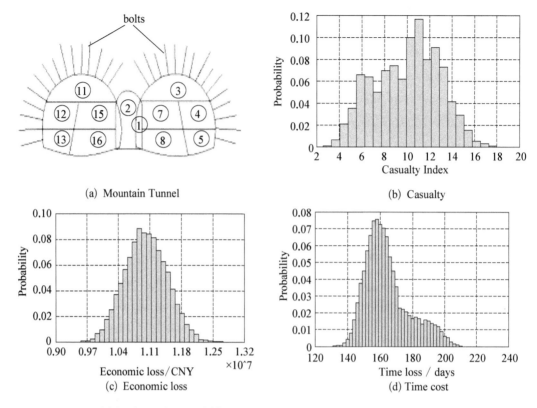

(a) Mountain Tunnel

(b) Casualty

(c) Economic loss

(d) Time cost

Fig. 11　Probability density function of different type of consequence for mountain tunnel (Li, et al., 2014)

By using the event tree analysis together with Eq. (7), the quantitative risk of the tunnel excavated by using this scheme can be calculated. Hence, it should be helpful to the decision-makers in that the quantitative risk assessment is more rational and comparable.

3.5　Risk Analysis of Tunneling Impact on Closed Structures

The ground movement induced by tunneling is always considered as the most risky event for a tunnel project in congested urban area, such as in Shanghai. The ground loss in tunneling will cause non-uniform ground settlement, which further deteriorates the structural performance of the buildings above ground surface, of the pipelines, existed tunnels and deep foundations in the subsurface. Among these impacts, the performance of buildings with shallow foundations might be the most vulnerable for its differential settlement, cracks or even collapse. Burland and Wroth (1975) has set up a general qualitative criteria for the on-ground structure damage level caused by

underground constructions. Five levels, i. e., "undamaged", "aesthetic damage", "functional damage", "structural damage" and "collapse", are proposed in a sort of serious degree. Practically, this criteria should be transformed into a engineering-based language that is better for communication with worker on site.

Huang and Chen (2006) has established a quantitative damage loss curve to include the above damage levels by collecting more than one hundred of the field case of the building damages, shown in Fig. 12.

$$C_H = \lambda m = \lambda m'(1 - nq_1q_3)q_2 \qquad (8)$$

Where λ is the loss ratio of building. C_H is the direct loss of building damage. m is the practical value of the building before damage. m' is the original cost of building. q_1 is the percentage of wear and tear (when the service life is 50 years, it equals 2%). q_2 is the factor considering the inflation of prices. q_3 is the factor considering special maintenance (for minor repair and medium repair, it equals 1, and for others it is 0.7). n is the years in use. Different types of structural failures are considered in this model, including the concrete cracks and the building gradient. The horizontal axes stand for the ratio of moment to settlement indicating the ground movement. The vertical axes stand for the direct structural damage in terms of the property losses. It should be noted that for a same ground movement, the damage level of a building could be different from each other due to difference of foundation types, structure operated life time and etc. The effect of the structural factor mentioned above has been considered in this field-data-based model using a factor β, denoted as ratio of length to height of building. The criteria for β of masonry structure, no-piled frame structure, no-piled masonry structure and other structures are all included in the proposed model.

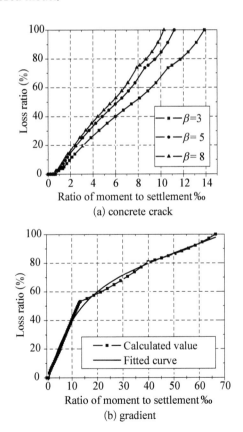

Fig. 12 Different damage ratio against the ground settlement:
(a) concrete crack damage and
(b) building gradient damage

3.6 Multi-source Risk Analysis by Bayesian Network

The Bayesian method is a natural tool for processing geotechnical information, highlighted by Professor Tang W. H. , the pioneer on the reliability of geotechnical engineering (Tang, 1984; Zhang, et al. , 2009). Bayesian updating can be assimilated to "the past as a guidebook for the future". The Bayesian network (BN) is the graphical representation of knowledge for reasoning under uncertainty. Because of its ability to combine domain knowledge with data, encode dependencies among variables, and learn causal relationships, it is a useful tool for quantitative risk assessment in geotechnical engineering. The BN is a probabilistic model based on directed acyclic graph:

$$B_s = G(Z, E) \tag{9}$$

where B_s represents the structure of the network, Z is the set of random variables $(Z_1, Z_2, \cdots Z_n)$, and $E \in Z \times Z$ is the set of directed arcs, representing the probabilistically conditional dependency relationships among random variables.

One important property of the BN is that the joint probability function of all random variables in the network can be factorized into conditional and unconditional probabilities implied in the network (Nadim and Liu, 2013). Thus, the joint distribution can be expressed in the compact form as

$$P(z_1, z_2, \cdots, z_n) = \prod_{i=1}^{n} P(z_i \mid pa(Z_i)) \tag{10}$$

where $pa(Z_i)$ is the parent set of z_i. It should be noted that if child node z_i has no parents, then the equation reduces to the unconditional probability of $p(z_i)$.

A simple Bayesian network structure for the structural performance of the tunnel lining under the disruption caused by the extreme surcharge above the tunnel is plotted in Fig. 13.

When the evidence is available as the input for the net, the updating of the related conditional probabilities

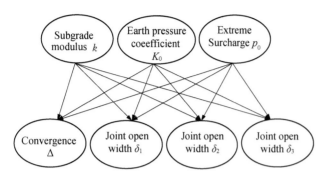

Fig. 13　A typical BN structure for the structural performance of the lining subjected to the surcharge

can be done straightforward by using the commercial software Netica. An example of the updated results of the above BN structure is illustrated in Fig. 14.

4　Dynamic Risk Assessments (DRA)

As mentioned in Eq. (7), risk is regarded to be closely related to the time when the hazard happens. Hence, it should be a dynamic process for a detailed risk assessment in geotechnical engineering. This section will describe some implementation of the dynamic risk assessment (DRA) for the tunneling projects.

4.1　Data-Based DRA

Monitoring data directly indicate the safety and health of structures for risk early-warning strategies. The monitoring data based DRA consists of three major parts, including project monitoring, design of the risk

warning index and subsequent dynamic risk assessment. The risk warning index is determined by the design requirement for the interested performance and the risk correction factor. The former one is calculated through the mechanical analysis under the dynamic construction conditions and the latter one is obtained by analyzing the corresponding performance of the structure apart from mechanical perspective. The flowchart for monitoring data based DRA is shown as Fig. 15.

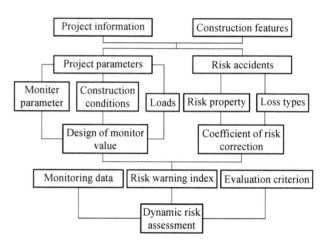

Fig. 15　Flowchart of the monitoring data based DRA

4.2　Accidents-Based DRA

It should be noted that there are many other kinds of non-structural risks which cannot be assessed based on the monitoring data. Alternatively, these risks can be analyzed based on the recorded accidents adopting the methods such as Fault Tree Analysis (FTA),

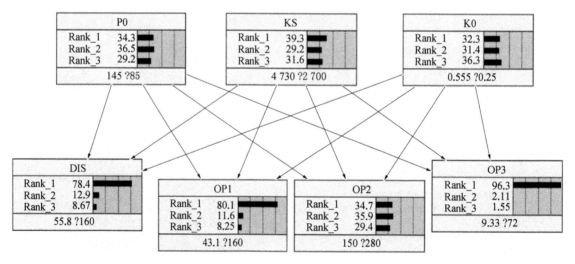

Fig. 14　Bayesian networks analysis for shield tunnel deformation

Analytic Hierarchy Process (AHP) or both.

For instance, a typical method combining the FTA and AHP for dynamic risk assessment is described here. First, the project is divided into several hierarchies, where the element of the lowest hierarchy is used as the top event of a fault tree, and corresponding risk accidents are registered. Then, FTA method is used to calculate the occurrence probability of the top event. Finally, AHP method is used to get the risk loss weight of each element and the dynamic risk based on recorded accidents is evaluated. The flowchart of the present recorded accidents based DRA is shown in Fig. 16.

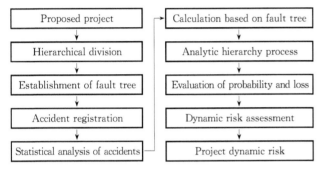

Fig. 16 Flowchart of the recorded accidents based DRA

A detailed FTA based dynamic risk assessment is illustrated in Fig. 17. Essentially, the calculation process is similar to the traditional FTA described previously. However, note that the basic event as the fundamental event in a fault tree is extracted from the registered accidents from the records previously. Those

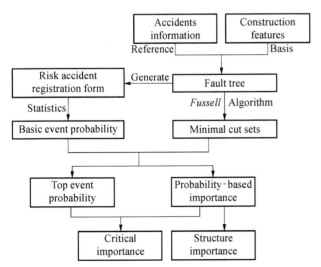

Fig. 17 Application of FTA in accident based DRA

accidents might not be closely related to the structural response of a geotechnical system.

4.3 Scenario-based DRA

For some of the geotechnical constructions such as deep excavations or the tunneling by NATM method, the sequence of different scenarios is quite crucial in determining the risk level for separate construction steps. Hence, the scenario-based, or the sequence-dependent, dynamic risk assessment is of great importance to manage the integrated risk during the construction.

The scenario-based DRA is defined as the product of scenario-based failure probability $P_f(t)$ and the scenario-based consequence $C(t)$. The t stands for the time for different scenarios. The failure consequence consists of initial investment $C_I(t)$ and the additional loss such as casualties, construction delay and impact on neighboring buildings. For computational convenience, a coefficient ξ is introduced to quantify the relationship between the total consequence $C(t)$ to the initial investment $C_I(t)$. The scenario-based risk of the geotechnical structure can be expressed as follows,

$$R(t) = P_f(t) \times C(t) = \xi P_f(t) C_I(t) \qquad (11)$$

Fig. 18 shows a deep excavation project in Shanghai. The scenario-based DRA is conducted with the help of a FEM model using Monte Carlo simulation.

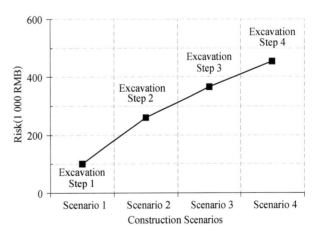

Fig. 18 Scenario-based risk against the construction steps

5 Standardization for Risk Management and Risk-based Tunnel Design

5.1 Standards on Risk Management in China

In China, the standardization for risk management and assessment was commenced in HongKong in 2005 (CEDD – GEO, 2005), i. e., "Guidelines for Risk Management of Geotechnical Engineering in Hongkong". So far, a national code for urban rail transit system (GB50652 – 2011, 2012) and two national guidelines, i. e., one for railway tunnel (MRPRC, 2007) and the other for underground structures (MOHURD, 2007), have been put into effect regarding to the risk management. As for the risk assessment, there are two national guidelines for road tunnel (MTPRC, 2010, 2011) and a regional code for the urban rail transit system (DB11/1067, 2013).

5.2 Risk-based Tunnel Design

Considering the uncertainty in geotechnical engineering, the concept of risk management has been introduced into the design of the tunnel linings. The risk based tunnel design is carried out by applying the routine design method combined with the quantitative risk assessment. Three major parts are included in this design process, which are the assessment of the geological condition, the assessment of the risk for alternative design schemes and the decision-making for the most risk-friendly scheme of the tunnel design. A detailed flowchart of the procedure for the risk based tunnel design is illustrated in Fig. 19.

The expectation of the tradeoff in Fig. 19 for a selected design scheme can be calculated by the following equation,

$$E(A_i) = \sum_{j=1}^{k} R_{ij} \cdot P(S_j) \qquad (12)$$

where $E(A_i)$ is the expected tradeoff of selected i^{th} design scheme, $P(S_j)$ is the probability of the designed

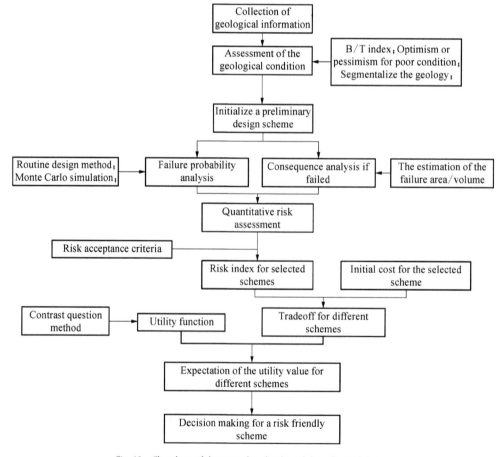

Fig. 19　Flowchart of the procedure for the risk based tunnel design

tunnel at the jth status and the R_{ij} is the corresponding tradeoff value for the designed tunnel at the jth status.

5.3 Development of Risk Software and Platform

The above mentioned quantitative risk assessment has been compiled into commercial softwares written based on the program of MATLAB and C++. Fig. 20a is an integrated risk assessment and risk management software with a large database of the recorded accidents in tunneling around the world. Fig. 20b and Fig. 20c show two project-based safety and risk monitoring and inquiry systems. Fig. 20d is a web-based risk management platform for the construction of tunnels, which can be monitored and operated online far away from the construction site.

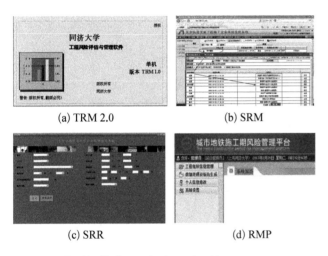

(a) TRM 2.0   (b) SRM

(c) SRR   (d) RMP

Fig. 20   Platform and software for risk management

6   Visualization of Risk Assessment (VRA)

The traditional procedure of the risk pre-warning is that 1) firstly, the monitoring data are collected manually on site; 2) then the collected data is back analyzed indoors and the risk is assessed based on these data; and 3) finally, the risk pre-warning is sent out if the result of analysis is beyond the design criteria. Quite often, the time cost for this procedure is so significant that usually loses the merit of the "pre-" warning. The undefined measurement frequency could lead to the lack of adequate detection of anomalies and

trends, accidents, higher costs for tunnels (ITA, 2014). In view of this circumstance, a real-time risk pre-warning system for geotechnical construction should be necessary to retain the feature of the response speed. In other words, the real time pre-warning system could make the risk visualized. Here, two types of the visualization techniques adopted in China nowadays will be briefly introduced below.

6.1   LEDs Aided Risk Visualization

The first visualization technique is developed based on the Light Emitting Diode (LEDs). The signal to capture the structural performance, the risk assessment based on the captured performances and the risk transformation from the assessed level of the risk to the visualized optical signal are all compiled in a microprocessor using the internal program. Finally the risk level of the construction could be reflected directly by the change of the colors of the LEDs on site. The whole process of risk visualization is controlled automatically by the computer, that enables the risk pre-warning system to be rational, real-time and visible.

Different kinds of sensors could be integrated in this LEDs aided visualization system. The specific choice of the sensors depends on the type of structural performance that the engineers are interested in. It is until the threshold for each level of risk has been set that the system is activated to work. Once the measured data exceed the pre-set threshold, the system will then change the corresponding LEDs color and flash the LEDs to make a on-site warning automatically.

For some important tunneling projects, the wireless transmission technology is used to connect the microprocessors and the remote output terminal. In this way, the remote risk pre-warning is achieved besides the on-site risk pre-warning. And also the memory chips can store the real time measured data for later check and analysis. The whole module of this system is illustrated in Fig. 21.

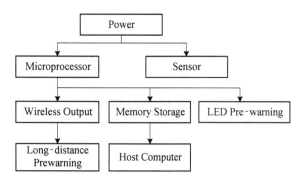

Fig. 21　Schematic of LEDs aided risk visualization system

Fig. 22 shows an application of the system into deep excavation in Shanghai. It proves that the monitoring and risk pre-warning by this LEDs aided risk visualization system is reasonable and feasible. The system should be helpful to the risk control in tunneling as well.

(a) Green level

(b) Yellow level

(c) Red Level

Fig. 22　Application of risk visualization system into
a deep excavation in Shanghai

6.2　WSN and MEMS Aided Risk Visualization

Recently, the micro electro-mechanical system (MEMS) and wireless sensor network system (WSN) are integrated and introduced into the smart geotechnical structure health monitoring systems. By using the indoor experiments of the MEMS and WSN system, the applicability and the accuracy of this smart risk visualization system has been validated (the experiment apparatus can be seen in Fig. 23).

(a) experiments

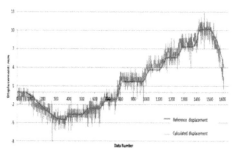

(b) results comparison of MEMS

Fig. 23　Indoor test for the applicability

The developed MEMS and WSN system has been successfully applied into a metro tunnel in Shanghai, as shown in Fig. 24. It has been proved by the real tunnel application that the MEMS and WSN smart system has

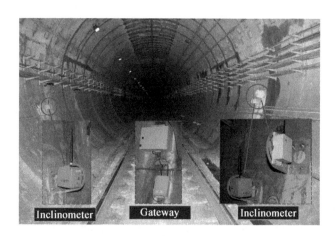

Fig. 24　Application of the MEMS and WSN system
into Shanghai metro tunnel

great benefits for real-time structural monitoring.

7 Tunnel Lining Resilience

As the key component of urban underground engineering and lifeline projects, the risk associated with the tunnel safety has become the focus of the government and the public in China. However, the current research and practice regarding engineering risk is subjected to a key deficiency in that while a lot of efforts have been exerted on risk assessment, little has been done for risk control both before and after the risky event, let alone the tunnel recovery after a real disaster. The fundamental and application-oriented research on the risk control and system resilience subjected to unfavorable environment are thus of great importance to better understand the risk, especially for those high-impact low-chance risk.

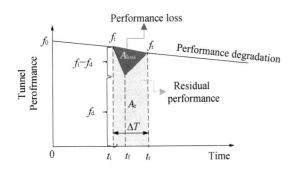

Fig. 25 Disruption of tunnel performance subjected to extreme activities

It is widely realized that the resilience concept is gaining more and more attentions for the research on disaster relief. To the authors' knowledge, the resilience can be straightforwardly extended from performance degradation caused by the material aging effect. Fig. 25 has illustrated the basic concept of resilience and the associated degradation curve. If there were no deadly threats acting on the tunnels, the performance should be degraded from initial f_0 to a certain f_i caused by the material aging effect (represented by a linear one in Fig. 25). However, once the threat acts on the tunnels at time t_i, the performance will experience a dramatic decrease until a residual f_d has been reached to. By applying repair or rehabilitation works, the performance will gain a recovery to an acceptable level f_r. Then the resilience could be explained by the ratio of the residual performance area (shaded by green in Fig. 25) over the total performance area (green shade plus the red shade area):

$$\mathrm{Re} = \frac{A_r}{A_r + A_{loss}} \qquad (13)$$

The current practice for the tunnel repair works after a disruption happens seldom has cost-benefit assessment for repair efficiency. It usually results in a high cost but low effect on the performance recovery. However, by applying the resilience analysis, the efficiency could be mathematically calculated by the area ratio using Eq. (12) and graphically reflected by Fig. 26, in which different types of performance transition curves are compared. Different residual performance f_i and recovery performance f_r could clearly cause the difference of the final resilience. Then the most resilient strategy could be decided for the tunnel repair or designs. Even given the same f_i, f_d and f_r, the resilience of tunnels with different transition curves could be of great difference between each other and affect the decision making process for tunnel repair works.

Note that the resilience concept described by Fig. 25 strongly depends on the time t. A quick reaction on the disruption caused by the threats to the tunnels could gain the most recovery at the lowest cost, which is visually demonstrated by Fig. 27. If the tunnels has been instrumented by the smart measurement or inspection techniques, the disruption of the performance could be captured once it occurs. Then the recovery cost could be significantly lower than those for a traditional instrumented tunnels. If the performance degradation is ignored at this moment, the loss of the total performance could reduced by the square

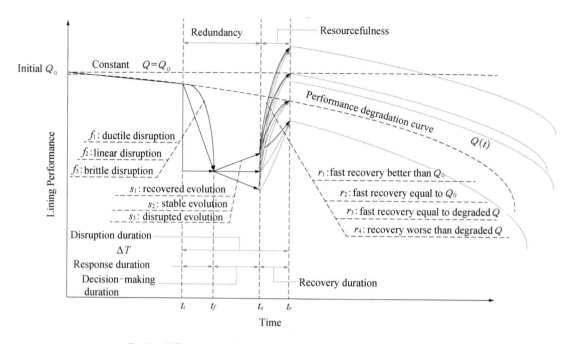

Fig. 26　Different type performance transition curves in the resilient analysis

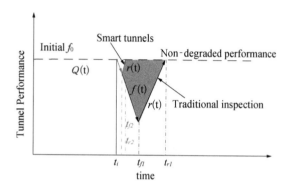

Fig. 27　Effect of the rapidity on the tunnel resilience

relationship of the disruption. On the other hand, the resilient ability for tunnels could be increased, which means that the threats to the tunnels are insignificant.

A real case study has been carried out recently by applying the resilience concept into the interpretation of the effect of the rapidity on the tunnel performance recovery. Fig. 28 has illustrated the integrated convergence performance transition once an extreme large surcharge has been loaded on the ground above the tunnel. Almost six years has been passed since the occurrence of the disruption until the complete of the recovery. The slowness of the reaction has resulted in a small resilience index Re [see Eq. (12)] at 0.34. It means that 66% of the total performance has been lost

because of the extreme surcharge and also because of the slow reaction.

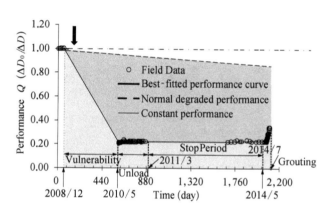

Fig. 28　Measured performance transition for tunnel convergence in a case of Shanghai

If there were a similar case to the real one but only except that the tunnel has been instrumented by real-time wireless sensor network for measurement and inspection. If the smart technique, i. e. , WSN, can capture the disruption within 80 days after the surcharge loading on the ground, the 11% loss of the performance could be fully recovered by the grouting, which results in a high resilience index Re at 0.94. It would be significantly larger than the previous one at 0.34 for the real case. This comparison is visually explained by Fig. 29. Hence, 60% of the tunnel resilient ability has been increased if the rapidity is appreciated using the real-time measurement. With the help of resilience analysis, the effect of residual performance subjected to the extreme threats and the recovery rapidity on the system lifetime performance could be explicitly explained by Eq. (12) or Fig. 25.

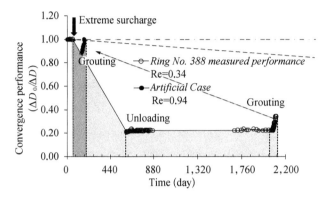

Fig. 29　Comparison of the resilience between real case and artificial case

8　Projects Application

The milestone of applying the quantitative risk management (QRM) to tunnel project in China should be the application into the Shanghai Yangtze River Tunnel in 2002. The Shanghai Yangtze River Tunnel has a length of 8. 9 km and an outer-diameter of 15 m, which is the biggest tunnel in the world at that time. It was designed to be constructed by a slurry-balance shield machine. The tunnel locates at the Yangtze estuary in Shanghai. The geological condition is significantly challenging.

In total, twelve sessions of risk of the project from design phase to the operation phase has been quantitatively assessed, including river evolution, ecological environment, geological environment, the bridge wind resistance, operation management, ship collision, structure stability and water resistant, shield machine design analysis, engineering, tunnel ventilation, tunnel fire hazard, terrorist attack, traffic volume forecast, anti-seismic, durability of structure,

bridge foundation. The risk concept has been successfully introduced into the construction and operation of the tunnel for the lifetime risk management.

Recently, the QRM also has been successfully applied into the HongKong-Zhuhai-Macao bridge, which is inter-regional huge infrastructure project in southeast of China. The project consists of the construction of cable-stayed bridge and the immersed tube tunnel, in which the tunnel is the most challenging part. Each tube of the tunnel has a length of 180 m, a height of 11. 4 m and a width of 37. 95 m, which is the biggest tube in the world at present. The tunnel has a total length of 6. 7 km. The quantitative risk assessment has been applied both for the bridge and tunnel part. In addition, detailed numerical studies and centrifuge model test are still ongoing to be carried out for the validation of the assessed risk.

Besides, to date, the QRM has been applied into eight under-water tunnel projects in China at the plan and design stage. The risks of the urban rail transit system during the construction stage has been quantitatively assessed and managed by the QRM in China, such as the metro in Beijing, Shanghai, Suzhou, Wuhan and Wuxi. Nowadays, as the Code has been put into effect, the QRM is compulsory for a urban rail transit system in China during the plan, design and construction stages.

9　Conclusion

In China, the risk management associated with tunnel projects was formally put into action ten years ago with the fast development of tunneling. Some practical experiences and research analysis on risk management are shared in this paper, including the hazard identification, quantitative risk assessment, dynamic risk management and risk control in visualization. The on-going research on tunnel resilience for the high-impact low-chance risk is also presented. Some of the concluding remarks could be summarized as below:

(1) The quantitative risk assessment applied in China has included fuzzy fault tree analysis for the hazard identification, conditional Markov chain for the probability of soil spatial distribution, quantitative vulnerability analysis for the consequence evaluation. The risk acceptance criteria has been set up based on field case of structural failures in China. All the above techniques has been validated by its practical application into real cases.

(2) As risk would vary with the time, the dynamic feature of risk during the lifetime of tunnel structures should be greatly appreciated for management. It is crucial for safety control of a tunnel even when the risk is analyzed in a qualitative manner. The visualization of the risk via the recent developed LEDs and MEMs coupled with WSN techniques is of great efficiency to inform the workers on site in real-time.

(3) The tunnel resilience subjected to the disruption caused by the high-impact low-chance risk could be quantitatively evaluated by using the proposed resilience model. With smart monitoring and inspection techniques, the performance robustness subjected to the hazard and the rapidity of performance recovery could be enhanced with a minimized time and monetary cost. Thus, the risk after disaster could be controlled effectively.

References

[1] Ang A H S, Tang W H. Probability concepts in engineering planning and design[M]. Wiley, 1975.

[2] Bian Y H, Huang H W. Fuzzy fault tree analysis of failure probability of SMW retaining structures in deep excavations [J]. Chinese Journal of Geotechnical Engineering, 2006, 28(5): 664 - 668.

[3] Burland J B, Wroth C P, Burland J B, et al. Settlement of Buildings and Associated Damage [J].

Brick Construction, 1975.

[4] Casagrande A. Role of the calculated risk in earthwork and foundation engineering [J]. Journal of the Soil Mechanics and Foundations Division, 1965, 91(4): 1 - 40.

[5] Civil Engineering and Development Department Geotechnical Engineering Office (CEDD - GEO). Guidelines for Risk Management of Geotechnical Engineering in Hongkong[S]. Hongkong, 2005.

[6] Beijing Urban Plan Committee. Code for safety risk assessment of urban rail transit engineering design: DB11/1067 - 2013[S]. Beijing, 2013.

[7] Ministry of Housing and Urban-Rural Development (MOHURD). Code for risk management of underground works in urban transit: GB50652 - 2011[S]. Beijing, 2011.

[8] Hu Q F, Huang H W. Risk analysis of soil transition in tunnel works[C]//Proceedings of the 33rd ITA - AITES world tunnel congress-underground space-the 4th dimension of metropolises. 2007: 209 - 215.

[9] Huang, H., Chen, L. Risk analysis of building structure due to shield tunneling in urban area[C]// Proceedings of GeoShanghai International Conference 2006: Underground Construction and Ground Movement (GSP 155), ASCE, 150.

[10] Huang, H. W. State-of-the-Art of the Research on Risk Management in Construction of Tunnel and Underground Works [J]. Chinese Journal of Underground Space and Engineering, 2006, 2(1), 13 - 20 (in Chinese).

[11] Huang, H. W., Xu, R., Zhang, W. Comparative Performance Test of an Inclinometer Wireless Smart Sensor Prototype for Subway Tunnel." International Journal of Architecture, Engineering and Construction, 2013, 2(1), 25 - 34.

[12] Huang X, Huang H. Vulnerability evaluation of shield tunnel under the effect of above excavation [C] // Proceeding of international symposium on tunnelling and underground space construction for sustainable development. Seoul: CIR. 2013: 160 - 164.

[13] International Labor Organization(ILO). Annual report

for record of deadly accident for occupational safety in the world[R]. Geneva, 2003.

[14] International Tunnel Association Working Group (ITA). Guidelines for tunneling risk management[S]. 2002, No. 2: 217－237.

[15] International Tunnelling and Underground Space Association. Guidelines on Monitoring Frequencies in Urban Tunnelling[S]. Longrine, France,2014.

[16] Lacasse, S. Hazard, Risk and Reliability in Geotechnical Practice: 55th Rankine Lecture [R]. British Geotechnical Association, London, 2015.

[17] Latham, M. Constructing the Team: Final Report of the Government/Industry Review of Procurement & Constractual Arrangements in the UK Construction Industry[R]. HSMO, London, 1994.

[18] Li, Z. , Huang, H. , Nadim, F. , Xue, Y. Quantitative risk assessment of cut-slope projects under construction [J]. Journal of Geotechnical and Geoenvironmental Engineering, 2010, 136(12): 1644－1654.

[19] Li, Z. , Huang, H. , Xue, Y. Cut-slope versus shallow tunnel: Risk-based decision making framework for alternative selection [J]. Engineering Geology, 2014, 176, 11－23.

[20] Li, Z. , Nadim, F. , Huang, H. , Uzielli, M. , et al. Quantitative vulnerability estimation for scenario-based landslide hazards [J]. Landslides, 2010, 7 (2): 125－134.

[21] Liu, Z. , Huang, H. , Xue, Y. The application of quantitative risk assessment in talus slope risk analysis [J]. Georisk, 2009, 3(3): 155－163.

[22] Ministry of Housing and Urban-Rural Development (MOHURD). Guideline of risk management for construction of subway and underground works[S]. Beijing, 2007.

[23] Ministry of Railway of People's Republic of China (MRPRC). Regulation of risk assessment and management for railway tunnel[S]. Beijing, 2007.

[24] Ministry of Transportation of People's Republic of China (MTPRC). Guideline for safety risk assessment of design for road bridge and tunnel[S]. Beijing, 2010.

[25] Ministry of Transportation of People's Republic of China (MTPRC). Guideline for safety risk assessment of construction for road bridge and tunnel [S]. Beijing, 2011.

[26] Nadim F, Liu Z Q. Quantitative risk assessment for earthquake-triggered landslides using Bayesian network [C]//Proceedings of the 18th international conference on soil mechanics and geotechnical engineering, Paris. 2013.

[27] Shen, X. D. , Huang, H. W. , Zhang, D. M. , et al. Vulnerability Assessment of Shield Tunnel under Surcharge in Soft Soils[C]//Proceedings of the 27th KKHTCNN Symposium on Civil Engineering.

[28] Tang W H. Principles of probabilistic characterizations of soil properties[C]//Probabilistic characterization of soil properties: Bridge between theory and practice. ASCE, 1984: 74－89.

[29] Uzielli, M. , Nadim, F. , Lacasse, S. , et al. A conceptual framework for quantitative estimation of physical vulnerability to landslides [J]. Engineering Geology, 2008, 102(3): 251－256.

[30] Whitman, R. V. Evaluating calculated risk in geotechnical engineering[J]. Journal of Geotechnical Engineering, 1984, 110(2): 143－188.

[31] Whitman R V. Organizing and evaluating uncertainty in geotechnical engineering[J]. Journal of Geotechnical and Geoenvironmental Engineering, 2000, 126 (7): 583－593.

[32] Yan Y R, Huang H W, Hu Q F. Risk analysis for cutterhead failure of composite EPB shield based on fuzzy fault tree [J]. Proc. , The 6th International Aspects of Underground Construction in Soft Groud. London: Taylor & Francis Group, 2009.

[33] Zhang L L, Tang W H, Zhang L M. Bayesian model calibration using geotechnical centrifuge tests [J]. Journal of geotechnical and geoenvironmental engineering, 2009, 135(2): 291－299.

This article is published online with Open Access by IOS Press and distributed under the terms of the Creative Commons Attribution Non-Commercial License.

doi: 10.3233/978－1－61499－580－7－60

长隧道的多点振动台试验研究

袁 勇[1]，禹海涛[2]

（1. 同济大学土木工程防灾国家重点实验室；

2. 同济大学 岩土及地下工程教育部重点实验室，上海200092）

摘要：长隧道的不同部位会受到非一致地震作用。一般认为非一致地震动来源于三个方面：（1）地震动传播的行波效应；（2）地层地质条件变化导致地震波传播的场地相干性；（3）建（构）筑物所处地形的变化。采用结构振动台研究长隧道结构的非一致地震响应，面临诸多难题。其一，离散的多点振动台输入与经过地层介质传递到隧道结构的连续多点之间的等效性。大跨度桥梁等上部结构的地震动输入即为其基础，可以直接利用多点振动台的台面输入实现，而受到地层传递地震连续作用的隧道在利用多个结构振动台时，必须考虑输入的方式及其等效性。其二，"重力失真"试验环境相似原则的合理实现方法。结构振动台为"缩尺"试验，缩尺的模型隧道导致结构体与地层介质体密度变小，需要确定控制模型特征关键的相似参数。其三，沿隧道纵向地震动作用的有效传递方式的实现方法。本文结合港珠澳大桥沉管隧道和上海沿江通道的大直径盾构隧道的振动台试验研究，讨论长距离隧道多点振动台试验的若干进展。

关键词：长隧道；多点振动台；非一致激励；相似关系

1 引言

我国位于环太平洋地震带和欧亚地震带之间，地震活动非常频繁。一直以来，建筑结构抗震都是土木工程领域研究的重点。随着技术的进步，越来越多的技术手段应用到了结构抗震研究中，室内振动台试验就是其中较为先进的研究手段。国内外均有研究者将振动台模型试验用于岩土工程研究，如徐光兴等[1]通过振动台试验研究了土质边坡的动力特性，Meymand[2]开展了上部结构-桩基础模型振动台试验。1995年神户地震后，众多学者意识到地下结构抗震设计的重要性，因此振动台试验用于隧道、地铁等地下工程研究的案例迅速增加，如 Yang 等[3]，陈国兴等[4]，陶连金等[5]。

有研究表明，长距离隧道的地震损害可能不同于一般隧道[6]，禹海涛等[7]的数值分析也表明非一致激励下长隧道的地震响应效应会放大。有研究者（Chen et. al, 2010）将一段地下综合管廊模型置于两个振动台面上分离的土箱中进行非一致地震响应研究[8]，但结构所在场地不连续且结构中段悬空等简化与实际情况存在差异。可见，隧道多点振动台试验原理与方法都存在巨大挑战。

同济大学多功能振动台建成了4个台面的多点振动台，为进行长隧道的多点振动台试验提供了平台。然而，对于地下结构其试验原理与方法仍然需要研究与开发。本文结合港珠澳大桥沉管隧道和上海沿江通道大直径盾构隧道振动台试验，探讨隧道多点振动台试验研究的方法和实现手段，并简要分析其他相关工程隧道多点振动台试验需要关注的问题。

2 研究背景

2.1 长大隧道的工程案例

2.1.1 上海沿江隧道

上海沿江隧道位于上海长江与黄浦江交汇处，工程范围在浦西牡丹江路到浦东 S20 双江路，工程连接了上海宝山区域与浦东外高桥工程区，隧道下穿长江、炮台口湿地公园、黄浦江等，覆土厚度一般大于 1 倍的

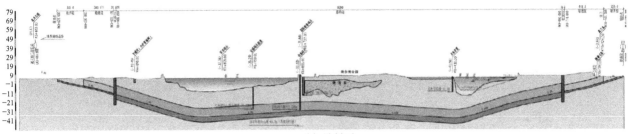

(a) 纵断面

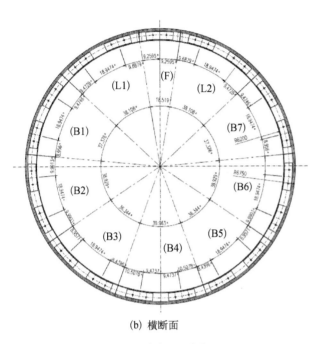

(b) 横断面

图1 上海沿江隧道

隧道直径。隧道段全长6 470 m,采用双向六车道盾构法,盾构段5 090 m,浦西和浦东各设置工作井,连接盾构段与暗埋段。

隧道直径最终确定为15 m,是黄浦江即将建成的又一座超过15 m的大直径越江隧道。钢筋混凝土衬砌厚度为0.65 m,衬砌环宽2 m,每环分为1个封顶块,2个临界快以及7个标准块。隧道采用单层衬砌,衬砌采用C60高性能混凝土,衬砌分块之间采用斜螺栓连接,衬砌分块设置与螺栓布置见图1。为了提升隧道整体的纵向刚度,有利于结构的受力和变形控制,隧道采用错缝拼接的方式,保证相邻衬砌环间通缝条数不大于3条。

隧道场区抗震设防烈度为7度,设计基本地震加速度为0.1 g。隧道处于淤泥质粘土、灰色粘土、粉质粘土与粘质粉土等软弱地基土层中,软土厚度可达70~100 m。建筑场地类别是Ⅳ类,处于建筑抗震不利地段。

2.1.2 港珠澳大桥沉管隧道

港珠澳大桥位于珠江三角洲地区,跨越伶仃洋连接香港、珠海和澳门三座城市,全长接近50 km,如图2(a)所示。由于海面通航的需求,大桥工程的其中一段设计为海底沉管隧道。隧道两端与人工岛相连,全长5 664 m,如图2(b)所示。沉管隧道由33个预制混凝土管节拼接而成,标准管节长度达到180 m,由8个22.5 m长的隧道节段组成。节段间通过剪力键连接、预埋止水带附加安装止水带防水。管节间设置剪力键连接,GINA止水带为第一道防水,管节沉放由水力压接后,隧道管节内壁加装第二道止水带。

港珠澳大桥的海底沉管隧道具有管段长度长、水深大、管顶回淤厚度大、地基软弱且不均匀、沉降控制难、岛隧结合部受力和施工复杂等特点。由于沉管隧道的重要性及在水下的特殊性,一旦遭到破坏,将造成灾难性的后果以及不可估量的损失,并且修复困难。因此,对于处于深厚软弱地层上、地层分布差异大、基岩埋藏在海床面下50 m以上、抗震设防标准高的沉管隧道,如何保证沉管隧道的抗震安全性及经济性,成为亟待解决的难题之一。

2.2 地下工程的震害案例

自地下结构出现以来,人们就对其在地震中的表现和震后所受的损害进行关注。近20年来就有日本阪神地震、我国汶川地震等对隧道等地下结构造成严重损害。1995年阪神地震中,超过100条隧道受到地震影响,其中20多条在地震中受到损伤,大约10条隧道受损严重,需要修复和加固处理[9]。图3为日本东山隧道入口处的震后情况。由图可见,洞口上方端墙左右两侧各有一条裂缝,左侧裂缝与垂直方向呈约15°夹角,右侧裂缝垂直,且两裂缝均呈贯通形式。2008

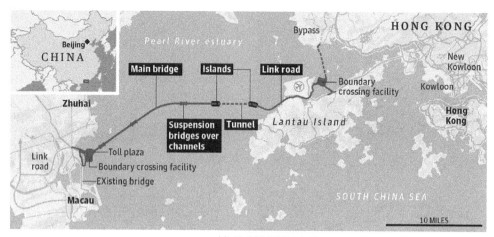

(a) 港珠澳大桥示意图

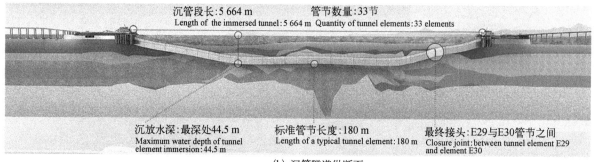

沉管段长:5 664 m
Length of the immersed tunnel:5 664 m

管节数量:33节
Quantity of tunnel elements:33 elements

沉放水深:最深处44.5 m
Maximum water depth of tunnel element immersion:44.5 m

标准管节长度:180 m
Length of a typical tunnel element:180 m

最终接头:E29与E30管节之间
Closure joint:between tunnel element E29 and element E30

(b) 沉管隧道纵断面

图2 港珠澳大桥工程

图3 日本东山隧道入口处裂缝[9]

图4 桃关隧道洞口处开裂[11]

年汶川地震中,洞口处滑坡、隧道开裂、垮塌等常见的震害现象均在隧道结构上有体现[10]。图4为震后都汶公路桃关隧道洞口处,由图可见,端墙顶部有明显的竖向裂缝,且开裂长度超过50 cm,端墙与衬砌左侧脱开,受损严重。

2.3 同济大学多功能振动台

土木工程防灾国家重点实验室的多功能振动台位于同济大学嘉定校区的地震工程馆。目前为可以自由移动位置的4台面阵列,水平双向三自由度输入,每个台面4 m×6 m,可以布置于9 m×70 m和9 m×30 m的两个地槽中以进行各类试验,如图5所示。台面最大输出加速度1.50 g,频率0.1~50 Hz,波形特征包括谐振、地震以及冲击振动。各台面的主要参数列于表1。

表1 多功能振动台基本特征

台号	负载(t)	台面尺寸(m)	频率(Hz)	振幅(mm)	速度(mm/s)	加速度(g)	扭矩(t·m)
A	30	4×6	0.1~50.0	±500	1 000	1.5	400
B	70						200
C	70						200
D	30						400

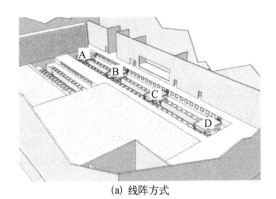

(a) 线阵方式

(b) 矩阵方式

图 5　多功能振动台的两个典型工作方式

尽管实验室提供了良好地震模拟平台,然而,却不能直接用于隧道结构的地震响应试验。其中的核心难题是有效传递地震动作用到模型地层与模型隧道结构。为此,需要解决模型与原型之间的相似性、多点台阵地震动的非一致激励方式,以及模型箱的加工制作等难题。而这几个问题又是与试验设备的负载、台面输出频率、加速度峰值持续时间等有关。

3　离散非一致振动与连续作用的等效性

3.1　理论解析

地震波对于隧道结构作用的差异来源于其通过土

体传递到隧道的时间差(不同空间位置相同作用幅值时即为相位差)和强度差异(不同空间位置相同时刻的作用幅值差异),主要由于结构体尺度很大,导致地震动传递的时间效应、空间差异性(地形与地质)不可忽略而致,对于跨度超过地震动波长以上结构影响显著。

多点非一致激励的研究多集中于桥梁工程。大跨度桥梁多点非一致输入的振动台试验实现比较直接,在获得桥塔处的地面运动特征后,可将桥塔置于各振动台的台面即可。而隧道虽然结构简单,但是,通过地层传递到隧道结构的地震动作用(无论一致或非一致)却是连续的。隧道多点振动台试验的理论难题是如何将离散的多点输入(无论一致或非一致)转化成连续的输入。Yu 和 Yuan[12]的理论推导证明了离散输入与连续输入的效应存在互换关系,但还需试验证实。

3.2　试验验证

验证测试以节段式模型箱的空箱测试为基础,主要测试 4 个台面非一致输入时模型箱各箱底振动传递的振幅、频率和时程等基本参数与设计目标的一致性。设计目标为:(1) 主动箱加速度响应峰值与随动箱一致;(2) 主动箱加速度响应主频与随动箱一致;(3) 模型箱加速度响应的时间符合行波效应的特征。

为检验模型箱设计的合理性和安全性,验证测试采用 0.75 g 加速度峰值的简谐波。考虑试验设计的相似关系和实际工程的场地状况,简谐波峰值加速度和频率分别为 0.75 g 和 38 Hz。通过四个振动台,地震动输入采用非一致激励、纵向输入的方式,如图 6 所示。简谐波由主动模型箱 M2,M5,M8 和 M11 所处的振动台依次输入,输入时间差为 Δt:

$$\Delta t = l_i / C_a \qquad (1)$$

其中,l_i 为任意两模型箱中心的距离,C_a 为视波速。在

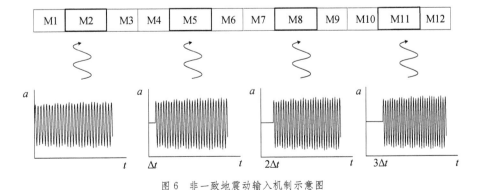

图 6　非一致地震动输入机制示意图

各模型箱底板的中心位置布置加速度计,记录纵向加速度响应的时程。

图 7 为验证测试的加速度响应结果:图 7(a)为各模型箱加速度响应峰值与目标值的对比,结果显示试验结果与目标值相近;图 7(b)为各模型箱加速度响应的频谱,试验结果显示各模型箱的频率均为 38 Hz。表 2 为验证测试的响应时间结果,试验结果与目标值接近,体现出明显的行波效应。各模型箱加速度响应的峰值、频率和时程与目标值基本一致,因此证明非一致输入机制设计合理。

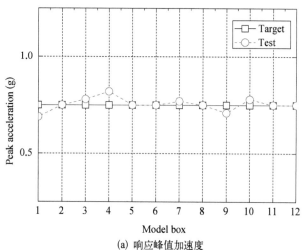

(a) 响应峰值加速度

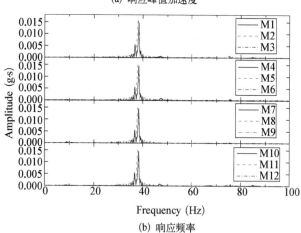

(b) 响应频率

图 7　验证测试结果

表 2　加速度响应时间(单位:×10^{-2} s)

模型箱	1/2	2/3	3/4	4/5	5/6	6/7
目　标	1.21	1.21	1.04	1.21	1.21	1.04
试　验	1.05	1.25	1.06	1.19	1.24	1.09
模型箱	7/8	8/9	9/10	10/11	11/12	
目　标	1.21	1.21	1.04	1.21	1.21	
试　验	1.17	1.17	0.98	1.35	1.23	

4　试验模型与原型间的相似性

4.1　相似关系

隧道是埋置于地层中的工程结构,地震作用关注的重点在于地层与隧道结构的动力相互作用。因此,采用结构振动台试验不仅需要模拟隧道,也应模拟地层。根据相似 Buckingham - π 定律,以模型的几何尺寸、质量密度、动剪切模量和惯性加速度作为基本参数,建立相似关系控制方程:

$$S_{G_d} / (S_l \cdot S_\rho) = S_a \qquad (2)$$

其中,S_{Gd},S_l和S_ρ分别为模型的动剪切模量相似比、几何尺寸相似比和质量密度相似比,而 S_a 为惯性加速度相似比。最终,模型与原型间的相似关系如表 3 所示。

表 3　相似比间的转换关系

物理量	关系	物理量	关系
应　变	S_ε	速　度	$S_v = S_{G_d}^{1/2} \cdot S_\rho^{-1/2}$
几　何	S_l	时　间	$S_t = S_l \cdot S_{G_d}^{-1/2} \cdot S_\rho^{1/2}$
密　度	S_ρ	频　率	$S_\omega = S_{G_d}^{1/2} \cdot S_l^{-1} \cdot S_\rho^{-1/2}$
动弹模	S_{G_d}	应　力	$S_\sigma = S_{G_d}$
质　量	$S_m = S_\rho \cdot S_l^3$	加速度	$S_a = S_{G_d} \cdot S_l^{-1} \cdot S_\rho^{-1}$

4.2　模型土

本试验选取干燥锯末和砂的混合物配制模型土,对多种不同比例的模型土进行了动三轴试验。试验结果表明:干燥锯末与砂质量比 1:2.5 的模型土与实际场地土的动力特性更为接近,如图 8 所示。因此,确定用此比例的模型土模拟振动台试验的场地土体[13]。

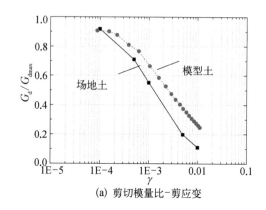

(a) 剪切模量比-剪应变

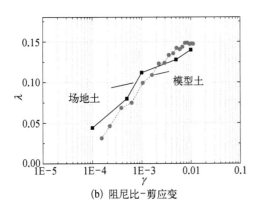

(b) 阻尼比-剪应变

图 8 模型土动力特性比较

4.3 隧道模型

上海沿江隧道模型(图 9)管片设计根据相似原理,纵向刚度有效率分析以及均质等效方法设计,提出了一种半精细化的隧道模型结构设计方案。其中合理的选取模型结构的材料是模型试验成功的关键。对于隧道结构,考虑土和结构的相互作用,提出了考虑土与结构相互作用的相似分析方法。其中对于圆形截面的地下结构,土与结构之间的相对刚度比为

$$F = \frac{E_m(1-v_l^2)R^3}{6E_l I(1+v_m)} \quad (3)$$

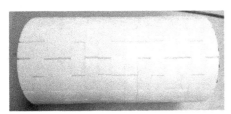

(a) 错缝拼装效果

(b) 精细化模型设计

图 9 上海沿江隧道模型

为了保证模型试验与原型之间土-结构相互作用效果一致,需要使得相对刚度相似比为 1,则

$$\frac{S_{E_m} S_R^3}{S_{E_l} S_I} = 1 \quad (4)$$

其中,E_m,E_l,S_{E_m},S_{E_l} 分别为覆土弹性模量,衬砌弹性模量,覆土弹性模量相似比以及衬砌弹性模量相似比。

本实验通过几何相似比 1/60,根据模型材料的选取经过大量的材料性能试验,对材料的成本与加工工艺的难易进行了分析,最终选取了 PE 聚乙烯材料作为模型材料。

其中,精细化模型外径 250 mm,内径 210 mm,环宽 33.3 mm。在纵缝的位置处切 10 mm 的槽,以达到弱化刚度的效果,并通过静力试验和数值计算进行了验证,横向刚度有效率为 0.7,与实际工程一环的刚度有效率一致。纵向连接通过在隧道螺栓位置处设计凹凸榫槽,实现管片之间的任意角度错缝拼接,隧道整体的纵向刚度有效率也通过数值计算进行了验证。

港珠澳大桥沉管隧道模型设计主要依据相似比关系、土-结构相互作用理论和惯性力的影响。本试验针对地下结构提出了土与结构的刚度比-相对刚度 F,来反映土与结构相互作用的关系:

$$F = G_d(B^2 H/EI_B + BH^2/EI_H)/24 \quad (5)$$

其中,G_d 为土的动剪切模量,B 为结构横截面宽度,H 为结构高度,E 为结构弹性模量,I_B 为结构顶、底板的惯性矩,I_H 为结构侧墙惯性矩。又根据相似比原理,土-结构相对刚度的相似比可由 S_F 表示:

$$S_F = F_m/F_p \quad (6)$$

其中,F_m 为试验模型的刚度比,F_p 为工程原型的刚度比。理想的土-结构相对刚度相似比为 $S_F=1$,表示试验模型的土-结构相互作用关系与实际工程相似。

考查微粒混凝土、有机玻璃、石膏和不同金属材料的物理力学性质发现,铝的性质更接近相似目标。因此,选取铝制作隧道模型。整个隧道模型由 13 个管节组成,为和实际工程保持一致,每个标准管节包含 8 个节段。所有节段尺寸一致,宽度 600 mm,长度 375 mm,高度 170 mm,如图 10 所示。节段之间通过凹凸隼连接,管节接头之间采用硅胶条模拟 GINA 橡胶止水带。

5 节段式模型箱的研制

长隧道的结构振动台模型试验的难题之一,是传

(a) 隧道节段

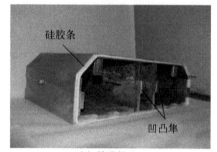

(b) 管节接头

图 10 隧道节段模型

(a) 主动箱

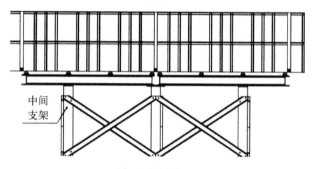

(b) 随动箱及托架

(c) 拼装完成

图 11 模型箱

递地震动的模型箱的设计与制作。单点振动台的模型土箱有刚性箱体、柔性箱体、剪切型箱体等多种形式[14],然而,用于多点振动台的模型箱并不成熟,有限的试验采用的分离式剪切型箱体[8],并不能有效传递地震动在土体中的传递。

为此,本研究研发了一种节段式模型箱,可以传递一致输入和非一致输入的地震动。该箱体由若干置于振动台台面的 4 个主动箱(每个 4.5 m×4.0 m×1.2 m)和置于振动台间支撑托架上的 8 个被动箱体(每个 4.5 m×3.0 m×1.2 m)组成(图 11),箱体之间通过弹性铰专用设计连接。

6 试验成果

试验在场地土中和隧道管节内设置加速度计,在隧道管节接头位置安装位移计量测接头变形。考虑不同地震强度的影响,采用 ODE(Operational Design Earthquake)、MDE(Maximum Design Earthquake)和 RDE(Rare Design Earthquake)三个设计地震等级。考虑不同种类地震波的影响,除人工波[15]外,还选用 El–Centro 波和 Kobe 波两强震地震动。试验中所有地震波均为纵向输入,输入方式为非一致。本小节以港珠澳大桥沉管隧道试验为例分析试验结果。

图 12 给出了工况 1 隧道位置典型测点土体和隧道管段的加速度响应。图 12(a)、(b)、(c)和(d)分别为隧道 E2、E6、E9 和 E12 管段及其相对应位置土体的加速度响应时程。由图可见结构的加速度响应强于土体,且相对于土体有滞后。图 10(e)、(f)、(g)和(h)分别为前述加速度响应的相应频谱,由图可见管段结构与土体加速度响应频谱的波形相似,但管段在高频区域响应更大。这是因为相对于土体,管段的刚度更大,可以传递频率更高的地震波成分。E9 管段和所处场地加速度响应强于其他位置,这是因为 E9 管段所处位置为场地的斜坡段,此处场地的纵向坡度最大,体现了局部场地效应的影响。

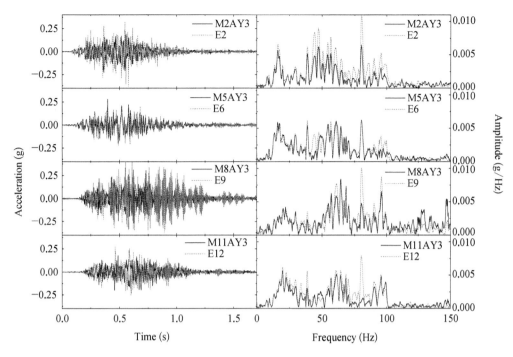

图 12　隧道管段和场地的加速度响应时程与频谱

图 13 给出了测到的工况 1 管段接头变形时程以及各接头最大张开量。图 13(a)为典型接头变形时程,由图可见接头变形的波形相似,但响应时间有明显差异:接头 E1/E2 开始响应时间为 0.12 s,E6/E7 为 0.17 s,而 E11/E12 为 0.22 s,体现出明显的行波效应。图 13(b) 为管段接头最大张开量与设计允许张开量的比较。实际工程设计最大接头张开量为 30 mm,而试验几何相似比为 1/60,则试验最大允许张开量应为 0.5 mm。试验测得的 ODE、MDE 和 RDE 工况最大张开量分别为 0.091 mm、0.329 mm 和 0.408 mm,均小于允许值。因此,可认为隧道在设计地震作用下仍处于安全状态。

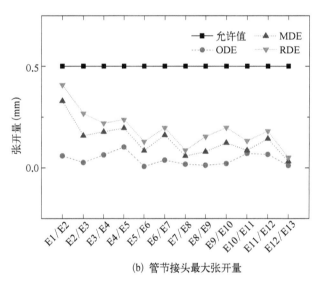

(b) 管节接头最大张开量

图 13　隧道管节接头变形

7　结语

本文以同济大学土木工程防灾国家重点实验室的多功能振动台为研究基础,介绍了港珠澳大桥沉管隧道和上海沿江隧道的多点非一致激励模型试验。首先,提出了离散多点输入到实际连续多点输入之间等效性,在理论解析的基础上,通过试验验证了非一致地震动输入机制;其次,介绍了"失真重力场"条件下多点振动台试验相似参数的控制方式,并以此为基础配制

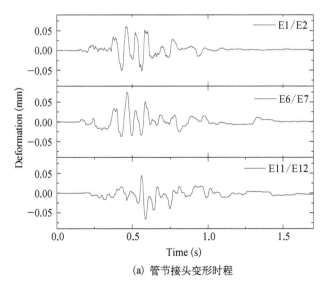

(a) 管节接头变形时程

了模型土和设计了隧道模型;再次,开发了用于长隧道的节段式模型箱;最后,试验测试获得了隧道管节振动特征、特定部位的加速度、管节接头最大张开量等,为工程设计提供了有力支持。

致谢

感谢国家科技支撑计划(2012BAK24B04)、国家自然科学基金(51208296 & 51478343)、上海市科学技术委员会基金(13231200503)、中央高校基本科研业务费专项基金、上海教育发展基金(13CG17)对本文研究的资助。本文所述的研究还得到木工程防灾国家重点实验室多功能振动台、港珠澳大桥管理局、上海长江隧桥发展有限公司等单位和人员的大力支持。

参考文献

[1] 徐光兴,姚令侃,高召宁,等. 边坡动力特性与动力响应的大型振动台模型试验研究[J]. 岩石力学与工程学报,2008,27(3):624-632.

[2] Meymand P. J. Shaking table scale model tests of nonlinear soil-pile-superstructure interaction in soft clay [D]. Berkeley: University of California, 1998.

[3] Yang L., Ji Q., Yang C., et al. Optimization of positions of sensors in shaking table test for subway station structure in soft soil[J]. Chinese Journal of Rock and Soil Mechanics, 2004, 25(4): 619-623.

[4] 陈国兴,庄海洋,杜修力,等. 土-地铁车站结构动力相互作用大型振动台模型试验研究[J]. 地震工程与工程振动,2007,27(2):171-176.

[5] 陶连金,王沛霖,边金. 典型地铁车站结构振动模型试验[J]. 北京工业大学学报,2006(9):798-801.

[6] Kiyomiya O. Earthquake-resistant design features of immersed tunnels in Japan[J]. Tunnelling and Underground Space Technology, 1995, 10(4): 463-475.

[7] Yu H., Yuan Y., Qiao Z. Z., et al. Seismic analysis of a long tunnel based on multi-scale method [J]. Engineering Structures, 2013, 49: 572-587.

[8] Chen J., Shi X., Li J. Shaking table test of utility tunnel under non-uniform earthquake wave excitation [J]. Soil Dynamics and Earthquake Engineering, 2010, 30: 1400-1416.

[9] Asakura T., Shiba Y., Matsuoka S., et al. Damage to mountain tunnels by earthquake and its mechanism [C]. Proceedings-Japan Society of Civil Engineers. Dotoku Gakkai, 2000: 27-38.

[10] Wang Z., Gao B., Jiang Y., et al. Investigation and assessment on mountain tunnels and geotechnical damage after the Wenchuan earthquake[J]. Science in China Series E: Technological Sciences, 2009, 52(2): 546-558.

[11] Li T. Damage to mountain tunnels related to the Wenchuan earthquake and some suggestions for aseismic tunnel construction [J]. Bulletin of Engineering Geology and the Environment, 2012, 71(2): 297-308.

[12] Yu H., Yuan Y. Analytical solution for an infinite Euler-Bernoulli beam on a viscoelastic foundation subjected to arbitrary dynamic loads[J]. Journal of Engineering Mechanics, ASCE, 2014, 140 (3): 542-551.

[13] Yan X., Yu H., Yuan Y., et al. Multi-point shaking table test of the free field under non-uniform earthquake excitation[J]. Soils and Foundations, 2015, 55(5): 985-1000.

[14] 袁勇,黄伟东,禹海涛. 地下结构振动台试验模型应用现状[J]. 结构工程师,2014,30(1):38-44.

[15] HPDI-CCCC Highway Consultants CO., Ltd. & Tongji University, multi-shaking-table test of a long immersed tunnel of the Hongkong-Zhuhai-Macau Linkage under non-uniform seismic loadings. Research report, 2013.

隧道前置式洞口工法的开发及其环保效果

蒋树屏

（重庆交通科研设计院，重庆 400067）

摘要： 本文以保护隧道洞口边仰坡植被环境为目的，提出无仰坡洞口开挖方法，对前置式洞口工法与传统洞口施工方法进行了数值分析，在洞口无锚喷支护状况下，分别比较了两种方法所产生的位移、应力、稳定性以及植被破坏率等，为前置式洞口工法在环保及洞口稳定方面的优越性提供了理论依据。本文以南京-淮安高速公路老山隧道、重庆-秀山高速公路洪-酉段隧道群为工程背景。

关键词： 公路隧道；前置式洞口工法；传统施工方法；数值模拟；综合比较

1 前言

隧道洞口是隧道施工困难的地段，又是影响环境非常敏感之处。隧道的设计与施工规范要求遵循"早进洞、晚出洞"的技术原则，不得大挖大刷，确保洞口边坡和仰坡的稳定。然而按过去的理论与传统方法，是要保证洞口仰坡具有一定掩护厚度方可进洞，即先开挖洞口边仰坡至要求高度并防护，再开挖暗洞，此刻暗洞周边已经形成了较大高度的边仰坡；也有些洞口采取接长明洞回填的方法，以图人工补种。这两种方法对自然植被的切除是严重的，有时难以恢复原貌，而且也不利于山体稳定（图1）。这些做法没有满足规范要求的技术原则。

图1 20 m 以上高仰坡的隧道洞口情况

若采取自然进洞的原则，合理确定洞口位置和进洞方案，正确安排施工步骤，并借助一些辅助施工措施提前进洞，就能既开挖洞口又能保护洞口自然环境，真正实现"早进晚出"。我们倡导公路的路线在标高上接触到山体自然坡脚之处即为隧道洞口位置，这样就避免切除洞口顶坡，即仰坡高度为零。因此，研究并设计出一种对自然山体无损伤的隧道洞口施工方法，提高公路隧道的环保水平是必要的。这就是本文的目的和意义。

2 前置式洞口工法与传统施工方法

南京-淮安高速公路老山Ⅰ号隧道出口与Ⅱ号隧道进口采用了本文作者提出的前置式洞口工法进行设计施工，获得成功，已建成通车。这种施工方法改变了传统洞口施工的工序并且大幅减少了洞口边仰坡的开挖高度和开挖量，本文应用有限元法对前置式洞口工法（图2、图4）和传统施工方法（图3、图5）在洞口开挖后，无锚喷支护情况下的位移场、应力场与稳定性等进行了综合比较。

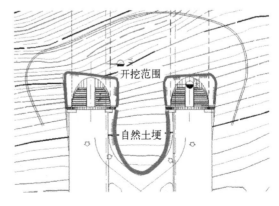

图2 采用前置式洞口工法设计与施工的洞口平面

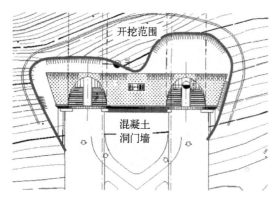

图 3　采用传统施工方法设计与施工的洞口平面

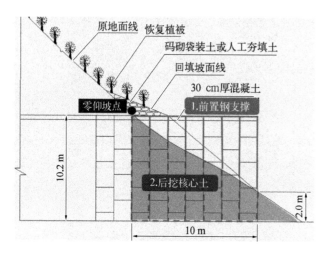

图 4　前置式洞口工法例

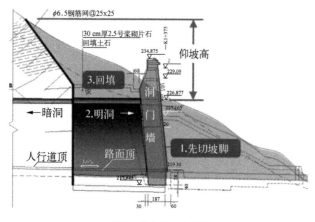

图 5　传统施工方法例

3　工程概况、地形与地质

3.1　工程概况

江苏老山公路隧道位于南京-淮安高速公路南京江北段,隧址区属南京浦口区老山林场。隧道采用上下行分离形式,双向 6 车道公路隧道,由 I 号、II 号隧

道组成。 I 号隧道左线长 1 785 m,右线长 1 795 m; II 号隧道左线长 1 425 m,右线长 1 800 m。

3.2　地形与地质

老山公路隧道地处低山丘陵区,水土保持良好,植被茂盛,树木繁多。隧道围岩主要为泥岩和硅化灰岩,地质构造与节理裂隙发育,局部较破碎。隧道中部为槽谷,山体为强风化泥岩,遇水易软化,整体性较差。

I 号隧道进口穿越山体南坡,地形由南向北坡度渐大,进口表层为 1.5～2.5 m 厚的亚粘土夹碎石,碎石含量 5%～20%;其下层为强风化泥岩,岩质软,易碎,呈碎块和土状,分布杂乱;再下层为弱风化泥岩,裂隙较发育,钙质充填。弱风化泥岩 RQD＝60%～80%,单轴抗压强度 Rb＝3.28 Mpa。

I 号隧道出口与 II 号隧道进口位于槽谷内,相距约 45 m,地势较陡,坡角为 20～40 度; II 号隧道进口地形两侧高中间低,由南往北坡度较大,坡角 30～60 度。围岩为灰岩,岩溶发育,岩石破碎,局部为第四系覆盖层,围岩易坍塌,侧壁自稳能力差。

II 号隧道出口穿越山体中部低洼地,其中右线延伸长,地形较陡,为层厚 0.5～2.8 m 的碎石层;其下层为强风化灰岩,层厚 0.5～2.5 m,风化强烈;再下层为弱风化灰岩,裂隙宽 1.0～2.0 mm,充填钙质物。洞口位于第四系松散层中,隧道傍山出洞,有偏压。洞口围岩级别多为 V 级。

4　有限元分析模型

4.1　本构模型

土体采用弹塑性分析,采用 D－P 模型,屈服面采用摩尔-库仑等面积圆。锚杆与钢筋混凝土采用线弹性模型,有关力学参数见表1。

表 1　材料力学参数

材　料	弹性模量 (MPa)	泊松 比	密度 (kg/m³)	内聚力 (kPa)	内摩擦角 (°)
土	10	0.35	1 700	10	19.86
强风化灰岩	500	0.3	2 200	50	30
弱风化灰岩	5 000	0.25	2 500	1 200	38

4.2　计算模型

采用三维实体单元模拟分析,岩土采用三角锥四节点实体单元模拟。

建立数值模型时,考虑到计算精度,前置式洞口工法模型共划分 160 349 个单元;传统工法模型共划分 154 740 个单元。隧道附近网格划分较密,远离隧道网格较稀,这样能较好的满足模型计算的精度要求。单元网格分别如图 6、图 7 所示。

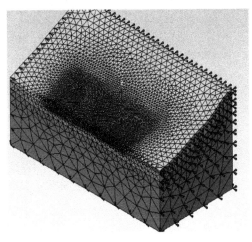

图 6 前置式洞口工法有限元计算模型图网格划分

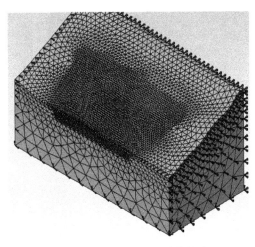

图 7 传统洞口工法有限元计算模型图

4.3 模拟范围的确定及边界条件

隧道水平范围(X 方向):分别以左、右隧道中心轴线向左、右延伸 42 m,总的水平计算范围为 122 m。纵向范围(Y 方向,以面向隧道洞内方向为正向):自前置式支护起点向隧道洞内延伸 70 m。竖向(Z 方向):上至原地面线顶部,按地表标高数据布线,下至隧道中心水平轴以下 40 m。地表为土层,厚约 2.3 m;以下为强风化灰岩,厚约 5.5 m;再以下为弱风化灰岩。

边界条件:隧道模型的左、右(X 方向)边界只有横向约束;模型的前、后(Y 方向)边界只有纵向约束(面向隧道洞内为正向);上部为自由面,下部只有竖直方向(Z 方向)约束。荷载考虑自重。

4.4 施工步骤—计算工况

本文分别模拟了前置式洞口工法与传统工法在开挖前和开挖后不同的工况。先计算开挖前的原状围岩初始应力,再计算开挖后的洞口位移、应力及稳定性。

对于前置式洞口工法,数值模拟尽量多地设置了计算工况,分析过程是按实际施工过程的顺序进行模拟,共 27 个施工步骤。第 1 步:计算自重应力场;第 2 步:左隧道拱脚槽开挖;第 3 步:(必要时)拱脚槽边壁锚喷支护;第 4 步:前置拱架安装;第 5 步:拱架背回填;第 6 步:前置拱架内开挖;第 7～14 步:左隧道暗洞内开挖、支护,施工至暗洞 8 m 处。第 15～27 步,右隧道施工与左隧道第 2～14 步相同。这里,围岩初始应力场不考虑构造应力,仅考虑自重应力。

5 计算对比分析

5.1 洞口山体位移

用传统工法和前置式洞口工法开挖后,山体都向临空面发生弹性变形,不同工法所发生的位移量值差异较小,但位移范围差异很大,其数值模拟结果见表 2、图 8～图 13。

以下所有计算结果中,应力向量的表示方法与弹性力学中相同,即"+"表示拉应力,"一"表示压应力;位移向量的表示以坐标系为准,即 X、Y、Z 轴正向为正,负向为负。

表 2 两方法进行洞口开挖施工引起的位移值

施工方法	Y 方向位移 (D_Y,mm)	Z 方向位移 (D_Z,mm)	$D_Y \geq 6$ mm 的单元占有率(%)	$D_Z \geq 3$ mm 的单元占有率(%)
传统工法	−8.7～0.18	−3.6～2.3	25.4%	3.7%
前置式洞口工法单洞开挖	−7.7～0	−3.5～1.7	5.6%	0.8%
前置式洞口工法双洞开挖	−7.8～0	−3.5～1.9	9%	0.8%

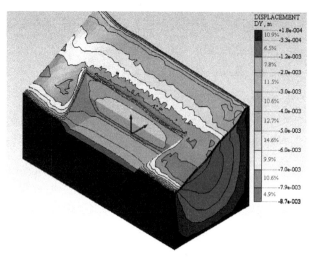

图 8　传统工法 Y 方向位移分布图

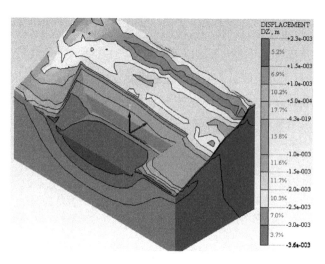

图 11　传统工法 Z 方向位移分布图

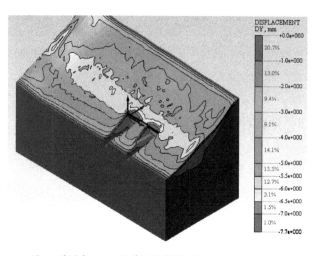

图 9　前置式洞口工法单洞拱脚槽开挖 Y 方向位移分布图

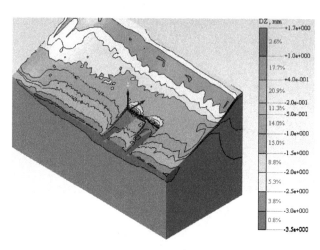

图 12　前置式洞口工法单洞拱脚槽开挖 Z 方向位移分布图

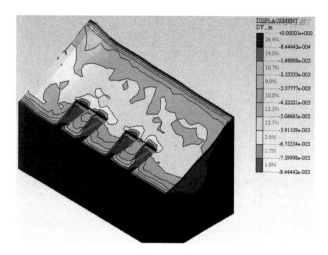

图 10　前置式洞口工法双洞拱脚槽开挖 Y 方向位移分布图

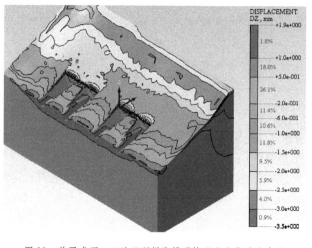

图 13　前置式洞口工法双洞拱脚槽开挖 Z 方向位移分布图

计算表明,在开挖后不作支护的情况下,前置式洞口工法的仰坡位移最大值稍小,差异不大,但它产生的位移的范围远小于传统工法。前置式洞口工法拱脚槽开挖引起的 Y 向位移大于 6 mm 的范围较传统工法大大减少,仅出现在拱脚槽的正面,其单元占有率为 9%,是传统工法的单元占有率的 0.35 倍;Z 向位移大于 3 mm 的范围较传统工法减少更多,其单元占有率仅为 0.8%,是传统工法的 0.22 倍。显然,前者对山体稳定有利。

两种工法 Y 和 Z 方向最大位移均出现在仰坡顶处,前置式洞口工法 $D_{Ymax} = 7.8$ mm, $D_{Zmax} = 3.5$ mm;传统工法 $D_{Ymax} = 8.7$ mm, $D_{Zmax} = 3.6$ mm。前者为后者的 0.90 倍和 0.97 倍,差异不大。但值得指出的,一是两种开挖方法所采取的坡率不同,前置式洞口工法采取的拱脚槽侧面坡率和正面坡率分别为 1∶0.2 和 1∶0.0,几乎为直立坡;传统工法采用的的坡率为 1∶0.75,较缓,换言之,对地表的开挖范围大;二是传统工法的开挖量和开挖高度远大于前置式洞口工法的开挖量和开挖高度,所暴露的是较好基岩。以上"坡缓"、"岩好"两因素理应产生较小位移。这就是两种工法的位移绝对值差异不大的原因。然而,传统工法的代价是大面积开挖,弃方和防护量增多,植被大量被毁。

5.2 洞口山体应力

由于洞口的开挖,改变了围岩的空间受力状态和应力场的空间分布特征,围岩通过变形等方式进行应力调整以达到新的平衡,将在一些部位形成应力集中区和应力降低区。

表 3 不同工法进行洞口开挖产生的应力结果对比

施工方法	最大拉应力 (kPa)	最大压应力 (MPa)	拉应力值大于 10 kPa 的单元占有率(%)	仰坡坡脚出有无拉应力区
传统工法	48	1.6	3.7%	有
前置式洞口工法	37	1.3	0.3%	无

从计算结果可知(表 3、图 14、图 15),洞口处第一主应力的最大拉应力和最大压应力,传统工法均较前置式洞口工法大。采取传统工法,最大拉应力和压应力分别为 48 kPa、1.6 MPa;前置式洞口工法分别为

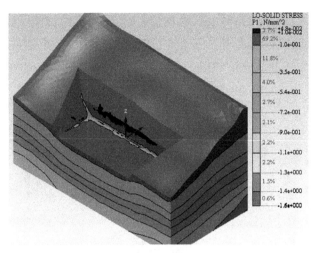

图 14 传统工法洞口开挖模拟第一主应力分布图

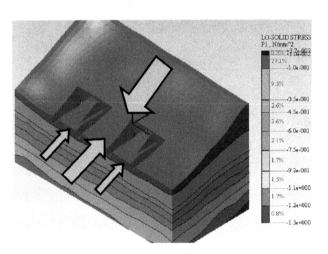

图 15 前置式洞口工法开挖模拟第一主应力分布图

37 kPa、1.3 MPa,为前者的 0.77 倍或 0.81 倍。二者产生的拉应力值大于 10 kPa 的单元占有率分别为 3.7% 和 0.2%~0.3%,后者为前者的 0.07 倍,显然,前置式洞口工法的应力水平远小于传统工法。同时,传统工法时仰坡面处出现的拉应力区域,在前置式洞口工法时保留的中间土埝的支撑作用下消失了,因此为防止仰坡失稳而提供的支护工程量远小于传统工法。

5.3 前置式洞口构造分析

计算结果表明,前置式洞口钢拱架架设后,隧道暗洞顶部沉降量 u_z 仅为 6 mm;前置式洞口钢拱架端沉降量约为 1.9 cm,该沉降量主要由钢架自重引起,它几乎不受隧道暗洞开挖的影响(图 16)。隧道轴向位移 u_y 仅为 6 mm,处于稳定状态,显然夹于两洞间的"土埝"在发挥着作用(图 17)。钢拱架设好后,需要对拱脚槽回填(袋装土等);回填体内拉应力随开挖暗洞而变小,当向

内开挖至 4 m 时拉应力 10 kPa 逐渐变为零(图 18)。前置式洞口钢拱架拱顶最大拉应力为 2.7 MPa,拱侧最大压应力为 4.4 MPa,均不随暗洞开挖而变化,保持在一定状态,表明前置式拱架处于稳定状态(图 19)。

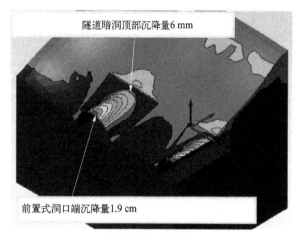

图 16 洞口沉降量

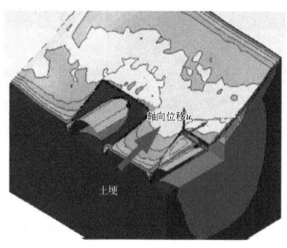

图 17 两洞口间土埂与轴向位移

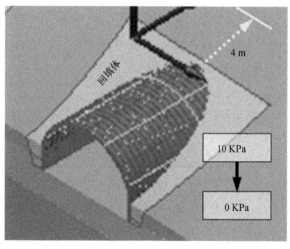

图 18 回填体内拉应力

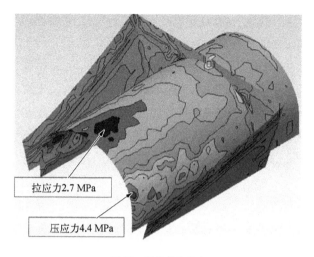

图 19 钢拱架的应力

5.4 洞口山体稳定性

采用有限元强度折减法对传统洞口和前置式洞口进行稳定性分析,将解是否收敛作为破坏标准,对比两工法的稳定性差异。

稳定性分析中分别将岩土的 C、φ 值按安全系数进行折减计算,自初始安全系数 1.0 开始,收敛后增加一个系数增量再计算,未收敛时减去一个安全系数增量再计算;收敛后下一次计算未收敛时(反之),将系数增量减少一半后再计算,反复降低系数增量后再计算,至到安全系数精度达 0.01,由此可得到边坡的稳定性安全系数。

采取传统工法和前置式洞口工法开挖施工,若按 D-P 准则,边坡稳定性安全系数分别为 3.68 和 3.72;若按 M-C 准则,分别为 2.72 和 2.76。表明两种工法均不会引起洞口仰坡失稳。但是,采用较高仰坡的传统工法就要增加支挡量,且对环境破坏严重;采用无仰坡的前置式洞口工法则无需高大支挡结构。

6 工程应用

依托工程按本文提出的前置式洞口工法实施,其基本顺序为:左洞拱脚槽开挖→(必要时)拱脚槽边壁喷锚支护→前置拱架架立→前置拱架混凝土浇注→拱架背回填→拱架掩体内开挖→衬砌(图 20)。右洞相同。施工中,关键是尽量迟缓洞内核心土(小土埂)的挖出时间,并永久保留两洞之间的大土埂(图 21),保持与山体下滑力的平衡。

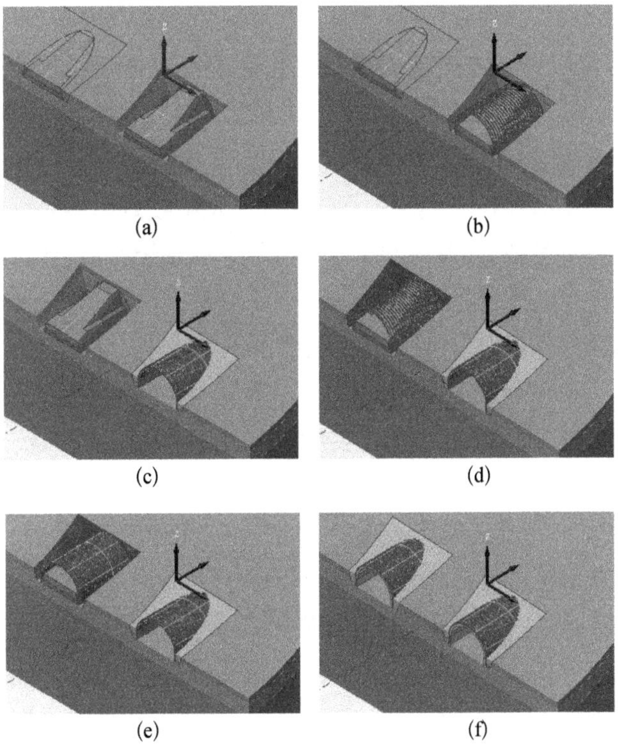

图 20　用“前置式洞口工法”开挖的部分施工顺序

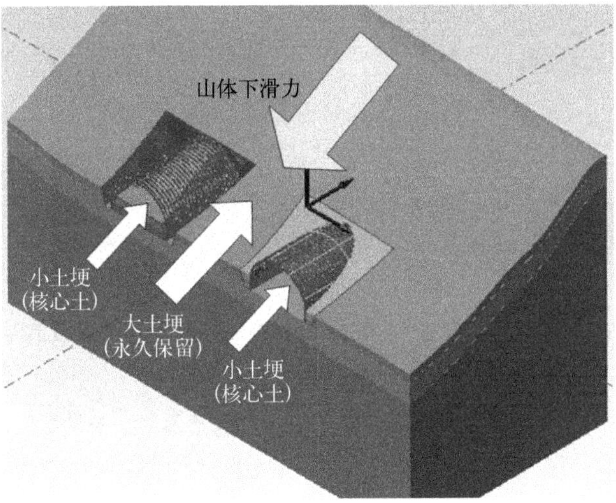

图 21　土埂的平衡作用

为了验证计算分析的可靠性，施工中，我们进行了现场监控量测，量测结果为：钢拱架的内力 60 kN，沉降量 10 mm，内空位移 2 mm，混凝土基础内力 1 MPa，临时锚杆轴力 10 kN，拱脚槽地中位移0.8 mm（图 22）。与数值模拟值比较，虽然有差异，但趋势一致（表 4）。

隧道仰坡高度仅为 20～60 cm，边仰坡开挖面积减少了 2 362 m^2，洞口土石方工程量减少了 6 480 m^3，原生树木 1 575 棵和灌木 7 086 株得以保留，具有很好的环保效益，工程获得成功。实施效果见图 23。

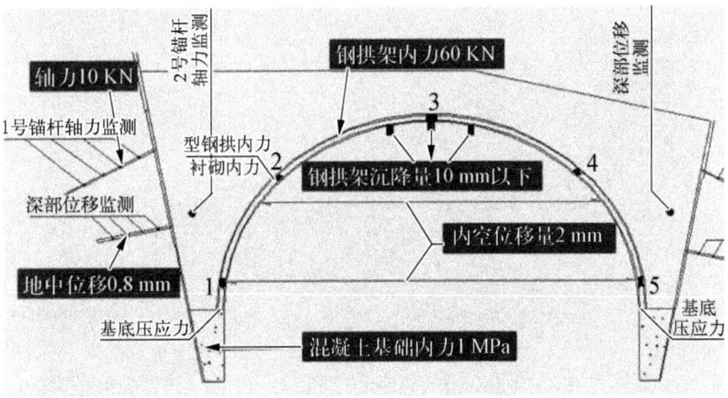

图 22　前置式洞口监控量测

表 4　现场监测结果与数值模拟结果对比

监　测　项　目	监测值	数值模拟值
拱顶沉降(mm)	10	6
周边收敛(mm)	2	1
混凝土内部应力(MPa)	−0.8	−1.3
钢支撑内力(kN)	60	—
支护基底应力(MPa)	1.0	0.55
临时锚杆轴力(kN)	10	8
拱脚槽地中位移(mm)	0.8	0.82

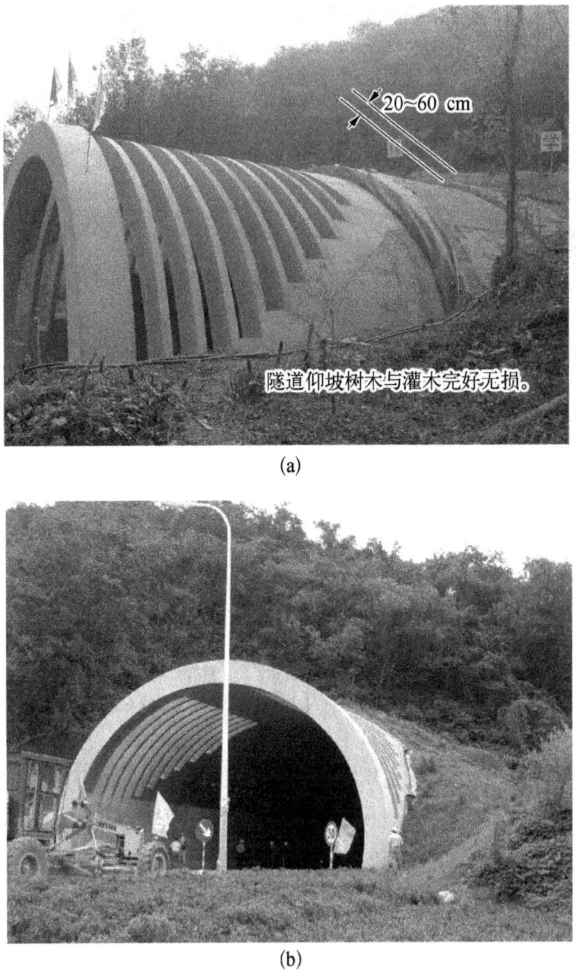

(c)

(d)

图23 按前置式洞口工法(AECM)实施的洞口工程

7 结论

作者开发了隧道前置式洞口工法,并对该方法与传统施工方法进行了数值模拟分析,通过对两种方法所产生的位移场、应力场与稳定性等的综合比较,为前置式洞口工法在环境保护与仰坡稳定方面的优越性提供了理论依据。

通过前置式洞口工法施工过程三维数值模拟与现场量测,提出了前置式洞口工法的合理施工步序与工程措施,并在实施中获得成功。通过计算分析与工程实践表明:

(1) 在不作支护的情况下,两种工法的仰坡位移最大值相差不大,但就产生较大位移的范围而言,前置

式洞口工法远小于传统工法,在 Y、Z 方向的较大位移单元占有率,前置式洞口工法分别仅为传统工法的 0.35 倍和 0.22 倍。表明减小洞口仰坡开挖高度,可降低隧道洞口位移场水平,提高自身稳定性。

(2) 洞口处第一主应力的最大拉应力和最大压应力量值,传统工法比前置式洞口工法要大,即前置式洞口工法的应力水平远小于传统工法。同时,传统工法时仰坡处出现的拉应力区域,在前置式洞口工法时保留的中间土埂的支撑作用下消失了,因此前置式洞口工法所需要的支护工程量远小于传统工法。

(3) 通过洞口稳定性对比分析,采用较高仰坡的传统工法需要增大支挡量,而且对环境破坏严重;采用无仰坡的前置式洞口工法则无需高大支挡结构,也不必专门接长明洞,造价较省,山体植被完好率高,达到保护环境的目的。

(4) 采用合理的施工方法,可提高环保水平,利于可持续发展。

参考文献

[1] 蒋树屏,李建军.公路隧道前置式洞口工法与工程实践 [J].现代隧道技术,2005,42(2):49-52.

[2] 蒋树屏.我国公路隧道工程技术的现状及展望[C]//中国公路学会 2001 学术交流会.北京:中国公路杂志社,2001:32-41.

[3] 重庆交通科研设计院.公路隧道设计规范:JTG D70-2004[S].北京:人民交通出版社,2004.

[4] 交通部重庆公路科学研究所.公路隧道施工技术规范:JTJ042-94[S].北京:人民交通出版社,1994.

[5] 南京市老山林场志编委会.南京市老山林场志,2001.

[6] 蒋树屏,刘元雪,黄伦海,等.隧道出口段环保型结构稳定性分析[J].岩土工程学报,2005,27(5):577-581.

[7] 黄伦海,蒋树屏,张军.公路隧道洞口环保型设计施工现状及展望[J].地下空间与工程学报,2005,1(3):455-459.

[8] 吴波,刘维宁,高波,等.城市浅埋隧道施工性态的时空效应分析[J].岩土工程学报,2004,26(3):340-343.

大直径盾构隧道纵向不均匀沉降控制指标值研究

杜守继[1]，李　鹏[2]

(1. 上海交通大学船舶海洋与建筑工程学院，上海 200240；2. 电力规划设计总院，北京 100030)

摘要： 随着我国越来越多的越江隧道投入运营，由多种因素导致的大直径盾构隧道纵向不均匀沉降逐渐得到重视。为了保证车辆正常运行以及越江隧道结构安全，需要对大直径盾构隧道的纵向不均匀沉降进行控制，并提出合理的控制指标值。本文在修正的等效连续模型基础之上，对纵向弯曲造成的大直径盾构隧道不均匀沉降的控制指标值进行了研究。同时针对环向错台造成的越江隧道纵向不均匀沉降，研究了相对弯曲的合理取值。研究结果表明：当纵向曲率半径相同时，越江隧道的环缝张开量大于地铁隧道；在相同的环缝张开量条件下，越江隧道的纵向曲率半径随隧道直径的增大近似呈线性增长；当相对弯曲值相同时，越江隧道的错台量是地铁隧道的 1.5 至 2 倍。因此相对于地铁隧道，应对越江隧道纵向不均匀沉降控制指标值提出更严格的限制。

关键词： 大直径盾构隧道；越江隧道；不均匀沉降；控制指标

1　引言

近年来，随着城市交通网络的发展，我国一些沿江(河)城市陆续修建了不少大直径越江隧道，其中有代表性的如表 1 所示。上海从 1970 年建成打浦路越江隧道以来，目前至少有 14 条大直径越江隧道穿越黄浦江，并于 2009 年建成了目前世界上软土地层中直径最大(15 m)的盾构隧道—上海长江隧道[1-2]。我国其他城市也建造了一些大直径的跨江越海盾构隧道，如南京、武汉分别建成的长江隧道，珠江的狮子洋隧道，杭州在建的钱江隧道等[3-4]。这些越江隧道投入运营之后，地面的区域性沉降、沿隧道纵向地质条件的变化、车辆的振动荷载、临近工程的施工、隧道的渗漏等都会导致隧道的纵向不均匀变形[5-6]。而大直径越江盾构隧道由纵向螺栓连接衬砌环拼装而成，所以越江隧道的纵向刚度相对较低，抵抗纵向不均匀变形的能力较弱。过大的纵向变形不仅会影响车辆的正常运行，而且还可能导致结构的破坏以及管片的渗漏等病害。因此，有必要研究大直径越江盾构隧道的纵向特性以及合理的纵向变形控制指标取值。

目前，研究盾构隧道纵向特性的理论模型主要有两种[7]。一种是以小泉淳以及村上博智为代表的梁-弹簧模型，将衬砌环模拟为梁单元，将环缝之间的纵向螺栓模拟为拉压弹簧、剪切弹簧和弯曲弹簧。这种模型计算理论较为简单，计算结果也比较符合工程实际，但是弹簧参数的确定需要根据工程经验或者试验来确定。另一种是志波由纪夫和川岛一彦提出的等效连续化模型[8-9]，根据纵向变形等效原则将有环向接缝的不连续衬砌结构等效为连续均质圆筒。等效连续模型计算公式较为复杂，但横截面参数分析清晰明确，可直接根据螺栓和衬砌结构参数求得等效纵向刚度折减系数，应用广泛。为克服这两种模型的不足，可以将上述两种计算模型综合起来，在螺栓影响范围内按等效连续模型计算，并和在螺栓影响范围外的混凝土管片体构成一个组合体，这个组合体共同承受纵向弯曲变形，在此基础之上，李明宇在其博士论文中，引入纵向螺栓预紧力影响系数以及其对衬砌环受力的影响系数，同时考虑盾构施工过程中千斤顶的推力影响，对上述组合体的等效纵向抗弯刚度进行了修正[10]。盾构隧道的纵向受力实际上是一个三维问题，考虑环向刚度以及环向变形，可以对盾构隧道的等效纵向抗弯刚度作进一步的修正[11~12]。鉴于螺栓在盾构隧道纵向抗弯刚度中的重要作用,钟小春等研究了纵向螺栓数量、预紧力等对盾构隧道纵向弯曲刚度的影响[13]。

上海市对地铁盾构隧道的纵向曲率半径以及相对弯曲提出了明确的控制值,但目前对大直径越江盾构隧道纵向不均匀沉降控制指标的研究还相对较少。因此,本文在上述等效连续计算模型的基础之上,研究越江隧道纵向曲率半径的合理取值,从而达到控制越江隧道弯曲造成的纵向不均匀沉降以及环缝张开。同时对越江隧道相对弯曲的合理取值进行了分析,从而合理评价和控制由于环向错台造成的越江隧道不均匀沉降。

表 1 我国部分越江盾构隧道基本参数表

隧　道	城　市	外径(m)	衬砌厚度(m)	环宽(m)	混凝土等级	纵向连接螺栓	螺栓形式
打浦路隧道	上海	10.00	0.60	0.9	—	—	弯螺栓
延安东路隧道	上海	11.00	0.55	1.0	—	32×M36	直螺栓
复兴东路隧道	上海	11.00	0.48	1.5	C50	32×M30	—
人民路隧道	上海	11.36	0.48	1.5	C50	32×M30	弯螺栓
军工路隧道	上海	14.50	0.60	2.0	C55	38×M27	斜螺栓
上海长江隧道	上海	15.00	0.65	2.0	C60	38×M30	斜螺栓
狮子洋隧道	珠江	10.80	0.50	2.0	—	22×M36	斜螺栓
武汉长江隧道	武汉	11.00	0.50	2.0	C50	36×M30	直螺栓
南京长江隧道	南京	14.50	0.60	2.0	C60	42×M30	斜螺栓
钱江隧道	杭州	15.00	0.65	2.0	C60	38×M30	斜螺栓

2 纵向等效连续化模型理论

依据文献[7~13],且考虑大直径盾构隧道特点,有关纵向等效连续化模型理论介绍如下。

2.1 基本假设

(1)盾构隧道横截面符合平截面假定。

(2)在螺栓影响范围内,中性轴的位置和管片环内的应力分布沿隧道轴向不变。

(3)在纵向弯矩作用下,环缝截面的压应力由管片承受,拉应力完全由螺栓承受。

(4)纵向螺栓用受拉双线性、受压完全刚性的弹簧来模拟。管片混凝土始终处于线弹性状态。

2.2 等效弹性弯曲刚度

设环缝上有 n 个螺栓,隧道计算半径为 r。离散分布的螺栓用沿衬砌环均匀连续分布的弹簧来模拟,螺栓沿环向的平均抗拉刚度为

$$K_{ri} = \frac{nk_{ji}}{2\pi r} \quad (i = 1, 2) \tag{1}$$

式中,k_{j1} 为单个螺栓的弹性抗拉刚度;k_{j2} 为单个螺栓的塑性抗拉刚度。

取相连两个管片中心线之间的长度 L_s 为一个计算单元,假设螺栓影响范围即为螺栓的长度 L_f($L_f < L_s$)。在螺栓影响范围内的计算简图如图 1 所示。

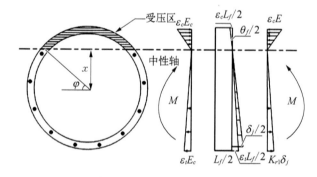

图 1 弹性状态下螺栓影响范围内计算简图

根据变形协调以及力的平衡条件,得到螺栓影响范围内中性轴的位置满足以下方程

$$\cot \varphi + \varphi = \pi \left(\frac{1}{2} + \frac{K_{r1} L_f}{t E_c} \right) \tag{2}$$

式中,t 为衬砌环的厚度;E_c 为混凝土弹性模量。

盾构隧道的纵向弯曲由螺栓影响范围内(L_f)的弯曲和螺栓影响范围外(L_s-L_f)的弯曲共同组成,根据纵向弯曲变形等效的原则,可得到隧道在整个计算单元内等效弹性弯曲刚度为

$$(EI)_{e,\,eq} = \frac{K_f L_s}{K_f(L_s-L_f)+L_f} \cdot E_c I_c \quad (3)$$

式中,$K_f = \dfrac{\cos^3\varphi}{\cos\varphi + (\pi/2+\varphi)\cdot\sin\varphi}$,称为环缝转动刚度系数;$I_c \approx \pi r^3 t$ 为衬砌环截面惯性矩。

在螺栓影响范围内,由变形协调以及力的平衡条件,根据材料力学公式,可以得到环缝张开量的计算公式

$$\delta_j = \frac{ML_f}{E_c I_c} \cdot \frac{\pi\sin\varphi}{\cos^3\varphi} \cdot (r+x) \quad (4)$$

式中,M 为盾构隧道的纵向弯矩;$x = r\cdot\sin\varphi$ 为截面中性轴到隧道中心的垂直距离。

2.3 等效弹塑性弯曲刚度

在受拉侧最外边缘螺栓达到弹性极限状态之后,随着环缝张开量的继续增大,部分螺栓进入塑性状态,并且环缝张开量越大,进入塑性状态的螺栓越多。

假设在该状态下,用 x 和 φ 表示中性轴的位置,用 η 和 ϕ 表示螺栓塑性区和弹性区的分界线位置,则螺栓影响范围内的计算简图如图2所示。

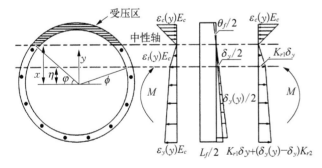

图2　弹塑性状态下螺栓影响范围内计算简图

由变形协调条件以及力的平衡条件可得到 φ、ϕ 和纵向弯矩 M 的关系方程

$$(1-R_1)\cdot(\cos\varphi+\varphi\cdot\sin\varphi) - \frac{\pi}{2}\cdot(1+R_1)\cdot\sin\varphi + (R_1-R_2)\cdot\left[\cos\phi+\left(\frac{\pi}{2}+\phi\right)\cdot\sin\phi\right] = 0 \quad (5)$$

$$\frac{2\pi\cdot M}{(N_y-N_0)\cdot r}\cdot R_1\cdot(\sin\varphi-\sin\phi) + (R_1-R_2)\cdot(\phi+\sin\phi\cdot\cos\phi) - \frac{\pi}{2}\cdot(1+R_2) + (1-R_1)\cdot(\varphi+\sin\varphi\cdot\cos\varphi) = 0 \quad (6)$$

式中,$R_1 = 1\big/\left(1+\dfrac{E_c\cdot A_c}{L_f\cdot K_{j1}}\right)$;$K_{j1}=n\cdot k_{j1}$ 为所有纵向螺栓的弹性抗拉刚度;A_c 为盾构隧道横截面面积;$R_2 = 1\big/\left(1+\dfrac{E_c\cdot A_c}{L_f\cdot K_{j2}}\right)$;$K_{j2}=n\cdot k_{j2}$ 为所有纵向螺栓的塑性抗拉刚度;M 为隧道的纵向弯矩;N_y 为所有纵向螺栓达到屈服时盾构隧道的纵向拉力;N_0 为所有纵向螺栓预紧力在隧道纵向上的分力。

根据纵向弯曲变形等效的原则,可得隧道在整个计算单元内的等效弹塑性弯曲刚度为

$$(EI)_{p,\,eq} = \frac{1}{\dfrac{L_s-L_f}{L_s} + \dfrac{\alpha_f(N_y-N_0)\cdot r}{2MR_1\cdot(\sin\varphi-\sin\phi)}} \cdot E_c\cdot I_c \quad (7)$$

式中,$\alpha_f = L_f/L_s$,定义为环缝影响系数。

同样由变形协调以及力的平衡条件,可以得到环缝张开量的计算公式

$$\delta_j = \left(1 + \frac{1-R_2}{1-R_1}\cdot\frac{1+\sin\phi}{\sin\varphi-\sin\phi}\right)\cdot(\delta_y-\delta_0) \quad (8)$$

式中,δ_0 为螺栓在预紧力作用下的伸长量;δ_y 为螺栓在屈服状态下的伸长量。

3　大直径盾构隧道纵向弯曲指标值

3.1　大直径盾构隧道纵向弯曲指标计算

地铁盾构隧道对纵向曲率半径以及环缝的张开量有一定的限制:根据《上海市地铁沿线建筑施工保护地铁技术管理暂行规定》的要求,纵向曲率半径 $\rho \geqslant 15\,000$ m;根据地铁隧道的防水要求,接缝的张开值 $\delta \leqslant 2$ mm;接缝中密封垫不漏水,要求 $\delta \leqslant 6$ mm。根据材料的强度要求,螺栓有屈服强度和极限应力,混凝土有抗压强度和抗拉强度等。

对于大直径越江盾构隧道,目前还没有明确统一的纵向变形控制指标取值,参考以上地铁隧道的控制指标值,并把这些控制值作为盾构隧道纵向弯曲过程中的临界值,可以得到盾构隧道在纵向弯曲过程中,达到各个临界值的顺序。为了便于比较地铁隧道和越江隧道在纵向弯曲变化过程的差异,对上海市地铁 2 号线、人民路越江隧道、军工路越江隧道以及上海长江隧道进行了计算。地铁 2 号线外径 6.2 m,管片厚 0.35 m,环宽 1 m,混凝土强度等级为 C50,纵向由 17 个直径为 30 mm 的直螺栓连接,螺栓长 400 mm,屈服强度为 640 MPa,抗拉强度为 800 MPa。人民路隧道纵向弯螺栓长 725.6 mm,军工路隧道和上海长江隧道的纵向螺栓长度和倾斜角参考南京长江隧道[14],长取为 543 mm,倾角取为 31.27°。三条越江隧道纵向螺栓的屈服强度为 420 MPa,抗拉强度为 520 MPa。

在所有纵向螺栓处于弹性状态时,根据盾构隧道的结构参数,由公式(2)可以求得在螺栓影响范围内的横截面中性轴位置,即得到 φ 值,之后根据公式(3)求得盾构隧道的纵向等效弹性抗弯刚度,由式 $M=EI/\rho$ 得到隧道的纵向弯矩,将 M 值代入公式(4)即可得到环缝张开量。当部分弹簧进入塑性状态后,式(5)~式(7)和式 $M=EI/\rho$ 联立可以求得 φ、ϕ、纵向弯矩 M 以及纵向曲率半径 ρ,将 φ、ϕ 代入公式(8)得到环缝张开量。计算结果如表 2 所示。从表中可以看出,盾构隧道直径不同,在纵向弯曲变化过程中,达到临界值的顺序也不相同。在地铁隧道的曲率半径达到界限值

15 000 m 时,环缝张开量仅为 0.3 mm,而在同样的曲率半径条件下,人民路隧道环缝张开量为 1.0 mm,军工路隧道为 1.8 mm,上海长江隧道为 1.9 mm,并且军工路隧道和上海长江隧道的螺栓均已进入屈服状态。在环缝张开量分别为 2 mm 和 6 mm 的条件下,越江隧道的曲率半径大于地铁隧道,并且越江隧道直径越大曲率半径就越大。在纵向弯曲变化过程中,地铁隧道的混凝土最先达到抗压强度设计值。最后两个临界状态依次是混凝土达到抗压强度标准值和螺栓达到抗拉强度。在相同的临界状态下,直径越大的盾构隧道,纵向曲率半径越大。

以上四条盾构隧道纵向曲率半径随环缝张开量的变化过程如图 3 所示。随着环缝张开量的增大,盾构隧道的纵向曲率半径逐渐减小,在环缝张开量超过 12 mm 以后隧道的曲率半径变化不明显。在相同的环缝张开量条件下,直径最大的上海长江隧道纵向曲率半径最大,直径越小曲率半径也随之减小。在螺栓达到抗拉强度时,人民路越江隧道的环缝张开量最大,这与螺栓的强度等级和螺栓的抗拉刚度有关。

3.2 越江隧道直径对纵向曲率半径的影响

从以上的分析可知,盾构隧道的直径对其纵向曲率半径的影响较大。为了分析越江隧道的直径对纵向曲率半径的影响,以人民路越江隧道为例,假定其所有结构参数均不变、仅越江隧道外径变化,进行了分析计算。假设人民路越江隧道的外直径在 10 m 至 16 m 的

表 2　盾构隧道纵向弯曲过程中曲率半径与环缝张开量

地铁 2 号线			人民路隧道			军工路隧道			上海长江隧道		
曲率半径 (m)	环缝张开量 (mm)	临界状态	曲率半径 (m)	环缝张开量 (mm)	临界状态	曲率半径 (m)	环缝张开量 (mm)	临界状态	曲率半径 (m)	环缝张开量 (mm)	临界状态
—	—	—	43 926	0.3*	—	76 335	0.3*	—	78 494	0.3*	—
15 000*	0.3	—	15 000*	1.0	—	36 826	0.7	BY	37 875	0.7	BY
4 741	1.1	BY	12 293	1.2	BY	15 000*	1.8	—	15 000*	1.9	—
2 699	2.0*	—	7 677	2.0*	—	13 496	2.0*	—	13 903	2.0*	—
1 270	4.4	CD	2 639	6.0*	—	4 572	6.0*	—	4 715	6.0*	—
939	6.0*	—	1 196	13.4	CD	2 268	12.2	CD	2 290	12.4	CD
809	7.0	CS	783	20.6	CS	1 554	17.8	CS	1 574	18.1	CS
180	32.2	BS	443	36.5	BS	1 209	22.9	BS	1 247	22.9	BS

注:"*"表示本身就是临界值;"BY"表示螺栓屈服;"BS"表示螺栓达到抗拉强度;"CD"表示混凝土达到抗压强度设计值;"CS"表示混凝土达到抗压强度标准值。

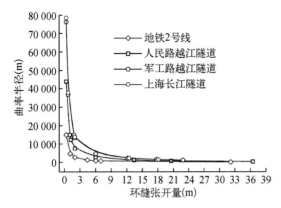

图 3 盾构隧道环缝张开量和纵向曲率半径的关系

范围之内变化。针对不同直径的越江隧道,分别计算在环缝张开量为 0.3 mm、1 mm、2 mm 和 6 mm 的情况下,越江隧道的纵向曲率半径值,计算结果见表 3。在相同的环缝张开量条件下,人民路越江隧道的纵向曲率半径与其直径的关系曲线如图 4 所示。

表 3 不同直径和环缝宽度下人民路越江隧道的纵向曲率半径值

越江隧道直径 (m)	曲率半径(m)			
	0.3 mm	1 mm	2 mm	6 mm
10	38 105.9	13 146.6	6 070.4	2 301.4
11	42 397.0	14 627.0	7 411.1	2 549.3
12	46 629.3	16 087.1	8 149.7	2 797.3
13	50 951.8	17 578.4	8 888.9	3 045.4
14	55 240.9	19 058.1	9 628.8	3 293.6
15	59 486.9	20 523.0	10 369.3	3 541.9
16	63 797.5	22 010.1	11 110.2	3 790.3

由以上的计算结果和图 4 可知,在相同的环缝张开量的情况下,随着人民路越江隧道直径的增大,纵向曲率半径逐渐增大,并且近似于线性增长。在环缝张开量由 0.3 mm 增大到 6 mm 的过程中,人民路越江隧道纵向曲率半径随隧道直径的增长趋势逐渐变缓。

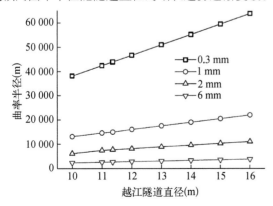

图 4 越江隧道直径与曲率半径的关系

4 大直径盾构隧道环向错台控制值

除纵向弯曲变形之外,盾构隧道的环向错台也会导致纵向不均匀沉降,为了控制地铁隧道的环向错台,《上海市地铁沿线建筑施工保护地铁技术管理暂行规定》规定地铁隧道纵向变形的相对弯曲≤1/2 500。相对弯曲与衬砌环宽有关(其值等于错台量除以两倍的衬砌环宽)[15],而随着盾构隧道直径的增大,环宽也逐渐增大,如表 1 所示,环宽从 0.9 m 到 2 m 不等。

表 4 盾构隧道不同相对弯曲值下的错台量

相对弯曲	错台量(mm)		
	地铁 2 号线	人民路隧道	军工路隧道
1/5 000	—	—	0.8
1/3 750	—	0.8	—
1/2 500	0.8	1.2	1.6
3/2 500	2.4	3.6	4.8
6/2 500	4.8	7.2	9.6
9/2 500	7.2	10.8	14.4

为了研究相对弯曲和环向错台之间的关系,对上海地铁 2 号线、人民路越江隧道以及军工路越江隧道分别进行了计算,计算结果如表 4 所示,错台量和相对弯曲的关系曲线如图 5 所示。

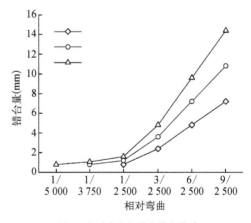

图 5 相对弯曲与错台量的关系

随着相对弯曲的增大,盾构隧道的错台量也逐渐增大。在地铁 2 号线达到相对弯曲的限制值 1/2 500 时,其环向错台量为 0.8 mm。而在错台量为 0.8 mm 的条件下,人民路隧道和军工路隧道的相对弯曲值分别为 1/3 750 和 1/5 000。而在相同的相对弯曲值的条件下,随着环宽的增大,盾构隧道的错台量也逐渐增大。

以上结果说明,地铁隧道的相对弯曲界限值将会使越江隧道产生更大的错台量。为了控制越江隧道由于错台导致的纵向不均匀沉降,应该对相对弯曲界限值给予更严格的限制。

5 结论

(1) 在盾构隧道纵向弯曲过程中,地铁隧道和大直径越江隧道达到各个控制指标临界值的顺序不同。

(2) 在纵向曲率半径为 15 000 m 的条件下,越江隧道的环缝张开量大于地铁隧道。在环缝张开量为 2 mm 和 6 mm 的情况下,越江隧道的纵向曲率半径远远大于地铁隧道。所以为了控制纵向弯曲对越江隧道不均匀沉降造成的影响,应该将越江隧道的纵向曲率半径临界值提高。

(3) 在相同的环缝张开量的条件下,越江隧道的纵向曲率半径随隧道直径的增大近似呈线性增大。并且环缝张开量越大,曲率半径随隧道直径的增加趋势越缓慢。

(4) 在相对弯曲值为 1/2 500 时,越江隧道的错台量是地铁隧道的 1.5 倍至 2 倍。为了控制越江隧道由于错台导致的纵向不均匀沉降,应该使越江隧道的相对弯曲取更小的值。

参考文献

[1] 曹文宏,申伟强,杨志豪,等.超大特长盾构法隧道工程设计[M].北京:中国建筑工业出版社,2010.

[2] 刘建航,张易谦,潘志良,等.隧道工程[M].上海:上海科学技术出版社,1999.

[3] 何川,张建刚,苏宗贤等.大断面水下盾构隧道结构力学特性[M].北京:科学出版社,2010.

[4] 孙文昊.钱江通道及接线工程钱江隧道设计综述[J].现代隧道技术,2011,48(6):82－87.

[5] 王如路.上海软土地铁隧道变形影响因素及变形特征分析[J].地下工程与隧道,2009,(1):1－6.

[6] 王如路,刘建航.上海地铁长期运营中纵向变形的监测与研究[J].地下工程与隧道,2001,(4):6－11.

[7] 郑永来,韩文星,童琪华,等.软土地铁隧道纵向不均匀沉降导致的管片接头环缝开裂研究[J].岩石力学与工程学报,2005,24(24):4552－4558.

[8] 志波由纪夫,川岛一彦.シールドトソネルの耐震解析に用いる長手方向覆土剛性の評価法[C]//土木学会論文集,1988:319－327.

[9] 志波由纪夫,川岛一彦.応答変位法によるシールドトソネルの地震時断面力の算定法[C]//土木学会論文集,1988:385－394.

[10] 李明宇.运营地铁盾构隧道纵向变形和受力特征及规律研究[D].上海:同济大学,2011.

[11] 张文杰,徐旭,李向红,等.广义的盾构隧道纵向等效连续化模型研究[J].岩石力学与工程学报,2009,28(supp.2):3938－3944.

[12] 叶飞,何川,朱合华,等.考虑横向性能的盾构隧道纵向等效刚度分析[J].岩土工程学报,2011,33(12):1870－1876.

[13] 钟小春,张金荣,秦建设,等.盾构隧道纵向等效弯曲刚度的简化计算模型及影响因素分析[J].岩土力学,2011,32(1):132－136.

[14] 方勇,何川.南京越江盾构隧道纵向抗弯能力研究[J].地下空间与工程学报,2009,5(4):670－674.

[15] 叶耀东.软土地区运营地铁盾构隧道结构变形及健康诊断方法研究[D].上海:同济大学,2007.

基于 BS 架构的巷道支护智能专家系统研究

靖洪文[1,2]，孟　波[1,2]，陈坤福[1,2]，冯月新[3]

(1. 中国矿业大学力学与建筑工程学院，江苏　徐州 221116；

2. 中国矿业大学深部岩土力学与地下工程国家重点实验室，江苏　徐州 221116；

3. 大同煤矿集团有限责任公司，山西　大同 037000)

摘要： 知识库的自动学习和更新问题是目前制约巷道支护专家系统发展的瓶颈。以大同矿区双系煤层巷道支护为背景，对 5 种共 102 条巷道成功支护案例进行参数量化，建立包含 7 038 条记录的支护参数知识库，并对围岩稳定影响指标体系进行反分析，获得了围岩稳定影响系数指标体系，进而确定了围岩稳定分级标准。在此基础上对不同稳定级别围岩条件下的巷道支护方案进行现场试验与批量数值计算优选，确定了包含 2 829 条记录的 41 种最优支护方案知识库。将大同矿区工程地质背景知识库、可生长成功案例知识库以及支护标准与规范知识库嵌入 BS 架构中，采用基于规则的正向推理和基于成功案例的两种推理模式，最终建立了大同矿区巷道支护智能专家系统。工业性试验结果表明，该系统可实现知识库自动更新、自动化程度高、速度快、稳定性好，设计方案合理、经济、可行。

关键词： 知识库；BS 架构；巷道支护；专家系统

1　前言

地下工程的特殊性决定了巷道稳定问题是一个多因素、多水平、交叉影响的复杂系统问题[1]。巷道稳定影响因素的组成、相互之间的关系、具体量值等信息是不确定或不完全的，因此目前通过力学模型、数值计算等手段得到的仅仅是巷道稳定的定性规律。专家系统内部含有大量某个领域专家水平的知识与经验，能够利用专家的知识和解决问题的方法来处理该领域需要专家才能求解的高难度问题，是目前进行巷道支护科学决策的一个有效手段。

自 20 世纪 80 年代巷道支护领域出现巷道支护专家系统以来，国内外学者围绕巷道围岩分类及支护决策问题进行了大量的研究，各种新方法、新思想层出不穷[2-4]。李效甫等[5]将支护形式选择的原则和经验、支护形式经济比较原则等作为知识库内容建立了 HZES 支护专家系统。冯夏庭等[6]根据岩石坚硬性及岩体完整性等 7 类因素作为依据开发了 RMCES 围岩分级专家系统以及 OEEST 支护设计决策专家系统。卫道毅等[7]根据围岩强度、松动圈大小等 10 类因素对围岩进行分级以及方案设计，最终通过 FUZZY 综合评判选取最优方案。谭云亮等[8]选取围岩综合强度、节理影响系数等 7 个指标将围岩分为 4 级，然后通过规则反向推理和模式计算推理进行支护设计。近年来随着计算机技术和人工智能的发展，BP 和 ANN 神经网络[9,10]，模糊综合评判等方法被引入巷道围岩分级和支护方案选择中。可以看出，支护专家系统的构建基本都是以围岩分类为基础，而后利用知识库、规则推理和计算为支护提供方案参数，参与围岩分级的因素权重的确定若缺乏可靠根据将直接影响最终支护方案的选取。以往支护专家系统绝大多数均基于 CS 架构，这直接成为知识库自动学习和扩充的瓶颈。

本文将大同矿区工程地质背景知识库、可生长成功案例知识库以及支护标准与规范知识库嵌入 BS 架构中，采用基于规则的正向推理和基于成功案例的两种推理模式，最终建立了大同矿区巷道支护智能专家系统，在实际应用中取得了良好的效果。

2　巷道围岩稳定性分级

巷道围岩稳定性指数是进行围岩分级的重要指标。为了反映岩性对大同矿区巷道围岩稳定性的影响,选取顶板上巷道宽度2倍范围、底板下巷道宽度范围内岩柱的加权平均强度作为强度指标,计算公式如(1)所示。巷道周围岩柱的强度:

$$R_c' = \frac{(2B \times R_{c1} + B \times R_{c2} + R_{c3} \times H) \cdot K_0}{3B + H} \quad (1)$$

式中,R_c'为岩柱的抗压强度,MPa;R_{c1}为巷道上方2倍巷道宽度范围内岩体的抗压强度,MPa;R_{c2}为巷道下方巷道宽度范围内岩体的抗压强度,MPa;R_{c3}为巷道帮部岩体的抗压强度,MPa;B为巷道的宽度,m;H为巷道的高度,m;K_0为复合顶板折减系数。

本次巷道围岩稳定性指数的计算按两步进行,第一步求解基本巷道围岩稳定性指数,即巷道围岩开挖前所处位置的最大主应力与巷道岩柱的加权平均强度R_c'的比值,第二步考虑动压影响、地应力场的影响,对其进行修正,得到修正的巷道围岩稳定性指数,计算公式见式(2)。巷道围岩稳定性指数的修正值[S]:

$$[S] = S \times K_1 \times K_2 \times K_3 \quad (2)$$

式中,S为巷道围岩稳定性指数的基本值,可由σ_{max}/R_c'求得,无法获得σ_{max}时参考矿井周边矿井数据或用式代替;K_1为层间距影响系数,其取值参照表1;K_2为地应力影响修正系数,其取值参照表2;K_3为动压影响修正系数。

收集大同矿区忻州窑矿、云冈矿、塔山矿、四台矿、虎龙沟矿、煤峪口矿、白洞矿、永定庄矿、晋华宫矿、同家梁矿等14对矿井近3年共102条各类巷道成功案例,并将工程地质参数及支护参数量化进入SQL Server数据库,建立了包含7 038条记录的支护参数知识库,按照式(2)对案例进行反分析计算确定了围岩稳定性指数关键影响因子及其权重。K_1,K_2,K_3的取值参照表3。

表1 层间距影响修正系数 K_1 的确定

层间距	>30	30~10	10~5	5~3	<3
影响系数	1	1.1~1.2	1.2~1.5	1.5~2	>2

表2 地应力影响修正系数 K_2 的确定

埋 深	地应力场区划类型	
	自重应力区	构造应力区
<200 m	1.00~1.05	1.05~1.15
200~300 m	1.05~1.10	1.15~1.25
300~400 m	1.10~1.20	1.25~1.50
>400 m	>1.20	>1.50

表3 动压影响修正系数 K_3 的确定

煤柱宽度	采动影响次数				
	0	1	2	3	>3
5~10 m	1	1.30~1.20	1.45~1.30	1.60~1.45	1.75~1.60
11~15 m	1	1.20~1.15	1.30~1.20	1.45~1.30	1.60~1.45
16~30 m	1	1.15~1.10	1.20~1.15	1.30~1.20	1.45~1.30
>30 m	1	1.10~1.05	1.15~1.10	1.20~1.15	1.30~1.20

对计算结果进行了统计分析,得到了大同矿区典型巷道稳定性指数分布图:

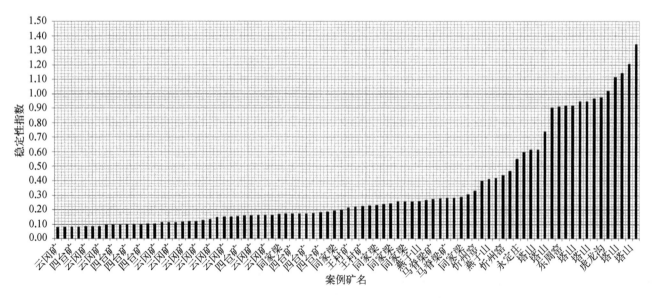

图1 大同矿区典型巷道稳定性指数分布图

结合对 102 条巷道支护参数的分析归类,发现支护难度与围岩稳定性支护吻合度较高,验证了利用围岩应力与围岩综合强度比作为本次稳定性评价标准的可行性。在此基础上,结合主要支护参数等级根据围岩稳定性指数对围岩稳定性进行分级(表4)。

表 4　巷道围岩稳定性指数

稳定程度	稳定性指数[S]		围岩分级	备　　注
稳定	1	0~0.10	I₁	四台、云冈
	2	0.10~0.15	I₂	云冈、四台、马脊梁
	3	0.15~0.20	I₃	云冈、四台、马脊梁、同家梁
局部不稳定	4	0.20~0.30	II₁	王村、煤峪口、同家梁、忻州窑马脊梁、晋华宫
	5	0.30~0.40	II₂	同家梁、忻州窑
不稳定	6	0.40~0.60	III	燕子山、永定庄、忻州窑
极不稳定	7	0.6~1	IV₁	塔山、东周窑、虎龙沟、永定庄
	8	>1	IV₂	塔山、永定庄

3　知识库的建立

3.1　矿区工程地质条件背景知识库

1)大同矿区地应力知识库

通过实测和搜集资料,获得了大同矿区晋华宫矿、燕子山矿、忻州窑矿、煤峪口矿、同家梁矿、同忻矿、塔山矿、云冈矿 8 个矿 18 个测点的地应力测试数据,利用地应力反演的方法获得了大同矿区地应力分布。同时对测试结果进行了了汇总、统计,发现虽然实测数据存在一定离散性,但整体上矿区最大主应力与巷道埋深存在良好的线性正相关关系,最大主应力随着测点埋深增加而增大,二者回归方程如下:

$$\sigma_1 = 0.034H + 0.607(相关系数 R = 0.942) \quad (3)$$

式中,H 为埋深,单位为 m;主应力单位为 MPa。

利用上式对反演结果进行了部分修正,获得了最终的大同矿区地应力分布知识库。

2)围岩物理力学参数知识库

大同矿区侏罗系围岩主要有 7 类基本岩性:粗砂岩、中砂岩、细砂岩、粉砂岩、泥岩、砂质泥岩和煤,石炭系受火成岩侵入具有另外 3 种岩性:高岭岩、煌斑岩、

硅化煤。由于篇幅原因,本次仅附侏罗系 7 类基本岩性力学指标(表5)。

表 5　大同矿区 7 类基本岩性力学指标(侏罗系)

岩　性	单轴抗压强度(MPa)	劈裂抗拉强度(MPa)	弹性模量(GPa)	泊松比	内聚力(MPa)	内摩擦角(°)
粗砂岩	28.75~60.35	3.83~9.96	10.67~13.17	0.18~0.21	5.8~24.51	33.41~35.78
中砂岩	99.90~128.40	9.80~10.63	21.10~22.10	0.11~0.17	7.85~13.02	30.00~31.70
细砂岩	98.20~126.20	7.71~11.82	20.30~22.90	0.13~0.23	8.76~13.37	22.90~32.80
粉砂岩	112.50~139.20	8.06~10.23	12.50~23.80	0.17~0.25	12.04~13.06	20.60~28.50
泥岩	34.27~45.30	4.41~6.37	8.00~25.28	0.16~0.19	6.83~14.1	22.90~34.52
砂质泥岩	49.52~58.21	5.25~6.19	7.76~9.42	0.18~0.21	4.55~6.27	26.62~35.68
煤	19.9~33	1.60~3.13	1.29~3.13	0.25~0.38	2.40~4.81	21.90~25.9

3.2　可生长成功案例知识库

通过对 102 条巷道成功支护案例支护参数以及工程地质条件标准化提取形成了成功案例知识库。另外,通过对回采巷道、开拓与准备巷道、火成岩侵入巷道、近距离煤层巷道以及冲击矿压巷道共 5 种 41 类不同稳定级别巷道进行了理论分析、数值计算和部分现场试验,确定了 41 类巷道对应的包含 2 829 条记录的最优支护方案数据库。与 102 条成功案例库合并后形成包含 9 867 个支护参数共计 143 个案例的初期成功案例标准知识库(表6)。

表 6　成功案例标准知识库(部分)

Support-ParamID	Roadway-Type	Param-Type	Param-Name	Param-Value
1	回采巷道	顶板锚杆	锚杆类型	左旋无纵筋螺纹钢
2	回采巷道	顶板锚杆	屈服强度(MPa)	335
3	回采巷道	顶板锚杆	锚杆长度(mm)	1 700
4	回采巷道	顶板锚杆	锚杆直径(mm)	18
…	…	…	…	…

由于系统基于 BS 架构,大同矿区范围内煤矿技术人员可以通过该专家系统进行支护设计,同时也可以共享其他煤矿成功支护案例。知识库在系统使用过程

中能根据审核通过的设计实例自动进行更新和扩充，这为专家系统进行推理提高了重要的知识基础。

4 推理决策系统

系统采用基于规则产生式、正向推理规则和基于成功案例的逆向推理机理，系统首先根据输入的围岩、巷道、地应力和围岩松动圈等正向推理出岩柱强度、围岩稳定性指数与级别、初步支护方案，其次结合成功案例数据库逆向寻找围岩级别、稳定性指数、岩柱强度等最匹配巷道支护案例并进行比较，决策出最优支护方案并向审核人员提交审核，具体过程如图2所示：

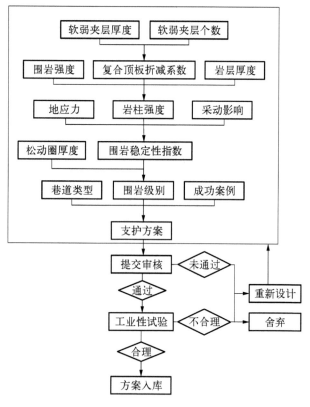

图2 系统推理过程示意图

5 工程应用

5.1 工程概况

同煤集团四台矿 51220 巷位于 12—1♯煤层 412 盘区，井下标高为 1 046～1 059.8 m，地面标高为 1 215～1 392.1 m，埋深约 250 m，工作面总长 1 726 m。煤层倾角总体变化不大，但局部煤层倾角变化较大，最大煤层倾角为 9°，煤层平均倾角为 3°；煤层与上覆 8♯煤层层间距最大 62 m，最小 52 m，平均间距为 56 m；煤层最薄 1.2 m，最厚 2.7 m，平均厚度 2 m。煤层直接顶为细砂岩，平均厚度为 0.51 m；老顶为粉砂岩，平均厚度为 2.19 m；直接底为粉细砂岩，平均厚度为 7.22 m。

5.2 支护专家系统方案设计

首先通过网络将 51220 巷基本工程地质信息录入系统，计算得到巷道围岩稳定基本参数如图3所示。

经过案例推理、比对确定普通回采巷道 I_2 级围岩对应的最优支护方案及参数如下：

表7 普通回采巷道 I_2 级围岩条件下巷道支护建议表（部分）

参 数 类 型	参 数 名 称	参 数 值
顶板锚杆	锚杆类型	左旋无纵筋螺纹钢
	屈服强度(MPa)	335
	锚杆长度(mm)	1 700
…	…	…
工作面帮锚杆	锚杆类型	玻璃钢锚杆
	屈服强度(MPa)	300
	锚杆长度(mm)	1 700
…	…	…

点击输出按钮即可调用 AutoCAD 绘图模块以及 Word 报告输出模块处理形成最终支护方案。相对于原支护方案，系统建议方案节省直接材料成本 35%。经过 3 个月的连续矿压观测，巷道经历了临近工作面

当前位置：四台矿81220工作面521220巷支护技术>>81220工作面521220巷>>生成方案

项目名称：四台矿81220工作面521220巷支护技术(81220工作面521220巷)

			Q 1.计算基本参数值	Q 2.项目详情导出到Excel
岩柱强度(MPa)	91.79		复合顶板折减系数	1
层间距修正系数	1		动压影响修正系数	1.18
围岩稳定性指数	0.13		围岩级别	I2

图3 51220巷支护设计基本参数及围岩级别

以及本工作面回采带来的采动矿压的影响,顶板下沉量和两帮移近量最大处仅有 59 mm,支护效果显著。

6 结论

(1) 考虑大同矿区双系煤层煤岩体强度、应力、层间距、火成岩侵入、巷道跨度、煤柱宽度、冲击、动压等因素,基于成功案例反分析建立了基于松动圈和巷道稳定性指数的巷道工程地质条件定量评价指标体系及围岩分级标准。

(2) 收集了大同矿区 14 对矿井近 3 年共 102 条各类巷道的成功案例,对回采巷道、开拓与准备巷道、火成岩侵入巷道、近距离煤层巷道以及冲击矿压巷道共 5 种 41 类不同稳定级别巷道进行了理论分析、数值计算和部分现场试验,经过支护参数优选及标准化提取,完成了大同矿区工程地质条件背景及包含 9 867 个支护参数共计 143 个案例的初期成功案例标准知识库。在此基础上基于 BS 架构建立了具有可自动扩充和分享知识库功能的支护专家系统。

(3) 系统采用基于规则产生式、正向推理规则和基于成功案例的逆向推理机理,首先根据输入的围岩、巷道、地应力和围岩松动圈等正向推理出岩柱强度、围岩稳定性指数与级别、初步支护方案,其次结合成功案例数据库逆向寻找围岩级别、稳定性指数、岩柱强度等最匹配巷道支护案例并进行比较,生成最终方案。经过工业性试验证明该系统自动化程度高、速度快、稳定性好,设计方案合理、经济、可行。

参考文献

[1] 康红普.煤矿深部巷道锚杆支护理论与技术研究新进展[J].煤矿支护,2007,2:1 - 8.

[2] 杨仁树,马鑫民,李清,等.煤矿巷道支护方案专家系统及应用研究[J].采矿与安全工程学报,2013,30(5):648 - 652.

[3] 高宏,杨宏伟,黄文军,等.道清矿巷道支护计算机辅助设计系统研究及应用[J].煤矿安全,2013,44(1):116 - 119.

[4] 张新蛮.巷道支护专家系统软件的开发与实现[J].中国矿业,2012,21(3):100 - 102.

[5] 李效甫,姚建国.回采巷道支护形式与参数合理选择的专家系统[J].煤炭科学技术,1990,7:28 - 32.

[6] 冯夏庭,林韵梅.巷道工程专家系统研究[J].东北工学院学报,1993,14(1):1 - 5.

[7] 卫道毅,曹伍富.煤巷锚杆支护专家决策支持系统[J].淮南矿业学院学报,1998,18(3):40 - 42.

[8] 谭云亮,姜福兴,宋振骐.顺槽巷道锚杆支护决策咨询系统研究[J].山东矿业学院学报,1998,17(1):33 - 38.

[9] 许国安,靖洪文.煤矿巷道围岩松动圈智能预测研究[J].中国矿业大学学报,2005,34(2):152 - 155.

[10] 谢广祥,查文华.基于 ANN - ES 综放回采巷道锚杆支护设计[J].煤炭工程,2003,6:60 - 62.

本文发表于《煤矿支护》2015 年第 1 期

海底隧道围岩变形影响因素灰色关联分析

——以厦门翔安海底隧道 F_1 风化深槽为例介绍

陈海明

（安徽理工大学 土木建筑学院，安徽 淮南 232001）

摘要：为了降低海底隧道施工风险，确保隧道施工顺利穿越风化深槽，提高海底隧道设计水平，运用灰色关联理论研究了海底隧道围岩变形敏感性问题。运用均匀设计安排敏感性分析数值试验，以边界元软件BMP2000为数值分析手段，运用灰色关联理论对试验结果进行分析，得到了海底隧道围岩变形影响因素的敏感性排列顺序。分析结果表明，围岩水平收敛对侧压力系数最为敏感，其次是围岩的抗拉强度；拱顶下沉对泊松比最为敏感，其次是围岩的摩擦角。研究结果已成功运用于翔安海底隧道的设计施工过程中，取得较好的效果。

关键词：海底隧道；敏感性分析；灰色关联分析；围岩变形；风化深槽

1 引言

厦门翔安海底隧道是一项规模宏大的跨海工程，全长约 9 km，其中海底隧道 5.95 km，其中海域段 4.2 km，采用钻爆法修建，是中国大陆第一座大断面海底隧道，也是目前世界上断面最大的海底隧道，行车主洞隧道建筑限界净宽 13.5 m，净高 5 m。海域段隧道基本处于弱、微风化花岗岩岩层，其主要不良地质缺陷为全(W_4)、强(W_3)风化带，共 5 处穿越风化深槽/风化囊地段，风化槽(囊)地段围岩稳定条件差，一般为 Ⅳ、Ⅴ 级围岩[1-2]。

在隧道及地下工程的稳定性分析及设计中，应用数值模拟的方法已经相当普遍，数值模拟结果的准确程度与计算过程中采用的数学模型和材料参数的选取紧密相关。难以准确获得隧道围岩力学参数是目前海底隧道设计和稳定性评价的一个技术难题，因此，有必要对影响海底隧道围岩变形的各因素进行敏感性分析，对敏感因素进行排序，保证数值分析的可靠性和设计的科学性。

岩体力学参数敏感性分析已广泛应用于各类岩石工程中。敏感性分析的一般方法是单一因素分析方法，即局部敏感性分析，比较简单，工程上应用比较广泛。但是，这一方法存在很大的局限性，因为敏感性分析是建立在其他因素不变的条件下的。实际上，影响隧道围岩变形的因素有很多，它们的影响是交叉、综合地存在的，而且各影响因素对隧道围岩变形的综合影响，不是单纯的代数迭加，它们之间的相互作用十分复杂[3]。

学者提出一些改进的岩体力学参数敏感性分析方法。倪恒等[4]建立基于正交设计方法的敏感性分析方法，在巴东县赵树岭滑坡的敏感性分析中进行了应用。吴振君等[5]在可靠度分析基础上提出一种新的边坡稳定性因素敏感性分析方法——可靠度分析方法。许建聪等[6]在分析裂隙介质水力特性的基础上，采用层次分析法，结合工程实践经验，分析影响水下隧道裂隙围岩渗流控制的主要因素，并确定它们各自的权重。夏元友等[7]把正交表试验设计理论、效用函数理论与神经网络结合起来进行边坡影响因素敏感性分析。于怀昌等[8]结合粗糙集理论与模糊C-均值(FCM)算法，提出一种边坡稳定性影响因素敏感性分析新方法，将边坡稳定性影响因素敏感性分析问题转化为粗糙集理论中的属性重要性评价问题。

隧道(洞)围岩变形影响因素敏感性分析方面也有

一些研究成果的报道。张继勋等[9]以锦屏二级水电站深埋长引水隧洞为工程实例,通过平面非线性有限元对围岩各项参数对围岩稳定性影响进行了敏感性分析,采用的是正交试验设计分析方法。侯哲生等[10]利用非线性弹塑性有限元法,对位于金川二矿区底盘某采准巷道围岩力学参数对变形的敏感性进行分析,但是采用的局部敏感性分析。黄书岭,冯夏庭等[11]针对岩体力学参数敏感性分析单指标方法的局限性,提出基于敏感度熵权的属性识别综合评价模型,为模型参数敏感性分析提供一种新思路。聂卫平等[12]提出基于弹塑性有限元的洞室稳定性参数敏感性灰关联分析方法,在金沙江两家水电站地下厂房区洞室中进行了应用。

海底隧道与一般隧道工程相比,地质条件更加复杂,如何解决好施工"探水"、"治水"和"防塌"三大技术难点,是跨海隧道施工成败的关键[2]。然而关于海底隧道围岩变形影响因素敏感性分析研究还比较少,本文综合数值分析、均匀设计和灰色关联理论建立了海底隧道围岩变形影响因素的灰色关联分析方法。运用均匀设计安排敏感性分析数值试验,以边界元软件 BMP2000 为数值分析手段,运用灰色关联理论对试验结果进行分析,得到了厦门翔安海底隧道 F_1 风化深槽区域围岩变形影响因素的敏感性排列顺序。

2 灰色关联分析的基本方法

2.1 灰色关联分析的基本原理

灰色关联分析法是研究事物之间、影响因素之间关联性的一种因素分析方法,是由我国学者邓聚龙 1985 年首先提出的[13]。它将系统内各因素表达为数据列,通过对各数据列几何曲线关系的比较来分析系统中多因素的关联程度,曲线越接近,则说明因素发展变化态势越接近,相应序列之间的关联程度就越大,反之就越小。

对系统中各因素进行分析时,需指定参考数列和比较数列。用关联系数来表示比较数列与参考数列的相对差值。若数列较多,并且对应着若干个时刻,则关联系数很多,从而信息过于分散,不便于比较,为此需

要将各个时刻关联系数集中为一个值,求平均值便是做这种信息集中处理的一种方法,这个平均值即为关联度,这里称为影响度。影响度越大,表示比较数列对参考数列的依赖性就越强,两者之间的关联程度就越大、关系越密切。灰色关联分析理论已在隧道等复杂系统分析得到广泛应用[14-15]。

2.2 影响度的计算方法

计算影响度,包括以下三个步骤:

1) 数列无量纲化

当各影响因素量纲不同时,需要将其无量纲化,常用的方法有初值化法和均值化法。初值化是指所有的数据均用第 1 个数据除,然后得到一个各不同时刻相对于第 1 个时刻值百分比的数列;而均值化处理则是用平均值去除所有数据,以得到一个占平均值百分比多少的数列。在这里,采用初值化法来对海底隧道围岩变形各影响因素数列进行无量纲化。

2) 求关联系数

参考数列常计为 x_0,它是由不同时刻的值所构成的,可表示为:

$$x_0 = (x_0(1), x_0(2), \cdots, x_0(n)) \tag{1}$$

式中,第 $x_0(j)$ 表示第 j 个时刻的值。

比较数列可表示为:

$$x_i = (x_i(1), x_i(2), \cdots, x_i(n)) \tag{2}$$

对于一个参考数列 x_0 和若干个比较数列 x_i,($i = 1, 2, \cdots, m$),可用关联系数 $\xi_i(k)$ 表示各比较数列与参考数列在各点(时刻)的差,其表达式为:

$$\xi_i(k) = \frac{\min_i \min_k |x_0(k) - x_i(k)| + \zeta \max_i \max_k |x_0(k) - x_i(k)|}{|x_0(k) - x_i(k)| + \zeta \max_i \max_k |x_0(k) - x_i(k)|} \tag{3}$$

式中,ζ 是分辨系数,在 $0 \sim 1$ 之间取值,通常取为 0.5;$\min_i \min_k |x_0(k) - x_i(k)|$ 是两个层次的最小差,第一层次最小差 $\Delta_i(\min) = \min_k |x_0(k) - x_i(k)|$,第二层次 $\min(\Delta_i(\min)) = \min_i(\min_k |x_0(k) - x_i(k)|)$;$\max_i \max_k |x_0(k) - x_i(k)|$ 是两个层次的最大差。

3) 求影响度

得到关联系数后,可以用下式求出比较数列 x_i 对

参考数列 x_0 的影响度 r_i:

$$r_i = \frac{1}{N} \sum_{k=1}^{N} \xi_i(k) \qquad (4)$$

式中,N 表示数据组数。

海底隧道围岩变形问题就是一个灰色系统,所以采用灰色关联分析方法进行其影响因素敏感性分析研究是一个较为理想和科学的研究方法。

3 均匀设计简介

均匀设计(Uniform Design)是由方开泰、王元等为代表的中国专家在 20 世纪 70 年代末提出的崭新理念[16],主要考虑如何将设计点均匀地散布在试验范围内,使得能用较少的试验点获得最多的信息,是对试验设计的有益补充。经过三十多年的发展,均匀设计的理论体系已日趋成熟,提供了一整套适合多因子多水平而试验次数又较少的设计和分析方法,取得了一系列可喜的成绩。

这里选用均匀设计法安排敏感性分析数值试验,这样可以在较少的试验次数情况下,保证试验的均匀分散性和较低的偏差,保证本项研究的科学性和准确性。

均匀设计和正交设计相似,也是通过一套精心设计的表来进行试验设计的。每一个均匀设计表有一个代号 $U_n(q^s)$,其中"U"表示均匀设计,"n"表示要做 n 次试验,"q"表示每个因素有 q 个水平,"s"表示该表有 s 列。这里采用的均匀设计表是 $U_{12}*(12^{10})$,见表 1,表 2 是 $U_{12}*(12^{10})$ 的使用表。

表 1　均匀设计表 $U_{12}*(12^{10})$

行	1	2	3	4	5	6	7	8	9	10
1	1	2	3	4	5	6	8	9	10	12
2	2	4	6	8	10	12	3	5	7	11
3	3	6	9	12	2	5	11	1	4	10
4	4	8	12	3	7	11	6	10	1	9
5	5	10	2	7	12	4	1	6	11	8
6	6	12	5	11	4	10	9	2	8	7
7	7	1	8	2	9	3	4	11	5	6

续　表

行	1	2	3	4	5	6	7	8	9	10
8	8	3	11	6	1	9	12	7	2	5
9	9	5	1	10	6	2	7	3	12	4
10	10	7	4	1	11	8	2	12	9	3
11	11	9	7	5	3	1	10	8	6	2
12	12	11	10	9	8	7	5	4	3	1

表 2　$U_{12}*(12^{10})$ 的使用表

因素数	列	号					D
2	1	5					0.116 3
3	1	6	9				0.183 8
4	1	6	7	9			0.223 3
5	1	3	4	8	10		0.227 2
6	1	2	6	7	9		0.267 0
7	1	2	6	7	8	9	10	0.276 8

注:D 为偏差值。

4 敏感性分析数值试验

数值分析借用了李世煇先生早年所研制的边界元法隧道围岩变形与破坏的简化实用分析程序 BMP2000,该分析程序能普遍适用于隧道工程中常用的多种断面、不同加载方式、几种常用的屈服准则、不同地应力侧压系数以及隧洞支护配置等各类型围岩施工稳定性的现场快速分析,精度上可以满足工程使用要求[1-2]。

这里将海底隧道围岩变形数值分析选用了均匀连续的弹塑性模型,屈服准则采用莫尔-库伦准则,敏感性分析数值试验计算模型如图 1 所示。

计算结果跟现场监测数据吻合较好,说明数值模型的选择是合适的。选用主洞右线 F_1 风化深槽段典型断面 YK7+375 为例进行分析,图 2 为围岩收敛(拱顶下沉和水平收敛)随时间变化实测曲线,从图中可以看到 60 天左右围岩变形趋于稳定,围岩收敛较大,最终收敛计算值为 110.9 mm,实测值为 124.1 mm,误差为 10.6%。

这里主要考虑的海底隧道围岩变形的主要影响因素为:侧压力系数 λ、粘聚力 c、内摩擦角 φ、泊松比 μ、

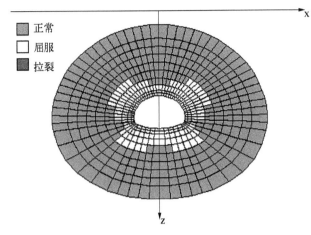

图1 围岩变形敏感性分析数值试验计算模型

□ 正常
□ 屈服
■ 拉裂

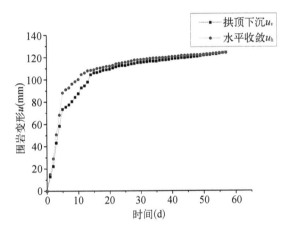

图2 YK7+375断面围岩收敛-时间实测曲线

抗压强度 σ_c 和抗拉强度 σ_t。根据厦门翔安海底道 F_1 风化深槽区域围岩参数的实际情况,各影响因素的取值范围如表3所列。

表3 影响因素的取值范围

λ	$c/$ MPa	$\varphi/°$	μ	$E/$ MPa	$\sigma_c/$ MPa	$\sigma_t/$ MPa
0.4~ 0.7	0.035~ 0.2	16~ 27	0.35~ 0.4	100~ 300	1~ 10	0.2~ 0.5

选择均匀设计表 $U_{12}*(12^{10})$(表1)中的1、2、6、7、8、9、10列(表2)安排上述7个主要影响因素,根据表3中各因素的取值范围,每个因素取12个水平,试验设计组合如表4所列,每组数值试验计算结果(拱顶下沉 u_v 和水平收敛 u_h)列在表4的第9列和第10列。得到各种水平因素组合下的海底隧道的拱顶下沉 u_v 和水平收敛 u_h 后,即可进行这7个影响因素对海底隧

道变形影响程度的敏感性分析,利用第2节的方法,计算结果如表5和图3所示。

表4 试验组合及其结果

序号	$c/$ MPa	$\varphi/°$	μ	$E/$ MPa	$\sigma_c/$ MPa	$\sigma_t/$ MPa	$\sigma_h/$ MPa	u_h /mm	u_v /mm
1	0.035	17	0.375	230	9.0	−0.425	1.05	7.246	5.825
2	0.04	19	0.4	130	5.0	−0.35	0.975	12.372	10.40
3	0.05	21	0.37	280	1.0	−0.275	0.938	4.990	4.863
4	0.06	23	0.397	190	10.0	−0.2	0.9	7.538	7.178
5	0.08	25	0.365	100	6.0	−0.45	0.862	12.084	13.77
6	0.095	27	0.395	245	2.0	−0.375	0.825	5.142	5.618
7	0.105	16	0.36	150	11.0	−0.3	0.788	6.790	9.293
8	0.13	18	0.39	300	7.0	−0.225	0.75	3.576	4.636
9	0.145	20	0.355	210	5.0	−0.5	0.712	3.934	6.723
10	0.16	22	0.385	115	12.0	−0.4	0.675	7.688	12.23
11	0.175	24	0.35	260	3.0	−0.325	0.637	2.444	5.502
12	0.2	26	0.38	170	4.0	−0.25	0.6	4.084	8.367

表5 影响度计算结果

r_i	c	φ	μ	E	σ_c	σ_t	λ
对水平收敛	0.61	0.85	0.89	0.84	0.87	0.90	0.91
对拱顶下沉	0.62	0.85	0.85	0.79	0.80	0.82	0.81

从表5可知,各影响因素对海底隧道围岩变形的影响度 $r_i(i=1,2,\cdots,7)$ 均大于0.60,可见侧压力系数 λ、粘聚力 c、内摩擦角 φ、泊松比 μ、抗压强度 σ_c 和抗拉强度 σ_t 对海底隧道围岩变形均有显著的影响,这7个因素与海底隧道围岩变形是紧密相关的。

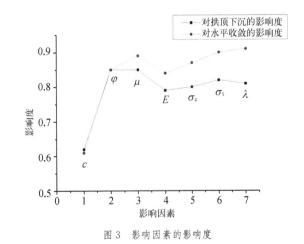

图3 影响因素的影响度

比较这7个因素对海底隧道围岩变形的影响度的大小,可以看出海底隧道拱顶下沉对这7个因素的敏

感性排序为：

$$c < E < \sigma_c < \lambda < \sigma_t < \varphi < \mu \qquad (5)$$

海底隧道水平收敛对这 7 个因素的敏感性排序为：

$$c < E < \varphi < \sigma_c < \mu < \sigma_t < \lambda \qquad (6)$$

5　结论

本文通过海底隧道围岩变形影响因素灰色关联分析研究，得到以下结论：

（1）这里考虑的海底隧道围岩变形 7 个影响因素：侧压力系数 λ、粘聚力 c、内摩擦角 φ、泊松比 μ、抗压强度 σ_c 和抗拉强度 σ_t，对海底隧道围岩变形均有显著的影响，这 7 个因素与海底隧道围岩变形是紧密相关的。

（2）海底隧道拱顶下沉对 7 个影响因素的敏感性排序为

$$c < E < \sigma_c < \lambda < \sigma_t < \varphi < \mu$$

（3）海底隧道水平收敛对 7 个影响因素的敏感性排序为

$$c < E < \varphi < \sigma_c < \mu < \sigma_t < \lambda$$

（4）分析结果表明，海底隧道拱顶下沉与水平收敛的影响因素敏感性差别较大，水平收敛对侧压力系数最为敏感，其次是围岩的抗拉强度；拱顶下沉对泊松比最为敏感，其次是围岩的摩擦角。分析其原因，从表 5 可知 7 个因素对海底隧道围岩变形的影响度均大于 0.6，数值较大且比较接近，这里给出的敏感性排序就是根据表 5 中的计算结果给出的，说明这 7 个因素与海底隧道围岩变形都是紧密相关的，它们的值对海底隧道围岩变形影响大。此外，这里得到的结果是建立在数值分析的基础上的，基于边界元分析软件 BMP2000，采用莫尔-库伦弹塑性本构模型计算分析出来的结果，采用不同的计算程序，不同的本构模型可能会有不同的敏感性分析结果，这需要进一步研究。

参考文献

[1] 孙钧,戚玉亮.隧道围岩稳定性正算反演分析研究——以厦门海底隧道穿越风化深槽施工安全监控为例介绍[J].岩土力学,2010,31(8)：2353 - 2360.

[2] 孙钧.海底隧道工程设计施工若干关键技术的商榷[J].岩石力学与工程学报,2006,25(8)：1513 - 1521.

[3] 蔡毅,邢岩,胡丹.敏感性分析综述[J].北京师范大学学报,2008,44(1)：9 - 16.

[4] 倪恒,刘佑荣,龙治国.正交设计在滑坡敏感性分析中的应用[J].岩石力学与工程学报,2002,21(7)：989 - 992.

[5] 吴振君,王水林,汤华,等.一种新的边坡稳定性因素敏感性分析方法——可靠度分析方法[J].岩石力学与工程学报,2010,29(10)：2050 - 2055.

[6] 许建聪,王余富.水下隧道裂隙围岩渗流控制因素敏感性层次分析[J].岩土力学,2009,30(6)：1719 - 1725.

[7] 夏元友,熊海丰.边坡稳定性影响因素敏感性人工神经网络分析[J].岩石力学与工程学报,2004,23(16)：2703 - 2707.

[8] 于怀昌,刘汉东,余宏明,等.基于 FCM 算法的粗糙集理论在边坡稳定性影响因素敏感性分析中的应用[J].岩土力学,2008,29(7)：1889 - 1894.

[9] 张继勋,姜弘道,任旭华.岩体参数对隧洞围岩稳定性影响的敏感性分析[J].采矿与安全工程学报,2006,23(2)：169 - 172.

[10] 侯哲生,李晓,王思敬,等.金川二矿某巷道围岩力学参数对变形的敏感性分析[J].岩石力学与工程学报,2005,24(3)：406 - 410.

[11] 黄书岭,冯夏庭,张传庆.岩体力学参数的敏感性综合评价分析方法研究[J].岩石力学与工程学报,2008,27(S1)：2624 - 2630.

[12] 聂卫平,徐卫亚,周先齐.基于三维弹塑性有限元的洞室稳定性参数敏感性灰关联分析[J].岩石力学与工程学报,2009,28(S2)：3885 - 3893.

[13] 邓聚龙.灰色系统基本方法[M].武汉：华中科技大学出版社,2005.

[14] 田岗,白明洲,等.基于灰色上、下限理论的土质隧道变形预测分析及安全评价[J].现代隧道技术,2014,51(3)：161 - 167.

[15] 侯亚彬,陈玉,周成涛,等.基于灰色理论的隧道围岩收敛预测[J].现代隧道技术,2012,49(5)：56 - 59.

[16] 方开泰.均匀设计与均匀设计表[M].北京：科学出版社,1994.

正常使用极限状态下海底公路隧道衬砌结构耐久性服役寿命预测

牛富生

（宁波市交通规划设计研究院，浙江　宁波 315192）

摘要： 基于结构随机可靠度（基于蒙特卡洛法）、结构模糊随机可靠度理论（基于验算点 JC 法）、分位值法及耐久性评定标准法，依托实体工程对衬砌结构进行了较为深入系统的研究。采用 Matlab 软件编制了海底隧道衬砌结构服役寿命理论预测的专用计算程序，进行了正常使用极限状态下基于裂缝宽度限值准则的衬砌结构服役寿命预测计算。

关键词： 海底公路隧道；衬砌结构；可靠度；分位值法；服役寿命

1　引言

外界侵蚀性化学离子向混凝土内部的扩散作用是导致混凝土破坏的主要原因。对于海底公路隧道而言，衬砌外侧受到地下"变质"海水中氯离子侵蚀，而衬砌内侧由于洞内汽车尾气排放的 CO_2 和 CO 渗入引起混凝土碳化，两种因素将会导致隧道衬砌结构两侧混凝土开裂、剥落，影响结构的使用寿命。氯离子侵蚀和混凝土碳化已公认是混凝土结构中钢筋锈蚀的前提条件，而钢筋锈蚀是造成混凝土结构耐久性损伤的最主要因素。因此，建立正常使用极限状态下海底隧道衬砌结构服役寿命预测模型对混凝土结构耐久性的设计和评价具有重要意义。

本文基于结构随机可靠度（基于蒙特卡洛法）、分位值法及结构模糊随机可靠度理论（基于验算点 JC 法），依托厦门翔安海底隧道工程对衬砌结构进行了较为深入系统的研究，进行了正常使用极限状态下基于裂缝宽度限值准则下衬砌结构服役寿命预测。结构随机可靠度在判断结构失效或极限状态的准则是明确的，因而结构的失效域是明确的；而与结构正常使用极限状态（裂缝宽度或变形）相关的可靠度分析中，相应的极限状态的标志常常不明显，变形程度越大，不可接受的程度就会越大，结构失效准则及其产生的失效域的边界是不明确的，具有模糊性。对于具有模糊失效准则的结构模糊随机可靠度问题，可利用模糊随机事

件的概率将其转化成随机可靠度问题进行求解。鉴于数学模型的正确性与否及其参数取值是否合理导致预测结果的精确度不够，为安全起见（按不利情况考虑），本文对比分析了结构随机可靠度/结构模糊随机可靠度与耐久性评定标准法所求预测结果，求出两者中较小值，最终确定正常使用极限状态下海底隧道衬砌结构耐久性服役寿命。

2　海底隧道衬砌结构耐久性服役寿命

2.1　结构服役寿命准则

预测结构寿命的关键是确定衬砌结构的耐久性极限标准。目前，在结构寿命预测和评估中，按先后顺序通常有以下几种寿命准则：（1）碳化或氯离子侵蚀寿命准则；（2）锈胀开裂寿命准则；（3）裂缝宽度和钢筋锈蚀量限值寿命准则；（4）承载力寿命准则。

2.2　隧道衬砌结构服役寿命组成

在结构使用过程中，性能不断退化，服役寿命的定义是与时间相关的。本文主要进行了隧道衬砌结构裂缝限值准则下的服役寿命计算，暂不求承载力极限准则下服役寿命。对于海底隧道衬砌结构而言，衬砌外侧则受氯离子的侵蚀，衬砌内侧受汽车尾气的碳化侵蚀，其服役寿命的过程如图 1 所示[1]。

按照其相应的材料劣化过程，依次可以选择不同的劣化过程作为极限状态：

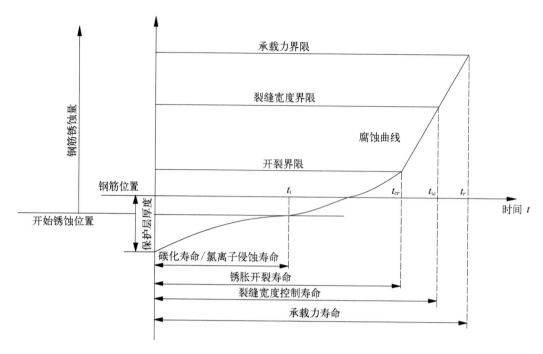

图 1　衬砌结构性能衰退及服役寿命的过程

（1）t_i—从隧道开始建成到钢筋表面的氯离子浓度或混凝土碳化深度达到临界值时的时间，即混凝土中的钢筋脱钝，开始锈蚀；

（2）t_w—从钢筋开始锈蚀发展到混凝土表面因钢筋锈蚀膨胀而出现顺筋裂缝且保护层顺筋裂缝的宽度达到标准规定的某一设定限值，$t_w = t_i + t_c + t_d$。该阶段又分为两个时间段：$t_c + t_d$。其中，t_c 是指从钢筋开始锈蚀到混凝土因钢筋锈蚀膨胀而出现裂缝的时间；t_d 是指从衬砌结构混凝土开裂到裂缝宽度达到某一限值的时间。

3　基于可靠度理论的衬砌结构服役寿命预测方法

3.1　基于可靠度的服役寿命预测

基于可靠度的混凝土结构耐久性服役寿命是指：根据结构的重要性和用途、结构所处的工作环境确定环境对结构的作用效应，确定结构耐久性极限状态和确定结构抵抗环境作用的能力，即明确其功能目标，根据不同的功能目标提出不同的性能水准，使设计的结构具备规定的寿命期内预期功能时的寿命。

3.2　基于可靠度的结构服役寿命分析模型

介于期望的和不期望的结构性能的极限状态通常是以极限状态函数的形式表现的，每一失效模式对应于它的极限状态，不同的极限状态有不同的极限状态函数。通常为"$R\text{-}S$ 模型"，极限状态函数为[1]：

$$Z(t) = R(t) - S(t) \tag{1}$$

式中，$Z(t)$ 为极限状态函数；$R(t)$ 是指某种意义上随时间衰减的结构抗力；$S(t)$ 指某种意义上随时间变化的结构荷载效应。

当 $Z(t) = 0$ 时，结构处于极限状态；当 $Z(t) < 0$ 时，结构失效。

本文建立的 4 种耐久性极限状态方程即是基于"$R\text{-}S$ 模型"形式，只不过对于耐久性而言，抗力主要由构件的几何尺寸、材料组成及物理化学性质等方面决定；荷载表示环境侵蚀，一般为时间的函数。对于混凝土结构耐久性极限状态方程，R 分别为保护层厚度、保护层厚度、钢筋临界锈蚀深度、临界裂缝宽度；S 为碳化深度，氯离子侵蚀深度、钢筋锈蚀深度、裂缝宽度，S 均为时间 t 的函数。

结构抗力和荷载作用效应都是随时间变化的，结构抗力看成是随机变量，随时间是不断衰减的，荷载作用效应看成是随机过程。

每一阶段基于性能的设计准则为[2]：

$$P_{失效} = P_f = P\{R - S < 0\} < P_{目标} \tag{2}$$

每一阶段的基于性能的准则确定后，混凝土结构每一阶段的使用寿命即可以求出。在结构可靠性理论研究中,这个准则可由极限状态方程的形式表现出来。

结合结构极限状态方程式(1),结构的失效概率为:

$$P_f = P\{Z \leqslant 0\} = P\{R(t) \leqslant S(t)\} \quad (3)$$

相应的可靠度指标可以表示为:

$$\beta = \Phi^{-1}(P_f) \quad (4)$$

当结构某一时刻的失效概率大于规定可接受的失效概率时,该时刻即为结构的寿命期限,可根据下式来确定结构的寿命期限:

$$P_f(T_p) \geqslant P_{目标} \quad (5)$$

用可靠度指标表示为

$$\beta \leqslant \beta_{目标} \quad (6)$$

某一极限状态下结构的服役寿命也即是可靠度指标达到目标可靠度指标时的年限。基于 Monte Carlo 法采用 Matlab 软件编制相应的服役寿命预测计算程序即可得出某一寿命准则下结构的寿命期限。

3.3 结构目标可靠度指标

1) 目标可靠度指标的研究现状

前人将保护层厚度与混凝土强度作为随机变量,对不同的保护层厚度与混凝土强度等级采用 Monte Carlo 法对两个随机变量模拟 5 000 次,得出相应的可靠度指标,如表 1 所示。表 1 反映了我国现行《混凝土结构设计规范》(GB50010 - 2010)隐含的正常使用极限状态下的目标可靠度指标[3]。

表 1 《混凝土结构设计规范》(GB50010 - 2010) 隐含的目标可靠度指标

混凝土强度等级	≤C20	C25~C45	≥C50
碳化寿命准则	$[\beta] \leqslant -1.32$	$-0.73 \leqslant [\beta] \leqslant 1.25$	$[\beta] \geqslant 1.57$
保护层开裂寿命准则	$[\beta] \leqslant 0.65$	$0.97 \leqslant [\beta] \leqslant 2.19$	$[\beta] \geqslant 2.53$
裂缝限值寿命准则	$[\beta] \leqslant 0.95$	$1.26 \leqslant [\beta] \leqslant 2.36$	$[\beta] \geqslant 2.62$

由于氯离子的侵蚀,混凝土结构的耐久性将逐渐衰减,其耐久可靠性也逐步降低。当可靠性低于设定的目标可靠度指标时,可认为结构的耐久性达到某种

极限状态,耐久寿命就此终结。当由于耐久性不足而导致结构产生使用状态不良或者安全性能下降时,可采用由 Siemes 和 Rostam[4] 提出的相应的可靠性指标。氯离子侵蚀耐久极限状态的目标可靠度指标见表 2。

表 2 氯离子侵蚀耐久极限状态的目标可靠度指标

极限状态	事件	目标可靠性指标 $[\beta]$
正常使用极限状态	腐蚀开始	$1.5 \leqslant [\beta] \leqslant 1.8$
正常使用极限状态	腐蚀引起的开裂	$2.0 \leqslant [\beta] \leqslant 3.0$
承载能力极限状态	结构的倒塌	$3.6 \leqslant [\beta] \leqslant 3.8$

2) 各寿命准则下结构目标可靠度指标建议值

对海底隧道衬砌结构而言,是不可逆的,且后期维修费用较大。厦门翔安海底隧道衬砌结构混凝土强度等级为 C45,本文结合表 1 及表 2,并按可靠度及模糊随机可靠度理论经初步计算后在保证结构安全的情况下,建议结构在正常使用极限状态下的各寿命准则的目标可靠度指标取值见表 3。

表 3 各寿命准则下结构目标可靠度指标的建议值

寿命准则	目标可靠度指标	相应的失效概率
碳化寿命准则	$[\beta] = 0.5$	$P_f = 0.3$
氯离子侵蚀寿命准则	$[\beta] = 1.65$	$P_f = 0.05$
锈胀开裂寿命准则	$[\beta] = 1.30$	$P_f = 0.10$
裂缝宽度控制寿命准则	$[\beta] = 1.65$	$P_f = 0.049$

4 按裂缝限值控制的海底公路隧道衬砌结构服役寿命预测

4.1 海底公路隧道衬砌结构内侧钢筋起锈时间 $t_{i\text{-}CO_2}$ 计算

1) 基于可靠度的衬砌结构内侧钢筋开始锈蚀时间 $t_{i\text{-}CO_2}$ 计算

(1) 混凝土中钢筋开始锈蚀的极限状态方程

均值与分项系数表达的结构碳化寿命准则下极限状态方程为[5]:

$$Z(t) = \frac{\mu_c}{\gamma_c} - 4.86 \cdot (-RH^2 + 1.5RH - 0.45)$$

$$\cdot \left(\frac{\mu_c}{\gamma_c} - 5\right) \cdot \left(\ln \frac{\mu_{f_{cuk}}}{\gamma_{f_{cuk}}} - 2.30\right)$$

$$-\frac{0.742-0.224\lg C_p}{0.742-0.224\lg C_m}\frac{C_p}{C_m}\sqrt{\lambda_t}X_m\left(\frac{365t}{t_m}\right)^{0.5}$$

$$(7)$$

式中，μ_c、γ_c 分别为混凝土保护层厚度的均值及其分项系数；$\mu_{f_{cuk}}$、$\gamma_{f_{cuk}}$ 分别为混凝土抗压强度均值及其分项系数；RH 为工程结构所处环境的相对湿度；C_p/C_m 为 CO_2 浓度比尺；λ_t 为时间比尺；X_m、t_m 分别为模型快速碳化深度、室内模型试验快速碳化龄期。

基于可靠度理论编制 Matlab 计算程序，计算结构钢筋开始锈蚀极限状态下达到目标可靠度指标时的年限，即为结构的碳化寿命。

（2）基于规定可靠指标的碳化寿命的预测

相应参数的统计特征见文献[6]，采用分位值法，利用 Matlab 编程计算得到结构达到目标可靠度指标时的分项系数见表4，计算得到的厦门翔安海底隧道衬砌结构钢筋开始锈蚀时间的可靠度指标和失效概率计算结果如图2、图3所示。

表4 分位值法求得的碳化寿命准则下分项系数表

目标可靠度指标[β]	分 项 系 数	
	γ_c	$\gamma_{f_{cuk}}$
0.50	1.00	0.91

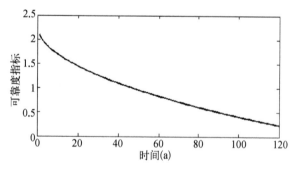

图2 衬砌结构碳化寿命可靠度指标与时间关系图

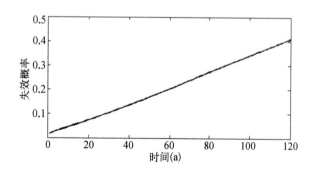

图3 衬砌结构碳化寿命失效概率与时间关系图

从图2和图3的计算结果中，可以得到当失效概率为0.3，对应的可靠度指标为0.5时，所对应的时间 $t=90$ 年，也即是海底隧道衬砌结构的碳化寿命 $t_{i\text{-}CO_2}$ 为90年。

2）海底隧道衬砌结构内侧钢筋起锈时间 $t_{i\text{-}CO_2}$ 的确定

基于可靠度计算衬砌结构内侧钢筋开始锈蚀时间为90年，采用耐久性评定标准法计算为88年。鉴于数学模型的正确性与否及其参数取值是否合理导致预测结果的精确度不够，为安全起见，取两者中的较小值，最终确定该海底隧道衬砌结构内侧钢筋开始锈蚀的时间为 $t_{i\text{-}CO_2}=88$ 年，也即碳化寿命 $t_i=88$ 年。

4.2 海底隧道衬砌结构外侧钢筋起锈时间 $t_{i\text{-}Cl^-}$ 计算

1）基于可靠度的衬砌结构外侧钢筋开始锈蚀时间 $t_{i\text{-}Cl^-}$ 计算

（1）极限状态方程的建立

氯离子侵蚀环境正常使用耐久极限状态方程可写为[7]：

$$Z=c-2erf^{-1}\left(1-\frac{C_{cr}-C_0}{C_s-C_0}\right)\sqrt{D_{Cl^-}t}\quad(8)$$

式中，c 为保护层厚度；C_{cr} 为临界氯离子浓度；C_0 为初始氯离子浓度，本文参考文献[8]取值，$C_0=0.046\%$；C_s 为衬砌结构混凝土表面氯离子浓度，为与文献[8]计算结果进行对比，参考文献[8]取值，$C_s=0.346\%$；D_{Cl^-} 为氯离子的有效扩散系数。

综上所述，以上各参数的统计特征如表5所示。

表5 氯离子侵蚀条件下钢筋开始锈蚀时参数的统计特征

参 数	均 值	标准差	变异系数	分布类型
C_{cr} (kg/m³)	0.237%	$4.74*10^{-4}$	0.2	正态分布
C(mm)	65	1.95	0.03	正态分布
D_{Cl^-} (m²/s)	$7.35*10^{-12}$	$1.47*10^{-12}$	0.2	正态分布
衰减指数 m	0.46	0.023	0.05	正态分布

（2）基于规定可靠指标的氯离子侵蚀耐久寿命的预测

基于 Monte-Carlo 法利用 Matlab 软件编制了海底隧道衬砌结构外侧钢筋脱钝时间的计算程序。计算结果如下图4、图5所示。

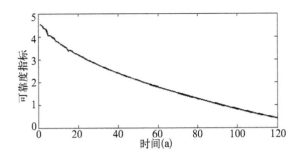

图 4　氯离子侵蚀寿命可靠度指标与时间关系图

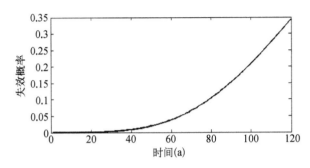

图 5　氯离子侵蚀寿命失效概率与时间关系图

从图 4、图 5 可以看出，当失效概率为 0.05 时，所对应的目标可靠度指标为 1.65，相应的时间为 65 年，也即是说衬砌结构在氯离子侵蚀下钢筋开始锈蚀的时间为 65 年。

2）海底隧道衬砌结构外侧钢筋起锈时间 $t_{i\text{-}Cl^-}$ 的确定

基于可靠度计算衬砌结构外侧钢筋开始锈蚀时间为 65 年，采用耐久性评定标准法计算为 62 年。同上，最终确定该海底隧道衬砌结构外侧钢筋开始锈蚀的时间为 $t_{i\text{-}Cl^-}=62$ 年，也即氯离子侵蚀寿命 $t_i=62$ 年。

4.3　海底隧道衬砌结构钢筋开始锈蚀到保护层开裂时间 t_c 的计算

1）基于可靠度的衬砌结构钢筋开始锈蚀到保护层开裂时间的计算

（1）保护层开裂剥落时刻钢筋锈蚀极限状态方程

引入分项系数，则保护层锈胀开裂寿命极限状态方程可表示为[9]：

$$Z = k_{crl} \cdot \left[0.008\,\frac{\mu_c}{\gamma_c d} + 0.000\,55\,\frac{\mu_{f_{cuk}}}{\gamma_{f_{cuk}}} + 0.022 \right]$$
$$- 14.5 k_{cl} k_{ce} e^{0.04T} (RH - 0.45)\, 2/3 \cdot \left(\frac{\mu_c}{\gamma_c} \right)^{-1.1}$$

$$\cdot \left(\frac{\mu_{f_{cuk}}}{\gamma_{f_{cuk}}} \right)^{-1.8} (t - t_i) \tag{9}$$

式中：k_{crl} 为钢筋位置修正系数本文按中部位置考虑取为 1.35；d 为钢筋直径；k_{cl} 为钢筋位置修正系数，本文取 1.0；k_{ce} 为局部环境修正系数，海底隧道衬砌结构按干湿交替环境（不利情况）考虑取 3.5；T 为结构所处环境的年平均温度（℃）；其它字母符号代表意义同前。

结构锈胀开裂寿命的目标可靠度指标本文取 $[\beta]=1.30$。利用分位值法，采用 Matlab 编程计算结构在该极限状态下的分项系数见表 6。

表 6　分位值法求得的结构锈胀开裂寿命极限状态分项系数

目标可靠指标 $[\beta]$	分　项　系　数	
	γ_c	$\gamma_{f_{cuk}}$
1.30	1.00	1.326

（2）海底隧道衬砌结构保护层开裂寿命预测

利用 Matlab 软件进行编程计算，得到该海底隧道衬砌结构保护层锈胀开裂寿命。混凝土材料相应参数的统计特征同上，失效概率与时变可靠度指标计算如图 6 和图 7 所示。

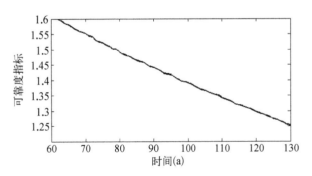

图 6　保护层锈胀开裂寿命可靠度指标与时间关系图

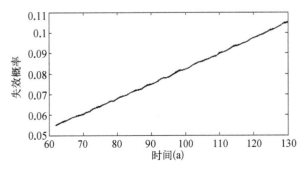

图 7　保护层锈胀开裂寿命失效概率与时间关系

从图 6 和图 7 的计算结果可以看出,当可靠度指标达到目标可靠度指标 1.30,对应的失效概率为 0.10 时,所对应的时间 $t = 118$ 年,即保护层锈胀开裂寿命 $t_{cr} = 118$ 年,由此得衬砌结构钢筋开始锈蚀到保护层胀裂时间 $t_c = 56$ 年。

2) 海底隧道衬砌结构钢筋开始锈蚀到保护层开裂时间 t_c 的确定

基于可靠度计算的衬砌结构钢筋开始锈蚀到保护层开裂的时间为 56 年,采用耐久性评定标准法计算为 57 年。同上,最终确定该海底隧道衬砌结构钢筋开始锈蚀到保护层开裂的时间 $t_c = 56$ 年。

4.4 基于模糊随机可靠度的混凝土保护层胀裂至裂缝宽度达到限值的时间 t_d 计算

1) 基于模糊随机可靠度的混凝土保护层胀裂至裂缝宽度达到限值的时间计算

(1) 裂缝宽度寿命准则下极限状态方程的建立

引入分项系数,则裂缝宽度寿命准则下极限状态方程为[10]:

$$Z = 0.2 - \frac{14.5 k_{cl} k_{ce} \mathrm{e}^{0.04T} (RH - 0.45)^{2/3} (t - t_{cr})^2}{\left(\frac{\mu_c}{\gamma_c}\right)^{1.1} \cdot \left[\frac{\mu_{f_{cuk}}}{\gamma_{f_{cuk}}}\right]^{1.8}}$$

$$- 2(t - t_{cr})$$

$$\times \sqrt{\frac{14.5 k_{cl} k_{ce} \mathrm{e}^{0.04T} (RH - 0.45)^{2/3} \cdot \left[0.022\,9 \cdot \left(\frac{\mu_{f_{cuk}}}{\gamma_{f_{cuk}}}\right) - 0.051\right]}{\left(\frac{\mu_c}{\gamma_c}\right)^{1.1} \cdot \left[\frac{\mu_{f_{cuk}}}{\gamma_{f_{cuk}}}\right]^{1.8}}} \quad (10)$$

(2) 基于模糊随机可靠度的裂缝宽度寿命准则下极限状态方程的构建

前述结构随机可靠度的概念以及在前述各种分析方法中,判定结构的失效或极限状态的准则均是明确的,结构的可靠度只受基本变量随机性的影响。除了随机性因素外,结构可靠度还可能受模糊性等因素的影响。在结构可靠度分析中,即使基本变量仅具有随机性,但失效准则是模糊不明确的,如正常使用极限状态的情形。则结构的失效可看作是一个模糊随机事件,结构的可靠度对于具有模糊失效准则的结构模糊随机可靠度问题,可利用模糊随机事件的概率将其转化为随机可靠度问题,然后进行求解[11]。由模糊随机可靠度理论知,在结构可靠度分析中,式(10)即是构件的功能函数,将构件失效作为模糊随机事件 $\underset{\sim}{E}$,其隶属函数 $\mu_{\underset{\sim}{E}}(z)$ 取作降半梯形分布,即:

$$\mu_{\underset{\sim}{E}}(z) = \begin{cases} 0.2 & z \leqslant a \\ \dfrac{b - z}{b - a} & a < z \leqslant b \\ 0 & z > b \end{cases} \quad (11)$$

取 $a = -0.1$,$b = 0.1$,然后计算构件的模糊随机可靠指标。

引入新的随机变量 X_3,X_3 服从区间 (a, b) 上的均匀分布,其概率密度函数和累积分布函数分别为

$$f_U(x_3) = \frac{1}{b - a}, \quad a \leqslant x_3 \leqslant b \quad (12)$$

$$F_U(x_3) = \begin{cases} 0 & x_3 < a \\ \dfrac{x_3 - a}{b - a} & a \leqslant x_3 < b \\ 0.2 & x_3 \geqslant b \end{cases} \quad (13)$$

X_3 的均值为 $\mu_{X_3} = \dfrac{a + b}{2}$,标准差为 $\sigma_{X_3} = \dfrac{b - a}{2\sqrt{3}}$。

据式(10),可建立等效功能函数为:

$$Z = 0.2 - \frac{14.5 k_{cl} k_{ce} \mathrm{e}^{0.04T} (RH - 0.45)^{2/3} (t - t_{cr})^2}{\left(\frac{\mu_c}{\gamma_c}\right)^{1.1} \cdot \left[\frac{\mu_{f_{cuk}}}{\gamma_{f_{cuk}}}\right]^{1.8}}$$

$$- 2(t - t_{cr})$$

$$\times \sqrt{\frac{14.5 k_{cl} k_{ce} \mathrm{e}^{0.04T} (RH - 0.45)^{2/3} \cdot \left[0.022\,9 \cdot \left(\frac{\mu_{f_{cuk}}}{\gamma_{f_{cuk}}}\right) - 0.051\right]}{\left(\frac{\mu_c}{\gamma_c}\right)^{1.1} \cdot \left[\frac{\mu_{f_{cuk}}}{\gamma_{f_{cuk}}}\right]^{1.8}}} - X_3$$

$$(14)$$

应用经典可靠度理论一次二阶矩法(JC 法)计算构件的失效概率和可靠度。

结构开裂寿命的目标可靠度指标本文取 $[\beta] = 1.65$。由分位值法计算得到的结构在该极限状态下的分项系数见表 7。

表7 结构裂缝宽度限值寿命极限状态分项系数

目标可靠度指标 $[\beta]$	分 项 系 数	
	γ_c	$\gamma_{f_{cuk}}$
1.65	1.00	1.455

（3）海底隧道衬砌结构保护层裂缝宽度达到限值时的寿命计算

利用 Matlab 软件进行编程计算，相应参数统计特征同上，得到该海底隧道衬砌结构保护层裂缝宽度达到限值时的寿命。失效概率与时变可靠度指标计算如图 8 和图 9 所示，当结构可靠度指标达到目标可靠度指标 1.65，对应的失效概率为 0.049 时，对应的海底隧道裂缝宽度限值寿命 $t_w = 121$ 年，则海底隧道保护层开裂后裂缝宽度达到限值的时间 $t_d = 3$ 年。

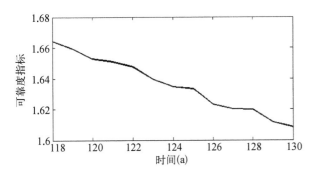

图 8 裂缝宽度控制寿命的可靠度指标与时间关系图

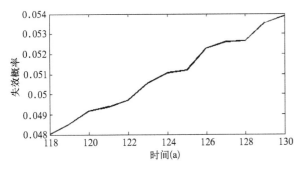

图 9 裂缝宽度控制寿命的失效概率与时间关系图

2）海底隧道衬砌结构保护层胀裂至裂缝宽度达到限值的时间 t_d 的确定

基于模糊随机可靠度计算衬砌结构保护层胀裂至裂缝宽度达到限值的时间为 3 年，采用耐久性评定标准法计算为 1 年。同上，最终确定该海底隧道衬砌结构保护层胀裂至裂缝宽度达到限值的时间 $t_d = 1$ 年。

4.5 厦门翔安海底公路隧道按裂缝限值控制的服役寿命计算结果

综上所述，对碳化寿命准则、氯离子侵蚀寿命准则、锈胀开裂寿命准则及裂缝宽度限值寿命准则共四个寿命准则控制下衬砌结构服役寿命预测计算，可得厦门翔安海底隧道衬砌结构在正常使用极限状态下服役寿命预测的计算结果：

（1）从隧道衬砌结构建成到钢筋起锈时间，也即钢筋脱钝时间：

$$t_i = \min(t_{i\text{-}CO_2}, t_{i\text{-}Cl^-}) = 62.0\ 年$$

（2）钢筋开始锈蚀到保护层开裂时间：

$$t_c = 56.0\ 年$$

（3）保护层开裂到裂缝到达限值时间：

$$t_d = 1.0\ 年$$

则在裂缝宽度限值条件下，厦门翔安海底隧道衬砌结构服役寿命理论预测值为：

$$t_w = t_i + t_c + t_d = 119\ 年$$

从厦门翔安海底隧道衬砌结构在正常使用极限状态下按裂缝宽度限值控制的服役寿命理论预测值看，该结构在裂缝宽度限值准则下可以满足其 100 年的设计使用年限。

5 结论

本文采用 Matlab 软件编制了海底隧道衬砌结构服役寿命理论预测的专用计算程序，并以已建的厦门翔安海底隧道工程为依托，根据前述理论和建议方法，对该隧道衬砌结构在正常使用状态条件下（指裂缝宽度限值准则）进行了服役寿命理论预测计算，得出了以下结论：

（1）裂缝限值准则条件下该隧道的耐久性寿命：$t_w = 119.0$ 年；从预测结果看，厦门翔安海底隧道衬砌结构服役寿命理论预测值大于要求的结构设计使用期限（100 年），并接近高一层次要求下的寿命年限（120 年）。据此，理论上将能够满足衬砌结构耐久性的要求。

（2）与结构正常使用极限状态（裂缝宽度或变形

限值)相关的可靠度分析中,结构失效准则及其产生的失效域的边界是不明确的,具有相当的模糊性。本文采用模糊随机可靠度理论,通过对裂缝宽度寿命准则下极限状态方程的再构建,将其转化成随机可靠度问题进行求解,从计算结果看,该理论方法是基本可行的。

(3)为与我国混凝土结构设计方法相一致,本文对结构服役寿命预测的大部分表达式采用了标准值与分项系数的表达形式,各分项系数作为一种待定系数。本文采用分位值法计算极限状态方程分项系数,可有效提高上述预测结果的准确性。

(4)结合室内试验研究成果,考虑了衬砌结构各有关参数的变异性,引入目标可靠度指标与结构分项系数,可以提高上述预测结果的准确性。在预测模型中,将用到相当多的计算参数,其中每一参数的取值都会对结果产生影响。由于缺乏实际的检测和统计资料,在研究中就相关文献推荐的取值、再结合工程实际情况作了一定的修正处理,以期增加预测结果的准确性,但其中的变异性仍然客观存在,有待在今后研究中进一步深化。

参考文献

[1] 牛荻涛. 混凝土结构耐久性与寿命预测[M]. 北京: 科学出版社,2003.

[2] 金伟良,赵羽习. 混凝土结构耐久性[M]. 北京: 科学出版社,2002.

[3] 刘海. 基于概率的混凝土结构耐久性设计与评定[D]. 西安: 西安建筑科技大学,2008.

[4] Siemes, A. J. M, Rostam, S. Durable Safety and Serviceability-A Performance Based Design Format, IABSE Report 74[C]//Proceedings IABSE Colloquium Basis of Design and Actions on Structures-Background and Application of Eurocode 1, Delft, 1996.

[5] 姚贝贝. 碳化腐蚀条件下越江公路隧道衬砌混凝土耐久性试验与理论分析研究[D]. 上海: 同济大学,2013.

[6] 牛富生. 海底公路隧道衬砌结构服役寿命预测及耐久性设计[D]. 上海: 同济大学,2015.

[7] 马亚丽. 基于可靠性分析的钢筋混凝土结构耐久寿命预测[D]. 北京: 北京工业大学,2006.

[8] 孙富学. 海底隧道衬砌结构寿命预测理论与试验研究[D]. 上海: 同济大学,2007.

[9] 混凝土结构耐久性评定标准(征求意见稿),2002.10.

[10] 刘海. 基于概率的混凝土结构耐久性设计与评定[D]. 西安: 西安建筑科技大学,2008.

[11] 张明. 结构可靠度分析——方法与程序[M]. 北京: 科学出版社,2009.

大断面城市隧道施工全过程风险管理模式研究

李　忠[1,2],魏　嘉[1,2],朱彦鹏[1,2]

(1. 兰州理工大学　甘肃省土木工程防灾减灾重点实验室,甘肃　兰州 730050;

2. 兰州理工大学　西部土木工程防灾减灾教育部工程研究中心,甘肃　兰州 730050)

摘要：考虑多种风险分析方法,把静态风险管理和动态风险管理有效结合,提出更为全面、合理并贴近大断面城市隧道工程实际的风险界定、辨识、估计、评价和控制的静动态风险管理过程架构,建立科学、系统、易操作且具有代表性和适用性的大断面城市隧道施工全过程风险管理模式。以兰州北环路九洲大断面隧道工程建设为依托,采用模糊综合评判法确定风险因素集合、风险评判集合以及隶属度集合,对施工全过程进行风险辨识、分析及评价。案例结果表明,基于全过程风险管理模式与以往工程项目中采用的零散、分散、割裂的风险管理模式相比,可实现对施工全过程的风险把握和动态跟踪,并可根据不同的工程项目对风险评估单元划分,对施工风险因素评判等关键环节进行灵活变通,具有较强的可操作性和通用性。研究可作为同类工程项目风险管理重要的参考依据。

关键词：隧道工程;大断面;城市隧道;风险管理;施工全过程

1　引言

随着我国高等级公路及铁路的发展,山岭隧道的建设规模越来越大。据统计,在近几年的隧道工程建设中,诸如坍塌、突泥涌水、冒顶片帮、物体打击、瓦斯爆炸、火灾等隧道工程事故频发,施工风险高,损失严重[1]。目前,针对隧道工程风险管理方面的研究已成为隧道工程领域的热点问题。

从风险问题的提出到现在风险管理理论体系的成熟化,国内外的学者在隧道风险管理理论研究方面做出了许多贡献,对推动隧道工程的发展有很大的意义。其中,R. Sturk 等[2]将风险分析技术应用于斯德哥尔摩环形公路隧道。张少夏和黄宏伟[3]研究了影响隧道施工工期的风险。刘婧和周伟[4]结合保阜高速公路隧道工程,研究了山岭隧道施工的动态风险管理模型。仇文革和李俊松[5]结合ANP方法对小净距大跨度公路隧道安全风险管理进行了分析研究。冯卫明[6]结合工程实例,对某大断面山岭隧道施工过程中的安全风险进行了评估。郭鹏等[7]结合承秦高速公路秦皇岛段隧道工程背景,对隧道工程施工阶段安全风险评估体系进行了梳理。刘伟[8]主要对山岭公路隧道施工风险评价及其应用开展了深入研究。夏润禾和徐向叶[9]对软弱地质围岩大断面隧道施工安全潜在风险进行分析研究,提出了建立隧道灾害事故应急救援体系。李利平等[10]研究了突水风险评价的隧道施工许可机制。但是,目前隧道工程研究成果只是侧重于宏观上的分析考虑,没有考虑施工全过程的整体性、系统性,没有把动静态风险管理相结合,没有建立全面、合理、通用的风险评价指标体系,没有通用的风险管理模式,大部分风险管理还停留在案例分析的层面上。

综上所述,笔者以西北山区大断面城市隧道工程建设为研究背景,充分考虑西北地区地形和地质条件,以及大断面城市隧道工程所处的环境、施工难度等因素,采用静态风险管理和动态风险管理相结合的方法,建立一种具有代表性和适用性的西北山区大断面城市隧道施工全过程风险管理模式,以实现对风险的总体把握和动态跟踪,从而更为有效地控制工程风险。

2 大断面城市公路隧道施工全过程风险管理模式

2.1 模式基本架构

根据工程项目所具有共性和个性的特点,把该模式分为基础层、判断层、管理层、判断层和目标层5层。其中,整个模式的重要部分由基础层、管理层和目标层3大部分构成。基础层和目标层基本不发生变化,判断层主要起连接的作用,而管理层不是固定的,可以根据项目发生变化,究竟采用怎样的管理方法和管理步骤,可以根据项目自身情况增减和合并。施工全过程风险管理模式架构如图1所示。

2.2 模式基本过程

以整个施工过程为风险管理的对象,可以得到管理模式的基本过程如下:

(1) 以项目为主体进行静态风险管理。

(2) 对静态风险管理结果进行判断:如果风险等级在高度风险[11]之下,说明风险在可控范围之内,可以满足项目要求,管理结束。

(3) 如果风险等级在高度风险之上,进行动态风险管理:按照风险界定、风险辨识、风险估计、风险评价、风险控制的管理步骤进行管理。

(4) 对管理结果进行判断:如果达到风险管理目标,管理结束;如果仍未达到风险管理目标,重新进行动态风险管理,直到达到管理目标为止。

2.2.1 静态风险管理

静态风险管理是对工程整体风险进行全局把握和估计,隧道风险计算公式为

$$R = G(A + L + S + C) \qquad (1)$$

式中,R 为风险大小;G 为地质情况,G 的赋值是围岩情况 a、瓦斯含量 b 和富水情况 c 赋值的总和,即 $G = a + b + c$;A 为开挖断面;L 为隧道全长;S 为洞口形式;C 为洞口特征。它们的值根据解析[11]中的规定来定。在高度风险[11]以上的项目要进行动态风险管理。

2.2.2 动态风险管理

1) 风险界定

按照项目施工的分项、分部、单位和单项工程,采用 WBS 工作分解结构划分风险评估单元,即把整个项目分解成若干子项目,再分为工作和子工作。通过层层细分,可以实现对项目逐步管控的目标。风险单元划分后,再建立风险矩阵 $\boldsymbol{G}$:

$$\boldsymbol{G} = [G_1, G_2, G_3, \cdots, G_n]^T$$

$$= \begin{bmatrix} G_{11} & G_{12} & G_{13} & \cdots & G_{1m} \\ G_{21} & G_{22} & G_{23} & \cdots & G_{2m} \\ G_{31} & G_{32} & G_{33} & \cdots & G_{3m} \\ \cdots & \cdots & \cdots & \cdots & \cdots \\ G_{n1} & G_{n2} & G_{n3} & \cdots & G_{nm} \end{bmatrix} \qquad (2)$$

式(2)的 $n \times m$ 阶矩阵中,n 为行数,m 为列数。

2) 风险辨识

全过程风险管理的重点环节是风险辨识阶段,它是一切风险管理的基础,也是进行风险分析研究和制定风险控制措施的前提。

(1) 按照人员、机械、材料、方法措施、环境等诱因将风险归为人、机、料、法、环5大类,建立风险类别矩阵 $\boldsymbol{B} = [R, J, L, F, H]$。

(2) 选用具有代表性的风险发生可能性、风险损失、人员伤亡、环境影响、经济损失、工期延误、社会影响这7类指标进行综合评估,将每类指标划分为5个等级,建立施工风险等级综合评估标准如表1所示,并形成风险评价等级矩阵 $\boldsymbol{P}$ 为

$$\boldsymbol{P} = [K \quad FS \quad W \quad HY \quad JS \quad GY \quad SY]$$

$$= \begin{bmatrix} K_1 & FS_1 & W_1 & HY_1 & JS_1 & GY_1 & SY_1 \\ K_2 & FS_2 & W_2 & HY_2 & JS_2 & GY_2 & SY_2 \\ K_3 & FS_3 & W_3 & HY_3 & JS_3 & GY_3 & SY_3 \\ K_4 & FS_4 & W_4 & HY_4 & JS_4 & GY_4 & SY_4 \\ K_5 & FS_5 & W_5 & HY_5 & JS_5 & GY_5 & SY_5 \end{bmatrix}$$

$$(3)$$

(3) 结合风险因素和评估单元2个风险辨识维,对施工全过程风险进行一一识别,考虑风险之间交叉融合的复杂关系,并填写施工风险辨识清单,如表2所示。

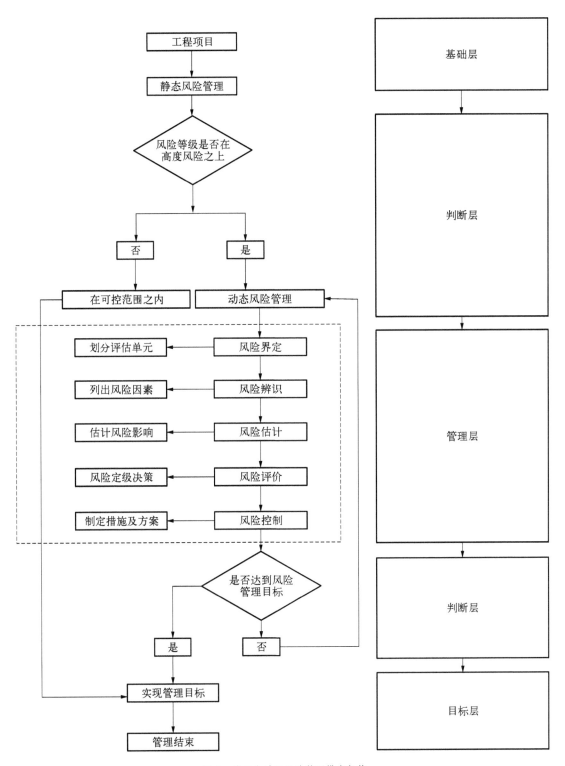

图 1　施工全过程风险管理模式架构

表 1 施工风险等级综合评估标准

风险等级	可能性 K	风险损失 FS	评 估 标 准				
			人员伤亡 W	环境影响 HY	经济损失 JS	工期延误 GY	社会影响 SY
1	频繁	灾难性	死亡(含失踪)11人以上	涉及范围非常大,周边生态环境发生严重污染或破坏	1 000 万元以上	大于 9 个月	恶劣的,或需紧急转移安置 1 000 人以上
2	可能	非常严重	死亡(含失踪)3～10 人,或重伤 10人以上	涉及范围很大,周边生态环境发生较重污染或破坏	500 万～1 000 万元	6～9 个月	严重的,或需紧急转移安置 500～1 000 人
3	偶尔	严重	死亡(含失踪)1～2人,或重伤 2～9 人	涉及范围大,区域内生态环境发生污染或破坏	100 万～500 万元	3～6 个月	较严重的,或需紧急转移安置 100～500 人
4	罕见	需考虑	重伤 1 人,或轻伤2～10 人	涉及范围较小,邻近区生态环境发生轻度污染或破坏	50 万～100 万元	1～3 个月	需考虑的,或需紧急转移安置 50～100 人
5	不可能	可忽略	轻伤 1 人	涉及范围很小,施工区生态环境发生少量污染或破坏	50 万元以下	少于 1 个月	可忽略的,或需紧急转移安置小于 50 人

表 2 施工风险辨识清单

评估单元	风 险 因 素				
	R(人)	J(机)	L(料)	F(法)	H(环)
G_1	R_1	J_1	L_1	F_1	H_1
	R_2	J_2	L_2	F_2	H_2
	R_3	J_3	L_3	F_3	H_3
	…	…	…	…	…
…	…	…	…	…	…
G_i	R_i	J_i	L_i	F_i	H_i
…	…	…	…	…	…
G_n	R_m	J_k	L_h	F_l	H_q

G 为风险评估单元,第 i 个单元用 G_i 表示($1 \leqslant i \leqslant n$)。在每个分部分项工程中,按照人($R$)、机($J$)、料($L$)、法($F$)、环($H$)五类分析出施工过程中的风险因素,第 i 个因素分别表示为 $R_i(1 \leqslant i \leqslant m)$,$J_i(1 \leqslant i \leqslant k)$,$L_i(1 \leqslant i \leqslant h)$,$F_i(1 \leqslant i \leqslant l)$,$H_i(1 \leqslant i \leqslant q)$。

3)风险估计

风险估计的手段包括定性、定量和综合方法等。现研究阶段中采用定性方法的较多,但风险估计的趋势正向定量和综合分析递进。在这些方法中,层次分析法、模糊数学综合评判法、神经网络方法、模糊层次综合评估方法、事故树法、模糊事故树分析法应用比较

广泛。在这里,以模糊数学综合评判法为例,对风险估计过程进行说明。

(1)建立风险集,即风险矩阵 $\boldsymbol{G}$。

(2)建立风险评价集,即风险评价等级矩阵 $\boldsymbol{P}$。

(3)采用专家调查法和德尔菲法向由从事隧道工程项目研究的专家学者及专业人员组成的专家小组(人数可以根据情况来定,一般不能少于 10 人)致函询问,并根据询问结果及近年来经验数据统计结果确定风险集合中各风险对工程的影响程度,得到判断矩阵 $\boldsymbol{A}$:

$$\boldsymbol{A} = \begin{bmatrix} A_{11} & A_{12} & A_{13} & \cdots & A_{1n} \\ A_{21} & A_{22} & A_{23} & \cdots & A_{2n} \\ A_{31} & A_{32} & A_{33} & \cdots & A_{3n} \\ \cdots & \cdots & \cdots & \cdots & \cdots \\ A_{n1} & A_{n2} & A_{n3} & \cdots & A_{nn} \end{bmatrix} \quad (4)$$

计算矩阵的最大特征值过程为:首先,计算判断矩阵每一行元素乘积 M_i:

$$M_i = \prod_{j=1}^{n} A_{ij}(i = 1, 2, \cdots, n) \quad (5)$$

计算 M_i 的 n 次方根 $\bar{w}_i$:

$$\bar{w}_i = \sqrt[n]{M_i} \quad (6)$$

对向量 $\bar{w} = [\bar{w}_1, \bar{w}_2, \cdots, \bar{w}_n]^{\mathrm{T}}$ 进行归一化:

$$w_i = \frac{\overline{w}_i}{\sum\limits_{i=1}^{n} \overline{w}_i} \left.\begin{array}{c} \\ \\ \\ \\ \end{array}\right\} \tag{7}$$

$$w = [w_1, w_2, \cdots, w_n]^{\mathrm{T}}$$

判断矩阵最大特征值为

$$\lambda_{\max} = \sum_{i=1}^{n} \frac{(Aw)_i}{nw_i} \tag{8}$$

进行一致性检验:

$$\left.\begin{array}{c} CR = \dfrac{CI}{RI} \\[3mm] CI = \dfrac{\lambda_{\max} - n}{n-1} \end{array}\right\} \tag{9}$$

式中, n 为判断矩阵的阶数, CR, CI, RI 分别为一致性检验比例、平均随机一致性指标和判断矩阵一致性指标。当 $CR<0.1$ 时,认为具有满意一致性,否则需重新进行调整直到达到一致性标准。

确定评价指标体系中各指标的权重 $V = [V_1, V_2, V_3, \cdots, V_n]$ 为

$$V = \sum_{i=1}^{n} w \cdot w_i \tag{10}$$

式中: w 为工程项目整体计算结果, w_i 为评估单元、评估子单元的计算结果。

项目总体进行一致性检验时:

$$CR = \frac{\sum\limits_{j=1}^{m} A_j CI_j}{\sum\limits_{j=1}^{m} A_j RI_j} \tag{11}$$

当 $CR<0.1$ 时,认为具有满意一致性,否则需重新进行调整直到达到一致性标准。

(4) 对风险辨识清单中的风险评估单元或子单元进行模糊估计:结合风险等级综合评估标准(横项)和风险类别标准(竖向)建立风险评估单元隶属度评判清单。评判过程中,专家对每个类别的单个风险,按7类评估指标依次进行评判,每类指标里有5个评估等级可供选择,每个专家通过判断选择最符合工程实际的等级投票,不得重复投,然后将投票结果汇总,投票数在总票数中所占比率就是相应的评判值。依次类推,可确定隶属度评判矩阵 S,形成风险因素隶属度清单:

$$S = [S_1, S_2, S_3, \cdots, S_n]^{\mathrm{T}} \tag{12}$$

式中: n 为风险评估单元数。

(5) 选用合适的模糊算子合成指标权重和隶属度,得到被评估对象最终的模糊综合评判结果:

$$C = V \cdot S \tag{13}$$

其中,模糊数学中的模糊算子类型很多,可以根据具体的工程选择,这里不再一一介绍。

4) 风险评价

根据估计阶段对主要风险影响程度得到的分析结果进行风险评定、排序和决策工作。

(1) 建立风险因素集

$$Y = [Y_1 \quad Y_2 \quad Y_3 \quad Y_4 \quad Y_5]^{\mathrm{T}}。$$

(2) 对风险因素进行总体评价及排序并将评价结果整理为施工风险评价表。

(3) 运用科学决策方法,选出最优方案。风险决策的手段也十分多样,除了应用比较普遍的效用函数理论外,还有期望值法、决策树法、贝叶斯决策、敏感度决策法等决策方法。

5) 风险控制

在评价结果的基础上,主要采用风险回避、风险转移、风险缓和及风险自留的控制手段,制定风险控制措施,形成施工风险控制表。

当出现风险发生的可能性大,损失严重,如工程中容易发生坍塌、冒顶片帮等事故;风险发生的概率不大,但一旦发生将造成灾难性影响,如滑坡、泥石流等自然灾害。以上情形适宜采用风险回避控制手段:主要通过技术手段消除风险产生条件,遏制风险发生。对无法回避或无力承担的风险,工程中一般采用签订合同条款、工程分包、购买工程保险等[12]多种方法转移给其他承担者,从而降低风险损失。另外,许多风险可以采用分散、减少发生概率、减少损失等方法把风险降低到可以接受的范围内。而对于损失不严重、短期能够承担,采用其他风险控制手段相对成本较高的风险,可以自留。

3 工程实例分析

工程主要位于兰州市黄河北岸以北山区内,线形

主要经过文溯阁四库全书藏书馆、九洲台山庄和单位林场,沿线经过枣树沟、关山沟、里程沟。九州隧道进口位于安宁区关山沟,右线起讫桩号 YK0+172~YK2+940,长为 2 768 m,隧道纵坡为 2.5%;左线起讫桩号 YK0+152~YK2+915.418,长为 2 763.418 m,隧道纵坡为 2.5%,隧道最大埋深 232 m。道路按城市一级主干道设计,设计车速为 60 km/h,沥青混凝土路面结构,双向六车道,路幅宽 33 m;隧道按上下行分离双向六车道设计,隧道主洞净宽为 13.75 m,净高为 5 m。场区内地层结构较为复杂,主要是素填土,黄土状粉土,片麻岩和砂砾岩,具虫孔、节理、裂隙发育,存在垃圾土、盐渍土、湿陷性黄土,工程地质条件较差,工程风险高,难度大。

按照大断面城市隧道全过程风险管理模式进行静态风险管理,根据解析[11]选取赋分值,代入式(1)得 $R=36$,风险等级在高度风险之上,进行动态风险管理。

将施工过程主要界定为开挖工程、支护工程、衬砌工程、道路工程以及安装工程等分项工程来建立施工风险评估单元,如图 2 所示。

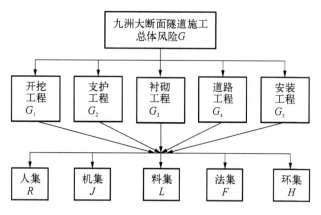

图 2　九洲隧道施工风险评估单元

通过调查研究近年来的学术文献以及统计资料,再结合本项目自身不同地质、人文以及环境情况等复杂条件,按照人、机、料、法、环 5 类主要识别了 51 种风险因素,九洲隧道施工风险辨识清单如表 3 所示。

施工总风险单元:

$$\boldsymbol{G} = [G_1 \quad G_2 \quad G_3 \quad G_4 \quad G_5]^{\mathrm{T}} \quad (14a)$$

开挖工程风险单元:

$$\boldsymbol{G}_1 = \begin{bmatrix} R_1 & J_1 & L_1 & F_1 & H_1 \\ R_2 & J_2 & L_2 & F_2 & H_2 \\ R_3 & J_3 & L_3 & F_3 & H_3 \\ R_4 & J_4 & L_4 & F_4 & H_4 \\ R_5 & J_5 & L_5 & F_5 & H_5 \end{bmatrix} \quad (14b)$$

支护工程风险单元:

$$\boldsymbol{G}_2 = \begin{bmatrix} R_6 & J_6 & L_6 & F_6 & H_6 \\ R_7 & J_7 & L_7 & F_7 & H_7 \\ 0 & 0 & 0 & F_8 & 0 \end{bmatrix} \quad (14c)$$

衬砌工程风险单元:

$$\boldsymbol{G}_3 = \begin{bmatrix} R_8 & J_7 & L_8 & F_9 & H_8 \\ 0 & J_8 & 0 & 0 & 0 \end{bmatrix} \quad (14d)$$

道路工程风险单元:

$$\boldsymbol{G}_4 = [R_9 \quad J_9 \quad L_9 \quad F_{10} \quad H_9] \quad (14e)$$

安装工程风险单元:

$$\boldsymbol{G}_5 = [R_{10} \quad J_{10} \quad L_{10} \quad F_{11} \quad H_{10}] \quad (14f)$$

按照风险估计第(3)步建立 10 人专家组,通过致函询问,建立判断矩阵 $\boldsymbol{A}$,比较两两风险之间的重要程度(整数越大表示相对越重要,分数越小表示相对越不重要),计算最大特征值。

构造第 2 层相对于第 1 层的判断矩阵:

$$\boldsymbol{A} = \begin{bmatrix} 1 & 3 & 5 & 6 & 7 \\ 1/3 & 1 & 2 & 4 & 5 \\ 1/5 & 1/2 & 1 & 3 & 5 \\ 1/6 & 1/4 & 1/3 & 1 & 2 \\ 1/7 & 1/5 & 1/5 & 1/2 & 1 \end{bmatrix}$$

由式(5)~(8)得到项目整体判断矩阵的特征向量 $\boldsymbol{w} = [0.505, 0.233, 0.151, 0.068, 0.043]^{\mathrm{T}}$,特征值 $\lambda_{\max} = 5.194$。

由式(9)对专家评判所得判断矩阵进行一致性检验,$CI=0.048\,5$,$RI=1.12$,$CR=0.043\,3<1$,结果满足一致性检验要求。

构造第 3 层相对于第 2 层的判断矩阵的方法是相同的,然后代入式(5)~(9),开挖工程 $\boldsymbol{w}_1 = [0.064, 0.105, 0.176, 0.328, 0.327]^{\mathrm{T}}$,$\lambda_{\max} = 5.393$,$CI = 0.098\,25$,$RI = 1.12$,$CR = 0.087\,7<0.1$,结果满足一致性检验要求。

表 3　九洲隧道施工风险辨识清单

评估单元	风 险 因 素				
	人(R)	机(J)	料(L)	法(F)	环(H)
开挖工程G_1	R_1贯通控制测量出现错误导致开挖困难和经济损失	J_1—开挖机械故障或操作不当导致损失	L_1—爆破药量计算错误导致损失	F_1—爆破点火布点错误导致损失	H_1—不良地质构造和地层含水情况导致损失
	R_2—施工人员培训不到位或疏忽大意等主观原因引起操作失误导致损失	J_2—通风排烟排毒设备、施工降尘设施异常或操作不当导致中毒、窒息或是瓦斯爆炸等事故	L_2—材料市场价格变动给工程带来的损失	F_2—施工技术、工艺采用不当导致损失	H_2—渗透水对工程造成的不利影响,诸如:在开挖中可能产生裂隙水的分散性淋水或涌水;爆破震动加速节理裂隙及岩层恶化,导致渗水量增加、围岩失稳等
	R_3—勘察设计结果与施工现场有较大偏差,需要做修改的损失或是按原设计施工已经导致了事故	J_3—废料废渣装载运输工程线发生故障导致影响工程进度;塞通风口造成窒息;废物堆坍塌或重物掉落可能会造成人员伤亡	L_3—材料库防火管理不到位存在火灾隐患,且未制定或是制定的应急措施不全面、不合理造成的连环效应导致损失	F_3—没有合理进行施工监测布置及建立监测预警系统,进而无法提前预知诸如骤发性突泥涌水等事故造成重大损失	H_3—隧道口山体陡峭,紧接东洞水湾大桥,施工场地狭窄,地形条件较差,工作区域比较紧张,若是发生坍塌等事故,有人员伤亡的安全隐患
	R_4—招投标与合同漏洞影响项目施工导致工程损失	J_4—钻孔等开挖设备选用不当对工程造成不利影响	L_4—炸药库防爆管理存在安全隐患,且未制定或是制定的应急措施不全面、不合理造成的连环效应导致经济损失和人员伤亡	F_4—冬期、雨期施工方案及措施采用不当造成损失	H_4—施工地点在人口较多居民区,线性经过文溯阁四库全书藏书馆等文物古址且周围有许多建筑物,存在交通安全隐患和影响周边建筑稳定性的风险
	R_5—资金不到位、采购不到位、财务管理不到位等经济因素导致的工程损失	J_5—电路设施架设存在安全隐患,设备维修保养不及时老化异常等原因导致漏电引发诸如火灾等连环事故造成经济损失和人员伤亡	L_5—过度浪费或是材料质量不过关造成的经济损失及对整个工程产生的不利影响	F_5—采用的施工方法对城市水、电、煤气等管线造成破坏的风险	H_5—对周边城市环境不进行维护控制、防治污染及污染治理或是防治不到位的风险
支护工程G_2	R_6—超前地质预报异常、超前探孔不准确、决策失误、疏排工作不到位等导致突泥涌水、围岩渗透水等造成工程量加大、材料浪费、工期延误、经济损失和安全事故	J_6—喷射混凝土设备、注浆泵站出现工作异常,喷(泵)送量、喷(泵)送时间控制不当导致损失	L_6—注浆材料选择错误、水灰比选择不当、搅拌不充分、振捣不到位等原因导致材料离析、流动性丧失、强度不足、提前硬化等造成材料浪费现象或是后期工程安全隐患	F_6—设计与实际不符,锚固位置错误、变动、支护不到位等引起冒顶片帮、坍塌、重物打击等事故	H_6—雨水引起滑坡、泥石流等自然灾害导致重大事故
	R_7—人工放样定位、人工开挖、人工放钢筋网、人工砌筑、人工钻孔、焊接等工作质量达不到工程要求、与其他工程衔接不好、流水安排不当、误工返工、玩忽职守、操作不当等人为因素导致经济损失、误工及安全事故	J_7—车辆等机械运输材料不及时、出渣不及时、交通安全事故等造成误工、经济损失、人员伤亡等	L_7—采购的钢筋网、锚杆体、钢拱架等材料,不同批次间质量、性质差别较大,使用对工程后期会造成不利影响	F_7—施工现场管理不力,制度不完善,措施不全面,责任方不明确,工人不服从管理等管理问题对工程造成损失及不利影响 F_8—支护不完善导致重大事故,诸如仰拱回填前就撤去支护系统等	H_7—施工现场试验站选点不合理造成的现场取样、运输等额外成本增加,所取土样经过扰动后测得数据可能与实际情况存在偏差
衬砌工程G_3	R_8—预埋管件的设置错误、检查不到位等导致预埋管件埋错、漏埋等造成后期不利影响	J_8—液压模板台车、注浆泵站出现工作异常,压(泵)送量、压(泵)送时间控制不当	L_8—不同批次拌合的混凝土性质差别较大,衬砌浇筑时整体性不好,存在隐患	F_9—衬砌施工缝及伸缩缝间的止水带、止水条及初次支护与二次衬砌之间防排水层等防排水设施的铺设位置、铺设方式等对工程起重要影响,存在风险	H_8—洞内外排水系统不能满足排水要求,导致洞内积水、地表积水不能很好排出造成事故

评估单元	风　险　因　素				
	人(R)	机(J)	料(L)	法(F)	环(H)
道路工程 G_4	R_9—对已有道路设施的保养维护、道路安全防护不到位,对工程会造成运输不及时、误工、经济损失、人员伤亡等不利影响	J_9—道路施工机械不到位、出现故障等对工程产生不利影响	L_9—若前期采购计划跟实际情况有所出入,料的数量、质量、种类均不满足要求,重新采购,造成浪费、误工等经济损失	F_{10}—路面防排水设置存在缺陷、不合理,对公路的耐久性和寿命产生不利影响	H_9—雨季、冬季施工造成的积水、结冰、冻融循环、水土里腐蚀性成分对工程寿命的严重影响
安装工程 G_5	R_{10}—人为的偷工减料、以次充好对工程后期使用的影响	J_{10}—电力系统故障对安装照明测试、电路测试有影响	L_{10}—装饰材料的缺损、老化、质量不过关对工程的影响	F_{11}—安装收尾方案的不合理、不必要的步骤重复过多、返工等造成损失	H_{10}—废料、废水、废烟等工程废物的不处理、搁置、处理不妥善等对环境造成污染的影响

同理可得支护工程 $w_2 = [0.056, 0.137, 0.271, 0.426, 0.110]^T$, $\lambda_{max} = 5.051$, $CI = 0.01275$, $RI = 1.12$, $CR = 0.0114 < 0.1$, 结果满足一致性检验要求。衬砌工程 $w_3 = [0.091, 0.237, 0.462, 0.145, 0.065]^T$, $\lambda_{max} = 5.118$, $CI = 0.0295$, $RI = 1.12$, $CR = 0.0263 < 0.1$, 结果满足一致性检验要求。道路工程 $w_4 = [0.073, 0.047, 0.242, 0.156, 0.482]^T$, $\lambda_{max} = 5.158$, $CI = 0.0395$, $RI = 1.12$, $CR = 0.0353 < 0.1$, 结果满足一致性检验要求。安装工程 $w_5 = [0.071, 0.263, 0.456, 0.044, 0.166]^T$, $\lambda_{max} = 5.297$, $CI = 0.07425$, $RI = 1.12$, $CR = 0.0663 < 0.1$, 结果满足一致性检验要求。

套用式(10)可以算出总权重向量:

$$V = \begin{bmatrix} 0.032 & 0.053 & 0.089 & 0.166 & 0.165 \\ 0.013 & 0.032 & 0.063 & 0.099 & 0.026 \\ 0.014 & 0.036 & 0.070 & 0.022 & 0.010 \\ 0.005 & 0.003 & 0.016 & 0.011 & 0.033 \\ 0.003 & 0.011 & 0.020 & 0.002 & 0.006 \end{bmatrix}$$

套用式(11)进行项目总体性一致性评价 $CR = 0.056 < 0.1$, 一致性检验通过。

根据风险估计中提到的确定隶属度的理论方法,向10人专家组征求意见,得到风险因素 S_{11}:

$$S_{11} = [R_1, J_1, L_1, F_1, H_1]^T \quad (15)$$

开挖工程风险因素隶属度清单如表4所示。

支护、衬砌、道路和安装工程的隶属度清单可以依照同样方法得到,最后确定隶属度评判矩阵 S。再运用模糊算子 $M(\cdot, \oplus)$ 套用式(13)得到项目总体模糊

评判结果为

$$C =$$

$$\begin{bmatrix}
0.1931 & 0.2531 & 0.2105 & 0.2425 & 0.1008 \\
0.1554 & 0.2330 & 0.2580 & 0.2220 & 0.1316 \\
0.0655 & 0.1020 & 0.2071 & 0.2054 & 0.3020 \\
0.0224 & 0.0788 & 0.1683 & 0.1999 & 0.4206 \\
0.1024 & 0.1671 & 0.2880 & 0.2688 & 0.1704 \\
0.1301 & 0.1684 & 0.2348 & 0.3062 & 0.1605 \\
0.0344 & 0.1186 & 0.1454 & 0.2422 & 0.3588 \\
0.0385 & 0.2532 & 0.2330 & 0.1898 & 0.1197 \\
0.0538 & 0.1302 & 0.1623 & 0.2632 & 0.1645 \\
0.0793 & 0.1207 & 0.1382 & 0.1225 & 0.1623 \\
0.0356 & 0.1049 & 0.1214 & 0.1652 & 0.2319 \\
0.0481 & 0.1218 & 0.2270 & 0.2892 & 0.1607 \\
0.0895 & 0.1970 & 0.1689 & 0.1829 & 0.1357 \\
0.0325 & 0.0746 & 0.1250 & 0.2529 & 0.2630 \\
0.0932 & 0.1725 & 0.1725 & 0.1307 & 0.0351 \\
0.0978 & 0.1890 & 0.1612 & 0.1241 & 0.0319 \\
0.0436 & 0.0971 & 0.1248 & 0.1438 & 0.1057 \\
0.0782 & 0.1353 & 0.2373 & 0.1403 & 0.1099 \\
0.0880 & 0.1812 & 0.1458 & 0.1108 & 0.0770 \\
0.0889 & 0.1614 & 0.1813 & 0.1053 & 0.0671 \\
0.0745 & 0.1010 & 0.1888 & 0.1627 & 0.0770 \\
0.0782 & 0.1550 & 0.1297 & 0.1117 & 0.0304 \\
0.0853 & 0.1211 & 0.1372 & 0.1391 & 0.0223 \\
0.0267 & 0.0762 & 0.0673 & 0.0472 & 0.0896 \\
0.0432 & 0.0432 & 0.1005 & 0.1414 & 0.1447 \\
0.0375 & 0.1133 & 0.1433 & 0.1037 & 0.1224 \\
0.0375 & 0.0707 & 0.1150 & 0.1179 & 0.1643
\end{bmatrix}$$

$$
\begin{bmatrix}
0.044\ 5 & 0.050\ 8 & 0.050\ 8 & 0.058\ 4 & 0.102\ 5 \\
0.098\ 1 & 0.127\ 2 & 0.131\ 4 & 0.103\ 4 & 0.044\ 9 \\
0.089\ 3 & 0.163\ 5 & 0.139\ 5 & 0.101\ 0 & 0.011\ 7 \\
0.005\ 3 & 0.005\ 3 & 0.015\ 9 & 0.109\ 0 & 0.172\ 5 \\
0.156\ 7 & 0.111\ 2 & 0.105\ 2 & 0.052\ 6 & 0.047\ 3 \\
0.120\ 0 & 0.135\ 7 & 0.395\ 5 & 0.068\ 3 & 0.082\ 5
\end{bmatrix}
$$

$$
\begin{bmatrix}
0.103\ 5 & 0.113\ 9 & 0.129\ 2 & 0.093\ 7 & 0.064\ 7 \\
0.150\ 2 & 0.084\ 0 & 0.101\ 8 & 0.077\ 4 & 0.059\ 6
\end{bmatrix}
$$

对风险因素进行总体评价及排序并将评价结果整理后,得到施工风险评价表如表 5 所示。在风险评价的基础上,制定风险控制措施,形成施工风险控制表如表 6 所示。

表 4　开挖工程风险因素隶属度清单

风险因素	K_i					FS_i					W_i					HY_i				
	1	2	3	4	5	1	2	3	4	5	1	2	3	4	5	1	2	3	4	5
R_1	0.4	0.2	0.2	0.1	0.1	0.1	0.1	0.2	0.3	0.3	0	0	0	0.1	0.9	0	0	0	0	1.0
J_1	0.4	0.2	0.1	0.2	0.1	0.1	0.1	0.3	0.5	0	0.1	0.1	0.1	0.5	0.2	0	0	0.2	0.6	0.2
L_1	0	0.1	0.3	0.4	0.2	0.1	0.4	0.2	0.2	0.1	0.3	0.3	0.2	0.1	0	0.2	0.4	0.2	0.2	0
F_1	0.1	0.2	0.3	0.3	0.1	0.2	0.4	0.2	0.1	0.1	0.1	0.2	0.4	0.2	0.1	0.2	0.3	0.3	0.2	0
H_1	0.4	0.3	0.1	0.1	0.1	0.1	0.2	0.3	0.3	0.1	0	0	0.2	0.5	0.3	0	0	0.1	0.2	0.7

风险因素	JS_i					GY_i					SY_i				
	1	2	3	4	5	1	2	3	4	5	1	2	3	4	5
R_1	0	0.1	0.5	0.2	0.2	0	0.2	0.3	0.4	0.1	0	0	0	0	1.0
J_1	0.1	0.4	0.3	0.1	0.1	0.1	0.1	0.3	0.2	0.3	0	0	0.2	0.7	0.1
L_1	0.1	0.3	0.4	0.1	0.1	0.3	0.2	0.2	0.2	0.1	0	0.5	0.2	0.2	0.1
F_1	0.1	0.3	0.3	0.2	0.1	0.1	0.3	0.3	0.2	0.1	0	0.1	0.4	0.3	0.2
H_1	0	0	0.2	0.6	0.2	0	0.1	0.2	0.5	0.2	0	0	0	0.2	0.8

表 5　施工风险评价表

因素矩阵	总　体　评　价	评　价　矩　阵　排　序
Y_1	可能发生;损失严重;轻伤 1 人左右;涉及范围很小,环境发生少量污染或破坏;经济损失为 100 万~500 万元;工期延误 1~3 个月;社会影响可忽略	$L_1 > F_1 > H_1 > R_6 > F_6 > R_1 > L_6 > H_6 > H_8 > F_9 >$ $H_9 > L_8 > J_1 > J_6 > J_7 > R_9 > R_8 > F_{10} > L_9 > J_9 >$ $H_{10} > R_{10} > J_{10} > L_{10} > F_{11}$
Y_2	可能发生;损失需考虑的;轻伤 1 人左右;涉及范围很小,环境发生少量污染或破坏;经济损失为 50 万~100 万元;工期延误 6~9 个月;社会影响可忽略	$J_2 > H_2 > F_2 > R_2 > J_7 > R_7 > L_2 > J_8 > F_7 > L_7 >$ H_7
Y_3	可能发生;损失非常严重;重伤 1 人,或轻伤 2~10 人;涉及范围大,环境发生污染或破坏;经济损失为 500 万~1 000 万元;工期延误 3~6 个月;社会影响较严重	$H_3 > J_3 > L_3 > F_3 > F_8 > R_3$
Y_4	可能发生;损失需考虑的;轻伤 1 人左右;涉及范围很小,环境发生少量污染或破坏;经济损失为 100 万~500 万元;工期延误少于 1 个月;社会影响需要考虑	$L_4 > H_4 > F_4 > J_4 > R_4$
Y_5	偶尔发生;损失非常严重;轻伤 1 人左右;涉及范围非常大,环境发生严重污染或破坏;经济损失为 100 万~500 万元;工期延误 3~6 个月;社会影响恶劣	$J_5 > R_5 > L_5 > H_5 > F_5$

表 6　施工风险控制表

风险类别	风 险 因 素	风 险 特 点	控制手段
自然风险	H_1，H_2，H_3，H_4，H_6，H_9	发生概率不大，但是一旦发生造成损失是灾难性的	风险回避、风险转移
经济风险	L_2，R_5	发生概率不大，但是对工程影响面极大，不能忽视	风险转移、风险自留
技术风险	J_1，L_1，F_1，J_2，F_2，J_3，F_3，J_4，F_4，F_5，J_6，L_6，J_7，H_7，F_8，J_8，L_8，H_8，F_9，R_9，J_9，F_{10}，J_{10}，H_{10}，F_{11}	发生概率较大，对工程的影响也比较大，应该制定措施方案重点整治	风险转移、风险回避
管理风险	R_2，L_3，L_4，J_5，F_7	发生概率较大，造成损失相对较小	风险缓和、风险自留
行为风险	L_5，H_5，R_7，L_7，L_9，R_{10}，L_{10}	发生概率大，且影响恶劣，可能造成很大损失	风险回避、风险缓和
遗留风险	R_1，R_3，R_4，R_6，F_6，R_8	发生概率较小，但是造成的连锁效应不能忽视，也可能造成重大损失，需要根据具体内容判断	风险缓和、风险回避

4　结论

以西北山区大断面城市隧道工程施工全过程风险管理为研究背景,提出了一种大断面城市隧道施工全过程风险管理模式,得到的结论如下:

(1) 区别于以往零散、割裂的工程个例分析,该模式建立了比较系统且贴近工程实际的包括风险界定、辨识、估计、评价和控制等整个风险管理周期的管理架构,为大断面城市隧道工程全过程风险管理提供了统一的模式参考,根据不同项目特点灵活调整模块内容后仍然适用,具有较强的普遍适用性。

(2) 该模式把静态风险管理和动态风险管理有机结合在一起,实现了对项目进行全局把握和精细化管理的目标。即能将施工风险准确定位到各个分部分项工程,对项目施工全过程风险实施动态跟踪;又能站在全局角度,宏观评估项目总体风险,是一种比较先进、科学、新颖的管理手段,弥补了以往单一化管理手段不可避免的考虑不全面的缺陷,能更好地模拟工程实际。

(3) 该模式通过风险界定、辨识、估计、评价和控制,对从开工到最后竣工的施工全过程进行风险管理,实现了整个项目的各个分部、分项工程甚至是某个步骤中的风险的实时监控。采用全过程的风险管理模式对于减小风险的发生可能性、及时采取有效措施防范风险并制定措施,减少风险造成的不良影响及损失具有十分重要的意义。

(4) 通过建立风险等级综合评估标准和人、机、料、法、环 5 大风险类别,在确定风险因素集合、风险评判集合和隶属度集合等风险管理环节,可以全面地考虑风险影响,对后期合理有效地控制风险、达到预期目标具有重要意义。

参考文献

[1] 刘辉,张智超,王林娟. 2004—2008 年我国隧道施工事故统计分析[J]. 中国安全科学学报,2010,20(1):96-100.

[2] STURK R, OLSSON L, JOHANSSON J. Risk and decision analysis for large underground projects, as applied to the Stockholm ring road tunnels [J]. Tunneling and Underground Space Technology, 1996, 11(2): 157-164.

[3] 张少夏,黄宏伟.影响隧道施工工期的风险分析[J].地下空间与工程学报,2005,1(6):936-939.

[4] 刘婧,周伟.山岭隧道施工的动态风险管理模型研究[J].安全与环境学报,2011,11(3):195-199.

[5] 仇文革,李俊松.小净距大跨度公路隧道安全风险管理与施工技术[J].现代隧道技术,2011,48(5):18-22.

[6] 冯卫明.某大断面山岭隧道施工安全风险评估[J].公路交通科技:应用技术版,2012,88(4):229-232.

[7] 郭鹏,李志强,张凤爱,等.承秦高速公路隧道施工风险管理研究[J].交通标准化,2012,1(1):95-99.

[8] 刘伟.山岭公路隧道施工风险评价及其应用研究[硕士学位论文][D].西安:长安大学,2011.

[9] 夏润禾,徐向叶.铁路软弱围岩隧道施工安全风险管理技术与实践[J].地下空间与工程学报,2011,7(增2):1753-1757.

[10] 李利平,李术才,陈军,等.基于岩溶突涌水风险评价的
隧道施工许可机制及其应用研究[J].岩石力学与工程
学报,2011,30(7):1345 - 1355.

[11] 交通运输部工程质量监督局.公路桥梁和隧道工程施
工安全风险评估制度及指南解析[M].北京:人民交通
出版社,2011:11.

[12] 梁青槐,贾俊峰.基于工程保险的土建工程施工安全风
险管理模式研究[J].中国安全科学学报,2005,15(6):
54 - 56.

本文发表于《岩石力学与工程学报》
2014 年第 33 卷第 10 期

杭州地铁 1 号线盾构掘进对周围土体扰动分析

虞兴福[1]，任　辉[2]，胡向东[2]

(1. 浙江大学城市学院工程学院，杭州 310015；2. 同济大学地下建筑与工程系，上海 200092)

摘要： 文章以杭州地铁 1 号线红普路站～九堡站区间段右线隧道盾构掘进为工程背景，对盾构掘进过程中周围土体的变化情况进行了试验性监测，监测内容包含地表沉降、分层沉降、水平位移和孔隙水压力。通过分析监测数据发现，地表沉降主要集中在盾构通过前接近监测断面和盾尾离开监测断面这一期间；隧道盾构外侧土体，在盾构通过时土体存在明显沉降，而在通过前后土体均有不同程度的隆起，并且横向水平位移较大，受挤压效果明显；盾构切口到达和盾尾离开时，孔隙水压力都会出现突然增大随后迅速减小的变化，反映了土体挤压、恢复和松弛等扰动状态。

关键字： 杭州地铁　盾构掘进　地表沉降　土体位移　孔隙水压力现场监测

1　引言

盾构掘进施工造成周围土体原始应力状态的改变，主要表现在总应力和孔隙水压力的改变，以及地层变形和地表沉降。无论盾构隧道施工技术如何改进，由于施工工艺及周围环境的限制，其施工引起应力状态改变是不可避免的，其地层移动不可能完全消除。自 1969 年 Peck 公式提出后[1]，掀起了对隧道引起的沉降进行研究的热潮。目前，国内外关于盾构施工引起土层变形的预测方法主要有经验法[1]、解析法[2,3]、随机介质法[4]、数值分析法[5]和实测数据分析法[6]。

盾构掘进施工常以地表沉降值作为控制指标，故国内关于盾构掘进产生的地层移动分析研究主要集中在地表沉降[7-12]，而对于盾构掘进过程中土层内部位移场研究较少[13,14]。针对杭州地铁盾构施工，笔者根据杭州地铁 1 号线红普路站～九堡站区间段的现场监测结果提出了盾构隧道施工地面沉降规律[15]。本文将以杭州地铁 1 号线红普路站～九堡站区间段右线隧道盾构掘进为工程背景，选取试验监测区域，根据盾构掘进的不同阶段，对盾构周围的地层变形、地表沉降及孔隙水压力进行现场监测分析，研究隧道盾构正常掘进过程中对周围土体扰动规律，为杭州等软土地区盾构施工提供参考。

2　工程概况

杭州地铁一号线红普路站～九堡站区间段，位于杭州市东面，钱塘江北岸，属钱塘江冲海积平原地貌单元。该区间为双线平行隧道，线间距为 13～13.6 m，隧道顶埋深约为 8.9～16.0 m。盾构采用外径为 6 340 mm 的加泥式土压平衡盾构，总长 8.68 m。隧道衬砌管片内径为 $\Phi 5.5$ m，外径为 $\Phi 6.2$ m，衬砌管片宽度 1.2 m。

场地浅部深度 20 m 内为一套冲海相砂质粉土夹粉砂，中部埋深 20～40 m 厚约 10.0～20.0 m 的高压缩性流塑状淤泥质粉质粘土层和埋深约 40～45 m 厚约 1.0～6.0 m 粉质粘土、含砂粉质粘土层，下部为性质较好的圆砾层，厚度大于 3 m。试验区掘进范围内各土层的主要物理力学指标见表 1。

3　试验监测方案

3.1　监测目的

盾构掘进试验监测区设于盾构掘进经过的可以通视的受地面交通干扰较小的平直区段，属于盾构正常

表 1　地层的主要物理力学指标

层号	土层名称	层厚/m	w	$\gamma/(\mathrm{kN/m^3})$	e	E_s/Mpa	μ	c/kPa	$\varphi/(°)$
③₂	砂质粉土	0.9	29.2%	18.80	0.819	7.50	0.30	18.0	27.5
③₃	砂质粉土夹粉砂	6.6	28.0%	18.91	0.792	10.5	0.26	14.0	30.0
③₅	砂质粉土	1.6	25.7%	19.11	0.741	7.5	0.34	16.0	28.5
③₆	粉砂夹砂质粉土	7.9	25.8%	19.11	0.735	11.3	0.27	14.0	30.5
④₃	淤泥质粉质粘土	9.1	41.7%	17.44	1.186	2.6	0.35	2.5	27.2
⑥₃	粉砂夹砂质粉土	6.3	25.2%	18.75	0.768	8.5	0.34	15.0	28.0

掘进区域。监测区域以盾构离开联络通道加固区起始,沿隧道轴线 30 m 范围内。考虑对称性,监测仅对隧道右线的轴线外侧进行。

通过盾构掘进现场试验监测,结合盾构掘进引起地面沉降的机理,分析盾构切口离开联络通道加固区进入试验区直至盾尾远离试验区这一期间的监测数据,确定盾构掘进对周围土体扰动的范围,并分析在盾构通过前后不同阶段土体扰动规律,同时探讨盾构掘进过程与孔隙水压力变化的关系。

3.2　监测项目及方法

1) 地表沉降

在盾构掘进试验监测区布置 7 个监测断面,间距为 5 m,监测断面分别位于 $x=0$、5 m、10 m、15 m、20 m、25 m 和 30 m,其中 $x=0$ 处于联络通道加固区与试验监测区交界处,属于试验监测区的起始点,如图 1 中各类测点平面布置图所示,并且在同一个监测断面上布设 5 个测点,各测点间距自隧道轴线向外分别为 0、$D/2+1$、$D+1$、$1.5D+1$、$2.5D+1$(D 为盾构直径),共布置有 35 个测点,依次为 DB1~DB35。

2) 分层沉降

在盾构掘进试验监测区布置 1 个垂直隧道轴线方向的测试断面。其断面位置位于 $x=15$ m,监测断面上布设 5 个测孔,布设位置与地表沉降位置相同,如图 1 中各类测点平面布置图所示。深层沉降监测测孔的深度与测点数也不相同,从隧道轴线往外依次为 TC1 埋深 18 m、TC2 和 TC3 埋深 13 m、TC4 埋深 11 m、TC5 埋深 6 m,测点布置间距 1.0 m。

3) 水平位移

水平位移监测测孔数量、位置均与土体深层沉降监测布置一致,在 $x=15$ m 处从隧道轴线往外依次为 CX1~CX5,如图 1 中各类测点平面布置图所示。水平位移监测测孔深度为 26 m,测点布置间距 0.5 m。

4) 孔隙水压力

孔隙水压力监测测孔数量、位置均与土体深层沉

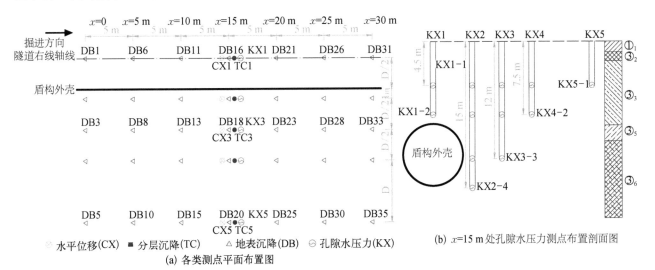

(a) 各类测点平面布置图

(b) $x=15$ m 处孔隙水压力测点布置剖面图

图 1　盾构掘进试验监测区测点布置图

降监测布置一致,在 $x=15$ m 处从隧道轴线往外依次为 KX1～KX5,如图 1 中各类测点平面布置图所示。孔隙水压力监测测孔的深度与测点数也不相同,具体如图 1 中 $x=15$ m 处孔隙水压力测点布置剖面图所示。

4 试验监测数据分析

4.1 地表沉降

盾构掘进引起的地表位移沿盾构前进方向可以分为 5 个不同的区段来看待,分别为初始沉降、盾构工作面前方的沉降、盾构通过的沉降、盾尾空隙沉降、土体次固结沉降[16]。

图 2 为盾构掘进到达监测区不同位置时地表纵向沉降槽的变化情况。纵向沉降槽监测测点在隧道轴线上方,如图 1 所示分别为 DB1、DB6、DB11 等共 7 个测点。其中隆沉量负数表示沉降,正数表示隆起,这一规定同样适用于下文。从图 2 可以发现:(1)当盾构切口离开加固区进入试验监测区时,盾构前方影响范围约 15 m,此时隧道底至地面约 15.1 m,开挖面前方的影响范围角约 45°。(2)比较同一测点如 $x=15$ m 时可以发现,相比较于盾构切口到达前的地表沉降,即盾构工作面前方的沉降,盾构通过时与盾尾空隙沉降明显较大,占沉降量的主要部分。(3)比较盾构切口到达 $x=0$ 与 $x=15$ m 处的前方 15 m 范围,盾构前方会有沉降和隆起不同的反应,这主要与盾构土舱压力及出土速率有关。

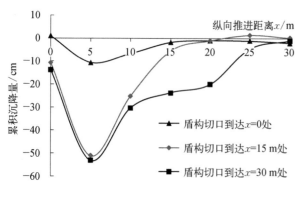

图 2 地表纵向沉降槽

图 3 为两个不同横断面($x=5$ m 和 $x=20$ m)在盾构掘进到达监测区不同位置时地表横向沉降槽的变化

情况,横向沉降槽显示隧道中轴线往外约 17 m 范围内共 5 个测点,其中 $x=5$ m 截面测点为 DB6～DB10,$x=20$ m 截面测点为 DB21～DB25,如图 1 所示。(1)由图可知,偏离隧道轴线越近,地表沉降越大,且沉降量增长速度越大。结合其余 5 个监测断面的监测数据可以看出地表沉降较大区域主要集中在隧道轴线往外 10 m 范围。(2)盾构远离试验监测区后的最终沉降,相比较于盾构处于监测区的沉降有微弱的回弹。

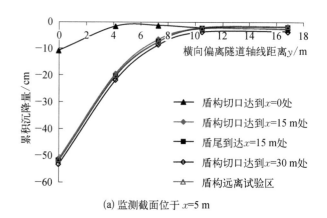

(a) 监测截面位于 $x=5$ m

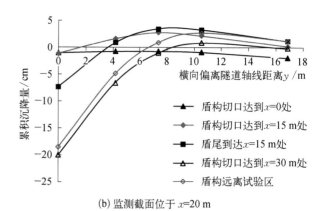

(b) 监测截面位于 $x=20$ m

图 3 地表横向沉降槽

图 4 为两个不同横断面($x=5$ m 和 $x=20$ m)中的两个测点 DB6 和 DB21 在整个盾构掘进试验监测期间的沉降历程曲线,具体测点平面位置如图 1 所示。由图 4 可知,从截面 $x=5$ m 的测点 DB6 可以看出在盾构切口到达约 $x=-2$ m 处地表沉降突然开始增大,直到盾构切口到达约 $x=15$ m 处以后隆沉值趋于稳定,基本没有什么变化,也就是说若以截面 $x=5$ m 为原点,盾构掘进方向为正,则截面的地表沉降主要集中在盾构切口在完成(-7,9)这一区间掘进时段内;而从截

面 $x=20$ m 内测点 DB21 的沉降历程曲线中同样可以发现,以截面 $x=20$ m 为原点,盾构掘进方向为正,则截面的地表沉降主要集中在盾构切口在完成(-6, 8)这一区间掘进时段内。根据本次盾构总长 8.68 m,由以上分析可知盾构推进在盾构通过前接近截面时开始出现较大沉降,直至盾尾离开截面后地表沉降趋于稳定。

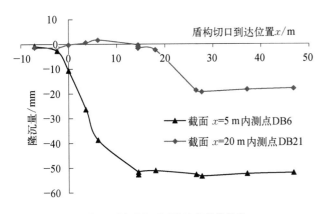

图 4　测点 DB6 和 DB21 的沉降历程

同时,从图 4 可以看出,在盾构通过前接近相应截面直至盾尾离开该截面这一区间,截面 $x=5$ m 内测点 DB6 与截面 $x=20$ m 内测点 DB6 的沉降发展速度和最大沉降值差异很大,明显测点 DB6 沉降发展速度和最大沉降值更大。当盾构离开联络通道加固区进入试验监测区($x=0$ m),盾构进入不同性质的土体而推进参数未及时做出调整,在截面 $x=5$ m 发生明显的地表沉降,最大处可达 50 mm。这是由于试验监测区土体未加固,砂性土受到挤压后,孔隙水流失,土体疏干密实,体积减小引起。而在截面 $x=20$ m 处地表沉降明显减小,应在盾构刚进入试验区后发现沉降过大而对推进参数做出调整,以达到控制地表沉降的目的,如增大正面土压力、减小推进速度、减小出土速度等措施。由此可知,盾构推进过程中,应根据不同土体性质对盾构推进参数及时做出调整,以减小地表沉降。

4.2　土体分层沉降

图 5 为 $x=15$ m 横断面在盾构掘进到达监测区不同位置时土体分层沉降曲线图,隆沉量负数表示沉降,

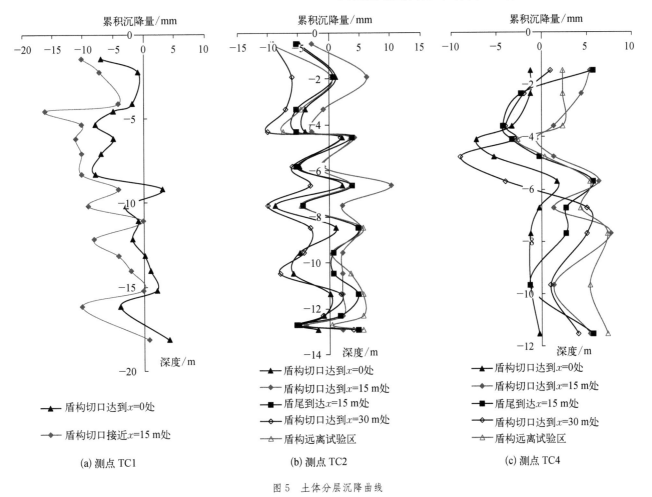

(a) 测点 TC1　　　　　(b) 测点 TC2　　　　　(c) 测点 TC4

图 5　土体分层沉降曲线

正数表示隆起,横向沉降槽显示隧道中轴线往外约16 m范围内共5个测点,如图1所示。(1)由于测点TC1位于隧道轴线上,盾构切口经过 $x=15$ m时,测点遭到破坏,故仅有盾构切口经过前的测点记录,从图5测点TC1的隆沉量可知,盾构前方土体受到扰动发生明显沉降,而且隧道盾构切口的接近沉降量在增大,沉降量偏大位置处于深度在 $-9\sim-4$ m之间,此段区间为隧道盾构顶部往上5 m范围,其中最大沉降值处于深度 -4.5 m处,约16 mm。(2)分析盾构外侧测点TC2和TC4的分层沉降曲线,如图5所示,其变化趋势大致相同。随着盾构往前掘进,盾构切口靠近监测断面,隆沉量在增大,截止盾构切口到达监测断面,土体分层各测点基本处于隆起状态;当盾构通过监测断面并逐渐远离时隆沉量逐渐减小,土体发生沉降;当盾构远离试验区,受管片注浆影响,土体分层各测点隆沉量增大,土体分层各测点大部分隆起,尤其离盾构越近的测点越明显。(3)比较盾构轴线上的测点TC1与盾构外侧测点TC2、TC4,会发现随着盾构切口接近监测断面,沉降量变化刚好相反。

4.3 土体水平位移

4.3.1 盾构掘进纵向水平位移

本次试验仅在盾构轴线上布置测点CX1来监测盾构掘进方向土体水平位移,即纵向水平位移,以盾构掘进前进方向为负。由于测点CX1位于隧道轴线上,盾构切口经过 $x=15$ m时,测点遭到破坏,故仅有盾构切口经过前的测点记录,图6为 $x=15$ m横断面在盾构掘进到达监测断面前测点CX1的纵向水平变形曲线图,从图中可以看出,盾构掘进前方土体纵向水平位移较小,最大值约1.4 mm,且从地表到盾构底部范围内变化不大,盾构底部(深度 -16 m)以下迅速减小。

4.3.2 盾构掘进横向水平位移

图7为 $x=15$ m横断面在盾构掘进到达监测区不同位置时土体横向水平变形曲线,即垂直于盾构掘进方向的水平变形曲线,横向水平位移垂直于隧道轴线,以指向隧道轴线方向为正。从靠近隧道外边缘往外共设置CX2~CX5共4个测点,图7现列出CX2、CX3、CX5共3个测点来分析。(1)通过图7可以看出,在盾构工作期间盾构外侧土体受挤土效应明显,离盾构越近的测点横向水平位移越大,挤土范围越集中,且集

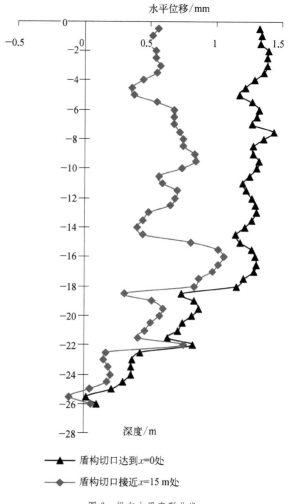

图6 纵向水平变形曲线

中在盾构附近区域。如测点CX2(离盾构外边缘1 m)土体受挤压区域位于深度 $(-4\sim-16)$ m,属于盾构顶上方5 m至盾构底这一区间,最大水平位移位于深度 -11 m处,值为 -8.6 mm。测点CX3(离盾构外边缘约4.2 m)与CX5(离盾构外边缘约3.7 m)监测深度范围内土体均处于受挤压状态,最大水平位移分别位于深度 -9 m和 -1 m处,值为 -4.5 mm和 -2.2 mm,由此可知随着离盾构越来越远,挤土范围在扩散,挤土效应在减弱。同时可以发现,随着偏离盾构的距离增大,水平位移最大值出现在深度方向的位置也在不断向着地表移动。(2)结合3个测点来看,在盾构掘进到达监测区不同位置期间测点变化趋势基本相同。随盾构切口接近监测断面,盾构外侧土体受到挤压变形;当盾构通过监测断面时,盾构外侧土体受到挤压继续往外侧移动;盾尾离开监测断面后,盾构往前掘进一段距离,受盾尾空隙影响,盾构外侧土体开始往盾构方向移

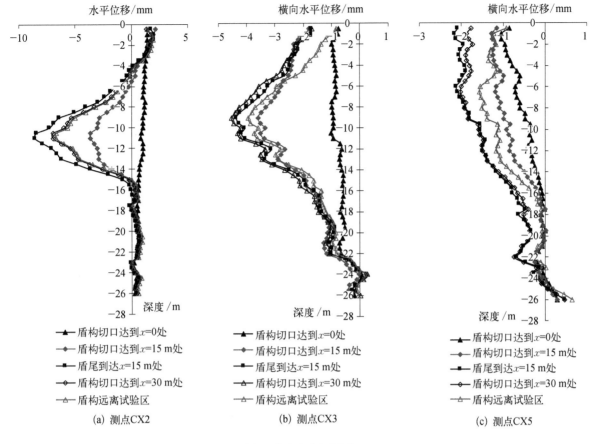

图 7　横向水平变形曲线

动,离盾构越近的测点 CX2 表形更明显,仅测点 CX3 仍然保持了微弱的外扩变化;随着盾构继续往前掘进,当盾构远离试验区,盾构外侧土体出现较大的往盾构方向的移动,出现回弹反应。由此分析可知,盾构外侧土体受挤压产生横向水平位移最大值出现在盾尾离开时至离开约 5 环这一时间段。

4.4　孔隙水压力

孔隙水压力监测为 5 个测孔(KX1~KX5),其测孔和深度如图 1 所示。图 8 为 $x=15$ m 横断面在盾构掘进时孔隙水压力累积变化量随时间变化曲线,累积变化量增大意味着孔隙水压力增大,说明土体受到挤压。(1) 其中图 8(a)给出了地面往下 7.5 m 这同一深度内测点的孔隙水压力变化情况,从图中可以看出,离盾构越近的测点孔隙水压力累积变化量越大,每次变化量也越大。(2) 图 8(b)给出了 KX2 测孔(隧道外边缘往外 1 m 处)这一垂直方向内各测点的孔隙水压力变化情况,比较于图 8(a),处于同一测孔的各测点孔隙水压力变化量差别较小,基本重合。

图 8 中四条竖线依次描述了盾构切口到达 $x=0$、盾构切口到达 15 m、盾尾到达 15 m、盾构切口到达 $x=30$ m 的时间节点,结合图 8(a)、(b)可知,在盾构离开加固区进入试验监测区直至到达监测截面期间,孔隙水压力累积变化量出现了第一次波峰,即随着盾构掘进靠近前方土体,前方土体内孔隙水压力迅速增大并恢复到初始水平,表示在盾构接近前方土体前,孔隙水压力经历了一次迅速增大并回落的过程。随后在盾构通过监测断面,盾尾离开监测断面时,孔隙水压力累积变化量出现了第二次波峰,由于盾构在时间段 5~7 d 内没有向前掘进,故此时孔隙水压力变化较小,累计变化量较稳定,当盾构开始通过监测截面时,孔隙水压力迅速增大,随着盾尾离开监测截面,盾尾空隙导致土体孔隙水压力迅速减小。根据土体内孔隙水压力的变化可知,盾构切口接近监测断面,土体受到挤压,但在切口到达前挤压力减小,而在盾构通过时,土体挤压力增大,直至盾尾离开才减小。

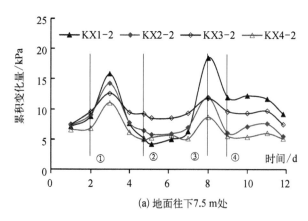

(a) 地面往下7.5 m处

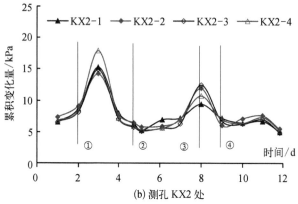

(b) 测孔 KX2 处

图 8　孔隙水压力随时间变化曲线
① 切口到达 $x=0$ m; ② 切口到达 $x=15$ m;
③ 盾尾到达 $x=0$ m; ④ 切口到达 $x=30$ m

5　结论

针对杭州地铁 1 号线红普路站～九堡站区间段右线隧道,通过现场试验监测得到了盾构掘施工过程中从隧道轴线往外约 17 m 范围内土体的地表沉降、分层沉降、水平位移和孔隙水压力的变化规律。现场监测数据表明:

(1) 沿盾构掘进方向,盾构掘进前方 15 m 范围内存在地表沉降,相当于地表至隧道底的距离,验证了影响范围角约 45°这一结论,同时监测截面的地表沉降主要集中在盾构切口通过从监测截面往后 5 m 到往前 10 m 这一区域的时段内;而垂直于盾构掘进方向,离盾构越近,地表沉降越大,且沉降较大区域主要集中在隧道轴线往外 10 m 范围。

(2) 随着盾构掘进,盾构通过前在盾构隧道轴线附近的土体沉降,处于隧道盾构顶部往上 5 m 范围内沉降值更大;盾构隧道外侧的土体在盾构通过前、通过

时和通过后三阶段分别处于隆起、沉降和隆起的状态。

(3) 盾构通过前,盾构掘进方向的纵向水平位移较小,从地表到盾构底部范围内变化不大,盾构底部以下迅速减小;垂直于盾构掘进方向的横向水平位移在盾构通过前后土,从盾构隧道外侧往外,土体向外位移逐渐减小,深度方向的向外位移范围逐渐扩大,盾构隧道外侧土体受盾构掘进时挤压效果明显,越往外效果越弱,但影响范围越大。

(4) 从方位上来看,在同一深度上离盾构越近孔隙水压力累积变化量越大,每次变化量也越大,在同一孔位上孔隙水压力基本相同;在时间上来看,随着盾构往前掘进,当盾构切口到达某一截面前,该截面孔隙水压力会有一次突然增长并迅速减弱,并且当盾尾离开这一截面时,该截面孔隙水压力同样会出现这一现象,反映了土体挤压、恢复和松弛等扰动状态。

参考文献

[1] Peck R B. Deep Excavations and Tunneling in Soft Ground [C] //Proceedings of the 7th International Conference on Soil Mechanics and Foundation Engineering. Mexico City, State-of-the-Art Volume, 1969: 225 - 290.

[2] Bobet A. Analytical Solutions for Shallow Tunnels in Saturated Ground [J]. Journal of Engineering Mechanics, 2001, 127(12): 1258 - 1266.

[3] Park K H. Elastic Solution for Tunneling-induced Ground Movements in Clays[J]. International Journal of Geomechanics, 2004, 4(4): 310 - 318.

[4] 朱忠隆,张庆贺,易宏伟. 软土隧道纵向地表沉降的随机预测方法[J].岩土力学,2001,22(1): 56 - 59.

[5] Finno R J, Clough G W. Evaluation of Soul Response to EPB Shield Tunneling[J]. Journal of Geotechnical Engineering, 1985, 111(2): 155 - 173.

[6] 孙钧,袁金荣. 盾构施工扰动与地层移动及其智能神经网络预测[J].岩土工程学报,2001,23(3): 261 - 267.

[7] 唐益群,叶为民,张庆贺. 上海地铁盾构施工引起地面沉降的分析研究 [J]. 地下空间,1995,15 (4): 251 - 258.

[8] 张云,殷宗泽,徐永福. 盾构法隧道引起的地表变形分析[J].岩石力学与工程学报,2002,21(3): 388 - 392.

[9] 徐俊杰.土压平衡盾构施工引起的地表沉降分析[M].
成都:西南交通大学,2004.

[10] 刘招伟,王梦恕,董新平.地铁隧道盾构法施工引起的
地表沉降分析[J].岩石力学与工程学报,2003,22(8):
1297-1301.

[11] 李曙光,方理刚,赵丹.盾构法地铁隧道施工引起的地
表变形分析[J].中国铁道科学.2006,27(5):87-92.

[12] 王建秀,邹宝平,付慧仙,等.超大直径盾构下穿保护建
筑群地表沉降预测[J].现代隧道技术,2013,50(5):
98-104.

[13] 姜忻良,李林,袁杰,等.深层地铁盾构施工地层水平位
移动态分析[J].岩土力学,2011,32(4):1186-1192.

[14] 吴华君,魏纲.近距离双线平行盾构施工引起的土体沉
降计算[J].现代隧道技术,2014,51(2):63-69.

[15] 虞兴福,金志宝,胡向东,等.杭州地铁某盾构隧道施工
地面沉降规律分析[J].河南大学学报(自然科学版),
2013,43(1):101-105.

[16] 徐永福,孙钧.隧道盾构掘进施工对周围土体的影响
[J].地下工程与隧道,1999(2):9-13.

本文发表于《现代隧道技术》
2014年第51卷第5期

基于响应面和重要抽样法的隧道衬砌结构时变可靠度

姚贝贝[1]，孙 钧[1,2]

（1. 同济大学 地下建筑与工程系，上海 200092；2. 杭州丰强土建工程研究院，浙江 杭州 310006）

摘要： 由于隧道衬砌结构极限状态方程高度非线性，直接采用一般的可靠度计算方法得到的是几何可靠度，存在较大误差，需进行改进。结合响应面法和重要抽样两种方法，利用响应面法得到的验算点作为重要抽样法的抽样中心，进而求解结构的可靠度指标。在该理论的基础上，考虑结构抗力随时间衰减的因素，利用 Matlab 软件编制了隧道在服务寿命期限内的时变可靠度指标的计算程序，并通过回归分析，得到了时变可靠度指标随着时间呈指数递减的规律。通过耐久性系数与时变可靠度指标的对应关系，可得到衬砌结构任意时刻的耐久性系数，该系数则是衬砌结构耐久性设计的关键。该方法对功能函数高度非线性的工程较适用，并且为结构耐久性设计提供了基础。

关键词： 越江隧道；响应面法；重要抽样法；时变可靠度指标；耐久性系数

地下结构的安全可靠与否，不仅影响其正常运营使用，而且直接关系到人民的生命财产安全。而盾构隧道建造费用高，服役期长（一般为 100 年），破坏危险性大，因此，要绝对保证盾构隧道的安全可靠。在目前的研究中，抗力不随时间变化的可靠度研究多，抗力随时间变化的可靠度研究少。结构的耐久性不足时会造成结构抗力的降低，从而使结构的安全性下降[1]。显然，在结构耐久性成为国际土木界所关注问题的今天，研究结构时变可靠度是有现实意义的。

结构时变可靠度是指将结构在设计使用期限内的抗力和作用效应看成是随机变量，结构抗力随时间不断降低的可靠分析方法，它是一个相当复杂的问题。隧道衬砌结构受力大部分处于偏心状态下，极限状态函数的非线性程度较高，特别是在考虑抗力随时间变化的情况下。目前，国内外对结构可靠度的常用分析方法主要有一次二阶距法、Monte Carlo 方法、随机有限元法、响应面法[2-3]。一次二阶距方法运算简单，但主要是针对功能函数能够明确表达的结构，对于复杂结构而言常难以写出功能函数的显式形式；Monte Carlo 方法其模拟的收敛速度与基本随机变量的维数无关，极限状态函数的复杂程度与模拟的过程无关，具有直接解决问题的能力，近几年，还发展了各种效率更

高的抽样方法如对偶抽样、重要性抽样[4]、分层抽样、控制变数法等，但对于实际工程的结构破坏概率通常小于 10^{-3} 以下量级的范畴时，该方法的模拟数目就会相当大，占据大量的计算时间，效率较低；随机有限元方法是另一种手段，但是需要对确定性结构分析程序加以改造，要形成一个通用的随机有限元程序来描述工程实际中各种随机性，目前尚有一定困难[5]；响应面法具有思路清晰，方法简便，计算量小的特点，是目前最有发展前景的结构可靠度分析方法之一，但该方法计算的是可靠度指标是几何可靠度而不能完全代表结构的真实可靠度[6]。

由于本文研究的是结构时变可靠度，极限状态方程较为复杂，故将结合响应面法和重要抽样两种方法进行时变可靠度计算。即利用响应面法计算出设计验算点和响应面方程，再引入重要抽样法以得到的设计验算点作为抽样中心，以响应面方程作为近似功能函数进行抽样，并考虑结构抗力随时间衰减，从而求解隧道衬砌结构服务寿命期内的时变可靠度。

1 响应面法

响应面法起源于实验设计，而后用于结构可靠度

的数值模拟。其基本思想就是对于隐含的或需花费大量时间确定的真实的功能函数或极限状态面,用一个容易处理的函数(称为响应面函数)或曲面(称为响应面)代替。一般为先设计一系列变量值 X,每组变量值构成一个试验点即样本点 x_i,并逐步计算结构相应的一系列功能函数值 $Z_i (i=1, 2, \cdots, n)$,构造变量组和功能函数值之间的明确函数关系,利用其近似代替真实功能函数,再利用常用的方法计算结构可靠。响应面法的关键是响应面函数对取样点的很好拟合,响应面函数通常选取二次多项式,本文选取的近似响应面函数为不含交叉项的非完全二次多项式:

$$Z_r = \tilde{g}(x_1, x_2, \cdots, x_n) = a_0 + \sum_{i=1}^{n} b_i x_i + \sum_{i=1}^{n} c_i x_i^2 \tag{1}$$

式中, a_0, b_i, $c_i (i=1, 2, \cdots, n)$ 为待定系数。

确定响应面函数的关键是确定待定系数,先根据室内试验得到的各试样得到的变量均值作为初始迭代点,利用 Matlab 编程进行循环确定最接近均值点的一系列变量点,从而求出待定系数,得到一个时间变量对应一个响应面函数,以此反复进行迭代,直至两次迭代结果在误差范围之内。通常在设计试验点的时采用二水平因子设计或中心复合设计,二水平因子设计是取因子的上水平和下水平,当有 n 个因子时,需要 2^n 次试验。中心复合设计是在二水平设计的基础上,在增加原点和 $2n$ 个坐标轴上的点。式(1)沿坐标轴代表真实功能函数,试验点可沿坐标轴在均值点 μ_X 附近选择,其中沿坐标轴 X_i 轴的试验点具有的坐标为 $x_i = \mu_{X_i} \pm f\sigma_{X_i}$,其中 $f > 0$,是一任意因子。这是一种只有在坐标轴上的点的中心复合设计。在这 $2n+1$ 个点处计算原真实功能函数的值,并由此得到线性方程组,解之可得到 $2n+1$ 个未知系数 a_0, b_i, c_i。具体的求解步骤如下:

(1) 假定初始迭代点 $x = (x_1, x_2, \cdots, x_n)^T$,一般取平均值 μ_X。

(2) 选取 f 值,一般取 1,2,3,本文程序中选取 $f=2$。

(3) 通过结构数值分析或试验在各个展开点处计算功能函数的估计值 $\tilde{g}_i (i=1, 2, \cdots, 2n+1)$,并形成相应的系数矩阵,利用结构数值试验方法,通过 Matlab 编制专用程序进行计算。

(4) 利用式(1)求解待定系数 a_0, b_i, $c_i (i=1, 2, \cdots, n)$。

(5) 计算时变可靠度指标 β 及验算点 x^*。

(6) 计算在处的功能函数的估计值。

(7) 通过线性插值公式可得到新的 x,即利用公式 $x = \mu_X + \dfrac{g(\mu_X)}{g(\mu_X) - g(x^*)}(x^* - \mu_X)$。

(8) 返回步骤(3)进行迭代,直至前后两次 β 值相差 $< \varepsilon$, $\|x^*\| < \varepsilon$。

2 重要抽样法

设结构的功能函数为 $Z = g_X(X)$,基本随机变量 X 的联合概率密度函数为 $f_X(x)$,则结构的失效概率表示为

$$p_f = \int_{D_f} f_X(x)\mathrm{d}x = \int_{-\infty}^{+\infty} I[g_X(x)]f_X(x)\mathrm{d}x \tag{2}$$

可靠度指标与失效概率的对应关系

$$\beta = \Phi^{-1}(1 - p_f) \tag{3}$$

其中式(2)—式(3): $I(x)$ 为 x 的指示函数(或称特征函数、示性函数),规定当 $x < 0$ 时 $I(x) = 1$,反之, $I(x) = 0$; D_f 是与 $g_X(X)$ 相对应的失效区域; $\Phi(\cdot)$ 为标准正态分布的累积概率函数。

利用 Monte Carlo 方法表示式(2)可写为

$$\hat{p}_f = \frac{1}{N} \sum_{i=1}^{N} I[G(\hat{X})_i] \tag{4}$$

式中, N 为抽样模拟总数。

抽样模拟总数 N 可近似的表示为

$$N = 100 / \hat{p}_f \tag{5}$$

式(5)意味着抽样数目 N 和 $\hat{p}_f$ 成反比,而工程结构中的失效概率通常是较小的,这说明 N 必须要有足够大的数目才能给出正确的估计,很明显,只有利用方差缩减技术,降低抽样模拟数目 N,才能使 Monte Carlo 法在实际工程可靠性分析中得以应用。因此赵

国藩等学者提出了效率更高的重要抽样方法。

直接的 Monte Carlo 抽样法得到的随机变量 X 的样本点 $x_i(i=1, 2, \cdots, N)$ 多集中在联合概率密度函数 $f_X(x)$ 的最大值附近,该点一般比较接近 X 的均值点 μ_X。实际的结构失效应为小概率事件,从而 μ_X 处于可靠域而不在极限状态面上,在失效域内的样本点很少,实现一次 $Z<0$ 的机会很小。因此,重要抽样方法的基本思想是通过改变随机抽样中心,使样本点有较多机会落入失效域,增加使功能函数 $Z<0$ 的机会。

假定存在一个重要抽样概率密度函数 $p_V(v)$,满足下列关系

$$\int_{D_f} p_V(v)\mathrm{d}V = 1, \; p_V(v) \neq 0, \; v \in D_f \quad (6)$$

则式(2)可变为

$$p_f = \int_{-\infty}^{+\infty} \frac{I[g_X(v)]f_X(v)}{p_V(v)} p_V(v)\mathrm{d}v \quad (7)$$

重要抽样法就是选用 $p_V(v)$ 进行抽样,可能改变原抽样的重要区域,增加样本点落入失效域的机会,但若绝大部分落入失效域内也对求解不利。因此,可以将抽样中心取在失效域内对结构失效概率贡献最大的点 v^*,即最可能失效点。v^* 可通过以下最优化问题求解:

$$\begin{aligned} \max & \qquad f_X(v) \\ s.t. & \qquad g_X(v) = 0 \end{aligned} \quad (8)$$

若用 $p_V(v)$ 对 V 抽样,得到样本 $v_i = (v_{i1}, v_{i2}, \cdots, v_{in})^{\mathrm{T}}$,$(i=1, 2, \cdots, N)$,则 p_f 的无偏估计值为

$$\hat{p_f} = \frac{1}{N} \sum_{i=1}^{N} \frac{I[g_X(v_i)f_X(v_i)]}{p_V(v_i)} \quad (9)$$

$p_V(v)$ 的基本变量 V 的各量为正态随机变量,V 的方差可取对应的原随机变量 X 的方差的 1~2 倍,V 的均值去成最大可能点 v^* 或验算点 x^*。

综上所述,重要抽样法就是先以 Monte Carlo 直接抽样得到的样本点为初始抽样中心,利用式(8)进行最优化设计,得到最可能失效点 v^*,将 v^* 重新作为抽样中心,进行迭代计算,利用式(7)可进行失效概率的计算。该过程均只是 Matlab 程序中实现。

根据可靠度指标与失效概率一一对应的关系,可有上式求出失效概率,从而求出可靠度指标。

3 基于响应面法与重要抽样法结合的可靠度计算方法

对于实际工程中,一般极限状态方程为隐式,直接利用重要抽样法,其抽样中心和抽样区域很难确定,并且直接采用重要抽样法,抽样次数仍然比较高,效率较低;而响应面法对于隐式方程能较精确的确定其验算点和验算点附近拟合精度较高的响应面。因此,将两者结合可提高效率和计算精度,以响应面法得到验算点作为重要抽样法的抽样中心,从而构造抽样函数进行重要抽样,计算结构失效概率和可靠度指标。具体步骤如下:

(1) 假定初始迭代点 $x = (x_1, x_2, \cdots, x_n)^{\mathrm{T}}$,一般取平均值 μ_X。

(2) 选取 f 值,一般取 1,2,3,本文程序中选取 $f = 2$。

(3) 通过结构数值分析或试验在各个展开点处计算功能函数的估计值 $\tilde{g}_i(i=1, 2, \cdots, 2n+1)$,并形成相应的系数矩阵。

(4) 利用式(1)求解待定系数 a_0,b_i,$c_i(i=1, 2, \cdots, n)$。

(5) 计算可靠度指标 β 及验算点 x^*。

(6) 若满足收敛条件 $|\beta(k)-\beta(k-1)|<\varepsilon$,则输出 β,否则以 $x = \mu_X + \dfrac{g(\mu_X)}{g(\mu_X) - g(x^*)}(x^* - \mu_X)$ 为样本中心,返回步骤(3)进行迭代,直至满足收敛条件。

(7) 输出验算点 x^*,以 x^* 作为重要抽样中心和抽样函数 $p_V(v)$ 的均值,以原随机变量方差的 1~2 倍作为抽样函数的均值;

(8) 对 n_V 个随机变量选取 n_S 个正态分布的随机抽样点 V_i;

(9) 计算随机抽样点对应的功能函 $g_X(v_i)$;

(10) 以原随机变量的均值和方差构造随机抽样点对应的联合概率密度函数 $f_X(v_i)$;

(11) 以验算点为均值,以原随机变量方差的一倍为重要抽样函数的方差构造重要抽样概率密度函数

$p_V(v_i)$，并计算 $f_X(v_i)/p_V(v_i)$ 的数值；

（12）计算功能函数值 $g_X(v_i)<0$ 出现的总次数；

（13）计算失效概率 p_f。

通过以上原理和步骤，本文利用 Matlab 软件，结合隧道的工程实际概况，编制了服务寿命期限内，结构时效可靠度和可靠度指标的计算程序，并通过实例分析验证了其正确性。

4 实例

某越江公路隧道全长 8 955.26 m，隧道内设计车速 80 km/h，结构设计使用年限为 100 年。其中江中段东线长 7 471.65 m，西线长 7 469.363 m，为双管盾构隧道。江中圆隧道的衬砌外径为 15.0 m，内径 13.7 m，环宽 2.0 m，环厚 0.65 m。工程区年平均温度 15.7℃，年平均相对湿度 0.8。

本文研究时效可靠度，因此要考虑抗力和作用响应随时间变化的统计特征，计算时取单位宽度进行计算，通过有限元计算，本文以衬砌结构偏心受压状态为例，利用近似概率法建立衬砌结构的极限状态方程。在结构服务寿命期限内荷载作用效应不能超该期限内结构的抗力，即：

$$S(t) \leqslant R(t) \tag{10}$$

当不满足上式时结构将失效，因此结构的极限状态方程为

$$Z(t) = R(t) - S(t) \tag{11}$$

当 $Z(t)>0$ 时，结构安全；当 $Z(t)<0$ 时，结构失效。

4.1 抗力随时间衰减的随机计算模型

对隧道衬砌结构，其受力状态一般为偏心受力。根据文献[7]规定，公路隧道衬砌结构矩形截面的强度计算公式，并结合文献[8]推导的构钢筋混凝土矩形截面小偏心受压构件，部分截面受压时的抗力表达式，以期使计算结果更为准确。当构件小偏心受压时，文献[9]的推导的抗力表达式变为

$$R_N = \left(R_a b - \frac{BA_g}{h_0}\right) \times \left(\frac{-\left[R_a b(e-h_0) - \frac{BA_g e}{h_0}\right]}{R_a b} \right.$$

$$\left. + \frac{\sqrt{\left[R_a b(e-h_0) - \frac{BA_g e}{h_0}\right]^2 + }}{R_a b} \right.$$

$$\left. + \frac{\sqrt{\frac{2R_a b[A_g e C + R_{g1} A_{g1} e_1]}{R_a b}}}{} \right]$$

$$+ R_{g1} A_{g1} - CA_g \tag{12}$$

式中：h_0 为有效高度；A_g、A_{g1} 分别为受拉区、受压区钢筋截面面积；e、e_1 分别为轴向力作用点到受拉钢筋、受压钢筋合力点的距离；R_{g1} 为钢筋的抗压计算强度；这些参数假定为正态分布，统计特征按照文献[10]取值。另外三个参数为定值，取值分别为 $b=1\ 000$ mm，$B=-1\ 309$ MPa，$C=1\ 047$ MPa。

本文在计算钢筋锈蚀后衬砌结构强度时，考虑环境因素和构件老化导致的抗力随时间衰减，并引入损伤系数。分别反映钢筋锈蚀引起的钢筋截面损失及强度降低、混凝土截面损伤、钢筋和混凝土间粘结力下降三方面的损伤效应。钢筋锈蚀后截面强度计算则需考虑损伤系数 a_s 和 a_c 的影响，受拉和受压区分别变为 $a_s R_a A_g$ 和 $a_s a_c R_a A_{g1}$。

在公式(11)的基础上，引入表 1 中的损伤系数，并考虑时间效应，得到隧道衬砌结构在服务寿命期限内，结构抗力随时间衰减的计算公式为

$$R_N(t)$$

$$= \left(R_a(t)b - \frac{a_s(t)a_c(t)BA_g}{h_{0c}}\right)$$

$$\times \left(\frac{-\left[R_a(t)b(e-h_{0c}) - \frac{a_s(t)a_c(t)BA_g e}{h_{0c}}\right]}{R_a(t)b} \right.$$

$$\left. + \frac{\sqrt{\left[R_a(t)b(e-h_{0c}) - \frac{a_s(t)a_c(t)BA_g e}{h_{0c}}\right]^2 + }}{R_a(t)b} \right.$$

$$\left. + \frac{\sqrt{+ 2R_a(t)b[a_s(t)a_c(t)A_g e C + a_s(t)R_{g1} A_{g1} e_1]}}{R_a(t)b} \right]$$

$$+ a_s(t)R_{g1} A_{g1} - a_s(t)a_c(t)CA_g \tag{13}$$

式中：$R_a(t)$ 为混凝土的极限强度；$a_s(t)$ 为钢筋锈蚀后钢筋强度和截面面积降低系数随机过程；$a_c(t)$ 钢筋锈蚀后钢筋与混凝土的协同工作系数；这 3 个参数均与时间有关，通过室内氯离子渗透和扩散试验利用 Fick 第二定律得到的氯离子扩散系数，和室内钢筋电化学快速锈蚀试验得到的钢筋锈蚀量

来确定,其相关参数参考文献[11]中的数值,均假定为正态分布,由于数值较多,所以在文中不在列出。

4.2 作用效应 S 统计特征

本文在进行荷载效应求解过程中将围岩的力学性能、衬砌材料的力学性能、衬砌结构的几何尺寸、计算模式等看作随机变量,其统计特征见表1。利用"荷载-结构"法,采用 ANSYS 软件中的可靠度计算专用模块对衬砌结构进行内力分析,则可得到截面弯矩 M_0 和轴力 N_0 的均值和方差。

表1 随机参数统计特征

随 机 参 数	均值	方差	分布类型
受拉区钢筋面积 A_g/mm^2	3 358	100.74	正态分布
受压区钢筋面积 A_{g1}/mm^2	5 859	175.77	正态分布
轴向力作用点到受拉钢筋的距离 e/mm	328.049 3	6.561 0	正态分布
轴向力作用点到受压钢筋的距离 e_1/mm	201.950 7	4.039 0	正态分布
钢筋的抗压计算强度 R_{g1}/MPa	300	12	正态分布
损伤后混凝土截面有效计算高度 h_{0c}/mm	590	11.8	正态分布
截面轴力 N_0/kN	7 871.8	1 141.411	正态分布

4.3 考虑抗力随时间衰减的极限状态方程

考虑抗力随时间衰减的极限状态方程如下

$$Z = R_N(t) - S(T) = \left[R_a(t)b - \frac{a_s(t)a_c(t)BA_g}{h_{0c}} \right]$$

$$\times \left(\frac{-\left[R_a(t)b(e-h_{0_c}) - \frac{a_s(t)a_c(t)BA_ge}{h_{0_c}} \right]}{R_a(t)b} \right.$$

$$\left. + \frac{\sqrt{\left[R_a(t)b(e-h_{0c}) - \frac{a_s(t)a_c(t)BA_ge}{h_{0c}} \right]^2 + 2R_a(t)b[a_s(t)a_c(t)A_geC + a_s(t)R_{g1}A_{g1}e_1]}}{R_a(t)b} \right)$$

$$+ a_s(t)R_{g1}A_{g1} - a_s(t)a_c(t)CA_g - N_0 \qquad (14)$$

通过以上极限状态方程,利用本文编制的程序,求解出该越江隧道衬砌结构从建成开始使用到服务寿命100年内的时效可靠度指标和对应的失效概率,运算结果见表2。

表2 服务寿命期内可靠度指标与失效概率

时间 t(年)	失效概率 P_f	可靠度指标 $\beta(t)$
5	0.001 0	3.078 4
10	0.001 3	3.004 5
15	0.001 6	2.943 0
20	0.001 9	2.889 1
25	0.002 3	2.839 5
30	0.002 6	2.795 6
35	0.002 9	2.754 0
40	0.003 3	2.715 8
45	0.003 7	2.679 0
50	0.004 1	2.644 8
55	0.004 5	2.611 7
60	0.004 9	2.579 7
65	0.005 4	2.548 6
70	0.005 9	2.520 2
75	0.006 4	2.490 8
80	0.006 8	2.465 1
85	0.007 4	2.434 8
90	0.008 0	2.407 1
95	0.008 7	2.379 3
100	0.009 3	2.352 0

整理出衬砌结构服务寿命期内时变可靠度指标与服务时间的关系图(图1):

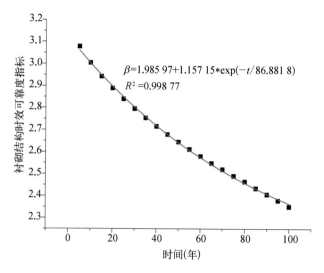

$\beta = 1.985\ 97 + 1.157\ 15 \times \exp(-t/86.881\ 8)$
$R^2 = 0.998\ 77$

图1 衬砌结构时效可靠度指标与时间关系图

从图1可以看出,在结构100年服务寿命内,结构时效可靠度随时间是不断衰减的,且与时间成指数关系,通过回归分析,式表示如下:

$$\beta(t) = 1.985\,97 + 1.157\,15 \cdot \exp(-t/86.881\,8)$$

$$(15)$$

在工程结构中,对于缺少实测资料的工程,在基于近似概率法进行耐久性设计时,求解耐久性设计系数 η 则是关键,而耐久性系数则是时效可靠度指标的函数;两者一一对应的关系如下:

$$\eta = \frac{\beta_0}{\beta_0 + \beta_t - \beta(t)} \qquad (16)$$

式中,β_0 为结构初始可靠度指标,一般按文献[13]取值,本文取3.7;β_t 结构达到服务寿命时的可靠度指标,一般取 $\beta_t = \beta_0$。

从式(15)可以看出,耐久性系数与时效可靠度指标是相互对应的关系,通过本文的方法程序,可计算出结构时效可靠度指标,进而求得耐久性系数,才可对拟建结构在缺少实测数据的情况下进行耐久性设计。本文通过式(16)计算出该隧道在达到服务寿命100年时,结构的耐久性系数为 $\eta = 0.733\,9$,结合近似概率法,可验证该隧道能够满足100年的服务寿命。可见,本文的方法程序,在结构进行耐久性设计时是有现实意义的。

5 结论

本文通过考虑隧道环境因素影响及时间效应,基于隧道衬砌结构抗力随时间的衰减,结合近似概率法得到的极限状态方程,利用响应面法和重要抽样法计算衬砌结构的时效可靠度,主要有以下结论:

(1)介绍在高度非线性极限状态方程情况下,将响应面和重要抽样法结合的理论计算方法,该方法为隐式非线性功能函数的越江隧道工程可靠度分析提供了一种有效的方法;

(2)在隧道服务寿命期内,考虑抗力随时间衰减,利用衬砌结构极限状态方程,通过室内快速试验得到随机参数,以近似概率法得到的极限状态方程为基础,通过响应面法得到的验算点和精度较高的响应面函

数,以该结果作为重要抽样的抽样中心,利用 Matlab 软件编制了隧道在服务寿命期内时效可靠度求解的专用软件;并回归分析了隧道衬砌结构时效可靠度与时间呈指数衰减规律;

(3)通过时效可靠度指标与耐久性系数的一一对应关系,利用可靠度指标求解耐久性系数,为越江隧道衬砌结构的耐久性设计提供了基础。

参考文献

[1] 赵国藩,金伟良,贡金鑫. 结构可靠度理论[M]. 北京:中国建筑工业出版社,2000.

[2] FARAVELLI L. A response surface approach for reliability analysis [J]. Journal of Engineering Mechanics, 1989, 115(12): 2763 - 2781.

[3] BUCHER C G, BOURGUND U. A fast and efficient response surface approach for structural reliability problems[J]. Structural Safety, 1990, 7(1): 57 - 66.

[4] 王建军,于长波,李其汉. 工程中的随机有限元方法[J]. 应用力学学报,2009,26(2):297 - 303.

[5] 苏永华,方祖烈,高谦. 用响应面方法分析特殊地下岩体空间的可靠性[J]. 岩石力学与工程学报,2000,19(1):55 - 58.

[6] 重庆交通科研设计院. 公路隧道设计规范:JTG D70—2004[S]. 北京:人民交通出版社,2004.

[7] 李敏. 海底隧道衬砌结构可靠性研究[D]. 北京:北京交通大学建筑工程系,2005.

[8] Thomas, M. D. A. and Bamforth, P. B, Modelling chloride diffusion in concrete; ash and slag. Cement and Concrete Research, Vol. 29, pp. 487 - 495, 1999.

[9] 中华人民共和国建设部. 建筑结构可靠度设计统一标准:GB 50068—2001[S]. 北京:中国建筑工业出版社,2001.

[10] 陈海明. 越江隧道衬砌结构耐久性设计若干关键技术研究[D]. 上海:同济大学地下建筑与工程系,2009.

[11] 中华人民共和国建设部. 混凝土结构设计规范:GB50010—2002[S]. 北京:中国建筑工业出版社,2002.

本文发表于《同济大学学报(自然科学版)》第40卷第10期

Structural Performance of Immersed Tunnel Element at Flexible Joint

JianSun[1], Xiaoyi Hu[2], Qingfeng Shen[3], Xiaoxuan Zhu[4], Ming Lin[5]* and Wei Xu[6]*

[1] Department of Structural Engineering, Tongji University, 1239 Siping Road, Shanghai, 200092, P. R. China; 12civil_sj@tongji. edu. cn

[2] Department of Structural Engineering, Tongji University, 1239 Siping Road, Shanghai, 200092, P. R. China; tjhxy@hotmail. com

[3] Shanghai Construction Group Co. , Ltd. , 666 East Daming Road, Shanghai 200080, P. R. China; tigerhill_303@163. com

[4] Department of Structural Engineering, Tongji University, 1239 Siping Road, Shanghai 200092, P. R. China; 0104xiaoxuanphd_sj@tongji. edu. cn

[5] China Communications Construction Company, 28 Guozijian Road, Beijing 100088, P. R. China; linming_1004@126. com

[6] Department of Structural Engineering, Tongji University, 1239 Siping Road, Shanghai 200092, P. R. China; tjxuwei@hotmail. com

* Corresponding to:
Wei Xu (tjxuwei@hotmail. com)&Ming Lin (linming_1004@126. com)

Abstract: Flexible joint is an important part of concrete immersed tunnel as it must be sufficiently flexible and resilient, as well as waterproof. The element tube at the joint is weakened in section to make space for joint construction. This weakened part, called extended shell, is a structural weak area, although it only transmits limited axial and vertical load between elements. This paper is based on an actual project, and investigates the structural performance of extended shell under external load, and its influence on adjacent tunnel structure. For the investigation, a model of tunnel segment at element end is established and analyzed with FEM software ANSYS. From the results, conclusions are drawn that the extended shell is structurally reliable, and does have a certain influence on the stress and deformation of adjacent tunnel structure, whichis not considered yet by now. This should be paid more attention in further research and design.

1 Introduction

The immersed tube tunnel is a mature construction technology mainly applied in underwater transportation passage project. An immersed tunnel consists of several large concrete or concrete-filled steel tubes. The tubes are prefabricated in exact dimensions in dry docks aside construction site, and floated to final location. Beforetowed to the construction site, a rubber gasket is erected on both ends of the element to provide joint waterproof. The elements in place are then lowered one at a time into a trench pre-dredged and connected to the previous element in virtue of water pressure (Ingerslev 2012). A complete tunnel is formed when all elements are sunk in place and integrated as a whole.

Shallow buried tunnel as it is, immersed tunnel usually lays on soft sub-soil and suffers settlement. The tunnel should be able to withstand extreme events like earthquake as well as long-term settlement. They must be designed to be sufficiently flexible and resilient. As tunnel elements are prefabricated as a rigid body, the joints need to be able to provide necessary flexibility. Meanwhile, as joints are constructed in site, they are obviously weak but pivotal links in immersed tunnels. There are three types of tube joint varying on stiffness and deformation: rigid joint, flexible joint and semi-rigid joint. The flexible joint has advantage in both flexibility and cost, and is widely adopted in tunnels of long distance (Zhang et al. 2010). This paper will study the structural performance of flexible joint, and all joints mentioned below are of this kind.

The structural performance of immersed tunnel joint has been studied by many professionals. Choshiro Tamura first put forward a simplified model of immersed tunnel for seismic analysis (Yan et al. 2006). In the model, the foundation was simplified to a set of springs and masses, and the tunnel was simplified to a foundation beam lying above. Kiyomiya (1995) studied the seismic performance of immersed tunnel based on this mass-spring model. All these studies mainly focus on the structural performance of the whole tunnel, and joints were simplified. In subsequent studies, the performance of joints was delved with precise models. Lu et al. (2004) and Liu et al. (2011) studied the structural performance and waterproof performance under compress and shear deformation of GINA waterproof ofimmersed tunnel joint with 2d and 3d models separately. Anastasopoulos et al. (2007) established a precise model of flexible joint to study the no-linear seismic performance of the joint in deep water. Liu (2014) established a model of a whole tunnel with refined joint to study the seismic response of flexible joint. A precise model can accurately simulate the structural performance of the joint. But this method is time-consuming and laborious, and the results only fit for the specific tunnel project. Other professionals strived to establish a numerical model universal for immersed tunnel analysis. Yu et al.

(2014) put forward a specified model of immersed tunnel joint based on the characteristics of joint components. Liu et al. (2014) proposed a discrete joint model composed of a series of springs based on the design theory of shell tunnel segment.

Current study on immersed joint mainly focus on simplified model of the joint (waterproof gasket and shear key) and interaction between joints and elements under dynamic force or settlement. Meanwhile, little attention is paid to the structural performance of tube element's end structure both in research and design, which acts as a transition between element and joint. A typical flexible joint is shown in Figure 1 (a). The adjacent elements dock at ends with a circle of Gina gasket sandwiched in between. Such dock connection can only transmit axial force, and shear keys are attached on end of the element to restrain vertical displacement. This design can transmit longitudinal and vertical load, meanwhile allowing for significant flexibility. In order to make space for the installation of shear keys, inner waterproof and prestressd anchors, a circle of shell extends from end of the tube, named as extended shell, as is shown in Figure 1. The extended shell acts as the transition between Gina gasket and tube structure. Unlike multi-cell boxy shaped section

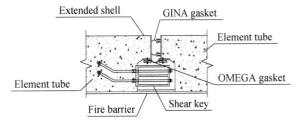

(a) Schematic drawing of flexible joint

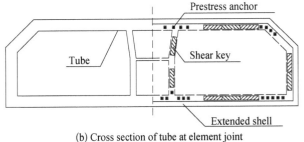

(b) Cross section of tube at element joint

Figure 1   Structural design of flexible joint

of tunnel tube, the cross section of extended shell is a thin-wall circle without support in mid-span. Its deformation (mainly rotation on horizontal and vertical axis, as well as vertical displacement) is restrained by adjacent tube structure. Part of the element as it is, extended shell bears same external loads like earth and water pressure as tube elements. The aim of this study is to investigate the structural performance of extended shell and its influence on adjacent tube structure, based on an actual deep submerged immersed tunnel project.

2 Project Background

The project referred to in this study is a deep submerged tunnel under construction in China. The tunnel is located at estuary, consisting of thirty three 180-metre long 3-cell boxy elements. Each element is made up of eight 22.5 m long segments. Elements are connected by flexible joints. The tunnel lay directly on the bearing stratum for the full buried length.

As surface of the seabed in construction site is geologically unstable, the chosen bearing stratum is 30 m below sea level. The maximum depth reaches 44 m, which is much deeper than general bury depth. Meanwhile, the siltation is severe as the tunnel is located at an estuary. The siltation rate was observed to be 0.5 m/month in 2010. When siltation terminates, the maximum thickness of silt above the tunnel will be 20.53 m. In general, the burial depth and siltation condition of this project are unprecedented, and were never met in previous immersed tunnel projects. Therefore a study on the structural performance of extended shell based on this project will be very worthy and representative.

3 Model and Analysis

3.1 Analysis principle and model

The flexible joint can only transmit axial force and

shear force. The shear force transmits between elements directly through shear keys. The extended shell mainly transmits axial forces and a small amount of moment and shear force, and bears external loads like water and earth pressure. The extended shell is restrained and supported by adjacent tunnel structure.

This study adopts FEM software ANSYS to establish and analyze the model. The analysis model consists of a 22.5 m segment on the end of the element and associated extended shell. Extended shell protrudes 40 cm from end of the element. The thickness of extended shell is 65 cm, and tube 150 cm. The model and section dimension is shown in Figure 2. The material of tube is China C45 concrete, with modulus 3.35×10^4 MPa and compressive strength 21.1 MPa. The tube and extended shell are simulated by element Solid 65. The model is linear-elastic. According to flexible joint's characteristic, the vertical section of extended shell, which is adjacent to GINA gasket, is constrained of longitudinal deformation. For the opposite section, which is a segment joint connecting segments of an element, the section is constrained of longitudinal deformation and horizontal rotation. After casting the ballast concrete, the floor slab will be 3 m thick, double than that of roof slab and side walls. The influence of extended shell on floor slab is much less

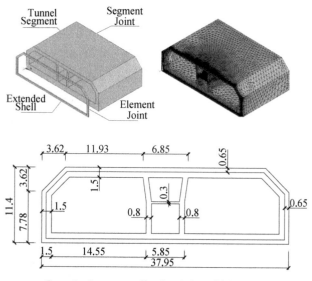

Figure 2　Structure profile of analysis model (unit: m)

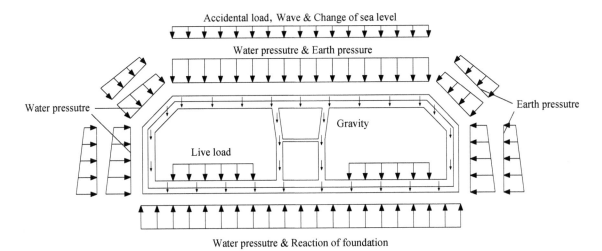

Figure 3　Schematic diagram of loading

than that on roof slab and side walls, and will not be investigated in this study. The floor slab is fully constrained hence.

3.2　Loads and schematic diagram

The extended shell is more of an enclosure for joint connection than load-bearing structure. The loads transmitted through it are limited and uncertain, and secondary to external loads. So the analysis only considers external loads, and the interactions between elements caused by earthquake or settlement are not considered. The analysis chooses the most unfavorable position of the whole tunnel, with roof slab 32.91 m beneath the sea level and siltation 20.53 m thick. The loads considered in the analysis are shown Figure 3. Table 1 shows the loads applied to the horizontal section.

Table 1　Loads and Value Summary of Immersed Tunnel Cross Section

	Load	Comments
Dead Load	Structural weight	Unitweight of reinforced concrete is 26 kN/m³
	Ballast concrete	Unit weight of concrete is 24 kN/m³
	Water pressure	Unit weight of sea water is 10.25 kN/m³
	Rise of the sea level	Take average rise as 0.4 m
	Vertical earth pressure	Unit weight of silt and protection layer is 15 kN/m³ and 21 kN/m³ respectively
	Lateral earth pressure	Lateral earth pressure coefficient $k=$ 0.357

continued

	Load	Comments
Live Load	Sunk ship	The tolerable sunk ship load is designed as 58.5 kPa, distributed on a 17.6 m× 37.95 m area
	Change of sea level	The maximum and minimum change of sea level is 3.51 m and −1.52 m respectively
	Wave	Regarded as a 1 m rise of the sea level.

3.3　Analysis cases

According to the mechanic characteristic of the tunnel element during construction and service condition, 4 cases are put forward for analysis:

(1) The element sunk in place. In this case, two adjacent elements are pulled together for joining. In the space between two bulkheads, there is a little water trapped, still at the pressure corresponding to depth. There is longitudinal water pressure on both sides of the newly submerged element. The GINA gasket is not compressed and cannot provide waterproof. The joint is unfinished.

(2) Depressurize & Backfill. In this case, the water trapped between two adjacent elements is pumped. The water pressure on the other side of the newly located element pushed the element towards the previous one, and the gasket is pressed in the joint. A layer of 2 m thick gallet is then backfilled to provide protection. The construction of an element is completed.

(3) Service condition. When the whole tunnel is completed, no bulkhead is exposed in water, and there will be no longitudinal water pressure on elements. When the siltation terminates, the silt above the tunnel will be 20.53 m thick.

(4) Ultimate condition. The ultimate condition is set on basis of service condition, and considers all unfavorable loads, including waves, rise of sea level and sunken load.

4　Analysis of Results

According to the FEM analysis result of 4 cases, structure under ultimate condition experiences the maximum stress and deformation. The stress and displacement are shown in Figure 4. The maximum displacement 7.82 mm locates at the mid span of the extended shell. The maximum Principal stress 17.6 MPa locates at top of the H-shape support, adjacent to extended shell. The stress and deformation of the extended shell do meet the requirement, but it is indeed

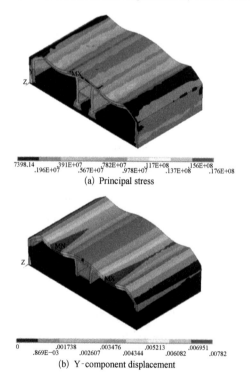

7398.14　.391E+07　.782E+07　.117E+08　.156E+08
　.196E+07　.567E+07　.978E+07　.137E+08　.176E+08
(a) Principal stress

0　.001738　.003476　.005213　.006951
　.869E-03　.002607　.004344　.006082　.00782
(b) Y-component displacement

Figure 4　Stress and displacement result of ultimate condition

the weak area of the element.

The results of ultimate condition presented above are mainly meant to represent the stress and deformation of the extended shell under most unfavorable condition toverify its safety. The sections below will study the influence of the extended shell on tube in service condition. To make the result easy to understand, axis of definite direction is defined in advance. The X axis is the horizontal axis along the cross section's horizontal direction. The Y axis is the vertical axis along the cross section's vertical direction. The Z axis is the longitudinal axis along the element length.

4.1　Horizontal stress (X-axis)

Considering load features and constraint condition, the main deformation and displacement should occur on vertical direction (Y axis) on roof slab. Those on horizontal and longitudinal direction are tiny in comparison. The X-component stress has great reference value for stress analysis as it reflects the vertical deformation of the cross section. Figure 5 shows the stress pattern of X-component stress. The distribution characteristic of stress on cross sections doesn't vary longitudinally. Figure 5 (b) shows the stress pattern of a typical cross section. In the mid span, the top of roof slab is under compression, and bottom tension. The top of roof slab above the H-shape support is under tension. The stress distribution of roof slab is similar to that of a two-span continuous beam (slab) under distributed load. The maximum compressive stress (15.4 MPa) is at the mid span of the roof slab adjacent to extended shell. The maximum tensile stress (6.4 MPa) is at the top endof H-shape support, adjacent to extended shell.

Because extended shell is supported by tube at joint end, the X-component stress of element's joint end is somewhat larger than that of the segment joint end, as is shown in Figure 6 (a). Figure 6 (b) shows the longitudinal variation of displacement of roof slab's mid span and middle support. The stress of two ends varies by

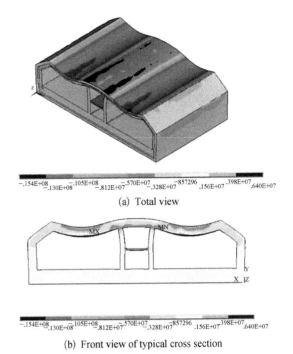

−.154E+08 −.105E+08 −.570E+07 −857296 .398E+07
  −.130E+08 −.812E+07 −.328E+07 .156E+07 .640E+07

(a) Total view

−.154E+08 −.105E+08 −.570E+07 −857296 .398E+07
  −.130E+08 −.812E+07 −.328E+07 .156E+07 .640E+07

(b) Front view of typical cross section

Figure 5   Horizontal stress pattern and deformation shape

10%, and the stress of about 4 m long segment roof slab aside extended shell is apparently influenced.

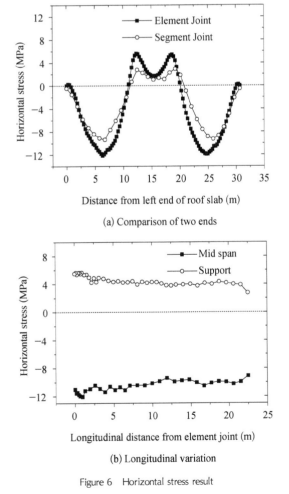

(a) Comparison of two ends

(b) Longitudinal variation

Figure 6   Horizontal stress result

4. 2   Principal stress

The Von Mises stress reflects the comprehensive stress status of the model. Figure 7 shows the Mises stress pattern. The maximum Mises stress (14. 5 MPa) locates at top of H-shape support. The stress in the mid span of roof slab is relatively high.

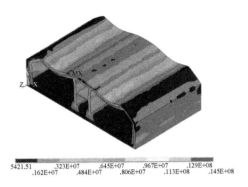

5421.51 .323E+07 .645E+07 .967E+07 .129E+08
  .162E+07 .484E+07 .806E+07 .113E+08 .145E+08

Figure 7   Principal stress pattern

Figure 8 shows the comparison of Principal stress of two ends of the roof slab. Like X-component stress, the existence of extended shell has significant influence on the Mises stress of adjacent tube structure.

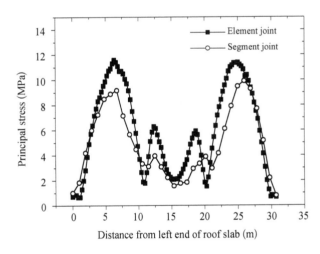

Figure 8   Comparison of two ends

4. 3   Longitudinal stress (Z-axis)

The extended end of extended shell is not vertically constrained, so the shell can be regarded as a longitudinal cantilever member. The adjacent tunnel structure can provide limited constraint against its bending around X axis. The Z-component stress of the extended shell reflects the effect of constraint, as is shown in Figure 9. Longitudinal stress of the shell supported by roof slab is much larger than that by vertical structure like side walls and H-shaped support. The vertical structure can restrain the extended shell's bending around horizontal axis effectively, which will be beneficial for the avoidance of leakage caused by extended shell's bending deformation.

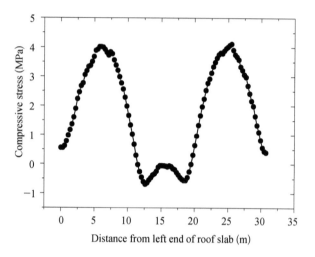

Figure 9　Effect of rotation constraint on extended shell

4.4　Displacement

Since the model's deformation on X and Z direction are tiny (1. 6 mm & 0. 24 mm), the vertical displacement can well reflect the model's total deformation rule, and is the main topic this study will discuss. Figure 10 shows the vertical displacement pattern of the model. The deformation shape doesn't vary along the longitudinal direction. The cross section's deformation is shown in Figure 5. The deformation mainly occurs at roof slab of the two cells. The maximum displacement (6. 4 mm) locates at the mid span of the roof slab.

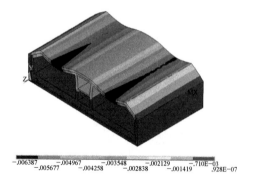

Figure 10　Vertical displacement pattern of service condition

The vertical displacement of extended shell coordinates with that of adjacent tube structure. Although its extended end is vertically unrestrained, its bending deformation around horizontal axis is negligible. Scarcely any vertical displacement difference between extended end and adjacent tube structure is observed from the displacement result.

Because of the influence of extended shell, the displacement at tube's element joint end is somewhat larger than corresponding position of the segment joint end (6. 3 mm to 5. 65 mm), as is shown in Figure 11(a). Figure 11(b) shows the longitudinal variation of displacement of roof slab's mid span.

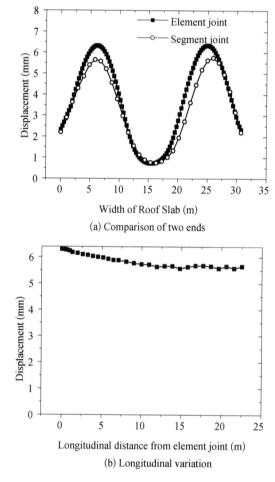

(a) Comparison of two ends

(b) Longitudinal variation

Figure 11　Vertical displacement result

5　Conclusion

In this study, the safety and reliability of the

extended shell, as well as its influence on adjacent tunnel structure are investigated, based on a deeply-buried immersed tunnel project. The conclusions are listed below.

(1) The extended shell at the joint is of low rigidity. The adjacent tube structure provides significant constraint and support for it. Its deformation and displacement are coordinated with adjacent tube structure.

(2) The weak area (extended shell) has limited influence on distribution of stress and deformation of the whole element. However, as the extended shell is mainly supported by adjacent tube structure, the majority of external load applied on it are transmitted to adjacent structure including roof slab, side wall and H-shape support. The stress and deformation of the adjacent structure are larger than other part of the tube element hence. The mid span of roof slab and the support point of H-shape support suffer the most serve influence. The stress and displacement in these parts are 10% larger than average. Generally, segment of about 4 m long aside the joint will be significantly influenced by extended shell. This influence is generally not taken into consideration in current immersed tunnel design.

(3) The extended shell is not vertically constrained on its extended end, and the horizontal rotation rigidity is low. But the bending deformation around horizontal axis under external load is negligible as the extended length is just 40 cm long.

(4) For immersed tunnel, response caused by earthquake and settlement are undertaken by tunnel elements. The extended shell, which is part of a joint, mainly acts as an enclosure, and bears limited external loads. With the support of adjacent tube, the extended shell is structurally safe and reliable, but will cause unfavorable influence on adjacent tube structure.

The extended shell, as a major part of flexible joint, is common in immersed tunnel structure. However, in current design, this structure is designed to avoid leakage and excessive deformation. Its load bearing capacity is ignored as tunnel structure is regarded as the only load bearing structure. From previous engineering experience, extended shell as a structure is indeed safe and its influence on adjacent element inconspicuous. However, as the bury depth of immersed tunnel may become deeper and geological conditions poorer henceforward, the external load will be larger. Thus the extended shell deserves more attention in both research and design of immersed tunnel.

This study is limited as no axial or vertical force (although small) is transmitted through the joint. Further investigation will focus on the structural performance of extended shell under the interaction between elements under earthquake or settlement. And further contact with construction unit and designer will be conducted to offer more validity and accuracy for this study.

Acknowledgement

This study is technically and financially supported by China Communications Construction Company.

References

[1] Anastasopoulos I, Gerolymos N, Drosos V, et al. Nonlinear Response of Deep Immersed Tunnel to Strong Seismic Shaking [J]. Journal of Geotechnical and Geoenvironmental Engineering, 2007, 133 (9): 1067 – 1090.

[2] Ingerslev L C. Innovations in Resilient Infrastructure Design: Immersed and Floating Tunnels [J]. Civil Engineering Special Issue, 2012, 165 (6): 52 – 58.

[3] Kiyomiya O. Earthquake-resistant Design Features of Immersed Tunnels in Japan [J]. Tunneling and Underground Space Technology, 1995, 20 (4): 463 – 475.

[4] Yan S H, Pan C S. Earthquake Response Analysis of Immersed Tunnel[J]. Modern Tunneling Technology,

2006, 43 (2): 15 - 21. (in Chinese).

[5] Liu P, Ding W Q, Yang B. Calculation method of immersed tube tunnel considering mechanical characteristics of joints [J]. Journal of Central South University (Science and Technology), 2014, 45 (6): 1983 - 1991. (in Chinese).

[6] Liu Z G, Huang H W, Zhang D M. 3D Nonlinear Numerical Simulation on Immersed Tunnel Joint [J]. Chinese Journal of Underground Space and Engineering, 2011, 7 (4): 691 - 694. (in Chinese).

[7] Liu P, Ding W Q, Jin Y L, et al. Three-dimension Nonlinear Stiffness Mechanical Model of Immersed Tunnel Joints [J]. Journal of Tongji University (Natural Science), 2014, 42 (2): 232 - 237. (in Chinese).

[8] Lu M, Lei Z Y. Joint Waterproofing of Immersed Tunnel Element-Analysis of Numerical Simulation [J]. Modern Tunneling Technology, 2004, (Supp. 2): 236 - 242. (in Chinese).

[9] Yu H T, Yuan Y, Liu H Z, et al. Mechanical Model and Analytical Solution for Stiffness in the Joints of an Immersed-Tube Tunnel [J]. Engineering Mechanics, 2014, 31 (6): 145 - 150. (in Chinese).

[10] Zhang K Q, Xiang Y Q, Du Y G. Research on Tubular Segment Design of Submerged Floating Tunnel [J]. Procedia Engineering, 2010, (4): 199 - 205.

该论文发表于 2015 交通环境可持续性系统方法研究国际研讨会 (International Symposium on Systematic Approaches to Environmental Sustainability in Transportation) 会议论文集 Innovative Materials and Design for Sustainable Transportation Infrastructure 中,P286 - P297。该会议于 2015 年 8 月 2 日 ~ 8 月 5 日在阿拉斯加费尔班克斯举办。

山谷冲刷堆积区域隧道洞口失稳机理及实例分析

荣　耀,张承客,毛梦芸

（江西省交通科学研究院,江西　南昌 330020）

摘要：隧道洞口段多处于不良地质地形条件下,其稳定性一直是人们关注的焦点,对于下穿山谷冲刷堆积区域则使得该问题变得更加复杂。本文先对洞口失稳进行分类,然后结合实际具体工程,采用有限元数值手段模拟隧道实际的支护情况及施工过程,从围岩塑性区分布以及位移情况分析洞口失稳机理,最后提出通过在套拱基础部位采用桩基础的处理措施来提高地基承载力可以有效防止因边坡和地基沉降变形过大导致的围岩失稳,可为相关工程提供参考及借鉴。

1 引言

隧道洞口一般处于浅埋、偏压、围岩强风化等地形、地质情况复杂区域,其稳定性、安全性较差,且容易受到降雨等外界环境的影响。在隧道进出洞施工扰动下,围岩初始应力状态的重分布将对边仰坡和隧道的稳定性产生影响,容易发生边仰坡坍塌、洞口失稳等工程事故。例如2007年3月30日,长干1#隧道右线出口端进洞过程中出现浅表部强风化岩体垮塌现象;管棚接头处被拉断,钢拱架产生扭曲变形[1]。由于受地形条件等所限,洞口位置有时不得选在堆积区域,对于山谷冲刷堆积区域而言,土的均匀性差、强度低、压缩性高,地基无法为拱脚提供稳固的落脚点,将会使洞身整体下沉,仰拱的延迟施作则会加剧这一情况。隧道洞口失稳将会影响工程进度,使得工期延长,严重时还会影响到全线的通车,这将会造成巨大的经济损失。

近年来,国内很多学者从围岩失稳机理入手,对隧道洞口的变形特征进行了分析。吴双兰等[2]针对隧道出口段的围岩失稳现象,采用有限元方法并通过监测数据分析印证围岩失稳机制,但具体的处治措施及其效果均未进行说明。刘小军等[3]通过数值模拟分析了隧道洞口段仰坡坍塌和支护变形的原因,并给出处置方案。侯俊敏[4]在总结了山岭隧道洞口段围岩变形监测技术和影响因素的基础上,考虑不同围岩级别、仰坡坡高、仰坡坡率、施工工法对围岩稳定的影响,并就山岭隧道洞口段施工事故原因和处理措施进行进一步讨论和分析。严中[5]总结洞口段隧道开挖面失稳规律,利用数值计算方法考虑不同地表倾斜角度及埋深工况下研究开挖面失稳引起的规律分布及合理的超前预加固措施。

部分研究者认为对围岩变形特征的研究的最终目的还是隧道围岩变形控制技术和施工措施[1,6-10]。张敏[1]通过确定隧道洞口段边坡坡体结构特征及变形破坏类型,以进洞辅助工法及浅埋暗挖法的特点分析、地质与监测反馈分析研究为基础,形成"零"进洞工法技术体系。邓祥辉[10]则探讨施工扰动对洞口段围岩稳定性的影响,研究不同施工工法对围岩及支护结构的影响。

同时,监测手段作为实际工程的第一手资料,不少学者[11-13]利用现场监控量测结果来预测失稳,分析洞口失稳原因以及处治措施的效果。

对于洞口穿越松散堆积体的情况,童文甫[14]以某三车道大跨隧道为例,分析了隧道洞口软弱围岩初期支护下沉严重变形原因,并介绍了整治方案、处理要点及预防下沉的技术措施。陶伟明[15]针对二郎山隧道出口端因围岩软弱及偏压等导致的坡体失稳及衬砌开裂等病害,介绍了偏压衬砌结构计算及病害整治措施。陈智慧[16]针对大断面隧道洞口地段下穿堆积体,提出多项设计措施并验证其可行性。

但就目前研究而言,对于山谷冲刷堆积区域这样特殊区域的隧道洞口的稳定性的研究还是甚少。本文将结合贵州都匀市大龙大道垭口隧道，对隧道洞口失稳类型进行总结，并采用数值分析方法对工程实例进行洞口失稳原因分析，并提出在隧道两侧套拱基础部位采用桩基增加地基承载力来防止围岩失稳。

2 隧道洞口失稳分类及失稳风险因素

隧道洞口多位于地质条件为坡积土层和全强风化层的山坡位置，隧道进洞开挖过程受岩体结构、坡体结构特征及施工方法等因素影响，更易产生围岩与边坡地质灾害，而这些因素都是相互影响、相互作用的。

2.1 隧道洞口失稳分类

1) 洞口边仰坡开裂破坏、失稳滑塌

隧道洞口段开挖施工对边仰坡形成扰动，引起地表变形及受拉开裂，边仰坡由于岩体抗剪强度低或者已有潜在滑动面，再加上降雨侵入等会使边仰坡失稳滑塌。其结果将会导致拱圈错动、洞门结构破坏及隧道支护结构出现裂缝，严重的则会导致洞口下沉或被掩埋。

2) 洞口软弱破碎围岩塌方、大变形

洞口段隧道埋深往往较浅，自稳能力差，成洞困难，由于临时支护力不能满足要求，隧道顶部土体厚度不足以形成稳定的平衡拱，一般会塌至地表，从而产生冒顶，地表出现塌陷。在纵向方向上倾斜的地表和偏压情况则更易让开挖掌子面失稳。

3) 初期支护开裂、大变形

隧道洞口段开挖将使围岩产生松动变形，当变形超过辅助施工措施及初期支护的承载能力时，支护结构将产生变形，出现裂缝以及倾斜情况，侵入建筑限界。同时洞口边仰坡的变形也会引起围岩和支护结构应力集中，而为适应新的应力状态，将进一步变形甚至破裂、破坏。

2.2 隧道洞口失稳风险因素

从以往的工程经验以及工程实例总结来看，隧道洞口的稳定性受到很多方面的因素影响，根据不同的隧道洞口实际工程情况，基本失稳风险因素有：工程地质、地形地貌、水文地质及施工设计因素等，这些基本影响因素之间既有联系之处又有所不同，各种因素影响洞口的程度和方式不尽相同。针对具体工程，有的因素占主导地位，而一定条件下又可以忽略其中一部分。

1) 工程地质因素——围岩级别

围岩级别是岩体自稳能力的一个定性判断标准，反映了岩体的基本质量和工程地质环境。不同的围岩条件，反映出隧道开挖引起的塑性区域和围岩变形量不同。

隧道洞口的近地表浅埋特性决定了围岩岩性较差，风化严重，对于下穿堆积体则会存在更大风险。当堆积体覆盖层较厚并作为支护结构地基时，加上堆积体的强度低和结构松散特性，易造成地基承载力不足，将造成隧道整体下沉导致初期支护破坏，侵限及底鼓等问题，本文实例就是属于该类型。

2) 地形地貌——仰坡坡高与坡率

隧道洞口段上方地表一般沿纵向呈一定坡度，纵向倾斜的地表会对隧道洞口段结构和开挖面产生较大的纵向推力，不利于隧道结构和洞口边仰坡的稳定；很多情况下，洞口段隧道轴线与地形等高线存在斜交，因而会产生偏压，在纵向推力和横向偏压作用下更不利于隧道结构的稳定。

3) 水文地质因素

水对隧道洞口稳定性的影响是多方面的，通常情况很大一部分的洞口失稳破坏与水的作用是分不开的。当降雨强度大于边坡土体的入渗率时，会对坡面造成冲刷，并导致雨水渗透到坡体内部，引起渗流场的变化，使土体上的动静水荷载增大，土体抗剪强度降低，在渗透力作用下，降低边坡的稳定性。同时雨水下渗将使围岩软化，隧道围岩的自稳能力降低。

4) 施工设计因素

包括隧道的施工方法、施工工艺及辅助施工措施等工程因素，不同的施工工法对隧道围岩的松动区范围、扰动次数、支护结构的受力特征的影响是不一致的，开挖所引起的围岩变形自然也有所不同。需要根据工程实际特点选取合理的施工方法、支护参数、围岩辅助施工措施。

3 工程实例分析

不同隧道洞口失稳都是由多个因素综合作用下发

生的,要针对具体工程进行层次分析项目的各个因素,分清主次,采取合适的工程处理措施进行对症下药,才能保障工程的安全施工。本部分采用有限元数值模拟对贵州都匀市大龙大道垭口隧道洞口段的失稳机理进行分析,通过在隧道套拱基础部位布置桩基来提高地基承载力并验证其可行性。

隧址区岩层主要由为泥盆系中统上邦寨组的砂岩(出口),泥盆系上统望城坡组、奥陶系下统红花园组、奥陶系下统桐梓组的白云岩(进口)。表层覆盖有种植土及红粘土。

3.1 有限元分析模型

分析断面选取:左线进口所在斜坡虽然较陡峭但是其覆盖层较薄。右线进口所在斜坡地形较缓,覆盖层较厚,可不考虑纵向推力影响。左、右出口段所在斜坡位于一小冲沟中,坡面较平顺,与右线进口相似,但覆盖层较前者薄。故分析断面选择在隧道右线,具体桩号为K1+600,该断面位于大管棚辅助施工区内,覆盖层最厚。埋深为8.737 m,毛洞最大开挖跨度为18.763 m。

计算模型以及有限元分析模型见图1和图2,其中岩层分界线结合左线纵断面推测得出。根据《公路隧道设计规范》(JTG D70—2004)得到各不同围岩岩层及支护材料物理力学参数见表1,其中管棚的作用采用等效方法予以考虑[1],范围假定为拱顶150°范围内。初始应力考虑自重应力;采用左右边界水平向约束,底部竖向约束的计算边界条件;弹塑性分析采用DP屈服准则;断面施工方案采用双侧壁导坑施工工法。

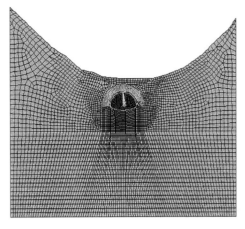

图2 有限元分析模型

表1 不同围岩岩层及支护材料物理力学参数

材料类型	弹性模量 E/GPa	泊松比 μ	重度 γ/(kN·m⁻³)	粘聚力 c/kPa	内摩擦角 φ/°
Q_4^{ml}	0.05	0.45	17.0	30.0	18.0
强风化白云岩	1.0	0.42	20.0	150	25.0
中风化白云岩	1.5	0.38	23.0	250	30.0
大管棚加固区	2.0	0.38	22.0	300	35.0
锚杆	210.0	0.3	78.0	—	—
初衬 C25	23.0	0.2	23.0	—	—
二衬 C35	32.0	0.2	25.0	—	—
桩 C25	29.5	0.2	25.0	—	—

3.2 弹塑性分析结果

1)未施作桩基时

该部分首先对设计阶段采取的加固措施进行模拟分析,二衬未予以考虑,此时洞周围岩的塑性区以及变形场见图3和图4。

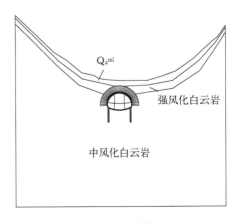

图1 几何计算模型

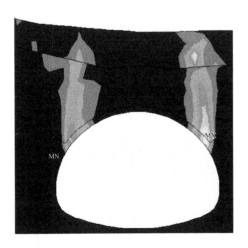

图3 围岩塑性区图

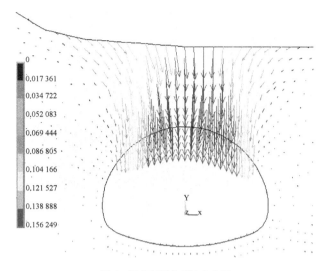

图 4　围岩洞周变形场分布图

从图中可以看出,采用原设计方案施工后,塑性区主要分布在拱肩部位,一直延伸至地表。由于浅埋条件且围岩破碎,塑性区范围内的岩土体自重就直接作用在初期支护上。在变形场中,围岩最大变形位于顶拱部位,最大不超过 15 cm,小于断面的预留变形;地表变形随着离隧道顶拱正上方越远而变小,沉降槽最深部位产生超过 10 cm 的沉降;同时在仰拱下方也产生有接近 2 cm 的沉降。

从上分析可以得出,对于穿过堆积区域的隧道洞口段,地基承载力不足,不足支撑隧道结构及上方荷载,洞身整体下沉,两项变形相叠加后,变形过大导致洞口仰边坡失稳。

2)施作桩基后

针对按照原设计方案施工出现由于地基承载力不足而导致的洞身整体下沉情况,本文提出采用桩基来

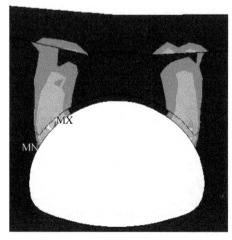

图 5　围岩塑性区图

提高地基承载力,具体布置方案为:在套拱基础部位采用直径 0.5 m,长 5 m 的桩,纵向间距 1.0 m。

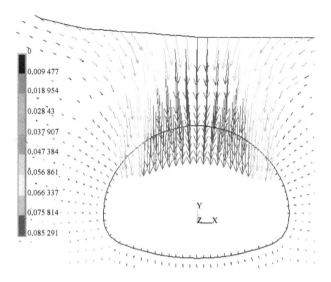

图 6　围岩洞周变形场分布图

在上面图中,围岩塑性区部位依然在拱肩部位,范围已有所减小;顶拱部位最大变形不超过 8.5 cm,减小 40% 左右,地基沉降不超过 0.5 cm;在隧道套拱基础部位布置桩基提高地基承载力的处理措施能有效减小围岩的塑性区以及变形,提高隧道洞口段围岩的稳定性。

4　结论

针对隧道洞口段穿过山谷冲刷堆积区域这一工程中的难点问题,对隧道洞口失稳原因及风险因素进行了分类,本文结合工程实例通过有限元数值分析手段阐述了其失稳机理并提出相应的处理措施,可以为相似工程提供参考。

(1)对于穿过堆积区域的隧道洞口段,堆积体的松散特性导致地基承载力不足,无法为隧道洞口结构提供足够支撑,洞身出现整体沉降,沉降与拱顶变形叠加后变形过大导致仰边坡失稳;

(2)对堆积体采取加固措施,实施直径 0.5 m、长 5 m、纵向间距 1.0 m 的桩基措施后,围岩塑性区范围减小,顶拱最大变形减小 40%,隧道结构整体沉降减少至 5 mm,有效防止了洞身下沉问题,提高了洞口段围岩的稳定性。

参考文献

[1] 张敏.复杂地质条件下大断面隧道"零"进洞工法技术体系及应用研究[D].成都：成都理工大学,2009.

[2] 吴双兰,吴立,张学文,等.超大断面高速铁路隧道洞口段围岩失稳机制分析[J].中外公路,2014,01：243-247.

[3] 刘小军,张永兴,高世军,等.软弱围岩隧道洞口段失稳机制分析与处置技术[J].岩土力学,2012,33(7)：2229-2234.

[4] 侯俊敏.山岭隧道洞口段围岩变形特征及其控制技术研究[D].湘潭：湘潭大学,2012.

[5] 严中.倾斜地表条件下隧道开挖面稳定与地表塌陷控制研究[D].长沙：中南大学,2011.

[6] 石正兵.镇保隧道左幅进口洞口段变形及坍方处治方案[J].科学之友(B版),2009,01：26-27.

[7] 欧凌勇.浅析复杂地质条件下公路隧道洞口的施工方法[J].中国高新技术企业,2009,08：154-156.

[8] 张忠林,周吉顺,杨学功.围岩不良地质条件下洞口段开挖施工技术[J].水利水电工程设计,2007,03：12-14.

[9] 王晋雄.双线铁路隧道洞口段施工方法[J].铁道建筑,1995,09：20-23.

[10] 邓祥辉.大断面软弱围岩隧道洞口段施工工法比较分析[J].西安工业大学学报,2013,33(12)：974-981.

[11] 何成,杨兰勇.映汶高速公路中隧道监控量测技术探讨[J].桥梁与隧道工程,2012(8)：157-160.

[12] 左清军,吴立,陆中功.浅埋偏压隧道洞口段软弱围岩失稳突变理论分析[J].岩土力学,2015,36(supp2)：424-430.

[13] 马晓朋,陈秋南,谢发亮,等.复杂条件下连拱隧道洞口塌方成因及加固技术[J].湖南科技大学学报(自然科学版),2014,29(1)：42-46.

[14] 童文甫.三车道大跨公路隧道洞口浅埋段初期支护大变形的整治[J].隧道建设,2009,29(s2)：205-207.

[15] 陶伟明.二郎山隧道洞口处整治及软弱围岩偏压段衬砌结构分析[J].公路,2000(12)：70-75.

[16] 陈智慧.大断面公路隧道洞口段穿越堆积体设计[J].铁道标准设计,2014,58(12)：104-108.

电力隧道先隧后井施工中简易井应用的若干问题研究

莫海鸿[1,2]，杨春山[1,2]，陈俊生[1,2]，鲍树峰[1,2]

(1. 华南理工大学 土木与交通学院，广东 广州 510641；

2. 华南理工大学 亚热带建筑科学国家重点实验室，广东 广州 510641)

摘要：针对电力隧道，提出一种无内支撑、节约高效的圆形简易工作井建设思路，开展简易工作井与常规方案对比分析，借助有限元法分析开口环管片变形对简易工作井参数的敏感性，探讨简易工作井结构设计中的关键技术。研究结果表明：简易工作井施工工艺、可行性及对周围环境影响等方面均优于常规工作井，其造价仅为常规方案的7%，极大节约了成本。简易工作井施工过程中，局部管片破除形成了开口的非稳定结构，导致管片变形显著增大，影响范围主要体现在开口环及其两侧2环管片上，故施工时需对开口环及影响明显的4环管片设置临时支撑，以确保结构安全稳定。管片变形受工作井壁厚与周围软弱土层影响显著，其中最大位移值随井壁厚度的增加近似呈二次方增长，而井的直径与管片开口环数则对管片变形影响较小，工作井尺寸应在满足整体刚度与净空要求的前提下不宜取大。

关键词：隧道工程；电力隧道；先隧后井；简易井；管片变形影响；关键技术；有限元法

1 引言

电力隧道施工过程中，频繁遇到盾构机通过竖井的情况，盾构机每过一个工作井就涉及到盾构机进出洞的问题，如果采用先开挖竖井后施工隧道的常规方案，需要采用大量的进出洞辅助措施，且风险大，施工工期也长。因此，近几年电力隧道先隧道施工后工作井开挖工法（先隧后井）法得到了广泛的应用[1]。

目前，电力隧道先隧后井施工中工作井设计大多参照地铁隧道相关标准，而忽视了电力隧道本身的特点，致使工作井造价高昂，占地空间大，极大地制约了其发展，如广州地区工作井埋深一般十多米，其单个造价可高达 500 万~1 000 万。事实上，电力隧道长期处于无人状态，其工作井距离短、数量多，消防通风标准显然不同于地铁隧道；笔者认为除有放电缆与风机设备要求的部分井外，其余可用一种小尺寸简易井代替，以显著降低工程造价。

基于此，本文针对电力隧道特点，提出了简易工作井的设计新思路。与常规方案进行了对比分析，借助有限元软件重点分析了开口环管片变形对简易工作井主要设计施工参数的敏感性，且探讨了简易工作井结构设计中的关键技术。研究目的在于无先例的情况下，提出一种适用于先隧后井工法，无内支撑，更为节约高效的电力隧道圆形简易工作井建设思路。

2 简易工作井与常规方案对比

2.1 工程概况

广州某 220 kV 电缆隧道，共有 6 回路 220 kV 电缆线，11 回路 110 kV 电缆线。全长 980 m，其中长约 912 m 采用盾构法施工，盾构段包括始发井共计 4 个工作井，隧道顶面覆土均为 8 m，隧道内径为 5.4 m，外径为 6 m，厚 300 mm。为了探索电缆隧道简易工作井的应用情况，该项目选取第二个工作井用以简易工作井试验，采用简易工作井代替常规工作井方案。常规工作井开挖坑深 17.8 m，采用地下连续墙＋内支撑＋锚索支护体系，图 1 为常规工作井支护平面图。拟用简易工作井方案如图 2 所示，该方案为无内支撑圆形小直径工作井,最大开挖深度约为 8.17 m。

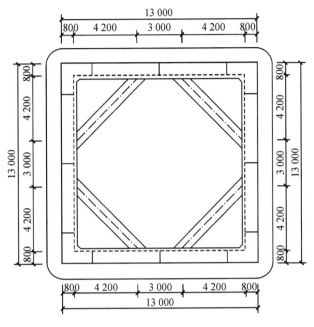

图 1　常规工作井支护方案(单位:mm)

根据该项目初、详勘钻孔资料可知,场地主要土层有人工填土层、冲洪积成因的淤泥及淤泥质土层、粉细砂层、中粗砂层、(粉质)黏土层、残积成因的粉质黏土层,具体的土层物理力学参数如表 1 所示。项目场地的地貌单元处于典型珠江三角洲冲、洪积平原,地势较平坦,因此场地的稳定地下水位埋深总体变化不大,处于 1.25~2.7 m 范围内。

2.2　简易工作井参数取值

对一定的地层结构条件与施工工艺而言,简易工作井的材料和力学参数应该是一定的。简易工作井材料同于常规工作井,为钢筋混凝土材料;采用的截面形式为圆形,其力学参数主要包括厚度与直径。

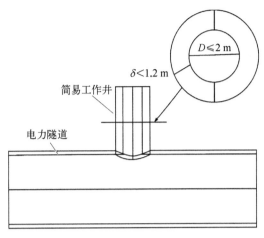

图 2　简易工作井方案

(1) 简易工作井厚度。简易工作井类似于无内支撑,封闭性好的连续墙。参见广州区建筑基坑支护技术规定[2]壁厚不宜小于 600 mm;同时考虑到实际的施工情况,当连续墙厚度大于 1 200 mm 时,属于大厚度连续墙,连续墙的成槽过程非常困难,会提高相应的机械费用,工期也会延长,故简易工作井壁厚取值宜在 600~1 000 mm 范围内。

(2) 简易工作井直径。电力隧道工作井尺寸大多参照地铁建设标准,考虑了通风、消防及人员逃生;实际上,电力隧道长期处于无人状态,且不同于地铁隧道受列车通行引起的活塞风,故人员逃生、消

表 1　土层物理力学参数

| 岩土分层 | 岩土名称 | 密度 ρ/ (g·cm⁻³) | 固 结 快 剪 | | 压缩模量 /MPa | 静止侧 压力数 K | 泊松比 μ | 土层厚度 /m |
			黏聚力 c/kPa	内摩擦角 φ/(°)				
<1>	人工堆填土	1.64	8.0	10.0	2.49	0.42	0.39	1.5
2-1B	淤泥质土	1.67	8.6	5.2	2.41	0.43	0.42	2.5
<3-1>	中粗砂	2.05	0.0	30.0	6.52	0.33	0.25	3.0
<4-1>	粉质黏土	1.96	23.0	25.0	5.89	0.49	0.33	4.3
<5>	全风化泥质粉砂岩	2.07	36.1	31.5	12.05	0.30	0.22	6.0
<6>	中风化泥质粉砂岩	2.10	—	—	—	—	0.20	6.0
<7>	微风化泥质粉砂岩	2.20	—	—	—	—	0.20	8.7

防及通风标准明显不适合参照地铁标准。针对电力隧道自身特点，排除人为因素外，消防与通风要求可以抽象概括为通风要求，因为电缆火灾大多是因长期运行受热、受潮引起的，而排除热量、降低湿度是通风主要解决的问题。赵辉[3]的分析结果表明，自然通风法一般无法满足电缆隧道要求，必须采用机械通风，故不设有机械通风功能的工作井尺寸对隧道通风影响很小。基于上述分析，综合规范[4]对工作井净宽、人员检修空间要求及工程经验取净直径为1.6~2.0 m。

2.3 方案对比分析

常规工程井方案时基坑开挖深度为17.8 m，工作井宽为13 m，基坑采用厚800 mm、埋深25.8 m的连续墙＋内支撑(800 mm×900 mm)＋26 m长锚索的支护形式。取简易工作井上限尺寸，即取简易工作井井壁厚度为1.0 m，井的直径为2 m，与常规工作井从施工工艺、工程造价、可行性、用途等方面进行对比分析(表2)。

表2　简易与常规工作井方案对比

内　容	简易工作井(小井)	常规工作井(大井)
施工工艺和对盾构隧道结构的影响	采用先隧后井工法，盾构机先行贯通工作井，然后拆除部分管片进行工作井施工。该方案减少了盾构机的拆卸组装及转场次数，缩短了工期，延长了盾构机的寿命，降低了工程造价；但因工作井施工过程中需对局部管片开口，隧道结构受到较大的扰动，局部管片出现了较大的变形，且易引起管片张开渗漏	采用先井后隧工法，盾构从始发井开始，接下来遇到工作井需反复拆卸组装，需要大量的进出洞辅助措施，降低了施工速度，增加了安全隐患，缩短了盾构机的使用寿命；虽不受后续工作井施工扰动，但盾构进出洞形成较大的水土压力差，易引起围护结构局部变形过大，需要进行局部加固处理
工程量与造价	简易工作井方案基坑最大开挖深度约为8.17 m；土方开挖量为51.3 m³，圆形工作井围护墙混凝土量为77 m³，钢筋用量约为14.7×10³ kg，破坏3环管片部分块，总的造价约为20万	常规工作井方案土方开挖量约为2 924 m³，连续墙混凝土约为988 m³，支撑梁混凝土量约为29.2 m³，连续墙和支撑钢筋量约为139.3×10³ kg，锚索长度为1 248 m。总造价约为285万
用途及可行性	该方案可供施工、运行人员及材料进出隧道，也可以当突发事件逃生出口。该方案占地面积小，对于公用设施密集，交通繁忙的城市来说，可行性明显优于常规大型工作井	该方案可供人员、材料进出隧道，也可以当突发事件逃生出口，同时可作为机械通风口。该方案平面尺寸较大，占地面积大，施工对地面交通、环境影响大，可行性相对更差

由表2可知，简易工作井在施工工艺、工期、工程造价、施工引起的扰动、可行性方面均优于常规工作井，尤其工程造价，仅为常规方案的7%；这种全新的隧道工作井可以极大地节约工程投资，也减少了建设对城市环境的影响。

3　盾构管片变形对工作井参数的敏感性分析

简易工作井施工工序为盾构隧道开挖→施作工作井→开挖井内土体→破除管片→浇筑管片与工作井连接接头。从受力特性来看，部分管片拆除阶段，盾构隧道由原来的整环受力变成了开口状的非稳定结构，在非软弱土中要承受水土压力及部分井重力；遇软弱土层，如淤泥层，工作井与土层摩擦力很小，开口环管片要承受水土压力与井的重力。因此，后续施工势必引起局部管片应力场的改变，导致管片变形，而工作井尺寸及管片开口环数在某种程度上将决定其变形水平。因此有必要分析盾构管片变形对工作井参数的敏感性，分析工作井参数的变化对管片变形的影响程度。

本文借助有限元软件建立电缆隧道施工过程的三维计算模型，分析工作井参数对管片变形的影响。根据工程经验，基坑开挖影响宽度为基坑开挖深度的3~5倍，影响深度为开挖深度的2~4倍[5]，故取计算模型几何尺寸取 X, Y, Z 分别为54,54,32 m。模型中土体、工作井、管片及注浆体采用三维实体单元，盾壳采用壳单元模拟。土体采用 Mohr - Coulomb 理想弹塑性模型，盾壳、工作井与管片采用弹性模型；三维计算模型如图3所示。管片等效直接头刚度为 5.4×10^7 kPa，将千斤顶力简化为作用于环缝垫板上的压力荷载，其等效压力为5 400 kPa[6]；注浆压力作用在管片和土层上，底部为0.3 MPa，顶部为0.45 MPa，中间呈线性变化[7-8]。作用在隧道掘进面的支护压力在70～190 kPa范围内[9]，结合实际土层情况，本文取120 kPa。

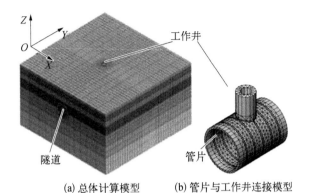

(a) 总体计算模型　　(b) 管片与工作井连接模型

图3　三维计算模型

根据上述分析，采用表3所示的计算工况。初始阶段位移清零，认为自重引起的位移已经稳定。本文旨在分析后续工作井施工对管片的影响，分析简易工作井施工引起的增量位移，故对隧道施工引起的位移进行清零。取7种工作井不同的参数组合方案进行管片变形分析，其参数组合与各组合计算的管片变形结果列于表4中，并以组合(1)为标准，其他情况与此进行比较；其中方案7表示隧道上覆有4 m的软弱层。

表3　模型计算工况

工况	内　　容	备　　注
1	初始应力计算	计算自重应力，不考虑构造应力，位移清零
2	盾构隧道的施工	位移清零，以获取后续增量位移
3	施工工作	—
4	工作井内土层开挖	—
5	工作井与管片连接	—

表4　各种组合情况管片变形最大值

方案编号	开口环数	井壁厚度/mm	圆井直径/m	管片最大位移/mm	误差
1	3	600	1.6	−3.10	—
2	3	600	1.8	−2.44	−21%
3	3	600	2.0	−2.34	−25%
4	3	800	1.6	−4.29	38%
5	3	1 000	1.6	−6.59	113%
6	2	600	1.6	−2.94	−5%
7(软弱层)	3	600	1.6	−4.06	31%

图4为方案1中工况3～5位移结果曲线。对比图中工况5水平和竖向位移可知，简易工作井施工对前期盾构管片影响规律体现为竖直方向(D_Z)＞垂直于隧道轴线的水平向($D_X = 0.31D_Z$)＞平行于隧道轴线的水平向($D_Y = 0.08D_Z$)，平行于隧道轴线方向几乎没有影响，这是因为工作井施工时管片主要受到竖向与垂直于隧道轴线水平向荷载作用；其中竖向影响最为显著，且影响范围主要在开口环两侧2环管片范围内(图5)，即方案1主要影响范围共计7环管片。图4表明，工作井施工引起的竖向位移是1.26 mm，井内土体开挖及管片破除阶段竖向位移为3.06 mm，为前一阶段的2.43倍，而井与管片连接完后管片竖向位移为3.1 mm，较前一阶段仅增长1.3%，各个阶段竖向位移均向下，且最大值都出现在工作井正对开口环管片上(图5中1号管片)。上述竖向位移对比结果表明，工作井施工阶段受成槽影响，土层产生了一定的扰

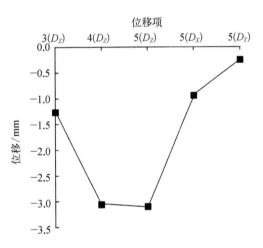

图4　方案1位移结果曲线

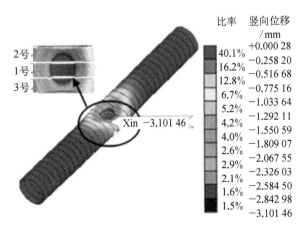

图5　方案1工况5竖向位移云图

533

动,对管片产生一定的影响;管片破除阶段,因形成了开口的非稳定结构,竖向位移显著增大,而接头施工完,工作井与管片形成了一个闭合的受力结构,位移趋于稳定。

表4中列出了各种方案管片最大竖向位移,图6~8为不同组合情况下1号管片竖向位移曲线。表4及图6显示,随着工作井直径的增大,管片竖向位移减小;虽然井直径的增大,使井的重力有所增加,但井壁与土摩擦力得到了相应增大,且2与3号管片(图5)分担了更多的顶部竖向荷载,故出现在1号管片的最大位移值减小。当两侧2、3号管片开口范围超过环宽1/2后,井直径的增大对管片竖向位移贡献甚微。

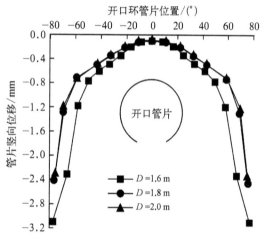

图6 不同直径井管片竖向位移图

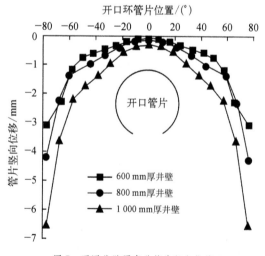

图7 不同井壁厚度井管片竖向位移

由图7可知,井壁厚度对管片变形产生了显著的影响,最大位移随着壁厚的增大近似呈二次方增长,这是因为壁厚的增大,使井的整体重力明显增大,井向下

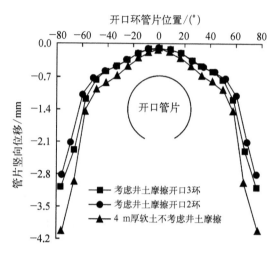

图8 考虑软土与不同开口环对应的管片竖向位移

移动趋势增强,带动周边一定范围土体产生大的剪切变形,引起整体竖向位移增大,因此工作井在满足整体刚度的前提下尽量减小壁厚。

井周边存在软弱土层时,因土体的极限剪应变很小,井土之间很容易出现相对滑移破坏,土层对井的竖向约束降低,使开口管片承受了更多的竖向荷载,导致位移增大。由表4和图8可见,实例8 m覆土中考虑4 m软弱土层时,管片竖向位移增加了31%,因此工作井周围存在遇软弱土层时,建议进行必要的局部土体加固。由图8还可看出,开口环数的增多,使开口管片产生了更大的局部变形;且增加了工程造价,因此对应一定尺寸的工作井宜连接少的管片环。综合上述分析,项目最终采用开口环数为2环,井壁厚度为600 mm,井直径为1.6 m的简易工作井,即方案6组合参数。

4 简易工作井关键技术探讨

4.1 管片拆除临时支撑设计

为了防止管片开口时产生较大的变形,有必要对局部管片设置临时支撑。该实验段管片开口临时支撑系统采用整圆器+井架钢架构+型钢形式(图9)。

考虑到管片拼装误差,内支撑整圆器半径比管片内半径设计值小20 mm,采用钢板加工成等同于H20钢,横撑与立柱均采用I22a工字钢,节点位置垫板采用10 mm厚钢板。以方案6结果为基础,对影响较大的6环管片范围内设置临时支撑,计算管片最大竖向位移为1.15 mm,与未加支撑的位移结果对比如图10

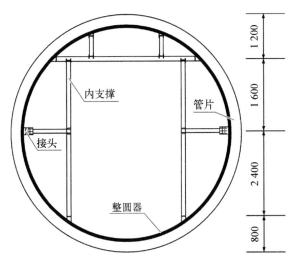

图 9 盾构隧道临时支撑布置示意图(单位:mm)

所示。由图可见,加了临时支撑管片最大位移约减小了 60%,说明管片开口阶段加临时支撑可以有效的控制开口管片的变形。

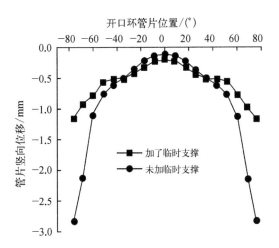

图 10 加临时支撑与否管片竖向位移

4.2 盾构管片与连接接头设计

采用简易工作井的电缆隧道结构设计除了上述工作井设计外,管片与连接接头的设计合理性直接影响到盾构管片与工作井受力、防水等性能,也是简易工作井应用的关键问题之所在。

4.2.1 盾构管片设计

电力电缆隧道采用简易工作井时,盾构管片的设计主要包括开口段管片形式与管片拼装方式。为了便于拆除管片,并最大限度地实现管片的回收利用,对管片拆除面预埋钢板,并使用螺栓连接(图 11);管片拆除时,先取出螺栓,卸载管片环向应力,后进行管片与工作井的连接。

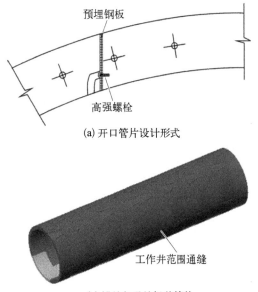

(a) 开口管片设计形式

(b) 错缝与通缝拼装管片

图 11 管片设计示意图

目前,广州地区盾构施工大多采用错缝拼装方式,受力较通缝拼装均匀,总体变形较小[10]。对于简易工作井施工,如果隧道全部采用错缝,有利于开口范围内管片与区间隧道衔接,但这样会引起相邻环所切割和拆除的管片部位不一致,对特殊管片块的设计和施工带来了不必要的麻烦,故开口环范围内管片采用通缝拼装方式,如图 11 所示。

4.2.2 盾构管片与主体结构连接设计

简易工作井施工中,管片部分块拆除形成了非稳定结构,管片结构承载能力显著降低,必须通过与工作井结构连接重新形成一个闭合的受力系统,将管片破除引起的附加内力传递到工作井。工作井与管片之间刚度存在较大差异,两者变形特性也有很大不同,其连接设计合理与否直接影响到两者间荷载传递与接缝防水效果。以组合参数 6 尺寸简易工作井为例进行连接接头设计说明。

连接方案设置盾构隧道管片标准块位于隧道顶部,拆除部分标准块形成与其上侧的工作井结构连接开口,如图 12 所示。

此类接头方案将工作井钢筋与管片预埋钢板焊接,使节点具有足够的刚度传递荷载,使工作井与管片形成一个完整的受力体系,不仅可以减小管片变形,也有利于接头处的防水处理。

4.3 连接结构防水方案研究

与地铁隧道相比,电力电缆隧道运行中不受列车

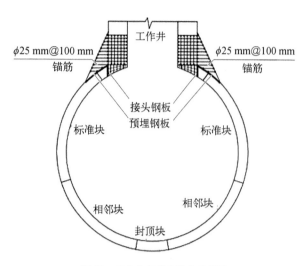

图 12　工作井与管片接头示意图

循环荷载作用,接头防水效果受到的不利影响更小,但电力电缆隧道中一旦有水渗入,会使隧道内部长期受潮,导致电缆绝缘层损坏发生短路,进而引发电缆火灾。因此有必要采取有效的综合预防措施,预防管片与工作井连接处渗漏。

(1)设置搅拌桩止水帷幕。盾构隧道施工前,沿着简易工作井周边施工一圈 $\phi 600$ mm@400 mm 单排水泥土搅拌桩。桩长应深入隧道以下;隧道施工时直接破除搅拌桩通过,以减小隧道和后续工作井施工过程中发生渗漏的可能性。

(2)设置遇水膨胀止水条与注浆嘴。在管片与工作井连接处设置遇水膨胀止水条与注浆嘴(图 13)。遇水膨胀止水条应采用与结构接触面密贴性和黏结性好的非定型类遇水膨胀止水条,避免浇筑止水条脱落影响止水效果[11]。工作井施工过程中如果连接处出

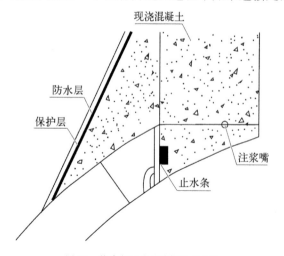

图 13　管片与工作井连接防水构造

现渗漏,可依靠注浆嘴进行及时注浆堵漏。

5　结论

本文在分析电力隧道特点的基础上,提出了一种更节约、环保、高效的电力隧道工作井建设思路。主要得到如下认识:

(1)简易工作井在施工工艺、工程造价、可行性及对周围环境的影响方面均明显优于常规方案,且其工程造价有很大的优越性。

(2)简易工作井施工过程中,局部管片开口形成了非稳定受力结构;在外部荷载作用下,部分管片变形显著增大,影响范围主要体现在开口环及其两侧 2 环管片上。

(3)管片变形受工作井井壁厚度与周围软弱土层影响显著,而井的直径与管片开口环数则对管片变形影响很小,工作井尺寸应在满足整体刚度与净空要求的前提下不宜取大。

(4)简易工作井施工过程中,临时支撑、开口环管片、管片与工作井连接接头及其防水的设计都至关重要。其中临时支撑的设置使管片最大位移减小了 60%,因此有必要对开口环及两侧影响较大的 4 环管片设置临时支撑。

参考文献

[1] YANG C S, MO H H, CHEN J S. Selection of reasonable scheme of entering into a working well in shield construction [J]. Electronic Journal of Geotechnical Engineering, 2013, 18: 3987 - 3998.

[2] 广州市建筑科学研究院. 广州地区建筑基坑支护技术规定: GJB 02 - 98[S]. 广州,1998.

[3] 赵辉. 城市电力电缆隧道的通风设计[J]. 华北电力技术,2009,(6): 11 - 13.

[4] 中华人民共和国国家标准编写组. 电力工程电缆设计规范: GB 5027—2007[S]. 北京: 人民出版社,2007.

[5] 杜金龙,杨敏. 邻近基坑桩基侧向变形加固控制分析[J]. 结构工程师,2008,24(5): 93 - 99.

[6] CHEN J S, MO H H. Mechanical behavior of segment rebar of shield tunnel in construction stage[J]. Journal of Zhejiang University, 2008, 9(7): 888 - 899.

[7] 陈俊生,莫海鸿.盾构隧道管片施工阶段力学行为的三维有限元分析[J].岩石力学与工程学报,2006,25(增2):3482-3489.

[8] 张海波,殷宗泽,朱俊高,等.盾构法隧道衬砌施工阶段受力特性的三维有限元模拟[J].岩土力学,2005,26(6):990-994.

[9] 杨春山,莫海鸿,陈俊生,等.盾构隧道先隧后井施工法对管片张开量的影响研究[J].岩石力学与工程学报,2014,33(增1):2870-2877.

[10] 黄钟晖,廖少明,侯学渊.错缝拼装衬砌纵向螺栓剪切模型的研究[J].岩石力学与工程学报,2004,23(6):952-958.

[11] 张新金,刘维宁,路美丽,等.盾构法与明挖法结合建造地铁车站的结构方案研究[J].铁道学报,2009,31(6):83-90.

本文发表于《岩石力学与工程学报》
2014 年第 33 卷第 S2 期

公路隧道局部塌方洞段的围岩稳定性评价

马　亢[1],徐　进[1],吴赛钢[2],张爱辉[1]

(1. 四川大学　工程科学与灾害力学研究所,成都 610065;2. 华东勘测设计研究院,杭州 310014)

摘要:结合湖南雪峰山高速公路隧道工程,以地质分析和监测资料为基础,在结构面发育易塌方的围岩洞段,根据现场实际统计的优势结构面产状,采用关键块体理论、非连续变形方法(DDA)确定了围岩主要的失稳破坏模式,然后利用连续介质分析程序FLAC,在DDA方法确定的围岩实际变形破坏塌方形态的基础上进行计算分析,评价围岩的整体稳定性及加固措施的有效性。分析表明,围岩破坏的主要模式为受结构面控制的局部块体的失稳,工程开挖后围岩不会发生大变形,这与实际情况一致,为安全施工提供了保证。采用非连续变形方法和连续介质计算相结合的分析方法对隧道工程塌方稳定性进行研究,取得了较好的效果,可为今后类似工程借鉴。

关键词:公路隧道;非连续变形方法DDA;连续介质分析方法;塌方;围岩稳定性;安全施工

1　引言

在以脆性且结构面发育的岩体为围岩的隧道施工中,由于岩石本身的强度远高于结构面的强度,因此,脆性围岩的强度主要取决于岩体软弱结构面的发育、分布、空间组合以及洞轴线方位[1]。只有当结构面的组合使围岩内可能出现导致塌落或滑动的分离体,且其尺寸小于隧道跨度时,这类围岩才有失稳的可能。目前,对于隧道的稳定性分析有很多方法,主要包括室内物理模型试验和数值模拟技术两大类。室内地质力学模型试验方法往往成本较高,周期较长,一般只有在大型重要的工程中采用。数值计算方法目前在工程中普遍使用,其计算结果也能间接地在一定程度上反映工程实际,针对工程问题可作出一定的分析和建议,成本相对较低,因此,相对于室内试验具有一定的应用优势。以有限元法和有限差分法为代表的计算方法目前在岩土工程稳定评价中广泛应用。但岩体作为一种地质结构体,这类基于连续介质的数值方法在模拟岩体的变形与稳定方面存在一定的局限性,因此,一些考虑岩体非连续性特点的数值方法,包括关键块体理论、离散元法、不连续变形分析方法和块体弹簧元法等自20世纪80年代开始逐步受到岩石力学界的关注和重视[1]。近年来随着理论研究的深入和应用软件的日趋完善,石根华博士提出的关键块体理论和不连续变形分析方法(DDA)也在工程变形与稳定评价中逐步得到推广应用[2-5]。

连续介质变形方法和非连续变形方法等数值计算方法各有侧重且各有所长,在工程中往往只单一地应用其中的一种或独立的应用几种,并未结合起来运用分析。本文从实际工程出发,基于现场地质分析与结构面统计,结合关键块体理论、非连续变形方法以及连续介质分析方法,对结构面发育、且严重塌方的洞段,从不同角度进行计算分析,评价围岩的主要失稳模式以及设计支护措施的有效性,为工程的安全施工提供最实用的科学依据。

2　工程背景

雪峰山隧道为上下行线分离的双洞独立式公路隧道,平均长度约 6 951 m,属于特长隧道。隧道最大埋深约 850 m,约 50% 的洞段埋深超过 450 m。隧轴方向总体为 NW67°,通过 6 条主要大断层,主要岩性为变质砂岩和硅质板岩,强度较高、硬脆性好,且岩性变化不大。隧道所在区属侵蚀深切中山地貌区,包括山顶倒转背斜和忘公店—锅塘冲倒转向斜两个主要褶皱构造。山脊线有明显转折,隧道与山脊线近于正交。雪峰山隧道是建设沿线最大的控制性工程,地质情况比较复杂。根据前期勘察成果,该隧道在施工过程中存在大规模塌方、岩爆及大变形和局部失稳的可能性。为了保障隧道施工的顺利实施,减少可能出现的突发性灾害,在其节理密集发育、严重塌方地段施工过程中,必须进行专门地分析研究,做到防患于未然。

3 现场结构面统计与地质分析

在对已开挖洞段及掌子面跟踪的基础上,并通过收集施工地质资料,对 Zk96+070~Zk96+289 已开挖段内的数百组结构面进行了统计分析(图1)。可以看出,该已开挖段主要发育有 4 组优势结构面:① 110°~136°∠65°~85°、② 210°~230°∠75°~90°、③ 310°~340°∠50°~85° 和 ④ 30°~70°∠50°~75°。

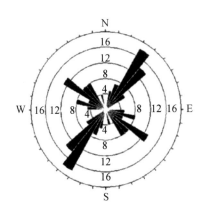

图1 结构面统计玫瑰花图

该段围岩总体为Ⅳ类,局部洞段为Ⅲ类,岩性以砂质板岩为主,岩石板理发育,板理厚约 0.2~0.9 cm,岩石坚硬、性脆,完整性较差,自稳能力弱,易掉块或小坍塌,围岩节理裂隙较发育,裂隙多为压性裂隙,裂隙面平直光滑,宽约 0.2~0.8 cm,充填物一般为泥质,少许铁质等,多处见石英脉及其发生揉皱的现象,多处见有裂隙水并沿着发育裂隙以滴水、渗水、线状流水甚至股状流水的方式出水,局部发育有小断层或挤压破碎带,宽 0.6~2 m,带内主要为碎砾石和糜棱岩,对围岩稳定不利,曾经发生过规模不等的塌方数十次,最大达到近

50 m³,基本上均为受结构面控制的块体的失稳塌方,如图2所示。

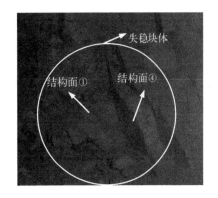

图2 典型块体失稳

4 关键块体理论分析

块体理论目前在国内外研究不稳定岩石块体的识别、稳定性评价以及加固设计时得到很普遍的应用。该理论是对不同节理组合进行极点全空间赤平投影,分析可移动块体的类型,然后根据块体的剩余滑动力大小初步判断该可移动块体是否为力学可移,即关键块体。

对于由几组节理切割下隧道围岩是否存在失稳的判定,赤平投影的方法和判定原理是:在赤平投影图中,受过构造切割而成的多面体楔顶的铅直线由网中心点代表,当几组代表节理的大圆围成的封闭区既未包住网的中心点,又落在滑落面摩擦角为 ϕ 的摩擦圆之外时,该岩块滑落的下滑力不足以克服在其发生滑动的节理面上的摩擦阻力,因此,该岩块是稳定的,否则为不稳定块体,施工中需采取一定的支护措施。采用石根华博士的块体分析程序对由结构面切割而成的块体做稳定性分析。每次取 4 组优势结构面中的 3 组

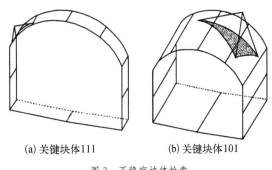

(a) 关键块体111　　　　　(b) 关键块体101

图3 不稳定块体检索

进行分析,共分成 4 种情况分析,其中由①组、②组和③组结构面切割产生的关键块体见图 3,岩石的平均重度取 26.5 kN/m³,不同结构面组合情况下的关键块体特征见表 1。

表 1 块体稳定性分析成果表

结构面组合	①②③		①②④			①③④	②③④
关键块体	101	111	011	001	110	110	111
安全系数	0.09	0	0.19	0.31	0.76	0.76	0
滑动力系数	0.91	1.00	0.78	0.66	0.18	0.18	1.00
底滑面	②	直接掉落	①	①②	①④	①④	直接掉落
块体体积/m³	0.06	3.89	4.27	0.98	0.85	84.05	3.37
出露部位	左拱腰	顶拱	顶拱	左边墙	左边墙	右拱腰	顶拱
块体和洞室的接触面积/m²	0.46	5.15	6.41	4.17	3.77	17.97	6.31
块体滑动力/t	0.14	10.31	8.83	1.71	0.41	40.09	8.93
设计锚杆数(2.5×2.5 m²/根)	1	2	2	2	2	4	2
平均锚杆受力/t	0.14	5.15	4.41	0.86	0.20	10.02	4.47

由以上分析结果可以看出,该段围岩关键块体的破坏型式主要有直接掉落、沿单面下滑以及沿两组结构面交线滑动 3 种情况,其中绝大多数情况与结构面①相关,它是构成底滑面的主要结构面,开挖过程中应密切关注其出露部位,防止关键块体的形成与失稳。关键块体主要出露部位为拱顶和左侧(边墙和拱腰),并且规模不大(大部分体积小于 4.5 m³,只有一块达到 84 m³),块体条件较好(与洞室的接触面积较大,易打设锚杆锚固)。大部分关键块体的下滑力均在 10 t 之内(只有一块达到约 40 t)。按设计打设锚杆后,平均锚杆的受力基本均在 10 t 内,处于有效的设计受力范围之内,及时支护是能满足稳定要求的。这与实际看到的情况吻合。由于提前预报及加固措施的到位,保证了施工作业的安全进行。

5 非连续变形方法 DDA 分析

非连续变形分析方法 DDA 是 1985 年由石根华博士和 Goodman 教授共同提出的一种通过非连续介质力学模型,将动力学与静力学统一起来反映块体系统大位移、大变形特点的数值计算方法。它不同于以往有限元方法,静力学部分考虑了岩体的复杂性,将结构面切割而成的块体作为分析单元,然后以类似于有限元方法的力学依据,用广义位移(刚体平动和转动以及变形量)作为基本的未知量,根据最小势能原理,建立平衡方程,采用矩阵分析的方法,把刚度、质量及荷载等的作用矩阵加载到联立方程的系数矩阵中进行求解。运动学部分,在保证运动变形时块体间没有相互嵌入和拉伸时,DDA 方法没有应用有限元中的节理单元概念,而是通过惩罚函数将约束不等式强加到总体平衡方程中,在每一步迭代时用侵入线判断,修正接触位置(去掉或加上弹簧)[6-7]。应用 DDA 方法对围岩的破坏模式和加固效果进行模拟分析,可以预测未开挖洞段围岩变形及主要失稳模式,做到防患于未然。

根据前述塌方严重段 Zk96+070～Zk96+289 中的优势结构面统计成果,由 Monte Carlo 方法随机模拟而成块体。结构面的主要发育的裂隙产状、间距和连通率由现场实测统计并按最不利情况考虑(表 2),同时考虑了一条该段常见的沿隧轴小角度发育的断层(185°～245°∠50°～71°,宽度约为 2 m,)的影响,结构面摩擦角按刚性取 25°,不考虑凝聚力,围岩块体的弹性模量为 1 GPa,泊松比为 0.32,断层块体的弹性模量为 0.03 GPa,泊松比为 0.38。该洞段埋深为 40～90 m,属于浅埋段,计算时取平均埋深 65 m,初始计算模型如图 4,围岩的破坏模式见图 5、6,按设计要求布设锚杆加固后效果见图 7。

表 2　主要结构面的产状取值表

结构面组号	倾角/(°)	倾向/(°)	间距/m	延伸/m	连通率
1	75	123	1	8	0.20
2	83	220	1	9	0.20
3	67	325	2	10	0.35
4	50	63	1	30	0.35
断层	60	215	定位断层,宽度按2 m考虑		

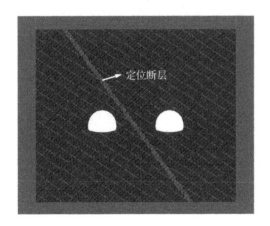

图 4　计算模型

图 5　未锚固条件下围岩破坏模式及应力矢量图

图 6　围岩破坏局部放大图

从以上计算结果可以看出,DDA 方法和关键块体理论的分析结果基本一致,表明在该洞段隧道开挖过程中围岩仍以拱顶和侧墙局部块体失稳为主,规模不

图 7　锚固条件下围岩破坏模式及应力矢量图

大,仅限于局部范围内,未牵移至围岩深部岩体,对围岩的整体稳定性不造成威胁,拱底部分块体有隆起的趋势,由于靠近定位断层,左洞的情况要稍劣于右洞,右洞不存在明显的块体坍塌,这也是该洞段围岩变形破坏的主要模式。当按设计要求打设锚杆加固后,围岩的稳定性明显改善,不稳定块体数量和规模明显改善,加固效果良好,计算后,锚杆最大的轴力为 100.5 kN,在设计范围之内,可以预测:该洞段或前方相似结构面发育的未开挖洞段按设计及时打设锚杆是能满足稳定要求的,实际中也仅是看到了局部块体的失稳,未出现成片的大规模塌方,这与预测分析结果相一致。

6　连续介质方法 FLAC 分析

根据前述 DDA 方法确定的围岩基本破坏塌方形态(图 6、图 8),采用连续介质方法 FLAC 进行开挖过程中围岩应力形变场和塑性区的分析以及加固措施的评价,开挖方式采用上下台阶法,塌方岩体作为最后一步开挖考虑。围岩材料采用摩尔-库仑准则,左右边界以及下边界施加法向位移约束,上边界为自由面,模型范围同前。本次计算参考中国科学院武汉岩土力学研究所的研究成果,加锚后围岩的抗剪强度参数[8-9]为

$$\left.\begin{aligned} C_1 &= C_0 + \eta \frac{\tau_s S}{ab} \\ \varphi_1 &= \varphi_0 \end{aligned}\right\} \tag{1}$$

式中,C_0、φ_0 为无锚杆条件下围岩的凝聚力与内摩擦角;τ_s 为锚杆的抗剪强度;S 为锚杆截面积;a,b 为锚杆纵横布置间距;η 为无量纲系数,与锚杆直径等因素有关。本次计算取 $\eta = 3.5$,$\tau_s = 200$ MPa,对 $\varphi 25$ mm,长 4 m,间排距为 2.5 m 的锚杆而言,计算可得 $\Delta C = 0.07$ MPa。

岩体的物理力学参数见表 3,部分计算结果如图 9—图 11。

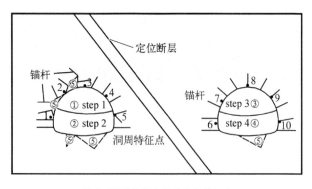

图 8 隧道开挖步骤及追踪特征点

表 3 岩体物理力学参数计算取值

计算参数	重度/(kN/m³)	凝聚力/MPa	内摩擦角/(°)	泊松比	弹性模量/GPa
围岩	25.50	0.70	32	0.32	2.0
断层	24.00	0.15	38	0.38	0.5

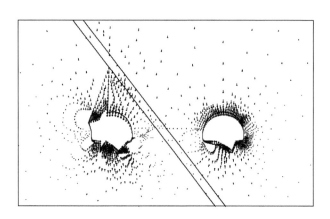

图 9 未锚固条件下的隧道开挖后围岩位移矢量图

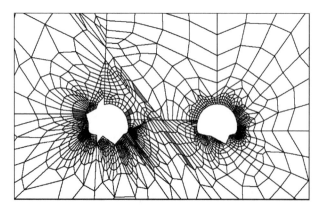

图 10 未锚固条件下的隧道开挖后围岩塑性区图

由计算结果可知,隧道洞周变形值均小于 10 mm,根据国家标准《锚杆喷射混凝土支护技术规范》

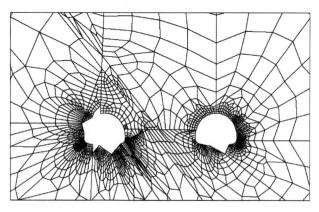

图 11 锚固条件下隧道开挖后围岩塑性区图

(GBJ86-85)关于洞周容许相对收敛量的规定[10],围岩变形在正常范围内,不会对稳定造成威胁。开挖完成后,拱脚发生应力集中,在拱脚和边墙以及定位断层的局部范围内出现了一定的塑性区(图 10),由于左洞上方靠近定位断层,变形相对右洞稍大(图 9),且塑性区范围稍大于右洞,这与 DDA 分析结果基本一致。按设计锚固后,围岩塑性区有了一定程度的减少(图 11),洞周追踪点的变形也总体上有所减小,表明设计的支护措施是能满足稳定要求的,且隧道开挖后,岩体不会发生大变形,锚固后塑性破坏区仅限于拱脚附近的小范围区域,围岩能满足稳定要求,可进行正常的施工作业,也从侧面说明该段围岩的失稳模式主要为前述受结构面控制的局部小范围块体的失稳,施工中更应该高度重视构成底滑面等不利结构面的出露。

7 现场监测资料分析

通过对左洞 Zk96+070~289 范围内的各断面的监测资料(表 4)与 FLAC 计算结果进行对比分析可知,两者量级基本一致,量值相当,均在 10 mm 之内,表明该洞段围岩的变形均在正常范围内,未出现异常,围岩稳定。

表 4 隧道断面监测资料

布点断面桩号	拱顶下沉值/mm			周边收敛/mm	
	左侧点	拱顶点	右侧点	边墙	拱腰
Zk96+106	7.41	8.57	7.69	—	7.00
Zk96+138	8.61	7.55	8.02	—	—
Zk96+168	7.30	6.55	6.37	3.67	5.26

布点断面 桩号	拱顶下沉值/mm			周边收敛/mm	
	左侧点	拱顶点	右侧点	边墙	拱腰
Zk96+200	4.89	5.24	5.09	4.52	5.26
Zk96+225	4.01	3.85	4.21	3.77	3.48
Zk96+255	2.57	2.88	破坏	2.29	2.30
Zk96+286	4.23	3.47	3.27	3.21	3.27
平均值	5.57	5.44	5.78	3.49	4.23
FLAC 结果	4.61	5.42	4.39	1.33	—

8 主要结论和认识

(1) 本文从实际工程出发,基于现场地质分析和结构面统计,对结构面发育、塌方严重的隧道洞段,结合关键块体理论、非连续变形方法 DDA 以及连续介质方法 FLAC 的分析成果,从不同角度对围岩稳定性做了分析与评价,分析结果基本一致,认为雪峰山隧道 Zk96+070～289 以及前方类似结构面发育洞段的围岩整体稳定性良好,围岩失稳塌方破坏仅局限于局部范围,主要为受结构面控制的块体失稳模式,隧道开挖后围岩不会发生大变形,与实际情况基本吻合,为隧道等地下工程的塌方稳定性评价提供了一种研究思路和方法。

(2) 由于隧道工程地质条件的复杂性,不能只依靠一种或几种数值方法进行计算分析评价,数值结果只能反映工程中围岩变形破坏一定的趋势,并不能完全真实地代表实际情况,应高度重视现场地质分析和监测工作,只有结合各种现场调研成果、跟踪调查资料和各种特征现象做出综合评价和预测才能真正的符合实际,获得满意的效果。

参考文献

[1] 王青海,李晓红.超前预测预报在笔架山隧道施工中的应用[J].岩土力学,2005,26(6):951-954.

[2] 王泳嘉,邢纪波.离散单元法及其在岩土力学中的应用[M].沈阳:东北工学院出版社,1991.

[3] 张建海,范景伟.刚体弹簧元理论及其应用[M].成都:成都科技大学出版社,1997.

[4] 张子新,孙钧.块体理论赤平解析法及其在硐室稳定分析中的应用[J].岩石力学与工程学报,2002,21(12):1756-1760.

[5] 刘君,孔宪京.节理岩体中隧洞开挖与支护的数值模拟[J].岩土力学,2007,28(2):321-326.

[6] SHI G H,裴觉民,译.数值流形方法与非连续变形分析[M].北京:清华大学出版社,1997.

[7] 邬爱清,丁秀丽,陈胜宏,等.DDA 方法在复杂地质条件下地下厂房围岩变形与破坏特征分析中的应用研究[J].岩石力学与工程学报,2006,25(1):1-8.

[8] 朱维申,李术才,陈卫忠.节理岩体破坏机理,锚固效应及其工程应用[M].科学出版社,2002.

[9] 肖明,叶超,傅志浩.地下隧洞开挖和支护的三维数值分析计算[J].岩土力学,2007,28(12):2501-2505.

[10] 李晓红.隧道新奥法及其量测技术[M].北京:科学出版社,2002.

本文发表于《岩土力学》
2009 年第 30 卷第 10 期

越江隧道工程联络通道冻结法施工风险分析

杨太华

(上海电力学院,上海 200090)

摘要: 上海复兴东路越江隧道是国内首次成功建成的双管双层隧道。由于工程规模大,工艺新颖,以及工程地质和施工环境复杂,存在很大的施工风险。本文运用风险分析方法,分析了联络通道冻结法施工中可能出现的冷冻前设备安装风险、冷冻过程中的操作风险、冷冻期间温度维持风险、拆除设备风险以及施工开挖风险。分析表明,在设计和施工上采取合理的措施后,联络通道冻结法施工的总体风险可以控制在中等风险水平,并提出了相应的防范措施。

关键词: 联络通道;冻结法;施工风险;防范措施;越江隧道工程

1 前言

上海复兴东路越江隧道工程是上海市城市规划基础建设的重要组成部分,属上海市政府重大工程之一。工程设计为双管双层六车道(图1),自浦西光启路沿复兴东路至浦东张杨路崂山东路,总长度 2 780 m。其中江中段圆隧道段浦东张杨路复康路口至浦西复兴东路外咸瓜街路口,长约 1 215 m。圆隧道衬砌设计为钢筋混凝土管片拼装而成,外径 11.00 m,内径 10.04 m,管片宽 1.5 m,每环管片由标准块(3 块)、邻接块(2 块)、牛腿块(2 块)和封顶块(1 块)组成,管片接缝防水采用 EPDM 多孔型橡胶止水带和水膨胀性弹性密封垫。两条隧道之间由四条联络通道联系,其中上层车道和下层车道各设两条联络通道。根据施工方案,两条隧道采用盾构掘进施工,四条联络通道采用冻结法开挖施工技术[1]。

根据钻孔柱状图及联络通道结构设计图分析,四条联络通道中,浦东段上层联络通道在第⑥层,其余三条联络通道均在第⑦层土层中。⑥层为上海粘土层,对施工相对有利;⑦层为上海含承压水砂土层,孔隙比较大,承载力低,具有压缩性,在动力作用下易流变,开挖后难以自稳,易出现流砂。针对含承压水的⑦层联络通道施工,采用冻结法加固施工技术[2,3]。

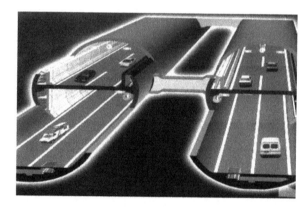

图 1 复兴东路双管双层隧道工程效果图[4]

2 冻结法施工方案

2.1 冻结管的布置

本工程上层隧道与下层隧道双线之间采用"水平孔与部分倾斜孔相结合冻结加固土体,隧道内开挖构筑"的施工方法。四条联络通道冻结孔数:上层隧道:49 个;南线上层隧道:34 个;其中 4 个通孔;北线下层隧道:52 个;南线下层隧道:36 个,其中 4 个通孔,通孔用于向对面隧道的冻结孔提供盐水的回路。根据联络通道平面尺寸和受力特征,以尽量避开管片主筋为原则。内排主孔间距不大于 0.9 m,取 0.5～0.9 m,冻结终孔间距控制在 1.2 m 内,冻结孔实际钻进深度以碰到对面隧道管片为准。外排冻结孔间距不大于1.0 m,取0.8～1.0 m,冻结孔终孔间距控制在1.4 m内,冻结孔钻进深度不超过设计深度0.3 m。冻结孔偏斜控制在设计偏角1.0°,冻结孔不能内偏(图2)。

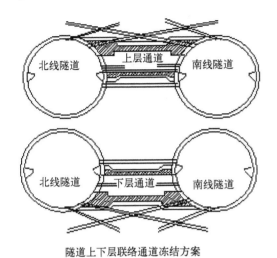

隧道上下层联络通道冻结方案

图2　联络通道施工断面图

2.2　冻结施工技术指标

① 冻结盐水温度:积极期:−28～−30℃;维护期:−22～−28℃;② 冻结帷幕平均温度:−10℃;③ 冻土强度:抗压强度 $\sigma_c = 4.5$ MPa;拉张强度 $\sigma_t = 2.3$ MPa;抗剪强度 $\tau = 1.9$ MPa;④ 冻结帷幕厚度:通道1.8 m,喇叭口2.0 m。

2.3　冻结开挖施工方案

冻土帷幕厚度达到设计标准、满足施工要求后即可开始人工开挖。根据工程结构的特点,联络通道的开挖掘进采用分区分段逐步开挖,先开挖北线导洞,再开挖中间通道,最后开挖南线导洞。内部喷刷素混凝土时,先刷北线喇叭口,后刷南线喇叭口。上、下联络通道施工顺序相似。通道部分采用采用全断面一次开挖,开挖步距控制在0.5 m以内,喇叭口控制在0.3 m以内。开挖过程中,采用18♯临时槽钢支架和木背板密背形式,全封闭支护,背板后空隙用水泥砂浆充填,支架架设好后即进行喷浆封闭,临时支护结束后,立即进行永久结构工程施工。

3　施工风险分析

施工风险分析是研究施工过程中存在的不确定

性及其可能造成损失程度,以及预防控制技术,主要通过对项目中存在的施工风险进行辨识,分析风险发生的概率、风险水平及其影响,最后提出规避风险的对策措施。同时,对风险实施有效的控制和风险损失的妥善处理,期望达到以最小的成本获得最大的安全保障。

国际上常用的工程项目风险分析方法[5]主要有专家调查法、层次分析法(AHP)、模糊数学法、蒙特卡洛法和故障树分析法等。本文采用统计和概率分析法,其具体步骤是:

1) 风险源识别

通过现场考察和资料分析,对国内外已建、在建的地下工程实施冻结法施工所存在的风险因素进行总结,并结合本工程的实际情况及施工方案,识别出本工程的风险源。

2) 风险识别

采用专家调查法,分别在采取预防措施和不采取预防措施两种情况下,确定每个风险因素导致的后果和发生的可能性,并将调查结果量化处理。施工风险发生的概率量化表及风险损失量化表参照国内外相关地下工程取值来确定[5],如表1、表2所示。

表1　施工风险发生的概率 Pt 量化表

序号	Pt	描　述
1	0.1	极难出现一次
2	0.3	很少发生
3	0.5	有时会发生
4	0.7	会不只出现一次地发生
5	0.9	发生频繁或者几乎肯定会发生

表2　施工风险后果效用值 C_f 量化表

序号	Pt	描　述
1	0.1	不导致延误或损失
2	0.3	导致轻微损失,或工期延误2天以内
3	0.5	导致的损失可补偿,或延误工期一周以内
4	0.7	导致相当大的损失,而且损失可补偿,延误工期一周以上
5	0.9	导致不可补偿性的损失

3)风险水平的确定及计算。

本文运用等风险图法及风险系数评价工程的水平。风险水平分为四个等级,如表3所示,对应的风险图如图3所示。

表3　风险水平的定义

风险水平	对应发生的概率	说　明
低度	<0.2	风险可容忍,不必采取措施
中等	0.2~0.6	风险可容忍,只需对风险进行管理,可采取预防措施
高度	0.6~0.8	必须给出减轻风险的措施,明确并执行这些措施,降低风险等级
极高	>0.8	风险是不可容忍的,必须采取措施降低风险水平

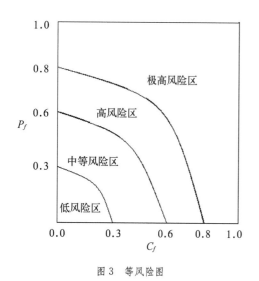

图3　等风险图

施工总体风险系数 R 定义为

$$R = 1 - P_s C_s \tag{1}$$

根据效用理论得 $C_f + C_s = 1$,得

$$R = P_f + C_f - P_f C_f \tag{2}$$

式中, P_s 为施工成功的概率, $0 < P_s < 1$; C_s 为施工成功的后果效用值, $0 < C_s < 1$; P_f 为施工失败的概率, $0 < P_f < 1$; C_f 为施工失败的后果非效用值, $0 < C_f < 1$。其计算公式分别为

$$P_f = \sum_{i=1}^{n} P_{fi} / n \tag{3}$$

$$C_f = \sum_{i=1}^{m} C_{fi} / m \tag{4}$$

式中, P_{fi} 为第 i 个风险源的发生概率, C_{fi} 为第 i 个风险源的后果非效用值, n 为风险源的个数, m 为风险源造成的后果的个数。

4　联络通道冻结法施工风险分析

4.1　风险识别

根据本工程所处的工程地质、水文地质资料以及隧道结构设计形式,采用德尔菲法(Delphi),通过匿名方式征询专家意见,并以算术平均值代表专家们的综合意见[5,6],即

$$K_i = \frac{1}{n} \sum_{i=1}^{n} P_{ij} \tag{5}$$

式中: 为第 i 个指标的评价结果, 为第 j 位专家对第 i 个指标的评分值, n 为专家数。统计分析后,得到联络通道冻结法施工时所存在的风险及可能的损失如表4所示。

4.2　结果分析

由表4可知,进行冻结法施工时,存在的风险是:冷冻前设备安装风险(冻管钻孔、人员操作的冻管质量及冻结孔质量等不合格)、冷冻过程中操作风险(卤液漏管、冻结帷幕无法形成、冻管破裂、停电等)、冷冻期间温度维持风险(冻结帷幕受到破坏或操作不当引起冻结温度变化)、解冻后设备撤出的风险(冷冻管破裂、回填不及时造成隧道结构变形)、施工开挖风险(开挖方案失误、流砂或漏水、开挖引起隧道结构变形过大)。其中,对工程成败影响最大的是冻结管安装施工的成败风险、冻结帷幕的形成状态风险、联络通道开挖施工成败风险,这些都是本工程施工的关键。

计算结果表明,在未采取预防措施之前,本工程联络通道采用冻结法施工的总体风险为0.77,根据等风险图判断,属高风险。按照表3冻结法施工的风险接受水平,必须给出减轻风险的具体措施,明确责任,并严格执行这些措施。采取预防控制措施以后,各道工序严格施工管理,联络通道冻结开挖工作面都有运程监控,同时实施了信息化施工,根据现场适时监测结果,及时反馈,及时调整施工方案,使得整个施工的总体风险降到0.591,根据等风险图判断,属中等风险,施工风险可以接受,但在采取预防措施的同时,还须加强风险管理,使得整个工程顺利进行。

表 4　联络通道冻结法施工风险清单

施工阶段	风 险 辨 识	P_f	C_f	风险对策措施	
				风险避免	风险缓和
冷冻前设备安装风险	冷冻管钻孔中地下水及砂土喷出	0.5	0.7	使用止水箱、止水阀	准备预备止水箱、止水阀
	冷冻管焊接部分质量不良造成冷冻运转后的冷冻管破裂	0.2	0.2	焊工必须持证上岗	加强气密性检查、焊缝检查
	钻孔时施工架搭设不合格、人员机具存在掉落隐患	0.2	0.2	加强值勤前教育	施工架搭设检查
	因冷冻管钻孔精度不够造成土层冻结时间延长	0.3	0.2	严格管理钻孔精度	加密冷冻管布设
冷冻过程操作风险	因配管漏出卤水液,造成冷冻液不足	0.3	0.3	加强卤水液位管理	确认卤水液预备足量
	因地下水流的影响而造成冻土无法形成	0.7	0.5	加强冷冻温度监测	在影响范围内补充灌浆
	因外部来的热源,造成冻土解冻	0.2	0.2	加强冷冻温度监测	设置保温材料
	温度变化造成冷冻管焊接部分裂伤	0.3	0.3	卤水液位管理现场巡查	吹除冷冻管内卤水,修补冷冻管
	测温装置发生故障	0.3	0.3	强化测温管的密封与保护	维修测温计或更换测温计
	停电	0.2	0.5	预备电源、加强检测	预备切换电源,用电管理
冻结状态的维护风险	破镜作业时,因施工机械造成冷冻管破坏	0.5	0.2	在冷冻管附近设置危险标识,加强保护	补修冷冻管或替换冷冻管
	工序作业管理不当,造成时程延误	0.2	0.2	加强工序作业管理,严格控制作业目标	增加人力机具赶工
	施工过程产生的热源,造成冻土融解	0.3	0.3	加强施工过程中的跟踪温度监测	设置补强保温材以阻止热源进入
	冷冻管阀组操作失误,造成冷冻管破裂	0.3	0.3	加强阀组操作培训、教育	及时补修冷冻管
冻结后期设备撤出风险	以高压气体吹除卤水时,冷冻管破裂,对止水钢板产生挤压	0.3	0.3	制定压力控制管理参数,加强操作人员培训	现场人员停止高压气体作业,并紧急回填冷冻管
	撤出设备接口协调不当,造成时程延误	0.5	0.3	制定优先完成目标,减少接口操作失误	停止非必要工序作业,加快设备接口的作业
	回填作业质量不好,对永久结构造成影响(止水性、强度)	0.3	0.5	明确指示回填作业流程,加强回填作业管理	针对回填不实处补充灌浆
联络通道开挖风险	开挖施工方案欠妥	0.2	0.5	施工方案须经专家论证	及时调整施工不妥的方案
	隧道结构的位移控制失误	0.5	0.7	实施专人同步跟踪监测	位移过大时要停止作业进行加固或在隧道内设置预应力支架或安全门
	开挖面出现流砂或漏水	0.5	0.9	实施同步巡视检查,跟踪监测	准备应急液态氮瓶,并安全保护

5　风险防范措施

　　根据本工程的具体情况,针对不同的风险源,研究制定适当的预防和处理措施。针对联络通道的施工风险,从以下几方面加以控制和防范:(1)联络通道冻结法的前期设备安装风险,重点加强,冻结孔开孔的施工风险防范,通过设置止水装置和压力密封装置,可显著降低其施工风险水平;(2)冷冻过程中的操作风险和冷冻期间的温度维持风险,可从冻结设备的正常运行

管理入手,采用计算机自动监测信息化手段,实施全方位监控,从多个角度观测、判断冻结帷幕的形成和分布状态及冻结效果,从而大大地降低冻结帷幕对联络通道施工的风险水平;(3)冻结后期设备撤出风险,应详细制定冻结设备拆除方案,对可能产生的融沉,应及时进行管孔回填和预防局部破管,可采取同步监测和跟踪注浆措施,降低因操作不当,带来的风险;(4)开挖施工是整个联络通道施工的关键环节,应严格按照专家论证通过的方案进行,采取隧道临近管片结构变形监测和地面沉降监测相结合的方法,采取联络通道施

547

工与信息化监测同步实施,及时反馈监测数据,以指导开挖施工,并准备必要充分的应急预案,一般在施工作业面附近,预备足量的液氮,一旦发生险情,可采取果断措施,确保联络通道的施工安全。

6 结语

复兴东路越江隧道工程中,联络通道施工是一项关键的工序。在这一道工序中,主要采用冻结工法施工和冻结后土体的融沉处理与开挖。实践证明,在越江隧道工程这种高风险的环境条件下进行联络通道冻结开挖施工,在设计和施工上采取合理的措施后,其总体风险可以控制在中等风险水平,是可接受。

(1)根据我国目前越江隧道工程联络通道的冻结工法设计施工水平,再结合国外多年来冻结法隧道的施工实践,可以认为:上海复兴东路越江隧道工程联络通道在施工中不会发生不可克服的风险。

(2)通过采用高精度计算机监测系统,对冻结帷幕和隧道变形的同步监控,以及一系列应急预防措施,联络通道冻结法施工的总体风险系数为0.591,属中等风险,可以接受。

(3)在联络通道实施冻结的基础上加设预应力框架对隧道管片进行支撑加固,并设置钢结构防护门,从而减少了因冻结工法失误,而形成流砂和地下水流对隧道的冲击和对隧道安全的影响,使得四条联络通道的施工风险大大降低,最终能够保证越江隧道工程顺利地建成。

参考文献

[1] 杨太华. 上海复兴东路越江隧道工程大型泥水盾构的施工实践[J]. 施工技术,2008(S1):265-267.

[2] 胡向东,陈蕊. 双层越江隧道联络通道冻结法施工技术[J]. 低温建筑技术,2006(5):64-66.

[3] 杨太华. 越江隧道工程大型泥水盾构进出洞施工关键技术[J]. 现代隧道技术,2005,42(2):45-48.

[4] 上海城建集团公司. 上海复兴东路越江隧道工程投标文件[R]. 上海:上海城建集团公司,2001.

[5] 朱合华,闫治国,李向阳,等. 饱和软土地层中管幕法隧道施工风险分析[J]. 岩石力学与工程学报,2005,岩石力学与工程学报,2005,24(S2):5549-5549(A02):5549-5554.

[6] 高宗正,林聿晕,陈敬贤. 冷冻工法之风险管理暨施工案例探讨[J]. 地下空间与工程学报,2008,4(4):720-727.

本文发表于《地下空间与工程学报》
2010年第6卷第6期

高强混凝土中氯离子扩散性能试验研究

孙富学[1]，朱云辉[1]，陈海明[2]

（1. 温州大学建筑与土木工程学院，浙江　温州 325035；

2. 同济大学岩土及地下工程教育部重点实验室，上海 200092）

1　前言

扩散系数是反映氯离子在混凝土中扩散特性的重要指标，是应用 Fick 第二定律研究结构耐久性的敏感参数，取值的准确与否将直接影响结构寿命的预测结果。扩散系数不仅与混凝土材料的组成、掺合料的种类和数量、养护龄期、内部孔结构的数量及特征、水化程度等内在因素有关系，同时也受到外界因素包括温度，诱导钢筋腐蚀的氯离子的浓度、结构应力等的影响，具有很大的差异性，因此，对不同的工程应通过试验进行具体研究。厦门海底隧道是我国第一条海底隧道，衬砌结构在复杂环境下受多种因素，如复杂应力（拉、压）、海水氯离子侵蚀等共同作用，氯离子在衬砌混凝土中的扩散性将很大程度上制约结构寿命。本文以厦门翔安海底隧道衬砌结构 C45 混凝土为例，试验研究不同工况条件下氯离子的扩散特征，预期研究目的如下：(1) 不同龄期(30、60、90、120 d)对应的扩散系数。(2) 环境氯离子浓度对扩散特性的影响规律。(3) 不同荷载工况(无荷载、承受拉应力、承受压应力)条件下的扩散特性。

2　试验方案

2.1　试验设计及试件制作

1) 试验设计

试验设计如表 1 所示。

2) 试件编号

试件编号如表 2 所示。

表 1　扩散试验设计

试验组别	试验名称	荷载特性	荷载等级	试件类型	测求结果	试验龄期/d
第一组	试块无荷载扩散试验	无荷载	0	150 mm×150 mm×150 mm 立方体试块	对应龄期扩散系数值	30、60、90、120
第二组	短梁弯曲受拉扩散试验	拉应力	$0.3P_u$　$0.6P_u$	100 mm×100 mm×515 mm 素混凝土短梁	对应龄期扩散系数值	60、90、120
第三组	短柱受压扩散试验	压应力	$0.3P$　$0.6P$	100 mm×100 mm×300 mm 混凝土短柱	对应龄期扩散系数值	60、90、120

注：P_u、P 为 28 d 龄期时，对应极限承载力试验测得的荷载强度。

表 2　扩散试验试件编号

试件类型	测　试　龄　期			
	30 d	60 d	90 d	120 d
无荷载试块	N3Y7D30 N5Y7D30 N8Y7D30	N3Y7D60/N5Y7D60/ N8Y7D60/5Y30D60	N3Y7D90/N5Y7D90/ N8Y7D90/N5Y30D90/ N5Y60D90	N3Y7D120/N5Y7D120 N8Y7D120/N5Y30D120 N5Y60D120/N5Y90D120
受拉试件	—	LT3Y30D60/LT6Y30D60	LT3Y30D90/LT6Y30D90	LT3Y30D120/LT6Y30D120
受压试件	—	LP3Y30D60/LP6Y30D60	LP3Y30D90/LP6Y30D90	LP3Y30D120/LP6Y30D120

注：每个编号试件数量均为 1 块。

试件编号规则："N+数字"表示 NaCl 溶液的浓度；"Y+数字"表示标准养护多少天后开始浸泡；"D+数字"表示该试块用来试验多少天龄期的扩散特征；受拉、受压试件编号中，"L0"表示荷载；"T0"表示拉力；"P0"表示压力，后面数字表示荷载的级别。

试件浇筑时，每组试件都多制作 3 个，养护至 28 d 时按照规范要求测定相应的极限荷载强度，以确定试件加载的荷载值。

3) 试件制作及养护

试件浇筑制作在同济大学地下建筑与工程系试验室进行，所有试件一次浇筑完成。试件采用钢模浇筑。钢模预先进行清洗、刷油处理。试件制作遵照现行混凝土施工规程进行，并严格控制试件制作质量。浇筑完成 1 d 后(24 h)拆模，并移入标准养护室养护。

2.2 试验材料及混凝土配合比

1) 试验材料

试验材料选用原则：按照工程实际采用原材料，在上海建材市场尽可能选用同类型、品质相同的材料代替。

材料选用品种如下：

水泥：采用海螺牌 42.5 级普通硅酸盐水泥，表观密度 3 150 kg/m^3，细度为 350 m^2/kg，体积安定性合格。

磨细矿渣：来自上海宝田新型建材有限公司，比表面积 400 m^2/kg。

粉煤灰：南京华能电厂的 $\tilde{N}$ 级粉煤灰，细度 5.2%。

粗骨料：采用花岗岩二级配碎石，最大粒径 15 mm。

细骨料：河砂，细度模数 3.0，含水率 3.7%。

外加剂：上海尼丰建材有限公司生产的 NF 高效减水剂。

2) 混凝土配合比

试验混凝土配合比采用现场设计资料中推荐配合比，如表 3 所示。

表 3　试验混凝土配合比

粉煤灰/%	矿渣粉/%	水胶比	砂率/%	水泥+粉煤灰+矿渣粉+砂+石+水/(kg·m⁻³)	外加剂/%	坍落度/mm
15	30	0.36	40	257+70+140+700+1 049+168	2	198

2.3 试验实施

1) 试件浸泡

试件制作完成，在标准养护室养护 28 d 后，用环氧树脂密封非扩散面，并对需加载试件按设计加载后，放入相应浓度 NaCl 溶液开始扩散试验。

2) 取样与测定

试件浸泡至相应龄期后，取出试件，晾干后开始进行取样。根据氯离子含量测试方法要求，试验样品为混凝土粉末。

取样步骤如下：利用地下建筑工程系岩石切割机，将试块纵横切分加工成小方柱(70 mm×70 mm×150 m)，柱体上下面为扩散面；取样时，取出其中一块，在长度方向的一端，沿四周分层划线。划线深度分别为：3、6、9、12、15 mm；运用磨粉工具，研磨取粉，研磨面与扩散面平行。取样分层如下：0～3、3～6、6～9、9～12、12～15 mm。每层取混凝土粉末 30 g，单独封装，并进行编号；磨粉采用工程专用的混凝土角磨机，配以金刚石磨盘。根据《水运工程混凝土试验规程》(JTJ 270—98)的方法测试混凝土中氯离子含量。

3　试验结果分析

3.1 扩散试验时间对氯离子扩散特性的影响分析

图 1 表示不同 NaCl 浓度条件下，扩散时间对混凝土扩散特性的影响。

由图 1 可以看出，在同种 NaCl 浓度条件下，随着扩散试验时间的增加，氯离子分层含量都不同程度地增加。同时，随着扩散深度的增加，这种增加的幅度逐渐减小，在深度 13.5 mm 的第五分层处，氯离子含量增加已经不明显。结果表明，氯离子进入混凝土内部是一个离子由高浓度向低浓度扩散，并在混凝土内部累积的过程。随着扩散时间的增加，各层氯离子浓度都会因累积而增加。同时，氯离子在混凝土内部的转移是因混凝土内部氯离子浓度差引起的，混凝土内部浓度差较低，扩散速度较慢，导致随着扩散深度的增加氯离子含量变化并不明显。基于此，在工程实践中提高保护层厚度，从很大程度上可以提高钢筋周围氯离子累积浓度达到临界浓度的时间，从而延长钢筋无锈

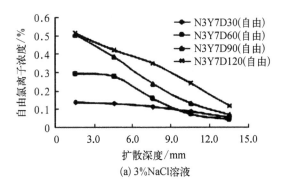

(a) 3%NaCl溶液

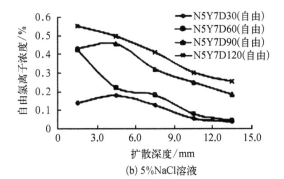

(b) 5%NaCl溶液

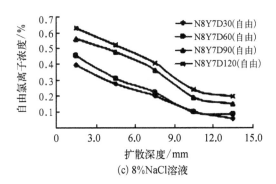

(c) 8%NaCl溶液

图1 扩散时间对混凝土扩散特性的影响

工作时间,提高结构总体寿命。

3.2 环境氯离子浓度对氯离子扩散特性的影响分析

图2表示不同环境氯离子浓度对不同龄期扩散性能的影响。

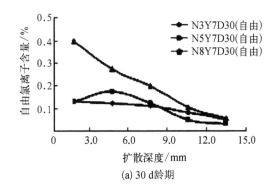

(a) 30 d龄期

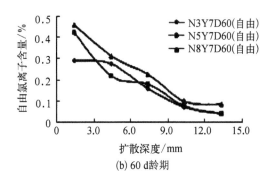

(b) 60 d龄期

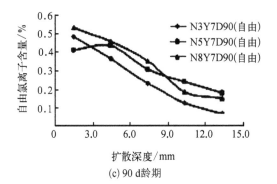

(c) 90 d龄期

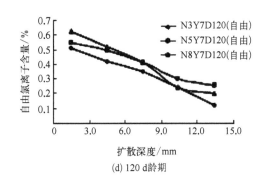

(d) 120 d龄期

图2 不同环境氯离子浓度时氯离子分层含量曲线

由图2可以看出,30 d、60 d扩散龄期时,环境NaCl浓度为3%和5%两种试件的氯离子分层含量曲线相交,交点深度作为分界点,含量大小关系发生变化,而环境NaCl浓度为8%的试件的分层氯离子含量比前两者都有所增加。对于90 d、120 d扩散龄期,3种环境浓度扩散试件氯离子分层含量曲线都在不同深度相交。结果表明,在相同扩散龄期条件下,随着环境氯离子浓度的提高,氯离子内外浓度差提高氯离子扩散的源动力加强,扩散速度加快,氯离子的分层含量总体上有不同程度的提高。同时,由于扩散龄期总体较短,这种提高并不明显,并且随着分层深度的加深,增加的幅度逐渐减小。另因试件混凝土的离散性,导致有的分层含量甚至降低。但总体而言,环境浓度的提高促进了氯离子扩散作用。因此,工程实践中应采取相应措施降低环境氯离子浓度,从而提高结构寿命。

3.3 混凝土龄期对氯离子扩散特性的影响分析

图3表示不同龄期混凝土对扩散特性的影响。

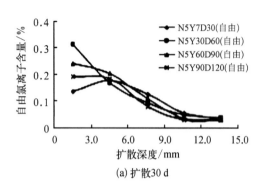

(a) 扩散30 d

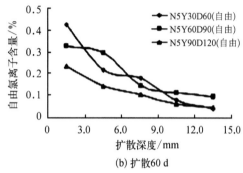

(b) 扩散60 d

图3 不同龄期混凝土对扩散特性的影响

由图3可以看出,扩散试验时间为30 d时,4条曲线相互交叉在一起,随着开始试验时混凝土龄期的增大,分层氯离子含量并没有明显增加。当扩散试验时间为60 d时,龄期60 d开始扩散试验试件的氯离子分层含量低于其他两组。氯离子向混凝土内部扩散是通过混凝土内部的孔隙通道进行的,随着混凝土龄期的增长,内部反应逐步完成,空隙率逐渐降低,因此相同条件下,氯离子的扩散能力降低。但扩散时间为30 d时,降低的幅度并未显现,在扩散60 d时,降低的幅度才趋于明显。上述结果也说明,氯离子的扩散能力随着混凝土龄期的增长是逐渐减弱的,这对混凝土结构的寿命有利。

3.4 拉应力对氯离子扩散特性的影响分析

拉应力对氯离子扩散特性的影响分析结果见图4。

从图4(a)、(b)拉应力对不同扩散龄期混凝土扩散特性的影响可以看出,在同一级荷载下,随着龄期的增长,氯离子含量逐渐增加,浅层增加幅度比深层大,这和无荷载条件下氯离子的扩散特征相同,是氯离子随

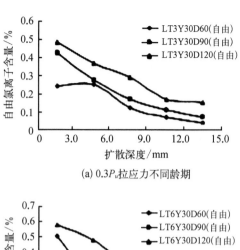

(a) $0.3P_u$ 拉应力不同龄期

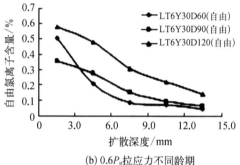

(b) $0.6P_u$ 拉应力不同龄期

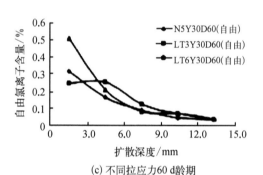

(c) 不同拉应力60 d龄期

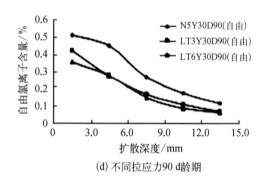

(d) 不同拉应力90 d龄期

图4 拉应力对混凝土扩散特性的影响

时间向混凝土内部扩散,并逐渐积累的结果。图4(c)和图4(d)分别为60 d和90 d龄期时不同拉应力荷载条件下氯离子分层含量曲线。可以看出,60 d龄期时,3种荷载情况下,氯离子含量差别不大。而在90 d龄期时,两种荷载条件下的氯离子含量差别不大,但都稍小于无荷载条件下的氯离子含量。从混凝土材料角度上讲,在受拉荷载条件下,拉应力的存在会一定程度上

助长孔隙的发育,加大空隙率,促进氯离子向混凝土内部的扩散。但从结果来看,短期龄期(60 d、90 d)时,这种变化并不明显,甚至在 90 d 龄期时,拉应力还一定程度阻碍了氯离子的扩散。因此,在较小拉应力条件下,短期龄期内,应力对氯离子扩散的影响不大。

3.5 压应力对氯离子扩散特性的影响分析

压应力对氯离子扩散特性的影响分析结果见图 5。

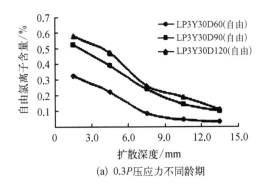

(a) 0.3P压应力不同龄期

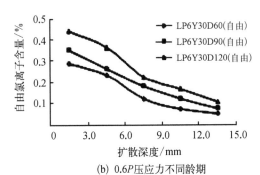

(b) 0.6P压应力不同龄期

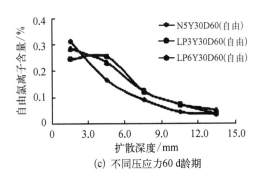

(c) 不同压应力60 d龄期

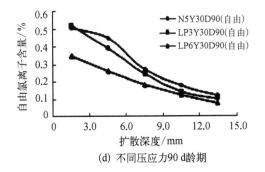

(d) 不同压应力90 d龄期

图 5 压应力对混凝土扩散特性的影响

从图 5(a)、5(b)压应力对不同扩散龄期混凝土扩散特性的影响可以看出,在同一级荷载下,随着龄期的增长,氯离子含量逐渐增加,浅层增加幅度比深层大,这和无荷载条件下氯离子的扩散特征相同,是氯离子随时间向混凝土内部扩散,并逐渐积累的结果。图 5(c)和图 5(d)分别为 60 d 和 90 d 龄期时不同压应力荷载条件下氯离子分层含量曲线。可以看出,60 d、90 d 龄期时,3 种荷载情况下,氯离子含量没有明显差别。从混凝土材料角度上讲,在受压荷载条件下,应力的存在会一定程度上对结构内部有压密作用,阻碍孔隙的发育,减小空隙率,减弱氯离子向混凝土内部的扩散。但从结果来看,这种阻碍扩散作用并不明显。因此,较小压应力对氯离子扩散的影响不大。

3.6 自由氯离子含量和总氯离子含量比较分析

图 6 为不同龄期自由氯离子含量和相应总氯离子含量比较。

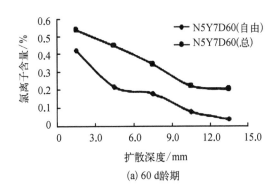

(a) 60 d龄期

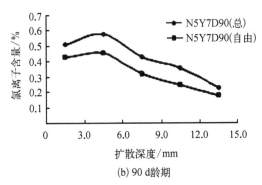

(b) 90 d龄期

图 6 不同龄期自由氯离子含量和相应总氯离子含量比较

由图 6 可以看出,分层总氯离子含量均大于相应的自由氯离子含量,并且增大程度比较均匀。氯离子进入混凝土内部以后,一部分氯离子被混凝土其他离子吸附,变成结合氯离子,剩余部分才以自由氯离子的形式存在。从结果可以看出,在同一龄期下,各层两种氯离子含量的相对关系比较恒定。经平均,60 d 龄期时,自由氯离子含量占总氯离子含量的53.6%;90 d龄期时,自由氯离子含量占总氯离子含量的75.7%,即随着龄期的增长,自由氯离子含量升高。分析其原因,混凝土吸附氯离子的能力是一定的,随着龄期增长,内部氯离子含量增大,自由氯离子相对总氯离子含量比值就变大。

4 结论

(1) 在同一扩散条件下,氯离子含量随着扩散深度的增加呈减小趋势,同时,随着扩散试验时间的增加,各层氯离子含量都因氯离子累积作用而不同程度增加。

(2) 同一龄期时,随着环境氯离子浓度的增加,因内外浓度差的影响,高浓度条件下的氯离子扩散速度加快,因此各层氯离子含量都有所增加。

(3) 从原理上而言,拉、压应力的作用能够不同程度地促进和减弱氯离子的扩散作用,但从结果看,这种作用并不明显,也就是说无荷载条件下的氯离子扩散规律能够代表这两种荷载条件下的扩散特性,可以综合反映复杂应力条件下的氯离子扩散性能。

(4) 因混凝土对氯离子的吸附作用,进入混凝土内部的氯离子只有一部分以自由氯离子的形式存在。因混凝土吸附氯离子的能力是恒定的,因此随着扩散龄期的增长,混凝土构件内部氯离子含量的增加,自由氯离子占总氯离子含量的比例也逐渐增加。

参考文献

[1] Thomas, M. D. A., Bentz E. C. Life - 365: Computer Program for Predicting the Service Life and Life-Cycle Costs of Reinforced Concrete Exposed to Chlorides, 2001.

[2] General Guidelines for Durability Design and Redesign. DureCrete, Feb, 2000.

[3] Thomas M. Chloride Thresholds in Marine Concrete [J]. Cement and Concrete Research, 2000(30): 1047 - 1055.

[4] 陈肇元. 混凝土结构耐久性设计与施工指南[M]. 北京: 中国建筑工业出版社, 2004.

[5] 孙富学. 海底隧道衬砌结构寿命预测理论与试验研究[D]. 上海: 同济大学, 2007.

本文发表于《中外公路》
2009年第29卷第3期

2. 岩土力学

花岗岩在化学溶蚀和冻融循环后的力学性能试验研究

陈有亮[1],王　朋[1],张学伟[2],杜　曦[1]

(1. 上海理工大学　土木工程系,上海 200093;2. 上海建工一建集团有限公司,上海 200120)

摘要: 通过研究花岗岩在不同化学溶液(水、NaOH 溶液和 HNO₃ 溶液)中浸泡并冻融循环后的力学性能,分析了花岗岩在不同化学溶液中溶蚀及经历不同冻融循环次数后,在单轴压缩作用下基本力学性能的变化规律;从微观力学和化学机理出发,探讨了化学溶蚀和冻融循环对花岗岩的损伤机理;通过定义损伤变量,定量分析了花岗岩的损伤程度。试验结果表明,在水、NaOH 和 HNO₃ 溶液中,随着冻融循环次数的增加,花岗岩的相对杨氏模量呈指数函数减小,峰值应力损失率呈幂函数增加;轴向峰值应变按 Guass 函数变化。随着冻融循环次数的增加,HNO₃ 溶液中的花岗岩初期损伤劣化较大,后期损伤劣化较小,而 NaOH 溶液中的花岗岩初期损伤劣化较小,后期损伤劣化较大。岩石冻融损伤的过程本质上是温度产生的应力,使岩石损伤劣化的过程;同时化学溶蚀对岩石产生化学损伤作用,与冻融损伤相互促进,共同影响岩石的损伤劣化。

关键词: 岩石力学;化学溶蚀;冻融循环;力学性能;损伤

0 引言

岩体在自然环境下,受水、弱酸等不同化学溶液的化学反应和腐蚀作用,从而岩体特性发生变化的现象称为化学腐蚀。在寒区岩土工程中,岩体中含有一定量的水,冻结后,水结成冰,体积膨胀,产生一定的冻胀力,对岩土工程产生重要的影响。大多条件下,化学腐蚀和冻融作用共同影响岩体的物理力学性能。

国内外许多学者研究了岩石在化学溶液和冻融循环条件下的物理力学性质。例如,冯夏庭、陈四利和丁梧秀等[1-4]研究了多种岩石在不同化学溶液中浸泡并进行单轴压缩的力学性能,分析了岩石细观损伤破裂机理,建立了化学损伤本构方程。李宁[5]通过在不同 pH 酸性溶液中浸泡钙质胶结长石砂岩,研究了砂岩的主要胶结物成分,提出了岩石反映酸性溶液损伤程度的化学损伤强度模型。Setoh 和冯夏庭[6-8]合作,通过试验、声发射测试、神经网络模拟、时间分形分析等,研究了化学溶液对岩石破裂特性的影响,发现了在化学溶液作用下岩石破裂过程相关的声发射行为在时间上具有分形特征。杨更社和何国梁等[9-10]研究了岩石冻融循环条件下的损伤扩展机理、水分迁移、冰的形成及结构损伤的变化,探讨了冻融循环对岩石物理力学性能劣化的影响,并建立了冻融损伤本构关系。Hori 和 Morihiro[11]根据简化假定,从微观角度探讨了多孔隙岩体在冻融循环作用下的破坏机制。由于岩石存在的环境复杂,同时化学作用也是一个长期的过程,因此需要研究更多化学溶蚀、冻融循环及其耦合作用下岩石的物理力学性能,并考虑时间效应。

本文采用较大浓度且碱性较强的 NaOH 溶液和酸性较强的 HNO₃ 溶液。通过研究花岗岩在不同化学溶液(水、NaOH 溶液和 HNO₃ 溶液)中浸泡并经冻融循环后的力学性能,分析了花岗岩在不同化学溶液中溶蚀及经历不同冻融循环次数后,在单轴压缩作用下的应力-应变关系、峰值应力、轴向峰值应变、径向峰值应变、杨氏模量和微观结构等物理力学性能的变化规律。这些研究成果可为寒区岩石工程开发利用与修复提供可靠的科学依据。

1 试验介绍

1.1 试样制作

花岗岩试件取自福建省,制作成 $\phi 50\ \text{mm} \times 100\ \text{mm}$ 的圆柱体,基本尺寸和加工精度均符合《水电水利工程岩石试验规程》[12]。放大 30 倍的花岗岩的显微结构如图 1 所示。每组 4 个,共 72 个试件。自然状态下平均密度为 2 700 kg/m^3,平均纵波波速为 3 973 m/s。

图 1 花岗岩的显微结构

1.2 试验设备

试验中所用的冻融设备为中国建筑科学研究院建研建材有限公司研究生产的 CABR - HDK9A 型快速冻融试验机,其冻融温度为 -20~20℃ [图 2(a)]。单轴压缩试验采用西安力创材料检测技术有限公司生产的微机控制刚性伺服三轴压力试验机 [图 2(b)],其最大荷载为 2 000 kN。花岗岩的纵波波速和杨氏模量测量采用 V - METER Ⅲ 型超生脉冲速度测试仪[图 2(c)]。微观结构观测采用德国蔡司公司研制生产的型号为 SteREO Discovery. V8 的研究级智能立体显微镜[图 2(d)],其最大放大倍数为 120 倍。

1.3 试验方法

对试件进行分组编号,将试件分别放入 pH≈7.0 的水、1 mol·L⁻¹ NaOH 溶液和 1 mol·L⁻¹ HNO₃ 溶液中,浸泡 90 天。然后将试件放入快速冻融试验机中,分别添加 pH≈7.0 的水、1 mol·L⁻¹ NaOH 溶液和 1 mol·L⁻¹ HNO₃ 溶液,以 -15~20℃ 冻融循环,每个循环约 4 h,冻融温度曲线如图 3 所示。对冻融后的

(a) 快速冻融试验机   (b) 微机控制刚性伺服三轴压力试验机

(c) 超生脉冲速度测试仪   (d) 研究级智能立体显微镜

图 2 试验设备

试件烘干后分别测量纵波波速和杨氏模量,并用立体显微镜观察试件的表面显微结构。

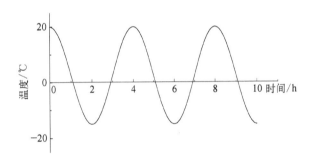

图 3 花岗岩的冻融温度曲线

利用微机控制刚性伺服三轴压力试验机对冻融后的花岗岩进行单轴压缩试验,试验采用应力控制方式,以 0.8 MPa/s 的速率沿轴向施加轴向荷载,直至试件破坏,试验数据由试验系统自动采集,得到试件变形与力的关系曲线及数据,并用立体显微镜观察岩样破坏后的断口形貌。

冻融循环次数共分 0、10、25、50、75、100 六个等级。每个等级 12 个试件,其中水、NaOH 溶液和 HNO₃ 溶液中的试件各四个。

2 试验结果及分析

2.1 应力-应变关系

花岗岩在不同化学溶液(水、NaOH 溶液和 HNO₃

557

溶液)中经不同次数冻融循环后进行单轴压缩试验,应变采用轴向应变,绘出花岗岩在不同化学溶液不同冻融循环次数后在单轴压缩下的典型全应力-应变曲线(图4)。从图中可以看出,花岗岩的典型全应力-应变曲线变化规律大致经历4个阶段:压密阶段、弹性阶段、塑形阶段和破坏后阶段。

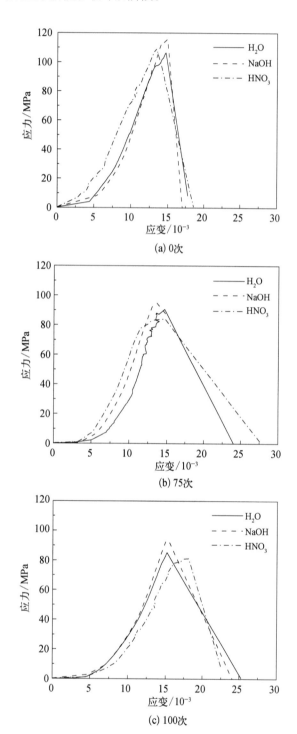

图4　不同化学溶液不同冻融循环次数下花岗岩的
典型全应力-应变曲线

压密阶段主要是由岩石的微裂隙在外力作用下发生闭合产生,随着冻融循环次数的增加,此阶段逐渐明显。弹性阶段曲线的斜率就是平均切线弹性模量,经历前75次冻融循环,花岗岩的平均切线弹性模量无明显变化,经历100次冻融循环后,平均切线弹性模量明显降低。在水和NaOH溶液中只有经历100次冻融循环后,才呈现出一定的塑性变形现象,而在HNO_3溶液中经历75次冻融循环后,塑性就十分明显。随着冻融循环次数的增加,破坏后阶段逐渐明显且最终变形也随之增大。

在相同冻融次数下,在水和NaOH溶液中冻融循环的花岗岩应力-应变曲线比较接近,而在HNO_3溶液中的应力-应变曲线变化较大,主要表现为形态不一致、曲线不光滑,峰值应变、最终应变与水和NaOH溶液中的应力-应变曲线差别较大。同一溶液中,随着冻融循环次数的增加,HNO_3溶液中的应力-应变曲线也变化明显。这说明HNO_3对花岗岩力学性能的影响比较明显。

2.2　峰值应力

根据花岩的单轴压缩试验测得的峰值荷载除以受荷面积得到花岗岩的峰值应力,每组取平均值。图5为自然状态和不同化学溶液浸泡后花岗岩的峰值应力。由该图可知,经过90天的浸泡,在水中浸泡过的花岗岩的峰值应力基本不变,在HNO_3溶液中浸泡过的花岗岩的峰值应力稍微降低,而在NaOH溶液中浸泡过的花岗岩的峰值应力与自然状态相比增加4%。这说明了NaOH溶液中浸泡的岩石中的部分矿物与氢氧化钠发生化学反应,修补了花岗岩内部初始的微裂纹和孔隙,提高了峰值应力。

根据峰值应力求得花岗岩的峰值应力损失率,即(初始峰值应力-峰值应力)/初始峰值应力。图6为不同化学溶液不同冻融循环次数下花岗岩的峰值应力损失率。从图中可以看出,经过10次冻融循环,峰值应力损失率均较小。HNO_3溶液中花岗岩冻融条件下的峰值应力损失率高于在水和NaOH溶液中的损失率。在NaOH溶液中的峰值应力损失率均小于在水中的峰值应力损失率。对峰值应力损失率进行拟合,可得到在不同化学溶液中花岗岩的峰值应力损失率随冻融次数的变化规律函数如下:

$$H_2O: \Delta\sigma/\sigma_0 = 0.067n^{1.28}(\%) \ (R^2 = 0.997) \quad (1)$$

$$NaOH: \Delta\sigma/\sigma_0 = 0.031n^{1.42}(\%) \ (R^2 = 0.978) \quad (2)$$

$$HNO_3: \Delta\sigma/\sigma_0 = 0.085n^{1.23}(\%) \ (R^2 = 0.965) \quad (3)$$

可见,在三种溶液中,花岗岩的纵波波速损失率随着冻融循环次数的增加均呈幂函数增加。

从分析可知,冻融循环造成花岗岩的损伤劣化,使其峰值应力降低。在 HNO_3 溶液中,冻融循环产生的影响较大,说明了 HNO_3 溶液加剧了冻融循环下花岗岩的损伤劣化。而 NaOH 溶液对冻融循环损伤有一定的抑制作用。

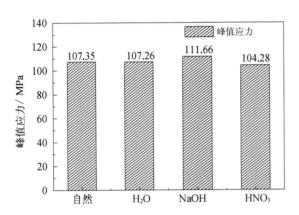

图 5　自然状态和不同化学溶液浸泡后花岗岩的峰值应力

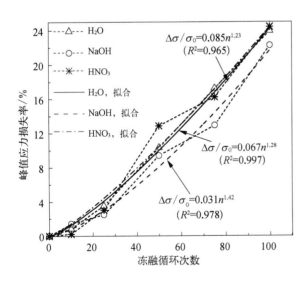

图 6　不同化学溶液不同冻融循环次数下花岗岩的峰值应力损失率

2.3　轴向峰值应变

由单轴压缩试验测得的轴向变形求出轴向峰值应变,每组试件的轴向峰值应变取平均值,得到自然状态和不同化学溶液浸泡后花岗岩的轴向峰值应变(图7)以及不同化学溶液不同冻融循环次数下花岗岩的轴向峰值应变(图8)。

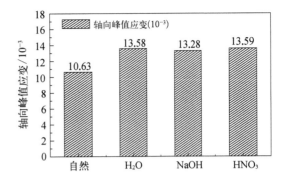

图 7　自然状态和不同化学溶液浸泡后花岗岩的轴向峰值应变

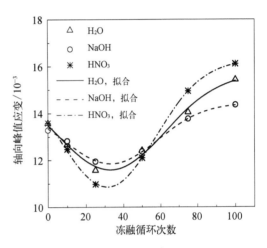

图 8　不同化学溶液不同冻融循环次数下花岗岩的轴向峰值应变

从图7可以看出,经过90天的浸泡,在水、NaOH 和 HNO_3 溶液中的轴向峰值应变与自然状态相比分别增大 27.8%、24.9% 和 27.8%。这说明化学溶液浸泡对花岗岩的轴向峰值应变有一定的影响。

由图8可知,水、NaOH 和 HNO_3 溶液中的随着冻融循环次数的增加,花岗岩的轴向峰值应变在经历前25次冻融循环后逐渐减小;经历 50~100 次冻融循环后逐渐增大。可以说 25 次冻融循环是花岗岩在水、NaOH 和 HNO_3 溶液中冻融循环下轴向峰值应变的门槛次数。在相同冻融循环次数下,不同化学溶液中花岗岩的轴向峰值应变大小关系为:经历 0~50 次冻融循环后,$\varepsilon_{1,NaOH} > \varepsilon_{1,H_2O} > \varepsilon_{1,HNO_3}$;而经历 75 次冻融循环后,$\varepsilon_{1,HNO_3} > \varepsilon_{1,H_2O} > \varepsilon_{1,NaOH}$,在冻融循环 50~75 次之间,其大小发生改变。

对轴向峰值应变进行 Guass 函数拟合,分别得到

花岗岩在水、NaOH 和 HNO₃ 溶液中的轴向峰值应变随冻融循环次数的变化函数,如下:

$$H_2O: \varepsilon_1 = 15.70 + \frac{-303.76}{59.0\sqrt{\pi/2}} e^{-2\frac{(n-32.96)^2}{59.0^2}}$$

$$= 15.70 - 4.11 e^{-5.75 \times 10^{-4}(n-32.96)^2} \quad (10^{-3}) \quad (R^2 = 0.973) \quad (4)$$

$$NaOH: \varepsilon_1 = 14.42 + \frac{-162.33}{50.34\sqrt{\pi/2}} e^{-2\frac{(n-33.25)^2}{50.34^2}}$$

$$= 14.42 - 2.57 e^{-7.89 \times 10^{-4}(n-33.25)^2} \quad (10^{-3}) \quad (R^2 = 0.991) \quad (5)$$

$$HNO_3: \varepsilon_1 = 16.27 + \frac{-353.51}{52.1\sqrt{\pi/2}} e^{-2\frac{(n-31.28)^2}{52.1^2}}$$

$$= 16.27 - 5.41 e^{-7.37 \times 10^{-4}(n-31.28)^2} \quad (10^{-3}) \quad (R^2 = 0.999) \quad (6)$$

可见在三种溶液中,花岗岩的轴向峰值应变随着冻融循环次数的增加均按 Guass 函数变化。

2.4 径向峰值应变

由单轴压缩试验测得的环向变形求出径向峰值应变,即应力达到最大值时径向产生的应变,每组试件的径向峰值应变取平均值,得到自然状态和不同化学溶液浸泡后花岗岩的径向峰值应变(图 9)以及不同化学溶液不同冻融循环次数下花岗岩的径向峰值应变(图 10)。

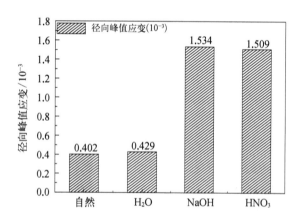

图 9　自然状态和不同化学溶液浸泡后花岗岩的径向峰值应变

从图 9 可以看出,经过 90 天的浸泡,在水中浸泡的花岗岩的径向峰值应变没有明显变化,而 NaOH 和 HNO₃ 溶液中的径向峰值应变与自然状态相比分别增大 2.82 倍和 2.75 倍。这说明 NaOH 和 HNO₃ 溶液对花岗岩的径向峰值应变有显著影响。

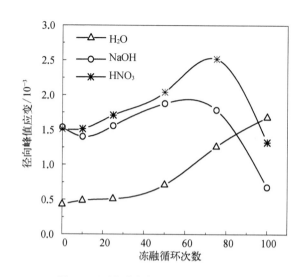

图 10　不同化学溶液不同冻融循环次数下花岗岩的径向峰值应变

从图 10 可以看出,随着冻融次数的增加,在水中花岗岩的径向峰值应变总体上逐渐增大,经历前 25 次冻融循环时,径向峰值应变没有明显变化;在 NaOH 溶液中的花岗岩径向峰值应变在经历 0~50 次冻融循环时,逐渐增大,超过 50 次冻融循环时,逐渐降低;在 HNO₃ 溶液中的花岗岩径向峰值应变在经历 0~75 次冻融循环时,逐渐增大,超过 75 次冻融循环时,迅速降低。可以说 25 次冻融循环是花岗岩在水中冻融循环径向峰值应变的门槛次数,50 次冻融循环是花岗岩在 NaOH 溶液中冻融循环径向峰值应变的门槛次数,而 75 次冻融循环是花岗岩在 HNO₃ 溶液中冻融循环轴向峰值应变的门槛次数。

在相同冻融循环次数下,经历 0~75 次冻融循环后不同化学溶液中花岗岩径向峰值应变的大小关系为 $\varepsilon_{d, HNO_3} > \varepsilon_{d, NaOH} > \varepsilon_{d, H_2O}$,而经历 100 次冻融循环后径向峰值应变的大小关系为 $\varepsilon_{1, H_2O} > \varepsilon_{1, HNO_3} > \varepsilon_{1, NaOH}$。

对水中花岗岩的径向峰值应变进行多项式函数拟合,得到花岗岩在水中的轴向峰值应变随冻融循环次数的关系式,如下:

$$\varepsilon_d = 0.4324 + 9.0 \times 10^{-4} n + 1.0 \times 10^{-4} n^2 \quad (10^{-3}) \quad (R^2 = 0.989) \quad (7)$$

2.5 杨氏模量

用超声脉冲速度测试仪测出自然状态和不同化学溶液不同冻融次数下花岗岩的杨氏模量,每组取平均值。

图 11 为自然状态和不同化学溶液浸泡后花岗岩的杨氏模量。由该图可知，经过 90 天的浸泡，在水中和 HNO_3 溶液中浸泡过的花岗岩的杨氏模量没有明显变化，而在 NaOH 溶液中浸泡过的花岗岩的杨氏模量增加了 30.17%。这说明在 NaOH 溶液在对花岗岩的损伤有一定的修补作用。

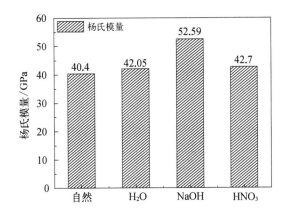

图 11　自然状态和不同化学溶液浸泡后花岗岩的杨氏模量

根据杨氏模量求得花岗岩的相对杨氏模量，即相对杨氏模量＝杨氏模量/初始杨氏模量。图 12 为不同化学溶液不同冻融循环次数下花岗岩的相对杨氏模量。可以看出，花岗岩的相对杨氏模量均随着冻融次数的增加逐渐减小，经过前 10 次冻融循环，水和 HNO_3 溶液的相对杨氏模量明显减小，而 NaOH 溶液中的杨氏模量没有明显变化，之后逐渐减小。HNO_3 溶液中花岗岩冻融条件下的相对杨氏模量明显小于在水和 NaOH 溶液中的相对杨氏模量。在经历 0~50 次冻融循环后，在 NaOH 溶液中的相对杨氏模量均大于在水中的相对杨氏模量，超过 75 次冻融循环后，在 NaOH 溶液中的相对杨氏模量则小于在水中的相对杨氏模量。对相对杨氏模量进行拟合，可得到在不同化学溶液中花岗岩的相对杨氏模量随冻融次数的变化规律函数如下：

$$H_2O: E/E_0 = 0.89 + 0.11e^{-\frac{n}{17.8}} \ (R^2 = 0.945) \quad (8)$$

$$NaOH: E/E_0 = 1.05 - 0.05e^{\frac{n}{67.6}} \ (R^2 = 0.972) \quad (9)$$

$$HNO_3: E/E_0 = 0.76 + 0.24e^{-\frac{n}{16.5}} \ (R^2 = 0.992) \quad (10)$$

可见，在三种溶液中，花岗岩的相对杨氏模量随着冻融循环次数的增加均呈指数函数增加。

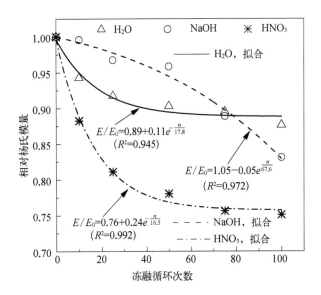

图 12　不同化学溶液不同冻融循环次数下
花岗岩的相对杨氏模量

从分析可知，冻融循环造成花岗岩内部孔隙和微裂纹增加，使杨氏模量降低。在 HNO_3 溶液中，冻融循环产生的影响较大，说明了 HNO_3 溶液加剧了冻融循环下花岗岩的损伤劣化。NaOH 溶液对冻融循环损伤有一定的抑制作用，但冻融循环超过 75 次时，这种抑制作用便不再存在。

2.6　表面显微结构

采用研究级智能立体显微镜观察在不同化学溶液（水、NaOH 和 HNO_3 溶液）冻融循环后的花岗岩，并取得花岗岩在不同化学溶液不同冻融循环次数下放大 30 倍后的表面显微结构，如图 13 所示。由表面显微结构图可知，花岗岩经冻融循环作用后，表面出现不同程度的空洞和坑蚀，随着冻融循环次数的增加，空洞和坑蚀逐渐明显，并且在不同化学溶液中，这种损伤程度也是不同的。在 NaOH 溶液中，经历 10 次冻融循环后，花岗岩的表面显微结构基本没有变化，直到经历 75 次冻融循环后，这种损伤才比较明显；而在水和 HNO_3 溶液中，经历 10 次冻融循环后，表面已开始出现坑蚀，经 50 次冻融循环后，空洞已经较大且坑蚀较深，在 HNO_3 溶液中，这种损伤与在水中相比更加严重。当经历 100 次冻融循环后，在水、NaOH 和 HNO_3 溶液中的表面空洞和坑蚀程度均比较严重。这表明，随着冻融循环次数的增加，花岗岩表面损伤逐渐加剧，在冻融初期较大，后期逐渐稳定，但明显大于水和 NaOH 溶液环境条件下的表面损伤；NaOH 溶液环境条件下冻融循环初期损伤较小,后期损伤较大。在HNO₃溶液中的表面损伤较大,表面充填于矿物间的铁质结核减少直至消失,而在NaOH溶液中的花岗岩表面铁质结核更加明显。

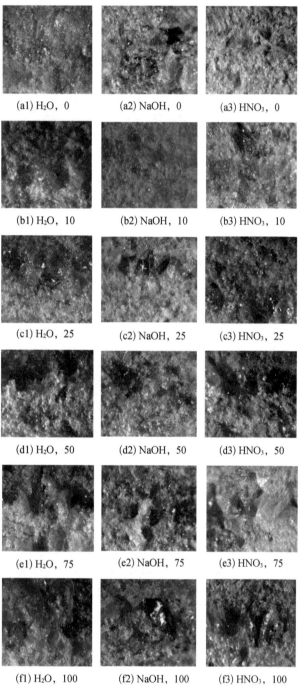

(a1) H₂O, 0   (a2) NaOH, 0   (a3) HNO₃, 0

(b1) H₂O, 10   (b2) NaOH, 10   (b3) HNO₃, 10

(c1) H₂O, 25   (c2) NaOH, 25   (c3) HNO₃, 25

(d1) H₂O, 50   (d2) NaOH, 50   (d3) HNO₃, 50

(e1) H₂O, 75   (e2) NaOH, 75   (e3) HNO₃, 75

(f1) H₂O, 100   (f2) NaOH, 100   (f3) HNO₃, 100

图 13   不同化学溶液不同冻融循环次数下花岗岩的表面显微结构

2.7 断口表面形貌

岩石的断裂与内部矿物成分、结构、内部缺陷、外部荷载等因素密切相关。岩石断口记录了岩石的变形发展、裂纹萌生扩展至断裂等信息,因此可以分析断口

的形貌来研究岩石断裂的微观机制,揭示岩石破坏的机理及规律。

如果把岩石内部的微缺陷与岩体的节理、断层相比拟,再把实验室岩石与工程岩体的尺度相比拟,两者的相似比在数量级上基本一致。因此研究实验室岩石破坏与微缺陷的关系和研究工程岩体破坏与节理、断层的关系,两者相似性较大,差别只在于尺度的不同,仅会带来相应的尺度效应[13]。

将花岗岩在不同化学溶液不同冻融循环次数下的断口表面形貌放大 30 倍,根据其形貌主要分为胶结物断口、准节理断口、解理断口、非主断裂面的二次裂纹和碎裂断口、局部延性断口和沿晶断口,如图 14 所示。

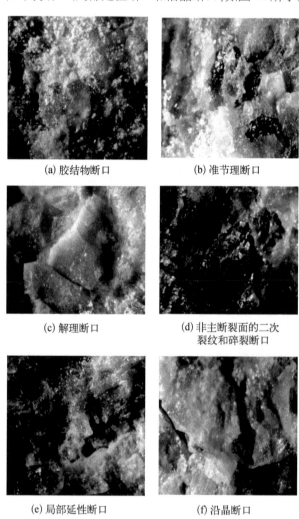

(a) 胶结物断口   (b) 准节理断口

(c) 解理断口   (d) 非主断裂面的二次
裂纹和碎裂断口

(e) 局部延性断口   (f) 沿晶断口

图 14   花岗岩的断口表面形貌

化学溶液、冻融循环对花岗岩的断口形貌有着重要影响。仅在水中浸泡未经冻融的花岗岩主要出现了胶结物断口;在水、NaOH 溶液中的花岗岩在经历前75 次冻融循环后主要表现为准解理断口,经历 100 次

冻融循环后出现沿晶断口。在HNO_3溶液中冻融循环的花岗岩，断口形式较为复杂，只浸泡而没冻融条件下，表现为准解理断口；经历10次冻融循环后主要表现为非主断裂面的二次裂纹和碎裂断口；经历25次冻融循环后主要表现为解理断口；经历50～100次冻融循环后主要表现为局部延性断口。此外，HNO_3溶液中的断口比水、NaOH溶液中的断口较粗糙。这说明HNO_3对花岗岩的影响比较明显，而NaOH影响较弱。

3 花岗岩的损伤机理

岩石是由多种矿物成分组成。本文所用花岗岩试件所含的主要矿物有石英、碱性长石、少量云母和角闪石等，并充填有铁质核和方解石等其他一些少量复杂的矿物成分。石英、钾长石（正长石或微斜长石分子）、钠长石分子式分别以SiO_2、$KAlSi_3O_8$及$NaAlSi_3O_8$表示。钙长石分子式为$CaAl_2Si_3O_8$，方解石的分子式为$CaCO_3$，云母的分子式为$KAl_3Si_3O_{10}(OH)_2$。其他矿物的主要分子式为：Al_2O_3、K_2O、Na_2O、CaO、FeO、Fe_2O_3、MgO、TiO_2、P_2O_5和MnO等。

3.1 化学作用下花岗岩的损伤机理

化学溶液中的花岗岩与溶液中的众多粒子之间发生复杂的物理化学作用，使花岗岩内部矿物被溶蚀，孔隙结构发生改变，从而引起物理力学性能发生变化。这些复杂的物理化学作用主要有化学反应作用、离子迁移作用、吸附作用、颗粒结构的变化作用，而这些作用往往是同时发生和相互影响的。

1) 化学反应作用

岩石中的部分矿物在溶液中发生化学反应，改变了岩石的微细观结构，故化学反应是影响化学溶液中岩石物理力学性能的最主要因素。花岗岩在不同化学溶液中，发生的化学反应和影响程度各不相同。花岗岩在纯水中主要发生以下反应：

$$SiO_2(石英) + 2H_2O \longrightarrow H_4SiO_4 \tag{11}$$

$$K_2O + H_2O \longrightarrow 2K^+ + 2OH^- \tag{12}$$

$$Na_2O + H_2O \longrightarrow 2Na^+ + 2OH^- \tag{13}$$

$$CaO + H_2O \longrightarrow Ca(OH)_2 \tag{14}$$

$$MgO + H_2O \longrightarrow Mg(OH)_2 \tag{15}$$

花岗岩在NaOH溶液中除式(12)～式(15)外，主要发生以下反应：

$$SiO_2(石英) + 2OH^- \longrightarrow SiO_3^{2-} + H_2O \tag{16}$$

$$NaAlSi_3O_8(钠长石) + 2H_2O + 6OH^- \longrightarrow$$
$$Al(OH)_4^- + 3H_2SiO_4^{2-} + Na^+ \tag{17}$$

$$KAlSi_3O_8(钾长石) + 2H_2O + 6OH^- \longrightarrow$$
$$Al(OH)_4^- + 3H_2SiO_4^{2-} + K^+ \tag{18}$$

$$KAl_3Si_3O_{10}(OH)_2(云母) + H_2O + 8OH^- \longrightarrow$$
$$K^+ + 3Al(OH)_4^- + 3SiO_4^{2-} \tag{19}$$

$$Al_2O_3 + 2OH^- \longrightarrow 2AlO_2^- + H_2O \tag{20}$$

花岗岩在HNO_3溶液中除式(11)～式(15)外，主要发生以下反应：

$$NaAlSi_3O_8(钠长石) + 4H^+ + 4H_2O \longrightarrow$$
$$Na^+ + Al^{3+} + 3H_4SiO_4 \tag{21}$$

$$KAlSi_3O_8(钾长石) + 4H^+ + 4H_2O \longrightarrow$$
$$K^+ + Al^{3+} + 3H_4SiO_4 \tag{22}$$

$$KAl_3Si_3O_{10}(OH)_2(云母) + 10H^+ \longrightarrow$$
$$3Al^{3+} + 3H_4SiO_4 + K^+ \tag{23}$$

$$CaCO_3(方解石) + 2H^+ \longrightarrow Ca^{2+} + H_2O + CO_2 \uparrow \tag{24}$$

$$2Al_2O_3 + 6H^+ \longrightarrow 2Al^{3+} + 3H_2O \tag{25}$$

$$K_2O + 2H^+ \longrightarrow 2K^+ + H_2O \tag{26}$$

$$Na_2 + 2H^+ \longrightarrow 2Na^+ + H_2O \tag{27}$$

$$CaO + 2H^+ \longrightarrow Ca^{2+} + H_2O \tag{28}$$

$$MgO + 2H^+ \longrightarrow Mg^{2+} + H_2O \tag{29}$$

$$Fe_2O_3 + 6H^+ \longrightarrow 2Fe^{3+} + 3H_2O \tag{30}$$

$$2Fe + 6H^+ \longrightarrow 2Fe^{3+} + H_2 \uparrow \tag{31}$$

由以上化学反应可知，随着岩石在化学溶液中浸泡的时间增加，岩石的损伤会逐渐加剧。另外，化学溶蚀也与化学溶液的种类、酸碱度、温度等密切相关。在水中的花岗岩，仅发生式(12)～式(15)的化学反应，而

SiO_2 在水中的反应是微弱的,而生成的 H_4SiO_4 难溶于水,填充于花岗岩的原生裂纹和缺陷中,对原生裂纹和缺陷有一定的修补作用。CaO 和 MgO 与水反应分别生成 $Ca(OH)_2$ 和 $Mg(OH)_2$,从而变得疏松,同时对原生裂纹和缺陷有一定的修补作用。K_2O 和 Na_2O 与水反应后,离子迁移出去,使花岗岩造成损伤,但花岗岩中 K_2O 和 Na_2O 含量极小。所以水中浸泡对花岗岩的峰值应力影响极小,但会使轴向峰值应变有所增大。在 NaOH 溶液中,化学反应生成的矿物填充于花岗岩的原生裂纹和缺陷中,对原生裂纹和缺陷有一定的修补作用,使峰值应力有所提高,但轴向峰值应变和径向峰值应变会有所增大,若作用时间足够长时,随着内部矿物成分的改变,峰值应力会逐渐减小。在 HNO_3 溶液中,花岗岩会发生剧烈的化学反应,而且反应种类多,生成物在水溶液中多以离子状态存在,使岩石内部孔隙增大。所以,HNO_3 溶液中的花岗岩峰值应力随着作用时间的增加而减小,轴向峰值应变和径向峰值应变逐渐增大。

2)离子迁移作用

岩石矿物颗粒与化学溶液及反应产物的离子等颗粒在溶液中不断流动,不断从岩石中迁移出,使岩石内部孔隙增多。化学溶液与岩石矿物的化学作用可分为四步[14],如下:

步骤 1:溶液中的离子迁移到岩石表面,并在扩散作用下进入岩石内部,到达水岩界面;

步骤 2:矿物与溶液中的离子发生反应;

步骤 3:化学反应生成的离子与水岩界面脱离;

步骤 4:离子在扩散作用下迁移出岩石内部。

化学离子的这种迁移既是化学反应的前提条件,也进一步促进了化学反应的进行。从而使岩石内部部分矿物逐渐溶解,内部孔隙和裂纹发生改变,宏观上表现为岩石物理力学性能的变化。

3)吸附作用

吸附作用是固体表面反应的一种普遍现象。溶液中的离子在迁移过程中,有些带电荷的离子会吸附在矿物表面,堵塞迁移通道。有物理吸附和化学吸附两种吸附类型。物理吸附是由分子间力引起的,其速率非常快,是一种离子交换作用是可逆的。化学吸附是靠共价键等键力强的化学键结合到矿物颗粒表面的,

速率较慢。

4)颗粒结构的变化作用

化学溶液浸泡后,岩石中多数矿物粒径的变化范围有一定的减小。岩石内部矿物颗粒在化学作用下,大小和形状发生改变,使得岩石颗粒粒间及边缘锯齿状部分接触的强度下降,锯齿状或不规则状逐渐向圆滑状发展,从而使岩石的内聚力和内摩擦角减小[3]。宏观上表现为岩石的峰值应力降低以及变形改变。

3.2 冻融循环及其与化学溶蚀耦合作用下花岗岩的损伤机理

岩石冻融损伤的本质是岩石冻融过程中的水、冰、岩三相介质具有不同的热物理性能,温度降低时,孔隙水结成冰,体积膨胀,矿物晶粒体积收缩,由于各种矿物颗粒胀缩不同以及各方位的热弹性性能不同,使跨颗粒边界的胀缩不协调,在矿物颗粒和孔隙间产生巨大的内应力(冻胀力),这种内应力对某些胶结强度较弱的岩石颗粒具有破坏作用,从而造成岩石内部出现了局部损伤,同时,冻结时形成的冰棱或冰透体也加剧了岩石的损伤;温度升高时,岩石内部的冰逐渐融化,冻结应力释放,水分不断迁移,这又加速了花岗岩的损伤。随着冻融循环次数的增加,岩体骨架不断受到外部温度循环交变产生的内应力的作用,循环往复导致岩石的局部损伤连通并不断发展,孔隙不断增加,岩石结构遭到破坏,宏观上表现为岩石的物理力学性能发生不可逆劣化,因此岩体冻融损伤的过程是一个疲劳损伤破坏过程。

冻融循环对岩石的损伤也与冻融时岩石所处的化学溶液密切相关。岩石中自由水完全冻结的温度一般在 $-5 \sim -20$℃[15],化学溶蚀与冻融循环耦合作用下,由于化学物质(NaOH 和 HNO_3)的存在,使岩石完全冻结的温度更低,这在一定程度上有利于减轻岩石的冻融损伤。但是冻融循环的过程始终伴随着化学反应的进行。随着冻融循环次数的增加,岩石内部孔隙不断增长,迁移作用也不断加强,这就进一步使矿物颗粒与溶液中的离子充分接触发生化学反应,矿物不断溶解。孔隙的不断增长,也使岩石的含水率不断增大,当冻结时,产生的冻胀力也随之增大,从而加剧了岩石的损伤劣化。总之,化学溶蚀和冻融循环对岩石的损伤是相伴相生、相互促进的。

4 高温作用后花岗岩的损伤定量计算

4.1 化学作用下花岗岩的损伤定量计算

采用杨氏模量来定义损伤变量,根据宏观唯象损伤力学理论,化学作用下花岗岩的损伤量可定义为:

$$D = 1 - \frac{E}{E_0} \tag{32}$$

式中,E_0 为自然状态花岗岩的杨氏模量;E 为岩石经化学溶液浸泡后的杨氏模量。

将经过在化学溶液(水、NaOH 溶液和 HNO_3 溶液)中浸泡 90 天后花岗岩的杨氏模量 E 代入式(32),得到花岗岩在不同溶液中浸泡 90 天后的损伤变量,如表 1 所示。

表 1 花岗岩在不同溶液中浸泡 90 天后的损伤变量

状 态	E/GPa	E/E_0	D
自然状态	40.40	—	—
水	40.05	1.041	−0.041
NaOH	52.59	1.032	−0.032
HNO_3	12.7	1.057	−0.057

由表 1 可知,花岗岩在水、NaOH 和 HNO_3 溶液中浸泡 90 天后出现了"负损伤",通常定义损伤变量为正值,而此处出现了负值,这是由于花岗岩密度较大,且初始孔隙和微观裂纹很少,在短时间浸泡下,化学反应极其微弱。化学反应产生的物质填充于原生孔隙和微裂纹中,对花岗岩有一定的修补作用,但随着化学反应的进一步进行,这种修补作用逐渐消失,花岗岩将进一步损伤劣化。

4.2 化学溶蚀与冻融循环耦合作用下花岗岩的损伤定量计算

根据宏观唯象损伤力学理论,高温作用下花岗岩的损伤变量可定义为:

$$D(T) = 1 - \frac{E_n}{E_0} \tag{33}$$

式中,E_0 为岩石冻融前的初始杨氏模量;E_n 为岩石经历 n 次冻融循环后的杨氏模量。

本文中花岗岩试件在化学溶液中浸泡 90 天后出现"负损伤"且损伤值极小,同时也只为了研究在花岗岩在不同化学溶液中冻融循环的损伤问题,故将浸泡

90 天后未经冻融的花岗岩的损伤变量定义为初始损伤变量,即 $D_0 = 0$。将经过不同次数冻融循环后的花岗岩视为受到不同程度的损伤,此时的杨氏模量即为 E_n。将各冻融循环次数的所有试件的平均杨氏模量 E_n 代入式(33),得到花岗岩在不同溶液中不同冻融循环后的损伤变量,如图 15 所示。花岗岩的损伤变量随着冻融次数的增加逐渐增大,经过前 10 次冻融循环,水和 HNO_3 溶液的损伤变量明显减小,而 NaOH 溶液中的损伤变量没有明显变化,之后逐渐减小。HNO_3 溶液中花岗岩冻融条件下的损伤变量明显大于在水和 NaOH 溶液中的损伤变量。这定量说明了 HNO_3 溶液加剧了冻融循环下花岗岩的损伤劣化,NaOH 溶液对冻融循环损伤有一定的抑制作用,但冻融循环超过 75 次时,这种抑制作用便不再存在。

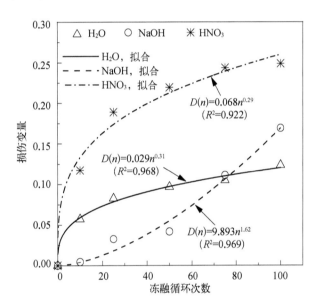

图 15 不同化学溶液不同冻融循环次数下花岗岩的损伤变量

对损伤变量进行拟合,可分别得到花岗岩在化学溶蚀和冻融循环耦合作用后的损伤变量与冻融次数的关系:

$$H_2O: D(n) = 0.029n^{0.31} (R^2 = 0.968) \tag{34}$$

$$NaOH: D(n) = 9.893n^{1.62} (R^2 = 0.969) \tag{35}$$

$$HNO_3: D(n) = 0.068n^{0.29} (R^2 = 0.922) \tag{36}$$

因此,可以将损伤变量统一表示为 $D(n) = \alpha n^{\beta}$,α、β 表示冻融循环作用下,与化学溶液影响有关的系数,称之为化学影响系数。这说明,岩石在化学溶蚀和冻融循环耦合作用下的损伤不仅与冻融循环次数密切

相关,也与所处的化学溶液密切相关。

5 结论

本文通过花岗岩在不同化学溶液(水、NaOH 溶液和 HNO₃ 溶液)中浸泡并经冻融循环后的花岗岩的力学性能试验研究,可得到以下结论:

(1) 花岗岩的应力-应变曲线基本分为压密阶段、弹性阶段、塑性阶段和破坏后阶段。在水和 NaOH 溶液中冻融循环的花岗岩应力-应变曲线比较接近,随着冻融循环次数的增加,HNO₃ 溶液中的应力-应变曲线变化显著。

(2) 在水和 HNO₃ 溶液中浸泡的花岗岩,与自然状态相比,杨氏模量没有明显变化,峰值应力有所降低;在 NaOH 溶液中杨氏模量和峰值应力均有所增大。在这三种溶液中轴向峰值应变均增大。在水中的径向峰值应变没有明显变化,而在 NaOH 和 HNO₃ 溶液中的径向峰值应变明显增大。

(3) 在水、NaOH 和 HNO₃ 溶液中,随着冻融循环次数的增加,花岗岩的相对杨氏模量均呈指数函数减小,峰值应力损失率呈幂函数增加;轴向峰值应变按 Guass 函数变化。

(4) 随着冻融循环次数的增加,HNO₃ 溶液中的花岗岩的物理力学性能损伤逐渐加剧,在冻融初期较大,后期逐渐稳定,但在 HNO₃ 溶液中的损伤明显大于在水和 NaOH 溶液中的损伤;在 NaOH 溶液中,冻融循环初期损伤较小,后期损伤较大。HNO₃ 溶液加剧了冻融循环下花岗岩的损伤劣化,NaOH 溶液对冻融循环损伤有一定的抑制作用,当冻融循环超过一定次数后,这种抑制作用消失,并促进花岗岩的损伤劣化。

(5) 花岗岩的断口根据其形貌主要分为胶结物断口、解理断口、准节理断口、非主断裂面的二次裂纹和碎裂断口、局部延性断口和沿晶断口。

(6) 化学作用下花岗岩的损伤主要是由岩石矿物成分与溶液中的离子发生化学作用,生成新的离子或矿物,同时在迁移作用下,生成的离子从岩石内部移除,造成岩石内部孔隙增加和微裂纹增长引起的。不同化学溶液对岩石的损伤有明显区别。

(7) 冻融循环作用下花岗岩的损伤主要是由冻结产生的冻胀力使岩石骨架遭到破坏引起的。冻融损伤的过程本质上是温度产生应力,使岩石损伤劣化的过程。化学溶液同时对岩石产生化学损伤作用,这与冻融损伤相互促进,共同影响岩石的损伤劣化。

(8) 冻融循环下花岗岩的损伤变量可表示为 $D(n) = \alpha n^{\beta}$,α、β 均为化学影响系数。

参考文献

[1] 陈四利,冯夏庭,李邵军. 化学腐蚀对黄河小浪底砂岩力学特性的影响[J]. 岩土力学,2002,23(3):284-287.

[2] 陈四利,冯夏庭,李邵军. 岩石单轴抗压强度与破裂特征的化学腐蚀效应[J]. 岩石力学与工程学报,2003,22(4):547-551.

[3] 丁梧秀,冯夏庭. 灰岩细观结构的化学损伤效应及化学损伤定量化研究方法探讨[J]. 岩石力学与工程学报,2005,24(8):1283-1288.

[4] 丁梧秀. 水化学作用下岩石变形破裂全过程实验与理论分析[D]. 武汉:中国科学院武汉岩土力学研究所,2005.

[5] 李宁,朱运明,张平,等. 酸性环境中钙质胶结砂岩的化学损伤模型[J]. 岩土工程学报,2003,25(4):395-399.

[6] Feng X T, Seto M. Neural network dynamic modeling of acoustic emission sequences in rock[J]. Safety Engineering, 1998, 37(3):157-163.

[7] Feng X T, Seto M. A new method of modeling the rock-microfracturing process in double torsion experiments using neural networks[J]. International Journal of Analytic and Numerical Methods in Geomechanics, 1999, (23):905-923.

[8] Feng XT, Li T J, Seto M. Nonlinear evolution properties of rock microfracturing affected by environment[J]. Key Engineering Material, 2000, 182:713-718.

[9] 杨更社,张全胜,蒲毅彬. 冻结温度对岩石细观损伤扩展特性影响研究初探[J]. 岩土力学,2004,25(9):1409-1412.

[10] 何国梁,张磊,吴刚. 循环冻融条件下岩石物理特性的试验研究[J]. 岩土力学,2004,25(增2):52-56.

[11] Hori M, Morihiro H. Micromechanical analysis of deterioration due to freezing and thawing in porous brittle materials [J]. International Journal of Rock Mechanics and Mining Sciences, 1998, 36 (4): 511－522.

[12] 中华人民共和国国家发展和改革委员会. 水电水利工程岩石试验规程: DL/T 5368－2007[S]. 北京: 中国电力出版社, 2007.

[13] 左建平, 谢和平, 周宏伟, 等. 温度-拉应力共同作用下砂岩破坏的断口形貌[J]. 岩石力学与工程学报, 2007, 26(12): 2444－2457.

[14] 冯夏庭, 丁梧秀, 姚华彦, 等. 岩石破裂过程的化学-应力耦合效应[M]. 北京: 科学出版社, 27－28.

[15] 刘楠. 岩石冻融力学实验及水热力耦合分析[D]. 西安: 西安科技大学, 2010.

本文发表于《岩土工程学报》
2014 年第 36 卷第 12 期

用统一流变力学模型理论辨识流变模型的方法和实例

夏才初[1,2],王晓东[3],许崇帮[1,2],张春生[4]

(1. 同济大学 地下建筑与工程系,上海200092;

2. 同济大学 岩土及地下工程教育部重点实验室,上海200092;

3. 二滩水电开发有限公司 成都610021;

4. 国家电力公司华东勘测设计研究院 杭州310014)

摘要: Reiner用弹簧、摩擦片和黏壶这三个元件分别模拟岩石的弹性、塑性和黏性。用它们的并联组合可组成七个不同的模型,其中与黏壶并联的有四个(包括黏壶本身),称为基本流变力学模型,对应于与时间有关的四种基本流变力学性态。用这四个基本流变力学模型进行串联组合,可以形成十五个流变力学模型(包括四个基本流变力学模型和十一个复合流变力学模型)。将包含全部四种基本流变力学性态的模型称为统一流变模型,它包括了其它十四个模型,也即其它十四个模型都是统一流变模型的特例。根据岩石在不同应力水平下的加卸载蠕变曲线的特性,可以全面地辨识出与十五种流变力学性态相对应的十五个流变力学模型,十五个流变力学模型与十五种流变力学性态是一一对应的关系,对模型的辨识具有唯一性。虽然,在其它文献中有一些模型与这15个模型有差异,但可以通过等效变换转化成为这15个模型之一。本文对用不同应力水平下的加卸载蠕变试验结果辨识与岩石流变性态对应的流变力学模型的方法作了详细的论述,并用两种岩石的相应蠕变试验结果,给出了辨识它们流变力学模型的例子。

关键词: 流变力学模型;模型辨识;蠕变试验;流变力学特性

1 引言

雷诺(1964)用三个基本单元(弹簧、摩擦片和黏壶)及其不同组合来模拟材料的流变特性[1],称为结构流变力学模型或理论流变力学模型。这一方法被广泛地应用于描述岩石和其它材料复杂的流变力学性质,并提出了众多的力学模型,这些模型之间的内在联系也已有学者作了研究[2-4],1992年Feda阐述了能描述同一流变力学性态由基本单元不同组合产生的模型之间相互等效转化的法则[5]:若两个模型本构关系相同,则两个模型可以相互替代。孙广忠认为广义Kelvin模型与Poynting - Thompson模型是等效的[6],夏才初证明了广义Kelvin模型与Poynting - Thompson模型的等效性[7]。既然由三个基本元件不同组合形成的模型中,有些模型之间存在着等效关系,那么,它们怎样的组合才能使模型与流变力学

性态之间是一一对应的关系,从而既使模型简洁又能全面地描述岩石的流变力学性态? 由于大多数教课书和文献对流变模型的命名不够严密,导致模型与流变力学性态之间不是一一对应的关系,如将Kelvin模型、广义 Kelvin 模型、Maxwell 模型和Burgrs 模型等统称为黏弹性模型[3],而事实上,它们之间的流变性质相差很大,前两者的流变变形是能收敛的,具有黏弹性固体的性态,而后两者只要受到应力作用,其流变变形是不会收敛的,具有黏性流体的性态。虽然统一流变模型也已有学者作了探讨[2],但由于没能作严格的证明和分析存在着一定的问题。

近年来,国内外许多学者结合室内试验及工程对岩石流变力学性质进行了研究,吕爱钟[8]在页岩蠕变试验的基础上分析了考虑时间因素的非定常黏弹性模型,并认为非定常模型比定常模型更为准确合

理,范庆忠、高延法[9]则通过引入损伤和硬化两种机制对非线性蠕变模型进行了统一,对蠕变的三个阶段进行解析。此外,有些学者利用蠕变试验结果对流变力学模型的确定进行了研究[10-11],但仅限于几个简单的流变模型之间,即先列举几个现有模型,根据这几个有限模型的蠕变曲线,逐个与蠕变试验曲线比较,来辨识岩石所适合的流变力学模型,这种辨识方法存在着较大的局限性和理论上的不严密性[12]。夏才初利用不同应力水平下加卸载蠕变结果对流变模型辨识进行了研究[7]。然而,要弄清对岩石的流变性态进行全面而系统辨识的充分条件,则有赖于对流变性态作系统而全面的认识,并建立统一的流变力学模型或穷举所有流变性态所对应的流变力学模型。

本文将弹簧、摩擦片和黏壶这三个元件的并联组合所产生的包含有黏壶的四个模型(包括黏壶本身)称为基本流变力学模型,对应于四种基本流变力学性态。用这四个基本流变力学模型进行串联组合形成十五个流变力学模型(包括四个基本流变力学模型和十一个复合流变力学模型)。将包含全部四个基本流变力学性态的模型称为统一流变模型,它包括了其它十四个模型,也即其它十四个模型都是统一流变模型的特例。提出了根据岩石在不同应力水平下的加卸载蠕变曲线的特性,全面地辨识出与十五流变力学性态唯一对应的十五个流变力学模型的方法,并用两种岩石的试验结果进行了实例分析。对通过蠕变试验建立理论流变力学模型具有重要指导意义。

2 统一流变力学模型特征及与其他流变力学模型之间的相互关系回顾

理论流变力学模型假定岩石的力学特性是三种理想材料力学特性组合而成,即通过三种理想材料的不同组合获取岩石的真实力学特性。如两个基本元件胡克体(H)和牛顿体(N)材料用 H－N 表示两个元件串联组合,用 H|N 表示两个元件并联组合。这样我们就可以清楚地通过图像定义基本的流变概念[5]。

从三个元件中分别取出一个元件、二个元件和三个元件进行并联组合产生的模型总数为(图1):

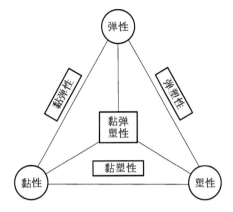

图 1 岩石基本力学性态[11]

$$N = C_3^1 + C_3^2 + C_3^3 = 3 + 3 + 1 = 7$$

这七个基本力学模型代表岩石的七种基本力学性态。其中黏弹性、黏弹塑性、黏性和黏塑性四种模型是与时间有关,称之为基本流变力学模型,对应于岩石的四种基本流变力学性态。在本文中,为简便起见,对不随时间变化的瞬时变形部分不作分析。四种基本流变力学性态及其所对应的流变力学模型的本构方程和各种应变成份的表达式详见表1与表2。根据表1和表2,可将四个基本流变力学模型的变形特征归纳如下[7]:

表 1 四个基本流变力学模型的力学特征[7]

序号	流变性态	蠕变类型	应变可恢复性	流变下限	长期强度
1	黏性	定常	不可恢复	0	0
2	黏塑性	定常	不可恢复	有限	流变下限
3	黏弹性	衰减	完全恢复	0	瞬时强度
4	黏弹塑性	衰减	部分恢复	有限	瞬时强度

(1) 黏弹性岩石没有流变下限。

(2) 黏弹性岩石和黏弹塑性岩石的流变会趋于稳定,因而其长期强度取决于瞬时强度。

(3) 黏性岩石既没有流变下限,也没有长期强度。

(4) 黏塑性岩石的长期强度等于其流变下限。

从四个基本流变力学模型中分别取出一个、二个、三个、四个模型进行串联组合,可以产生十五个流变力学模型(表3),包含全部四种基本流变力学性态的流变模型称为统一流变力学模型(H－H|N－H|N|S－

表 2　四个基本流变力学模型及其各种应变成份的表达式[7]

序号	流变性态	本 构 方 程	蠕变应变	滞后回弹应变	残余应变	模型结构
1	黏性	$\dot{\varepsilon}=\dfrac{\sigma}{\eta_3}$	$\dfrac{\sigma_0}{\eta}t$	0	$\dfrac{\sigma_0}{\eta}t$	N
2	黏塑性	$\dot{\varepsilon}=\dfrac{\sigma_0-\sigma_{s2}}{\eta_4}$	$\dfrac{\sigma_0-\sigma_{s2}}{\eta}t$	0	$\dfrac{\sigma_0-\sigma_{s2}}{\eta}t$	N|S
3	黏弹性	$\dot{\varepsilon}+\dfrac{E_1}{\eta_1}\varepsilon=\dfrac{\sigma}{\eta}$	$\dfrac{\sigma_0}{E_1}\left(1-e^{-\frac{E_1}{\eta_1}t}\right)$	$\dfrac{\sigma_0}{E_1}\left(1-e^{-\frac{E_1}{\eta_1}t}\right)$	0	H|N
4	黏弹塑性	$\dot{\varepsilon}+\dfrac{E_2}{\eta_2}\varepsilon=\dfrac{\sigma-\sigma_{s1}}{\eta_2}$	$\dfrac{\sigma_0-\sigma_{s1}}{E_2}\left(1-e^{-\frac{E_2}{\eta_2}t}\right)$	$\dfrac{\sigma_0-2\sigma_{s1}}{E_2}\left(1-e^{-\frac{E_2}{\eta_2}t}\right)$	$\dfrac{\sigma_{s1}}{E_2}\left(1-e^{-\frac{E_2}{\eta_2}t}\right)$	H|N|S

注：① 上面有点的符号表示是时间的变量；
② 在滞后回弹应变公式中，滞后回弹应变是应力卸除后的应变回弹量的绝对值，且时间是从应力卸除时刻开始计。

表 3　统一流变力学模型及其十四个特例

序号	流变力学性态及命名	模 型 结 构	已 有 名 称
1	黏弹性	H－H|N	Kelvin
2	黏弹塑性	H－H|N|S	Murayama[4]
3	黏性	H－N	Maxwell[Newtonian]
4	黏塑性	H－N|S	Bingham
5	黏弹性-黏弹塑性	H－H|N－H|N|S	—
6	黏弹性-黏性	H－H|N－N	Burgers[4]
7	黏弹性-黏塑性	H－H|N－N|S	Schofield－Scott－Blair[4]
8	黏弹塑性-黏性	H－H|N|S－N	Schwedloff[4]
9	黏弹塑性-黏塑性	H－H|N|S－N|S	Modified Schofield－Scott－Blair[4]
10	黏性-黏塑性	H－N－N|S	—
11	黏弹性-黏弹塑性-黏性	H－H|N－H|N|S－N	—
12	黏弹性-黏弹塑性-黏塑性	H－H|N－H|N|S－N|S	Schfueld[4]
13	黏弹性-黏性-黏塑性	H－H|N－N－N|S	孙钧模型[14]
14	黏弹塑性-黏性-黏塑性	H－H|N|S－N－N|S	—
15	黏弹性-黏弹塑性-黏性-黏塑性	H－H|N－H|N|S－N－N|S	统一流变力学模型[7]

＊注：[ ]表示模型中与时间有关的部分。

N-N|S)，它是这些模型中最复杂的流变力学模型，如图 2 所示。其它十四个流变力学模型均为统一流变力学模型的特例，这十五个流变力学模型分别对应着十五种不同的流变力学性态(表 3)。有些文献中的一些流变力学模型与这 15 个模型有差异[4]，但可以通过等效变换转化成为这 15 个模型之一[13]。从统一流变力学模型的结构图(图 2)中可以看到其结构特点：在并联组合结构中不再与其它结构或元件串联，在串联组合结构中也不再有与其它结构或元件并联。因此，对任一个不是这十五个模型中的流变力学模型作结构元件等效变换时，其变换结果应使模型的并联组合结构中不再串联其它元件或结构最终结果将是一种或几种

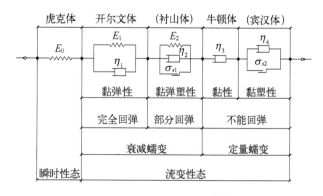

图 2　统一流变力学模型[13]

基本流变力学模型的串联，所有流变力学模型经过结构元件变换，最终都可以变换到统一流变力学模型或其十四个特例之一[13]。

3 流变力学模型的辨识方法

统一流变力学模型是理论流变力学模型中最复杂的流变力学模型,通过对它的分析可以对各种流变性态的变形分量进行辨识和分离,并分别确定其流变力学模型参数,利用岩样在不同应力水平下的加卸载蠕变试验结果,可按如下三个步骤对上述十五种流变性态进行辨识(表4),由此可从15个流变力学模型中辨识出适合于该种岩石流变性态的流变力学模型。

3.1 第一步,观察不同应力水平下的蠕变曲线类型

根据蠕变曲线类型,判断其是否有衰减蠕变阶段或定常蠕变阶段,从而判断岩石流变性态中是否有黏弹性、黏弹塑性,或黏性、黏塑性。同时,根据不同应力水平下的蠕变曲线类型,可以判断岩石是否具有黏弹塑性蠕变极限或黏塑性蠕变极限。在低应力水平条件下,蠕变曲线可以归纳为四种情况(表4)。对应于每种情况,在高应力水平时蠕变曲线又可能出现几种不同情况,分述如下:

(1)情况1,在低应力水平条件下,岩石没有出现蠕变。这意味这种岩石不存在黏性变形和黏弹性变形,此时高应力水平下蠕变曲线可能有三种情况:

① 岩石仅有衰减蠕变,那么,岩石仅具有黏弹塑性性态,为黏弹塑性模型(H|N|S),模型编号2。

② 岩石仅有定常蠕变,那么岩石仅有黏塑性性态,为黏塑性模型(N|S),模型编号4。

③ 岩石同时具有衰减蠕变和定常蠕变,岩石同时具有黏弹塑性和黏塑性两种流变性态,为黏弹塑性-黏塑性模型(H|N|S-N|S),模型编号9。

(2)情况2,在低应力水平条件下,岩石蠕变仅具有衰减蠕变。那么岩石变形不具有黏性特性。此时高应力水平下蠕变曲线可能有两种情况:

表4 理论流变力学模型辨识类型表

情况	第一步		第二步	第三步	流变性态及模型命名	模型编号
	蠕变曲线类型		蠕变应变与滞后回弹应变的关系	定常蠕变速率与应力的关系		
	低应力	高应力				
1	无蠕变	衰减蠕变	—	—	黏弹塑性	2
		定常蠕变			黏塑性	4
		两者兼有			黏塑性-黏弹塑性	9
2	衰减蠕变	衰减蠕变	$\varepsilon_c(t) = \varepsilon_{ce}(t)$	—	黏弹性	1
			$\varepsilon_c(t) > \varepsilon_{ce}(t)$		黏弹性-黏弹塑性	5
		两者兼有	$\varepsilon_{ct}(t) = \varepsilon_{ce}(t)$	—	黏塑性-黏弹性	7
			$\varepsilon_{ct}(t) > \varepsilon_{ce}(t)$		黏塑性-黏弹性-黏弹塑性	12
3	定常蠕变	定常蠕变	—	$\dfrac{\dot{\varepsilon}_{cs}}{\sigma} = const.$	黏性	3
				$\dfrac{\dot{\varepsilon}_{cs}}{\sigma} \neq const.$	黏性-黏塑性	10
		两者兼有	—	$\dfrac{\dot{\varepsilon}_{cs}}{\sigma} = const.$	黏性-黏弹塑性	8
				$\dfrac{\dot{\varepsilon}_{cs}}{\sigma} \neq const.$	黏性-黏塑性-黏弹塑性	14
4	两者兼有	两者兼有	$\varepsilon_{ct}(t) = \varepsilon_{ce}(t)$	$\dfrac{\dot{\varepsilon}_{cs}}{\sigma} = const.$	黏性-黏弹性	6
				$\dfrac{\dot{\varepsilon}_{cs}}{\sigma} \neq const.$	黏性-黏塑性-黏弹性	13
			$\varepsilon_{ct}(t) > \varepsilon_{ce}(t)$	$\dfrac{\dot{\varepsilon}_{cs}}{\sigma} = const.$	黏性-黏弹性-黏弹塑性	11
				$\dfrac{\dot{\varepsilon}_{cs}}{\sigma} \neq const.$	黏性-黏塑性-黏弹性-黏弹塑性	15

注:两者兼有系指定常蠕变与衰减蠕变两者兼有;$\varepsilon_c(t)$ 为蠕变应变,$\varepsilon_{ce}(t)$ 为滞后回弹应变,$\varepsilon_{c1}(t)$ 为衰减蠕变应变;$\dot{\varepsilon}_{cs}$ 为定常蠕变阶段应变速率。

① 岩石仅有衰减蠕变,则其不具有黏塑性性态。还需进一步辨识的是岩石的衰减蠕变部分中是仅具有黏弹性,还是同时具有黏弹性和黏弹塑性两种性态。

② 岩石同时具有衰减蠕变和定常蠕变,则具有黏塑性性态。此外,还需进一步辨识的是岩石的衰减蠕变部分中是仅具有黏弹性,还是同时具有黏弹性和黏弹塑性两种性态。

(3) 情况3,在低应力水平条件下,岩石仅具有定常蠕变。则不具有黏弹性性态。此时高应力水平下的蠕变曲线可能有两种情况:

① 岩石仅有定常蠕变,则不具有黏弹塑性性态。还需要进一步辨识岩石的定常蠕变部分中是仅具有黏性性态,还是同时具有黏性性态和黏塑性性态两种性态。

② 岩石同时具有衰减蠕变和定常蠕变,则具有黏弹塑性性态。此外,还需要进一步辨识岩石的定常蠕变部分是仅具有黏性性态,还是同时具有黏性性态和黏塑性性态。

(4) 情况4,在低应力水平条件下,岩石既具有衰减蠕变又具有定常蠕变。此时高应力水平下蠕变曲线只能也是既具有衰减蠕变又具有定常蠕变的情况。则同时具有黏性性态和黏弹性性态。还需进一步辨识岩石的衰减蠕变部分是仅有黏弹性性态还是同时具有黏弹性性态和黏弹塑性性态,以及岩石的定常蠕变部分是仅有黏性性态还是同时具有黏性和黏塑性性态。

通过以上分析,还需进一步辨识在衰减蠕变中是仅有黏弹性性态,还是同时具有黏弹性性态和黏弹塑性性态;以及在定常蠕变中是仅有黏性性态,还是同时具有黏性性态和黏塑性性态。下面第二步解决前面的问题,第三步解决后面的问题。

3.2 第二步,分离蠕变曲线中衰减蠕变分量与定常蠕变分量,并分析衰减蠕变分量与卸载后滞后回弹量的关系

蠕变试验数据可以分成两部分,一部分为衰减蠕变分量,其蠕变曲线可以用指数曲线形式表示;另一部分为定常蠕变分量,其蠕变曲线形式可以用与时间成比例的线性形式表示。通过数据拟合的方式可以从蠕变应变量中分离出衰减蠕变分量和定常蠕变分量。对于衰减蠕变部分,可以利用衰减蠕变量与卸载后滞后回弹应变量的关系,用如下方法判断岩石衰减蠕变中是仅有黏弹性性态还是同时具有黏弹性和黏弹塑性两种性态。

(1) 如果衰减蠕变量等于卸载后的滞后回弹应变量,那么岩石变形仅有黏弹性(H|N)性态而不具有黏弹塑性(H|N|S)性态。

(2) 如果衰减蠕变量大于卸载后的滞后回弹应变量,那么岩石变形同时具有黏弹性(H|N)和黏弹塑性(H|N|S)两种性态。

3.3 第三步,研究定常蠕变分量,判断定常蠕变分量的蠕变速率是否与应力成正比

对于定常蠕变部分,利用定常蠕变分量的蠕变速率与应力的关系可以用下面方法判定岩石定常蠕变中是仅有黏性,还是同时具有黏性和黏塑性两种性态。

(1) 如果岩石的定常蠕变分量仅具有黏性性态,那么无论应力水平是低还是高,定常蠕变量 ε_{cs} 和蠕变速率 $\dot{\varepsilon}_{cs}$ 与应力的关系是:

$$\varepsilon_{cs} = \frac{\sigma}{\eta_3}t \quad \text{或者} \quad \frac{\dot{\varepsilon}_{cs}}{\sigma} = \frac{1}{\eta_3}$$

即:定常蠕变速率与应力比值为一恒定常数。

(2) 如果岩石的定常蠕变分量同时具有黏性性态和黏塑性性态,那么,当应力水平较低时 $(\sigma \leqslant \sigma_{s2})$,定常蠕变 ε_{cs} 和蠕变速率 $\dot{\varepsilon}_{cs}$ 与应力的关系是:

$$\varepsilon_{cs} = \frac{\sigma}{\eta_3}t \quad \text{或者} \quad \frac{\dot{\varepsilon}_{cs}}{\sigma} = \frac{1}{\eta_3}$$

当应力水平较高时 $(\sigma > \sigma_{s2})$:

$$\varepsilon_{cs} = \frac{\sigma}{\eta_3}t + \frac{\sigma - \sigma_{s2}}{\eta_4}t \quad \text{或者}$$

$$\frac{\dot{\varepsilon}_{cs}}{\sigma} = \left(\frac{1}{\eta_3} + \frac{1}{\eta_4}\right) - \frac{\sigma_{s2}}{\eta_4\sigma}$$

即:定常蠕变速率与应力比值不再是恒定的常数。

通过以上三步对模型的辨识可知,十五种流变力学模型与十五种流变力学性态是一一对应的关系,因此,对模型的辨识是具有唯一性的。

理论上,试验得到一个较小应力水平和一个较大应力水平的加卸载蠕变试验结果就可对全部十五种流变性态进行辨识,但实际中应多取几个应力水平进行试验,以增加辨识的正确性,在确定流变力学模型参数时也可以作统计分析。

限于篇幅,流变力学模型的参数确定方法和实例将另文介绍。

4 流变力学模型辨识实例

4.1 锡矿山页岩的流变模型辨识

第一批蠕变试验的岩样是采自锡矿山的页岩,试验方式是采用单试件循环加卸载蠕变试验[15]。对蠕变试验数据进行了考虑加卸载应变历史的数据处理[16]。页岩加卸载蠕变试验曲线如图3所示。对该页岩的流变力学模型辨识过程细述如下:

(1) 第一步,观察不同应力水平下蠕变曲线类型。

由页岩蠕变试验曲线分析可知:在 9.0 MPa 应力水平下,页岩仅具有衰减蠕变,属于表4中情况1,可以判断它不具有黏性性态;在 15.0 MPa 到 34 MPa 的较高应力水平下,也仅具有衰减蠕变,说明它也不具有黏塑性性态。由此该页岩的蠕变或者仅有黏弹性性态或者同时具有黏弹性和黏弹塑性两种流变性态。

(2) 第二步,比较衰减蠕变量与卸载后滞后回弹应变量大小。

图3中,当应力水平等于和大于 15.0 MPa 时,衰减蠕变量大于卸载后滞后回弹应变量,说明该种页岩也具有黏弹塑性性态,因此,该种页岩同时具有黏弹性(H|N)和黏弹塑性(H|N|S)两种流变性态。

所以,该种页岩的流变力学模型为黏弹性-黏弹塑性模型,即表4中的模型编号为5的流变力学模型(H|N-H|N|S)。

4.2 红砂岩流变力学模型辨识

第二批蠕变试验的岩样是采自江西东乡铜矿的红砂岩[17]。试验方式是采用单试件循环加卸载蠕变试验[15],对蠕变试验数据进行了考虑加卸载应变历史的数据处理[16]。红砂岩加卸载蠕变试验曲线如下图4所示。

该种红砂岩流变力学模型辨识过程细述如下:

(1) 第一步,观察不同应力水平下蠕变曲线类型。

由红砂岩岩蠕变试验曲线分析可知:在 3.92 MPa 到 27.3 MPa 应力水平时,红砂岩仅具有衰减蠕变,属于表4中情况1,可以判断它不具有黏性性态;在 48.80 MPa 到 50.86 MPa 较高应力水平下,同时具有衰减蠕变和定常蠕变。说明红砂岩蠕变具有黏塑性性态(N|S)。

(2) 第二步,比较衰减蠕变量与卸载后滞后回弹应变量大小。

图4中,当应力水平在 3.92 MPa 和 7.05 MPa 时,衰减蠕变量等于卸载后滞后回弹应变量,即红砂岩具有黏弹性性态(H|N);应力水平在 19.3 MPa 到 27.3 MPa 时,衰减蠕变应变量大于卸载后滞后回弹应变量,说明红砂岩的衰减蠕变中同时具有黏弹性(H|N)和黏弹塑性(H|N|S)两种流变性态。

因此,东乡铜矿红砂岩流变力学模型属于黏弹性-黏弹塑性-黏塑性模型,即表4中模型编号为12的流变力学模型(H|N-H|N|S-N|S)。

5 结语

(1) 将弹簧、摩擦片和黏壶这三个元件的并联组

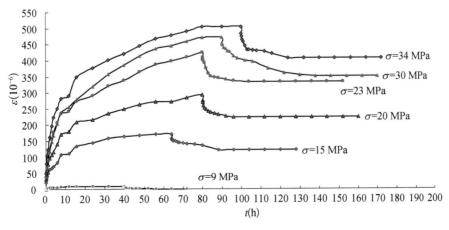

图3 锡矿页岩蠕变试验加卸载曲线

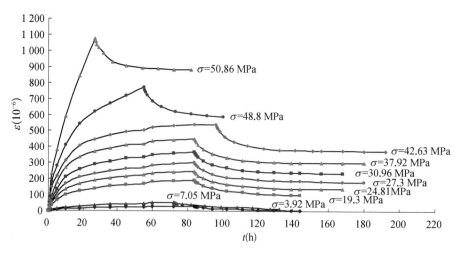

图 4   东乡铜矿红砂岩岩蠕变试验加卸载试验曲线

合所产生的包含有黏壶的四个模型(包括黏壶本身)称为基本流变力学模型,对应于四种基本流变力学性态。用这四个基本流变力学模型进行串联组合形成十五个流变力学模型(包括四个基本流变力学模型和十一个复合流变力学模型)。将包含全部四个基本流变力学性态的模型称为统一流变模型,它包括了其它十四个模型,也即其它十四个模型都是统一流变模型的特例。

(2) 根据对十五个流变力学模型及其所能描述的对应流变性态的分析,提出了根据岩石在不同应力水平下的加卸载蠕变曲线的特性,全面地辨识出与十五种流变力学性态唯一对应的十五个流变力学模型的方法;

(3) 用锡矿山页岩和东乡铜矿红砂岩两种岩石在不同应力水平加卸载蠕变试验结果,给出了辨识流变力学模型两个实例。

应该承认,统一流变力学模型因模型参数太多(有9个)很难作为具体的岩土介质模型应用于实际工程的计算分析中,但它的意义和作用在于:

(1) 弄清楚了理论流变力学模型所能描述的15种流变性态以及它们所对应的流变力学模型之间的相互关系。理论上,三个基本元件的并联和串联组合可随意组合成无数多个模型,但从描述岩土介质力学性态的角度看,只能组合成 15 个独立的模型,三个基本元件的任何组合均可等效地变换成这 15 个流变力学模型,也即统一流变力学模型及其 14 个特例。

(2) 不仅弄清了已有报道的流变力学模型之间的相互关系,而且提出了六个未见报道的流变力学模型

及其所对应的流变力学性态(表3)。

(3) 利用本文提出的辨识流变力学模型的方法,在蠕变试验和位移反分析中确定流变力学模型时,可以对流变力学模型进行全面的辨识,避免了以往在事先选择的几个模型之间进行辨识甚至这几个模型之间还可能是等效模型的局限。

参考文献

[1] Reiner M. Lectures on Theoretical Rheology[R], 3rd Edition, Amsterdam: North-Holland, 1964.

[2] 刘宝琛. 矿山岩体力学概论[M]. 长沙: 湖南科技出版社,1983.

[3] Jaeger JC, Cook NJW. Fundamental of Rock Mechanics [M], 3rd Edition, London: Chapman and Hall, 1979.

[4] Langer M. Rheological Behavior of Rock Masses[M], 4th International Congress on Rock Mechanics, 1979, Volume 3: 29 - 62.

[5] Feda J. Creep of Soils and Related Phenomena[C], Amsterdam: Elsevier, 1992.

[6] 孙广忠. 岩体力学基础[M]. 北京: 科学出版社,1983.

[7] 夏才初,孙钧. 蠕变试验中流变模型辨识及参数确定[J]. 同济大学学报,1996,24(5): 498 - 503.

[8] 吕爱钟,丁志坤,焦春茂,等. 岩石非定常蠕变模型辨识[J]. 岩石力学与工程学报,2008,27(1): 16 - 21.

[9] 范庆忠,高延法. 软岩蠕变特性及非线性模型研究[J]. 岩石力学与工程学报,2007,26(2): 391 - 396.

[10] 孙钧,李永盛. 岩石力学新进展[M]. 北京: 科学出版社,1986.

[11] 周培德. 岩石流变理论及其应用[M]. 成都: 西南交通大学出版社, 1995.

[12] 孙钧. 岩石流变力学及其工程应用研究的若干进展[J]. 岩石力学与工程学报, 2007, 26(6): 1081 - 1106.

[13] 夏才初, 刘大安. 理论流变模型及其统一模型研究[C]// 中国岩石力学与工程学会第五次大会论文集. 北京: 中国科学技术出版社, 1998: 134 - 140.

[14] 孙钧, 张玉生. 大断面地下结构黏弹塑性有限元解析[J]. 同济大学学报(自然科学版), 1983, (2): 10 - 25.

[15] 夏才初. 软岩的流变性及其尺寸效应研究[D]. 长沙: 中南大学, 1987.

[16] Li YS, Xia CC. Time-dependent tests on intact rocks in uniaxial compression[J]. International Journal of Rock Mechanics and Mining Sciences, 2000, 37: 467 - 475.

[17] 马明军. 岩石流变性试验研究和理论分析[D]. 长沙: 中南大学, 1986.

本文发表于《岩石力学与工程学报》2008 年第 27 卷第 1 期

土力学的多尺度问题及其分析方法

房营光[1,2]

(1. 华南理工大学,广东 广州 510640;

2. 华南理工大学亚热带建筑科学国家重点实验室,广东 广州 510640)

摘要: 土力学研究对象是土体介质,土体是由多相物质组成的天然地质材料,具有不同尺度层次的颗粒和结构,其力学行为涉及多个尺度层次颗粒和结构的相互作用,对跨尺度层次颗粒群集成的土体宏观力学性质产生重大影响。本文阐述土体的颗粒性和结构性特征及其多尺度关联性质和机制、内禀多尺度特性,并介绍土体变形过程的跨尺度问题,以及局部化、敏感性和突变性等非线性现象;提出颗粒尺度划分的能量准则、胞元土体多尺度模型,以及分步耦合法和多尺度嵌套模型分析法等土体多尺度问题分析方法。

关键词: 多尺度土体介质;颗粒性和结构性;内禀尺度;关联多尺度;胞元土体模型;多尺度分析方法

1 引言

土力学是岩土工程的基础理论,其研究对象是由矿物颗粒、液体和气体三相物质组成的天然多孔地质材料。矿物颗粒大小从微米级粘粒至数十厘米的块石而跨越约 6 个尺度量级,按复杂规律排列和分布形成土体的结构性,因此土体具有颗粒性和结构性以及跨尺度层次物质群体自然特征[1,2]。颗粒之间的相互作用性质将影响作为颗粒集合体的土体特性,而相互作用主要是通过界面上的物理-化学效应即界面效应如颗粒-颗粒的摩擦和挤压、颗粒-水和气的吸附、砂粒-胶粒和粘粒的胶结等来实现的。颗粒的界面性质和比表面积关键性地影响相互作用性质,展现出不同矿物和尺度颗粒之间的相互作用效应,例如,砂粒之间的摩擦效应、粘粒之间的聚集效应,以及微小颗粒(粘粒和胶粒)对粗颗粒的胶结效应等[3,4]。工程上常引用粘聚力 C 和内摩擦角 ϕ 来表示土体的强度指标,不同土体有不同粒度成分,具有不同的 C、ϕ 值,这种 C、ϕ 随不同粒度成分的改变就是土体强度性质的颗粒尺度效应的一种概化性表达[5,6]。

土体变形直至破坏,将跨越颗粒间胶结分离、颗粒平移和转动、开裂、滑动直至整体破坏等从微细观到宏观的不同尺度的变形过程,并可引起颗粒重新排列和分布而使土体的结构性发生改变,导致不同尺度变形具有不同的力学机制,即土体力学行为具有多尺度性质和机制,这使得人们难以预测土体的力学效应以及破坏性的突发灾难。由于颗粒界面和颗粒内部的力学性质完全不同,即使受到均匀应力场的作用,跨越界面的变形将出现间断性,在细观尺度层次的变形是非连续的,从而土体的变形和强度特性显著区别于连续介质。土体变形的不连续性由细观结构的不连续和颗粒性产生,从这种意义上来说,土体的颗粒性和结构性使土体成为非连续介质,非连续介质的力学性质一般呈现显著的非线性,具有变形局部化、参数敏感性和突变性等非线性特征。传统土力学忽略土体的颗粒性和结构性特征,把土体介质处理成均匀连续介质,从而湮灭了颗粒性和结构性导致的非连续性、非线性以及多尺度特性,只对于微小均匀变形情况才可能获得近似合理的理论结果,对于其他变形情况将产生重大误差。本文探讨土体多尺度力学行为机制和分析方法,阐述土体的颗粒性和结构性以及内禀多尺度性质;介绍跨尺度变形特性以及变形局部化、敏感性和突变性等非线性现象;提出颗粒尺度划分的能量准则、多尺度的胞元土体模型,以及分步耦合法和嵌套模型分析法等土体多尺度问题分析方法。

2 土介质的颗粒性及结构性

2.1 土的颗粒特征及聚集形态

土体的多孔骨架由矿物颗粒集成,图1为不同尺度上观测的土体图像,在宏观上似均匀连续的土体,在微细观层次上都显示出其颗粒大小、形状、表面形貌、粒度分布等颗粒性特征,因此颗粒性为土体微细观的自然特征。土颗粒尺度分布从小于微米至数十厘米的范围约6个尺度量级,外表有浑圆状、棱角状、球状、片状等形态。这些颗粒由接触联结或聚集和胶结联结的方式集成土的骨架,接触联结为重力和载荷产生的粗颗粒之间弹塑性接触的形态,聚集和胶结联结主要为范德华力和库仑力产生的微细颗粒间吸附、聚集的形态。图2所示为颗粒集成体的聚集联结和接触联结形态示意图。

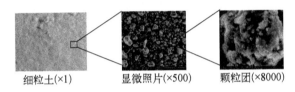

图1 土的宏观和显微照片

(a)单粒的边-边、边-面絮凝聚集　(b)聚粒的边-面、面-面絮凝聚集　(c)单粒的接触联结集成

图2 颗粒集成形态示意图

颗粒的聚集联结形态主要在微细颗粒之间产生,颗粒的比表面积和表面电位(取决于矿物性质)等颗粒性质是影响聚集联结的关键因素;颗粒的接触联结形态主要在粗颗粒之间产生,颗粒形状、级配、表面形貌等特征将影响颗粒的配位数,并在加载过程中变化[7],进而对接触联结形态产生重要影响。微细颗粒间的聚集和胶结联结产生土的内聚力效应,而粗颗粒间的接触联结产生内摩擦力效应,颗粒性影响颗粒间的联结形态进而对土的工程性质产生重大影响。

2.2 土的结构构造尺度层次

土的结构与构造由其颗粒矿物的结晶结构和构造、颗粒的排列和分布及接触特征、粒间联结与胶结状态,以及土层的相互关系等特征来描述,结构和构造具有不同层次,以及复杂相互关系。图3所示为不同尺度层次上土的代表性的结构和构造图。

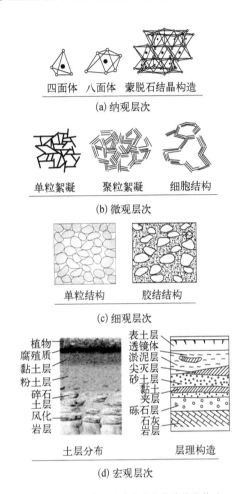

图3 不同尺度层上土的代表性结构和构造

在纳观层次上,以不同原子排列的结晶结构和结晶构造划分矿物类型,如粘土矿物主要由硅氧四面体和氢氧化铝八面体的结晶单元排列而成[8]。结晶结构和构造的差异性,使矿物具有一系列不同性质,即纳观层次结构性将影响矿物颗粒物化性质,进而影响土的工程特性。在微观层次上,微小颗粒以不同的联结和聚集方式形成不同的微观结构,如软粘土的絮凝结构和絮粒结构以及粉土的蜂窝结构等;在细观层次上,细小砂粒以不同排列和分布关系形成疏松或密实的单粒结构,或与微细颗粒形成胶结结构等。这些微细观层次上的结构特征也将显著影响土的工程特性。在宏观层次上,以土层、构造面、断裂带、孔洞等的分布、排列等相互关系形成土的宏观层理和构造特征,对土

变形的均匀性和连续性产生直接影响。综上分析可知，从纳观跨越至宏观不同层次的结构和构造都对土的工程特性和变形性质产生影响，即结构性对土的特性影响是跨尺度关联的；同时，土的变形也将改变土的微观、细观甚至宏观的结构，反过来影响土的特性。因此，土的变形特性是多尺度关联的复杂非线性问题。

3 土的多尺度性质及机制

3.1 粒间多尺度作用力

土的多尺度特性源于内部不同尺度颗粒间相互作用力的物理机制和性质。土的微小颗粒间微纳观层次的作用力有范德华力（分子键力）、库仑力、毛细压力等，形成颗粒聚集的微纳观力场，并对孔隙水产生吸附而影响颗粒的联结和集成方式，对土的塑性特性产生较大影响作用。颗粒间细观层次上的作用力主要为颗粒间的接触力，包括法向挤压力和切向摩擦力，接触力的性质是决定接触联结的单粒结构粗颗粒土的强度和变形特性的关键因素。在宏观层次上视土体为连续介质，因此土体内的作用力均化为连续分布的应力，是导致宏观均化连续土体产生连续变形直至宏观破坏的影响因素。由于土体由大小不一的颗粒通过一定的方式聚集而成，颗粒间不同尺度作用力影响颗粒的联结和聚集方式，因而影响其微观和细观结构形态，进而对土的工程性质产生影响。

3.2 土体多尺度变形性质

土体从变形到宏观破坏，通常经历弹性变形、塑性变形，到变形局部化形成剪切带，再到剪切带逐步贯通引起土体滑动而导致宏观破坏。不同阶段的变形特性取决于不同尺度的物理机制。弹性变形发生在颗粒间接触点处可恢复变形范围，触点变形尺度一般小于矿物结晶位错尺度（μm 级），所导致的土体宏观变形很小；进入塑性变形阶段，颗粒间接触点处变形大于矿物结晶位错尺度并可伴随颗粒滑移和转动而改变土的结构而产生不可恢复变形；随塑性变形发展，颗粒转动和滑移削弱了其本身与周围颗粒的联结而削弱了其向周围传递力的能力，从而导致变形局部化；塑性变形和变形局部化的进一步发展，颗粒转动使其长轴沿最大剪应力方向定向排列，形成数个至十数个颗粒直径宽度的剪切带[3,9]，并使剪切带逐步贯通引起土体滑动而导致宏观破坏。土的塑性变形改变其结构性，可引起体积变化使孔隙水排出。

不同尺度的变形对土体结构性的影响不同，从不改变土结构性的弹性变形，到变形进入塑性变形初期、变形局部化、形成剪切带至剪切带贯通破坏的不同塑性变形阶段，土的结构性经历不同程度的改变，土的工程特性也随之改变。由于土的结构性与土的颗粒尺度、粒度成分及颗粒分布等颗粒尺度特征是相关联的，从而土变形的多尺度特性与颗粒尺度特征是相关的，导致土变形复杂的颗粒尺度效应。

3.3 结构层次的关联性和层展性

土为由跨尺度颗粒、液、气三相物质聚集而成的非连续介质，是具有结构性及其层次性和整体性的复杂颗粒体系。在微细观层次上，具有聚粒结构和絮凝结构、蜂窝结构、单粒结构等不同层次的结构；而在宏观层次上则概化为均匀连续介质，具有软化、屈服、强度、剪胀、剪缩、蠕变等整体均化的宏观特性。各层次的结构性与整体性之间具有关联性，微细颗粒间的范德华力、库仑力、毛细压力产生聚集效应对强度指标 C 值、塑性指数 I_p 值等整体宏观特性有重要影响；单粒结构的土颗粒间的挤压和摩擦效应对强度指标 ϕ 值、动力阻尼等整体宏观特性参数产生显著影响；微观结构（如絮凝结构）与单粒细观结构间相互作用形成的胶结结构，使整体的宏观强度指标 C 值提高，而使宏观强度指标 ϕ 值下降。土的不同尺度颗粒及形成的结构之间相互作用对土的整体宏观特性还产生协同性影响作用，如级配颗粒有序地互相填充和胶结，协同地对 C、ϕ、I_p、E_s（变形模量）、e 孔隙比等物理力学特性参数以及水理性质（如渗透系数 k）等整体宏观特性产生影响。

由于土体内部存在众多颗粒界面、孔隙使其成为非连续介质，其物理力学性质呈现层展性，即各层次的特性不能完全由更基本层次性质演绎出来。例如，纳观层次的结晶结构和构造特性，不能演绎出土的变形和强度宏观性质，因为土的变形和破坏与颗粒运动以及颗粒界面的滑移或分离等状态和特征有关，取决于颗粒的排列状态以及接触、联结与胶结等特征，不取决于矿物颗粒的结晶结构和构造;微细观层次颗粒特性,也不能演绎出土体的剪胀性、湿陷性,因为其主要与土体结构性(颗粒排列、胶结状态等)有关。由此可知,土不同层次的结构既相互关联又具有一些独立性,其中起关键影响作用的是土的颗粒性以及颗粒不同聚集方式形成的结构性。

3.4 土体的自然特性与内禀尺度特征

土体不同于一般工程材料,具有如下特殊的自然特性:

(1) 多相性:由固、液、气三相物质组成;

(2) 颗粒性:固相物质为形状各异的矿物颗粒,包括粘粒、砂粒、砾粒、卵石、块石等,组成土的多孔骨架;

(3) 结构性:颗粒以不同聚集方式形成结构性,如聚粒结构、絮凝结构、蜂窝结构、单粒结构等;

(4) 构造性:具有层理、裂隙、孔洞、断裂带等天然构造;

(5) 跨尺度:颗粒大小跨越约6个尺度量级,结构的尺度跨越纳观结构至宏观结构约9个尺度量级;

(6) 非连续性:存在孔隙、裂隙、界面使物质分布具有间断性;

(7) 非均匀性:包括物质分布的非均匀性,以及结构和构造的非均匀性。

由上述土的自然特性可知,土由跨尺度颗粒、孔隙液、气体聚集而成,为具有不同尺度结构和构造的复杂物质系统。土属于非连续介质,其颗粒性和结构性使之具有复杂工程性质。颗粒使土体内出现大量的界面,颗粒之间以及不同相物质之间通过界面产生相互作用,形成吸附、胶结、接触等不同的聚集和联结形态,外力作用下颗粒产生移动和转动以及界面间滑动,以适应变形的几何相容性要求,由此而表现出塑性以及粘聚力和内摩擦力,即产生变形和强度特性。这些变形和强度特性随颗粒尺度变化,颗粒尺度减小时界面密度增加而界面效应增强,土塑性增加,粘聚力提高,内摩擦力减小;反之,颗粒尺度增大时塑性降低,粘聚力减小,内摩擦力提高。同时,土的结构性形态也与颗粒的尺度关联,微小颗粒受微力场(范德华力、库仑力等)聚集形成聚粒结构、絮凝结构;砂粒等粗颗粒主要受重力影响,集成单粒结构,而微细颗粒与粗颗粒之间则形成胶结结构;不同结构形态的土,工程特性差异显

著。上述土的特性和结构性随土颗粒尺度变化的现象,是颗粒尺度效应的一种表现,决定于土的颗粒尺度 d 及其尺度分布 $f(d)$,是土的物理内禀标度即内禀尺度,是由地质环境和天然条件形成的区别于其他介质的自然特征。

出现尺度效应时,所讨论对象的宏观尺度将与其他物理力学特征量耦合成为一个无量纲参量,或者说,讨论的对象不再服从几何相似律,从而室内小型实验结果,不能简单地推广到工程原型上去。需要从微细观层次物理机制入手,建立微细观结构与宏观性质的关联理论,正确地描述土颗粒性和结构性的多尺度力学性质,才能获得符合实际的理论分析结果。

3.5 土体渐进变形与失稳

在3.2节中分析了土体从变形直至宏观破坏的多尺度变形性质。由于土体变形可改变其结构性,以及结构性的多尺度关联性,使土的变形特性呈现敏感非线性,变形过程可出现剪切滑裂破坏或渐进式失稳破坏,产生图4所示的变形分叉现象。

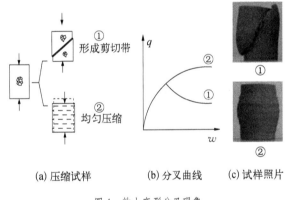

(a) 压缩试样   (b) 分叉曲线   (c) 试样照片

图4　粘土变形分叉现象

在加载过程中,剪应力使颗粒转动而使其长轴沿剪切面定向分布,导致粒间啮合力减小,抵抗剪应力的能力随之下降形成剪切(软化)带;在剪切带上颗粒与其周围颗粒的联结性削弱,从而减弱了应力向邻域扩散和传递的能力,主要变形局限在剪切带内,引起变形局部化即变形集中;随着剪切带扩展,逐步形成贯穿的剪切带而产生如图4中①所示的剪切滑裂破坏。压应力作用下,片状颗粒偏转于最大压应力的垂直方向排列,粒间接触面增加,土受到均匀压缩,抗压能力提高而产生硬化;片状颗粒完成定向排列时,硬化达到极限状态,随压力增加就将产生如图4中②所示渐进式失

稳破坏。

土的剪切滑裂破坏现象一般只发生在紧密单粒结构砂土以及胶结天然土和超固结土等较硬的粘土之中,通常伴随产生剪胀变形使结构变得松散;渐进式失稳破坏则一般发生在疏松单粒结构砂土,以及重塑软黏土等土体之中,通常伴随产生剪缩或压实变形,使结构变得紧密。图 5 所示为我们通过离散元模拟得到的密砂和松砂双轴压缩试验的颗粒平动位移场和转动位移场[9]。土体产生剪切滑裂破坏还是渐进式失稳破坏,取决于土的初始态结构状态,结构性参数(如密实度等)初始值的某一临界值为变形分叉点,在分叉点变形性质对结构参数极为敏感,因此土的变形分叉现象源于土的结构性和非线性的敏感性。因此,在土的本构方程中需包含土的结构性参数,方有可能描述源于土结构敏感性的变形分叉现象。

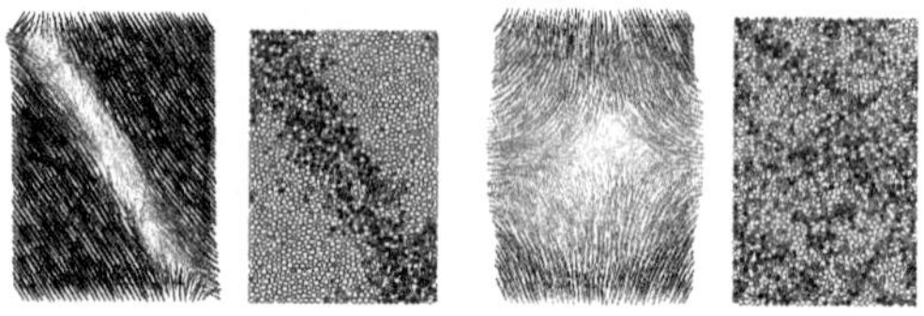

平动位移场　转动位移场　　平动位移场　转动位移场
(a) 密砂形成剪切带　　　(b) 松砂均匀压缩

图 5　砂土双轴压缩试验离散元模拟

4　土体变形多尺度分析方法

土体物理力学性质的跨尺度关联是一种非常复杂的物质系统多尺度科学问题。目前,在每个尺度层次上有相对成熟的研究分析方法,如纳观层次的矿物晶体分析方法、微观层次的电子显微观测分析方法、细观层次的离散元分析计算方法,以及宏观层次的常规土工试验分析方法等,但还未建立跨越不同尺度空间的成熟分析方法。因此,探索多尺度关联理论和研究方法,建立跨越微纳观结构和构造(决定矿物性质)至宏观连续介质体系的相互耦合的物理演化机制和分析计算理论,已成为当代土力学和相关工程性能设计的前沿课题。

4.1　土体变形的现有分析方法

目前,用于土体变形、稳定和强度等问题分析的常用方法主要包括连续介质力学方法、离散元法和有限元-离散元耦合法等。其中连续介质力学方法是最常用方法,其主要理论包括线弹性理论、非线性弹性理论、弹-塑性理论、粘弹-塑性理论等,计算方法则主要为有限元法、边界元法等。基于连续介质力学的分析方法已在工程设计中被普遍采用,而离散元法和有限元-离散元耦合法由于受到计算量的限制,目前主要应用于试验模型的模拟、机制分析以及相关理论探索等模拟分析等,在实际工程设计中并未得到实质性应用。

基于连续介质力学的分析方法,实质上包含了忽略土内孔隙和裂隙及颗粒界面等间断性的连续性、忽略土多相性和非均匀的物质均一性、忽略变形改变结构性的结构同一性,以及忽略结构层次不同机制物理机制一致性的基本假定。由于这些假定与土的固有特性不符,因此对于一些重要问题的分析将出现重大偏差,通常不能描述结构敏感性引起的变形局部化、剪切带、分叉和突变性等土的变形特性,有限元计算也易于发生单元敏感性和网格自锁现象。

离散元法可考虑土的部分细观信息,可模拟土体变形局部化、剪切带、固-液转换等由结构性引起的复杂特性。但离散元模型也存在诸多缺陷,如颗粒间的接触力特性、法向和切向刚度以及阻尼的计算等过于理想化,难以考虑颗粒几何特征、颗粒级配、颗粒矿物性质差异等自然特性,更难以考虑土的结构性、构造、孔隙、裂隙等天然特征。因此,离散元计算模型不够真实,计算结果往往与实际存在很大偏差。离散元法还有一个重大缺陷,就是计算量极其惊人,目前三维的计算模拟能力约为 100 万个颗粒,若按粒径 0.5 mm 的颗粒密排,模拟区域约为边长 5 cm 的立方体,仅能用于试验室试样模拟。工程计算涉及尺寸通常为数十米以上,颗粒数量达 10^{15} 以上,计算量是无法想象的,将消耗极为庞大的计算资源。因此,离散元法和有限元-离散元耦合法应用于工程计算都将面临巨大挑战,需要发展高效率的计算方法。

4.2　颗粒尺度划分的能量准则及胞元土体模型

土的多尺度特性源于土的颗粒性和结构性基本特征,受到颗粒尺度及粒度成分的影响。微小颗粒比表面积大,吸附能力强,表面常覆盖吸附层(如水膜等),颗粒间非直接接触,粒间摩擦效应小,聚集效应强;反之,粗颗粒之间直接接触,摩擦效应显著,聚集效应小。

土变形时颗粒间的聚集和摩擦效应分别产生如内聚力和内摩擦力等不同的力学效应,导致物理力学特性差异,其力学性质与颗粒尺度紧密关联。现代土力学按颗粒的纯几何大小来划分颗粒类别,划分为粘粒、粉粒、砂粒、砾石等。但这种划分方法不能反映矿物颗粒物化性质影响,无法从颗粒类别合理判断颗粒对土的工程特性如塑液限含水量、粘聚力、内摩擦角等的影响。例如,微小石英颗粒不显粘聚力,摩擦效应明显;而相对较大的蒙脱石颗粒则具有显著粘结力和聚集效应。颗粒间存在范德华力、库仑力等微观作用力,其大小和性质与颗粒的尺度、颗粒矿物和孔隙液的性质等诸多因素有关,是引起颗粒聚集或分散的根本原因[10]。因此,我们提出按照粒间的范德华力、库仑力等微观作用力与其重力之比(微重比)来划分颗粒类别,由颗粒类别便可判断其对土的工程性质的影响。微重比实质是表达粒间微观作用力影响范围的能量尺度,称它为颗粒尺度划分的能量准则,可较合理地判断不同类别颗粒与聚集和摩擦效应以及塑性大小等特性的关系。图6给出了两个石英颗粒之间和两个蒙脱石颗粒之间的范德华力和库仑力与其重力比值随粒径变化的计算曲线[5],其中 F_e 表示库仑力,F_w 表示范德华力;石英颗粒和蒙脱石颗粒计算参数分别取:表面电荷密度(经阳离子交换实测)为每平方厘米 9 419.5 静电单位和 46 996.3 静电单位[11],Hamaker 常数为 8.86×10^{-20} J 和 9.32×10^{-20} J。如果设定某一"微重比值"划分颗粒类别,显然不同矿物颗粒的界限尺寸明显不同。

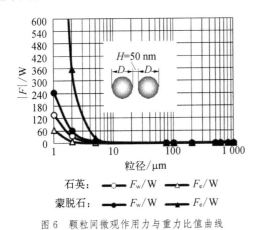

图6 颗粒间微观作用力与重力比值曲线

根据上述颗粒尺度划分的能量准则,把粘土中聚集效应及吸附效应明显的微小颗粒和摩擦效应显著的粗颗粒分别划分为基体颗粒和增强颗粒(砂粒),近似地认为增强颗粒均匀分布于土体之中,其周围由基体颗粒包裹,每个增强颗粒按体分比构成图7示意的细观胞元体,宏观上土体由许许多多细观胞元体集合而成。细观胞元体作为基本反映土体内部材料信息的最小单位,其中微细颗粒之间的粘聚力产生显著聚集效应,土的变形率在微细颗粒尺度上变化小,即微细颗粒尺度上的变形可视为连续,由此可近似认为包裹砂粒的基体颗粒聚集成连续介质(称为基体);基体颗粒可在砂粒表面胶结(吸附)。利用胞元土体模型可建立包含颗粒粒径、体分比、颗粒级配等土体结构参数信息的多尺度本构关系。

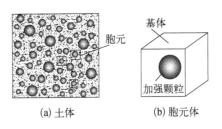

(a) 土体　　　　(b) 胞元体

图7 土的胞元体细观模型

4.3 多尺度耦合分析方法

4.3.1 分区耦合法

分区耦合法针对分析系统内不同区域采用不同尺度的计算模型,其中对关键的核心区域,如剪切滑动带、大荷载集中作用区、裂纹尖端等区域,采用细观计算模型(如离散元法等),而在其他次要的区域则采用宏观计算模型(如有限元法等)。分区耦合分析方法要解决的关键问题之一,是在两个不同尺度区域的跨尺度界面上建立合理的界面耦合条件,防止数值模拟的畸变。图8所示是离散元(DEM)-连续介质有限元(CFE)分区耦合法的应用情况。在核心区域采用

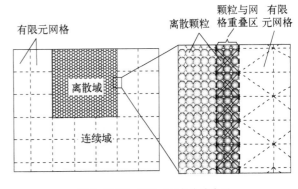

图8 DEM-CFE分区耦合法应用

DEM 法计算,在其他区域则采用连续介质的有限元法计算;在跨尺度界面颗粒与网格重叠区,对于静力学问题,颗粒位移由有限元网格节点位移插值确定。

对于动力学问题,由界面颗粒与内层颗粒之间求得接触力,再把该接触力向各个内层颗粒的形心求得的合力作为界面力,以此求网格节点力。

4.3.2 分步耦合法

分步耦合法是在增量加载法的不同计算阶段,由系统实时物理量(如应变和应力等)判断土不同变形尺度区域,采用粗化-精细相结合的计算模型进行分析。如在弹性变形、塑性变形、结构损伤区和和剪切带等不同尺度变形区,分别采用弹-塑性模型、土体损伤模型和离散元(DEM)模型进行计算,或采用 DEM - CFE 耦合法进行计算。图 9 所示为 DEM - CFE 分步耦合分析法计算过程,在 $t_0 \sim t_1$ 第 1 计算阶段,在整个系统 M_0 采用 CFE 计算,在后继的各计算阶段中,由应变和应力判断条件分别划分出 M_1、M_2、M_3、… 等土结构损伤区和剪切带,在各个计算阶段中于 M_i 和 $(M_0 - \Sigma M_i)$ 区分别采用 DEM 和 CFE 方法,并在 S_1、S_2、S_3、… 等跨尺度界面上建立耦合条件,进行相应的分区耦合计算。图 10 所示为采用弹-塑性模型、土损伤模型和离散元模型相结合的分步耦合法分析边坡滑动的启动过程。

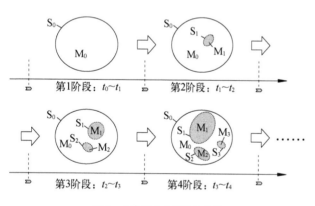

图 9 分步耦合分析法示意图

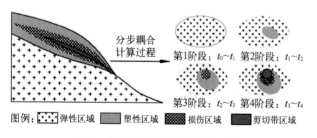

图例: 弹性区域 塑性区域 损伤区域 剪切带区域

图 10 滑坡启动过程的分步耦合分析

分区耦合法与分步耦合法的主要区别是,分区耦合法的分区和跨尺度界面是固定的,而分步耦合法的分区是根据变形尺度实时变化的,跨尺度界面也随之相应变化,采用的计算模型更加多样和灵活,因此分步耦合法的适用性更强。

4.3.3 多尺度嵌套模型分析法

多尺度嵌套模型把土的跨尺度分布的颗粒集合按颗粒间相互作用的范德华力、库仑力与颗粒重力的比值(微重比 π)进行划分,把微重比 $\pi > 3 \sim 5$ 的颗粒划分为基体颗粒,而把微重比 $\pi \leqslant 3 \sim 5$ 的颗粒划分为增强颗粒;分析认为基体颗粒呈现明显聚集和吸附效应,集成连续的基体介质,增强颗粒为呈现明显摩擦效应的刚性颗粒,主要起增强作用;基体介质包裹在增强颗粒外表面,构成"增强颗粒-基体"胞元体[12-14],宏观土体则由反映其内部基本材料信息的最小单位的胞元体复合而成,称之为胞元土体[3]。基体-增强颗粒-宏观土体之间为不同尺度层次的相互嵌套关系(图 11),因此胞元土体为具有多尺度关联的土体。

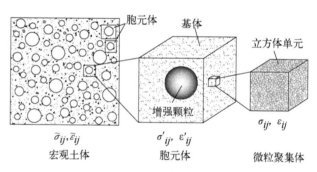

图 11 多尺度嵌套模型—胞元土体模型

利用热力学平衡和虚功原理,文献[3]导出宏观土体的球应力、应变 $\tilde{p}$, $\tilde{\varepsilon}_m$ 和等效应力、应变 $\tilde{q}$, $\tilde{\varepsilon}_D$ 与基体细观球应力、应变 p, ε_m 和等效应力、应变 q, ε_D 之间的关系:

$$\tilde{p} = \sqrt{p^2 + l_d^{-2} p_\eta^2} = \sqrt{p^2 + 9 l_d^2 K^2 \eta_m^2} \quad (1)$$

$$\tilde{q} = \sqrt{q^2 + l_d^{-2} q_\eta^2} = \sqrt{q^2 + 9 l_d^2 G^2 \eta_D^2} \quad (2)$$

屈服前,球应变和等效应变关系:

$$\tilde{\varepsilon}_m = \sqrt{\varepsilon_m^2 + l_d^2 \eta_m^2}; \quad \tilde{\varepsilon}_D = \sqrt{\varepsilon_D^2 + l_d^2 \eta_D^2} \quad (3)$$

屈服应力:

$$\tilde{\sigma}_s = \tilde{q}_s = \sqrt{q_s^2 + 9 l_d^2 G^2 \eta_{Ds}^2} \quad (4)$$

屈服后等效应力:

$$\tilde{q} = \sqrt{\phi^2(\varepsilon_D) + 9 l_d^2 G^2 (\eta_{Ds} + m_p \Delta \eta_D)^2} \quad (5)$$

在式(1)~式(5)中，l_d 称为土体的内禀尺度因子或特征长度，与增强颗粒的粒径和级配相关，表达胞元土体的颗粒尺度特性；p_η、q_η 和 η_m、η_D 分别为球偶应力、等效偶应力，以及球偶应变、等效偶应变。$\phi(\varepsilon_D)$ 表示土的硬化(或软化)函数；$\Delta \eta_D = \eta_D - \eta_{Ds}$，$\eta_{Ds}$ 为屈服时对应的 η_D；$m_p = 1 - G_p/G$，G 和 G_p 分别为土的弹、塑性剪切模量；K 为土的体积模量。

对于含不同大小粒径 d_i 的增强颗粒的土，利用其粒度成分累计曲线函数 $g(d)$，按下式计算胞元土体的平均宏观应力和应变[3]：

$$\bar{f} = \sum_i V_{Gi} \cdot f(d_i) \Big/ \sum_i V_{Gi}$$
$$= \int_{d_m}^{d_M} g'(d) f(d) \delta d \Big/ \int_{d_m}^{d_M} g'(d) \delta d \quad (6)$$

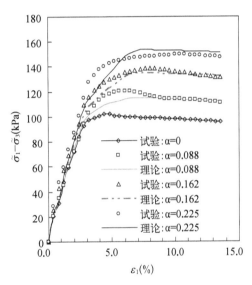

图 12　三轴剪切试样的胞元模型

文[3]把上述胞元土体模型应用于胞元土的三轴剪切试样(图12)，求得屈服应力：

$$\tilde{\tau}_s = \sqrt{\tau_s^2 + 9 l_d^2 G^2 \eta_{Ds}^2 / 4} \quad (7)$$

屈服前剪应力：

$$\tilde{\sigma}_1 - \tilde{\sigma}_3 = \sqrt{(\sigma_1 - \sigma_3)^2 + 9 l_d^2 G^2 \eta_D^2} \quad (8)$$

屈服后剪应力：

$$\tilde{\sigma}_1 - \tilde{\sigma}_3 = \sqrt{\phi^2(\varepsilon_1) + 9 l_d^2 G^2 (\eta_{Ds} + m_p \Delta \eta_D)^2} \quad (9)$$

式中，

$$\eta_D = \frac{(\alpha_h \alpha_R)^{-1} \varepsilon_1}{\sqrt{3} d} \sqrt{1 + \frac{\alpha_R^2}{4}} \quad (10)$$

$$\alpha_h = \left(\frac{\pi}{6\alpha}\right)^{\frac{1}{3}}; \quad \alpha_R = \left(\frac{1}{6\sqrt{\pi\alpha}}\right)^{\frac{1}{3}} \quad (11)$$

其中，α 为增强颗粒的体分比。

上述建立的多尺度嵌套模型(胞元土体模型)本构关系是包含颗粒粒径 d、体分比 α、颗粒级配 $g(d)$ 等土的结构参数，是多尺度关联的土体本构关系。

图13~图16为文献[3,13,15]给出的包含增强颗粒不同粒径 d 及体分比 α 的三轴 UU 抗剪主应力差与轴向应变关系曲线、屈服应力的试验与理论对比结果，以及无侧限抗压屈服应力理论与试验对比结果。从中可见，土的主应力差(剪应力)与轴向应变关系随增强

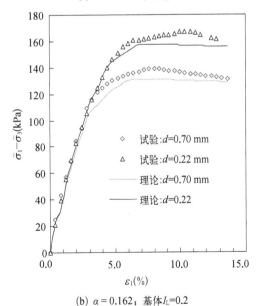

(a) $d = 0.7$ mm；基体$I_L = 0.2$

(b) $\alpha = 0.162$；基体$I_L = 0.2$

图 13　三轴剪应力-应变关系理论与实验结果

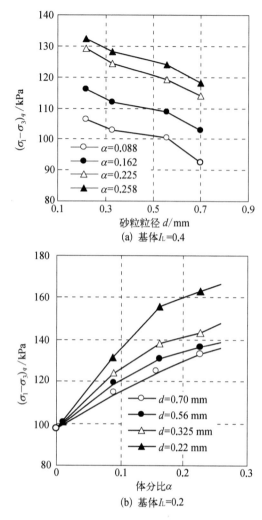

(a) 基体 $I_L = 0.4$

(b) 基体 $I_L = 0.2$

图 14 三轴抗剪屈服应力试验结果

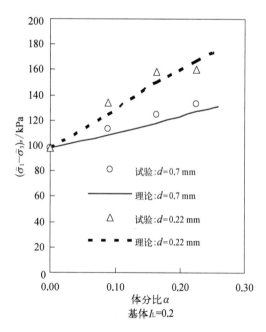

图 15 三轴抗剪屈服应力理论与试验结果

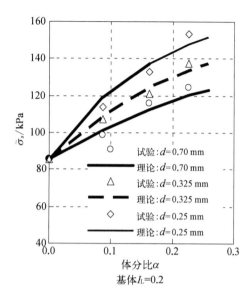

图 16 无侧限抗压屈服应力理论与试验结果

颗粒体分比的增加和粒径的减小而增强；土的三轴抗剪屈服应力和无侧限抗压屈服应力随增强颗粒的粒径减小及其体分比的增加而增大。

胞元土体模型（多尺度嵌套模型）具如下有几个特点：一是根据能量尺度（微重比）而非纯粹的几何尺度把颗粒划分为基体颗粒和增强颗粒，综合反映颗粒的几何尺度及其矿物性质对颗粒间相互作用的聚集和吸附以及摩擦效应的不同影响；二是胞元土体的基体、增强颗粒和宏观土体的不同尺度层次存在相互嵌套关系，即具有多尺度关联性；三是胞元土体模型建立的本构关系包含颗粒粒径、体分比、颗粒级配等土的结构参数信息，反映土的颗粒性和结构性的自然特性。此外，胞元土体模型可沿用连续介质的单元网格化计算方法，避免巨大的计算量，可望应用于工程设计计算分析。

5 结语

土体是由多相物质组成的天然地质材料，具有源于其颗粒性和结构性的复杂多尺度特性。本文阐述了土的颗粒性和结构性特征以及多尺度关联性质和机制、内禀多尺度等自然特性；介绍了土颗粒尺度划分的能量准则、胞元土体模型，以及分区耦合法、分步耦合法和嵌套模型分析法等多尺度问题分析方法，希望成为土的多尺度问题研究的引玉之砖。

参考文献

[1] 房营光,冯德銮,马文旭,等. 土体介质强度尺度效应的理论与试验研究[J]. 岩石力学与工程学报,2013(11): 2359-2367.

[2] 冯德銮,房营光. 土体直剪力学特性颗粒尺度效应理论与试验研究[J]. 岩土力学,2015(s2): 81-89.

[3] 房营光. 土体强度与变形尺度特性的理论与试验分析[J]. 岩土力学,2014(1): 41-47.

[4] J Yuan, Y Fang, R Gu, G Hu, X Peng. Experimental research on influence of granulometric composition on sandy soil strength and rheological properties [J]. Electronic Journal of Geotechnica Engineering, 2013 (18): 4081-4091.

[5] 房营光. 颗粒介质尺度效应的抗剪试验及物理机理分析[J]. 物理学报,2014(3): 034502-1-034502-10.

[6] I. Zuriguel, T. Mullin. The role of particle shape on the stress distribution in a sandpile[J]. Proceedings of the Royal Society A, 2008(464): 99-116.

[7] Satake M. Constitution of mechanics of granular materials through graph representation[J]//Cowin S C, Satake M. Proceedings of the US-Japan Seminar on Contitinuum-Mechanical and Statistical Approaches in the Mechanics of Granular Materials, Gakujustu Bunken Fukyukai, Tokyo, 1978: 47-62.

[8] 何宏平,郭九皋,谢先德,等. 蒙脱石中 Cu^{2+} 的吸附态研究[J]. 地球化学,2004(2): 198-201.

[9] 黄文博. 砂土介质剪切带演化及其特征的离散元方法模拟[D]. 广州: 华南理工大学,2015.

[10] 任俊,沈健,卢寿慈. 颗粒分散科学与技术[M]. 北京: 化学工业出版社,2005.

[11] 梁建伟. 软土变形和渗流特性的试验研究与微细观参数分析[D]. 广州: 华南理工大学,2010.

[12] 李哲. 粘土强度"基体-加强颗粒"模型[D]. 广州: 华南理工大学,2010.

[13] 何智威. 土体介质跨尺度强度与变形试验研究[D]. 广州: 华南理工大学,2012.

[14] 马文旭. 土体尺度效应的试验及数值模拟分析[D]. 广州: 华南理工大学,2011.

[15] 房营光. 土体力学特性尺度效应的三轴抗剪试验分析[J]. 水利学报,2014(6): 742-748.

环形单圈管冻结稳态温度场一般解析解

胡向东[1,2],韩延广[1,2]

(1. 同济大学 岩土及地下工程教育部重点实验室,上海 200092;

2. 同济大学 地下建筑与工程系,上海 200092)

摘要:隧道联络通道和矿山竖井冻结法施工经常采用环形布置冻结管。对于环形布管冻结温度场的解,目前仅有冻结圈内完全冻实的单圈管冻结温度场解析解,但现实冻结工程中,内部通常是未冻实的。首先应用保角变换将环形单圈管冻结模型变换为易于求解的特殊的直线型排布的模型,再结合调和方程的边界条件可分离的性质,将问题分解为单排问题和线性温度场问题,最后完成单圈管冻结圈内未冻实的温度场解析解。热力学数值模拟计算对解析解的验证结果表明:在冻土帷幕充分交圈后,数值模拟结果和解析解结果基本一致,得到的解析解具有较高的精度。同时本文解析解也适用于冻结圈内完全冻实的温度场。

关键词:人工地层冻结法;环形单圈冻结管;温度场;解析解;保角变换;调和方程

人工地层冻结技术已发展成为一种成熟工法,在井矿工程、隧道工程、地基临时加固、地下水污染控制、废弃物掩埋等领域已有广泛应用。在施工过程中,掌握冻土帷幕的厚度和力学性质等参数是非常重要的,而这些参数均依赖于冻结温度场的分布。因此,温度场理论是冻结法理论的基础。目前冻结温度场的计算方法主要有解析法、模拟法以及数值分析方法。而解析解由于其理论性强,始终是研究温度场的重要部分。到目前为止,各国专家、学者们已经取得了一系列冻结管规则布置形式下的经典稳态温度场解析解。例如单管冻结温度场公式[1],两管~五管直线布置冻结温度场公式[2],单排管冻结温度场公式以及双排管冻结温度场公式[3-4]等,并且沿用至今。作者对这些公式进行了完善与应用性研究[5-9],并完成了三排管冻结温度场解析解的推导[10];对于环形布置冻结管的情形,完成了冻结圈内冻实的单圈管冻结温度场解析解[16],对于内部未冻实的情况尚无解析解答。本文作者基于保角变换和调和方程边界条件可分离性[17],对环形单圈管冻结圈内未冻实的稳态温度场解析解进行了求解。

1 二维热传导方程

在土体中,热传递主要有 3 种形式:传导、对流和辐射。因为对流和辐射对温度场的影响相对于传导可以忽略不计,所以仅仅考虑传导形成的温度场[18]。根据 Fourier 热传导定律和热量守恒律,可以得到二维热传导方程的形式[19]如下:

$$\frac{\partial T}{\partial t} = \frac{k}{c\rho}\left(\frac{\partial^2 T}{\partial x^2} + \frac{\partial^2 T}{\partial y^2}\right) + \frac{g(t, x, y)}{c\rho} \quad (1)$$

其中:T 为温度场的分布;k 为介质的热传导系数;ρ 为密度;c 为比热容;$g(t, x, y)$ 为单位时间单位体积系统吸收或者放出的热量。

人工地层冻结过程是一个瞬态热传导过程,是个具有相变并且相变界面移动的问题。对于采用稳态温度场近似瞬态温度场的适用性问题,学术界和工程界普遍接受的观点是:由于人工地层冻结是个发展相对缓慢的过程,尤其是在冻结的后期,其温度场非常接近稳态导热温度场,在人工地层冻结法的温度场理论与工程中,对此状态可按稳态导热近似求解人工冻结温度场。世界上最流行和实用的人工冻结温度场解析解有前苏联[1, 3]、美国[4]和日本公式[2],他们均为稳态温度场公式。对此问题,作者曾针对文献[3]的单排管和双排管冻结巴霍尔金公式的准确性进行了分析[20],结果表明,在冻结的中后期($\xi/l>0.7$,其中 ξ 为冻土帷幕厚度,l 为冻结管间距),温度场任何一点的计算误差不超过1℃。因此在冻结的中后期,人工冻结温度场将可以近似当做稳态温度场。则 $\frac{\partial T}{\partial t}=0$; $g(t,x,y)=0$,方程(1)简化为

$$\frac{\partial^2 T}{\partial x^2}+\frac{\partial^2 T}{\partial y^2}=0 \tag{2}$$

其极坐标下的表达式为

$$\frac{\partial^2 T}{\partial r^2}+\frac{1}{r}\frac{\partial T}{\partial r}+\frac{1}{r^2}\frac{\partial^2 T}{\partial \theta^2}=0 \tag{3}$$

2 单管的数学模型及解析解

单管在无限大地层形成的温度场的问题如图1所示。

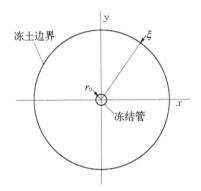

图1 平面内单管的温度场问题

其数学模型如下:

$$\begin{cases} \dfrac{\partial^2 T}{\partial r^2}+\dfrac{1}{r}\dfrac{\partial T}{\partial r}+\dfrac{1}{r^2}\dfrac{\partial^2 T}{\partial \theta^2}=0 \\ T(r_0,\theta)=T_f;冻结管处条件 \\ T(\xi,\theta)=T_0;冻土边界条件 \end{cases} \tag{4}$$

其中: T_f 为冻结管表面温度, T_0 为冻土边界温度。

通过分离变量法[17],求得满足上述调和方程的通解为

$$T(r,\theta)=c_{10}+c_{20}\ln r+$$
$$\sum_{m=1}^{\infty}(a_m\cos m\theta+b_m\sin m\theta)(c_{1m}r^m+c_{2m}r^{-m}) \tag{5}$$

将边界条件进行 Fourier 级数展开,仍为常数,即与 θ 无关,则 $a_m=0$; $b_m=0$。

再将冻结管和冻土边界条件代入式(5)可以得到:

$$T=T_f\frac{\ln\dfrac{\xi}{r}}{\ln\dfrac{\xi}{r_0}}+T_0\frac{\ln\dfrac{r}{r_0}}{\ln\dfrac{\xi}{r_0}} \tag{6}$$

上式即为特鲁巴克单管冻结温度场[1]。

3 单圈管冻结圈内未冻实的温度场

3.1 保角变换的应用

在冻土帷幕交圈后,冻土边界呈波浪形状。所以冻结圈内未冻实的环形单圈管冻结问题如图2所示。

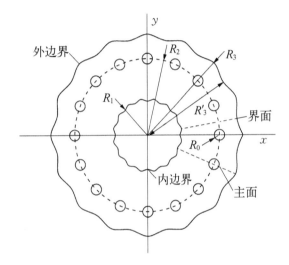

图2 单圈管冻结圈内未冻实的问题求解模型

其数学模型可以表达为

$$\begin{cases} \dfrac{\partial^2 T}{\partial r^2}+\dfrac{1}{r}\dfrac{\partial T}{\partial r}+\dfrac{1}{r^2}\dfrac{\partial^2 T}{\partial \theta^2}=0 \\ T\left(R_2+R_0,j\dfrac{2\pi}{n}\right)=T_f;冻结管处条件 \\ T\left(R_1,j\dfrac{2\pi}{n}\right)=T_0;冻土内边界条件 \\ T\left(R_3,j\dfrac{2\pi}{n}\right)=T_0;冻土外边界条件 \end{cases} \tag{7}$$

其中: n 为冻结管的数量, j 从 0 到 $n-1$ 取整数值。

由于直接求解上述问题较为困难,现引入保角变换,将其变换为较易解决的问题。变换函数为

$$\zeta=i\ln\frac{Z}{R_2} \tag{8}$$

其中 Z 平面为原平面(即物平面); ζ 平面为像平面。根据复变函数可以表示一个平面中的点,因此 Z 平面

587

表示为 $Z=Re^{i\theta}$(其中 R 为极径,θ 为极角)。而将 ζ 平面表示为 $\zeta=u+iv$(其中 u 为 ζ 平面中的横坐标,v 为其纵坐标)。将 2 个平面分别带入变换函数可以得到:

$$u+iv=\theta+i\ln\frac{R}{R_2} \tag{9}$$

则物平面问题经过此种变换,其像平面问题如图 3 所示。

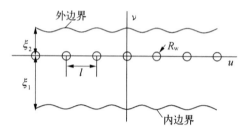

图 3 像平面温度场问题

根据保角变换, $u=\theta$;$v=\ln\dfrac{R}{R_2}$;$\xi_1=\ln\dfrac{R_2}{R_1}$;

$\xi_2=\ln\dfrac{R_3}{R_2}$;$l=\dfrac{2\pi}{n}$;$R_w=\dfrac{R_0}{R_2}$。

3.2 单排管冻结的巴霍尔金问题

单排管冻结时,在冻土帷幕交圈后,冻土帷幕边界为波浪形状,则其温度场问题如图 4 所示。

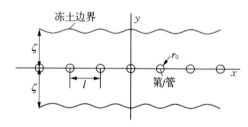

图 4 平面内单排管的温度场问题

其数学模型为

$$\begin{cases} \dfrac{\partial^2 T}{\partial x^2}+\dfrac{\partial^2 T}{\partial y^2}=0 \\ T(jl,\pm\xi)=T_0;冻土边界条件 \\ T(jl,r_0)=T_f;冻结管处条件 \end{cases} \tag{10}$$

利用调和方程的边界条件可分离性[17],将冻土边界条件和冻结管处条件均进行分解,将原问题分解为无限个单管冻结问题,则针对第 j 管可以建立如下的数学模型:

$$\begin{cases} \dfrac{\partial^2 T_j}{\partial x^2}+\dfrac{\partial^2 T_j}{\partial y^2}=0 \\ T_j(jl,\pm\xi)=T_{j0};第 j 管 \\ \left.\begin{array}{l} T_j(jl\pm l,\pm\xi)=T_{j0_1} \\ T_j(jl\pm 2l,\pm\xi)=T_{j0_2} \\ \vdots \end{array}\right\}冻土边界条件 \\ T_j(jl,r_0)=T_{jf};第 j 管 \\ \left.\begin{array}{l} T_j(jl\pm l,r_0)=T_{jf_1} \\ T_j(jl\pm 2l,r_0)=T_{jf_2} \\ \vdots \end{array}\right\}冻结管处条件 \end{cases} \tag{11}$$

选取适当的 T_{j0_1}, T_{j0_2}, $\cdots$ 及 T_{jf_1}, T_{jf_2}, $\cdots$,可以保证问题(11)为单管冻结的温度场模型。则

$$T_j=T_{jf}\frac{\ln\dfrac{\xi}{r_j}}{\ln\dfrac{\xi}{r_0}}+T_{j0}\frac{\ln\dfrac{r_j}{r_0}}{\ln\dfrac{\xi}{r_0}} \tag{12}$$

其中:$r_j=\sqrt{y^2+(x-jl)^2}$。

根据冻土边界和冻结管条件的周期性,则 T_{jf};T_{j0} 为常数。即每根管温度场问题相同。

单排管冻结温度场解为无限个单管冻结温度场解的叠加:

$$T=\sum_{-\infty}^{+\infty}T_j \tag{13}$$

根据贝塞特求和公式[21]:

$$\sum_{-\infty}^{+\infty}\ln[y^2+(x-jl)^2]=\ln\left(ch\frac{2\pi y}{l}-\cos\frac{2\pi x}{l}\right) \tag{14}$$

整理式(13)得:

$$T=C+\frac{1}{2}D\ln\left(ch\frac{2\pi y}{l}-\cos\frac{2\pi x}{l}\right) \tag{15}$$

$$C=\frac{T_{jf}}{\ln\dfrac{\xi}{r_0}}\sum_{-\infty}^{+\infty}\ln\xi-\frac{T_{j0}}{\ln\dfrac{\xi}{r_0}}\sum_{-\infty}^{+\infty}\ln r_0;$$

$$D=\frac{T_{j0}}{\ln\dfrac{\xi}{r_0}}-\frac{T_{jf}}{\ln\dfrac{\xi}{r_0}}$$

将冻土边界条件代入式(15),得:

$$C+\frac{1}{2}D\ln\left(\text{ch}\,\frac{2\pi\xi}{l}-\cos\frac{2\pi jl}{l}\right)=T_0 \quad (16)$$

再将冻结管处条件代入式(15),得:

$$C+\frac{1}{2}D\ln\left(\text{ch}\,\frac{2\pi r_0}{l}-\cos\frac{2\pi jl}{l}\right)=T_f \quad (17)$$

因为 $\text{ch}2x=2\text{sh}^2x+1$,工程中 $\frac{r_0}{l}\ll1$ 则 $\text{sh}\frac{\pi r_0}{l}\approx\frac{\pi r_0}{l}$;冻结中后期 $\frac{\pi\xi}{l}>1$,则 $\text{sh}\frac{\pi\xi}{l}\approx\frac{1}{2}e^{\frac{\pi\xi}{l}}$,$\text{ch}\frac{2\pi\xi}{l}-1\approx\frac{1}{2}e^{\frac{2\pi\xi}{l}}$,化简并求解式(16)和(17)得:

$$C=-\frac{1}{2}D\left(\frac{2\pi\xi}{l}-\ln2\right)+T_0;\quad D=\frac{T_f-T_0}{\ln\dfrac{2\pi r_0}{l}-\dfrac{\pi\xi}{l}}$$

将其代入式(15),则

$$T=\frac{T_f-T_0}{\ln\dfrac{2\pi r_0}{l}-\dfrac{\pi\xi}{l}}\left(A-\frac{\pi\xi}{l}\right)+T_0 \quad (18)$$

其中:$A=\dfrac{1}{2}\ln\left[2\left(\text{ch}\,\dfrac{2\pi y}{l}-\cos\dfrac{2\pi x}{l}\right)\right]$。

上式与巴霍尔金单排管冻结温度场的解析解[3]相同。

3.3 像平面温度场问题的解

对于图 3 表示的像平面温度场问题,其数学模型为:

$$\begin{cases}\dfrac{\partial^2 T}{\partial u^2}+\dfrac{\partial^2 T}{\partial v^2}=0\\ T(jl,-\xi_1)=T_0;\text{冻土内边界条件}\\ T(jl,\xi_2)=T_0;\text{冻土外边界条件}\\ T(jl,R_{\text{w}})=T_f;\text{冻结管处条件}\end{cases} \quad (19)$$

根据边界条件可以分离性[17],上述问题可以分解为求解以下 2 个问题,然后再将解加起来即可得到原问题的解,即 $T=T_1+T_2$。

$$\begin{cases}\dfrac{\partial^2 T_1}{\partial u^2}+\dfrac{\partial^2 T_1}{\partial v^2}=0\\ T_1(jl,-\xi_1)=T_0;\text{冻土内边界条件}\\ T_1(jl,\xi_2)=-T_a+T_0;\text{冻土外边界条件}\\ T_1(jl,R_{\text{w}})=T_f-T_b;\text{冻结管处条件}\end{cases} \quad (20)$$

$$\begin{cases}\dfrac{\partial^2 T_2}{\partial u^2}+\dfrac{\partial^2 T_2}{\partial v^2}=0\\ T_2(jl,-\xi_1)=0;\text{冻土内边界条件}\\ T_2(jl,\xi_2)=T_a;\text{冻土外边界条件}\\ T_2(jl,R_{\text{w}})=T_b;\text{冻结管处条件}\end{cases} \quad (21)$$

通过选取适当的 T_a 可以保证式(20)为单排巴霍尔金问题。由冻土内边界和冻结管条件,根据单排巴霍尔金解(18),其解可以表达为:

$$T_1=\frac{T_f-T_b-T_0}{\ln\dfrac{2\pi R_{\text{w}}}{l}-\dfrac{\pi}{l}\xi_1}\cdot$$

$$\left[\frac{1}{2}\ln2\left(\text{ch}\,\frac{2\pi v}{l}-\cos\frac{2\pi u}{l}\right)-\frac{\pi}{l}\xi_1\right]+T_0 \quad (22)$$

则将冻土外边界条件代入式(22)得到:

$$-T_a=\frac{T_f-T_b-T_0}{\ln\dfrac{2\pi R_{\text{w}}}{l}-\dfrac{\pi}{l}\xi_1}\left[\frac{1}{2}\ln2\left(\text{ch}\,\frac{2\pi\xi_2}{l}-1\right)-\frac{\pi}{l}\xi_1\right]$$

由 $\frac{2\pi\xi_2}{l}\gg1$ 则 $\text{ch}\frac{2\pi\xi_2}{l}-1\approx\frac{1}{2}\times e^{\frac{2\pi\xi_2}{l}}$,化简后得到:

$$-T_a=\frac{T_f-T_b-T_0}{\ln\dfrac{2\pi R_{\text{w}}}{l}-\dfrac{\pi}{l}\xi_1}\frac{\pi}{l}(\xi_2-\xi_1) \quad (23)$$

而对于式(21),由于冻结管半径很小,在不引起大的误差的前提下,为了便于计算,将冻结管处条件 $T_2(jl,R_{\text{w}})=T_b$ 简化为 $T_2(jl,0)=T_b$。选取适当的 T_b 可以保证其解为线性温度场。则

$$T_2=\frac{T_a}{\xi_1+\xi_2}(\xi_1+v) \quad (24)$$

将冻结管处条件代入(24)得到

$$T_b=\frac{T_a}{\xi_1+\xi_2}\xi_1 \quad (25)$$

联立式(23)和(25)可以解出

$$T_b=T_A\frac{\pi\xi_1}{l}\frac{\xi_1-\xi_2}{\xi_1+\xi_2} \quad (26)$$

$$T_a=T_A\frac{\pi}{l}(\xi_1-\xi_2) \quad (27)$$

其中：$T_A = \dfrac{T_f - T_0}{\ln \dfrac{2\pi R_w}{l} - \dfrac{\pi}{l}\dfrac{2\xi_1\xi_2}{\xi_1+\xi_2}}$。

将式(26)代入式(22)得：

$$T_1 = T_A\left[\frac{1}{2}\ln 2\left(\text{ch}\frac{2\pi v}{l} - \cos\frac{2\pi u}{l}\right) - \frac{\pi}{l}\xi_1\right] + T_0 \tag{28}$$

将式(27)代入式(24)得：

$$T_2 = T_A\left(\frac{\pi\xi_1}{l}\frac{\xi_1-\xi_2}{\xi_1+\xi_2}\frac{\xi_1+v}{\xi_1}\right) \tag{29}$$

$$T = T_A\left(A - \frac{\pi}{l}\frac{2\xi_1\xi_2}{\xi_1+\xi_2} + \frac{\pi}{l}\frac{\xi_1-\xi_2}{\xi_2+\xi_1}v\right) + T_0 \tag{30}$$

其中：$A = \dfrac{1}{2}\ln\left[2\left(\text{ch}\dfrac{2\pi v}{l} - \cos\dfrac{2\pi u}{l}\right)\right]$。

3.4 物平面温度场的解析解

根据保角变换，$u = \theta$；$v = \ln\dfrac{R}{R_2}$；$\xi_1 = \ln\dfrac{R_2}{R_1}$；$\xi_2 = \ln\dfrac{R_3}{R_2}$；$l = \dfrac{2\pi}{n}$；$R_w = \dfrac{R_0}{R_2}$。全部带入式(30)，得到单圈管冻结圈内未冻实的温度场解析解：

$$T = T_M\left(M - \frac{n\ln\dfrac{R_2}{R_1}\ln\dfrac{R_3}{R_2}}{\ln\dfrac{R_3}{R_1}} + \frac{n\ln\dfrac{R_2^2}{R_1R_3}}{2\ln\dfrac{R_3}{R_1}}\ln\frac{R}{R_2}\right) + T_0 \tag{31}$$

其中，$T_M = \dfrac{T_f - T_0}{\ln\dfrac{nR_0}{R_2} - \dfrac{n\ln\dfrac{R_2}{R_1}\ln\dfrac{R_3}{R_2}}{\ln\dfrac{R_3}{R_1}}}$，

$M = \dfrac{1}{2}\ln\left[\left(\dfrac{R}{R_2}\right)^n + \left(\dfrac{R_2}{R}\right)^n - 2\cos(n\theta)\right]$。

3.5 冻土帷幕形状特征

理论上讲，冻土帷幕边界应随冻结管位置呈波浪形，现考察其特征。按命题，冻土边界各处温度相等，故外边界主面（$\theta = 0°$ 的面）与外边界界面（$\theta = \pm180°/n$ 的面）位置处的温度之差 $\Delta t = 0$（图2）。由式(31)，得

$$\Delta t = \frac{1}{2}T_M\left[\ln\frac{\left(\dfrac{R_3}{R_2}\right)^n + \left(\dfrac{R_2}{R_3}\right)^n - 2}{\left(\dfrac{R_3'}{R_2}\right)^n + \left(\dfrac{R_2}{R_3'}\right)^n + 2} + \frac{n\ln\dfrac{R_2^2}{R_1R_3}}{\ln\dfrac{R_3}{R_1}}\ln\frac{R_3}{R_3'}\right] \tag{32}$$

在冻结中后期，$R_3 > R_2$；$R_3' > R_2$，因工程中 n 较大，则 $\left(\dfrac{R_2}{R_3}\right)^n \approx 0$，$\left(\dfrac{R_2}{R_3'}\right)^n \approx 0$；$\left(\dfrac{R_3}{R_2}\right)^n \gg 2$，$\left(\dfrac{R_3'}{R_2}\right)^n \gg 2$。所以式(32)化简为

$$\ln\frac{\left(\dfrac{R_3}{R_2}\right)^n}{\left(\dfrac{R_3'}{R_2}\right)^n} + \frac{n\ln\dfrac{R_2^2}{R_1R_3}}{\ln\dfrac{R_3}{R_1}}\ln\frac{R_3}{R_3'} \approx 0 \tag{33}$$

则可得到 $2n\ln\dfrac{R_2}{R_1}\ln\dfrac{R_3}{R_3'} \approx 0$，即 $\dfrac{R_3}{R_3'} \approx 1$。

从上述判定过程可以看出，在满足冻结中后期（帷幕厚度较大）和冻结管数较多（工程常用布孔参数）的情况下，即满足化简过程的参数条件时，主面厚度和界面厚度基本一致，则冻土边界形状可以当作环形，其波浪形可以忽略。这一结论不适用于不能构成环形布孔的过少冻结管的情况。

3.6 解析解准确性检验

解析解推导过程中采用了一定的简化处理，故有必要对解的准确性进行验证。因为数值模拟能够较好的反应人工冻结温度场的分布，所以用 ANSYS 热力学数值模拟来检验解析解的结果。根据一般的工程实际，选取参数。环半径 R_2 一般在 2.5～8.0 m；管间距 l 一般取值 0.5～1.2 m；帷幕厚度与管间距比值一般为 0.5～1.5；而且内侧冻土帷幕与外侧冻土帷幕比值 ξ_1/ξ_2 一般介于 1 和 0.55∶0.45 之间。冻结管半径 0.054 m；冻结管表面温度 $T_f = -30℃$；冻土边界温度 $T_0 = 0℃$。本次数值模拟共分 4 组。每组的参数列于表 1。

表 1 单圈管冻结数值模拟参数

Group	R_1/m	R_2/m	R_3/m	ξ_1/ξ_2	n	l/m
1	1.4	2.5	3.4	11/9	15	1.05
2	1.4	2.5	3.4	11/9	30	0.52

Group	R_1/m	R_2/m	R_3/m	ξ_1/ξ_2	n	l/m
3	6.0	7.0	8.0	1	40	1.10
4	6.0	7.0	8.0	1	80	0.55

上述模拟参数属工程常用参数范围内,满足 3.5 节的参数要求,故采用环形边界进行数值模拟。又由于问题的周期性,采取包含一个冻结管的圆心角为 $360°/n$ 的扇形进行模拟。其中主面为 $\theta=0°$ 的面;界面为 $\theta=\pm180°/n$ 的面。第 1 组模拟的网格划分图和温度场云图如图 5 和 6 所示。各组模拟对比结果如图 7 所示。

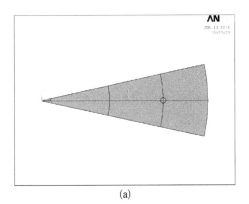
(a)

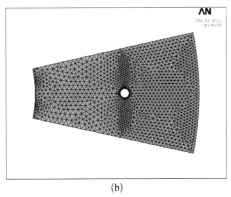
(b)

图 5　第 1 组数值模拟模型及网格划分

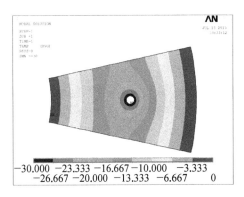

图 6　第 1 组数值模拟结果温度云图

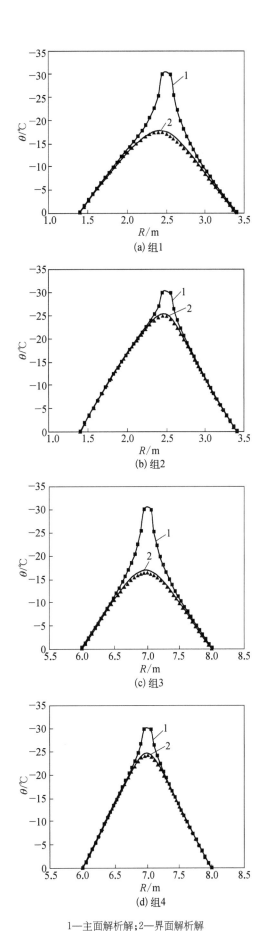

(a) 组1

(b) 组2

(c) 组3

(d) 组4

1—主面解析解;2—界面解析解

图 7　解析解计算结果与数值计算结果对比

通过上述对比结果可以知道,数值解和解析解基本一致。说明在工程中常用的参数范围内,本文求得的单圈冻结圈内未冻实的温度场的解析解具有较高的准确性。不仅说明了采用圆弧面边界模型进行数值模拟是可行的,同时也说明了在工程常用布孔参数范围内并在冻结的中后期,波浪形边界可以看作环形边界的结论的正确性。

3.7 与冻结圈内冻实的温度场解析解对比

对于式(31),若考虑 R_1 趋向于 0,即极限时,冻结圈内处于完全冻实状态,则

$$\lim_{R_1 \to 0} \frac{\ln \dfrac{R_2}{R_1} \ln \dfrac{R_3}{R_2}}{\ln \dfrac{R_3}{R_1}} = \lim_{R_1 \to 0} \ln \frac{R_3}{R_2} \frac{\ln R_2 - \ln R_1}{\ln R_3 - \ln R_1} = \ln \frac{R_3}{R_2},$$

$$\lim_{R_1 \to 0} \frac{\ln \dfrac{R_2^2}{R_1 R_3}}{\ln \dfrac{R_3}{R_1}} = \lim_{R_1 \to 0} \frac{\ln \dfrac{R_2^2}{R_3} - \ln R_1}{\ln R_3 - \ln R_1} = 1$$

此时式(31)简化为:

$$T = \frac{T_f}{2\ln\left(\dfrac{R_3^n}{nR_2^{n-1}R_0}\right)} \ln \frac{\left(\dfrac{R_3^2}{RR_2}\right)^n}{\left(\dfrac{R}{R_2}\right)^n + \left(\dfrac{R_2}{R}\right)^n - 2\cos n\theta} \tag{34}$$

已有的冻结圈内部完全冻实的温度场解析解[16]为:

$$T = \frac{T_f}{2\ln\left(\dfrac{R_3^n}{nR_2^{n-1}R_0}\right)} \ln \frac{\left(\dfrac{R_3^2}{RR_2}\right)^n - 2\cos n\theta}{\left(\dfrac{R}{R_2}\right)^n + \left(\dfrac{R_2}{R}\right)^n - 2\cos n\theta} \tag{35}$$

当 R 的取值范围在冻土帷幕以内时,即 $R < R_3$,则 $\dfrac{R_3^2}{RR_2} \geqslant \dfrac{R_3}{R_2} > 1$,$\left(\dfrac{R_3^2}{RR_2}\right)^n \gg 2\cos n\theta$。

所以,在这种情况下,式(34)将可以近似代替式(35),出现的误差可以忽略。

因此本文求得的温度场解析式既适合于冻结圈内未冻实的情况,也适合于冻结圈内完全冻实的情况。

4 结论

(1)应用调和方程的边界条件可分离性,将经典的单排巴霍尔金问题分解为无数个单管冻结问题,以此重现了巴霍尔金解。

(2)通过保角变换将冻结圈内未冻实的单圈管冻结问题转化为特殊的单排冻结问题,再次以调和方程边界条件可分离性,将问题分解为已有解的单排巴霍尔金问题和线性温度场的问题,完成了单圈管冻结内部未冻实的温度场解析式。并且此公式也可以针对冻结圈内部完全冻实的情况。

(3)在工程合理参数范围下,冻结中后期,冻土帷幕边界之波浪形极不明显,可视作环形。

参考文献

[1] Trupak N G. Ground freezing in shaft sinking[M]. Moscow: Coal Technology Press, 1954: 20-65.

[2] Tobe N, Akimoto O. Temperature distribution formula in frozen soil and its application[J]. Refrigeration, 1979, 54: 3-11.

[3] Bakholdin B V. Selection of optimized mode of ground freezing for construction purpose[M]. Moscow: State Construction Press, 1963: 21-27.

[4] Sanger F J. Ground freezing in construction[J]. Journal of the Soil Mechanics and Foundations Division, Proceedings of ASCE, 1968, 94(SM1): 131-158.

[5] HU Xiangdong. Average temperature model of double-row-pipe frozen soil wall by equivalent trapezoid method[C]//AIP Conference Proceedings. New York: American Institute of Physics, 2010: 1333-1338.

[6] 胡向东,黄峰,白楠. 考虑土层冻结温度时人工冻结温度场模型[J]. 中国矿业大学学报(自然科学版),2008, 37(4): 550-555.

[7] 胡向东,白楠,余锋. 单排管冻结温度场 Trupak 和 Bakholdin 公式的适用性[J]. 同济大学学报(自然科学版),2008,36(7): 906-910.

[8] 胡向东. 直线形单排管冻土帷幕平均温度计算方法[J]. 冰川冻土,2010,32(4): 778-785.

[9] 胡向东,赵飞,余思源,等. 直线双排管冻结壁平均温度

的等效抛物弓形模型[J]. 煤炭学报,2012,37(1): 28-32.

[10] HU Xiangdong, ZHANG Luoyu. Analytical solution to steady-state temperature field of one and two freezing pipes near linear adiabatic boundary [C] // ICDMA 2013. Qindao, 2013: 257-260.

[11] HU Xiangdong, ZHANG Luoyu. Analytical solution to steady-state temperature field of two freezing pipes with different temperatures [J]. Journal of Shanghai Jiaotong University (Science), 2013, 18(6): 706-711.

[12] 胡向东,郭旺,张洛瑜. 无限大区域内少量冻结管稳态温度场解析解[J]. 煤炭学报, 2013, 38(11): 1953-1960.

[13] 胡向东,郭旺,张洛瑜. 无限大区域内四管冻结的稳态温度场解析解[J]. 上海交通大学学报,2012,47(9): 1367-1371.

[14] 胡向东,汪洋. 三排管冻结温度场的势函数叠加法解析解[J]. 岩石力学与工程学报,2012,31(5): 1071-1080.

[15] 胡向东,任辉. 3排管冻结梯形-抛物弓叠合等效温度场模型和平均温度[J]. 煤炭学报,2014,39(1): 78-83.

[16] 胡向东,陈锦,汪洋,等. 环形单圈管冻结稳态温度场解析解[J]. 岩土力学,2013,34(3): 874-880.

[17] 陈恕行,秦铁虎,周忆. 数学物理方程[M]. 上海: 复旦大学出版社,2003: 35.

[18] Carslaw H S, Jaeger J C. The conduction of heat in solids [M]. London: Oxford University Press, 1959: 1.

[19] Jiji L M. Heat conduction[M]. Berlin: Springer Berlin Heidelberg, 2009: 2-9.

[20] 胡向东,赵俊杰. 人工冻结温度场巴霍尔金模型准确性研究[J]. 地下空间与工程学报,2010,6(1): 96-101.

[21] Hurst, W. Reservoir engineering and conformal mapping of oil and gas fields[M], 1979: 115-118. Tulsa, Oklahoma: The Petroleum Publishing Company.

本文发表于《中南大学学报(自然科学版)》2015 年第 46 卷第 6 期

泥岩蠕变损伤试验研究

刘保国，崔少东

（北京交通大学　土木建筑工程学院，北京 100044）

摘要： 在岩石蠕变过程中，施加载荷超过某个应力水平后，其强度会随着时间和应力逐渐降低，这种损伤规律可以定量地用岩石基本力学参数如弹性模量(E)、内聚力(C)和内摩擦角(φ)降低的多少来反映。岩石产生损伤是和内部微裂纹的发展紧密相连的，通过分析岩石全应力-应变曲线和蠕变曲线的对应关系，发现岩石的长期强度和岩石产生新裂纹的强度点相对应，因而把岩石的长期强度作为蠕变损伤的偏应力阈值。对宝鸡市秦源煤矿泥岩进行了 8 个不同应力水平、3 个不同时间段蠕变试验，采用单试件法测得了泥岩蠕变过程中各力学参数 E、C、φ 的变化值，对试验数据进行了分析，建立了该泥岩 E、C、φ 随应力水平、长期强度及时间的耦合函数关系，它们之间呈指数衰减变化。分析了耦合函数中各个系数的特点，得到了泥岩力学参数损伤规律的通用表达式，式中各参数物理意义明确，测试简单。其研究结果为建立岩石损伤流变本构模型奠定了基础。

关键词： 泥岩；蠕变损伤；损伤阈值；非定常参数；力学参数

1 引言

随着我国经济建设的快速发展，岩石工程项目不仅越来越多，而且工程开挖的规模也越来越大，由此而引出的围岩稳定性问题也就日益突显出来。岩石流变是岩土工程围岩变形失稳的重要原因之一，很多岩石力学研究工作者在各自对岩石蠕变特性试验基础上，通过对试验数据的拟合分析和一定假设基础上的理论推演，提出了相应的岩石蠕变本构模型[1-4]。然而在具体的工程应用中，选择已有模型进行数值分析或工程设计决策时，理论结果与实测结果之间总存在一定的偏差。分析其原因，除了一些无法避免的影响因素之外，最主要的问题是没有考虑到岩石在外界因素作用下发生流变的过程中其材料力学性质的变化，正如王可钧[5]在三峡船闸高边坡和中隔墩岩体的变形研究中所指出的："目前之所以出现差异明显的计算结果，除了加荷力学与卸荷力学之争外，恐与参数的选取有关；而要预测其将来的最终变形性状，还需考虑岩石力学参数的时间相关性"。

目前流变本构模型中所涉及到的衡量岩体变形和强度的最基本力学参数，包括弹性模量 E、内聚力 C、内摩擦角 φ 等都是看作常量，尽管有一些本构模型中引入了损伤因子，但损伤因子的演化方程中涉及到这些基本参数仍是按常量处理[6-8]。事实上，岩石在不同应力环境下，发生蠕变的过程中，其材料抵御变形和破坏的能力在逐渐的劣化，即这些基本力学参数弹性模量 E、内聚力 C、内摩擦角 φ 是随时间逐渐改变的，称之为非定常参数。通过引入非定常流变参数，在某种意义上可以从另一角度表征岩体的损伤演化过程，即可以表征一种材料特性的劣变过程。通过采用流变损伤力学方法来研究岩体的劣化力学行为，可以借助引入内变量（损伤因子）来表征岩体的力学性状劣化，而岩体的损伤演化实际反映的将是某些流变力学参数随时间的弱化。将岩体流变力学参数看作是非定常，将会更加直接而客观地反映岩体的非线性黏性时效特征。

一些学者对岩石非定常流变力学问题进行了初步的研究，取得了部分的研究成果[9-11]，但基本上是把 E 描述成与时间相关的经验公式来表达，而对于岩石的强度指标参数 C、φ 的研究还未见报导。本文从岩石力学参数随时间和应力弱化角度出发，通过对宝鸡市秦源煤矿泥岩系统的蠕变试验研究，建立其弹性模量

E、内聚力 C、内摩擦角 φ 和应力及时间的耦合函数关系,从定量的角度描述泥岩蠕变中损伤的演化过程,为建立更为合理的岩石流变本构关系提供一种新的思路。

2 岩石蠕变损伤阈值的讨论

一般认为,损伤是材料在加载条件下其内聚力呈渐进性减弱,进而导致其体积元劣化和破坏的现象,它不属于某种独立的物理性质,而是作为一种材料的劣化因素被结合到弹性、塑性和黏性等介质的力学性质去考虑和分析的[12]。

对于岩石蠕变损伤阈值,目前主要存在两种观点。一种认为岩石蠕变的第一、二阶段不产生损伤,损伤起始于蠕变第二阶段末期[13],此时在元件模型中加入损伤元件或引入损伤因子,来描述加速蠕变阶段的变形特性[14,15]。另一种观点认为,岩石蠕变损伤的偏差应力阈值为岩石的长期强度[16],即应力水平大于长期强度时,岩石会随着时间产生损伤。文献[11]通过对岩石的细观力学试验,由声发射频率也发现岩石在蠕变的前两个阶段存在损伤。文献[17]认为岩石存在初始蠕变损伤,且初始蠕变损伤较大。文献[18]认为,无论从时效损伤的机理分析,还是从岩石细观、宏观损伤试验及岩体模型的疲劳损伤和蠕变损伤试验结果来看,在温度恒定的情况下,时效损伤并不是在任意应力水平作用下均可发生的,岩石的损伤具有应力阈值,只有当应力高于该阈值时才可能发生时效损伤破坏。

本文认为岩石的蠕变损伤偏应力阈值应该为岩石的长期强度,下面将对岩石的全应力-应变曲线和蠕变曲线的对应关系的进行分析,进一步验证岩石的蠕变损伤应力阈值。

在岩石的全应力-应变曲线上,如图1所示,图中A点为线弹性阶段的起点,B点为岩石内部新裂纹出现的起点,C点为裂纹快速发展的起点,D点为峰值点,E点为残余强度点。通常认为应力到达峰值点D以前岩石内部损伤很小,过了峰值D点以后,在曲线的DE段岩石才会产生急剧损失,岩石的强度随着应变的增加逐渐降低,最后趋于某一极限值,这个极限值就是岩石的残余强度。岩石的长期强度和材料内部微裂纹

萌生的应力值相对应,岩石蠕变过程中外界载荷小于长期强度时,由于此时的应力水平还不能使材料内部产生新的裂纹,因此在蠕变过程中就不会有微裂纹的扩展,那么材料就没有损伤,蠕变变形以黏弹性变形为主。如图1所示,如果在 M 点和 N 点分别施加应力 σ_M、σ_N(σ_M 和 σ_N 大于岩石的长期强度),相应的瞬时应变为 ε_M 和 ε_N,一般认为在施加应力的瞬时岩石不会产生损伤或损伤很小可以忽略,但是此时岩石在应力作用下内部已经产生了新的裂纹,如果此时卸载,由于产生新的裂纹扩展的不是很充分对岩石的强度影响不大。如果 σ_M、σ_N 一直持续作用在岩石上,如图2所示,那么岩石内部在外部载荷作用瞬间产生的裂纹会随着时间的发展增多、加密,岩石的强度会随着时间延长逐渐降低,当岩石的蠕变变形增大到全应力-应变曲线上的 $\varepsilon_{M'}$ 和 $\varepsilon_{N'}$ 时,从图1可以看出岩石的强度由 σ_D 降到了 σ_M 和 σ_N,此时岩石的强度降低到和外界载荷相等了,且从曲线的趋势上看,初始阶段强度降低的快,相应的可以认为岩石初始蠕变损伤较大,这和文献[58]的观点一致。如果蠕变时间再继续增长,岩石的强度低于外界应力水平,蠕变速率迅速增大进入加速蠕变阶段,岩石很快破坏。且对于加速蠕变阶段持续的时间本文认为是极其短暂的,应该几乎是瞬时的。

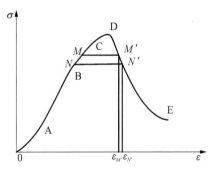

图1 岩石的全应力-应变曲线

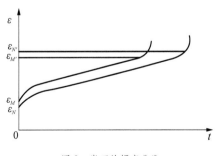

图2 岩石的蠕变曲线

因为岩石的全应力-应变曲线是在伺服试验机上通过应变方式控制得到的,而蠕变试验中是采用应力控制方式,当蠕变破坏时,应力控制的试验机刚度小于岩石的刚度,岩石发生瞬时破坏。

通过以上分析可以得出,岩石之所以产生加速蠕变阶段恰恰就是因为在蠕变的前两个阶段岩石内部产生了损伤,造成了岩石强度随着时间和应力逐渐降低,当岩石强度从瞬时强度降低到和施加的外界载荷相等时,才会产生加速蠕变阶段。

3 试验设备和试验方法

3.1 试验设备

本文蠕变试验采用自己研制开发的五联单轴蠕变仪,如图3所示。该仪器采用微机控制系统,可同时控制不同轴向力、轴向变形和径向变形五个试件的试验。轴向加载系统通过采用变频调速电机带动丝杠进行施加,数据处理采用无线网络技术。

图3　五联单轴蠕变仪

力学参数(E、C、φ)的测定采用的是长春新特公司研制的XTR-01型微机控制电液伺服试验机,如图4所示。它主要由轴压系统、侧向压力系统、孔隙水系

图4　微机控制电液伺服试验机

统、加温系统、微机控制系统5大部分组成。使用该试验机采用单试件法测定岩石蠕变过程中E、C、φ值的变化。由于试验设备的限制,本次研究不考虑泊松比和黏塑性流动系数的变化。

3.2 试验方法

本次试验所用的岩样采自于宝鸡市秦源煤矿的泥岩。由泥岩的瞬时强度试验得到泥岩的单轴抗压强为20.5 MPa,蠕变试验取整数20 MPa,按其单轴抗压强度的50%(10 MPa),55%(11 MPa),60%(12 MPa),65%(13 MPa),70%(14 MPa),75%(15 MPa),80%(16 MPa)和85%(17 MPa)分别施加载荷,分三组进行,蠕变时长分别为100小时,400小时,1 000小时,如果在某段时间内试件破坏则停止该载荷下的蠕变试验,否则采用新的岩石试件继续进行下一组时间段的蠕变试验。蠕变试验过程中温度控制在25℃,湿度控制在60%,使试验始终处于恒温恒湿的环境中进行。将经历蠕变试验没有破坏的泥岩试件分组放好,在XTR-01型微机控制电液伺服试验机上,采用单试件法测其力学参数。该泥岩的物理力学指标如表1所示。

表1　泥岩的常规物理力学参数

岩性	单轴抗压强/MPa	弹性模量/GPa	内聚力/MPa	内摩擦角/(°)
泥岩	20.5	5.24	4.64	38.95

4 泥岩蠕变特性分析

图5表明该泥岩不同应力水平下的蠕变曲线。从图5可以看出,在不同载荷作用下,该泥岩蠕变过程都存在瞬时变形,然后为蠕变变形。该泥岩从应力10~17 MPa的稳态蠕变率均不为零,随着应力增大,稳态蠕变率也增大,用线性函数对应力和稳态蠕变率的关系进行拟合,拟合函数为:

$$\sigma = 1.755\,9\dot{\epsilon} + 9.440\,8 \qquad (1)$$

蠕变速率的单位为10^{-6}/h,相关系数为0.977 6,拟合函数和试验数据的相关性良好。对式(1)进行分析,当稳态蠕变速率趋于零时,对应的应力为9.44 MPa,也就是说当施加应力低于9.44 MPa时,该

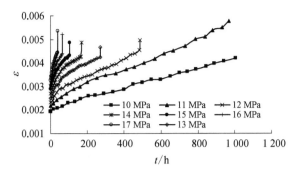

图5 泥岩不同应力水平下蠕变曲线

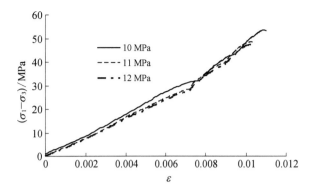

图7 $t=400$ h,经历不同应力水平的泥岩强度

泥岩的稳态蠕变速率为零,稳态蠕变速率为零时对应的临界应力可以作为岩石的长期强度,因此从单轴压缩蠕变试验数据来看,该泥岩的长期强度为9.44 MPa。

5 力学参数的损伤规律研究

5.1 单试件法试验

采用单试件法对经过不同应力水平、不同时长未发生蠕变破坏的泥岩试件进行强度测试,施加三个水平的围压,分别为 5 MPa,10 MPa 和 15 MPa。根据图5可知,蠕变时长 100 小时内,应力水平 16 MPa 和17 MPa 的泥岩试件发生了蠕变破坏,则可测泥岩试件力学参数的应力水平为 10~15 MPa 共六个试件,如图6 所示,蠕变时长 400 小时时,只有应力水平 10~12 MPa 的三个试件未发生破坏,其单试件法强度试验曲线如图7 所示,蠕变时长 1 000 小时时,应力水平10 MPa 和 11 MPa 的泥岩试件没有破坏,单试件法强度曲线如图8 所示。采用单试件法得到泥岩不同围压下的强度,并根据摩尔-库伦准则可以得到泥岩力学参数和应力及蠕变时长的关系如表2 所示,其中弹性模量 E 取围压 5 MPa 时的割线模量。

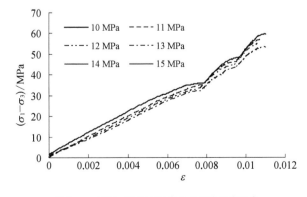

图6 $t=100$ h,经历不同应力水平的泥岩强度

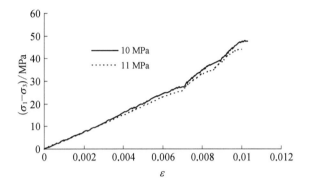

图8 $t=1\ 000$ h,经历不同应力水平的泥岩强度

5.2 泥岩参数损伤规律

综合前面的分析,岩石蠕变试验过程中,所施加的荷载小于其长期强度时认为岩石不会产生损伤,岩石的强度和应力及时间没有关系,只有当岩石所受载荷大于其长期强度时,岩石的强度才会随着时间逐渐降低,如果只考率应力和时间两个因素,则岩石的强度和其力学参数应该是和外界载荷与长期强度之差以及时间有关,即

$$(\sigma_c, E, C, \varphi) = f[(\sigma - \sigma_\infty), t] \quad (2)$$

$(\sigma - \sigma_\infty)$ 称为过应力差,在相同时间内外界载荷与长期强度之差越大,相同的应力水平下,时间越长,岩石的损伤越大,岩石强度和力学参数降低的越多。考虑应力和时间的共同作用效果,定义岩石的岩石强度及力学参数和应力及时间的函数关系为:

$$(\sigma_c, E, C, \varphi) = f[(\sigma - \sigma_\infty)t] \quad (3)$$

式(3)说明岩石的岩石强度和力学参数是过应力差和时间乘积的函数,$(\sigma - \sigma_\infty)t$ 的单位为 MPa·h。根据前面的试验结果取该泥岩的长期强度为 9 MPa,对附表1 的数据进行整理,将泥岩的力学参数整理成和

表 2　泥岩力学参数表

蠕变应力水平 /MPa	时间/h								
	100			400			1 000		
	E/GPa	C/MPa	φ/(°)	E/GPa	C/MPa	φ/(°)	E/GPa	C/MPa	φ/(°)
10.00	4.65	4.27	38.47	3.85	3.76	37.40	3.75	3.27	35.33
11.00	4.37	4.01	38.05	3.76	3.48	35.83	3.74	2.72	34.30
12.00	3.97	3.90	37.73	3.75	3.25	34.89	—	—	—
13.00	3.87	3.76	37.40	—	—	—	—	—	—
14.00	3.81	3.67	36.89	—	—	—	—	—	—
15.00	3.78	3.57	36.48	—	—	—	—	—	—
16.00	—	—	—	—	—	—	—	—	—
17.00	—	—	—	—	—	—	—	—	—

注：—表示泥岩试件破坏没有得到数据。

$(\sigma-\sigma_\infty)t$ 相关,如表 3 所示,表中加入了泥岩的原始力学参数。

表 3　泥岩力学参数和 $(\sigma-\sigma_\infty)t$ 关系

$(\sigma-\sigma_\infty)t/$ (MPa·h)	E/GPa	C/MPa	φ/°
0	5.24	4.64	38.95
100	4.65	4.27	38.47
200	4.37	4.01	38.05
300	3.97	3.90	37.73
400	3.87	3.76	37.40
500	3.81	3.67	36.89
600	3.78	3.57	36.48
800	3.76	3.48	35.83
1 000	3.75	3.27	35.33
1 200	3.75	3.25	34.89
2 000	3.74	2.72	34.30

分析表 2 中的数据可知,泥岩的力学参数 E, C, φ 随着 $(\sigma-\sigma_\infty)t$ 的增大逐渐减小,从定性的角度分析,表明在 $(\sigma-\sigma_\infty)t$ 作用下泥岩产生了损伤,产生损伤的大小可以从 E, C, φ 下降的多少来定量的反映。在 $0\sim2\,000$ MPa·h 内,弹模下降了 28%,内聚力下降了 41%,内摩擦角下降了 12%,由此可得在泥岩蠕变过程中,损伤对泥岩的内聚力产生的影响最大,而对内摩擦角的影响最小,从而可以发现岩石在蠕变损伤破坏时先是从克服内聚力开始,然后才对内摩擦角产生影响。

进一步分析表 2 中的数据可以发现,泥岩的力学参数随 $(\sigma-\sigma_\infty)t$ 增加下降的趋势变得越来越缓,所以可以用指数函数对 E, C, φ 和 $(\sigma-\sigma_\infty)t$ 的关系进行拟合,如图 9~图 11 所示。其函数分别为:

$$E = 1.54\exp[-(\sigma-\sigma_\infty)t/191]+3.72 \quad (4)$$

$$C = 1.88\exp[-(\sigma-\sigma_\infty)t/1\,279]+2.61 \quad (5)$$

$$\varphi = 5.67\exp[-(\sigma-\sigma_\infty)t/799]+33.43 \quad (6)$$

拟合函数和试验数据的相关程度都达到了 0.97,拟合程度比较好。分析这三个函数可以发现,当 $(\sigma-\sigma_\infty)t$ 趋于无穷大时,E, C, φ 的极值分别为 3.72 GPa,2.61 MPa 和 33.43°,由试验可知 $(\sigma-\sigma_\infty)$ 不可能无穷大,要想 $(\sigma-\sigma_\infty)t$ 趋于无穷大只有时间趋于无穷大,因此通过函数关系得到 E, C, φ 的极值则是泥岩的长期 E_∞, C_∞, φ_∞,再将函数关系右边的第一个系数和 E_∞, C_∞, φ_∞ 相加,得到的 E, C, φ 分别为 5.26 GPa,4.49 MPa 和 39.10°,这三个值和泥岩 E, C, φ 的初始 5.24 GPa,4.64 MPa 和 38.95° 几乎一致,因此泥岩力学参数和 $(\sigma-\sigma_\infty)t$ 的关系可以写成如下通用形式:

$$E = (E_0-E_\infty)\exp(-(\sigma-\sigma_\infty)t/X)+E_\infty \quad (7)$$

$$C = (C_0-C_\infty)\exp(-(\sigma-\sigma_\infty)t/Y)+C_\infty \quad (8)$$

$$\varphi = (\varphi_0-\varphi_\infty)\exp(-(\sigma-\sigma_\infty)t/Z)+\varphi_\infty \quad (9)$$

从公式(7)、(8)和(9)可以看出,在通用表达式中绝大部分参数都有明确的物理意义,只有一个和材料相关的参数,需根据岩石的种类及性质来确定。当外界应力大于泥岩的长期强度时,其力学参数 E, C, φ 随着应力和时间是由初始值逐渐向长期值过渡,完全符合岩石的蠕变特性。

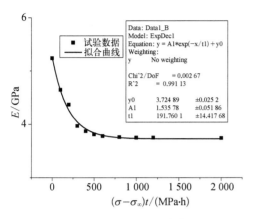

图 9　E 和 $(\sigma-\sigma_\infty)t$ 关系

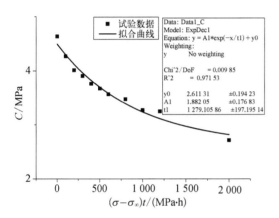

图 10　C 和 $(\sigma-\sigma_\infty)t$ 关系

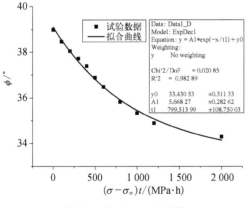

图 11　φ 和 $(\sigma-\sigma_\infty)t$ 关系

6　结论

本文通过对宝鸡市秦源煤矿的泥岩在不同载荷下

的蠕变试验,研究了该泥岩在蠕变过程中其力学参数 E, C, φ 随时间和施加应力耦合作用的损伤规律,得出结论如下:

(1)确定了岩石蠕变损伤阈值。通过分析岩石的瞬时全应力-应变曲线和岩石蠕变曲线的对应关系,以岩石内部出现新微裂纹作为岩石出现损伤的标志,提出把岩石的长期强度作为岩石的蠕变损伤阈值。

(2)对泥岩进行了 8 个应力水平、3 个时间段的蠕变试验,采用单试件法测得了该泥岩在不同应力水平和不同时间段的力学参数 E, C, φ 的值。

(3)根据蠕变损伤试验结果建立了泥岩的力学参数的损伤函数。分析了泥岩在不同应力水平及不同时长下其力学参数指标 E, C, φ 的变化趋势,得到了该泥岩的力学参数随 $(\sigma-\sigma_\infty)t$ 呈衰减指数变化的函数关系,并对函数关系进行了分析得到了岩石力学参数损伤的通用表达式。

本次研究得到的泥岩力学参数的衰减变化规律对岩石蠕变损伤力学的研究有一定的借鉴作用。

参考文献

[1]赵永辉,何之民,沈明荣.润扬大桥北锚碇岩石流变特性的试验研究[J].岩土力学,2003,24(4):583-586.

[2]李化敏,李振华,苏承东.大理岩蠕变特性试验研究[J].岩石力学与工程学报,2004,23(22):3745-3749.

[3]Shao. J. F, Zhu. Q. Z., Su. K. Modeling of creep in rock materials in terms of material degradation[J]. Computers and Geotechnics, 2003, 30(7):549-555.

[4]Y. L. Chen, Azzam, R. Creep fracture of sandstones [J]. Theoretical and Applied Fracture Mechanics, 2007, 47(1):57-67.

[5]王可钧.岩石力学与工程的几个研究热点[C]//中国岩石力学与工程学会第六次学术大会,武汉,2000.

[6]袁海平,曹平,许万忠,等.岩石黏弹塑性本构关系及改进的 Burgers 蠕变模型[J].岩土工程学报,2006,28(6):796-799.

[7]缪协兴,陈至达.岩石材料的一种蠕变损伤方程[J].固体力学学报,1995,16(4):343-346.

[8]曹树刚,边金,李鹏.岩石蠕变本构关系及改进的西原正夫模型[J].岩石力学与工程学报,2002,21(5):632-634.

[9]许宏发.软岩强度和弹模的时间效应研究[J].岩石力

学与工程学报,1997,16(3):246-251.

[10] 吕爱钟,丁志坤,焦春茂,等.岩石非定常蠕变模型辨识
[J].岩石力学与工程学报,2008,27(1):16-21.

[11] 张强勇,杨文东,张建国,等.变参数蠕变损伤本构模型
及其工程应用[J].岩石力学与工程学报,2009,28(4):
732-739.

[12] 葛修润,任建喜,蒲毅彬,等.岩土损伤力学宏细观试验
研究[M].北京:科学出版社,2004.

[13] 金丰年,范华林.岩石的非线性流变损伤模型及其应用
研究[J].解放军理工大学学报,2000,1(3):1-5.

[14] 佘成学.岩石非线性黏弹塑性蠕变模型研究[J].岩石
力学与工程学报,2009,28(10):2006-2011.

[15] 蒋昱州,张明鸣,李良权.岩石非线性黏弹塑性蠕变模
型研究及其参数识别[J].岩石力学与工程学报,2008,
27(4):832-838.

[16] 范庆忠.岩石蠕变及扰动试验研究[D].青岛:山东科
技大学,2006.

[17] 缪协兴,陈至达.岩石材料的一种蠕变损伤方程[J].固
体力学学报,1995,16(4):343-346.

[18] 孙钧.岩土材料流变及其工程应用[M].北京:中国建
筑工业出版社,1999.

本文发表于《岩石力学与工程学报》
2010 年第 29 卷第 10 期

透明类岩石预制裂隙不同赋存方式起裂扩展研究

朱珍德[1,2]，林恒星[1,2]，孙亚霖[1,2]，朱　姝[3]

（1. 河海大学 岩土工程科学研究所，南京 210098；

2. 河海大学 岩土力学与堤坝工程教育部重点实验室，南京 210098；

3. 法国里尔科技大学 里尔力学研究所，里尔 59650）

摘要： 岩体受压情况下内部裂纹扩展生长将对岩体稳定性产生重要影响，由于无法直接观察真实岩体内部裂纹起裂扩展过程，研制了一种各项性质与真实岩体接近的透明类岩石材料，在其内部预制裂纹并在 RMT - 150B 多功能全自动刚性岩石伺服试验机上开展单轴压缩力学试验，观察研究其内部裂纹的起裂扩展机理。该方法克服了真实岩石不透明的特点，可以清晰观察到类岩石试件内部的裂纹起裂扩展各阶段的形状及扩展规律。试验中详细观察研究了次生裂纹的起裂扩展规律以及双裂隙试件在不同裂隙间距下的裂纹扩展贯通模式。试验结果表明预制裂隙倾角对次生裂纹的起裂方式将产生一定的影响，双裂隙试件在不同裂隙间距下次生裂纹将呈现不同的扩展贯通模式，试验中观察到了多种形式的裂纹。研究结果同时表明裂隙的存在极大的降低了试件的抗压强度且随着裂隙间距增加试件峰值强度呈降低趋势同时裂隙倾角也对试件的起裂应力产生一定的影响。试验成果对分析真实岩体的破坏失稳机理有着重要的参考价值。

关键词： 透明类岩石；预制裂隙；单轴压缩；裂纹扩展

0　引言

　　岩体中存在大量的节理裂隙，这些节理裂隙的发育程度会对岩体的强度和稳定性产生十分重要的影响。国内外许多工程实例已经证明岩体失稳大多由于开挖面附近荷载重分布导致岩体内部原生裂隙生长扩展最终导致岩体失稳，围绕岩体受压情况下内部裂纹扩展贯通情况前人开展了大量的试验和研究工作，但由于真实岩体内部裂隙难以直接观测以及 CT 扫描不能实时了解裂纹扩展的细节等原因，研制一种新型的透明类岩石材料并在其内部预制裂隙，开展单轴压缩试验观察研究其内部裂纹扩展贯通机理对于研究真实岩体内部裂纹扩展情况将具有十分重要的理论意义和实际应用意义。

　　由于工程岩体结构复杂，数值模拟困难，因此人们在对裂纹扩展问题的研究上，更多的利用室内试验来模拟，并取得了很好的效果。Brace、Bombolakis[1] 对平板玻璃试件内部预制单裂隙然开展单、双轴压缩试验，试验结果表面 Griffith 准则虽然能够解释裂纹的萌生起裂但不能描述裂纹的宏观破坏路径。Wong，Gehle[2-4] 等对含张开裂隙的石膏试样和真实岩样开展剪切试验，详细观察研究了剪切荷载作用下张开非穿透裂隙起裂扩展过程。Shen[5-6] 对石膏试样内部预制张开和闭合的双裂隙并开展了单轴压缩试验，试验结果表明闭合裂隙和张开裂隙的起裂角不同但扩展贯通模式接近，含闭合裂隙试样的峰值强度较大并且岩桥角的变化对试件的破坏模式也有影响。Dyskin[7] 等人采用内置三维裂纹的树脂材料开展单轴和双轴压缩试验。结果表明预制裂纹边缘产生的次生裂纹限制了翼形裂纹的扩展长度。国内学者朱维申、李术才和陈卫忠等[8-13] 采用相似材料开展力学压缩试验研究了雁形裂纹的起裂扩展机理并提出了考虑裂隙蠕变扩展与损伤耦合的应变本构方程。李术才[14] 对陶瓷材料开展的 CT 扫描试验说明了翼形裂纹的扩展长度约为预制裂隙长度的 1.0～1.5 倍。杨圣奇[15-18] 对含表面裂隙的圆柱形大理岩试件开展力学压缩试验，详细研究了裂隙不同赋存方式对大理岩试件抗压强度和破坏模式的影响。郭彦双[19-20]采用不饱和树脂材料在其内部预制裂隙开展力学试验研究了预制裂隙赋存方式与翼形裂纹起裂角的关系。

前人用的树脂材料透明度不够且没有考虑岩体材料非均质和各向异性的特点。岩体内部原始缺陷和细微颗粒将对岩体的破坏行为产生重要影响尤其是岩体破裂过程内部颗粒间的摩擦支撑作用。针对此问题本文将树脂材料内部随机嵌入某种骨料解决了透明材料均质各项同性的弊端，然后将预制好的试件进行烘焙和低温冷冻处理使其具有良好的脆性且在开展单轴压缩试验时能够清晰的看到内部裂纹的扩展情况。试验成果对研究岩体失稳破坏机理无疑是大有益处的。

1 试验研究方案

1.1 裂隙设计

本试验采用椭圆状的裂纹几何模型,用处理过的厚度为 0.1 mm 的云母片(相比铜片刚度更小,更能代表岩石中的原生张开裂隙)模拟岩体中的原生裂隙。预制裂隙通过细棉线根据需要的角度固定于试件中。假设预制裂隙长轴长度为 $2a$,短轴长度为 $2b$。裂纹倾角 α 为裂纹面与垂直加载方向的角度,岩桥角 β 为预制裂隙近端连线与水平面的夹角,裂隙间距 s 为预制裂隙近端点的距离,裂隙具体情况如图 1 所示。

1.2 试样制作

试样长宽高用 L, W 和 H 表示,如图 2 所示,试样尺寸为 50 mm×50 mm×100 mm(长×宽×高),试样制作前先将欲浇筑树脂的模具内部涂抹润滑油(保证树脂固化后能顺利取出且表面平整)然后将经过处理的云母片通过细棉线根据需要的角度固定在模具中。然后将经过精确配比的液体树脂浇筑到固定了云母片的模具中。室温放置 24 h 后将在模具中固化的树脂取出,这时的试件高度略大于 100 mm,需将表面进行再处理使其达到标准高度且上下表面光滑平整。当试件尺寸满足要求后需将试件放入烘箱中进行烘焙,进行反复烘焙后将试件放入型号为 DW-60W60 的冷冻储藏箱中进行冷冻 24 h。经过上述处理后,试件基本满足岩石材料最重要的特性:① 脆性特性;

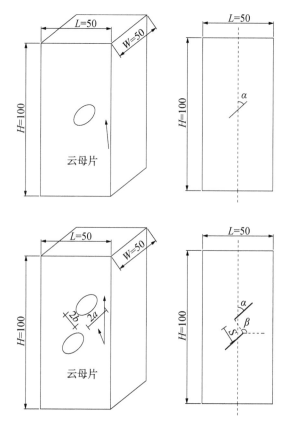

图 1 含预制裂隙试件示意图

② 单轴压缩条件下的剪胀特性;③ 破裂过程的内部摩擦特性。

1.3 试验仪器

试验在 RMT-150B 多功能刚性岩石伺服试验机上进行,单轴压缩条件下采用速率控制,控制速率为 0.01 mm/s。整个试件压缩过程中的属性参数都实时的传递到所连接的计算机上并经计算机处理后以数字和图表的形式呈现。试件压缩过程中用佳能 700D 摄像机拍摄试件整个破坏过程,且将图像信息即时传输到计算机中,方便试验后分析三维裂隙的扩展和贯通特征。试验设备如图 2 所示。

(a)   (b)

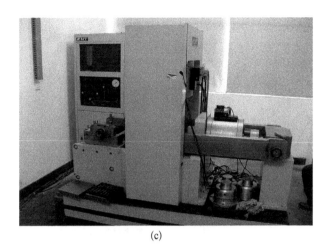

(c)

图 2　试验设备

2　试验过程

2.1　单裂隙试件

本试验旨在研究三维裂隙不同的赋存方式对次生裂纹起裂规律的影响,单裂隙试件布置为 30°、45°、60°、90°四种角度,预制单裂隙试件在加载过程中经历了压密,弹性变形,裂纹迅速扩展,脆性破坏,残余应力五个阶段。试验中观察到裂隙倾角为 30°、45°、60°试件的次生裂纹萌生均是从预制裂隙长轴端部开始,这主要由于预制裂隙周边的应力属性决定了次生裂纹起裂和扩展的基本模式,由于岩石的抗拉强度远小于其抗压强度,因而次生裂纹总是先从预制裂隙端部拉应力集中区萌生,产生张拉性质的翼形裂纹,随着翼形裂纹的扩展,裂纹尖端的拉应力逐渐释放而尖端的压剪应力则逐渐增加。试验中还发现预制裂隙倾角为 90°的试件次生裂纹并没有从预制裂隙周边产生而是直接从预制裂隙表面产生,这说明了预制裂隙不同的赋存方式将导致次生裂纹不同的起裂模式。由于预制裂隙倾角为 30°、45°、60°的试件次生裂纹起裂规律相同,为了简要说明问题,下面仅对预制裂隙倾角为 45°和 90°的试件的裂纹起裂规律进行详细描述。对于预制裂隙倾角 45°的试件,经过多组试验研究发现其次生裂纹的起裂载荷约为峰值强度的 55%~65%之间,当轴向荷载达到这一范围时,翼型裂纹萌生长度约为预制裂隙短轴长度的 1/3 左右。此后一段时间翼型裂纹沿长度方向不在生长而是逐渐沿着预制裂隙周边逐渐包裹预制裂隙,这说明预制裂隙周边是薄弱区域,集中应力先

行沿着此区域释放,当荷载达到峰值强度 80%左右时,翼型裂纹长度方向开始生长并逐渐偏向加载方向但生长速度极其缓慢,当荷载达到峰值强度 90%左右时,翼型裂纹沿长度方向出现突跳式增长,翼型裂纹最终生长长度约为预制裂隙长轴长度的 1.0~1.5 倍左右,如图 3(a)所示。继续加载试件无裂隙区开始产生微裂纹,各种裂纹汇合贯通,试件最终破坏主要是由翼型裂纹的扩展引起,试件成张拉劈裂破坏。预制裂隙倾角为 90°的试件,加载过程中并未发现翼型裂纹,而是当荷载达到峰值强度 45%左右时,在预制裂隙表面产生花瓣状裂纹,花瓣状裂纹只沿预制裂隙面生长且生长长度有限,直至试件破坏生长长度约为预制裂隙短轴长度的 1/3,如图 3(b)所示。该情况下,预制裂隙周边萌生的次生裂纹对试件破坏不构成主导作用,试件破坏由随机产生的一条张拉裂纹从上至下贯通整个试件。

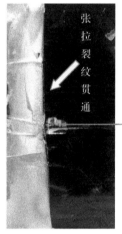

(a) $\sigma = 70\%\sigma_{max}$　　　　(b) $\sigma = 90\%\sigma_{max}$

图 3　单裂隙试件裂纹情况

2.2　双裂隙试件

双裂隙试件次生裂纹的起裂规律与单裂隙试件类似,但双裂隙试件在裂纹扩展过程中观察到了反翼裂纹等新生裂纹,这说明裂隙间相互作用对次生裂纹的起裂模式也有一定的影响。对于倾角为 70°的双裂隙试件,翼型裂纹并不是同时萌生,而是靠近加载端预制裂隙周边翼型裂纹先行萌生,起裂载荷约为峰值强度的 45%。继续加载当荷载达到峰值的 65%左右时,远离加载端的翼型裂纹开始出现,这说明单轴压缩条件下试件内部应力分布的不均匀性,一般来说靠近加载

端区域的应力集中程度更强。当荷载达到峰值强度的80%左右时,岩桥中部产生一微小张拉裂纹扩展生长并和预制裂隙端部的翼型裂纹汇合导致岩桥贯通,如图4(a)所示。荷载达到峰值强度90%左右,试件无裂隙区产生裂纹并迅速扩展汇合,试件最终由各种形式裂纹会和贯通破坏。对于倾角为90°的平行共面双裂隙试件,实验中没有观察到翼型裂纹而是试件表面产生的花瓣状裂纹和与翼型裂纹生长方向相反的反翼裂纹,如图4(b)所示。这进一步说明了次生裂纹的起裂方式和预制裂隙倾角有关。试验中观察发现反翼裂纹和花瓣状裂纹扩展长度极其有限,反翼裂纹最终长度约为预制裂隙短轴长度的1/3左右,与单裂隙试件相似,这些次生裂纹对试件的破坏不构成主要作用,试件最终破坏是由产生于试件中部的巨型张拉裂纹所致。

裂纹扩展至预制裂隙周边区域时集中应力已不能达到试件的破坏强度,所以张拉裂纹扩展停止。

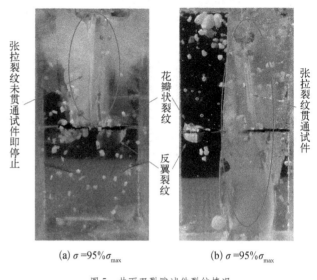

(a) $\sigma = 95\%\sigma_{max}$ (b) $\sigma = 95\%\sigma_{max}$

图5 共面双裂隙试件裂纹情况

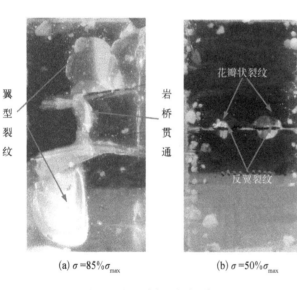

(a) $\sigma = 85\%\sigma_{max}$ (b) $\sigma = 50\%\sigma_{max}$

图4 平行双裂隙试件裂纹情况

2.3 裂隙间距对试件贯通模式的影响

试验研究了倾角为90°的平行共面双裂隙试件裂隙间距对试件最终破坏模式的影响,结果表明试件的破坏贯通模式受裂隙间距与预制裂隙短轴长度比例关系的影响。当裂隙间距大于预制裂隙短轴长度时,试件最终破坏由贯穿整个试件的张拉裂纹所致,如图5(a)所示。当裂隙间距小于预制裂隙短轴长度时,导致试件破坏的张拉裂纹扩展至预制裂隙面所在平面即停止,如图5(b)所示。分析原因主要由于该情况下裂隙相距较近,之前产生的花瓣状裂纹,反翼裂纹等次生裂纹使裂隙周边集中应力得到一定程度的释放,张拉

3 裂隙的赋存方式对试件抗压强度的影响

3.1 预制裂隙岩桥角对试件抗压强度和轴向应变的影响

单轴压缩的应力-应变全程曲线含有丰富的信息,它反映试件在整个压缩过程中的力学特性,从图6中可以看出含不同岩桥角的试件应力-应变曲线经历了初始压密、弹性变形、裂纹扩展、脆性破坏、残余强度五个阶段。含预制裂隙试件的峰值强度相对于完整试件明显降低,从表1中可以看出岩桥角为45°、90°、135°的试件的峰值强度分别为57.42 MPa、56.21 MPa、55.67 MPa,相对于完整试件的93.78 MPa分别降低了38.77%、40.09%、40.63%。试件峰值强度受岩桥倾角变化影响较小,变化幅度仅为2%左右且变化规律不明显。岩桥角为45°、90°、135°试件的峰值轴向应变分别为15.12、14.03、14.63相对于完整岩样的16.09降低幅度分别为10.53%、16.98%、13.43%。说明裂隙的存在使得试件的峰值轴向应变有较大的幅度的减小,其中岩桥角为90°的试件降低幅度最大,这提示人们工程岩体内部裂隙岩桥角为90°左右时,岩体在变形很小时可能就会失稳破坏,工程施工时要特别注意加强该岩桥角情况下的岩体位移监测。

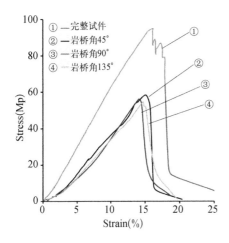

图 6 含不同裂隙岩桥角试样的应力应变曲线

表 1 含不同裂隙岩桥角试样力学参数

名 称	σ_C/MPa	$\varepsilon/10^{-3}$	E/GPa
完整试件	93.78	16.09	6.16
岩桥角 45°	57.42	15.12	5.36
岩桥角 90°	56.21	14.03	5.15
岩桥角 135°	55.67	14.63	5.22

3.2 预制裂隙倾角对裂纹起裂应力的影响

图 7 给出了预制裂隙倾角与起裂应力之间的关系,裂纹的起裂应力随着预制裂隙倾角 α 增大而减小,当 $30° \leqslant \alpha \leqslant 45°$ 时,起裂应力约为峰值强度的 65% 左右,此时从裂纹起裂到试件失稳破坏时间较短加载空间较小,这提醒人们在工程施工中该倾角下的岩体裂纹起裂时要特别注意加强对岩体竖向荷载的监测。当 $60° \leqslant \alpha \leqslant 75°$ 时,裂纹的起裂应力仅为峰值强度的 40% 左右,这说明裂纹从起裂到试件破坏这一过程试件有较高的承载储备,承载空间较大。当 $45° \leqslant \alpha \leqslant 60°$ 时裂纹的起裂应力与峰值应力的比值突降明显,且预制裂隙倾角在 45° 左右时,试件极易发生爆裂现象,说明爆裂与原生裂隙的赋存角度有一定关系即岩体中裂隙的方位可能是导致坚硬岩体爆裂现象的一个重要因素。由此可知裂纹倾角对起裂应力影响显著并且根据裂纹倾角和起裂应力的关系可以对工程起到安全预警的作用。

3.3 双裂隙试件间距对试件峰值强度和峰值轴向应变的影响

试验研究了裂隙间距对试件峰值强度和峰值轴

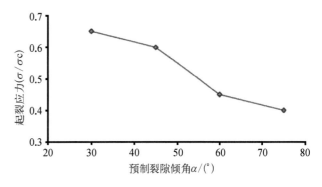

图 7 裂隙倾角与起裂应力关系曲线

向应变的影响,制备的 4 组试件预制裂隙间距 s 分别为 10 mm、20 mm、30 mm、40 mm。为了避免其他因素的影响,采用单因素分析法保证预制的四组试样中预制裂隙形状、尺寸、固定位置、倾角以及岩桥角等均保持不变,其中裂隙倾角为 60°,岩桥角为 90°。从图 8 中可以看出随着裂隙间距的增大试件的峰值强度逐渐降低,峰值轴向应变变化规律则不明显。裂隙间距 10 mm、20 mm、30 mm、40 mm 试件的峰值强度分别为 61.15 MPa、58.39 MPa、56.47 MPa、53.53 MPa 相对于完整试件的 93.78 MPa 分别降低了 34.79%、37.74%、39.78%、42.91%。裂隙间距 10 mm 和 40 mm 的试件峰值强度变化幅度达到 8% 左右,可见裂隙间距的大小对试件的抗压强度影响作用不可低估,分析原因主要由于裂隙间距的不同导致裂纹不同的扩展贯通模式。从表 2 中可以看出试样的弹性模量和峰值轴向应变变化幅度较小且变化规律不明显,说明裂隙间距对试件的弹性模量和峰值轴向应变影响作用微弱。

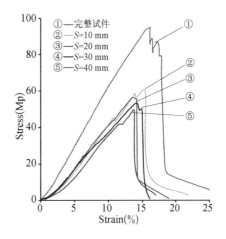

图 8 不同裂隙间距试样应力应变曲线

表2 不同裂隙间距试样力学参数

名　　称	σ_C/MPa	ε/10^{-3}	E/GPa
完整试件	93.78	16.09	6.16
$S=10$ mm	61.15	15.44	5.46
$S=20$ mm	58.39	14.40	5.23
$S=30$ mm	56.47	15.63	5.35
$S=40$ mm	53.53	14.04	5.29

4 结论

通过自行配比的不饱和树脂材料在其内部随机嵌入骨料,经过烘培和$-60°$冷冻之后其强度和脆性与真实岩石材料较为接近,且透明度良好,根据需要在其内部预制裂隙,开展单轴压缩试验观察裂纹的起裂扩展机理。得到结论主要有:

(1) 次生裂纹的起裂规律受预制裂隙角度的影响,一般情况下翼型裂纹先从预制裂隙长轴端部萌生,但预制裂隙倾角为$90°$时,将没有翼型裂纹萌生而是花瓣状裂纹从预制裂隙表面萌生。双裂隙试件次生裂纹起裂扩展过程要比单裂隙试件复杂,将产生多种不同形式的裂纹。

(2) 对与倾角为$90°$的平行共面双裂隙试件,裂纹扩展贯通模式受预制裂隙间距和预制裂隙短轴长度的影响且二者比例关系的不同将直接导致试件不同的破坏模式。

(3) 岩桥角对试件的峰值应力影响不明显但试件的峰值应力会随着裂隙的间距增大而减小,裂纹的起裂应力受预制裂隙倾角影响,倾角越大起裂应力越低,且预制裂隙倾角在$45°\sim60°$这一范围裂纹的起裂应力降低幅度较大。

参考文献

[1] Brace W F, Bombolakis E G. A note on brittle crack growth in compression [J]. Journal of Geophysical Research Atmospheres, 1963, 68(12): 3709 - 3713.

[2] Wong R H C, Leung W L, Wang S W. Shear strength studies on rock-like models containing arrayed open joints [C]//Proceeding of the 38th U. S. Rock Mech Symp Rock Mech in the Nation Interest, 2001b:

843 - 849.

[3] Wong R H C, Wang S W. Experiments and numerical study on the effect of material property, normal stress and the position of joint on the progressive failure under direct shear [C]//NARMS - TAC2002, Mining and Tunnelling Innovation and Opportunity, Toronto, Canada, 2002b: 1009 - 1016.

[4] Gehle C, Kutter H K. Breakage and shear behavior of intermittent rock joints [J]. Int. J. Rock Mech. Min. Sci. 2003, 40(8): 687 - 700.

[5] Shen B. The mechanism of fracture coalescence in compression-experimental study and numerical simulation [J]. Engng Frac Mech, 1995, 51(1): 73 - 85.

[6] Shen B, StePhansson O, Einstein H H, et al. Coalescence of fracture sunder shear stresses in experiments [J]. J GeoPhys Res, 1995, 100(B4): 5975 - 5990.

[7] Dyskin A V, Germanovich L N, Jewell R J, et al. Some Experimental results on three-dimensional crack propagation in compression [C]//Proceedings of the 1995 2nd International Conference on the Mechanics of Jointed and Faulted Rock - MJFR - 2. New York: New York, 1995, 91 - 96.

[8] 朱维申,陈卫忠,申晋.雁形裂纹扩展的模型试验及断裂力学机制研究[J].固体力学学报,1998,19(4): 355 - 360.

[9] 徐靖南,朱维申,白世伟.压剪应力作用下多裂隙岩体的力学特性——断裂损伤演化方程及试验验证[J].岩土力学,1994,15(2): 1 - 12.

[10] 徐靖南.压剪应力作用下多裂隙岩体的力学特性——力学分析与模型试验[D].武汉:中国科学院武汉岩土力学研究所,1993.

[11] 朱维申,赵阳升.裂隙岩体渗流耦合模型及在三峡船闸分析中的应用[J].煤炭学报,1999,24(3): 289 - 293.

[12] 陈卫忠.节理岩体损伤断裂时效机理及其工程应用[D].武汉:中国科学院武汉岩土力学研究所,1997.

[13] 陈卫忠,李术才,朱维申,等.岩石裂纹扩展的实验与数值分析研究[J].岩石力学与工程学报,2003,22(1): 18 - 23.

[14] 李术才,李廷春,王刚,等.单轴压缩作用下内置裂隙扩展的CT扫描试验[J].岩石力学与工程学报,2007, 26(3): 484 - 492.

[15] 杨圣奇,戴永浩,韩立军,等.断续预制裂隙脆性大理岩变形破坏特性单轴压缩试验研究[J].岩石力学与工程学报,2009,28(12):2391-2404.

[16] 杨圣奇,温森,李良权.不同围压下断续预制裂纹粗晶大理岩变形和强度特性的试验研究[J].岩石力学与工程学报,2007,26(8):1572-1587.

[17] 杨圣奇,徐卫亚,苏承东.大理岩三轴压缩变形破坏与能量特征研究[J].工程力学,2007,24(1):136-142.

[18] 杨圣奇,苏承东,徐卫亚.大理岩常规三轴压缩下强度和变形特性的试验研究[J].岩土力学,2005,26(3):475-478.

[19] 郭彦双,朱维申.压剪条件下预埋椭圆裂纹三维扩展实验研究[J].固体力学学报,2011,32(1):64-73.

[20] 郭彦双,林春金,朱维申,等.三维裂隙组扩展及贯通过程的实验研究[J].岩石力学与工程学报,2008,27(1):3191-3195.

本文发表于《固体力学学报》2015年第S1期

高温下盐岩的声发射特性试验研究

吴　刚[1,2]，翟松韬[3]，孙　红[3]，张　渊[4]

(1. 上海交通大学 海洋水下工程科学研究院，上海 200231；

2. 中国矿业大学 深部岩土力学与地下工程国家重点实验室，江苏 徐州 221008；

3. 上海交通大学 土木工程系，上海 200240；4. 淮阴工学院 建筑工程学院，江苏 淮安 223001)

摘要：利用 MTS 810 材料测试系统和 AE21C 声发射检测仪对受高温作用的喜马拉雅山盐岩在加温及加载过程中声发射的演变过程进行试验研究，分析其在 20～600℃高温下以及高温后不同受力阶段的声发射特征。研究结果表明：加温过程中，50～400℃盐岩的声发射率较 50℃时明显下降，超过 400℃后随温度的升高盐岩的声发射活动越频繁。单轴压缩过程中，20～150℃时盐岩的声发射活动频率及强度随温度升高而增大，而在 170～600℃其声发射率随温度升高而降低。170～400℃是盐岩自愈性得到充分体现的温度区间。在相同温度下，高温下盐岩的声发射活动弱于高温后。

关键词：岩石力学；高温作用；盐岩；声发射

1　引言

高温会导致岩石内部结构及其基本物理力学性质发生改变。多年来，声发射技术已应用于岩石内部破坏机制的研究，并取得了诸多成果。吴刚和赵震洋[1]通过对加、卸荷应力状态下岩石类材料声发射变化的比较，探讨了岩石类材料由应力作用方式引起破坏的声发射现象；任松等[2]通过改变恒幅荷载条件下的上、下限应力以及加载速率等试验条件，对盐岩疲劳损伤特征进行了声发射试验研究；姜德义等[3]对加载应变率分别为 2×10^{-3}，2×10^{-4}，2×10^{-5} s^{-1} 下的盐岩损伤演化及声发射参数特征进行了试验研究；谢强等[4]利用改进的岩石声发射参数动态测试系统，对广西某矿石灰岩作了岩石的单轴压缩试验，检测了岩样从加载直至破坏过程中的声发射活动；李庶林等[5]对单轴受压岩石破坏全过程进行声发射试验，得到岩石破坏全过程力学特征和声发射特征，研究了声发射事件数（AE 数）、事件率与应力、时间之间的关系；裴建良等[6]基于声发射事件空间分布的柱覆盖分形模型，对瀑布沟水电站地下厂房花岗岩单轴压缩损伤破坏过程中声发射事件空间分布的分形特征进行了研究；赵兴东等[7]应用声发射及其定位技术，对不同岩样破裂过程的声发射活动规律进行试验研究，借以揭示不同岩样的破裂失稳机理；L. J. Zhang 和 C. H. Li[8]基于单轴压缩试验，详细分析了岩石的声发射特性与时间、应力水平以及力学性质之间的关系；P. P. Nomikos 等[9]对 2 种希腊大理岩进行了抗弯承载试验，通过加载过程中的声发射监测对岩石的细观损伤进行了详细分析；A. Tavallali 和 A. Vervoort[10]在巴西测试条件下对层状砂岩进行了声发射检测，指出层状砂岩的声发射累计数示意图能够被划分为 2 个连续的半抛物线；P. Ganne 等[11]利用声发射技术对岩石峰值前的脆性破坏进行了研究，给出了整个过程中累计声发射能量的 4 个过程；M. C. He 等[12]在室内对真三轴卸荷状态下石灰岩岩爆过程的声发射特性进行了研究。目前，岩石的声发射监测虽然在测定地应力、隧道工程及边坡工程监测与预报等都有实际应用，但有关高温下岩石尤其是高温下盐岩的声发射特性研究鲜见报道。对盐岩进行高温下的声发射特性研究，能够更好地了解盐岩作为地下能源储存介质的变形破坏过程，对核废料储存等地下工程的顺利进行具有一定的工程实用价值。

本文通过 20~600℃下盐岩在加温及单轴加载过程中的声发射试验研究,获得声发射特征参量(如声发射振铃计数率、振铃累计数等),分析加温下盐岩声发射参量的变化规律;比较高温及高温冷却至室温后盐岩在单轴压缩过程中的声发射参量及其差异,并结合其在单轴压缩下的应力-应变关系探讨高温下盐岩的变形破坏机理。

2 盐岩声发射试验概况

2.1 岩样制备

试验所采用的岩样为喜马拉雅山结晶盐岩,产于巴基斯坦北部地区的喜马拉雅山山脉。常温下喜马拉雅山盐岩的平均密度为 2.13 g/cm³。

试验前将盐岩加工为 ϕ20 mm×45 mm 的圆柱体试样。因盐岩遇水易崩解,故岩样在饱和氯化钠溶液中进行加工。对加工完成的盐岩试样进行分组编号,图 1 为部分盐岩试样。

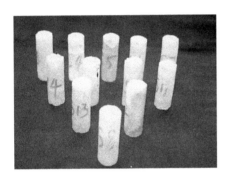

图 1　部分盐岩试样

2.2 试验设备

盐岩的高温压缩试验采用美国 MTS 系统公司生产的 MTS 810 材料测试系统,配有高温环境炉 MTS 653.04,如图 2 所示。高温环境炉最高温度可达 $(1\,400\pm1)$℃,升温速度为 100℃/min,达到最高温度时间<15 min。

声发射检测采用沈阳计算机技术研究设计院研制的 AE21C 声发射检测系统。该声发射检测系统既适用于突发型声发射波,也适用于连续型声发射波。其各参数设置分别为:增益与门槛值为 35 dB,采样速率为 100 ms/次,撞击时间为 50 μs,撞击间隔为 300 μs。AE21C 声发射检测系统及其探头安放如图 3 所示。

图 2　MTS 810 材料测试系统及高温环境炉

(a) AE21C声发射检测系统　　(b) 声发射探头安放

图 3　AE21C 声发射检测系统及其探头安放

2.3 试验设计

试验内容包括:各岩样加温过程中的声发射检测,高温及高温冷却至室温后盐岩在单轴压缩过程中的声发射检测。采取方法与步骤如下:

(1) 将试验温度划分为 12 个温度段,即 20℃,50℃,100℃,120℃,150℃,170℃,200℃,400℃,500℃,600℃以及 100℃和 200℃后冷却至室温。

(2) 将各岩样在高温环境炉内加热至指定温度并保持恒温 15 min 以上,同步实施声发射检测。

(3) 分别对指定温度及高温自然冷却至室温后的岩样单轴加载至破坏,同步实施声发射检测及应力-应变全过程记录。

(4) 最后对试验数据进行整理及分析。

本文的单轴压缩试验采用应变控制,变形速率均为 0.01 mm/s。

3 试验结果及分析

3.1 加温过程中盐岩声发射参量分析

对 29 个喜马拉雅山盐岩试样进行测试。图 4 为盐岩在加温过程中声发射参量与时间的关系。

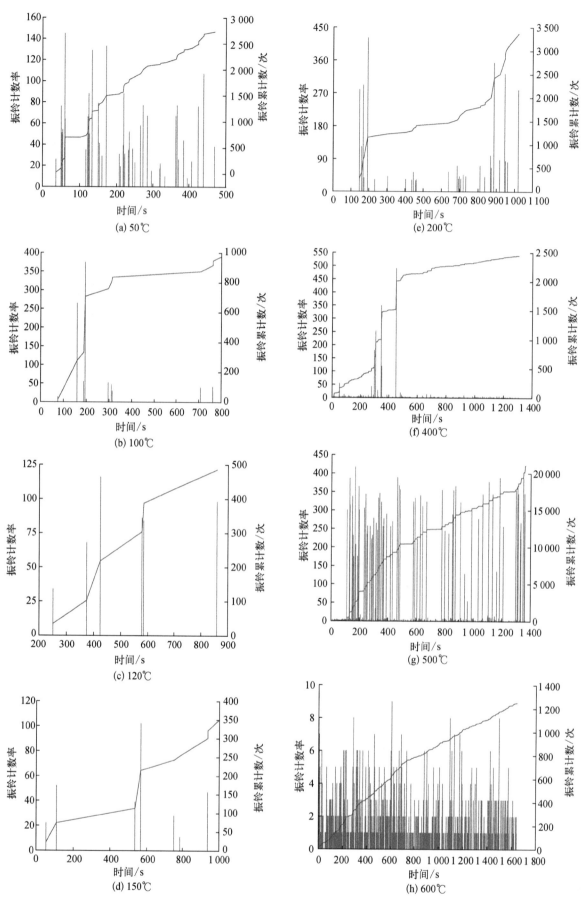

图 4 盐岩在加温过程中声发射参量与时间的关系

从图 4 可看出喜马拉雅山盐岩在加温过程中的声发射活动呈如下规律：当温度由 20℃升至 50℃时，由于温度的增加，岩样内部的微结构发生改变，由此检测到部分声发射信号的产生；而当盐岩在 100～400℃高温作用下，检测到的声发射信号明显比 50℃时减少很多。这种现象有异于一般岩石，其原因主要是盐岩在上述温度区间具有很好的低渗透性与损伤自我恢复性，高温使得盐岩的自愈性得到了体现，其细观结构中的缺陷部分愈合，从而导致声发射率的降低。当温度超过 400℃时，声发射率逐渐增高，整个加温过程中都有声发射事件的产生且频率较高；其原因是超过 400℃的高温导致岩石的天然裂隙缺陷发生扩展并逐渐形成较大的宏观空隙，此时盐岩本身特有的自愈性已逐步丧失，微裂纹扩展所释放出的较大能量引发更为频繁的声发射振铃计数率。此外，600℃时盐岩的声发射振铃计数率虽然比 500℃时更密集，但其振铃累计数却远小于 500℃下的振铃累计数，这是由于盐岩在 600℃下的整体结构发生改变，软化效应明显，且呈现出塑性特征。

3.2 单轴压缩下高温盐岩的声发射与应力-应变关系

3.2.1 盐岩声发射振铃计数率与应力-应变关系

盐岩作为核废料地下储藏的理想介质，往往同时受到高温与高压的作用。因此，通过对高温盐岩在加载条件下的声发射特征研究，能够更好地揭示荷载与高温耦合作用对盐岩物理力学性质的影响程度。图 5 为不同温度下盐岩的声发射振铃计数率与应力-应变关系。

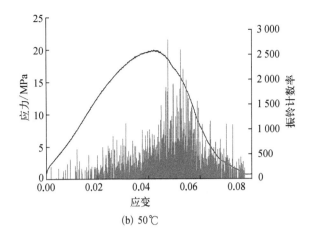
(b) 50℃

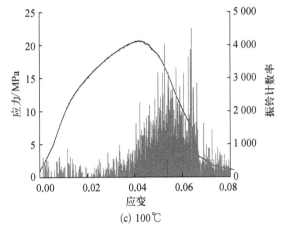
(c) 100℃

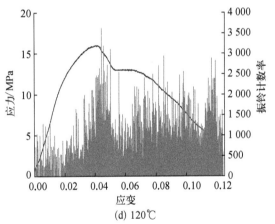
(d) 120℃

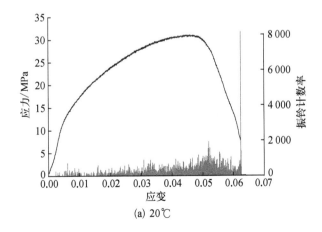
(a) 20℃

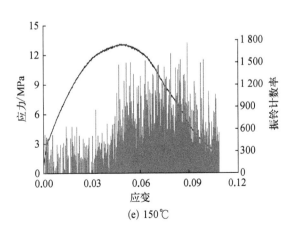
(e) 150℃

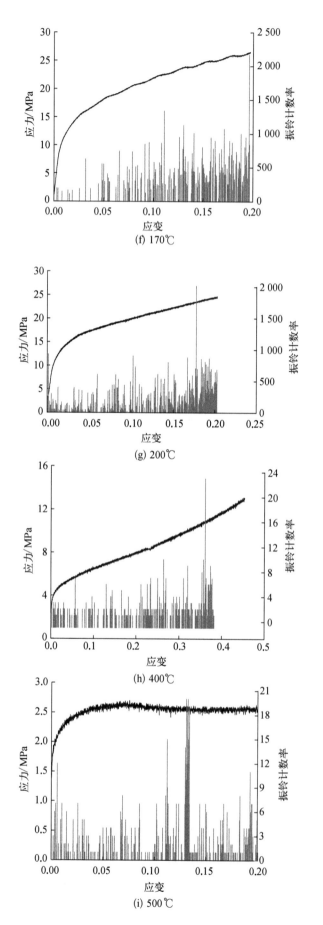

(f) 170℃

(g) 200℃

(h) 400℃

(i) 500℃

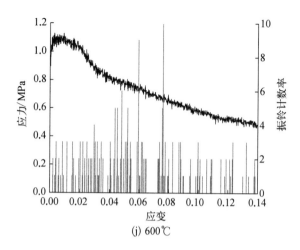

(j) 600℃

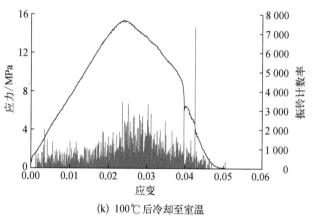

(k) 100℃后冷却至室温

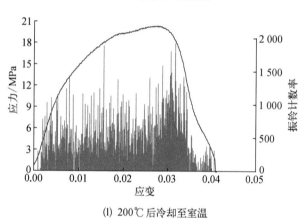

(l) 200℃后冷却至室温

图5 不同温度下盐岩的声发射振铃计数率与应力-应变关系

由图5可知,高温作用下喜马拉雅山盐岩在加载过程中的声发射振铃计数率具有如下特征:

(1)和加温过程相比,加载过程中盐岩的振铃计数率在频率和强度上都大大增加,体现了荷载是影响盐岩声发射特性的一大主要因素。

(2)在加载初期各温度条件下盐岩均有不同程度的声发射活动,但强度较小,信号微弱,因此声发射活动不明显。随着应力的增大,岩样内部开始形成较多新裂纹,此时声发射活动也随之趋于活跃,振铃计数率曲线趋于密集且其值不断增大并在整个加载过程中达到峰值。继续加载,声发射振铃计数率呈下降趋势,但此阶段的振铃计数率相比于加载初期都较高,表明裂纹之间的相互作用开始加剧,某些微裂纹发生聚合、贯通,从而导致断裂面的形成,释放出较强的声发射信号。

(3) 对比不同温度下盐岩的整个声发射过程可以看出:当温度低于150℃时,盐岩的声发射振铃计数率随加载时间的增加而增大;当温度处于170~400℃时,盐岩的声发射振铃计数率在强度和发生频率上都有明显的下降趋势,这表明和温度较低时相比,此时受压盐岩的自愈特性[13]开始体现,岩样内部部分裂纹孔隙愈合,活动强度和频率较低,因此释放的声发射信号相对较弱。与加温过程中盐岩的声发射率相比较,可以发现170~400℃是盐岩自愈性得到充分体现的温度区间。当温度达到400℃以上时,盐岩声发射振铃计数率的最大值比200℃之前的声发射振铃计数率值几乎减小了3个数量级,这表明400℃以上时盐岩在荷载作用下的主要破坏形式已不再是裂纹扩展,而是位错运动和滑移变形。

(4) 对比高温下和高温后盐岩的声发射振铃计数率可以发现:100℃高温下和100℃高温后冷却至室温的盐岩的振铃计数率在大小、密集度及随时间的变化上相差不大,这表明此温度对盐岩内部结构没有太多影响。而在200℃高温下盐岩的振铃计数率无论从大小还是密集度上都小于200℃后冷却至室温的盐岩,这表明在加载过程中200℃高温下盐岩的内部裂纹的开展弱于经历200℃高温后的盐岩。综合以上2种情况,可以推测:当温度高于100℃,盐岩在加载下的声发射活动弱于其高温后,且这种情况随着温度的升高而更加明显。这是由于降温过程中,岩样温差过大,内外温度不均匀,使得温度应力增大,导致试样微裂纹的生成和扩展更为严重,进而使得高温下盐岩的声发射活动弱于高温后。

(5) 由于盐岩为软岩,强度较低,其内部存在较多的节理裂隙,在整个加载过程中产生的声发射信号较多,持续时间也较长,且声发射振铃计数率基本都在峰值后区达到最大,与殷正刚[14]所得的结论相同。这表明,对于强度较低的软岩,如盐岩,虽然在加载过程中产生了较为密集的声发射信号,但不意味着岩石即将破坏,这有利于利用声发射检测其稳定性。

3.2.2 盐岩声发射振铃累计数与应力-应变的关系

图6为不同温度下盐岩的声发射振铃累计数与应力-应变关系。

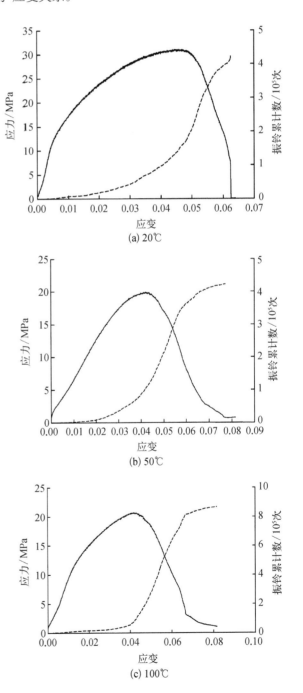

(a) 20℃

(b) 50℃

(c) 100℃

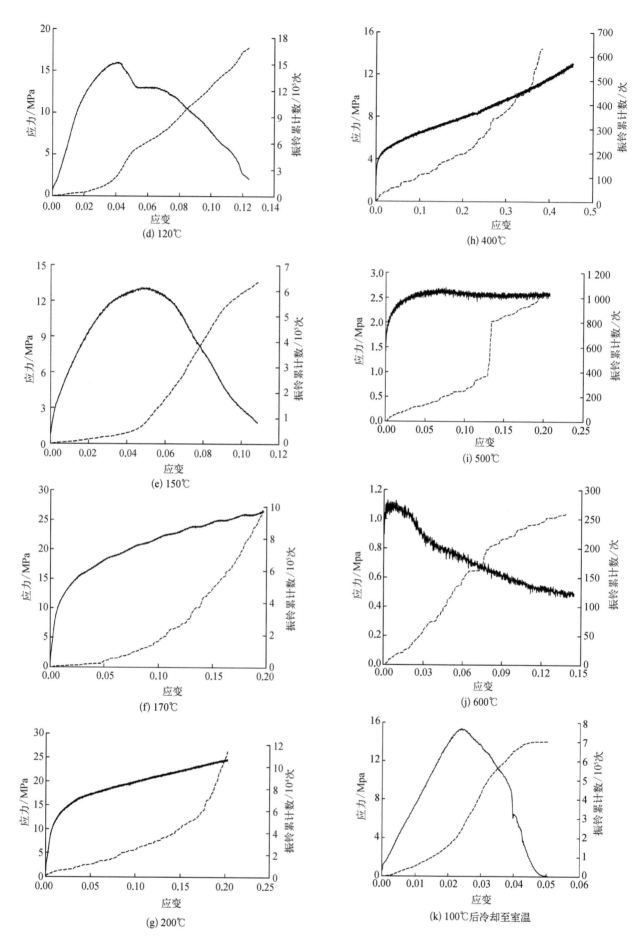

(d) 120℃

(e) 150℃

(f) 170℃

(g) 200℃

(h) 400℃

(i) 500℃

(j) 600℃

(k) 100℃后冷却至室温

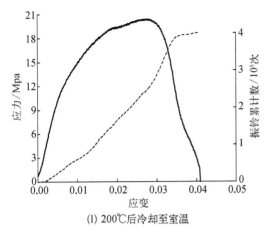

(l) 200℃后冷却至室温

图6 不同温度下盐岩的声发射振铃累计数与应力-应变关系

由于声发射振铃累计数与其振铃计数率具有直接换算关系,故从图6反映出的盐岩声发射特性与图5有一定的对应关系。从图6中可知受高温作用喜马拉雅山盐岩在加载过程中声发射振铃累计数具有如下特征:

(1) 比较不同温度下盐岩的声发射振铃累计数可以发现,20～150℃,170～400℃,盐岩的声发射振铃累计数与应力-应变关系曲线的凹凸型式分别相近;当温度高于120℃时,盐岩的声发射振铃累计数开始下降,并从400℃起盐岩的声发射振铃累计数数量级减小了10³倍,这表明盐岩在超过400℃的高温下变形破坏所释放的能量逐步减小。

(2) 比较高温下及高温后盐岩的声发射振铃累计数可知,100℃高温下和100℃高温后冷却至室温盐岩的声发射振铃累计数相差不大;而200℃高温后的盐岩声发射振铃累计数比200℃高温下的大3倍以上。这同样表明,高于100℃的盐岩受荷载作用在高温下的声发射活动弱于高温后冷却至室温的声发射活动。

4 结论

(1) 在加温过程中,喜马拉雅山盐岩在100～400℃高温下的声发射信号相比50℃时减少很多;当温度超过400℃时,喜马拉雅山盐岩的声发射率逐渐增高,整个加温过程中都有声发射事件的产生。

(2) 单轴压缩下喜马拉雅山盐岩在20～150℃时,其内部的声发射活动频率及强度随温度升高而增大,而在170～600℃时,其声发射率随温度升高而降低。

(3) 在170～400℃时,喜马拉雅山盐岩的自愈性可得到充分体现。

(4) 与加温过程相比,盐岩在加载中的声发射振铃计数率在频率和强度上都大大增加。

(5) 在相同温度下,高温下盐岩的声发射活动弱于高温后冷却至室温的。

参考文献

[1] 吴刚,赵震洋.不同应力状态下岩石类材料破坏的声发射特性[J].岩土工程学报,1998,20(2):82-85.

[2] 任松,白月明,姜德义,等.周期荷载作用下盐岩声发射特征试验研究[J].岩土力学,2012,33(6):1613-1618.

[3] 姜德义,陈结,任松,等.盐岩单轴应变率效应与声发射特征试验研究[J].岩石力学与工程学报,2012,31(2):326-335.

[4] 谢强,张永兴,余贤斌.石灰岩在单轴压缩条件下的声发射特性[J].重庆建筑大学学报,2002,24(1):19-22.

[5] 李庶林,尹贤刚,王泳嘉,等.单轴受压岩石破坏全过程声发射特征研究[J].岩石力学与工程学报,2004,23(15):2499-2503.

[6] 裴建良,刘建锋,张茹,等.单轴压缩条件下花岗岩声发射事件空间分布的分维特征研究[J].四川大学学报:工程科学版,2010,42(6):51-55.

[7] 赵兴东,陈长华,刘建坡,等.不同岩石声发射活动特性的实验研究[J].东北大学学报:自然科学版,2008,29(11):1633-1636.

[8] ZHANG J L, LI C H. Study on acoustic emission and failure modes of rock in uniaxial compression test [J]. Advanced Materials Research, 2011, 261: 1393-1400.

[9] NOMIKOS P P, KATSIKOGIANNI P, SAKKAS K M, et al. Acoustic emission during flexural loading of two Greek marbles [C] //Proceedings of European Rock Mechanics Symposium: EUROCK 2010. Rock Mechanics in Civil and Environmental Engineering, 2010: 95-98.

[10] TAVALLALI A, VERVOORT A. Acoustic emission monitoring of layered sandstone under brazilian test

conditions ［ C ］ //Proceedings of European Rock Mechanics Symposium: EUROCK 2010. Rock Mechanics in Civil and Environmental Engineering, 2010: 91 - 94.

[11] GANNE P, VERVOORT A, WEVESS M. Quantification of pre-peak brittle damage: correlation between acoustic emission and observed micro-fracturing ［ J ］. International Journal of Rock Mechanics and Mining Sciences, 2007, 44(5): 720 - 729.

[12] HE M C, MIAO J L, FENG J L. Rock burst process of limestone and its acoustic emission characteristics under true-triaxial unloading conditions ［J］. International Journal of Rock Mechanics and Mining Sciences, 2010, 47(2): 286 - 298.

[13] SCHULZE T, POPP H K. Development of damage and permeability in deforming rock salt ［ J ］. Engineering Geology, 2001, 61(2): 163 - 180.

[14] 殷正钢. 岩石破坏过程中的声发射特征及其损伤实验研究[D]. 长沙: 中南大学,2005.

本文发表于《岩石力学与工程学报》
2014 年第 33 卷第 16 期

各向异性岩体超声波测试试验研究

涂忠仁

（重庆交通大学 河海学院，重庆 400074）

摘要： 以厦门海底隧道为工程背景，开展一系列声波测试工作，研究了岩样内部裂隙及岩样致密性对声波参数的影响。研究表明：岩样内部的裂隙会对横波产生阻波效应，使横波波速在阻波效应发生的方向上波速明显降低，而对纵波波速则影响不大；松散的内部结构引起的几何弥散效应、反射等现象，不仅使横波和纵波的波速明显减小，而且会降低纵波的主频和振幅。

关键词： 各向异性；岩体；超声波测试；海底隧道

1 前言

厦门市翔安海底隧道是我国首条在建的海底公路隧道，设计时对隧道衬砌周围的岩体是按荷载——结构观点进行处理的，即：衬砌周围岩体既是施加在衬砌结构上的荷载，同时也与衬砌一道承受其外部的山体围岩压力。衬砌与围岩构成的"组合结构"体系中，围岩分担荷载的能力可以用围岩抗力系数来量化，围岩条件越理想，该系数值相应越高。鉴于该参数的取值对隧道的衬砌结构设计影响极大，作者曾在这方面开展了一系列的理论和试验研究[1]，其中就包括室内岩石声波测试。

声波测试方法与其他现场测试技术相比具有快速、无损、准确的优势，自引入岩土工程以来，得到了广泛应用[2,8]。但由于实际测试的工程岩体往往具有不均匀性和各向异性等特点，内部通常有节理、裂隙发育，且内部致密程度也会有变化，这些都将对声波测试结果产生重要影响。

本文首先简要介绍利用弹性体声波波速计算岩体弹性参数的方法，然后详细介绍开展的室内声波测试工作，最后根据纵波和横波波速观测资料，分析岩样的裂隙以及微结构松散程度对波速的影响规律，总结得到相应的建议与结论。

2 弹性介质中弹性参数与波速的关系[9]

弹性介质的波动方程描述各种振动物理体系的运动方程，用偏微分方程表达如下：

$$\frac{\partial^2 u}{\partial t^2} = v^2 \frac{\partial^2 u}{\partial x^2} \qquad (1)$$

在三维的一般情况下，引入拉普拉斯算子 ∇^2，弹性波的运动方程可写成：

$$\left.\begin{array}{l} (\lambda + G)\dfrac{\partial \bar{\varepsilon}}{\partial x} + G\nabla^2 u_x + \rho X = \rho \dfrac{\partial^2 u_x}{\partial t^2} \\[2mm] (\lambda + G)\dfrac{\partial \bar{\varepsilon}}{\partial y} + G\nabla^2 u_y + \rho Y = \rho \dfrac{\partial^2 u_y}{\partial t^2} \\[2mm] (\lambda + G)\dfrac{\partial \bar{\varepsilon}}{\partial z} + G\nabla^2 u_z + \rho Z = \rho \dfrac{\partial^2 u_z}{\partial t^2} \end{array}\right\} \qquad (2)$$

通过推导可以得出两类弹性波在岩石中传播速度的计算公式：一类是纵波（P 波），其速度计算公式是

$$V_p = \sqrt{\frac{\lambda + 2G}{\rho}} \qquad (3)$$

另一类是横波（S 波），其速度计算公式是

$$V_s = \sqrt{\frac{G}{\rho}} \qquad (4)$$

由式(3)、(4)可以得到根据波速测试数据计算弹性体模量和泊松比的公式，即得到相关试验规程[11]中推荐的岩体弹性参数计算公式：

$$\mu_d = \frac{\left(\dfrac{v_p}{v_s}\right)^2 - 2}{2\left[\left(\dfrac{v_p}{v_s}\right)^2 - 1\right]} \qquad (5)$$

$$E_d = v_s^2 \cdot \rho(1 + \mu_d)$$

3 厦门海底隧道岩石声波测试

3.1 试验原理及试块概况

声波测试基本原理是利用人工激励的超声波脉冲信号穿透岩石试样,测取声波在岩样中的传播时间进而计算得到纵波和横波在岩石试样中的传播速度。

试验中的岩样试块采用取自厦门海底隧道地质详勘钻孔时获取的岩芯,三级共12块,其中Ⅰ级岩样有清晰的裂隙,如图1所示,Ⅱ级岩样有胶结良好的微节理,如图2所示,Ⅲ级岩样结构肉眼可判断其较为松散,但没有明显的节理或裂隙,如图3所示。

图1 XASD Ⅰ类围岩
岩样实物

图2 XASD Ⅱ类围岩
岩样实物

图3 XASD Ⅲ类围岩
岩样实物

3.2 仪器设备

岩石声波室内试验在同济大学声学研究所完成,计时系统时间分辨率高于 $0.1~\mu s$,选用耦合剂时,纵波测试采用凡士林耦合,横波测试用铝箔耦合,测试设备实物如图4—图6所示。

3.3 纵波和横波波速测定

纵波和横波的测试严格按照岩石试验规程[10-11]中的规定步骤进行:

(1)首先对岩石试样进行外观描述,并根据试验要求,用游标卡尺测量并记录试样长度,测量时分别在两个相互垂直的方向上测量试样长度,测量精度精确至 0.02 mm;

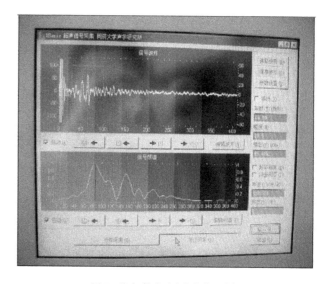

图4 纵波、横波测试信号处理微机
(图中视窗右边可即时显示测试结果)

图5 纵波测试设备   图6 横波测试设备
(左右两端为测试换能器)   (上下两端为测试换能器)

(2)开机预热3～5 min后,将纵波与标定硬铝柱之间加耦合剂,分别测定纵波、横波在硬铝柱中传播速度,根据"游标"读数法确定纵波、横波换能器及仪器收发系统延迟时间 t_{op},并作好记录;

(3)将纵波换能器涂上耦合剂,与被测岩石试样耦合,调节接收波形幅度,用首波幅度等幅读数法依次测取各岩样纵波传播时间 t'_p,并计算相应的纵波波速;

(4)彻底清除试样端面上的凡士林,利用夹具将试样夹在两个横波换能器之间,并施加适当压力,采用游标读数法测取横波传播时间 t'_s,并计算相应的横波波速;

(5)依照公式计算岩石试样弹性参数——动弹性模量和动泊松比。

3.4 围岩动弹性力学参数计算结果

根据规范中推荐的方法,计算得到各级围岩的动

弹性模量 E_d 和动泊松比 μ_d,结果如表1所示。

表1 厦门东通道海底隧道各级围岩动弹性参数计算结果

岩样编号	密度 ρ (kg/m^3)	动弹性模量 ($\times 10^4$ MPa)	动泊松比
XASD Ⅰ-1	2 672	7.05	0.24
XASD Ⅰ-2	2 680	7.91	0.20
XASD Ⅰ-3	2 757	7.35	0.18
XASD Ⅰ-4	2 631	6.69	0.18
XASD Ⅱ-1	2 715	7.12	0.20
XASD Ⅱ-2	2 715	7.33	0.21
XASD Ⅱ-4	2 725	7.58	0.22
XASD Ⅱ-5	2 744	8.40	0.15
XASD Ⅱ-6	2 720	8.20	0.20
XASD Ⅲ-1	2 558	0.99	−0.44
XASD Ⅲ-2	2 408	1.75	−0.28
XASD Ⅲ-3	2 499	0.85	−0.53
XASD Ⅲ-4	2 592	3.00	−0.21

4 结果分析及讨论

从3.4节中的结果可以看到,XASD Ⅰ、Ⅱ级围岩动弹模以及动泊松比测试数据无异常,但是 XASD Ⅲ级围岩,由于岩样内部松散致使其纵波和横波波速下降明显,采用测试结果计算时得到了负的泊松比,这个现象与常规试验有显著不同,通过后续静力试验方法排除了实验误操作等主观因素,对此有另文单独讨论分析。本文主要讨论分析纵波和横波波速测定时观测发现的一些问题,包括纵波波速、主频和振幅变化以及横波波速变化等。

4.1 横波波速测试结果

室内试验考虑到采用的岩样有不同发育程度的节理、裂隙,这对测试不可避免会产生影响,因此在进行岩样横波测定时,在岩样圆周上每隔30°取一个方位进行波速测定,每个岩样共有 12 个横波测试方位,以期如实反映内部缺陷对测试结果产生的影响,并取这 12 个波速的算术平均值作为该岩样最终的横波波速。以典型的部分岩样为例,其实测横波波速沿周长展开图以及波速雷达如图7—图10所示。

对比图7、图8两图可以看出,编号为 XASD Ⅰ-2 和 XASD Ⅰ-4 的岩石试样横波波速受张裂隙影响极

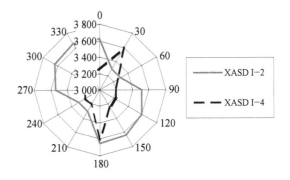

图7 XASD Ⅰ-2、Ⅰ-4岩样横波波速分布玫瑰图

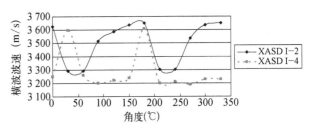

图8 XASD Ⅰ-2、Ⅰ-4岩样横波波速分布展开图图

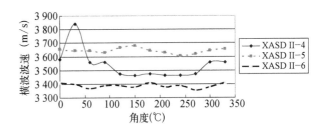

图9 XASD Ⅱ-4~Ⅱ-6岩样横波波速分布展开图

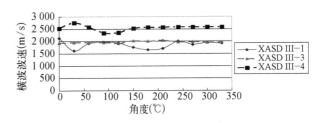

图10 XASD Ⅲ-1、Ⅲ-3、Ⅲ-4岩样横波波速分布展开图

大,在不同测试方位上,波速值变化幅度十分明显。通过对岩样局部构造(图1)研究可以发现,XASD Ⅰ-2岩样在测试方位角180°以及330°处各有一条近似垂直张性弱风化的裂隙,当横波换能器(测速探头)的极性偏振方向平行于裂隙所处的平面时,横波在裂隙面两侧致密岩石中传播而无需穿透裂隙面,此时岩样内部的裂隙面对横波波群传播影响很小,裂隙面起着导波的作用,实际测得的横波速度可高达 3 649 m/s。相应

于上述方向的正交方向上,情况正好相反,即在测试方位角60°和240°测得的横波波速较低,分别是3 291 m/s和3 301 m/s,其原因是裂隙面在岩体内部形成一个界面,横波在传播时需要反复穿越该界面,波群行时明显增长,横波波群在岩样中传播时反复穿越内部裂隙面发生衰减,此时裂隙面起着阻波的作用。编号XADS I-4的岩样也有相同的波速分布特点——在量测角度为30°和180°两个方向上测得波速高值,分别为3 596 m/s和3 609 m/s,而在上述正交方向上(90°和270°)出现横波波速低值,分别为3 199 m/s和3 189 m/s,用上述机制同样可以合理解释试验观测结果。

图9为编号XASD II-4、II-5和II-6的波速展开图,和XASD I级岩样相比,可以发现对于II级围岩的岩样,横波波速除了XASD II-4在量测角度0°~60°之间波动较大外,其余测试角度测得的波速值均变化不大,另外的两块岩样横波波速在所有量测角度上波动变化不大,其原因在于由于尽管II级围岩岩样内部有节理发育(图2中白色线条为节理胶结面),但是由于节理面胶结状况良好,没有形成张裂隙,因而横波波群在这些岩样中传播时并未受严重的影响,各个测试方向上波速测量值波动不大。

图10中的横波波速展开图显著特点是岩样横波波速整体数值水平低、波动小。以该类中整体水平最高的XASD III-4岩样为例,该岩样波速值稳定在2 500 m/s左右,远低于前两类均值3 400 m/s的水平,降低幅度高达27%。分析其原因在于尽管该类围岩没有明显的节理裂隙等,但是在肉眼下即可发现结构较松散,风化比较严重,内部形成大量的空隙,横波在内部传播时不断发生衰减,因此波速下降很大。

4.2 纵波波速测试结果及分析

纵波是压缩波,质点振动方向与测试方位关系无关,因此在纵波波速测定时没必要根据不同的测速方向进行试验。在实际测定时候,只需在岩样端面均匀涂上一层凡士林,然后保持一定的压力将纵波测速换能器紧贴岩样端面,使换能器和岩样充分耦合,逐一进行纵波波速测定即可。测试过程中需要注意的是两个测试探头的轴线应保持在一条直线上(图5),实测各岩样的纵波波速测试结果见表2。

表2　厦门东通道海底隧道围岩纵波波速实测结果

岩样编号	纵波波速值(m/s)
XASD I-1	5 556
XASD I-2	5 739
XASD I-3	5 377
XASD I-4	5 248
XASD II-1	5 415
XASD II-2	5 513
XASD II-4	5 784
XASD II-5	5 689
XASD II-6	5 622
XASD III-1	2 314
XASD III-2	2 890①
XASD III-3	2 392
XASD III-4	3 375

① 波速变化大,取多次测速的均值。

从表2中可以看出I级和II级围岩岩样纵波波速差别不明显,说明裂隙、胶结良好的节理等对纵波影响不大,但是III级围岩岩样的纵波降低显著,表明纵波波速和岩样内部结构的致密性有正相关关系,结构越致密、均匀,波速值越高,反之则越低。

图11和图12分别为XASD II-2和XASD III-1的纵波测试数据采集界面。两图中上半部分为波形振幅和波形图,下半部分显示的是波包的频率构成情况。对比图11和图12可以发现XASD II-2岩样和XASD III-1岩样测试结果有两个重要参数发生显著变化:一是主频减小显著,XASD II-2主频为478 Hz,

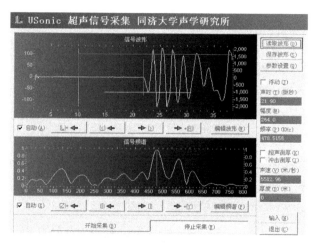

图11　XASD II-2纵波测试图

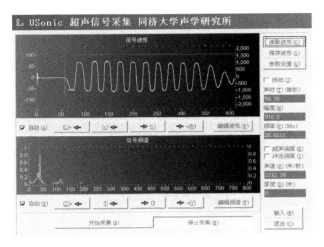

图 12　XASD Ⅲ-1 纵波测试图

属于高频,而Ⅲ-1岩样主频为 36 Hz,属于低频;二是波形的振幅也有明显的降低。造成这两个参数变化的原因可以用声波在不同介质界面反射的声学耦合"匹配"与否进行解释。

试验中,纵波(P 波)属于正入射情况——即波沿垂直界面的方向入射,假设 P 波从密度为 ρ_1,波速为 v_1 的介质正入射至界面,第二种介质密度为 ρ_2,波速为 v_2,同时假定入射 P 波振幅为 A_0,折射 P 波振幅为 A_1,反射 P 波振幅为 A_2,则有:

$$\frac{A_1}{A_0} = \frac{\rho_1 v_1 - \rho_2 v_2}{\rho_1 v_1 + \rho_2 v_2} = K_1 \quad (6)$$

$$\frac{A_2}{A_0} = \frac{2\rho_1 v_1}{\rho_1 v_1 + \rho_2 v_2} = K_2 \quad (7)$$

K_1 和 K_2 分别叫做正入射时 P 波的反射系数和折射系数,可以看出,反射系数和折射系数完全由介质密度和波速乘积 ρv 确定,声学中把 ρv 这参数叫做介质声阻抗,当界面两侧声阻抗相差相近(通常叫声学耦合"匹配")时,K_1 很小,这意味着入射波几乎都变成折射波进入第二种介质内,反之,当两侧声阻抗相差悬殊时(通常叫声学耦合"不匹配")时,则入射波基本没什么折射波产生,$K_1 \approx 1$。

由于Ⅲ级围岩结构松散,内部有大量的孔隙,在岩石颗粒界面上主要是出现声学耦合"不匹配"现象,$K_1 \approx 1$,这就意味着纵波无法以折射形式穿过孔隙进行直线传播,而只能在内部岩石颗粒接触较好的界面上进行折射,所以历程增长,行时增加,这个过程在传播过程中需要不断进行,高频不断被过滤,因此测试得

到的主频基本是低频,反观Ⅱ级围岩,其内部结构致密,因而波包中高频部分波在穿透岩样时衰减较少而最终得到保留并被量测得到;从波形的振幅来看,Ⅲ级围岩岩样的振幅发生降低最主要的原因是在岩样内部不同介质交界面上的反射系数使波形振幅减小,加上内部松散结构引起的几何弥散效应(该效应实质是反射因子效应的叠加),另外还有可能由于吸收机理会引起波形振幅衰减,这其中包括内摩擦及内散射。

5　结论

利用声波测试作为一项实用性强的工程测试方法,在岩土工程中已经得到广泛的应用并已经作为确定工程岩体参数的一种方法进入国家行业标准。通过本文研究可以得到以下几点结论:

(1) 声波测试技术具有快速、高效的特点,自经引入岩土工程界以来,已经发展称为一项成熟的工程岩体参数试验方法;

(2) 横波测试过程中,横波波速易受岩体内部张性裂隙发育程度和节理面胶结是否良好等因素影响,波速值会随测试换能器偏振极性与节理、裂隙之间的不同而发生波动,工程岩体内部通常都有不同程度的节理、裂隙存在,因此在对室内岩样测试或者现场测试时,应尽量按照多个量测角度进行横波测试,获得较为客观的横波波速变化范围;

(3) 纵波测试时,易受岩体内部结构致密性影响。岩体结构致密性良好条件时,测试获得的纵波波速具有较好的实用性,如果岩体松散,内部具有较多空隙,测量得到的波速会发生明显的降低,计算得到的岩体动参数会出现特殊变化,尤其是泊松比,可能出现负值,此时需要选用其他试验手段进行旁证,反复论证,进而确定其真实的数值,另外,当结构松散程度增加时,波群在传播过程中由于几何弥散效应、反射等各种因子综合作用下,波群的振幅会发生减小、主频降低的现象,内部缺陷判断精度也相应降低。

参考文献

[1] 涂忠仁,孙钧,蔡晓鸿. 海底隧道围岩抗力系数计算方法研究[J]. 岩土工程学报,2006,28(8):1002 - 1007.

[2] 王让甲. 声波岩石分级和岩石动弹性力学参数的分析研究[M]. 北京：地质出版社，1997.

[3] 周火明，肖国强，阎生存，等. 岩体质量在清江水布垭面板坝坝趾板建筑基岩体验收中的应用[J]. 岩石力学与工程学报，2005，24(20)：3737 - 3741.

[4] 周火明，盛谦，李维树，等. 三峡船闸边坡卸荷扰动区范围及岩体力学性质弱化程度研究[J]. 岩石力学与工程学报，2004，23(7)：1078 - 1081.

[5] 熊诗湖，边智华. 清江水布垭马崖高边坡岩体力学测试[J]. 岩土力学，2003，24(S1)：237 - 239.

[6] 孙永联，陆士良，周楚良. 声波波谱技术在采矿过程中的应用[J]. 岩石力学与工程学报，1993，12(2)：115 - 125.

[7] 张培源，张晓敏，汪天庚. 岩石弹性模量与弹性波速的关系[J]. 岩石力学与工程学报，2001，20(6)：785 - 788.

[8] 阿肯巴赫. 弹性固体中波的传播[M]. 上海：同济大学出版社，1992.

[9] 中华人民共和国水利部. 水利水电工程岩石试验规程：SL264 - 2001[S]. 北京：中国水利水电出版社，2001.

[10] 中华人民共和国水利部. 工程岩体分级标准：GB 50218 - 94[S]. 北京：中国计划出版社，2000.

本文发表于《重庆建筑大学学报》
2007 年第 29 卷第 6 期

中国西南深切峡谷岸坡地应力场基本特征

韩　刚[1],赵其华[1],李　华[2],李崇标[2],刘云鹏[2]

(1. 成都理工大学地质灾害防治与地质环境保护国家重点实验室,四川 成都 610059;

2. 中国电建集团成都勘测设计研究院有限公司,四川 成都 610072)

摘要:探讨西南深切峡谷地区边坡地应力场分布规律。基于西南地区 10 个大型水电工程 95 点空间应力测试数据与 50 点硐壁应力恢复法测试数据,统计分析边坡地应力场随垂向、水平向深度变化规律,并根据主应力量级、倾角变化规律分析边坡浅表部地应力场特征。研究表明:(1)边坡应力场在宏观上可划分为浅表部区(0~300 m)与深部区(>300 m);(2)浅表部区主应力量级、倾角波动较为剧烈,而深部区主应力量级、倾角较为稳定,其最大主应力介于 15~30 MPa,中间主应力介于 10~20 MPa,最小主应力介于 5~12 MPa,最大、最小主应力倾角介于 0~30°,最大主应力约为最小主应力的 1.5~3.5 倍;(3)浅表部区地应力场具有由主应力较小、最大主应力倾角与坡角近平行转变为主应力急剧增高、最大主应力倾角变化不明显,继而转变为主应力量级、最大主应力倾角剧烈波动,最后逐渐转变与深部应力场近于一致的特征。

关键词:岩石力学;中国西南地区;深切峡谷边坡;地应力场

0　引言

西南地区地处环青藏高原东侧,伴随青藏高原强烈隆升,高原物质通过一系列大型走滑断裂活动的方式不断向东侧和南东侧运动,形成特殊的高地应力环境,同时,与高原隆升同步的河流快速、强烈下蚀作用形成自然坡高约 350~650 m、坡度约 40°~50°的深切峡谷地貌,并进一步使边坡应力场趋于复杂化。随着西南地区大型水利、交通等基础设施建设的开展,研究深切峡谷边坡地应力场分布规律已成为工程科技人员热衷的科学问题。

自 1932 年在美国 Hoover Dam 第一次成功实现原位地应力量测以来,诸多大型工程建设过程中获取的实测数据为分析地应力分布规律积累了丰富的资料,研究人员可采用统计分析方法研究宏观地应力特征,较为著名的为霍克和布朗基于澳大利亚、加拿大、美国、斯堪的纳维亚、南非、英国、印度及冰岛等 10 个国家地区的 120 点实测资料,分析垂直应力(σ_v)、水平平均主应力($\sigma_{h,av}$)与垂直应力比值随埋深变化规律[1];赵德安等基于我国实测地应力资料,统计分析平均主应力与垂直应力比值随埋深变化规律[2],所得出的统计值大于霍克-布朗曲线中值;景锋等通过收集我国实测地应力资料,改进霍克-布朗所采用的统计方式,分析最大水平主应力(σ_H)、最小水平主应力(σ_h)与垂直应力比值随埋深变化规律[3];陈彭年等通过收集 1986 年以前包括中国在内的 19 个国家地应力实测资料,并统计分布规律[4];朱焕春等研究世界范围内 300 余点沉积岩、岩浆岩、变质岩地区地应力实测资料,认为地应力与岩石成因密切相关,且随弹性模量增高而增大[5]。

针对复杂的高地应力环境背景下深切峡谷边坡地应力分布特征,也有学者做了大量研究。黄润秋提出西南地区高地应力集中的 3 种特殊形成机制:岷山隆起型、构造楔型与构造圈闭型,并依据最大主应力量级变化特征,将应力场由表及里划分为应力降低区、应力增高区与原岩应力区[6];朱焕春等基于二滩水电站地应力实测资料,分析河谷地貌演化对地应力分布规律的影响,将应力场划分为应力释放区、应力集中区与应力平稳区[7-9];祁生文等采用数值模拟方法研究高地应力地区河谷应力场特征,并比较最大主应力与上覆岩体自重关系,将应力场划分为应力降低区、应力升高区与应力平稳区[10]。

已有研究在地应力宏观分布规律、应力场分带研究方面取得丰硕成果,但所统计的均为垂直应力、水平主应力与垂向埋深变化规律,且应力场分带中仅考虑应力量级,而建设部门更为关心的是主应力量级、倾角的空间变化规律。本文基于西南地区 10 个大型水电站实测地应力数据,统计分析反映西南深切峡谷边坡地应力场随垂向、水平深度变化规律,并根据主应力量级、倾角变化规律探讨边坡浅表部地应力场特征。

1 地应力实测数据

收集地应力实测资料主要来自成都理工大学环境与土木工程学院与中国电建集团成都勘测设计研究院等单位近年来完成的西南深切峡谷地区 10 个大型水电工程科研项目[11-20],共计 95 点实测空间地应力数据(表1)。

地应力测试方法主要包括水压致裂法、应力解除法与应力恢复法;测试点岩性多为岩浆岩,少量为变质岩,岩石弹性模量、单轴抗压强度均较高,总体属坚硬岩范畴;测点所处边坡坡度较陡,一般约 40°~50°,局部超过 70°,自然坡高约 350~650 m;测点分布于埋深、水平深度均为 0~700 m 范围。

表 1 地应力测试点分布

工程名称	地应力测点	岸坡坡度	自然坡高	岩 性
长河坝	6 点	40°~50°	400~500 m	花岗岩、闪长岩
双江口	14 点	40°~50°	350~450 m	花岗岩
深溪沟	3 点	50°~70°	400~650 m	灰岩
瀑布沟	7 点	40°~50°	400~500 m	玄武岩、花岗岩
黄金坪	5 点	40°~60°	450~600 m	花岗岩、闪长岩
锦屏一级	23 点	50°~70°	>1 000 m	大理岩、灰岩、砂岩、板岩
溪洛渡	9 点	60°~70°	350~450 m	玄武岩
官地	5 点	40°~50°	350~450 m	玄武岩
大岗山	7 点	40°~65°	400~650 m	花岗岩、闪长岩
白鹤滩	16 点	60°~70°	400~600 m	玄武岩

2 地应力垂向变化规律

2.1 主应力量级随垂向埋深变化规律

统计表明,主应力分量量级随垂向埋深(H)增大而有规律变化(图1—图3)。

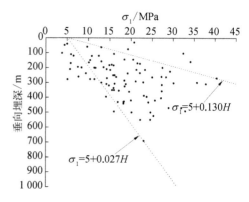

图 1 最大主应力随垂向埋深变化图

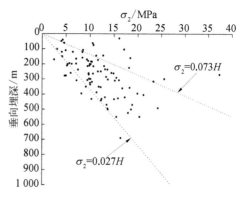

图 2 中间主应力随垂向埋深变化图

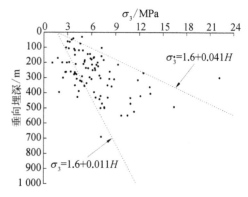

图 3 最小主应力随垂向埋深变化图

0~300 m,主应力量级分布较为离散。最大主应力(σ_1)最大约 40 MPa,最小仅约 5 MPa;中间主应力(σ_2)最大约 36 MPa,最小约 2 MPa;最小主应力(σ_3)最大约 22 MPa,最小仅约 1.6 MPa;

300~700 m,主应力量级分布较为集中。最大主应力介于 15~30 MPa;中间主应力介于 10~20 MPa;最小主应力介于 5~12 MPa。

随垂向埋深增加,主应力量级总体表现为随埋深增大而线性增大,且存在上、下界限,变化规律可表示为:

$$\begin{cases} 5.0+0.027H \leqslant \sigma_1 \leqslant 5.0+0.130H \\ 0.027H \leqslant \sigma_2 \leqslant 0.073H \\ 1.6+0.011H \leqslant \sigma_3 \leqslant 1.6+0.041H \end{cases}$$

最大、最小主应力表达式中分别含有 5 MPa 与 1.6 MPa 常数项,说明主应力包含水平构造应力成分,若以 5 MPa 代表构造应力水平,则与已有研究得出的西南地区构造应力量级约为 6~10 MPa 这一结论大致吻合[6]。

中间主应力界限为不含常数项线性函数,对比霍克-布朗研究成果[1],中间主应力下限线性函数与垂直应力随垂向埋深变化规律一致,除说明中间主应力大于上覆岩体自重外,也进一步表明构造应力对边坡应力场的贡献作用。

垂向埋深 0~300 m 范围,部分测点应力值小于下限值或大于上限值,表明此区域内边坡应力场存在较为明显的应力集中与应力释放;而随埋深逐渐增加,边坡应力场则渐趋稳定。

2.2 主应力比值随垂向埋深变化规律

研究边坡应力场中水平应力分布规律多采用水平主应力均值与垂直应力比值[1-2]或最大、最小水平主应力比值[3]。本文为反映各主应力分量变化特征,分别统计最大、最小主应力均值与中间主应力比值(k)及最大、最小主应力比值随垂向埋深变化规律,其中:

$$k = (\sigma_1 + \sigma_3)/2\sigma_2 = \sigma_{av}/\sigma_2$$

与主应力分量随垂向埋深变化特征类似,k 值变化规律也呈明显区域性(图4)。

0~300 m,k 值分布较离散,最小值为 0.7,最大值可达 1.7;300~700 m,k 值集中位于 0.7~1.2 之间。

随埋深增加,k 值总体上由离散分布逐渐转变为集中分布,变化规律可采用线性界限函数表示:

$$0.7 \leqslant k \leqslant 13/H + 0.75$$

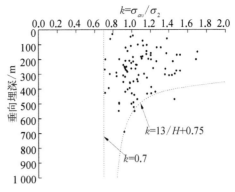

图 4　k 随垂直埋深变化图

最大、最小主应力比值随垂向埋深变化也具有类似特征(图5)。

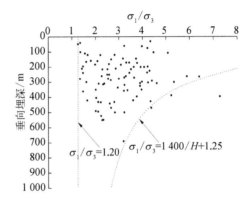

图 5　最大、最小主应力比值随垂直埋深变化图

0~300 m,最大值可达约 6.4,最小值约 1.2;
300~700 m,多位于 1.5~3.5 之间,变化规律可采用线性界限函数表示:

$$1.2 \leqslant \sigma_1/\sigma_3 \leqslant 1400/H + 1.25$$

主应力比值随垂向埋深变化规律也进一步说明边坡应力场在垂直方向上存在分区。0~300 m 之间的浅表部,边坡地应力场存在集中与释放现象,导致主应力比值剧烈波动,主应力比值的下包线为常数项,分别为 1.2 与 0.7,表明应力释放可能存在极限状态;随埋深增加,主应力比值则趋于稳定,最大主应力约为最小主应力的 1.5~3.5 倍。

3　地应力水平向变化规律

3.1　主应力倾角随水平深度变化规律

与主应力随垂向埋深宏观变化规律类似,主应力倾角随水平深度变化也表现明显分区特征。统计表明,最大、最小主应力倾角随水平深度增加呈阶梯式变化(图6—图7)。

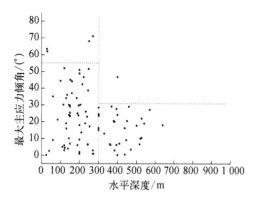

图 6 最大主应力倾角随水平深度变化图

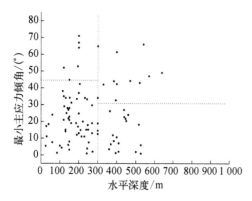

图 7 最小主应力倾角随水平深度变化图

0～300 m,主应力倾角波动较为剧烈,最大、最小主应力倾角最大值分别为55°、45°,与边坡坡角近一致;

300～700 m,主应力倾角逐渐减小,且分布较为集中,介于0～30°之间,呈近水平状态。

3.2 主应力量级随水平深度变化规律

与倾角变化规律类似,最大、最小主应力量级也表现明显阶梯式变化特征(图8—图9)。

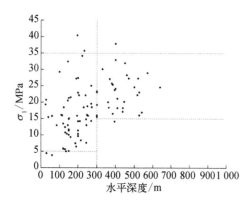

图 8 最大主应力随水平深度变化图

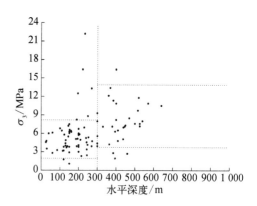

图 9 最小主应力随水平深度变化图

0～300 m,主应力量级波动较为剧烈,最大主应力介于5～35 MPa之间,最小主应力介于2～9 MPa之间;

300～700 m,主应力量级逐渐增高,且分布较为集中,最大主应力介于15～30 MPa,最小主应力介于5～12 MPa。

主应力随垂向埋深、水平深度变化特征表明,西南深切峡谷边坡应力场存在明显分区。垂向、水平向深度约300 m的边坡浅表部,存在较为明显应力集中与应力释放迹象,导致主应力倾角、量级剧烈波动;超过此范围的边坡深部(>300 m),主应力量级逐渐趋于稳定、倾角近水平。

4 边坡浅表部地应力场特征

为进一步探讨边坡浅表生部(垂向、水平深度0～300 m)地应力场特征,本文选择硐壁应力恢复法开展地应力测试,虽该方法测得结果为边坡开挖后二次应力值,但能够反映浅表部岩体应力场特征[21-22],且较为经济、快速。测试地点为双江口水电站,测试范围为边坡水平深度400 m范围,共50个测点。

统计表明,主应力随水平深度变化具有如下分带特征(图10—图12)。

0～50 m,主应力量级整体较小,倾角与边坡坡角近于平行。最大主应力约5～15 MPa,最小主应力约1.5～9 MPa;最大主应力倾角约20°～60°,平均约40°;

50～70 m,为第一个应力波峰所处区域,最大和最小主应力分别剧增至25～27 MPa和12～17 MPa;

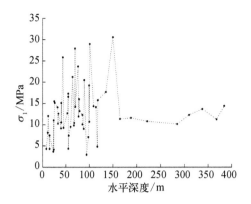

图 10 最大主应力随水平深度变化图

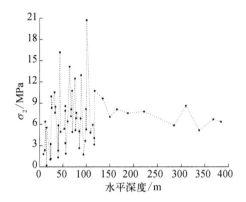

图 11 最小主应力随水平深度变化图

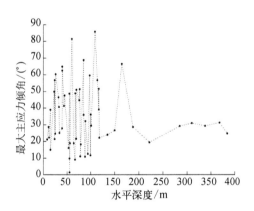

图 12 最大主应力倾角随水平深度变化图

70～200 m,主应力量级、倾角有规律剧烈波动,相邻波峰、波谷之间间隔大致相同,一般约30～50 m。最大主应力最大约30 MPa,最小仅约3 MPa;最小主应力最大约21 MPa,最小约1.5 MPa。最大主应力倾角最陡约85°,最缓仅约1°;

＞200 m,主应力量级、倾角趋于稳定,变化较小。最大主应力基本恒定约12 MPa,最小主应力维持在6～8 MPa。最大主应力倾角约20°～30°,呈近水平。

5 结论

基于西南深切峡谷地区10个大型水电工程的95点空间应力测试与50点硐壁应力解除法测试数据,统计分析主应力随埋深、水平深度变化的规律,并探讨边坡浅表部地应力场分带性,取得如下结论:

(1) 边坡应力场分布规律在宏观上具有分区特征,根据主应力随垂向、水平深度变化规律可分为两个分区:浅表部区(0～300 m)与深部区(＞300 m);主应力分量总体上随垂向埋深线性增加。浅表部区内主应力分布较为离散;深部区域内主应力量级、倾角较为稳定,最大主应力介于15～30 MPa,中间主应力介于10～20 MPa,最小主应力介于5～12 MPa;

(2) 主应力比值随垂向埋深变化内包线可采用常数项表达。浅表部区内比值分布较为离散;深部区内比值则趋于稳定,统计表明,最大主应力约为最小主应力的1.5～3.5倍;主应力分量、倾角随水平深度增加呈阶梯式变化。浅表部区内主应力量级波动较为剧烈;深部区内,最大主应力介于15～30 MPa,最小主应力介于5～12 MPa,主应力倾角介于0～30°;

(3) 就整体而言,边坡浅表部主应力量级、倾角随水平深度增加有规律变化。即表现为由主应力较小、最大主应力倾角与坡角近平行转变为主应力急剧增高、最大主应力倾角变化不明显,继而转变为主应力量级、最大主应力倾角剧烈波动,最后逐渐转变与深部应力场近于一致的特征。

参考文献

[1] Brown. E. T, Hoek. E. Trends in relationships between measured in-situ stresses and depth [J]. International Journal of Rock mechanism and Mining Science and Geomechanics Abstracts, 1978, 15, 211-215.

[2] 赵德安,陈志敏,蔡小林,等. 中国地应力场分布规律统计分析[J]. 岩石力学与工程学报, 2007, 26(6): 1265-1271.

[3] 景锋,盛谦,张勇慧,等. 中国大陆浅层地壳实测地应力分布规律研究[J]. 岩石力学与工程学报, 2007, 26(10): 2056-2062.

[4] 陈彭年,陈宏德,高莉青. 世界实测地应力资料汇编

[M].北京：地震出版社,1990.

[5] 朱焕春,陶振宇.不同岩石中地应力分布[J].地震学报,1994,16(1)：49-63.

[6] 黄润秋.中国西南岩石高边坡的主要特征及其演化[J].地球科学进展,2005,20(3)：292-297.

[7] 朱焕春,陶振宇.地应力研究新进展[J].武汉水利电力大学学报,1994,27(5)：542-547.

[8] 朱焕春,陶振宇.地形地貌与地应力分布的初步分析[J].水利水电技术,1994,1,29-33.

[9] 朱焕春,陶振宇.河谷地应力场的数值模拟[J].水利学报,1996,5,29-36.

[10] 祁生文,伍法权.高地应力地区河谷应力场特征[J].岩土力学,2011,32(5)：1460-1464.

[11] 成都理工大学环境与土木工程学院.雅砻江官地水电站坝区边坡及近坝库岸稳定性研究[R].成都理工大学,1996.

[12] 成都理工大学环境与土木工程学院.溪洛渡水电站坝区进水口、拱肩槽高边坡稳定性研究[R].成都理工大学,1999.

[13] 成都理工大学环境与土木工程学院.锦屏一级水电站工程边坡稳定性评价[R].成都理工大学,2003.

[14] 成都理工大学环境与土木工程学院.大渡河大岗山水电站枢纽岩体特征及其工程适宜性[R].成都理工大学,2004.

[15] 成都理工大学环境与土木工程学院.大渡河长河坝水电站枢纽区高边坡专题研究[R].成都理工大学,2005.

[16] 成都理工大学环境与土木工程学院.瀑布沟水电站库首右岸拉裂变形体稳定性研究[R].成都理工大学,2005.

[17] 成都理工大学环境与土木工程学院.溪沟水电站坝区右岸岸坡岩体稳定性研究[R].成都理工大学,2005.

[18] 成都理工大学环境与土木工程学院.大渡河双江口水电站枢纽区工程岩体稳定性研究[R].成都理工大学,2007.

[19] 成都理工大学环境与土木工程学院.大渡河黄金坪水电站左岸引水尾部式地下厂房后山高边坡稳定性专题研究[R].成都理工大学,2007.

[20] 成都理工大学环境与土木工程学院.金沙江白鹤滩水电站坝区边坡稳定性研究[R].成都理工大学,2010.

[21] 沈军辉,崔建凯,徐进,等.长河坝水电站坝址区斜坡应力场特征研究[J].岩石力学与工程学报,2007,26(Supp.1)：2946-2951.

[22] 沈军辉,张进林,徐进,等.斜坡应力分带性测试及其在卸荷分带中的应用[J].岩土工程学报,2007,29(9)：1423-1427.

3. 岩土工程

Object-oriented modeling for three-dimensional multi-block systems

Z X Zhang[1,2], Q H Lei[1,2]

[1]Key Laboratory of Geotechnical Engineering, Tongji University, Shanghai 200092, China

[2]Department of Geotechnical Engineering, School of Civil Engineering,
Tongji University, Shanghai 200092, China

Abstract: This paper presents an object-oriented computer model for three-dimensional multi-block systems based on the object-oriented programming (OOP) technique. The intricate structures of rock systems are deciphered by implementing an object-oriented analysis (OOA), and a universal class library is developed using an object-oriented design (OOD). The geometries of a multi-block system are created by cutting a computational domain into element-blocks and then combining the element-blocks into complex-blocks (convex or concave). The established multi-block system model would be available for various discontinuum-based methods. A computer program, BLKLAB, is developed based on the proposed method, and a case study is performed on a large-scale, underground, water-tight oil depot.

Key words: Multi-block system; OOP; Discontinuities; Element-block; Complex-block

1 Introduction

Rock masses, such as the Earth's outer solid layer, are undoubtedly significant for underground constructions; rock masses are also an extremely complex geologic media born with numerous geologic planes, which cut rock masses into block assemblies (multi-block systems). Unlike crushed rock or intact (or almost intact) rock, blocky rock masses cannot be reasonably simplified as a continuum; conversely, its behavior is mainly dominated by the geometrical distribution and physical properties of the various discontinuities[1-4]. The discontinuities, especially faults and large joints, have a considerable effect on the stability of the rock systems and the safety of underground facilities. Therefore, a thorough discontinuous analysis requires a realistic computer model that should explicitly reflect in situ rock systems, including their complete internal structures, intricate topological information and complicated geological data.

The structurally controlled behavior of rock media, caused by the occurrence of discontinuities, is three-dimensional. Therefore, a three-dimensional description of rock mass systems is required. Initial research on block polyhedral identification was conducted by Warburton[5] and Heliot[6]; however, only convex blocks formed by idealized infinite discontinuities can be detected using their algorithms. Over the past two decades, many methods have been proposed or improved to construct three-dimensional rock system models with complex geometries. In general, all these methods can be classified into one of two categories: the block tracing approach and the block assembling approach.

(1) The block tracing approach (BTA)[7-12] is based on the theory of topology or directed graphs. For example, Ikegawa and Hudson[8] used the directed body concept to identify both convex and concave blocks. Jing[9] proposed a block tracing method based on the basic principles of combinatorial topology (e. g.,

boundary chain operations and the Euler-Poincáre formula of polyhedra). Elmouttie et al. [11-12] developed a robust algorithm for the accurate modeling of polyhedral rock mass structures with multiple curved, finite persistent discontinuities and the realistic simulation of underground excavations with arbitrary configurations; this algorithm extends BTA with important improvements to robustness an defficiency. The accuracy, robustness and computational complexity of the polyhedral modeling algorithm have also been systematically studied[11].

(2) The block assembling approach (BAA)[13-15] is based on the concepts of basic geometrical theory and the technique of polyhedral combination. The procedures and methods in this category can be summarized into two steps: preparing the convex elemental blocks and combining the elemental blocks to construct complex blocks. Because the geometry of a convex block can be uniquely and easily determined by its vertices, the BAA can avoid the complicated topological detection of directed edges, loops and polyhedra in the BTA (a detailed description is presented in Appendix A). In this category, the method to create convex elemental blocks varies. Zhang et al. [13] recommended that elemental blocks can be produced by modifying the finite elements that are generated by existing finite element software. However, more cutting and combining operations will be implemented because the generation of initial finite elements does not consider the distribution of geologic planes. Yu et al. [14] introduced a generalized procedure by cutting domains into convex polyhedra using infinite discontinuities and then combining the convex polyhedra into complex blocks by restoring discontinuities into finite discs, but no systematic data structures or detailed modeling algorithms were presented to accomplish the construction and visualization of large-scale rock systems.

This paper proposes a method of constructing the geometries of multi-block systems by identifying element-blocks and then combining those components to construct arbitrary blocks. This method can be classified into the BAA and it can construct and visualize any complex geometry of natural rock masses split by different types of discontinuities. Furthermore, a data structure framework for integrating and organizing the rock mass information is developed based on the object-oriented programming (OOP) technique due to its superior software development capability[16-17]. The research objectives are as follows:

(1) Deciphering the intricate structures of the rock systems by performing object-oriented analysis (OOA) and then designing a scientific data structure framework to organize the massive rock system information by implementing object-oriented design (OOD);

(2) Generating diverse geologic planes including finite and infinite joints, deterministic and stochastic fractures, and large faults with intercalations;

(3) Constructing multi-block systems by devising robust algorithms for convex elemental polyhedron identification and combination to simultaneously detect convex and concave blocks;

(4) Simulating different complex excavations, such as tunnels, caverns, slopes and pits;

(5) Developing a computer program to accomplish the direct visualization of the rock circumstances and providing abundant information for the discontinuum-based computations, such as block theory (BT), discrete element method (DEM), and discontinuous deformation analysis (DDA);

(6) Demonstrating the validity and high performance of the suggested approach using a practical engineering case.

2 Data structure of multi-block systems

Based on the OOP technique, the data structure

framework of the multi-block system model is built in advance for the construction and visualization of discontinuous rock masses.

2.1 Object-oriented programming

Object-oriented programming is a programming paradigm using "objects" as data structures to conceive computer models and develop application programs. Objects, which are equipped with data fields and methods, together with their interactions, are able to illustrate different types of physical or logical entities, such as real-world objects with certain properties and behaviors, particularly complex data that should be managed or even virtual concepts invented by software designers. Some fundamental OOP terminologies used in the following sections are summarized below.

(1) Class: a class is the abstraction of similar objects and serves as a blueprint from which objects are produced. Sometimes, classes are defined based on some pre-existing classes called super classes, and the new classes are known as subclasses; a subclass inherits all the data and functionality of its super class while further modification and extension might also be needed to reflect its unique features.

(2) Instance: instances are particular occurrences of a class sharing the same set of attributes with respective values and parallel performing capabilities.

(3) Property: properties describe characteristics of a class and store the data that belongs to instances to indicate their individual states.

(4) Method: methods form the objects' interface with the outside world by manipulating the data of objects and executing desired operations.

OOP provides an extremely natural way to interpret scientific issues from real-world phenomena into program elements. Hence, this paper employs the OOP technique to describe discontinuous rock masses in the computer. The data structure framework of the object-oriented multi-block system model would be produced through all the phases of the OOA and OOD.

2.2 Object-oriented analysis of multi-block systems

The object-oriented analysis of multi-block systems has the goal of producing a conceptual model; in other words, researchers at this stage should recognize all necessary objects in the multi-block system and learn the intricate correlation networks among them. From an object-oriented perspective, multi-block systems could be disassembled and abstracted into a series of mathematic elements (objects); those objects possess distinct properties and take corresponding responsibilities. As shown in Fig. 1, important objects involved in a typical multi-block system are extracted, and their necessary attributes and behaviors are listed as well. Additionally, Fig. 2 describes the intricate relationships between the objects involved in multi-block systems.

2.3 Object-oriented design of multi-block system models

The object-oriented design of a multi-block system model is the process of synthesizing the information from the objects involved in rock systems and encapsulating the information as abstract classes. The previous elaborative analysis has produced a rational, conceptual model, in which necessary objects have been interpreted as descriptions of attributes and behaviors. However, at the design stage, researchers must ultimately replace this virtual model with one framework that is more easily supported by implementation languages and programming tools. In other words, the OOD serves as a bridge between analytical activities that create an initial conceptual model of the multi-block systems and the implementation activities that achieve the simulation on computer-based platforms. A universal class library for multi-block system models is designed in this research.

2.3.1 Rock system class

The rock system class can produce a new instance that can serve as a global information engine and is responsible for organizing project data, adding and

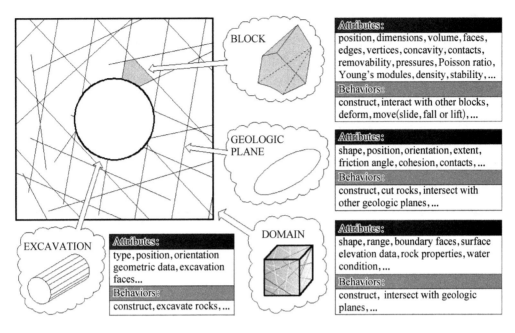

Fig. 1　Objects involved in a typical multi-block system

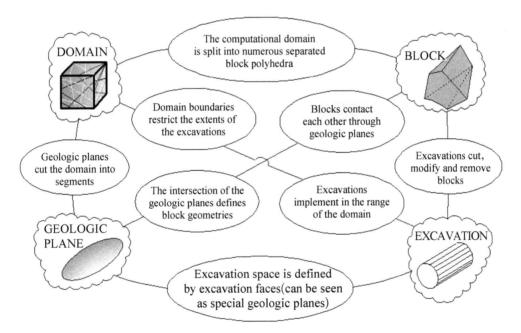

Fig. 2　Correlation networks of objects in multi-block systems

manipulating subordinate objects and executing computations. Fig. 3 gives a brief description of the data structure of the rock system class. The role of each property or method can be comprehended literally and directly from its name. Note that a handle is a particular type of smart pointer that references an object or a piece of memory; a destructor is a method that is automatically invoked when an instance is destroyed and its main purpose is to release memory resources.

2. 3. 2　Coordinate system class

A global coordinate system (GCS) and a project local coordinate system (PLCS) are both used to locate geometry items in this research. The position and orientation inputs of the research objects are expressed in the global Cartesian coordinates. However, for the

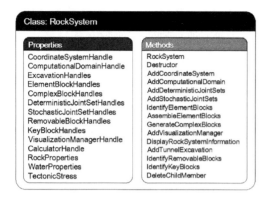

Fig. 3　The internal data structure of the rock system class

convenience of calculation, those inputs would be interpreted into user-defined PLCS, whose origin might be offset from the global origin and axis directions might differ from the global axis directions as well.

An instance of the coordinate system class would be responsible for storing the information of the PLCS and coping with coordinate transformation affairs between the GCS and PLCS. The declaration of this class is shown in Fig. 4.

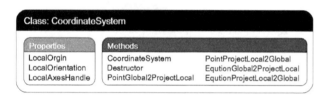

Fig. 4　The internal data structure of the coordinate system class

2. 3. 3　Computational domain class

The computational domain class can produce a domain instance that can organize the information and create the graph of an analysis region. Fig. 5 shows the typical computational domains for a deep tunnel and a mountain slope. The internal data structure of the computational domain class is described in Fig. 6. In this paper, the boundary faces of the computational domains are treated as a special type of finite geologic planes.

2. 3. 4　Geologic plane class

The geologic plane class can generate instances to simulate different types of planes: infinite and finite joints; domain boundary faces; and excavation faces

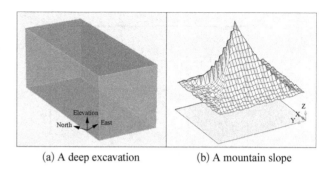

(a) A deep excavation　　　(b) A mountain slope

Fig. 5　Computational domains for a deep excavation and a mountain slope

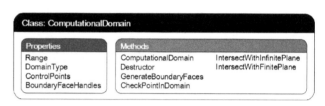

Fig. 6　The internal data structure of the computational domain class

[Fig. 7(a)]. Specifically, curved excavation faces can be approximately described by a series of planar segments, and large faults with non-negligible thicknesses can be treated as twin planes with rock blocks in between them representing the filling materials [Fig. 7(b)]. The internal data structure of the geologic plane class is listed in Fig. 8.

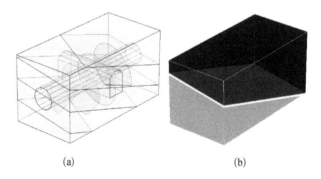

(a)　　　　　　　　　　(b)

Fig. 7　Different types of geologic planes

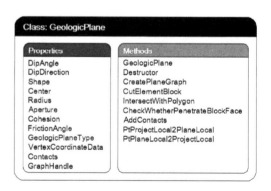

Fig. 8　The internal data structure of the geologic plane class

2.3.5 Deterministic joint set class

A deterministic joint set instance can automatically invoke the constructor of the geologic plane class to generate sets of sub-parallel joints with fixed positions and orientations (Fig. 9). The class declaration is concisely illustrated in Fig. 10.

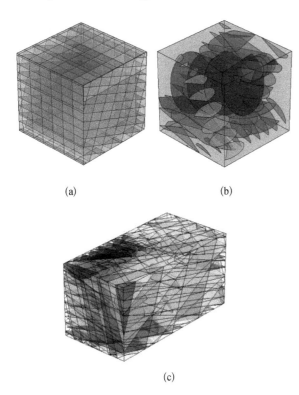

(a)　　　　　　　　　　　(b)

(c)

Fig. 9　Examples of the generation of deterministic joint sets

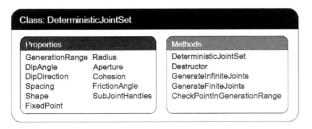

Fig. 10　The internal data structure of the deterministic joint set class

2.3.6 Stochastic joint set class

The instances of the stochastic joint set class are responsible for producing finite fractures with random parameters (position, orientation, radius, aperture, shape, cohesion and frictional angle). Based on the probabilistic theories of discontinuities[1,4,18-20], the generation of these parameters can be achieved. In this research, stochastic joints are generated according to the Poisson disk model for its verisimilitude to natural discontinuity patterns. The internal data structure of this class is shown in Fig. 11, and an example of three stochastic joint sets is presented in Fig. 12.

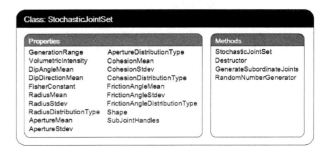

Fig. 11　The internal data structure of the stochastic joint set class

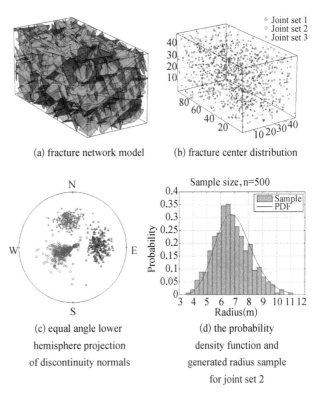

(a) fracture network model　　(b) fracture center distribution

(c) equal angle lower　　　　(d) the probability
hemisphere projection　　　　density function and
of discontinuity normals　　　generated radius sample
　　　　　　　　　　　　　　for joint set 2

Fig. 12　An example of the generation of three sets of stochastic joints

2.3.7 Element-block class and complex-block class

With respect to the mathematical convenience of convex polyhedra, the modeling domain would initially be decomposed into a large number of convex element-blocks by temporarily ignoring the exact finiteness of the discontinuities [Fig. 13 (a)]. In a subsequent modeling processes, those element components would ultimately be combined to construct complex-blocks with arbitrary shapes to simulate actual rock blocks

[Fig. 13 (b)]. The framework of the two classes is described in Fig. 14 and Fig. 15.

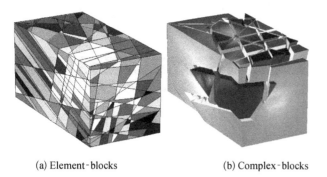

(a) Element-blocks   (b) Complex-blocks

Fig. 13   Element-blocks and complex-blocks of a multi-block system

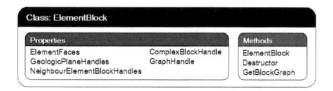

Fig. 14   The internal data structure of the element-block class

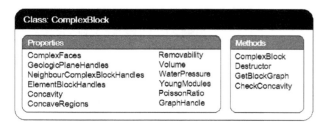

Fig. 15   The internal data structure of the complex-block class

2. 3. 8   Excavation class

The excavation class, serving as a super class, defines the common properties of different excavations and provides universal methods for cutting, modifying and removing existing complex-blocks in the multi-block system (Fig. 16). Then, the excavation class derives several subclasses (e. g., tunnel excavation class, slope excavation class, etc.) using the inheritance technique of the OOP; however, unique aspects of each subclass should be reflected using the extension technique based on the inheritance. Fig. 17 illustrates the different excavation instances that are created to simulate the corresponding types of excavations (tunnel, slope and pit).

Additionally, several auxiliary classes are devised

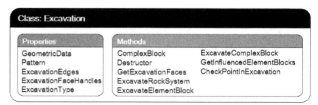

Fig. 16   The internal data structure of the excavation class

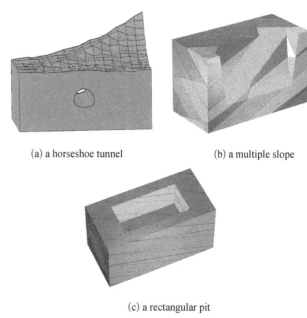

(a) a horseshoe tunnel   (b) a multiple slope

(c) a rectangular pit

Fig. 17   Excavation models

in this research. For example, the visualization manager class can create instances to direct and adjust the visual properties of the geometries in the multi-block systems. In summary, a schematic diagram is presented to macroscopically illustrate the class library (Fig. 18).

3   Geometrical modeling of multi-block systems

This paper proposes a geometrical modeling method for multi-block systems based on the idea of constructing blocks by assembling basic components. The procedure for this method is described as follows (Fig. 19).

A two-dimensional schematic diagram (Fig. 20) is provided to illustrate the modeling ideology: (a) several joints are generated in the domain and sorted in descending order of their extents; (b) the largest J1

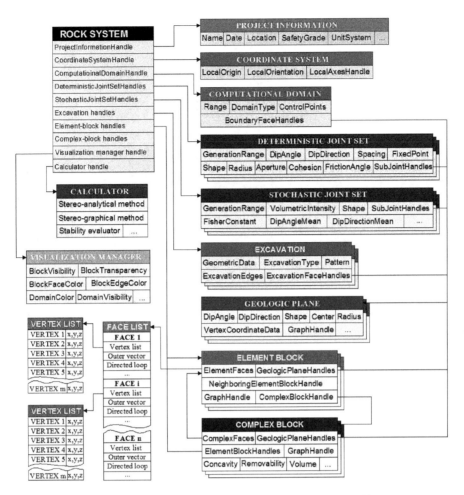

Fig. 18　The class library designed for the multi-block system model

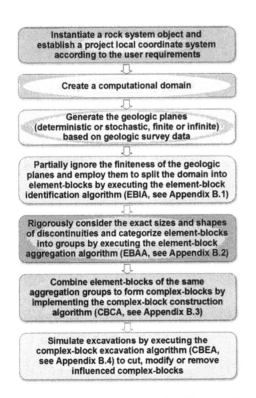

Fig. 19　Flowchart of the geometrical modeling procedure

whose finiteness is ignored to divide the domain into two element-blocks E1 and E2; (c)-(e) sequentially use J2 - J3, whose finiteness is partially neglected, to split the previously formed element-blocks; (f) combine element-blocks to construct complex-blocks by considering the exact sizes and shapes of the discontinuities; (g) add excavation faces into the rock system and treat them as finite geologic planes; (h) detect influenced element-blocks and decompose them using the excavation faces; (i) remove those element-blocks that are located in the excavation space; and (j) reconstruct element-blocks to create the ultimate excavated model. Specific algorithms are presented in Appendix B.

It should be noted that for the situation where a finite fracture ends within a block, the block will first be split into two smaller element-blocks by temporarily ignoring the finiteness of that fracture. This step is

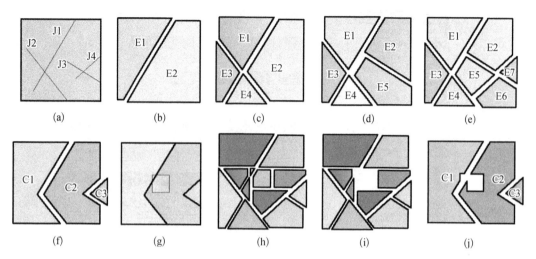

Fig. 20 A two-dimensional schematic diagram illustrating the modeling procedure

accomplished using the element-block identification algorithm. Then, the finiteness of the fracture will be considered to determine whether it penetrates the block body. If it does not cut the block entirely and ends within the block, the two element-blocks will be put into the same aggregation group by executing the element-block aggregation algorithm. After that, the two blocks with all the other element-blocks in the same group will be combined to construct a complex-block to represent the natural rock block by implementing the complex-block construction algorithm. During this process, the overlapping faces between the element-blocks inside the body of the complex-block will be eliminated. Therefore, a complex-block constructed in this paper contains no internal cracks. As shown in Fig. 20 (f), the tail portions of J1 and J2 inside the block C1 are eliminated during the combination of the element-blocks E1, E3 and E4. Another point that should be noted is that the finiteness of the geologic planes is partially ignored when splitting a domain into element-blocks. As shown in Fig. 20(c)~(d), J3 only splits the block E2 into two parts and will not cut block E1; this is accomplished using the bounding box test (see Appendix B. 1).

Based on the proposed data structure and the geometrical modeling method, a computer program called Block Laboratory (BLKLAB) has been developed. It possesses powerful pre-processing capabilities for the construction and visualization of multi-block systems. For example, various fractures and faults can be produced; rock blocks with arbitrary shapes can be generated; different excavations (tunnel, slope, cavern, etc.) can be implemented. Several examples are presented in Fig. 21 to demonstrate the performance of BLKLAB.

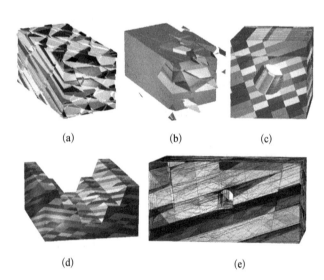

Fig. 21 Examples of multi-block systems

4 Case study

4.1 Background

Jinzhou underground water-tight oil depot, located in northeast China, is a large-scale industrial facility for the storage of crude oil and petrochemical products. The oil depot is composed of four separated cavern complexes, and each primarily includes oil-storage caverns, water-conveyance tunnels, connecting passages, oil-in/out shafts and numerous water-curtain holes. Due to the independence and similarity between the four cavern groups, cavern-complex ♯1 (CC♯1) is chosen as a typical example in this section. The layout and parameters of CC♯1 are presented in Fig. 22 and Table 1, respectively. Due to the extremely large longitudinal extent of CC♯1, it is unnecessary to establish an overall computer model and the key part of CC♯1 is chosen to be analyzed during the excavations.

4.2 Geological conditions

The oil depot lies within a slightly weathered granite layer with a high uniaxial compression strength. To better understand the geological conditions of the project site, a detailed geological survey was carried outusing 200 observation locations and more than 10 boreholes. The traces of 1 542 faults were found and 15 of them extended through the CC♯1 study area. The main parameters of these large faults are listed in Table 2. It is noted that the origin of the project coordinate system is marked in Fig. 29(b). Additionally, the borehole data reveals that some fractures with relatively smaller extents occur near the oil-storage caverns with an elevation range from −75 m to −50 m. By employing statistical techniques, 2 joint sets are identified and their random parameters are presented in Table 3.

Table 1 Parameters of subordinate structures of a cavern-complex

Subordinate structure	Section dimension			Length (m)	Trend(°)	Plunge(°)
	Width (m)	Height (m)	Diameter (m)			
Oil-storage cavern	19	23	—	945	90	0
Connecting passage	9	8	—	—	0	0
Water-conveyance tunnel	6	6	—	971	90	0
Oil-in shaft	—	—	1.5	73	0	90
Oil-out shaft	—	—	6	111	0	90
Horizontal water-curtain hole	—	—	0.1	60	0	0
Vertical water-curtain hole	—	—	0.1	51	0	90
Computational domain	175	125	—	100	90	0

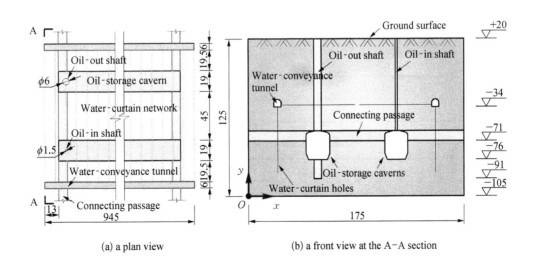

(a) a plan view   (b) a front view at the A−A section

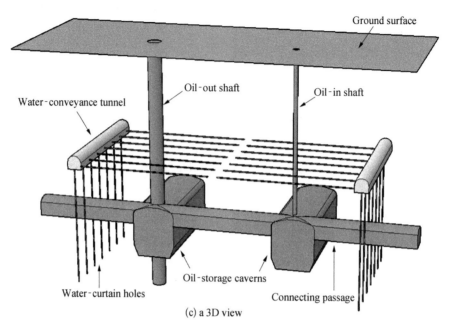

Ground surface

Water-conveyance tunnel

Oil-out shaft

Oil-in shaft

Water-curtain holes

Oil-storage caverns

Connecting passage

(c) a 3D view

Fig. 22　Layout of CC♯1 from different views (unit: m)

Table 2　Parameters of deterministic faults

Fault ID	Dip(°)	Dip direction(°)	Radius (m)	Thickness (m)	Center (m)		
					X	Y	Z
F1	73	86	73	0.3	119.72	169.68	56.32
F2	63	177	110	0.1	120.00	164.50	29.62
F3	17	93	>200	0.2	55.00	164.50	36.23
F4	62	267	130	0.07	69.53	93.00	67.26
F5	19	9	147	0.1	75.00	139.38	43.67
F6	69	12	>200	2.3	29.28	95.72	125.00
F7	63	12	152	0.4	75.00	85.62	107.35
F8	37	76	126	0.3	115.00	121.41	27.62
F9	64	165	51	0.03	120.07	121.41	45.27
F10	47	249	134	0.4	45.00	119.74	32.71
F11	65	230	123	0.2	117.68	98.77	41.54
F12	37	217	65	0.05	128.57	129.47	56.22
F13	81	221	108	0.1	60.29	135.31	49.28
F14	62	313	116	0.1	59.82	121.72	56.27
F15	39	153	58	0.05	126.44	127.25	52.88

Table 3　Parameters of stochastic joints

ID	Mean orientation		Fisher constant	Radius			Intensity $(10^{-5}/m^3)$
	Dip(°)	Dip direction(°)		Mean (m)	St. Dev. (m)	Distribution	
S1	35°	84°	69	14.2	6.5	Gamma	6.3
S2	69°	262°	13	13.7	4.3	Gamma	5.9

4.3 Multi-block system modeling

As shown in Fig. 23, a large-scale multi-block system model is constructed based on the suggested geometrical modeling method and the main procedures can be expressed in detail.

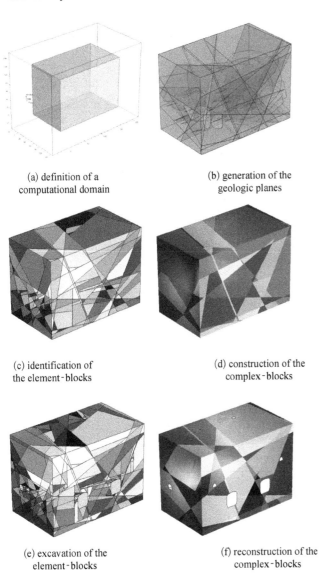

(a) definition of a computational domain

(b) generation of the geologic planes

(c) identification of the element-blocks

(d) construction of the complex-blocks

(e) excavation of the element-blocks

(f) reconstruction of the complex-blocks

Fig. 23　Multi-block system construction procedure

(1) Due to the small elevation variations on the ground surface, a rectangular computational domain (175 m×125 m×100 m) is established.

(2) Geologic planes are generated in the domain. Faults with a radius greater than 100 m are created as deterministic infinite discontinuities in favor of security; however, other faults (F1, F9, F12 and F15) would be produced as finite circular discs. The fault F6 is simulated using twin infinite planes because of its non-negligible thickness. Furthermore, the stochastic circular fractures are also added to the model. In total, 12 infinite and 58 finite planes are generated in the system.

(3) Temporarily neglect the exact finiteness of the discontinuities and employ them to cut the domain into 1 453 convex element-blocks.

(4) Combine element-blocks to construct the initial multi-block system model. Altogether, 399 complex-blocks are identified, which includes 375 convex and 24 concave polyhedra.

(5) Geometries of the excavations are simulated using 72 finite planes; however, the influence of the water-curtain holes is neglected due to their small dimensions. The number of element-blocks after excavation is 2 889.

(6) Reconstruct the complex-blocks to obtain the ultimate excavated model. Finally, 377 complex-blocks remain, which includes 266 convex and 111 concave polyhedra. A comparison between the gross volumes of the initial model and ultimate model indicates that 82 900 m³ of rock are removed from the system.

4.4 Removable blocks

In this research, the stereo-analytical method (Zhangand Kulatilake, 2003)[21] is employed to evaluate the removability of blocks around the excavation surfaces. The stereo-analytical method is a combination of the traditional stereographic method and vector method and is able to determine the removability of both convex and concave blocks. This method can distinguish removable blocks from other non-removable blocks that have tapered shapes and can be stable due to the topological interlocking (Dyskin, Estrin, et al, 2003)[22]. Fig. 24 illustrates the 10 recognized removable blocks from different views, and Fig. 25 plots their individual forms. Furthermore, specific parameters of those potentially instable blocks are listed in Table 4.

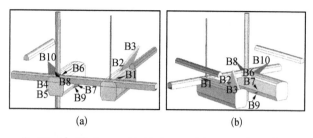

Fig. 24   Identified removable blocks around the excavation surfaces

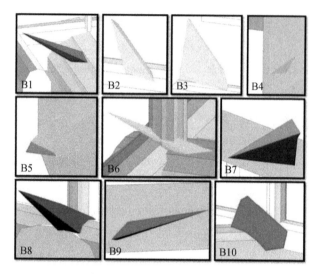

Fig. 25   Individual forms of the removable complex-blocks

According to the calculations using BLKLAB, 10 removable blocks (B1 ~ B10) are formed by the 15 faults, 2 stochastic joint sets and multiple excavations. However, the stochastic fractures (S1 and S2) play a small role in the production of instable blocks, as shown in Table 4. The thickness effect of fault F6 should be noticed because two removable blocks (B2 and B3) are formed by this large fault. Specifically, block B3 (formed by faults F4, F6, and F10) is the largest removable block with a volume of 911.69 m^3. Therefore, special treatment might be needed in this area.

Note that the accuracy of the predicted results depends on the accuracy of the input data, and the calculation results of removable blocks need to be verified using information obtained from future project constructions. The mechanical modeling of multi-block systems will be further studied and presented in another paper.

5   Discussion

In order to demonstrate the performance of the proposed method, a series of tests are implemented using BLKLAB to study the effect of increasing fracture sizes on the block detection and time consumption. As shown in Fig. 26, a rectangular

Table 4   Parameters of identified removable blocks

Block No.	Block volume (m^3)	Exposing position	Relevant geologic planes
B1	20.95	Top arch, right oil-storage cavern	F5, F8, F14
B2	54.73	Top arch, right oil-storage cavern	F4, F6, F10
B3	911.69	Top arch, right oil-storage cavern	F4, F6, F10
B4	13.13	Front face, left oil-storage cavern	F2, F7, F12
B5	87.98	Front face, left oil-storage cavern	F1, F2, F3, F7, F12
B6	4.36	Top arch, left oil-storage cavern Sidewall, oil-out shaft Top arch, connecting passage	F7, F9, F15
B7	11.21	Sidewall, left oil-storage cavern	F4, F15, S1
B8	51.46	Top arch, left oil-storage cavern Front face, left oil-storage cavern Top arch, connecting passage	F7, F8, F9, F15
B9	1.44	Sidewall, left oil-storage cavern	F4, F5, F15, S1
B10	402.81	Arch abutment, left oil-storage cavern Sidewall, connecting passage	F2, F10, F12, F15

domain (100 m×125 m×100 m) is established and 3 sets of orthogonal fractures with increasing radius (5 m × the amplification factor) are generated. Fig. 27 (a)∼(c) illustrate the effect of increasing fracture sizes on the number of element-blocks, the number of complex-blocks and the time consumption of constructing multi-block systems. The results indicate that the three variables approximately have quadratic relationships with the fracture sizes when the persistence of fractures is not significant. Especially, Fig. 27(a) also demonstrates that the effect of fracture sizes has been considered when splitting the domain into element-blocks and unnecessary cutting by entirely persistent discontinuities is avoided. Furthermore, Fig. 27(d) indicates that the multi-block system construction process has linear time complexity with respect to the number of element-blocks.

Another point should be noted is that complex-blocks in this paper are constructed without internal cracks and this will not influence the removability analysis results in this paper because block theory assumes blocks to be rigid and the information of

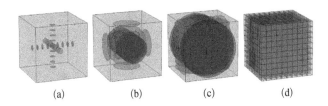

(a)   (b)   (c)   (d)

Fig. 26　Testing models with increasing amplification factor of fracture sizes

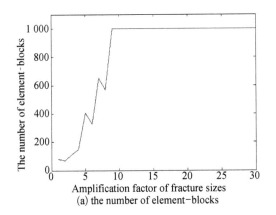

(a) the number of element-blocks

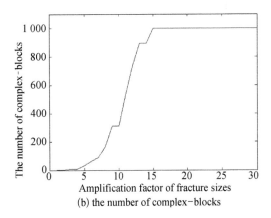

(b) the number of complex-blocks

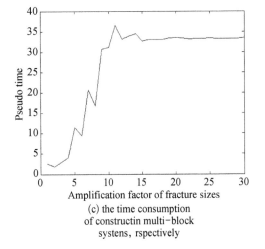

(c) the time consumption of constructin multi-block systems, rspectively

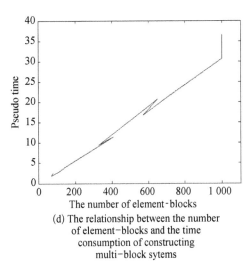

(d) The relationship between the number of element-blocks and the time consumption of constructing multi-block sytems

Fig. 27　The relationships between the amplification factor of fracture sizes

internal cracks is not required[2,21]. However, if the deformation of blocks is considered, an additional algorithm is needed to retain the internal fracture faces inside complex-blocks, as shown in Fig. 28. Description about this technique will be presented along with the mechanical modeling of multi-block systems in another paper in preparation.

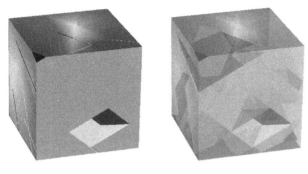

Fig. 28   Retaining internal fracture faces inside a complex-block

6   Conclusions

This paper has presented an object-oriented computer framework and a geometrical modeling method for three-dimensional multi-block systems. OOP techniques are employed to decipher the composition of rock masses and design data structures for computer implementation. The geometries of a multi-block system are created by cutting a computational domain into element-blocks and then combining them into complex-blocks (convex or concave). The proposed data structure and block identification method possesses a series of advantages when dealing with the complicated geometries of natural rock fracture systems. For example, deterministic fractures, stochastic finite joints and large faults can be generated; block polyhedra with arbitrary shapes (convex or concave) can be identified; complex and multiple excavations can be simulated. Then, the suggested object-oriented multi-block system model can provide abundant information for different discontinuum-based analysis methods, such as block theory, discrete element method or discontinuous deformation analysis. In this paper, removability analysis based on the stereo-analytical block theory is performed to identify removable blocks during excavations.

Future additions to the multi-block system model include mechanical computation of removable blocks and the simulation of reinforcement and supports.

Acknowledgements

The research was conducted with funding provided by the National Science Foundation of China (Grant No. 41172249), the Program for Changjiang Scholars and the Innovative Research Team in University (PCSIRT, IRT1029).

Appendix A

According to Computational Geometry theory[23], for a finite set of points, there is a unique convex hull that can envelop those points with a minimum space. Therefore, if the vertices of a convex block are given, there will be only one convex hull enveloping those vertices and the convex hull is just the surface of the convex block [Fig. 29(a)]. However, the shape of a concave block cannot be uniquely determined if only its vertices are given [Fig. 29(b)~(d)].

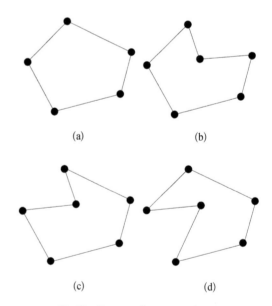

(a)   (b)

(c)   (d)

Fig. 29   Convex and concave polygons

Furthermore, a convex block can be conveniently constructed based on their vertices. Fig. 30 gives a two-dimensional illustration of the procedure. A polar coordinate system is established using any one vertex of the convex polygon as the origin. Then, the vertices are linked according to the ascending or descending order of their angular coordinates. In three-dimensions, a convex polyhedron can be created by successively constructing each convex polygonal face using this procedure.

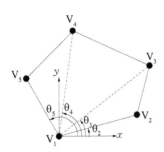

Fig. 30　Determination of a convex polygon based on the vertices

Fig. 31 gives a two-dimensional example illustrating the difference on block identification between BTA and BAA: (a) BTA identifies the concave block by detecting the vertices, directed edges, exterior and interior loops[9-11]; (b) BAA identifies the concave

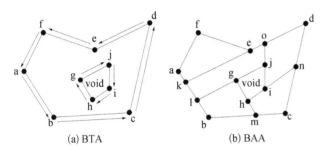

(a) BTA　　　　　　(b) BAA

Fig. 31　Identifying a concave block by BTA and BAA

block by detecting and combining corresponding convex blocks that can be uniquely and conveniently determined by their vertices. Therefore, BAA can avoid the complicated topological detection involved in BTA.

Appendix B

The algorithms for geometrical modeling of multi-block systems are described using pseudo code which is an informal high-level description of the operating principle of a computer program or an algorithm. The functions of some keywords or symbols are described below:

begin ... end: start and finish an algorithm;

for ... to ... endfor: repeat a loop a certain number of times;

while ... endwhile: repeat a loop until some condition changes;

if ... else ... endif: perform different computations or actions depending on whether a programmer-specified Boolean condition evaluates as true or false;

break: terminate the current loop immediately and transfer control to the statement immediately following that loop;

continue: skip the remainder of the loop body and continue with the next iteration of the loop;

←: set or re-set the value of a variable at the left side;

[ ]: an empty array.

B. 1　Element-block identification algorithm (EBIA)

The task of the EBIA is to identify the convex element-blocks in the computational domain, which is split by geologic planes whose exact finiteness is temporarily ignored. The procedure is briefly described as follows.

Algorithm: element-block identification
input: $G = [G_1, G_2, \cdots G_i, G_{i+1}, \cdots]$: the array of all geologic planes in descending order of sizes; the computational domain.
output: EB: the array of all element-blocks.
begin

　　Convert the computational domain into an intact convex block (if the domain has a concave shape, padding treatments are required; see Fig. 32);

　　$EB \leftarrow$ the intact convex block (initialize an array to store element-blocks);

　　$N \leftarrow$ the total number of geologic planes stored in G;

for $i \leftarrow 1$ **to** N

  $P_i \leftarrow$ the infinite plane on which the ith geologic plane G_i is located;

  A_i, B_i, C_i, $D_i \leftarrow$ the plane equation coefficients of P_i;

  $M \leftarrow$ the total number of element-blocks stored in EB;

  $NB \leftarrow [\ ]$; (initialize an array to store the element-blocks after the cutting with G_i)

  $K \leftarrow 0$; (initialize a variable indicating the total number of element-blocks stored in NB)

  for $j \leftarrow 1$ **to** M

    $n \leftarrow$ the total number of the vertices of the jth block EB_j in the array EB;

    $[V] \leftarrow$ the coordinates of all the vertices of EB_j:

$$[V] = \begin{bmatrix} x_1 & y_1 & z_1 \\ x_2 & y_2 & z_2 \\ \vdots & \vdots & \vdots \\ x_n & y_n & z_n \end{bmatrix} \tag{1}$$

    Establish the recognition matrix $[R]$ to judge whether P_i penetrates EB_j:

$$[R] = \begin{bmatrix} A_i x_1 + B_i y_1 + C_i z_1 - D_i \\ A_i x_2 + B_i y_2 + C_i z_2 - D_i \\ \vdots \\ A_i x_n + B_i y_n + C_i z_n - D_i \end{bmatrix} = \begin{bmatrix} R_{i1} \\ R_{i2} \\ \vdots \\ R_{in} \end{bmatrix} \tag{2}$$

    if all $R_{i1\sim n} \geqslant 0$ **or** all $R_{i1\sim n} \leqslant 0$

      if G_i is finite

        Perform the bounding box test to judge whether the bounding box of G_i intersects with the bounding box of EB_j. (Fig. 33)

        if the two boxes do not intersect

          $K \leftarrow K+1$; $NB_K \leftarrow EB_j$; **continue;**

        endif

      endif

      Decompose EB_j into two convex blocks, EB_{j1} and EB_{j2}, using P_i;

      $K \leftarrow K+2$; $NB_{K-1} \leftarrow EB_{j1}$; $NB_K \leftarrow EB_{j2}$;

    else

      $K \leftarrow K+1$; $NB_K \leftarrow EB_j$;

    endif

  endfor

  $EB \leftarrow NB$;

endfor

Delete all element-blocks in the auxiliary regions if padding treatments have been previously implemented.

end

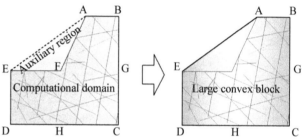

Fig. 32 Create a convex block from a concave analysis domain using an auxiliary region

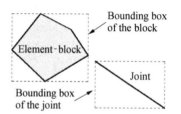

(a) two boxes do not intersect

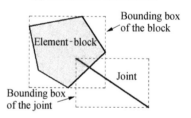

(b) two boxes intersect and the joint also intersects with the block

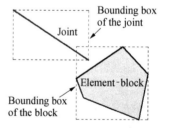

(c) two boxes intersect, although the joint does not extend to the body of the block

Fig. 33 Perform the bounding box test

B.2 Element-block aggregation algorithm (EBAA)

The purpose of EBAA is to aggregate the element-blocks into groups by rigorously considering the shapes and sizes of the finite discontinuities. The procedure is briefly described as follows.

Algorithm: element-block aggregation
input: $G = [G_1, G_2, \cdots]$: the array of all geologic planes; $EB = [EB_1, EB_2, \cdots]$: the array of all element-blocks.
output: $AG = [AG_1, AG_2, \cdots]$: the array of element-block aggregation groups (each element of AG stores a series of element-blocks in the corresponding group).
begin

    $N \leftarrow$ the total number of geologic planes stored in G;

    for $i \leftarrow 1$ **to** N

        if G_i is infinite, **continue; endif**

        $P_i \leftarrow$ the infinite plane on which the ith geologic plane G_i is located;

        Establish a 2D local coordinate system (LCS) based on G_i;

        Derive the mathematical representation of the finite region of G_i in the LCS (e. g., $x^2 + y^2 - R^2 \leqslant 0$ for a circular disc with radius R);

        $M \leftarrow$ the total number of element-blocks in EB;

        for $j \leftarrow 1$ **to** $M-1$

            if EB_j is not located on P_i, **continue; endif**

            for $k \leftarrow j+1$ **to** M

                if EB_k is not located on P_i, **continue; endif**

                if EB_j and EB_k are on different sides of P_i

                    Search the faces through which EB_j and EB_k are located on P_i; Transform the two faces' vertices into the LCS and store their coordinates into one matrix V:

$$V = \begin{bmatrix} x_1 & y_1 \\ x_2 & y_2 \\ \vdots & \vdots \\ x_n & y_n \end{bmatrix} \quad (3)$$

Calculate a discrimination matrix D to judge the relationships between G_i and the two faces by examining whether all vertices are in the finite region, e. g., the following matrix is for G_i with a circular shape:

$$D = sign \left(sum \left(\begin{bmatrix} x_1^2 & y_1^2 \\ x_2^2 & y_2^2 \\ \vdots & \vdots \\ x_n^2 & y_n^2 \end{bmatrix} - \begin{bmatrix} R^2 \\ R^2 \\ \vdots \\ R^2 \end{bmatrix} \right) \right) = \begin{bmatrix} d_1 \\ d \\ \vdots \\ d_n \end{bmatrix} \quad (4)$$

where $sign(Y) = (+1, 0, -1)$ when Y is $(> 0, = 0, < 0)$; $sum(X)$ returns a column vector that is the sum of each row.

                if not all elements in $[d_1, d_2, \cdots d_n] \leqslant 0$

                    Set the two element-blocks, as well as all element-blocks in their former groups, into the same aggregation group, e. g., if $EB_j \in AG_1$ and $EB_k \in AG_5$ previously, set $AG_1 \leftarrow AG_1 \cup AG_5$ and delete AG_5;

                endif

              endif

            endfor

        endfor

    endfor

end

Fig. 34 illustrates typical element-block aggregation conditions. In conditions (a) and (c), the two neighboring element-blocks should be categorized into the same aggregation group. The two element-blocks in condition (b) will not be classified into the same

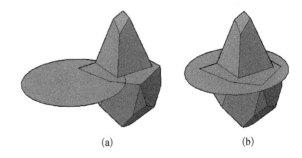

(a)   (b)

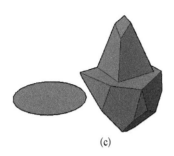

(c)

Fig. 34　Typical element-block aggregation conditions

group; however, they might still possibly aggregate into one set later in the aggregation process.

B. 3　Complex-block construction algorithm (CBCA)

The implementation of CBCA would combine element-blocks in the same aggregation groups to construct complex-blocks. The algorithm is briefly described as follows.

Algorithm: complex-block construction

input: $AG = [AG_1, AG_2, \cdots]$: the array of element-block aggregation groups;

output: $CB = [CB_1, CB_2, \cdots]$: the array of all complex-blocks.

begin

 $K \leftarrow$ the total number of aggregation groups in AG;

 for $i \leftarrow 1$ **to** K

  $EB = [EB_1, EB_2, \cdots] \leftarrow$ element-blocks in the aggregation group AG_i;

  $M \leftarrow$ the total number of element-blocks in AG_i;

  $Flag \leftarrow -1$; (define a variable to control the loops)

  while $M > 1$

   for $j \leftarrow 1$ **to** $M-1$

    for k $\leftarrow j+1$ **to** M

     if EB_j has common faces with EB_k

     Delete the common faces;

     $EB_j \leftarrow EB_j \cup EB_k$; (save the remaining faces to the same set)

     Delete EB_k; $M \leftarrow M-1$;

     $Flag \leftarrow +1$; **break**;

    endif

   endfor

   if $Flag = +1$, **break**; **endif**

  endfor

  endwhile

 Create a complex-block CB_i by combining all connecting and coplanar remaining element-block faces;

 endfor

end

Fig. 35 illustratesthe process where three convex element-blocks are grouped together and then combined to create a concave complex-block along faces that are not interpenetrated by finite geologic planes.

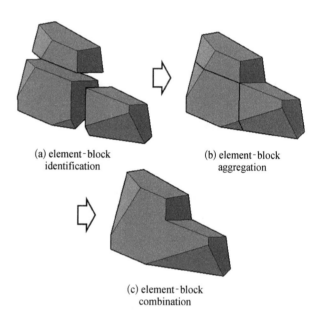

(a) element-block identification

(b) element-block aggregation

(c) element-block combination

Fig. 35　Combining element-blocks to construct a complex-block

B. 4　Complex-block excavation algorithm (CBEA)

The influence of an excavation on the multi-block system model is simulated by executing the CBEA, in which excavation faces are treated as a type of finite geologic plane. The algorithm is briefly described as follows (note: the excavation shown in Fig. 36 is used as an example to illustrate the algorithm).

Algorithm: complex-block excavation

input: $CB = [CB_1, CB_2, \cdots]$: the array of all complex-blocks before excavations; EX: an excavation instance.

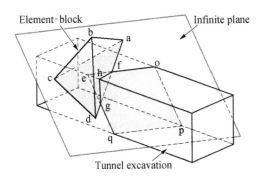

Fig. 36 Judging whether an element-block intersects with an excavation space

output: $CB = [CB_1, CB_2, \cdots]$: the array of all complex-blocks after excavations.

begin

    $K \leftarrow$ the total number of complex-blocks stored in CB;

    for $i \leftarrow 1$ **to** K

        $EB = [EB_1, EB_2, \cdots] \leftarrow$ all the subordinate element-blocks of the complex-block CB_i before the excavation;

        $M \leftarrow$ the total number of element-blocks stored in EB;

        $IsExcavated \leftarrow -1$; (define a variable indicating whether CB_i will be excavated by EX)

        for $j \leftarrow 1$ **to** M

        $F = [F_1, F_2, \cdots] \leftarrow$ an array of all faces of the element-block EB_i;

        $N \leftarrow$ the total number of faces stored in F;

        for $k \leftarrow 1$ **to** N

            $F_k \leftarrow$ the kth face (a-c-d in Fig. 36);

            $P_k \leftarrow$ the infinite plane that F_k is located on;

            $ER \leftarrow$ the polygonal region of the intersection (e-o-p-q in Fig. 36) between EX and P_k;

            if $ER \cap F_k \neq \varnothing$

                $IsExcavated \leftarrow +1$;

                Use the excavation faces of EX to cut EB_i into a series of new element-blocks by executing EBIA;

                Delete the fragment (e-f-g-h in Fig. 36) located in the excavation space;

            endif

        endfor

    endfor

    if no element-blocks remains

        Delete CB_i [Fig. 37(a)];

    else

        Execute EBAA toaggregateall the residual element-blocks into groups;

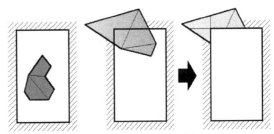

(a) the block that is totally located in the excavation space should be removed

(b) only one complex-block polyhedron exists after the excavation

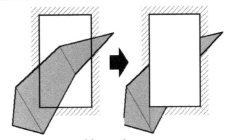

(c) more than one disconnected blocks remain after the excavation

Fig. 37 Different excavation conditions (bold lines are the boundaries of the complex-blocks and the light lines denote the internal separations between the element-blocks)

        if the number of aggregation groups $\leqslant 2$

            Execute CBCA to reconstruct the complex-block CB_i; [Fig. 37(b)]

        else (CB_i is excavated into disconnected parts)

            Delete CB_i and execute CBCA to generate complex-blocks corresponding to the aggregation result; [Fig. 37(c)]

        endif

    endif

    endfor

end

References

[1] Dershowitz W S, Einstein H H. Characterizing rock joint geometry with joint system models [J]. Rock Mechanics & Rock Engineering, 1988, 21 (1): 21 – 51.

[2] Goodman R E, Shi G. Block theory and its application to rock engineering [M]. Englewood Cliffs, NJ: Prentice-Hall, 1985.

[3] Hudson J A, Priest S D. Discontinuities and rock mass geometry [C] //International Journal of Rock Mechanics and Mining Sciences & Geomechanics Abstracts. Pergamon, 1979, 16(6): 339 – 362.

[4] Priest S D. Discontinuity analysis for rock engineering [M]. Springer Science & Business Media, 2012.

[5] Warburton P M. Applications of a new computer model for reconstructing blocky rock geometry-analysing single block stability and identifying keystones [C]// 5th ISRM Congress. International Society for Rock Mechanics, 1983.

[6] Heliot D. Generating a blocky rock mass [C] // International Journal of Rock Mechanics and Mining Sciences & Geomechanics Abstracts. Pergamon, 1988, 25(3): 127 – 138.

[7] Lin D, Fairhurst C, Starfield A M. Geometrical identification of three-dimensional rock block systems using topological techniques [C]//International Journal of Rock Mechanics and Mining Sciences & Geomechanics Abstracts. Pergamon, 1987, 24(6): 331 – 338.

[8] Ikegawa Y, Hudson J A. A novel automatic identification system for three-dimensional multi-block systems [J]. Engineering Computations, 1992, 9(2): 169 – 179.

[9] Jing L. Block system construction for three-dimensional discrete element models of fractured rocks [J]. International Journal of Rock Mechanics and Mining Sciences, 2000, 37(4): 645 – 659.

[10] Lu J. Systematic identification of polyhedral rock blocks with arbitrary joints and faults [J]. Computers and Geotechnics, 2002, 29(1): 49 – 72.

[11] Elmouttie M, Poropat G, Krähenbühl G. Polyhedral modelling of rock mass structure [J]. International Journal of Rock Mechanics and Mining Sciences, 2010, 47(4): 544 – 552.

[12] Elmouttie M, Poropat G, Krähenbühl G. Polyhedral modelling of underground excavations [J]. Computers and Geotechnics, 2010, 37(4): 529 – 535.

[13] Zhang Y, Xiao M, Chen J. A new methodology for block identification and its application in a large scale underground cavern complex [J]. Tunnelling and Underground Space Technology, 2010, 25 (2): 168 – 180.

[14] Yu Q, Ohnishi Y, Xue G, et al. A generalized procedure to identify three – dimensional rock blocks around complex excavations [J]. International journal for numerical and analytical methods in geomechanics, 2009, 33(3): 355 – 375.

[15] Lei Q H, Zhang Z X. A new methodology of block system construction and visualization for three-dimensional block-group analysis [C]//Proceedings of the 2nd international young scholars' symposium on rock mechanics, Beijing, China. 2011: 489 – 494.

[16] Ross T J, Wagner L R, Luger G F. Object-oriented programming for scientific codes. I: Thoughts and concepts [J]. Journal of computing in civil engineering, 1992, 6(4): 480 – 496.

[17] Ross T J, Wagner L R, Luger G F. Object-oriented programming for scientific codes. II: Examples in C++[J]. Journal of Computing in Civil engineering, 1992, 6(4): 497 – 514.

[18] Einstein H H, Baecher G B. Probabilistic and statistical methods in engineering geology [J]. Rock mechanics and rock engineering, 1983, 16(1): 39 – 72.

[19] La Pointe P R. Derivation of parent fracture population statistics from trace length measurements of fractal fracture populations [J]. International Journal of Rock Mechanics and Mining Sciences, 2002, 39 (3): 381 – 388.

[20] Jiménez-Rodriguez R, Sitar N. Influence of stochastic discontinuity network parameters on the formation of removable blocks in rock slopes [J]. Rock Mechanics and Rock Engineering, 2008, 41(4): 563 – 585.

[21] Zhang Z, Kulatilake P. A new stereo – analytical

method for determination of removal blocks in discontinuous rock masses [J]. International journal for numerical and analytical methods in geomechanics, 2003, 27(10): 791 – 811.

[22] Dyskin A V, Estrin Y, Kanel-Belov A J, et al. Topological interlocking of platonic solids: a way to new materials and structures [J]. Philosophical Magazine Letters, 2003, 83(3): 197 – 203.

[23] Zhou P. Computational Geometry — Algorithm Design and Analysis [M]. Beijing: Tsinghua University Press, 2011.

本文发表于《Computers and Geotechnics》
2013 年第 48 卷

Problems of Evolving Porous Media and Dissolved Glauberite Microscopic Analysis by Micro-computed Tomography: Evolving Porous Media (1)

Yangsheng Zhao, Dong Yang, Zhonghua Liu, Zengchao Feng, Weiguo Liang

College of Mining Technology, Taiyuan University of Technology, Taiyuan 030024, Shanxi, China

Abstract: In this study, the evolution phenomena and mechanism of porous media were analyzed according to the driving factors, i.e., external force, heat, seepage, coupled chemical reaction and seepage, coupled chemical reaction and heat flow, and live porous media. According to the evolution mechanism, the evolution can be categorized as natural evolution, artificial evolution, and natural — artificial evolution. Taking the dissolution of glauberite ore as the example, the detailed evolution characteristics and behavior were investigated. The evolution characteristics of pores and the residual porous skeleton were investigated using micro-computed tomography. The results indicate that: (1) The variation of the dissolution thickness of glauberite with time follows a power function. (2) The total void ratio of the residual porous media remains almost the same and is typically in a range of 20% - 22%. The diffusion coefficient of the residual porous skeleton is $0.013 \text{ cm}^2/\text{h}$. (3) In the process of glauberite dissolution, three zones are formed from the interface to the outside: a crystallization completion zone, a crystalline transition zone, and a development zone of dissolution and crystallization. The crystallization completion zone is formed after 15 h dissolution. The thickness of the crystallization transition zone and development zone of dissolution and crystallization is approximately 0.5 - 1.0 mm.

Keywords: Evolving porous media; Coupling; Microstructure; Glauberite; Dissolved; Micro-computed tomography

1 Introduction

A wide range of solid media gradually evolve into porous media containing a large number of pores, and sometimes voids and fractures, after a single or several coupled physical and chemical actions. This is a very common phenomenon in nature, where permeability increases with porosity and less developed fractured porous media transform to highly developed media. For example, in natural rock outcrops, fractures gradually develop under the slow action of sun exposure, wind weathering, and rain erosion. With time, the outcrop becomes further cracked and breaks into granules, and finally evolves to bulk soil Underground, chemical dissolution and seepage of underground water cause carbonate rock to develop a large number of pores, voids, and even large or extra large caves, significantly changing the behavior and properties of the rock.

Generally, the evolution of the porous media described above involves a very long geological and chemical action of natural heat flow. In engineering analysis, at a certain evolution phase, a specific porous and fracture pattern is usually assumed, and this evolution process does not have to be considered. However, the effects of heat, fluid, force, chemistry and time on the evolution of porous media must be considered when studying the evolution process of this type of solid media.

In many cases, the evolution of porous media is completed in a short or very short time under the thermal — hydraulic — mechanical — chemical action. When conducting an analysis of porous media experiencing such an evolution, the change in the number and size of pores and fractures should be considered. Otherwise, the natural, engineering, and biological processes can be misinterpreted. For instance, in uranium ore mining with the method of chemical solution leaching, the ore body evolves from an almost impermeable medium into a highly permeable porous medium in a very short time. In tunneling and underground applications, excavation results in the damage and rupture of surrounding rock under high stress, and the initially low-permeability rock becomes highly permeable. For malignant disease of biological tissue, with the growth of tumor cells, the intercellular space is gradually filled by the tumor cells, resulting in a reduction of porosity. As a result, the capability of the biological tissue to transport oxygen and tissue fluid becomes poor, and sometimes the passage becomes completely impassable. To understand the development of such diseases, determine the optimal treatment protocol, and forecast the treatment performance, it is essential to study the biological evolution process of porous media.

The phenomenon of evolving porous media widely occurs in the natural and engineering world, and its study is of great significance. Even though the study of porous media started a long time ago, information about the evolution process is still limited. Regarding the evolution mechanism of porous media, the evolution process can be categorized into three types:

(1) Natural evolution. In natural evolution, the evolving process is completely driven by natural physical and chemical actions, such as weathering of rock, damage and rupture of geological structures, and normal or pathological evolution of biological porous media.

(2) Artificial evolution. The evolution process is controlled by man for engineering applications, such as hydraulic fracturing to enhance the recovery ratio and exploitation rate, chemical grouting to prevent leakage, and chemical solution leaching in underground uranium ore mining.

(3) Natural — artificial evolution. This includes two cases. First, natural evolution modified by man so that it develops for the good of man, such as the planting of trees and grass to delay or prevent rock weathering, and medication to control the spread of tumor cells. In this class of evolution process, the dominant driving factor comes from nature, and artificial means are only for modification. The final evolution trend is determined by natural evolution processes. Second, evolution where human activity is active, dominant, and purposeful, but owing to the complexity of nature the results and trends of evolution are often not controllable, or at least cannot be strictly controlled. For example, tumor resection sometimes accelerates tumor spread. In deep nuclear waste storage, accumulated thermal forces can crack impermeable rock strata, and radioactive media can escape into the biosphere by fluid flow through rock fractures.

2 Evolution Mechanism and Characteristics of Porous Media

The evolution mechanism of porous media is very complex and widely varies. This leads to it not being possible to use a single cause to explain each evolution process. Here, the evolution mechanisms and characteristics of porous media are discussed according to their driving forces.

2.1 Evolution Characteristics of Porous Media Caused by External Forces

Regardless of the pattern of applied external load, the failure of solid media tends to be caused by two basic modes: tensile and shear failure. In tensile failure mode, microcracks, fissures, cracks, and geological faults appear in the zone of maximum tensile stress, and their direction is perpendicular to the maximum tensile stress. In space, the distribution of this type of discontinuity is quite regional, and typically tends to be strip-shaped. The discontinuity becomes the main flow channel of anticline, and tends to be heterogeneous for fluid flow. Its permeability is large along the direction parallel to the discontinuity, while the permeability is several times (sometimes even tens of times) smaller along the direction perpendicular to the discontinuity. Hobbs et al. (2011) studied the formation mechanism of metamorphic rock. In shear failure mode, crack rupture tends to be X-type, and the crack block is the shape of a parallelogram prism. There are also many unconnected small X-type strike cracks. Therefore, these two non-orthogonal directions of crack dominate the permeability. Kruhl (2013) described the morphology and fractal characteristics of a variety of these discontinuities.

2. 2 Evolution Characteristics of Porous Media Caused by Thermal Forces

Thermal action is induced by a heat source. In solids, heat is transferred in the form of heat conduction, Driving heat flow is temperature gradient and consequently a temperature field is formed from high to low with increasing distance from the heat source. Non-uniform thermal stress in solid is caused by temperature difference. The higher the temperature, the greater the thermal stress, the more serious the damage in rock. And such damage decreases with increasing distance from the heat source. Hence, the evolution of porous media caused by thermal forces starts from the heat source and the resulting permeability is a spherical distribution. The permeability coefficient is largest at the center of sphere, and decreases with increasing distance from the center. Under thermal action, the rupture direction of the solid is random. With the differences of temperature in the medium, ruptures can occur in many ways, such as cracking along the grain boundaries and transgranular cracking.

2. 3 Evolution Characteristics of Porous Media Caused by Seepage Erosion

When fluid flows through porous media, such as underground water, oil, and gas, the flow velocity of the fluid varies in the underground media because of the presence of pumping wells, oil and gas producing wells, and the existence of runoff zones and retention areas in geological strata. For relatively soft or poorly consolidated porous media, the skeleton of the porous media can be washed away by erosion and scouring during the process of fluid transportation. The typical evolution characteristics of porous media caused by seepage erosion are that the porosity rapidly increases in areas of high permeability Sometimes, the porous media evolve into large cavities and channels, and the transport of the fluid changes from seepage to laminar and turbulent flow at the macroscale. Dorthe (2013) investigated the evolving characteristics of porous media under the actions of flow, temperature and pressure, mechanical loading, and reactive transport.

2. 4 Evolution Characteristics of Porous Media Caused by Coupled Seepage and Chemical Reaction

To effectively separate useful mineral components from mineral rocks, chemical fluid is injected into the rocks to react with certain components, and the injection of the reactants and discharge depends on the transport of seepage fluid. The evolution characteristics of this type of porous media are determined by the combination of seepage and chemical reaction. In general, porosity and pore size rapidly increase in regions of high mineral content, vigorous reactions, and high permeability, and vise verse. Typical examples of such cases are the dissolution of carbonate minerals and salts at room temperature. Henares et al. (2014) studied the effect of pore evolution of Triassic strata caused by chemical dissolution and seepage on oil and gas reservoirs. Liang et al. (2008) studied the chemical dissolution and seepage characteristics of glauberite salt rock. Hoefner and Fogler (1988) and Zhang et al. (2012) studied pore evolution and channel formation during flow and reaction. Cai et al. (2009) studied the pore structure changes in Hanford sediment by reactive flow using microcomputed tomography (MCT), and quantified dissolution and secondary precipitation in the sediments exposed to simulated caustic waste. Noiriel et al. (2005, 2009) and Luquot and Gouze (2009) studied the hydraulic properties and microgeometry evolution of limestone dissolved by acidic water.

2.5 Evolution Characteristics of Porous Media Caused by Coupled Chemical Reaction and Heat Conduction

In this type of reaction in porous media, there are two evolution mechanisms. First, certain substances diffuse to other regions in liquid and gaseous states after the reaction, and a large number of new pores develop. Using MCT with pressurized mercury and large coal samples, Zhao et al. (2010, 2012) and Yu et al. (2012) studied the evolution characteristics of the microstructure of pores and the permeability of gas coal and lean coal under pyrolysis action. Niu and Zhao (2013) investigated the evolution of the permeability of lignite under pyrolysis action when heated from room temperature to 600℃. Second, the action of thermal and volumetric stress introduces a large number of new fractures in the original porous medium, and hence increases the permeability. Under the action of thermal and volumetric expansion forces, the maximum number of newly developed cracks is in the chemical reaction zone, and the number of cracks gradually decreases with the distance away from the heat source. Kang et al. (2011) and Zhao (2012) studied the relationship between thermal cracking and permeability of oil shale. Using NMR, Collins et al. (2007) studied the evolving pore structure of pharmaceutical pellets.

2.6 Evolution Characteristics of Biological Porous Media

To sustain life, microcirculatory systems need to supply the required energy and nutrients and excrete wastes by seepage and diffusion through biological porous media. Under the extremely complex conditions of these microcirculatory systems, for example, normal or sick states, a variety of features of porous media emerge in accordance with the laws of biological growth and life, which are extremely complex but also very interesting and important. The evolution characteristics of this class of porous media are distinctly different from non-biological media. However, finally tends the increase or decrease of the porosity. Martins (2007) described the evolution process of tumor growth.

3 Characterization of Porous Media Evolution

3.1 Percolation Theory

Percolation theory was first proposed by Broadbent and Hammersleg (1957). It is one of the most common concepts in physics and mathematics, and aims to determine and characterize the critical conditions and phenomena of stochastic media using probability theory methods. Impermeable porous media become permeable as the number of pores gradually increases by random until its porosity reaches a specific threshold value. Percolation theory studies the distribution and connectivity of pores at the critical conditions and critical states while transitioning from an impermeable to a permeable state.

Essam (1980) and Stauffer (1991) used probability theory to study the percolation characteristics of porous media and developed a percolation model of square or cube lattices for porous media consisting of pores and solid particles. Theory and practice confirmed that the percolation threshold (critical probability) was 59.27%, while that of the cube lattice model was 31.16% (J. Feder 1988).

3.2 Correlation Between Porosity and Permeability

Characterization of porous media evolution is

mainly the investigation of the relationship between porosity and permeability. Many studies have been conducted on porous media without discontinuities, and a general expression has been proposed:

$$k = f_1(s)f_2(n)d^2 \qquad (1)$$

Where $f_1(s)$ is the effect of the pores shape, $f_2(n)$ is the contribution of porosity, and d is the effective diameter of the skeleton particle, c is a constant. This relationship can also be expressed as

$$k = cd^2 \qquad (2)$$

Krumbein and Monk (1943) studied the relationship between the effective diameter of a skeleton particle and the permeability. Villar et al. (2001, 2008) studied the properties of the nuclear waste disposal barrier layer. They investigated the variation of the permeability of bentonite with the void ratio, and found that the permeability measured with gas had an exponential relationship and the void ratio varied from 10^{-12} to 10^{-16} m^2. However, the permeability measured with water had a logarithmic relationship and the void ratio varied from 10^{-19} to 10^{-21} m^2. For saturated anion seepage, the permeability of untreated bentonite can be calculated by the Kozeny law:

$$k = k_0 \frac{\phi^3}{(1-\phi)^2} \frac{(1-\phi_0)^2}{\phi_0^3} \qquad (3)$$

Where k and k_0 denote permeability and initial permeability, m^2; ϕ and ϕ_0 are the porosity and the initial porosity.

4 Microscopic Test of Glauberite ore Dissolution

4.1 Sample

Glauberite ore is an extremely important class of salt deposit. Its main component is $Na_2SO_4 \cdot CaSO_4$, With industrial exploitation value of glauberite ore, which accounts for approximately 65%–80% of the weight of glauberite ore, such as typical deposit Pengshan in Sichuan Province, in Yunnan Province, Hengyang in Hunan Province. The detailed composition of glauberite ore of Pengshan is given in Table 1.

Table 1　Composition of glauberite

$Na_2SO_4 \cdot CaSO_4$	Quartz	Cholrite	Mica	Montmorillonite	Illite	others
75%	4%	5%	4%	2%	6%	4%

Under normal conditions, glauberite ore is a dense, almost impermeable salt deposit. As sodium sulfate is an important raw material, the leaching method is usually used to extract sodium sulfate from glauberite ore. The physical process and extraction mechanism is as follows. Under the action of water, the hydration reaction occurs and the minerals Na_2SO_4 and $CaSO_4$ precipitate. Na_2SO_4 becomes $Na_2SO_4 \cdot 10H_2O$ and completely dissolves in water to form a salt solution. $CaSO_4$ is only slightly soluble in water and becomes $CaSO_4 \cdot 2H_2O$ by re-crystallization. The generated crystal together with the residual insoluble material forms a new porous skeleton. The hydration reaction is expressed as

$$Na_2SO_4 \cdot CaSO_4 + 12H_2O =$$
$$Na_2SO_4 \cdot 10H_2O + CaSO_4 \cdot 2H_2O \qquad (4)$$

The morphology of the porous skeleton determines the dissolution process of invasion and mass transfer. Therefore, it is of great significance to study the residual solid skeleton of glauberite at the microscopic and macroscopic scales.

The test samples were collected from a mine of the Nafine Chemical Industry Group Co. , Ltd. , Pengshan County, Sichuan Province, China. Ore blocks with a single side larger than 300 mm were collected from three different underground sites that were undisturbed by mining activities, and then moved to ground level and sealed with paraffin after a simple clean-up procedure. The samples were then shipped to Taiyuan University of Technology and processed into test samples with outer diameters of approximately 1 –

3 mm and lengths of 20 mm.

4.2 MCT Test System and Methodology

4.2.1 MCT Test System

The tests were conducted using the μ-CT225kvFCB MCT test system of Taiyuan University of Technology (Fig. 1). The system mainly consists of an X-ray machine, a detector, a mechanical turntable, and an electronic system. The X-ray machine (Yxlon International GmbH, Hamburg, Germany) has a smallest focal spot size of 3 μm, a ray cone angle of 25°, a minimum focal length of 4.5 mm, high voltage ranging from 10 – 225 kV, and current ranging from 0.01 – 2 mA. The detector was a Paxscan 4 030 digital flat panel detector (Varian Medical Systems, Salt Lake City, UT, US) with an imaging window of 406 × 293 mm^2, a frame rate of 1 – 30 frames per second, ray conversion material as CSI, an imaging speed of 2 frames/ s, and a 12 bit A /D converter. The mechanical rotary linear motion positioning accuracy of the mechanical turntable was less than 0.01 mm, the straightness was less than 0.02 mm, the rotation angle resolution of the turntable was 655, 360 steps per revolution, and the repeated position accuracy of the rotary turntable was within ±5. The main function of

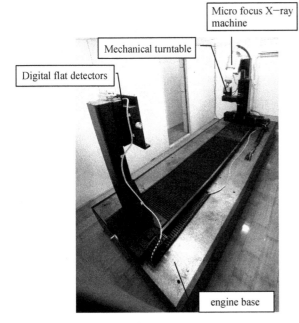

Digital flat detectors
Mechanical turntable
Micro focus X-ray machine
engine base

Fig. 1 μCT225kvFCB Micro – CT experimental system of TYUT

the test system was to magnify the sample with a diameter of 1 – 50 mm by 400 times and the size of the scanning unit was 0.485 μm. In other words, it can investigate the pore properties down to a size of 0.485 μm.

4.2.2 Test Methodology

The samples are cylinder with 2 – 3 mm in diameter and 20 mm long whose weight range from 0.15 g to 0.35 g. Deionized water of 5 liters was filled in a cylinder glass container with 200 mm in diameter and 200 mm in height and kept a constant temperature of 20 Celsius degree. A pump was employed to circulate the water in order to make the solution uniform and concentration lower than 0.5 Baume degree during dissolving glauberite ore. For the lower concentration in water we ignore the effect of concentration on the dissolution rate.

The sample was first fixed in the deionized water for a preset time to dissolve freely. Then it was taken out and scanned by MCT according scanning method. The exhaust water in the container was altered into new deionized water. The sample after scanning was put into the water again to dissolve for next preset time. Then MCT scanning was performed again. The above operations were made repeatedly until the end of test. Therefore, the leaching range of the glauberite and the skeleton structure after recrystallization were obtained at different dissolution time.

The samples with an outer diameter of 2 – 3 mm were firmly bonded to the top surface of the spindle. The spindle was then held by a high-precision mechanical turntable, and horizontal and vertical marks were made on the spindle. The scan was then conducted by adjusting the CT to 60 kV and 80 μA with 100 times magnification.

4.3 Relationship between Dissolution Thickness and Time

The dissolution of glauberite ore is a complex process. It is mainly affected by the hydration reaction rate, solution concentration, and diffusion velocity of Na_2SO_4 in water situated in pores of the residual porous skeleton. The dissolution rate can be obtained for the large test samples by measuring the weight loss after dissolution, and by the MCT test for the small samples.

4. 3. 1　Leaching and MCT Test on Small Samples of Diameter 3 mm

The leaching was conducted on cylindrical samples with a diameter of 3 mm, and the CT scans were conducted at specific time intervals. Then, the microstructure of the residual porous skeleton and the dissolving boundaries at different dissolution times were obtained.

Fig. 2 shows the sample structure in the process of dissolution. It shows that a residual porous skeleton zone was formed in the saturated region, but a dense undissolved zone exists in the inner layer of the sample. The CT scans were conducted at eight different dissolution times, and the obtained images are shown in Fig. 3, which were selected from the 300th section. Fig. 3 shows that the undissolved lumps become smaller with increasing dissolution time. To ensure the accuracy of the measurements, the areas of the dissolved and undissolved zones were measured by choosing three cross sections at each test time.

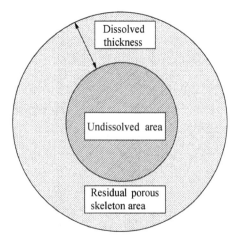

Fig. 2　The spherical ore sample dissolving process model diagram

Consequently, the thickness of dissolution was calculated, and is given using the pixel and actual size (mm), as shown in Fig. 4. Fig. 4 shows that the dissolution thickness of glauberite increases with increasing dissolution time and follows a power function:

$$\delta_c = 0.121\ 2t^{0.550\ 6} \tag{5}$$

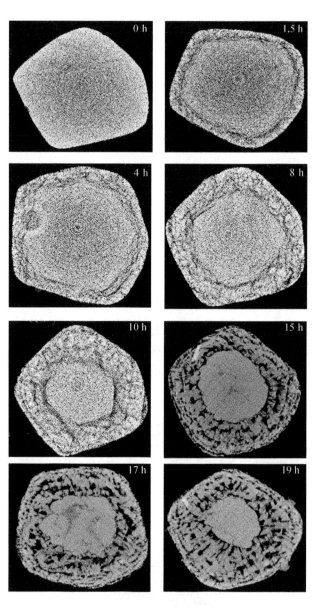

Fig. 3　Dissolved glauberite ore different time in section

Where δ_c is the dissolution thickness in mm and t is dissolution time in h. According to the experimental methods in paragraph 4. 2. 2, the dissolved thickness of sample varies with time observed by micro - CT

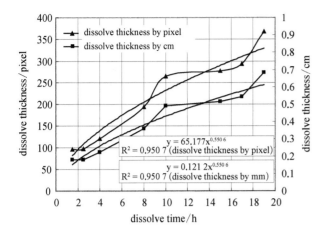

Fig. 4 Dissolved thickness along with the
change of dissolution time curve

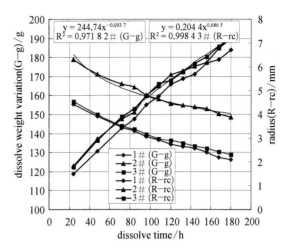

Fig. 5 Dissolve of the big sample weight and
soluble radius curve along with time

scanning. The fitting for dissolved thickness vs. time shows that they obey to power function and the correlation coefficient is higher than 0. 95. Hence the laws of power function are used in this paper. The law is applicable for all the dissolution time; therefore, this article does not give the applicable time domain.

4. 3. 2 Dissolution Test of Large Sample

Three large glauberite samples were simultaneously used to conduct the weight loss test. The test samples were irregular polyhedrons with a nearly spherical shape. Their outer diameters were approximately 50 mm and their weights ranged from 160 to 190 g. In the test, the three samples were soaked in three separate containers filled with 1 000 mL of purified water. Then, the sample weight and solution density were measured at specific time intervals. Within 180 h, weight loss of the test samples occurred because of dissolution, and the dissolution thickness was approximately calculated according to the weight loss. Fig. 5 shows that the weight loss and dissolution thickness varied with dissolution time by separate power functions:

$$\text{Weight loss:} \quad Q = 244.74 \, t^{-0.0937} \quad (6)$$

$$\text{Dissolution thickness:} \quad \delta_c = 0.2044 \, t^{0.6865} \quad (7)$$

where Q is in g, t is in h and δ_c is in mm. Comparing

the expressions of the dissolution thickness for the small and large samples shows that their characteristics and values are in a good agreement. The results show that the dissolution thickness increases with time and follows a power function. Even though the sizes of the test samples were different, the experimental data show that the dissolution thickness in both cases was less than 1/2 the radius of sample. The expression of dissolution thickness indicates that dissolution rate of glauberite decreases with time, indicating that dissolution rate is mainly controlled by diffusion velocity of residual porous skeleton rather than dissolution rate.

Shi and Guo (1955) proposed the unreacted shrinking core model (USCM) for spherical mineral particles under gas-particle reaction (Chen 2005) and determined the relationship between the dissolution radius ratio and time ratio using dimensionless parameters for leaching problems controlled by the residual porous skeleton zone:

$$t/t_{ash} = 1 - 3\xi^2 + 2\xi^3 \quad (8)$$

where t is dissolution time, t_{ash} is dissolved nugget end time, and ξ is the ratio of the radius of the undissolved zone to the initial radius of the sample ($\xi = r/R$).

The results of this study and the study of Shi and

Guo (1955) are plotted in Fig. 6. The results are in good agreement when $\xi > 0.8$. When $0.1 < t/t_{ash} < 0.75$, the dissolution rate of this study is faster than the USCM, but the difference is less than 35%. However, when $t/t_{ash} > 0.75$, the dissolution rate of the USCM is up to 15 times higher than in this study. The comparison with the experimental data of this study indicates that there is a large error in the USCM.

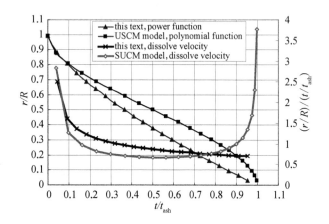

Fig. 6   Comparison between test results
in this paper and the USCM model

4.4 Evolution Characteristics of the Residual Porous Skeleton

4.4.1 Porosity

When glauberite dissolves in water, sodium sulfate precipitation occurs while calcium sulfate recrystallizes to form the residual porous skeleton. Three-dimensional analysis of the residual solid skeleton at all dissolution times showed that the total porosity remained almost the same: an average value of 20.8% with a fluctuation less than 2.5%.

Regardless of the dissolution time, the ratio of the maximum pore cluster of the residual porous skeleton zone to the total pore was very high ($> 78\%$). The analysis of the correlation length and percolation criterion showed that the porosity of the residual porous skeleton was larger than the percolation threshold (J. Feder 1988), and thus the sample became permeable. Further analysis showed that the ratio of the connected maximum pore lumps of the

residual porous skeleton zone to total pore first increased with increasing with dissolution time, and then stabilized at approximately 92% after 10 h, as shown in Fig. 7, indicating that seepage and mass transfer in the residual porous skeleton zone stabilized at a good level.

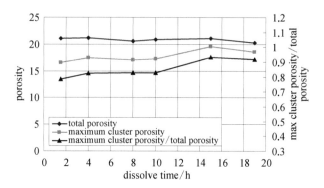

Fig. 7   Total porosity and the porosity of maximum cluster of
residual porous skeleton with dissolution time

4.4.2 Evolution Characteristics of the Specific Surface of Pores

Using the developed code by us, microanalysis was conducted on the residual porous skeleton at different dissolution times. This can clearly show the variation of the specific surface of pores at different dissolution times in the scale of 1.75 μm. In the first 10 h of dissolution, the average specific surface of the residual porous skeleton zone was 2 706 cm^2/cm^3 and its maximum fluctuation was 6%, while the area ratio of the channel was 1 969 cm^2/cm^3 and the fluctuation was less than 10%.

When the dissolution time was 15 h, the total area of the specific surface of the residual porous skeleton reduced to 1 098 cm^2/cm^3, which was approximately 40% of that at a dissolution time of 10 h, and the fluctuation was less than 5%. As shown in Fig. 8, there was almost no change in the total void ratio for all dissolution times. However, the specific surface of voids significantly decreased after 15 h dissolution. This indicates that calcium sulfate further crystallized and created more void channels. As a result, the area of the specific surface of voids significantly decreased to 1 000 – 1 200 cm^2/cm^3. Its fluctuation was less than 5%, indicating that it was quite stable. After 15 h dissolution, the area ratio of the channel was only 43% of that at 10 h dissolution time.

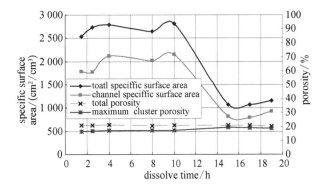

Fig. 8　Evolution of specific surface of Pores of residual porous skeleton over time

4.4.3　Evolution Characteristics of the Residual Porous Skeleton

The results described above show that calcium sulfate recrystallizes as the hydration reactions of sodium sulfate and calcium sulfate occur. The re-crystallization process is completed during the precipitation of sodium sulfate and diffusion in water. Hence, the crystal arrangement and orientation are controlled by diffusion. Fig. 9 shows that the void channels formed by re-crystallization are along the radial direction, and the radial flow channels are generated between the large crystal lumps after 10 h dissolution. This is a typical characteristic of glauberite in the process of leaching and re-crystallization.

Fig. 9　Contains undissolved area porous skeleton and pore structure form at 19 hours

Fig. 10 shows morphology of sample varies with dissolution time. It shows that the shapes of the crystal in the residual porous skeleton are quite complex. The connected channels among the pores are very small, and their number is limited within 10 h leaching. The whole area looks fragmented, like a cloud of mist fills the entire space. After 15 and 19 h dissolution, small

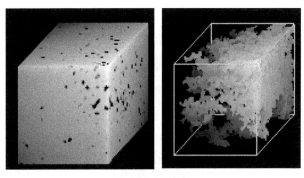

(a) dissolved 2 hours

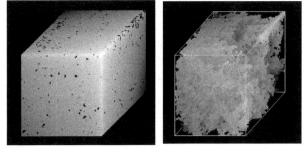

(b) dissoloved 4 hours

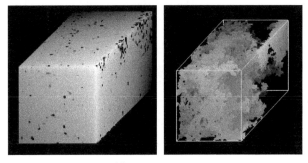

(c) dissolved 8 hours

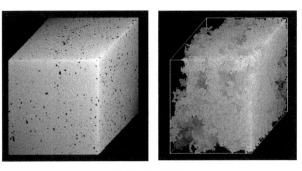

(d) dissolved 10 hours

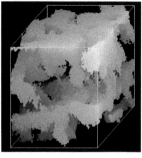

(e) dissolved 15 hours (dissolve outer area)

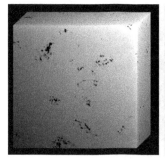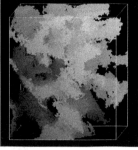

(f) dissolved 19 hours (dissolve outer area)

Fig. 10   Pores skeleton(left) and Pores state(right)
in different dissolution time

crystals of calcium sulfate aggregate and form large crystal particles. At the same time, the void channels among the crystal lumps become larger and smoother.

Fig. 11 shows change of residual porous skeleton from the dissolved zone to the undissolved zone after 19 h dissolution, which can be roughly divided into three zones from outside to inside: the crystallization completion zone (outer zone), the crystalline transition zone (middle zone), and the development zone of dissolution and crystallization (inner zone). In the crystallization completion zone, the crystallization of calcium sulfate is already completed after dissolution, and large crystal particles and channels among the pores are created. The porosity of this zone remained almost the same, and the structure of the crystal became stable. However, the specific area of voids gradually decreased to 1 451 cm^2/cm^3. The specific area of the zone shown in Fig. 11 is 11 117 cm^2/cm^3, which is formed after 15 h dissolution. In the crystalline transition zone, large crystallization is completed, the

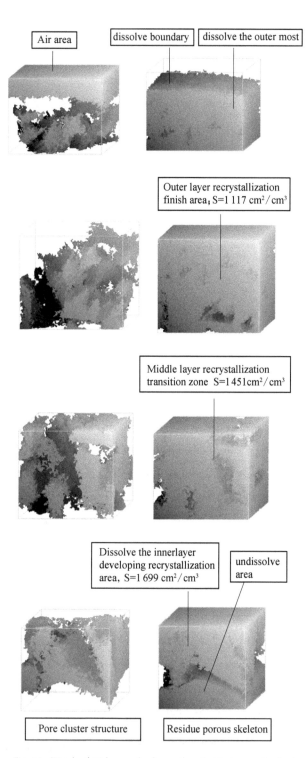

Fig. 11   Dissolved 19 hours, the free surface to interface undissolved area, Zoning characteristics in residues porous skeleton

channels among the pores become increasingly large, and the specific area of pores gradually decreases. The typical characteristics of the development zone of dissolution and crystallization is that sodium sulfate gradually dissolves and diffuses to the free surface along the channel, while calcium sulfate gradually recrystallizes and aggregates to form large crystals. This process lasts approximately 6 – 8 h. The largest specific area of pores appears in the development zone of dissolution and crystallization. Fig. 11 shows that the specific area of the dissolved inner layer is 1 699 cm^2/cm^3. This is slightly lower than that from calculation as there is still some undissolved part in the cube. In Fig. 10, the specific area falls in the range 2 000 – 2 500 cm^2/cm^3.

4. 5　Numerical Simulation Considering the Moving Interface of Dissolution

When using in situ leaching method for extracting glauberite, hydraulic fracturing technique is first employed to create numerous horizontal fractures along the bedding planes of the deposit, and then many large layered blocks are generated between the horizontal fractures. Although these blocks are very long (several meters or even tens of meters), their thickness is usually 20 – 30 cm. The typical size of glauberite blocks is 30 cm $\times$ 10 m. Therefore, it can be simplified to a two-dimensional diffusion model of the inner moving interface of dissolution, as shown in Fig. 12. It is assumed that the effective diffusion coefficient of Na_2SO_4 in water situated in pores of the residual porous skeleton is homogeneous and the undissolved zone is zero.

Diffusion equation:

$$\varepsilon \frac{\partial C}{\partial t} = D_e \left(\frac{\partial^2 C}{\partial x^2} + \frac{\partial^2 C}{\partial y^2} \right) + f(x, y, t) \qquad (9)$$

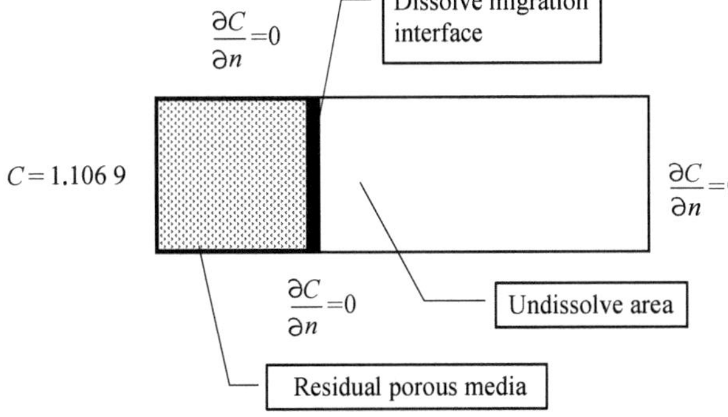

Fig. 12　Two-dimensional diffusion calculation model of considering dissolving migration interface

The saturation of the dissolved zone is taken as 30 Be', which is almost the saturation concentration of sodium sulfate solution, and the diffusion coefficient of the residual porous skeleton was taken as 0. 000 3, 0. 000 6, 0. 003, 0. 01, 0. 013, or 0. 02 cm^2/h. Repeated back calculations showed that only when the diffusion coefficient of the residual porous skeleton was 0. 013 cm^2/h could the hydration reaction of dissolution and diffusion transport achieve a balance so that the product of the hydration reaction of dissolution could be discharged from the free surface. If the diffusion coefficient is too low, the product of the hydration reaction cannot be discharged by diffusion and a saturation zone would be formed in the dissolution boundary. This contradicts the maximum solubility of sodium sulfate. If the diffusion coefficient is too high, the product of the hydration reaction is not sufficient and a rapidly decreasing zone of concentration would be formed on one side of the dissolution interface close to the free surface, indicating that the reaction rate is low.

Using the simplified computational model (Fig. 12), concentration field of moving interface of glauberite hydration reaction and moving velocity of chemical reaction interface were analyzed based on computational results of finite element method. In the calculation, average value of dissolution test of small and large samples was used:

Distance of moving interface of glauberite dissolution:

$$x = 0.162\ 8t^{0.618\ 35} \qquad (10)$$

Velocity of moving interface of glauberite dissolution:

$$\frac{dx}{dt} = 0.100\ 7t^{-0.382} \qquad (11)$$

Fig. 13 shows the calculated results for concentration and outlet velocity at five different dissolution time. The outlet concentration is 1. 109 8 g/ cm^3. From Fig. 13, there is a slight increase in the concentration of reaction interface of dissolution. From outlet to reaction interface of dissolution, the concentration linearly increases with distance, and the diffusion velocity is constant (there is only a slight increase at the reaction interface). The calculated results clearly show that all products of the chemical reaction were discharged from the residual porous skeleton zone, and the diffusion velocity gradually decreases with time.

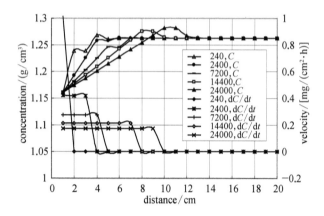

Fig. 13 Concentration of residual porous skeleton area and diffusion velocity distribution curve by 2D numerical calculation

A large number of back calculations verified that the assumption that the residual porous skeleton is homogeneous was reasonable and that the diffusion coefficient is constant. From the back calculations, $De = 0.013$ cm^2/h, which is a macroscopic characteristic parameter of the residual porous skeleton, the diffusion coefficient of sodium sulfate at 25℃ is 0.058 cm^2/h, and the average void ratio of the residual porous skeleton is 0.22. Substituting the channel curvature $\sigma = 1$ into

$$De = nD_w /\sigma = 0.22 \times 0.058/\sigma = 0.012\ 76/\sigma \quad (12)$$

gives $De = 0.012\ 76$ cm^2/h, which is equal to the diffusion coefficient. This indicates that the channel in the residual porous skeleton zone is very smooth and the curvature is very small. This structure is formed in the dynamic process of the recrystallization of CaSO$_4$ · 2H$_2$O along with diffusion and water transport, leading to the channels among pores being in the same orientation as mass transfer. The flow resistance of

this type of channel is the smallest, which is a very interesting natural phenomenon.

5 Conclusions

According to evolution mechanism, evolution process can be categorized as natural evolution, artificial evolution, and natural — artificial evolution. The evolution phenomena and mechanism were analyzed in terms of external force (such as earthquake, explosion, impact, etc) , heat, seepage, coupled chemical reaction and seepage, coupled chemical reaction and heat flow (temperature gradient) , and biological porous media. The characterization method of evolving porous media was then discussed.

Taking the dissolution of glauberite as example, the pores and skeleton of residual porous skeleton zone were studied using the MCT method. Then, the experimental results were compared with the results of macroscale laboratory tests and numerical simulation of diffusion. The following conclusions were drawn:

(1) The variation of dissolution thickness of glauberite with time follows a power function. For samples larger than 50 mm, the relationship can be expressed as $\delta_c = 0.204\ 4t^{0.686\ 5}$.

(2) The total void ratio of residual porous media remains almost the same (typically 20%– 22%). The void ratio of the largest connected lump is 17% at the early stage of dissolution and becomes 19% after completion of the reaction and skeleton crystallization. The ratio of the void ratio of the largest lump to the total void ratio increases with increasing dissolution time and finally reaches 90%– 92%.

(3) In the first 10 h of dissolution reaction, the crystal lump of residual porous skeleton is relatively small. In the dynamic process of crystallization, the specific surface area is large (up to 2 500 cm^2/cm^3). After 15 h, the crystallization of residual porous skeleton is complete and the seepage channels connected by pores become smoother and bigger. Furthermore, the channel direction is consistent with diffusion and the specific surface area decreases to $1\,000 - 1\,200$ cm^2/cm^3.

(4) In the process of glauberite dissolution, three zones are present from dissolution interface to the outside: crystallization completion zone, crystalline transition zone, and development zone of dissolution and crystallization. Crystallization completion zone is formed after 15 h dissolution, while crystallization transition zone appears after $6 - 8$ h dissolution and development zone of dissolution and crystallization occurs after $6 - 7$ h. Because of slow rate of glauberite dissolution, the thickness of crystallization transition zone and development zone of dissolution and crystallization is approximately $0.5 - 1.0$ mm.

(5) Back calculation of diffusion of moving dissolution interface shows that diffusion coefficient of residual porous skeleton is 0.013 cm^2/h. This is a macroscopic parameter for mass transfer in the residual porous skeleton zone.

This study gives an example of the characteristics of evolving porous media and transport behavior. It is important to study the theory and engineering application of this class of porous media.

Acknowledgment

This research was financially supported by the National Natural Science Foundation of China (Grant No. 51225404).

References

[1] Bruce E H, Alison O, Klaus R. The thermodynamics of deformed metamorphic rocks: A review [J]. Journal of Structural Geology, 2011, 33,758 - 818.

[2] Cai R, Lindquist W B, Um W, et al. Tomographic analysis of reactive flow induced pore structure changes in column experiments [J]. Advances in Water Resources, 2009, 32(9): 1396 - 1403.

[3] Chen J Y. Handbook of Hydrometallurgy [M]. Beijing: Metallurgical Industry Press, 2005.

[4] Essam J W. Percolation theory [J]. Reports on progress in physics, 1980, 43,833 - 949.

[5] Hoefner M L, Fogler H S. Pore Evolution and Channel formation during flow and reaction in porous media [J]. Journal of American Institute of Chemical Engineers, 1988, 34(1): 45 - 54.

[6] James H P C, Mick D M, Lynn F G. NMR studies of the evolving pore structure in pharmaceutical pellets [J]. Magnetic Resonance Imaging, 2007, 25(4): 554 - 555.

[7] Feder J. Fractals [M]. Plenum Press, New York and Landon, 1988.

[8] Jörn H K. Fractal-geometry techniques in the quantification of complex rock structures a special view on scaling regimes, in homogeneity and anisotropy [J]. Journal of Structural Geology, 2013, 46, 2 - 21.

[9] Kang Z Q, Yang D, Zhao Y S, et al. Thermal cracking and corresponding permeability of Fushun oil shale [J]. Oil Shale, 2011, 28(2): 273 - 283.

[10] Liang W G, Zhao Y S, Xu S G, et al. Dissolution and seepage coupling effect on transport and mechanical properties of glauberite salt rock [J]. Transport in porous media, 2008, 74(2): 185 - 199.

[11] Luquot L, Gouze P. Experimental determination of porosity and permeability changes induced by injection of CO$_2$ into carbonate rocks [J]. Chem. Geol. 2009, 265(1 - 2), 148 - 159.

[12] Martins M L, Ferreira S C, Vilela M J. Multiscale models for the growth of avascular tumors [J]. Phys. Life Rev. 2007, 4(2): 128 - 156.

[13] Niu S W, Zhao Y S, Hu Y Q. Experimental investigation of the temperature and pore pressure effect on permeability of lignite under the in situ condition [J]. Transport in porous media, 2014, 101(1): 137 - 148 .

[14] Noiriel C, Luquot L, Made B, et al. Changes in reactive surface area during limestone dissolution an

experimental and modelling study [J]. Chem. Geol. 2009, 265(1 - 2), 160 - 170.

[15] Noiriel C, Bernard D, Gouze P, et al. Hydraulic properties and microgeometry evolution accompanying limestone dissolution by acidic water [J]. Oil & Gas Sci. Tech, 2005, 60(1): 177 - 192.

[16] Zhang P, Wang Y F, Yang Y, et al. The effect of microstructure on performance of associative polymer in solution and porous media [J]. Journal of Petroleum Science and Engineering, 2012, 90 - 91, 12 - 17.

[17] Henares S, Caracciolo L, Cultrone G, et al. The role of diagenesis and depositional facies on pore system evolution in a Triassic outcrop analogue (SE Spain) [J]. Marine and Petroleum Geology, 2014, 51, 136 - 151.

[18] Stauffer D, Aharony A. Introduction to percolation theory (revised second edition) [M]. Taylor and Francis Ltd., London, 1994.

[19] Villar M V, Lloret A. Variation of the intrinsic permeability of expansive clays upon saturation [J]. Clay Science for Engineering. AA Balkema, Rotterdam, 2001, 259 - 266.

[20] Villar M V, Sanchez M, Gens A. Behaviour of a bentonite barrier in the laboratory experimental results up to 8 years and numerical simulation [J]. Physics and Chemistry of the Earth, Parts A/B/C, 2008, 33 (S1): S476 - S485.

[21] Wildenschild D, Sheppard A P. X-ray imaging and analysis techniques for quantifying pore-scale structure and processes in subsurface porous medium systems [J]. Advances in Water Resources, 2013, 51, 217 - 246.

[22] Yu Y M, Liang W G, Hu Y Q, Meng Q R. Study of micro-pores development in lean coal with temperature [J]. Int J Rock Mech. & Min. Sci. 2012, 51, 91 - 96.

[23] Zhao J, Yang D, Kang Z Q, et al. A micro - CT study of changes in the internal structure of Daqing and Yan'an oil shale at high temperature [J]. Oil Shale, 2012, 29(4): 1 - 11.

[24] Zhao Y S, Qu F, Wan Z J, et al. Experimental investigation on correlation between permeability variation and pore structure during coal pyrolysis [J]. Transport in porous media, 2010, 82 (2): 401 - 412.

[25] Zhao Y S, Wan Z J, Feng Z J, et al. Triaxial compression system for rock testing under high temperature and high pressure [J]. Int. J Rock Mech. & Min Sci. , 2012, 52, 132 - 138.

本文发表于《Transport in Porous Media》

2014 年第 107 卷第 2 期

路基动态回弹模量及其湿度调整

凌建明

(同济大学交通运输工程学院,上海 201804)

摘要: 基于大量室内外试验和理论分析,对路基动态回弹模量的表征模型、参数取值和湿度调整方法进行了研究。结果表明,三参数复合模型可较好地表征路基土的应力依赖性,且模型参数与土体基本物性参数具有良好的相关性;路基湿度主要受气候因素和地下水位影响,可依据路基干湿类型并应用土水特征曲线进行平衡湿度的预估;路基动态回弹模量具有明显的湿度相关性,由压实施工时的标准湿度状态发展至平衡湿度状态,以及在平衡湿度附近的反复波动,均会对路基回弹模量产生显著影响,可分别采用湿度调整系数和折减系数进行表征。成果已为《公路路基设计规范(JTG D30 - 2015)》所采纳。

关键词: 道路路基;动态回弹模量;湿度调整系数;湿度折减系数

0 前言

路基是路面的支撑结构物,其力学性能及表征指标对于路基路面结构的力学行为影响显著[1]。回弹模量作为路基结构重要的性能指标,湿度作为路基结构性能重要的影响因素,一直是路基工程的研究重点和热点。

长期以来,我国公路和城市道路的路基均以静态回弹模量为设计指标,以稠度作为路基干湿类型的划分依据。前者难以反映路基承受车辆荷载反复作用的实际应力状态;后者并不适用于除细粒土以外的其他土组,且难以对回弹模量作定量修正。国际上,结合路面结构设计力学-经验法的发展,采用动态回弹模量作为路基性能指标已成为主流。为此,从 2002 年起,作者及课题组相关成员围绕路基动态回弹模量及其影响因素、本构模型、参数取值,以及路基湿度表征与预估、路基动态回弹模量的湿度调整等开展研究,相关成果作为《公路路基设计规范》修订最主要的依据之一。本文对此作一简要介绍。

1 路基动态回弹模量

1.1 室内试验方法和定义

路基土的动态回弹模量由室内重复加载三轴试验确定,如图 1 所示。三轴试验所得的应力-应变关系表明,土体材料具有显著的非线性弹-塑性特性,在荷载反复作用下产生的总应变包括回弹应变和永久应变。当偏应力水平不高时,随着荷载作用次数的增加,回弹应变和永久应变累积都逐渐趋于稳定。为了沿用弹性理论进行路面结构力学分析,同时兼顾土体材料的非线性特征,采用类似于传统弹性模量的定义,将重复荷载作用下变形基本稳定后的重复应力(偏应力)与回弹应变之比定义为动态回弹模量,如式(1)所示。

$$M_R = \sigma_d / \varepsilon_{1R} \tag{1}$$

式中,M_R 为(动态)回弹模量;σ_d 为重复应力峰值(偏应力);ε_{1R} 为对应的轴向回弹应变。

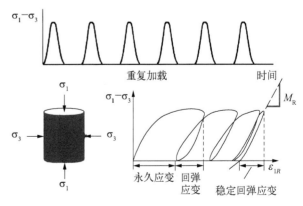

图 1　重复加载三轴试验及回弹模量

1.2 影响因素

黏土、粉土和砂土在不同应力状态下的回弹模量如图 2—图 4[2]。试验结果表明：对于不同的应力状态，三类土的模量值均有较大的变化；黏性和粉土对侧向应力、偏应力和体应力都有较强的依赖性；砂土对侧

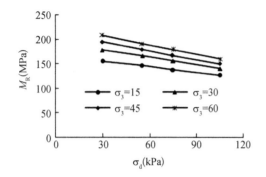

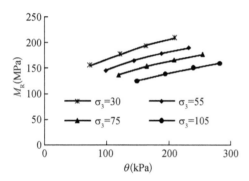

图 2 黏土回弹模量与应力的相关性

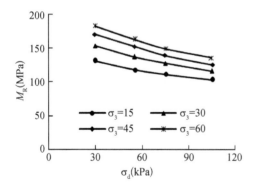

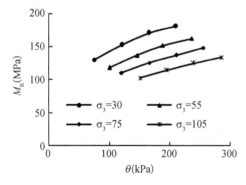

图 3 粉土回弹模量与应力的相关性

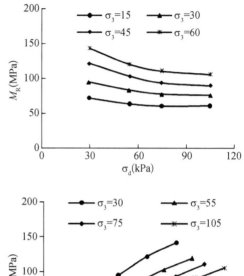

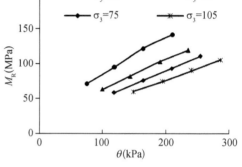

图 4 砂土回弹模量与应力的相关性

向应力和体应力依赖性较强，对偏应力依赖性较弱；在偏应力一定时，回弹模量随体应力增加而增加；当侧向应力保持不变时，回弹模量随偏应力增加而减小。因此，回弹模量的应力依赖模型必然是多因素模型，需要同时考虑体应力和剪应力的影响。

三类路基土在不同含水率和压实度条件下回弹模量如图 5—图 7[3]。其中，同一偏应力、不同围压的回弹模量沿纵坐标竖向排列，且由上至下围压分别为 60 kPa、45 kPa、30 kPa、15 kPa。可见，黏土和粉土回弹模量对于含水率变化较为敏感，而砂土的敏感性不明显；压实度对于三种路基土的回弹模量均有显著影响，以黏土为例，压实度由 96% 降至 91% 时，回弹模量的下降幅度可达 30%。

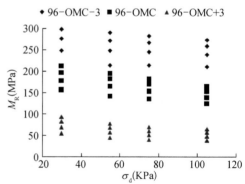

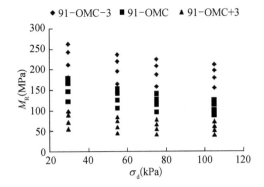

图5 不同含水率和压实度条件下黏土的回弹模量

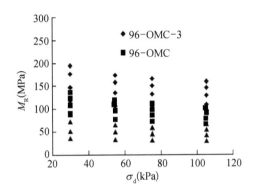

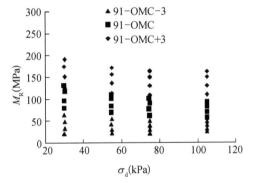

图6 不同含水率和压实度条件下粉土的回弹模量

1.3 本构模型

路基土动态回弹模量的预估模型经历了一个由简单到复杂的发展过程,大致可分为两大类,如图8。相对于经验回归模型,力学本构模型在科学性、精确性和普适性方面均得以提高。本构模型中前两类仅考虑了体应力或剪应力对材料回弹模量的影响,而实际上回弹模量不仅是体应力的函数,也是剪应力或偏应力的函数[4,5,6]。K-G 模型采用互逆定理限定了体应变和剪应变的关系,这种弹性假设却成为其处理非线性散粒材料响应的重要缺陷[7,8,9]。因此,回弹模量预估本构模型应该采用既能考虑侧限影响,又能考虑剪切影响的复合模型,而且应该是没有量纲与不定值问题、

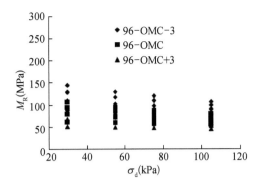

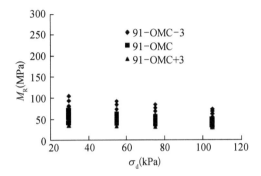

图7 不同含水率和压实度条件下砂土的回弹模量

拟合性能好的模型。基于上述考虑,选用三参数复合模型进行回归分析,如式(2)所示。

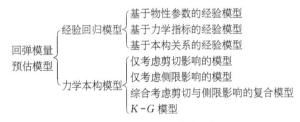

图8 回弹模量预估模型分类

$$M_R = k_1 \, p_a \left(\frac{\theta}{p_a} \right)^{k_2} \left(\frac{\tau_{oct}}{p_a} + 1 \right)^{k_3} \qquad (2)$$

式中 P_a——大气压强绝对值,通常取为 100(kPa);

θ——体应力(第一应力不变量),为三个主应力之和,即 $\theta = \sigma_1 + \sigma_2 + \sigma_3$(kPa);

τ_{oct}——八面体剪应力(kPa), $\tau_{oct} = \sqrt{(\sigma_1 - \sigma_2)^2 + (\sigma_2 - \sigma_3)^2 + (\sigma_3 - \sigma_1)^2}/3$;

k_1、k_2、k_3——模型参数。

1.4 参数取值

根据我国的土质分布,通过反复比较、筛选,在广东、河南、河北、山西、江苏和重庆等 6 个省市选取 6 条公路的 12 个路段作为取样地点,进行动态回弹模量试验,并标定其本构模型参数。每种土样分别选取 96%

和91%两种压实度,且每种压实度选取OMC(最佳含水量)和OMC±3%三种湿度进行试验并回归。参数回归及分析结果见文献[10],不同土组的三参数取值范围以及美国LTPP数据库中的相应值如表1所示。

表1 三参数本构模型中各参数的中值和均值

模型参数		材料分组		取值范围				
				本研究		LTPP 数据库		
		级配碎石	路基土	级配碎石	路基土	基层/底基层粒料材料	路基粗粒土	路基细粒土
k_1	中 值	1.168 1	1.568 3	0.843 9~1.423 6	0.313 0~3.591 4	0.280 9~1.847 4	0.372 7~1.889 4	0.275 0~1.839 1
	均 值	1.156 0	1.594 1					
	标准差	0.199 2	0.769 0					
k_2	中 值	0.681 4	0.461 6	0.618 0~0.800 9	0.157 4~1.076 9	0.174 1~1.062 2	0.082 9~0.895 5	0.000 34~0.850 7
	均 值	0.683 6	0.491 7					
	标准差	0.051 9	0.250 7					
k_3	中 值	−0.138 7	−1.689 8	−1.496 3~−0.044 4	−3.214 6~−0.144 2	−2.897 8~−0.000 0	−3.023 0~−0.000 0	−4.979 3~−0.000 0
	均 值	−0.166 3	−1.554 5					
	标准差	0.079 9	0.741 3					
数据容量		9	72	9	72	423	257	105

路基土回弹模量的主要影响因素是土组类别、含水率和压实度等,因此,可以将回弹模量本构模型中的三参数分别与物性参数建立回归关系,如式(3)所示,从而实现由物性参数预估路基土的回弹模量[11]。

$$k_1 = -0.096\,0w + 0.392\,9\rho_d + 0.014\,2I_P + 0.010\,9P_{0.075} + 1.010\,0$$
$$k_2 = -0.000\,5w - 0.006\,9I_P - 0.002\,6P_{0.075} + 0.698\,4$$
$$k_3 = -0.218\,0w - 3.025\,3\rho_d - 0.032\,3I_P + 7.147\,4$$
$$(3)$$

式中:w 为含水率(%);ρ_d 为干密度(kN/m³);I_P 为塑性指数;$P_{0.075}$ 为 0.075 mm 筛的通过百分率。

2 路基湿度预估

2.1 湿度变化规律

路基湿度的主要来源是大气降水、地下水以及由温度引起的迁移水等[12]。大量监测数据表明,路基在最佳含水率(OMC)附近压实成型,在路面完工后的2~3年内逐渐趋于平衡含水率(EMC)。之后在地下水位、大气降雨、日照蒸发等环境因素作用下不断波动[13]。查旭东通过测量不同黏性土路基在不同时间的湿度状况,发现路基湿度随时间的变化规律为季节性周期波动,其波动幅度取决于当地气候特点[14];Marksh 和 Haliburton 在俄克拉荷马州一试验路段上的实测数据表明,湿度随季节性波动幅度均较小,一般波动范围为 2% 左右[15]。因此可将路基土的湿度变化规律描述为“基于平衡含水率的季节性波动状态”,如图9所示。

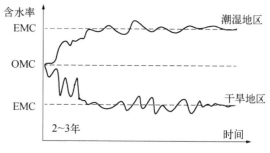

图9 路基湿度变化规律示意图

2.2 湿度预估方法

路基湿度状况的主要影响因素,一是地下水位,二是气候条件。对于不同的路基相对高度,地下水和气候对路基湿度的影响程度也不同[16],基此,将路基干湿类型划分为干燥、中湿和潮湿等三类。具体而言:毛细水上升高度位于路基工作区以下时,路基处于干燥状态;毛细水上升高度位于路基工作区范围内时,路基处于中湿状态;毛细水上升高度超过路基工作区时,路基处于潮湿状态。如图10、表2所示。目前,国际主流的路基湿度预估方法是基于土水特征曲线模型,并通过基质吸力确定路基的含水率或饱和度。

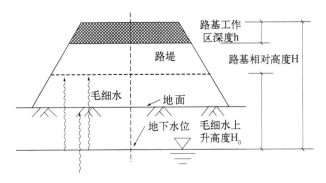

图10　路基湿度分类示意图(干燥型路基)

表2　路基干湿类型划分

类　型	路基相对高度	主要控制因素
干燥	$H > H_0 + h$	气候因素
中湿	$H_0 + h \geqslant H > H_0$	地下水和气候因素
潮湿	$H \leqslant H_0$	地下水位

对于潮湿类路基,其湿度由地下水位控制,因此可采用地下水位模型预估基质吸力。当地下水位较高,即地下水位距离路基顶面小于3 m时,基质吸力与湿度测点距地下水位的距离呈现较为明显的正比例关系[17],如式(4)所示。

$$h_s = y\gamma_w \tag{4}$$

式中:h_s为基质吸力(kPa);y为计算点与地下水位之间的竖向距离(cm);γ_w为水的重度(10^{-3} N/cm³)。

对于干燥类路基,其湿度由气候条件控制,因此可用 TMI - wPI 模型预估基质吸力。Perera[17]对路基质吸力与不同的气候参数、土性参数进行了相关性分析,结果表明,以 wPI 表征不同土组特性,以湿度指

数 TMI 表征气候参数,建立式(5)所示的 TMI - wPI 模型:

$$h_s = \alpha \{e^{[\beta/(TMI+101)+\gamma]} + \delta\} \tag{5}$$

式中:α、β、γ、δ为模型的回归系数,其值与土的物理性质即 I_p、$P_{0.075}$ 或 wPI 有关。其中,wPI 为加权塑性指数。

TMI 可综合反映降雨、蒸发、温度和地理位置等环境因素对路基湿度的影响[18],如式(6)所示。

$$TMI_y = \frac{100(R_y) - 60(DF_y)}{(PE_y)} \tag{6}$$

式中:R_y为第 y 年年度净流量(cm);DF_y为第 y 年年度缺水量(cm);PE_y为第 y 年年度蒸发蒸腾总量(cm),上述各值均由各月值累加获得。

对我国不同等级公路各种路段的现场调研表明,TMI 作为气候条件的表征指标,不仅反映因素全面,而且与基质吸力相关性较好。收集全国 400 多个气象站点的数据,计算获得了相应的 TMI 值,并按公路自然区划进行归并,得到不同自然区划、不同土组的 TMI 范围和均值[11]。在此基础上,经过数学简化,建立如式(7)所示的 TMI - wPI 简化模型:

$$h_s = \alpha e^{[\beta/(TMI+100)]} + \gamma \tag{7}$$

采用上述两种模型对我国多条高速公路湿度调研数据[11]以及 Perera 的调研数据[17]进行回归分析,两种模型的拟合精度及简化模型的回归参数取值如表3所示。可见,本文所建 TMI - wPI 模型与测试数据拟合较好,与 Perera 模型精度相当,但形式更简洁,适用于预估路基基质吸力[11]。

表3　TMI - wPI 模型和 TMI - wPI 简化模型的回归参数值

土　组　类　型	wPI限值	α	β	γ	简化式 R^2	Perera 式 R^2
砂	0	49.04	38.48	−54.92	0.737 9	0.737 8
其他砂类土下限	0.05	0.714 9	243.55	5.29	0.850 4	0.844 9
粉质土下限	1	0.250 8	298.12	8.87	0.836 9	0.834 0
黏质土下限	3.5	1.01	385.64	11.87	0.723 9	0.603 0
其他砂类土上限	8.6	8.84	215.87	2.55	0.929 7	0.920 1
粉质土上限	20	7 186.43	5.38	−7 392.33	0.643 6	0.643 0
黏质土上限	24	8 077.59	6.39	−8 385.26	0.793 4	0.824 9

3 路基回弹模量的湿度修正

3.1 湿度调整系数

路基建成运营后,其湿度逐渐发展至平衡湿度状态,进而对路基回弹模量产生影响。为合理反映路基湿度变化对动态回弹模量的影响,提出路基回弹模量的湿度调整系数 F_s,如式(8)所示,即,非最佳含水率状态(如平衡湿度状态)下的路基回弹模量 M_R 与最佳含水率状态下的回弹模量 $M_{R, opt}$ 之比:

$$F_s = M_R / M_{R, opt} \tag{8}$$

为建立湿度调整系数与饱和度之间的相关关系,以饱和度为横坐标(为在图中突出数据的对称性,本文以相对饱和度 $(S_r - S_{opt})$ 为横坐标),湿度调整系数为纵坐标,将试验与文献调研数据绘制成图,如图 11 所示。可见,在最佳含水率 $(S_r - S_{opt} = 0)$ 干湿两侧,回弹模量湿度调整系数随湿度增加(或减少)而减小(或增大);在高含水率(或低含水率)状态时,湿度调整系数变化逐渐趋缓;干湿两侧变化规律基本一致的,也即以 $(S_r - S_{opt} = 0, \lg F_s = 0)$ 为对称点,图中数据点大致呈中心对称。

采用 Logistic 函数(式 9)对图中数据进行拟合,建立湿度与调整系数的定量关系:

$$\lg F_s = \lg \frac{M_R}{M_{R, opt}} = \frac{a}{1 + (1/b)\exp[c(S_r - S_{opt})]} - d \tag{9}$$

式中:M_R 为路基平衡湿度状态下的回弹模量值,即 $M_{R, emc}$(MPa);$M_{R, opt}$ 为标准状态(最佳含水率状态)下的回弹模量值(MPa);$S_r - S_{opt}$ 为饱和度的变化值。对于非冰冻地区,S_r 为路基处于平衡湿度状态时的饱和度;$(a - d)$ 为 $\lg(M_R/M_{R, opt})$ 的最大值;$-d$ 为 $\lg(M_R/M_{R, opt})$ 的最小值;$\ln b/c$ 与 $(a/2 - d)$ 为 Logistic 曲线的拐点横坐标与纵坐标。

一般地,Logistic 函数含有 4 个参数,因为拐点可取 $(S_r - S_{opt} = 0, \lg F_s = 0)$ 这一点,即拐点坐标 $((\ln b)/c, (a/2) - d) = (0, 0)$,因此,将 $b = 1$,$d = a/2$,代入上式可简化为式(10)所示的形式:

$$\lg F_s = \lg \frac{M_R}{M_{R, opt}} = \frac{a}{1 + \exp[c(S_r - S_{opt})]} - \frac{a}{2} \tag{10}$$

即路基回弹模量湿度调整系数 F_s 可用下式(11)计算:

$$F_s = 10^{\frac{a}{1 + \exp[c(S_r - S_{opt})]} - \frac{a}{2}} \tag{11}$$

考虑到粗粒土和细粒土物性参数的差别较大,将室内试验结果按照粗粒土与细粒士进行分类,分别对本文提出的模型进行回归分析,得到的参数如表 4 所示。拟合结果 R^2 值较高,表明本该模型具有较好的拟合精度;同时,本文数据包含了实验数据以及多组具有代表性的调研数据,因此得出的参数值可以作为推荐值应用于实际工程。

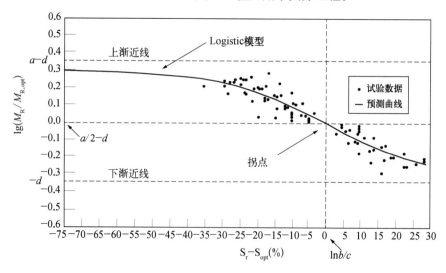

图 11　路基回弹模量湿度调整系数随湿度变化规律

表 4　模型式(11)参数推荐取值

参　　数	土　组	
	细粒土	粗粒土
a	0.748 2	0.556 8
c	0.081 1	0.085 0
回归数据组数 n	138	103
R^2	0.792 9	0.949 8

3.2　湿度波动折减系数

路基运营期间,其湿度在平衡湿度附近反复波动。为反映湿度波动对路基模量的影响,在湿度调整系数 F_s 的基础上,提出湿度波动折减系数 η,如式 12,即:经历 N 次湿度波动后的路基回弹模量值 M_R(此时湿度为平衡含水率 EMC)与初次达到平衡含水率 EMC 状态的路基回弹模量值 $M_{R, emc}$ 之比。

$$\eta = M_R / M_{R, emc} \tag{12}$$

对平衡含水率 EMC 为 18%、22%,波动幅度 AMC 为 ±2%、3%、4% 的试样,在经过 0~8 次湿度波动后,进行了回弹模量测试[3]。图 12 和图 13 为其中的 2 组测试结果 94-18-3(压实度-平衡含水率-波动幅度)和 94-18-4。其中,$N = -1$ 表示试样的含水率为最佳含水率,$N = 0$ 则表示试样的含水率初次增加到 EMC。

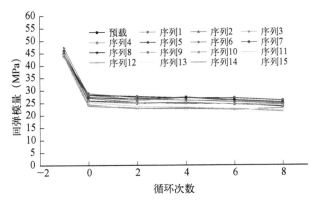

图 12　94-18-3 模量测试结果

经历湿度有限波动后,回弹模量逐渐减小,波动次数 N 达到 8 次时,与 $N = 0$ 次的模量比较,94-18-3 试样回弹模量降低 1%~7%,94-18-4 试样降低 25%~32%。说明路基土在经历湿度有限次波动后,回弹模量值降低,特别是在高平衡含水率与高波动幅度叠加情况下尤其显著。分析发现,湿度波动折减系数取决于路基平衡湿度、湿度波动幅度和次数的变

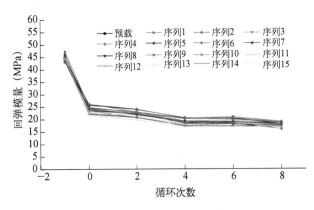

图 13　94-18-4 模量测试结果

化[3],由此建立湿度波动折减系数 η 经验公式(13)

$$\eta = 2.152 - 0.832 S_{r, emc} - 3.805 S_{r, amc} + 0.003n \tag{13}$$

式中:$S_{r, emc}$ 为路基平衡湿度时的饱和度;$S_{r, amc}$ 为路基湿度波动幅度;n 为路基湿度波动的次数。

4　结语

(1) 室内重复加载三轴试验结果表明,不同路基土的动态回弹模量对应力(侧向应力、偏应力和体应力)的依赖性不同,对含水率和压实度的敏感性也不同。路基动态回弹模量的应力依赖模型应为多因素模型,须同时考虑体应力和剪应力的影响。

(2) 针对路基回弹模量的三参数复合模型,试验得到了典型土组模型参数的建议值,并建立了模型参数与土体物性参数之间的相关关系。

(3) 基于路基湿度的控制因素和变化规律,提出了路基干湿类型划分的新方法;并分别针对干燥类、中湿类和潮湿类路基,建立了路基湿度预估模型,给出了 TMI-wPI 简化模型回归参数和不同自然区划典型土组的 TMI 取值范围。

(4) 提出了路基回弹模量的湿度调整系数 F_s 和湿度波动折减系数 η,以分别反映路基由标准状态发展至平衡湿度状态以及湿度反复波动对路基回弹模量的影响,并给出了两个修正系数的计算公式。

参考文献

[1] 凌建明. 路基工程[M]. 北京:人民交通出版社,2011.

［2］陈声凯,凌建明,罗志刚.路基土回弹模量应力依赖性分析及预估模型.[J].土木工程学报,2007,(6):95-104.

［3］李冬雪.路基结构性能的湿度相关性及其表征[D].上海:同济大学,2013.

［4］Thompson M R, Robnett Q L. Resilient properties of subgrade soils [J]. Transportation Engineering Journal. 1979, 105(1): 71-89.

［5］Fredlund D G, Bergan A T, Wong P K. RELATION BETWEEN RESILIENT MODULUS AND STRESS CONDITIONS FOR COHESIVE SUBGRADE SOILS [J]. Transportation Research Record. 1977 (642): 73-81.

［6］Moossazadeh J, Witczak M W. PREDICTION OF SUBGRADE MODULI FOR SOIL THAT EXHIBITS NONLINEAR BEHAVIOR [J]. Transportation Research Record. 1981(810): 9-17.

［7］Boyce H R. A non-linear model for the elastic behaviour of granular materials under repeated loading [C]// International symposium on soils under cyclic and transient loading. Swansea, United Kingdom: A. A. Balkema, Rotterdam, Netherlands, 1980.

［8］Brown S F, Pappin J W. ANALYSIS OF PAVEMENTS WITH GRANULAR BASES [J]. Transportation Research Record. 1981(810): 17-23.

［9］Jouve P, Martinez J, Paute J L, et al. RATIONAL MODEL FOR THE FLEXIBLE PAVEMENTS DEFORMATIONS. SIXTH INTERNATIONAL CONFERENCE, STRUCTURAL DESIGN OF ASPHALT PAVEMENTS, VOLUME I, PROCEEDINGS, UNIVERSITY OF MICHIGAN, JULY 13-17, 1987, ANN ARBOR, MICHIGAN [J]. Publication: Michigan University, Ann Arbor. 1987: 50-64.

［10］罗志刚.路基与粒料层动态模量参数研究[D].上海:同济大学,2007.

［11］李聪.路基平衡湿度及回弹模量调整系数预估方法研究[D].上海:同济大学,2011.

［12］姚祖康.铺面工程[M].上海:同济大学出版社,2001.

［13］Richter C A, Witczak M W. Application of LTPP Seasonal Monitoring Data to Evaluate Volumetric Moisture Predictions From the Integrated Climatic Model [R]. Washington, D. C.: Federal Highway Administration, 2001.

［14］查旭东,黄旭,肖秋明.黏土质砂路基内部含水率的季节性变化规律[J].长沙理工大学学报(自然科学版),2010,7(4): 7-11.

［15］Marks B D, Haliburton T A. Subgrade Moisture Variations Studied with Nuclear Depth Gages [J]. Highway Research Board, Highway Research Record. 1969, 276: 14-24.

［16］凌建明,曹长伟.路基湿度状况及模量调整研究报告[R].上海:同济大学,2007.

［17］Perera Y Y. Moisture Equilibria Beneath Paved Areas [D]. Arizona: Arizona State University, 2003.

［18］Thornthwaite C W. An approach toward a rational classification of climate [J]. Geographical review, 1948: 55-94.

［19］杨和平,张锐,郑健龙.有荷条件下膨胀土的干湿循环胀缩变形及强度变化规律[J].岩土工程学报. 2006 (11): 1936-1941.

［20］汪东林,栾茂田,杨庆.非饱和重塑黏土干湿循环特性试验研究[J].岩石力学与工程学报. 2007 (09): 1862-1867.

Discrete-element method simulation of a model test of an embankment reinforced with horizontal-vertical inclusions

M. X. Zhang[1], C. C. Qiu[2], A. A. Javadi[3], Y. Lu[4], S. L. Zhang[5]

[1] Professor (corresponding author), Department of Civil Engineering, Shanghai University, 149 Yanchang Road, Shanghai 200072, China

[2] PhD Student, Department of Civil Engineering, Shanghai University, 149 Yanchang Road, Shanghai 200072, China

[3] Professor, Department of Engineering, College of Engineering Mathematics and Physical Sciences, University of Exeter, Exeter, Devon EX4 4QF, UK

[4] Lecturer, Department of Civil Engineering, Shanghai University, 149 Yanchang Road, Shanghai 200072, China

[5] PhD Student, Department of Civil Engineering, Shanghai University, 149 Yanchang Road, Shanghai 200072, China

Abstract: A series of laboratory model tests were conducted on unreinforced embankments, embankments reinforced with two-layer horizontal inclusions and embankments reinforced with two-layer horizontal-vertical (H - V) inclusions. It is found that H - V inclusions perform better in improving the bearing capacity and restricting the lateral displacements than horizontal inclusions. In the light of the model test results, numerical simulations were performed, using the discrete element method (DEM), to study the behavior of soil embankments reinforced with H - V inclusions. The effects of vertical inclusions on the distribution of contact forces and soil deformations were investigated. It is shown that when reinforced with H - V inclusions, multiple vertical force-bearing columns develop inside the embankment which redistribute the stresses and improve the bearing capacity. With the application of two-layer H - V inclusions, the failure surface is separated and the arcs become discontinuous. The horizontal reinforcing elements mainly experience tensile forces and the vertical reinforcing elements provide resistance to soil particles. Compared with conventional horizontal inclusions, H - V inclusions restrict the movements of soil particles more effectively; consequently, the displacements of soil particles in both the horizontal and vertical directions are smaller. Overall, the DEM model can simulate the model tests accurately and is helpful for the analysis of the microscopic behavior of reinforced soil.

Key words: Geosynthetics; Particle Flow Code (PFC^{2D}); Horizontal-vertical (H - V) inclusions; Reinforced embankment; DEM model

1 Introduction

Soils are generally good in carrying compressive stresses but poor in tension. Soil reinforcement is one method of improving soil behavior by applying reinforcing elements such as geosynthetics (i. e., geotextile, geogrid or geocell). In recent years, geosynthetics have been widely used in construction to improve strength and stability of embankments, and considerable research has been directed to studying the behavior of reinforced embankments. In general, the methods of studying reinforced embankments include model tests (e. g. , Tsukada et al. , 1993; El-Nagger and Kennedy, 1997; Yoo, 2001), numerical simulation (e. g. , Hird et al, 1990; Tavassoli and Bakeer, 1994; Borges and Cardoso, 2001) and theoretical analysis (e. g. , Chen and Li, 1998; Tandjiria et al, 2002). Among them, model tests, especially in-situ and centrifugal model tests, provide an efficient and accurate way to understand the behavior of real embankments. An alternative approach to investigate the behavior of reinforced embankments is numerical simulation. The finite element method (FEM) is one of the most widely used numerical simulation techniques in structural and geotechnical engineering. However, it has limitations for some applications (e. g. , collapse of the soil, dilatancy, expansion, cracking, etc) (Villard and Le Hello, 2004). The discrete element method (DEM) is another numerical simulation technique, which assumes the model is composed of particulate matters (e. g. , soils) rather than continuum. The DEM approach simulates granular materials better than FEM and has been used by many researchers to understand the behavior of granular materials under complex loading conditions (Vinod et al, 2011). Chareyre and Villard (2005) introduced a model based on spar elements designed specifically to model soil inclusions. The model can be coupled with a DEM code, thus enabling the simulation of the interaction between an inclusion and an assembly of disks. McDowell et al (2006) used DEM to model large-scale triaxial and pullout tests on geogrid-reinforced ballast and compared the modeling results with experimental data. It was shown that the DEM simulations predicted well the peak mobilized resistance and the displacement necessary to mobilize peak pull-out force. Zhang et al (2007) carried out discrete element analysis on pullout tests from a microscopic point of view to investigate the pullout response along the interface in geogrid

reinforced zone. The specimen was assigned with different porosities and the interface microscopic behavior was analyzed to evaluate the influence of degree of compaction on the strength. Kazempoor et al (2008) conducted a DEM modeling to study smooth geomembrane-soil interfaces sheared in direct shear tests. Appropriate values of interface shear strength parameters were found for design of slopes incorporating one or more geomembranes in contact with soils.

In general, according to their configurations, geosynthetics can be classified into two major categories: horizontal inclusions (such as geogrid, geotextile and geomembrane, etc) and vertical inclusions (geocell, etc). The conventional horizontal inclusions mainly provide frictions to soil and increase the soil strength. As for the vertical inclusions, they make use of the passive resistance of the soil. Zhang et al (2006) proposed a new concept of soil reinforced — the horizontal-vertical reinforcement. Such configuration can be called three-dimensional reinforcing elements. Besides the friction between horizontal inclusions and soil, the vertical inclusions provide passive resistances against shearing and form enhanced areas within the reinforced soil to increase its strength and stability. The enhanced areas refer to the soil enclosed within two vertical reinforcing elements. In these areas, due to the confining effects of vertical reinforcing elements, the soil provides passive resistance against shearing to improve the strength and stability of the reinforced soil. In order to understand the mechanism of this new reinforcement technique, triaxial tests, plane strain compression tests and theoretical investigation of behavior of soil reinforced with H − V inclusions were conducted (Zhang et al, 2008; Hou et al, 2011). In addition, the application of H − V inclusions in a model test of retaining wall was studied and the progressive failure procedure was observed (Zhang and Zhou, 2008). The aforementioned studies show that H − V inclusion is an alternative to horizontal inclusion in improving the strength of soil.

To study the effect of H - V inclusions on the behavior of embankments, in this paper a series of laboratory model tests were carried out including different cases of unreinforced embankments, embankments reinforced with horizontal inclusions and embankments reinforced with H - V inclusions. Moreover, the model tests were simulated using the DEM program, Particle Flow Code (PFC^{2D}). The purpose of this research is to investigate the microscopic behavior of embankments reinforced with H - V inclusions and to compare their behavior to that of unreinforced embankments and embankments reinforced with horizontal (H) inclusions. The contact forces and movements of soil particles were investigated in the DEM model. Both the forces and deformations of the vertical reinforcing elements were investigated to study the reinforcing effects.

2　Laboratory model test

2.1　Model test apparatus and material

The model tests on embankments reinforced with H - V inclusions were performed in a test box which was made of steel beams and toughened glass. The internal dimensions of the model box are 1 400 mm× 640 mm × 1 100 mm (length × width × height). The toughened glass was bolted to the framework, and was rigid against deformation. The inclusions used in the model tests were made of perspex with high tensile strength ([σ]$_t$ = 30 MPa) and low breaking elongation (δ = 5%). Both horizontal and vertical reinforcing elements, with a width of 15 mm and a thickness of 2.5 mm, were glued together by chloroform to ensure a firm bond. The reinforcements in the same layer were placed on sand at a horizontal spacing of 50 mm. The soil used in the model tests was dry and clean sand that was locally available. Its angle of internal friction,

obtained from direct shear tests was 31.62°, the uniformity coefficient, C_u, was 3.57 and the coefficient of gradation, C_c, was 0.778. The specific gravity of the sand was 2.712. The maximum and minimum dry unit weights of the sand were found to be 18.7 kN/m^3 and 16.9 kN/m^3 respectively. The soil can be classified as coarse sand. The friction coefficient between sand and reinforcements, obtained from the pullout tests, is 0.36. Fig. 1 shows the schematic view of the model test apparatus and the reinforcements used in the test. After constructing a 200 mm thick foundation, the slope of embankment was constructed in six layers each with an approximate thickness of 83 mm to a total depth of 500 mm. Each layer and the foundation were compacted to the relative density of 0.7. A steel platen with dimensions 400 mm × 635 mm× 20 mm (length × width × thickness), was placed on the crest to connect with the load transducer. The slope of the embankment was 1 (vertical) to 1.5 (horizontal). The dimensions of the model embankment are shown in Fig. 2.

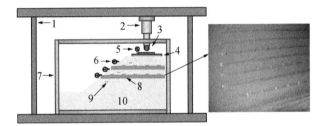

Note: 1 – Reaction frame for loading; 2 – Oil jack; 3 – Load transducer;
4 – Loading platen; 5 – Dial gage;
6 – Linear variable displacement transducers; 7 – Model box;
8 – Reinforcing element; 9 – Earth pressure cells; 10 – Filling

Fig. 1　Schematic view of the model test apparatus and reinforcement

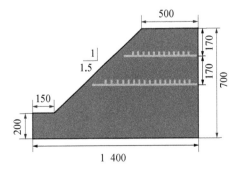

Fig. 2　Dimensions of the model embankment (unit: mm)

2.2 Model test results

2.2.1 Bearing capacity

Fig. 3 shows the results of the settlements against the applied pressures for unreinforced embankment (case 1), embankment reinforced with two-layer horizontal inclusions (case 2) and embankment reinforced with H – V inclusions (case 3). For each case, at least three model tests were conducted to evaluate the repeatability of the test results. As shown in the figure, the steep changes in the gradient at the end of the curves indicated the ultimate bearing capacity of the embankments. Fig. 3 shows that the ultimate bearing capacities for case 1, case 2 and case 3 were 64.03 kPa, 79.97 kPa and 106.47 kPa respectively. The ultimate bearing capacity for the embankment reinforced with horizontal inclusions was 24.9% higher than the unreinfroced embankment, while the ultimate bearing capacity for the embankment reinforced with H – V inclusions was 33.14% higher than that of the embankment reinforced with horizontal inclusions. The comparisons indicated that H – V inclusions were remarkable in improving the bearing capacity of embankment.

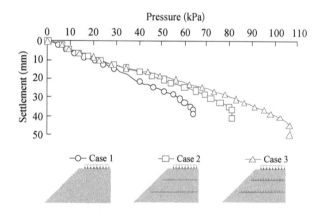

Fig. 3　Comparison of p – S curves for the unreinforced embankment and the embankments reinforced with horizontal and H – V inclusions

2.2.2 Lateral displacement

In the model tests, three linear variable displacement transducers (LVDT) (designated as No. 1[#] to No. 3[#]) were placed along the slope to measure the lateral displacements corresponding to the ultimate

pressure in these three cases (as shown in Fig. 4). It can be seen that the lateral displacements gradually decreased from the top of the slope to the toe of the slope in each case. The lateral displacement at position No. 1[#] of the unreinforced embankment was 24.3 mm. At the same measuring point, the lateral displacement of the embankment reinforced with two-layer horizontal inclusions was 20.63 mm showing a decrease of 15.1% compared to the unreinforced embankment. The restriction effect of H – V inclusions on the lateral deformations was also significant — the displacement was 20.42 mm (15.97% less than the case of unreinforced embankment; and comparable to the case of horizontal inclusions). The measuring points No. 2[#] and No. 3[#] provided the same trend that the horizontal inclusions restricted the lateral displacements and the H – V inclusions restricted the lateral displacements more effectively.

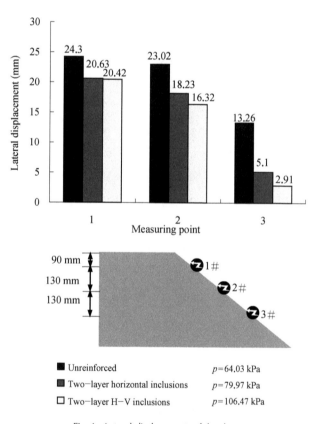

Fig. 4　Lateral displacements of the slope

2.2.3 Earth pressure

Nine earth pressure cells were placed with upward

orientation inside the model to measure soil pressures. The locations of the earth pressure cells (marked from 1 to 9) and the recorded pressures of the embankment reinforced with H – V inclusions are shown in Fig. 5. It can be seen that earth pressures recorded by the pressure cells (2, 5, 8) in the middle were much greater than those of the side cells. Besides, the pressures recorded by the pressure cells close to the slope (1, 4, 7) were smaller than those of the cells (3, 6, 9) at the same horizontal level. The above two observations correspond to the stress distribution.

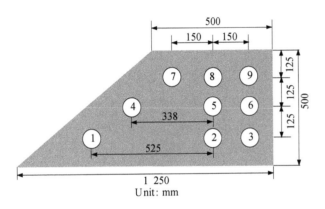

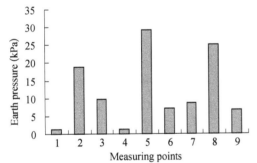

Fig. 5   Distribution of earth pressure in the embankment reinforced with H – V inclusions

3 PFC modeling

3.1 Modeling procedure

Through the model test, it was found that H – V inclusions are effective in improving the ultimate bearing capacity and restricting the lateral displacements of the embankment. In order to explore the reinforcing mechanism of H – V inclusions, the software PFC^{2D} was used to analyze the behavior from a microscopic point of view. PFC^{2D} provides two basic entities, balls and walls, for modeling. As soil is granular material and discontinuous in nature, the PFC^{2D} model has the advantage of simulating an embankment using an assembly of balls. There are two kinds of walls in PFC^{2D}: standard walls and general walls. General walls differ from standard walls in their geometric shape, and both sides of a general wall are active. A standard wall is one or more line segments, with arbitrarily defined contact properties for interaction with particles (Itasca Consulting Group Inc, 2004). A standard wall has one "active" side that interacts with particles. In this paper, the embankments and the reinforcements were simulated by balls, and the boundaries were modeled by rigid and smooth standard walls.

The four steps of modeling an embankment reinforced with H – V inclusions are shown in Fig. 6. To begin with, three standard walls were set up to simulate the bottom and two vertical sides of the model box. The walls were fixed and frictionless. Then, to simulate the construction of embankment, balls were generated layer by layer until the height at which the reinforcement was located was reached. After that, the reinforcement was modeled by some circular particles by assigning parallel bond between particles to transmit both force and moment. The five main parameters for parallel bond model were pb_radius (parallel-bond radius), pb_kn (parallel-bond normal stiffness), pb_ks

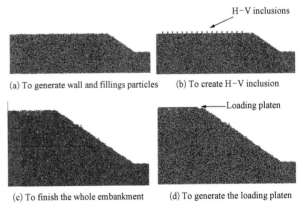

(a) To generate wall and fillings particles   (b) To create H–V inclusion

(c) To finish the whole embankment   (d) To generate the loading platen

Fig. 6   PFC^{2D} modeling procedure of the reinforced embankment

(parallel-bond shear stiffness), *pb_nstrength* (parallel-bond normal strength), and *pb_sstrength* (parallel-bond shear strength). Furthermore, after the reinforcing element was built, the embankment continued to be filled with balls until the designed height. After setting the acceleration of gravity, the model was cycled until the maximum unbalanced force reached 1×10^{-3} N to reach equilibrium. Finally, the "Clump" function in PFC^{2D} was used to generate the loading platen. A clump is a group of slaved particles that behaves as a rigid body that will not break apart, regardless of the forces acting upon it. A clump can serve as a super-particle of general shape. Through controlling the force on the clumped balls, the loading was simulated successfully.

The model parameters have great effects on the accuracy of the computed results in PFC^{2D}. In this simulation the dimensions of the embankment were consistent with the physical model test. It is difficult to relate the response exhibited by the PFC^{2D} material to the response of a real material because there are two main limitations associated with such two-dimensional modeling. On the one hand, a PFC^{2D} model enforces neither plane-stress nor plane-strain constitutive relations between stress and strain. On the other hand, for the purposes of stress computation in this simulation, the particles are assumed to be of unit thickness. Therefore, in order to match the laboratory results (pressure-settlement curves), numerous trials were required and PFC^{2D} input parameters were varied until the behavior of the numerical sample matched that of the physical sample. The corresponding parameters were then used in a PFC^{2D} simulation. Fig. 7 illustrates the pressure-settlement ($p-S$) curves of the PFC^{2D} model results compared to the laboratory model test results. It can be seen that the simulation tests match well with the laboratory tests, despite some deviations after 40 kPa which is probably due to the aforementioned limitations of PFC^{2D}. The matched curves demonstrate

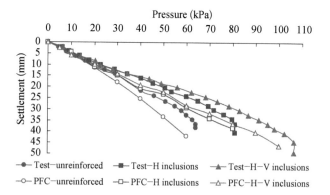

Fig. 7　$p-S$ curves between PFC^{2D} model and laboratory model test

that the parameters used in this PFC^{2D} model are reasonable to simulate the embankment reinforced with H-V inclusions, thus, the micro analysis of reinforced embankment can be done based on the PFC^{2D} model result. Table 1 shows the simulation parameters. In the table, the friction coefficient of sand particles is much greater than actual sands. This is a measure to ensure stability of the slope. The trial tests showed that when the friction coefficient was small (e. g., the actual friction coefficient in the model tests) and the rotations of particles were not fixed, the assembly of particles that formed a slope was easy to collapse and could not reach equilibrium during numerical simulations. One way to solve this problem was to increase the friction coefficient. After several trials, the friction coefficient of 10 was used. Fig. 8 shows the dimensions of the inclusions simulated in PFC^{2D}. The diameter of the particle used for inclusions is 10 mm. The upper and lower layer inclusions consist of 69 and 93 particles, respectively. The vertical inclusions consist of 2 particles to a height of 20 mm, the same as the laboratory test. It can be noted that the thickness of the reinforcement in the simulations is inconsistent with that of the model test. That is because the number and radius of the particles used for the reinforcement greatly affect the computer execution time. Hence, fewer particles were used to ensure the height of vertical inclusions and the length of horizontal inclusions was the same as the actual reinforcement. The lateral restriction effect of vertical inclusions, which depends on the height of inclusions, was the primary focus of this study of reinforcing mechanisms of H − V inclusions. Moreover, Vinod et al (2011) found that reinforcement thickness had an insignificant influence on the stress-strain behavior of reinforced granular soils in biaxial element test simulations using PFC^{2D}.

Table 1　Model parameters

Parameters	Embankment	Reinforcement	Loading platen
Density (kg/m^3)	1 730	1 000	2 000
Normal stiffness k_n(N/m)	1×10^7	1×10^8	1×10^9
Shear stiffness k_s(N/m)	1×10^7	1×10^8	1×10^9
Particle radius (mm)	3～5	5	5
Frictional coefficient	10	3	25
pb_radius(mm)	—	5	—
pb_kn(Pa/m)	—	1×10^5	—
pb_ks(Pa/m)	—	1×10^8	—
pb_nstrength(Pa)	—	1×10^5	—
pb_sstrength(Pa)	—	1×10^8	—

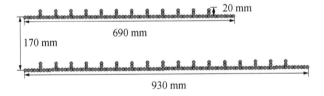

Fig. 8　Dimensions of the inclusions simulated in PFC^{2D}

In the laboratory model tests, earth pressure cells were instrumented to measure the earth pressure. However, the limited number of earth pressure cells could not measure the overall distribution of earth pressure. One advantage of PFC^{2D} is that the contact forces within the particles can be recorded in various time steps, which helps to analyze the distribution of earth pressures. In this simulation, the measurement circles were created (shown in Fig. 9) inside the embankment with the aid of the inherent " fish " function in PFC^{2D}. The command "history" was used to record the stresses in both horizontal and vertical directions measured by the measurement circles at different time steps.

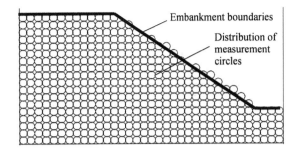

Fig. 9　Distribution of measurement circles in the simulated embankment

3. 2　Results and discussion

3. 2. 1　Force analysis within embankment

Each contact force is represented by a line segment connecting the centroid of two contacting particles, and the line width is proportional to contact force magnitudes. On the basis of the contact forces within the soil particles, the force contour could be drawn. The distribution of contact forces at different loading stages in the simulated embankment reinforced with two-layer H − V inclusions is shown in the left part of Fig. 10. The right part of Fig. 10 presents the corresponding normalized contact force contours (based on the maximum contact force, F_{max}). The locations of reinforcement are marked in the figures.

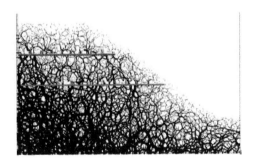

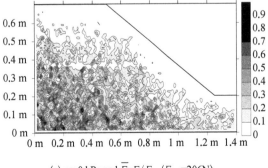

(a) $p=0$ kPa and $\overline{F}=F/F_{max}(F_{max}=206\text{N})$

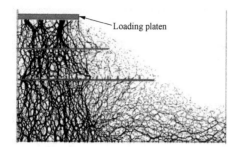

Loading platen

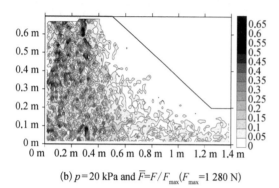

(b) $p = 20$ kPa and $\overline{F} = F/F_{max}(F_{max} = 1\ 280$ N)

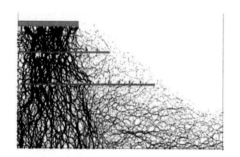

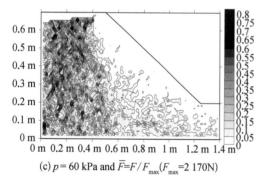

(c) $p = 60$ kPa and $\overline{F} = F/F_{max}(F_{max} = 2\ 170$N)

Note: (1) F is the contact force between soil particles.
(2) F_{max} is the maximum contact force.

Fig. 10　Distribution of contact forces within the embankment reinforced with two − layer H − V inclusions under different pressures and corresponding normalized force contours ($\overline{F} = F/F_{max}$)

From the above figures, it is noted that before loading, the contact forces between particles gradually increased from the top to the bottom of the embankment. When the loading reached 20 kPa, the distribution of contact forces changed. A few thick lines appeared under the loading platen, which indicated that larger

forces occurred in the soil under the loading platen. Under the influence of the movement and contact of soil particles, the force distribution concentrated in the region close to the center line of the loading platen. H − V inclusions began to have reinforcing effects. The force distribution above the inclusions was relatively concentrated, whereas in the region below the inclusions the lines were thinner than those above the inclusions and the force spread both sides. The reinforcing effect of the inclusions was more remarkable when the load was 60 kPa. The earth pressures in the upper soil were proportionally transmitted to the lower soil due to H − V inclusions. It is noted that more thick lines appeared in the lower soil beneath the inclusions. This indicated that the force-bearing structures increased and the loading could be dispersed to the lower force-bearing structure. The force-bearing structures refer to the soil region close to the center line of the reinforced embankment where the contact force chains concentrated with a columnar shape unlike the unreinforced case, shown in Fig. 11. Due to the dispersal effect provided by H − V inclusions, more vertical force-bearing columns occurred, resulting in uniformly distributed forces within the embankment. Thus, the bearing capacity of the embankment was improved and the differential settlement was reduced. It can also be found in Fig. 10(b) and (c) that the

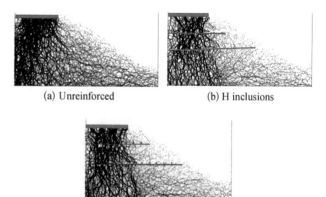

(a) Unreinforced　　　　　(b) H inclusions

(c) H−V inclusions

Fig. 11　Comparison of contact force chains of the unreinforced embankment and the embankments reinforced with H and H − V inclusions ($p = 60$ kPa)

transmission of contact forces mainly occurred along the vertical direction in the middle of the embankment. However, in the region of underlying soil and the soil close to the slope, forces transmitted in the horizontal direction. Hence, obvious lateral deformation could be found in the embankment slope.

The PFC^{2D} simulations allow some observations to be made over a specified range. The distribution of forces in the H - V inclusions is observed through two steps. First, the range of balls simulating the H - V reinforcements is plotted. Then by adding contact forces, the reinforcement contact forces can be shown and thus compression can be observed in the H - V inclusions. Fig. 12 shows the force distribution in the H - V inclusions. The black (dark color) thick lines indicate compression, and the red (light color) ones indicate tension. It is observed that greater tension occurred in the left part of the inclusions which is placed under the loading platen. It indicates that the H inclusions prevented the soil particles under the loading platen from moving downward, resulting in greater tension in the H inclusions. Meanwhile, the smaller tension in the right part of the inclusions closer to the slope was attributed to the restriction of the particle movement in the side direction. In addition, some vertical reinforcing elements inclined to the slope. This was caused by preventing the soil particles from moving to the slope. Under the dual influences of the restricting effect of the horizontal reinforcing elements and the lateral passive resistance of the vertical reinforcing elements, the soil particles within the embankment reinforced with H - V inclusions were consolidated, bearing much greater surcharge.

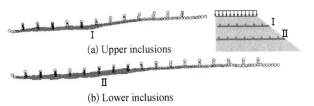

(a) Upper inclusions

(b) Lower inclusions

Fig. 12　Force analysis of H - V inclusions

3.2.2　Displacement of reinforced embankment

In the PFC^{2D} model, the displacement field can be expressed by the displacement vectors of particles. The displacement vector is a line that starts from the particle centroid and ends with an arrow. The direction of the arrow indicates the moving direction of the particle at a certain time step. The line length is proportional to displacement magnitudes. Fig. 13 illustrates the displacement fields within the embankment reinforced with H - V inclusions under different loadings.

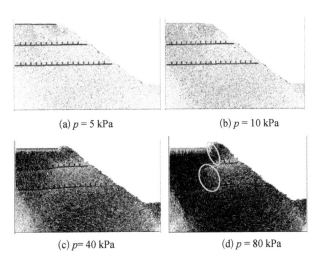

(a) $p = 5$ kPa　　　　(b) $p = 10$ kPa

(c) $p = 40$ kPa　　　　(d) $p = 80$ kPa

Fig. 13　Displacement fields of the embankment reinforced with two - layer H - V inclusions

As shown in Fig. 13, when the applied load was relatively small (e. g. , $p = 5$ kPa), minor displacements occurred inside the embankment. The particles between the loading platen and the upper inclusion mainly moved downward. As the load increased (e. g. , $p = 10$ kPa), the downward displacements of particles between the loading platen and the upper inclusion increased, which forced the particles close to the slope to move outwards. In the upper region, one shear band tended to occur. The displacements of particles between the two inclusion layers also changed. The particles in the middle of this region had larger downward displacements, while the displacements of the particles close to the slope were smaller. Hence, another shear band tended to develop within this region. The movement of particles had a leap as a result of much greater loads (e. g. , $p=40$, 80 kPa). The particles close to the slope moved significantly outwards, which caused lateral deformations at the slope. Moreover, the movement tendency of the particles in the foundation soil near the slope toe was upward. Two shear bands can be observed in Fig. 13(d). Compared to the first shear band between the loading platen and the upper inclusion layer, the location of the second shear band between the two inclusion layers was closer to the middle of the embankment.

It was concluded from Fig. 13 that the reinforcements in the embankment could separate the failure surface and caused the failure arcs to be non-continuous. The position of the lower failure surface was close to the middle region of the embankment with enhanced areas caused by the vertical inclusions.

The two-layer H - V inclusions also experienced deformation as the soil deformed within the embankment, as illustrated in Fig. 14. The deformation of H - V inclusions can be observed by using the same steps

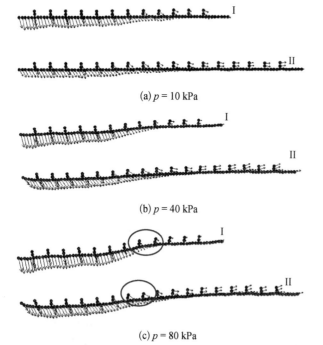

(a) $p = 10$ kPa

(b) $p = 40$ kPa

(c) $p = 80$ kPa

Note: " I " refers to the upper reinforcement and " II " to the lower one

Fig. 14 Deformation of H - V inclusions subjected to different loads

described earlier to detect the distribution of forces in the H - V inclusions. Again, the range of balls simulating the H - V reinforcement is plotted and then, by adding displacements, the deformation of the reinforcement is shown. The DEM results show a flexible reinforcement in Fig. 14. This matches the behaviors of the perspex sheets in the model tests. After the model test was finished, the perspex sheets were retrieved and checked. It was found that although the perspex sheets were bent, they did not break. Therefore, In the PFC^{2D} simulation, a flexible reinforcement was achieved by adjusting the input parameters (i. e. , pb_radius, pb_kn, pb_ks) which influenced the flexibility of the H - V reinforcement. Under the load of 10 kPa, the deformations of the H - V inclusions were not notable. However, it can be seen that the inclusions under the loading platen tended to move downward with the soil, whereas the parts of the inclusions close to the slope showed the tendency to move outward instead of downward. As the pressure reached 40 kPa, the H - V inclusions had notable deformations. The downward displacement of the reinforcement in the middle of the embankment increased, and the vertical inclusions in this region had little deformation and still kept perpendicular to the horizontal ones. The movement of the lower reinforcement was similar as the upper reinforcement; however, the displacement was smaller than the upper one. The vertical inclusions close to the slope moved outwards and upwards. This can be explained through Fig. 13(c) that the soil particles around the upper layer inclusion moved outwards and upwards due to the interaction of soil particles, which resulted in a slight uplift in the slope crest. This was a relative uplift in relation to the whole settlement of the embankment. Under the load of 80 kPa, the inclusions had significant deformations, and the movement track was consistent with that at 40 kPa. However, in the middle of the embankment, it was noted that some vertical inclusions, both in the upper and lower inclusions, tended to topple over (marked with two ellipses in Fig. 14(c)). This was probably attributed to the fact that these vertical inclusions were near the failure surface. It was extrapolated that the shear stress exceeded the shear strength of the soil which resulted in shear failure along a certain sliding surface; the displacements of the soil particles at the two sides of the sliding surface were notably different; therefore, the vertical inclusions tended to topple over. It was inferred from the above analysis that the location of failure surface could also be determined by the locations where vertical inclusions failed.

A computer program was developed in the "FISH" language to relate the displacement of each particle with the coordinates. Hence, the normalized displacement contours based on the maximum displacement at 80 kPa were plotted as shown in Fig. 15. It can be seen that the horizontal displacement was the largest at the slope crest which induced the largest lateral deformation of the slope. Meanwhile, it was also observed that the particles in the base of the embankment mainly moved horizontally to the slope toe. Consdering the stress distribution in Fig. 10 and displacement distribution in Fig. 13, it can be inferred that because of the small thickness of the underlying soil and the rigid boundary at the bottom of the PFC^{2D} model, the soil particles moved in the horizontal direction; this could be different from the field conditions where the underlying layer of soil could be very thick. It was also shown that soil under the loading platen mainly moved downward, while some slight upward displacements were observed in the middle and lower parts of the slope, and the particles of the foundation close to the slope toe moved upwards notably.

3. 2. 3　Comparison between unreinforced and reinforced embankments

For the comparison, the normalized displacement contours of the embankment reinforced with H

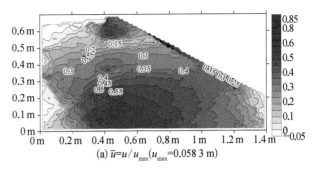

(a) $\bar{u}=u/u_{max}(u_{max}=0.058\ 3\ m)$

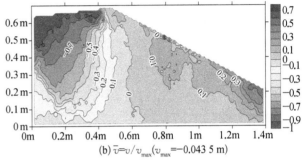

(b) $\bar{v}=v/v_{max}(v_{max}=-0.043\ 5\ m)$

Note: (1) Horizontal displacement (u) is negative in the left direction and positive in the right direction. Vertical displacement (v) is negative downwards and positive upwards.

(2) u_{max} is the maximum horizontal displacement, v_{max} is the maximum vertical displacement.

Fig. 15　Normalized displacement contours of the embankment reinforced with H-V inclusions at 80 kPa ($\bar{u}=u/u_{max}$ and $\bar{v}=v/v_{max}$)

inclusions and the unreinforced embankment are shown in Fig. 16 and Fig. 17 respectively, at pressure of 80 kPa. It can be seen that the maximum downward vertical displacement of the unreinforced embankment was the largest compared with the other two cases. H inclusions reduced the vertical settlements; and H-V inclusions performed better than H inclusions. The maximum horizontal displacement in the direction of the slope of the embankment reinforced with H-V inclusions was smallest showing the best reinforcing effect of H-V inclusions. Comparing Fig. 15 with Fig. 16, at the positions where the inclusions were located, the horizontal displacement of the particles was notably reduced for the embankment reinforced with H-V inclusions, which indicates the lateral restriction effect of the H-V inclusions. The magnified displacements of particles in the unreinforced embankment and embankments reinforced with H inclusions and H-V inclusions are shown in Fig. 18. It

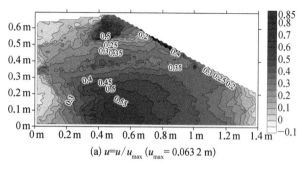

(a) $\bar{u} = u/u_{max}$ ($u_{max} = 0.063\,2$ m)

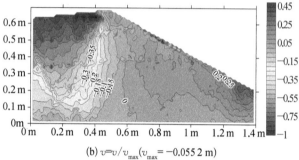

(b) $\bar{v} = v/v_{max}$ ($v_{max} = -0.055\,2$ m)

Note: where u, v, u_{max} and v_{max} have the same definitions as those in Fig 15.

Fig. 16　Normalized displacement contours of the embankment reinforced with H inclusions at 80 kPa ($\bar{u} = u/u_{max}$ and $\bar{v} = v/v_{max}$)

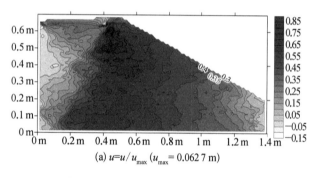

(a) $\bar{u} = u/u_{max}$ ($u_{max} = 0.062\,7$ m)

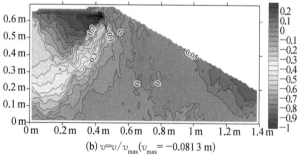

(b) $\bar{v} = v/v_{max}$ ($v_{max} = -0.081\,3$ m)

Note: where u, v, u_{max} and v_{max} have the same definitions as those in Fig 15.

Fig. 17　Normalized displacement contours of the unreinforced embankment at 80 kPa

is found that the horizontal inclusion could effectively influence particle movements in the region of 20 – 30 mm above and below the inclusions (mainly in the above part), where the displacements were small; whereas such influence could extend to 50 – 60 mm for the H – V inclusions because of the vertical reinforcing elements (with the height of 20 mm). Fig. 18 also demonstrates the restriction effect of H – V inclusions on the deformation of the soil.

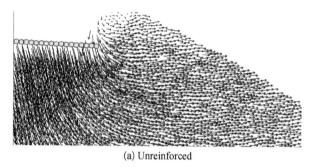

(a) Unreinforced

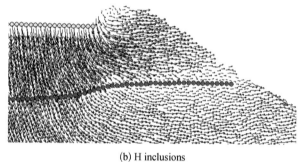

(b) H inclusions

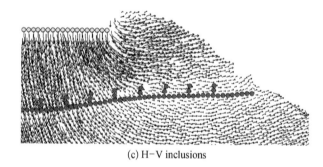

(c) H–V inclusions

Fig. 18　Magnified displacements of soil particles

Fig. 19 shows the deformations of the H – V inclusions along with the horizontal inclusions at the pressure of 80 kPa. It can be seen that the horizontal reinforcing elements of H – V inclusions had nearly the same deformation as the conventional horizontal inclusions. On this basis, it can be concluded that the vertical reinforcing elements have a dominant effect on improving the bearing capacity and reducing the lateral deformation of the embankment reinforced with H – V inclusions.

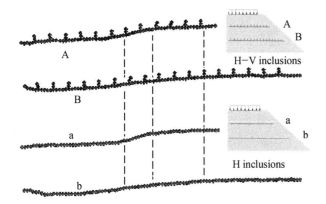

Fig. 19　Comparison of the deformations of H and H－V inclusions

4　Conclusions

In this paper, based on the results of a series of laboratory model tests, an unreinforced embankment, an embankment reinforced with horizontal inclusions and an embankment reinforced with H－V inclusions were simulated using PFC^{2D} to study the behavior of H－V inclusions from a microscopic view. The distributions of forces and displacements within the embankment were analyzed and discussed. The following conclusions can be drawn from the results:

(1) In the laboratory model test, H－V inclusion is a better alternative to conventional horizontal inclusions for its effect on improving the bearing capacity and restricting the lateral displacement of the embankment.

(2) Multiple vertical force-bearing columns occurred in the embankment reinforced with H－V inclusions, which shows that H－V inclusions can redistribute the stresses in order to improve the bearing capacity. The horizontal reinforcing elements mainly experience tensile forces and the vertical reinforcing elements provide resistances to the soil particles. The deformation of the horizontal reinforcing elements of H－V inclusions was consistent with that of the conventional horizontal inclusions, which demonstrates the reinforcing effects of the vertical elements.

(3) Soil particles under the loading platen in the embankment reinforced with H－V inclusions mainly move downwards and outwards to the slope. Particles close to the bottom of model have horizontal displacements which cause notable uplift in the foundation close to the slope toe. Two-layer H－V inclusions separate the failure surface and the failure arcs become discontinuous. The position of the lower failure surface is close to the middle part of the embankment.

(4) H－V inclusions can largely restrict the movements of soil particles. On the basis of displacement contour, it is shown that both the horizontal and vertical displacements of soil particles in the embankment reinforced with H－V inclusions are smaller than those in the embankment reinforced with conventional horizontal inclusions.

Acknowledgment

The financial assistance from the National Natural Science Foundation of China under Grant No. 40972192 and Innovation Program of Shanghai Municipal Education Commission (No. 11 ZZ88) is herein much acknowledged.

Reference

[1] Borges J L, Cardoso A S. Structural behaviour and parametric study of reinforced embankments on soft clays [J]. Computers & Geotechnics, 2001, 28(3): 209－233.

[2] Chareyre B, Villard P. Dynamic Spar Elements and Discrete Element Methods in Two Dimensions for the Modeling of Soil-Inclusion Problems [J]. Journal of Engineering Mechanics, 2005, 131(7): 689－698.

[3] Chen Z Y, Li S M. Evaluation of active earth pressure by the generalized method of slices [J]. Canadian Geotechnical Journal, 1998, 35(4): 591－599.

[4] El-Naggar M E, Kennedy J B. New design method for reinforced sloped embankments [J]. Engineering Structures, 1997, 19(1): 28－36.

[5] Hird C C, Pyrah I C, Russel D. Finite element analysis

of the collapse of reinforced embankments on soft ground [J]. Geotechnique, 1990, 40(4): 633-640.

[6] Hou J, Zhang M X, Javadi A A, et al. Experiment and analysis of strength behaviour of soil reinforced with horizontal - vertical inclusions [J]. Geosynthetics International, 2011, 18(4): 150-158.

[7] Itasca Consulting Group Inc, PFC^{2D} (Particle Flow Code in 2 Dimensions), Version 3. 1. Minneapolis Minnesota: ICG, 2004.

[8] Kazempoor S, Noorzad A, Mahboubi A, et al. Numerical modelling of smooth geomembrane-soil interaction shear behaviour by distinct element method [C]//Proceeding of the 4th Asian Regional Conference on Geosynthetics, Shanghai, China, 2008, 575-578.

[9] Mcdowell G R, Harieche O, Konietzky H, et al. Discrete element modeling of geogrid-reinforced aggregates [J]. Proceedings of the Institution of Civil Engineers — Geotechnical engineering, 2006, 159(1): 35-48.

[10] Tandjiria V, Low B K, Teh C I. Effect of reinforcement force distribution on stability of embankments [J]. Geotextiles and Geomembranes, 2002, 20(6): 423-443.

[11] Tavassoli M, Bakeer R M. Finite element study of geotextile reinforced embankments [C]//Proceedings of 13th International Conference on Soil Mechanics and Foundation Engineering, New Delhi, 1994, 4, 1385-1388.

[12] Tsukada Y, Isoda T, Yamanouchi T. Geogrid subgrade reinforcement and deep foundation improvement: Yono City, Japan [C]//Proceedings of the Geosynthetics Case Histories, International Society for Soil Mechanics and Foundation Engineering,

Committee TC9, 1993, 158-159.

[13] Villard P, Le Hello B. Development of a specific geosynthetics module in discrete element software SDEC [R]. Discrete element group for Hazard mitigation, Annual report, 2004.

[14] Vinod J S, Nagaraja S, Sitharam T G, et al. Numerical Simulation of reinforced granular soils using DEM [C]//Geo-Frontiers 2011: Advances in Geotechnical Engineering. ASCE, 2011, 4242-4251.

[15] Yoo C. Laboratory investigation of bearing capacity behavior of strip footing on geogrid-reinforced sand slope [J]. Geotextiles and Geomembranes, 2001, 19(5): 279-298.

[16] Zhang J, Yasufuku N, Ochiai H. A few considerations of pullout test characteristics of geogrid reinforced sand using DEM analysis [J]. Geosynthetics Engineering Journal, 2007, 22(11): 103-110.

[17] Zhang M X, Javadi A A, Min X. Triaxial tests of sand reinforced with 3D inclusions [J]. Geotextiles and Geomembrances, 2006, 24(4): 201-209.

[18] Zhang M X, Zhou H, Javadi A A, et al. Experimental and theoretical investigation of strength of soil reinforced with multi-layer horizontal-vertical orthogonal elements [J]. Geotextiles and Geomembranes, 2008, 26(1): 1-13.

[19] Zhang M X, Zhou H. Model test on sand retaining wall reinforced with denti-strip inclusions [J]. Science in China Series E: Technological Sciences, 2008, 51(12): 2269-2279.

本文发表于《Geosynthetics International》

2013 年第 20 卷第 4 期

Safety factor calculation of soil slope reinforced with piles based on Hill's model theory

Jiancong Xu[1,2]

[1] Key Laboratory of Geotechnical and Underground Engineering of Ministry of Education, Tongji University, Shanghai 200092, P. R. China

[2] Department of Geotechnical Engineering, Tongji University, Shanghai 200092, P. R. China

Abstract: How to evaluate reasonably the stability of a soil slope reinforced with piles (SSRP) still is an urgent problem. At present, the three-dimensional (3D) finite element strength reduction method has been used for the soil slope stability analysis. However, accurately to determine the global instability of soil slopes is the key to implementing the strength reduction finite element method. In this paper, the three-dimensional (3D) finite element strength reduction algorithm (FESRA) based on Hill's model theory is proposed to assess the stability of SSRP and study on the relationship between the safety coefficient of SSRP and the displacement of slope mass. The results show that: (1) the relationship between the safety coefficient of SSRP and the displacement of slope mass agrees with the Hill's model; (2) the proposed method (3D FESRA based on Hill's model theory) in this study may take into account simultaneously the pile response and slope stability, and makes the results of SSRP stability analysis reasonable and reliable, which could be used as a reference for the evaluation of stability of the same type of slope; and (3) further study should be done to confirm whether the proposed method in this study is suitable for other types of slopes.

Keywords: Soil slope reinforced with piles; Stability evaluation; 3D finite element algorithm; Hill's model theory; Strength reduction method

1 Introduction

Stabilizing piles have been used extensively to support instable slopes in the past few decades. Piles have been used successfully to stabilize many soil slopes or to improve slope stability and numerous methods have been developed for the analysis of soil slope reinforced with piles (SSRP) (Ashour, et al, 2012; Farad et al, 2009; Sun et al, 2011; Zhang et al, 2010).

A simplified method is proposed by Zhang et al (2010) to analyze the stability of a strain-softening slope reinforced with stabilizing piles, to put forward an equivalent principle on the three-dimensional effect of the piles on the stability of slopes, and to derive the formulation on the basis of the displacement distribution assumptions of the slope by extending the simplified Bishop slice method.

An accurate estimation of the lateral force is important on the soil slope stability analysis with piles. Expressions are derived allowing the force needed to increase the safety factor to a desired value and the most suitable location of piles within the slope to be evaluated (Farad et al, 2009).

How to evaluate reasonably the stability of a soil slope reinforced with piles (SSRP) still is an urgent problem. At present, the three-dimensional (3D) finite element strength reduction method (FESRM) has been

689

used for the soil slope stability analysis. Numerical analyses by the 3D shear strength reduction technique were performed for stability of pile-slope system, in which the pile response and slope stability were considered simultaneously. An internal routine with FLAC^{3D} based on dichotomy was developed to calculate the factor of safety of pile-slope system (Sun *et al*, 2011). However, accurately to determine the global instability of soil slope with piles is the key to implementing the strength reduction finite element method.

Studies have shown that Hill's model theory may be used to predict the consolidation settlement and deformation of foundation and pile foundations (Yang et al, 2008; Hu et al, 2009). In this paper, the three-dimensional (3D) finite element strength reduction algorithm (FESRA) based on Hill's model theory is proposed to evaluate the stability of SSRP, namely to use the Hill's model theory to determine the safety factor of a anti-slide pile slope.

2 Slope safety factor calculation based on Hill's model theory

2.1 Elastic-plastic finite element method with shear strength reduction technique

Numerical examples appeared in the literature so far have shown that FEM with shear strength reduction technique (SSRFEM) is an effective method for assessing the safety factor of slope and locating the failure surface (e. g. Huang et al. 2009; Cheng et al. 2007; Deng et al. 2004; Dawson et al. 1999; Jiang et al. 1997; Matsui et al. 1992; Zienkiewicz et al. 1975). The essence of the finite element method with shear strength reduction technique is the reduction of the soil strength parameters until the soil fails. The soil virtual strength parameters c_F and φ_F used in FEM procedures are defined as the actual shear strength parameters c and φ divided by a shear strength

reduction factor F_S, such as Formula (1) and Formula (2). Let F_S increase until collapse occurs, namely non-convergence occur in the iteration of solution of the system of nonlinear finite element equations. At this instant, the shear strength reduction factor comes to be the global minimal safety factor with the same meaning as the safety factor defined in the limit equilibrium method.

$$c_F = c/F_S \qquad (1)$$

$$\varphi_F = \arctan(\tan(\varphi)/F_S) \qquad (2)$$

Here, $F_S =$ the ratio of actual shear strength indexes to virtual shear strength indexes of rock or soil in FEM numerical calculation, namely the shear strength reduction factor; c, φ are the actual cohesion and internal friction angle of rock or soil respectively; c_F, φ_F are the virtual cohesion and internal friction angle of rock or soil respectively.

2.2 Application of Hill's model theory

Hill's model was proposed by A. V. Hill in 1910, used to describe the pharmacodynamics including the inhibitory effect of cancer drug-induced growth (Hill, 1910; Zoran, 2011). The Hill model theory to determine the safety factor of anti-slide pile slope based on the strength reduction method may be described as follows:

$$U(F_S) = \lambda + U_{max}/(1 + k^n F_S^{-n}) \qquad (3)$$

Here, $U =$ slope displacement (including the horizontal displacement and vertical displacement, etc.); $F_S =$ the strength reduction coefficient of anti-slide pile slopes corresponding to U; $\lambda = 0$, for the slope safety factor calculation; $U_{max} =$ the maximum allowable displacement of SSRP on some position; k is a constant, related with soil properties and anti-slide piles; $n =$ the Hill's coefficient of curvature of $F_S - U(F_S)$ curve.

Therefore, $F_{Smax} = 2k =$ the maximum allowable safety coefficient of SSRP.

3 Example and verification

The soil slope reinforced with piles locates between K92 + 050 ～ K92 + 290 of Shangsan Expressway in Zhejiang, China. It mainly consists of loam with breccia and rubble under which is a layer of strongly or moderately weathered tuffite (see Fig. 1). The design parameters of anti-slide pile are as follows: its section height＝1. 8 m, its section width＝2. 5 m, its pile spacing＝5. 0 m.

In June, 2004, after several continuous heavy rainfalls, there occurred a large range of subsidence and arc cracks on the grouted rubble top of this soil slope reinforced with piles, and the drainage ditches partially arched and cracked on the upside of the anti-sliding piles and on the grouted rubble top of slope. Additionally, there was serious seepage of groundwater in the gap between the precasting soil retaining plates of anti-sliding piles.

For the FEM strength reduction method, the soil strength reduction coefficient at any location is the same in the SSRP. Thus, the strength reduction factor on the first step edge nodes selected in this paper may be taken as the global safety coefficient of the studied soil slope reinforced with piles.

The engineering geological transverse profile of this studied soil slope reinforced with piles is shown in Fig. 1.

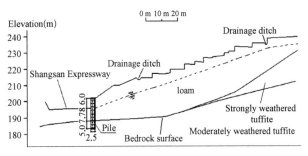

Fig. 1 Transverse section

The specimens of soil and rock were taken from the landslide area. Indoor physical and mechanical tests including the saturated unit weight test and undrained shear strength test of soil with gravity consolidation were conducted. The statistical values of strength of all specimens were taken as the calculation parameters used to calculate the safety factor of slope in the landslide area. The physical-mechanics parameters of rock and soil (determined by laboratory tests and experience) are listed in Table 1.

Table 1 Main physical-mechanics parameters of rock and soil

Name of rock and soil	Unit weight (kN/m³)	Elastic module(MPa)	Poisson's ratio	Internal frictional angle(°)	Cohesion (kPa)	Void ratio	Permeability coefficient(m/s)
Common cohesive soil with gravel	18. 50	100	0. 3	12. 7	33. 4	0. 6	2. 6e − 5
Saturated cohesive soil with gravel	19. 50	35	0. 35	8. 0	22. 5	0. 6	2. 6e − 5
Strongly weathered tuffite	22	8,000	0. 26	28	2,200	0. 4	1. 0e − 7
Moderately weathered tuffite	25	17,000	0. 22	44	4,500	0. 1	1. 0e − 12

The reliability of calculation software is of most crucial for assuring the accuracy and reliability of calculation results. ABAQUS is a kind of FEM calculation software developed by HKS (Hibbitt, Karlsson & Sorensen, Inc, America). It had passed the certification of ISO9001 and ANSI/ASME NQA – 1 quality system, so it can assure the reliability and accuracy of the safety coefficient calculation of the studied soil slope reinforced with piles using the FEM

strength reduction method.

On establishing the model, Plane xy is that consists of the primary sliding direction of the studied soil slope reinforced with piles and the direction of Shangsan Expressway, and the positive direction of z axis is upward, and Plane xz is that consists of the primary sliding direction and the elevation direction of the studied soil slope reinforced with piles, and the positive directions of x axis and the one of y axis are shown in Fig. 2.

Fig. 2 shows the three-dimensional view of finite element mesh, which is 168. 75 m in length (along the main sliding direction of the studied soil slope reinforced with piles) and 20. 0 m in width. The model consists of 35659 C3D10 MP (10-node modified quadratic tetrahedron with pore pressure and hourglass control) elements, and among them are 210 elements of anti-slide pile. According to site conditions, a fixed boundary condition in horizontal direction is assumed at two groups of vertical planes of the model, a fixed boundary condition in z direction is assumed at the base plane (xy plane), and free boundary is assumed at the top surface (ground surface). The bottom surface of model is at an elevation of 138. 98 m, and the top of the model is the elevation of actual terrain. Gravitational force is applied to account for the self-weight stress field. In this study, both soils and rocks are modeled as Mohr-Coulomb materials. In view of calculation accuracy and convenience for the mesh generation, the contact surfaces between the studied anti-slide pile and rock or soil are simulated by contact elements which adopt the contact algorithm built-in ABAQUS.

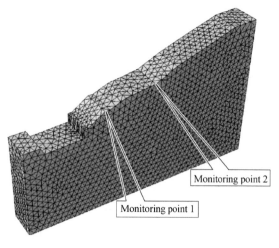

Fig. 2　Meshing

Nine sets of data of the horizontal displacement and the strength reduction factor of the studied SSRP on Monitoring point 1 and Monitoring point 2 in the saturated state, were obtained respectively using 3D

elastoplastic finite element strength reduction method (EFESRM). According to these data, the regression fitting relationships between the horizontal displacement and the strength reduction factor of the studied SSRP in the saturated state are fitted using the Hill's model theory, whose equations are listed respectively as follows, and as shown respectively in Fig. 3 and Fig. 4.

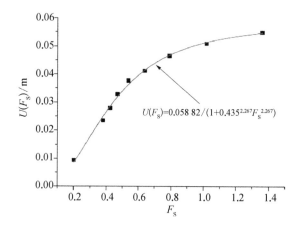

Fig. 3　Relationship between strength reduction factor of SSRP and horizontal displacement on Monitoring point 1 in the saturated state

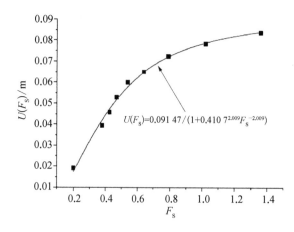

Fig. 4　Relationship between strength reduction factor of SSRP and horizontal displacement on Monitoring point 2 in the saturated state

$$U(F_S) = 0.058\ 82/(1 + 0.435^{2.267} F_S^{-2.267})$$
$$= 0.058\ 82/(1 + 0.151\ 5 F_S^{-2.267}) \qquad (4)$$

$$U(F_S) = 0.091\ 47/(1 + 0.410\ 7^{2.009} F_S^{-2.009})$$
$$= 0.091\ 47/(1 + 0.167\ 3 F_S^{-2.009}) \qquad (5)$$

Here, $U =$ the slope horizontal displacement; $F_S =$ the strength reduction coefficient of anti-slide pile slopes corresponding to U. The correlation coefficients corresponding to Equation (4) and Equation (5) are 0.998 and 0.997 respectively.

According to the above-mentioned slope safety factor calculation method based on Hill's model theory and Equation (3), the maximum safety factors of the studied SSRP on Monitoring point 1 and Monitoring point 2 in the saturated state are 0.870 and 0.821 respectively, and the maximum allowable displacements of SSRP on Monitoring point 1 and Monitoring point 2 in the saturated state are 0.058 82 m and 0.091 47 m respectively. This calculation results are basically consistent with the above-mentioned actual situations.

Because of using saturated unit weight of rock and soil and their total undrained stress shear strength index value in this calculation, the calculation results can truly reflect the state of the studied soil slope reinforced with piles after it experienced several consecutive strong rainstorm, namely the studied soil slope reinforced with piles was in the critical limit state under several continuous torrential rains. Later, after taking hydrophobic and drainage measures, the studied soil slope reinforced with piles is still in a stable state now, seeing Fig. 5.

Fig. 5 Overview of the studied soil slope reinforced with piles

4 Conclusions

The research work and findings reported in this paper can be summarized as follows:

(1) The safety factors of the soil slope reinforced with piles obtained using the three-dimensional finite element strength reduction algorithm based on Hill's model theory is reasonable and reliable, which could be used as a reference for the evaluation of stability of the same type of slope.

(2) The relationship between the safety coefficient of SSRP and the displacement of slope mass agrees with the Hill's model. The Hill's model may be used to predict the trend of slope mass displacement as the variation of the safety coefficient of SSRP.

(3) The further study should be done to confirm whether the proposed method in this study is suitable for other types of slopes.

Acknowledgements

Grants from the National Natural Science Foundation of China (No. 40872179, 40962005), the Science and Technology Development Projects of Fujian Province Communications Department (No. 201235) and Shanghai Leading Academic Discipline Project (No. B308), to support this work are gratefully acknowledged. The author expresses his heartfelt gratitude to Prof. Sun Jun and Prof. Shang Yuequan for their supervision of this work. The author also thanks Ms. Xu Yiwei for her help with the translation of the manuscript into English.

References

[1] Ashour M, Ardalan H. Analysis of pile stabilized slopes based on soil-pile interaction [J]. Computers and Geotechnics, 2012, 39: 85 – 97.

[2] Cheng Y M, Lansivaara T, Wei W B. Two-dimensional slope stability analysis by limit equilibrium and strength reduction methods [J]. Computers and Geotechnics, 2007, 34(3): 137 – 150.

[3] Dawson E M, Roth W H, Drescher A. Slope stability analysis by strength reduction [J]. Geotechnique, 1999, 49 (6): 835 – 840.

[4] Deng J H, Zhang J X, Min H, et al. 3D stability analysis of landslides based on strength reduction (Ⅱ): Evaluation of reinforcing factor of safety [J]. Rock and Soil Mechanics, 2004, 25(6): 871 – 875. (in Chinese)

[5] Farad S. Stability analysis of pile-slope system [J]. Scientific Research and Essays, 2009,4(9): 842 – 852.

[6] Hill A V. The possible effects aggregation of the molecules of haemoglobin on its dissociation curves [J]. J. Physiol, 1910, 40: 4 – 7.

[7] Hu H S, Peng Z B, Yang P, et al. Settlement characteristic of composite foundation for cement mixing piles in soft soil [J]. Journal of Central South University (Science and Technology), 2009, 40(3): 803 – 807. (in Chinese)

[8] Huang M S, Jia C Q. Strength reduction FEM in stability analysis of soil slopes subjected to transient unsaturated seepage [J]. Computers and Geotechnics, 2009, 36(1 – 2): 93 – 101.

[9] Jiang G L, Magnan J P. Stability analysis of embankments: comparison of limit analysis with methods of slices [J]. Geotechnique, 1997, 47(4): 857 – 872.

[10] Matsui T, San K C. Finite element slope stability analysis by shear strength reduction technique [J]. Soil Foundation, 1992, 32 (1): 59 – 70.

[11] Sun S, Zhu B, Bian X. Strength reduction analysis for the stability of pile-slope system. Advanced Science Letters, 2011, 4 (8 – 10): 3146 – 3150.

[12] Yang P, Tang Y Q, Zhou N Q, et al. Consolidation settlement of Shanghai dredger fill under self-weight using centrifuge modeling test [J]. Journal of Central South University (Science and Technology), 2008, 39(4): 862 – 867. (in Chinese)

[13] Zhang G, Wang L. Stability analysis of strain-softening slope reinforced with stabilizing piles [J]. Journal of Geotechnical and Geoenvironmental Engineering, 2010, 136 (11): 1578 – 1582.

[14] Zienkiewicz O C, Humpheson C, Lewis R W. Associated and non-associated visco-plasticity and plasticity in soil mechanics. Geotechnique, 1975, 25 (4): 671 – 689.

[15] Zoran K. Safe uses of Hill's model: an exact comparison with the Adair-Klotz model [J]. Theoretical Biology and Medical Modelling, 2011, 8: 10.

本文发表于《Environmental Earth sciences》

2013 年第 71 卷第 8 期

基于 ABAQUS 的三维边坡降雨入渗模块的开发及其应用

李　宁[1]，许建聪[2]，陈有亮[1]

(1. 上海理工大学 环境与建筑学院，上海 200093；2. 同济大学 地下建筑与工程系，上海 200092)

摘要：为了克服 ABAQUS 在进行降雨入渗模拟方面的局限性，采用 Python 语言对 ABAQUS 软件的降雨入渗边界进行二次开发，将降雨边界作为不定边界，采用迭代算法对降雨入渗边界进行处理，开发出基于 ABAQUS 软件的降雨入渗模块。该模块克服了 ABAQUS 软件中只能模拟降雨全部入渗，入渗率保持不变的单一情况，完善了 ABAQUS 软件的降雨入渗分析功能。通过与土柱入渗试验进行比较，证明开发出的降雨入渗模块是稳定可靠的。在此基础上，采用该模块研究了抗滑桩边坡的降雨入渗过程，结果表明：抗滑桩虽然可以有效的提高边坡的稳定性，但是，在降雨条件下，抗滑桩的存在减小了排水有效断面，使坡体后缘汇集而来的地下水得不到及时排泄，这又会对边坡稳定性产生不利影响。因此在多雨地区进行抗滑桩设计应充分考虑降雨所带来的不利影响，综合评价抗滑桩的加固效果。借助于 ABAQUS 的强大功能，该模块可以为以后进行更复杂的降雨相关问题的研究提供一个良好的研究平台。

关键词：抗滑桩；边坡；饱和-非饱和渗流；降雨入渗；ABAQUS

0 引言

斜坡失稳产生的滑坡已成为与地震和火山相并列的全球性三大地质灾害之一，其危害已成为仅次于地震的第二大自然灾害[1]。大量的滑坡实例表明，降雨尤其是暴雨是触发滑坡的主要诱因；长期以来，国内外学者通过自编程序或商用程序对边坡降雨入渗进行了广泛的研究，并在此基础上进一步对边坡的稳定性进行了研究[2-6]。以往对降雨边坡的研究多集中于二维，将边坡作为平面应变问题来计算，而实际边坡具有三维特性[7,8]，尤其是对于支挡物加固的边坡，比如抗滑桩边坡，由于抗滑桩的存在，该问题不能简化为平面应变问题，而只能采用三维分析。ABAQUS 软件具有良好的三维分析功能，且提供了饱和-非饱和计算功能，近年来，被越来越多的科研人员用以降雨边坡的研究工作：徐晗采用 ABAQUS 软件进行降雨入渗下非饱和土边坡渗流场与应力场耦合的数值模拟，得到了非饱和土边坡变形与应力的变化规律[9]；崔亮基于 ABAQUS 软件对降雨条件下土坡稳定性进行了数值模拟[10]。但采用 ABAQUS 进行计算时，只能将降雨边界作为流量边界来处理，这在降雨强度小于土体饱和渗透系数时是合适的；但当降雨强度大于饱和渗透系数时，初始时刻降雨强度小于土壤入渗能力，坡面为流量边界条件，当降雨持续一段时间以后，降雨强度将大于土壤入渗能力，此时坡面将出现积水或径流，坡面变为水头边界条件[11,12]，ABAQUS 提供的降雨边界并不能反映这种降雨边界的动态变化过程。因此，章正在文献[13]中指出："ABAQUS 在模拟边坡降雨入渗问题时，对于从本质上反映降雨入渗过程与行为的降雨入渗边界条件还未有较为科学、全面的处理方法，所模拟的情况还很单一，即地表径流不会发生，降雨将全部入渗，水的入渗率保持不变的情况，回避了降雨入渗的复杂性。所以，目前 ABAQUS 在边坡降雨入渗模拟方面的应用有一定的局限性。"

为了克服 ABAQUS 在进行降雨入渗模拟方面的局限性，更加有效的利用 ABAQUS 软件进行降雨边坡的研究工作，本文采用 Python 语言对 ABAQUS 软件的降雨入渗边界进行二次开发，将降雨边界作为不定边界，采用迭代算法对降雨入渗边界进行处理，开发出基于 ABAQUS 软件的三维降雨入渗模块。该模块可以根据降雨强度与土壤入渗能力之间的关系,即时改变降雨边界条件,从而准确的反映降雨过程中降雨边界的动态变化过程,同时还可用以三维边坡的降雨入渗分析,使分析能够更加贴近实际情况。然后,通过与陈学东[14]的土柱降雨入渗试验成果进行比较,对本文二次开发的可行性进行了验证。在此基础上,采用开发的三维降雨入渗模块,对抗滑桩边坡的入渗规律进行了研究,该研究成果可以为多雨地区抗滑桩边坡的排水设施的布设提供依据,同时开发的边坡降雨入渗模块也可以为研究更加复杂的边坡系统的降雨入渗规律提供一条可行的途径。

1 降雨入渗边界的处理

人们通常根据降雨强度与土体饱和渗透系数及土体入渗能力之间的关系,将降雨入渗分为三种不同情况[15]:

情况 A:降雨强度小于土体饱和渗透系数($p < k_s$)。这种情况下雨水将全部入渗,不会出现径流。这种情况对应于图 1 中的 A 线。

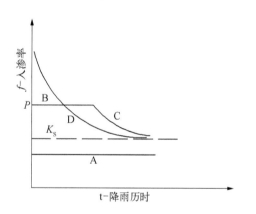

图 1 降雨条件下不同入渗情况

情况 B:降雨强度大于土体饱和渗透系数而小于土体入渗能力($k_s < p \leqslant f_p$)。在这个阶段,雨水将全部入渗,未出现径流。图 1 中 BC 线中的线 B 对应于该阶段。

情况 C:降雨强度大于土体饱和渗透系数且大于土体入渗能力($k_s < f_p \leqslant p$)。在这个阶段,由于降雨强度超出了土体入渗能力,所以将产生径流。图 1 中 BC 线中的线 C 对应于该阶段,其中线 D 则代表了土体入渗能力曲线。

从图 1 可以看出,降雨入渗的过程十分复杂,入渗边界条件是根据降雨强度与土体入渗能力的相对关系来确定的,而土体入渗能力又随着降雨时间而不断发生变化,因此入渗边界条件事先很难精确确定。

关于降雨入渗边界的处理很多学者都提出了各自的解决方法:高润德将入渗边界作为流量已知边界,直接将降雨强度作为边界入渗率[16];吴宏伟假定70%的入渗量作为土体的入渗率[17];李兆平根据降雨强度与饱和渗透系数的关系来确定入渗率[18],当降雨强度小于土体饱和渗透系数时,降雨全部入渗,入渗边界为流量已知边界,当地表的渗透系数等于土体的饱和渗透系数时,入渗边界转换为水头已知边界。朱伟[9]结合陈学东[14]的降雨入渗试验,指出实际入渗边界是在流量边界与水头边界间不断变化,在数值模拟时应以积水点的出现为判断标准,对降雨入渗边界进行转换。

为了更准确的模拟降雨入渗边界,本文将降雨入渗边界作为不定边界来处理:

(1)未出现径流时(对应于情况 A,B):

当坡面未出现径流时,降雨入渗边界可以作为流量边界来处理:

$$\left[k_{ij}^s k_r(h) \frac{\partial h}{\partial x_j} + k_{i3}^s k_r(h) \right] n_i \bigg|_\Gamma = p \qquad (1)$$

式中,k_{ij}^s 为饱和渗透系数张量;k_r 为相对渗透系数,在非饱和区可以通过非饱和土渗透曲线确定;x_j 为坐标;h 为压力水头;n_i 为坡面的外法线方向向量;p 为坡面上的降雨强度,以流入坡体为正。

此时降雨强度小于土体入渗能力,雨水将全部入渗,因此降雨边界上各点的压力水头应满足:

$$h \leqslant 0 \qquad (2)$$

(2)出现径流时(对应于情况 C):

当坡面出现径流时,可以将降雨边界条件作为水头边界处理,考虑到坡面倾斜,坡面上的积水能迅速流走,因此坡面压力水头可取为 0,即:

$$h = 0 \qquad (3)$$

此时降雨强度大于土体入渗能力,雨水未能全部入渗,因此降雨边界上的流量应满足:

$$\left[k_{ij}^{s}k_{r}(h)\frac{\partial h}{\partial x_{j}} + k_{i3}^{s}k_{r}(h)\right]n_{i}\Big|_{\Gamma} < p \quad (4)$$

从公式(1)～(4)可以看出,降雨入渗边界为不定边界,在每一个计算时步开始时无法精确确定,因此需要采用迭代算法对其进行求解。其中式(1)可以作为未出现径流时的定解条件,而式(2)则作为相应的校核条件;式(3)可以作为出现径流时的定解条件,而式(4)则作为相应的校核条件。

2 基于 ABAQUS 的降雨入渗模块的开发

从1节中给出的降雨入渗不定边界条件可以看出,定解条件式(1)可以通过 ABAQUS 软件提供的流量边界来实现;定解条件式(3)可以通过 ABAQUS 软件提供的水压边界来实现;校核条件式(2)可以根据水压计算结果进行直接判断。而只有校核条件式(4)不能进行直接判断,因此需要将该式转化为边界上的等效结点流量形式,以便在 ABAQUS 中编程实现。

饱和—非饱和渗流连续方程为[19]:

$$\left[c(h) + \beta S_{s} \right]\frac{\partial h}{\partial t} = \frac{\partial}{\partial x_{i}}\left[k_{ij}^{s}kr(h)\frac{\partial h}{\partial xj} + k_{i3}k_{r}(h)\right] \quad (5)$$

式中,β是一个为了区分饱和区与非饱和区而引入的一个变量,当处于饱和区时$\beta = 1$,当处于非饱和区时$\beta = 0$。$c(h) = \dfrac{\partial\theta}{\partial h}$为非饱和区的等效体积含水率,在饱和区该值为0。其他符号同前,在此不再赘述。

为了推导便利,将校核条件式(4)改写成如下形式:

$$\left[k_{ij}^{s}k_{r}(h)\frac{\partial h}{\partial x_{j}} + k_{i3}^{s}k_{r}(h)\right]n_{i}\Big|_{\Gamma} = q < p \quad (6)$$

式中 q 为坡面有径流时的实际入渗率,其值小于降雨强度。

下面以一个边界单元为例,推导该单元的等效结点流量;设单元的形函数为 $N_{m}(x_{i})$,则单元内任意一点的压力水头 h 可以表示成如下形式:

$$h = N_{m}(x_{i})h_{m}(t),\ i = 1,\ 2,\ 3 \quad (7)$$

式中,h_{m} 为单元结点的压力水头。

利用加权余量法来进行推导,将式(7)代入饱和-非饱和控制方程(5),可得其余量为:

$$R = \left[c(h) + \beta S_{s} \right]\frac{\partial(N_{m}h_{m})}{\partial t}$$
$$- \frac{\partial}{\partial x_{i}}\left[k_{ij}^{s}k_{r}(h)\frac{\partial(N_{m}h_{m})}{\partial x_{j}} + k_{i3}k_{r}(h)\right] \quad (8)$$

同理,将式(7)代入式(6)中,即可得到边界上的余量 $\overline{R}$:

$$\overline{R} = \left[k_{ij}^{s}k_{r}(h)\frac{\partial(N_{m}h_{m})}{\partial x_{j}} + k_{i3}^{s}k_{r}(h)\right]n_{i} - q\Big|_{\Gamma} \quad (9)$$

选取权函数 $W(x_{i})$ 等于试函数 $N_{n}(x_{i})$,然后将式(8)两端同乘以 $W(x_{i})$,并在整个单元区域进行积分可得:

$$\iiint\limits_{\Omega_{e}}W(x_{i})Rd\Omega$$
$$= \iiint\limits_{\Omega_{e}}N_{n}\left[c(h) + \beta S_{s} \right]\frac{\partial(N_{m}h_{m})}{\partial t}d\Omega$$
$$- \iiint\limits_{\Omega_{e}}N_{n}\frac{\partial}{\partial x_{i}}\left[k_{ij}^{s}kr(h)\frac{\partial(N_{m}h_{m})}{\partial x_{j}}\right]d\Omega$$
$$- \iiint\limits_{\Omega_{e}}N_{n}\frac{\partial}{\partial x_{i}}\left[k_{i3}k_{r}(h)\right]d\Omega \quad (10)$$

根据高斯定理,式(10)可进一步表示为:

$$\iiint\limits_{\Omega_{e}}W(x_{i})Rd\Omega$$
$$= \iiint\limits_{\Omega_{e}}N_{n}N_{m}\left[c(h) + \beta S_{s} \right]\frac{\partial h_{m}}{\partial t}d\Omega$$
$$+ \iiint\limits_{\Omega_{e}}\frac{\partial N_{n}}{\partial x_{i}}k_{ij}^{s}k_{r}(h)\frac{\partial N_{m}}{\partial x_{j}}h_{m}d\Omega$$
$$+ \iiint\limits_{\Omega_{e}}\frac{\partial N_{n}}{\partial x_{i}}k_{i3}k_{r}(h)d\Omega$$
$$- \iint\limits_{\Gamma}N_{n}\left[k_{ij}^{s}k_{r}(h)\frac{\partial(N_{m}h_{m})}{\partial x_{j}} + k_{i3}k_{r}(h)\right]n_{i}dS \quad (11)$$

选取权函数 $\overline{W}(x_{i})$ 等于 $N_{n}(x_{i})$,然后将式(9)两端同乘以 $\overline{W}(x_{i})$,并对单元边界区域进行积分可得:

$$\iint\limits_{\Gamma}\overline{W}(x_{i})\overline{R}dS$$
$$= \iint\limits_{\Gamma}N_{n}\left[k_{ij}^{s}k_{r}(h)\frac{\partial(N_{m}h_{m})}{\partial x_{j}} + k_{i3}k_{r}(h)\right]n_{i}dS$$
$$- \iint\limits_{\Gamma}qN_{n}dS \quad (12)$$

根据 Galerkin 加权余量法,可得:

$$\iiint\limits_{\Omega_e} \frac{\partial N_n}{\partial x_i} k_{ij}^s k_r(h) \frac{\partial N_m}{\partial x_j} h_m d\Omega$$

$$+ \iiint\limits_{\Omega_e} N_n N_m [c(h) + \beta S_s] \frac{\partial h_m}{\partial t} d\Omega$$

$$+ \iiint\limits_{\Omega_e} \frac{\partial N_n}{\partial x_i} k_{i3} k_r(h) d\Omega - \iint\limits_{\Gamma} q N_n dS = 0 \qquad (13)$$

则式(13)可进一步写为:

$$[K]\{h\} + [B]\left\{\frac{\partial h}{\partial t}\right\} + [F] = \iint\limits_{\Gamma} q N_n dS \qquad (14)$$

式中 $[K] = \iiint\limits_{\Omega_e} \frac{\partial N_n}{\partial x_i} k_{ij}^s kr(h) \frac{\partial N_m}{\partial x_j} d\Omega$, $[B] =$

$\iiint\limits_{\Omega_e} N_n N_m [c(h) + \beta S_s] d\Omega$, $[F] = \iiint\limits_{\Omega_e} \frac{\partial N_n}{\partial x_i} k_{i3} k_r(h) d\Omega$。

将式(14)两端对时间积分,并采用隐式差分,可得:

$$[K]^{t\Delta t}\{h\}^{t+\Delta t} \Delta t + [B]^{t+\Delta t}(h^{t+\Delta t} - h^t) + [F]^{t+\Delta t} \Delta t$$

$$= \iint\limits_{\Gamma} q N_n dS \qquad (15)$$

将式(6)与式(15)相结合,可得:

$$[K]^{t+\Delta t}\{h\}^{t+\Delta t} \Delta t + [B]^{t+\Delta t}(h^{t+\Delta t} - h^t) + [F]^{t+\Delta t} \Delta t$$

$$< \iint\limits_{\Gamma} p N_n dS \qquad (16)$$

式(16)的左边表示单元内部形成的等效结点流量,右边表示降雨强度 p 形成的等效结点流量,该式可通过每一时间步水压的计算结果编程进行判断。

为了后续描述方便,设:

$$Q = [K]^{t+\Delta t}\{h\}^{t+\Delta t} \Delta t + [B]^{t+\Delta t}(h^{t+\Delta t} - h^t)$$

$$+ [F]^{t+\Delta t} \Delta t - \iint\limits_{\Gamma} p N_n dS$$

则式(16)可进一步表示为:

$$Q < 0 \qquad (17)$$

以上公式推导是针对一个边界单元,如果某一边界结点对应于多个边界单元,则该结点的等效结点流量等于各边界单元在该点等效结点流量的叠加。

至此,1 节中提出的降雨入渗边界的定解条件及校核条件都可以在 ABAQUS 软件中实现。然后采用 Python 语言对 ABAQUS 软件进行二次开发(ABAQUS

中没有单独的孔压单元,因此在开发时选用位移-孔压耦合单元,然后通过约束所有的节点位移来模拟孔压单元[20]),其具体实施过程如下:

(1) 首先在初始时步,将降雨入渗边界作为流量已知边界(即降雨强度 p),对于其他时步,则以时步初的实际降雨入渗边界作为迭代的初始边界。然后采用 ABAQUS 进行计算,求得相应的渗流场分布。

(2) 对于降雨入渗边界为流量边界的单元,检查各单元入渗边界上结点的压力水头,若 $h > 0$,则将这些结点修改为水头边界条件,反之则无需修改;对于降雨入渗边界为水头边界的单元,检查各单元入渗边界上结点的等效结点流量,若 $Q > 0$(Q 以流出坡体为负,流入坡体为正),则将其修改为流量边界条件(即降雨强度 p),反之则无需修改。

(3) 根据第(2)步中的边界条件,再采用 ABAQUS 进行计算,求得渗流场的分布。重复第(2)步,直到前后两次计算的降雨入渗边界完全一致,则结束迭代,进行下一时间步的计算。

3 基于 ABAQUS 的降雨入渗模块的验证

陈学东[14]通过自行设计的室内人工降雨土柱试验,对降雨入渗量的变化过程进行了分析;该试验也被朱伟[21]采用,用于对非饱和土的降雨入渗规律进行研究。因此,本文选取该试验作为算例,利用 3 节中开发出的基于 ABAQUS 的降雨入渗模块对土柱在降雨条件下的渗流情况进行分析,然后与文献中的试验结果进行比较,从而对 2 节中二次开发的正确性进行验证。

3.1 计算模型及条件

试验土柱的直径为 15.2 cm,高为 20 cm,其有限元模型网格划分如图 2 所示;整个土柱的初始含水率为 11.65%。土柱的侧面为不透水边界,下表面为自由出渗边界,上表面为降雨入渗边界,施加的降雨强度为 0.82 mm/min,持续 240 min。

3.2 土体水力学特性

非饱和土入渗分析中有两个重要的水力特性,分别是表示

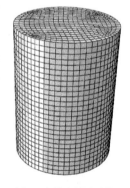

图 2　土柱有限元网格

含水率与吸力关系的土-水特征曲线(SWCC)和表示渗透系数与吸力关系的水力传导方程(HFC)。本文根据文献[14]选用 van Genuchten 模型(VG)来描述非饱和土的这两个水力特性。

van Genuchten 关于土-水特征曲线的函数表达式为

$$\theta(h)=\begin{cases}\theta_r+\dfrac{\theta_s-\theta_r}{[1+(\alpha\mid h\mid)^n]^m}, & h<0\\\theta_s, & h\geqslant 0\end{cases} \quad (18)$$

式中：θ 为体积含水率(%)；h 为压力水头(m)($\mid h\mid$ 为 h 的绝对值)；θ_s 为饱和含水率(%)；θ_r 为残余含水率(%)；α 和 n 为曲线形状参数，且 $n>1$，α 的单位是(m^{-1})；$m=1-1/n$。

相应的水力传导方程的函数表达式为

$$K(h)=\begin{cases}K_s\dfrac{\{1-(\alpha\mid h\mid)^{n-1}[1+(\alpha\mid h\mid)^n]^{-m}\}^2}{[1+(\alpha\mid h\mid)^n]^{m/2}}, & h<0\\K_s, & h\geqslant 0\end{cases}$$
$$(19)$$

式中，K 为渗透系数(m/s)；K_s 为饱和渗透系数(m/s)。

模型参数按文献[14]选取，具体见表1。

表 1 土体材料参数

VG 模型参数				
θ_r	θ_s	$\alpha(1/m)$	n	$k_s(cm/s)$
0.012	0.438	0.35	1.38	1.51×10^{-4}

3.3 计算结果与试验结果的比较

图3给出了入渗率随降雨时间的变化图,其中点值为试验得到的土柱入渗率,而线值为采用开发的降雨入渗模块计算得到的土柱上表面的入渗率。根据计算结果可以看出,当降雨强度大于土柱饱和渗透系数时,在入渗初期,土柱的入渗能力大于降雨强度,实际的入渗率为降雨强度。随着雨水入渗到土柱内,土柱的入渗能力下降,在积水点以后土柱的入渗能力开始小于降雨强度,部分雨水形成地表径流。当整个土柱含水率达到饱和时,入渗率即为土柱的饱和渗透系数。这与试验得到的土柱降雨入渗规律是完全一致的,两者仅在数值上有一些差异,计算积水点的出现要早于试验结果,而计算饱和点的出现要晚于试验结果,但总体来看,计算结果与试验结果基本上是吻合的,能够完整的反映整个降雨入渗过程。因此,本文基于ABAQUS的降雨入渗模块的开发是可行的,可以进行降雨入渗的分析。

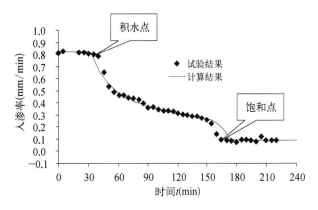

图 3 入渗率随降雨时间变化图

如果直接采用 ABAQUS 中提供的降雨边界进行土柱入渗模拟,由于 ABAQUS 将降雨边界作为流量边界,因此在施加恒定的降雨强度 0.82 mm/min 后,不论降雨持续多久,土柱上表面的入渗率均为 0.82 mm/min,但从试验结果可以看出,土柱的入渗率是随降雨时间不断变化的,并不是一个恒定值。由此可以看出,本文开发的降雨入渗模块进一步拓宽了 ABAQUS 的应用范围,可以更好的模拟实际降雨入渗情况。

4 抗滑桩边坡的降雨入渗分析

抗滑桩是滑坡灾害治理中应用较多的一种加固技术,本节选取一抗滑桩土坡为例,采用开发的降雨入渗模块对抗滑桩边坡在降雨条件下的入渗规律进行研究。

4.1 计算模型

抗滑桩边坡模型如图4所示,边坡坡度为1∶1.5,坡高为10 m,地基深度为10 m;抗滑桩距坡脚的水平距离为7.5 m,方桩的边长为1 m,桩长为10 m,桩间距 $S=2$ m。由于抗滑桩的存在,不能简化为平面应变问题,这里利用对称性,建立单桩取半(计算模型宽度为0.5S,桩取半桩)的有限元计算模型进行三维数值计算[22],有限元网格如图5所示。

初始地下水位水平且与坡脚等高,初始时刻地表的相对饱和度 $S_e=0.720$,并随着坡高线性变化

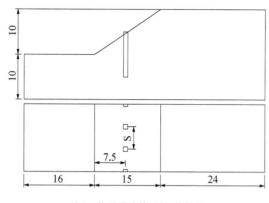

图 4 抗滑桩边坡正视、俯视图

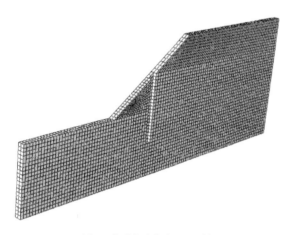

图 5 抗滑桩边坡有限元网格

到地下水位处。边坡左端为静水压边界,边坡的坡面与坡顶为降雨边界,施加的降雨强度为 10 mm/h,持续 10 h。土体参数按文献[3]中的 USS 选取,具体见表 2。

表 2 边坡土体材料参数

VG 模型参数				
θ_r	θ_s	$\alpha(1/m)$	n	$k_s(cm/s)$
0.049	0.304	7.087	1.810	18.292×10^{-4}

4.2 抗滑桩边坡孔隙水压力变化过程

图 6 为降雨各时段抗滑桩边坡内孔隙水压力分布图,为了准确的区分饱和区与非饱和区,将非饱和区显示为黑色,饱和区与非饱和区的交界处即为浸润线。由图可以看出,随着降雨时间增长,浸润线逐渐升高,坡体内的饱和区不断扩大,非饱和区不断减小;根据水压数值可以看出,随着雨水不断入渗进入坡体,饱和区的水压不断增加,非饱和区的基质吸力不断减小。

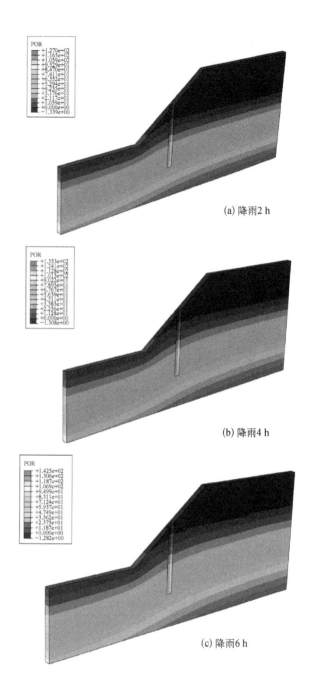

(a) 降雨2 h

(b) 降雨4 h

(c) 降雨6 h

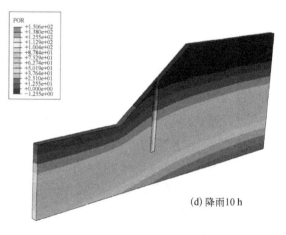

(d) 降雨10 h

图 6 孔隙水压力分布图(KPa)

4.3 抗滑桩对渗流场的影响分析

为了分析抗滑桩的布设对边坡渗流场的影响,在相同的计算条件下再对未布设抗滑桩的边坡进行降雨入渗分析,然后将两者的计算结果进行比较。

图7中的左图为抗滑桩边坡在降雨10 h后的孔隙水压力分布,右图为相同尺寸的不含抗滑桩的边坡在降雨10 h后的孔隙水压力分布;通过图7可以看出,由于抗滑桩的存在,减小了排水有效断面,从坡体后缘汇集而来的地下水得不到及时排泄,在相同的降雨时间后,其边坡后缘的浸润线升高幅度要大于不含抗滑桩的边坡。

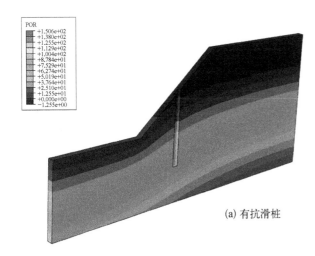

(a) 有抗滑桩

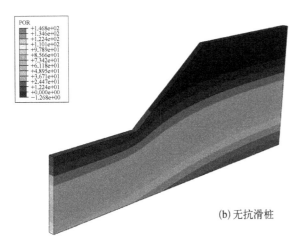

(b) 无抗滑桩

图7 持续降雨10 h后孔隙水压力比较图(Kpa)

图8中上方的图表示降雨10 h后距基底6 m处的横断面上抗滑桩附近的流速矢量图,下方为相同位置处不含抗滑桩的边坡的流速矢量图。通过图8可以看出,由于抗滑桩相对于土体而言,渗透系数极小,相当

于形成了一个隔水层,在抗滑桩附近渗透的雨水将绕过抗滑桩而在土体中流动。

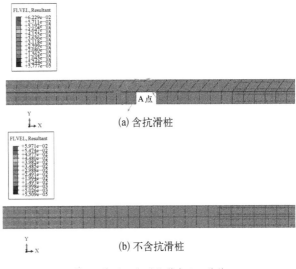

(a) 含抗滑桩

(b) 不含抗滑桩

图8 降雨10 h后距基底6 m处的
横断面上的流速矢量比较图

选取图8中抗滑桩侧边的中点A作为特征点,并将该点的水压及流速与未布设抗滑桩的边坡相同位置的水压及流速进行比较,比较结果见表3。

表3 降雨各时段特征点水压及流速比较表

	2 h		6 h		10 h	
	流速	水压/Kpa	流速	水压/Kpa	流速	水压/Kpa
有桩	0.014	58.602	0.021	64.596	0.025	67.809
无桩	0.008	57.840	0.011	62.955	0.013	65.386

从表3可以看出,在降雨的各个时段,抗滑桩附近的流速与水压均要大于无桩边坡在相同位置处的流速与水压,这主要是因为抗滑桩的存在减小了排水有效断面,从而造成流速增加,同时使从坡体后缘汇集而来的地下水得不到及时排泄,进一步抬高了地下水位,从而使水压也进一步增加。

5 结论

(1) 采用 Python 语言对 ABAQUS 软件的降雨入渗边界进行二次开发,将降雨边界作为不定边界,采用迭代算法对降雨入渗边界进行处理,开发出基于 ABAQUS 软件的降雨入渗模块。该模块克服了 ABAQUS 软件中只能模拟降雨全部入渗,水的入渗率保持不变的单一情况,可以根据降雨强度与土壤入渗能力之间的关系,即时改变降雨边界条件,从而准确的反映降雨过程中降雨边界的动态变化过程,完善了ABAQUS软件的降雨入渗分析功能。

(2)通过对陈学东土柱入渗试验进行数值模拟可以看出,开发出的降雨入渗模块可以完整的模拟当降雨强度大于土体饱和渗透系数时的整个降雨入渗过程,且与试验结果基本上是吻合的;说明开发出的降雨入渗模块是稳定可靠的,可以用于边坡降雨入渗的分析。

(3)对抗滑桩边坡的降雨入渗过程进行数值模拟可以看出,抗滑桩作为一种边坡加固技术,虽然可以有效的提高边坡的安全性,但是,在降雨条件下,抗滑桩的存在减小了排水有效断面,使坡体后缘汇集而来的地下水得不到及时排泄,从而造成桩体附近的流速及水压要高于未施设抗滑桩的边坡,这对于边坡稳定性又会产生不利影响。因此在多雨地区进行抗滑桩设计应充分考虑降雨所带来的不利影响,综合评价抗滑桩的加固效果。

(4)降雨入渗模块是基于ABAQUS软件进行的二次开发,便于利用ABAQUS软件所提供的各类功能完成更加复杂的研究工作;因此,可以为以后进行与降雨相关的更复杂问题的研究提供一个良好的研究平台。

本文的重点是开发基于ABAQUS的降雨入渗模块,同时限于文章篇幅,因而对降雨条件下抗滑桩边坡的渗流场特性只是做了初步研究,下一步将对不同桩间距、不同桩长及不同桩位对边坡渗流场特性的影响进行深入研究,并进一步对其稳定性进行研究。

参考文献

[1] Dai F C, Lee C F, Ngai Y Y. Landslide risk assessment and management-an overview [J]. Engineering Geology, 2002,64 (1): 65 - 87.

[2] 戚国庆,黄润秋,速宝玉,等.岩质边坡降雨入渗过程的数值模拟[J].岩石力学与工程学报,2003,22(4): 625 - 629.

[3] Cai F, Ugai K. Numerical analysis of rainfall effects on slope stability [J]. International Journal of Geomechanics,

2004, 4(2): 69 - 78.

[4] 吴长富,朱向荣,尹小涛,等.强降雨条件下土质边坡瞬态稳定性分析[J].岩土力学,2008,29(2): 386 - 391.

[5] 付宏渊,曾铃,王桂尧,等.降雨入渗条件下软岩边坡稳定性分析[J].岩土力学,2012,33(8): 2359 - 2365.

[6] 唐栋,李典庆,周创兵,等.考虑前期降雨过程的边坡稳定性分析[J].岩土力学,2013,34(11): 3239 - 3248.

[7] Griffiths D V, Marquez R M. Three-dimensional slope stability analysis by elasto-plastic finite elements[J]. Geotechnique, 2007, 57(6): 537 - 546.

[8] Wei W B, Cheng Y M, Li L. Three-dimensional slope failure analysis by the strength reduction and limit equilibrium methods[J]. Computers and Geotechnics, 2009, 36: 70 - 80.

[9] 徐晗,朱以文,蔡元奇,等.降雨入渗条件下非饱和土边坡稳定分析[J].岩土力学,2005,26(12): 1957 - 1962.

[10] 崔亮,崔可锐.基于ABAQUS对降雨条件下非饱和土坡稳定性的研究[J].合肥工业大学学报,2012, 35(11): 1560 - 1564.

[11] 朱伟,程南军,陈学东,等.浅谈非饱和渗流的几个基本问题[J].岩土工程学报,2006,28(2): 235 - 240.

[12] Santoso A M, Phoon K K, Quek S T. Effects of soil spatial variability on rainfall-induced landslides [J]. Computers and Structures, 2011, 89: 893 - 900.

[13] 章正,张本卓.应用ABAQUS模拟边坡降雨入渗的评价性分析[J].中国科技信息,2012,9: 80.

[14] 陈学东.浅层非饱和带降雨入渗规律的试验与数值研究[D].南京:河海大学,2005.

[15] Mein R G, Larson C L. Modeling infiltration during a steady rain [J]. Water Resources Research, 1973, 9(2): 384 - 394.

[16] 高润德,彭良泉,王钊.雨水入渗作用下非饱和土边坡的稳定性分析[J].人民长江,2001,32(11): 25 - 27.

[17] 吴宏伟,陈守义,庞宇威.雨水入渗对非饱和土坡稳定性影响的参数研究[J].岩土力学,1999,20(1): 1 - 14.

[18] 李兆平,张弥.考虑降雨入渗影响的非饱和土边坡瞬态安全系数研究[J].土木工程学报,2001,34 (5): 57 - 61.

[19] Gu C S, Wu H Z, Su H Z. Research on stability of the accumulated rock-soil body of reservoir bank under rainfall condition [J]. Science in China Series E:

Technological Sciences, 2009, 52(9): 2528 - 2535.

[20] 费康, 张建伟. ABAQUS 在岩土工程中的应用[M]. 北京: 中国水利水电出版社, 2010.

[21] 朱伟, 陈学东, 钟小春. 降雨入渗规律的实测与分析[J]. 岩土力学, 2006, 27(11): 1873 - 1879.

[22] 年廷凯, 徐海洋, 刘红帅. 抗滑桩加固边坡三维数值分析中的几个问题[J]. 岩土力学, 2012, 33 (8): 2521 - 2535.

本文发表于《岩土工程学报》2015 年第 4 期

Biot 动力固结方程简化模型在桩水平动力响应中适用性研究

余　俊[1],尚守平[2],黄　娟[1],阳军生[1]

(1. 中南大学土木工程学院,湖南 长沙 410075;2. 湖南大学土木工程学院,湖南 长沙 410082)

摘要:分析不同 Biot 动力固结方程简化模型在桩水平振动中的适用性。引入势函数进行解耦,推导了忽略土体及水体竖向连续的土层水平振动响应解析,结合以前研究,讨论了单相土模型、等效单相土模型与不同渗透系数条件下忽略流体惯性项忽略竖向连续模型、考虑流体惯性项忽略竖向连续模型以及考虑流体惯性项考虑竖向连续模型的桩头阻抗频响规律,指出 Biot 动力固结方程可进行简化的条件。

关键词: Biot 动力固结;饱和土;简化模型;水平振动;适用性

0　引言

桩土相互作用理论被广泛应用于动力基础设计、建筑桥梁等结构的抗震分析中,过去几十年广大学者进行了深入的研究。Novak 和 Nogami 利用弹性半空间理论中的连续介质力学模型把土体视为连续、均匀、各向同性的弹性或黏弹性体,较系统的研究了单相土介质中桩的振动问题,并提出了简化的平面应变模型[1-3]。Gazetas 基于平面应变模型和分象限假定分析了单桩水平振动阻抗,并在随后的研究中推向群桩基础[4]。这些研究均是基于单相土介质的。实际上,土是由多相介质构成的。饱和土是工程中常见的土,由土骨架和孔隙之间的水构成,其动力特性比单相土复杂得多。当饱和土体孔隙流体不能渗流时,可用单相介质来描述[5],此时由波速决定的等效单相土的泊松比趋于 0.5[6]。

Biot 建立了饱和多孔介质波的传播理论,成为以后相关研究的基础[7-9]。Zeng 采用虚拟桩法,通过边界积分方程分析了桩在饱和土中的动力荷载传递问题,得到第二类 Fredholm 积分方程形式表示的半空间中桩振动解[10]。张玉红等用积分变换及刚度矩阵法分析了层状饱和土中三维非轴对称稳态响应[11]。周香莲等采用 Hankel 变换及数值逆变换得到饱和土的基本解,利用桩土之间的变形协调条件和叠加原理得到饱和土中群桩的第 2 类 Fredholm 积分方程,采用动

力相互作用因子的方法计算群桩在水平荷载作用下的动力阻抗[12]。陆建飞用积分方程方法研究了半空间饱和土中单桩受水平简谐载荷时的动力响应[13]。

Zienkiewicz 在 Biot 理论基础上,根据不同的简化假设,按基本未知量的不同,将运动方程改写为 $u-U-p$, $u-U$, $u-p$, $u-w$ 等形式,并指出除高频振动的情况外,可以将流体相对于土骨架运动的惯性力忽略不计[14]。在黏土中,这种假定的合理的,但在砂土中,由于渗透系数较大以及砂土粘聚力很小,即使振动频率不是很高,流体惯性项也不可忽略[6]。现有的研究基本上基于 Zienkiewicz 的几种假定所建立的模型,即忽略流体惯性项忽略竖向连续模型、考虑流体惯性项忽略竖向连续模型以及考虑流体惯性项考虑竖向连续模型。但现有的研究并未完整或明确的给出可以简化的量化条件。

已有的研究均表明[15-16],渗透系数对 Biot 动力固结的影响是至关重要的。本文作者曾给出了忽略流体惯性项忽略竖向连续模型[15]、考虑流体惯性项考虑竖向连续模型[16]的解析解,在这里给出考虑流体惯性项忽略竖向连续模型的土层振动解,结合以前的研究,讨论桩土相互作用体系中不同的简化假定的适用性,并给出可简化的渗透系数条件。

1　饱和土层水平振动基本方程

忽略土体及土中流体的竖向振动,在非轴对称情

况下柱坐标系下的土骨架运动方程为:

$$G\nabla^2 u_r + (\lambda+G)\frac{\partial e}{\partial r} - \frac{G}{r^2}\left(2\frac{\partial u_\theta}{\partial\theta}+u_r\right)-$$

$$\alpha\frac{\partial p_f}{\partial r} = \rho\ddot{u}_r + \rho_f\ddot{w}_r \tag{1}$$

$$G\nabla^2 u_\theta + (\lambda+G)\frac{1}{r}\frac{\partial e}{\partial\theta} - \frac{G}{r^2}\left(u_\theta-2\frac{\partial u_r}{\partial\theta}\right)-$$

$$\alpha\frac{1}{r}\frac{\partial p_f}{\partial\theta} = \rho\ddot{u}_\theta + \rho_f\ddot{w}_\theta \tag{2}$$

流体的运动方程为:

$$-\frac{\partial p_f}{\partial r} = \frac{1}{k'_d}\dot{w}_r + \rho_f\ddot{u}_r + \frac{\rho_f}{n}\ddot{w}_r \tag{3}$$

$$-\frac{1}{r}\frac{\partial p_f}{\partial\theta} = \frac{1}{k'_d}\dot{w}_\theta + \rho_f\ddot{u}_\theta + \frac{\rho_f}{n}\ddot{w}_\theta \tag{4}$$

土体的渗流连续方程为:

$$M\left(\frac{\partial\dot{w}_r}{\partial r}+\frac{\dot{w}_r}{r}+\frac{1}{r}\frac{\partial\dot{w}_\theta}{\partial\theta}\right)+$$

$$\alpha M\left(\frac{\partial\dot{u}_r}{\partial r}+\frac{\dot{u}_r}{r}+\frac{1}{r}\frac{\partial\dot{u}_\theta}{\partial\theta}\right)=-\dot{p}_f \tag{5}$$

式中,u_r,u_θ 为土骨架径向和切向位移;w_r,w_θ 为流体相对土骨架的径向和切向位移;ρ,ρ_s,ρ_f 分别为两相介质、土骨架和流体的质量密度,且有 $\rho=(1-n)\rho_s+n\rho_f$,n 为土体的孔隙率;λ,G 为 Lame 常数;p_f 为超静孔隙水压力;k'_d 为土的动力渗透系数,$k'_d=k_d/(\rho_f g)$,g 为重力加速度;e 为土骨架的体积应变;$\nabla^2=\partial^2/\partial r^2+\partial/r\partial r+\partial^2/r^2\partial\theta^2$ 为 Laplace 算子。$1/M=(\alpha-n)/K_s+n/K_f$,$\alpha=1-K_b/K_s$,K_s,K_f,K_b 分别为土颗粒、流体及土骨架的体积模量。

2 方程求解

当单桩做水平简谐振动时,其侧面土体将发生水平振动。假设桩身沿 $\theta=0$ 方向产生水平位移为 $u_1 e^{i\omega t}$,土层在圆孔壁处的边界条件为:

$$u_r(r_0,\theta,t) = u_1 e^{i\omega t}\cos\theta \tag{6}$$

$$u_\theta(r_0,\theta,t) = -u_1 e^{i\omega t}\sin\theta \tag{7}$$

分别对土骨架与流体引入势函数:

$$u_r=\frac{\partial\varphi_1}{\partial r}+\frac{1}{r}\frac{\partial\phi_1}{\partial\theta},\quad u_\theta=\frac{1}{r}\frac{\partial\varphi_1}{\partial\theta}-\frac{\partial\phi_1}{\partial r}$$

$$w_r=\frac{\partial\varphi_2}{\partial r}+\frac{1}{r}\frac{\partial\phi_2}{\partial\theta},\quad w_\theta=\frac{1}{r}\frac{\partial\varphi_2}{\partial\theta}-\frac{\partial\phi_2}{\partial r}$$

式中,φ_1,ϕ_1,φ_2,ϕ_2 分别为土骨架及流体位移势函数,可知 $e=\nabla^2\varphi_1$。将势函数代入方程(1)~(5),并写成矩阵形式,可以得到:

$$\begin{bmatrix} (\lambda+2G+\alpha^2 M)\nabla^2+\rho\omega^2 & \alpha M\nabla^2+\rho_f\omega^2 \\ \alpha M\nabla^2+\rho_f\omega^2 & M\nabla^2+\dfrac{\rho_f}{n}\omega^2-\dfrac{i\omega}{k'_d} \end{bmatrix}$$

$$\begin{bmatrix}\varphi_1 \\ \varphi_2\end{bmatrix}=\begin{bmatrix}0 \\ 0\end{bmatrix} \tag{8}$$

$$\begin{bmatrix} G\nabla^2+\rho\omega^2 & \rho_f\omega^2 \\ \rho_f\omega^2 & \dfrac{\rho_f}{n}\omega^2-\dfrac{i\omega}{k'_d} \end{bmatrix}\begin{bmatrix}\phi_1 \\ \phi_2\end{bmatrix}=\begin{bmatrix}0 \\ 0\end{bmatrix} \tag{9}$$

要使微分算子方程有非零解,必须使微分算子行列式为零,可得:

$$(\nabla^4-d_1\nabla^2+d_2)\varphi_{1,2}=0 \tag{10}$$

$$(\nabla^2-\beta_3^2)\phi_{1,2}=0 \tag{11}$$

式中:

$$d_1=\left[2\alpha M\rho_f\omega^2-(\lambda+2G+\alpha^2 M)\times\right.$$

$$\left.\left(\frac{\rho_f}{n}\omega^2-\frac{i\omega}{k'_d}\right)-\rho\omega^2 M\right]/(\lambda+2G)M \tag{12}$$

$$d_2=\frac{\rho\omega^2\left(\dfrac{\rho_f}{n}\omega^2-\dfrac{i\omega}{k'_d}\right)-\rho_f^2\omega^4}{(\lambda+2G)M} \tag{13}$$

$$\beta_3^2=-\frac{\rho\omega^2}{G}+\frac{\rho_f^2\omega^4}{G\left(\dfrac{\rho_f}{n}\omega^2-\dfrac{i\omega}{k'_d}\right)} \tag{14}$$

对于(10)式,可化为:

$$(\nabla^2-\beta_1^2)(\nabla^2-\beta_2^2)\varphi_{1,2}=0 \tag{15}$$

式中:

$$\beta_{1,2}^2=\frac{d_1\pm\sqrt{d_1^2-4d_2}}{2} \tag{16}$$

由算子分解理论,并结合在无限远处,位移衰减为

零,有:

$$\varphi_1 = [A_1 K_1(\beta_1 r) + A_2 K_1(\beta_2 r)]\cos\theta e^{i\omega t} \quad (17)$$

$$\varphi_2 = [A_4 K_1(\beta_1 r) + A_5 K_1(\beta_2 r)]\cos\theta e^{i\omega t} \quad (18)$$

$$\phi_1 = A_3 K_1(\beta_3 r)\sin\theta e^{i\omega t} \quad (19)$$

$$\phi_2 = A_6 K_1(\beta_3 r)\sin\theta e^{i\omega t} \quad (20)$$

式中:$K_1(\beta_1 r)$,$K_1(\beta_2 r)$,$K_1(\beta_3 r)$ 分别为变型 Bessel 函数。

由于 ϕ_1 与 ϕ_2,φ_1 与 φ_2 的相关性,将方程解 (17)~(20)代入(8)、(9)中,可有:

$$A_4 = \alpha_1 A_1,\ A_5 = \alpha_2 A_2,\ A_6 = \alpha_3 A_3 \quad (21)$$

式中:

$$\alpha_1 = -\frac{(\lambda+2G)\beta_1^2+(\rho-\alpha\rho_f)\omega^2}{\dfrac{i\omega}{k_d'}+\rho_f\omega^2\left(1-\dfrac{\alpha}{n}\right)} \quad (22)$$

$$\alpha_2 = -\frac{(\lambda+2G)\beta_2^2+(\rho-\alpha\rho_f)\omega^2}{\dfrac{i\omega}{k_d'}+\rho_f\omega^2\left(1-\dfrac{\alpha}{n}\right)} \quad (23)$$

$$\alpha_3 = -\frac{\rho_f\omega^2}{\dfrac{i\omega}{k_d'}-\dfrac{\rho_f}{n}\omega^2} \quad (24)$$

故有:

$$u_r = \Big\{A_1[K_1(\beta_1 r)]' + A_2[K_1(\beta_2 r)]' + \frac{1}{r}A_3 K_1(\beta_3 r)\Big\}\cos\theta e^{i\omega t} \quad (25)$$

$$w_r = \Big\{\alpha_1 A_1[K_1(\beta_1 r)]' + \alpha_2 A_2[K_1(\beta_2 r)]' + \frac{1}{r}\alpha_3 A_3 K_1(\beta_3 r)\Big\}\cos\theta e^{i\omega t} \quad (26)$$

$$u_\theta = \Big\{-\frac{1}{r}A_1 K_1(\beta_1 r) - \frac{1}{r}A_2 K_1(\beta_2 r) - A_3[K_1(\beta_3 r)]'\Big\}\sin\theta e^{i\omega t} \quad (27)$$

$$w_\theta = \Big\{-\frac{1}{r}\alpha_1 A_1 K_1(\beta_1 r) - \frac{1}{r}\alpha_2 A_2 K_1(\beta_2 r) - \alpha_3 A_3[K_1(\beta_3 r)]'\Big\}\sin\theta e^{i\omega t} \quad (28)$$

式中,$[K_1(\beta_1 r)]'$、$[K_2(\beta_2 r)]'$、$[K_3(\beta_3 r)]'$ 分别表示括号中表达式对 r 取一次导数。

由式(6)、(7)并联系到桩土接触面不透水,即 $w_r\big|_{r=r_0} = 0$,可以得到 A_1,A_2,A_3 关于 u_1 的表达式。

可有薄层圆孔处土层厚度的水平向合力 q_n:

$$q_n = -\pi r_0 e^{i\omega t} \times \big[(\lambda+2G+\alpha M+\alpha_1 M)\times \\ A_1\beta_1^2 K_1(\beta_1 r_0) + (\lambda+2G+\alpha M+\alpha_2 M)\times \\ A_2\beta_2^2 K_1(\beta_2 r_0) + GA_3\beta_3^2 K_1(\beta_3 r_0)\big] \quad (29)$$

令:

$$q_n = G(C_{11}+iC_{12})u_1 e^{i\omega t} \quad (30)$$

可有:

$$C_{11} = \mathrm{Re}(q_n/e^{i\omega t})/(Gu_1) \quad (31)$$

$$C_{12} = \mathrm{Im}(q_n/e^{i\omega t})/(Gu_1) \quad (32)$$

C_{11} 为水平刚度系数,C_{12} 为水平阻尼系数。桩的水平振动响应分析及桩头阻抗可以参照文献[15],在这里不再赘述。

3 不同简化模式参数分析对比

从以前的研究可知,渗透系数对 Biot 不同简化模式的影响最大。这里讨论 Novak 单相解[2-3]、Novak 等效单相解[2-3]与渗透系数分别为 1×10^{-3} m/s、1×10^{-5} m/s、1×10^{-6} m/s、1×10^{-7} m/s、1×10^{-10} m/s 时忽略流体惯性项忽略竖向连续解、考虑流体惯性项忽略竖向连续解、考虑流体惯性项考虑竖向连续解五种不同简化模式下桩头阻抗的频域变化规律,探讨不同简化模式的适用范围。由于水平阻抗、摇摆阻抗以及摇摆-水平阻抗的变化规律基本一致,这里仅讨论水平阻抗刚度因子 f_{h1}、阻尼刚度因子 f_{h2} 的规律。由于 Novak 单相解、Novak 等效单相解结果与渗透系数的无关,讨论中以这两种解为参照。分析时饱和土的参数按以下取值:$K_s = 36$ GPa, $K_f = 2$ GPa,泊松比 $\nu = 0.3$,$G = 20$ MPa,$\rho_f = 1\,000$ kg/m^3,$\rho_s = 1\,000$ kg/m^3,$r_0 = 1$ m,$L = 20$ m,$n = 0.375$。单相土的密度 ρ 按饱和土密度取为 $2\,030$ kg/m^3,其余所用参数参照饱和土参数。等效单相土泊松比取为 $0.499\,9$,其余参数同单相土参数。

从图 1 可以看出,渗透系数较大时,流体的惯性项

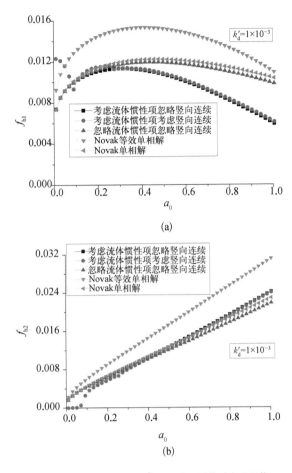

图 1 渗透系数为 1×10^{-3} m/s 时不同模型水平阻抗

对阻抗刚度因子影响较大,当频率稍高时,忽略流体惯性项忽略竖向连续解会过高估计桩头阻抗刚度,当频率越高,这种简化差异也越大;在考虑流体惯性项时,忽略和考虑竖向连续主要差异体现在低频段,忽略竖向连续将会低估低频段的刚度阻抗和高估低频段的阻尼阻抗,在高频段,两者差异基本可以忽略,这和单相土中 Novak 的研究结果基本一致;当不考虑流体惯性项时,忽略流体惯性项忽略竖向连续解与 Novak 单相土解基本一致,这主要是由于渗透系数较大时且不考虑流体惯性项的影响,桩头阻抗主要体现在土骨架的影响,此时的解误差较大;Novak 等效单相土解与其他解相差较大,已经不能适用;水平阻尼刚度除 Novak 等效单相土解外,其他解相差不大,只是忽略了竖向连续会高估低频段的阻尼刚度,在高频时,基本上可以相互替代。从图 1 还可以看出,渗透系数较大的土如砂土中桩头阻抗随着振动频率的增大而急剧减小,这说明,在进行砂土等渗透系数较大的土体中桩基振动问题分析或砂土液化分析时,不能忽略流体的惯性项。

如图 2 所示,随着渗透系数的减小,桩头阻抗刚度有往介于 Novak 单相解、Novak 等效单相解之间的区域移动的趋势;其余变化规律与渗透系数为 1×10^{-3} m/s 基本类似,只是忽略竖向连续与考虑竖向连续时出现差异的低频区域略有增大。

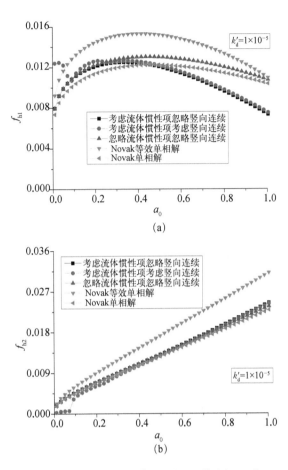

图 2 渗透系数为 1×10^{-5} m/s 时不同模型水平阻抗

从图 3 可以看出,随着渗透系数的进一步减小至 1×10^{-6} m/s 时,桩头阻抗刚度已经介于 Novak 单相解、Novak 等效单相解之间,基于 Biot 动力固结方程的三种简化模式的解在高频段已经基本重合,忽略流体惯性项忽略竖向连续解和考虑流体惯性项忽略竖向连续解均低估低频段的刚度阻抗和高估低频段的阻尼阻抗。

从图 4、图 5 可以看出,随着渗透系数的进一步减小至小于 1×10^{-7} m/s 时,基于 Biot 动力固结方程的三种简化模式的解除低频段外,基本上与 Novak 等效单相解重合,忽略流体惯性项忽略竖向连续解、考虑流体惯性项忽略竖向连续解以及 Novak 等效单相解均低估低频段的刚度阻抗和高估低频段的阻尼阻抗;以上

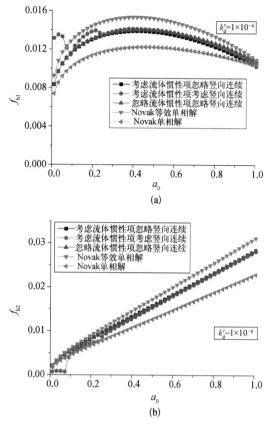

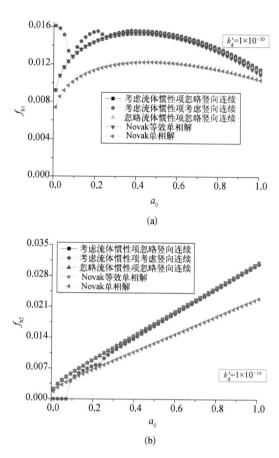

图3　渗透系数为 $1×10^{-6}$ m/s 时不同模型水平阻抗

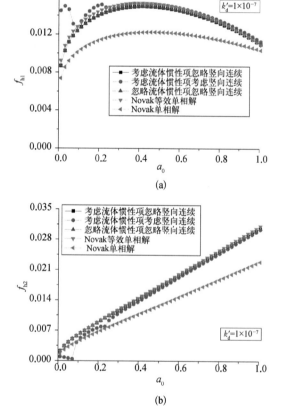

图4　渗透系数为 $1×10^{-7}$ m/s 时不同模型水平阻抗

图5　渗透系数为 $1×10^{-10}$ m/s 时不同模型水平阻抗

四组解与 Novak 单相解已经相差较大,不能用单纯的单相解来替代两相饱和解。

4　结论

（1）忽略流体惯性项忽略竖向连续解、考虑流体惯性项忽略竖向连续解均低估低频段的刚度阻抗和高估低频段的阻尼阻抗,当频率较高时,可用考虑流体惯性项忽略竖向连续解来替代考虑流体惯性项考虑竖向连续解。

（2）当渗透系数小于 $1×10^{-6}$ m/s 时,除低频段需修正外,可用忽略流体惯性项忽略竖向连续解来进行简化;当渗透系数小于 $1×10^{-7}$ m/s 时,可进一步用 Novak 等效单相解来进行简化分析。

（3）当渗透系数大于 $1×10^{-5}$ m/s 时,必须考虑流体惯性项的影响,特别是进行砂土液化分析时,不能进行简化。

参考文献

[1] NOVAK M, ABOUL E F. Dynamic stiffness and

damping of piles [J]. Canadian Geotechnical Journal, 1974, 11(4): 574-598.

[2] NOGAMI T, NOVAK M. Resistance of soil to a horizontally vibrating pile [J]. Earthquake Engineering and Structure Dynamic, 1977, 5(2): 249-261.

[3] NOVAK M, NOGAMI T. Soil-Pile interaction in Horizontal Vibration [J]. Earthquake Engineering and Structure Dynamic, 1977, 5(2): 263-281.

[4] GAZETAS G, DOBRY R. Horizontal response of piles in layered soils [J]. Journal of Geotechnical Engineering, ASCE, 1984, 110(1): 20-40.

[5] 陈少林,廖振鹏. 两相介质动力学问题的研究进展[J]. 地震工程与工程振动,2002,22(2): 1-8.

[6] 余俊,尚守平,李忠,等. 饱和土中桩水平振动引起土层复阻抗分析研究[J]. 岩土力学,2009,30(12): 3858-3864.

[7] BIOT M A. The theory of propagation of elastic waves in a fluid-saturated porous solid: I. Low-frequency range [J]. The Journal of the Acoustical Society of America, 1956, 28(2): 168-178.

[8] BIOT M A. The theory of propagation of elastic waves in a fluid-saturated porous solid: II. Higher-frequency range [J]. The Journal of the Acoustical Society of America, 1956, 28(2): 179-191.

[9] BIOT M A. Generalized theory of acoustic propagation in porous dissipative media [J]. The Journal of the Acoustical Society of America, 1962, 34 (9): 1254-1264.

[10] ZENG X, RAJAPAKSE R K N D. Dynamic axial load transfer from elastic bar to poroelastic medium [J]. Journal of Engineering Mechanics, ASCE, 1999, 125 (9): 1048-1055.

[11] 张玉红,黄义. 两相介质饱和土三维非轴对称稳态响应分析[J]. 应用力学学报,2002,19(3): 85-89.

[12] 周香莲,周光明,王建华. 水平简谐荷载作用下饱和土中群桩的动力反应[J]. 岩石力学与工程学报,2005,24 (8): 1433-1438.

[13] 陆建飞. 频域内半空间饱和土中水平受荷桩的动力分析[J]. 岩石力学与工程学报,2001,21(4): 577-581.

[14] O C ZIENKIEWICZ, T SHION. Dynamic behaviour of saturated porous media: The generalized Biot formulation and its numerical solution. International Journal for Numerical and Analytical Methods in Geomechanics, 1984, 8: 71-96.

[15] 尚守平,余俊,王海东,等. 饱和土中桩水平振动分析 [J]. 岩土工程学报,2007,29(11): 1696-1702.

[16] 余俊,尚守平,李忠,等. 饱和土中端承桩水平振动动力响应分析[J]. 岩土工程学报,2009,31(3): 408-415.

本文发表于《岩土工程学报》
2014 年第 36 卷第 8 期

泥膜形成与状态划分细观分析及模型试验研究

刘 成[1],孙 钧[2],杨 平[1],王海波[1]

(1. 南京林业大学土木工程学院,江苏 南京 210037;

2. 同济大学 岩土工程重点实验室,同济大学地下建筑与工程系,上海 200092)

摘要:泥水盾构施工中泥浆在高压作用下侵入土层形成不同状态的泥膜,泥膜的形成机理复杂,但其状态划分依据相对简单。基于离散元程序 YADE 编制了流体与颗粒相互作用及粒间长程引力作用模型,从粒径比、粒间范德华力、流体初始流速以及泥浆颗粒密度几个方面分析了泥浆侵入土层初始恒速阶段的堆积状态,确定土层最紧密堆积对应的泥膜状态理论下限值。采用静置后的泥浆侵入土层模型试验分析了两组土层粒径的泥膜状态,表明粒径比对泥膜状态的影响与离散元分析结果、泥膜状态划分理论相吻合。初步建立了泥膜形成过程的宏细观联系,弥补了传统过滤理论和离散元法未考虑颗粒侵入土层动态形成泥膜的不足。

关键词:泥膜状态;YADE;细观分析;范德华力;模型试验

0 引言

在各种复杂环境下采用泥水盾构法修建隧道工程,如何及时形成安全有效的泥膜是维持开挖面稳定需要解决的首要问题。泥膜形成和状态演变的机制复杂,目前相关理论和试验研究仍滞后于工程实践。泥膜(泥饼)的研究起源于化学工业和矿产工业中过滤处理、废物处理等方面的研究。基本原理是使用过滤介质实现固-液分离的过程,随着过滤介质的堵塞,过滤处理能力下降,最终形成致密微透水的泥膜,逐渐增长的泥膜表现出一定程度的压缩性。泥膜与过滤介质中的压力分布不均匀,影响了泥膜结构(固化率 ε 和渗透率 k 等),并影响了过滤过程。后人的研究基本上都是基于 Ruth 和 Carman 首先提出的过滤方程经典公式,但是该公式引入了较多的假设。Tien 和 Bai 等[1]根据多相流理论求解分析,给出了考虑泥膜内部颗粒运动的解析解,后被白云和孔祥鹏等[2]引入到泥水盾构泥膜形成模型的研究,取得了较好的分析效果。刘成和孙钧等[3]假设泥膜的形成过程中,其应力状态与土的体积状态的关系与饱和重塑正常固结黏土类似,满足唯一性关系,在泥膜形成过程中同时考虑了固结变形。目前在过滤介质表面形成泥膜的研究比较成熟,但多局限于泥皮型泥膜(薄膜模型),未考虑细颗粒进入粗颗粒土间隙形成其它状态的泥膜,因此不适用于透水性较大的地层。Broere 和 Van 等[4]给出与时间 t 相关的侵入距离 e_t 的表达式,将地层假设为成层地层,采用积分的方式求解地层中孔隙压力增长,这与复杂的地层条件仍有较大的区别。Anagnostou 和 Kovári[5]提出了泥浆侵入的停滞梯度 f_{s0} 的概念,指出完全的颗粒尺寸分布对泥浆侵入地层能力影响不大,主要取决于细粒土含量;除了泥浆剪切强度外,泥浆中膨润土浓度对泥浆侵入地层能力有较大的影响。李昀和张子新[6]考虑泥水的渗透区域与滑动面之间的几何关系对有效泥水压力进行折减,采用泥浆渗透(侵入)模型探讨了泥浆渗透对开挖面稳定性的影响。

泥膜形成与增长常用动态方法进行分析,早期研究多采用半动态分析方法。Lu 等[7]提出了可描述泥膜形成整个过程的运动学模型,模型中考虑到单个颗粒的受力平衡,包括重力作用和颗粒-流体间相互作用。Dong 和 Zou 等[8]采用离散元法分析流速恒定和压力恒定下沉降和滤失过程中泥膜的形成与增长规律,假设液体为一维流动,固体颗粒为二维流动。这些分析方法在分析泥浆侵入地层形成地层堆积填充时存在几点困难:① 二维模型模拟泥膜在介质表面动态形成过程中无法直接模拟颗粒间隙空间分布状态,不能正确分析泥浆颗粒在地层中的迁移和堆积。② 半动态方法揭露了泥膜形成的微观机理,但因其对颗粒运动和平衡进行一定的假设,不是完全动力模型,因此,一些重要特性无法分析,如泥膜的压缩变形特性。③ 目前泥膜形成离散元分析多局限于泥皮型泥膜(薄膜模型),考虑细颗粒进入粗颗粒土间隙形成其他状态泥膜的细观研究仍显不足。④ 粒径介于 $10\sim100\ \mu m$ 之间的颗粒,其范德华力的量级与重力接近或者大数个量级,其作用不可忽略,但泥膜结构的分析中往往忽略了这种影响。本文在三维离散元开源程序 YADE 基础上编制流体与颗粒相互作用以及粒间长程引力作用模型,进行了泥浆侵入土层的离散元分析,重点分析影响泥膜状态的影响因素,与泥浆侵入土层模型试验结果及泥膜状态相关理论进行比较分析。

1 泥膜状态的划分标准

泥水在掘削面上的渗透形态也叫泥膜状态,可分为三种类型[9-11]:① 泥皮型,即"表面泥膜",泥膜仅在开挖面表面形成,对应"薄膜模型"。认为泥浆压力作为外力完全有效地作用于不透水的薄膜上,这种情况多发生在黏粒土、粉粒土及细砂土等土层,对应地层的有效间隙 $L<d_{\min}$(泥水最小粒径)的情形;② 渗透带型,即"流变堵塞",泥水侵入地层,地层表面完全没有泥膜存在。这种情形多发生于粗砂、砾石等地层,对应地层的有效间隙 $L>3d_{\max}$(泥水最大粒径),其解决措施是增大泥水的粒径,即在泥水中添加砂粒;③ 泥皮+渗透带型,相当于"中间状态",这种情形多发生于砂性地层(中、细),对应地层的有效间隙 L 满足条件 $3d_{\max}>L>d_{\min}$。后两种泥膜状态对应"渗透模型",更具有代表性。对于软黏土层,当泥水压力与维持切削面稳定所需的泥水压力接近时,有可能发生泥水喷发,此时,在地层中的泥浆是处在劈裂裂隙中,不属于"渗透模型"[12]。

2 泥浆侵入地层细观分析

2.1 颗粒受力分析

泥浆悬浮液中泥浆颗粒在流体拖曳力作用下在土层间隙中迁移,受到流体和周围颗粒的各种力的作用。但各力的贡献比例不同[13],起主要作用的主要有流体对颗粒的浮力和拖曳力作用、粒间接触力作用以及颗粒间长短程引力,如范德华力、静电力和毛细吸力等。泥浆近似处在饱和状态,毛细吸力可以忽略;但非饱和地层中毛细吸力对渗流作用影响较大,不能忽略。这里以含水率较高的地层为研究对象,不考虑地层中的毛细吸力作用。各作用力的贡献大小影响因素有颗粒的矿物成分、平均粒径和级配,流体的稠度、流速、浓度、添加剂类型和含量等。为了简化分析泥浆颗粒在土层中的堆积状态和泥膜形成规律,除了粒间切向接触力 F_{ij}^s 和法向接触力 F_{ij}^n,这里主要考虑四种力的作用,即重力 G、浮力 F_{buoy}、拖曳力 $F_{drag,i}$ 和范德华力 F_{ij}^v,见式(1)~式(4)。

$$G = mg \tag{1}$$

$$F_{buoy} = mg\rho_f/\rho_p \tag{2}$$

$$F_{drag,i} = f_{f0,i}\varepsilon_i^{-(\chi+1)} \tag{3}$$

$$F_{ij}^v = -\frac{H_a}{6} \cdot \frac{64r_i^3 r_j^3 (h+r_i+r_j)}{(h^2+2r_ih+2r_jh)^2} \hat{n}_{ij} \tag{4}$$
$$(h^2+2r_ih+2r_jh+4r_ir_j)^2$$

颗粒 i 上的作用力如图 1 所示,其中颗粒 j 对 i 产生接触力 F_{ij}^s、F_{ij}^n 和非接触力 F_{ij}^v,颗粒 k 对 i 产生非接触力 F_{ik}^v,颗粒 i 上的合力 F_i 为:

$$F_i = \sum (F_{ij}^n + F_{ij}^s + F_{ij}^v) + F_{buoy} + F_{drag} + m_ig \tag{5}$$

式中,$f_{f0,i} = 0.5C_{d0,i}\rho_f\pi r_i^2\varepsilon_i^2|u_f-u_i|(u_f-u_i)$;$\chi = 3.7-0.65\exp\left[-\frac{(1.5-\log_{10}\text{Re}_{p,i})^2}{2}\right]$;拖曳力系数 $C_{d0,i} = \left(0.63+\frac{4.8}{\text{Re}_{p,i}^{0.5}}\right)^2$;雷诺数 $\text{Re}_{p,i} = \frac{2\rho_f r_i\varepsilon_i|u_f-u_i|}{\mu_f}$;$u_f-u_i$ 为流体与颗粒相对速度;ε_i 为局部孔隙率;下标 i 表示颗粒 i 上的相关值。ρ_f 为流体密度;ρ_p 为颗粒密度;m 为颗粒质量;h 为粒间间隔;H_a 为 Hamaker 常数,Hamaker 理论假设分子间范德华力具有叠加性,并只计入范德华力的引力部分。

上述各力的贡献比例与粒径相关,当 $H_a = 6.5\times$

10^{-20} J, $\rho_f = 1\,000$ kg/m³, $\rho_p = 2\,700$ kg/m³, $h = 1$ nm 或 10 nm, $u_f - u_i = 0.001$ m/s, $\mu_f = 0.001$ P$_a \cdot$ s, $\varepsilon_i = 0.999$ 时,粒径对颗粒上作用力影响规律如图 2 所示。

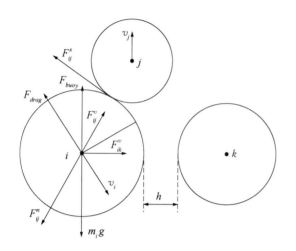

图 1 颗粒 i 上的作用力示意图

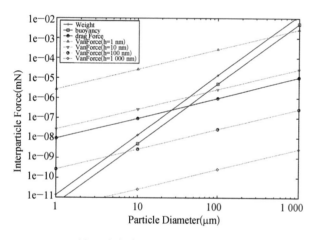

图 2 粒径对颗粒上作用力影响规律

图 2 表明流体与颗粒相对速度不变情况下,粒径越小,拖曳力与重力的比值越大,泥浆颗粒因重力下沉造成泥浆不均匀性的影响降低。因此,粒径小于一定值时,如 10 μm,在无其它外力作用下颗粒与流体运动速度几乎相同,即颗粒运动由流体运动控制。

范德华力与 Hamaker 常数 H_a 成正比,与粒间间隔 h^2 成反比。H 远低于 1 nm 或者颗粒已产生接触,按式(4)确定的范德华力将接近于无穷大,而离散元分析中允许颗粒接触,这将导致数值奇异。为得到合理的结果,式(4)中取 h_{min} 等于 1 nm 作为截断距离,低于 1 nm 按 1 nm 计算。h 从 1 nm 增大至数纳米,范德华力的影响将迅速降低。图 2 表明,对于粒径介于

10 μm～100 μm 之间的颗粒,$h=1$ nm～100 nm 时,范德华力与重力量级接近,$h=1\,000$ nm$=1$ μm 时,范德华力相对重力较小,可以忽略。在离散元模拟中,选取的粒径最小值为 10 μm,根据对称性,仅需判断颗粒周围粒径 0.05($=1$ μm $/(2\times10$ μm$)$)倍范围内是否存在其他颗粒的范德华力作用即可。

2.2 土层颗粒堆积与泥膜状态分析

土层中土体颗粒处于随机堆积状态,具有各向异性和不均匀性,土层有效间隙和流通路径变化较大,给分析泥浆侵入地层的填充规律和泥膜状态带来了困难。编制程序可以得到等粒径颗粒的最密实堆积,由此可以确定泥浆侵入土层的泥膜状态的理论下限值(实际土层无法达到此密实状态)。等粒径颗粒的最紧密堆积状态孔隙率约为 0.26,六方密堆积是其中一种堆积形式,如图 3 所示。六方密堆积的颗粒排布规则,有效间隙和流通路径相同,易于分析。这里以允许通过光滑球体的最大粒径作为有效间隙,根据几何关系知,六方密堆积的有效间隙对应圆的直径 d' 等于 $(2/\sqrt{3}-1)d_{soil}$(d_{soil} 为土层颗粒的直径)。根据张凤祥等[9]对泥膜状态的划分可知,当泥水最小粒径 d_{pmin} 大于 $0.154\,7d$,泥膜处于泥皮状态;当泥水最大粒径 d_{pmax} 小于 $0.051\,5d$ 时,泥膜处于逸泥状态;当泥水粒径满足 $3d_{pmax}>0.154\,7d>d_{pmin}$ 时,泥浆渗入土层一定深度。泥膜状态受到多种因素的影响,因此实际情况更为复杂。

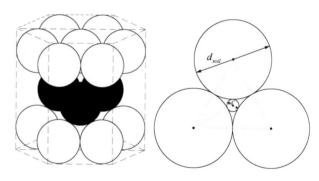

图 3 最密堆积(六方密堆积)

2.3 模拟方法

(1)在一长方体箱体中下部放置土体颗粒,上部放置泥浆,箱体长宽高按土层颗粒尺寸和泥浆初始流速确定。长宽相等,为土层粒径的 4 倍;高为土层粒径的 $(1+8\sqrt{6}/3)$ 倍与流体 1 s 流过的距离之和。底端

封闭,不允许土层颗粒通过,当泥浆颗粒接近底板将被删除。分析模型及颗粒堆积状态见后文分析中图9。

(2) 泥浆初始浓度为 $1-\varepsilon_0$,孔隙率为 ε_0,对应空间的泥浆颗粒数量为 N_0。计算中每隔0.1 s在顶部 $0.1\ \mathrm{s}\times v_{f_0}$ 高度空间内加入 $N_0/10$ 个颗粒,如此循环计算至预定时间,分析各阶段泥浆颗粒的堆填状态。

(3) 泥膜形成分析一般分为两个阶段,即初始恒定流速阶段和后期的恒压过滤阶段,这里仅研究第一阶段即初始恒定流速阶段。

(4) 泥浆侵入土层程序流程图如图4所示,在YADE基础上主要编制了颗粒间非接触判断计算范德华力、流体对颗粒的拖曳力和浮力作用模型,以及间隔性增加新泥浆、删除底边附近泥浆颗粒并计算各层颗粒填充数量等相关子程序,并最终确定泥膜的填充状态。

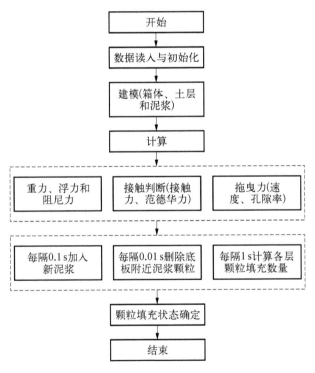

图4 泥浆侵入土层程序流程图

2.4 参数设置

长方体箱体侧壁和底板相对土体刚度较大,摩擦系数为0,模拟光滑刚性墙;土层实际长宽值比箱体略大,以满足六方密堆积孔隙率设置需求。与箱体交叉或在箱体外侧土层颗粒平动位移受到约束。影响泥浆侵入土层和泥膜状态结果的主要因素有土层级配、孔隙率等,泥浆的配比、浓度、粘度、添加剂类型和含量,

Hamaker 常数等。这里主要分析土层粒径和孔隙率,泥浆浓度、粘度、流速和 Hamaker 常数,表1给出了数值试验主要细观参数分析值。

表1 泥浆侵入土层细观参数

参 数	分 析 值	基准值
土层颗粒粒径 d_{soil}(mm)	1,0.5	1
泥浆颗粒粒径 d_p(mm)	0.01～0.1	0.1
颗粒弹模 E_b(kPa)	5 000	5 000
刚度比 k_s/k_n	0.05	0.05
粒间摩擦角 φ_c(°)	25	25
流体密度 ρ_f(kg/mm³)	$1\times10^{-6}\sim2.7\times10^{-6}$	1×10^{-6}
泥浆动力粘度 η(kPa·s)	$1\times10^{-6}\sim1\times10^{-4}$	1×10^{-6}
泥浆体积浓度 c	0.001,0.001 5	0.001 5
泥浆初始流速 v_{f_0}(mm/s)	0～50	10
泥浆颗粒密度 ρ_s(kg/mm³)	$1\times10^{-6}\sim2.7\times10^{-6}$	1×10^{-6}
Hamaker 常数 H_a(J)	$1\times10^{-21}\sim6.5\times10^{-20}$	1×10^{-20}
最小计算间隔 $h_{\min}$(mm)	1×10^{-6}	1×10^{-6}

3 泥膜状态模拟结果分析

3.1 范德华力对泥膜状态影响分析

范德华力是长程引力,使得土层填充结构和泥膜结构更为紧密,被填充土层和泥膜内部压降增加。不同介质中,Hamaker 常数 H_a 不同,通过分析 Hamaker 常数对区域孔隙率的影响可以反映范德华力对泥膜结构的影响规律。

范德华力对泥浆颗粒填充和泥膜形成速度影响规律如图5所示,图中实线为整个计算区域的泥浆颗粒堆积数量,虚线为土层表面泥皮的颗粒数量。图5表明,范德华力对颗粒在土层中填充和土层表面堆积状态的影响较大,随着范德华力的增大,土层颗粒与泥浆颗粒间的引力增加,颗粒填充和泥膜形成速度增加,而土层表面也更容易形成堆积,导致土层表面堆积颗粒数(top)占分析土层区域填充颗粒总数(all)的比例相应增大。泥浆颗粒经过土层颗粒附近,较大的范德华力降低了颗粒移动速度,局部区域泥浆颗粒聚集,容易形成堆积;同时,颗粒在较大范德华力作用下形成更为致密的结构,透水性降低,流体对泥浆颗粒的托曳力降低,这也是造成堆积速度增加的原因。范德华力对堆

积速度增加的影响呈非线性,范德华力增加至一定值时,虽对土层表面泥膜(top)的增长幅度影响较大,但对颗粒堆积总数(all)的增长幅度影响却在降低,如$Ha=2\times10^{-20}$ J,泥浆颗粒在土层间隙迁移过程中速度不断降低,经过几层土层颗粒后即可形成孔隙堵塞。

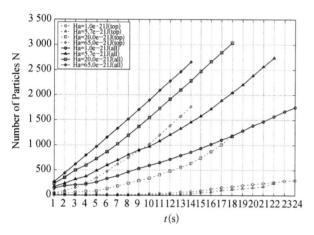

图5 范德华力与泥浆颗粒在土层中分布规律的关系

3.2 泥浆初始流速对泥膜状态影响分析

初始流速对颗粒堆填规律的影响需要同时考虑其它影响因素,如泥浆粒径、泥浆流体与泥浆颗粒密度之比等。泥浆颗粒与土层有效间隔比例不同其泥膜状态不同。若为泥皮状态,初始流速增大泥膜形成速度增加;若为渗透带型,初始流速增大,较大的拖曳力将部分与土层颗粒产生接触连接的泥浆颗粒带走,初始流速增大泥浆堆积速度降低。若为中间过渡型,一般初始流速增加,堆积速度呈非线性增加。这是因为单位时间通过相同截面的泥浆浓度增加,容易形成堆积,如图6所示。

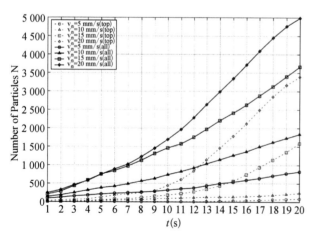

图6 初始流速与泥浆颗粒在土层中分布规律的关系

3.3 泥浆颗粒密度对泥膜状态影响分析

泥浆颗粒密度对颗粒堆填规律的影响如图7所示。由图7可知,泥浆颗粒密度对颗粒堆积状态影响较小,密度从1 000 kg/m³增加至2 700 kg/m³,颗粒堆填速度略有降低,可以归结为两个方面原因。一方面颗粒密度增大,颗粒下沉速度增大,易于进入土层,降低了周围颗粒范德华引力对其的影响;另一方面,颗粒下沉速度增大,因颗粒下沉将引起下方悬液浓度增大,但分析中浆液按0.1 s时间间隔进入分析区域,因此下方悬液浓度变化不大。实际工程或试验中浆液自均匀搅拌到压入土层过程中产生的水土分离也可以看成是分阶段的,因此浆液按0.1 s时间间隔进入分析区域的处理是合理的,且大大减少了机时。

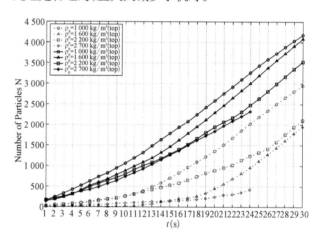

图7 泥浆颗粒密度与泥浆颗粒在土层中分布规律的关系

3.4 粒径比对泥膜状态影响分析

张凤祥等[9]对泥膜状态的划分标准表明土层有效间隙和泥浆颗粒最大最小粒径的关系决定了泥膜的状态,而六方密堆积的土层有效间隙与土层粒径有明确的换算关系,因此,这里选择泥浆颗粒与土体颗粒粒径的粒径比来进行分析。图8共给出了五种情形(case1~case5)进行比较分析,case1~case4土层粒径为1 mm,粒径比分别为0.051 5、0.075、0.1、0.154 7,case5土层粒径为0.5 mm,粒径比为0.154 7。

case1粒径比为0.051 5,泥浆颗粒相对较小,经过一段时间,在下部土层分析区域内分布的泥浆颗粒数量较多,但大多数属于可穿过型颗粒,最终将离开土层区域。土中各层堆积量很小,无法在土层间隙形成有效的堵塞,仅在两个土颗粒接触的位置可能产生堆积,主要通过摩擦力与范德华力在颗粒间形成连接作用。

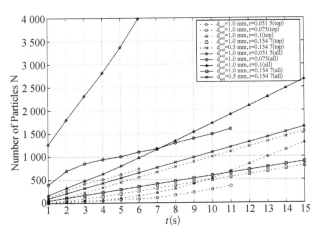

图 8　粒径比与泥浆颗粒在土层中分布规律的关系

这种连接从土层表面到后面各层依次逐渐形成,有一定的先后顺序,但堆积形成的稳定结构并非一直增大,达到一定体积后基本保持不变,因此表面堆积比率(top/all)呈先增加后减少变化规律,$t = 6$ s 时泥浆颗粒分布和堆积状态如图 9(a)所示。其中 6 s 时表面堆积比率为 0.184,大于平均值 1/9(9 为分析层数)。5 s 时 50%以上泥浆颗粒通过土层分析区域,并被删除;随着时间增长,暂时存在分析区域的绝大部分颗粒也将被流体带出分析区域。上述分析表明 case1 对应泥膜的逸泥状态,泥水最大粒径 $d_{p\max} = 0.051\,5$ mm $<$ $0.051\,5d_{soil}$,这与张凤祥等[9]对泥膜状态中逸泥状态的划分标准是一致的。

　　case2 和 case3 粒径比为 0.075 和 0.1,位于 $(0.051\,6, 0.154\,7)$ 范围内,泥浆颗粒渗入土层一定深度,因为颗粒部分通过土层,泥膜表层形成颗粒堆积,最终完全堵塞表层孔隙,泥浆颗粒无法继续侵入土层间隙,其中 case2 在 $t = 6$ s 时泥浆颗粒分布和堆积状态如图 9(b)所示。随着泥浆颗粒粒径增大,表面堆积比率随之增大,如 11 s 时 case2 和 case3 表面堆积比率分别为 0.226 和 0.359。case2 和 case3 的泥水粒径满足条件 $3d_{p\max} > 0.154\,7d_{soil} > d_{p\min}$,与张凤祥等对泥膜状态中泥浆渗入土层一定深度的状态的划分标准是一致的。

　　case4 和 case5 粒径比均为 0.154 7,泥浆颗粒相对较大容易形成堵塞。case4 情形 1 s 时进入各层颗粒数为[0, 0, 0, 0, 0, 1, 5, 24, 20](从底层到土层表面),5 s 时为[0, 1, 2, 5, 3, 11, 14, 56, 198],以后下面各层数量保持不变,土层表面堆积不断增加,17 s 时为

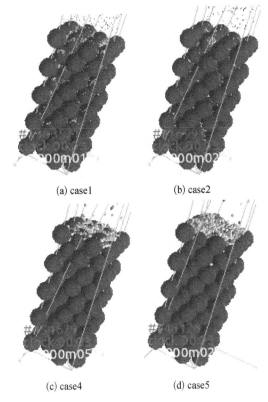

| (a) case1 | (b) case2 |
| (c) case4 | (d) case5 |

图 9　泥浆颗粒分布和堆积状态($t = 6$ s)

[0, 1, 2, 5, 3, 11, 14, 56, 921],没有颗粒通过分析区域。case5 情形 3 s 时为[0, 0, 2, 3, 8, 7, 14, 62, 225],以后下面各层数量保持不变,17 s 时为[0, 0, 2, 3, 8, 7, 14, 62, 1 771],没有颗粒通过分析区域。由于进入土层的颗粒数量较少,无法形成堵塞,仅在土层表面形成泥皮,因此 case4 和 case5 均属于泥皮状态,如图 9(c)和(d)所示。case4 和 case5 情形的泥水最小粒径 $d_{p\min} \geq 0.154\,7d_{soil}$,与张凤祥等对泥膜状态中泥皮状态的划分标准是一致的。

　　综上所述,不同粒径颗粒侵入土层的分析表明,离散元分析的结果与张凤祥等对泥膜状态的划分标准基本一致,不过这里为了控制土层有效间隙均匀性,土层颗粒采用了六方密堆积,孔隙率较低。泥浆浓度为 0.001 5,较实际工程采用的泥浆配比浓度低,而土层颗粒和泥浆颗粒采用等值粒径,对分析结果产生的影响将在后续分析中作进一步研究。

4　泥浆侵入土层模型试验

4.1　试验概况

为了验证泥浆侵入土层初始阶段即恒速阶段泥膜

形成情形与粒径比的关系,自行研制了泥浆侵入土层模型仪进行了一组模型试验。模型主要由两个端板、两个隔板和一个有机玻璃筒组成,见图10,玻璃筒长930 mm,外径250 mm,内径230 mm,右侧依次填入相对分析粒径的粗粒径砂土缓冲层(厚度50 mm)和分析粒径压实砂土(厚度400 mm),左侧充满静置48 h后的泥浆,通过后期加减水调整泥浆体积浓度至0.001和0.0015。在形成致密微透水泥膜之前,泥浆初始速度近似认为保持不变,泥浆初始速度由空气压力调节。这里控制初始流速为2 mm/s,土层分析粒径为0.1～0.25 mm时空气加压约为0.16 Mpa,土层分析粒径为0.25～0.5 mm空气压力约为0.11 Mpa。

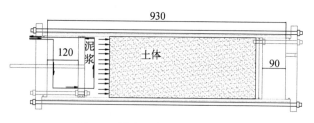

图10 泥浆侵入土层试验仪示意图

4.2 试验结果分析

静置48 h后泥浆的粒径主要范围约为0.01～0.05 mm,且小于0.02 mm的颗粒占更大的比重,因此分析土层粒径为0.1～0.25 mm时粒径比介于0.04～0.5之间;分析土层粒径为0.25～0.5 mm时粒径比介于0.02～0.2之间。两者部分粒径比均大于0.154 7,泥膜状态均属于部分渗透性型。由于有相对较大颗粒存在,虽然比例较小,但土层间隙容易形成堵塞,更接近于泥皮型,部分泥浆颗粒被水流带走,两种粒径的泥膜状态相近。在分析土层粒径为0.25～0.5 mm土层中用环刀切取土样如图11所示。虽然模型试验条件

图11 土样中泥膜状态

与离散元分析条件存在一定的差异,但试验结果与离散元分析结果及泥膜状态划分理论基本吻合。

5 结论

在三维颗粒流离散元程序YADE基础上编制了流体与颗粒相互作用以及粒间长程引力作用模型,通过离散元模拟和模型试验,分析了泥浆侵入土层初始恒速阶段泥膜的动态形成机理和各因素的影响规律,得到如下结论:

(1)粒径比是泥膜状态的决定因素,粒径比分析验证了泥膜状态划分标准相关理论。而其它因素对泥浆侵入土层深度、泥皮增长速度和在土层中堆积状态有着量变的影响。

(2)粒径介于10～100 μm之间的颗粒,其范德华力的影响不可忽略,且粒径越小,范德华力影响越大。范德华力降低了泥浆颗粒移动速度,容易形成颗粒堆积,较大的范德华力能够形成更为致密的泥膜结构。

(3)泥浆初始速度的影响需考虑粒径比控制下的泥膜状态如何,分析作用在颗粒上的拖曳力与其他各力的贡献比例。

(4)泥浆颗粒密度增大其沉降速度增加,进入土层表面时泥膜浓度增大,容易造成土层间隙堵塞。但泥浆按一定流速进入分析区域,导致这种影响减少,因此泥浆颗粒密度对泥膜状态的影响相对较小,这种分析方法与工程实际泥浆定流量进入泥水舱是一致的。

(5)离散元模拟中土层采用了等粒径颗粒的最密实堆积,确定的泥浆侵入土层的泥膜状态的理论下限值与泥膜状态划分标准的相关理论是一致的。

模型试验中泥膜状态类型与离散元分析及相关理论基本吻合。但由于模型试验中分析土层粒径范围较大,粒径比对结果的影响分析尚显不足,后续工作将选择定制的玻璃球替代砂土或其他筛分方法获取粒径范围较小的砂土进行分析。

参考文献

[1] Tien C, Bai R. An assessment of the conventional cake filtration theory [J]. Chemical Engineering Science,

2003, 58(7): 1323 - 1336.

[2] 白云,孔祥鹏,廖少明. 泥水盾构泥膜动态形成机制研究[J]. 岩土力学. 2010(S2): 19 - 24.

[3] 刘成,孙钧,赵志峰,等. 泥水盾构泥膜形成二维理论分析[J]. 岩土力学. 2013,34(6): 1593 - 1597.

[4] Broere W, Van Tol A F. Influence of infiltration and groundwater flow on tunnel face stability [J]. Geotechnical Aspects of Underground Construction in Soft Ground, 2000: 339 - 344.

[5] Anagnostou G, Kovári K. Stability Analysis for Tunnelling with Slurry and EPB Shields [J]. Proc. Gallerie in condizioni difficiliTorino, 1994, 29: 1 - 12.

[6] 李昀,张子新. 泥浆渗透对盾构开挖面稳定性的影响研究[J]. 地下空间与工程学报. 2007(4): 720 - 725.

[7] Lu W M, Hwang K J. Mechanism of cake formation in constant pressure filtrations [J]. Separations Technology, 1993, 3(3): 122 - 132.

[8] Dong K J, Zou R P, Yang R Y, et al. DEM simulation of cake formation in sedimentation and filtration[J].

Minerals Engineering, 2009, 22(11): 921 - 930.

[9] 张凤祥,傅德明,杨国祥,等. 盾构隧道施工手册[M]. 北京: 人民交通出版社,2005.

[10] 韩晓瑞,朱伟,刘泉维,等. 泥浆性质对泥水盾构开挖面泥膜形成质量影响[J]. 岩土力学. 2008,29(增刊): 288 - 292.

[11] 邓宗伟,伍振志,曹浩,等. 基于流固耦合的泥水盾构隧道施工引发地表变形[J]. 中南大学学报(自然科学版),2013(02): 785 - 791.

[12] 袁大军,尹凡,王华伟,等. 超大直径泥水盾构掘进对土体的扰动研究[J]. 岩石力学与工程学报. 2009(10): 2074 - 2080.

[13] Dong K J, Yang R Y, Zou R P, et al. Simulation of the cake formation and growth in sedimentation and filtration [C]//3rd International Conference on CFD in Minerals and Process Industries, Melbourne, Australia. 2003.

本文发表于《岩土工程学报》2010 年第 32 卷第 5 期

基于改进 S 变换的探地雷达信号吸收衰减补偿

赵永辉，冯坤伟

（同济大学　海洋与地球科学学院　上海 200092）

摘要：由于地层吸收衰减作用，探地雷达信号在传播过程中高频成分会随着深度迅速衰减，而高频成分在很大程度上会影响雷达信号的分辨率。采用改进的 S 变换对处理，可以对探地雷达信号的地层吸收进行补偿。首先用改进的 S 变换对雷达信号逐道进行时频分析；对每个时间采样点，根据该地层吸收特点提取各个频率的能量吸收衰减因子；用加权方法对每个时间对应的各个频率的改进的 S 变换系数进行吸收补偿，使得每个频率点子不同时间采样点上的能量均衡；将加权补偿过后的探地雷达信号频率重构，就得到了经过吸收补偿后的雷达剖面。通过模拟数据和实测数据对该方法进行了验证，根据处理前后的时频分析结果和补偿后的雷达剖面图对比，在低频部分都具有相似的能量分布，而深部高频成分却得到了明显的补偿。

关键词：探地雷达；吸收补偿；S 变换；时频分析

0　引言

探地雷达是广泛应用于探测浅层地下目标体的无损探测技术之一。相比于其他传统的地球物理方法，它具有许多优势之处。但是随着目标体的埋深增加，我们得到的目标体的反射信号就随着减弱，以至于无法在雷达信号里面分辨出来。探测深度越深，分辨率就会随之降低。在实际中，雷达中心频率越低，其探测深度就越深，但是其分辨率也会随之降低。探测深度和分辨率之间是制约探地雷达技术广泛应用的主要原因。一般来说，自动增益调节（AGC）能够提高深部弱信号，但是当地下电介质的介电常数变化很大时，增益控制似乎很难得到理想的结果。Stockwell 提出的 S 变换是一种非平稳信号分析和处理的方法[1]，改进的 S 变换相比其他传统的小波变换具有许多独特的优势[2]。相比其他时频分析方法，如短时傅里叶变换（SFT），Gabor 变换（GT）和连续小波变换（CWT）[3,4,5]，S 变换具有很多优势。首先其时频谱的分辨率与频率有关，并且直接与傅里叶变换相关，其次 S 变换在理论上是完全可逆的[2]。

除了电磁波反射，电磁波振幅衰减还包括波前散射，地层的吸收，近地表的衰减，透射能量损失等。中心频率增加和探测深度增加导致能量衰减。地层吸收补偿是对高频成分补偿很有效的补偿方法，它使雷达波的振幅谱类似于频率域的反射系数[6]。目前，大多采用反 Q 滤波来进行吸收衰减补偿，但是需要得到精确的 Q 值。而实际探测过程中上无法求得精确的 Q 值，这也限制了该方法的应用[7]。

在本文中，基于雷达波随时间、空间、频率变化的特征，通过改进的 S 变化进行高分辨率的雷达波吸收衰减补偿。通过对数值模拟数据和实测数据处理发现，该方法能够有很好的补偿雷达波衰减的高频成分。

1　S 变换基本原理

雷达信号 $h(t)$ 的 S 变换可以定义为：

$$S(\tau, f) = \int_{-\infty}^{+\infty} h(t) \frac{|f|}{\sqrt{2\pi}} \cdot \exp\left[-\frac{1}{2}(\tau - t)^2 f^2 \right] \exp(-i2\pi ft) dt \tag{1}$$

式中 τ 和 f 分别表示时间和频率。当窗函数 $W_f(t)$ 的宽度与频率 f 有关，但无调节系数时：

$$W_f(t) = \frac{|f|}{\sqrt{2\pi}} \exp\left(-\frac{t^2 f^2}{2} - i2\pi ft \right)$$

$$= g_f(t)\exp\left(-\frac{t^2 f^2}{2}\right) \qquad (2)$$

高斯窗函数为:

$$g(t) = \frac{|f|}{\sqrt{2\pi}}\exp\left(-\frac{t^2 f^2}{2}\right) \qquad (3)$$

$h(t)$ 的傅里叶变换 $H(f)$ 是通过计算计算时移 τ 得到的,如下式:

$$\int_{-\infty}^{+\infty} S(\tau, f)d\tau = H(f) \qquad (4)$$

因此,S 逆变换就可以表示为:

$$h(t) = \int_{-\infty}^{+\infty}\left\{\int_{-\infty}^{+\infty} S(\tau, f)d\tau\right\}\exp(i2\pi ft)df \qquad (5)$$

2 基于改进的 S 变换的雷达波衰减吸收补偿

2.1 方法原理

在实际中,由于电磁波的吸收,衰减作用,电磁波的振幅会随着时间衰减。地下的地层实际上是一个时变低通滤波器,也称为 Q 滤波。假设地层反射系数为 $r_k(k=0, 1, \cdots, K)$,T_k 时刻的反射系数 r_k 经过 Q 滤波后的振幅响应为:

$$A_k(f, T_k) = A_0(f, 0)\exp[-2\pi f T_k / Q_{eq}(T_k)] \qquad (6)$$

其中,Q_{eq} 为 T_k 处的等效 Q 值。$A_0(f, 0)$ 是初始时刻的等效振幅。假设只考虑由地层吸收造成的振幅衰减,则反射系数方程可以写成如下形式:

$$r(t)\delta(t - T_k) = \begin{cases} r(T_k) & t = T_k \\ 0 & \text{else} \end{cases} \qquad (7)$$

其傅里叶变换为:

$$\int_{-\infty}^{+\infty} r(t - T_k)\exp(-i2\pi ft)dt = \sum_{k=0}^{K} r_k \exp(-i2\pi f T_k) \qquad (8)$$

考虑到振幅衰减,反射系数的傅里叶变换可以表示为:

$$\hat{r}(f, T_k) = \sum_{k=0}^{K} r_k A_k(f, T_k)\exp(-i2\pi f T_k) \qquad (9)$$

假设雷达子波为 $\omega(t)$,其傅里叶变换为 $\hat{\omega}(f)$,则雷达子波反射记录为:

$$x(t) = r(t)\delta(t - T_k) * \omega(t) \qquad (10)$$

其频率域形式为:

$$\hat{x}(f) = \hat{r}(f, T_k)\hat{\omega}(f)$$
$$= \hat{\omega}(f)\sum_{k=0}^{K} r_k A_k(f, T_k)exp(-i2\pi f T_k) \qquad (11)$$

T_k 处的反射波振幅谱为:

$$|X(f, T_k)| = |\hat{\omega}(f)r_k A_k(f, T_k)| \qquad (12)$$

相位谱为:

$$\phi(f, T_k) = 2\pi f T_k \qquad (13)$$

根据式(1),T_k 处的各个频率的反射波振幅相对初始时间为:

$$\alpha(f, T_k) = \frac{|x(f, T_k)|}{|x(f, 0)|} = \frac{|\hat{\omega}(f) - T_k A_k(f, T_k)|}{|\hat{\omega}(f) - 1 - A_0(f, 0)|}$$
$$= r_k \exp\left[-\frac{2\pi T_k}{Q_{eq}(T_k)}\right] \qquad (14)$$

等式两边除以特定频率的衰减比率 $\alpha(f_0, T_k)$,消除反射系数得到:

$$\alpha_w(f, T_k) = \frac{|\alpha(f, T_k)|}{|\alpha(f_0, T_k)|} = \frac{\exp[-2\pi f T_k / Q_{eq}(T_k)]}{\exp[-2\pi f_0 T_k / Q_{eq}(T_k)]} \qquad (15)$$

用 $1/\alpha_w(f, T_k)$ 加权 $X(f, T_k)$,从而消除吸收衰减,然后通过 S 反变换,即可重建雷达时间剖面。

2.2 计算流程

为实现二维雷达数据的重建,S 变换步骤如下:

(1)用改进的 S 变换对每一道雷达数据 $x(t)$ 计算其时频谱 $|X(f, T_k)|$。

(2)用式(14)计算每个频率成分的 $\alpha(f, T_k)$。其中 $k = 0, 1, 2, \cdots, K$。

(3)根据式(15)计算权重 $\alpha_w(f, T_k) = \dfrac{|\alpha(f, T_k)|}{|\alpha(f_0, T_k)|}$。

(4)用 $\alpha_w(f, T_k)$ 倒数加权 $|X(f, T_k)|$。

(5)根据改进的 S 反变换重构 $x(t)$。

(6)对每一道雷达数据重复步骤(1)到(5),最后得到补偿后的雷达时间剖面。

719

3 数据处理

3.1 模拟数据处理

为了验证改进的 S 变换方法的有效性,用雷达正演软件 GPRMAX2D[8]进行正演计算。根据大坝雷达检测这种高吸收衰减案例,构建了一个四层层状二维模型,分别为混凝土层、抛石层、转换层和黏土层。其中有 4 个不同尺寸的大的岩石异常体位于黏土层中,见图 1。正演涉及的介质电性参数见表 1。正演得到的二维雷达时间剖面只能看到最上面岩石的双曲线反射(图 2),但深部的岩石反射双曲线在雷达图上却不能观察到。因此,用改进的 S 对正演雷达数据进行吸收补偿处理。对比前后的雷达剖面图(图 2 和图 3),发现改进的 S 变换能够有效的对雷达数据进行衰减吸收补偿,特别是对衰减很快的高频成分效果更为明显。进行衰减吸收补偿后,雷达数据的分辨率得到了提高,深部信号也得到了加强,而浅层反射几乎没有改变。图 4(a)和图 4(b)为任意抽取的第 20 道数据处理前后对比图,发现补偿后的数据在 200 ns 以后振幅谱得到了增强;而图 4 c 和图 4 d 分别是处理前后的时频图,在补偿后深部(200~480 ns)的能量得到了加强,并且频带也变宽了。

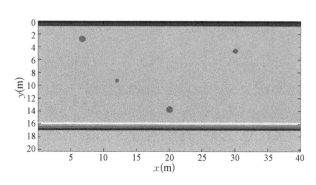

图 1 大坝雷达探测数值模型

表 1 介质电性参数

介　质	厚度(m)	相对介电常数	电导率(S·m^{-1})
混凝土	0.5	9	0.005
黏　土	3.3	25	0.1
过渡层	0.9	12~25	0.005~0.1
基　岩	—	9.7	0.015

3.2 实测数据处理

利用本方法对在某实际二维雷达数据进行衰减补

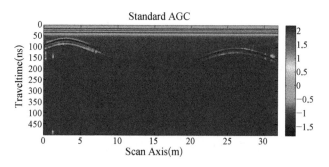

图 2 大坝雷达探测数值模拟雷达剖面(主频 50 MHz,15 nsAGC)

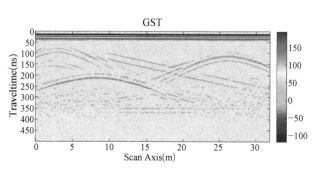

图 3 补偿后雷达时间剖面

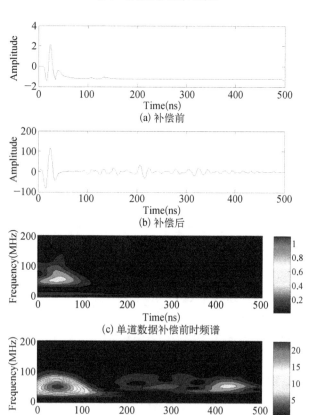

图 4 第 20 道雷达数据处理前后对比

偿分析。该实测数据是利用加拿大雷达仪器 EKKO-PRO 进行数据采集,中心频率为 100 MHz,天线分离距为 1 m,试验场地为铺满建筑垃圾的旧大楼建筑工地,探测目标体为原始的地基。该场地位于上海市黄浦江边上,地下水位非常高,导致雷达波在这种环境下衰减很快。图5为原始雷达时间剖面,由于地层吸收作用,在原始数据上几乎无法观察到深部的反射。

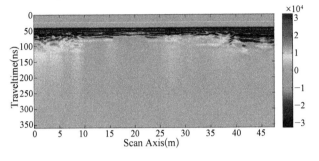

图5 实测雷达数据

图6为补偿吸收处理结果,处理后,浅部的反射同相轴几乎没有变化。通过对比图7(a)和图7(b),处理后的第200道数据振幅谱显示在深部的振幅明显加强。而时频谱对比图7(c)和图7(d)显示,浅部能量几乎不变而深部能量(200~250 ns)得到了增强。由图6可知深部的反射同相轴可以明显的观察到,这有可能是原始建筑地基顶部的反射。从图中我们可以得到其双程旅行时为160 ns,其埋深 d 可以由公式

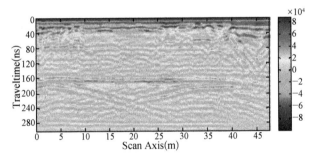

图6 补偿后的雷达数据

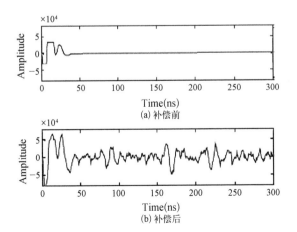

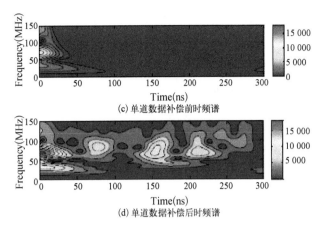

图7 第200道实测雷达数据处理前后对比

$d = vt/2$ 算出。考虑到雷达波在该环境的地层中的传播速度为约 0.06 m/ns,可以算出该地基顶部埋深为约 4.8 m。

4 结论

S变换是连续小波变换的延伸,并且与傅里叶变换有着直接的联系。它独有的特点使得其成为了分析非平稳信号的有效方法。通过对补偿处理前后的时频谱对比,改进的S变换能够很好的对深部高频成分进行衰减吸收补偿,浅部能量几乎不受任何影响,同时频带也随之变宽。实践证明,该方法能够有效的提高雷达波的分辨率,实测数据的处理结果也表明该方法能够帮助处理解释目标体埋深较深的雷达数据。

参考文献

[1] Stockwell R G. Localization of the complex spectrum: The S-transform [J]. IEEE Transactions on Signal Processing, 1996, 44(4): 998-1001.

[2] Narasimhan S V, Basumallick N, Veena S. Introduction to Wavelet Transform: A Signal Processing Approach [M]. Narosa Publishing House, New Delhi, 2011.

[3] Durak L, Arikan O. Short-time Fourier transform: two fundamental properties and optimal implementation [J]. IEEE Trans. on signal Processing, 2003, 51(5): 1231-1242.

[4] Gabor D. Theory of Communication [J]. Journal of IEEE, 1946, 93(3): 429-457.

[5] Rioul O, Vetterli M. Wavelets and signal processing [J]. IEEE Signal Processing, 1991, 8(4): 14 - 38.

[6] Zhou Hualai, Wang Jun, Wang Mingchun. Amplitude spectrum compensation and phase spectrum correction of seismic data based on the generalized S transform [J]. Applied Geophysics, 2014, 11(4): 668 - 478.

[7] 马见青,李庆春,王美丁. 基于广义 S 变换的地层吸收补偿[J]. 煤田地质与勘探,2010,38(4): 65 - 68.

[8] Yee K S. Numerical solution of initial boundary value problem involving Maxell equations in isotropic media [J]. IEEE Transactions on Antennas and Propagation, 1966, 14(3): 302 - 307.

大型固体废弃物填埋场衬里界面剪切特性和 边坡破坏机理研究进展

施建勇[1],钱学德[1,2]

(1. 河海大学岩土工程科学研究所,江苏 南京 210098;

2. 密歇根州环境保护厅,美国,密歇根,兰辛 48933)

摘要: 在博士求学过程中得到孙先生的培养,在工作中仍能利用博士期间所学,负责国家的科学研究计划。针对城市生活垃圾填埋场向大型方向发展,填埋场边坡稳定的重要性凸显。根据国内外在多层土工合成材料复合衬里的界面强度和力学模型、多层土工合成材料复合衬里的剪切强度试验、垃圾土强度试验和研究、填埋场稳定分析理论的研究四个方面的进展回顾,建议城市生活垃圾填埋场在向大型方向发展过程中应考虑的主要问题。

1 感谢孙先生培养

1988 年 6 月,我来到同济大学校园,师从孙先生,研究土工织物力学特性与加固理论。1991 年 6 月从孙先生门下毕业,回到我的本科母校河海大学工作。科学研究活动与软黏土关系比较密切,1995 年曾得到国家自然科学基金的青年基金资助。有时会议上遇见孙先生,他都会关心我的研究工作。但我的工作与土工织物毫不沾边,我也觉得愧对孙先生在土工织物特性研究方面给我的精心指导和教诲。1998 年,本文的第二作者钱学德教授回到河海大学,介绍他在美国开展城市生活垃圾填埋研究所做的工作,引起了我的兴趣。我开始关注垃圾填埋场复合衬里结构界面剪切特性问题,衬里中含有多种土工合成材料,也包括土工织物。得益于孙先生的教育和培养,得到钱学德教授的支持,在垃圾填埋领域我先后承担了国家自然科学基金面上基金项目 3 项和重点项目 1 项,研究中常回想起当年孙先生给予的指导。去年的 12 月 13 日,建聪老师通知我撰文参加 2016 年同济大学组织的"孙钧院士执教 65 春秋纪念文集",机会难得,特备拙文,以感谢孙先生的长期关爱。(注:同日收到孙先生的另一条短信,见图)

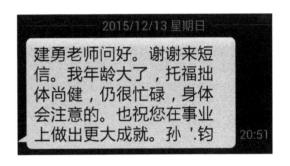

2 问题的由来

卫生填埋是目前我国处置城市固体废弃物和危险废弃物的主要方法,占我国城市固体废弃物处理量的近 80%。目前,城市生活垃圾填埋场呈向高、大型发展的趋势,国外填埋场的最大高度已达 170 多米,国内填埋场的最大高度也已达 100 多米,填埋场的稳定问题成为设计和运行中最重要的考虑因素之一。填埋场的整体稳定是实现垃圾填埋场卫生安全的重要前提。填埋场的失稳不仅会引起填埋场渗滤液大量泄漏,严重污染周围环境,甚至会导致人员伤亡和财产损失,因此其后果将是灾难性的。近年来,填埋场的失稳现象在国内外时有发生。例如,1993 年 4 月 28 日,土耳其一座山谷型垃圾填埋场填埋体突然发生崩塌,大约 47 万 m³ 垃圾高速冲入位于山谷底部的村庄,导致许多房屋被埋,27 人死亡(Anonymous,1994)。2000 年 7 月 10 日,菲律宾首都马尼拉附近的一座大型垃圾填埋场发生堆体倒塌,至少 218 人被活埋,100 余人失踪。2002 年 6 月 16 日,我国重庆沙坪坝区约 40 万 m³ 垃圾堆体发生崩塌,冲毁山坡下的两幢房屋,14 人被埋,10 人死亡(方满,1997)。

大型垃圾填埋场是一个包含有多种材料的体积庞大的土工构筑物,特别是对使用多层土工合成材料复合防渗结构的现代垃圾填埋场,其破坏原因就变得更加复杂。钱学德,Koerner 和 Soong 通过对国际上近 20 年来发生的 15 起最大的填埋场失稳破坏实例的调查和研究,发现以土工合成材料为主组成的复合衬里界面强度将成为控制现代卫生填埋场破坏的一个新控制因素(Qian et al.,2002;Koerner and Soong,2000;Qian and Koerner,2005)。另外,从近年来国内外接连发生的多起大型填埋场填埋体失稳破坏的事例来看,穿越多层复合衬里和垃圾体的组合破坏面占多,综合考虑复合衬里界面和垃圾土强度特性的填埋场稳定分析理论亟待完善。

3 国内外研究现状

3.1 多层土工合成材料复合衬里的界面强度和力学模型

20 世纪 80 年代后期,含有各种土工合成材料的多层衬里开始应用于填埋场工程之后,国际上就开始了对不同土工合成材料之间和土工合成材料与土之间界面剪切强度的研究(Bove,1990;Lopes et al.,1993;Simpson,1995)。这个时期的研究主要集中在用经过改进的直剪仪来研究组成多层防渗结构的不同材料界面的抗剪强度。如土工合成材料与土体和垃圾体、土工合成材料之间的界面抗剪强度。因为当时的填埋场高度较低,一般都不超过 25 m,试验时所加荷载较小,一般只量测到界面的峰值强度就可以了,且认为衬里界面的摩尔-库伦破坏包线也是线性的,即:

$$\tau = a + \sigma_n \tan \delta$$

式中,τ 为剪切强度;a 为界面上不同材料间的粘着力,σ_n 为正压力;δ 为界面摩擦角。而且直接应用由试验得

到的界面峰值强度来进行填埋场的设计和稳定分析。

1988 年,美国加里福尼亚州的 Kettleman Hills 危险废物填埋场发生了大型滑移破坏。在破坏过程中,有多达 490 000 m 的填埋体产生了 10.7 m 的水平滑移和 4.3 m 的垂直位移。这个填埋场使用了多层复合衬里,衬里的厚度近 3 m,有多达 16 个不同材料的接触界面。填埋场的滑移破坏面贯穿整个填埋场的侧向和底部衬里,造成了多层复合衬里中土工膜、土工布和土工网格的全面破坏。Mitchell et al.(1990)对破坏的衬里材料进行了现场采样,并对破坏面的材料进行了界面剪切试验。试验结果显示,现在衬里界面的抗剪强度大大低于当初用于设计的试验峰值抗剪强度,非常接近于大应变时界面的残余强度(Mitchell et al.,1990)。当用界面的残余强度对破坏前的填埋体进行稳定分析时,得到的抗滑安全系数接近于 1.0。这说明该填埋场的多层复合衬里中有些界面上的抗剪强度在破坏前已不等于它们的峰值抗剪强度而已由于界面上不同材料之间的相对位移使之越过了峰值强度降至残余强度。在这之后其他学者的研究结果也证实了这一推论(Byrne et al.,1992;Stark and Poeppel,1994)。

而使得填埋场衬里界面的强度由峰值强度下降至残余强度的原因是由于多层衬里的界面材料在填埋场的施工和运行过程中产生了较大的相对位移,使得强度下降至残余强度。而使得衬里不同材料界面上产生相对位移的主要原因是垃圾体在自重作用下的沉降可达填埋高度的 20%~30% 左右(Spikula,1997;钱学德等,2001;Qian et al.,2002)。在填埋体如此大的垂直沉降作用下,很容易引起填埋场中侧向衬里材料间产生较大的相对位移,从而降低衬里界面上的剪切强度。这种由于不同土工合成材料间或土工合成材料与土间界面上的剪强度随位移增大而减小的现象称之为应变软化(Strain-Softening)或位移软化(Displacement-Softening)现象(Byrne,1994;Esterhuizen et al.,2001)。

随着对不同土工合成材料界面上的剪切强度及土工合成材料与各种土料界面上剪切强度研究的深入,研究者们发觉这些界面得到的摩尔—库伦破坏包线并非是以前认为的线性,而是呈非线性变化的(Giroud et al.,1993;Gilbert et al.,1996;Fox et al.,1998),而

且界面上的峰值和残余摩擦角都随着荷载的增加而逐渐减少。Giround et al. (1993) 通过研究得出了可以用双曲函数来表示土工膜与黏土界面上的非线性的峰值和残余剪切强度包线。

Gilbert et al. (1996) 利用由 Duncan et al. (1978) 提出的非线性模型来代表土工合成材料间界面上的峰值和大应变时的强度包线:

$$\tau = \sigma_n \cdot \tan[\phi_0 + \Delta\phi \log(\sigma_n / p_a)]$$

式中,τ 为剪切强度;σ_n 为正压力;ϕ_0 和 $\Delta\phi$ 是由回归分析决定的常数;p_a 大气压力;系数 ϕ_0 代表在 $\sigma_n = p_a$ 时割线摩擦角。而 $\Delta\phi$ 表示随着 σ_n 的增加,割线摩擦角的增量。对应于土工合成材料的应变软化特性,$\Delta\phi$ 一般应为负值。

Esterhuizen et al. (2001) 在利用 Giroud et al. (1993) 提出的双曲模型模拟两个不同的土工合成材料界面上以及土工合成材料和黏土界面上的应变软化特性的基础上,进一步推出了被称为工作软化(Work-Softening)模型来模拟在连续加载情况下界面强度随位移增加而增长的变化情况,该模型可以用来模拟在填埋场长期运行时,随着填埋区内填埋体的高度不断增加,侧面和底部衬里的强度变化情况。

3.2 多层土工合成材料复合衬里的剪切强度试验

从 90 年代起,各国学者对含有土工合成材料的多层衬里在大应变剪切情况下的力学性质进行了广泛的研究。为了弄清不同材料界面上的剪切强度与位移之间的变化规律,研制了土工合成材料界面在大应变时剪切强度的试验仪器。

Gilbert et al. (1996) 设计了一个 290 mm 宽, 430 mm 长的大型直剪仪来测试 GCL 和各种土工合成材料界面上的剪切强度。Shalenberger 和 Filz (1996) 设计了可以用于大剪切位移的剪切仪,该仪器可以克服传统的直剪仪所存在的随剪切位移增大,试样的剪切面积逐渐减小的缺点。Fox et al. (1997) 设计了一个大型直剪仪可以对面积 406 mm×1 067 mm 的土工合成材料矩形试样进行剪切试验,它的最大剪切位移为 203 mm,正应力的范围为 1~486 kPa。Fox et al. (1998) 利用该直剪仪研究了在大应变剪切情况下三

种 GCL 内部的应力应变关系。Triplett 和 Fox (2001) 又利用该直剪仪研究了在大应变剪切情况下 HDPE 土工膜与 GCL 接触面上的应力应变关系。Mizyal 和 Yidiz (1998) 利用斜板仪测量了土工膜与砂土界面强度。Ling et al. (2002) 和 Dhani (2003) 也利用斜板仪测量了各种土工合成材料界面上的剪切强度。Stark 和 Poeppel (1994) 利用扭剪仪测量了大应变时土和 HDPE 土工膜接触面以及 GCL 和 HDPE 土工膜的接触面上的应力应变关系。Stark et al. (1996) 和 Eid and Stark (1997) 也利用扭剪仪测量了各种土工合成材料界面上在大应变剪切情况下的应力应变关系。

3.3 垃圾土强度试验和研究

国外学者对垃圾土强度的研究始于 90 年代初期 (Landva and Clark, 1990; Withiam et al., 1995; Kavazanjian et al., 1995)。2000 年后,国内学者对垃圾土强度的研究也迅速发展(朱俊高等,2002;张季如和陈超敏,2003;骆行文等,2006;冯世进等,2007; Zhan et al., 2008; Shi et al., 2009)。

和土一样,垃圾土的抗剪强度也随法向荷载的增加而增大。摩尔—库伦强度准则理论通常被用于确定垃圾土的抗剪强度(Landva and Clark, 1990)。垃圾土的内摩擦作用抗剪强度随法向应力的增加而增大。然而,垃圾土法向应力的在低法向应力时也有较大的强度(即凝聚力),这主要是由于垃圾土含有大量的纤维。

垃圾土抗剪强度与试验方法,试样的配制和应用的强度准则有关。在室内对重塑试样进行的直剪试验和在填埋场现场对垃圾土进行大直剪试验得到的垃圾土的凝聚力 $c = 0\sim50$ kPa,内摩擦角 $\phi = 27°\sim41°$;而大多数研究者建议取 $\phi \approx 33°$(Landva and Clark 1990; Withiam et al. 1995; Kavazanjian et al. 1999; Mazzucato et al. 1999; Pelkey et al. 2001)。垃圾土的强度特性在三轴试验中则表现得比较复杂。由于在三轴试验过程中,垃圾土的强度随着应变的增大而不断增加,没有一个峰值强度,因此需要根据应变程度来定义抗剪强度。根据目前已发表的研究资料,垃圾土的三轴试验抗剪强度一般定义为轴向应变在 5%~ 25% 时的剪应力。有研究成果显示,在高应变程度时垃圾土的内摩擦角可高达 45°~53°(Jessberger and Kockel 1995; Grisolia et al. 1995)。然而,当考虑适合于现场

情况的低应变程度时(如应变为 5%~10%),垃圾土的三轴试验强度要低于直剪试验强度(Vilar and Carvalho 2002),也低于根据稳定破坏面反算确定的强度(Kavazanjian et al. 1995; Eid et al. 2000)。含有高纤维量的垃圾土试样的强度呈现出要高于低纤维量的垃圾土试样。Kavazanjian et al. (1999)观察到含有较少纤维的大直剪试样的强度要略低于含有较多纤维的试样。到目前为止,还没有试验成果显示垃圾土的强度由于容重的变化而有明显的改变(Kavazanjian et al., 1999; Vilar and Carvalho, 2002)。垃圾土的原状和重塑试样在大直剪试验中呈现出类似的强度。然而,只有原状试样呈现出具有峰值强度和而后强度随应变增大而降低的特性(Mazzucato et al., 1999)。Kavazanjian et al. (1995)和 Eid et al. (2000)发现根据稳定破坏面反算确定的垃圾土强度与从直剪试验得到强度基本一样。

根据目前已发表的研究资料来看,各个研究者得出的垃圾土的抗剪强度有很大的变化范围。报导的垃圾土的凝聚力可从 0~80 kPa,垃圾土的内摩擦角可从 0°~60°。在进行填埋场设计和稳定分析时,可根据 Kavazanjian et al. (1995)的推荐,当压力小于 37 kPa 时,垃圾土的强度可假定为 $c=24$ kPa 和 $\phi=0°$;当压力大于 37 kPa 时,垃圾土的强度可假定为 $c=0$ kPa 和 $\phi=33°$;或者也可根据 Eid et al. (2000)的推荐,取垃圾土强度的中间值,即 $c=25$ kPa 和 $\phi=35°$。

在不同种类的试验中得到的垃圾土应力变形关系有很大不同。在直剪试验中,典型的应力位移关系曲线呈上凸弯曲形状(即大致呈双曲线状),在大应变时,可能会趋向一个渐近值,有时呈现出具有峰值强度和而后强度随应变增大而降低的特性。而在三轴试验中,垃圾土的应力应变关系通常在最初时呈上凸弯曲形状,随后曲线几乎呈线性,最后曲线呈凹面形状(即呈现为增长性的向上翘的曲线),没有任何到达渐近值的标志,更不用说有任何明显的峰值强度(Kavazanjian, 2006; Zhan et al., 2008; Bray et al., 2009; Shi et al., 2009)。

考虑垃圾成分的降解对垃圾土强度的影响,至今还没有得到较一致的和有意义的成果。根据目前有些试验资料显示,垃圾成分的降解将会降低垃圾土的强

度。例如,Turczynski (1988)发表的三轴试验数据表明,垃圾土的内摩擦角从新鲜垃圾时的 39°,在 3 年后大约减少到 35°,在五年后大约减少到 32°,最后在 15 年后大约减少到 26°。然而,Zhan et al. (2008)发表的三轴试验结果却表明,垃圾土的内摩擦角随着垃圾的龄期增加而增加,从 1.7 年龄期时的 9.9°增加到 11 年龄期时的 26°;垃圾土的凝聚力却随着垃圾的龄期增加反而减少,从 1.7 年龄期时的 23.3 kPa 减少到 11 年龄期时的 0。这种试验结果的不一致主要是由于至今还没有建立起对垃圾降解程度进行量化测试的方法。虽然垃圾的龄期是一个重要参量,其他因素,例如垃圾的成分、含水量、气候情况和垃圾填埋程序,也可能对垃圾降解的速率有极大的影响。

3.4 填埋场稳定分析理论的研究

前述已经介绍含有土工合成材料衬里的现代卫生填埋场的主要稳定破坏型式是由衬里剪切强度控制的平移破坏,而非传统的像土坝和土堤破坏那样的圆弧滑动破坏。钱学德和 Koerner 等在 2003 年利用极限平衡理论推导出了一个新的填埋场双楔体平移破坏分析计算方法(Qian et al., 2003)。钱学德和 Koerner 在 2004 年又改进和完善了这一方法使之能应用于更广的范围(Qian and Koerner, 2004)。在以前的计算方法中不考虑填埋体本身的强度对稳定的作用,主动楔体与被动楔体间的作用力方向是人为假定的,不符合实际情况。在新方法中,充分考虑了填埋体本身的强度对稳定破坏的作用,主动楔体和被动楔体间的作用力方向和大小都能从新推的平衡方程中算得。钱学德和 Koerner 在 2005 年以及钱学德在 2006 年又进一步发展了这一新方法(Qian and Koerner, 2005; Qian, 2006),使之可以在各种渗滤液水位下进行稳定分析。通过对各种渗滤液升高情况的模拟计算后发现随着渗滤液水位和防渗结构孔压的变化,具有最小安全系数的多层衬里内的最危险界面不是固定不变的,它可能会从一个界面转移到另一个界面。因此仅仅人为地假定一个固定不变的最危险界面来进行稳定分析,而不充分考虑到填埋场在整个施工、运行及关闭养护过程中各种可能情况引起最危险界面的改变,有可能过高地估计了填埋场的稳定安全系数(Qian, 2008)。钱学德和 Koerner 在 2009 年又进行了进一步的研究,推导

出了可用于利用垃圾坝增加填埋空间的平原型填埋场和具有垃圾坝的山谷型填埋场的三楔体平移破坏分析计算方法（Qian and Koerner, 2009）。

国内对填埋场的稳定分析的研究,虽然起步相对较晚但是发展迅速。开始的研究主要侧重对填埋场结构稳定性问题的分析研究,如对填埋场边坡和地基稳定性的研究(刘君和孔宪京,2004;杨明亮等,2005)和对垃圾坝稳定的研究(刘建国等,2001;孙继军等,2003)。对填埋体的稳定分析开始主要侧重对填埋体的滑动破坏分析,主要考虑破坏面位于垃圾体中(陈云敏等,2000;朱向荣等,2002)。近年来,对含有土工合成材料的多层复合衬里的剪切强度和对破坏面通过衬里内部的平移破坏情况的研究也迅速发展(吴景海和陈环,2001;冯世进等,2007)。

4 结论

垃圾填埋场垃圾土和多层复合衬里的强度特性及边坡稳定分析方法研究已经取得较丰富的成果,但大型垃圾填埋场土工合成材料多层复合衬里界面特性的模拟试验方法和理论模型的建立、考虑应力和时间的破坏面附近垃圾土变形和强度性质及相应的本构关系建立、滑动破坏面穿越垃圾体和复合衬里界面的稳定计算理论等方面的研究仍显不足,开展系统研究是切实解决深大型垃圾填埋场稳定问题的主要环节之一。

参考文献

[1] Qian Xuede, Koerner R M, Gray D H. Geotechnical Aspects of Landfill Design and Construction [M]. New Jersey: Pearson, 2002.

[2] Anonymous. Emergency Consulting Engineering and Design Services to Stabilize the Ümbaniye Dump Site and Evaluation of Potential Safety Problem at Other Solid Waste Dumps in Istanbul [R]. Prepared for the Municipality of Greater Istanbul, Turkey, CH2M Hill International, Ltd, 1994.

[3] 方满. 垃圾填埋场爆炸灾害的发生与控制途径[J]. 灾害学,1997,12(3),89-92.

[4] Koerner R M Soong T-Y. Stability Assessment of Ten Large Landfill Failures [C] //Advances in Transportation and Geoenvironmental Systems Using Geosynthetics, Proceedings of Sessions of GeoDenver, ASCE Geotechnical Special Publication (GSP), 2000, 103, 1-38.

[5] Qian Xuede, Koerner R M. A New Method to Analyze for, and Design against, Translational Failures of Geosynthetic Lined Landfills [C] //Geosynthetics and Geosynthetic-Engineered Structures, the ASME / ASCE/SES McMat 2005 Conference, Baton Rouge, Louisiana, 2005, 61-98.

[6] Bove J A. Direct Shear Friction Testing for Geosynthetics in Waste Containment [C] //Proc. Geosynthetic Testing for Waste Containment Applications, 1990, 241-256.

[7] Lopes R F, Smolkin P A, Lefebvre P J. Geosynthetics Interface Friction: A Challenge for Generic Design and Specification [C] //Proceedings of Geosynthetics '93 Conference, Vancouver, Canada, IFAI Publication, 1993, 1259-1272.

[8] Simpson B E. Five Factors Influencing the Clay / Geomembrane Interface [C] //Proceedings of Geoenvironment 2000, ASCE, Geotechnical Special Publication, 1995, 46, 995-1004.

[9] Mitchell J K, Seed R B, Seed H B. Kettleman Hills Waste Landfill Slope Failure I: Liner System Properties [J]. Journal of Geotechnical Engineering, ASCE, 1990, 116(4): 647-668.

[10] Byrne R J, Kendall J, Brown S. Cause and Mechanism of Failure of Kettleman Hills Landfill B-19, Phase IA [C] //Proceedings of ASCE Specialty Conference on Stability and Performance of Slope and Embankments— Ⅱ, Berkeley, CA, 1992, June 28 - July 1, 1180-1215.

[11] Stark T D, Poeppel A R. Landfill Liner Interface Strengths from Torsional-Ring-Shear Tests [J]. Journal of Geotechnical Engineering, ASCE, 1994, 120 (3): 597-615.

[12] Spikula D R. Subsidence Performance of Landfills [C] //Proceedings GRI-10 Conference, GSI, Folsom, Pennsylvania, PA, 1997, 237-244.

[13] 钱学德,郭志平,施建勇,等. 现代卫生填埋场的设计与施工[M]. 北京: 中国建筑工业出版社,2001.

［14］Byrne R J. Design Issues with Displacement-Softening Interfaces in Landfill Liners ［C］//Proceedings of Waste Tech'94, Charleston, SC, 1994, January 13 - 14.

［15］Esterhuizen J J B, Filz G M, Duncan J M. Constitutive Behavior of Geosynthetic Interface ［J］. Journal of Geotechnical and Geoenvironmental Engineering, ASCE, 2001, 127(10): 834 - 840.

［16］Giroud J P, Darrasse J, Bachus R C. Hyperbolic Expression for Soil-Geosynthetic or Geosynthetic-Geosynthetic Interface Shear Strength ［J］. Geotextiles and Geomembranes, 1993, 12(3): 275 - 286.

［17］Gilbert R B, Fernandez F, Horsfield D W. Shear Strength of Reinforced Geosynthetic Clay Liner ［J］. Journal of Geotechnical Engineering, ASCE, 1996, 122 (4): 259 - 266.

［18］Fox P J, Rowland M G, and Scheithe J R. Internal Shear Strength of Three Geosynthetic Clay Liners ［J］. Journal of Geotechnical and Geoenvironmental Engineering, ASCE, 1998, 124(10): 933 - 944.

［19］Duncan J M, Byrne P, Wong K S, et al. Strength, Stress-Strain and Bulk Modulus Parameters for Finite Element Analyses of Stresses and Movements in Soil Masses ［R］. Report No. UCB /GT /78 - 02, University of California, Berkeley, CA, 1978.

［20］Shalenberger W C, Filz G M. Interface strength determination using a large displacement shear box ［C］//Proc., 2nd Int. Congr. On Envir. Geotechnics, Osaka, Japan, 1996, 1, 147 - 152.

［21］Fox P J, Rowland M G, Scheithe J R. Design and Evaluation of a Large Direct Shear Machine for Geosynthetic Clay Liners ［J］. Geotechnical Testing Journal, ASTM, 1997, 6, 279 - 288.

［22］Triplett E J, Fox P J. Shear Strength of HDPE Geomembrane/ Geosynthetic Clay Liner Interfaces ［J］. Journal of Geotechnical and Geoenvironmental Engineering, ASCE, 2001, 127(6): 543 - 552.

［23］Mizyal I, Yidiz W. Geomembrane-Sand Interface Frictional Properties as Determined by Inclined Board and Shear Box Tests ［J］. Geotextiles and Geomembranes, 1998, 16, 207 - 219.

［24］Ling H I, Burke C, Mohri Y, et al. Shear Strength Parameters of Soil-Geosynthetic Interfaces under Low Confining Pressure Using a Tilting Table ［J］. Geosynthetics International, 2002, 4, 373 - 380.

［25］Dhani B N. A Simple Tilt Table Device to Measure Index Friction Angle of Geosynthetic ［J］. Geotextiles and Geomembranes, 2003, 21, 49 - 57.

［26］Stark T D, Williamson T A, Eid H T. HDPE Geomembrane/Geotextile Interface Shear Strength ［J］. Journal of Geotechnical Engineering, ASCE, 1996, 122 (3): 197 - 203.

［27］Eid H T, Stark T D. Shear Behavior of Unreinforced Geosynthetic Clay Liner ［J］. Geosynthetics International, 1997, 6, 645 - 659.

［28］Landva A O, Clark J I. Geotechnics of waste fill. Theory and practice ［J］. STP No. 1070, Landva and Knowles, eds. , ASTM, 1990, 86 - 103.

［29］Withiam J L, Tarvin P A, Bushell T D, et al. Prediction and performance of municipal landfill slope ［J］. Geoenvironment 2000, Geotechnical Special Publication, 1995, 46, 1005 - 1019.

［30］Kavazanjian E, Jr, Matasovic N, Bonaparte R, et al. Evaluation of MSW properties for seismic analysis ［J］. ASCE Geotechnical Special Publication, Geoenvironment 2000, 1995, 46(2): 126 - 141.

［31］朱俊高,施建勇,严蕴. 垃圾填埋场固体废弃物的强度特性试验研究［C］//第一届全国环境岩土工程与土工合成材料技术研讨会论文集. 杭州: 浙江大学出版社, 2002,192 - 196.

［32］张季如,陈超敏. 城市生活垃圾抗剪强度参数的测试与分析［J］. 岩石力学与工程学报,2003,22(1): 110 - 114.

［33］骆行文,杨明亮,姚海林,等. 陈垃圾土的工程力学特性试验研究［J］. 岩土工程学报,2006,28(5): 662 - 625.

［34］冯世进,陈云敏,高丽亚,等. 城市固体废弃物的剪切强度机理及本构关系［J］. 岩土力学,2007,28(12): 2524 - 2528.

［35］Zhan T L Y, Chen Y M, Ling W A. Shear Strength Characterization of Municipal Solid Waste at the Suzhou Landfill, China ［J］. Engineering Geology, 2008, 97 (3 - 4), 97 - 111.

［36］Shi Jianyong, Qian Xuede, Zhu Jungao, Li Yuping. Applications of Shear Strengths of Solid Waste and

Multilayer Liner in Landfills [C]//Proceedings of 2009 International Symposium on Geoenvironmental Engineering, Hangzhou, China, 2009, 286 - 294.

[37] Kavazanjian E Jr, Matasovic N, Bachus R C. Large-diameter static and cyclic laboratory testing of municipal solid waste [C]//Proc. , Sardinia '99 - 7th Int. Waste Management and Landfill Symp. , 1999, 3, 437 - 444.

[38] Mazzucato N, Simonini P, Colombo S. Analysis of block slide in a MSW landfill [C]//Proc. , Sardinia '99 - 7th Int. Waste Management and Landfill Symp. , 1999, 3, 537 - 544.

[39] Pelkey S A, Valsangkar A J, Landva A. Shear displacement dependent strength of municipal solid waste and its major constituents [J]. Geotech. Test. J. , 2001, 24(4): 381 - 390.

[40] Jessberger H L, Kockel R. Determination and assessment of the mechanical properties of waste. Waste disposal by landfill — Green '93, R. W. Sarsby, ed. , Balkema, Rotterdam, The Netherlands, 1995, 313 - 322.

[41] Grisolia M, Napoleoni Q, Tangredi G. The use of triaxial tests for the mechanical characterization of municipal solid waste [C]//Proc. , 5th Int. Landfill Symp. — Sardinia, 1995, 2, 761 - 767.

[42] Vilar O M, Carvalho M F. Shear strength properties of municipal solid waste [C]//Proc. , 4th Int. Congress on Environmental Geotechnics, 2002, 1, 59 - 64.

[43] Eid H T, Stark T D, Douglas W D, et al. Municipal solid waste slope failure. 1: Waste and foundation properties [J]. Journal of Geotechnical and Geoenvironmental Engineering, 2000, 126(5): 397 - 407.

[44] Kavazanjian E Jr. Waste mechanics: Recent findings and unanswered questions [J]. Advances in unsaturated soil, seepage, and environmental geotechnics, ASCE, Geotechnical Special Publication, 2006, 148, 34 - 54.

[45] Bray J D, Dimitrios Zekkos D, Edward Kavazanjian E. Jr, et al. Shear strength of municipal solid waste [J]. Journal of Geotechnical and Geoenvironmental Engineering, 2009, 135(6): 709 - 722.

[46] Turczynski U. Geotechnische aspekte beim aufbau von Mehrkimponenten-deponien [M]. Dissertation an der Bergakademie Freiberg (in German), 1988.

[47] Qian Xuede, Koerner R M, Gray D H. Translational Failure Analysis of Landfills [J]. Journal of Geotechnical and Geoenvironmental Engineering, ASCE, 2003, 129(6): 506 - 519.

[48] Qian Xuede, Koerner R M. Effect of Apparent Cohesion on Translational Failure Analyses of Landfills [J]. Journal of Geotechnical and Geoenvironmental Engineering, ASCE, 2004, 130(1): 71 - 80.

[49] Qian Xuede. Translational Failures of Geosynthetic Lined Landfills under Difference Leachate Buildup Conditions [J]. Advances in Unsaturated Soils, Seepage, and Environmental Geotechnics, ASCE, Geotechnical Special Publication (GSP), 2006, 148, 278 - 289.

[50] Qian Xuede. A Study for Critical Interfaces in Geosynthetic Multilayer Liner System of Landfills [J]. Journal of Water Science and Engineering (English), China, 2008, 1(4): 22 - 35.

[51] Qian Xuede, Koerner R M. Stability Analysis for Using Engineered Berm to Increase Landfill Space [J]. Journal of Geotechnical and Geoenvironmental Engineering, ASCE, 2009, 135(8): 1082 - 1091.

[52] 刘君,孔宪京. 卫生填埋场复合边坡地震稳定性和永久变形分析[J]. 岩土力学,2004,25(5): 778 - 782.

[53] 杨明亮,骆行文,喻晓等. 金口垃圾填埋场内大型建筑物地基基础及安全性研究[J]. 岩石力学与工程学报, 2005,24(4): 628 - 637.

[54] 孙继军,曾照明,卢继强,等. 城市垃圾填埋场安全稳定性分析[J]. 重庆环境科学,2003,25(12): 30 - 31.

[55] 陈云敏,王立忠,胡亚元,等. 城市固体垃圾填埋场边坡稳定分析[J]. 土木工程学报,2000,33(3): 92 - 97.

[56] 朱向荣,王朝晖,方鹏飞等. 杭州天子岭垃圾填埋场扩容可行性研究[J]. 土木工程学报, 2002, 24 (3): 281 - 285.

[57] 吴景海,陈环. 土工合成材料与界面作用特性的研究[J]. 岩土工程学报,2001,23(1): 89 - 93.

[58] 冯世进,陈云敏,高广运. 垃圾填埋场沿底部衬垫系统破坏的稳定性分析[J]. 岩土工程学报,2007,29(1): 20 - 25.

土体各向异性边界面模型隐式算法在 ABAQUS 软件中的实现

钦亚洲[1],孙 钧[1,2]

(1. 同济大学 岩土及地下工程教育部重点实验室,上海200092;

2. 杭州丰强土建工程研究院,杭州 310006)

摘要: 基于 Wheeler 土体各向异性旋转硬化法则,结合边界面理论,构造一个能够反映土体初始各向异性及加载后应力诱发各向异性的边界面本构模型。并借助 ABAQUS 软件提供的 UMAT 子程序接口,采用隐式积分算法——图形返回算法实现。通过对正常固结状态下($OCR=1$)高岭土试样三轴不排水剪切试验进行模拟,并将模拟结果与 ABAQUS 自带的修正剑桥模型模拟结果进行了比较分析,表明本模型的模拟结果能够反映土体在偏压加载过程中产生的各向异性现象。在此基础上,采用本模型对中等超固结($OCR=4$)高岭土试样三轴不排水剪切试验进行模拟,并再次与 ABAQUS 自带的修正剑桥模型模拟结果进行比较,表明本模型能够较好地反映中等超固结土在小应变情况下的非线性特性。相比于经典弹塑性模型,如修正剑桥模型,本模型的模拟结果更符合中等超固结土的变形特性。

关键词: 土体各向异性边界面模型;图形返回算法;ABAQUS 软件;UMAT 接口

1 引言

多数土体弹塑性本构模型基于重塑土样构建,而实际土层往往处于 k_0 固结状态,即土体中存在初始各向异性。此外,在偏压荷载作用下,即使前期等压固结土体中也会产生应力诱发各向异性,这种各向异性现象在经典弹塑性本构模型(如修正剑桥模型)中,无法得到反映。

土体各向异性的存在会对土的剪切强度、应力-应变行为以及屈服面倾向等产生影响。一些研究结果表明,对于正常固结土,考虑土体各向异性后,其力学行为将趋于超固结土。Anandarajah[1]和 Ling 等[2]通过引入宏观各向异性张量,构建了一个能反映土体初始各向异性及应力诱发各向异性的边界面模型,但模型各向异性演化只采用塑性体应变作为硬化因子,忽略了塑性剪应变对各向异性的贡献。Wheeler 等[3]针对芬兰黏土(Otaniemi clay),提出一个能同时考虑塑性体应变和塑性剪应变影响的各向异性旋转硬化法则。基于此硬化法则,结合边界面理论,本文建立了一个土体各向异性边界面模型,并采用隐式积分算法实现。

材料非线性有限元法迭代分析一般分两个层次:一是与率本构方程有关的局部迭代层次,即给定应变增量,通过算法迭代更新应力和内变量;二是整体迭代层次,通过算法迭代实现内力与外荷载之间的平衡[4]。数值积分算法通常分为两大类:显式积分算法和隐式积分算法。显式积分算法往往比隐式积分算法易于实现,但隐式积分算法在计算稳定性上则优于显式积分算法。

最近点投影法[5](closest point projection method,简称 CPPM)是一种完全隐式应力更新算法,它是图形返回算法(return mapping algorithm)的一种。它强化在时间步结束时的一致性,即 $f_{n+1}=0$,以避免应力点离开屈服表面的漂移。图形返回算法包括一个初始的弹性预测步(包含对屈服表面的偏离),以及塑性调整步使应力返回到更新后的屈服表面,这两个步骤构成了完整的应力更新算法[6]。它首先将一组率本构方程转换为非线性方程组,随后通过对这组非线性方程组线性化,采用 Newton-Raphson 迭代,根据最近投影点的概念引导塑性修正返回到屈服表面。同时,为提高整体迭代收敛速度,需给出与算法相适应的一致切线模量(consistent tangent operator)的准确表达。

结合土体各向异性边界面本构模型在 ABAQUS 程序中的研发,介绍图形返回算法在 ABAQUS 中的实现。

2　土体各向异性边界面模型

本文土体各向异性边界面本构模型基于 Wheeler 的弹塑性模型 S-CLAY1 基础上,通过引入径向映射法则构造而成。

2.1　边界面方程

$$F = \frac{3}{2}(\bar{s}_{ij} - \bar{p}\alpha_{ij})(\bar{s}_{ij} - \bar{p}\alpha_{ij}) - \left(M^2 - \frac{3}{2}\alpha_{ij}\alpha_{ij}\right)(p_0 - \bar{p})\bar{p} = 0 \quad (1)$$

式中:$\bar{s}_{ij}$ 为边界面上的偏应力;$\bar{p}$ 为边界面上的球应力;α_{ij} 为各向异性张量;M 为临界状态应力比;p_0 为土体前期固结压力,F 代表边界面方程。

2.2　硬化法则

硬化法则包括两个部分:等向硬化法则和旋转硬化法则。

等向硬化法则由前期固结压力 p_0 演化来反映:

$$\dot{p}_0 = \frac{v_0}{\lambda - \kappa} p_0 \, \dot{\varepsilon}_v^p \quad (2)$$

式中:λ 为 $e - \ln p$ 空间正常固结线的斜率;κ 为 $e - \ln p$ 空间回弹曲线的斜率;$v_0 = 1 + e_0$;e_0 为初始孔隙比,v_0 为初始比体积,$\dot{p}_0$ 为前期固结压力增量,$\dot{\varepsilon}_v^p$ 为塑性体积应变增量。

各向异性张量 α_{ij} 的硬化法则为旋转硬化法则,以塑性体应变 ε_v^p 及等效塑性偏应变 $\bar{\varepsilon}_s^p$ 作为硬化因子,为

$$\dot{\alpha}_{ij} = \mu\left[\left(\frac{3s_{ij}}{4p} - \alpha_{ij}\right) < \dot{\varepsilon}_v^p > + \beta\left(\frac{s_{ij}}{3p} - \alpha_{ij}\right)\dot{\bar{\varepsilon}}_s^p\right] \quad (3)$$

式中:s_{ij},p 分别为当前应力点的偏应力和球应力;$\dot{\alpha}_{ij}$ 为各向异性张量增量,μ、β 为常量参数;μ 控制 α_{ij} 变化的大小;β 为控制塑性体应变增量 $\dot{\varepsilon}_v^p$ 及等效塑性偏应变增量 $\dot{\bar{\varepsilon}}_s^p$ 对 α_{ij} 变化影响比例的因子。$< >$ 为

Macaulay 符号,其含义为:当 $\dot{\varepsilon}_v^p > 0$ 时,$< \dot{\varepsilon}_v^p >= \dot{\varepsilon}_v^p$;当 $\dot{\varepsilon}_v^p \leqslant 0$ 时,$< \dot{\varepsilon}_v^p >= 0$。

$$\dot{\bar{\varepsilon}}_s^p = \left(\frac{2}{3} \, \dot{e}_{ij}^p \, \dot{e}_{ij}^p\right)^{\frac{1}{2}}, \, \dot{e}_{ij}^p \text{ 为塑性偏应变增量。}$$

2.3　映射法则

本模型采用径向映射[7-8],定义像点与当前应力点的比例因子 b 为

$$b = r_0 / (r_0 - l) \quad (4)$$

式中:l 为当前应力点与像点之间的距离;r_0 为投影中心到像点之间的距离;b 必须满足 $b \geqslant 1$。

像点处应力与当前应力间存在以下关系:

$$\bar{q} = bq, \, \bar{p} = bp \quad (5)$$

2.4　弹性模量

弹性模量分为体积模量 K 和剪切模量 G,其中体积模量 K 随球应力 p 而变化。若假定变形过程中泊松比 v 不变化,G 可由 K 表达为

$$K = \frac{v_0}{\kappa} p, \, G = \frac{3K(1 - 2v)}{[2(1 + v)]} \quad (6)$$

弹性应力应变增量关系为

$$\dot{\varepsilon}_v^e = \frac{\dot{p}}{K}, \, \dot{e}_{ij}^e = \frac{\dot{s}_{ij}}{2G} \quad (7)$$

式中:$\dot{\varepsilon}_v^e$ 为弹性体积应变增量,$\dot{e}_{ij}^e$ 为弹性偏应变增量。

2.5　塑性模量

边界面上的塑性模量 $\bar{K}_p$ 可由一致性条件 $\dot{F} = 0$ 求出,本模型中,$\bar{K}_p$ 表达为

$$\begin{aligned} \bar{K}_p = bp &\left[\frac{v_0}{\lambda - \kappa} p_0 \left(M^2 - \frac{3}{2}\alpha_{ij}\alpha_{ij}\right) + 3\mu(bs_{ij} - p_0\alpha_{ij}) \right. \\ &\cdot \left. \left(\frac{3s_{ij}}{4p} - \alpha_{ij}\right)\right]\left[\left(M^2 - \frac{3}{2}\alpha_{kl}\alpha_{kl}\right)(2bp - p_0)\right. \\ &- 3b(s_{kl} - p\alpha_{kl})\alpha_{kl}] + 3b^2 p\mu\beta(bs_{ij} - p_0\alpha_{ij}) \\ &\cdot \left(\frac{s_{ij}}{3p} - \alpha_{ij}\right)\left[6(s_{kl} - p\alpha_{kl})(s_{kl} - p\alpha_{kl})\right]^{\frac{1}{2}} \end{aligned}$$
$$\quad (8)$$

当前应力点的塑性模量 K_p 可由 $\bar{K}_p$ 及当前应力点至投影中心距离插值得到[2]

$$K_{\mathrm{p}} = \bar{K}_{\mathrm{p}} + \frac{1+e_0}{\lambda - \kappa} p_{\mathrm{a}} R_{ij} R_{ij} \left(\frac{l}{<r_0 - sb>} \right)^W \tag{9}$$

式中：P_{a} 代表一个大气压,取 100 kPa。R_{ij} 为塑性流动方向,模型采用相关联流动法则;s 代表加载纯弹性域的大小;W 为常量参数,一般取 $W=2.0$。

本模型中,K_{p} 的具体表达式为

$$K_{\mathrm{p}} = \bar{K}_{\mathrm{p}} + \frac{v_0}{\lambda - \kappa} p_{\mathrm{a}} \left(1 - \frac{1}{b} \right)^W \{ 9b^2 (s_{ij} -$$
$$p\alpha_{ij})(s_{ij} - p\alpha_{ij}) + 3 [\left(M^2 - \frac{3}{2} \alpha_{ij}\alpha_{ij} \right)(2bp -$$
$$p_0) - 3b\alpha_{ij}(s_{ij} - p\alpha_{ij})]2 \} \tag{10}$$

3 应力更新算法

3.1 应力更新

应力更新采用图形返回算法,它是一种完全隐式向后 Euler 积分算法。

3.1.1 弹性预测

假定第 $n+1$ 步应变增量 $\Delta\varepsilon_{n+1}$ 全部为弹性增量,给定迭代初始值如下：

$$\left. \begin{array}{l} \Delta\Lambda_{n+1}^{(0)} = 0, \ \Delta\varepsilon_{\mathrm{v},\,n+1}^{\mathrm{p}(0)} = 0, \ \Delta\bar{\varepsilon}_{\mathrm{s},\,n+1}^{\mathrm{p}(0)} = 0, \\ \alpha_{ij,\,n+1}^{(0)} = \alpha_{ij,\,n}, \ p_{0,\,n+1}^{(0)} = p_{0,\,n} \end{array} \right\} \tag{11}$$

式中,$\Delta\Lambda$ 为塑性乘子增量,变量最后下标代表应变第 $n+1$ 增量步,上标 (m) 代表迭代次数,以下类同。

b 的初始值由下式确定：

$$b_{n+1}^{(0)} = b_n = \left(M^2 - \frac{3}{2} \alpha_{ij,\,n}\alpha_{ij,\,n} \right) p_n p_{0,\,n} \bigg/$$
$$\left[\frac{3}{2} (s_{ij,\,n} - p_n\alpha_{ij,\,n})(s_{ij,\,n} - p_n\alpha_{ij,\,n}) \right.$$
$$\left. + \left(M^2 - \frac{3}{2} \alpha_{ij,\,n}\alpha_{ij,\,n} \right) p_n^2 \right] \tag{12}$$

则弹性预测阶段应力更新为[9-10]

$$p_{n+1}^{(0)} = p_n \exp\left(\frac{v_0}{\kappa} \Delta\varepsilon_{\mathrm{v},\,n+1} \right) \tag{13}$$

$$s_{ij,\,n+1}^{(0)} = s_{ij,\,n} + 2G_{n+1} \Delta e_{ij,\,n+1} \tag{14}$$

体积模量 K_{n+1} 由下式求得

$$K_{n+1} = \frac{p_{n+1}^{(0)} - p_n}{\Delta\varepsilon_{\mathrm{v},\,n+1}} = \frac{p_n \left[\exp\left(\frac{v_n}{\kappa} \Delta\varepsilon_{\mathrm{v},\,n+1} \right) - 1 \right]}{\Delta\varepsilon_{\mathrm{v},\,n+1}} \tag{15}$$

G_{n+1} 由 K_{n+1} 确定。

3.1.2 塑性修正

将上述弹性试算应力先代入屈服方程 F,若屈服方程 $F \geqslant 0$,则需要迭代进行塑性修正[11-12],以同时满足以下非线性本构方程组：

$$p_{n+1}^{(m)} = p_n \exp\left[\frac{v_n}{\kappa} (\Delta\varepsilon_{\mathrm{v},\,n+1} - \Delta\varepsilon_{\mathrm{v},\,n+1}^{p(m)}) \right] \tag{16}$$

$$\Delta\varepsilon_{\mathrm{v},\,n+1}^{p(m)} = \left(M^2 - \frac{3}{2} \alpha_{ij,\,n+1}^{(m)} \alpha_{ij,\,n+1}^{(m)} \right) \Delta\Lambda_{n+1}^{(m)} (2b_{n+1}^{(m)} p_{n+1}^{(m)} -$$
$$p_{0,\,n+1}^{(m)}) - 3\Delta\Lambda_{n+1}^{(m)} \alpha_{ij,\,n+1}^{(m)} b_{n+1}^{(m)} (s_{ij,\,n+1}^{(m)} - p_{n+1}^{(m)} \alpha_{ij,\,n+1}^{(m)}) \tag{17}$$

$$s_{ij,\,n+1}^{(m)} = s_{ij,\,n} + 2G_{n+1}^{(m)} (\Delta e_{ij,\,n+1} - \Delta e_{ij,\,n+1}^{p(m)}) \tag{18}$$

$$\Delta e_{ij,\,n+1}^{p(m)} = 3\Delta\Lambda_{n+1}^{(m)} b_{n+1}^{(m)} (s_{ij,\,n+1}^{(m)} - p_{n+1}^{(m)} \alpha_{ij,\,n+1}^{(m)}) \tag{19}$$

$$p_{0,\,n+1}^{(m)} = p_{0,\,n} \exp\left(\frac{v_n}{\lambda - \kappa} \Delta\varepsilon_{\mathrm{v},\,n+1}^{p(m)} \right) \tag{20}$$

$$\alpha_{ij,\,n+1}^{(m)} = \alpha_{ij,\,n} + \mu \left[\left(\frac{3s_{ij,\,n+1}^{(m)}}{4p_{n+1}^{(m)}} - \alpha_{ij,\,n+1}^{(m)} \right) \right.$$
$$\left. <\Delta\varepsilon_{\mathrm{v},\,n+1}^{p(m)}> + \beta \left(\frac{s_{ij,\,n+1}^{(m)}}{3p_{n+1}^{(m)}} - \alpha_{ij,\,n+1}^{(m)} \right) \Delta\bar{\varepsilon}_{\mathrm{s},\,n+1}^{p(m)} \right] \tag{21}$$

$$b_{n+1}^{(m)} = b_n + \frac{\bar{K}_{p,\,n+1}^{(m)} - b_{n+1}^{(m)} K_{p,\,n+1}^{(m)}}{FENMU_{n+1}^{(m)}} \Delta\Lambda_{n+1}^{(m)} \tag{22}$$

$$\frac{3}{2} b_{n+1}^{(m)} (s_{ij,\,n+1}^{(m)} - p_{n+1}^{(m)} \alpha_{ij,\,n+1}^{(m)})(s_{ij,\,n+1}^{(m)} - p_{n+1}^{(m)} \alpha_{ij,\,n+1}^{(m)}) -$$
$$\left(M^2 - \frac{3}{2} \alpha_{ij,\,n+1}^{(m)} \alpha_{ij,\,n+1}^{(m)} \right) (p_{0,\,n+1}^{(m)} - b_{n+1}^{(m)} p_{n+1}^{(m)}) p_{n+1}^{(m)} = 0 \tag{23}$$

在式(22)中,$FENMU_{n+1}^{(m)}$ 代表一个标量值,有：

$$FENMU_{n+1}^{(m)}$$
$$= \bar{L}_{ij,\,n+1}^{(m)} \sigma_{ij,\,n+1}^{(m)}$$
$$= 3b_{n+1}^{(m)} s_{ij,\,n+1}^{(m)} (s_{ij,\,n+1}^{(m)} - p_{n+1}^{(m)} \alpha_{ij,\,n+1}^{(m)}) +$$

$$3p_{n+1}^{(m)} \left(M^2 - \frac{3}{2} \alpha_{ij,\,n+1}^{(m)} \alpha_{ij,\,n+1}^{(m)} \right) \left(2b_{n+1}^{(m)} p_{n+1}^{(m)} - p_{0,\,n+1}^{(m)} \right) -$$

$$9b_{n+1}^{(m)} p_{n+1}^{(m)} \left(s_{ij,\,n+1}^{(m)} - p_{n+1}^{(m)} \alpha_{ij,\,n+1}^{(m)} \right) \alpha_{ij,\,n+1}^{(m)} \qquad (24)$$

上述方程组中,变量最后下标代表应变第 $n+1$ 增量步,上标 (m) 为第 $n+1$ 增量步中第 m 次迭代。

式(18)中 $G_{n+1}^{(m)}$ 由 $K_{n+1}^{(m)}$ 得到,此时 $K_{n+1}^{(m)}$ 为

$$K_{n+1}^{(m)} = \frac{p_n \left[\exp\left(\frac{v_n}{\kappa} \left(\Delta\varepsilon_{v,\,n+1} - \Delta\varepsilon_{v,\,n+1}^{p(m)} \right) \right) - 1 \right]}{\Delta\varepsilon_{v,\,n+1} - \Delta\varepsilon_{v,\,n+1}^{p(m)}}$$

$$(25)$$

可以看出,上述变量第 $m+1$ 次迭代过程与第 m 次迭代结果无关,这种塑性修正为与路径无关(path independent)修正。

3.1.3 算法流程

具体应力更新步骤如下:

(1) 按式(11)、(12)给出迭代初值;

(2) 按式(13)、(14)计算弹性试算应力;

(3) 将弹性试算应力代入屈服方程,判断是否屈服。若屈服,进行塑性修正;否则跳出迭代;

(4) 计算式(16)~式(27)残差,将上述非线性方程组改写为如下形式:

$$R_{1,\,n+1}^{(m)} = p_{n+1}^{(m)} - p_n \exp\left[\frac{v_n}{\kappa} \left(\Delta\varepsilon_{v,\,n+1} - \Delta\varepsilon_{v,\,n+1}^{p(m)} \right) \right]$$

$$(26)$$

$$R_{2,\,n+1}^{(m)} = \Delta\varepsilon_{v,\,n+1}^{p(m)} - \left(M^2 - \frac{3}{2} \alpha_{ij,\,n+1}^{(m)} \alpha_{ij,\,n+1}^{(m)} \right) \Delta \cdot$$

$$\Lambda_{n+1}^{(m)} \left(2b_{n+1}^{(m)} p_{n+1}^{(m)} - p_{0,\,n+1}^{(m)} \right) +$$

$$3\Delta\Lambda_{n+1}^{(m)} \alpha_{ij,\,n+1}^{(m)} b_{n+1}^{(m)} \cdot$$

$$\left(s_{ij,\,n+1}^{(m)} - p_{n+1}^{(m)} \alpha_{ij,\,n+1}^{(m)} \right) \qquad (27)$$

$$R_{3-8,\,n+1}^{(m)} = s_{ij,\,n+1}^{(m)} - s_{ij,\,n} -$$

$$2G_{n+1}^{(m)} \left(\Delta e_{ij,\,n+1} - \Delta e_{ij,\,n+1}^{p(m)} \right) \qquad (28)$$

$$R_{9-14,\,n+1}^{(m)} = \Delta e_{ij,\,n+1}^{p(m)} -$$

$$3\Delta\Lambda_{n+1}^{(m)} b_{n+1}^{(m)} \left(s_{ij,\,n+1}^{(m)} - p_{n+1}^{(m)} \alpha_{ij,\,n+1}^{(m)} \right)$$

$$(29)$$

$$R_{15,\,n+1}^{(m)} = p_{0,\,n+1}^{(m)} - p_{0,\,n} \exp\left(\frac{v_n}{\lambda - \kappa} \Delta\varepsilon_{v,\,n+1}^{p(m)} \right)$$

$$(30)$$

$$R_{16-21,\,n+1}^{(m)} = \alpha_{ij,\,n+1}^{(m)} - \alpha_{ij,\,n} -$$

$$\mu \left[\left[\frac{3s_{ij,\,n+1}^{(m)}}{4p_{n+1}^{(m)}} - \alpha_{ij,\,n+1}^{(m)} \right] \cdot < \Delta\varepsilon_{v,\,n+1}^{p(m)} \right.$$

$$\left. > + \beta \left[\frac{s_{ij,\,n+1}^{(m)}}{3p_{n+1}^{(m)}} - \alpha_{ij,\,n+1}^{(m)} \right] \Delta \bar{\varepsilon}_{s,\,n+1}^{p(m)} \right]$$

$$(31)$$

$$R_{22,\,n+1}^{(m)} = b_{n+1}^{(m)} - b_n - \frac{\overline{K}_{p,\,n+1}^{(m)} - b_{n+1}^{(m)} K_{p,\,n+1}^{(m)}}{FENMU_{n+1}^{(m)}} \Delta\Lambda_{n+1}^{(m)}$$

$$(32)$$

$$R_{23,\,n+1}^{(m)} = \frac{3}{2} b_{n+1}^{(m)} \left(s_{ij,\,n+1}^{(m)} - p_{n+1}^{(m)} \alpha_{ij,\,n+1}^{(m)} \right) \left(s_{ij,\,n+1}^{(m)} - \right.$$

$$\left. p_{n+1}^{(m)} \alpha_{ij,\,n+1}^{(m)} \right) - \left(M^2 - \frac{3}{2} \alpha_{ij,\,n+1}^{(m)} \alpha_{ij,\,n+1}^{(m)} \right)$$

$$\left(p_{0,\,n+1}^{(m)} - b_{n+1}^{(m)} p_{n+1}^{(m)} \right) p_{n+1}^{(m)} \qquad (33)$$

式中:$R_{i,\,n+1}^{(m)}$ 为第 i 方程的残差。

取上述残差的 2 范数,若满足 $\| R_{n+1}^{(m)} \|_2 \leqslant tol$ (tol 为允许误差),则迭代收敛,跳出迭代;否则,求解如下线性化方程组:

$$T_{n+1}^{(m)} \Delta U_{n+1}^{(m)} = -R_{n+1}^{(m)} \qquad (34)$$

式中:$\Delta U_{n+1}^{(m)}$ 为未知变量,共23个;$T_{n+1}^{(m)}$ 为式(26)~(33)对未知变量 $\Delta U_{n+1}^{(m)}$ 的雅克比矩阵,为 23×23 方阵。

(5) 更新应力及内变量

(6) 令 $m \rightarrow m+1$,转入步骤(3)循环进行。

3.2 一致切线模量

一致切线模量也称为算法模量,不同于弹塑性切线模量。弹塑性切线模量定义为应力对应变的偏导数,可表达为如下指标形式:

$$D_{ijkl}^{ep} = D_{ijkl}^{e} - \frac{(D_{ijab}^{e} R_{ab})(D_{klrs}^{e} L_{rs})}{K_p + L_{ij} D_{ijkl}^{e} R_{kl}} \qquad (35)$$

一致切线模量为应力增量对应变增量的偏导数。因此,将上述增量本构关系改写为变分形式如下:

$$\delta p = K(\delta\varepsilon_v - \delta\varepsilon_v^p) \qquad (36)$$

$$\delta s_{ij} = 2G(\delta e_{ij} - \delta e_{ij}^p) \qquad (37)$$

$$\delta\varepsilon_v^p = Z_1 \delta\Lambda + \Delta\Lambda \left[3(p_0 \alpha_{ij} - bs_{ij}) \delta\alpha_{ij} + \right.$$

$$2M^2b\delta p + (2M^2p - 3s_{ij}\alpha_{ij})\delta b -$$
$$\left(M^2 - \frac{3}{2}\alpha_{ij}\alpha_{ij}\right)\delta p_0 - 3b\alpha_{ij}\delta s_{ij}] \tag{38}$$

$$\delta e_{ij}^{\mathrm{p}} = 3b(s_{ij} - p\alpha_{ij})\delta\Lambda + 3[(s_{ij} - p\alpha_{ij})\Delta\Lambda\delta b +$$
$$\Delta\Lambda b\delta s_{ij} - \Delta\Lambda\alpha_{ij}\delta p - \Delta\Lambda bp\delta\alpha_{ij}] \tag{39}$$

$$\delta p_0 = \frac{v_0}{\lambda - \kappa}p_0\delta e_{\mathrm{v}}^{\mathrm{p}} \tag{40}$$

$$\delta\alpha_{ij} = \mu\left[\left(\frac{3s_{ij}}{4p} - \alpha_{ij}\right)\langle\delta e_{\mathrm{v}}^{\mathrm{p}}\rangle + \beta\left(\frac{s_{ij}}{3p} - \alpha_{ij}\right)\frac{2\Delta e_{kl}^{\mathrm{p}}}{3\Delta\,\overline{\epsilon}^{\mathrm{p}}}\delta e_{kl}^{\mathrm{p}}\right] \tag{41}$$

$$\delta b = ZZ\delta\Lambda + \Delta\Lambda(ZZ_{,p}\delta p + ZZ_{,S_{ij}}\delta s_{ij} + ZZ_{,b}\delta b + ZZ_{,p_0}\delta p_0 + ZZ_{,\alpha_{ij}}\delta\alpha_{ij}) \tag{42}$$

$$Z_1\delta p + Z_2\delta b + 3b(s_{ij} - p\alpha_{ij})\delta S_{ij} + 3p(p_0\alpha_{ij} - bs_{ij})\delta\alpha_{ij} - \left(M^2 - \frac{3}{2}\alpha_{ij}\alpha_{ij}\right)p\delta p_0 = 0 \tag{43}$$

式中变量前 δ 符号代表取变分, Z_1、Z_2、ZZ 分别为,

$$Z_1 = \left(M^2 - \frac{3}{2}\alpha_{ij}\alpha_{ij}\right)(2bp - p_0) -$$
$$3b(s_{ij} - p\alpha_{ij})\alpha_{ij} \tag{44}$$

$$Z_2 = \frac{3}{2}(s_{ij} - p\alpha_{ij})(s_{ij} - p\alpha_{ij}) +$$
$$p^2\left(M^2 - \frac{3}{2}\alpha_{ij}\alpha_{ij}\right) \tag{45}$$

$$ZZ = \frac{\overline{K}_p - bK_p}{FENMU} \tag{46}$$

$ZZ_{,p}$、$ZZ_{,S_{ij}}$、$ZZ_{,b}$、$ZZ_{,p_0}$、$ZZ_{,\alpha_{ij}}$ 分别为 ZZ 对 p、S_{ij}、b、p_0、α_{ij} 的微分。

由上述方程组,可以得到 $\dfrac{\partial(\delta p)}{\partial(\delta e_{\mathrm{v}})}$、$\dfrac{\partial(\delta p)}{\partial(\delta e_{kl})}$、$\dfrac{\partial(\delta s_{ij})}{\partial(\delta e_{\mathrm{v}})}$、$\dfrac{\partial(\delta s_{ij})}{\partial(\delta e_{kl})}$,进而求得一致切线模量。

4 模型验证

模型研发借助软件 ABAQUS 提供的 UMAT 子程序接口进行,通过取相同模型参数,将本模型模拟结果与 ABAQUS 自带修正剑桥模型的模拟结果相比较,

以确定本模型的合理性。

模拟试验条件为高岭土三轴不排水剪切试验,模拟试样分两组,分别为 $OCR=1$ 的正常固结土和 $OCR=4$ 的超固结土。对 $OCR=1$ 的正常固结土的不排水剪切模拟用以验证模型。随后采用本模型对 $OCR=4$ 的超固结土不排水剪切模拟,考察本模型对中等超固结土的模拟能力。

模拟过程为:对于边界面模型,进行地应力平衡后,轴向位移加荷至应变量至 17%;对于 ABAQUS 自带修正剑桥模型模拟 $OCR=4$ 超固结土,先施加 360 kPa 围压固结平衡后,再将围压降至 90 kPa 相平衡,形成超固结土后,轴向位移加荷至应变量 17%。

4.1 模型参数

模型参数 λ、κ、v、M、p_0 与修正剑桥模型一致,可按 Stipho[13] 试验值选取;旋转硬化参数 β 选取采用 Wheeler 建议,对于 k_0 状态正常固结土,可由下式确定:

$$\beta = \frac{3(4M^2 - 4\eta_{k0}^2 - 3\eta_{k0})}{8(\eta_{k0}^2 - M^2 + 2\eta_{k0})} \tag{47}$$

式中: η_{k0} 为 k_0 固结土的初始应力比,由此取 $\beta=0.6$;另一硬化参数 μ 的选取,Wheeler 文中只给出依据经验的取值区间。文献[14-15]给出一种确定参数 μ 的方法。若对 k_0 固结土样施加大小为 2～3 倍前期固结压力的等向围压后,土体宏观各向异性基本消失,从而由下式确定参数 μ:

$$\mu = \frac{1 + e_0}{(\lambda - \kappa)\ln R}\ln\frac{M^2\alpha_{k0}/\alpha - 2\alpha_{k0}\beta}{M^2 - 2\alpha_{k0}\beta} \tag{48}$$

式中:参数 α 为施加等向围压后,土体新的各向异性量, $R=p_f/p_0$, p_f 为土样卸荷点的固结压力[15]。而最常用的方法是在模型其他参数已确定的情况下,采用拟合试验数据方法确定参数 μ 的值。本文通过对 Ling 的试验数据拟合,得到 $\mu=15$。W 一般取 2。参数选取如表 1 所示。

表 1 高岭土模型参数

λ	κ	v	M	μ	β	W	p_0/kPa
0.14	0.05	0.2	1.05	15	0.6	2	360

4.2 正常固结土的模拟结果

由图 1～图 4 可见,研发的各向异性土体边界面模

型模拟结果与 ABAQUS 自带的修正剑桥模型模拟结果存在偏差,而这种偏差恰恰反映了旋转硬化。对于三轴不排水剪切这条特殊的应力路径,在剪切过程中,体积应变增量 $\Delta\varepsilon_v$ 和塑性体积应变增量 $\Delta\varepsilon_v^p$ 始终为 0,所以对于修正剑桥模型而言(采用 $\Delta\varepsilon_v^p$ 作为硬化因子),不会发生应变硬化,其应力路径沿着屈服面移动;而对于本模型,由于同时采用塑性体积应变增量 $\Delta\varepsilon_v^p$ 及等效塑性偏应变增量 $\Delta\bar{\varepsilon}_s^p$ 作为旋转硬化的硬化因子,所以在模拟三轴不排水剪切时,即使 $\Delta\varepsilon_v^p$ 始终为 0,但由于等效塑性偏应变增量 $\Delta\bar{\varepsilon}_s^p$ 不为 0,所以仍会发生旋转硬化。这种旋转硬化反映在图 1 中为偏应力 q 较大,反映在图 2 中为应力路径的右扩,反映在图 4 中为超静孔压的略降。这些都表明剪切过程中土体发生了旋转硬化,或者说土体出现了各向异性。

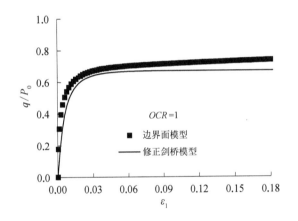

图 1　高岭土不排水三轴剪切应力-应变曲线($OCR=1$)

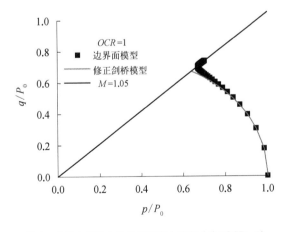

图 2　高岭土不排水三轴剪切应力路径曲线($OCR=1$)

4.3　中等超固结土的模拟结果

由图 5~图 8 可见,ABAQUS 自带的修正剑桥模型在模拟超固结土变形特性时的主要缺点在于无法反

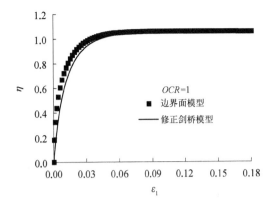

图 3　高岭土不排水三轴剪切应力比 η 变化曲线($OCR=1$)

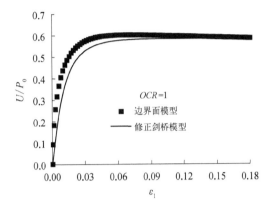

图 4　高岭土不排水三轴剪切孔压曲线($OCR=1$)

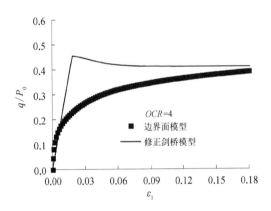

图 5　高岭土不排水三轴剪切应力-应变曲线($OCR=4$)

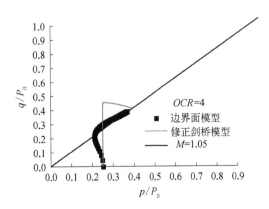

图 6　高岭土不排水三轴剪切应力路径曲线($OCR=4$)

映小应变情况下土体响应的非线性;而本模型对土体的这种非线性响应的模拟则比较好,它适合于对超固结土的模拟。

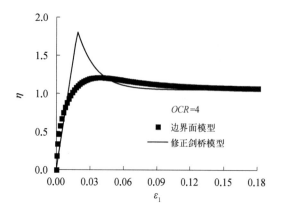

图7 高岭土不排水三轴剪切应力比 η 变化曲线($OCR=4$)

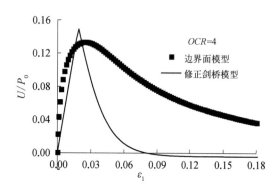

图8 高岭土不排水三轴剪切孔压曲线 ($OCR=4$)

5 结论

基于Wheeler土体各向异性旋转硬化法则,并通过引入边界面理论,构造一个能反映初始各向异性及应力诱发各向异性的土体边界面模型。借助于软件ABAQUS提供的UMAT子程序接口,采用隐式积分算法——图形返回算法(也称回映算法),实现了模型在ABAQUS软件内的研发。通过本模型对两种不同固结历史状态的高岭土试样($OCR=1$, $OCR=4$)的三轴不排水剪切试验进行模拟,并将模拟结果与ABAQUS自带的修正剑桥模型的模拟结果相比较分析,表明:

(1) 本模型能够合理模拟正常固结土($OCR=1$)及中等超固结土($OCR=4$)的力学特性,而一般弹塑性模型(如修正剑桥模型)对中等超固结土小应变情况下的非线性无法反映。

(2) 本模型的模拟结果能够反映土体在偏压加载过程中出现的各向异性现象。

参考文献

[1] ANANDARAJAH A, DAFALIAS Y F. Bounding surface plasticity. Ⅲ: application to anisotropic cohesive soils [J]. Journal of Engineering Mechanics, 1986, 112(12): 1292 - 1318.

[2] LING H I, YUE D Y, KALIAKIN V N, et al. Anisotropic elastoplastic bounding surface model for cohesive soils [J]. Journal of Engineering Mechanics, 2002, 128(7): 748 - 758.

[3] WHEELER S J, NAATANEN A, KARSTUNEN, et al. An anisotropic elastoplastic model for soft clays [J]. Canadian Geotechnical Journal, 2003, 40 (2): 403 - 418.

[4] HUANG J S, GRIFFITHS D V. Return mapping algorithms and stress predictors for failure analysis in geomechanics [J]. Journal of Engineering Mechanics, ASCE, 2009, 135(4): 276 - 284.

[5] SIMO J C, TAYLOR R L. Consistent tangent operators for rate-independent elastoplasticity [J]. Computer Methods in Applied Mechanics and Engineering, 1985, 48(3): 101 - 118.

[6] BELYTSCHKO T, LIU W K, MORAN B. Nonlinear Finite Elements for Continua and Structures [M]. New York: John Wiley & Sons, Ltd, 2000.

[7] DAFALIAS Y F. Bounding surface plasticity. Ⅰ: mathematical foundation and hypoplasticity [J]. Journal of Engineering Mechanics, 1986, 112 (9): 966 - 987.

[8] DAFALIAS Y F, HERRMANN L R. Bounding surface plasticity (Ⅱ): application to isotropic cohesive soils [J]. Journal of Engineering Mechanics, 1986, 112(12): 1263 - 1291.

[9] MANZARI M T, NOUR M A. On implicit integration of bounding surface plasticity models [J]. Computers & Structures, 1997, 63(3): 385 - 395.

[10] 费康,刘汉龙. 边界面模型在 ABAQUS 的开发应用 [J]. 解放军理工大学学报(自然科学版),2009,10(5):

447 – 451.

[11] MANZARI M T, PRACHATHANANUKIT R. On integration of a cyclic soil plasticity model [J]. International Journal for Numerical and Analytical Methods in Geomechanics, 2001, 25(6): 525 – 549.

[12] BORJA R I, LIN C H, MONTANS F J. Cam-clay plasticity, Part IV: implicit integration of anisotropic bounding surface model with nonlinear hyperelasticity and ellipsoidal loading function [J]. Computer Methods in Applied Mechanics and Engineering, 2001, 190 (26): 3293 – 3323.

[13] STIPHO A S A. Experimental and theoretical investigation of the behavior of anisotropically consolidated kaolin [D]. Cardiff, Cardiff University, U. K. , 1978.

[14] LEONI M, KARSTUNEN M, VERMEER P A. Anisotropic creep model for soft soils [J]. Geotechnique, 2008, 58(3): 215 – 226.

[15] YIN Z Y, CHANG C S, KARSTUNEN, et al. An anisotropic elastic-viscoplastic model for soft clays [J]. International Journal of Solids and Structures, 2010, 47(5): 665 – 677.

本文发表于《岩土力学》2012 年第 33 卷第 1 期

ABAQUS 动力无限元人工边界研究

戚玉亮[1,2,3,4]，大塚久哲[3]

（1. 广州市建筑科学研究院有限公司，广东 广州 5104402；

2. 华南理工大学土木与交通学院，广州 510641；

3. 同济大学岩土及地下工程教育部重点实验室，上海 200092；

4. 九州大学建设振动工学研究室，日本 福冈 819 - 0395）

摘要： 针对动力场天然无限地基的数值模拟与地震波输入问题进行了一些有意义的研究，评述了现有动力计算常用无限元的优缺点，详细阐述了 ABAQUS 无限元理论体系框架，并加以改进，提出一种考虑外域地震动影响的 ABAQUS 动力无限元人工边界，算例验证结果表明：内源振动和固定边界会出现失真和扰动现象，同时本文方法的计算结果与粘弹性边界的计算结果对比可知，该方法对外行散射波的过滤作用优于粘弹性边界。因此，改进的 ABAQUS 动力无限元人工边界理论方法有效且具有一定的稳定性。

关键词： 地震波输入；人工边界；ABAQUS 无限元

0 引言

在地震工程和结构分析中，地基土与结构的相互作用问题是人们近几十年一直关心亟待解决的一大难题，这一难题的特点表现在结构为有限域，地基为无限域。二十世纪中后期，计算机与数值计算方法的出现和迅速发展，为土木工程分析提供了强有力的工具和方法，从而为使用有限元法求解大量的工程实际问题成为可能。然而，采用有限元方法研究经常面对的问题是如何定义无限的区域，或者与周围的介质相比，划定的计算区域过小，对于静力问题，根据圣维南原理，这个无限介质可以通过延伸有限元网格来近似地考虑较远区域的影响，而再远的包围在计算区域外的介质的影响被认为足够小，以至于可以忽略掉。即人为截取"足够大"的区域进行几何上的有限元网格剖分，同时在"人为"边界上施加相应的近似约束边界条件。这种处理方法虽然不需引入新概念，但是存在四个较为明显的缺点：一是在对"足够大"的界定上让人感到很无奈，区域较小对数值计算规模的控制很有利，但在理论上会带来较大误差，区域较大能减小理论误差，但数值计算规模将增加；二是有限元截断边界的一般是近似地满足实际问题在无限远处应满足的边界条件，造成失真，在动力分析中尤需特别的关注，因为网格边界可能会反射能量到模拟区域，进而影响到计算结果；三是不能反映无限域对有限元区域的影响，只能从某种程度上满足工程需要的计算精度；四是对地震动力学问题而言，由于地震波的反射与散射效应，有限地基的假设则可能导致巨大误差，有限地基模型的应用受到了极大的限制。因此，这并非一种可靠的方法。

为了克服有限元计算方法的缺陷，解决无限域模拟的问题。20 世纪 70 年代初 Ungless 和 Anderson 首先提出无限元的思想，1975 年 Zienkiewi 和 Bettess 完成了第一篇关于无限元单元法的论文，1977 年 Bettess 和 Zienkiewi 发表了首篇系统的应用于流体波动分析的无限元论文[1]。虽然文中存在一些瑕疵，但已初显无限元法在求解无界域问题方面的魅力。1981 年，Chow 和 Smith 提出谐振无限固体单元，将无限元的研究引于固体中波的传播分析[2]。1984 年，Bettess 等根据整体坐标和局部坐标间的映射，首次提出了一种映射无限单元，我们称之为 Bettess 单元[3]。1985 年，Zienkiewicz 和 Bettess[4] 在完善文献[1,3]工作的基础上，提出了映射无限元（Bettess 单元）概念，求解了有关浅水表面波的 4 个问题。1992 年，Bettess 汇聚这些研究成果，出版了世界上首部无限元方面的专著"Infinite Elements"[5]。Zhang C. H. 和 Zhao C. B. 较早地将这一方法应用于地基-结构动力相互作用分析中[6]。1995—2006 年间，Chung-Bang Yun 等[7] 提出并研究了一种新型动力无限元，该方法可对频域和时域内 2D、3D 桩土动力相互作用进行分析。

许多学者在求解无限域问题的经验表明[8-10]：有限元与无限元耦合模型在求解工程实际问题方面有着广泛的实用性，在模拟和近似模拟无限域问题方面表现出明显的优越性；总之，无限元为克服有限元在解决无界域问题时而提出，常常与常规有限元同时用来解决更复杂的无界问题，是对有限元方法的一种补充，因而它与有限元方法的"协调"与生俱在，比边界元等其它求解无界域问题的数值方法更具有优势。

ABAQUS 提供了一阶和二阶无限单元，这是基于 Zienkiewicz 等（1983）静力计算分析，以及 Lysmer 与 Kuhlemeyer（1969）动力响应分析而开发的。这种单元可以与标准有限单元结合，用有限元模拟近场区域，而用无限元模拟远场区域。目前，无限元动力人工边界仅适应于域内局部点源振动问题，即对从有限域穿过人工边界进入无限域的外行波的模拟有效，而对外源入射问题，无限单元尚有待进一步研究。为解决上述问题，本文针对 ABAQUS 无限单元开展了系统的时空域内的外源入射问题研究。

1 改进的 ABAQUS 动力无限元人工边界

本文在改进的 ABAQUS 动力无限元人工边界推导中，作了如下假定：（1）临近有限域边界的响应具有足够小的幅值，以至于介质的响应属于线弹性；（2）无限单元区域介质满足理想弹性体假定：连续性、均匀性、完全弹性、小变形和各向同性假定；（3）外部作用力除地震波激励产生的不平衡力外，其它单位体积力矢量为零。则质点运动（平衡）微分方程可取如下形式：

$$\frac{\partial}{\partial \boldsymbol{X}} \cdot \boldsymbol{\sigma} = \rho \frac{\partial^2 \boldsymbol{U}}{\partial t^2} \text{ 或 } \sigma_{ij, i} = \rho \frac{\partial^2 u_j}{\partial t^2} \qquad (1)$$

式中 ρ 是材料密度，$\boldsymbol{U}$ 是位移矢量，$\boldsymbol{\sigma}$ 是应力矢量，$\boldsymbol{X}$ 是坐标矢量。由于假定材料的响应是各向同性线弹性体，因此，根据广义胡克定律应力矢量 $\boldsymbol{\sigma}$ 的各个分量可用应变表示为：

$$\boldsymbol{\sigma}_{ij} = \lambda \varepsilon_{kk} \delta_{ij} + 2\mu \varepsilon_{ij} \qquad (2)$$

式中 ε_{ij} 是应变分量，λ 和 μ 是拉梅常数：

因为假定材料响应为小应变，所以应变和位移的关系可以表示为：

$$\varepsilon_{ij} = \frac{1}{2}(u_{i, j} + u_{j, i}) \qquad (3)$$

联合式（1）、式（2）和式（3），可得位移表示的运动方程为：

$$\rho \ddot{u}_i = G \frac{\partial^2 u_i}{\partial x_j \partial x_j} + (\lambda + G) \frac{\partial^2 u_j}{\partial x_i \partial x_j} \qquad (4)$$

或表示成矢量形式

$$(\lambda + G) \nabla \theta + G \nabla^2 \boldsymbol{U} = \rho \frac{\partial^2 \boldsymbol{U}}{\partial t^2} \qquad (5)$$

式中 $\theta = \frac{\partial u}{\partial x} + \frac{\partial v}{\partial y} + \frac{\partial w}{\partial z}$，$\nabla = \left(\frac{\partial}{\partial x}, \frac{\partial}{\partial y}, \frac{\partial}{\partial z}\right)$，$\nabla^2 = \frac{\partial^2}{\partial x^2} + \frac{\partial^2}{\partial y^2} + \frac{\partial^2}{\partial z^2}$。

1.1 点波源振动问题

考虑沿着 x 方向传播的平面波情形，此时，上述运动方程具有两个相同形式的体波解。一个表示平面纵波，形式如下：

$$u_x = f(x \pm c_p t), \ u_y = u_z = 0 \qquad (6)$$

将上式代入运动方程（4），可知波速 c_p 为

$$c_p = \sqrt{\frac{\lambda + 2G}{\rho}} = \sqrt{\frac{K + 4G/3}{\rho}} \qquad (7)$$

式中 $K = \frac{E}{3(1-2\nu)}$ 为体积模量，另一个是 S 波（横波）解，具有如下形式：

$$u_y = f(x \pm c_s t), \ u_x = u_z = 0 \qquad (8)$$

或

$$u_z = f(x \pm c_s t), \ u_x = u_y = 0 \qquad (9)$$

同样将上式代入运动方程（4），可得波速 c_s 为：

$$c_s = \sqrt{\dfrac{G}{\rho}} \qquad (10)$$

$f(x - ct)$ 代表沿 x 正方向传播的波,而 $f(x + ct)$ 代表沿 x 负方向传播的波。现有一个边界为 $x = L$ 的模型,$x < L$ 内用有限元模拟。在此边界上采用分布阻尼,如下式:

$$\sigma_{xx} = -B_p \dot{u}_x, \; \sigma_{xy} = -B_s \dot{u}_y, \; \sigma_{xz} = -B_s \dot{u}_z \qquad (11)$$

我们可以通过选择合理的阻尼常数 B_p 和 B_s,来避免纵波和横波能量从边界反射回 $x < L$ 中的有限元区域内。平面纵波接近边界时的位移公式为 $u_x = f_1(x - c_p t)$,$u_y = u_z = 0$,如果它们以平面纵波的形式被完全反射,则它们的反射波将以 $u_x = f_2(x + c_p t)$,$u_y = u_z = 0$ 的形式从边界反射回来。因为是线性问题,位移可以进行叠加 $f_1 + f_2$,相应的应力分量 $\sigma_{xx} = (\lambda + 2G)(f_1' + f_2')$,其它应力分量 $\sigma_{ij} = 0$,速度为 $\dot{u}_x = -c_p(f_1' - f_2')$。为了使这个解满足边界 $x = L$ 处的阻尼行为,尚需满足

$$(\lambda + 2G - B_p c_p)f_1' + (\lambda + 2G + B_p c_p)f_2' = 0 \qquad (12)$$

此处,我们可以使 $f_2 = 0$(进而 $f_2' = 0$),对于任意的 f_1,可令:

$$B_p = \dfrac{\lambda + 2G}{c_p} = \rho c_p \qquad (13)$$

采用同样的方法,对于 S 波(横波)取

$$B_s = \rho c_s \qquad (14)$$

1.2 外源地震动入射问题

土与上部结构动力相互作用分析中,对地震波输入处理得合理与否是决定模拟是否成功的关键,它将直接影响到计算结果的精度及可信度。地震波在人工边界输入时,输入方法随人工边界的变化而变化。对粘性边界,Joyner. W. V. 和 A. T. F. Chen 对于一维模型采用将入射运动转化为作用于人工边界上的等效荷载的方法成功地解决了波动输入问题。Yasui 修正了 Joyner 等的方法,使在有限元分析中能近似处理倾斜体波的输入问题。廖振鹏等提出了一种对一般无限域模型具有普遍适应性的人工透射边界,入射波由一

维单侧波动的叠加构成[11]。刘晶波等采用在边界上施加等效荷载,使人工边界上的输入位移和应力与原自由场的相同,实现了粘弹性人工边界的地震动输入,并通过实例分析验证了其准确性[12]。赵建峰和杜修力等采用粘弹性人工边界模拟局部不规则、不均匀地形引起的无限地基中的散射波场作用和波场分解技术,将外源波动传播对人工边界的影响通过位移场、速度场转化为应力场施加到人工边界节点上来反映,并借助通用有限元软件,实现了斜入射瞬态平面波条件下的无限域地基中波动传播问题的数值模拟[13]。基于土-坝动力相互作用分析,窦兴旺研究了四种不同的地震动输入方式[14]。

ABAQUS 无限元能够较好地模拟地基的辐射阻尼,对不考虑无限域地震波影响的内源振动、局部场域或广义结构的散射问题也都有效,然而,它对外源地震波动输入问题却无能为力。本文在 ABAQUS 无限元基础上进行二次开发,研究并提出了一种新的无限元人工边界外源地震波动输入方法。

有限元区域边界的运动主要由已知入射波和基础结构产生的散射波组成,基础结构产生的散射波由外域 ABAQUS 无限元直接吸收,而无限域地震波入射问题却需要采用一定的方法输入到计算区域中,由于假设边界区域为弹性小变形,因此,可以采用等效边界力的叠加原理,对入射波和散射波分开处理,视入射波和散射波在边界上互不影响。将输入地震动转化为作用于有限元无限元交界面上的等效应力的方法来解决外源波的入射问题。

已知在有限元边界上欲得到的等效动应力为 $\sigma_{ij}^{V_0}(x, y, z, t)$,与之相对应的速度波为 $V_0(x, y, z, t)$,针对前述无限元人工边界,将有限元计算区域作为研究对象,则静、动力共同作用下有限元区域边界结点的总应力为:

$$\sigma_{ij}^{FB}(x, y, z, t) = \sigma_{ij}^{FBS}(x, y, z) + \sigma_{ij}^{FBD}(x, y, z, t) \qquad (15)$$

其中,$\sigma_{ij}^{FB}(x, y, z, t)$ 是该结点的总应力,它包含了静应力(Statics)$\sigma_{ij}^{FBS}(x, y, z)$ 和动应力(Dynamics)$\sigma_{ij}^{FBD}(x, y, z, t)$ 的双重作用,静力部分主要来自土体自身的原始地应力,动力部分则主要由地震波动引

起。即

$$\sigma_{ij}^{FBD}(x, y, z, t) = \sigma_{ij}^{V_0}(x, y, z, t) \quad (16)$$

同理,无限元人工边界在静、动力共同作用下,无限元内边界结点总应力也由两部分组成:

$$\sigma_{ij}^{IB}(x, y, z, t) = \sigma_{ij}^{IBS}(x, y, z) + \sigma_{ij}^{IBD}(x, y, z, t) \quad (17)$$

式中,$\sigma_{ij}^{IB}(x, y, z, t)$是该无限元内边界结点的总应力,同样包含了静应力(Statics)$\sigma_{ij}^{IBS}(x, y, z)$和动应力(Dynamics)$\sigma_{ij}^{IBD}(x, y, z, t)$的双重作用。式中,$\sigma_{ij}^{IBS}(x, y, z)$是 ABAQUS 无限元在有限元边界上施加的牵引力用以保持初始地应力场的平衡;$\sigma_{ij}^{IBD}(x, y, z, t)$是无限元动力人工边界产生的阻尼力,

$$\sigma_{ij}^{IBD}(x, y, z, t) = B_0 V_0(x, y, z, t) \quad (18)$$

由上节可知,对于平面纵波 $B_0 = \rho c_p$,而平面 S 波(横波)$B_0 = \rho c_s$。

由于静力部分在动力分析之前已达平衡,即

$$\sigma_{ij}^{FBS}(x, y, z) = \sigma_{ij}^{IBS}(x, y, z) \quad (19)$$

而动力部分是随外源地震动变化的,存在如下关系:

$$\sigma_{ij}^{FBD}(x, y, z, t) + \sigma_{ij}^{IBD}(x, y, z, t) = \sigma_{ij}^{V}(x, y, z, t) \quad (20)$$

式中,$\sigma_{ij}^{V}(x, y, z, t)$为外源输入速度波 $V(x, y, z, t)$产生的等效动应力,即无限域自由场的地震动等效荷载。将(16)式和(18)式代入(20)式得

$$\sigma_{ij}^{V}(x, y, z, t) = \sigma_{ij}^{V_0}(x, y, z, t) + B_0 V_0(x, y, z, t) \quad (21)$$

外源入射地震动产生的等效动应力等于 $\sigma_{ij}^{V_0}(x, y, z, t)$与 $B_0 V_0(x, y, z, t)$的叠加,即在有限元预加地震动激励产生的应力场基础上叠加一附加应力场,用以平衡有限元边界处结点速度引起的 ABAQUS 动力无限元在边界结点上产生的阻尼应力,消除由于引入无限元人工边界所造成的入射波能量损耗。

从上面的讨论中我们注意到无限元能够准确地传播通常的平面体波(假设接近边界的材料性能是线弹性的)。对于非平面体波问题,如入射方向与边界不成

直角的波,瑞利表面波和勒夫波。假如波传播的方向垂直于边界或者瑞利波、勒夫波的界面(自由表面),则这种"quiet"边界仍然十分有效(见例题 Cohen and Jennings, 1983)。实际上地表以下地层为多层介质,体波经过分层介质界面时,要产生反射与折射现象,经过多次反射与折射,地震波向上传播时逐渐转向垂直入射于地面。

2 算例分析

2.1 模型设计

取二维弹性模型进行分析,有限元计算区域的范围为 20 m×20 m,外层为无限元计算区域,单个有限单元尺寸为 0.5 m×0.5 m。材料参数如表 1 所示。有限元无限元组合网格见图 1,图中黑点为监测点的位置 1。选取圆频率 $w = 4\pi$ 的正弦速度波作为入射波,峰值为 0.1 m/s,时间步长 $\Delta t = 0.01$ s,如图 2 所示。

表 1　材料参数

弹性模量 (GPa)	泊松比	密度 (kg/m³)	c_s (m/s)	c_p (m/s)
2	0.2	2 000	645.5	1 054.1

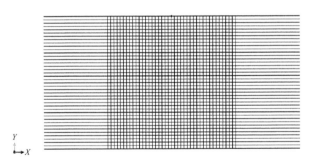

图 1　无限元网格图

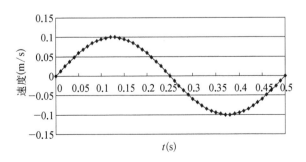

图 2　施加的速度波

2.2 结果分析

模型在水平 X 向剪切波 $\sin(4\pi t)$ 作用一个周期里,内源振动输入和外源波动输入的动力响应情况如图 3 所示,很明显外源波动输入得到的速度响应曲线较合理,与施加的速度波形较接近,外源波动输入速度响应区间为 $[-0.128, 0.116]$,内源振动输入速度响应区间为 $[-0.063, 0.071]$,内源振动输入得到的速度反应幅值较实际输入地震波小,分析认为因为没有考虑无限域地震波动的影响,所以造成地表面记录点振动幅值的衰减。二者的对比进一步说明了外源波动输入效果较好。

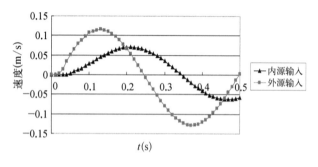

图 3 地表速度响应曲线对比

同样材料参数和地震动激励下,纯有限元模型如图 4 所示,有限元计算区域的范围为 40 m×20 m,单个有限单元尺寸为 0.5 m×0.5 m。模型两侧边界固定 X 向自由度,底边界固定 Y 向自由度,图中黑点为监测点的位置 2。有限元模型地表面点速度响应曲线如图 5 所示,从图中可以看出,由于能量无法透过固定边界向远域辐射,在计算区域内引起反复振荡,速度响应区间为 $[-0.013, 0.015]$,误差较大,说明固定边界对内源振动输入的影响较大,而无限元人工边界由于能较好地吸收散射波,因此,结果可靠且具有一定的稳定性。

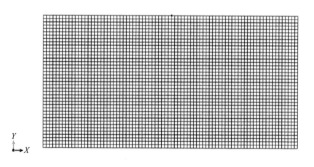

图 4 有限元网格图

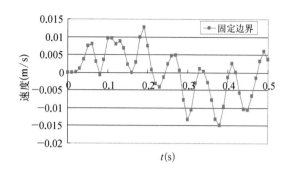

图 5 地表速度响应曲线

采用上述有限元模型,在模型两侧边界加弹簧和阻尼器用于模拟粘弹性边界,底边界固定 Y 向自由度。粘弹性人工边界的实质是在人工边界上施加切向和法向弹簧和阻尼器,按杜修力提出的二维平面内波动人工边界的弹簧-阻尼系数公式[10]:

$$\begin{cases} K_N = \dfrac{1}{1+\alpha} \cdot \dfrac{\lambda + 2G}{2r}, & C_N = \beta\rho c_P \\[2mm] K_T = \dfrac{1}{1+\alpha} \cdot \dfrac{2G}{2r}, & C_N = \beta\rho c_S \end{cases} \tag{22}$$

式中,K_N、K_T 分别表示法向和切向弹簧系数;C_N、C_T 分别表示法向和切向阻尼系数;r 可简单取为近场结构几何中心到该人工边界点所在边界线或面的距离;c_P、c_s 分别表示 P 波和 S 波波速;λ 为拉梅常数;G 为介质剪切模量;ρ 为介质密度;α 表示平面波与散射波的幅值含量比,反应人工边界外行透射波的传播特性,通常取 0.8;β 表示物理波速与视波速的关系,反映不同角度透射多子波的平均波速特性,通常取 1.1。

同样地震动激励下,粘弹性边界模型地表面点速度响应曲线如图 6 所示,从图中可以看出,该波形较固定边界计算的速度响应波形好,稍微有一点振荡,速度响应区间为 $[-0.054, 0.056]$,误差进一步减小,说明粘弹性边界对外行散射波具有较好的过滤作用,然而,仍较 ABAQUS 无限元人工边界差。

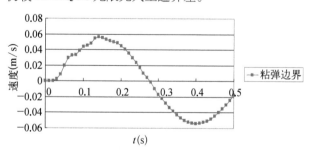

图 6 地表速度响应曲线

3 结语

本文主要研究了ABAQUS映射无限元的原理及其特点，在此基础上推导了点波源振动微分方程，并深入研究解决了考虑外域自由场地震动输入的无限元人工边界问题。研究结果表明，外源输入地震动产生的等效动应力相当于在有限元预加地震动激励产生的应力场基础上叠加一附加应力场，用以平衡ABAQUS无限元在边界结点上产生的阻尼应力，消除由于引入无限元人工边界所造成的入射波能量损耗。改进的ABAQUS无限元人工边界的主要特点是：将地基半无限域采用无限元模拟时，可以在不丧失计算精度的前提下，大大缩小计算规模，补充有限元计算的不足，动力分析中，能够模拟无限地基的辐射阻尼，考虑外域地震波动的影响，提供"quiet"边界。经算例验证，考虑外域波动影响的无限元人工边界明显优于内源振动输入的无限元人工边界，其计算结果也较后者和固定边界更为合理。另外，与传统上沿用的粘弹性人工阻尼边界的计算结果对比可知，ABAQUS无限元人工边界对外行散射波的过滤作用优于粘弹性边界，因此，本文提出的考虑外域波动影响的无限元人工边界的理论方法是可靠的且具有相当的计算稳定性。

参考文献

[1] Bettess P, Zienkiewicz O C. Diffraction and refraction of sur-face waves using finite and infinite elements [J]. International Journal for Numerical Methods in Engineering, 1977, 11: 1271 - 1290.

[2] Chow, Y K, Smith I M. Static and periodic infinite solide lement. Int. J. Num. Meth. Eng. , 1981, 17, 503 - 526.

[3] Bettess P, Emson C, Chiam T C. A new mapped infinite element for wxterior wave problems [J]. In: Lewis R W, et al, eds. Numerical Methods in Coupled Systems. New York: John Wiley & Sons, 1984, 489 - 504.

[4] Zienkiewicz O C, Bando K, Bettess P, et al. Mapped infinite elements for exterior wave problems [J]. International Journal for Numerical Methods in Engineering, 1985, 21: 1229 - 1251.

[5] Bettess P. Infinite Element [M]. UK: Penshaw Press, 1992.

[6] Zhang C H, Zhao C B. Coupling method of finite and infinite elements for strip foundation wave problems [J]. Earthquake Engineering and Structural Dynamics, 1987, 15,839 - 851.

[7] Chung-Bang Yun, Doo-Kie Kim, Jae-Min Kim. Analytical frequency-dependent infinite elements for soil-structure interaction analysis in two-dimensional medium [J]. Engineering Structures, 2000, 22, 258 - 271.

[8] 燕柳斌. 结构与岩土介质相互作用分析方法及其应用 [D]. 南宁: 广西大学, 2004.

[9] 刘俊卿. 地基-路面结构体系的静动力特性研究[D]. 西安: 西安建筑科技大学, 2006.

[10] 杜修力,赵密,王进廷. 近场波动模拟的人工应力边界条件[J]. 力学学报,2006,38(1): 49 - 56.

[11] 廖振鹏,李小军. 推广的多次透射边界：标量波情形 [J]. 力学学报,1995,27(1): 69 - 78.

[12] 刘晶波,王振宇,杜修力,等. 波动问题中的三维时域粘弹性人工边界[J]. 工程力学. 2005,22(6): 46 - 51.

[13] 赵建峰,杜修力,韩强等. 外源波动问题数值模拟的一种实现方式[J]. 工程力学. 2007,24(4): 52 - 58.

[14] 窦兴旺. 重力坝-库水-地基动力相互作用研究及应用 [D]. 南京: 河海大学,1993.

本文发表于《岩土力学》2014 年第 10 期

Reproducing Kernel Determined by Linear Differential Operator with Constant Coefficients

LONG Han, ZHANG Xinjian

Department of Mathematics and systems science, College of Science,

National University of Defense Technology 410073 Changsha, Hunan, PRC

Abstract: We find a way to construct and calculate the reproducing kernel for the linear differential operator with constant coefficients and single eigenvalue, and have given a concrete calculating formula. In particular, we have discussed the recurrence relation of the reproducing kernel with arithmetic eigenvalues, and found the reproducing kernel with multi-knots interpolation constraint can be concisely represented by the one with initial value constraint.

Key words: reproducing kernel, linear differential operator, eigenvalue, recurrence relation

1 Introduction and preliminaries

Reproducing kernel is a basic tool for studying spline interpolation of differential operator and also an important instrument for exactly denoting or approximately calculating the solution of integral (differential) equation. Let H^m denote the function space on finite interval $[0, T]$, $H^m = \{f(t), t \in [0, T]: f^{(m-1)}(t)$ is absolutely continuous, $f^{(m)} \in L^2[0, T]\}$, then we know this space is a reproducing kernel Hilbert space (RKHS) if we endow them with the inner product. Mainly, there are two reproducing kernel constructing methods for such space. One is to let the solution of boundary-value problem of some differential equation be the reproducing kernel, whereas the other is to use green function of differential operator to construct reproducing kernel. The first method has found the formal reproducing kernel expression, under the condition: H^m is endowed with special inner product and $m = 1, 2$, and it has been well used in numerical solution of differential equations [4, 5]. However, its construction lacks theoretical universality as this method does not use orthogonal decomposition of

reproducing kernel. Comparatively speaking, the second method is obviously better because the admitted inner product allows the space and reproducing kernel to possess orthogonal decomposition, and theoretically, such reproducing kernel has uniform and terse description for any differential operator or constraint functional.

This section only presents the main points of the second method (for details and conclusions please see [2, 6]). Let L be a linear differential operator of mth order, and let $l_1, l_2, \cdots, l_m$ be a system of linear functional on H^m, and be linearly independent on $H_1 = KerL = \{f \in H^m: Lf = 0\}$, which is the subspace of H^m. Then H^m is a Hilbert space if been endowed with an inner product

$$\langle f, g \rangle = \sum_{1 \leqslant i \leqslant m} (l_i f)(l_i g) + \int_0^T Lf(t) \cdot$$
$$Lg(t)dt, \, f, \, g \in H^m, \qquad (1)$$

Let $G(t, s)$ be the green function of L, and satisfies

$$L_t G(t, s) = \delta(t - s), \, l_i G(\cdot, s) = 0,$$
$$i = 0, 1, \cdots, m - 1 \qquad (2)$$

Let $\varphi_i(t)$ be the dual basis of H_1 and l_i, that is

$$L\varphi_i(t) = 0, \ l_i\varphi_j = \delta_{ij}, \ i, j = 1, 2, \cdots, m, \ (3)$$

Where $\delta_{ij} = 1(i = j)$, $\delta_{ij} = 0(i \neq j)$.

Lemma 1[2]. Using the above hypothesis, H^m has the Reproducing kernel

$$K(t, s) = \sum_{1 \leqslant i \leqslant m} \varphi_i(t)\varphi_i(s) + \int_0^T G(t, \tau)G(s, \tau)d\tau. \tag{4}$$

That is, for any $s \in [0, T]$, as the function of t, $K(t, s)$ belongs to H^m, and for any $f \in H^m$, $\langle f, K(\cdot, t)\rangle = f(t)$, $t \in [0, T]$.

Let A be a linear operator from H^m onto R^m (or C^m), and satisfy $Af = (l_1 f, l_2 f, \cdots, l_m f)'$, $f \in H^m$. Set $H_2 = KerA$. Then H_1 and H_2 are of orthocomplement to each other. The constraints for inner product (1) on H_1 and H_2 are $\langle f, h\rangle_1 = \sum_{1 \leqslant i \leqslant m}(l_i f)(l_i h)$, and $\langle f, h\rangle_2 = \int_0^T Lf(t) \cdot Lh(t)dt$. Their reproducing kernels are

$$\langle f, h\rangle_1 = \sum_{1 \leqslant i \leqslant m}(l_i f)(l_i h) \ and,$$

$$\langle f, h\rangle_2 = \int_0^T Lf(t) \cdot Lh(t)dt \tag{5}$$

Dual basis $\varphi_i(t)$ and the green function $G(t, s)$ can be obtained as follows.

Set $z_i(t)(i = 1, 2, \cdots, m)$ denote a system of basis of H_1, and let $M = (l_i z_j)_{m \times m}$ be a mth order square matrix. Since $l_i(i = 1, 2, \cdots, m)$ is linearly independent on H_1, then M is invertible. Let $W(t)$ be the mth order Wronskian matrix, whose i^{th} row is $(z_1^{(i-1)}(t), \cdots, z_m^{(i-1)}(t))$. Set

$$g(t, s) = (z_1(t), \cdots, z_m(t))(W^{-1}(s))_m(t - s)_+^0, \tag{6}$$

Where $(W^{-1})_m$ denotes the last column of this matrix of mth order, and $(t - s)_+^0 = 1(t > s)$, $(t - s)_+^0 = 0(t \leqslant s)$.

Lemma 2 [2]. The dual basis satisfying (3) is

$$(\varphi_1(t), \cdots, \varphi_m(t)) = (z_1(t), \cdots, z_m(t))M^{-1}. \tag{7}$$

The green function satisfying (2) is

$$G(t, s) = g(t, s) - \sum_{1 \leqslant m} \varphi_i(t)[l_i g(\cdot, s)]. \tag{8}$$

Proposition 1 and proposition 2 provide a formal constructing method of reproducing kernel. But the actual calculating method still needs further research. If we set $(\varphi_1^*(t), \cdots, \varphi_m^*(t))' = (W^{-1}(t))_m$, then, by (5)(6)(8) we know that the calculation of the reproducing kernel $K_2(t, s)$ depends on the piecewise calculation of the integral $\int \varphi_i^*(\tau)\varphi_j^*(\tau)d\tau(1 \leqslant i \leqslant j \leqslant m)$ and we know this is troublesome. To overcome this problem, paper [1] admitted the formal adjoint operator L^*, of L. By making use of the fact that $g(t, s) \in KerL^*L$ (actually, right only when L is constant coefficient), paper [1] used $g(t, s)$ to denote the linear combination of the basis of $KerL^*L$ in matrix format, then determined the coefficient matrix. But paper [1] didn't provide the normal calculating method of the coefficient matrix. Furthermore, it increased 3 m^2 integrals.

This paper discusses the reproducing kernel calculating method for the following cases. The first case is: constant coefficient linear differential operator L has single eigenvalue

$$L = (D - \lambda_1)(D - \lambda_2)\cdots(D - \lambda_m), \ \lambda_i \neq \lambda_j(i \neq j). \tag{9}$$

And the second case is: the constraint type of functional $l_i(1 \leqslant i \leqslant m)$ is only initial value or single knot interpolation.

2 Case of initial value constraint

Let differential operator L form as (9), and $\lambda_1, \cdots, \lambda_m$ be a set of distinct numbers, either real or complex, then $z_i(t) = e^{\lambda_i t}(i = 1, 2, \cdots, m)$ is a system of basis of H_1. Let $l_i (1 \leqslant i \leqslant m)$ be the initial constraint functional and satisfy $l_i f = f^{(i-1)}(0)$, $f \in H^m$, then we know the matrix M in lemma 2 and $W(t)$ in (6) are

$$M = \begin{pmatrix} 1 & 1 & \cdots & 1 \\ \lambda_1 & \lambda_2 & \cdots & \lambda_m \\ \cdots & \cdots & \cdots & \cdots \\ \lambda_1^{m-1} & \lambda_2^{m-1} & \cdots & \lambda_m^{m-1} \end{pmatrix} \ and,$$

$$W(t) = M \begin{pmatrix} e^{\lambda_1 t} & & \\ & \ddots & \\ & & e^{\lambda_m t} \end{pmatrix}. \quad (10)$$

That is to say M is just the VanderMonde matrix. If we use v_{ij} to denote the element of M^{-1}, at the ith row and the jth column, we have that, by paper [7],

$$v_{ij} = (-1)^{i+j} \prod_{1 \leqslant k \leqslant i-1} (\lambda_i - \lambda_k)^{-1}$$
$$\prod_{i+1 \leqslant k \leqslant m} (\lambda_k - \lambda_i)^{-1} \rho_{m-j}(i), \quad (11)$$

Where $\rho_k(i) = \sum_{\substack{1 \leqslant j_1 < j_2 < \cdots < j_k \leqslant m \\ j, \neq i}} (\lambda_{j_1} \lambda_{j_2} \cdots \lambda_{j_k})$.

2.1 Case of distinct eigenvalues

By (7) and (11), we have

$$\varphi_i(t) = \sum_{1 \leqslant k \leqslant m} v_{ki} e^{\lambda_k t}, \ i = 1, 2, \cdots, m, \ t \in [0, T].$$
$$(12)$$

If we use $b_m = (b_{m1}, b_{m2}, \cdots, b_{mm})'$ to denote the last column of M^{-1}, the inverse matrix of mth order VanderMonde matrix, then by (12),

$$b_{mi} = (-1)^{m+i} \prod_{1 \leqslant k \leqslant i-1} (\lambda_i - \lambda_k)^{-1} \prod_{i+1 \leqslant k \leqslant m} (\lambda_k - \lambda_i)^{-1},$$
$$(13)$$

And by (6) and (8) we have

$$G(t, s) = g(t, s) = \sum_{1 \leqslant i \leqslant m} b_{mi} e^{\lambda_i (t-s)} (t-s)_+^0 \quad (14)$$

Note that in paper [8] the green function is presented by difference coefficient,

$$G(t, s) = [\lambda_1, \cdots, \lambda_m] e^{\lambda(t-s)} (t-s)_+^0,$$

The right part of this formula is a difference operation

of t. Through brief modification we know that this formula is in accordance with (14), but we do not use difference coefficient here. Yet, we use a new method, which is to get the green function through the calculation of the inverse matrix of M. This method is easy to be extrapolated to rather generic condition.

Theorem 1. Let $l_i (i = 1, 2, \cdots, m)$ be the initial functional, and let $\lambda_1, \cdots, \lambda_m$ be the distinct eigenvalues of differential operator (9), then the reproducing kernel of the subspace H_2, of H^m is

$$K_2(t, s) = b_m' Q_m(t, s) b_m. \quad (15)$$

Where $Q_m(t, s) = (q_{ij}(t, s))_{m \times m}$ is a square matrix of mth order, whose element $q_{ij}(t, s)$ is

$$q_{ij}(t, s) = \begin{cases} (\lambda_i + \lambda_j)^{-1} (e^{\lambda_i t + \lambda_j s} - e^{\lambda_j |t-s|}), & \lambda_i + \lambda_j \neq 0 \\ \frac{1}{2} e^{\lambda_i (t-s)} (t+s-|t-s|), & \lambda_i + \lambda_j = 0 \end{cases},$$
$$(16)$$

$b_m' = (b_{m1}, \cdots, b_{mm})$, the column vector of $Q_m(t, s)$, satisfies

$$b_m = \begin{pmatrix} -(\lambda_m - \lambda_1)^{-1} & & \\ & \ddots & \\ & & -(\lambda_m - \lambda_{m-1})^{-1} \\ & & h_m \end{pmatrix} b_{m-1},$$

$$h_m = \frac{\prod_{1 \leqslant i \leqslant m-2} (\lambda_{m-1} - \lambda_i)}{\prod_{1 \leqslant i \leqslant m-1} (\lambda_m - \lambda_i)}, \ b_1 = 1. \quad (17)$$

Proof. When $t \leqslant s$, by [14], we have

$$\int_0^T G(t, \tau) G(s, \tau) d\tau$$

$$= \sum_{1 \leqslant i \leqslant m} \sum_{1 \leqslant j \leqslant m} b_{mi} b_{mj} \int_0^t e^{\lambda_i (t-\tau)} e^{\lambda_j (s-\tau)} d\tau$$

$$= \begin{cases} \sum_{1 \leqslant i \leqslant m} \sum_{1 \leqslant j \leqslant m} b_{mi} b_{mj} (e^{\lambda_i t + \lambda_j s} - e^{\lambda_j (s-t)}), & \lambda_i + \lambda_j \neq 0 \\ \sum_{1 \leqslant i \leqslant m} \sum_{1 \leqslant j \leqslant m} b_{mi} b_{mj} e^{\lambda_i (t-s)} t, & \lambda_i + \lambda_j = 0 \end{cases}.$$

Corresponding conclusion can also be drawn when $t > s$. This two cases show that (15)(16) is true. By (13) we know (17) is true.

Example 1. Set $L = \theta^2 D + D^3 \, (\theta \neq 0)$, we have that the corresponding eigenvalues are $\lambda_1 = 0$, $\lambda_2 = i\theta$, $\lambda_3 = -i\theta$, and

$$M^{-1} = \begin{pmatrix} 1 & 0 & \dfrac{1}{\theta^2} \\[2ex] 0 & \dfrac{-i}{2\theta} & \dfrac{-1}{2\theta^2} \\[2ex] 0 & \dfrac{i}{2\theta} & \dfrac{-1}{2\theta^2} \end{pmatrix}$$

Thereby, $b_3' = \dfrac{1}{2\theta^2}(2, -1, -1)$, and the dual basis is

$(\varphi_1(t), \varphi_2(t), \varphi_3(t)) = \theta^{-2}(\theta^2, \theta\sin\theta t, 1 - \cos\theta t)$.

By (14) we have

$$G(t, s) = \theta^{-2}[1 - \cos\theta(t-s)] (t-s)_+^0.$$

$$Q_3(t, s) = \begin{pmatrix} \dfrac{1}{2}(t+s-|t-s|) & \dfrac{1}{i\theta}(e^{i\theta s} - e^{i\theta|t-s|}) & \dfrac{-1}{i\theta}(e^{-i\theta s} - e^{-i\theta|t-s|}) \\[2ex] \dfrac{1}{i\theta}(e^{i\theta t} - 1) & \dfrac{1}{2i\theta}(e^{i\theta(t+s)} - e^{i\theta|t-s|}) & \dfrac{1}{2}e^{i\theta(t-s)}(t+s-|t-s|) \\[2ex] \dfrac{-1}{i\theta}(e^{-i\theta t} - 1) & \dfrac{1}{2}e^{-i\theta(t-s)}(t+s-|t-s|) & \dfrac{-1}{2i\theta}(e^{-i\theta(t+s)} - e^{-i\theta|t-s|}) \end{pmatrix},$$

Substituting this formula into (15), we can get the same result as (18).

2.2 Case of arithmetic eigenvalue

Suppose eigenvalues satisfy $\lambda_{j+1} - \lambda_j = \omega \neq 0$, that is, $\lambda_j = \lambda_1 + (j-1)\omega$. then formula (11) and (13) can be expressed as

$$v_{ij} = \frac{(-1)^{i+j}\rho_{m-j}(i)}{(i-1)!(m-i)!\omega^{m-1}},$$

$$b_{mi} = \frac{(-1)^{i+m}}{(i-1)!(m-i)!\omega^{m-1}}. \tag{19}$$

By calculating the green function, we have

$$G(t, s) = \sum_{1 \leq i \leq m} \frac{(-1)^{m+i}e^{\lambda_i(t-s)}}{(i-1)!(m-i)!\omega^{m-1}} (t-s)_+^0$$

$$= \frac{e^{\lambda_1(t-s)}}{(m-1)!\omega^{m-1}}(e^{\omega(t-s)} - 1)^{m-1} (t-s)_+^0. \tag{20}$$

The reproducing kernel can be calculated by theorem 1. Since these eigenvalues have arithmetic property, then

Substitute this green function into (5) we have: when $t \leq s$,

$$K_2(t, s) = \theta^{-5}\Big[\theta t + \frac{3}{4}\sin\theta(s-t) + \frac{1}{4}\sin\theta(t+s) + \frac{1}{2}\theta t\cos\theta(t-s) - \sin\theta s - \sin\theta t\Big],$$

Unite the corresponding result of $K_2(t, s)$, when $t > s$ we have:

$$K_2(t, s) = \theta^{-5}\Big[\frac{1}{2}\theta(t+s-|t-s|) + \frac{1}{4}\theta(t+s-|t-s|)\cos\theta(t-s) + \frac{3}{4}\sin\theta|t-s| + \frac{1}{4}\sin\theta(t+s) - \sin\theta t - \sin\theta s\Big]. \tag{18}$$

If calculating with (15), together with (16), we have b_m has rather simple recurrence relation.

Theorem 2: Let $l_i \, (i = 1, 2, \cdots, m)$ be the initial functional, and the eigenvalues of differential operator (9) satisfy $\lambda_{j+1} - \lambda_j = \omega \neq 0$, then the subspace H_2 of H^m has reproducing kernel of the form as formula (15) and (16), where

$$b_m = \frac{1}{\omega}\begin{pmatrix} -(m-1)^{-1} & & & & \\ & -(m-2)^{-1} & & & \\ & & \ddots & & \\ & & & -1 & \\ & & & & (m-1)^{-1} \end{pmatrix}b_{m-1}.$$

When λ_1 takes some special value, we can obtain the recurrence relation of the reproducing kernel.

First consider the case $\lambda_1 = \dfrac{1}{2}\omega$. By (20), when $t \leq s$,

$$K_2(t, s) = \int_0^t G(t, \tau)G(s, \tau)d\tau$$

$$= \frac{e^{(m-\frac{1}{2})\omega(t+s)}}{[(m-1)!]^2\omega^{2m-2}}\int_0^t e^{-\omega\tau}[e^{-\omega\tau}-$$

$$e^{-\omega t}]^{m-1}[e^{-\omega\tau}-e^{-\omega s}]^{m-1}d\tau.$$

Set $e^{-\omega\tau}=u$, then

$$K_2(t,s)$$

$$=\frac{-e^{(m-\frac{1}{2})\omega(t+s)}}{[(m-1)!]^2\omega^{2m-1}}\int_1^{e^{-\omega t}}(u-$$

$$e^{-\omega t})^{m-1}(u-e^{-\omega s})^{m-1}du$$

$$=\frac{e^{(m-\frac{1}{2})\omega(t+s)}}{[(m-1)!]^2\omega^{2m-1}}\frac{(1-e^{-\omega t})^m}{m}[(1-e^{-\omega s})^{m-1}-$$

$$\frac{m-1}{m+1}(1-e^{-\omega s})^{m-2}(1-e^{-\omega t})+$$

$$\frac{(m-1)(m-2)}{(m+1)(m+2)}(1-e^{-\omega s})^{m-3}(1-e^{-\omega t})^2-\cdots+$$

$$\frac{(-1)^{m-1}(m-1)!(1-e^{-\omega t})^{m-1}}{(m+1)(m+2)\cdots(2m-1)}]. \tag{21}$$

To obtain the recurrence algorithm for reproducing kernel $K_2(t,s)$, we use the notation

$$R_m(m)=diag\Big(\frac{1}{m},\ \frac{-(m-1)}{m(m+1)},$$

$$\frac{(m-1)(m-2)}{m(m+1)(m+2)},\ \cdots,$$

$$\frac{(-1)^{m-1}(m-1)!}{m(m+1)\cdots(2m-1)}\Big)$$

$$\alpha_m(t)=(1,\ (1-e^{-\omega t}),\ \cdots,\ (1-e^{-\omega t})^{m-1}),$$

$$\beta_m(s)=((1-e^{-\omega s})^{m-1},\ \cdots,\ (1-e^{-\omega s}),\ 1)'$$

Then formula (21) can be expressed as

$$K_2(t,s)=$$

$$\frac{e^{(m-\frac{1}{2})\omega(t+s)}}{[(m-1)!]^2\omega^{2m-1}}(1-e^{-\omega t})^m\alpha_m(t)R_m(m)\beta_m(s),$$

$$t\leqslant s.$$

When $t>s$, we can obtain the same result only by changing t, s in the right part of the above formula. From the above we have:

Theorem 3: on the condition of theorem 2, set $\lambda_1=\frac{1}{2}\omega$, we have that the subspace H_2 of H^m has reproducing kernel of the form

$$K_2(t,s)=$$

$$\frac{e^{(m-\frac{1}{2})\omega(t+s)}(1-e^{-\omega t})^m}{[(m-1)!]^2\omega^{2m-1}}\alpha_m(t)R_m(m)\beta_m(s),\quad t\leqslant s$$

$$\frac{e^{(m-\frac{1}{2})\omega(t+s)}(1-e^{-\omega s})^m}{[(m-1)!]^2\omega^{2m-1}}\alpha_m(s)R_m(m)\beta_m(t),\quad t>s$$

$$. \tag{22}$$

We consider the case of $\lambda_1=\frac{k}{2}$ (k is positive integer) as follows.

For any positive integer p, similar with (21), we have

$$\int_1^{e^{-\omega t}}(u-e^{-\omega t})^{p-1}(u-e^{-\omega s})^{m-1}du$$

$$=-(1-e^{-\omega t})^p\alpha_m(t)R_m(p)\beta_m(s) \tag{23}$$

Where $R_m(p)=diag\Big(\frac{1}{p},\ \frac{-(m-1)}{p(p+1)},\ \cdots,$

$$\frac{(-1)^{m-1}(m-1)!}{p(p+1)\cdots(p+m-1)}\Big).$$

Theorem 4: on the condition of theorem 2, set $\lambda_1=\frac{k}{2}\omega$, we denote the corresponding reproducing kernel $K_2(t,s)$ as $K_2\Big(\frac{1}{2}k,\ t,\ s\Big)$, when $t\leqslant s$,

$$K_2\Big(\frac{1}{2}(k+1),\ t,\ s\Big)$$

$$=\frac{e^{(m-1+\frac{k+1}{2})\omega(t+s)}}{[(m-1)!]^2\omega^{2m-1}}(1-$$

$$e^{-\omega t})^{m+k}\alpha_m(t)R_m(m+k)\beta_m(s)$$

$$-\sum_{0\leqslant i\leqslant k-1}(-1)^{k-i}C_k^i e^{\frac{1}{2}(k-i)\omega(s-t)}K_2\Big(\frac{1}{2}(i+1),\ t,\ s\Big).$$

$$\tag{24}$$

when $t>s$, we can obtain the same result only by changing t, s in the right part of the above formula.

Proof: when $\lambda_1=\frac{1}{2}(k+1)\omega$, and $t\leqslant s$, by calculating formula (20) we have

$$K_2\Big(\frac{1}{2}(k+1),\ t,\ s\Big)$$

$$=\frac{e^{(m+\frac{1}{2}(k-1))\omega(t+s)}}{[(m-1)!]^2\omega^{2m-1}}\int_1^{e^{-\omega t}}u^k(u-$$

$$e^{-\omega t})^{m-1}(u-e^{-\omega s})^{m-1}du \tag{25}$$

And since $u^k = (u - e^{-\omega t})^k -$
$$\sum_{0 \leqslant i \leqslant k-1} (-1)^{k-i} C_k^i u^i e^{-(k-i)\omega t}, \text{ we have}$$

$$K_2\left(\frac{1}{2}(k+1), t, s\right)$$

$$= \frac{e^{\left(m+\frac{1}{2}(k-1)\right)\omega(t+s)}}{[(m-1)!]^2 \omega^{2m-1}} \left[\int_1^{e^{-\omega t}} (u - e^{-\omega t})^{m+k-1} (u - e^{-\omega s})^{m-1} du - \right.$$

$$\sum_{0 \leqslant i \leqslant k-1} (-1)^{k-i} C_k^i e^{-(k-i)\omega t} \int_1^{e^{-\omega t}} u^i (u - e^{-\omega t})^{m-1} (u - e^{-\omega s})^{m-1} du \bigg],$$

By (23), and making use of (25), we can know (24) is true.

Example 2. set $L = \left(D - \frac{1}{4}\right)\left(D - \frac{3}{4}\right)\left(D - \frac{5}{4}\right)$, of course, we can obtain the reproducing kernel by using theorem 1 or theorem 2, but it is most concise to do that by using theorem 3. In this example, $\omega = \frac{1}{2}$, $m = 3$, $\lambda_1 = \frac{1}{4} = \frac{1}{2}\omega$, it is easy to know $R_3(3) = diag\left(\frac{1}{3}, -\frac{1}{6}, \frac{1}{30}\right)$. Substitute them into (22), we have

$$K_2(t, s) = 8e^{\frac{5}{2}\omega(t+s)}(1 - e^{-\frac{1}{2}t})^3 \left[\frac{1}{3}(1 - e^{-\frac{1}{2}s})^2 - \right.$$

$$\frac{1}{6}(1 - e^{-\frac{1}{2}t})(1 - e^{-\frac{1}{2}s}) +$$

$$\frac{1}{30}(1 - e^{-\frac{1}{2}t})^2\bigg], \quad t \leqslant s.$$

when $t > s$, we can obtain the same result only by changing t, s in the right part of the above formula.

Theorem 3 provides the expression of $K_2\left(\frac{1}{2}, t, s\right)$,

and theorem 4 shows us how to obtain $K_2\left(\frac{1}{2}(k+1), t, s\right)$ through $K_2\left(\frac{1}{2}i, t, s\right)(i = 1, 2, \cdots, k)$.

3 Case of multi-knots interpolation constraint

Let differential operator L be of the form (9).

And let l_i be the interpolation functional and satisfy $l_i f = f(t_i)$, $i = 1, 2, \cdots, m$. In this condition, we know $g(t, s)$ is still of the form (14). By (8)

$$G(t, s)$$
$$= g(t, s) - \sum_{1 \leqslant i \leqslant m} \varphi_i(t) g(t_i, s)$$
$$= g(t, s) - \sum_{1 \leqslant i \leqslant m} \varphi_i(t) \sum_{1 \leqslant j \leqslant m} b_{mj} e^{\lambda_j (t_i - s)} (t_i - s)_+^0,$$

Where b_{mj} is of the form (13).

Theorem 5: Let differential operator L be of the form (9) and let l_i be interpolation functional and satisfy: $l_i f = f(t_i)$, $0 \leqslant t_1 < t_2 < \cdots < t_m \leqslant T$. Then the subspace H_2 of H^m has reproducing kernel of the form

$$K_2(t, s)$$
$$= b_m' Q_m(t, s) b_m + \sum_{i=1}^m \sum_{j=1}^m \varphi_i(t)\varphi_j(s) b_m' Q_m(t_i, t_j) b_m +$$
$$\sum_{j=1}^{p+1} \varphi_j(s) b_m' Q_m(t, t_j) b_m +$$
$$\sum_{i=1}^{q+1} \varphi_i(t) b_m' Q_m(t_i, s) b_m, \quad t_p \leqslant t < t_{p+1},$$
$$t_q \leqslant s < t_{q+1}. \tag{26}$$

Where matrix $Q_m(t, s)$, with m^{th} order, is of the form (15)(16).

Proof: by (5), we have

$$K_2(t, s)$$
$$= \int_0^T g(t, \tau) g(s, \tau) d\tau +$$
$$\int_0^T \sum_{1 \leqslant i \leqslant m} \varphi_i(t)[g(t_i, \tau)] \sum_{1 \leqslant j \leqslant m} \varphi_j(s)[g(t_j, \tau)] d\tau +$$
$$\int_0^T g(t, \tau) \sum_{1 \leqslant j \leqslant m} \varphi_j(s)[g(t_j, \tau)] d\tau +$$
$$\int_0^T g(s, \tau) \sum_{1 \leqslant i \leqslant m} \varphi_i(t)[g(t_i, \tau)] d\tau$$
$$\triangleq K_2^1(t, s) + K_2^2(t, s) + K_2^3(t, s) + K_2^4(t, s).$$

When $t_p \leqslant t < t_{p+1}$, $t_q \leqslant s < t_{q+1}$, $K_2^1(t, s)$ is of the form (15), that is:

$$K_2^1(t, s) = b_m' Q_m(t, s) b_m.$$

Hence, we have

$$K_2^2(t, s)$$

$$= \sum_{i=1}^{m} \sum_{j=1}^{i} \varphi_i(t)\varphi_j(s) \sum_{k=1}^{m} \sum_{n=1}^{m} b_{mk}b_{mn}e^{\lambda_k t_i}e^{\lambda_n t_j}\int_0^{t_j} e^{-(\lambda_k+\lambda_n)\tau}d\tau +$$

$$\sum_{i=1}^{m} \sum_{j=i+1}^{m} \varphi_i(t)\varphi_j(s) \sum_{k=1}^{m} \sum_{n=1}^{m} b_{mk}b_{mn}e^{\lambda_k t_i}e^{\lambda_n t_j}\int_0^{t_i} e^{-(\lambda_k+\lambda_n)\tau}d\tau,$$

Where,

$$e^{\lambda_k t_i+\lambda_n t_j}\int_0^{t_j} e^{-(\lambda_k+\lambda_n)\tau}d\tau = q_{kn}(t_i, t_j), j \leqslant i$$

$$e^{\lambda_k t_i+\lambda_n t_j}\int_0^{t_i} e^{-(\lambda_k+\lambda_n)\tau}d\tau = q_{kn}(t_i, t_j), j > i$$

Then

$$K_2^2(t, s) = \sum_{i=1}^{m} \sum_{j=1}^{m} \varphi_i(t)\varphi_j(s)b_m'Q_m(t_i, t_j)b_m$$

Furthermore, since

$$K_2^1(t, s)$$

$$= \sum_{1\leqslant i\leqslant m} \sum_{1\leqslant k\leqslant m} \sum_{1\leqslant k\leqslant m} b_{mi}b_{mk}\varphi_j(s)e^{\lambda_i t+\lambda_k t_j}\int_0^{T} e^{-(\lambda_i+\lambda_k)\tau}(t-\tau)_+^0 (t_j-\tau)_+^0 d\tau,$$

We know that when $t_p \leqslant t < t_{p+1}$, for every $j \leqslant p$, we have

$$e^{\lambda_i t+\lambda_k t_j}\int_0^{T} e^{-(\lambda_i+\lambda_k)\tau} (t-\tau)_+^0 (t_j-\tau)_+^0 d\tau$$

$$= e^{\lambda_i t+\lambda_k t_j}\int_0^{t_j} e^{-(\lambda_i+\lambda_k)\tau}d\tau = q_{ik}(t, t_j)$$

For $j = p+1$, we have

$$e^{\lambda_i t+\lambda_k t_{p+1}}\int_0^{T} e^{-(\lambda_i+\lambda_k)\tau} (t-\tau)_+^0 (t_{p+1}-\tau)_+^0 d\tau$$

$$= e^{\lambda_i t+\lambda_k t_{p+1}}\int_0^{t} e^{-(\lambda_i+\lambda_k)\tau}d\tau = q_{ik}(t, t_{p+1})$$

For $j > p+1$, we have $\int_0^{T} e^{-(\lambda_i+\lambda_k)\tau} (t-\tau)_+^0 (t_j-\tau)_+^0 d\tau = 0$.

So,

$$K_2^3(t, s) = \sum_{j=1}^{p+1} \varphi_j(s)b_m'Q_m(t, t_j)b_m, t_p \leqslant t < t_{p+1},$$

Complete similarly, we have

$$K_2^4(t, s) = \sum_{i=1}^{q+1} \varphi_i(t)b_m'Q_m(t_i, s)b_m, t_q \leqslant s < t_{q+1}.$$

Hence, we know (26) is true.

Theorem 1 and theorem 5 show that the reproducing kernel of H^m consists of dual basis $\varphi_i(t)$ $(i = 1, 2, \cdots, m)$, matrix function $Q_m(t, s)$, and the interpolation and linear operation of coefficient vector b_m. By theorem 1 we know that $K_2^1(t, s) = b_m'Q_m(t, s)b_m$ is the reproducing kernel in the case of initial value constraint. Furthermore, by theorem 5 we know the reproducing kernel in the case of multi-knots constraint can be obtained from the one in the case of initial value constraint, when $t_p \leqslant t < t_{p+1}$, $t_q \leqslant s < t_{q+1}$

$$K_2(t, s) = K_2^1(t, s) + \sum_{i=1}^{m} \sum_{j=1}^{m} \varphi_i(t)\varphi_j(s)K_2^1(t_i, t_j) +$$

$$\sum_{j=1}^{p+1} \varphi_j(s)K_2^1(t, t_j) + \sum_{i=1}^{q+1} \varphi_i(t)K_2^1(t_i, s).$$

This expression provides a uniform and precise description of the reproducing kernel determined by differential operator with constant coefficient and single eigenvalue, and gives us a useful revelation in uniform research of reproducing kernel theory, and in program calculation of reproducing kernel.

In addition, $Q_m(t, s)$ and b_m are completely determined by differential operator and independent of constraint functional. By (7) we can get $\varphi_i(t)(i = 1, 2, \cdots, m)$ and the inverse matrix M^{-1}, both of which have deep relationship with constraint functional. In the case of initial value constraint, M is the VanderMonde matrix of eigenvalues and its inverse can be obtained by (11). In the case of multi-knots constraint, it is difficult to obtain the inverse of M. In the following part, we discuss the matrix inversion of M and the calculation of $\varphi_i(t)$.

Case of arithmetic eigenvalue: $\lambda_{i+1} - \lambda_i = \omega \neq 0$. We know from this case

$$M = \begin{pmatrix} e^{\lambda_1 t_1} & & 0 \\ & \ddots & \\ 0 & & e^{\lambda_1 t_m} \end{pmatrix} \begin{pmatrix} 1 & e^{\omega t_1} & \cdots & e^{(m-1)\omega t_1} \\ 1 & e^{\omega t_2} & \cdots & e^{(m-1)\omega t_2} \\ \cdots & \cdots & \cdots & \cdots \\ 1 & e^{\omega t_m} & \cdots & e^{(m-1)\omega t_m} \end{pmatrix}$$

$$\triangleq E(\lambda_1)V(\omega).$$

Where, $V(\omega)$ is the VanderMmonde matrix making up of $e^{\omega t_1}$, $e^{\omega t_2}$, $\cdots$, $e^{\omega t_m}$, and its inverse can be obtained by (11); the inverse of $E(\lambda_1)$ is $E(-\lambda_1)$. By (11)(7) we know, $M^{-1} \triangleq (u_{ij})$ and $\varphi_i(t)$ are:

$$u_{ij} = (-1)^{i+j} \prod_{1 \leqslant k \leqslant j-1} (e^{\omega t_j} - e^{\omega t_k}) - 1 \prod_{j+1 \leqslant k \leqslant m} (e^{\omega t_k} - e^{\omega t_j})^{-1} e^{-\lambda_1 t_j} \, \bar{\rho}_{m-i}(j),$$

$$\varphi_i(t) = \sum_{j=1}^{m} u_{ji} e^{\lambda_j t}.$$

$$\bar{\rho}_k(i) = \sum_{\substack{1 \leqslant j_1 < j_2 < \cdots < j_k \leqslant m \\ j_p \neq i, \, 1 \leqslant p \leqslant k}} e^{\omega(t_{j_1} + t_{j_2} + \cdots + t_{j_k})}. \qquad (27)$$

Case of equally spaced points: $t_{i+1} - t_i = \theta$. We know from this case:

$$M = \begin{bmatrix} 1 & 1 & \cdots & 1 \\ e^{\theta\lambda_1} & e^{\theta\lambda_2} & \cdots & e^{\theta\lambda_m} \\ \cdots & \cdots & \cdots & \cdots \\ e^{(m-1)\theta\lambda_1} & e^{(m-1)\theta\lambda_2} & \cdots & e^{(m-1)\theta\lambda_m} \end{bmatrix} \begin{bmatrix} e^{\lambda_1 t_1} & & & \\ & e^{\lambda_2 t_1} & & \\ & & \ddots & \\ & & & e^{\lambda_m t_1} \end{bmatrix}$$

Similarly, $M^{-1} \triangleq (u_{ij})$ and $\varphi_i(t)$ are:

$$u_{ij} = (-1)^{i+j} \prod_{1 \leqslant k \leqslant i-1} (e^{\theta\lambda_i} - e^{\theta\lambda_k})^{-1} \prod_{i+1 \leqslant k \leqslant m} (e^{\theta\lambda_k} - e^{\theta\lambda_i})^{-1} e^{-\lambda_i t_1} \, \tilde{\rho}_{m-j}(i), \quad \varphi_i(t) = \sum_{j=1}^{m} u_{ji} e^{\lambda_j t}.$$

Where $\tilde{\rho}_k(i) = \displaystyle\sum_{\substack{1 \leqslant j_1 < j_2 < \cdots < j_k \leqslant m \\ j_p \neq i, \, 1 \leqslant p \leqslant k}} e^{\theta(\lambda_{j_1} + \lambda_{j_2} + \cdots + \lambda_{j_k})}.$

Example 3. Set $L = \theta^2 + D^2 (\theta \neq 0)$, hence eigenvalues are $\lambda_1 = -i\theta$, $\lambda_2 = i\theta$. Let constraint functional be $l_1 f = f(0)$, and interval $[0, T] = [0, 1]$, we have that by (16),

$$Q_2(t, s) =$$

$$\begin{bmatrix} \dfrac{-1}{2i\theta} (e^{-i\theta(t+s)} - e^{-i\theta|t-s|}) & \dfrac{1}{2} e^{-i\theta(t-s)} (t+s-|t-s|) \\ \dfrac{1}{2} e^{i\theta(t-s)} (t+s-|t-s|) & \dfrac{1}{2i\theta} (e^{i\theta(t+s)} - e^{i\theta|t-s|}) \end{bmatrix}$$

And by (19), $b_2' = \dfrac{1}{2i\theta}(-1, 1)$. Finally, by theorem 5, we have

$$K_2^1(t, s) = b_2' Q_2(t, s) b_2 = \frac{1}{4\theta^3} (\sin\theta \, | t - s | -$$

$$\sin\theta(t+s) + \theta(t+s-| t-s |) \cos\theta(t-s))$$

and the reproducing kernel:

$$K_2(t, s) = K_2^1(t, s) + \sum_{i=1}^{2} \sum_{j=1}^{2} \varphi_i(t)\varphi_j(s) K_2^1(t_i, t_j) +$$

$$\sum_{j=1}^{2} \varphi_j(s) K_2^1(t, t_j) + \sum_{i=1}^{2} \varphi_i(t) K_2^1(t_i, s)$$

$$= \frac{1}{4\theta^3} \{ (2\theta - \sin 2\theta)\varphi_2(t)\varphi_2(s) +$$

$$[\sin\theta(1-t) - \sin\theta(1+t) +$$

$$2\theta t \cos\theta(1-t)]\varphi_2(s) +$$

$$[\sin\theta(1-s) - \sin\theta(1+s) +$$

$$2\theta s \cos\theta(1-s)]\varphi_2(t) \}.$$

Where $\varphi_1(t)$, $\varphi_2(t)$ can be obtained from (27).

References

[1] Dalzell CJ, Ramsay JO. Computing reproducing kernels with arbitrary boundary constraints [J]. SIAM. J. Sci. Comput., 1993,14: 511 - 518.

[2] ZHANG Xinjian, HUANG Jianhua. The uniformity of spline interpolating operators and the best operators of interpolating approximation in W_2^m spaces [J]. Mathematica Numerica Sinica, 2001, 23(4): 385 - 392.

[3] ZHANG Xinjian. Spline interpolating operators and the best approximation of linear functionals in W_2^m spaces [J]. Mathematica Numerica Sinica, 2002, 24(2): 129 - 136.

[4] CUI Minggen, WU Boying. Reproducing Kernel Space Numerical Analysis [M]. Beijing Science Press, 2004 (in China).

[5] Li Yunhui, Cui Minggen. The exact solution of a kind integro-differential equation in space $W_2^2 [0, \infty)$ of reproducing kernel [J]. Mathematica Numerica Sinica, 1999, 21(2).

[6] ZHANG Xinjian, TONG Li, TANG Shangui. A New Proving Method of the Continuous Properties of Interpolating Splines of Differential Operators [J]. Journal of National University of Defense Technology (in China), 2001, 23(1): 89 - 92,96.

[7] Neagoe V E. Inversion of the Van der Monde matrix

[J]. IEEE Signal Processing Letters. 1996, 3(4): 119-120.

[8] Li Yuesheng. On the recurrence relations for B-splines defined by certain L-splines [J]. J. Approx. Theory, 1985, 43: 359-369.

本文发表于《Applied Mathematics & Computation》2009 年第 215 卷第 2 期

武汉鹦鹉洲长江大桥北锚碇下沉期防护方案的数值分析

王艳丽[1],何 波[2],饶锡保[1],陈 云[1],徐 晗[1]

(1. 长江科学院 水利部岩土力学与工程重点实验室,武汉 430010;

2. 武汉天兴洲道桥投资开发有限公司 湖北 武汉 430011)

摘要: 采用大型有限差分软件 FLAC3D,建立了武汉鹦鹉洲长江大桥北锚碇沉井基础的整体三维有限差分计算模型。对无地下防护墙(方案 1)、地下防护墙入土深度 50 m(方案 2)和地下防护墙入土深度 55 m(方案 3)三种不同防护措施下沉井的下沉过程进行了数值仿真研究。分析了三种方案下沉井动态施工过程中沉井结构和周围地基土体的应力和变形特征,评价了不同防护措施的防护效果,为确定合适的地下防护墙入土深度提供了依据,并对设计方案的合理性进行论证。研究结果表明:3 种方案下,沉井结构和周围地基土体的应力变形随开挖步骤的变化规律基本相似,入土深度越深,沉井及周围土体的变形相对减小而应力变化不大,但程度有限。防护墙的主要作用在于防治沉井下沉过程中出现的翻砂等不利情况,因此地下防护墙的入土深度需穿过砂层,沉井下沉翻砂时切断砂源,减少防护墙外地面变形。

关键词: 武汉鹦鹉洲长江大桥;北锚碇;沉井基础;地下防护墙;FLAC3D

1 引言

随着国内大跨度桥梁不断地涌现,沉井由于其刚度大、经济性好的特点,越来越多地应用于桥梁深水基础和悬索桥锚碇基础,其中 1999 年建成的江阴长江公路大桥北锚碇采用矩形沉井基础[1],目前在建的泰州长江公路大桥中塔采用水中沉井基础[2][3],拟建的武汉鹦鹉洲长江大桥北锚碇采用圆形沉井基础。在过去的一段时间内,国内外相关学者在沉井基础的计算方法及下沉工艺等方面也开展了相关的研究,取得了大量的研究成果。张志勇、陈晓平等[4](2001)对海口世纪大桥沉井基础下沉阻力的现场监测资料进行了全面的整理与分析,得出了大型沉井基础下沉过程中侧摩阻力呈上下小、中间大的抛物线型的分布规律,并据此提出了不同于现行规范的沉井下沉侧摩阻力的分布模式。穆保岗、朱建民等[5](2010)结合南京长江 4 桥北锚碇沉井的施工特点,在现场抽水试验基础上,综合确定了沉井排水下沉期间的渗透系数,由此理论计算单井出水量、总涌水量等并进行排水设计,对沉井下沉过程进行了排水分析。夏国星、杜洪池[6](2010)以泰州

大桥北锚碇沉井基础为例,介绍了超大型沉井降排水施工的降排水下沉施工工艺。杨灿文、黄民水[7](2010)采用 Midas Civil 软件建立了沉井基础的平面和空间实体有限元计算模型,对某锚碇沉井基础施工关键技术进行平面和空间受力分析,得到沉井的隔墙与井壁在施工阶段的受力特征。然以往对于复杂受力条件下大型沉井基础的验算工作大多局限于沉井下沉期间结构受力状态和施工控制[8],对于沉井的本身结构受力一般采取平面的简化计算,计算方法偏于保守,往往造成设计的浪费,并且未能反应沉井的实际受力状况。同时在整个施工过程中地基基础的应力应变分布规律及变形控制措施方面,尚未见相关研究。

武汉市鹦鹉洲长江大桥位于武汉市中心城区,北接汉阳的马鹦路,南连武昌的复兴路。桥址距下游长江大桥 2.0 km,是武汉市首座双向八车道长江大桥。主梁跨径为:(200+2×850+200)m;主缆分跨布置为:(225+2×850+225)m。该桥的结构造型不仅在长江上独无仅有,也是世界上跨度最大的三塔四跨悬索桥[9]。主塔墩基础形式采用钻孔灌注桩基础,北锚碇采用沉井基础,南锚碇采用地下连续墙基础。鹦鹉

洲大桥北锚锭位于汉阳中心城区,沉井基础中心距长江大堤仅 108 m,距已建 54 层高楼为 138 m,基底位于地面以下约 50 m,由于受到周围环境的限制,其施工风险较一般悬索桥大。拟采用不排水下沉方案,并在基础外围设置防护帷幕以保护周围土体不被破坏,从而避免周边建筑物出现不均匀沉降破坏。武汉鹦鹉洲大桥北锚碇基础工程是全桥难度最高的施工项目之一,也是全桥工程的关键节点。北锚沉井基础施工中技术要求之高、方法之新、开挖之深在国内外均处于领先地位。同时大型基础结构及大深度临江基坑施工过程中其自身的稳定及可能引起周边建筑物的变形及控制等问题是设计施工中的关键技术问题。

针对鹦鹉洲长江大桥北锚碇沉井基础结构及大深度临江基坑施工过程的复杂性及动态不确定性等特点,本文主要采用数值仿真计算的方法对基础的动态施工过程进行分析,评估其施工期安全性能和施工引起的环境效应等,比较初步选定的各种防护措施的防护效果,通过研究对设计方案的合理性进行论证,为工程的设计和施工提供有益的借鉴和参考。

2 工程实例

2.1 工程概况

2.1.1 场地工程地质条件

北锚碇位于汉阳江滩北侧(锚碇中心里程 CK9+787),地处一级阶地前沿,锦绣长江基坑开挖时堆土于此,形成较大堆土区,地表高低起伏不平,地面高程 25.1~31.2 m。锚碇处覆盖层厚 77.8~81.8 m,表部为堆填土,厚度 5~8 m,堆土中存在巨块石,直径 3~4 m。第四系覆盖层上部为②$_1$层软塑状粉质黏土(厚度 3.6~4.4 m);中部为②$_4$层中密状细砂(厚度 20.7~22.0 m)、②$_5$层密实状中砂(厚度 11.0~12.1 m);下部为③$_1$层密实状砾砂(厚度 7.6~11.2 m)、③$_2$层圆砾土(厚度 15.0~16.0 m)及③$_3$层可塑状黏土(厚度 7.5~10.7 m)。砾砂及圆砾土中含少量卵石,粒径以 2~5 cm 为主,最大粒径 10 cm 左右,卵石成分主要为石英岩、石英砂岩。下伏基岩为志留系中统坟头组(S2 f)泥岩,岩面高程−56.55~−52.75 m。受断裂构造影响,岩石破碎,裂隙极发育,岩石多呈碎块状,质

软,手可掰断。

2.1.2 北锚碇沉井基础结构形式

沉井基础选择圆形截面,结合梁悬索桥方案沉井基础结构图如图 1 所示,沉井外轮廓直径 66.0 m,高为 41.5 m,共 8 节,底节厚 6.0 m,为钢壳混凝土;其余各节为钢筋混凝土。基底以密实的砾砂为持力层。沉井截面为环形,中间设置直径 41.4 m 的空心圆;环形壁厚 12.3 m,内部沿圆周均匀布置 16 个直径 8.7 m 的空心圆。考虑锚固系统进入井内约 9.5 m,沉井第七节将后端井壁厚度设置为 1.4 m,中间设置为空心。沉井井盖前端厚 6.0 m,后端厚 9.5 m。封底采用水下 C30 混凝土,厚 10 m。井内空腔后端填入 C20 的素混凝土,前端充水,以平衡基底前后端应力,采用不排水下沉方案。为了降低沉井施工对锚碇周围建筑物和大堤的影响,拟在距沉井外轮廓 10 m 处设计厚度为 0.8 m 的圆形钢筋混凝土防护墙。

2.2 计算模型

按照工程经验和前人已有的成果,对于模型范围的选取,拟定为:X 方向(即顺桥方向)边界取(−200 m,200 m);Y 方向(即顺河流方向)边界取(−150 m,150 m);考虑到建模的方便,将模型中 $Z=0$ 的位置选取在地表,Z 方向另一边界取地面以下 80 m 位置处。对土层走向有较小高差倾斜的取与桥墩中心线相交的水平面为分界面,土层参数延深度变化不大且土层厚度较小的两层或多层土可并为一层,概化后的土层共有 6 层:① 填筑土层,层厚 2.7 m;② 粉质黏土层,层厚 3.6 m;③ 细砂层,层厚 36.2 m;④ 圆砾土层,层厚 22.6 m;⑤ 黏土层,层厚 10.65 m;⑥ 破碎泥岩,4.25 m。其中上部边界为自由边界,下部边界为固定边界,四周边界取为截断边界。图 2 为沉井周围土体计算分层示意图。

2.3 计算参数

根据设计院提供的《武汉鹦鹉洲长江大桥初勘工程地质勘察报告》[10]中提供的土体物理力学指标成果表确定出部分土层的基本计算参数,对于勘察报告没有给出的土层,其参数则根据《工程地质手册(第四版)》[11]类比确定。本项研究中,土的塑性模型选取 Mohr-coulomb 模型,沉井基础混凝土结构和地下防护墙均视为线弹性材料采用弹性模型。最终确定的计算参数如表 1 所示。

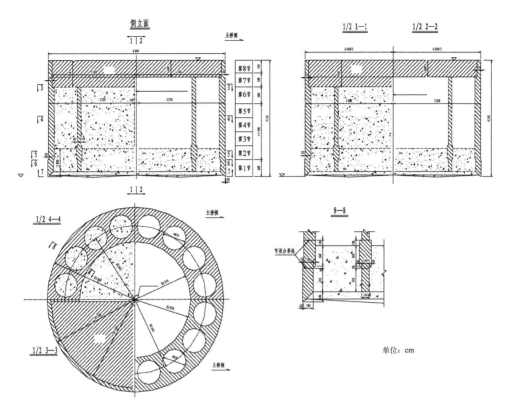

图 1 沉井基础结构图

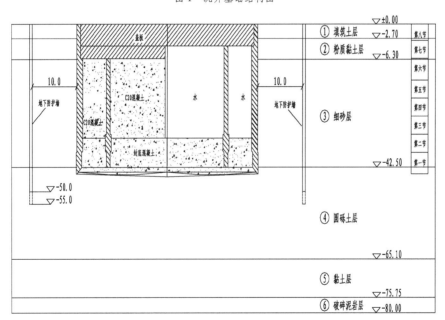

图 2 北锚沉井周围土体计算分层示意图

表 1 模型计算参数

材　　料	密度/(kg/m³)	变形模量/MPa	泊松比	粘聚力/kPa	内摩擦角/(°)
① 填筑土层(−2.7～0 m)	2 000	6	0.35	20	15
② 粉质黏土层(−6.3～−2.7 m)	1 870	12	0.35	14.2	8
③ 细砂层(−42.5～−6.3 m)	1 950	20.8	0.3	5	36
④ 圆砾土层(−65.1～−42.5 m)	2 100	41.67	0.25	5	35
⑤ 黏土层(−75.75～−65.1 m)	1 940	18	0.35	29.1	11.8

材　　料	密度/(kg/m³)	变形模量/MPa	泊松比	粘聚力/kPa	内摩擦角/(°)
⑥ 破碎泥岩(−80～−75.75 m)	2 300	3 000	0.3	21	35
沉井	2 500	25 000	0.2	—	—
地下防护墙	2 500	25 000	0.2	—	—
C30 封底混凝土	2 400	30 000	0.2	—	—
C20 填筑混凝土	2 400	25 500	0.2	—	—

2.4　网格划分

采用 FLAC3D[12]有限差分软件进行沉井施工过程的模拟,沉井与土体之间建立接触面以考虑两者之间的相互作用,采用移来移去法建立接触面。计算中对沉井、土体以及地下防护墙均采用了三维实体单元模拟,单元为 8 节点六面体单元,根据前面的计算范围及土层分布建立三维实体分析模型,共划分实体单元 96 471 个,网格节点 103 779 个,模型的初始网格见图 3 所示,沉井网格见图 4 所示,沉井典型施工阶段模型的网格图(取局部范围)见图 5。其中第 1、2 节沉井一起下沉,第 7 节～第 8 节沉井结构发生变化。

图 3　模型的初始网格

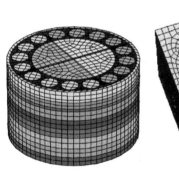

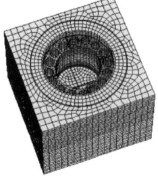

图 4　沉井的网格　　图 5　第 8 节下沉后沉井模型的网格图

2.5　计算方案

为确定合理的沉井外围防护墙深度,比较不同防护墙深度方案对沉井变形及环境影响的控制效果,在以上所建立的数值仿真模型的基础上,考虑无地下防护墙、地下防护墙两种不同的入土深度(50 m、55 m),进一步分析 3 种防护墙深度方案下沉井下沉过程中沉井基础的应力应变状态及地基土的变形分布规律。

3　计算结果分析

3.1　沉井结构的应力变形

沉井下沉过程中,第 1 节到第 8 节下沉后,沉井结构的最大主应力主要表现为拉应力,最大拉应力发生在沉井中间和周围小空心圆内壁的上部,最小主应力主要表现为压应力,最大压应力发生的部位出现在沉井中间和周围小空心圆内壁的中下部,在土体开挖沉井下沉的过程中,沉井结构作为土体变形的防护结构,则重点分析其侧向变形。图 6 给出了方案 3 中沉井典型施工阶段的水平位移云图。沉井下沉过程中,3 种方案下沉井结构的水平位移变化规律基本相似。从第 1 节到第 6 节,沉井结构的水平位移沿 $X=0$ 面呈对称分布的状态,最大水平位移出现在沉井结构的顶部和底部,使沉井结构顶部有向外"张开",底部有向内"收紧"的趋势,从第 7 节到第 8 节,由于沉井前后结构不同,导致沉井结构的变形与前几节下沉后的变形状态明显不同,最大水平位移出现在沉井结构的底部,使沉

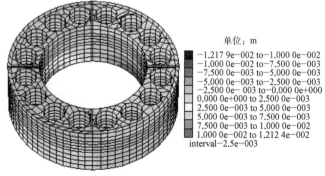

单位:m

- −1.217 9e−002 to −1.000 0e−002
- −1.000 0e−002 to −7.500 0e−003
- −7.500 0e−003 to −5.000 0e−003
- −5.000 0e−003 to −2.500 0e−003
- −2.500 0e−003 to 0.000 0e+000
- 0.000 0e+000 to 2.500 0e−003
- 2.500 0e−003 to 5.000 0e−003
- 5.000 0e−003 to 7.500 0e−003
- 7.500 0e−003 to 1.000 0e−002
- 1.000 0e−002 to 1.212 4e−002

interval=2.5e−003

(a) 第 4 节下沉后

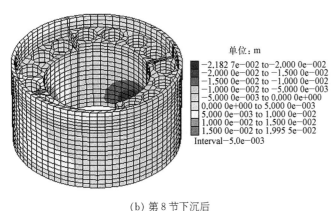

单位：m

- ■ -2.182 7e-002 to -2.000 0e-002
- ■ -2.000 0e-002 to -1.500 0e-002
- ▨ -1.500 0e-002 to -1.000 0e-002
- ▨ -1.000 0e-002 to -5.000 0e-003
- ▨ -5.000 0e-003 to 0.000 0e+000
- ▫ 0.000 0e+000 to 5.000 0e-003
- ▤ 5.000 0e-003 to 1.000 0e-002
- ▥ 1.000 0e-002 to 1.500 0e-002
- ▦ 1.500 0e-002 to 1.995 5e-002

Interval=5.0e-003

(b) 第 8 节下沉后

图 6　沉井典型施工阶段的水平位移云图

井结构底部有向内"收紧"的趋势，且最大位移随着下沉节数的增加而增大。3 种方案下，沉井分节下沉过程中，沉井结构的应力变形特征值见表 2 所示。

由表 2 可知，3 种方案下，地下防护墙入土深度越深，沉井的应力变化不大而变形相对减小，但减少的程

度十分有限，这可能是由于沉井刚度较大的缘故。考虑到锚碇基础持力层上面为砾砂层，如沉井下沉过程出现翻砂等不利情况，则防护墙的入土深度至少要穿过砂层，沉井下沉出现翻砂情况时可及时切断砂源，减少防护墙外地面变形。

3.2　沉井周围土体的应力变形

沉井分节下沉和不断接高的过程中，沉井周围土体的最大、最小主应力均表现为压应力，压应力随着土层深度的逐渐增加而增大。三种方案下，沉井分节下沉过程中，沉井周围土体的应力变形特征值见表 3 所示。

由表 3 可知，3 种方案下，沉井分节下沉和不断接高的过程中，其周围土体的最大、小主应力极值基本不变，最大主应力极值（压应力）为 0.946 MPa 左右，最小主应力极值（压应力）在 1.567 MPa 左右。

表 2　沉井结构应力变形特征值

施工步骤	无地下防护墙			地下防护墙入土深度 50 m			地下防护墙入土深度 55 m		
	主应力极值		变形极值侧向变形/mm	主应力极值		变形极值侧向变形/mm	主应力极值		变形极值侧向变形/mm
	最大主应力/MPa	最小主应力/MPa		最大主应力/MPa	最小主应力/MPa		最大主应力/MPa	最小主应力/MPa	
下沉第 1、2 节	1.198	-1.056	-1.010	1.299	-1.074	-0.854	1.298	-1.072	-0.855
下沉第 3 节	1.223	-1.320	-8.149	1.275	-1.325	-7.140	1.274	-1.324	-7.146
下沉第 4 节	1.011	-1.203	-13.762	1.033	-1.207	-12.188	1.035	-1.206	-12.179
下沉第 5 节	0.758	-1.172	-19.349	0.764	-1.179	-17.099	0.762	-1.179	-17.081
下沉第 6 节	0.920	-1.256	-24.649	0.969	-1.278	-21.921	0.973	-1.273	-21.026
下沉第 7、8 节	1.319	-2.354	-25.648	1.325	-2.355	-22.465	1.309	-2.313	-21.827

表 3　沉井周围土体应力变形特征值

施工步骤	无地下防护墙			地下防护墙入土深度 50 m			地下防护墙入土深度 55 m		
	主应力极值		变形极值坑底隆起/cm	主应力极值		变形极值坑底隆起/cm	主应力极值		变形极值坑底隆起/cm
	最大主应力/MPa	最小主应力/MPa		最大主应力/MPa	最小主应力/MPa		最大主应力/MPa	最小主应力/MPa	
下沉第 1、2 节	-0.946	-1.567	11.211	-0.947	-1.568	10.927	-0.947	-1.568	10.927
下沉第 3 节	-0.946	-1.566	16.160	-0.946	-1.567	15.761	-0.946	-1.567	15.734
下沉第 4 节	-0.945	-1.565	20.451	-0.946	-1.567	19.990	-0.946	-1.567	19.990
下沉第 5 节	-0.945	-1.564	23.577	-0.946	-1.566	23.171	-0.946	-1.566	23.115
下沉第 6 节	-0.944	-1.563	25.399	-0.945	-1.565	25.043	-0.945	-1.565	24.976
下沉第 7、8 节	-0.945	-1.565	27.664	-0.946	-1.566	27.347	-0.946	-1.566	27.210

沉井分节下沉和不断接高的过程中,由于土体的开挖卸荷回弹,导致基坑底部土体不同程度的向上隆起。坑底的隆起量随着下沉节数的增加而呈逐渐增大的趋势。方案1,坑底最大隆起为11.211~27.664 cm;方案2,坑底最大隆起为10.927~27.347 cm;方案3,坑底最大隆起为10.927~27.210 cm。由此可知,地下防护墙的存在使坑底隆起量相对减小,且入土越深,坑底的隆起量相对越小,但减小程度十分有限,仅从受力角度分析,沉井结构的维护起了主要作用,防护墙的作用相比较小,防护墙的主要作用在于防治沉井下沉过程中出现的翻砂等不利情况。

4 结论

(1)沉井分节下沉和不断接高的过程中,最大拉应力发生在沉井中间和周围小空心圆内壁的上部,最大压应力发生的部位出现在沉井中间和周围小空心圆内壁的中下部,第8节下沉后,在沉井内壁的中部出现拉应力,同时由于沉井前后结构不同,导致沉井结构的变形与前几节下沉后的变形状态明显不同,最大水平位移出现在沉井结构的底部,使沉井结构底部有向内"收紧"的趋势,且最大位移随着下沉节数的增加而增大。

(2)沉井分节下沉和不断接高的过程中,其周围土体的最大、小主应力极值基本不变;同时由于土体的开挖卸荷回弹,导致基坑底部土体不同程度的向上隆起。坑底的隆起量随着下沉节数的增加而呈逐渐增大的趋势。

(3)3种方案计算成果对比分析可知,沉井结构和周围地基土体的应力变形随开挖步骤的变化规律基本相似,入土深度越深,沉井及周围土体的应力变化不大而变形相对减小,但程度有限。因此,防护墙的主要作用在于防治沉井下沉过程中出现的翻砂等不利情况,因此地下防护墙的入土深度需穿过砂层沉井下沉翻砂时切断砂源,减少防护墙外地面变形。

参考文献

[1] 吉林,冯兆祥,周世忠.江阴大桥北锚沉井基础变位过程实测研究[J].公路交通科技,2001,18(3):33-35.

[2] 陶建山.泰州大桥南锚碇巨型沉井排水下沉施工技术[J].铁道工程学报,2009(1):63-66.

[3] 王卫忠.沉井下沉技术在泰州长江公路大桥北锚碇中的应用[J].交通科技,2009,2(233):21-24.

[4] 张志勇,陈晓平,茜平一.大型沉井基础下沉阻力的现场监测及结果分析[J].岩石力学与工程学报,2001,20(增1):1000-1005.

[5] 穆保岗,朱建民,龚维明,等.南京长江4桥北锚碇沉井的排水下沉分析[J].土木建筑与环境工程,2010,32(5):135-141.

[6] 夏国星,杜洪池.超大型沉井降排水下沉施工[J].中国工程科学,2010,12(4):25-27.

[7] 杨灿文,黄民水.某大型沉井基础关键施工过程受力分析[J],华中科技大学学报(城市科学版),2010,27(1):17-21.

[8] 李宗哲,朱婧,居炎飞,等.大型沉井群的沉井下沉阻力监测技术[J].华中科技大学学报(城市科学版),2009,26(2):43-46.

[9] 李明华,刘海亮,王忠彬.武汉市鹦鹉洲长江大桥散索鞍座新型结构设计[J].铁道工程学报,2011,(7):64-67.

[10] 武汉鹦鹉洲长江大桥初勘工程地质勘察报告[R].中铁大桥勘测设计院有限公司,2009.

[11] 常士骠,张苏民.工程地质手册(第四版)[M].北京:中国建筑工业出版社.

[12] Itasca Consulting Group, Inc. FLAC3D-fast Lagrangian analysis of continua in 3 dimensions [R]. Minneapolis, MN: Itasca Consulting Group, Inc., 2000.

本文发表于《长江科学院院报》
2012年第29卷第11期

注浆扩散与浆液若干基本性能研究

阮文军[1,2]

(1. 同济大学地下建筑与工程系,上海 200092;2. 长春工程学院岩土与道桥工程系,长春 130021)

摘要:浆液流型、流变参数的时变性、可灌性、塑性强度和可重复注浆性是影响浆液扩散的基本性能。试验表明,各种浆液分别属于三种不同流型;水泥基浆液在注浆过程中流型不变;浆液粘度的时变性规律符合指数函数。研制了平板裂隙注浆装置进行试验,结果表明:普通水泥浆的最小可灌裂隙宽度并非 0.18 或 0.2 mm。在重复注浆时,后注浆液克服先注浆液的内聚力,在流道中间冲开新通道继续注入,而不是推动先注浆液向前整体移动。"塑性强度"概念可以推广到一般浆液,用这一指标可以预知浆液的可注期。基于以上试验研究成果,尤其是粘度时变性规律,建立了稳定性浆液注浆扩散模型。

关键词:注浆扩散模型;浆液性能;流型;时变性;塑性强度;可注性

0 引言

利用有限的已知条件(地质条件和施工工艺参数)去预测注浆范围,对指导注浆施工意义重大。鉴于这些条件的复杂性,人们将某些条件简化后进行研究,建立了若干注浆扩散模型。这些注浆扩散理论可以分为两大类,即未考虑时变性的注浆扩散理论和考虑时变性的注浆扩散理论。贝克(Baker)[1]和隆巴迪(G. Lombardi)分别推导出了牛顿流体和宾汉流体在裂隙中注浆的最大扩散半径[2]。维特科(W. Wittke)[3]、沃尔纳(Wallner)和基帕科(э. я. дипак)的公式[4]与隆巴迪公式相似。杨晓东[5]、刘嘉材[6]也分别推导出了未考虑时变性的注浆扩散公式。海斯勒(Hassler)、葛家良、郑长成等人则得到了时变性流体的流动规律[7-9]。从这些理论可以看出:浆液流型、流变参数的时变性、可灌性、浆液的可重复注入性(可注性)对浆液扩散半径有重大影响。

目前研究中存在的问题是:(1)对浆液流型的判定不够准确。浆液流型是建立注浆扩散模型的前提,有些注浆理论把各种浆液划归到了某一种单一流型的做法值得商榷;(2)流变参数时变性还需深入研究。浆液粘度和动切力有无时变性对计算注浆扩散半径影响很大。若考虑时变性,则浆液扩散半

径会小得多。但有些注浆扩散理论恰恰忽略了浆液粘度的时变性,在建立注浆扩散模型时采用的粘度固定为初始粘度值。这样计算出的理论扩散半径显然远大于实际值,与之相关的注浆孔距和排距也不合理,用于指导施工时很难保证注浆效果。(3)对于浆液可灌性和可重复注入性,仍有值得深入研究的内容。

本文将针对这些问题展开研究。

1 浆液的流变性

对以下浆液进行了流型判定和时变性研究:水泥浆(W/C=0.5~10.0)、水泥粘土浆、水泥复合浆液、丙凝、丙烯酸盐浆液、木质素浆液、环氧树脂浆液、聚合物水泥浆。

1.1 浆液的流型

文献[5],[10],[11],[12]对浆液流型进行了研究,但在浆液流型判定上看法不一。有的认为水泥浆属于牛顿流体,有的认为符合宾汉流体,还有的认为符合幂律模型。笔者对此进行了比较系统的试验,以便深入探索和加以澄清。试验结果见图1~2。通过流变曲线拟合出流变方程,并判定出浆液流型。结果见表1。

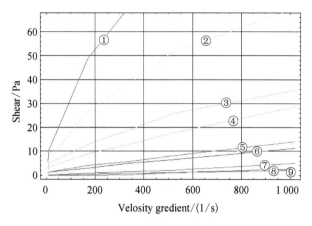

① W/C=0.5；② W/C=0.6；③ W/C=0.7；④ W/C=0.8；⑤ W/C=0.9；⑥ W/C=1.0；⑦ W/C=2.0；⑧ W/C=5.0；⑨ W/C=10

图1　各种水灰比水泥浆的流变曲线

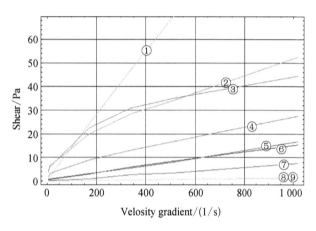

① 环氧树脂浆液；② 水泥粘土浆；③ CMC 水泥浆；④ PVA 水泥浆；⑤ 聚合物乳液水泥浆；⑥ 水泥复合浆液；⑦ 木质素浆液；⑧ 丙烯酸盐浆液；⑨ 丙凝

图2　水泥基浆液和化学浆液的流变曲线

表1　浆液流变方程和所属流型

浆　液　名　称		流　变　方　程	浆液所属流型
水泥浆	W/C=0.5	$\tau=14.43\gamma^{0.0027}$	幂律流体
	W/C=0.6	$\tau=8.632\gamma^{0.0026}$	
	W/C=0.7	$\tau=5.826\gamma^{0.0022}$	
	W/C=0.8	$\tau=5.321+0.0229\gamma$	宾汉流体
	W/C=0.9	$\tau=1.884+0.0119\gamma$	
	W/C=1.0	$\tau=1.563+0.0096\gamma$	
	W/C=2.0	$\tau=0.0372+0.0047\gamma$	牛顿流体
	W/C=5.0	$\tau=0.088+0.0027\gamma$	
	W/C=10.0	$\tau=0.0454+0.0019\gamma$	
水泥基浆液	水泥粘土浆液	$\tau=6.126+0.0478\gamma$	宾汉流体
	水泥复合浆液	$\tau=0.666+0.0146\gamma$	

试验结果表明：① 纯水泥浆的流型分属三种不同流型，而不是某种单一流型。水灰比为 0.5～0.7 的水泥浆是幂律流体，W/C=0.8～1.0 的水泥浆是宾汉流体，W/C=2.0～10 的水泥浆是牛顿流体；② 水泥粘土浆液和水泥复合浆液是宾汉流体；③ 水泥浆由幂律流体向宾汉流体转化的临界水灰比是 0.7，由宾汉流体向牛顿流体转化的临界水灰比为 1.0。

试验还发现：① 当减水剂加量超过 2% 时，水灰比大于 0.5 的纯水泥浆全部变为牛顿流体；② 对水泥粘土浆液而言，随减水剂或水灰比的增加，浆液将向牛顿流体转化；随着粘土加量的增加，浆液向宾汉流体方向发展。

1.2　浆液流型随时间的变化情况

前人在建立注浆扩散模型时将"流型不变"作为一个重要假设提出来，却大多未加验证。本文进行了大量试验，其中一个试验结果见图3。经函数拟合后发现，虽然在注浆过程中浆液粘度逐渐增大，但流型却保持不变。这就证实了"流型不变"假设的正确性。

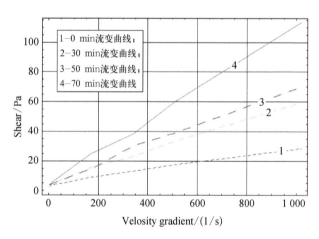

图3　水泥浆（W/C=0.8）在不同时刻的流变曲线

经本文试验证明"流型不变"的浆液有：水泥浆（水灰比为 0.5～10）、水泥粘土浆、水泥复合浆液、丙凝、丙烯酸盐浆液、木质素浆液、环氧树脂浆液。

1.3　流变参数的时变性

很多注浆扩散理论忽略了流变参数的时变性。为将时变性规律用于建立注浆扩散模型，本文在文献[5]，[13]—[16]的研究基础上，对各种典型浆液进行了试验，结果见图4～图5（只列出部分试验结果）。

将各种浆液的时变曲线进行函数拟合后，得到如下结果，见表2。

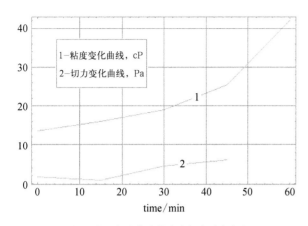

图4 水泥复合浆液粘度和切力时变曲线

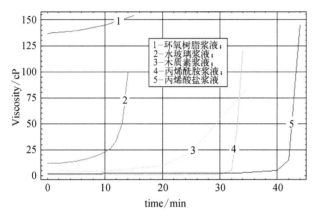

图5 化学浆液粘度时变性

表2 各种浆液的粘度时变性函数

序号	浆液名称	粘度时变性方程
1	水泥浆(W/C=0.5)	$\eta_{05}(t)=70.2\,e^{0.008\,74t}$
2	水泥浆(W/C=0.6)	$\eta_{06}(t)=36.53\,e^{0.015\,1t}$
3	水泥浆(W/C=0.7)	$\eta_{07}(t)=19.67\,e^{0.017\,8t}$
4	水泥浆(W/C=0.8)	$\eta_{08}(t)=19.9\,e^{0.023\,3t}$
5	水泥浆(W/C=0.9)	$\eta_{09}(t)=13.51\,e^{0.033\,2t}$
6	水泥浆(W/C=1.0)	$\eta_1(t)=11.37\,e^{0.013\,8t}$
7	水泥浆(W/C=2.0)	$\eta_2(t)=10.24\,e^{0.017\,8t}$
8	水泥粘土浆	$\eta_{snnt}(t)=32.27\,e^{0.017t}$
9	水泥复合浆液	$\eta_{snfh}(t)=12.33\,e^{0.018t}$
10	环氧树脂浆液	$\eta_{hysz}(t)=135.5\,e^{0.007\,9t}$
11	木质素浆液	$\eta_{mu}(t)=2.581\,e^{0.089\,4t}$
12	丙凝	$\eta_{bn}(t)=0.737\,e^{0.088\,5t}$
13	丙烯酸盐浆液	$\eta_{bx}(t)=1.101\,e^{0.060\,4t}$
14	水玻璃浆液	$\eta_{sbl}(t)=8.271\,e^{0.1256t}$

从上述试验结果得到两个重要结论:① 浆液在凝固前其粘度存在时变性,变化规律符合指数函数:

$\eta(t)=\eta_{p0}\,e^{kt}$;② 水泥基浆液的动切力随时间变化不大,可认为 $\tau_0(t)\approx\tau_0(0)$。

2 浆液的可灌性

研制了平板裂隙注浆装置,对水泥浆最小可灌裂隙宽度、地下水稀释、裂隙倾角的影响等问题进行了试验研究。部分试验结果见表3。从中可知:① 普通水泥浆最小可灌裂隙宽度并非定值,而与水灰比密切相关。当水灰比为0.8以上时,最小可灌裂隙宽度为0.1 mm;而当水灰比为0.5时,最小可灌裂隙宽度只有0.4 mm,即使加大注浆压力也无法注入。② 虽然裂隙中的静水压力在注浆初期对浆液有短暂稀释作用,但在注浆过程中的稀释作用较小。③ 裂隙倾角对注浆有重要影响,在注浆模型中应予考虑。

表3 最小可灌裂隙宽度试验结果

水泥浆 水灰比	W/C=0.5	W/C=0.8	W/C=1.0
裂隙宽度 0.1 mm	不进浆,水泥颗粒堆积在注浆口周围	可灌时间1.5 min,灌浆流量为0.053 l/min	完全可灌,灌浆流量为0.125~0.35 l/min
裂隙宽度 0.4 mm	可灌时间0.8 min,灌注距离1.9 m	—	完全可灌,灌浆流量为1.19~1.82 l/min

注:采用吉林亚泰32.5R普硅水泥,灌注压力为0.1 MPa。

3 浆液的可注性(可重复注浆性)

注浆实践还表明,很多浆液(除了水泥水玻璃等速凝浆液外)可以重复注入,重复注浆甚至成了常用注浆工艺。这是因为,注入裂隙内的浆液凝结体受到足够大外界压力的推动后仍可流动变形。但是工程中对可注性的定量研究不够。

浆液的可注性可用塑性强度和可注期来描述。文献[21]针对粘土固化浆液提出可重复注浆的两个度量指标—塑性强度(Plastic Strength, P_s)和可注期。塑性强度(P_s)表征的是浆液在凝固过程中塑性凝结体的抗剪切能力。可注期是自浆液配好到浆液塑性强度达到临界值这段时间。

笔者认为,可将这一概念推广到一般浆液中。本

761

文试验证明,可注期在数值上介于浆液可泵期和初凝时间之间,对一般浆液(速凝浆液除外)均可测试出这一指标。实验室临界值可定为 50 kPa。当浆液塑性强度超过临界值时,在后注浆液的压力作用下裂隙中先注浆液凝结体的剪切变形很小,就不能重复注浆了。

塑性强度的测定没有专用仪器,本文参考文献[17],采用了 GB/T1346 - 2001 中的试锥维卡仪。测试结果见图 6。可以看出,随着水灰比增大,水泥浆 P_s 增长速度显著变慢。

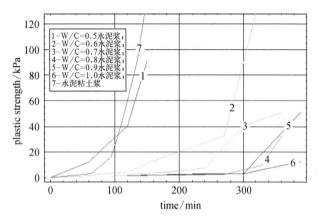

图 6　水泥浆和水泥粘土浆液塑性强度曲线

研究了减水剂对水泥浆塑性强度的影响。由图 7 可知:在减水剂加量范围内(<1%),随减水剂加量增加,浆液塑性强度增长变快。

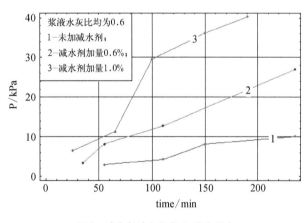

图 7　减水剂对水泥浆 Ps 值的影响

笔者还研究了浆液在注浆过程和重复注浆过程中的流动形态。试验发现,在注浆过程中,随着注浆时间的延长,流道逐渐变窄,流道两侧出现一定宽度的沉积区。注浆结束间隔一段时间后进行重复注浆时,后注浆液可在注浆流道中间冲开一条较窄的新流道向前流动。这说明,在重复注浆时,后注的浆液不是推动先注

浆液整体前移,而是克服裂隙中先注浆液的内聚力,在流道中间阻力较小处流动如图 8 所示。

图 8　重复注浆试验中流道内的浆液形态

试验表明,不同类型或配方的浆液其可注期不同。由于现有注浆工程尚未利用这一指标指导施工,因此本文提出这一指标的意义在于,工程中可将这一指标设定为必测指标,通过现场试验可以预先了解浆液的可注期限和重复注浆间隔时间。这对施工是有意义的。

4　基于粘度时变性的注浆扩散模型

基于以上研究,并考虑裂隙等效宽度、裂隙角度、注浆压力、地下静水压力等因素,建立了稳定性浆液注浆扩散模型。曾用于两个水利注浆工程,预测的注浆半径与实际值接近。理论建模和工程应用情况见文献[18]。注浆扩散公式如下:

$$T = -\frac{1}{k}\ln\left\{1-\frac{\eta(0)k[\Phi(R)-\Phi(r_c)+\Psi(R)-\Psi(r_c)]}{\frac{\tau_0 bA}{2}(R-r_c)-\frac{b^2}{12}-\frac{8\tau_0^3 A}{3b}(R-r_c)}\right\}$$

式中,$\Phi(R) = \frac{A\ln r_c}{B^2}[(1+BR)-\ln(1+BR)] -$

$$\frac{AR(\ln R-1)}{B}+\frac{A}{B^2}\ln R\ln(1+BR);$$

$$\Phi(r_c) = \frac{A\ln r_c}{B^2}[(1+Br_c)-\ln(1+Br_c)] -$$

$$\frac{Ar_c(\ln r_c-1)}{B}+\frac{A}{B^2}\ln r_c\ln(1+Br_c);$$

$$\Psi(R) = \sum_{n=1}^{\infty}(-1)^n\frac{AB^{n-2}}{n^2}R^n;$$

$$\Psi(r_c) = \sum_{n=1}^{\infty}(-1)^n\frac{AB^{n-2}}{n^2}r_c^n;$$

$$A = \frac{1}{p_c - p_w};$$

$$B = \frac{\rho g \sin\alpha\cos\theta}{p_c - p_w};$$

R——浆液最大扩散半径；

T——注浆时间；

b——裂隙等效水力开度；

r_c——钻孔半径；

η、τ_0——浆液初始粘度和动切力；

k——粘度增长指数；

α、θ——裂隙倾角和方位角；

p_c——裂隙入口处的有效注浆压力；

p_w——地下静水压力。

5 结语

为建立合理有效的注浆扩散理论模型，对浆液流型、流变参数的时变性、可灌性、塑性强度和可重复注浆性能进行了研究。

试验和分析表明，各种浆液分属三种不同流型；水泥基浆液在注浆过程中流型不变；浆液粘度的时变性规律符合指数函数：$\eta(t) = \eta_{p0}e^{kt}$；水泥基浆液的动切力无明显时变性；室内可灌性试验表明，普通水泥浆的最小可灌裂隙宽度受水灰比影响，是一个变量；塑性强度指标可推广到一般浆液，在浆液塑性强度达到临界值前可重复注浆。应用该指标的意义在于预知浆液可注期。

参考文献

[1] Baker, C. Comments on paper Rock Stabilization in Rock Mechanics [M]. Muler, Springer-Verlag NY, 1974.

[2] G. Lombardi. 水泥灌浆浆液是稠好还是稀好, 现代灌浆技术译文集[C]. 北京: 水利电力出版社, 1991.

[3] W. Wittke. 采用膏状稠水泥浆灌浆新技术. 现代灌浆技术译文集[C]. 北京: 水利电力出版社, 1991.

[4] Э. Я. 基帕科, 等. 大喀斯特溶洞的注浆堵水[J]. 剑万禧, 译. 世界煤炭技术, 1986(2).

[5] 杨晓东, 刘嘉材. 水泥浆材灌入能力研究[C]//中国水利水电科学院科学研究论文集(第27集). 北京: 水利电力出版社, 1987: 184 - 191.

[6] 刘嘉材. 裂缝灌浆扩散半径研究[C]//中国水利水电科学院科学研究论文集(第8集). 北京: 水利出版社, 1982: 186 - 195.

[7] Hassler L, et al. Simulation of grouting in jointed rock [C]//Proc. 6th Int. Conf. on Rock Mech., V. Z, 1987.

[8] 葛家良, 等. 基岩结构面特征及其注浆浆液扩散的GJL二维模型[C]//广州化学增刊: 全国基岩与混凝土裂缝化学灌浆处理学术研讨会论文集, 2002.

[9] 郑长成. 裂隙岩体灌浆的模拟研究[D]. 长沙: 中南工业大学, 1999.

[10] 张景秀. 坝基防渗与灌浆技术[M]. 北京: 水利水电出版社, 1992.

[11] Charles. E. Rheological evaluation of cement slurries methods and models [C]//Society of Petroleum Engineers, 1980.

[12] Ivan Odler. Oil Cemento, 1978, 3: 303 - 309.

[13] Ish-shalom M, S A Greenberg. The Rheology of Fresh Portland Cement Pastes [C]//Proceedings of 4th International Symposium Chemistry Cement.

[14] 杜嘉鸿, 秦明武, 肖荣久. 国外化学注浆教程[M]. 北京: 水利电力出版社, 1987.

[15] 坪井直道. 化学注浆法的实际应用[M]. 吴永宽, 译. 北京: 煤炭工业出版社, 1980.

[16] 广州化学研究所. 大坝化学灌浆技术经验选编[C]. 北京: 水利电力出版社, 1997.

[17] 王星华. 粘土固化浆液在地下工程中的应用[M]. 北京: 中国铁道出版社, 1998.

[18] 阮文军. 浆液基本性能与岩体裂隙注浆扩散研究[D]. 长春: 吉林大学, 2003.

本文发表于《岩土工程学报》2005年第27卷第1期

4. 交通工程

基础设施建养一体数字化技术(一)
——理论与方法

朱合华[1,2,3],李晓军[1,2,3],陈雪琴[3]

(1. 同济大学土木工程防灾国家重点实验室;2. 同济大学岩土及地下工程教育部重点实验室;

3. 同济大学土木工程学院地下建筑与工程系,上海200092)

摘要: 针对当前基础设施建设期与养护期的现状和问题,提出基础设施建养一体化的概念,即指从建设和养护一体化角度出发,综合采用工程、经济和管理等手段,以最优化的方式达到工程所需的服役性能。基于笔者多年对于数字化技术的研究,提出了基础设施建养一体数字化平台,包括数据采集与处理、数据表达和数据分析三个部分。分别对建设期和养护期所采用的数字化技术进行了详细阐述,主要有数据采集、数据标准、三维建模、可视化技术、空间分析和数字与数值一体化等技术。

关键词: 建养一体化;数字化技术;数字化平台;基础设施

0 引 言

近年来,我国基础设施的建设呈现出蓬勃的发展趋势,公路、铁路、城市轨道交通和民用机场等基础设施在迅猛地增长着。以公路为例,交通运输部颁布的《交通运输"十二五"发展规划》指出,2015年公路总里程达到450万公里,国家高速公路网基本建成,高速公路总里程达到10.8万公里,覆盖90%以上的20万以上城镇人口的城市[1]。快速增长的基础设施建设一方面给我们带来了不可多得的发展机遇,同时也是一项极其艰巨的任务。

然而,基础设施在运营期的养护也面临巨大的挑战。首先,如若基础设施未进行及时有效的维护管理,将可能造成重大的安全事故。1995年,俄罗斯圣彼得堡地铁一号线因施工期塌方且养护不周导致隧道报废,重建时间8年,耗资达1.45亿美元[2]。近年来在中国以及其他国家也时有发生类似的基础设施安全事故。安全事故一旦发生,将可能造成人员伤亡、经济损失、环境和社会不利影响等。其次,基础设施的结构是机电设备赖以存在和发挥功能的基础。一旦结构失效失稳或变形不可逆转,机电设备无法发挥其功能,后果将不堪设想。如果将基础设施结构比喻为"皮",其它设备则只能算作"毛",正如中国谚语所言"皮之不存,毛将焉附"。最后,现阶段我国的基础设施正经历着从"建设为主"向"建养并重"转变的过渡时期。基础设施的建设周期一般为几年,而其运营维护周期则长达几十年甚至上百年。美国土木工程协会(ASCE)提出五倍定律即若土木结构维护不及时,将导致服役期的维护费用呈建造费用的5倍级数增长[3]。由此可见基础设施养护的重要性和紧迫性。

目前,基础设施的建设养护管理过程中存在着严重的信息孤岛效应[4]问题,各部门建立了一系列为自身服务的应用系统和数据库等,但由于相互间的技术、行业与基础标准等不一致,导致信息不能共享。在基础设施的养护管理模式上也存在一些问题,如建养分离,"重建轻养"思想严重;养护管理体制不完善、运行机制落后;缺乏养护定额与规范;养护机械配套率不足,养护科技含量低;养护管理人员总体素质偏低等[5]。针对基础设施建设和养护管理中存在的这些问题,国内学者赵仲华[6]较早地提出了高速公路建养一体化的概念,并初步设计了高速公路建养一体化管理信息系统;尔后,其他学者[5,7]在高速公路建养一体化方面也做了相应的研究工作;张磊[8]也提出了建管养一体数字高速的理念。此外,中国政府部门也在积极地响应农村公路和高速公路的"建管养一体化"或"建管养运一体化"相关措施[9,10]，将建设、管理、养护和运输几项职能有效整合为一体，提高建设水平、管理养护水平和运输水平。本文在此基础上，试图从技术、经济与管理的角度，创新性地提出了基础设施的"建养一体化"的理念。

实现"建养一体化"需要相应的数字化技术作为支撑。近年来，国外在工程数字化领域开展了大量的研究工作。1998 年，美国前副总统 Gore[11] 首次提出了数字地球的构想，并畅想了数字地球计划在教育、可持续发展、农业等领域的巨大社会和经济效益。欧盟开展了 TUNCONSTRUCT (Technology in underground construction)[12,13] 研究计划，该计划由 11 个国家成员组成，旨在采用创新的地下基础设施建造技术，减少地下工程的建设时间和成本，并且降低其风险。该计划建立了集规划、勘察、设计、施工和运营维护于一体的地下工程信息系统，能够管理地下工程全寿命周期数据，使得工程建设和管理的各个参与方能够分析和利用数据。2005 年，英国剑桥大学和帝国理工大学联合展开了智能基础设施(Smart Infrastructure)[14] 研究计划，旨在为各种城市基础设施开发无线传感网络，从而实现对城市基础设施的长期监测。美国 Autodesk 公司首先研发了 BIM(Building Information Modeling)[15] 这一建筑行业的三维智能设计方法，它可以实现对基础设施的三维可视化，涵盖基础设施全寿命周期信息，包括筹划、设计、施工和管理阶段，被建筑师、工程师和承包商广泛采用。

与此同时，国内也开展了诸多数字化研究工作。朱合华[16] 早在 1998 年提出了"数字地层"的概念，指出数字地层即是利用现代的计算机技术，将原始地层信息和施工扰动地层信息，用数字化的方法直观地展现出来。基于数字地球，我国在数字城市方面也进行了多年的研究[17]。吴立新等[18] 也提出了数字矿山 (Digital Mine, DM) 的概念。朱合华等[19,20] 和白世伟等[21] 分别提出了三维地层信息系统的概念，利用 3S (GPS、RS 和 GIS)技术和计算机数字化技术，建立城市三维地层信息管理系统。周翠英等[22] 介绍了地下空间信息系统，论述了其开发方法和关键技术。丁烈云等[23] 研究了轨道交通建设过程数字化管理系统的基本结构和关键技术。朱合华等[24] 开发了城市地下空间信息系统以实现地层、地下管线、地下构筑物、地下水资源等地下空间对象的数据库存贮、可视化再现、信息化管理和专业化应用。朱合华等[25] 详细分析了城市三维地下空间信息系统。琚娟等[26] 建立了数字地下空间基础平台，该平台是一个集信息、三维建模、空间分析、虚拟浏览为一体的综合系统。李晓军等[27] 总结了三维 GIS、数字地层、三维地层可视化、地下工程虚拟现实系统等相关概念及研究，给出了地下工程数字化的明确定义。朱合华等[28] 系统完整地提出了数字地下空间与工程 (Digital Underground Space and Engineering, 简称 DUSE)的概念，即为地下空间与工程提供开放的信息组织方法和信息发布框架，建立完整的数据标准及数据处理方法，并提供可视化手段及相关软件。李晓军等[29] 基于地下空间与工程信息系统框架，以盾构隧道为研究对象，探讨了其数字化的过程和方法。朱合华等[30] 在数字化平台上实现了对岩石力学和岩土工程的可视化。李晓军等[32] 开发了基于 web 的信息系统以管理、可视化和分析盾构隧道建设期的数据。

基于笔者在数字地下空间与工程的研究工作，本文系统研发了基础设施建养一体数字化平台。在这一基础信息支撑平台中，采用建养一体数字化技术，以改善基础设施的服役性能，提高基础设施的使用寿命。

1 建养一体化的理念与实现

工程建设是指有组织、有目的的投资兴建固定资产的经济活动，涉及规划、勘察、设计、施工、监测与检测等内容。工程养护包括对工程结构、机电和附属设施的定期检查、监测评估、维修加固及档案资料建立、防灾安全等内容。前已述及，由于存在信息孤岛、重建轻养和建设周期短而养护周期长等问题，提出了"建养一体化"的理念和相应的技术实现。

1.1 建养一体化的理念

事实上，"建养一体化"属于中国式的说法，近年来政府官员关于"建管养一体化"或"建管养运一体化"的口号见诸于各类新闻、报纸等媒体[9,10]，它是将建设、管理、养护和运输等职能有效整合为一体。相对于工程全寿命周期的概念,"建养一体化"的说法在中国易于被理解和接受,但是政府在具体的建养一体化的实施上并没有相关深入的研究。

2006年,国内学者赵仲华[6]提出了高速公路建养一体化的理念,即在高速公路全寿命周期内,针对高速公路产品的可用性目标,对建设和养护业务数据进行历史的、空间的综合分析,为高速公路的建设、养护过程提供信息共享和决策支持。从而保证高速公路的高可用性,提高高速公路建设和养护水平。高速公路建养一体化系统的总体目标是以统一的数据格式规范建立各省高速公路建设和养护数据库,以交竣工验收系统为纽带,将高速公路建设过程中的有效数据规范入库;在养护过程中将养护数据动态实时进入数据库,从而形成高速公路建养一体化的数据仓库,消除建设和养护中的信息孤岛,避免重复录入。利用数据挖掘技术、决策支持模型,为高速公路的建设和养护提供支持,提高建设和养护水平,节约资金。

高速公路建养一体化的研究工作尽管已经开展,但其存在以下两方面的局限性:(1)其服务对象仅局限于高速公路方面,并未涉及其他类型的基础设施,而基础设施不仅包括高速公路这一类型的设施,还包括诸如桥梁、隧道和边坡,以及铁路、机场、城市轨道交通、城市地下道路等公共交通设施、城市市政设施、水电地下厂房、大坝、矿山井巷、核电站设施等;(2)其数据库的建立、建设管理系统、养护管理系统等内容,且采用的是二维信息技术,缺乏数据采集、数据表达等三维数字化技术支撑的建养一体化系统。

另一方面,面向建筑工程BIM技术的实质是在计算机中虚拟建造建筑物的三维模型,将设计文档和数据存储整合在一个数据库中,为整个建筑提供信息。BIM的使用需要设计人员、业主和承包商等之间的合作,但是诸多技术上的和人为的障碍阻止了BIM的广泛使用,并且在当前BIM主要适用于设计阶段,施工和养护阶段尚难以有效地应用BIM技术[31]。同时,与面向小范围的点状建筑物的BIM技术相比,以大范围、海量数据管理为平台的GIS技术,对基础设施的空间信息管理具有更广泛的适应性,但对全寿命期的时态信息管理缺乏灵活性。另外,英国智慧基础设施研究计划重点是如何安装部署无线传感器得到新

建或既有基础设施实时状态信息,实现基础设施的智慧管理[33,34]。而全寿命周期维护则主要侧重状态评估、退化模型、性能预测和养护策略优化问题等研究[35],对于信息平台、建模等问题没有涉及。欧盟的TUNCONSTR-UCT计划[12,13]在基础设施的数字化维护管理方面也未取得理论和实用价值的进展。

综上考虑到各方面现状问题的局限性,笔者提出了"基础设施建养一体化"的理念。它是指从建设和养护一体化角度出发,综合采用工程、经济和管理等手段,以最优化的方式达到工程所需的服役性能。图1所示是基础设施建养一体化的理念图,从图中可直观地看出:建养一体化的基础是建立一个建设与养护一体化信息平台,该信息平台包括基础设施全寿命周期过程即投资决策、策划、设计、施工、验收、养护、拆除、报废处理甚至再生过程的所有信息;实现建养一体化的手段是工程、经济和管理手段,以保证建养一体化过程的安全性、经济性和适用性;建养一体化的最终目标是保证基础设施最优的服役性能。特别说明的是,建设和养护并不是两个相互孤立的阶段,从以下两个角度综合考虑二者的关联性:一是在建设中融入养护需求,即从全寿命期角度考虑设计方案;二是在养护中延续建设历史,即将建设状态作为养护的初始状态。

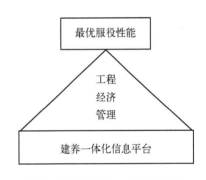

图1 基础设施建养一体化的理念图

这里需要特别指出,通常所指的基础设施全寿命期过程,是个理想的过程,基础设施工程从产生到拆除、报废直至再生的情况并不常见,因此是广义上的;而在工程实践中,我们能够触及的工程全寿命期过程主要有两个阶段:工程建设阶段的勘察、设计、施工、监测、验收;工程养护阶段的维护检修、防灾安全、监测检测和养护管理,因此是狭义上的。为实际可见,本文所指的全寿命期过程为后者。

1.2 建养一体数字化技术

如前所述,实现基础设施的建养一体化首先需要搭建一个建设与养护一体化信息平台,然后采用工程、经济和管理的分析手段以达到基础设施的最优服役性能。实现这一过程需要采用相应的建养一体数字化技术,所谓建养一体数字化技术,是指实现建养一体化管理与分析的 IT 信息技术,包括数据采集、数据标准、建模与可视化、空间分析与应用等,最终改善基础设施服役性能、提高基础设施的使用寿命。

其中,数据采集的技术主要有三种,分别是:(1) 整理和录入图纸、文字、图像等基础数据;(2) 人工和自动采集监控数据;(3) 通过激光扫描、数字照相和图像处理等技术采集表面、形状特征信息。前两种采集技术比较常规,而激光扫描和数字照相技术属于新的数据采集技术。通过数字照相技术,可以精细化描述岩体节理[36],可以检测盾构隧道裂缝宽度和渗漏水面积[37]。数据采集之后进行分类和编码,建立数据库模型[38],形成建设期和养护期一体的数据库。

建模与可视化方面,采用的数字化技术有:基于钻孔信息的三棱柱模型建立三维数字地层[39];利用边界表示法(Boundary Representation)建立隧道模型[40];在计算机辅助设计与绘图系统 CADD(computer aided-design and drafting)基于实体建模,变换运算和布尔运算可以建立动态地下空间模型,利用对象的组织层、主题查看、细节层析和虚拟现实技术等可增强可视化的效果[41];在 AutoCAD 平台上通过 ObjectARX 二次开发实现地下管线的三维建模和可视化[42];基于地理信息系统(GIS)的三维动态可视化仿真技术(3DVS),实现基坑工程施工系统三维可视化数字模型与施工过程动态仿真[43]。

空间分析与应用方面有基于地理信息系统(GIS)实现三维地下管线的空间分析,包括碰撞分析、断面分析和管线安全评估[42,44];对三维地层剖切和切割分析,应用区域切割技术、表面模型重构技术、有限元网格自动生成技术实现数字—数值一体化[47]等。

2 基础设施建养一体数字化平台

同济大学基础设施数字化平台的研究工作可以追

溯到 1998 年,迄今已有 15 年的研究历史。早期侧重于数字地下空间与工程的研究,分别提出了三维地层信息管理系统[19,20]、城市地下空间信息系统[24,25]、地下空间基础信息平台[26]、地下空间数字化[27]以及数字地下空间与工程(DUSE)[28]。在这些研究工作的基础上,融合这些研究成果,提出一个新的数字化平台"基础设施建养一体数字化平台"。基础设施建养一体数字化平台是指集基础设施的建设期和养护期的数据采集和处理、表达与分析于一体的数字化平台。其中,建设期包括勘察、设计、施工和监测等阶段,养护期包括维护检修、防灾安全、监测检测和养护管理等阶段。数据的采集和处理是指对基础设施的数据进行组织与管理,数据的表达是指对基础设施的建模和可视化,而数据的分析则包括基础设施的空间分析和数字数值一体化等。基础设施建养一体数字化平台的目标是为基础设施的建设、运营和管理提供准确的数据以及高效的信息服务。该平台的基础是将基础设施的勘察、设计、施工、监测及维护管理信息,以及周边地上、地下信息进行有机的集成和动态更新。

2.1 基础设施建养一体数字化平台架构

如前所述,构建一个基础设施建养一体数字化平台是实现建养一体化的基础。平台的架构对于平台的搭建起着提纲挈领的作用,具有举足轻重的重要性。随着研究的深入,笔者对于平台的认识和理解不断加深,对于该数字化平台的架构也处在一个不断完善和补充的过程。

起初,提出了地下工程数字化平台的系统体系[27],它包含五个层次,分别是数据层、建模层、表现层、分析层与应用层。其中,数据层建立一个标准、规范和开放的数据库及数据访问接口,是整个平台的数据提供者。建模层包括地层建模、地下构筑物建模和地下管线建模。表现层包括可视化和虚拟现实两个部分,其中可视化提供了图形的显示与操作;虚拟现实提供第一人称式的地下漫游、漫游路线周边地物状态查询等。分析层是利用三维空间分析手段进行空间操作与分析,并对空间对象进行三维表达与管理。应用层是将已有的数据模型、可视化、虚拟浏览及空间分析功能运用到实际的专业领域中,解决工程实际中的问题。

尔后,在数字地下空间与工程的基于网络的多层软件架构[28]的基础了,进一步建立了典型地下工程——盾构隧道数字化平台架构[29],该平台采用基于Internet的客户端-服务器架构。其中,客户端包括基于浏览器的客户端和基于专用程序的客户端。基于浏览器的客户端可进行数据录入、浏览、查询和分析操作,基于专用程序的客户端需借助一定的可视化平台(如AutoCAD等)。在服务器端建立工程全寿命期数据库,基于数据生成可视化模型;实现数据处理与数据分析服务,并进一步构建相关专业应用服务。

以上数字化平台架构都是针对地下空间与工程的。事实上,基础设施范围比上述涉及的过程更为广泛,它不仅包括诸如隧道、基坑等地下工程,还包括如桥梁、道路、大坝等基础设施。因此,需要精炼上述以地下空间与工程为主的数字化平台架构的核心思想,简明扼要地提出基础设施建养一体数字化平台架构,如图2所示。该平台架构的核心思想和技术与之前的并不冲突,而是继承了它们的精华。基础设施建养一体数字化平台由三个部分组成,分别是数据采集与处理、表达和分析。

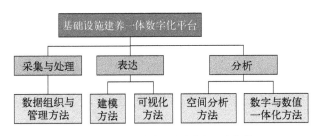

图 2　基础设施建养一体数字化平台架构

其中,数据的采集与处理通过一定的数据组织和管理方法实现,将数据进行分类与标准化,录入数据库模型中,然后进行数据浏览、查询、更新和分析。基础数据库的具体组织,采用两种方案:基于商业数据库软件 Oracle 组织基础数据库;基于 DML(Digitalization Markup Language)文档的数据组织。它是整个平台的数据提供者,之后的表达和分析都是在这些数据的基础上进行操作的。数据的采集与处理建立了基础设施建养一体全过程的数据库。数据表达的方式有建模和可视化,与盾构隧道数字化类似,针对不同的用户和目的,可视化平台有两个:一是如 AutoCAD 等专业软件,它能够为工程技术人员提供数字化、综合化、规范化的专业服务;二是网页,为政府决策、城市规划、建设

与管理及社会公众提供知识化、智能化信息服务。数据分析通过空间分析方法和数字数值一体化方法实现,通过这些分析方法,为工程技术人员和管理者在建设期和养护期提供决策。

从工程角度来说,基础设施建养一体数字化平台框架是一个信息加工处理链[28],实现了从地形、地物、勘察、设计、施工、监测和维护、防灾等数据的组织与管理到数据的建模与可视化,再到数据的查询分析和判断,最后到决策这样的一个过程以适用不同层次人员的信息提供和需求。

2.2　基础设施建养一体数字化平台的功能

基础设施建养一体数字化平台兼备数据库、网络化、可视化和专业分析的功能。该平台建立了基础数据库,具有数据的录入、浏览、查询和更新的功能。图3所示是数据库的查询功能,包括简单查询和高级查询。简单查询如查询盾构隧道管片的基本信息,包括管片里程、管片类型、管片直径、管片变形等等,如图3(a)所示;高级查询如查询盾构隧道管片截面的详细信息,如图3(b)所示。养护期的数据可以在建设期的基础上积累和继承,形成基础设施全寿命周期的数据

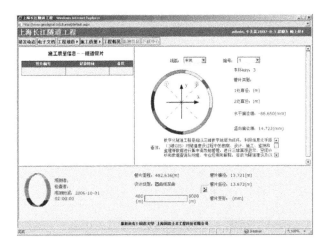

(a) 简单查询——管片的基本信息

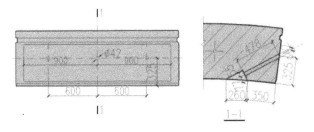

(b) 高级查询——管片截面的详细信息

图 3　基础设施建养一体数字化平台的查询功能

库。该平台也具有网络化的功能,数据可以通过网络进行传输,位于不同地点的工作人员可以通过网页可视化。三维建模完成之后,可以通过 AutoCAD 等软件或者网页实现可视化功能,如图 4 所示是盾构隧道的三维可视化。专业分析功能包括空间分析、数值模拟[45]、基础设施病害及成因分析、基础设施状态评估、优化决策等功能,如图 5 所示是数值分析功能,图 6 所示是沉降分析功能。

图 4　盾构隧道三维可视化

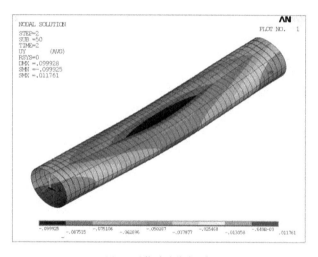

图 5　盾构隧道数值分析

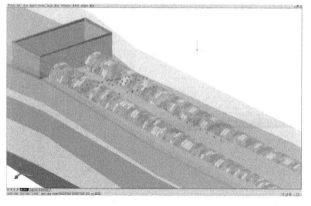

图 6　沉降分析

基础设施建养一体数字化平台可以实现基础设施的建养一体化的目标,但在建设期和养护期发挥的功能略微有些差别。在建设阶段,该平台可以帮助用户全面了解周边环境,对施工阶段进行力学分析,对施工方案进行优化,实现规范化管理。在运营养护阶段,平台能够帮助用户准确把握设计阶段和建设阶段的数据,及时发现问题并分析原因,提高维护效率和快速处理的能力。

3　建养一体数字化技术

3.1　建设期数字化技术

基础设施的建设期主要包括勘察、设计和施工过程。在建设期应用相应的数字化技术,可以帮助业主、设计人员与施工人员更加了解基础设施所处的地质环境,优化设计方案和优化施工过程。

3.1.1　数据采集与处理

基础设施建养一体数字化平台的数据采集主要有三种方式:(1)整理和录入图纸、文字、图像等基础数据;(2)人工和自动采集监控数据;(3)通过激光扫描和数字照相等技术采集表面、形状特征信息。建设期数据的采集方式主要是前两种,采集的数据包括勘察的工程地质、水文地质和环境地质资料;基于此,设计人员可以优化设计方案,以图纸、文字和图像等形式录入数据库中;施工阶段的监测数据有内力、变形和地面沉降等,这些实时监测数据可以保证施工的安全性,一旦有异常情况,可及时采取相应的应对措施。

数据分类一方面需考虑现行地学与工学数据来源、特征和勘察方法,另一方面要考虑数据库将为数据表现和数据分析提供数据支持。在数据分类的基础上,通过数据编码将各种要素用一种易于被计算机和人识别的符号来表示,提高数据的适用性和信息共享效率,。为确保数据的最大共享,需对数据进行标准化,用统一的数据格式对数据集进行描述,建立一套能够被普遍接受和采纳的元数据标准,文献[28]给出了一种数字地下空间与工程的数据分类与编码方案,并以地层和钻孔数据为例给出了在关系型数据库中定义其数据信息的组织方式[28],文献[51]还针对盾构隧道的建设提出了一种数据分类模型。

数据库可采用两种方案,分别是基于商业数据库软件(例如 Oracle)组织基础数据库和基于 DML[48-50] 文档的数据组织。其中,商业数据库在数据存储、数据维护和基础数据索引等方面具有较大的优势。DML 在网络数据交换、应用程序开发和时(空)数据索引方面比较灵活。两者之间相辅相成,可以自由转换,最大效果发挥基础数据库的功能和作用。建设期基础数据库的建立为基础设施的建设过程及后期的养护和管理、健康状态评估提供准确的地质资料、设计信息、施工数据和监测信息等,后续数据可以在此基础上进行累积和继承。

空间索引技术可对空间数据进行合理的组织,提高空间数据的处理效率。基础设施建养一体数字化平台可采用基于 DML 文档的四叉树(Q-Tree)和矩形树(R-Tree)的结合体 QR 树空间索引对空间数据进行降维检索[48],如图 7 所示。

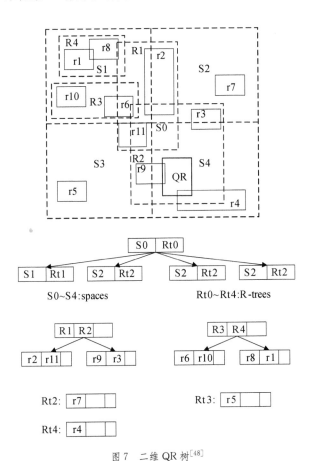

S0~S4:spaces   Rt0~Rt4:R-trees

图 7   二维 QR 树[48]

3.1.2   数据表达

1) 三维建模

基础设施的三维建模包括三维地质建模、基础设施构筑物建模和周边地下管线建模。在三维空间中对地质对象和工程对象进行描述,建立他们的三维数据模型,从而进行数据表达和进一步分析。

针对城市工程地质勘察中的钻孔数据是地层数据的主要来源等特点,提出了一种基于钻孔的二分拓扑数据结构以及基于钻孔数据的广义三棱柱(GTP)数据模型及建模算法,这种数据模型和算法在整个地层构建过程中无需人工干预,能够较好地处理地层褶皱、地层尖灭和透晶体等地质现象[28, 51-53]。

基础设施构筑物建模可采用实体建模方法,如线框模、边界表示法、构造几何实体法,构建其几何模型[28]。其中,对于地下构筑物,边界表示法是比较好的选择,因为它能够很好地将地质体和地下构筑物相结合。

基础设施具有空间数据、属性数据随时间不断变化的特点。例如工程活动引起的地表沉降等,因此在此类建模过程中需要引入时间因素,建立合适的时间与空间数据模型即时空数据模型。文献[56]以隧道的施工过程和监测数据为主要研究对象,采用 TGIS 中的序列快照模型、基态修正模型对其进行了研究。文献[41]提出可以通过对模型的布尔运算实现基础设施的动态施工过程。图 8 所示是盾构隧道的三维建模过程,将盾构隧道模型拆分若干个子模型,子模型由基本构件拼装而成,引入构件时间以描述施工过程。建模过程有全量和增量两种表达形式,具有节约建模时间节省、建模文件小、便于网络传输等优点。同时开发了盾构隧道轴线解算与通用管片自动拼装算法,用于建立盾构隧道二维、三维模型。

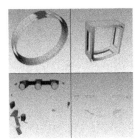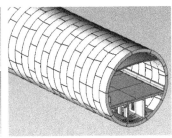

图 8   盾构隧道三维建模过程

三维地下管线用管线段和管点的几何实体来描述,管线三维建模也分为管点建模和管线段建模两个过程。事先建立地下管线的管点实体模型库,通过对管线截面沿管轴线拖拉形成管线段,通过一定的布尔运算,实现管线段和管点的同步生成[28, 42]。如图9所示为建立的三维地下管线模型。

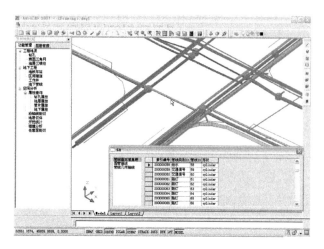

图9 三维地下管线模型

2) 可视化

可视化是一个将抽象的数据和信息具体化展现给用户的过程,以更加容易被用户理解的三维图形方式展示数据与信息,增强和提高了对大量信息获取和理解的手段。可视化不仅指地层模型、基础设施模型和地下管线模型的可视化,还包括相关信息的可视化,如设计信息、地层信息和监测信息等。地层模型、基础设施模型和地下管线模型可视化的效果图分别如文献[28]中三维模型所示以及本文中图8~图9所示。在CADD软件如AutoCAD中可以实现三维可视化,采取了一定的技术解决可视化可能面临的问题,具体是:不同的地层采用不同的颜色表示,以便辨识和选择;运用透明、半透明以及模糊等处理方法,可以有效地增强图形显示效果,并且有助于用户定位感兴趣的对象;提供不同的主题查看(如2D查看设计信息)以分别解决工程人员和决策者的需求;空间暗示(spatial cueing)和查询可以帮助用户得到关于模型的有用信息如图10所示。

虚拟现实技术是通过计算机营造一个更加形象、逼真和实时交互的虚拟环境[28,46]。虚拟现实技术使得用户犹如身临其境地走在一个三维环境中,可以查看新建结构和施工进度。除采用AutoCAD中类似的可视化技术外,虚拟现实技术采用的细节层次(Level of Detail, LOD)[41]可以很好地解决信息过度臃肿的

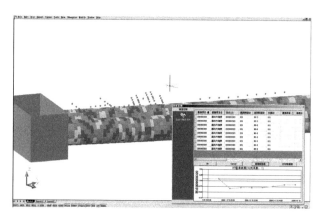

图10 空间暗示和查询信息[41]

问题,使信息可视化达到较好的效果,如图11所示。研制了基于虚拟现实技术的可视化控件,可以直接嵌入到IE浏览器中,在方便用户使用的同时,达到了逼真的可视化效果。

另外,基于地理信息系统(GIS)的三维动态可视化仿真技术(3DVS),可实现基础设施三维可视化数字模型与施工过程动态仿真[43]。

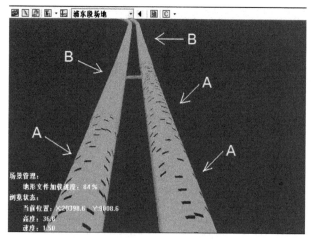

A. 高细节层次的子模型 B. 低细节层次的子模型

图11 不同的细节层次(LOD)表征子模型[41]

3.1.3 数据分析

1) 空间分析

空间分析是在数据模型的基础上,对现有数据进行深层次的加工和处理,提取有用的信息,找出数据之间的内在规律与联系,从而为专业应用与决策提供工具和手段。空间分析包括二维空间分析和三维空间分析。其中,二维空间分析包括各种查询、测量、空间变换和网络优化分析等等[28],如图3所示的查询功能,图10所示的监测数据的查询功能并形成相应的变化

曲线。三维空间分析包括如地质切片与分析、施工过程相关分析(例如土方量计算)、空间碰撞分析、三维缓冲区分析以及地下结构物-地层的空间属性分析等。另外,考虑到地质数据具有不完整和不确定的特点,在空间分析过程中一般还需引入诸如空间插值算法(例如 Kriging 插值)或可靠度等方法。

特别地,针对盾构隧道可进行如下的空间分析:隧道深度分析,隧道上部覆土厚度分析,隧道与特定土层的距离分析,隧道与土层的纵剖面分析,隧道与土层的横截面分析和土层开挖分析等[32]。如图 13 所示为隧道与土层的纵断面图。

2)数字数值一体化

数字与数值一体化是指对数字模型和数值分析模型的一体化集成,是基础设施建养一体数字化平台和数值分析系统的有机集成。笔者提出并采用了一种复合式体系结构(嵌入式+松散式)的集成方式来实现数字数值一体化,如图 12 所示。其集成思路是:以基础设施建养一体数字化平台为基础,将数值分析系统中的前处理建模功能采用嵌入式集成模式移植到基础设施建养一体数字化平台,并在此基础上重新开发数值建模模块;数值分析工作通过数据文件转换的松散式集成方式在有限元数值分析系统中完成;最后开发基于基础设施建养一体数字化平台的数据转换模块,将计算结果也通过松散式集成方式转入到基础设施建养一体数字化平台数据库[47]。为此,相继提出了三维地质模型的有限元自动建模的 CRM 模型转化法[54]和地下工程施工过程有限元建模的 CDIM 模型转化法[55]。

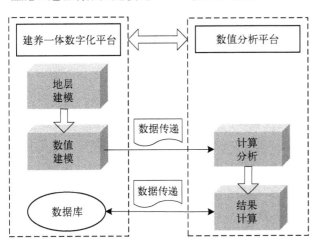

图 12　数字数值一体化的集成模式[47]

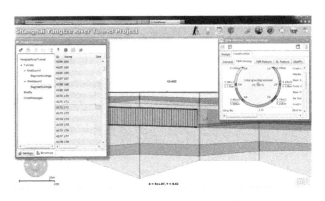

图 13　隧道与土层的两维纵剖面图[32]

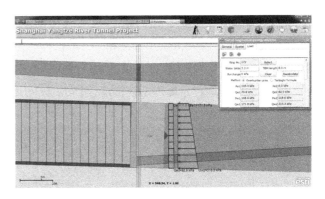

图 14　盾构掘进面上水土压力分析[32]

在基础设施的建设期,基于数字数值一体化平台,对基础设施进行:(1)结构设计计算和施工状态分析,如图 14 所示是分析施加在盾构隧道掘进面上的水土压力;(2)反演预测分析(基于反演参数的设计施工状态预测分析),例如,采用荷载结构法对盾构隧道的典型断面(覆土最浅横断面、覆土最深横断面和埋设最深横断面)进行分析,以施工结束后的结构内力实测数据为依据,反演分析设计计算的关键参数——地层荷载与地层弹性抗力。最后根据反演参数来确定衬砌结构的真实受力状态,得到隧道典型断面的受力变形状况以及安全系数,从而为后续的养护工作提供必要的理论基础和数据支持。

3.2　养护期数字化技术

在养护期采用数字化技术,采集基础设施的病害数据,如盾构隧道的裂缝、渗漏水、不均匀沉降;桥梁结构的裂缝、变形;道路路面的车辙、裂缝等病害,分析病害的成因,对基础设施进行状态评估,选择恰当的养护方法和监测措施。

3.2.1　数据采集与处理

养护期的数据采集方式和建设期类似,主要有三

773

种。养护期主要采集基础设施的病害信息,以上海地铁隧道为例,定期对地铁隧道进行病害检查,检查结果的数据形式有数字、图片、文字描述等。对于不均匀沉降和直径收敛等病害,则采用监测设备自动采集数据。特别地,针对养护期的病害可采用数字照相与图像处理技术进行自动检测。数字照相本质是一个信息获取记录的过程,图像处理是利用计算机对数码相机所获得的图像进行处理并提取所需信息的过程,可进行图像增强、图像重构、图像分割、图像识别、图像理解。如图15~图16所示分别是采用数字照相与图像处理技术检测盾构隧道管片的一维裂缝张开宽度和二维渗漏水面积[37]。数据分类、编码以及标准化,数据库技术与建设期的相关技术一致。建设期和养护期的数据共同组成了基础设施全寿命周期数据库,建成了数据共享的信息管理平台,最终为实现对基础设施全寿命周期的数字化提供了基础。

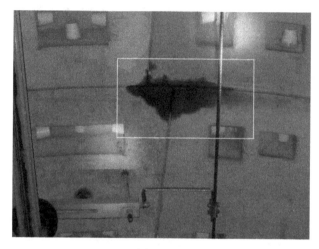

(a) 渗漏水数字照相

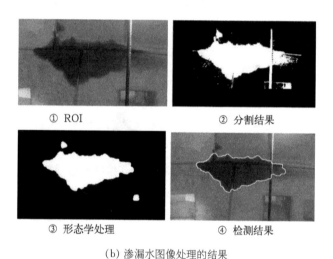

① ROI　　　　　　② 分割结果

③ 形态学处理　　　④ 检测结果

(b) 渗漏水图像处理的结果

图 16　数字照相与图像处理技术采集渗漏水数据[37]

3.2.2　数据表达

建设期积累了大量的信息,包括地质勘察数据、周边环境信息、结构状态信息、施工过程信息等等,基于这些数据信息建立了三维数字化模型,并实现了模型的可视化。在运营养护期主要获取的信息是长期健康监测数据和定期检测得到的病害数据。与建设期相比,在运营养护期的三维建模和可视化的增量工作不大。根据病害数据的采集结果,可在建设期已经建立的模型基础上,增加病害模型,如盾构隧道出现的管片错台、裂缝和渗漏水等。养护期间病害出现是一个随时间不断变化的过程,因此在建模过程中需要引入时间因素,建立时空数据模型。可视化的技术手段与建设期相同,略微有差别的是空间暗示和查询需要有病

(a) 裂缝数字照相

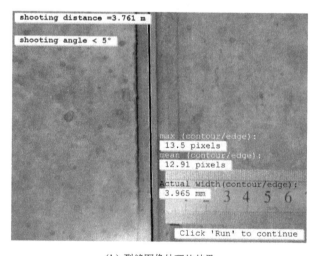

(b) 裂缝图像处理的结果

图 15　数字照相与图像处理技术采集裂缝数据[37]

害的数据信息。

3.2.3 数据分析

1）空间分析

针对基础设施养护期出现的各种病害，分析各种病害的成因。提出若干个关键特征指标，对基础设施所处的状态进行健康状态评估。根据出现的病害以及基础设施所处的状态，采用最优化的方法，得到基础设施的最佳养护方法和监测措施，为一体化决策提供帮助。

2）数字数值一体化

在运营养护期，周边环境的影响如周边基坑开挖、周边堆卸载等会改变基础设施的受力状态，因此应该建立在这些影响因素下的力学模型，然后进行数值分析。病害的出现也会改变结构的力学模型，需要建立病害条件下结构的力学计算模型：例如对于盾构隧道的渗漏水病害，视渗水部分为结构与地层局部脱离，在计算模型中将地层弹簧改为非全周分布，同时还作用一个与原荷载反向的均布荷载[57]。当然，也可以进行参数的反演分析工作。运营养护期的空间分析和数字数值一体化的具体分析内容和方法将在文献[57]分别针对隧道、桥梁和道路详细阐述。

4 结语

本文针对当前基础设施管理存在的信息孤岛效应问题、建养分离和重建轻养等问题，以及养护期远比建设期长、若养护不当其费用将远比建设费用高等事实，提出了基础设施建养一体化的理念。基于笔者多年对于数字化技术的研究，提出了基础设施建养一体数字化平台框架体系，主要包括数据采集与处理、数据表达和数据分析三个部分。数据采集与处理建立了基础设施的全寿命周期数据库。数据表达建立了基础设施的三维模型并实现其可视化，使用户更加直观方便地掌握数据信息。数据分析包括空间分析和数字数值一体化，为建设和养护管理工作提供了决策平台。该数字化平台涵盖了实现建养一体化这一目标的核心数字化技术，可改善基础设施的服役性能，提高基础设施的使用寿命。

基础设施建养一体数字化的研究当前处于一个发展阶段，还需要在数据的标准化、建模方法、空间分析方法、数据处理方法、可视化技术等诸多方面开展深入的研究。

参考文献

[1] 交通运输部. 交通运输"十二五"发展规划[EB/OL]. http://www. moc. gov. cn /zhuantizhuanlan / jiaotongguihua /shierwujiaotongyunshufazhanguihua / jiaotongyunshushierwufazhanguihua _ SRWJTFZGH / 201106/t20110613_954154. html, 2011 - 06 - 13.

[2] 胡向东,白楠,李鸿博. 圣彼得堡1号线区间隧道事故分析[J]. 隧道建设,2008,28(4)：418 - 422.

[3] De Sitter W R. Costs for service life optimization: The Law of Fives [C]//Durability of Concrete Structures, Workshop Report. 1984：131 - 134.

[4] 胡河宁,陆文冕. 信息孤岛与电子政务[J]. 价值工程, 2004,23(10)：121 - 124.

[5] 任新建. 基于建养一体化的高速公路养护管理系统研究[J]. 城市建设与商业网点,2009(18)：105 - 107.

[6] 赵仲华. 高速公路建设与养护一体化管理信息系统研究[D]. 天津：天津大学,2006.

[7] 李志强. 基于网络化的建养一体化管理信息系统研究[D]. 西安：长安大学,2007.

[8] 张磊. 建管养一体化数字高速[J]. 公路交通科技(应用技术版),2011,1(3)：146 - 153.

[9] http://www. chinahighway. com /news/2009/362066. php [EB/OL]. (2009 - 09 - 27)

[10] http://www. moc. gov. cn/huihuang60/difangzhuanti/ sichuan /xianjinjingyan /200908 /t20090817 _ 611243. html [EB/OL]. (2009 - 08 - 17)

[11] Gore A. The digital earth: understanding our planet in the 21st century [R]. Los Angeles, California: California Science Center, 1998.

[12] Tunconstruct Project. Advancing the European underground construction industry through technology innovation [OL]. http://www. tunconstruct. org, 2005.

[13] BEER G. Tunconstruct-a new European initiative [J]. Tunnels and Tunnelling International, 2006, 2 (1): 21 - 23.

[14] University of Cambridge. EPSRC award £1. 4 million to fund a smart infrastructure' project [OL]. http://

www. eng. cam. ac. uk /news /stories /2006 /smart_infrastructure, 2006.

[15] Autodesk. BIM for infrastructure: A vehicle for business transformation [OL]. http://usa. autodesk. com/building-information-modeling/about-bim/, 2012.

[16] 朱合华. 从数字地球到数字地层——岩土工程发展新思维[J]. 岩土工程界,1998,1(12): 15 - 17.

[17] 吴炜煜,任爱珠. 多媒体计算机辅助技术在土木工程领域的新进展[J]. 土木工程学报,2000,33(1): 1 - 4.

[18] 吴立新,殷作如,邓智毅,等. 论21世纪的矿山——数字矿山[J]. 煤炭学报,2000,25(4): 337 - 342.

[19] 朱合华. 三维地层信息管理系统设计[J]. 岩土工程界,2000,3(1): 21 - 25.

[20] 朱合华,叶为民,张先林. 三维地层信息管理系统设计[J]. 岩土工程师,2002,14(3): 25 - 29.

[21] 白世伟,王笑海,陈健,等. 岩土工程的信息化与可视化[J]. 岩土工程界,2001,4(8): 17 - 18.

[22] 周翠英,陈恒,黄显艺,等. 重大工程地下空间信息系统开发应用及其发展趋势[J]. 中山大学学报(自然科学版),2004,43(4): 28 - 32.

[23] 丁烈云,王征. 轨道交通建设工程数字化管理系统总体设计研究[J]. 土木工程学报,2004,37(11): 97 - 100.

[24] 朱合华,郑国平,张芳. 城市地下空间信息系统及其关键技术研究[J]. 地下空间,2004,24(5): 589 - 595.

[25] 朱合华,张芳,李晓军,等. 城市数字地下空间基础信息系统及应用[J]. 地下空间与工程学报,2006,2(8): 1301 - 1307.

[26] 琚娟,朱合华,李晓军,等. 数字地下空间基础平台数据组织方式研究及应用[J]. 计算机工程与应用,2006,42(26): 192 - 194.

[27] 李晓军,朱合华,解福奇. 地下工程数字化的概念及其初步应用[J]. 岩石力学与工程学报,2006,25(10): 1975 - 1980.

[28] 朱合华,李晓军. 数字地下空间与工程[J]. 岩石力学与工程学报,2007,26(11): 2277 - 2288.

[29] 李晓军,朱合华,郑路. 盾构隧道数字化研究与应用[J]. 岩土工程学报,2009,31(9): 1456 - 1461.

[30] Zhu Hehua, Li Xiaojun, Zhuang Xiaoying. Recent advances of digitalization in rock mechanics and rock engineering [J]. Journal of Rock Mechanics and Geotechnical Engineering, 2011, 3(3): 220 - 233.

[31] Hannele K, Reijo M, Tarja M, et al. Expanding uses of building information modeling in life-cycle construction projects [J]. Work: A Journal of Prevention, Assessment and Rehabilitation, 2012, 41: 114 - 119.

[32] Li Xiaojun, Zhu Hehua. Development of a web-based information system for shield tunnel construction projects [J]. Tunnelling and Underground Space Technology, 2013, 37: 146 - 156.

[33] Hoult N, Bennett P J, Stoianov I, et al. Wireless sensor networks: creating 'smart infrastructure' [C]. Proceedings of the ICE-Civil Engineering, Thomas Telford, 2009, 162(3): 136 - 143.

[34] Stajano F, Hoult N, Wassell I, et al. Smart bridges, smart tunnels: Transforming wireless sensor networks from research prototypes into robust engineering infrastructure [J]. Ad Hoc Networks, 2010, 8(8): 872 - 888.

[35] Frangopol D M, Kong J S, Gharaibeh E S. Reliability-based life-cycle management of highway bridges [J]. Journal of computing in civil engineering, 2001, 15(1): 27 - 34.

[36] 周春霖. 基于数字图像技术的岩体节理精细描述及应用研究[D]. 上海: 同济大学,2009.

[37] 胡传鹏. 盾构隧道接缝张开和渗漏水数字图像检测技术[D]. 上海: 同济大学,2012.

[38] 朱合华,王长虹,李晓军,等. 数字地下空间与工程数据库模型建设[J]. 岩土工程学报, 2007, 29(7): 1098 - 1102.

[39] 李晓军,王长虹,朱合华. Kriging插值方法在地层模型生成中的应用[J]. 岩土力学,2009,30(1): 157 - 162.

[40] Li Xiaojun. , Zhu Hehua. Digital tunnel and its application in an undersea tunnel [J]. Electronic J. Geotechnical Eng. , 2007, 12 (Bundle B), (http://www. ejge. com/2007/Ppr0771/Abs0771. htm)

[41] Li Xiaojun, Zhu Hehua. Modeling and Visualization of Underground Structures [J]. Journal of Computing in Civil Engineering, 2009, 23(6): 348 - 354.

[42] 陈加核. 基于DUSE的城市地下管线系统设计与实现[D]. 上海: 同济大学,2009.

[43] 董文澎,朱合华,李晓军,等. 大型基坑工程数字化施工

仿真方法研究与应用[J].地下空间与工程学报,2009,5(4):776-781.

[44] 王长虹,陈加核,朱合华,等.三维环境下的地下管线实时设计[J].同济大学学报(自然科学版),2008,36(10):1332-1336.

[45] 朱合华,丁文其.盾构隧道施工力学性态模拟及工程应用[J].土木工程学报,2000,33(3):98-103.

[46] 申杰,刘浩吾.基于图像的虚拟现实技术在土木工程领域的应用[J].土木工程学报,2002,35(3):90-93.

[47] 李新星.基于DUSE的数字——数值一体化核心技术研究及其应用[D].上海:同济大学,2007.

[48] 王长虹.数字地下空间与工程数据管理核心技术研究及其应用[D].上海:同济大学,2008.

[49] 王长虹,朱合华.数字地下空间与工程XML服务[J].工程地质计算机应用,2010,(4):34-42.

[50] 王长虹,朱合华.数字地下空间与工程数据标记语言的研究[J].2011,7(3):418-423.

[51] 朱合华,郑国平,吴江斌,等.基于钻孔信息的地层数据模型研究[J].同济大学学报,2003,31(5):535-539.

[52] 朱合华,吴江斌.基于Delaunay构网的地层2D,2.5D建模[J].岩石力学与工程学报,2005,24(22):4073-4079.

[53] 吴江斌,朱合华.基于Delaunay构网的地层3DTEN模型及建模[J].岩石力学与工程学报,2005,24(24):4581-4587.

[54] 李新星,朱合华,蔡永昌,等.基于三维地质模型的岩土工程有限元自动建模方法[J].岩土工程学报,2008,30(6):855-862.

[55] 朱合华,董文澎,李晓军,等.地下工程施工模型数字与数值一体化自动建模方法[J].岩土工程学报,2011,33(1):16-22.

[56] 周维.时态GIS及其在数字化隧道工程中的应用[D].上海:同济大学,2007.

[57] 朱合华,李晓军,陈雪琴,等.基础设施建养一体数字化技术(二)——工程应用[J].土木工程学报,2014.

本文发表于《土木工程学报》
2015年第48卷第4期

基础设施建养一体数字化技术(二)
——工程应用

朱合华[1,2,3]，李晓军[1,2,3]，陈雪琴[3]，陈艾荣[3]，凌建明[4]

(1. 同济大学土木工程防灾国家重点实验室；2. 同济大学岩土及地下工程教育部重点实验室；

3. 同济大学土木工程学院；4. 同济大学交通运输工程学院，上海 200092)

摘要： 本文的第一部分详细阐述了基础设施建养一体数字化技术，在此基础上，以上海长江隧桥工程为例进行了基础设施建养一体数字化的初步尝试与应用，主要包括搭建上海长江隧桥工程数字化平台、全寿命期数据收集与分析、可能病害及成因分析、动态监测与养护以及结构健康/性能评估。研究结果表明，采用建养一体化成套的数字化技术，全面提升了基础设施的信息化管理水平，改善基础设施的服役性能，提高基础设施的使用寿命。

关键词： 建养一体化；数字化技术；上海长江隧桥

引言

近年来，我国快速增长的基础设施建设同时带来了难得的发展机遇和巨大的挑战。在基础设施运营期的养护存在诸多难题，如维护不及时导致的安全隐患以及高昂的维护费用等。另外，基础设施的建设养护管理也存在诸多问题，信息孤岛效应、建养分离、重建轻养等。为解决上述存在的问题，本文的第一部分[1]提出了基础设施建养一体数字化平台，并详细阐述了建设期和养护期所采用的建养一体数字化技术。在此基础上，本文将建养一体数字化技术应用到以上海长江隧桥工程这一实际工程中，建立了隧道、桥梁和道路的全寿命周期数据库，进行了基础设施建养一体数字化平台的初步尝试与应用，包括搭建数字化平台、数据收集与分析、可能病害及成因分析、动态监测与养护和健康/性能评估。研究结果表明，采用建养一体化成套的数字化技术，能够全面提升基础设施的信息化管理水平，改善基础设施的服役性能，提高基础设施的使用寿命。

1 工程简介

上海长江隧桥工程采用"南隧北桥"方案，它不仅是中国最大的越江通道。该工程南起浦东五号沟，接上海郊区环线，过长江南港水域，经长兴岛再过长江北港水域，止于崇明岛陈家镇，如图 1 所示。其中，以盾构隧道方式穿越长江南港水域，长约 8.9 km；以斜拉桥方式跨越长江北港水域，长约 10.0 km；长兴岛和崇明岛接线道路长约 6.6 km，全长 25.5 km，项目总投资约 126 亿元人民币。

2 工程应用

针对长江隧桥工程的隧道、桥梁和道路，以建养一体数字化技术为手段，首先建立了工程建设阶段的数字化工程系统，并结合工程的长期健康监测数据，进一步开展养护阶段的数据录入、计算、检索、统计、分析等工作，构建长江隧桥建养一体数字化平台，为管理该工程的隧道、桥梁、道路养护工作提供操作平台和决策环境，全面提高业务处理能力。

图 2 所示是上海长江隧桥建养一体数字化框架体系，其中

(1) 数据收集与分析：建立了工程数据(涵盖勘察、设计、施工、监测)的数字化标准和建养一体数字化平台数据库；

(2) 可能病害及其成因：分析了隧道、桥梁、道路

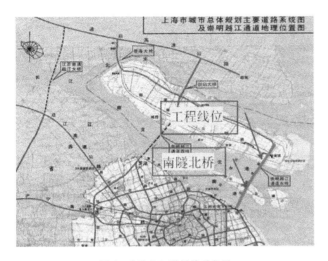

图 1 上海长江隧桥地理位置

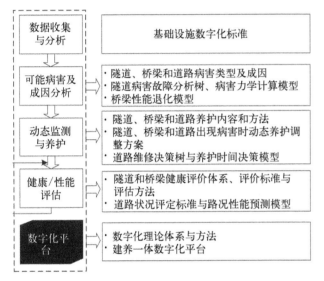

图 2 上海长江隧桥建养一体数字化框架体系

病害类型及其成因,建立了隧道病害成因故障分析树、隧道病害状态下结构力学计算模型和海洋条件下桥梁性能退化数学模型;

(3)动态监测与动态养护:建立了隧道与桥梁养护内容、方法、周期以及评价标准,出现病害时的养护调整方案,养护技术规程;沥青路面维修决策树,基于路面现时服务能力 PSI 与养护费用关联的时间决策模型,基于路况评定和性能预测的动态养护计划;

(4)健康评估与性能评估:提出了盾构隧道健康评价体系和健康状态评估方法,覆盖桥梁所有构件的健康评价体系和健康状态评估方法和评估标准,路基和沥青路面道路状况评定标准,路况性能预测模型;

(5)建养一体数字化平台:特大型越江交通设施数字化理论体系与方法。

数据采集与处理方面,建立了长江隧桥全寿命周期数据库,如图 3 所示,包含了勘察、设计、施工、监测和养护期间等的数据。数据的类型包括地质数据、设计数据和施工数据以及病害数据,数据的形式有图表、图纸和数字等,如图 4 所示。将这些工程数据采用数字化技术进行集成、加工和分析,最终建成工程的建养一体的数字化系统。部分长江隧桥三维模型与可视化如图 5 所示。建设期的数据分析已在文献[1]的 3.1.3

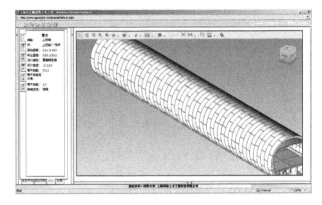

图 3 全寿命期数据库

(a)地质数据——图表

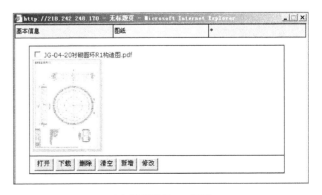

(b)设计数据——图纸

（c）施工数据——数字

图 4　全寿命期数据形式

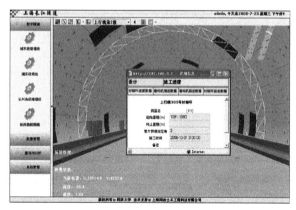

（a）隧道可视化

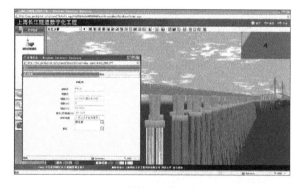

（b）隧道可视化查询

（c）桥梁可视化查询

图 5　长江隧桥三维可视化

节中阐述,应用在上海长江隧桥工程的结果如文献[2,3,4,7,8]中图所示。因此,接下来将着重阐述养护期的数据分析,即如图 2 所示包括病害及成因分析、动态监测和养护以及健康/性能评估。

2.1　盾构隧道

2.1.1　隧道结构病害和成果分析

详细调查与分析了上海地区已建盾构隧道的病害,由于盾构隧道穿越江河时地质条件复杂,土层压力和结构材料受到气候、水文、地质、人工扰动等因素的影响较大,在多种不利因素的共同作用,衬砌结构表现出与地上建筑物病害不同的独特特征。盾构隧道病害主要可以分为五类:(1)变形相关病害:接缝张开、错台、不均匀沉降、收敛变形;(2)受力相关病害:衬砌内力、钢筋应力和螺栓内力的过大以及管片裂缝;(3)渗漏水相关病害;(4)材料性能退化,如衬砌承载力降低,混凝土劣化,钢筋锈蚀等;(5)特殊病害,如火灾造成的管片爆裂、地震灾害等。

以衬砌渗漏水病害为例,把盾构隧道渗漏水的故障与导致该故障的诸因素,包括自然灾害,水文地质,施工因素和运营因素,形象地表现为故障树[5];从上往下可得出系统故障与哪些影响因素有关,从下往上可得出各影响因素对系统故障的影响,进一步运用粗集理论对产生渗漏水的原因挖掘分析,如图 6 所示。

建立了带病害条件下的结构力学计算模型。对于渗漏水病害,渗水可以视为结构与地层局部脱离,因此在计算模型中将地层弹簧设定为非全周均布,同时还作用一个与原荷载反向的均布荷载;对于衬砌裂缝病害,将裂缝的位置、角度和深度作为基本表征参数,通过梁单元抗弯模量 I、正压力面积 A、剪力面积 As 三个参数来模拟衬砌裂缝病害对结构的影响;对于混凝土材料劣化病害,主要表现为混凝土碳化,因此将结构视为复合材料,发生劣化的混凝土厚度为 d,弹性模量和泊松比分别为 E'、μ',计算混凝土发生材料劣化时的结构承载力[6]。渗漏水病害计算模型和衬砌裂缝模型分别如图 7,图 8 所示。

2.1.2　隧道结构养护方法与监测措施

基于病害评价和健康状态,提出特大型越江盾构隧道养护的具体内容、方法、周期以及评价标准,以及

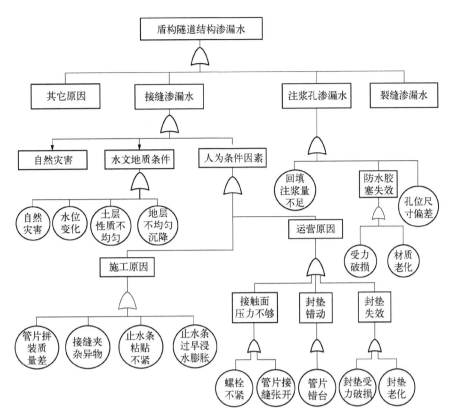

图 6 盾构隧道结构渗漏水的故障树

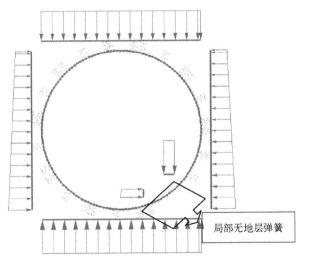

图 7 盾构隧道渗漏水计算模型

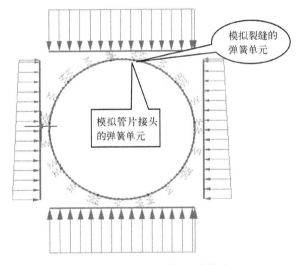

图 8 盾构隧道衬砌裂缝计算模型

在出现病害时的养护调整方案,编制了特大型越江盾构隧道养护技术规程。检测周期根据病害检测值动态调整。如表1所示。

2.1.3 隧道健康状态评估

采用层次分析法建立盾构隧道病害量化评判体系,提出了基于模糊综合评判的盾构隧道健康状态评估方法。盾构隧道健康状态评估方法在上海长江隧道中的实际应用情况如图9所示。

2.2 桥梁工程

2.2.1 桥梁病害及成因分析

收集了斜拉桥(如江阴大桥、苏通大桥等)出现的病害资料,并结合上海长江大桥所处的实际环境,从结构安全、适用、耐久、美观的角度,对病害的成因进行分析,大桥的病害主要是由材料性能退化、特殊事件(如台风、地震等)外部荷载变化、墩台沉降等引起,大桥的主要病害为:钢梁和拉索的腐蚀、索力和混凝土强度

表1　特大型越江盾构隧道结构病害检测内容表

	检测项目	检 测 内 容	检 测 位 置	检 测 周 期
结构变形	沉　降	检测点位置、沉降量	预先设定	每季1次
	断面轮廓	检测点位置、隧道横断面测量、周壁位移测量(与相邻或完好断面比较)	预先设定	每季1次
	接缝张开	接缝的张开位置和张开量	全隧道段	每两月1次
	错台错缝	错台位置、错台量	全隧道段	每季1次
渗漏水	简单检查	渗漏点位置、湿润区域形式和面积、渗漏状态(喷射、涌流、滴漏渗漏)、是否混浊、pH值(选测)	全隧道段	每月1次
	详细检查	在简单检测基础上取水样进行水质化验		每两月1次
江底地形	河床冲刷	检查河床冲刷情况、隧道覆土厚度	河　床	每年1次
混凝土	混凝土外观	混凝土外观	全隧道段	每年2次
	混凝土碳化	混凝土碳化深度	全隧道段	运营十年后每两年1次
	管片裂缝	裂缝位置、几何描述	全隧道段	特殊检查,发现裂缝后每月2次
螺栓	螺栓状态	螺栓锈蚀、扭曲及病害等级评价	全隧道段	每年2次
连接通道	沉降、变形、缺损、裂缝、渗漏	沉降、变形、缺损、裂缝、渗漏等病害检测	所有连接通道	每年2次

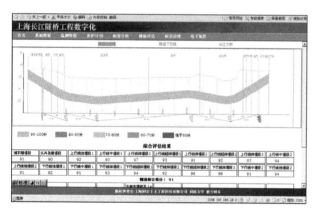

图9　针对某一隧道区间的健康评估

的退化、基础冲刷、不均匀沉降、支座、焊缝和混凝土表面的损坏等。系统地分析了上述病害产生的原因,建立了斜拉索系统、桥塔、桥墩、钢箱梁、桥面铺装等的病害成因故障分析树,以在病害发生时,能快速的查找原因,方便桥梁养护。图10所示是斜拉索系统的故障分析树。

2.2.2　桥梁监测与养护方法

将桥梁结构分为主桥(包括拉索、桥塔、基础等)、叠合梁、预应力连续梁等不同区段和部位,针对不同区段、不同病害研究制订相应的养护技术;针对工程的特点,例如公轨结合、22万伏高压电缆等,研究相应的养护措施。结合已有工程经验,确定长江大桥养护检查

类型分为日常检查、定期检查、专项检查和特殊检查四种。给出了每项检查的具体内容、检测方法、检测周期以及各项检查的评分标准,并给出了出现病害时的养护监测周期调整方案。针对每种可能出现的病害制定了养护检查的记录表格,记录表格与数字化管养一体化系统相关联,实现大桥养护管理的自动化。

2.2.3　桥梁健康状态评估

提出了结构健康状态评估方法,以大桥病害类型和成因分析为基础,参考以往大桥的病害资料和影响,按照规范,分别对每个病害建立了量化的评价标准,根据各量化标准对每项指标进行打分,研究从安全性、适用性、耐久性、美观几个方面对大桥的各项指标分别进行评价,对于各项性能中的各项指标,按照其对该项性能的影响程度,给出不同的权重,在对每种性能根据其在整个桥梁使用过程中的重要性分配权重,将各指标得分与权重相结合,再结合性能权重,最终得出以百分制表示的桥梁健康状态评估结果,作为大桥养护的依据。实现了结构健康状态的定量评价,如图11所示。

2.3　道路工程

2.3.1　道路病害及成因分析

道路病害及状态的调查采用了人工与远程自动化监控相结合的手段进行,对既有路况进行了人工调查,

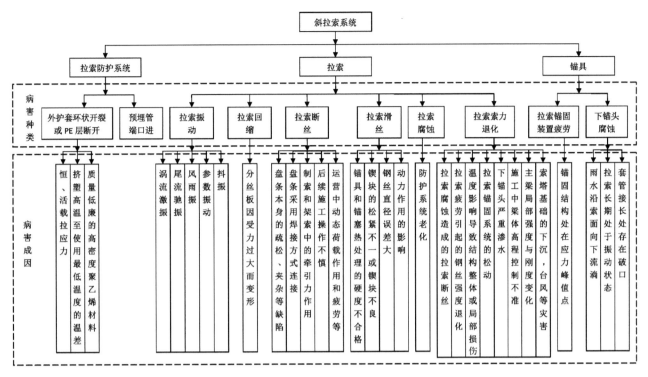

图 10　斜拉索系统故障分析树

图 11　桥梁健康状态评估

对在建路基实施远程自动化监控,监测项目包括:(1) 地下水位;(2) 路基湿度;(3) 砂质路基累积变形。

通过人工调查分析了上海地区已建长江口细砂路基的病害类型,由于长江口细砂路基具有复杂性、隐蔽性以及突发性的特殊特点,长江口细砂路基的性能衰变以及趋势判断比较复杂。其破坏形态受路基压力和结构材料以及气候、水文、地质、人工扰动等因素的影响较大,在多种不利因素的共同作用下,长江口细砂路基表现出与一般路基病害不同的独特特征,对路面的影响也较为复杂。通过对运营一年之久的长江隧桥道路进行调查,道路病害类型主要:(1) 路面病害:车辙、路面破损;(2) 路基病害:路基沉降、排水结构物损坏、边沟积水等。

以占沥青路面损害 80% 以上的车辙病害为例,对影响路面车辙的诸因素,包括内因如集料和结合料,外因如自然环境和荷载因素等进行了详细的分析。对于常见路基病害如沉降,从沉降的不同阶段对路基沉降机理进行了剖析。

2.3.2　道路监测与养护方法

制定养护对策库,根据性能评估的结果,系统自动从电子化的养护对策库中提取相应的养护策略,养护计划包括日常养护计划、定期养护计划和专项养护计划。

2.3.3　道路性能评估

上海长江隧桥接线段的道路性能评估主要包括路面、路基、沿线设施三大部分。道路性能评估方法采用各部分相应分项指标表示,分项指标的值域为 0～100。分项指标按其值域区间为优、良、中、次、差五个等级(表 2)。然后按照评分标准统计路面状况 PQI、路基状况 SCI 和沿线设施状况 TCI 以及分项指标的优良、中、次差的长度及比例。对非整公里的路段 SCI 指标的实际扣分应换算成整公里值(扣分×基本评定单元长度/实际路段长度)进行评定。

表 2　路况评定标准

评价等级	优	良	中	次	差
各级分项指标	≥90	≥80,<90	≥70,<80	≥60,<70	<60

3　进一步工作

基础设施建养一体数字化的理念在上海长江隧桥工程上的应用与实践只是一个初步的尝试，其中还有诸多不完善的地方需要进一步开展研究工作。

首先是数字化平台需要进一步以基于网络的架构来重新考虑，制定出完整、开放的规范，允许工程参与各方基于此平台来发布与共享信息；其次在地层建模的研究工作上还需要继续深入，以更加准确地反映地质情况并能适应于更加复杂的地质条件，在构筑物的建模上还需要更好地考虑一些附属设施（如联络通道）的建模及其特点；再次是对工程数据的完整性进行更加深入的研究，例如在对盾构机的一些主要参数、盾构隧道施工质量信息等方面予以考虑。最后在数据的进一步分析与应用上，包括与有限元等数值分析方法的一体化上，应当结合工程实际需求开展深入研究，为工程决策提供直接的依据。此外，还需在可视化和虚拟现实浏览功能上予以加强，丰富视觉手段，增强视觉效果。

4　结语

本文以上海长江隧桥为例，搭建了上海长江隧桥建养一体数字化平台，建立了上海长江隧道、桥梁和道路建养一体化成套技术，为工程持续安全运营提供了保障。上海长江隧桥这一建养一体数字化平台全面提升了基础设施的信息化管理水平，具有核心竞争力，对于其它工程有示范作用，期望得到广泛的推广和应用。

此外，仍需在基础设施建养一体数字化技术方面开展深入的研究。近年来智慧感知、大数据和云计算等技术发展迅速，研究其与建养一体数字化技术的结合，并开展工程应用研究也是下一步的主要方向。

5　致谢

本文的研究得到了上海隧桥建设发展有限公司的大力支持，感谢所有参与上海长江隧桥项目成员的辛勤劳动！同时，对上海同岩土木工程科技有限公司的技术支持、对课题组所有成员的辛勤劳动表示衷心的感谢！

参考文献

[1] 朱合华,李晓军,陈雪琴. 基础设施建养一体数字化技术(一)——理论与方法[J]. 土木工程学报,2014.

[2] 朱合华,李晓军. 数字地下空间与工程[J]. 岩石力学与工程学报,2007,26(11):2277 - 2288.

[3] Li Xiaojun, Zhu Hehua. Modeling and Visualization of Underground Structures [J]. Journal of Computing in Civil Engineering, 2009, 23(6):348 - 354.

[4] Li Xiaojun, Zhu Hehua. Development of a web-based information system for shield tunnel construction projects [J]. Tunnelling and Underground Space Technology, 2013, 37:146 - 156.

[5] 胥犇,王华牢,夏才初. 盾构隧道结构病害状态综合评价方法研究[J]. 地下空间与工程学报,2010,6(1):201 - 207.

[6] 芮易. 软土盾构隧道全寿命期结构计算方法[D]. 上海:同济大学,2010.

[7] 李晓军,朱合华,郑路. 盾构隧道数字化研究与应用[J]. 岩土工程学报,2009,31(9):1456 - 1461.

[8] 郑伟峰,马如进,李晓军. 上海长江大桥数字化管理[J]. 上海公路,2010,(1):41 - 45.

本文发表于《土木工程学报》
2015 年第 48 卷第 5 期

梦圆喜马拉雅

——中尼印跨喜马拉雅铁路通道建设效益分析

白　云，谷芳芳

1　引言

我们生活在一个变革的时代，但是总有一些思想和精神经久不衰，不断焕发新的生机和吸引力。——国务院总理李克强

1.1　喜马拉雅的美丽传说

广泛流传的藏族民间故事中，有这么一个关于喜马拉雅山区的传说：在很早很早以前，这里是一片无边无际的大海，海涛卷起波浪，搏击着长满松柏、铁杉和棕榈的海岸，发出哗哗的响声。森林之上，重山叠翠，云雾缭绕；森林里面长满各种奇花异草，成群的斑鹿和羚羊在奔跑，三五成群的犀牛，迈着蹒跚的步伐，悠闲地在湖边饮水；杜鹃、画眉和百灵鸟，在树梢头跳来跳去欢乐地唱着动听的歌曲；兔子无忧无虑地在嫩绿茂盛的草地上奔跑。有一天，海里突然来了头巨大的五头毒龙，把森林捣得乱七八糟，又搅起万丈浪花，摧毁了花草树木。生活在这里的飞禽走兽，都预感到灾难临头了。

图 1　喜马拉雅山景色

它们往东边跳，东边森林倾倒、草地淹没；它们又涌到西边，西边也是狂涛恶浪，打得谁也喘不过气来，正当飞禽走兽们走投无路的时候，突然，大海的上空飘来了五朵彩云，变成五部慧空行母，她们来到了海边，施展无边法力，降服了五头毒龙。妖魔被征服了，大海也风平浪静，生活在这里的鹿、羚、猴、兔、鸟，对仙女顶礼膜拜，感谢她们救命之恩。众空行想告辞回天庭，怎奈众生苦苦哀求，要求她们留在此间为众生谋利。于是五仙女发慈悲之心，同意留下来与众生共享太平之日。五位仙女喝干了大海的水，于是，东边变成茂密的森林，西边是万顷良田，南边是花草茂盛的花园，北边是无边无际的牧场。那五位仙女，变成了喜马拉雅山脉的五个主峰，即祥寿仙女峰、翠颜仙女峰、贞慧仙女峰、冠咏仙女峰和施仁仙女峰，屹立在西南部边缘之上，守卫着这幸福的乐园。那为首的翠颜仙女峰便是珠穆朗玛，她就是今天的世界最高峰，当地人民都亲热地称之为"神女峰"。

1.2　国家的天然屏障

喜马拉雅山脉（梵语：hima alaya，意为雪域），藏语意为"雪的故乡"，位于青藏高原南巅边缘，是由地壳的板块碰撞形成的，是世界海拔最高的山脉，其中有110多座山峰高达或超过海拔7 350米，是东亚大陆与南亚次大陆的天然界山，也是中国与印度、尼泊尔、不丹、巴基斯坦等国的天然国界。尽管如此，历史上它并没有阻挡国家之间的交流。

中印两国都有着伟大而悠远的历史，绵延几千年，积淀了人类最古老的文明，成为东方文明的两大支柱。高高的喜马拉雅山未曾阻隔两大文明的彼此吸引和交相辉映。中国晋代的法显、唐代的玄奘两位高僧和天竺的达摩祖师，都为两国古代宗教文化交流作出卓越贡献。根据中国的《史记》记载，公元前 2 世纪中国的

产品就已经到了印度;到了魏晋至唐,古代中印的文化交流得到了全面的开展;而大规模的海运则始于宋代;到了近代中印之间的贸易和人员交流日渐式微。但是进入21世纪,中印的经济快速发展,双边贸易也急速上升。目前中国和印度分别是全球的第二大和第五大经济体,中国是印度的最大贸易伙伴,双边贸易具有较高的互补性,双边贸易额从2000年的29.1亿美元增长到2011年的739亿美元,增长了25倍之多。中印两国从交流互鉴中汲取养分,代代相传,在时代的进步中更加根深叶茂。另一方面,中印共同的邻国尼泊尔,因为经济规模小,技术落后,交通不便,基础设施差,政治不稳定等原因,目前仍是世界上经济最不发达的几个国家之一,物资供给主要靠印度,与中国的大规模经济交流由于喜马拉雅山天然屏障而被阻隔。但曾看到有人这样描述尼泊尔:"在西藏的隔壁,喜马拉雅山的另一边,有一个世界上最穷的国家,上天一定很悲悯这个山中小国——它清贫,却给了它美貌;它苦难,却给了它信仰。"如何促进中印贸易的快速稳定发展,同时扶持尼泊尔的经济发展,是中印两国政府需要考虑的难题。

图2　加都博得纳大佛塔,地震后严重损坏

尼泊尔作为一个内陆国,其特殊的地理位置和地形导致交通极不便利。世界银行2012年对世界上155个国家和地区的国际物流表现(包含海关清关效率、港口基础设施、国际运输、物流能力、货运追踪和货物及时性等指标)进行了评估,得到了各国和地区的物流绩效指数(LPI)。尼泊尔的LPI排在第151位,基础设施排在第149位,可以看出尼泊尔的物流成本极高。目前,中国与尼泊尔之间的货运主要通过中尼公路完成,因为该公路路况较差,且极易受到滑坡、泥石流等自然

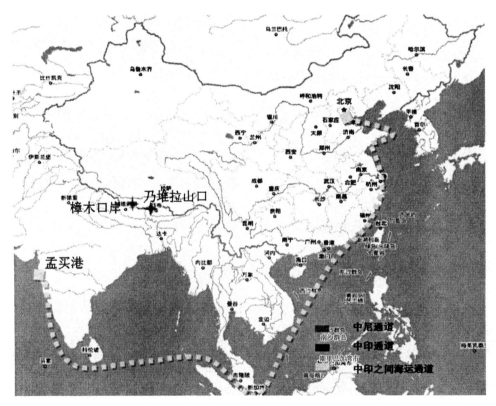

图3　中印之间主要的货运通道

786

灾害的侵袭,致使事故频发。另外,该公路的运力也已接近饱和。因此,尼泊尔急切需要一条通往中国和外界的便利通道,以解决目前面临的困境。若穿越喜马拉雅山脉的铁路能从尼泊尔通过,在促进中印贸易的同时,既能避免从中印争议领土经过带来的争端,又能消除或缓解尼泊尔的贫困,实现三方共赢的良好局面。

2 铁路建设的效益分析

2.1 社会效益

2.1.1 提高运输效率,降低运输成本

中国的快速发展靠自身不断改革,也得益于坚持对外合作。在全球化时代,相互依存是国家间关系的基本特征。中国是现行国际秩序和国际体系的受益者和维护者,愿同印度等广大国家共同推进国际体系的改革。中国将努力承担与自身国力相称的国际责任,愿以更加开放的心态面对世界,也希望世界以平和心态看待中国。

中印都是地域辽阔和人口众多的大国,两国人口加起来超过25亿,占全球总人口近40%,被认为是最重要的两个新兴市场。去年双边贸易额不到700亿美元,这与两国优势和地位并不相称,也说明拓展的潜力和空间巨大,如何提升双方经贸合作规模是我们必须认真破解的共同课题。

目前,中国与印度之间的货物运输,90%是通过海运完成的。虽然位于中印边境上的乃堆拉山口于2006年重新开通,但是由于贸易物品数量有限、辅助基础设施较差、且公路只有夏季才能开通,该口岸的贸易额和货运量均十分有限。中国的大部分货物是通过天津港或者上海港运输到印度孟买港,反之亦然。海运虽然运输能力较大,长途运输成本较低,但是存在运输时间较长,且容易受台风和飓风等天气影响的不足。因为中国广大的西部与印度地理上接壤,利用海运将无谓地增加运输时间和成本。

2.1.2 提高运输安全性,降低死亡率

目前,中国-尼泊尔-印度三国的交通主要依赖于公路、航空和海运。因为中尼公路和中印公路沿线泥石流、滑坡等地质灾害频发,且极易受到高原极端天气和复杂地形的影响,公路运输时常中断,各类事故也时

有发生。而航空虽然节省时间,但成本却很高,尚不能被三地的民众所接受。海运主要用于运输矿石、棉花等大宗商品,因周期较长,不适合进行旅客和生鲜食品的运输。据德国安联集团(Allianz pro Schiene)2010年的统计,公路死亡率是铁路的227倍。因此中国-尼泊尔-印度铁路建成之后,能减少现有公路上的运输压力。同时,客运和货运的可靠性和安全性将得到大大提高。

2.1.3 建立双边互信

长期以来,边境问题一直是困扰中印关系的一大难题。中国-尼泊尔-印度铁路通道把尼泊尔作为中转站,不通过争议领土地区。铁路建成以后,必然会促进中国和印度之间的交流,尤其是中国西南部和印度东北部贫困地区及争议领土地区的贸易和人员往来。这将使两国的经济依赖性加强,大大增加了冲突或战争的成本,从而增加两国的双边互信,改善两国的正式关系,最终维护地区和世界的和平与稳定。

2.2 环境效益

2.2.1 减少碳排放

众所周知,铁路运输是所有陆路交通方式中运输效率最高的交通方式。较低的能耗意味着较少的二氧化碳排放。根据世界铁路联盟等8个组织开发的EcoTransIT World数据库可以算出利用公路、铁路、航空、海运从中印最大港口上海到孟买运送一个标准集装箱,产生的二氧化碳将分别为5.57吨、2.04吨、37.71吨和1.85吨。考虑到海运所需的陆路运输,且中国的西南地区与印度和尼泊尔相互接壤,铁路运输无疑具有最低的二氧化碳排放。

客运方面,利用世界铁路联盟的EcoPassenger数据库可以大致推算出一名乘客利用公路、铁路和航空三种交通方式从上海到孟买所产生的二氧化碳分别为49.9 kg、93.5 kg和86.1 kg。可以看出,铁路运输具有公路运输和航空运输不可比拟的优势。因此,中国-尼泊尔-印度铁路通道建成之后,将在很大程度上降低能源消耗,减少二氧化碳等温室气体的排放,这对社会的可持续发展是十分有利的。

2.2.2 保护生态环境

虽然尼泊尔GDP中的35%左右来自农业,但是其农业却十分落后。不论是在中部的低喜马拉雅丘陵地

区,还是在南方的西瓦里克(Siwalik)山区与特莱(Terai)平原,森林退化的情况都十分严重。主要原因有两个,一是人口数量的增加使得当地农民不得不开拓更多的耕地,二是采伐森林得到的木材是尼泊尔的主要能源之一,也是当地农民的主要收入之一。据统计,尼泊尔的森林年退化率为1.7%,其森林覆盖率由1964的45%迅速降至了1999年的29%。丘陵地区的森林砍伐的直接后果是水土流失、环境恶化,使得环境更加脆弱,地质灾害更加频繁。中国-尼泊尔-印度铁路通道建成以后,在方便国际粮食援助的同时,也将吸引更多的农民进入沿线城市从事制造业或者服务业,使得脆弱的生态环境得到最大程度的保护。这同样适用于中国和印度的国情。

2.3 经济效益

2.3.1 集聚效应

中国-尼泊尔-印度铁路通道建成之后,将有效连接占世界总人口37%的三国人民,沟通世界上最有发展潜力的两大经济体和世界上经济最不发达的国家。因为中印两国的产业有着较强的互补性,中印双边贸易有着较大的发展潜力。铁路建成后,会充分发挥经济的集聚效应,大大地促进双边贸易和人员交流。

2.3.2 泛喜马拉雅旅游圈的形成

青藏铁路的建成,极大地促进了西藏的旅游业。据统计,西藏地区的游客接待量自青藏铁路开通前的2005年的180万人次激增到了2012年的1058万人次,在短短的七年内增长了6倍(西藏统计年鉴2013)。其中,选择乘坐火车进藏的游客占总数的45%左右(王松平)。可以预见,随着人均收入的不断增加,西藏地区基础设施的不断完善及当地政治生活的进一步稳定,西藏的旅游业将继续保持高速发展。另一方面,虽然往返西藏和尼泊尔的游客数量日益增加,但由于交通的不便,两地的旅游业发展受到了很大的制约。例如,2012年西藏通过陆路进入尼泊尔的中国游客只有17000多人,只占所有赴尼游客的不足1/4(Nepal Tourism Statistics 2013)。中国-尼泊尔-印度铁路通道建成以后,交通将变得极为便利,费用也将大大降低,这将很好地融合中国、尼泊尔、印度三地的旅游资源,势必会促进泛喜马拉雅山脉的旅游圈的形成,真真切切地给三地的人民带来实惠。

3 结语

世界期待亚洲成为全球经济的引擎,这离不开中印"两匹大马"的带动;亚洲要成为世界和平之锚,需要中印两个大国同心戮力。没有中印两个世界上人口最多的国家的和睦和谐与共同发展,就不会有人们期待的亚洲世纪。亚洲未来看中印,中印的和与兴、两大市场的携手对接,是亚洲之幸、世界之福。中国的发展是印度的机遇,印度的发展也是中国的机遇。中印共同前行,必将造福两国广大民众,也会为世界带来更多更好的机遇。现有的运输网络不能满足未来的客运与货运需求,建立一条连接中国-尼泊尔-印度的铁路通道势在必行。该铁路的建成将带来很高的社会效益、环境效益与经济效益。

上海市有轨电车智能交通产业技术发展策划

曾小清,边 冬,李 健

(同济大学 交通运输工程学院,上海201804)

1 现状分析

1.1 现状调研及分析

现代有轨电车系统是城市中型客流交通的重要方式。目前上海市截至 2020 年,已有 800 多公里的里程规划。有轨电车交通控制智能化方面,由于有轨电车与道路交通共享路权,因此兼具道路交通以及轨道交通两方面的研究内容。经调研有轨电车涉及的关键技术有如下三个领域。

1) 道路信号控制

在道路信号控制领域,主要分为道路信号、协调控制、交通状态检测三个方面。道路信号控制领域传统研究(交叉口配时、区域协调控制等)成果丰富,技术成熟,相关研究机构多集中于高校、研究所等。目前,公交信号优先是道路信号控制的热门研究领域,涉及道路交通领域研究成果的应用与转化,另外涉及高架道路以及智慧车联网等相关研究领域。道路交通状态识别一直是国内外研究的热点,涉及交通参数检测、交通状态评判算法、交通状态判定等方面。

道路信号控制相关主体单位主要有政府、交通管理部门及系统设备提供商。政府包括交港局、建交委、路政局等;交通管理部门主要为交警总队,主要工作为全市交通排堵保畅工作,管理上海市域范围内交通控制系统,并进行相关领域的科研项目;系统设备提供商主要有电科所、交通信息中心等。电科所为上海市以及全国一定范围内道路交通信号控制、智能系统开发运营的主要龙头企业。电科集团有 2 000 多名员工,其中电科智能有 500 多名员工。目前与同济大学共建上海现代有轨电车实验中心等相关实验室。

2) 轨道信号控制

在轨道信号控制领域,主要分为大铁、高铁＋动车、地铁、有轨电车四个方面的技术体系。铁路运输技术发展较为成熟,轨道电路、联锁等技术都是有轨电车相关技术的研究基础;我国高铁技术发展迅速,轨道电路、联锁、列车定位等技术都是有轨电车相关技术的研究基础;我国地铁技术发展已经较为成熟,CBTC 等列车自动控制系统等技术都是有轨电车相关技术的研究基础;现代有轨电车研究目前处于起步阶段,欧洲等发达国家有一些相关研究成果及成熟产业,目前我国该行业科研、产业正在起步过程中。

城市轨道交通信号系统主体单位系统设备提供商主要有自仪泰雷兹、卡斯柯、富欣智控等几家企业。泰雷兹于 1980 年通过产学研合作最早在业内提出 CBTC 并开发成熟产品;2004 年泰雷兹·阿尔卡特等参与了武汉地铁 1 号线的建设,为中国第一条 CBTC 线路;2011 年泰雷兹集团与上海电气联合入股,成立上海自仪泰雷兹,中方控股 50.1%,公司专注城市轨道交通的相关解决方案,泰雷兹承建上海地铁 6、7、8、9、11 号线的信号系统。泰雷兹现拥有一个约 50 m² 的有轨电车设备实验室,泰雷兹在车地通信技术方面在业内处于领先水平。卡斯柯信号有限公司由中国铁路通信信号公司与 GRS 于 1986 年合资成立,目前公司拥有员工 1 300 名左右,拥有 80 m² 的有轨电车实验室,业务范围涉及大铁、高铁、地铁等方面。分散自律的运行控制系统广泛应用于中国的大铁、高铁、地铁当中,是卡斯柯的特色产品之一。2013 年 4 月,卡斯柯在埃塞俄比亚已经建立了一条有轨电车线路,卡斯柯在车载控制技术方面在业内处于领先水平。富欣智控于 2011 年成立,拥有 200 多名员工,拥有 50 m² 的有轨电车实验室。富欣智控在有轨电车控制系统上研究起步较早,与公安部无锡所合作;与电科所合作研发有轨电车交叉口信号优先控制;曾为张江有轨电车进行了信号系统改造,并承担苏州有轨电车信号系统的搭建;与同济大学共建有轨电车实验室。

3) 道路和轨道的规范标准

在规范标准领域,道路和轨道分别编制了一系列各自独立的规范标准,例如:美国《道路通行能力手册》(HCM2000)、《城市交通管理评价指标体系》、《城市道路平面交叉口规划与设计规程》(DGJ 08 - 96 - 2001)、《高速铁路设计规范》(TB10621 - 2014)、《城际铁路设计规范》、《城市轨道交通工程项目建设标准》建标(104 - 2008)、《地铁设计规范》(GB50157 - 2003)、《城市轨道交通技术规范》(GB50490 - 2009)。有轨电车领域国外有德国 BoStrab 标准、法国 STRMTG 标准等,国内有《北京现代有轨电车技术标准》《城市有轨电车工程设计规范》《现代有轨电车工程设计规范》等在编。

1.2 现状问题分析

通过对现代有轨电车现状的调研及分析,总结出上海市有轨电车产业存在的问题或者需要发展的方向如下。

(1) 现代有轨电车综合轨道交通与道路交通两方面特点,在目前的技术研究中,轨道交通与道路交通的相互协调性不够,相互之间缺乏接口和联系,有轨电车相关厂商之间无法互联互通,有轨电车与其他公共交通方式无法互联互通。

(2) 有轨电车运营组织技术研究尚不完善。目前相关研究多集中在传统轨道交通行业,比如地铁等系统。有轨电车运营管理与既有公共交通系统联动技术研究尚不完善。

(3) 有轨电车安全防护需要进一步加强。比如目前防撞技术主要是列车被动防撞,需研究主动防撞技术。目前专门针对有轨电车控制系统的测试评估研究尚为空白。

(4) 目前有轨电车相关的智能信息服务研究尚不成熟。相关信息融合技术算法尚未有效利用。

(5) 目前尚无专门针对有轨电车的相关政策法规。

(6) 目前针对有轨电车绿色节能运营的研究尚在起步阶段。

2 技术标准规划

规划的主要规范和标准如下。

(1) 标准名称:《现代有轨电车运行控制技术标准》。

参与单位:设计院、富欣智控、自仪泰雷兹、卡斯柯、申通集团、有轨电车运营公司、同济大学。

(2) 规范名称:《现代有轨电车运行控制设计规范》。

参与单位:设计院、富欣智控、自仪泰雷兹、卡斯柯、申通集团、有轨电车运营公司、同济大学。

(3) 规范名称:《现代有轨电车运行控制建设规范》。

参与单位:设计院、富欣智控、自仪泰雷兹、卡斯柯、申通集团、有轨电车运营公司、同济大学。

(4) 规范名称:《现代有轨电车运营维护管理规范》。

参与单位:运营单位、设计院、富欣智控、自仪泰雷兹、卡斯柯、申通集团、有轨电车运营公司、同济大学。

(5) 规程名称:《城市道路平面交叉口与现代有轨电车协调控制规划与设计规程》。

由电科所会议提出,交警总队牵头。

参与单位:交警总队、设计院、电科所、宝信、海信、有轨电车运营公司、富欣智控、自仪泰雷兹、卡斯柯、同济大学。

(6) 标准名称:《现代有轨电车运营控制系统产品标准》。

参与单位:富欣智控、自仪泰雷兹、卡斯柯、电科所、宝信、海信、有轨电车运营公司、同济大学。

(7) 协议名称:《有轨电车对道路交叉口信号请求接口协议》。

由泰雷兹会议提出,与大为科技双方共同参与。

(8) 标准名称:《有轨电车技术标准》。

由卡斯柯会议提出,参考法国学会 STRMTG。

(9) 标准名称:《有轨电车与道路交叉口接口标准》。

由富欣会议提出,与电科所双方共同参与。

3 智能化关键技术

1) 共享路权条件下现代有轨电车协同控制关键技术研究

(1) 研究现代有轨电车影响区域的路口信号控制协同策略及应用技术,开发具备现代有轨电车信号协同控制功能的城市道路信号控制系统。

(2) 研究基于实时运营情况的现代有轨电车道口有条件优先控制策略算法及应用技术,开发有轨电车道口优先控制系统及设备研发。

(3) 研究现代有轨电车车载自动保护系统(ATP)关键技术及设备开发技术。

(4) 研究现代有轨电车车载自动驾驶系统(ATO)关键技术及设备开发技术。

(5) 结合物联网、车联网、轨道交通车地通信等技术,研究适用于有轨电车车地、车车、车路通信的技术,并进行系统开发。

(6) 研制有轨电车协调控制开发、仿真环境,为有轨电车关键技术研发提供实验、测试、开发、仿真平台。

相关研究具体如下。

(1) 交警总队可牵头进行现代有轨电车在交通密集地区 SCATS 系统的协调控制研究;现代有轨电车车载协调控制技术研究;现代有轨电车地面协调技术研究。

(2) 电科所研究现代有轨电车协同控制技术。

(3) 自仪泰雷兹利用 vissim 仿真有轨电车运营环境并分析相应影响,研究有轨电车仿真等相关内容。

(4) 富欣智控研究基于实时客流预测、运营情况的有条件协调控制。

2) 共享路权条件下现代有轨电车运营组织关键技术研究

(1) 研究现代有轨电车适用的通信技术。

(2) 研究正线控制技术。

(3) 研究车辆段道岔联锁技术。

(4) 研究中央/车载道岔控制技术。

(5) 研究列车位置实时监测技术。

(6) 研发有轨电车监控、调度、运行控制系统。

(7) 研究运营仿真技术,构建有轨电车运营仿真系统。

(8) 研究现代有轨电车调度管理系统关键技术。

(9) 借鉴公交车队集群调度等科研成果,研究现代有轨电车以及既有城市公共交通的运营管理方法,分析现代有轨电车与区域交通协同管理需求。

(10) 研究基于大数据的现代有轨电车运行区域客流出行影响分析技术。

(11) 研究考虑现代有轨电车运行特征的线网动态调度理论方法。

(12) 研究考虑现代有轨电车的区域交通运行协同应急关键技术。

相关研究具体如下。

(1) 交警总队可牵头进行现代有轨电车集约化综合监控技术研究。

(2) 自仪泰雷兹在有轨电车通信技术方面,研发基于 AP 信标的车地通信,使用 WIFI 取代 LOOP,无线通信使用跳频扩谱技术,抗干扰能力经过认证,能够有效抵御有轨电车开放式的运行环境;研发现代有轨电车完整辅助运营系统。

(3) 卡斯柯研发车载控制关键技术,车载控制安全防护达到 SIL2 水平,车载道岔控制达到 SIL4 水平。

(4) 富欣智控研究车辆段、正线道岔联锁控制及实时健康监测技术。

3) 现代有轨电车系统安全关键技术研究

(1) 研究基于障碍识别的现代有轨电车防撞检测预警技术。

(2) 研究不同轨道交通环境的基于障碍物识别技术的有轨电车辅助驾驶策略。

(3) 研究有轨电车运行过程中列车完整性及线路安全性的实时检测技术。

(4) 研究有轨电车智能化控制系统的安全测试评估方法,开发相应测试设备以及测试评估软件。

(5) 研究现代有轨电车评价方法,提出一套有轨电车安全、节能、环保等评价体系。

(6) 研究现代有轨电车安全管理方法,联合行业管理部门、有轨电车运营公司共同制定适合现代有轨电车的安全管理办法。

卡斯柯研究有轨电车限速防护,有轨电车闯红灯防护、交叉口防护、弯道防护等主动防护安全措施。

4) 现代有轨电车智能信息服务关键技术研究

(1) 研究现代有轨电车运控系统平台与区域交通信息平台的信息交互需求、标准化通信协议及信息交互技术。

(2) 研究考虑现代有轨电车运行特征的区域道路交通信息诱导发布技术。

(3) 研究开发移动智能信息发布系统。

相关研究具体如下。

(1) 交警总队可牵头进行现代有轨电车相关信息收集处理、大数据客流信息研究。

(2) 电科所研究智能信息服务技术。

(3) 富欣智控研究开发基于 APP 的移动智能信息发布系统。

5) 现代有轨电车交通法规政策研究

借鉴轨道交通以及道路交通方面的相关法规政策,制定针对有轨电车的相关法规政策。交警总队可牵头研究现代有轨电车相关标志、标线、规范等。

6) 现代有轨电车节能、绿色运营控制

(1) 建立以行调为中心的现代有轨电车集约化综合控制平台。

(2) 研究有轨电车能量循环利用关键技术。

(3) 进行绿色节能监测装置的研究,开发能耗表计系统(检测系统)。

卡斯柯研究以行调为中心的弱电集成系统、集约化综合监控,以节能、资源共享为目标整合行车调度、设备监控、给排水系统、电力、火灾报警、电动扶梯、照明等系统资源,建立集约化监控平台。

4 产业发展目标与内容

在政府相关部门、上海科学技术委员会、上海建设交通委员会、上海市发改委等的指导下,由同济大学等高校负责现代有轨电车产业关键技术的理论、算法、技术及前期应用研究,进行实验室原型子系统开发,进行科研示范工程测试,开发试验样机。由城建院进行相关系统规划、设计。

由交通信息中心等机构进行大数据研究,收集海量多源异构数据,分析现代有轨电车相关的各类特征。由上海电科智能进行相关的数据集成、配套产品开发、应用示范工程实施等工作。

由富欣智控、自仪泰雷兹、卡斯柯等信号产品提供企业进行现代有轨电车信号系统研发、信号设备研发制作等工作,负责科技成果转化,产品开发及生产并进行产品后期维护。

由各行业相关中小型企业提供现代有轨电车系统所需的相关技术及检测器等硬件基础设备产品。

层层递进共同完成现代有轨电车产业的智能化控制,由政府等机构牵头,自上而下,产学研联合,深入研究基于有轨电车的智能化交通的整体解决方案。先从点(有轨电车平交路口)智能化的方案,扩展到线(沿着有轨电车的线路走向)智能化方案,最终随着有轨电车线路的网络发展形成网络化的智能化方案。

对应关键技术,在未来几年中,力争形成如下五大产业链:

1) 现代有轨电车协同控制产业链

在道路信号协调控制方面,将形成现代有轨电车道路交通信号控制解决方案及设备开发相关产业,例如解决方案提供商,视频、地磁、线圈、雷达、基站等设备的检测器提供商,嵌入式计算机开发商等。车载控制系统开发相关产业,例如道路信号相关的车载模块。路侧控制设备相关产业,例如适应现代有轨电车的路口控制器及路侧可变信息版等。通信技术相关产业。开发环境提供相关产业。例如:

(1) 交警总队可牵头开发适应现代有轨电车的交叉口协调控制设备;路侧可变信息板;道路信号相关的有轨电车车载显示模块。

(2) 电科所开发一套适应现代有轨电车的道路交通信号控制解决方案及设备。

(3) 自仪泰雷兹开发有轨电车与交叉口协调控制系统。

(4) 富欣开发基于实时运营情况的协调控制解决方案。

2) 现代有轨电车运营组织产业链

在有轨电车运营组织领域,将形成有轨电车信号系统相关产业:卡斯柯、自仪泰雷兹、富欣智控、西门子、阿尔斯通等。开发相关产品:多模式道岔控制设备、车辆段联锁控制设备、车载控制设备、车载道岔控制设备、车辆定位系列产品、有轨电车运控解决方案。通信技术相关产业:华为、中兴、多倍通等。开发产品：有轨电车沿线车地通信设备等。检测技术相关产业：国产北斗系列、视频检测、RFID 检测、BIM 可视化技术等。运营调度管理相关产业：相关运营公司。例如：

（1）自仪泰雷兹开发有轨电车运控解决方案，沿线车地通信系列产品。

（2）卡斯柯开发 2 级车载控制器，4 级车载道岔控制机；开发车辆定位系列产品。

（3）富欣开发 4 级车辆段联锁控制设备／多模式道岔控制设备。

3）现代有轨电车系统安全产业链

在线路安全技术方面，将形成障碍物检测相关产业，例如微博雷达、视频检测、声探测、汽车雷达、交通流量检测雷达等检测器提供商；辅助驾驶系统相关产业；线路安全检测相关产业，例如红外线、激光检测等技术提供商；在安全测试评估方面，将形成检测设备开发产业，例如嵌入式设备开发等；测试评估软件、数据库开发产业，例如接口评估、数据库评估等相关的硬件及软件公司。

4）现代有轨电车智能化信息服务产业链

在大公共交通领域，将形成大数据处理产业：电科智能、交通信息中心等；运营管理产业、公共交通产业；新兴技术产业：大客流检测及预警、车辆运行工况动态检测、故障主动预警等。研究开发结合现代有轨电车信息服务的综合信息化平台以及移动智能化信息系统发布系统。例如：

（1）电科所开发结合现代有轨电车信息服务的综合信息化平台。

（2）富欣智能研发移动智能化信息系统发布系统。

5）现代有轨电车智能管理产业链

在交通法规政策研究方面，将由政府、高校、研究院、律师事务所等主体牵头进行研究。研究一套通用标准，使得不同公司的产品之间可以兼容使用。

在节能、绿色运营控制方面，将形成有轨电车集约化综合控制平台产业；有轨电车制动能量循环利用等技术产业；开发能耗表计检测系统产业；环控节能控制产业；车辆及站台绿色照明技术产业；新兴能源利用产业。例如，卡斯柯研发以行调为中心的弱电集成系统、集约化综合监控系统。

5 年度目标

3 年目标：完成关键技术、核心技术的算法理论与实现技术研究；完成相关技术标准的制定；完成相关技术的原型系统研发、完成科研示范工程测试；完成第一版成套化系统及产品的开发，并在具备条件的地区进行相关工程应用示范；结合上海交通信息化发展整体计划，完成相关信息化系统的建设以及有轨电车信息的接入。

5 年目标：依据第一阶段的应用示范效果和反馈，完成第二版系统的优化算法理论、技术实现，并进行第二版系统研发与应用，面向国内现代有轨电车建设市场大范围推广。依据第一阶段的应用示范效果反馈，结合初步积累的历史数据进一步深化研究和优化相关核心算法模型，并探索区域交通跨部门协同管理机制。

5 年后目标：进一步完善相关产业链环节，优化产品设计和生产工艺，在完成产品升级的基础上，进一步探索向国外现代有轨电车建设市场推广的可能。形成完善的区域交通数据模型，为区域交通一体化管理提供支撑。各大高校建立产业链中各环节产品测试实验基地，为产业链提供技术支持、培训服务及人才培养。

受腐蚀钢筋混凝土桥墩抗震性能

方从启,张龙建,张俊萌,邱春杰,袁智杰,朱　杰

(上海交通大学 船舶海洋与建筑工程学院,上海 200240)

摘要: 桥墩的耐久性和抗震性对整个桥梁安全运行具有重要意义。本文以钢筋混凝土拟静力试验为背景,通过数值模拟方法建立纤维单元模型,研究钢筋混凝土墩柱的抗震性能随腐蚀率的变化规律。首先采用 2 种不同混凝土本构和 3 种钢筋本构模型对未腐蚀试件模拟,通过和试验对比,评价有限元模型合理性并选取合适的本构模型。腐蚀效应通过修正钢筋本构模型考虑,对试验三根试件进行模拟,验证腐蚀本构模型合理性。最后将腐蚀率进行扩展,研究不同腐蚀率下钢筋混凝土桥墩抗震性能变化规律。

关键词: 桥墩;低周反复;滞回曲线;腐蚀

1 引言

国内外许多震害表明在桥梁结构体系中,钢筋混凝土桥墩通常是最易破坏的桥梁构件[1]。桥墩不仅承受上部荷载,车辆动载,风荷载和地震荷载,还受日常环境的侵蚀作用,如混凝土碳化,钢筋腐蚀等,其耐久性面临严重的威胁,在正常服役下即遭受不同程度的损伤。因此研究在损伤桥墩抗震性显得更为重要[2]。

目前有限元方法在桥梁地震分析中也得到了越来越广泛的应用。国内外学者基于不同有限元软件,不同的单元模型和本构模型对钢筋混凝土桥墩滞回性能进行了一系列的模拟,并取得了丰富的研究成果[2-3]。

纤维单元模型由于其简洁有精确的缘故得到广泛的应用[4-5]。纤维截面应用最广泛地以美国 Bekerley 大学为主研发的 Open Sees 程序[6]。本文以 8 根腐蚀钢筋混凝土墩柱拟静力试验为背景,数值模拟采用 Open Sees 建立了桥墩纤维单元模型,并和试验结果进行对比,评价有限元模型和本构模型的模拟效果。采用考虑腐蚀的本构模型对试验三根试件进行模拟,并将腐蚀率进行扩展,研究不同腐蚀率下钢筋混凝土桥墩抗震性能变化规律。

2 有限元模拟

本试验共制作 8 根钢筋混凝土墩柱,试件几何尺寸一致,如表 1 所示。试件浇筑养护完成后,放入约 5‰NaCl 溶液的水槽中通电腐蚀,其中 7 根试件纵筋和箍筋绝缘,1 根试件箍筋和纵筋未绝缘,得到 8 个不同腐蚀率试件。实际腐蚀率主要集中在 4%,8% 左右。因此本文数值模拟首先针对腐蚀率 0%,4%,8% 以及箍筋锈蚀等四个试件进行低周反复荷载模拟,验证有限元模型和腐蚀本构的合理性。由于试验试件个数有限,利用验证后合理的模型,对腐蚀率进行扩展至 12%,16%,20%,24%,28% 等,进一步研究腐蚀率对墩柱抗震性能影响。

如图 1,有限元模型不考虑基座影响,将桥墩简化为悬臂墩。利用 Open Sees 建立了桥墩滞回分析纤维单元模型。本次模拟桥墩试件只在底部设置一个塑性铰,塑性铰长度采用文献[7]公式。纤维模型如图 1 所示。

本文采用 Open SEES 中单轴受力材料模型进行的有限元分析。首先采用 Open SEES 中约束混凝土本构 Mander[8]模型和钢筋本构 Reinforing Steel[9]模型对未腐蚀试件 C0 进行单调和低周反复加载模拟,本构模型组合简称 M - RS。由于锈蚀主要造成钢筋截面积减小,力学性能下降等,因此腐蚀主要考虑修正钢

表1 试验墩柱几何尺寸

桥墩形状	混凝土强度/MPa	纵筋强度/MPa		纵筋率/%	箍筋强度/MPa		配箍率/%	截面直径/mm	墩高/mm	轴压比
		屈服	极限		屈服	极限				
圆形	C30	355.63	538.24	1.707	230.68	384.46	0.83	300	1 100	0.2

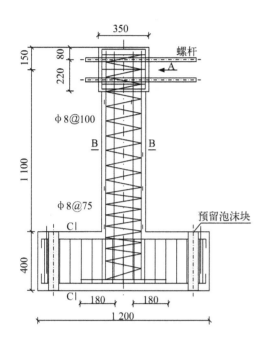

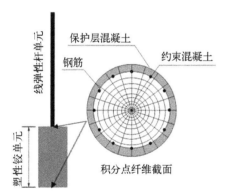

图1 墩柱几何模型和有限元模型图

筋应力应变关系。主要从屈服强度,极限强度,应变等几个方面对钢筋本构进行修正,而应力-应变形式不变。腐蚀采用文献[10]中恒定电流加速条件下的变形钢筋的以上力学性能指标同腐蚀率的关系表达式。

3 结果分析

3.1 本构模型的验证

图2为模拟未腐蚀试件在不同加载模式下荷载位移曲线同试验结果对比。其中图2(a)为单调分析结果,图2(b)为低周反复加载结果。从图2(a)可见,模拟结果和试验吻合较好。峰值荷载总体比试验结果偏低,但相差不大。试验最大峰值荷载为68 kN,模拟峰值荷载为62~65 kN。平均误差为4%~8%。从图2(b)可见,滞回曲线模拟效果较好。但由于实验模型偏差,保护层厚度不均匀,试验滞回曲线呈现明显的不对称,正向最大荷载65 kN,而反向加载达到80 kN。而模拟过程中由于模型和材料均对称,滞回曲线对称。

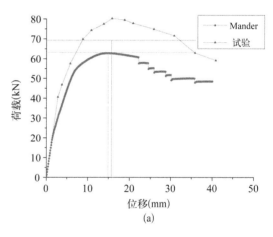

(a)

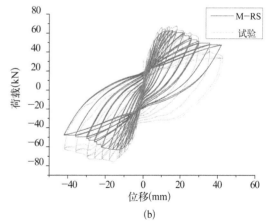

(b)

图2 不同加载模式下荷载位移曲线

综上所述,Mander混凝土本构模型由于考虑试验螺旋箍筋对混凝土核心约束力,模拟下降段曲线和试验吻合较好。Reinforing Steel钢筋模型由于考虑了钢筋的 Bauschinger 效应、低周疲劳效应,循环加载过程中的强度、刚度退化以及准确预测钢筋的断裂,可见有限元模型以及采用的本构模型能有效地模拟试验结果。

3.2 腐蚀本构模型的验证

图 3 为三个腐蚀试件模拟和试验结果对比,其中图 3(a1),(b1),(c1)腐蚀率 4%,8% 和箍筋锈蚀试件模拟滞回曲线,图 3(a2),(b2),(c2)为相应的骨架曲线。

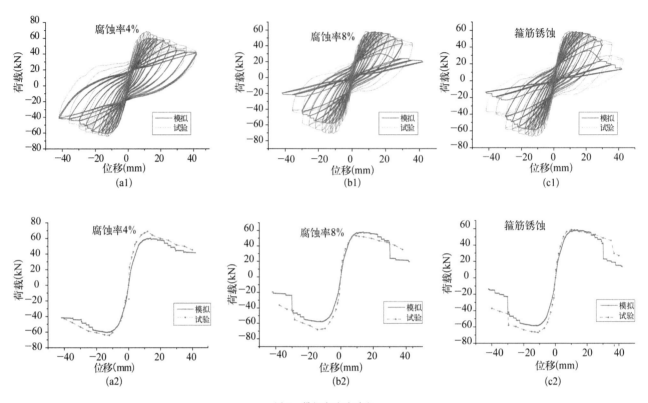

图 3　模拟和试验对比

从图 3(a1),(a2)可见由于腐蚀率较小,试件制作误差较小,试验滞回曲线对称性较好,正向峰值荷载略大,正向最大荷载 65 kN,负向最大荷载 60 kN。模拟正负向最大荷载为 60 kN,误差在 7.7% 以内。模拟和试验峰值位移均在 18 mm 左右。而且反复荷载过程中滞回曲线的捏拢得到较好模拟,曲线饱满程度相近。图 3(b1),(b2)为腐蚀率 8% 试验试件,由于锈蚀不均匀,滞回曲线和骨架曲线不对称,负向峰值荷载偏大为 65 kN,正向为 58 kN,相差 7 kN。模拟滞回曲线和骨架曲线对称,曲线正向吻合度较好,负向峰值荷载误差约为 11%。由于腐蚀严重试验试件钢筋在负向位移为 30 mm 时发生断裂,模拟正负向钢筋均在 30 mm 左右发生断裂,负向虽然数值有所偏差,曲线变化趋势一致。图 3(c1),(c2)箍筋锈蚀试件,纵筋锈蚀率为 7%,箍筋锈蚀率为 18%,由于箍筋锈蚀锈蚀,纵筋和核心混凝土横向约束减小,加载过程中两侧纵筋均断裂,正

向在 42 mm 左右断裂,负向在 30 mm 断裂。正负向滞回曲线不对称。模拟结果两侧均在 30 mm 左右断裂,正向除断裂位置有所差别,曲线吻合较好。负向数值整体有所别差,误差在 15% 以内,钢筋断裂位置相同,曲线变化形式相同。

从图 4 总的滞回曲线和骨架曲线可以看出:腐蚀钢筋混凝土桥墩模拟效果较好,体现腐蚀试件反复加载过程中强度,刚度退化,钢筋断裂等现象。腐蚀本构模型可以较准确模拟钢筋混凝土桥墩在加载过程中滞回性能。

3.3 抗震性能随腐蚀率的变化

在以上的本构模型和有限元模型基础上,改变腐蚀率得到图 4 所示 12%(a),16%(b),20%(c),24%(d),28%(e)不同腐蚀率下墩柱的滞回曲线和骨架曲线,(f)为以上所有滞回曲线的骨架曲线。如图 4 所示,随着腐蚀率增大,滞回曲线形状发生明显的变

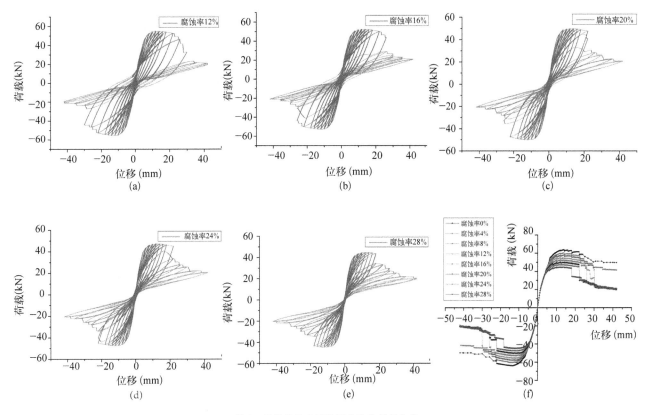

图 4　不同腐蚀率下滞回曲线和骨架曲线

化。由饱满逐渐捏拢,曲线包围的面积越来越小。不同腐蚀率钢筋断裂的位置也不同,腐蚀率为 12％时,在位移幅值为 30 mm 左右,钢筋断裂,腐蚀率为 28％时,钢筋断裂位置为 20 mm。由骨架曲线图可见初始弹性阶段,不同腐蚀率试件曲线基本重合,说明钢筋锈蚀基本上不影响柱子弹性阶段受力,进入塑性后,曲线斜率变小,刚度退化。随着腐蚀率越大,柱子刚度退化越严重。峰值荷载不断下降,峰值位移不断减小。可见腐蚀率对柱子抗震性能影响较大。

　　采用 Park 法[11]根据滞回曲线骨架曲线确定屈服点。以墩柱骨架曲线侧向力降低至 85％的峰值荷载作为极限点,若纵筋断裂在此极限点之前,则以钢筋断裂时刻作为极限状态。由将腐蚀率从 0％到 28％试件模拟骨架曲线根据以上指标定义准则,计算对应的屈服位移,极限位移,位移延性,屈服强度,极限强度等指标。并以不同腐蚀率的以上指标和未腐蚀试件的相对值为纵坐标,以腐蚀率为横坐标,做出以上指标随腐蚀率的变化关系,线性数据拟合结果如图 6 所示。

　　图 5(a),(b),(c),屈服位移,极限位移以及位移延

性变化规律相同,整体呈线性下降。且随着腐蚀率的增大下降程度增大。极限位移下降程度比屈服位移的大,因而相应的位移延性降低。腐蚀率为 4％时,位移延性下降到 95％,腐蚀率为 28％时,位移延性下降到 85％。可见构件变形能力随钢筋锈蚀量增大而降低,主要原因由于纵筋锈蚀导致钢筋屈服强度和极限强度下降,随着位移幅值的增大,纵筋屈曲断裂,同时保护层的开裂,混凝土剥落等均导致试件延性降低。图 6(d),(e)从承载力方面分析可见,同一级位移值下,锈蚀试件的承载力明显小于未锈蚀试件的承载力,而且锈蚀率越大,反复荷载作用下试件承载力下降越快,屈服强度,极限强度相对值基本上成线性下降,拟合相关系数在 0.99 以上。

　　如图 6(a),(b),为不同腐蚀率试件在不同位移幅值下各滞回环的面积平均值的曲线和柱状图。从柱状图(b)可见,柱高明显增大,即桥墩由弹性逐渐进入塑性阶段,耗能增大。同时腐蚀率对短柱滞回耗能影响较大,未腐蚀试件耗能最大,随着腐蚀率增大,耗能减小,尤其腐蚀严重的试件,由于腐蚀导致钢筋断裂,试件破坏能量骤减。同时可以看出,腐蚀加重会导致钢筋断裂位移幅值提前,使试件过早达到极限点而破坏,

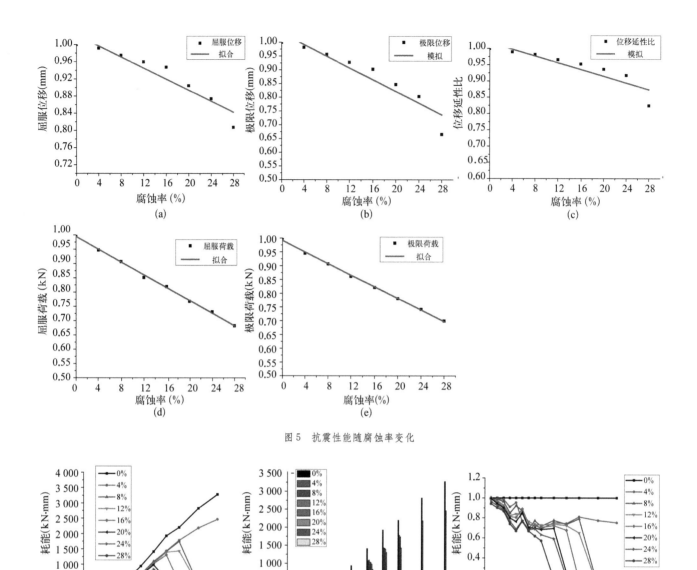

图 5 抗震性能随腐蚀率变化

图 6 滞回耗能随腐蚀率变化

耗能急剧下降。

图 6(c)耗能相对值可见,虽然总体上随着腐蚀率的增大耗能逐渐减小,但不同位移幅值,腐蚀率对耗能的影响程度并不同。在位移幅值较小时,即桥墩处于弹性阶段时,塑性铰处混凝土未开裂之前,腐蚀率并不明显影响耗能,8 mm 之前基本上耗能相对值在 85% 以内。随着位移幅值增大,腐蚀率的影响也越来越大,尤其在位移幅值达到 20 mm 以后,原因桥墩进入塑性后,钢筋锈蚀造成钢筋屈服强度减小,混凝土大面积脱落,纵筋拉断等,因此试件耗能下降较明显,尤其钢筋突然断裂。可见桥梁结构抗震设计和结构耐久性评估中,

必须考虑钢筋锈蚀对桥墩耗能能力的不利影响,在地震强度较小时,腐蚀对桥墩影响较小,但强地震下尤其桥墩变形较大时,腐蚀对桥墩的影响必须慎重考虑,以防止桥梁在地震作用下特别是强烈地震作用下倒塌。

4 结论

通过对腐蚀钢筋混凝土墩柱拟静力试验进行数值模拟,得到如下结论:

(1)通过和拟静力试验对比,验证了本文有限元模型和腐蚀本构模型能能对试验腐蚀墩柱的滞回性能

进行较好的模拟。

（2）数值模拟结果显示：墩柱的强度，延性，耗能等抗震性能指标随腐蚀率增大而降低，拟合结果均呈线性下降趋势，滞回曲线随腐蚀率增大逐渐捏拢。

参考文献

[1] 李贵乾,郑罡,高波.基于 Open Sees 的钢筋混凝土桥墩拟静力试验数值分析[J].世界地震工程,2011,27(1)：110-114.

[2] Kwan W P, Billington S L. simulation of structural concrete under cyclic load [J]. Journal of Structural Engineering, ASCE, 2001, 127(12): 1391-1401.

[3] Kim T H, Lee L M, Chung Y S et al. Seismic damage assessment of reinforced concrete bridge columns [J]. Engineering Structures, 2005, 27(4): 576-592.

[4] Esmaeily A, Xiao Y. Behavior of reinforced concrete columns under variable axial loads: analysis [J]. ACI Structural Journal, 2005, 102(5): 736-744.

[5] Lee D H, Elnashai A S. Seismic analysis of RC bridge columns with flexure-shear interaction [J]. Journal of Structural Engineering. ASCE, 127 (5): 546-553. 2001.

[6] Michael Patrick Berry. Performance Modeling Strategies for Modern Reinforced Concrete Bridge Columns [PHD]. University of Washington. 2006.

[7] JTG/T B02-01-2008,公路桥梁抗震设计细则[S].2008.

[8] Mander J B, Priestley M J N, Park R. Theoretical stress-strain model for confined concrete [J]. Journal of The Structural Division, ASCE, 1988, 114 (8): 1804-1826.

[9] Mohle J P S. Kunnath. Reinforcing steel. OpenSees User's Manual, www. opensees. berkeley. edu. 2006.

[10] 吴庆,袁迎曙.锈蚀钢筋力学性能退化规律试验研究[J].土木工程学报,2008,41(12)：42-47.

[11] Park R. Evaluation of ductility of structures and structural assemblages from laboratory testing [J]. Bulletin of the New Zealand National Society for Earthquake Engineering.

本文发表于《工程抗震与加固改造》
2014 年第 36 卷第 4 期

5. 高层建筑

YAZJ－15 液压自动爬升模板系统研制

胡玉银[1]，陆　云[1]，王云飞[2]，夏卫庆[1]，顾国明[1]，秦臻宇[3]，李　琰[1]，黄玮征[1]，唐建飞[1]

（1. 上海建工（集团）总公司技术中心 200083；

2. 上海市机械施工有限公司，200072；3. 上海东福金属结构厂，200129）

摘要： 液压自动爬升模板技术是超高层建筑结构施工主流模板技术，上海建工集团前后历经8年开发了具有自主知识产权的液压自动爬升模板系统，本文简要介绍该系统研制及功能。

1　概述

尽管经过50多年特别是改革开放30多年的大力发展，我国超高层建筑的模板工程技术有了很大进步，但我国建筑施工企业到本世纪初还未完全掌握模板工程的前沿技术——液压自动爬升模板工程技术。该技术长期被国外公司垄断，长此以往将制约我国建筑施工技术的发展。有鉴于此，2001年11月本课题组提出研制双作用液压自动爬模系统，得到上海市科学技术委员会和上海建工（集团）总公司领导和专家的肯定。2002年《双作用液压自动爬模系统研制》项目先后入选上海建工（集团）总公司和上海市科学技术委员会重点科研攻关计划。

在依托单位上海市第三建筑有限公司的支持下，经过2年努力，课题组研制的液压自动爬升模板系统样机成功通过调试。试验表明液压自动爬模系统设计方案是可行的。但是，作为一项新技术、新设备，液压自动爬升模板系统的推广应用却历尽艰辛。课题组全体成员发扬锲而不舍的精神，一方面继续完善液压自动爬升模板系统，另一方面积极争取集团和基层单位领导支持。又经过近5年努力，液压自动爬升模板系统工程示范终于取得突破，在上海市第四建筑有限公司支持下，2008年该系统成功应用于上海外滩中信城超高劲性核心筒施工。工程示范表明课题组研制的液压自动爬升模板系统能够适应我国超高层建筑施工实际，具有较高的技术先进性和经济合理性，同时通过工程示范该系统得到进一步完善和发展。

2　施工工艺

液压自动爬升模板工程技术是现代液压工程技术、自动控制技术与传统爬升模板工艺相结合的产物。液压自动爬升模板系统与传统爬升模板系统的工艺原理基本相似，都是利用构件之间的相对运动，即通过构件交替爬升来实现系统整体爬升的。液压自动爬升模板工程技术是在同步爬升控制系统作用下，以液压为动力实现模板系统由一个楼层上升到更高一个楼层位置的。绝大多数液压自动爬升模板系统采用的施工总体工艺流程如下：

（1）按照设计图纸中的位置预埋爬升附墙固定件，浇捣混凝土。

（2）待混凝土达到强度要求后，拆除模板，安装附墙及导向装置。

（3）在自动控制系统作用下，爬升模板系统自动爬升到位。

（4）绑扎钢筋、安装模板→混凝土浇捣，进入下一个作业循环。

在上述工艺流程中，钢筋绑扎需待混凝土养护达到系统爬升要求及系统爬升完成后才能进行，混凝土养护和模板拆除占绝对工期，施工流水段时间比较长，施工节奏缓慢，难以满足我国超高层建筑施工工期需要。为此我们发展了以下施工总体工艺流程：

（1）按照设计图纸中的位置预埋爬升附墙固定件，浇捣混凝土。

（2）绑扎钢筋，同时待混凝土养护达到强度要求后，拆除模板，安装附墙及导向装置。

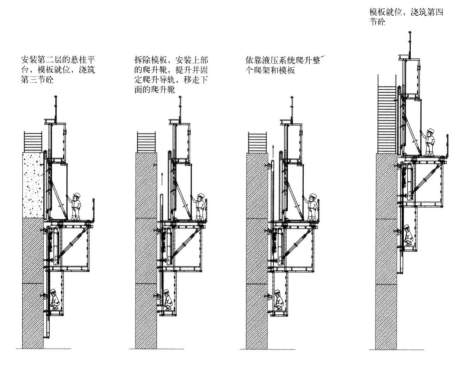

安装第二层的悬挂平台，模板就位，浇筑第三节砼

拆除模板，安装上部的爬升靴，提升并固定爬升导轨，移走下面的爬升靴

依靠液压系统爬升整个爬架和模板

模板就位，浇筑第四节砼

　　步骤一：混凝土浇捣及养护。步骤二：拆模，安装附墙及导轨。步骤三：系统爬升。步骤四：绑扎钢筋，进入下一个作业循环。

图 1　传统液压自动爬升模板施工总体工艺流程

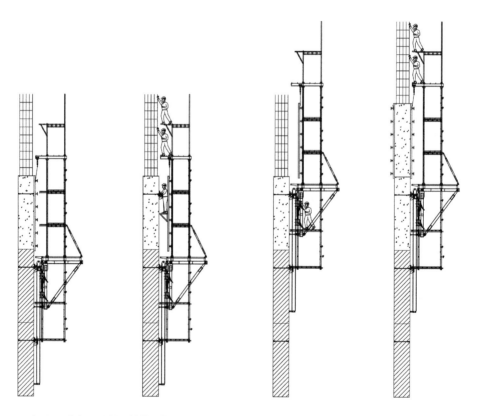

　　步骤一：混凝土浇捣及养护。步骤二：绑扎钢筋；混凝土养护等强后拆模，安装附墙及导向装置。步骤三：系统爬升。步骤四：安装模板，浇捣混凝土，绑扎钢筋，进入下一个作业循环。

图 2　液压自动爬升模板施工总体工艺流程

(3) 在自动控制系统作用下,爬升模板系统自动爬升到位。

(4) 安装模板→混凝土浇捣,进入下一个作业循环。

3 系统研制

3.1 系统构成

液压自动爬升模板系统是一个复杂的系统,集机械、液压、自动控制等技术于一体,主要由以下五大部分构成:① 模板系统;② 操作平台系统;③ 爬升机械系统;④ 液压动力系统;⑤ 自动控制系统。

3.2 系统研制

1) 模板系统

模板系统由模板和模板移动装置组成。模板采用钢大模板,主要是因为钢模板经久耐用,回收价值高。模板移动装置如图3所示,在混凝土工程作业平台下部设置导轨,模板通过滑轮悬挂在导轨上,装、拆时模板可以沿轨道自由移动。该装置机械化程度相对较低,但是结构比较简单,所需操作空间小。

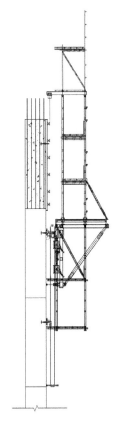

图4 操作平台系统布置

图3 模板移动装置

2) 操作平台系统

根据施工工艺需要,为加快施工速度,液压自动爬升模板系统采用如图4所示的四平台结构形式,将钢筋工程与模板工程作业平台相互独立,以便钢筋工程与模板拆除及爬升准备同时进行。

3) 爬升机械系统

爬升机械系统是整个液压自动爬升模板系统的核心子系统之一,由附墙系机构、爬升机构及承重架三部分组成。

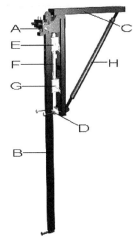

A-附墙装置;B-爬升导轨;C-承重架;D-可伸缩支撑腿;E-上顶升防坠装置;F-液压千斤顶;G-下顶升防坠装置;H-可调支撑杆

图5 液压自动爬升模板系统的爬升机械系统

(1) 附墙机构

附墙机构的主要功能是将爬模荷载传递给结构,使爬模始终附着在结构上,实现持久安全。附墙机构主要由承力螺栓及预埋件、附墙支座和附墙靴三部分组成,如图6所示。

803

图 6 附墙机构

图 7 液压动力系统

（2）爬升机构

爬升机构由轨道和步进装置组成。轨道为焊接箱形截面构件，上面开有矩形定位孔，作为系统爬升时的承力点。轨道下设撑脚，系统沿轨道爬升时支撑在结构墙体上，以改善轨道受力。步进装置由上、下提升机构及液压系统组成。在控制系统作用下，以液压为动力，上、下提升机构带动爬架或轨道上升。

（3）承重架

承重架为系统的承力构件。其上部支撑模板、模板支架及外上爬架等构成的工作平台，下部悬挂作业平台。承重架斜撑的长度可调节，以保持承重梁始终处于水平状态，方便施工作业。承重架下设支撑，爬架爬升到位后，将撑脚伸出撑在已浇段混凝土结构上，作为承重架的承力部件。

4）液压动力系统

液压动力系统主要功能是实现电能——液压能——机械能的转换，驱动爬模上升，一般由电动泵站、液压千斤顶、磁控阀、液控单向阀、节流阀、溢流阀、油管及快速接头及其它配件构成。液压动力系统一般采用模块式配置，即两个液压千斤顶、一台电动泵站及相关配件(油管、电磁阀等)有机联系形成一个液压动力模块，为一个模块单元的爬模提供动力。在该液压系统模块中，两个液压缸并联设置。液压系统模块之间通过自动控制系统联系，形成协同作业的整体。

5）自动控制系统

自动控制系统具有以下功能：① 控制液压千斤顶进行同步爬升作业；② 控制爬升过程中各爬升点与基准点的高度偏差不超过设计值；③ 供操作人员对爬升作业进行监视，包括信号显示和图形显示；④ 供操作人员设定或调整控制参数。自动控制系统能够实现连

续爬升、单周(行程)爬升、定距爬升等多种爬升作业：① 连续爬升：操作人员按下启动按钮后，爬升系统连续作业，直至全程爬完，或停止按钮或暂停按钮被按下；② 单周爬升：操作人员按下启动按钮后，爬升系统爬升一个行程就自动停止；③ 定距爬升：操作人员按下启动按钮后，爬升系统爬升规定距离(规定的行程个数)后自动停止。自动控制系统由传感检测、运算控制、液压驱动三部分组成核心回路，以操作台控制进行人机交互，以安全联锁提供安全保障，从而形成一个完整的控制闭环。

图 8 自动控制系统

4 系统功能与特点

4.1 系统功能

（1）本液压爬模系统在施工工艺方面可满足以下功能：

① 高层、超高层竖向剪力墙结构施工；

② 高耸构筑物垂直或倾斜墙体以及特殊构筑物(烟囱)等的结构施工；

③ 可携带模板体系同步提升；

④ 在混凝土养护同时可进行上层结构钢筋绑扎；

⑤ 爬升状态下抵抗 6 级风作用，施工状态下抵抗 8 级风作用；

⑥ 液压整体式四机位顶升平台可提供最大堆载

15 t;

⑦ 一次爬升高度最大可达到 5 m;

(2) 本液压爬模系统在使用性能方面可满足以下功能:

① 可同时进行单组二机位,单组四机位同步爬升;

② 可多组爬模同步爬升;

③ 可采用电脑控制自动爬升;

④ 可采用操控盒人工操作爬升;

⑤ 爬升速度设定在 150～200 mm/min;

⑥ 满足高空施工的安全围护设计。

4.2 系统特点

液压自动爬升模板系统是传统爬升模板系统的重大发展,工作效率和施工安全性都显著提高。与其它模板工程技术相比,液压自动爬升模板工程技术具有显著优点:

(1) 自动化程度高。在自动控制系统作用下,以液压为动力不但可以实现整个系统同步自动爬升,而且可以自动提升爬升导轨。平台式液压自动爬升模板系统还具有较高的承载力,可以作为建筑材料和施工机械的堆放场地。钢筋混凝土施工中塔吊配合时间大大减少,提高了工效,降低了设备投入。

(2) 施工安全性好。液压自动爬升模板系统始终附着在结构墙体上,在 6 级风作用下可以安全爬升,8 级风作用下可以正常施工。经过适当加固液压自动爬升模板系统能够抵御 12 级风作用。提升和附墙点始终在系统重心以上,倾覆问题得以避免。爬升作业完全自动化,作业面上施工人员极少,安全风险大大降低。

(3) 施工组织简单。与液压滑升模板施工工艺相比,液压自动爬升模板施工工艺的工序关系清晰,衔接要求比较低,因此施工组织相对简单。特别是采用单元模块化设计,可以任意组合,以利于小流水施工,有利于材料、人员均衡组织。

(4) 结构质量优良。它与大模板一样,是逐层分块安装,故其垂直度和平整度易于调整和控制,可避免施工误差的积累。同时混凝土养护达到一定强度后再拆除模板,避免了液压滑升模板工艺极易出现的结构表面拉裂现象。

(5) 标准化程度高。液压自动爬升模板系统许多组成部分,如爬升机械系统、液压动力系统、自动控制系统都是标准化定型产品,甚至操作平台系统的许多构件都可以标准化,通用性强,周转利用率高,因此具有良好的经济性。

5 结束语

2008 年 2 月液压自动爬升模板系统应用于上海外滩中信城超高劲性核心筒施工,展示了良好的技术性能,在正常施工条件下,可以实现四天一层的施工流水节拍。正是由于液压自动爬升模板系统具有技术先进,经济合理的优点,因此一经上海外滩中信城工程示范取得成功以后,很快就在广州珠江城和上海国际金融中心北塔楼等 20 多个超高层建筑工程得到推广应用,目前已成为上海建工集团超高层建筑施工主流模板体系。

本文发表于《建筑施工》2009 年第 31 卷第 3 期

附录 孙钧院士指导的研究生和博士后名录

博士后名单(25人)

莫海鸿,李荣强,夏才初,徐干成,张子新,
李胡生,李希元,王如路,杨更社,徐永福,
周希圣,徐林生,胡向东,刘洪洲,赵其华,
赵永辉,郑宜枫,靖洪文,安红刚,阮文军,
许建聪,李　忠,余　俊,郭永建,马　亢

博士研究生名单(81人)

1982级:李永盛

1984级:李成江,张宏鸣

1985级:杜世开,陶履彬

1986级:宋德彰,朱合华

1987级:黄　涛,史玉成

1988级:房营光,蒋树屏,施建勇,袁　勇

1989级:王怀忠,张玉军,赵阳升

1990级:陈有亮,黄宏伟,金丰年,谢　宁
　　　　凌建明

1991级:支国华,朱素平,贺　军

1992级:李建华,吴　刚,杨太华,于志军
　　　　曾小清,周公佐

1993级:程　桦,杜守继,胡玉银,李希元

1994级:刘保国,李军世,赵晓华,朱珍德

1995级:丁德馨,方从启,姚群风,赵震洋

1996级:赖允瑾,王晓鸿,易宏伟,张孟喜

1997级:陈剑杰,郑宜枫,倪进科

1998级:袁金荣,张　璞

1999级:朱忠隆

2000级:白　云,陈卫军,熊孝波

2001级:龙　汉

2002级:董秀竹,虞兴福

2003级:齐明山,涂忠仁,吴小建

2004级:荣　耀,孙富学,肖同刚,赵旭峰

2005级:差安龙

2006级:陈海明,王余富

2007级:王东栋,刘　成,戚玉亮,王艳丽
　　　　杨　钊

2008级:潘晓明,钦亚洲

2009级:李　宁

2010级:姚贝贝

2011级:牛富生

2013级:方　涛

2014级:温海洋

2016级:杨喻声

硕士研究生名单(27人)

1978级:庄智年,陈立道,吴逸群,张庆贺
　　　　张玉生

1980级:章旭昌

1982级:曹　刃,李成江,陆浩亮,陶履彬

1985级:李美玲,江振华,朱火江

1986级:杜佐光,陆晓东,正怀忠

1987级:迟建平,金丰年

1989级:唐雪怀,赵跃堂,周方明

1990级:陈冬元,陈　军

1992级:衣振涛

1994级:陆益鸣,邱柏华

1996级:王育兴

(个别毕业研究生容有漏列情况,请与本书编委会联系,再行补入。请谅解。)